Win-Q

에너지관리 기사 실기

합격에 윙크
WIN-Q
하다^

에너지관리기사 실기

Always with you

사람이 길에서 우연하게 만나거나 함께 살아가는 것만이 인연은 아니라고 생각합니다.
책을 펴내는 출판사와 그 책을 읽는 독자의 만남도 소중한 인연입니다.
SD에듀는 항상 독자의 마음을 헤아리기 위해 노력하고 있습니다.
늘 독자와 함께하겠습니다.

머리말

에너지관리 분야의 전문가를 향한 첫 발걸음!

에너지(Energy)의 어원은 그리스어인 '에네르기아(Energia)'로, '활동하는 데 필요한 힘'이라는 뜻을 지니고 있습니다. 물리학에서는 에너지를 '일을 할 수 있는 능력'이라고 정의합니다. 에너지는 열에너지, 빛에너지, 전기에너지, 화학에너지, 위치에너지, 운동에너지 등 여러 가지의 형태가 있으며, 움직이고 있는 모든 것은 에너지를 가지고 있거나 에너지를 소모합니다.

우리가 사용하고 있는 에너지 자원은 크게 지구 내부에 있는 석유, 석탄, 천연가스 등의 지하자원과 태양에너지, 지열, 수력, 조력, 풍력 등 지구의 자연력 등을 이용한 재생자원으로 구분할 수 있습니다. 21세기 현재 가장 많이 사용되고 있는 자원은 석탄과 석유, 가스 등 지하자원이지만 시간이 지남에 따라 점점 고갈되고 있으며, 환경오염문제가 심각해지면서 원자력 등 친환경 대체에너지와 자연력을 이용한 재생에너지 연구가 활발히 진행되고 있습니다. 이에 따라 에너지관리 분야의 전문인력 양성에 관심이 높아지고 있습니다.

에너지관리기사 실기시험은 대표적인 에너지 설비인 보일러를 중심으로 한 에너지 기술에 대한 전반적인 지식과 실무에 대해서 묻는 문제가 주로 출제됩니다. 2020년 4회 실기시험부터 동영상 시험이 폐지되어 번거로움은 줄었지만, 실기시험 합격을 위한 단기적이며 효과적인 학습이 반드시 필요합니다. 이에 맞추어 저자는 다음과 같은 내용으로 본서를 구성하였습니다.

첫째, 최근 기출문제의 출제경향을 수록하여 과년도부터 최근에 출제된 문제의 경향을 파악할 수 있습니다.
둘째, 빨간키(빨리보는 간단한 키워드)는 중요한 내용이 요약되어 있어 시험 직전까지 학습할 수 있도록 구성하였습니다.
셋째, 핵심이론과 핵심예제는 중요한 핵심이론과 자주 출제되는 문제를 엄선하여 이론과 문제를 한 번에 학습할 수 있습니다.
넷째, 과년도 기출복원문제와 최근 기출복원문제를 수록하여 출제경향과 문제유형을 익혀 실전에 대비할 수 있도록 구성하였습니다.

기출문제 중에서 자주 출제되는 내용을 완벽하게 숙지하며 핵심내용을 체계적으로 학습하고, 이해와 집중을 기본으로 공부한다면 합격에 한 발짝 더 가까이 다가갈 것입니다. 수험생활 동안 만나게 되는 어려움과 유혹을 모두 이겨내고 최종 합격하시어, 수험생 여러분 모두 에너지관리기사 자격증을 취득하시기를 기원합니다.

기계기술사 박 병 호

시험안내

개 요

열에너지는 가정의 연료에서부터 산업용에 이르기까지 그 용도가 다양하다. 이러한 열 사용처에 있어서 연료 및 이를 열원으로 하는 연료 사용기구의 품질을 향상시킴으로써 연료 자원의 보전과 기업의 합리화에 기여할 인력을 양성하기 위해 자격제도를 제정하였다.

수행직무

- 각종 산업기계, 공장, 사무실, 아파트 등에 동력이나 난방을 위한 열을 공급하기 위하여 보일러 및 관련 장비를 효율적으로 운전할 수 있도록 지도하고, 안전관리를 위한 점검 · 보수업무를 수행한다.
- 유류용 보일러, 가스 보일러, 연탄 보일러 등 각종 보일러 및 열사용기자재의 제작, 설치 시 효율적인 열설비류를 위한 시공 · 감독을 하고 보일러의 작동 상태, 배관 상태 등을 점검하는 업무를 수행한다.

시험일정

구 분	필기원서접수(인터넷)	필기시험	필기합격(예정자)발표	실기원서접수	실기시험	최종 합격자 발표일
제1회	1.23~1.26	2.15~3.7	3.13	3.26~3.29	4.27~5.12	6.18
제2회	4.16~4.19	5.9~5.28	6.5	6.25~6.28	7.28~8.14	9.10
제4회	6.18~6.21	7.5~7.27	8.7	9.10~9.13	10.19~11.8	12.11

※ 상기 시험일정은 시행처의 사정에 따라 변경될 수 있으니, www.q-net.or.kr에서 확인하시기 바랍니다.

시험요강

❶ 시행처 : 한국산업인력공단

❷ 시험과목
  ㉠ 필기 : 1. 연소공학 2. 열역학 3. 계측방법 4. 열설비재료 및 관계법규 5. 열설비설계
  ㉡ 실기 : 열관리 실무

❸ 검정방법
  ㉠ 필기 : 객관식 4지 택일형 과목당 20문항(과목당 30분)
  ㉡ 실기 : 필답형(3시간)

❹ 합격기준
  ㉠ 필기 : 100점을 만점으로 하여 과목당 40점 이상, 전 과목 평균 60점 이상
  ㉡ 실기 : 100점을 만점으로 하여 60점 이상

검정현황

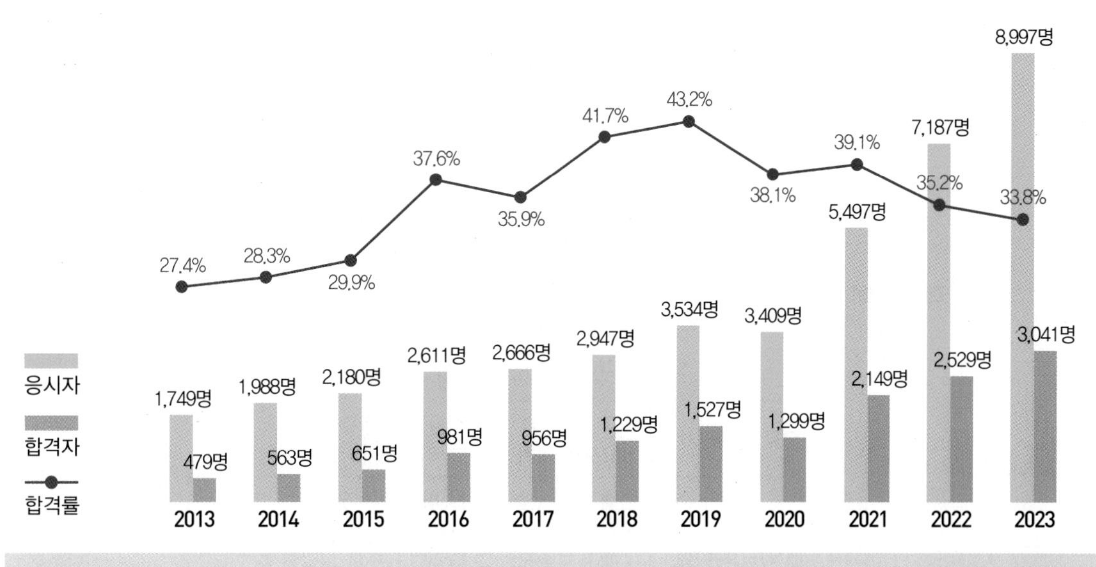

필기시험

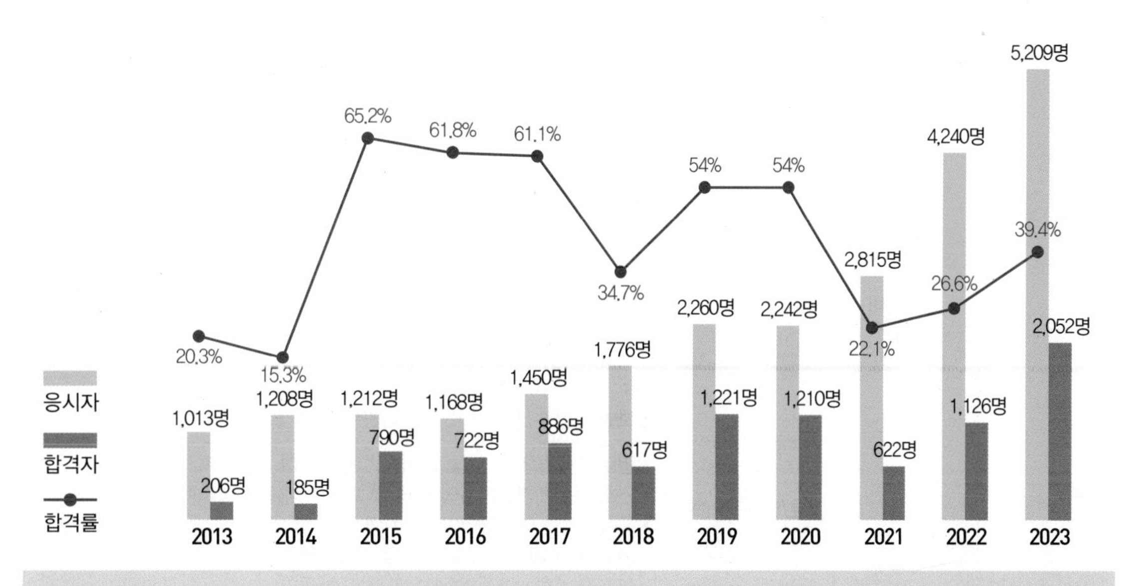

실기시험

시험안내

출제기준

실기과목명	주요항목	세부항목	세세항목
열관리 실무	에너지설비 설계	보일러/온수기 설계하기	• 적정 열사용기자재를 선정할 수 있다. • 열사용기자재의 종류 및 특징을 파악할 수 있다. • 열사용기자재 부속장치의 종류 및 특성을 파악할 수 있다. • 열교환기의 종류 및 특성을 파악할 수 있다. • 열사용 용량을 산정할 수 있다. • 보일러 열효율을 산출할 수 있다. • 관의 설계 및 관련 규정을 이해하고 숙지할 수 있다. • 열손실량을 산출할 수 있다. • 사용용도에 적정한 단열 자재를 선정할 수 있다.
		연소설비 설계하기	• 이론 및 실제공기량을 계산할 수 있다. • 연소열량을 산출할 수 있다. • 연소가스량을 산출할 수 있다. • 연소장치 및 제어장치를 설계할 수 있다. • 적정 통풍력을 계산할 수 있다.
		요로 설계하기	• 요로의 종류 및 특징을 파악할 수 있다. • 요로의 설계, 설치, 관리를 할 수 있다.
		배관/보온/단열 설계하기	• 배관 자재 및 용도를 파악할 수 있다. • 밸브의 종류와 용도를 파악할 수 있다. • 배관 부속장치 및 패킹의 용도를 파악할 수 있다. • 배관 설계할 수 있다. • 단열 설계할 수 있다. • 보온 설계할 수 있다.
	에너지설비 관리	보일러/온수기 설치 및 관리하기	• 자재 및 재료를 준비할 수 있다. • 보일러/온수기 설치 위치를 정할 수 있다. • 급수관을 시공할 수 있다. • 난방공급관(가스관 포함)을 설치(연결)할 수 있다. • 방열관을 설치할 수 있다. • 난방환수관을 설치할 수 있다. • 순환펌프를 설치할 수 있다. • 온수헤더를 설치할 수 있다. • 팽창밸브를 설치할 수 있다. • 급탕 공급관을 설치할 수 있다. • 분출(배수)관을 설치할 수 있다. • 보일러/온수기 사용법을 숙지할 수 있다. • 보일러/온수기 설치 후 안전검사를 할 수 있다.
		연료/연소장치의 설치 및 관리하기	• 연료의 종류와 특징 및 시험방법에 대하여 숙지할 수 있다. • 연소방법과 연소장치의 종류 및 특징에 대하여 숙지할 수 있다. • 통풍장치와 대기오염방지장치의 종류 및 특징에 대하여 숙지할 수 있다. • 연소 관련 계산과 열정산을 할 수 있다. • 연료/연소장치를 설치하고 관리할 수 있다.

실기과목명	주요항목	세부항목	세세항목
열관리 실무	에너지설비 관리	보일러/온수기 부속장치 및 관리하기	• 도면을 숙지할 수 있다. • 내역서를 작성할 수 있다. • 본체 부속기기를 설치할 수 있다. • 수주 설치 및 주위 배관을 할 수 있다. • 부속기기 설치 후 검사할 수 있다. • 최종 운전점검을 하고 관리할 수 있다. • 도면을 기준으로 적산을 할 수 있다. • 작업공정계획을 세울 수 있다. • 절단 및 가공을 할 수 있다. • 인젝터를 설치할 수 있다. • 수압시험을 할 수 있다.
	계측 및 제어	계측원리 및 이해하기	• 계측기의 구비조건 및 특징을 파악할 수 있다. • 차원과 단위를 파악할 수 있다. • 측정의 종류를 파악할 수 있다. • 측정의 방식과 특성을 파악할 수 있다. • 오차의 종류를 파악할 수 있다. • 측정값의 의미를 파악할 수 있다. • 계측기의 보전을 위한 검사와 수리 및 교정을 파악할 수 있다.
		계측기 구성/제어하기	• 계측기의 구성에 대하여 파악할 수 있다. • 계측신호의 특성을 파악할 수 있다. • 제어계의 구성에 대하여 파악할 수 있다. • 자동제어의 종류에 대하여 파악할 수 있다. • 제어동작의 특성을 파악할 수 있다. • 열사용기기에서 사용하고 있는 자동제어를 파악할 수 있다.
		유체 측정하기	• 유체의 압력, 유량, 액면의 측정원리를 이해하고 숙지할 수 있다. • 측정방식에 따른 압력계, 유량계, 액면계의 종류를 이해하고 숙지할 수 있다. • 계측결과로부터 유량을 산출할 수 있다. • 적절한 압력계, 유량계, 액면계를 선정할 수 있다.
		열 측정하기	• 열측정의 측정원리를 이해하고 숙지할 수 있다. • 측정방식에 따른 온도계, 열량계, 습도계의 종류를 이해하고 숙지할 수 있다. • 계측결과로부터 전열량을 산출할 수 있다. • 적절한 온도계, 열량계, 습도계를 선정할 수 있다.
	에너지 실무	에너지이용/진단하기	• 에너지설비의 종류 및 특징을 이해하고 숙지할 수 있다. • 에너지이용 및 회수방법 종류 및 특징을 이해하고 숙지할 수 있다. • 이용 및 진단 작업을 할 수 있다. • 석유환산량 및 에너지 원단위에 대하여 이해하고 숙지할 수 있다. • CO_2 환산량 및 절감량에 대하여 이해하고 숙지할 수 있다. • 입열량 및 출열량을 산출할 수 있다. • 열손실량을 산출할 수 있다. • 열효율을 산출할 수 있다.
		에너지관리하기	• 에너지관리기준에 따라 올바른 시공을 할 수 있다. • 에너지 사용의 합리적으로 이용할 수 있도록 시공할 수 있다.
		에너지 안전 관리하기	• 에너지사용시설의 안전을 위해 예방법을 파악할 수 있다. • 에너지사용설비의 제조, 설치, 시공기준에 대하여 파악할 수 있다. • 에너지사용시설의 운전관리, 보수, 보존, 정비를 할 수 있다. • 안전장치의 종류 및 특징을 파악할 수 있다.

이 책의 구성과 특징

CHAPTER 01

PART 01 핵심이론 + 핵심예제

에너지설비 설계

제1절 | 보일러

1-1. 보일러 일반

핵심이론 01 보일러의 개요

① 보일러 및 관련 용어

㉠ 보일러

- 보일러(Boiler)는 연료의 연소로 발생되는 열을 밀폐용기 내에 있는 물에 전달하여 일정 압력의 증기나 온수를 발생시켜 건물의 난방, 온수 등에 사용하는 설비로, 증기원동기라고도 한다.
- 보일러는 화염, 연소가스, 그 밖의 고온가스에 의하여 증기 또는 온수를 발생시키거나 열매유를 가열하는 장치로서, 제품을 만들거나 전기를 생산하거나 난방이나 급탕을 한다. 보일러 본체, 연소장치, 보일러를 안전하고 효율적으로 운전할 수 있도록 하는 부속장치로 구성되어 있다.

㉡ 보일러 관련 용어의 이해

- 그을음(Soot) : 1~20[μm]의 유리탄소, 즉 미연의 탄소 미립자로, 연료가 불완전연소한 경우 연소가스가 저온부(보일러의 전열면)에 충돌하여 냉각됨으로써 연소 진행 중 연소 차단이 생기는 경우 등에 발생한다.
- 대류 전열면(Convection Heating Surface) : 화로를 나온 연소가스의 통로에 배치되는 전열면과 같이 연소가스의 대류(접촉)에 의해 주로 열전달이 행해지는 전열면으로, 접촉 전열면이라고도 한다.
- 미스트(Mist) : 기체 중에 포함되는 액체 미립자
- 비등점 상승(BPR ; Boiling Point Rise) : 비휘발성 용질을 녹인 휘발성 용매의 비등점이 순수한 휘발성 용매의 비등점보다 높아지는 현상이다.
  - 끓는점 상승 또는 비등점 오름, 끓는점 오름(BPE ; Boiling Point Elevation)이라고도 한다.
  - 녹이는 비휘발성 용질의 몰수에 비례하여 끓는점이 올라간다.
  - 비휘발성 용질이 휘발성 용매에 녹아 있을 때 비휘발성 물질의 비등점이 휘발성 용매보다 더 높아 용매가 증발하는 것을 방해하기 때문에 끓는점이 올라간다.
- 연관 : 관의 내부로 연소가스가 지나가는 관으로, 관 주위로 보일러수가 접촉하고 관 내부로 연소가스가 통과하면서 보일러수가 열교환을 하는 관이다.
- 연도 : 연소실에서 연돌까지 배기가스가 통과하는 통로이다.
- 연돌 : 열교환이 완료된 연소가스를 대기로 방출하기 위한 굴뚝이다.
- 전열면적 : 한쪽에 연소가스가 닿고, 다른 한쪽에는 물이 닿는 면적이다.
  - 한쪽 면이 연소가스 등에 접촉하고, 다른 면이 물(기수 혼합물 포함)에 접촉하는 부분의 면을 연소가스 등의 쪽에서 측정한 면적이다.
  - 특별히 지정하지 않을 때는 과열기 및 절탄기의 전열면을 제외한다.
  - 보일러의 전열면적이 클수록 증발량이 많고, 예열이 빠르며, 용량이 크고, 효율이 높다.

2 ■ PART 01 핵심이론 + 핵심예제

1-4. 액면 측정

핵심이론 01 액면 측정의 개요

① 액면계의 구비조건 및 선정 시 고려사항

㉠ 공업용 액면계(액위계)로서 갖추어야 할 조건

- 연속 측정이 가능하고, 고온과 고압에 잘 견디어야 한다.
- 지시 기록 또는 원격 측정이 가능하고 내식성이 좋아야 한다.
- 액면의 상・하한계를 간단히 계측할 수 있어야 하며, 적용이 용이해야 한다.
- 구조가 간단하고 조작이 용이해야 한다.
- 자동제어장치에 적용이 가능해야 한다.
- 가격이 저렴하고, 보수가 용이해야 한다.

㉡ 액면계 선정 시 고려사항

- 측정범위
- 측정 정도
- 측정 장소 조건 : 개방, 밀폐탱크, 탱크의 크기 또는 형상
- 피측정체의 상태 : 액체, 분말, 온도, 압력, 비중, 점도, 입도(입자 크기)
- 변동 상태 : 액위의 변화속도
- 설치조건 : 플랜지 치수, 설치 위치의 분위기
- 안정성 : 내식성, 방폭성
- 정격 출력 : 현장 지시, 원격 지시, 제어방식

② 액면계의 분류

㉠ 직접측정식 : 유리관식(직관식), 검척식, 플로트식(부자식), 사이트글라스

㉡ 간접측정식 : 차압식, 편위식(부력식), 퍼지식(기포관식), 초음파식, 정전용량식, 전극식(전도도식), 방사선식(γ선식), 레이더식, 슬립 튜브식, 중추식, 중량식

핵심예제

1-1. 액면계 선정 시 고려사항을 3가지만 쓰시오.

1-2. 일반적인 액면 측정방법의 종류를 3가지만 쓰시오.

1-3. 다음의 액면계들을 직접측정식 액면계, 간접측정식 액면계로 구분하여 각각에 해당하는 기호를 나열하시오.

① 유리관식 액면계	② 플로트식 액면계
③ 차압식 액면계	④ 기포식 액면계
⑤ 초음파식 액면계	⑥ 사이트글라스

(1) 직접측정식 유량계
(2) 간접측정식 유량계

|해답|

1-1
액면계 선정 시 고려사항
① 안정성
② 측정범위와 정도
③ 변동 상태

1-2
일반적인 액면 측정방법의 종류
① 압력식
② 정전용량식
③ 부자식

1-3
(1) 직접측정식 유량계 : ①, ②, ⑥
(2) 간접측정식 유량계 : ③, ④, ⑤

246 ■ PART 01 핵심이론 + 핵심예제

핵심이론

필수적으로 학습해야 하는 중요한 이론들을 각 과목별로 분류하여 수록하였습니다.
시험과 관계없는 두꺼운 기본서의 복잡한 이론은 이제 그만!
시험에 꼭 나오는 이론을 중심으로 효과적으로 공부하십시오.

핵심예제

출제기준을 중심으로 출제빈도가 높은 기출문제와 필수적으로 풀어보아야 할 문제를 핵심이론당 1~2문제씩 선정했습니다.
각 문제마다 핵심을 찌르는 명쾌한 해설이 수록되어 있습니다.

PART 02 | 과년도 + 최근 기출복원문제

2016년 제1회 과년도 기출복원문제

01 보온재는 무기질 보온재와 유기질 보온재가 있다. 그중에서 무기질 보온재의 특징을 5가지만 쓰시오.

해답

무기질 보온재의 특징
① 경도가 높다.
② 최고안전사용온도가 높다.
③ 불연성이며, 열전도율이 낮다.
④ 내수성, 내소성변형성이 우수하다.
⑤ 비싼 편이지만 수명이 길다.

02 절탄기(Economizer)의 장점을 3가지만 쓰시오.

해답

절탄기(Economizer)의 장점
① 연료소비량 절감
② 보일러 열효율 증가
③ 열응력 감소

03 시퀀스제어(Sequence Control), 피드백제어(Feedback Control)에 대하여 각각 간단히 설명하시오.

해답

① 시퀀스제어 : 미리 정해진 순서에 따라 순차적으로 진행되는 제어로, 보일러의 점화나 자판기의 제어에 적용한다.
② 피드백제어 : 결과를 입력쪽으로 되돌려서 비교한 후 입력과 출력의 차이를 수정하는 제어로, 정도가 우수하다.

04 액체연료용 보일러에 오일서비스탱크를 설치하는 목적 4가지만 쓰시오.

해답

오일서비스탱크를 설치하는 목적
① 원활한 연료 공급을 위해
② 2~3시간 연소 가능한 연료량 저장으로 신속한 보일러 운전 및 가열 열원 절감을 위해
③ 자연압에 의한 급유펌프까지 연료가 공급될 수 있게 하기 위해
④ 환류되는 연료를 재저장하기 위해

388 ■ PART 02 과년도 + 최근 기출복원문제

PART 02 | 과년도 + 최근 기출복원문제

2023년 제4회 최근 기출복원문제

01 다음 내화물의 분류에 해당하는 내화물의 종류를 각각 2가지 쓰시오.
(1) 산성 내화물
(2) 염기성 내화물
(3) 중성 내화물
(4) 부정형 내화물

해답

(1) 산성 내화물 : 규석질 내화물, 납석질 내화물
(2) 염기성 내화물 : 마그네시아 내화물, 돌로마이트 내화물
(3) 중성 내화물 : 고알루미나질 내화물, 크롬질 내화물
(4) 부정형 내화물 : 캐스터블 내화물, 플라스틱 내화물

02 보일러 운전 중 발생할 수 있는 이상현상 중의 하나인 프라이밍 현상(Priming, 비수현상)의 방지대책을 5가지 쓰시오.

해답

프라이밍 현상의 방지대책 5가지
① 증기부하를 감소시킨다.
② 주증기밸브를 급하게 열지 않는다.
③ 과부하가 되지 않도록 한다.
④ 보일러수를 농축시키지 않는다.
⑤ 보일러수 중의 불순물을 제거한다.

03 열수송 및 저장설비 평균 표면온도의 목표치는 주위 온도에 몇 [℃]를 더한 값 이하로 하는가?

해답

30[℃]

2023년 제4회 최근 기출복원문제 ■ 547

과년도 기출복원문제

지금까지 출제된 과년도 기출문제를 복원하여 수록하였습니다. 각 문제에는 자세한 해설이 추가되어 핵심이론만으로는 아쉬운 내용을 보충 학습하고 출제경향의 변화를 확인할 수 있습니다.

최근 기출복원문제

최근에 출제된 기출문제를 복원하여 가장 최신의 출제경향을 파악하고 새롭게 출제된 문제의 유형을 익혀 처음 보는 문제들도 모두 맞힐 수 있도록 하였습니다.

최신 기출문제 출제경향

2021년 2회

- 과열증기의 장점
- 초음파 유량계의 장점
- 송풍기 상사법칙
- 스트레이너(Strainer)
- 통풍력 증가의 조건
- 구형 용기 내의 공기의 몰수
- 열교환기 배관 길이
- 보일러의 효율
- 개선 후 연간 배출가스 절감 금액

2021년 4회

- 슬래킹(Slaking) 현상
- 평균 열전달계수와 열전달량
- 오토사이클의 열효율
- 보일러 효율의 산정방식과 효율 계산식
- 연돌의 높이
- 노통 연관 보일러와 수관 보일러의 특징 비교
- 소형 온수 보일러, 구멍탄용 온수 보일러, 축열식 전기 보일러
- 방사전열량과 대류열전달량의 비
- 교체 모터 용량과 기성품 모터 선정

2022년 1회

- 보일러에서 점화 불량이 발생하는 원인
- 피토관에서의 동압, 정압 계산
- 기계식 트랩의 종류
- 스테인리스강의 종류와 기본조직
- 실제증발량 계산
- 폐열회수에 따른 연료 절감률
- 1줄 겹치기 리벳조인트의 강판효율
- 보일러의 일반 부식
- 평판에 작용하는 정수력, 작용점과 힌지와의 거리
- 질량유량을 고려한 터빈의 출력 계산

2022년 2회

- 보일러 마력
- 노통 수관식 보일러용 압력계 설치
- 보일러 내처리법에 사용하는 청관제의 기능
- 판형 열교환기의 특징
- 체크밸브(Check Valve)의 종류
- 급기댐퍼 조정 후 냉동기의 부하 감소량
- 원심펌프(Centrifugal Pump)의 종류
- 보온재가 지녀야 할 구비조건
- 이론공기량, 이론건배기가스량, 최대탄산가스율
- 급수사용량, 실제연료소비량, 보일러의 효율

2022년 4회

- 수랭 노벽 설치 시의 장점
- 가마울림현상 방지대책
- 감압밸브 설치 시 주의사항
- 이상 증발이 일어나는 원인
- 아황산나트륨(Na_2SO_3)의 이론적인 양
- 보온재의 열전도율에 미치는 요인
- 증기압축식 냉동장치의 순환 순서
- 랭킨 사이클의 열효율
- 미분탄 연소장치의 명칭과 단점
- 병행류 열교환기의 전열면적 계산

2023년 1회

- 절탄기로부터 나오는 급수 출구의 온도 계산
- 질량 기준 공기-연료비 계산
- 절탄기를 설치한 후의 연료 절감률 계산
- 화염검출기의 기능과 종류
- 맞대기 용접이음에서 용접부의 길이 계산
- 탈기기의 설치목적
- 보온재의 최고안전사용온도
- 스팀트랩 부착 시 얻는 이점
- 매연, 슈트, 분진의 발생원인
- 압력계에서 기류의 속도 계산

2023년 2회

- 조업방식에 따른 요의 분류
- 원통형 보일러의 분류
- 과열증기 사용 시의 장점
- 착화지연시간(Ignition Delay Time)
- 공기비 조절 후 연간 배출가스 절감 금액 계산
- 에틸렌 연소 시 과잉공기량 계산
- 이슬이 맺히지 않는 단열재의 최소 두께 계산
- 공기예열기를 통과한 연소용 공기의 출구온도 계산
- 유체의 단위질량당 터빈에서 발생되는 출력 계산
- 관수 허용 고형물 농도 변경 후의 연료 절감량 계산

2023년 4회

- 공기예열기 설치 시의 장점
- 신축 조인트(Flexible Joint)
- 수관식 보일러의 장점
- 불순물의 농도 등이 주어졌을 때 분출량 계산
- 교축과정에서 감압 시 건도 계산
- 관의 스케줄 번호 선정
- 절탄기의 출구온도 계산
- 다중벽에서의 벽돌 두께 계산
- 정압과정에서 온도 변화량 및 일량 계산
- 열교환 후 실제 배기가스량 및 개선 후 절감되는 열량 계산

이 책의 목차

빨 간 키

당신의 시험에 빨간불이 들어왔다면!

최다빈출키워드만 쏙쏙! 모아놓은

합격비법 핵심 요약집 "빨간키"와 함께하세요!

당신을 합격의 문으로 안내합니다.

01 에너지설비 설계

보일러 구성의 3대 요소 : 본체, 부속장치, 연소장치

과열증기의 특징

- 과열증기는 건포화증기보다 온도가 높다.
- 수증기는 과열도가 증가할수록 이상기체에 가까운 성질을 나타낸다.
- 사이클의 열효율을 증가시킨다.
- 증기의 건도가 증가하여 터빈효율이 상승된다.
- 터빈날개의 부식을 감소시킨다.
- 과열도를 증가시킨다.
- 수분이 없어 관 내 마찰저항이 감소한다.
- 온도가 높아 응축수로 되기 어렵고 복수기에서만 응축수 변환이 가능하다.
- 용융되어 포함된 바나듐으로 인하여 과열기 표면에 고온 부식이 발생하며, 표면의 온도가 일정하지 않게 된다.
- 가열 표면의 온도를 일정하게 유지하기 곤란하다.
- 가열장치에 큰 열응력이 발생한다.
- 직접 가열 시 열손실을 증가시킨다.
- 제품 손상이 우려된다.

과열증기의 온도조절법(과열온도조절법)

- 과열저감기를 사용하는 방법
- 댐퍼에 의한 연소가스량을 조절하는 방법
- 습증기의 일부를 과열기로 보내는 방법
- 과열기 전용 화로를 설치하는 방법
- 과열증기에 습증기나 급수를 분무하는 방법
- 저온가스를 연소실 내로 재순환시키는 방법
- 연소실의 화염 위치를 바꾸는 방법
- 버너 위치, 사용 버너를 변경하는 방법

수관식 보일러의 특징

- 전열면적이 크다.
- 증기 발생이 빠르며 증발량이 크다.
- 보일러의 효율이 가장 좋다.
- 보일러수의 순환이 좋다.
- 연소실의 크기와 형태를 자유롭게 설계할 수 있다.
- 고압증기의 발생에 적합하다.
- 수관의 설계와 배열이 용이하여 연소실의 형상을 다양하게 할 수 있으며 패키지형 제작이 가능하다.
- 시동시간이 짧다.
- 과열 위험성이 작다.
- 원통형 보일러에 비해 보유수가 적어 무게가 가볍고 사고 시 피해가 작다.
- 용량에 비해 가벼워서 운반이나 설치가 쉽다.
- 고압 · 대용량에 적합하다.
- 수위 변동이 심하여 연속적인 급수를 요한다.
- 양질의 급수를 요하며 급수 및 보일러수 처리에 주의가 필요하다.
- 관수 보유 수량이 적어 부하변동에 따른 압력 변화가 크다.
- 구조가 복잡하고 스케일 발생이 많다.
- 스케일로 인한 수관 과열이 우려된다.
- 고가이며, 제작 · 검사 · 취급 · 청소 등이 어렵다.
- 증발이 빨라서 비수현상이 발생할 수 있다.
- 외분식이므로 노벽으로의 방산손실량이 많다.
- 취급 및 운전에 숙련된 기술이 필요하다.

관류 보일러의 특징

- 전열면적이 커서 효율이 높다.
- 순환비가 1이므로 증기드럼이 필요 없다.
- 보일러 내에서 가열 · 증발 · 과열이 함께 이루어진다.
- 점화 후 가동시간이 짧아도 증기 발생이 신속하다.
- 관 배치가 자유로워 구조가 콤팩트하다.
- 보유 수량이 적어 증기 발생이 운전 개시 후 5분 이내로 매우 빠르다.
- 안정성이 높아 법적 관리 제약에서 비교적 자유롭다.
- 자동화하기 쉬우며, 인력 절감에 유효하다.
- 다관 설치가 가능하고, 군관리시스템을 도입할 수 있다.

- 효율적인 투자가 가능하고, 투자 대비 운전비용이 저렴하다.
- 튜브 직경이 작아 가볍고 내압강도가 크지만, 압력손실의 증가로 동력손실이 많다.
- 보충 수량은 적으나 운전 중 보일러수에 포함된 고형물이나 염분 배출을 위한 블로다운(Blow Down)이 불가능하므로 수질관리를 철저히 하여야 한다.

열매체보일러의 특징

- 저압으로 고온의 증기를 얻을 수 있다.
- 겨울철 동결의 우려가 작다.
- 부식의 염려가 없어 청관제 주입장치가 필요하지 않다.
- 안전관리상 보일러 안전밸브는 밀폐식 구조로 한다.
- 물이나 스팀보다 전열특성이 좋다.
- 열매체의 종류에 따라 사용온도의 한계가 차별화된다.
- 인화성, 자극성이 있다.

화염검출기의 종류

- 스택스위치(Stack Switch, 열적 화염검출기) : 화염의 열을 이용하여 특수합금판의 서모스탯이 감지하여 작동하는 스위치로, 주로 가정용 소형 보일러에만 이용된다.
- 플레임 아이(Flame Eye, 광학적 화염검출기) : 화염에서 발생하는 빛을 검출하는 방법으로, 주로 오일용으로 사용한다. 적외선, 가시광선 및 자외선의 영역별로 다르게 검출하는 특성이 다른 황화카드뮴 광전셀(CdS셀, 기름버너용), 황화납 광전셀(PbS셀, 기름 및 가스버너용), 자외선 광전관(기름 및 가스버너용), 적외선 광전관(빛의 적외선 이용), 정류식 광전관(기름버너용) 등의 화염검출기가 있다.
- 플레임 로드(Flame Rod, 전기전도 화염검출기) : 화염이 가지는 전기전도성을 이용한 것으로, 주로 가스점화버너에 사용한다. 단순하게 화염이 가진 도전성을 이용하는 도전식, 검출기와 화염에 접하는 면적의 차이에 의한 정류효과를 이용한 정류식이 있다.

비교회전도 또는 비속도(Specific Speed, N_s)

- 상사조건을 유지하면서 임펠러(회전차)의 크기를 바꾸어 단위유량에서 단위양정을 내게 할 때의 임펠러에 주어져야 할 회전수이다.
- 단단의 경우, 비교회전도(비속도) : $N_s = \dfrac{n \times \sqrt{Q}}{h^{3/4}}$
- 다단의 경우, 비교회전도(비속도) : $N_s = \dfrac{n \times \sqrt{Q}}{(h/Z)^{3/4}}$

  (여기서, n : 회전수, Q : 유량, h : 양정, Z : 단수)

플래시탱크의 재증발 증기량(W)

$$W = \frac{G_c \times \Delta Q}{h_L} = \frac{G_c(h_1 - h_2)}{h_3 - h_2}$$

(여기서, G_c : 응축수량, ΔQ : 응축수 열량의 차이, h_L : 출구측 압력의 증기잠열(탱크의 증발잠열), h_1 : 입구측의 비엔탈피(응축수의 엔탈피), h_2 : 출구측의 비엔탈피(배출 응축수의 엔탈피), h_3 : 재증발 증기의 엔탈피)

분출량, 응축수 회수율, 분출률

- 분출량(B_D) : $B_D = \frac{W(1-R)d}{r-d}$

  (여기서, W : 급수량[L], R : 응축수 회수율[%], d : 급수 중의 불순물 농도, r : 관수 중의 불순물 농도)
- 응축수 회수율 : $R = \frac{\text{응축수 회수량}}{\text{실제 증발량}} \times 100$
- 분출률 : $\frac{d}{r-d} \times 100[\%]$

보일러수의 분출목적(분출장치 설치목적)

- 물의 순환을 촉진한다.
- 보일러수의 pH를 조절한다.
- 고수위를 방지한다.
- 보일러수의 농축을 방지한다.
- 프라이밍 및 포밍을 방지한다.
- 동 상부의 유지분을 제거한다.
- 세관작업 후 폐액을 제거한다.
- 스케일 및 슬러지 생성 및 고착을 방지한다.
- 불순물의 농도를 한계치 이하로 하여 부식 발생을 방지한다.
- 가성취화를 방지한다.

과열기(Superheater)의 특징

- 마찰저항을 감소시키고 관 내 부식을 방지한다.
- 적은 증기로 많은 일을 할 수 있다.
- 엔탈피 증가로 증기소비량이 감소된다.
- 과열증기를 만들어 터빈효율을 증대시킨다.
- 보일러의 열효율이 증가한다.
- 엔탈피 증가로 증기소비량 감소효과가 있다.
- 수격작용을 방지한다.
- 증기의 열에너지가 커 열손실이 많아질 수 있다.
- 바나듐에 의해 과열기 전열면에 고온 부식이 발생할 수 있다.
- 연소가스의 저항으로 압력손실이 크다.
- 가열 표면의 온도를 일정하게 유지하기 곤란하다.
- 가열장치에 큰 열응력이 발생한다.
- 직접 가열 시 열손실이 증가한다.
- 제품 손상의 우려가 있다.
- 통풍저항이 증가한다.
- 통풍력의 감소를 초래한다.
- 과열기 표면에 고온 부식이 발생하기 쉽다.
- 증기의 열에너지가 커서 열손실이 많다.
- 설비비가 많이 들고 취급에 기술을 요한다.

재열기(Reheater)의 특징

- 증기터빈의 열효율을 향상시킨다.
- 수분에 의한 부식이나 마찰손실을 감소시킨다.
- 보일러의 용량이 적어도 된다.
- 응축수펌프의 동력이 작아도 된다.

■ 절탄기(Economizer)의 특징

- 연료소비량을 절감한다.
- 증발능력을 상승시켜 열효율을 향상시킨다.
- 급수와 보일러수의 온도차가 작아져서 동판의 열응력을 감소시킨다.
- 증기 발생 소요시간이 단축된다.
- 급수 중 일부 불순물을 제거한다.
- 열정산 시 절탄기 입구(전단)에 설치된 온도계의 온도를 사용한다.
- 통풍저항 증가로 인하여 연돌의 통풍력이 저하된다.
- 연소가스 마찰손실로 인하여 통풍손실이 발생할 수 있다.
- 배기가스의 온도 저하로 저온 부식이 발생할 수 있다.
- 연소가스의 성분 중 황산화물(SO_2)은 절탄기의 전열면을 부식시킨다.
- 청소 및 점검, 검사가 어렵다.
- 취급에 기술을 요한다.

■ 공기예열기(Air Preheater)의 특징

- 연소실 내 온도가 높아져서 노 내 열전도가 좋아진다.
- 전열효율, 연소효율이 향상된다.
- 보일러 효율이 높아진다.
- 연소 상태가 양호해진다.
- 연소실 내 온도 상승으로 적은 과잉공기로도 완전연소가 가능하다.
- 연료의 착화열을 감소시킨다.
- 배가스(배기가스)의 손실을 줄인다.
- 과잉공기량을 감소시킨다.
- 배기가스 온도가 내려가므로 배기가스 저항이 증가한다.
- 수분이 많은 저질탄 연료의 연소도 가능하다.
- 저질탄 연소에 효과적이다.
- 연도 내 통풍저항이 증가하여 통풍력이 감소한다.
- 배기가스 온도가 저하되어 저온 부식을 초래한다.
- 산화물에 의한 부식이 발생된다.
- 연도에서 전열면적이 크게 차지한다.

▮ 수트블로어(Soot Blower) : 수트블로어는 보일러의 노 안이나 연도에 배치된 전열면에 그을음(수트)이나 재가 부착하면 열의 전도가 나빠지므로 그을음이나 재를 제거처리하여 연소열 흡수를 양호하게 유지시키기 위한 장치이다.

▮ 수트블로어의 종류

- 롱 리트랙터블형(장발형) : 삽입형으로 보일러의 고온전열면 또는 과열기 등에 사용되고 증기 및 공기를 동시에 분사시켜 취출작업을 하는 수트블로어이다.
- 쇼트 리트랙터블형(단발형) : 보일러의 연소로 벽 등에 부착하는 타고 남은 찌꺼기를 제거하는 데 적합하며, 특히 미분탄 연소 보일러 및 폐열 보일러 같은 타고 남은 연재가 많이 부착되는 보일러에 효과가 있다.
- 로터리형(정치회전형) : 보일러 전열면, 급수예열기 등에 사용되고, 자동식과 수동식이 있다.
- 건타입 : 분사관이 전・후진하고 회전하지 않는 형식의 수트블로어이다. 타고 남은 연재가 많이 부착되는 미분탄 연소 보일러나 폐열 보일러의 전열면에 부착하는 재나 수트 불기용으로 사용된다.
- 공기예열기 클리너(Air Heater Cleaner) : 자동식과 수동식이 있으며, 관형 공기예열기에 사용된다.

▮ 증기트랩의 특징

- 응축수 배출로 수격작용을 방지한다.
- 응축수에 기인하는 설비 부식을 방지한다.
- 관 내 유체 흐름에 대한 마찰저항이 감소한다.
- 열효율 저하를 방지한다.
- 증기의 건도 저하를 방지한다(건도 증가).

▮ 증기트랩의 조건

- 압력, 유량의 변화가 있어도 동작이 확실해야 한다.
- 슬립, 율동 부분이 작고, 내마모성과 내부식성이 좋아야 한다.
- 내구력이 커야 한다.
- 마찰저항이 작고 공기빼기가 좋아야 한다.
- 응축수를 연속적으로 배출할 수 있어야 한다.
- 사용 중지 후에도 응축수 배출이 용이해야 한다.
- 증기가 배출되지 않아야 한다.

증기트랩의 분류

- 온도조절식 트랩 : 압력평형식(벨로스식, 다이어프램식), 바이메탈식, 열동식
- 기계식 트랩 : 볼플로트트트랩, 버킷트랩
- 열역학적 트랩(디스크트랩)

바이메탈식 증기트랩의 특징

- 작동원리상 서모스태틱형 증기트랩에 속하는 것으로, 감온체로서 바이메탈(원판형 바이메탈)을 사용한다.
- 증기와 응축수의 온도 차이를 이용한다.
- 구조상 고압에 적당하다.
- 배기능력이 탁월하다.
- 배압이 높아도 작동이 가능하다.
- 드레인 배출온도를 변화시킬 수 있다.
- 증기 누출이 없다.
- 밸브 폐색의 우려가 없다.
- 과열증기에는 사용할 수 없다.
- 개폐 온도차가 크다.

볼플로트식 증기트랩의 특징

- 다량의 드레인을 연속적으로 처리한다.
- 증기 누출이 매우 적다.
- 가동 시 공기빼기가 불필요하다.
- 수격작용에 다소 약하다.

버킷식 증기트랩의 특징

- 배관계통에 설치하여 배출용으로 사용한다.
- 장치의 설치는 수평으로 한다.
- 가동 시 공기빼기가 필요하다.
- 겨울철 동결의 우려 있다.

열역학적 트랩(디스크트랩)의 특징

- 가동 시 공기 배출이 불필요하다.
- 작동 확률이 높고 소형이며 워터해머에 강하다.
- 과열증기 사용에 적합하나 고압용에는 부적당하다.
- 작동이 빈번하며 내구성이 낮다.

열교환기의 효율을 향상시키기 위한 방법

- 온도차를 크게 한다.
- 유체의 유속을 빠르게 한다.
- 유체의 흐름 방향을 향류로 한다.
- 열전도율이 높은 재질을 사용한다.
- 전열면적을 크게 한다.
- 이물질, 스케일, 응축수 등을 제거한다.

원통다관(Shell & Tube)식 열교환기

- 가장 널리 사용되는 열교환기로, 폭넓은 범위의 열전달량을 얻을 수 있어 적용범위가 매우 넓고, 신뢰성과 효율이 높다.
- 공장 제작하며 크기에 따라 적당한 공간이 필요하고 현장에서 설치 및 조립한다.
- 플레이트 열교환기에 비해서 열통과율이 낮다.
- Shell과 Tube 내의 흐름은 직류보다 향류 흐름의 성능이 더 우수하다.
- 구조상 고온·고압에 견딜 수 있어 석유화학공업 분야 등에서 많이 이용된다.

판형 열교환기

- 구조상 압력손실이 크고 내압성이 작다.
- 다수의 파형이나 반구형의 돌기를 프레스 성형하여 판을 조합한다.
- 전열면의 청소나 조립이 간단하고, 고점도에도 적용할 수 있다.
- 판의 매수 조절이 가능하여 전열면적 증감이 용이하다.
- 전열효과가 우수하며 설치면적 소요가 작다.
- 오염도가 낮으며 열손실이 작다.
- 얇은 판에 슬러지가 쉽게 쌓여 고장이 쉽게 일어난다.
- 슬러지 청소 시 설비 해체의 어려움이 따른다.

스파이럴식 열교환기

- 열팽창에 대한 염려가 없다.
- 플랜지 이음이다.
- 내부 수리가 용이하다.

히트파이프 열교환기

- 열저항이 작아 낮은 온도하에서도 열회수가 가능하다.
- 전열면적을 크게 하기 위해 핀튜브를 사용한다.
- 수평, 수직, 경사구조로 설치 가능하다.
- 별도의 구동장치가 필요 없다.

집진장치의 종류

- 건식 집진장치 : 중력식, 관성력식(충돌식, 반전식) , 원심식(사이클론식, 멀티 사이클론형), 백필터(여과식), 진동무화식
- 습식 집진장치 : 유수식, 가압수식(벤투리 스크러버, 사이클론 스크러버, 제트 스크러버, 세정탑 또는 충전탑), 회전식
- 전기식 집진장치 : 코트렐 집진장치(건식, 습식)

세정식 집진장치의 특징

- 가동 부분이 작고 조작이 간단하다.
- 가연성 함진가스 세정에도 이용 가능하다.
- 연속 운전이 가능하고 분진, 함진가스 종류와 무관하게 집진처리가 가능하다.
- 다량의 물 또는 세정액이 필요하다.
- 집진물의 회수 시 탈수, 여과, 건조 등을 위한 별도의 장치가 필요하다.
- 설비비가 고가이다.

미분탄연소의 특징

- 연소실의 공간을 유효하게 이용할 수 있다.
- 부하변동에 대한 응답성이 우수하다.
- 낮은 공기비로 높은 연소효율을 얻을 수 있다.
- 대형 연소로에 적합하다.

유압분무식 버너의 특징

- 구조가 간단하다.
- 유지 및 보수가 간단하다.
- 대용량의 버너 제작이 용이하다.
- 소음 발생이 적다.
- 보일러 가동 중 버너 교환이 용이하다.
- 무화 매체인 증기나 공기가 필요하지 않다.
- 분무 유량 조절의 범위가 좁다(비환류식 1 : 2, 환류식 1 : 3).
- 연소의 제어범위가 좁다.
- 기름의 점도가 너무 높으면 무화가 나빠진다.

유류 버너의 선정기준

- 가열조건과 연소실 구조에 적합해야 한다.
- 버너 용량이 보일러 용량에 적합해야 한다.
- 부하변동에 따른 유량 조절범위를 고려해야 한다.
- 자동제어방식에 적합한 버너형식을 고려해야 한다.

윈드박스(Wind Box)의 설치효과

- 공기와 연료의 혼합을 촉진시킨다.
- 안정된 착화를 도모한다.
- 화염 형상을 조절한다.
- 전열효율을 향상시킨다.

자연통풍의 특징

- 동력이 필요 없으며 설비가 간단하여 설비비용이 적게 든다.
- 매연 연소가스를 외기로 비산시켜 부근에 해를 미치는 일이 적다.
- 통풍력은 연돌 높이, 배기가스 온도, 외기온도, 습도 등에 영향을 받는다.
- 배기가스의 유속 : 3~4[m/s] 정도
- 통풍력 : 15~30[mmAq]
- 통풍력이 약하다.
- 대용량 열설비에는 사용하기 적당하지 않다.
- 연소실 내부가 대기압에 대하여 부압이 되어 차가운 공기가 침입하기 쉬우므로 열손실이 증가한다.

자연통풍에서 통풍력을 증가시키는 방법

- 고대(高大) : 연돌의 높이, 연돌의 단면적, 배기가스의 온도
- 저소(低少) : 배기가스의 비중량, 연도의 길이, 연도의 굴곡수, 외기의 온도, 공기의 습도, 연도벽과의 마찰, 연도의 급격한 단면적 감소, 벽돌 연도 시 크랙에 의한 외기 침입

압입통풍의 특징

- 노 내의 압력이 대기압보다 높으므로 가스의 기밀을 유지할 수 있는 구조여야 한다.
- 굴뚝의 통풍작용과 같이 통풍을 유지하는 방식이다.
- 배기가스의 유속 : 8[m/s] 정도
- 노 안은 항상 정압(+)으로 유지되어 연소가 용이하다.
- 가열연소용 공기를 사용하며 경제적이다.
- 가압연소가 되므로 연소율이 높다.
- 고부하연소가 가능하다.
- 300[℃] 이상의 연소용 공기가 예열된다.
- 통풍저항이 큰 보일러에 사용 가능하다.
- 송풍기의 고장이 적고 점검・보수가 용이하다.
- 연소용 공기 조절이 용이하다.
- 노 내압이 높아 연소가스 누설이 쉽다.
- 연소실 및 연도의 기밀 유지가 필요하다.
- 통풍력이 높아 노 내 손실이 발생한다.
- 송풍기 가동으로 동력 소비가 많다.
- 자연통풍에 비하여 설비비가 많이 든다.

흡인통풍(유인통풍)의 특징

- 노 내의 압력은 대기압보다 낮고 고온의 열가스가 송풍기에 접촉하는 경우가 많으므로, 내열성과 내식성이 풍부한 재료를 사용하여 관리에 충분한 주의를 기울여야 한다.
- 배기가스 유속 : 10[m/s] 정도
- 흡출기로 배기가스를 방출하므로 연돌의 높이에 관계없이 연소가스가 배출된다.
- 고온가스에 의한 송풍기의 재질이 견딜 수 있어야 한다.
- 강한 통풍력이 형성된다.
- 노 내에 항상 부압(-)이 유지되므로 노 내의 손상이 작다.
- 동력 소비가 많다.
- 노 내가 부압이라서 외기 침입으로 열손실이 많다.

- 연소용 공기가 예열되지 않는다.
- 고장 시 점검, 보수, 교환이 불편하며 수명이 짧다.
- 연소가스 접촉으로 손상이 초래된다.

평형통풍의 특징

- 안정한 연소를 유지할 수 있다.
- 노 내 정압을 임의로 조절할 수 있다(노 내 압력을 자유로이 조절할 수 있다).
- 대용량, 고성능, 대규모에 경제적이다.
- 통풍저항이 큰 대형 보일러나 고성능 보일러에 널리 사용된다.
- 강한 통풍력을 얻을 수 있다.
- 연소실 구조가 복잡하여도 통풍이 양호하다.
- 가스 누설이나 외기 침입이 없다.
- 송풍기에 의한 동력이 많이 소요된다.
- 설비비와 유지비가 많이 든다.
- 통풍력이 커서 소음이 심하다.
- 소규모의 경우에는 비경제적이다.

연돌의 통풍력 계산식

- 이론 통풍력 : $Z_{th} = 273H \times \left(\frac{\gamma_a}{T_a} - \frac{\gamma_g}{T_g} \right) [\mathrm{mmH_2O}]$

  (여기서, H : 연돌의 높이[m], γ_a : 대기의 비중량[kg/Nm^3], T_a : 외기의 절대온도, γ_g : 배기가스의 비중량 [kg/Nm^3], T_g : 배기가스의 절대온도)
- 실제 통풍력 : $Z_{real} = 0.8 Z_{th}$

연소실에서 연소된 연소가스의 자연통풍력을 증가시키는 방법

- 연돌의 높이를 높게 한다.
- 연돌의 단면적을 크게 한다.
- 연도의 길이를 짧게 한다.
- 연도의 굴곡부를 없애거나 적게 한다.
- 배기가스의 온도를 높게 유지한다.
- 배기가스의 비중량을 작게 한다.

송풍기의 상사법칙(비례법칙)

- 풍량 : $Q_2 = Q_1\left(\frac{N_2}{N_1}\right)^1\left(\frac{D_2}{D_1}\right)^3$
- 풍압 : $P_2 = P_1\left(\frac{N_2}{N_1}\right)^2\left(\frac{D_2}{D_1}\right)^2$
- 축동력 : $H_2 = H_1\left(\frac{N_2}{N_1}\right)^3\left(\frac{D_2}{D_1}\right)^5$

  (여기서, D : 임펠러의 직경, N : 회전수)

요로의 열효율 향상방법

- 전열량을 증가시킨다.
- 연속 조업으로 손실열을 최소화한다.
- 환열기, 축열기를 설치한다.
- 단열조치로 방사열량을 감소시킨다.
- 배열을 이용하여 연소용 공기를 예열·공급한다.

터널요의 특징

- 소성 서랭시간이 짧고 대량 생산이 가능하다.
- 인건비, 유지비가 적게 든다.
- 온도 조절의 자동화가 쉽다.
- 제품의 품질, 크기, 형상 등에 제한을 받는다.

내화물의 비중

- 참비중(D_t) : 무게/참부피
- 겉보기비중(D_a) : $D_a = \frac{W_1}{W_1 - W_2}$

  (여기서, W_1 : 시료의 건조 중량[kg], W_2 : 함수시료의 수중 중량[kg])
- 부피비중(D_b) : $D_b = \frac{W_1}{W_3 - W_2}$

  (여기서, W_1 : 시료의 건조 중량[kg], W_2 : 함수시료의 수중 중량[kg], W_3 : 함수시료의 중량[kg])

내화물의 구비조건

- 상온에서 압축강도가 클 것
- 내마모성 및 내침식성을 가질 것
- 재가열 시 수축이 작을 것
- 사용온도에서 연화 변형하지 않을 것

부정형 내화물(Moniolithic Refractories)

- 부정형 내화물의 종류 : 캐스터블 내화물, 플라스틱 내화물, 내화 모르타르
- 부정형 내화물 사용 시 탈락방지기구 : 메탈라스, 앵커, 서포터

캐스터블(Castable) 내화물의 특징

- 소성할 필요가 없고 가마의 열손실이 작다.
- 접합부 없이 노체를 구축할 수 있다.
- 사용 현장에서 필요한 형상으로 성형할 수 있다.
- 내스폴링(Spalling)성이 우수하고, 열전도율이 작다.

점토질 단열재의 특징

- 내스폴링성이 우수하다.
- 노벽이 얇아져서 노의 중량이 적다.
- 내화재와 단열재의 역할을 동시에 한다.
- 안전사용온도는 1,300~1,500[℃] 정도이다.

보온재가 지녀야 할 구비조건

- 열전도율이 작고 보온능력이 클 것
- 적당한 기계적 강도를 지닐 것
- 흡습성, 흡수성이 작을 것
- 비중과 부피가 작을 것
- 내열성, 내약품성이 우수할 것

무기질 보온재의 특징

- 경도가 높다.
- 최고안전사용온도가 높다.
- 불연성이며 열전도율이 낮다.
- 내수성, 내소성변형성이 우수하다.
- 가격이 비싼 편이지만 수명이 길다.

스케줄 번호와 관의 두께

- 스케줄 번호(SCH No.) : $SCH = 10 \times \frac{P}{\sigma}$

  (여기서, P : 사용압력, σ : 허용응력)
- 관의 두께 : $t = \left(\frac{P}{\sigma} \times \frac{D}{175}\right) + 2.54 = \frac{PD}{175\sigma} + 2.54$

  (여기서, D : 관의 바깥지름)

신축이음의 종류 : 슬리브형, 루프형, 벨로스형, 스위블형, 상온 스프링형

신축 조인트의 설치목적

- 펌프에서 발생된 진동 흡수
- 배관에 발생된 열응력 제거
- 배관의 신축 흡수로 배관 파손이나 밸브 파손 방지

슬리브형 신축이음

- 이음 본체가 파이프로 되어 있으며, 관의 신축을 본체 속을 미끄러지는 슬리브 파이프에 흡수하는 형식이다.
- 단식과 복식이 있다.
- 실내용 저압증기 및 온수배관에 사용된다.

루프형 신축이음

- 곡관형, 신축곡관, 민곡관형 등으로도 부른다.
- 고온·고압에 잘 견딘다.
- 주로 고압증기의 옥외 증기배관용으로 사용된다.
- 관에 주름 밴딩이 있을 경우의 곡률반지름은 관지름의 2~3배로 한다.
- 응력을 수반한다.

벨로스형 신축이음

- 온도 변화에 따라 일어나는 관의 신축을 벨로스 변형에 의해 흡수하는 신축이음이다.
- 파형 신축이음 또는 팩레스(Packless) 신축이음이라고도 한다.
- 벨로스의 재질은 청동이나 스테인리스강이 사용된다.
- 주로 저압증기배관에 사용된다.
- 신축으로 인한 응력을 받지 않는다.

스위블형 신축이음

- 2개 이상의 엘보를 사용하여 나사의 회전에 의해 신축을 흡수하는 형식이다.
- 증기 및 온수난방 또는 저압증기난방 시 주관으로부터의 분기관이나 방열기용 배관으로 사용된다.
- 큰 신축에 대하여는 누설의 염려가 있다.

상온 스프링형 신축이음

- 배관의 자유팽창을 미리 계산하여 관의 길이를 약간 짧게 절단하여 강제배관을 하여 열팽창을 흡수하는 방식이다.
- 절단하는 길이는 계산에서 얻은 자유팽창량의 1/2 정도로 한다.
- 콜드 스프링이라고도 한다.

스프링식 안전밸브의 미작동 원인

- 스프링이 너무 조여 있거나 하중이 지나치게 많은 경우
- 밸브디스크가 밸브시트에 고착해 있는 경우
- 밸브디스크와 밸브시트의 틈이 지나치게 크고 디스크가 한쪽으로 기울어져 있는 경우
- 밸브 각이 제대로 맞지 않고 뒤틀어진 경우

스팀헤더에 설치된 스프링식 안전밸브에서 증기가 누설되는 원인

- 스프링 장력이 약하거나 작동압력이 낮게 조정된 경우
- 밸브디스크와 밸브시트에 이물질이 존재할 경우
- 밸브축이 이완되었거나 밸브와 밸브시트가 오염되었거나 가공 불량인 경우

게이트밸브(Gate Valve)의 특징

- 유체가 밸브 내를 통과할 때 그 통로의 변화가 작으므로 압력손실이 작다.
- 핸들 회전력이 글로브밸브에 비해 가벼워 대형 및 고압밸브에 사용된다.
- 원통지름이 그대로 열리므로 양정이 크게 되어 개폐에 시간이 걸린다.
- 밸브를 절반 정도 열고 사용하면 와류가 생겨 유체저항이 크게 되어 유량 특성이 나빠지므로 완전 개폐용으로 사용하는 것이 좋다.

다이어프램 밸브(Diaphram Valve)의 특징

- 유체의 흐름이 주는 영향이 작다.
- 기밀을 유지하기 위한 패킹이 필요 없다.
- 산 등의 화학약품을 차단하는 데 사용하는 밸브이다.

체크밸브(Check Valve)

- 급수설비에서 유체의 역류를 방지하기 위한 것으로, 밸브의 무게와 밸브의 양면 간 압력차를 이용하여 밸브를 자동으로 작동시켜 유체가 한쪽 방향으로만 흐르도록 한 밸브
- 체크밸브의 종류 : 리프트식, 스윙식, 해머리스식(스모렌스키식)

응력(배관, 보일러 동체, 드럼, 원통형 고압용기)

- 축 방향(길이 방향) 인장응력(σ) : $\sigma = \dfrac{PD}{4t}$

  (여기서, P : 내압, D : 안지름, t :두께)
- 원주 방향(반경 방향) 인장응력(σ_1) : $\sigma_1 = \dfrac{PD}{2t}$

  (여기서, P : 내압, D : 안지름, t :두께)
- 이음효율(η) 고려 시 : $\sigma = \dfrac{PD}{4t\eta}$, $\sigma_1 = \dfrac{PD}{2t\eta}$
- $\sigma : \sigma_1 = 1 : 2$

원통판의 두께(t)

$$t = \frac{PD}{2\sigma_1}$$

(여기서, P : 내압[kgf/cm^2], D : 안지름[mm], σ_1 : 원주 방향(반경 방향) 인장응력[kgf/cm^2])

안전율(S), 이음효율(η), 부식 여유(C) 고려 시 최소 두께(t)

$$t = \frac{PD}{2\sigma_a \eta} + C = \frac{PDS}{2\sigma_u \eta} + C$$

(여기서, σ_a : 허용인장응력[kgf/cm^2], σ_u : 강판의 인장강도[kgf/cm^2])

구형 용기의 최소 두께(t)

$$t = \frac{PD}{400\sigma_a \eta - 0.4P} + \alpha$$

(여기서, P : 최고사용압력[kgf/cm^2], D : 안지름[mm], σ_a : 허용인장응력[kgf/cm^2], η : 용접 이음효율, α : 부식 여유[mm])

절탄기용 주철관의 최소 두께(t)

- $t = \dfrac{PD}{200\sigma_a - 1.2P} + C$

  (여기서, P : 급수에 지장이 없는 압력 또는 릴리프밸브의 분출압력[kgf/cm^2], D : 안지름[mm], σ_a : 허용인장응력[kgf/cm^2], C : 핀 미부착 시 4[mm], 핀 부착 시 2[mm])

- $t = \dfrac{PD}{2\sigma_a - 1.2P} + C$

  (여기서, P : 급수에 지장이 없는 압력 또는 릴리프밸브의 분출압력[MPa], D : 안지름[mm], σ_a : 허용인장응력[MPa], C : 핀 미부착 시 4[mm], 핀 부착 시 2[mm])

육용강재 보일러에 접시 모양 경판으로 노통 설치 시 경판의 최소 두께(t)

$$t = \frac{PR}{150\sigma_a \eta} + A$$

(여기서, P : 최고사용압력[kgf/cm^2], R : 접시 모양 경판의 중앙부에서의 내면 반지름[mm], σ_a : 재료의 허용인장응력[kgf/cm^2], η : 경판 자체의 이음효율, A : 부식 여유[mm])

관판의 두께

- 관판의 롤 확관 부착부의 최소 두께 : 완전한 링 모양을 이루는 접촉면의 두께가 10[mm] 이상이어야 한다.
- 연관의 바깥지름 75[mm]인 연관 보일러 관판의 최소 두께(t) : $t = \dfrac{D}{10} + 5[\text{mm}]$

  (여기서, D : 연관의 바깥지름[mm])

• 연관의 바깥지름 150[mm] 이하의 연관 보일러 관판의 최소 두께(t)

- $t = \frac{PD}{700} + 1.5[\text{mm}]$

  (여기서, P : 최고사용압력[kgf/cm^2], D : 연관의 바깥지름[mm])

- $t = \frac{PD}{70} + 1.5[\text{mm}]$

  (여기서, P : 최고사용압력[MPa])

• 연관 보일러 관판의 최소 두께(판관의 바깥지름 1,350[mm]~)

관판의 바깥지름[mm]	관판 최소 두께([mm])
1,350 이하	10
1,350 초과 1,850 이하	12
1,850 초과	14

규칙적으로 배치된 스테이 볼트 그 밖의 스테이에 의하여 지지되는 평판의 최소 두께

• $t = p\sqrt{\frac{P}{C}}$

(여기서, p : 스테이 볼트 또는 이것과 똑같은 스테이의 평균피치이며 스테이 열의 수평 및 수직 방향 중심선간거리의 평균치, P : 최고사용압력[kgf/cm^2], C : 노통의 종류에 따른 상수)

• $t = p\sqrt{\frac{10P}{C}}$

(여기서, P : 최고사용압력[MPa])

※ 단, 어떠한 경우에도 8[mm] 미만으로 해서는 안 된다.

파형 노통의 최소 두께와 최고사용압력

• 노통식 보일러 파형부 길이 230[mm] 미만인 노통의 최소 두께(t)

- $t = \frac{PD}{C}[\text{mm}]$

  (여기서, P : 최고사용압력[kgf/cm^2], D : 노통의 파형부에서의 최대 내경과 최소 내경의 평균치(모리슨형 노통에서는 최소내경에 50[mm]를 더한 값), C : 노통의 종류에 따른 상수)

- $t = \frac{10PD}{C}[\text{mm}]$

  (여기서, P : 최고사용압력[MPa])

• 최고사용압력 : $P = \frac{Ct}{D}[\text{kgf/cm}^2]$

(여기서, P : 최고사용압력[kgf/cm^2], C : 노통의 종류에 따른 상수, t : 관판의 최소 두께, D : 노통의 파형부에서의 최대 내경과 최소 내경의 평균치)

규칙적으로 배치된 스테이 볼트 그 밖의 스테이에 의하여 지지되는 평판의 최소 두께

- $t = p\sqrt{\frac{P}{C}}$

  (여기서, p : 스테이 볼트 또는 이것과 똑같은 스테이의 평균피치이며 스테이 열의 수평 및 수직 방향 중심 선간거리의 평균치, P : 최고사용압력[kgf/cm^2], C : 노통의 종류에 따른 상수)
- $t = p\sqrt{\frac{10P}{C}}$

  (여기서, P : 최고사용압력[MPa])

  ※ 단, 어떠한 경우에도 8[mm] 미만으로 해서는 안 된다.

파형 노통의 최소 두께와 최고사용압력

- 노통식 보일러 파형부 길이 230[mm] 미만인 노통의 최소 두께(t)
  - $t = \frac{PD}{C}$[mm]

    (여기서, P : 최고사용압력[kgf/cm^2], D : 노통의 파형부에서의 최대 내경과 최소 내경의 평균치(모리슨형 노통에서는 최소내경에 50[mm]를 더한 값), C : 노통의 종류에 따른 상수)
  - $t = \frac{10PD}{C}$[mm]

    (여기서, P : 최고사용압력[MPa])
- 최고사용압력 : $P = \frac{Ct}{D}$[kgf/cm^2]

  (여기서, P : 최고사용압력[kgf/cm^2], C : 노통의 종류에 따른 상수, t : 관판의 최소 두께, D : 노통의 파형부에서의 최대 내경과 최소 내경의 평균치)

관 스테이의 최소 단면적(S)

1개의 관 스테이가 지시하는 면적이 A, A 중에서 관구멍의 합계 면적이 a일 때,

- $S = \frac{(A-a)P}{5}$

  (여기서, P : 최고사용압력[kgf/cm^2])
- $S = 2(A-a)P$

  (여기서, P : 최고사용압력[MPa])

▌경사 스테이의 최소 단면적

$$A = A_1 \frac{l}{h}$$

(여기서, A : 경사 스테이의 최소 단면적[mm^2], A_1 : 봉 스테이를 부착하는 것으로 가정한 경우의 소요 단면적[mm^2], l : 경사 스테이의 길이[mm], h : 경사 스테이의 동체 부착부 중앙부에서 경판면으로의 수직선 길이[mm])

▌송풍기의 소요동력(H)

- $H = \dfrac{PQ}{60 \times \eta}$[kW] $= \dfrac{PQ}{60 \times 75 \times \eta}$[PS]

  (여기서, P : 송풍기 출구 풍압[mmAq], Q : 송풍량[m^3/min], η : 효율)
- 여유율(α) 반영 시 : $H = \dfrac{PQ}{60 \times \eta}(1+\alpha)$[kW] $= \dfrac{PQ}{60 \times 75 \times \eta}(1+\alpha)$[PS]

▌파형 노통의 특징

- 강도가 크고 외압에 강하다.
- 열에 대한 신축 탄력성이 좋다.
- 전열면적이 넓다.
- 통풍의 저항이 있다.
- 스케일 생성이 쉽다.
- 제작비용이 많이 들고 내부 청소 및 제작이 어렵다.

▌수관 보일러 몸체의 전열면적

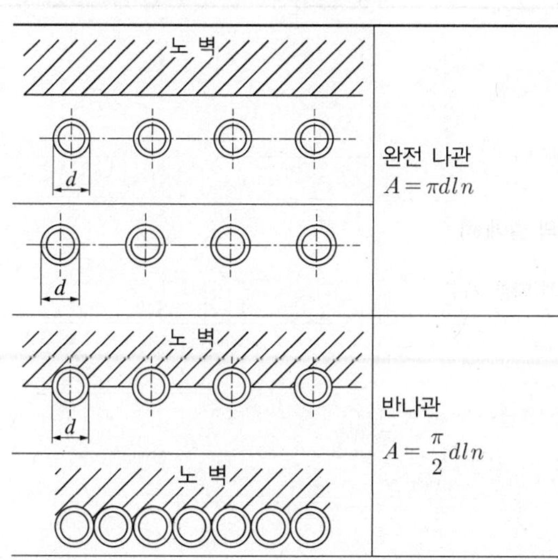

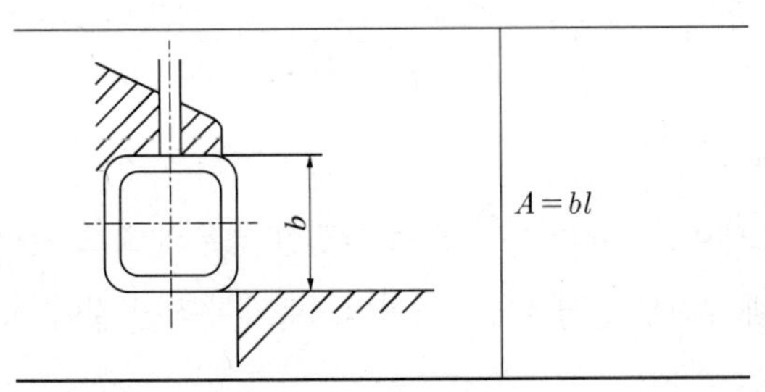

$A = bl$

여기서, d : 수관의 바깥지름[m]　　l : 수관 또는 헤더의 길이[m]
n : 수관의 수　　b : 너비[m]

전열의 종류	계수(α)
양쪽면에 방사열을 받는 경우	1.0
한쪽면에 방사열, 다른 면에 접촉열을 받는 경우	0.7
양쪽면에 접촉열을 받는 경우	0.4

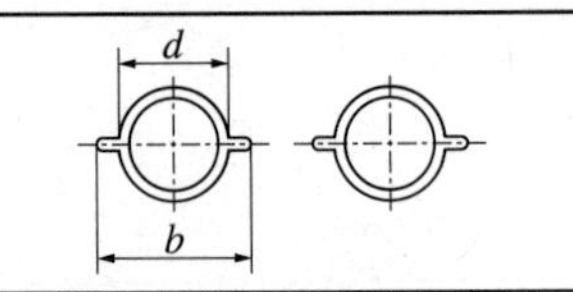

$A = (\pi d + W\alpha) ln$

여기서, d : 수관의 바깥지름[m]　　l : 수관 또는 헤더의 길이[m]
n : 수관의 수　　b : 너비[m]
W : 1개 수관의 핀 너비의 합[m], $W = b - d$　　α : 열전달의 종류에 따른 계수

- 핀붙이 수관에서 길이 방향으로 핀의 부착되어 있고, 한쪽면이 연소가스 등에 접촉하는 것은 전열의 종류에 따라 다음의 계수를 핀의 한쪽면 면적에 곱하여 얻은 면적에 관 바깥둘레 중 연소가스 등에 접촉하는 부분의 면적을 더한 면적

전열의 종류	계수(α)
방사열을 받는 경우	0.5
접촉열을 받는 경우	0.2

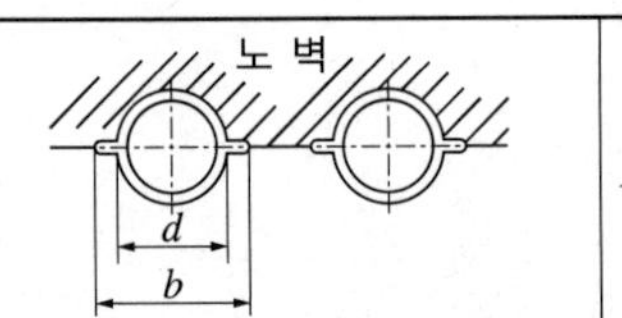

$A = \left(\frac{\pi}{2} d + W\alpha\right) ln$

여기서, d : 수관의 바깥지름[m]　　l : 수관 또는 헤더의 길이[m]
n : 수관의 수　　b : 너비[m]
W : 1개 수관의 핀너비의 합[m], $W = b - d$　　α : 열전달의 종류에 따른 계수

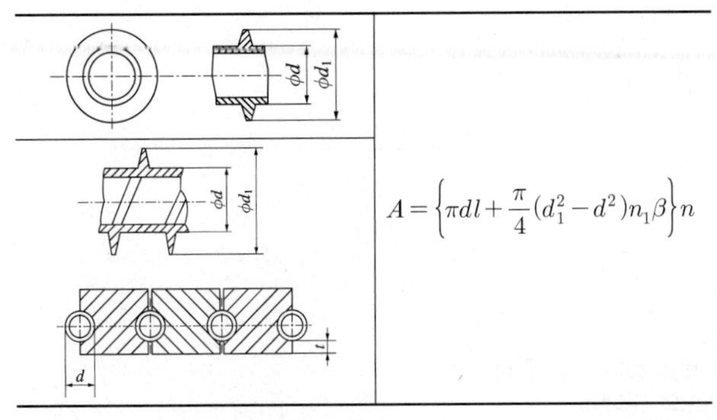	$A=\left\{\pi dl+\frac{\pi}{4}(d_1^2-d^2)n_1\beta\right\}n$

여기서, d : 수관의 바깥지름[m] d_1 : 핀의 바깥지름[m]
l : 수관 또는 헤더의 길이[m] n : 수관의 수
n_1 : 수관 1개당 핀의 수 β : 상수 = 0.2

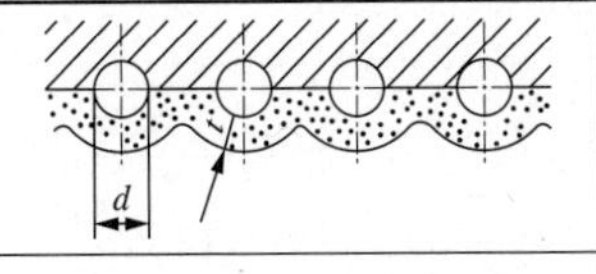	한쪽면이 가스에 접촉하는 경우 $A=\frac{\pi}{2}dln(t\le 10[\text{mm}])$
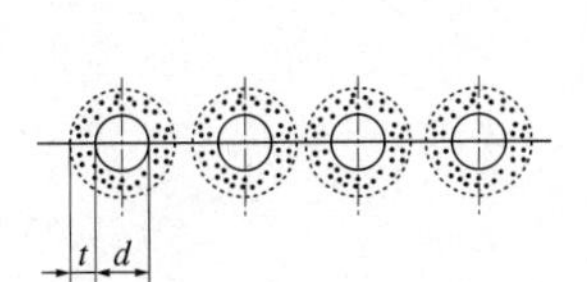	한쪽면이 가스에 접촉하는 경우 $A=\frac{\pi}{2}dln\times 0.65$ $(10[\text{mm}]<t\le 30[\text{mm}])$ $A=\frac{\pi}{2}dln\times 0.65\times\frac{30}{t}$ $(t>30[\text{mm}])$
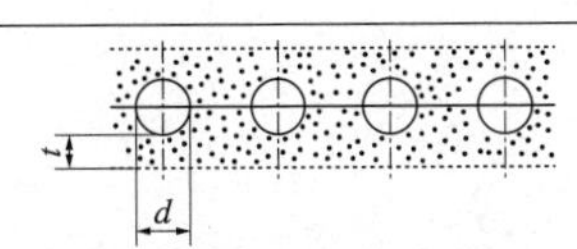	양쪽면이 가스에 접촉하는 경우는 상기의 2배 면적

여기서, d : 수관의 바깥지름[m] l : 수관 또는 헤더의 길이[m]
n : 수관의 수 t : 내화물의 두께[m]

• 베일리식 수랭 노벽은 연소가스 등에 접촉하는 면의 전개면적

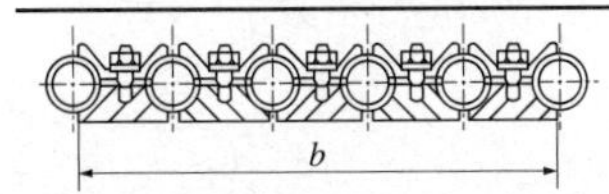	$A=bl$

여기서, b : 너비[m] l : 수관 또는 헤더의 길이[m]

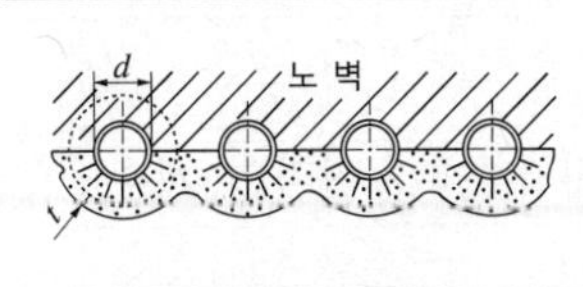	$A=\frac{\pi}{2}dln(t\le 30[\text{mm}])$ $A=\frac{\pi}{2}dln\times\frac{30}{t}$ $(t>30[\text{mm}])$
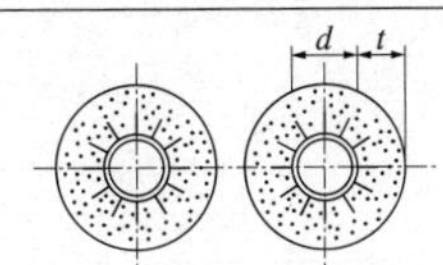	$A=\pi dln(t\le 30[\text{mm}])$ $A=\pi dln\times\frac{30}{t}(t>30[\text{mm}])$

여기서, d : 수관의 바깥지름[m] l : 수관 또는 헤더의 길이[m]
n : 수관의 수 t : 내화물의 두께[m]

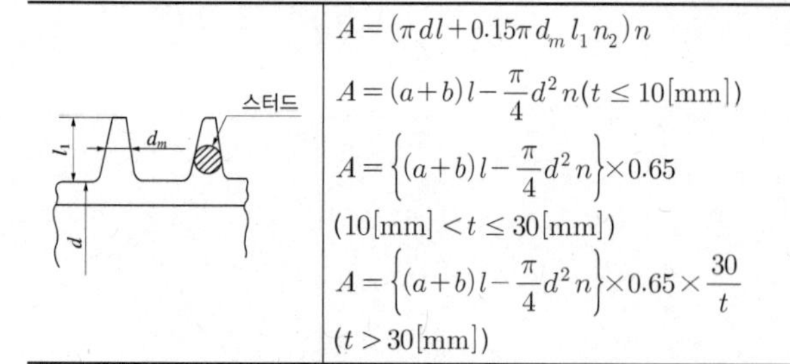	$A=(\pi dl+0.15\pi d_m l_1 n_2)n$ $A=(a+b)l-\frac{\pi}{4}d^2 n(t \le 10[\text{mm}])$ $A=\left\{(a+b)l-\frac{\pi}{4}d^2 n\right\}\times 0.65$ $(10[\text{mm}] < t \le 30[\text{mm}])$ $A=\left\{(a+b)l-\frac{\pi}{4}d^2 n\right\}\times 0.65\times\frac{30}{t}$ $(t > 30[\text{mm}])$

여기서, d : 수관의 바깥지름[m]
d_m : 스터드의 평균지름[m]
n_2 : 수관 1개당 스터드수
a, b : 너비[m]
l : 수관 또는 헤더의 길이[m]
l_1 : 스터드의 길이[m]
n : 수관의 수

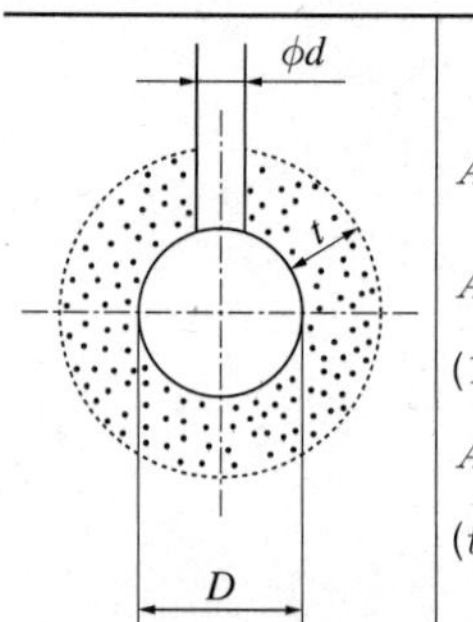	$A=\pi Dl-\frac{\pi}{4}d^2 n(t \le 10[\text{mm}])$ $A=\left(\pi Dl-\frac{\pi}{4}d^2 n\right)\times 0.65$ $(10[\text{mm}] < t \le 30[\text{mm}])$ $A=\left(\pi Dl-\frac{\pi}{4}d^2 n\right)\times 0.65\times\frac{30}{t}$ $(t > 30[\text{mm}])$

여기서, D : 헤더의 바깥지름[m]
d : 수관의 바깥지름[m]
l : 수관 또는 헤더의 길이[m]
n : 수관의 수

수관 보일러 외의 보일러의 전열면적

- 코니시 보일러의 전열면적(A) : $A=\pi dl$
  (여기서, d : 보일러 동체의 외경, l : 보일러 동체의 길이)
- 랭커셔 노통 보일러의 전열면적(A) : $A=4dl$
  (여기서, d : 보일러 동체의 외경, l : 보일러 동체의 길이)
- 연관식 보일러의 전열면적(A) : $A=\pi dln$
  (여기서, d : 연관의 내경, l : 연관의 길이, n : 연관의 수)
- 횡연관식 보일러의 전열면적(A) : $A=\pi l\left(\frac{d}{2}+d_1 n\right)+d^2$
  (여기서, d : 보일러 동체의 외경, l : 보일러 동체의 길이, d_1 : 연관의 내경, n : 연관의 개수)
- 중공원관의 평균전열면적(A_m) : $A_m=\frac{A_o-A_i}{\ln(A_o/A_i)}$
  (여기서, A_o : 외경측의 전열면적, A_i : 내경측의 전열면적)

연관 보일러 연관의 최소 피치(p)

$p=(1+4.5/t)d$

(여기서, t : 연관판 두께, d : 관구멍의 지름)

리스트레인트(Restraint)

- 리스트레인트의 역할 : 열팽창에 의한 배관의 이동을 구속 또는 제한한다.
- 리스트레인트의 종류 : 앵커(Anchor), 스토퍼(Stopper), 가이드(Guide)

리벳이음의 계산식

- 인장응력 : $\sigma_t = \dfrac{W}{(p-d)\times t}$

  (여기서, W : 인장하중, p : 피치, d : 리벳구멍의 지름, t : 두께)

- 전단응력 : $\tau = \dfrac{4W}{\pi d^2}$

  (여기서, W : 전단하중, d : 리벳구멍의 지름)

- 강판효율 : $\eta_1 = 1-\dfrac{d}{p}$

  (여기서, d : 리벳구멍의 지름, p : 피치)

- 리벳효율 : $\eta_2 = \dfrac{n\pi d^2\tau}{4pt\sigma_t}$

  (여기서, n : 줄수, W : 인장하중, p : 피치, d : 리벳구멍의 지름, t : 두께)

직관에서의 손실수두

$h_L = f\dfrac{l}{d}\dfrac{v^2}{2g}$ (다르시-바이스바하(Darcy-Weisbach) 방정식)

압력 강하

- 직관에서의 압력 강하(손실) : $\Delta p = \gamma h_L = \gamma f\dfrac{l}{d}\dfrac{v^2}{2g}$
- 연도 내에서의 압력 강하 : $p_1 = 4f\dfrac{\rho v^2}{2g}\dfrac{l}{d}$

레이놀즈(Reynold's)수(Re)

- 관성력과 점성력의 비(관성력 / 점성력)
- 레이놀즈수 $Re = \frac{관성력}{점성력} = \frac{\rho v d}{\mu} = \frac{vd}{\nu}$

(여기서, ρ : 유체의 밀도, v : 유체의 평균속도, d : 특성 길이(관의 내경), μ : 유체의 점도, ν : 유체의 동점성계수)

- 강제 대류에서의 층류와 난류를 결정(임계 레이놀즈수 $Re = 2{,}320$)
  - 층류 : 점성력이 지배적인 유동, 레이놀즈수가 낮고 평탄하고 일정한 유동
  - 난류 : 관성력이 지배적인 유동, 레이놀즈수가 높고 와류의 어지러운 유동

줄-톰슨계수(Joule-Thomson Coefficient, μ)

- 엔탈피 일정 시 압력 강하에 대한 온도 강하의 비
- 줄-톰슨계수식 : $\mu = \left(\frac{\partial T}{\partial P}\right)_{h=c}$
- 온도 강하 시 : $(T_1 > T_2)$ $\mu > 0$
- 온도 상승 시 : $(T_1 < T_2)$ $\mu < 0$
- 이상기체의 경우 : $(T_1 = T_2)$ $\mu = 0$

복사열 전달률

$$\varepsilon C_b \left\{ \left(\frac{T_1}{100}\right)^4 - \left(\frac{T_2}{100}\right)^4 \right\} \times \frac{1}{T_1 - T_2}$$

(여기서, ε : 복사율, C_b : 흑체방사정수, T_1 : 표면온도, T_2 : 외기온도)

총괄 호환인자

$$F_{12} = C_0 = \frac{1}{\frac{1}{C_1} + \frac{F_1}{F_2}\left(\frac{1}{C_2} - \frac{1}{4.88}\right)}$$

(여기서, C_1 : 해당 물질의 복사능, F_1 : 해당 물질의 전열면적, F_2 : 둘러 싼 물질의 전열면적, C_2 : 둘러 싼 물질의 복사능)

▮ 열관류율(K) 계산 공식

- 평면일 경우 : 실내측을 1, 실외측을 2라고 하면, $\frac{1}{K} = \frac{1}{\alpha_1} + \left(\sum \frac{b}{\lambda}\right) + \frac{1}{\alpha_2}$

  (여기서, K : 열관류율, α : 열전달계수, b : 전열부의 두께, λ : 전열부의 열전도율)

- 원통일 경우

  관 내부를 1, 관외부를 2라고 하면,

  - 단일관의 원통일 경우

    ⓐ 내표면적(내경) 기준 : $\frac{1}{K_1} = \frac{1}{\alpha_1} + \left(\frac{r_1}{\lambda} \ln \frac{r_2}{r_1}\right) + \frac{1}{\alpha_2} \frac{r_1}{r_2}$

    ⓑ 외표면적(외경) 기준 : $\frac{1}{K_2} = \frac{1}{\alpha_2} + \left(\frac{r_2}{\lambda} \ln \frac{r_2}{r_1}\right) + \frac{1}{\alpha_1} \frac{r_2}{r_1}$

    (여기서, α_1 : 관 내부의 열전달계수, α_2 : 관 외부의 열전달계수, r_1 : 관 내부 반경, r_2 : 관 외부 반경, λ : 열전도율)

  - 2중관의 원통일 경우

    ⓐ 내표면적(내경) 기준 : $\frac{1}{K_i} = \frac{1}{\alpha_i} + \left(\frac{r_1}{\lambda_1} \ln \frac{r_2}{r_1}\right) + \left(\frac{r_1}{\lambda_2} \ln \frac{r_3}{r_2}\right) + \frac{1}{\alpha_o} \frac{r_1}{r_3}$

    ⓑ 외표면적(외경) 기준 : $\frac{1}{K_o} = \frac{1}{\alpha_o} + \left(\frac{r_3}{\lambda_1} \ln \frac{r_2}{r_1}\right) + \left(\frac{r_3}{\lambda_2} \ln \frac{r_3}{r_2}\right) + \frac{1}{\alpha_i} \frac{r_3}{r_1}$

    (여기서, α_i : 관 내부의 열전달계수, α_o : 관 외부의 열전달계수, r_1 : 안쪽 관의 내부 반경, r_2 : 안쪽 관의 외부 반경 또는 바깥쪽관의 내부 반경, r_3 : 바깥쪽 관의 외부 반경, λ_1 : 안쪽 관의 열전도율, λ_2 : 바깥쪽 관의 열전도율)

▮ 열저항률 계산식

$R = \frac{b}{\lambda}$

(여기서, b : 두께, λ : 열전도율)

열전도율(λ), 열저항률(R), 열관류율(K)의 상관관계식과 그 응용

- $K=\dfrac{1}{R}=\dfrac{\lambda}{b}$, $\lambda=bK=\dfrac{b}{R}$

  (여기서, b : 두께)

- $R=R_i+\dfrac{b_1}{\lambda_1}+\cdots+\dfrac{b_n}{\lambda_n}+R_o$

  (여기서, R_i : 실내 표면 열저항률, R_o : 실외 표면 열저항률)

- 3겹층 평면벽의 평균열전도율(λ) : $\lambda=\dfrac{b_1+b_2+b_3}{\dfrac{b_1}{\lambda_1}+\dfrac{b_2}{\lambda_2}+\dfrac{b_3}{\lambda_3}}$

  (여기서, b : 두께, λ : 열전도율)

- 2중관 열교환기의 열관류율의 근사식(전열 계산은 내관 외면 기준) : 열관류율 $K=\dfrac{1}{R}=\dfrac{1}{\left(\dfrac{1}{\alpha_i F_i}+\dfrac{1}{\alpha_o F_o}\right)}$

  (여기서, R : 열저항률, α_i : 내관 내면과 유체 사이의 경막계수, F_i : 내관 내면적, α_o : 내관 외면과 유체 사이의 경막계수, F_i : 내관 외면적)

- 다층벽의 열관류율 : $K=\dfrac{1}{R}=\dfrac{1}{\left(\dfrac{1}{\alpha_i}+\sum_{i=1}^{n}\dfrac{L_i}{\lambda_i}+\dfrac{1}{\alpha_o}\right)}$

  (여기서, R : 열저항률, α : 열전달률, $\dfrac{1}{\alpha}$: 열전도저항값, L : 두께, λ : 열전도율)

열전달량 계산 기본식

$$Q=K\cdot F\cdot \Delta t=\frac{\lambda}{b}\cdot F\cdot \Delta t$$

(여기서, K : 열관류율, F : 전열면적, Δt : 온도차, $\Delta t=t_1-t_2$, t_1 : 고온부 온도, t_2 : 저온부 온도, λ : 열전도율, b : 두께)

중공원관(원통관)의 단위면적당 열손실

$$Q=K\cdot F_m\cdot \Delta t=\frac{\lambda}{b}\times\frac{2\pi L(r_2-r_1)}{\ln(r_2/r_1)}\times(t_1-t_2)=\lambda\cdot\frac{2\pi L}{\ln(r_2/r_1)}\cdot(t_1-t_2)$$

(여기서, K : 열관류율, F_m : 전열면적, Δt : 온도차, $\Delta t=t_1-t_2$, t_1 : 내면온도, t_2 : 외기온도, b : 두께 ($b=r_2-r_1$), L : 원통의 길이, k : 열전도율, r_2 : 바깥쪽 반지름, r_1 : 안쪽 반지름)

▮ 중공구(구형 용기)를 통한 단위면적당 열이동량

$$Q = K \cdot F \cdot \Delta t = \frac{\lambda}{b} \times \frac{4\pi(r_2 - r_1)}{1/r_1 - 1/r_2} \times (t_1 - t_2) = \lambda \times \frac{4\pi}{1/r_1 - 1/r_2} \times (t_1 - t_2)$$

(여기서, K : 열관류율, F : 전열면적, Δt : 온도차, b : 두께($b = r_2 - r_1$), t_1 : 중공지름부의 온도, t_2 : 구의 바깥지름의 온도, k : 열전도율, r_1 : 중공지름, r_2 : 구의 바깥지름)

▮ 수관식 보일러의 계산식

- 시간당 증발량(G_B) : $G_B = \gamma_0(\pi D_o L) \times N$

  (여기서, γ_0 : 전열면적 1[m^2]당 증발량, D_o : 보일러 외경, L : 보일러 유효 길이, N : 수관의 개수)

  ※ 단, 수관 이외 부분의 전열면적은 무시한다.

- 수관 보일러의 기수드럼의 증기부 용적(V) : $V = \dfrac{\text{증발량} \times \text{포화증기의 비체적}}{\text{증기실 부하}}$

▮ 트랩 선정 관련 식

$$Q = mC\Delta t = w\gamma_0$$

(여기서, Q : 포화증기의 열량, m : 강관의 총중량, C : 강관의 비열, Δt : 포화온도와 외부온도의 차, w : 트랩 선정에 필요한 응축수량, γ_0 : 증발잠열)

▮ 대수평균온도차(Δt_m, LMTD)

- $\Delta t_m = \dfrac{\Delta t_1 - \Delta t_2}{\ln(\Delta t_1 / \Delta t_2)}$

  (여기서, Δt_1 : 고온유체 입구측에서의 유체온도차, Δt_2 : 고온유체 출구측에서의 유체온도차)

- $\Delta t_m = \dfrac{\text{온도차}}{\left(\dfrac{\text{열관류율} \times \text{전열면적}}{\text{유량} \times \text{비열}}\right)} = \dfrac{\text{온도차}}{\text{전열 유닛수}} = \dfrac{\Delta t}{NTU}$

▮ 열교환기의 열교환열량(Q)

$$Q = K \cdot F \cdot \Delta t_m$$

(여기서, K : 열관류율(총괄 열전달계수), F : 열교환면적, Δt_m : 대수평균온도차)

02 에너지설비관리 및 에너지 실무

증기난방의 특징

- 용량에 대한 방열면적이 좁아도 된다.
- 난방 소요시간이 짧다.
- 수격작용의 우려가 있다.
- 방열량의 소량 조절이 어렵다.
- 취급에 기술을 요한다.
- 복귀관의 지름이 작아도 되므로 시설비가 절감된다.
- 증기의 응축에 대한 잠열을 이용하므로 열의 운반능력이 크다.

온수난방의 특징

- 난방부하변동에 따른 방열량 조절이 용이하다.
- 동결 위험이 작다.
- 방열기 표면온도가 낮아서 위험성이 작다.
- 방열면적이 넓고 취급이 용이하다.
- 온도 조절이 용이하다.
- 실내 쾌감도가 높다.
- 예열시간이 길다.
- 소규모 주택용에 사용된다.
- 대규모 난방에는 적당하지 않다.
- 방열면적과 관경이 커서 설비비가 고가이다.
- 한랭지에서 난방 정지 시 동결 우려가 있다.

복사난방의 특징

- 실내공기온도분포가 균등하여 쾌감도(쾌적도)가 좋다.
- 방열기 설치가 불필요하므로 공간 이용도(바닥면 이용도)가 증가한다.
- 환기에 기인하는 손실열량(열손실)이 감소된다.
- 천장이 높은 곳에서도 난방효과가 좋다.
- 공기 대류 감소로 실내공기 오염도가 감소한다.

• 방열체의 열용량이 커서 온도 변화에 따른 방열량 조절이 어렵다.
• 외기온도 급변화에 대해 온도 조절이 곤란하다.
• 매입배관이므로 시공·수리가 불편하며 설비비가 많이 든다.
• 고장을 발견하기 어렵고, 시멘 모르타르 표면 등에 균열 발생이 일어난다.
• 열손실 방지를 위하여 단열시공을 해야 한다.
• 반드시 단열재를 사용해야 한다.
• 일시적인 난방에는 경제적이지 않다.

지역난방의 특징

• 열효율이 높고 연료비가 절감된다.
• 토지의 이용효용도가 높다.
• 설비의 고도화로 대기오염이 적다.
• 난방운전의 합리화로 열손실이 작다.
• 설비비 및 인건비가 절감된다.
• 배관의 길이가 길기 때문에 배관 열손실이 크다.
• 초기 시설투자비가 높다.
• 열의 사용이 적으면 기본요금이 높아진다.

온풍난방의 특징

• 예열시간이 짧다(예열시간이 거의 필요 없다).
• 누수·동결의 우려가 없다.
• 송풍온도가 높아 덕트 직경이 작아도 된다.
• 신선한 공기를 공급할 수 있다.
• 중간 열매를 사용하지 않아 시공이 간편하다.
• 타 난방방식에 비하여 열용량이 작다.
• 온도가 높아 실내온도분포가 나쁘다.
• 설비비가 싸고 패키지형이므로 시공이 간편하다.
• 쾌감도가 나쁘다.
• 소음이 크다.

방열기의 부하 계산

- 방열기의 표준방열량

열 매	표준방열량 [kcal/m²·h]	표준온도차 [℃]	표준 상태에서의 온도[℃]		방열계수
			열매온도	실내온도	
증 기	650	81	102	21	7.78
온 수	450	62	80	18	7.31

- 상당방열면적(EDR) : 방열면적 1[m²]당 1시간 동안 난방에 필요로 하는 열량의 값
- 방열기의 방열량 : $Q = K(t_1 - t_2)$[kcal/m²·h]

  (여기서, K : 방열기의 방열계수[kcal/m²·h·℃], t_1 : 방열기의 평균온도[℃],

  t_1 : $\frac{\text{방열기의 입구온도} + \text{방열기의 출구온도}}{2}$, t_2 : 실내온도[℃])
- 방열기 소요 방열면적과 상당 방열면적
  - 소요 방열면적[m²] : $\frac{\text{난방부하[kcal/h]}}{\text{방열기방열량[kcal/m}^2\cdot\text{h]}}$
  - 상당 방열면적[m²]
    - ⓐ 온수난방 : 난방부하/450
    - ⓑ 증기난방 : 난방부하/650
- 방열기 섹션수
  - 온수난방 : $\frac{\text{전 손실열량[kcal/h]}}{450 \times \text{쪽당 방열면적[m}^2\text{]}}$
  - 증기난방 : $\frac{\text{전 손실열량[kcal/h]}}{650 \times \text{쪽당 방열면적[m}^2\text{]}}$
- 방열기 내 응축수량[kg/m²·h] : $\frac{\text{방열기의 방열량[kcal/m}^2\cdot\text{h]}}{\text{사용증기의 증발잠열[kcal/kg]}}$
- 증기용 방열기 1[m²]에서 표준응축수량 : $\frac{650}{539} \simeq 1.2$[kg/m²·h]

보일러 내부에 생성 가능한 스케일(Scale)의 특징

- 스케일로 인하여 연료 소비가 많아진다.
- 스케일은 규산칼슘, 황산칼슘이 주성분이다.
- 스케일로 인하여 배기가스의 온도가 높아진다.
- 스케일은 보일러에서 열전도의 방해물질이다.

보일러 내 스케일 생성 방지대책

- 급수 중의 염류, 불순물 등을 제거한다.
- 보일러수의 농축 방지를 위하여 적절히 분출시킨다.

탈기기(Deaerator)의 주요 기능

- 보일러의 급수 중에 녹아 있는 용존산소(O_2)와 이산화탄소(CO_2)를 제거하여 보일러 급수계통의 부식을 억제한다.
- 보일러 급수를 필요한 온도까지 예열시키는 급수가열기로서의 역할도 겸하게 되어 설비 전체의 효율을 증가시킨다.

청관제 사용목적

- 보일러수의 pH를 조정한다.
- 보일러수를 연화시킨다.
- 보일러수 내의 용존산소를 제거한다.
- 가성취화를 방지한다.
- 기포 발생, 농축수, 보일러관 내부 부식, 전열면의 스케일 생성 등을 방지한다.

노후 열화된 보일러 튜브의 교체시기

- 심한 과열로 인한 튜브의 소손이 발생되었을 때
- 배기가스의 온도가 급격히 상승되었을 때
- 스케일 생성이 많을 때
- 열효율이 낮아질 때

보일러의 전열면 교체시기

- 보일러 열효율이 현저히 저하된 경우
- 재질의 강도가 매우 저하된 경우
- 스케일 침식이 증가된 경우

보일러 효율의 산정방식

- 입출열법에 의한 보일러 효율(η_1) : $\eta_1 = \dfrac{Q_s}{H_h + Q} \times 100[\%]$

(여기서, Q_s : 유효출열, $H_h + Q$: 입열 합계)

- 열손실법에 의한 보일러 효율(η_2) : $\eta_2 = \left(1 - \dfrac{L_h}{H_h + Q}\right) \times 100[\%]$

(여기서, L_h : 열손실 합계)

보일러의 열효율(η_B)

- $\eta_B = \dfrac{G_a(h_2 - h_1)}{G_f \times H_L} = \dfrac{G_e \times 539}{G_f \times H_L} \times 100[\%]$

(여기서, G_a : 실제증발량, h_2 : 발생증기의 엔탈피, h_1 : 급수의 엔탈피(보일러 급수온도), G_f : 연료소비량, H_L : 저위발열량, G_e : 상당증발량)

- $\eta_B = \eta_e \times \eta_r = \dfrac{\text{실제연소열량}}{\text{연료의 발열량}} \times \dfrac{\text{유효열량}}{\text{실제연소열량}} = \dfrac{\text{유효열량}}{\text{연료의 발열량}}$

열기관의 열효율

$$\eta = \frac{Q_{out}}{G_f \times H_L} \times 100[\%]$$

(여기서, Q_{out} : 출력 또는 출열)

건조기의 열효율(η)

$$\eta = \frac{q_1 + q_2}{Q}$$

(여기서, q_1 : 수분 증발에 소비된 열량, q_2 : 재료 가열에 소비된 열량, Q : 입열량)

온수 보일러의 효율

$$\eta = \frac{WC(t_2 - t_1)}{G_f \times H_L} \times 100[\%]$$

(여기서, W : 시간당 온수 발생량[kg/h], C : 온수의 비열[kcal/kg℃], t_2 : 출탕온도[℃], t_1 : 급수온도[℃])

연소부하율[kcal/m³h]

$$\text{보일러 부하율} = \frac{\text{시간당 증기 발생량}(G)}{\text{시간당 최대증발량}(G_e)} \times 100[\%]$$

상당증발량 또는 환산증발량(G_e)

$$G_e = \frac{G_a(h_2 - h_1)}{539}[\text{kgf/h}]$$

(여기서, G_a : 실제증발량, h_2 : 발생증기의 엔탈피, h_1 : 급수의 엔탈피(보일러 급수온도))

증발계수

$$\left(\frac{G_e}{G_a}\right) = \frac{(h_2 - h_1)}{\gamma}$$

(여기서, h_2 : 발생 증기의 엔탈피, h_1 : 급수의 엔탈피, γ : 물의 증발잠열=539[kcal/kg])=2,256[kJ/kg])

증발배수[kg/kg] : 연료 1[kg]이 연소하여 발생하는 증기량의 비

- 실제증발배수 : $\frac{G_a}{G_f}$

  (여기서, G_a : 실제증발량, G_f : 연료소비량)

- 환산증발배수 또는 상당증발배수 : $\frac{G_e}{G_f}$

  (여기서, G_e : 환산증발량, G_f : 연료소비량)

전열면의 증발률(보일러의 증발률)

$$\text{전열면 증발률} = \frac{G_a}{F}$$

(여기서, G_a : 실제증발량, F : 전열면적)

1보일러 마력(또는 보일러 1마력)

- 보일러 마력 = 매시 상당증발량 ÷ 15.65
- 보일러 마력 : $BPS = \frac{G_e}{15.65} = \frac{G_a(h_2 - h_1)}{539 \times 15.65} = \frac{G_a(h_2 - h_1)}{8{,}435}[\text{BPS}]$
- 1보일러 마력을 상당증발량으로 환산한 값 : 15.65[kg/h]
- 1보일러 마력을 시간당 발생열량으로 환산한 값 : 8,435[kcal/h]

▮ 보일러의 공급열량

$Q = G(h_2 - h_1)$

(여기서, G : 시간당 얻는 증기량, h_1 : 보일러 급수의 엔탈피, h_2 : 발생증기의 엔탈피)

▮ 시간당 연료소비량

G_f[kgf/h] = 체적유량[L/h] × 비중량[kgf/L] = 연소율[kgf/m^{2}h] × 전열면적[m^2]

▮ 연소실의 열 발생률

$$Q = \frac{\text{연소실 열발생량}}{\text{연소실 체적}} = \frac{H_L \times G_f}{V_c}$$

(여기서, H_L : 저위발열량, G_f : 연료소비량, V_c : 연소실의 체적)

▮ 보일러 화격자 연소율

G_f / F

(여기서, G_f : 시간당 연료소비량, F : 화격자 면적)

▮ 역화(Back Fire)의 원인

- 가스의 분출속도보다 연소속도가 빨라질 경우(공기보다 먼저 연료를 공급했을 경우)
- 가스압력이 지나치게 낮을 때
- 1차 공기가 적을 때
- 혼합기체의 양이 너무 적은 경우
- 노즐, 콕 등 기구밸브가 막혀 가스량이 극히 적어지는 경우

▮ 캐비테이션(공동현상)의 방지책

- 양흡입펌프를 사용한다.
- 펌프 설치 대수를 늘린다.
- 펌프 설치 위치를 낮추어 흡입양정을 낮춘다.
- 펌프 임펠러 회전수를 낮춘다.

수격작용(Water Hammering)

- 물 또는 유동적 물체의 움직임을 갑자기 멈추게 하거나 방향이 바뀌게 될 때 순간적인 압력이 발생하는 현상이다. 이 현상이 발생하면 배관 내부에 체류하는 응축수가 송기 시 고온·고압의 증기에 의해 배관을 타격하여 소음을 발생시키며, 배관 및 밸브을 파손할 수 있다.
- 수격작용 3가지 방지책
  - 주증기밸브를 서서히 연다.
  - 드레인 빼기를 철저히 한다.
  - 송기 전 소량의 증기로 배관을 예열시킨다.

프라이밍 현상(Priming, 비수현상) : 급격한 증발현상, 압력 강하 등으로 수면에서 작은 입자의 물방울이 증기와 혼합하여 드럼 밖으로 튀어 오르는 현상이다. 이 현상의 원인으로는 급작스런 증기의 부하 증가, 고수위 상태 유지, 급작스런 압력 강하, 보일러수의 농축 등이 있다.

프라이밍(비수) 발생원인

- 주증기밸브를 급하게 개방한 경우
- 관수가 농축된 경우
- 증기 발생속도가 너무 빠른 경우(부하의 급변화)
- 관수의 수위가 고수위로 운전하는 경우

포밍현상(Foaming, 물거품(솟음)현상) : 보일러수에 불순물이 많이 포함되어 보일러수의 비등과 함께 수면 부근에 거품의 층을 형성하여 수위가 불안정해지는 현상

프라이밍(비수) 및 포밍(물거품) 발생 시 조치사항

- 주증기 밸브를 천천히 연다.
- 수위를 고수위로 운전하지 않는다.
- 관수 중 불순물이나 농축수를 제거한다.
- 기수분리기 및 비수방지관을 설치한다.

캐리오버 현상(Carry Over, 기수공발현상) : 보일러수 중에 용해되고 부유하고 있는 고형물이나 물방울이 보일러에서 생산되는 증기에 혼입되어 보일러 외부로 튀어나가는 현상으로, 프라이밍과 포밍에 의해 발생한다.

캐리오버의 발생원인

- 프라이밍 또는 포밍이 발생(외부 반출)한 경우
- 보일러 관수가 농축된 경우
- 밸브가 급격하게 개방된 경우
- 증발수 면적이 좁은 경우
- 부하가 급격하게 변화된 경우

캐리오버의 방지대책

- 주증기 밸브를 서서히 연다.
- 관수의 농축을 방지한다.
- 보일러 수위를 너무 높게 하지 않는다.
- 심한 부하변동 발생요인을 제거한다.
- 기수분리기(스팀 세퍼레이터)를 이용한다.

보일러 고수위 운전 시 발생 가능한 장해

- 프라이밍 및 포밍
- 캐리오버(기수공발)
- 수격작용(Water Hammering)
- 급수처리비용 증가

보일러 점화 불량의 원인

- 연료 공급이 불량하거나 연료노즐이 막힌 경우
- 연료 내에 물이나 슬러지 등의 불순물이 존재하는 경우
- 점화버너의 공기비 조정이 불량한 경우
- 연료 유출속도가 너무 빠르거나 늦을 경우
- 버너의 유압이 맞지 않거나 통풍의 풍압이 적당하지 않을 경우

고온 부식, 저온 부식이 발생할 수 있는 장치

- 고온 부식 발생 가능 장치 : 과열기, 재열기
- 저온 부식 발생 가능 장치 : 절탄기, 공기예열기

고온 부식 발생 원소 : 바나듐(V), 나트륨(Na)

저온 부식의 방지방법

- 과잉공기를 적게 하여 연소한다.
- 연료 중의 황성분을 제거한다.
- 연료첨가제(수산화마그네슘)을 이용하여 노점온도를 낮춘다.
- 연소 배기가스의 온도가 너무 낮지 않게 한다.

고온 부식의 방지방법

- 연소가스의 온도를 낮게 한다.
- 고온의 전열면에 내식재료를 사용한다.
- 연료에 첨가제를 사용하여 바나듐의 융점을 높인다.
- 연료를 전처리하여 바나듐, 나트륨 등을 제거한다.

노 내에서 연료 연소과정 중 CO 가스, 매연, 수트, 분진 등이 발생하는 원인

- 공기비가 작아 연소용 공기량이 부족할 때
- 연소실의 온도가 저하될 때(연소실의 온도가 낮을 때)
- 연료의 점도가 높거나 연료의 예열온도가 맞지 않을 때
- 수분이 다량 함유된 연료를 사용할 때

가마울림현상 방지대책

- 수분이 적은 연료를 사용한다.
- 공연비를 개선(공기량과 연료량의 밸런싱)한다.
- 연소실이나 연도를 개선한다.
- 연소실 내에서 완전연소한다.
- 2차 연소를 방지한다.

보일러에서 발생하는 압궤현상의 원인 및 방지법

- 압궤현상의 원인
  - 전열면의 과열
  - 스케일 및 유지분 부착
  - 저수위 사고
  - 노통, 화실, 연관의 과열

- 압궤현상의 방지법
  - 과열을 방지한다.
  - 스케일이나 유지분 부착을 방지한다.
  - 이상 저수위 사고를 방지한다.
  - 노통, 화실, 연관의 과열을 방지한다.

▌요로나 공업용 노에서 에너지 절감방안 또는 열손실을 방지하기 위한 조건

- 전열량을 증가시킨다.
- 연속 조업을 행하여 손실열을 최대한 방지한다.
- 장치의 설계조건과 일치된 운전조건을 강구한다.
- 환열기나 축열기를 설치하여 운전한다.
- 배기가스 여열로 연소용 공기를 예열하여 공기의 온도를 높인다.
- 축열식 버너를 사용하여 배기가스 폐열을 회수한다.
- 공기비를 낮추어 운전한다.

▌**에스코사업(Energy Service Company, ESCO 또는 ESCo)** : 에스코사업은 에너지절약사업을 뜻한다. 전기 · 조명 · 난방 등 ESCO로 지정받은 에너지전문업체가 특정 건물이나 시설에서 에너지절약시설을 도입할 때 해당 기관으로부터 돈을 받지 않은 채 비용 전액을 ESCO업체가 투자하고, 여기서 얻어지는 에너지 절감 예산에서 투자비를 분할 상환받도록 하는 사업방식이다.

▌요로의 에너지 절감기법

- 운전관리 합리화 : 공기비 제어, 불완전연소 방지, 개구부 면적 축소를 통한 손실열 차단, 노 내압 제어를 통한 외기공기 유입 차단, 용해로 저부하운전 시 잔탕조업방식 채택
- 폐열 활용 : 리큐퍼레이터(Recuperator) 설치로 연소용 공기 승온 및 폐열회수 증대, 배기가스 열회수로 장입물 예열, 냉각수열 회수 이용, 열처리로 배기열 회수로 세척조 히터 전력 절감, 폐열 보일러 설치
- 고효율설비 도입 : 산소부화연소시스템 도입, 축열식 버너시스템 도입, 축열식 연소장치(RTO) 도입, 폐열회수형 촉매연소장치 도입, 유리화학강화로 도입, 에너지 절약형 유리용해로 도입, 직접 통전식 유리용해로 도입, 전기유도용해로 도입, 고주파유도가열장치 도입, 원적외선 열처리로 도입, 진공 이온질화 열처리로 도입, 전기침전식 보온로 도입, 고온 도가니 전기로 도입
- 기타 절감기술 : 유도로 가열코일 적정화, 대차 내화물 축열량 개선, 노체 단열 강화

효율 향상관리

- 공기비 관리 : 적정 공기비 유지, 연소공기량 제어, 배기가스 O_2 제어, 배기가스 온도관리
- 배기가스 열회수 : 부속기기 설치(공기예열기, 급수예열기), 전열관 관리 합리화, 전열면 관리 합리화
- 설비관리 합리화 : 연소장치관리의 합리화, 보일러 본체관리 합리화(연소가스 누설방지 및 보온 강화)
- 기타 효율 향상관리 : 운전관리의 최적화, 잠열 회수, 드레인 회수, 블로 수열 회수, 효율 향상을 위한 자동제어(송풍기 및 펌프의 회전수 제어), 시스템 개선

에너지 : 연료, 열 및 전기

신에너지 : 기존의 화석연료를 변환시켜 이용하거나 수소·산소 등의 화학반응을 통하여 전기 또는 열을 이용하는 에너지

- 수소에너지
- 연료전지 : 연료전지로 사용 가능한 연료로는 수소, 천연가스, 나프타, 석탄가스, 메탄올 등이 있다.
- 석탄을 액화·가스화한 에너지
- 중질잔사유를 가스화한 에너지
- 그 밖에 석유·석탄·원자력 또는 천연가스가 아닌 에너지로서 대통령령으로 정하는 에너지

재생에너지 : 햇빛·물·지열·강수·생물유기체 등을 포함하는 재생 가능한 에너지를 변환시켜 이용하는 에너지

- 태양에너지
- 풍 력
- 수 력
- 해양에너지 : 파력에너지(파도 이용), 조력에너지(밀물과 썰물 이용), 조류에너지(좁은 해협의 조류 이용), 해양온도차 등
- 지열에너지
- 생물자원을 변환시켜 이용하는 바이오에너지로서 대통령령으로 정하는 기준 및 범위에 해당하는 에너지
- 폐기물에너지(비재생폐기물로부터 생산된 것은 제외한다)로서 대통령령으로 정하는 기준 및 범위에 해당하는 에너지
- 그 밖에 석유·석탄·원자력 또는 천연가스가 아닌 에너지로서 대통령령으로 정하는 에너지

좋은 슬래그가 갖추어야 할 구비조건

- 유가금속의 비중이 낮을 것
- 유가금속의 용해도가 작을 것
- 유가금속의 용융점이 낮을 것
- 점성이 낮고 유동성이 좋을 것

교토의정서

- 지구온난화의 규제 및 방지를 위한 국제협약인 기후변화협약의 수정안이다.
- 정식 명칭 : 기후 변화에 관한 국제연합규약의 교토의정서(Kyoto Protocol to the United Nations Framework Convention on Climate Change)
- 교토의정서는 온실가스 배출을 1990년대 수준으로 줄이기 위해서 기후변화협약 당사국들은 제3차 당사국회의(교토 1997년 12월)에서 기후 변화의 기본원칙에 입각하여 선진국에게 구속력이 있는 온실가스 감축목표를 부여한 의정서이다.
- 교토의정서를 인준한 국가는 이산화탄소를 포함한 6가지의 온실가스의 배출을 감축하며 배출량을 줄이지 않는 국가에 대해서는 비관세 장벽을 적용한다.
- 6가지의 온실가스 : 이산화탄소, 메탄, 아산화질소, 과플루오린화탄소, 수소플루오린화탄소, 육플루오린화황

바이오에너지의 범위

- 생물유기체를 변환시킨 바이오가스, 바이오에탄올, 바이오액화유 및 합성가스
- 쓰레기 매립장의 유기성 폐기물을 변환시킨 매립지가스
- 동물·식물의 유지를 변환시킨 바이오디젤 및 바이오중유
- 생물유기체를 변환시킨 땔감, 목재칩, 펠릿 및 숯 등의 고체연료

03 계측 및 자동제어

SI 기본단위 7가지

기본량	명 칭	기 호
길 이	미 터	m
질 량	킬로그램	kg
시 간	초	s
전 류	암페어	A
온 도	켈 빈	K
물질량	몰	mol
광 도	칸델라	cd

표준원기의 구비조건

- 안정성이 있을 것
- 경년변화가 작을 것
- 외부의 물리적 조건에 대하여 변형이 작을 것
- 정도가 높고 단위의 현시가 가능할 것

베르누이 방정식(Bernoulli's Equation)

$$\frac{P}{\gamma}+\frac{v^2}{2g}+Z=H=C(\text{일정}) \text{ 또는 } P+\frac{\rho v^2}{2}+\rho gh=H=C(\text{일정})$$

$\left(\text{여기서, } \frac{P}{\gamma} : \text{압력수두[m]}, \ \frac{v^2}{2g} : \text{속도수두[m]}, \ Z : \text{위치수두[m]}, \ H : \text{전수두[m]}\right)$

압력계를 선택할 때 유의할 사항

- 사용 용도를 고려하여 선택한다.
- 사용압력에 따라 압력계의 측정범위를 정한다.
- 진동 등을 고려하여 필요한 부속품을 준비해야 한다.
- 사용목적 중요도에 따라 압력계의 크기, 등급 정도를 결정한다.

액주식 압력계에 사용되는 액체의 구비조건

- 온도 변화에 의한 밀도 변화가 작아야 한다.
- 액면은 항상 수평이 되어야 한다.
- 점도와 팽창계수가 작아야 한다.
- 모세관현상이 작아야 한다.

경사관식 압력계의 특징

- 측정범위 : 10~300[mmH_2O], 정확도 : ±0.01[mmH_2O]
- 정밀도가 높은 것이 요구되는 미압의 측정에 가장 적합한 압력계이다.
- 미세압 측정용으로 가장 적합하여 통풍계로 사용 가능하다.
- 감도(정도)가 우수하여 주로 정밀 측정에 사용된다.

부르동관 압력계의 특징

- 측정범위 : 0.1~5,000[kg/cm^2], 정확도 : ±0.5~2[%]
- 구조가 간단하며 제작비가 저렴하다.
- 높은 압력을 넓은 범위로 측정할 수 있다.
- 주로 고압용에 사용된다.
- 다이어프램압력계보다 고압 측정이 가능하다.
- 일반적으로 장치에 사용되는 부르동관 압력계 등으로 측정되는 압력은 게이지압력이다.
- 측정 시 외부로부터 에너지를 필요로 하지 않는다.
- 계기 하나로 2공정의 압력차 측정이 불가능하다.
- 정도가 좋지 않다.
- 설치 공간을 비교적 많이 차지한다.
- 내부 기기들의 마찰에 의한 오차가 발생한다.
- 감도가 비교적 느리다.
- 히스테리시스(Hysteresis)가 크다.

벨로스 압력계의 특징

- 측정범위 : 0.01~10[kg/cm^2], 정확도 : ±1~2[%]
- 주로 진공압 및 차압 측정용으로 사용한다.
- 히스테리시스 현상(압력 측정 시 벨로스 내부에 압력이 가해질 경우 원래 위치로 돌아가지 않는 현상)을 없애기 위하여 벨로스 탄성의 보조로 코일 스프링을 조합하여 사용한다.

■ 다이어프램 압력계의 특징

- 측정범위 : 0.01~500[kg/cm^2], 정확도 : ±0.25~2[%]
- 감도가 우수하며 응답성이 좋다.
- 정확성이 높은 편이다.
- 압력증가현상이 일어나면 피니언이 시계 방향으로 회전한다.
- 작은 변화에도 크게 편향하는 성질이 있다.
- 극히 미소한 압력을 측정할 수 있다.
- 저기압, 미소한 압력을 측정하기에 적합하다.
- 격막식 압력계로 압력을 측정하기에 적당한 대상 : 점도가 큰 액체, 먼지 등을 함유한 액체, 고체 부유물이 있는 유체, 부식성 유체
- 주로 연소로의 드래프트(Draft) 게이지(통풍계 또는 드래프트계)로 사용되며, 공기식 자동제어의 압력검출용으로도 이용 가능하다.
- 주로 압력의 변화가 크지 않은 곳에서 사용된다.
- 과잉압력으로 파손되면 그 위험성은 크지 않다.
- 온도의 영향을 받는다.

■ 기준 분동식 압력계의 특징

- 측정범위 : 2~100,000[kg/cm^2], 정확도 : ±0.01[%]
- 압력계 중 압력 측정범위가 가장 크다.
- 측정압력이 매우 높고 정도가 좋다.
- 다른 압력계의 교정 또는 검정용 표준기, 연구실용으로 사용된다.
- 주로 탄성식 압력계의 일반교정용 시험기(부르동관식 압력계의 눈금 교정)로 사용된다.

■ 침종식 압력계의 유지관리에 대한 사항

- 봉입액은 자주 세정 또는 교환하여 청정하게 유지한다.
- 압력 취출구에서 압력계까지 배관은 직선으로 가능한 한 짧게 설치한다.
- 계기는 똑바로 수평으로 설치한다.
- 봉입액의 양은 일정하게 유지해야 한다.

용적식 유량계의 특징

- 정밀도가 우수하다.
- 유체의 성질에 영향을 작게 받는다.
- 유체의 물성치(온도, 압력 등)에 의한 영향을 거의 받지 않는다.
- 점도가 높거나 점도 변화가 있는 유체의 유량 측정에 가장 적합하다.
- 고점도의 유체에 적합하며 주로 액체유량의 정량 측정에 사용된다.
- 외부에너지의 공급이 없어도 측정할 수 있다.
- 유량계 전후의 직관 길이에 영향을 받지 않는다.
- 직관부가 필요하지 않지만, 유량계 전단에 반쯤 열린 밸브가 있어 기포가 발생할 우려가 있는 경우에는 주의해야 한다.
- 유량계 상류측에 기체분리기를 설치한다.
- 여과기(Strainer)는 유량계의 바로 전단에 설치한다.
- 유량계의 전후 및 우회 파이프(By-pass Line)에는 밸브를 설치한다.
- 유량계 본체의 입구 및 출력 플랜지는 설치 시까지 더미 플랜지를 설치하여 먼지 등 이물질이 유입되지 않도록 유의해야 한다.
- 유량계의 점검이 가능하도록 반드시 우회 파이프를 설치하고, 우회 파이프의 크기는 주파이프와 동일하게 한다.
- 수직 설치의 경우, 유량계는 우회 파이프에 설치한다. 이것은 파이프 중량에 의한 응력이 유량계에 직접 가해지는 것을 피하기 위함이다.
- 유량계는 펌프의 배기(Discharge)쪽에 설치해야 한다. 펌프의 흡기(Suction)쪽은 압력이 낮기 때문에 유량계의 압력손실보다 압력이 낮은 경우에는 유량계가 회전하지 않는 경우가 생길 수 있다.
- 설치 시 유량계를 떨어뜨리거나 충격을 주지 않도록 유의해야 한다. 특히 플랜지 표면에 흠이 나지 않도록 유의해야 한다.
- 유량계의 흐름 방향과 실체 유체의 흐름 방향이 일치하도록 해야 한다.
- 압력변동의 가압유체의 측정은 어렵다.

오벌(Oval)식 유량계의 특징

- 타원형 치차의 맞물림을 이용하므로 비교적 측정점도가 높다.
- 기체유량 측정은 불가능하다.
- 이물질 흡입에 의한 고장을 미연에 방지하기 위하여 유량계의 앞부분(前部)에 여과기(Strainer)를 설치한다.
- 설치가 간단하고 내구력이 있다.

▌ 차압식 유량계의 유량 계산식

$$Q = C \cdot Av_m = C \cdot A\sqrt{\frac{2g}{1-(d_2/d_1)^4} \times \frac{P_1 - P_2}{\gamma}} = C \cdot A\sqrt{\frac{2gh}{1-(d_2/d_1)^4} \times \frac{\gamma_m - \gamma}{\gamma}}$$

$$= C \cdot A\sqrt{\frac{2gh}{1-(d_2/d_1)^4} \times \left(\frac{\gamma_m}{\gamma} - 1\right)} = C \cdot A\sqrt{\frac{2gh}{1-(d_2/d_1)^4} \times \left(\frac{\rho_m}{\rho} - 1\right)}$$

$$= C \cdot A\sqrt{\frac{2gh}{1-(d_2/d_1)^4} \times \left(\frac{S_m}{S} - 1\right)}$$

(여기서, Q : 유량[m^3/s], C : 유량계수, A : 단면적[m^2], v_m : 평균유속, g : 중력가속도(9.8[m/s^2]), d_1 : 입구지름, d_2 : 조임기구 목의 지름, P_1 : 교축기구 입구측 압력[kgf/m^2], P_2 : 교축기구 출구측 압력[kgf/m^2], h : 마노미터 높이차, γ_m : 마노미터 액체비중량[kgf/m^3], γ : 유체비중량[kgf/m^3], ρ_m : 마노미터 액체밀도[kg/m^3], ρ : 유체밀도[kg/m^3], S_m : 마노미터 액체비중, S : 유체비중)

▌ 피토관식 유량계의 유량 계산식

$$Q = C \cdot Av_m = C \cdot A\sqrt{2g \times \frac{P_t - P_s}{\gamma}} = C \cdot A\sqrt{2gh \times \frac{\gamma_m - \gamma}{\gamma}} = C \cdot A\sqrt{2gh \times \left(\frac{\gamma_m}{\gamma} - 1\right)}$$

$$= C \cdot A\sqrt{2gh \times \left(\frac{\rho_m}{\rho} - 1\right)} = C \cdot A\sqrt{2gh \times \left(\frac{S_m}{S} - 1\right)}$$

(여기서, Q : 유량[m^3/s], C : 유량계수, A : 단면적[m^2], v_m : 평균유속, g : 중력가속도(9.8[m/s^2]), P_t : 전압[kgf/m^2], P_s : 정압[kgf/m^2], γ_m : 마노미터 액체비중량[kgf/m^3], γ : 유체비중량[kgf/m^3], ρ_m : 마노미터 액체밀도[kg/m^3], ρ : 유체밀도[kg/m^3], S_m : 마노미터 액체비중, S : 유체비중)

▌ 면적식 유량계의 특징

- 압력손실이 작고, 균등한 유량을 얻을 수 있다.
- 슬러리나 부식성 액체의 측정이 가능하다.
- 적은 유량(소유량)도 측정 가능하다.
- 플로트 형상에 따르며 측정치가 균등 눈금으로 얻어진다.
- 측정하려는 유체의 밀도를 미리 알아야 한다.
- 고점도 유체의 측정이 가능하지만 점도가 높으면 유동저항의 증가로 정밀 측정이 곤란하나.
- 수직배관에만 적용 가능하다.
- 정도가 1~2[%]로 낮아 정밀 측정에는 적당하지 않다.

■ 와류유량계의 특징

- 압전소자인 피에조 센서(Piezo Sensor)를 이용한다.
- 액체・가스・증기 모두 측정 가능한 범용형 유량계이지만, 주로 증기유량 계측에 사용된다.
- 측정범위가 넓다.
- 유체의 압력이나 밀도에 관계없이 사용 가능하다.
- 오리피스 유량계 등과 비교해서 높은 정도를 지닌다.
- 구조가 간단하고 설치・관리가 쉽다.
- 신뢰성이 높고, 수명이 길다.
- 압력손실이 작다.
- 고점도 유량 측정은 어느 정도 가능하지만, 슬러리 유체, 고체를 포함한 액체 측정에는 사용할 수 없다.
- 외란에 의해 측정에 영향을 받는다.

■ 전자유량계의 특징

- 전도성 액체(도전성 유체)에 한하여 사용할 수 있다.
- 유속 검출에 지연시간이 없어 응답이 매우 빠르다.
- 측정관 내에 장애물이 없으며, 압력손실이 거의 없다.
- 정도는 약 1[%]이고 고성능 증폭기를 필요로 한다.
- 액체의 온도, 압력, 밀도, 점도의 영향을 거의 받지 않으며 체적유량의 측정이 가능하다.
- 유체의 밀도, 점성 등의 영향을 받지 않으므로 밀도, 점도가 높은 유체의 측정도 가능하다.
- 적절한 라이닝 재질을 선정하면 슬러리나 부식성 액체의 측정이 용이하다.
- (관 내에 적당한 재료를 라이닝하므로) 높은 내식성을 유지할 수 있다.
- 유로에 장애물이 없고 압력손실, 이물질 부착의 염려가 없다.
- 다른 물질이 섞여 있거나 기포가 있는 액체도 측정 가능하다.
- 미소한 측정전압에 대하여 고성능의 증폭기가 필요하다.

■ 초음파유량계의 특징

- 도플러효과를 원리로 한다.
- 압력은 유량에 비례하며, 압력손실이 거의 없다.
- 정확도가 매우 높은 편이다.
- 측정체가 유체와 접촉하지 않는다.
- 비전도성 유체 측정도 가능하다.
- 대구경 관로의 측정이 가능하며 대유량 측정에 적합하다.

- 개방수로에 적용된다.
- 고온, 고압, 부식성 유체에도 사용이 가능하다.
- 액체 중 고형물이나 기포가 많이 포함되어 있으면 정도가 나빠진다.

정전용량식 액면계의 특징

- 측정범위가 넓다.
- 구조가 간단하고 설치 및 보수가 용이하다.
- 온도에 따라 유전율이 변화되는 곳에는 사용할 수 없다.
- 습기가 있거나 전극에 피측정체를 부착하는 곳에는 적당하지 않다.

열전대(Thermocouple)의 구비조건

- 온도 상승에 따른 열기전력이 클 것
- 열전도율, 전기저항, 온도계수가 작을 것
- 기계적 강도가 크고 내열성, 내식성이 있을 것
- 장시간 사용에 견디며 이력현상이 없을 것

열전대온도계의 특징

- 습기에 강하다.
- 열기전력의 차를 이용한 것이다.
- 자기가열에 주의할 필요 없다.
- 온도에 대한 열기전력이 크며 내구성이 좋다.

열전대온도계의 기호와 최고사용가능온도

No	열전대 재질	구기호	신기호	최고사용가능온도[℃]
1	동-콘스탄탄	CC	T	350
2	철-콘스탄탄	IC	J	800
3	크로멜-알루멜	CA	K	1,200
4	백금-백금·로듐	PR	R	1,600

바이메탈온도계의 특징

- 구조가 간단하다.
- 온도 변화에 대하여 응답이 느리다.
- 오래 사용하면 히스테리시스 오차가 발생한다.
- 온도자동조절이나 온도보상장치에 이용된다.

전기저항온도계의 특징

- 온도가 상승함에 따라 금속의 전기저항이 증가하는 현상을 이용한 것이다.
- 최고 500[℃]까지 측정 가능하다.
- 자동기록이 가능하다.
- 원격 측정이 용이하다.

색온도계의 특징

- 방사율의 영향이 작다.
- 휴대와 취급이 간편하다.
- 고온 측정이 가능하며 기록조절용으로 사용된다.
- 주변 빛의 반사에 영향을 받는다.

절대습도(ω)

$$\omega = \frac{G_w}{G_a} = \frac{G_w}{G - G_w} = \frac{M_w}{M_a} \times \frac{P_w}{P_a} = \frac{M_w}{M_a} \times \frac{P_w}{P - P_w} \simeq 0.622 \times \frac{P_w}{P - P_w} [\text{kgH}_2\text{O/kgDA}]$$

(여기서, G_w : 수증기량, G_a : 건공기량, G : 습공기량, P_w : 수증기분압, P : 전압, DA : Dry Air)

포화습도(ω_s)

$$\omega_s = \frac{G_s}{G_a} = \frac{G_s}{G - G_s} = \frac{M_s}{M_a} \times \frac{P_s}{P_a} = \frac{M_s}{M_a} \times \frac{P_s}{P - P_s} \simeq 0.622 \times \frac{P_s}{P - P_s} [\text{kgH}_2\text{O/kgDA}]$$

(여기서, G_s : 포화수증기량, G_a : 건공기량, G : 습공기량, P_s : 포화수증기압력, P : 전압)

몰습도(ω_m)

$$\omega_m = \frac{P_w}{P_a} = \frac{P_w}{P - P_w} [\text{kgH}_2\text{O/kgDA}]$$

(여기서, P_w : 수증기 분압, P : 전압)

상대습도(ϕ)

$$\phi = \frac{P_w}{P_s} = \frac{\chi_w}{\chi_s} = \frac{\rho_w}{\rho_s}$$

(여기서, P_w : 수증기 분압, P_s : 포화수증기압, χ_w : 수증기 몰분율, χ_s : 포화수증기 몰분율, ρ_w : 수증기 밀도, ρ_s : 포화수증기 밀도)

비교습도(ω_p)

$\omega_p = \dfrac{\omega}{\omega_s}$ (여기서, ω : 절대습도, ω_s : 포화습도)

하겐-푸아죄유 방정식(또는 원리)을 이용한 점도계

- 오스트발트 점도계
- 세이볼드 점도계

가스크로마토그래피의 특징

- 한 대의 장치로 여러 가지 가스를 분석할 수 있다.
- 미량성분의 분석이 가능하다.
- 분리성능이 좋고, 선택성이 우수하다.
- 응답속도가 다소 느리고 동일한 가스의 연속 측정이 불가능하다.

시퀀스제어(Sequence Control) : 미리 정해진 순서에 따라 순차적으로 진행되는 제어로, 보일러의 점화나 자판기의 제어에 적용한다.

피드백제어(Feedback Control) : 결과를 입력쪽으로 되돌려서 비교한 후 입력과 출력과의 차이를 수정하는 제어로, 정도가 우수하다.

보일러 자동제어 중 되먹임제어(피드백 제어)의 궁극적인 목적 : 결과를 입력쪽으로 되돌려 비교한 후 입력과 출력의 차이를 수정하여 편차를 제거하여 정도를 높이기 위함이다.

On-Off 동작의 특징

- 설정값 부근에서 제어량이 일정하지 않다.
- 사이클링(Cycling) 현상을 일으키기 쉽다.
- 목푯값을 중심으로 일정한 상하 진동현상(뱅뱅현상)이 일어난다.

비례동작(P동작)의 특징

- 잔류편차(Off-set) 현상이 발생한다.
- 주로 부하 변화가 작은 프로세스에 적용한다.
- 비례대가 좁아질수록 조작량이 커진다.
- 비례대가 매우 좁아지면 불연속 제어동작인 2위치 동작과 같아진다.

■ **I동작(적분동작)** : 출력 변화의 속도가 편차에 비례하는 동작이다. 제어량에 편차가 생겼을 경우 편차의 적분차를 가감해서 조작량의 이동속도가 비례하는 동작으로, 유량압력제어에 가장 많이 사용되는 제어동작이다. 잔류편차가 생기지 않아서 비례동작과 조합하여 사용되며 제어의 안정성이 떨어지고 진동하는 경향이 있다.

■ **D동작(미분동작)** : 제어편차가 검출될 때 편차의 변화속도에 비례하여 조작량을 가감할 수 있도록 작동하는 제어동작이다.

■ **보일러자동제어장치의 설계 및 사용 시의 주의사항**

- 요구제어 정도 내로 관리되도록 잔류편차를 억제할 수 있을 것
- 응답성과 안정성이 우수할 것
- 제어동작이 지연되지 않고 신속하게 이루어질 것
- 제어량, 조작량이 과도하게 되지 않도록 할 것

■ **보일러 자동제어(ABC)의 종류**

- 자동연소제어 : ACC(Automatic Combustion Control)
- 자동급수제어(수위제어) : FWC(Feed Water Control)
- 증기온도제어 : STC(Steam Temperature Control
- 증기압력제어 : SPC(Steam Pressure Control)

■ **3요소식 수위제어 계통도를 나타낸 블록선도**

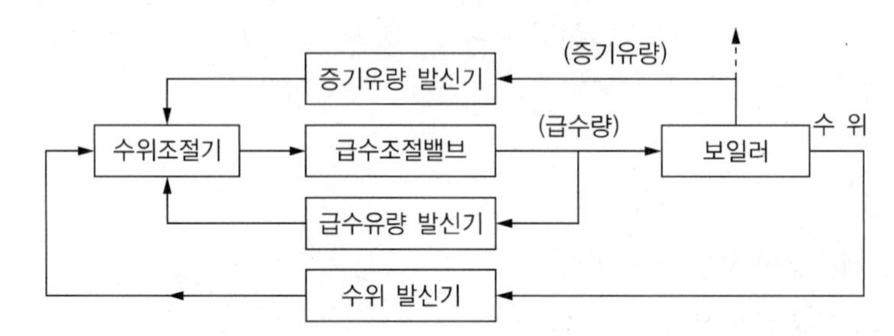

■ **보일러에 적용하는 인터로크(Interlock)제어** : 보일러 운전 중 작동 상태가 원활하지 않거나 정상적인 운전 상태가 아닐 때 하나가 동작하면 나머지 하나는 동작하지 않도록 하여 다음 단계의 동작이 진행되지 않도록 중단하는 제어로, 보일러의 안전을 도모한다.

04 연소공학 및 열역학

연소의 3요소와 4요소

- 연소의 3요소 : 가연물(환원제), 산소공급원(산화제), 점화원
- 연소의 4요소 : 연소의 3요소 + 연소의 연쇄반응

고체연료의 일반적인 특징

- 회분이 많고, 발열량이 적다.
- 연소효율이 낮고 고온을 얻기 어렵다.
- 점화 및 소화가 곤란하고, 온도 조절이 어렵다.
- 완전연소가 어렵고, 연료의 품질이 균일하지 못하다.

액체연료가 갖는 일반적인 특징

- 발열량이 높고 품질이 일정하다.
- 연소온도가 높기 때문에 국부과열을 일으키기 쉽다.
- 화재, 역화 등의 위험이 크다.
- 연소할 때 소음이 발생한다.

고온건류하여 얻은 타르계 중유의 특징

- 단위용적당 발열량이 많다.
- 황의 영향이 작다.
- 화염의 방사율이 크다.
- 슬러지를 발생시킨다.

기체연료의 특징

- 연소효율이 높다.
- 단위중량당 발열량이 크다.
- 고온을 얻기 쉽다.
- 자동제어에 의한 연소에 적합하다.

불꽃(Flaming)연소의 특징

- 연소 사면체에 의한 연소이다.
- 연소속도가 빠르다.
- 연쇄반응 및 폭발을 수반한다.
- 가솔린 등의 연소가 이에 해당한다.

주요 연소방정식

- 수소 : $H_2 + 0.5O_2 \rightarrow H_2O$
- 탄소 : $C + O_2 \rightarrow CO_2$
- 황 : $S + O_2 \rightarrow SO_2$
- 일산화탄소 : $CO + 0.5O_2 \rightarrow CO_2$
- 메탄 : $CH_4 + 2O_2 \rightarrow CO_2 + 2H_2O$
- 아세틸렌 : $C_2H_2 + 2.5O_2 \rightarrow 2CO_2 + H_2O$
- 에탄 : $C_2H_6 + 3.5O_2 \rightarrow 2CO_2 + 3H_2O$
- 프로판 : $C_3H_8 + 5O_2 \rightarrow 3CO_2 + 4H_2O$
- 부탄 : $C_4H_{10} + 6.5O_2 \rightarrow 4CO_2 + 5H_2O$
- 옥탄 : $C_8H_{18} + 12.5O_2 \rightarrow 8CO_2 + 9H_2O$
- 등유 : $C_{10}H_{20} + 15O_2 \rightarrow 10CO_2 + 10H_2O$
- 탄화수소의 일반 반응식 : $C_mH_n + \left(m + \frac{n}{4}\right)O_2 \rightarrow mCO_2 + \frac{n}{2}H_2O$

과잉공기량이 많을 때 일어나는 현상

- 불완전연소물의 발생이 적어진다.
- 연소실의 온도가 낮아진다.
- 연료소비량이 많아진다.
- 배기가스에 의한 열손실이 증가한다.

공기비(m) 계산 공식

- $m = \frac{A}{A_0}$

  (여기서, A : 실제공기량, A_0 : 이론공기량)

- $m = \frac{21}{21 - O_2[\%]}$

- $m = \frac{CO_{2max}}{CO_2}$

- $m = \frac{N_2}{N_2 - 3.76(O_2 - 0.5CO)}$

이론산소량

- 질량 계산[kg/kg] : O_0 = 가연물질의 몰수×산소의 몰수×32
- 체적 계산[Nm^3/kg] : O_0 = 가연물질의 몰수×산소의 몰수×22.4

이론공기량

- 질량 계산식 : $A_0 = \frac{O_0}{0.232}$ [kg/kg]
- 체적 계산식 : $A_0 = \frac{O_0}{0.21}$ [Nm^3/kg]

고체, 액체연료의 습연소가스량(G)

- 연소방정식에 의한 계산
  - [kg/kg] $G = (m - 0.232)A_0 + (44/12)C + (18/2)H + (64/32)S + N + w$
  - [Nm^3/kg] $G = (m - 0.21)A_0 + 22.4\{(C/12) + (H/2) + (S/32) + (N/28) + (w/18)\}$
- 체적 변화에 의한 계산
  - [Nm^3/kg] $G = mA_0 + 22.4\{(O/32) + (H/4) + (N/28) + (w/18)\}$
  - [Nm^3/kg] $G = mA_0 + 5.6H$ (액체연료의 성분이 탄소와 수소만일 경우)

▮ 기체연료의 습연소가스량(G)

• 연소방정식에 의한 계산

- $[\mathrm{Nm^3/Nm^3}]$ $G=(m-0.21)A_0+\mathrm{CO}+\mathrm{H_2}+\sum(m+n/2)\mathrm{C}_m\mathrm{H}_n+(\mathrm{N_2}+\mathrm{CO_2}+\mathrm{H_2O})$
- $[\mathrm{Nm^3/kg}]$ $G=(m-0.21)A_0+$ 연료의 몰수 $\times 22.4\times$ 연소가스의 몰수

• 체적 변화에 의한 계산 : $[\mathrm{Nm^3/Nm^3}]$ $G=1+mA_0-(1/2)\mathrm{CO}-(1/2)\mathrm{H_2}+\sum(n/4-1)\mathrm{C}_m\mathrm{H}_n$

▮ 실제습연소가스량과 이론습연소가스량의 관계식

$G=G_0+A-A_0=G_0+(m-1)A_0$

(여기서, G : 실제습연소가스량, G_0 : 이론습연소가스량, A : 실제공기량, A_0 : 이론공기량, m : 공기비)

▮ 고체, 액체연료의 건연소가스량(G' 또는 G_d)

• 연소방정식에 의한 계산

- $[\mathrm{Nm^3/kg}]$ $G'=(m-0.21)A_0+22.4\{(\mathrm{C}/12)+(\mathrm{S}/32)+(\mathrm{N}/28)\}$

• 체적 변화에 의한 계산

- $[\mathrm{Nm^3/kg}]$ $G'=mA_0+22.4\{(\mathrm{O}/32)-(\mathrm{H}/4)+(\mathrm{N}/28)\}$
- $[\mathrm{Nm^3/kg}]$ $G'=mA_0-5.6\mathrm{H}$(액체연료의 성분이 탄소와 수소만일 경우)

▮ 기체연료의 건연소가스량(G' 또는 G_d)

• 연소방정식에 의한 계산$[\mathrm{Nm^3/Nm^3}]$

$G'=(m-0.21)A_0+\mathrm{CO}+\mathrm{H_2}+\sum(m)\mathrm{C}_m\mathrm{H}_n+(\mathrm{N_2}+\mathrm{CO_2})$

• 체적 변화에 의한 계산$[\mathrm{Nm^3/Nm^3}]$

$G'=1+mA_0-(1/2)\mathrm{CO}-(3/2)\mathrm{H_2}-\sum\{(n/4)+1\}\mathrm{C}_m\mathrm{H}_n-\mathrm{H_2O}$

▮ 실제건연소가스량과 이론건연소가스량의 관계식

$G'=G_0'+A-A_0=G_0'+(m-1)A_0$

(여기서, G' : 실제건연소가스량, G_0' : 이론건연소가스량, A : 실제공기량, A_0 : 이론공기량, m : 공기비)

▮ CO_2와 연료 중의 탄소분을 알고 있을 때의 건연소가스량

$$G'=\frac{1.867\times\mathrm{C}}{(\mathrm{CO_2})}[\mathrm{Nm^3/kg}]$$

습연소가스량과 건연소가스량의 관계식

$G = G' + 1.25(9\mathrm{H} + w)$

산소의 몰분율(연소가스 조성 중 산소값)

$$M = \frac{0.21(m-1)A_0}{G}$$

(여기서, m : 공기과잉률, A_0 : 이론공기량, G : 실제배기가스량)

발열량

- 고위발열량 : $H_h = 8,100\mathrm{C} + 34,000(\mathrm{H} - \mathrm{O}/8) + 2,500\mathrm{S}$ [kcal/kg]
- 저위발열량 : $H_L = H_h - 600(9\mathrm{H} + w)$ [kcal/kg]

이론연소온도

$$T_0 = \frac{H_L}{GC} + t$$

(여기서, H_L : 저위발열량, G : 배기가스량, C : 배기가스의 평균비열, t : 기준온도)

인화점 시험의 종류

- 아벨-펜스키 밀폐식 시험 : 인화점 50[℃] 이하인 시료의 인화점 시험이며, 적용 유종은 원유, 경유, 중유 등이다.
- 태그 밀폐식 시험 : 인화점 93[℃] 이하인 시료의 인화점 시험이며, 적용 유종은 원유, 가솔린, 등유, 항공터빈연료유 등이다.
- 펜스키-마텐스 밀폐식 시험 : 태그 밀폐식을 적용할 수 없는 시료의 인화점 시험이며, 적용 유종은 원유, 경유, 중유, 전기 절연유, 방청유, 절삭유제 등이다.
- 신속평형법 : 인화점 110[℃] 이하인 시료의 인화점 시험이며, 적용 유종은 원유, 등유, 경유, 중유, 항공터빈연료유 등이다.
- 클리블랜드 개방식 시험 : 인화점 80[℃] 이상인 시료의 인화점 시험이며, 적용 유종은 석유 아스팔트, 유동파라핀, 에어 필터유, 석유왁스, 방청유, 전기 절연유, 열처리유, 절삭유제, 각종 윤활유 등이다.

헴펠법 : 연소가스 중에 들어 있는 성분을 이산화탄소(CO_2), 중탄화수소(C_mH_n), 산소(O_2) 등의 순서로 흡수체에 접촉 분리시킨 후 체적 변화로 조성을 구하고, 이어 잔류가스에 공기나 산소를 혼합·연소시켜 성분을 분석하는 기체연료분석방법이다.

질소산화물(NO_x) 생성 억제 연소방법

- 물분사법
- 2단 연소법
- 배기가스 재순환연소법
- 저산소(저공기비)연소법
- 저온연소법

링겔만농도표

- 연돌에서 배출하는 매연농도를 측정한다.
- 가로 14[cm], 세로 20[cm]의 백상지에 각각 0[mm], 1.0[mm], 2.3[mm], 3.7[mm], 5.5[mm] 전폭의 격자형 흑선을 그려 백상지의 흑선 부분이 전체의 0[%], 20[%], 40[%], 60[%], 80[%], 100[%]를 차지하도록 하여 이 흑선과 굴뚝에서 배출하는 매연의 검은 정도를 비교하여 각각 0도에서 5도까지 6종으로 분류한다.
- 매연농도의 법적 기준 : 2도 이하

링겔만 매연농도를 이용한 매연측정방법

- 농도는 0~5도(6종)로 구분되며 농도 1도당 매연 20[%]이다.
- 가장 양호한 연소는 1도(20[%])이며, 2도(40[%]) 이하를 합격으로 한다.
- 매연농도율 : $R = \frac{\text{매연농도값}}{\text{측정시간(분)}} \times 20[\%]$
- 보일러 운전 중 매연농도는 항상 2도 이하(매연율 40[%] 이하)로 유지되어야 한다.
- 6개의 농도표와 배출 매연의 색을 연돌 출구에서 비교하는 것이다.
- 농도표는 측정자로부터 16[m] 떨어진 곳에 설치한다.
- 측정자와 연돌의 거리는 200[m] 이내여야 한다.
- 연돌 출구로부터 30~45[m] 정도 떨어진 곳의 연기를 관측한다.
- 연기의 흐르는 방향의 직각의 위치에서 측정한다.
- 태양광선을 측면으로 받는 위치에서 측정한다.

연소하한계(LFL) 공식

$$\frac{100}{LFL} = \sum \frac{V_i}{L_i}$$

(여기서, V_i : 각 가스의 조성[%], L_i : 각 가스의 연소하한계[%])

가연성 가스의 위험도(H)

$$H = \frac{U - L}{L}$$

(여기서, U : 폭발상한, L : 폭발하한)

기체연료 연소 시 발생 가능한 이상현상

- 역화(Back Fire) : 연료 연소 시 연료의 분출속도가 연소속도보다 느릴 때 불꽃이 염공 속으로 빨려 들어가 혼합관 속에서 연소하는 현상
- 선화(Lifting) : 염공에서 연료가스의 분출속도가 연소속도보다 빠를 때 불꽃이 염공 위에 들뜨는 현상
- 황염(Yellow Tip) : 염공에서 연료가스의 연소 시 공기량의 조절이 적정하지 못하여 완전연소가 이루어지지 않을 때 불꽃의 색이 황색으로 되는 현상
- 블로오프(Blow Off) : 염공에서 연료가스의 분출속도가 연소속도보다 클 때, 주위 공기의 움직임에 따라 불꽃이 날려서 꺼지는 현상

가연성 혼합기의 폭발방지방법

- 산소농도의 최소화
- 불활성 가스의 치환
- 불활성 가스의 첨가

증기운폭발의 특징

- 폭발보다 화재가 많다.
- 연소에너지의 약 20[%]만 폭풍파로 변한다.
- 증기운의 크기가 클수록 점화될 가능성이 커진다.
- 점화 위치가 방출점에서 멀수록 폭발효율이 증가하므로 폭발 위력이 커진다.

열역학 제1법칙

- 열역학 제1법칙은 에너지보존의 법칙, 가역법칙, 양적 법칙, 제1종 영구기관 부정의 법칙이다.
- 열을 일로 변환할 때 또는 일을 열로 변환할 때 전체 계의 에너지 총량은 변화하지 않고 일정하다.
- 계의 내부 에너지의 변화량은 계에 들어온 열에너지에서 계가 외부에 해 준 일을 뺀 양과 같다.
  $\Delta U = \Delta Q - \Delta W$
- 물체에 공급된 에너지는 물체의 내부에너지를 높이거나 외부에 일을 하므로, 에너지의 양은 일정하게 보존된다.

열역학 제2법칙

- 열역학 제2법칙은 엔트로피 법칙, 비가역법칙(에너지 흐름의 방향성), 실제적 법칙, 제2종 영구기관 부정의 법칙이다.
- 임의의 과정에 대한 가역성과 비가역성을 논의하는 데 적용되는 법칙이다.
- 진공 중에서의 가스의 확산은 비가역적이다.
- 고립계 내부의 엔트로피 총량은 언제나 증가한다.
- 자연계에서 일어나는 모든 현상은 규칙적이고 체계화된 정도가 감소하는 방향으로 일어난다. 즉, 자연계에서 일어나는 현상은 한 방향으로만 진행된다.

클라우지우스(Clausius)의 폐적분값

$\oint \frac{\delta Q}{T} \leq 0$(항상 성립)

- 가역사이클 : $\oint \frac{\delta Q}{T} = 0$
- 비가역사이클 : $\oint \frac{\delta Q}{T} < 0$

엔트로피(Entropy)

- 엔트로피는 자연물질이 변형되어 다시 원래의 상태로 환원될 수 없게 되는 현상이다.
- 엔트로피는 다시 가용할 수 있는 상태로 환원시킬 수 없는 무용의 상태로 전환된 질량(에너지)의 총량이다.
- 엔트로피는 무질서도이다.
- 엔트로피는 엔탈피 증가량을 절대온도로 나눈 값이다.

  $\Delta S = \frac{\Delta Q}{T}$

  (여기서, ΔS : 엔트로피[kcal/kg·K], ΔQ : 열량 변화[kcal/kg], T : 절대온도[K])
- 엔트로피는 상태함수이다.
- 엔트로피는 분자들의 무질서도의 척도가 된다.
- 고립계에서 엔트로피는 항상 증가하거나 일정하게 보존된다.
- 우주의 모든 현상은 총엔트로피가 증가하는 방향으로 진행된다.
- 자유팽창, 종류가 다른 가스의 혼합, 액체 내의 분자의 확산 등의 과정은 비가역과정이므로 엔트로피는 증가한다.

열역학 제0법칙(열평형의 법칙)

- 물체 A와 B가 각각 물체 C와 열평형을 이루었다면 A와 B도 서로 열평형을 이룬다는 열역학 법칙이다.
- 제3의 물체와 열평형에 있는 두 물체는 그들 상호간에도 열평형에 있으며 물체의 온도는 서로 같다.
- 두 계가 다른 한 계와 열평형을 이룬다면, 그 두 계는 서로 열평형을 이룬다.

열역학 제3법칙

- 엔트로피의 절댓값을 정의하는 법칙이다.
- 절대영도 불가능의 법칙이다.
- 절대영도(0[K])에는 도달할 수 없다.
- 순수한(Perfect) 결정의 엔트로피는 절대영도에서 0이 된다.
- 자연계에 실제 존재하는 물질은 절대영도에 이르게 할 수 없다.
- 제3종 영구기관 : 절대온도 0도에 도달할 수 있는 기관, 일을 하지 않으면서 운동을 계속하는 기관

보일의 법칙

$P_1 V_1 = P_2 V_2 = C$(일정)

샤를의 법칙(Gay Lussac의 법칙)

$\frac{V_1}{T_1} = \frac{V_2}{T_2} = C$(일정)

보일-샤를의 법칙

$\frac{P_1 V_1}{T_1} = \frac{P_2 V_2}{T_2} = C$(일정)

이상기체의 상태방정식

- $PV = n\overline{R}T$

  (여기서, P : 압력([Pa] 또는 [atm]), V : 부피([m^3] 또는 [L], n : 몰수[mol], $\overline{R}$: 일반기체상수, T : 온도[K])
- 1[mol]의 경우 $n = 1$이므로, $PV = \overline{R}T$
- $PV = G\overline{R}T$

  (여기서, P : 압력[kg/m^2], V : 부피[m^3], G : 몰수[mol], $\overline{R}$: 일반기체상수(848[kg · m/kmol · K]), T : 온도[K])
- $PV = n\overline{R}T = mRT$

  $\left(\text{여기서, } m \text{ : 질량(= 분자량} \times \text{몰수), } R \text{ : 특정기체상수, } R = \frac{\overline{R}}{M} (M \text{ : 기체의 분자량), } T \text{ : 온도[K]}\right)$

기체상수

- $\overline{R}$: 이상기체상수 또는 일반기체상수로 모든 기체에 대해 동일한 값이다(일반기체상수는 모든 기체에 대해 항상 변함이 없다).

  $\overline{R}$ = 8.314[J/mol · K] = 8.314[kJ/kmol · K] = 8.314[N · m/mol · K] = 1.987[cal/mol · K] = 82.05[cc-atm/mol · K] = 0.082[L · atm/mol · K] = 848[kg · m/kmol · K]
- R : 특정기체상수로 기체마다 상이하다(물질에 따라 값이 다르다).
  - 일반기체상수를 분자량으로 나눈 값이다.
  - 단위로 [kJ/kg · K], [J/kg · K], [J/g · K], [kg · m/kg · K], [N · m/kg · K] 등을 사용한다.
  - 공기의 기체상수 : 8.314[kJ/kmol · K] × 1[kmol] / 28.97[kg] ≒ 0.287[kJ/kg · K] = 287[J/kg · K]

반데르발스(Van der Waals) 상태방정식

- $\left(P+\frac{n^2a}{V^2}\right)(V-nb)=nRT,\ P=\frac{RT}{V-nb}-a\left(\frac{n}{V}\right)^2$
- 최초의 3차 상태방정식이다.
- 실제기체의 상호작용을 위해 고려해야 할 조건
  - 척력의 효과 : 기체는 부피가 작은 구처럼 행동하므로 실제기체가 차지하는 부피는 측정된 부피보다 작다.

    $V-nb$
  - 인력의 효과 : 기체상호간의 인력 때문에 실제기체의 압력이 감소된다.

    $-a\left(\frac{n}{V}\right)^2$
- 기체에 따라 주어지는 상수 a, b를 구하는 임계점 관계식 : $\left(\frac{\partial P}{\partial V}\right)_{T_c}=0$, $\left(\frac{\partial^2 P}{\partial V^2}\right)_{T_c}=0$

이상기체의 특징

- 분자와 분자 사이의 거리가 매우 멀다.
- 분자 사이의 인력이 없다.
- 압축성 인자가 1이다.
- 내부에너지는 온도만의 함수이다.

  $dU=C_v dT$
- 이상기체의 엔탈피는 온도만의 함수이다.

  $dh=C_p dT$
- 이상기체상수($\overline{R}$)값 : 8.314[J/mol · K]=1.987[cal/mol · K]=82.05[cc-atm/mol · K]

이상기체의 가역 변화

- 정압과정
  - 압력, 부피, 온도 : $P=C,\ \dfrac{V_1}{T_1}=\dfrac{V_2}{T_2}$
  - 절대일(비유동일) : ${}_1W_2=\int PdV=P(V_2-V_1)=mR(T_2-T_1)$

    ※ 과정 중에서 외부로 가장 많은 일을 하는 과정이다.
  - 공업일(유동일) : $W_t=-\int VdP=0$
  - (가)열량 : ${}_1Q_2=\Delta H=mC_p\Delta T=mC_p(T_2-T_1)=mC_pT_1\left(\dfrac{T_2}{T_1}-1\right)=mC_pT_1\left(\dfrac{V_2}{V_1}-1\right)$
  - 내부에너지 변화량 : $\Delta U=mC_v\Delta T$
  - 엔탈피 변화량 : $\Delta H={}_1Q_2=mC_p\Delta T$
  - 엔트로피 변화량 : $\Delta S=mC_p\ln\dfrac{T_2}{T_1}=mC_p\ln\dfrac{V_2}{V_1}$
  - 정압비열 : $C_p=\dfrac{Q}{m(T_2-T_1)}=\dfrac{k}{k-1}R[\mathrm{kJ/kgK}]$
- 정적과정
  - 압력, 부피, 온도 : $V=C,\ \dfrac{P_1}{T_1}=\dfrac{P_2}{T_2}$
  - 절대일(비유동일) : ${}_1W_2=\int PdV=0$
  - 공업일(유동일) : $W_t=-\int VdP=V(P_1-P_2)=mR(T_1-T_2)$
  - (가)열량 : ${}_1Q_2=\Delta U,\ \delta q=du$
  - 내부에너지 변화량 : $\Delta U=\Delta Q=mC_v\Delta T$
  - 엔탈피 변화량 : $\Delta H=mC_p\Delta T$
  - 엔트로피 변화량 : $\Delta S=mC_v\ln\dfrac{T_2}{T_1}=mC_v\ln\dfrac{P_2}{P_1}$
- 등온과정
  - 압력, 부피, 온도 : $T=C,\ P_1V_1=P_2V_2$
  - 절대일(비유동일) :

    $${}_1W_2=\int PdV=P_1V_1\ln\frac{V_2}{V_1}=P_1V_1\ln\frac{P_1}{P_2}=mRT\ln\frac{V_2}{V_1}=mRT\ln\frac{P_1}{P_2}$$
  - 공업일(유동일) : $W_t=-\int VdP={}_1W_2$

- (가)열량 : ${}_1Q_2 = {}_1W_2 = W_t$, $Q = W$, $\delta q = \delta w$
- 내부에너지 변화량, 엔탈피 변화량, 엔트로피 변화량 : $\Delta U = 0, \Delta H = 0, \Delta S > 0$
- 엔트로피 변화량 : $\Delta S = mR\ln\dfrac{V_2}{V_1} = mR\ln\dfrac{P_1}{P_2}$

• 단열과정

- 압력, 부피, 온도 : $PV^k = C$, $TV^{k-1} = C$, $PT^{\frac{k}{1-k}} = C$, $TP^{\frac{1-k}{k}} = C$,

$$\frac{T_2}{T_1} = \left(\frac{V_1}{V_2}\right)^{k-1} = \left(\frac{P_2}{P_1}\right)^{\frac{k-1}{k}}$$

- 절대일(비유동일) : ${}_1W_2 = \int PdV = \dfrac{1}{k-1}(P_1V_1 - P_2V_2) = \dfrac{mR}{k-1}(T_1 - T_2)$

$$= \frac{mRT_1}{k-1}\left(1-\frac{T_2}{T_1}\right) = \frac{mRT_1}{k-1}\left\{1-\left(\frac{V_1}{V_2}\right)^{k-1}\right\} = \frac{mRT_1}{k-1}\left\{1-\left(\frac{P_2}{P_1}\right)^{\frac{k-1}{k}}\right\} = \frac{P_1V_1}{k-1}\left\{1-\left(\frac{T_2}{T_1}\right)\right\}$$

$$= \frac{P_1V_1}{k-1}\left\{1-\left(\frac{V_1}{V_2}\right)^{k-1}\right\} = \frac{P_1V_1}{k-1}\left\{1-\left(\frac{P_2}{P_1}\right)^{\frac{k-1}{k}}\right\}$$

- 공업일(유동일) : $W_t = -\int VdP = k \cdot {}_1W_2$
- (가)열량 : $Q = 0$, $\Delta Q = 0$, $\delta q = 0$
- 내부에너지 변화량 : $\Delta U = -{}_1W_2$
- 엔탈피 변화량 : $\Delta H = -W_t = -k \cdot {}_1W_2$
- 엔트로피 변화량 : $\Delta S = 0$
- 단열 변화에서는 $PV^n = C$(일정)에서 $n = k$이다.

폴리트로픽 과정(Polytropic Process)

• 폴리트로픽 지수(n)와 상태 변화의 관계식

- n의 범위 : $-\infty \sim +\infty$
- $n = 0$이면, $P = C$: 등압 변화
- $n = 1$이면, $T = C$: 등온 변화
- $n = k(=1.4)$: 단열 변화
- $n = \infty$ 이면 $V = C$: 등적 변화
- $n > k$이면, 팽창에 의한 열량은 방열량이 되며 온도는 올라간다.
- $1 < n < k$이면, 압축에 의한 열량은 흡열량이 되며 온도는 내려간다.

- 압력, 부피, 온도 : $PV^n = C,\ \dfrac{T_2}{T_1} = \left(\dfrac{V_1}{V_2}\right)^{n-1} = \left(\dfrac{P_2}{P_1}\right)^{\frac{n-1}{n}}$

- 외부에 하는 일(비유동일) : ${}_1W_2 = \int P dV = P_1 V_1^n \int_1^2 \left(\dfrac{1}{V}\right)^n dV = \dfrac{1}{n-1}(P_1V_1 - P_2V_2)$

$$= \frac{P_1V_1}{n-1}\left(1 - \frac{P_2V_2}{P_1V_1}\right) = \frac{P_1V_1}{n-1}\left(1 - \frac{T_2}{T_1}\right) = \frac{mRT}{n-1}\left(1 - \frac{T_2}{T_1}\right)$$

$$= \frac{mRT}{n-1}\left\{1 - \left(\frac{P_2}{P_1}\right)^{\frac{n-1}{n}}\right\} = \frac{mR}{n-1}(T_1 - T_2)$$

※ 만일 $n = 2$라면 ${}_1W_2 = \dfrac{1}{n-1}(P_1V_1 - P_2V_2) = P_1V_1 - P_2V_2$

- 공업일(유동일) : $W_t = -\int VdP = n_1 W_1$

- 비열 : 폴리트로픽 비열 $C_n = C_v\left(\dfrac{n-k}{n-1}\right)$

- 외부로부터 공급되는 열량 : ${}_1q_2 = C_v(T_2 - T_1) + {}_1w_2 = C_v(T_2 - T_1) + \dfrac{R}{n-1}(T_1 - T_2)$

$$= C_v\frac{n-k}{n-1}(T_2 - T_1) = C_n(T_2 - T_1)$$

- 내부에너지 변화량 : $\Delta U = mC_v(T_2 - T_1) = \dfrac{mRT_1}{k-1}\left\{\left(\dfrac{P_2}{P_1}\right)^{\frac{n-1}{n}} - 1\right\}$

- 엔탈피 변화량 : $\Delta h = mC_p(T_2 - T_1) = \dfrac{kmRT_1}{k-1}\left\{\left(\dfrac{P_2}{P_1}\right)^{\frac{n-1}{n}} - 1\right\}$

- 엔트로피 변화량 : $\Delta S = mC_n \ln\dfrac{T_2}{T_1} = mC_v\left(\dfrac{n-k}{n-1}\right)\ln\dfrac{T_2}{T_1} = mC_v(n-k)\ln\dfrac{V_1}{V_2}$

$$= mC_v\left(\frac{n-k}{n}\right)\ln\frac{P_2}{P_1}$$

카르노사이클(Carnot Cycle)

- 카르노사이클은 2개의 등온과정과 2개의 단열과정으로 구성된 가역사이클이다.
- 카르노사이클 구성과정 : 등온팽창 → 단열팽창 → 등온압축 → 단열압축
- 실제로 존재하지 않는 이상사이클이다.
- 열기관사이클 중에서 열효율이 최대인 사이클이다.
- 카르노사이클 열기관의 열효율 : $\eta_c = \dfrac{W_{net}}{Q_1} = 1 - \dfrac{Q_2}{Q_1} = 1 - \dfrac{T_2}{T_1}$

(여기서, Q_1 : 고열원의 열량, Q_2 : 저열원의 열량, T_1 : 고열원의 온도, T_2 : 저열원의 온도)

오토(Otto) 사이클

- 적용 : 가솔린기관의 기본사이클
- 구성 : 2개의 등적과정과 2개의 등엔트로피 과정
- 과정 : 1 - 2 가역단열(등엔트로피)압축, 2 - 3 가역정적가열, 3 - 4 가역단열(등엔트로피)팽창, 4 - 1 가역정적 방열
- 작업유체의 열 공급 및 방열이 일정한 체적에서 이루어진다.
- 전기점화기관(불꽃점화기관)의 이상적 사이클이다.
- 압축비는 노킹현상 때문에 제한을 가진다.
- 열효율 : $\eta_o = \dfrac{\text{유효한 일}}{\text{공급열량}} = \dfrac{W}{Q_1} = \dfrac{\text{공급열량} - \text{방출열량}}{\text{공급열량}} = \dfrac{mC_V(T_3 - T_2) - mC_V(T_4 - T_1)}{mC_V(T_3 - T_2)}$

  $= 1 - \dfrac{T_4 - T_1}{T_3 - T_2} = 1 - \left(\dfrac{1}{\varepsilon}\right)^{k-1}$ (여기서, ε : 압축비, k : 비열비)

- 평균 유효압력 : $p_{mo} = P_1 \dfrac{(\alpha - 1)(\varepsilon^k - \varepsilon)}{(k-1)(\varepsilon - 1)}$ $\left(\text{여기서, } \alpha = \dfrac{P_3}{P_2} \text{ : 압력비, } P_1 \text{ : 최소압력}\right)$

디젤(Diesel) 사이클

- 적용 : (저속) 디젤기관의 기본사이클
- 과정(디젤기관의 행정 순서) : 단열압축 → 정압급열 → 단열팽창 → 정적방열
- 가열(연소)과정은 정압과정으로 이루어진다(일정한 압력에서 열공급을 한다).
- 일정 체적에서 열을 방출한다.
- 등엔트로피 압축과정이 있다.
- 조기 착화 및 노킹 염려가 없다.
- 오토사이클보다 효율이 높다.
- 평균 유효압력이 높다.
- 압축비는 15~20 정도이다.
- 압축비 : $\varepsilon = \left(\dfrac{P_3}{P_1}\right)^{\frac{1}{k}}$
- 차단비(Cut-off Ratio, 단절비 또는 체절비, 등압팽창비) : $\sigma = \dfrac{V_3}{V_2} = \dfrac{T_3}{T_2} = \dfrac{T_3}{T_1 \varepsilon^{k-1}}$
- 열효율 : $\eta_d = 1 - \left(\dfrac{1}{\varepsilon}\right)^{k-1} \times \dfrac{\sigma^k - 1}{k(\sigma - 1)}$

  (여기서, ε : 압축비, k : 비열비, σ : 단절비)

- 평균 유효압력 : $P_{md} = P_1 \dfrac{\varepsilon^k k(\sigma - 1) - \varepsilon(\sigma^k - 1)}{(k-1)(\varepsilon - 1)}$

브레이턴(Brayton)사이클

- 적용 : 가스터빈의 기본사이클
- 과정 : 가역단열압축, 가역정압가열(연소), 가역단열팽창, 가역정압방열(냉각)
- 정압(등압) 상태에서 흡열(연소)되므로 정압(연소)사이클 또는 등압(연소)사이클이라고도 한다.
- 실제 가스터빈은 개방사이클이다.
- 증기터빈에 비해 중량당의 동력이 크다.
- 공기는 산소를 공급하고 냉각제의 역할을 한다.
- 단위시간당 동작유체의 유량이 많다.
- 기관중량당 출력이 크다.
- 연소가 연속적으로 이루어진다.
- 가스터빈은 완전연소에 의해서 유해성분의 배출이 거의 없다.
- 열효율은 압축비가 클수록 증가한다.
- 열효율 : $\eta_B = 1 - \dfrac{Q_2}{Q_1} = 1 - \dfrac{T_4 - T_1}{T_3 - T_2} = 1 - \left(\dfrac{1}{\varepsilon}\right)^{\frac{k-1}{k}}$

  (여기서, ε : 압축비, k : 비열비)

건도(x)와 습도(y), 과열도, 과열증기 가열량

- 건도 : $x = \dfrac{\text{증기 중량}}{\text{습증기 중량}} = \dfrac{v_x - v'}{v'' - v'} = \dfrac{(V/G) - v'}{v'' - v'}$
- 습도 : $y = 1 - x$
- 과열도 : 과열증기온도(t_B) - 포화온도(t_A)
- 과열증기 가열량 : $Q_B = (1-x)(h'' - h') + C_p A$

  (여기서, x : 건도, h'' : 건포화증기의 엔탈피, h' : 포화액의 엔탈피, C_p : 증기의 평균정압비열, A : 과열도)

건포화증기의 엔탈피(h'')와 증발잠열(γ)

- 건포화증기의 엔탈피 : $h'' = h' + \gamma$

  (여기서, h' : 포화액의 엔탈피, γ : 증발잠열)
- 증발잠열 : $\gamma = Q = h'' - h' = (u'' - u') + P(v'' - v')$

  (여기서, h'' : 건포화증기의 엔탈피, h' : 포화액의 엔탈피, $(u'' - u')$: 내부 증발잠열, $P(v'' - v')$: 외부 증발잠열)

건도 x인 습증기의 비체적, 내부에너지, 엔탈피, 엔트로피

- 비체적 : $v_x = v' + x(v'' - v')$
  (여기서, v' : 포화수의 비체적, v'' : 건포화증기의 비체적)
- 내부에너지 : $u_x = (1-x)u' + xu'' = u' + x(u'' - u') = u'' - y(u'' - u')$
- 엔탈피 : $h_x = (1-x)h' + xh'' = h' + x(h'' - h') = h'' - y(h'' - h')$
- 엔트로피 : $s_x = s' + x(s'' - s') = s'' - y(s'' - s')$

수증기와 물의 엔탈피 차이 또는 건포화증기 형성에 필요한 열량

$\Delta H = Q =$ 가열량(현열) + 잠열량 $= m_1 C \Delta t + m_2 \gamma_0$

(여기서, m_1 : 물의 무게, C : 비열, Δt : 온도차, m_2 : 수증기의 무게, γ_0 : 증발잠열)

랭킨(Rankine) 사이클

- 적용 : 증기원동기의 증기동력사이클
- 랭킨사이클의 순서 : 단열압축 → 정압가열 → 단열팽창 → 정압냉각
- 증기원동기의 순서 : 펌프(단열압축) → 보일러 · 과열기(정압가열) → 터빈(단열팽창) → 복수기(정압냉각)

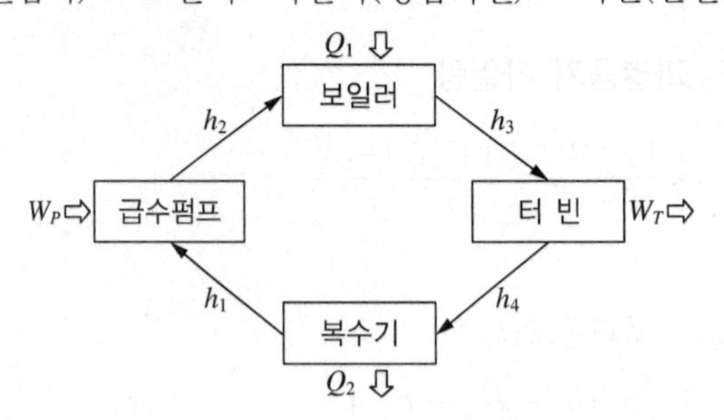

- 엔탈피(h)
  - h_1 : 포화수 엔탈피(펌프 입구 엔탈피)
  - h_2 : 급수 엔탈피(보일러 입구 엔탈피)
  - h_3 : 과열증기 엔탈피(터빈 입구 엔탈피)
  - h_4 : 습증기 엔탈피(응축기 입구 엔탈피)
- 일량(W)
  - 펌프일량 : $W_P = h_2 - h_1$
  - 터빈일량 : $W_T = h_3 - h_4$
- 열량(Q)
  - 공급열량 : $Q_1 = h_3 - h_2$
  - 방출열량 : $Q_2 = h_4 - h_1$

• 랭킨사이클의 열효율

– 열량에 의한 랭킨사이클 효율식 : $\eta_R = \dfrac{Q_1 - Q_2}{Q_1} = \dfrac{(h_3 - h_2) - (h_4 - h_1)}{(h_3 - h_2)}$

– 일량에 의한 랭킨사이클 효율식 : $\eta_R = \dfrac{W_T - W_P}{Q_1} = \dfrac{(h_3 - h_4) - (h_2 - h_1)}{h_3 - h_2}$

– 펌프일을 생략한 랭킨사이클의 열효율 : $W_T \gg W_P$이므로 W_P를 생략(무시)할 수 있고, 이 경우 $h_2 \simeq h_1$이므로, $\eta_R = \dfrac{W_T - W_P}{Q_1} = \dfrac{W_T}{Q_1} = \dfrac{W_{net}}{Q_1} = \dfrac{h_3 - h_4}{h_3 - h_2} = \dfrac{h_3 - h_4}{h_3 - h_1}$이 된다.

■ **냉동톤[RT]**

• 냉동능력을 나타내는 단위

• 0[℃]의 물 1톤을 24시간(1일) 동안에 0[℃]의 얼음으로 만드는 능력

• 1[RT] : 3,320[kcal/h] = 3.86[kW] = 5.18[PS]

■ **제빙톤** : 24시간(1일) 얼음 생산능력을 톤으로 나타낸 것. 1제빙톤 = 1.65[RT]

■ **냉동능력(q_1)**

• 방출열량 또는 응축열량(냉동기)

• $q_1 = m(C\Delta t + \gamma_0)$

(여기서, m : 생산 얼음 무게, C : 비열, Δt : 물의 온도, γ_0 : 얼음의 융해열)

■ **냉동효과(q_2)** : 흡입열량(냉매)

$q_2 = \varepsilon_R W_c$

(여기서, ε_R : 성능계수, W_c : 공급일)

■ **체적냉동효과** : 압축기 입구에서의 증기 1[m³]의 흡열량

■ **냉매순환량**

$$G = \frac{\text{냉동능력}}{\text{냉동효과}} = \frac{q_1}{q_2}$$

▌흡수식 냉동기(Absorption System of Refrigeration)

- 흡수식 냉동기(흡수식 냉동시스템 또는 흡수식 냉온수기)는 저압조건에서 증발하는 냉매의 증발잠열을 이용하여 순환하는 냉수를 냉각시키고, 흡수제에 혼합된 냉매를 외부 열원으로 가열하여 분해한 후 냉각수에 의해 응축되었다가 증발기로 보내지는 냉동순환사이클을 돌면서 냉방을 수행하는 냉동기이다.
- 증발기에는 냉매인 H_2O를 넣고 흡수기에는 흡수제인 리튬브로마이드(LiBr)를 넣은 후 내부압력이 6.5[mmHg]가 되도록 진공도를 형성하고 냉매가 5[℃]에서 증발하여 전열관 내 7[℃]의 냉수를 얻어서 하절기 냉방을 유지하고, 동절기에는 고온재생기에서 냉매를 증발시켜 이 증발잠열로 온수를 가열시켜 난방을 실시하여 한 대의 기기로 냉난방을 가능하게 한다.
- 흡수기와 재생기가 압축기 역할을 함께하므로 압축기가 없다. 그러므로 압축에 소요되는 일이 감소하고 소음 및 진동도 작아진다.
- 대형 건물의 냉난방용으로 많이 사용된다.
- 냉매 : 물(H_2O)
- 흡수제 : 리튬브로마이드(LiBr)
- 흡수식 냉동기의 4가지 주요 장치 : 증발기, 흡수기, 재생기, 응축기

▌흡수식 냉온수기의 특징

- 기계 구동 부분이 펌프와 팬뿐이고 압축기를 사용하지 않기 때문에 전력소비량과 고장이 적고, 소음이 작다.
- 냉매로 물을 사용하므로 환경친화적이며 위험성이 작다.
- 냉온수기 하나로 냉방과 난방이 가능하므로 편리하다.
- 설비 내부의 압력이 진공 상태이므로 압력이 높지 않아 위험성이 작다.
- 중앙공조방식 중 설치면적이 작아 공간 활용도가 높다.
- 전기가 아닌 열원을 동력원으로 사용하므로 태양열, 지열, 폐열회수 사용이 가능하고 환경오염을 줄일 수 있다.
- 제작비용이 많이 든다.

▌태양열을 이용한 냉방원리(사막과 같이 뜨거운 태양이 존재하는 환경에서 태양열을 이용한 냉방시스템 설비) : 태양열 집열기의 집열효율을 높이기 위하여 진공관형 태양열집열기를 이용하여 얻은 열을 축열조에 저장한 후 88[℃] 이상의 온수를 흡수식 냉동기의 재생기의 구동열원으로 공급하여 증발기에서 7[℃] 냉수를 발생시킨 후 이를 공조기 및 팬코일 유닛에 연결하여 순환시키는 냉방시스템을 구축한다.

냉동기의 냉매가 갖추어야 할 조건

- 저소(低少) : 응고온도, 액체비열, 비열비, 점도, 표면장력, 증기의 비체적, 포화압력, 응축압력, 절연물 침식성, 가연성, 인화성, 폭발성, 부식성, 누설 시 물품 손상, 악취, 가격
- 고대(高大) : 임계온도, 증발잠열, 증발열, 증발압력, 윤활유와의 상용성, 열전도율, 전열작용, 환경친화성, 절연내력, 화학적 안정성, 무해성(무독성), 내부식성, 불활성, 비가연성(내가연성), 누설 발견 용이성, 자동운전 용이성

역카르노사이클

- 역카르노사이클은 이상적인 열기관 사이클인 카르노사이클을 역작용시킨 사이클로, 저온측에서 고온측으로 열을 이동시킬 수 있는 사이클이며 이상적인 냉동사이클 또는 열펌프사이클이다.
  - 냉동기 : 저온측을 사용하는 장치
  - 열펌프 : 고온측을 사용하는 장치
- 과정 : 카르노사이클과 마찬가지로 2개의 등온과정과 2개의 등엔트로피 과정으로 구성되어 있다.
- 과정 구성 : 1 - 2 등온팽창(증발기), 2 - 3 단열압축(압축기), 3 - 4 등온압축(응축기), 4 - 1 단열팽창(팽창밸브)
- 냉동기의 성능계수 : 냉동사이클에 대한 성능계수는 저온측에서 흡수한 열량을 해 준 일로 나누어 준 값

  $$(COP)_R = \varepsilon_R = \frac{\text{저온체에서의 흡수열량}}{\text{공급일}} = \frac{q_2}{W_c} = \frac{T_2}{T_1 - T_2} = \frac{h_1 - h_3}{h_2 - h_1}$$

  (여기서, h_1 : 압축기 입구의 냉매엔탈피(증발기 출구의 엔탈피), h_2 : 응축기 입구의 냉매엔탈피, h_3 : 증발기 입구의 엔탈피)
- 열펌프의 성능계수

  $$(COP)_H = \varepsilon_H = \frac{\text{고온체에 공급한 열량}}{\text{공급일}} = \frac{\text{고온부 방출열}}{\text{입력 일}} = \frac{q_1}{W_c} = \frac{T_1}{T_1 - T_2} = \frac{\text{응축열}}{\text{압축일}} = \frac{h_2 - h_3}{h_2 - h_1}$$

  $$= \varepsilon_R + 1$$
- 전체 성능계수 : $\varepsilon_T = \varepsilon_R + \varepsilon_H = 2\varepsilon_R + 1$

역랭킨사이클

- 증기압축냉동사이클(가장 많이 사용되는 냉동사이클)에 적용한다.
- 역카르노사이클 중 실현이 곤란한 단열과정(등엔트로피 팽창과정)을 교축팽창시켜 실용화한 사이클이다.
- 증발된 증기가 흡수한 열량은 역카르노사이클에 의하여 증기를 압축하고 고온의 열원에서 방출하는 사이클 사이에 액체와 기체의 두 상으로 변하는 물질을 냉매로 하는 냉동사이클이다.
- 과정 구성 : 1 - 2 단열압축(압축기), 2 - 3 등압방열(응축기), 3 - 4 교축(팽창밸브), 4 - 1 등온등압(증발기)
  - 압축과정 : 기체 상태의 냉매가 단열압축되어 고온·고압의 상태가 되며 등엔트로피 과정이다($T-S$ 곡선에서 수직선으로 나타나는 과정 : 1 - 2과정).
  - 응축과정 : 냉매의 압력이 일정하며 주위로의 열방출을 통해 냉매가 포화액으로 변한다.
  - 팽창과정 : 대부분 등엔탈피 팽창을 한다.
  - 증발과정 : 일정한 압력 상태에서 저온부로부터 열을 공급받아 냉매가 증발한다.
- 4개의 중요 기기 : 압축기(압력 상승), 응축기(기체에서 액체로 응축되면서 열방출), 압력강하장치(압력 강하, 일부 액체가 기체로 기화), 증발기(액체가 기체로 기화되면서 열흡수)
- 흡입열량(냉동효과) : $q_2 = h_1 - h_4$
- 냉동능력(응축열량 또는 방출열량) : $q_1 = q_2 + W_c = (h_1 - h_4) + (h_2 - h_1) = h_2 - h_4 = h_2 - h_3$
- 압축기에 필요한 일(단열압축) : $W_c = h_2 - h_1$
- 성능계수 : $(COP)_R = \varepsilon_R = \dfrac{\text{흡수열}}{\text{받은일}} = \dfrac{q_2}{W_c} = \dfrac{q_2}{q_1 - q_2} = \dfrac{T_2}{T_1 - T_2} = \dfrac{h_1 - h_4}{h_2 - h_1}$

  (여기서, q_2 : 흡입열량, q_1 : 응축열량, W_c : 압축기 소요동력, h_1 : 압축기 입구에서의 엔탈피, h_2 : 증발기 입구에서의 엔탈피, h_4 : 응축기 입구에서의 엔탈피)

  ※ 증발온도는 높을수록, 응축온도는 낮을수록 크다.

교육은 우리 자신의 무지를 점차 발견해 가는 과정이다.

– 윌 듀란트 –

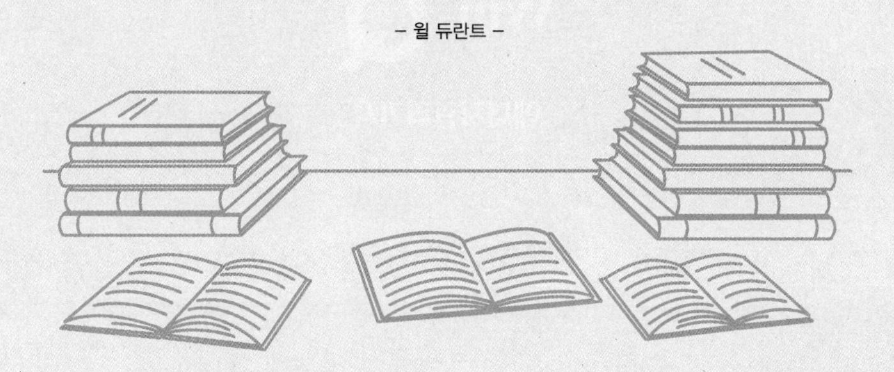

Win-Q

에너지관리기사

PART 1

핵심이론 + 핵심예제

CHAPTER 01 에너지설비 설계

제1절 | 보일러

1-1. 보일러 일반

핵심이론 01 보일러의 개요

① 보일러 및 관련 용어

㉠ 보일러

- 보일러(Boiler)는 연료의 연소로 발생되는 열을 밀폐용기 내에 있는 물에 전달하여 일정 압력의 증기나 온수를 발생시켜 건물의 난방, 온수 등에 사용하는 설비로, 증기원동기라고도 한다.
- 보일러는 화염, 연소가스, 그 밖의 고온가스에 의하여 증기 또는 온수를 발생시키거나 열매유를 가열하는 장치로서, 제품을 만들거나 전기를 생산하거나 난방이나 급탕을 한다. 보일러 본체, 연소장치, 보일러를 안전하고 효율적으로 운전할 수 있도록 하는 부속장치로 구성되어 있다.

㉡ 보일러 관련 용어의 이해

- 그을음(Soot) : 1~20[μm]의 유리탄소, 즉 미연의 탄소 미립자로, 연료가 불완전연소한 경우 연소가스가 저온부(보일러의 전열면)에 충돌하여 냉각됨으로써 연소 진행 중 연소 차단이 생기는 경우 등에 발생한다.
- 대류 전열면(Convection Heating Surface) : 화로를 나온 연소가스의 통로에 배치되는 전열면과 같이 연소가스의 대류(접촉)에 의해 주로 열전달이 행해지는 전열면으로, 접촉 전열면이라고도 한다.
- 미스트(Mist) : 기체 중에 포함되는 액체 미립자
- 비등점 상승(BPR ; Boiling Point Rise) : 비휘발성 용질을 녹인 휘발성 용매의 비등점이 순수한 휘발성 용매의 비등점보다 높아지는 현상이다.
  - 끓는점 상승 또는 비등점 오름, 끓는점 오름(BPE ; Boiling Point Elevation)이라고도 한다.
  - 녹이는 비휘발성 용질의 몰수에 비례하여 끓는점이 올라간다.
  - 비휘발성 용질이 휘발성 용매에 녹아 있을 때 비휘발성 물질의 비등점이 휘발성 용매보다 더 높아 용매가 증발하는 것을 방해하기 때문에 끓는점이 올라간다.
- 연관 : 관의 내부로 연소가스가 지나가는 관으로, 관 주위로 보일러수가 접촉하고 관 내부로 연소가스가 통과하면서 보일러수가 열교환을 하는 관이다.
- 연도 : 연소실에서 연돌까지 배기가스가 통과하는 통로이다.
- 연돌 : 열교환이 완료된 연소가스를 대기로 방출하기 위한 굴뚝이다.
- 전열면적 : 한쪽에 연소가스가 닿고, 다른 한쪽에는 물이 닿는 면적이다.
  - 한쪽 면이 연소가스 등에 접촉하고, 다른 면이 물(기수 혼합물 포함)에 접촉하는 부분의 면을 연소가스 등의 쪽에서 측정한 면적이다.
  - 특별히 지정하지 않을 때는 과열기 및 절탄기의 전열면을 제외한다.
  - 보일러의 전열면적이 클수록 증발량이 많고, 예열이 빠르며, 용량이 크고, 효율이 높다.

② 보일러의 구성

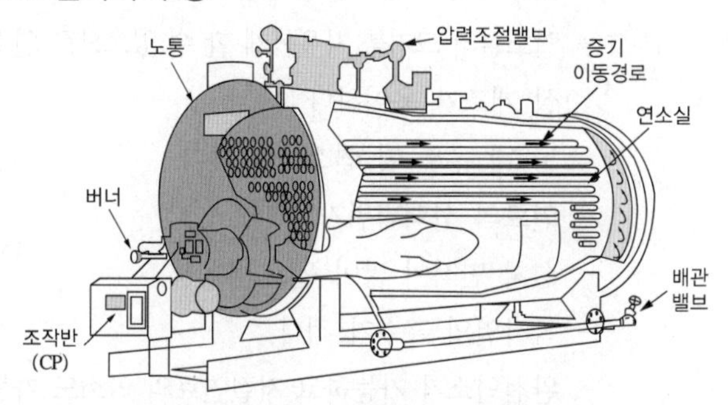

㉠ 보일러 구성의 3대 요소 : 본체, 부속장치, 연소장치

- 본체(몸체) : 노에서 발생된 연소열을 받아서 물을 가열하여 증기 및 온수를 발생시키는 장치이다.
  - 동(Drum)과 관(Tube)으로 구성되어 수실(수부), 증기실, 전열면(외부에서 전해 준 열을 물과 증기에 전하는 부분)의 역할을 한다.
  - 재료의 강도 측면에서 동의 형상은 원통형이 유리하다.
  - 동 내부에 설치되는 장치 : 급수내관, 스테이(버팀), 증기내관(비수방지관), 분출장치 등
- 부속장치
  - 안전장치 : 안전밸브, 방출밸브, 방출관, 가용전, 방폭문, 화염검출기, 증기압력제어기, 연료차단장치 및 연료차단밸브, 저수위차단장치, 고저수위경보기, 가스누설안전장치, 압력제한스위치, 과열방지장치, 연소제어장치, 미연소가스배출안전장치 등
  - 급수장치 : 급수탱크, 응축수탱크, 급수관, 스트레이너, 급수펌프, 인젝터, 밸브류(급수밸브, 체크밸브), 급수내관, 급수가열기, 바이패스관, 리턴탱크, 급수량계 등
  - 송기장치 : 주증기관, 비수방지관, 기수분리기, 주증기밸브, 증기헤더, 감압밸브, 증기트랩, 증기축열기, 신축이음, 스트레이너, 플래시탱크, 자동온도조절밸브 등
  - 열교환기 : 고체벽으로 분리된 온노가 서로 상이한 두 유체 사이에서 열교환을 수행하는 장치
  - 집진장치 : 기체 속에 부유하고 있는 고체나 액체의 미립자를 모아서 제거하는 장치
  - 분출장치 : 보일러 내의 침전물(불순물)을 배출시키는 장치
  - 폐열회수장치 : 과열기, 재열기, 절탄기, 공기예열기
  - 연료공급장치 : 오일저장탱크, 오일스트레이너, 오일펌프, 오일서비스탱크, 오일예열기, 오일배관, 유온계
  - 보염장치 : 윈드박스, 스태빌라이저(보염기), 컴버스터, 버너타일, 가이드베인 등
  - 수트블로어(Soot Blower) : 그을음이 보일러의 전열면에 부착되면 전열을 저해하기 때문에 이 폐해를 방지하기 위하여 수관 보일러의 주요 전열면인 수관군 등에 부착한 그을음을 제거할 목적으로 그을음 송풍기의 노즐로부터 증기 또는 압축공기를 분출하여 그을음을 불어 날려 버리는 장치
  - 지시장치(측정장치 또는 계측기기) : 수면계, 압력계, 온도계, 수량계, 유량계, 가스계량기, 수주관 등
  - 기타 부속장치 : 댐퍼, 스테이, 브레이스, 보일러 경판, 화실판, 인버터, 열동계전기, 전동기 등
- 연소장치 : 보일러 본체에 열을 전달하기 위하여 연료를 연소시키는 장치로 연소실, 연도, 연돌(굴뚝), 버너나 화격자 등으로 구성된다.

③ 보일러의 분류

㉠ 구조에 의한 보일러의 분류

• 원통 보일러

입 형	입형 횡관 보일러, 입형 연관 보일러, 코크란 보일러	
횡 형	노통 보일러	코니시 보일러, 랭커셔 보일러
	연관 보일러	기관차 보일러, 케와니 보일러, 횡 연관 보일러
	노통 연관 보일러	스코치 보일러, 하우덴 존슨 보일러, 노통 연관 패키지형 보일러

• 수관 보일러

자연순환식	• 직관형 : 배브콕(경사각 15°), 스네기치(경사각 30°), 타쿠마(경사각 45°), 가르베(경사각 90°) • 곡관형 : 2동 D형, 스터링, 야로, 3동 A형, 방사 4관, 와그너
강제순환식	• 러몬트 보일러, 베록스 보일러, CE 보일러
관류식	• 벤슨 보일러, 슐저 보일러, 앳모스 보일러, 람진 보일러, 소형 관류 보일러

• 주철제 보일러 : 주철제 섹셔널 보일러

• 특수 보일러 : 열매체 보일러, 특수연료 보일러, 폐열 보일러, 간접가열 보일러

• 온수 보일러

• 기타 : 전기 보일러, 원자로

㉡ 연소실(노)의 위치에 따른 보일러의 분류

• 내분식 보일러 : 연소실이 보일러 동 내부에 설치된 보일러
  - 해당 보일러 종류 : 입형 보일러, 노통 보일러, 기관차 보일러, 케와니 보일러, 노통 연관 보일러
  - 연소실의 크기가 보일러 본체에 제한을 받는다.
  - 완전연소가 어렵다.
  - 역화의 위험성이 크다.
  - 복사열의 흡수가 많다.
  - 노벽으로부터의 열손실이 작다.

• 외분식 보일러 : 연소실이 보일러 동 외부에 별도로 설치된 보일러
  - 해당 보일러 종류 : 횡 연관 보일러, 수관 보일러
  - 연소실의 크기를 자유롭게 할 수 있으므로 연소실 개조가 용이하다.
  - 노 내 온도 및 연소율이 높다.
  - 연료의 선택범위가 넓다.
  - 설치 면적이 많이 필요하다.
  - 복사열의 흡수가 적다.
  - 완전연소가 가능하고 저질연료의 연소도 가능하다.

㉢ 보일러 동의 위치에 따른 분류 : 입형 보일러, 횡형 보일러

㉣ 보일러 본체의 구조에 따른 분류 : 노통 보일러, 연관 보일러, 노통 연관 보일러

㉤ 사용형식에 따른 분류 : 원통형 보일러, 수관 보일러

④ 과열증기(Superheated Steam)

㉠ 개 요

• 건포화증기를 가열한 것이 과열증기이다.

• 과열증기는 건포화증기에 계속 열을 가하여 포화온도 이상의 온도로 된 상태이다.

• 정적하에서 포화증기의 압력을 증가시키면 과열증기가 된다.

• 포화증기를 일정한 압력 아래에서 가열하면 과열증기가 된다.

• 포화증기를 등엔트로피 과정으로 압축시키면(가역단열압축 : 온도와 압력 상승) 과열증기가 된다.

• 동일한 압력하의 과열증기와 포화증기의 온도 차이를 과열도라고 한다.

• 수증기는 과열도가 증가할수록 이상기체에 가까운 성질을 나타낸다.

㉡ 과열증기의 온도 : 과열기를 사용하여 과열증기온도를 550~600[℃]까지 과열시켜 사용할 수 있으나, 재료의 내열성을 고려하여 200~450[℃] 정도에서 많이 사용한다.

㉢ 과열증기의 상태
- + 과열도
- 주어진 압력에서 포화증기온도보다 높은 온도
- 주어진 압력에서 포화증기 비체적보다 높은 비체적
- 주어진 비체적에서 포화증기압력보다 높은 압력
- 주어진 온도에서 포화증기 엔탈피보다 높은 엔탈피

㉣ 과열증기의 특징
- 건포화증기보다 온도가 높다.
- 과열도를 증가시킨다.
- 사이클의 열효율을 증가시킨다.
- 증기의 건도가 증가하여 터빈효율이 상승된다.
- 터빈날개의 부식을 감소시킨다.
- 수분이 없어 관 내 마찰저항이 감소한다.
- 온도가 높아 응축수로 되기 어렵고, 복수기에서만 응축수 변환이 가능하다.
- 용융되어 포함된 바나듐(V)으로 인하여 과열기 표면에 고온 부식이 발생하며, 표면의 온도가 일정하지 않게 된다.
- 가열장치에 큰 열응력이 발생한다.
- 직접 가열 시 열손실이 증가한다.
- 제품의 손상이 우려된다.

㉤ 과열증기의 온도조절법(과열온도조절법)
- 과열저감기를 사용하는 방법
- 댐퍼에 의한 연소가스량을 조절하는 방법
- 습증기의 일부를 과열기로 보내는 방법
- 과열기 전용 화로를 설치하는 방법
- 과열증기에 습증기나 급수를 분무하는 방법
- 저온가스를 연소실 내로 재순환시키는 방법
- 연소실의 화염 위치를 바꾸는 방법
- 버너 위치, 사용 버너를 변경하는 방법

⑤ 보일러 관련 제반 사항

㉠ 증기 보일러 동체에 물이 담겨 있는 부분인 수부가 클 때 발생 가능한 현상
- 부하변동에 대한 압력 변화가 작다.
- 습증기 발생이 쉬워 건조공기를 얻기가 용이하지 않다.
- 증기 발생시간이 길다.
- 동체 파열 시 피해가 크다.
- 캐리오버 발생 가능성이 증가한다.

㉡ 보일러 용량
- 보일러 용량 결정에 포함되는 사항 : 난방부하, 급탕부하, 배관부하 등
- 보일러의 용량 산출(표시)량 : 상당증발량(G_e), (전열면의) 증발률, 연소율, 전열면적, 상당방열면적(EDR), 정격출력, 보일러 마력 등
- 난방 및 급탕용 보일러 용량의 선정 순서 : 방열기 용량 → 배관 열손실 → 상용출력 → 정격출력
  - 상용출력 = 방열기(난방부하) + 급탕부하 + 배관부하
  - 정격출력(용량 계산) = 상용출력 × 예열부하
- 증기관 크기 결정 시 고려사항 : 가격, 열손실, 압력 강하 등

㉢ 보일러의 부하율(ϕ)
- 부하율 공식 : $\phi = \dfrac{\text{실제 사용 용량}}{\text{보일러 설계 용량}} \times 100[\%]$
- 일반적인 보일러 운전 중 가장 이상적인 부하율 : 60~80[%]

㉣ 보일러에서 연소용 공기 및 연소가스가 통과하는 순서 : 송풍기 → 공기예열기 → 연소실 → 과열기 → 절탄기 → 연돌(굴뚝)

㉤ 보일러의 운전 및 성능
- 보일러 송출증기의 압력을 낮추면 방열손실이 감소한다.

- 보일러의 송출압력이 증가할수록 가열에 이용할 수 있는 증기의 응축잠열은 작아진다.
- LNG를 사용하는 보일러의 경우 총발열량의 약 10[%]는 배기가스 내부의 수증기에 흡수된다.
- LNG를 사용하는 보일러의 경우 배기가스로부터 발생되는 응축수는 산성이며, pH는 4 정도이다.

ⓑ 보일러 배기가스(연소가스)

- 배기가스 또는 연소가스의 열을 배열, 폐열, 배기가스열, 연소가스열 등으로 부른다.
- 배기가스 열손실은 연소조건이 같은 경우에는 연소가스량이 적을수록 작아진다.
- 배기가스의 열량을 회수하기 위한 방법으로 급수예열기와 공기예열기를 적용한다.
- 배기가스의 열량을 회수함에 따라 배기가스의 온도가 낮아지고 효율이 상승한다.
- 배기가스온도는 발생증기의 포화온도 이하로 낮출 수 없어 보일러의 증기압력이 높아짐에 따라 배기가스 손실도 커진다.
- 가스용 보일러의 배기가스 중 일산화탄소의 이산화탄소에 대한 비는 0.002 이하이어야 한다.
- 보일러에서 연소가스의 배기가 잘되는 경우
  - 연도의 단면적이 클 때
  - 배기가스 온도가 높을 때
  - 연도가 급한 굴곡 없이 곧을 때
  - 연도에 공기 침입이 적을 때

핵심예제

1-1. 보일러 구성의 3대 요소를 쓰시오. [2012년 제4회]

1-2. 보일러의 용량을 산출하거나 표시하는 양을 5가지만 쓰시오.

1-3. 과열증기의 생성과정 4단계를 쓰시오. [2010년 제1회]

1-4. 보일러에서 과열증기 사용 시의 장점 및 단점을 각각 3가지씩만 쓰시오.

[2012년 제1회, 2014년 제1회 유사, 2019년 제2회, 2021년 제2회 유사]

(1) 과열증기 사용 시의 장점

(2) 과열증기 사용 시의 단점

1-5. 대기압하에서 수증기를 더욱 가열하여 포화온도(대략 100[℃]) 이상의 상태로 만든 고온의 수증기인 과열증기의 온도를 조절할 수 있는 방법을 3가지만 쓰시오. [2018년 제1회, 제2회 유사]

1-6. 증기 보일러 동체에 물이 담겨 있는 부분인 수부가 클 때 발생 가능한 현상을 5가지만 쓰시오. [2020년 제4회]

1-7. 비등점 상승(BPR ; Boiling Point Rise)은 비휘발성 용질을 녹인 휘발성 용매의 끓는점이 순수한 용매의 끓는점보다 높아지는 현상을 말한다. 이러한 현상이 일어나는 이유를 간단히 설명하시오. [2013년 제2회]

|해답|

1-1

보일러 구성의 3대 요소 : 본체, 부속장치, 연소장치

1-2

보일러의 용량 산출(표시)량 : 상당증발량(G_e), 연소율, 전열면적, 정격출력, 보일러 마력

1-3

과열증기 생성과정 4단계 : 포화수 → 습포화증기 → 건포화증기 → 과열증기

1-4

(1) 과열증기 사용 시의 장점
① 관 내 마찰저항을 감소시킨다.
② 수격작용을 방지한다.
③ 열효율이 향상된다.

(2) 과열증기 사용 시의 단점
① 내부 불균일한 온도분포로 열응력이 발생한다.
② 피가열물의 온도분포 불균일에 의해 제품 품질이 저하된다.
③ 시설비, 운영 및 유지비용이 증가한다.

1-5

과열증기의 온도를 조절할 수 있는 방법
① 연소가스의 유량을 가감하는 방법
② 습증기의 일부를 과열기로 보내는 방법
③ 과열기 전용 화로를 설치하는 방법

1-6

수부가 클 때 발생 가능한 현상
① 부하변동에 대한 압력 변화가 작다.
② 습증기 발생이 쉬워 건조공기를 얻기가 용이하지 않다.
③ 증기 발생시간이 길다.
④ 동체 파열 시 피해가 크다.
⑤ 캐리오버 발생 가능성이 증가한다.

1-7

비휘발성 용질이 휘발성 용매에 녹아 있을 때 비휘발성 물질의 비등점이 휘발성 용매보다 더 높아 용매가 증발하는 것을 방해하기 때문에 끓는점이 올라간다.

핵심이론 02 원통 보일러

① 원통 보일러의 개요와 특징

㉠ 원통 보일러의 개요
- 원통 보일러(Cylindrical Boiler)는 한 개 또는 수 개의 원통으로 구성되어 있으며, 양 끝을 경판으로 막은 보일러이다.
- 지름이 큰 동을 주체로 하여 내부에 노통, 화실, 연관 등으로 구성된 보일러이다.
- 주로 10[kg/cm^2] 이하의 저압용이나 증발량 8[t/h] 정도에 사용한다.

㉡ 원통 보일러의 특징
- 구조가 가장 간단하여 취급하기 쉽다.
- 내부의 청소 및 검사가 용이하다.
- 부하변동에 의한 압력 변화가 작다.
- 수부가 커서 부하변동에 응하기 용이하다.
- 전열면적당 수부의 크기는 수관 보일러에 비해 크다.
- 비교적 큰 동체를 가지므로 보유 수량이 많다.
- 보유 수량이 많아 증기 발생시간이 길고 파열 시 피해가 크다.
- 형상에 비해서 전열면적이 작고 열효율은 수관 보일러보다 낮다.
- 구조상 고압용 및 대용량에는 적당하지 않다.

② 입형 보일러

㉠ 입형 보일러의 개요
- 입형 보일러(Vertical Type Boiler)는 동체를 바로 세우고, 하부에 연소실을 둔 보일러이다.
- 직립 보일러라고도 하며, 종류로는 입형 횡관 보일러, 입형 연관 보일러(다관 보일러), 코크란 보일러 등이 있다.

㉡ 입형 보일러의 특징
- 좁은 장소에도 설치할 수 있다.
- 이설이 용이하다.

• 증기 발생이 빠르다.
• 전열면적이 작고 효율이 낮다.
• 소용량에 제한적으로 사용된다.
• 증발량이 적으며 습증기가 발생한다.
• 화실과 증기실이 작아서 내부 청소와 검사가 쉽지 않다.

ⓒ 입형 횡관 보일러

• 수부를 연결하는 횡관을 연소실 내에 2~3개 정도 설치한 형식으로, 막대 버팀을 사용하여 화실 천장과 경판을 보강한 직립 보일러이다.
• 횡관(Galloway Tube, 수평관)의 설치목적 : 전열면적 증가, 물의 순환 촉진, 화실벽 보강

ⓓ 입형 연관 보일러

• 입형 연관 보일러는 노통 대신 여러 개의 연관이 배치된 직립 보일러로, 다관 보일러라고도 한다.
• 전열면을 증대시키기 위하여 연소실 관판과 상부 관판의 사이에 다수의 연관을 설치한 방식의 입형 보일러이다.
• 건설 현장에서 이동용으로 사용되지만, 수평 연관 보일러에 비해 열효율이 좋지 않다.

ⓔ 코크란 보일러 : 높이가 낮은 반구 모양의 화실을 가지며, 물속에서 연관을 옆으로 배치하고, 연돌을 보일러 동의 옆구리에 부착한 입형 보일러이다.

③ 횡형 보일러

㉠ 횡형 보일러의 개요

• 횡형 보일러(Horizontal Type Boiler)는 지름이 큰 동 내에 노통 또는 다수의 연관을 설치한 보일러이다.
• 수평형 보일러라고도 하며, 종류로는 노통 보일러, 연관 보일러, 노통 연관 보일러가 있다.

㉡ 횡형 보일러의 특징

• 전열면적이 커서 전열량이 많고 효율이 높다.
• 증발량이 많다.
• 화실과 증기실이 커서 내부 청소와 검사가 용이하다.
• 설치면적을 많이 차지한다.

㉢ 연관 보일러

• 연관 보일러의 개요
  - 연관 보일러(Smoke Tube Boiler)는 보일러 동의 수부에 연소가스의 통로가 되는 다수의 연관(직경 30~100[mm])을 설치하여 전열면을 증가시킨 수평 보일러로, 내분식과 외분식이 있다.
  - 물의 순환을 양호하게 하기 위하여 연관의 배열을 바둑판 모양으로 한다.
  - 연관식 보일러의 종류 : 기관차 보일러, 케와니 보일러, 횡 연관 보일러
• 연관 보일러의 특징
  - 전열면적이 커서 증발량이 많고, 노통 보일러에 비해서 체적당 중량이 작다.
  - 전열면적당 보유 수량이 적어 시동시간도 비교적 짧다.
  - 전열면적 10~160[m^2], 증발량 약 4[t/h], 효율 60~75[%]
  - 구조가 복잡하고, 경판에 연관을 부착한 부위가 쉽게 손상된다.
  - 내부 청소가 곤란하여 양질의 급수를 사용해야 한다.
  - 고압의 증기 발생에는 부적합하다.
• 기관차 보일러(Locomotive Boiler) : 건조증기를 얻기 위하여 동의 상부에 증기돔을 설치한 내분식 보일러이다. 철도차량용 보일러라고도 하며, 우톤형과 크램프톤형이 있다.
  - 증기돔 : 증기기관차의 실린더로 보내는 증기를 모아 두기 위한 둥근 모양의 작은 방이다. 보일러 수면으로부터 떨어져 수분이 적은 증기를 이용하기 위해서 보일러의 정상부에 위치하며, 내부에 가감밸브가 설치되어 있다.

- 연관이 많이 설치되며, 연관의 직경은 60~65[mm] 정도이다.
- 보통 연관 총수 20~30[%]의 연관은 튜브스테이 역할을 겸하고 있다.
- 굴뚝이 짧아 통풍력이 작고, 증기기관의 배기를 이용한다.
- 높이와 폭의 제한을 받아 길이가 길다.
- 화실 천장이 과열될 우려가 있다.
- 기관차가 달리는 중에 흔들려서 프라이밍(Priming)을 일으키기 쉽다.
- 스테이(Stay, 버팀)의 수가 많아 수리가 쉽지 않다.

• 케와니 보일러(Kewanee Boiler) : 기관차 보일러를 지상에 설치한 간단한 내분식 보일러로, 정치(定置) 기관차형 보일러라고도 한다.
- 화실, 동체, 연실의 세 부분으로 나뉘며, 화실은 상자형이고 동체는 원통형이다.
- 화실은 평판이나 천장에 고열을 방지하기 위하여 막대 스테이로 지지한다.
- 내화벽돌 구축이 없어 설치가 간단하다.
- 사용압력 10[kg/cm^2] 이하, 전열면적 30~200[m^2] 정도이다.
- 효율이 비교적 양호한 편이다.
- 난방용, 온수용, 취사용, 공장용 등으로 사용되어 왔으나 현재는 사용되지 않는다.

• 횡 연관 보일러 : 수평으로 놓인 보일러 동체 밑에 벽돌을 쌓아 연소실을 설치한 외분식 보일러이다.
- 연소가스는 동체의 하부를 가열한 후 연관에 들어가 동체의 측면을 외부에서 가열한다.
- 연관 보일러의 안전저수위 : 최고 상부 연관에서 75[mm] 상부 지점
- 연관을 바둑판처럼 연결시켜 보일러수의 순환을 촉진한다.
- 전열면적이 크고, 노통 보일러보다 효율이 좋다.
- 연료의 선택에 크게 구애받지 않는다.
- 보유 수량이 적어 증기 발생이 빠르다.
- 설치 시 동일한 용량의 다른 보일러보다 면적을 적게 차지한다.
- 외분식이라 연소실을 자유롭게 증감시킬 수 있다.
- 외분식이라 복사손실열량이 많다.
- 연관의 부착으로 구조가 복잡하다.
- 동의 이음부는 고열에 의해 균열이 생긴다.
- 청소 및 내부 검사가 곤란하다.
- 급수처리를 까다롭게 해야 한다.
- 양질의 급수를 요한다.

㉣ 노통 보일러

• 노통 보일러의 개요
- 노통 보일러(Flue Tube Boiler)는 보일러 동과 노통으로 구성되며, 노통에 화격자나 버너연소장치가 설치된 보일러이다.
- 노통 보강, 보일러수의 원활한 순환, 전열면적의 증가를 위하여 갤러웨이관 2~3개를 직각으로 설치한다.
- 갤러웨이관(Galloway Tube) : 노통 상하부를 약 30° 정도로 관통시킨 원추형 관
- 노통식 보일러의 종류 : 코니시 보일러, 랭커셔 보일러

• 노통 보일러의 특징
- 구조가 간단하여 점검 및 청소가 용이하다.
- 증발량에 비해 보유 수량이 커서 증기 수요의 변동에 대하여 압력 변화가 작다.
- 최고 용량이 20[t/h] 이하로 증발량이 작다.
- 보일러 효율이 낮다.
- 사용최고압력이 2[MPa] 이하이므로 고압증기의 발생에는 부적합하다.

- 내화식이므로 연소실의 크기에 제한을 받는다.
- 양질의 연료를 사용해야 한다.
- 보유 수량이 많아서 증기 발생 소요시간이 길다 (시동시간 : 6~8시간 소요).
- 주로 압축 열응력을 받으므로 압궤현상 발생 방지대책이 필요하다.
- 코니시 보일러(Cornish Boiler) : 보일러수의 원활한 순환을 위하여 한쪽으로 편심 부착한 1개의 노통으로 이루어진 보일러이다.
- 랭커셔 보일러(Lancashire Boiler) : 노통이 2개인 보일러이다.
  - 부하변동 시 압력 변화가 작다.
  - 급수가 까다롭지 않다.
  - 가동 후 증기 발생시간이 짧다.
  - 보유 수량이 많아 난방용보다는 동력용으로 많이 사용된다.
  - 전열면적이 작아서 효율이 낮다.

㉤ 노통 연관 보일러

- 노통 연관 보일러의 개요
  - 노통 연관 보일러(Flue Smoke Tube Boiler)는 노통 보일러와 연관식 보일러의 장점을 채택한 보일러이다.
  - 노통 주위에 연관이 배치되어 연소가스가 노통으로부터 후부 연소실로 들어간 후 1차 연관을 통하여 앞부분의 연소실로 들어가며 이어서 2차 연관을 통하여 연돌로 배출된다.
- 노통 연관 보일러의 특징
  - 보일러의 크기에 비하여 전열면적이 크다.
  - 열효율이 85~90[%]로 높다.
  - 내분식이므로 방산손실 열량이 적다.
  - 설치면적이 작고, 패키지 형태로 운반이 가능하며 설치가 간단하다.
  - 제작과 취급이 용이하며 가격이 저렴하다.
  - 소규모 공장용, 난방용으로 많이 사용된다.
  - 수관에 비해서 부하변동에 따른 압력 변화가 작다.
  - 노통 바깥면과 이것에 가장 가까운 연관의 면과의 틈새 : 50[mm] 이상
  - 양질의 급수처리가 필요하다.
  - 증발속도가 빨라서 스케일 부착이 쉽다.
  - 보유 수량이 많아 파열 시 위험하다.
  - 구조가 복잡하여 검사, 수리 및 내부 청소가 간단하지 않다.
  - 고압이나 대용량 보일러에는 부적당하다.
- 노통 연관 보일러의 종류 : 스코치 보일러, 하우덴 존슨 보일러, 노통 연관 패키지형 보일러
  - 스코치 보일러(Scotch Boiler)
    ⓐ 보일러 동체가 크고 길이가 짧은 내분식 보일러이다.
    ⓑ 1~4개의 노통이 있고 뒷면에는 연소실이 있으며, 연관은 다시 앞의 굴뚝으로 연결되어 있다.
    ⓒ 전열면적이 넓고 보유 수량이 많아 증기 발생량이 많다.
    ⓓ 설치가 간단하며, 아궁이의 수에 따라 일면 보일러와 양면 보일러로 나눈다.
    ⓔ 소형 선박용 동력 발생을 위한 보일러이다.
  - 하우덴 존슨 보일러(Howden-Johnson Boiler)
    ⓐ 스코치 보일러를 개선하여 동체 외부에 연소실을 만들고 여기에 수관을 배치하여 물의 순환을 더 원활하게 한 선박용 보일러이다.
    ⓑ 하나의 연소실로 각 노통에 공통으로 사용하여 구조가 간단하다.
    ⓒ 전열면적이 넓고, 증기 발생이 빠르다.
    ⓓ 425[℃] 정도의 과열증기를 발생시킬 수 있다.
    ⓔ 중량이 가볍고, 연소실의 고장도 적다.
  - 노통 연관 패키지 보일러 : 난방용 또는 산업용으로 사용된다.

핵심예제

2-1. 원통 보일러의 특징을 4가지만 쓰시오.

2-2. 원통 보일러의 종류 4가지만 쓰시오. [2014년 제2회]

2-3. 다음 노통 보일러의 노통의 개수를 각각 쓰시오. [2018년 제1회]

(1) 코니시 보일러 : 노통 ____개
(2) 랭커셔 보일러 : 노통 ____개

2-4. 노통 보일러에 갤러웨이관(Galloway Tube)을 직각으로 설치하는 이유를 3가지만 쓰시오. [2018년 제4회]

2-5. 노통 연관 보일러의 특징을 4가지만 쓰시오. [2017년 제2회]

|해답|

2-1
① 구조가 간단하고 취급이 용이하다.
② 부하변동에 의한 압력 변화가 작다.
③ 보유 수량이 많아 파열 시 피해가 크다.
④ 고압 및 대용량에는 적당하지 않다.

2-2
원통형 보일러 종류
① 입형 보일러(코크란, 입형 연관, 입형 횡관)
② 노통 보일러(코니시, 랭커셔)
③ 노통 연관 보일러
④ 연관 보일러(횡연관식, 기관차, 케와니)

2-3
(1) 코니시 보일러 : 노통 1개
(2) 랭커셔 보일러 : 노통 2개

2-4
노통 보일러에 갤러웨이 관을 직각으로 설치하는 이유
① 노통을 보강하기 위하여
② 보일러수의 순환을 돕기 위하여
③ 전열면적을 증가시키기 위하여

2-5
노통 연관 보일러의 특징
① 보일러의 크기에 비하여 전열면적이 크고 효율이 좋다.
② 내분식이므로 방산손실열량이 적다.
③ 내부 청소가 간단하지 않고 급수처리가 필요하다.
④ 고압이나 대용량 보일러에는 적당하지 않다.

핵심이론 03 수관 보일러

① 수관 보일러의 개요와 특징

㉠ 수관 보일러의 개요

- 수관 보일러(Water Tube Boiler)는 상부 드럼(기수드럼)과 하부 드럼(수드럼) 사이에 다수의 작은 직경의 수관을 설치한 구조의 보일러이다.
- 기수드럼(Steam and Water Drum)은 증기와 물이 공존하는 드럼으로, 수관 보일러 본체의 상부 쪽에 설치한다.
- 자연순환식, 강제순환식, 관류식으로 분류한다.

㉡ 수관 보일러의 특징

- 전열면적이 크다.
- 증기 발생이 빠르며 증발량이 크다.
- 보일러의 효율이 가장 좋다.
- 보일러수의 순환이 좋다.
- 연소실의 크기와 형태를 자유롭게 설계할 수 있다.
- 고압증기의 발생에 적합하다.
- 수관의 설계와 배열이 용이하여 연소실의 형상을 다양하게 할 수 있으며, 패키지형 제작이 가능하다.
- 시동시간이 짧다.
- 과열 위험성이 작다.
- 원통형 보일러에 비해 보유 수량이 적어 무게가 가볍고 사고 시 피해가 작다.
- 용량에 비해 가벼워서 운반이나 설치가 쉽다.
- 고압·대용량에 적합하다.
- 수위 변동이 심하여 연속적인 급수가 필요하다.
- 양질의 급수를 요하며 급수 및 보일러수 처리에 주의가 필요하다.
- 관수 보유 수량이 적어 부하변동에 따른 압력 변화가 크다.
- 구조가 복잡하고 스케일 발생이 많다.
- 스케일로 인한 수관 과열이 우려된다.
- 고가이며, 제작·검사·취급·청소 등이 어렵다.
- 증발이 빨라서 비수현상이 발생할 수 있다.
- 외분식이므로 노벽으로의 방산손실량이 많다.
- 취급 및 운전에 숙련된 기술이 필요하다.

② 자연순환식 수관 보일러

㉠ 개 요

- 자연순환식 수관 보일러는 보일러수의 온도 상승에 따른 물과 증기의 밀도차(비중차)에 의해 순환하는 방식이다.
- 고압이 될수록 물과의 비중차가 작아 순환력이 낮아진다.
- 가장 일반적으로 사용되며, 직관식과 곡관식으로 구분한다.
- 자연순환식 수관 보일러에서 물의 순환을 원활하게 하는 방법
  - 수관을 경사지게 한다.
  - 발생증기의 압력을 낮춘다.
  - 수관의 직경을 크게 한다.
  - 증기와 포화수의 비중차를 크게 한다.
  - 강수관이 연소가스로 가열되지 않게 한다.
  - 관 내 스케일을 제거한다.
  - 포화수의 온도를 상승시킨다.
- 수관 보일러의 연소실 벽면에 수랭 노벽 설치 시의 장점
  - 고온의 연소열에 의한 내화물의 연화·변형이 방지된다.
  - 복사열 흡수로 복사에 의한 열손실이 감소된다.
  - 전열면적 증가로 전열효율 상승 및 보일러 효율이 향상된다.
  - 노벽 무게가 경감된다.
  - 노벽이 지주 역할을 한다.
  - 노벽을 보호한다.
  - 노 내의 기밀을 유지한다.
  - 보일러 중량이 경감된다.

- 자연순환을 돕기 위해 강수관에 순환펌프를 설치할 수 있다.
- 내화물의 과열을 방지하고 수명을 길게 한다.
- 급수를 예열하므로 열효율이 상승한다.
- 연소실의 기밀성이 우수하여 연소 시 가압연소가 가능하다.

㉡ 직관식 보일러 : 물의 순환을 양호하게 하기 위하여 직관의 수관에 경사각을 주어 설치한 수관 보일러로, 드럼이 1개인 경우 관모음기가 필요하다.

- 배브콕 보일러(Babcock Boiler, 수관 섹셔널 보일러) : 수관의 배열이 드럼과 약 15° 경사져 있고 물드럼 대신 교환이 용이한 헤더를 수관의 양 끝단에 설치한 보일러이다.
- 스네기치 보일러(경사수관 보일러) : 경사각 30°로 수관을 설치한 보일러로, 경판의 직경에 따라 수관수가 제한된다. 보일러수의 순환속도가 빨라서 증발시간이 짧으며, 저압·소용량에 사용된다.
- 타쿠마 보일러(Takuma Boiler, 경사수관 보일러) : 증기드럼과 수드럼이 약 45° 경사져서 수관군으로 연결되어 있고, 수관군의 중앙에는 2중관이 일부 설치된 보일러이다. 안쪽 관은 강수관, 바깥쪽 관과 그 외의 수관은 승수관이다. 증기드럼에 집수기가 설치되어 있고, 수관의 신축성을 양호하게 하기 위하여 물드럼에 미끄럼대가 설치되어 있다.
  - 구조가 간단하여 제작하기 쉽다.
  - 열효율이 좋다.
  - 청소하기 쉽고, 신축성이 있다.
  - 보유 수량이 적어서 급수를 지속적으로 해야 한다.
- 가르베 보일러(Garbe Boiler) : 2개의 증기드럼과 하부 2개의 물드럼에 경사각이 90°인 급경사 직관의 수관으로 연결한 보일러이다. 드럼의 가공이 어려우며, 손상과 파열 등의 염려가 있다.

㉢ 곡관식 보일러 : 드럼과 드럼 사이에 곡관의 수관을 수직 또는 경사지게 설치한 보일러이다.

- 2동 D형 보일러(수관 패키지형 보일러) : 상부 증기드럼에서 하부 물드럼에 연결하는 수관을 수직선에서 15°의 경사각을 주어 결합시킨 보일러이다. 대용량·고압 보일러로 산업 난방용으로, 널리 사용된다.
- 스털링 보일러(Stirling Boiler) : 곡관식 보일러의 대표적인 3동 수관 보일러로, 상부 증기드럼 2개와 물드럼 1개의 사이에 수관을 배치하여 삼각형 순환로를 형성하게 한 보일러이다.
  - 곡관식 보일러로서 수관을 보일러에 직각으로 고정시킬 수 있다.
  - 약 30[kg/cm^2] 이상의 고압용으로는 부적합하다.
  - 드럼의 가공이 어려우며, 손상과 파열 등의 염려가 있다.
- 애로(야로) 보일러(Yarrow Boiler) : 직경이 큰 상부 증기드럼 1개에 하부 물드럼 2개를 두고 그 사이에 곡관의 수관을 설치한 보일러이다.
  - 1개의 기수드럼과 2개의 물드럼이 있다.
  - 관의 경사가 30°이며 직관식이다.
  - 구조가 간단하고 제작이나 청소 및 검사가 편리하다.
  - 중량이 가벼워 운반하기 쉽다.
  - 군함, 기선, 발전용 등에 사용된다.
  - 화상면적이 커서 연료의 소비량이 많아 증기 발생량이 많다.
  - 증기의 발생속도가 비교적 느리다.
  - 물의 순환이 불확실하여 효율이 낮다.
  - 수관 파손 시 교체 또는 수리가 곤란하다.
- 3동 A형 보일러 : 상부에 지름이 큰 기수드럼 1개와 하부에 물드럼 2개 사이에 곡관의 수관을 설치한 보일러로, 애로 보일러를 개량한 보일러이다.

• 방사 4관 보일러 : 방사열을 이용할 목적으로 설계된 보일러로, 연소실 주위에 수랭 노벽을 설치한 형식의 보일러이다.
  - 노벽 전면이 수랭 노벽으로 형성되어 있고, 노의 연소실 벽 전체에 수관을 배열하여 고온의 복사열을 흡수시켜 증발을 활발하게 한 보일러이다.
  - 복사 보일러(Radiation Tube Boiler)라고도 한다.
  - 곡관식 입형 보일러이다.
  - 발전용으로 많이 쓰이며, 증발량이 300[t/h] 이상의 고성능 보일러이다.
  - 보일러 높이가 40[m]를 넘는 것이 많다.
  - 노벽 전면이 수랭 노벽이어서 접촉 전열면이 거의 없다.
  - 주로 미분탄, 중유 등의 연료를 사용한다.
  - 증기압력이 100[kg/cm^2] 이상인 고압 보일러이다.
  - 과열기, 절탄기, 공기예열기 등을 설치하여 보일러의 효율이 높다.
• 와그너 보일러 : 3개의 드럼으로 구성되며 최저부의 물드럼을 헤더로 사용하는 보일러로, 2동 D형을 개조한 보일러이다.

③ 강제순환식 수관 보일러

㉠ 강제순환식 수관 보일러는 순환펌프의 동력을 이용하여 보일러수를 강제로 순환시켜 증기를 발생시키는 보일러로 러몬트 보일러, 베록스 보일러, CE 보일러가 이에 해당한다.

㉡ 강제순환식 보일러의 특징
• 물순환이 좋아 가는 관(외경 29~38[mm])을 사용할 수 있다.
• 수관의 배치가 자유롭고 설계가 쉽다.
• 증기 발생 소요시간이 매우 짧다.
• 두께가 얇은 수관을 사용할 수 있어 전열에 유리하다.
• 강제순환이므로 수관이 작아도 된다.
• 강력하고 확실한 순환력을 가지므로 기수 밀도차가 작은 고압용에 적합하다.
• 수관 내 유속이 빨라서 관석 부착 우려가 작다.
• 소형 산업용 보일러에도 많이 사용된다.

㉢ 러몬트 보일러(Lamont Boiler)
• 헤더와 수관 사이에 러몬트 노즐을 설치하여 병렬로 배치된 가는 수관 내의 보일러수가 균등하게 유동하여 각 수관 내에 보일러수가 균일하게 흐르게 하여 보일러수의 순환을 개선한 보일러이다.
• 라몽트 보일러 또는 라몽 보일러라고도 하며, 대표적인 강제순환식 보일러이다.
• 강수관과 하부의 헤더 사이에 순환펌프를 설치한다.
• 순환력을 거의 전부 순환펌프에 의존하는 방식이다.
• 러몬트 노즐을 설치하여 송수량을 조절한다.
• 압력의 고저, 관 배치 순서, 경사 등에 제한이 없다.
• 보일러의 높이를 낮게 할 수 있다.
• 수관 내 유속이 빠르고 스케일 부착이 적다.
• 관경이 작고 두께를 얇게 할 수 있다.
• 용량에 비해 소형으로 제작할 수 있다.
• 시동시간이 단축된다.
• 보일러 각부의 열신축이 균등하다.

㉣ 베록스 보일러(Velox Boiler) : 가압연소방식을 채택하여, 부하변동에 대한 적응성을 향상시키고 증발을 매우 빠르게 한 보일러이다.
• 노 내는 가압 연소(2.5~3[kg/cm^2] 정도)된다.
• 순환비는 10~15이다.
• 시동시간이 매우 짧다(6~7분).

• 연소가스의 유속은 200~300[m/s]이다.
• 열전달률은 다른 보일러의 10~20배 정도이다.
• 열효율이 좋다(90[%] 이상).

㉤ CE 보일러(Combustion Engineering Boiler) : 보일러의 높이가 높아서 자연순환력과 강수관의 중간에 설치한 순환펌프의 순환력을 동시에 사용하는 보일러로, 대형 발전용 보일러에서 사용한다.

④ 관류 보일러

㉠ 관류 보일러의 개요

• 관류 보일러(Once Through Boiler)는 증기드럼 없이 펌프로 수관에 물을 공급하여 수관 내 물을 예열(가열), 증발, 과열의 과정을 거쳐 순환하는 방식이다.
• 수관 보일러의 한 형식인 관류 보일러는 긴 관의 일단에서 펌프로 급수를 압입하여 도중에서 한꺼번에 가열・증발・과열시켜 과열증기로 내보내는 보일러로, 드럼이 없고 관으로만 구성된 초고압 보일러이다.
• 드럼 없이 초임계압하에서 증기를 발생시키는 강제순환 보일러이다.
• 절탄기(Economizer), 증발관(Evaporator), 과열기(Superheater)가 하나의 긴 관(Single Flow Tube)으로 구성되어 있으며, 급수펌프가 공급한 물은 순차적으로 예열・증발하여 과열증기가 된다.
• 종류 : 슐저 보일러, 벤슨 보일러, 소형 관류 보일러(가와사키 보일러), 앳모스 보일러, 람진 보일러

㉡ 관류 보일러의 특징

• 전열면적이 커서 효율이 높다.
• 순환비가 1이므로 증기드럼이 필요 없다.
• 보일러 내에서 가열・증발・과열이 함께 이루어진다.
• 점화 후 가동시간이 짧아도 증기 발생이 신속하다.
• 관 배치가 자유로워 구조가 콤팩트하다.
• 보유 수량이 적어 증기 발생이 운전 개시 후 5분 이내로 매우 빠르다.
• 안정성이 높아 법적 관리 제약에서 비교적 자유롭다.
• 자동화하기 쉬우며, 인력 절감에 유효하다.
• 다관 설치가 가능하고, 군관리시스템을 도입할 수 있다.
• 효율적인 투자가 가능하고, 투자 대비 운전비용이 저렴하다.
• 튜브 직경이 작아 가볍고 내압강도가 크지만, 압력손실의 증가로 동력손실이 많다.
• 보충 수량은 적으나 운전 중 보일러수에 포함된 고형물이나 염분 배출을 위한 블로다운(Blow Down)이 불가능하므로 수질관리를 철저히 해야 한다.

㉢ 관류 보일러의 종류

• 벤슨 보일러(Benson Boiler) : 다수의 수관을 병렬로 배치하고 관의 중간에 헤더로 물의 합류 및 분류를 반복하는 다관식 관류 보일러로, 고압・대용량에 사용된다.
  - 병렬 수관으로 되어 있다.
  - 관경은 20~30[mm]이다.
  - 수관 내에는 관수가 균일하게 흘러야 한다.
  - 수관 전달을 위한 헤더를 설치한다.
  - 복사 증발부에서 85[%] 정도 증발한다.
• 슐저 보일러(Sulzer Boiler) : 원리는 벤슨 보일러와 같지만 벤슨 보일러보다 굵고 긴 하나의 연속관을 전열면으로 하며, 중간에 헤더를 사용하지 않고 증발관의 끝에 기수분리기를 설치한 단관 보일러(Single Tube Boiler)이며 저압용에 사용된다.
  - 1개의 긴 연속관(길이 약 1,500[m]까지)이다.
  - 헤더가 없다.

- 증발부 끝부분에 기수분리기(염분리기)를 설치한다. 이때 염분리기는 증기 중의 염분과 수분을 배제한다.
- 과열증기온도는 주수로 조절한다.
- 증발부에서 95[%] 정도 증발한다.

• 소형 관류 보일러 : 하나의 강관을 코일 모양으로 말아 절탄기와 증발부를 구성하며, 이것을 연소실 주변에 배치한 전자동 관류 보일러이다. 가와사키 보일러가 대표적이며 난방용, 병원용, 공장용 등으로 사용한다.

핵심예제

3-1. 다음은 수관 보일러에 대한 설명이다. ( ) 안에 들어갈 알맞은 용어를 쓰시오. [2009년 제1회]

> 수관 보일러는 (①)에서 급수된 물이 (②)에 의해 기수드럼으로 공급되고 다시 (③)을(를) 통하여 증발한 후 습증기가 되고 (④)을(를) 통하여 물과 증기로 구분된 후 물은 다시 증기트랩을 통해 (⑤)(으)로 되돌아간다.

3-2. 전열면을 형성하는 수관군과 기수분리 및 수관군의 지지를 위해 설치된 드럼(Drum)으로 구성되어 있으며, 관의 내부는 보일러수로 채워지고 관의 외부를 연소가스로 가열하여 증기를 얻는 구조로 되어 있는 수관 보일러에 대한 다음 질문에 답하시오. [2010년 제4회 유사, 2011년 제1회 유사, 2017년 제4회, 2020년 제1회, 제4회 유사]

(1) 수관 보일러의 장점을 3가지만 쓰시오.
(2) 수관 보일러의 순환방식을 3가지만 쓰시오.
(3) 수관 보일러의 종류를 고유 명칭으로 3가지만 쓰시오.

3-3. 수관 보일러를 보일러수의 유동방식에 따라서 3가지로 분류하고, 각각의 유동에 대한 작동원리를 간단히 설명하시오. [2015년 제2회, 2022년 제1회]

3-4. 자연순환식 수관 보일러에서 물의 순환을 원활하게 하는 방법을 2가지만 쓰시오. [2014년 제1회]

3-5. 강제순환식 수관 보일러의 종류를 2가지만 쓰시오. [2013년 제1회, 2015년 제1회]

3-6. 보일러 수관에 러몬트(라몽트) 노즐을 설치하는 이유를 쓰시오. [2021년 제4회]

3-7. 수관 보일러의 상부에 설치하는 기수드럼(Steam Drum)을 하부에 설치하는 물드럼(Water Drum)보다 크게 만드는 이유는 무엇인지 설명하시오. [2010년 제1회]

3-8. 노통 연관 보일러와 수관 보일러의 특징을 비교하여 ( ) 안에 알맞은 용어를 보기에서 골라 써넣으시오. [2009년 제1회, 2014년 제2회, 2021년 제4회]

> 보기
>
> 물, 연소가스, 높다, 낮다, 좋다, 나쁘다

(1) 노통 연관 보일러의 연관 내부에는 (①)이(가) 흐르고, 수관 보일러의 수관 내부는 (②)이(가) 흐른다.
(2) 노통 연관 보일러는 압력이 일반적으로 (①). 그러나 수관 보일러는 사용압력이 (②).
(3) 노통 연관식 보일러는 일반적으로 수관 보일러에 비해 효율이 (①). 그러나 수관 보일러는 효율이 (②).
(4) 수관 보일러는 열부하 대응이 (①). 노통 연관식 보일러는 (②).

3-9. 자연순환식 보일러에 해당하는 2동 D형 수관 보일러의 장점을 4가지만 쓰시오. [2012년 제2회]

3-10. 수관 보일러의 연소실 벽면에 수랭 노벽 설치 시의 장점을 4가지만 쓰시오. [2015년 제2회, 2022년 제4회]

3-11. 원통형 보일러와 비교한 수관 보일러의 단점을 5가지만 쓰시오. [2015년 제4회]

핵심예제

3-12. 다음의 설명에 해당하는 보일러의 명칭을 쓰시오.

[2010년 제4회 유사, 2017년 제2회, 2020년 제2회]

- 급수가 수관으로 공급되어 수관을 통과하면서 그 관 내에서 예열된 후에 증발되는 드럼이 없는 보일러이다.
- 하나로 된 관에 급수를 압입하여 가열·증발·과열의 과정을 거쳐서 과열증기를 발생한다.
- 절탄기(Economizer), 증발관(Evaporator), 과열기(Superheater)가 하나의 긴 관(Single Flow Tube)으로 구성되어 있다.
- 강제순환식 보일러에 해당하며, 주로 대형·고압 보일러로 이용된다.

3-13. 관류 보일러는 관으로 이루어진 시스템으로 구성된 보일러이다. 관류 보일러의 장점을 5가지만 쓰시오.

[2016년 제4회, 2021년 제2회 유사]

3-14. 관류 보일러는 긴 관의 일단에서 급수를 펌프로 압입하여 도중에서 가열·증발·과열을 한꺼번에 시켜 과열증기로 내보내는 보일러로서 드럼이 없고, 관으로만 구성된 보일러이다. 관류 보일러의 종류를 3가지만 쓰시오.

[2010년 제1회, 2011년 제2회, 2017년 제1회, 2020년 제3회, 2021년 제4회 유사]

|해답|

3-1
① 응축수탱크
② 펌 프
③ 수 관
④ 기수분리기
⑤ 응축수탱크(보일러 기수드럼)

3-2
(1) 수관 보일러의 장점
① 드럼이 작아 구조상 고온·고압의 대용량에 적합하다.
② 연소실 설계가 자유롭고 연료의 선택범위가 넓다.
③ 보일러수의 순환이 좋고 전열면 증발률이 크다.
(2) 수관 보일러의 순환방식 : 자연순환식, 강제순환식, 관류식
(3) 수관 보일러의 종류 : 배브콕 보일러, 러몬트 보일러, 벤슨 보일러

3-3
수관 보일러의 유동방식
① 자연순환식 : 물과 증기의 밀도차에 의해 순환하는 방식
② 강제순환식 : 동력을 이용한 순환펌프를 이용한 순환방식
③ 관류순환식 : 증기드럼 없이 펌프로 수관에 물을 공급하여 수관 내 물을 가열·증발·과열의 과정을 거쳐 순환하는 방식

3-4
자연순환식 수관 보일러에서 물의 순환을 원활하게 하는 방법
① 수관의 직경을 크게 한다.
② 증기와 포화수의 비중차를 크게 한다.

3-5
강제순환식 수관 보일러 : 러몬트 보일러(Lamont Boiler), 베록스 보일러(Velox Boiler)

3-6
보일러 수관에 러몬트(라몽트) 노즐을 설치하는 이유는 송수량을 조절하기 위함이다.

3-7
기수드럼의 아랫부분에는 포화온도에 도달한 포화수와 발생된 증기가 체류할 수 있는 공간이 필요하기 때문에 물드럼보다 더 크게 만든다.

3-8
(1) ① 연소가스 ② 물
(2) ① 낮다 ② 높다
(3) ① 나쁘다 ② 좋다
(4) ① 나쁘다 ② 좋다

3-9
2동 D형 수관 보일러의 장점
① 구조상 고압·대용량으로 제작이 가능하다.
② 전열면적이 크고, 열효율이 높다.
③ 증기 발생이 빠르고, 사고 시 원통형 보일러에 비해 피해가 작다.
④ 수관의 배열이 용이하고 패키지형 제작이 가능하다.

3-10
수랭 노벽 설치의 목적
① 고온의 연소열에 의한 내화물의 연화·변형을 방지한다.
② 복사열 흡수로 복사에 의한 열손실이 감소된다.
③ 전열면적 증가로 전열효율 상승 및 보일러 효율이 향상된다.
④ 노벽의 무게가 경감된다.

3-11
수관 보일러의 단점
① 보유 수량이 적어 부하변동에 따른 압력 변화가 크다.
② 증발이 빨라 비수현상이 발생할 수 있다.
③ 구조가 복잡하다.
④ 제작, 검사, 취급, 청소 등이 어렵다.
⑤ 양질의 급수를 요한다.

3-12
관류 보일러

3-13
관류 보일러의 장점
① 전열면적이 커서 효율이 높다.
② 순환비가 1이므로 증기드럼이 필요 없다.
③ 보일러 내에서 가열·증발·과열이 함께 이루어진다.
④ 점화 후 가동시간이 짧아도 증기 발생이 신속하다.
⑤ 관 배치가 자유로워 구조가 콤팩트하다.

3-14
관류 보일러의 종류 : 벤슨 보일러, 슐저 보일러, 소형 관류 보일러(가와사키 보일러)

핵심이론 04 기타 보일러

① 주철제 보일러

㉠ 주철제 보일러의 개요

- 주철제 보일러는 주철제의 상자 모양 섹션 약 20개 정도를 앞뒤로 나란히 조합하여 구배가 있는 니플을 끼워 결합시키고 외부의 볼트로 조여 조립한 보일러이다.
- 하부는 연소실, 상부의 창은 연도로 되어 있고 각 섹션은 상부에 증기부 연결구, 하부 좌우는 수부 연결구가 각각 비치되어 있으며, 전열면적은 보통 50[m^2] 정도까지이다.
- 압력에 약하여 저압증기용, 난방용이나 급탕용으로 사용된다.
- 소용량 주철제 보일러는 전열면적 5[m^2] 이하이고, 최고사용압력 0.1[MPa] 이하의 보일러이다.

㉡ 주철제 보일러의 특징

- 주물로 제작하기 때문에 복잡한 구조로 제작이 가능하다.
- 전열면적이 크고 효율이 좋다.
- 전열면적에 비하여 설치면적이 작다.
- 분해, 조립, 운반이 용이하고 설치 장소가 좁아도 된다.
- 저압용이어서 파열 시 피해가 작다.
- 강철제에 비하여 내식성과 내열성이 좋다.
- 보일러의 용량은 섹션수의 증감으로 조절할 수 있다.
- 장비 반입구가 좁아도 된다.
- 내압에 대한 강도가 약하다.
- 구조가 복잡하여 청소, 검사, 수리가 곤란하다.
- 열 충격에 약하고 열에 의한 부동 팽창으로 균열이 쉽게 발생한다.
- 대용량이나 고압용에는 적당하지 않다.

② 특수 보일러

㉠ 열매체 보일러

- 열매체 보일러는 보일러에 물 대신 특수유체를 넣어 가열하여 낮은 압력에서 고온증기 및 고온도의 액체를 열 사용처로 공급하여 증류·가열·건조를 목적으로 사용하는 특수 보일러이다.
- 특수유체 보일러라고도 한다.
- 사용 열매체 : 수은, 다우섬(Dowtherm), 모빌섬, 카네크롤액, 시큐리티
- 열매체 보일러의 특징
  - 저압으로 고온의 증기를 얻을 수 있다.
  - 겨울철 동결의 우려가 작다.
  - 부식의 염려가 없어 청관제 주입장치가 필요 없다.
  - 안전관리상 보일러 안전밸브는 밀폐식 구조로 한다.
  - 물이나 스팀보다 전열특성이 좋다.
  - 열매체의 종류에 따라 사용온도의 한계가 차별화된다.
  - 인화성, 자극성이 있다.
  - 열매체 보일러의 효율[%]

$$\frac{\text{열매체 사용량}[m^3/h] \times \text{비중량}[kg/m^3] \times \text{비열}[kcal/kg \cdot ℃] \times \text{열매체 입출구의 온도차}[℃]}{\text{연료소비량}[kg/h] \times \text{연료의 저위발열량}[kcal/kg]} \times 100[\%]$$

㉡ 특수연료 보일러

- 특수연료 보일러는 일반적인 연료를 사용하지 않고 특수연료를 사용하여 증기를 발생시키는 보일러이다.
- 종류 : 버개스 보일러, 바크 보일러 등
- 사용 특수연료 : 사탕수수 찌꺼기(Bagasse, 버개스), 펄프 폐액(흑액), 펄프 원목의 껍질, 나무의 톱밥, 흑회(도시의 연료 쓰레기), 소다회수, 바크(Bark, 나무껍질), 산업 폐기물 등

㉢ 폐열 보일러

- 폐열 보일러는 디젤기관이나 가스터빈 및 요로 등에서 배출되는 고온 폐가스를 이용하여 증기를 난방 및 취사용으로 사용하는 보일러로 연도, 수관군, 동 등으로 구성되며 연소실 및 연소장치가 없다.
- 종류 : 하이네 보일러, 리히 보일러, 타쿠마-스네기치형 보일러
- 열설비의 효율을 높게 한다.
- 연료비가 절약된다.
- 배기가스의 유속, 전열면의 배치에 유의해야 한다.
- 배기가스 중의 부식성 유체에 대한 조치가 필요하다.
- 분진(더스트) 등에 의한 전열면의 오손이 쉽다.

㉣ 간접가열 보일러

- 간접가열 보일러는 급수질이 불량하거나 보일러에 다량으로 공급되는 용수를 처리하기 곤란한 경우 수처리 문제가 발생되는 것을 보완하기 위하여 고안된 특수 보일러이다.
- 2중 증발 보일러라고도 한다.
- 종류 : 슈미트 보일러, 레플러 보일러
- 슈미트식은 포화증기를 발생하고, 레플러식은 증기 원동기용 과열증기를 발생시킨다.
- 1차 보일러(연소실쪽)와 2차 보일러로 구성된다.
- 1차 보일러 내부의 유체의 온도가 높다.
- 급수에 의한 장애가 없다.
- 급수처리비용이 필요 없다.

③ 온수 보일러

㉠ 온수 보일러의 개요

- 온수 보일러는 최고사용압력 0.35[MPa](3.5[kg/cm^2]) 이하, 전열면적 14[m^2] 이하의 보일러로, 고온의 화염 또는 연소가스를 이용하여 온수를 발생시키며 난방용으로 사용한다.
- 유류용 온수 보일러가 직립형인 경우 연관을 통한 열손실을 방지하기 위하여 연관 내부에 배플 플레이트를 설치한다.
- 보일러는 수평으로 설치한다.
- 보일러는 보일러실 바닥보다 높게 설치한다.
- 수도관 및 1[kg/cm^2] 이상의 수두압이 발생하는 급수관은 보일러에 직접 연결하지 않는다.
- 보일러를 설치할 경우 전기에 의한 누전 등이 없도록 조치를 취한다.
- 물의 온도 상승에 따른 체적팽창에 의한 보일러의 파손을 막기 위하여 팽창탱크를 설치한다.
- 순환펌프의 모터 부분은 수평으로 설치한다.
- 증기 보일러와 온수 보일러의 부속품 비교

증기 보일러	온수 보일러
압력계	온도계
수면계	수고계
안전밸브	방출밸브 또는 방출관
순환펌프 없음	순환펌프 있음

㉡ 온수 보일러의 특징

- 자동제어가 용이하며, 보일러의 효율은 구멍탄용 온수 보일러보다 높다.
- 설치면적이 좁고, 취급과 청소가 용이하다.
- 경유를 주연료로 사용하기 때문에 공해 및 부식이 적어 구멍탄 보일러보다 수명이 길다.
- 50만[kcal/h]까지 제작·시공할 수 있다.

㉢ 연소방식에 따른 유류용 온수 보일러의 형식

- 증발식(포트식) 보일러 : 연료를 포트 등에서 증발하여 연소시키는 방식의 유류 보일러
- 기화식 보일러 : 연료를 예열하여 기화시켜 노즐로 분무하여 연소시키는 방식의 유류 보일러
- 압력분무식(유압식) 보일러 : 연료 또는 공기 등을 가압하여 노즐로부터 분무연소시키는 방식의 유류 보일러
- 회전무화식 : 연료를 회전체의 원심력으로 무화하여 연소시키는 방식의 유류 보일러
- 낙차식 보일러 : 낙차에 따라 고정한 심지에 연료를 보내어 연소시키는 방식의 유류 보일러

㉣ 온수 보일러 개방식 팽창탱크 설치 시 주의사항

- 팽창탱크에는 상부에 통기구멍을 설치한다.
- 팽창탱크 내부의 수위를 알 수 있는 구조이어야 한다.
- 탱크에 연결되는 팽창흡수관은 팽창탱크 바닥면보다 25[mm] 높게 배관해야 한다.
- 팽창탱크는 온수관이나 방열기보다 1[m] 이상 높은 곳에 설치한다.

④ 기타 보일러

㉠ 전기 보일러 : 전기를 열원으로 하는 보일러

- 초기비용이 적게 든다.
- 온수가 일정하게 공급된다.
- 구조가 간단하고 위생적이다.
- 과열사고 위험이 없고 열효율이 우수하다.
- 전기 사용량이 많아서 전기요금이 많이 부과될 수 있다.
- 정전 시 사용이 불가능할 수 있다.

㉡ 원자로 : 우라늄이 핵분열하여 에너지를 낼 수 있도록 만들어진 특수 우라늄 보일러로, 가장 강한 보일러이다.

핵심예제

4-1. 열매체 보일러의 특징을 4가지만 쓰시오.

[2013년 제2회, 2019년 제4회]

4-2. 다음은 열매체 보일러의 효율[%] 계산식이다. ①~⑤에 해당하는 내용을 각각 써넣으시오.

[2013년 제2회]

$$\frac{①[m^3/h] \times ②[kg/m^3] \times 비열[kcal/kg \cdot ℃] \times ③[℃]}{④[kg/h] \times ⑤[kcal/kg]} \times 100[\%]$$

|해답|

4-1

열매체 보일러의 특징

① 안전밸브는 밀폐식을 사용한다.
② 열매체는 동파의 위험이 없다.
③ 비점이 낮은 물질인 수은, 다우섬, 카네크롤 등을 사용한다.
④ 저압에서 고온의 증기를 얻을 수 있다.

4-2

① 열매체 사용량
② 비중량
③ 열매체 입출구의 온도차
④ 연료소비량
⑤ 연료의 저위발열량

1-2. 보일러의 부속장치

핵심이론 01 급수장치

① 개 요

㉠ 급수장치는 급수를 보일러 동 내부로 공급하는 장치이다.

㉡ 보일러의 부하변동에 따라 일정한 수위를 유지하도록 급수를 연속적으로 공급한다.

㉢ 급수 순서 : 급수탱크 → 응축수탱크 → 급수관 → 스트레이너(여과기) → 급수펌프 → 체크밸브 → 급수정지밸브 → 급수내관 → 급수처리장치 → 급수조절장치

㉣ 급수장치로는 급수탱크, 응축수탱크, 급수관, 스트레이너, 급수펌프, 인젝터, 밸브류(급수밸브, 체크밸브), 급수내관, 급수가열기, 바이패스관, 리턴탱크, 급수량계 등이 있다.

② 급수탱크

㉠ 급수탱크의 개요

- 급수탱크(Feed Water Tank)는 보일러로 공급하기 위한 보일러수를 저장하는 탱크이다.
- 급수탱크는 용도에 따라 1~2시간 정도 급수를 공급할 수 있는 크기로 한다.
- 급수탱크는 부식으로 인해 녹물이 발생되지 않는 재질을 선정하는 것이 좋다.

㉡ 급수탱크의 설치

- 급수탱크를 지하에 설치하는 경우에는 지하수, 하수, 침출수 등이 유입되지 않도록 해야 한다.
- 급수탱크는 뚜껑이나 맨홀을 설치하여 눈, 비나 먼지, 이물질이 급수탱크에 들어가지 않도록 해야 한다.
- 급수탱크는 얼지 않도록 보온 등 방호조치를 해야 한다.

- 탈기기가 없는 시스템의 경우는 적절한 급수온도를 유지하기 위한 가열장치를 설치하는 것이 바람직하다.
- 급수탱크의 수위를 일정하게 유지하기 위하여 보급수 배관에 적정한 수위제어장치를 설치한다.
- 급수펌프의 펌핑 시 캐비테이션이 발생하지 않도록 급수온도를 고려하여 탱크의 설치 위치 및 높이를 결정한다.
- 응축수를 급수탱크로 유입하는 경우 벤트증기의 유입으로 워터해머 진동이 발생하는 것을 방지하기 위해 적절한 장치를 하는 것이 바람직하다.
- 급수탱크에서 벤트가 발생하는 경우 벤트되는 증기를 응축하기 위한 장치를 설치하는 것이 바람직하다.

③ **응축수탱크**

㉠ 응축수탱크의 개요

- 응축수탱크(Condensate Water Tank)는 보일러에서 발생된 증기가 열공급 후 변화된 응축수를 저장하는 탱크이다.
- 상온의 보충수와 응축수가 만나서 모아지는 장소이며, 모아진 응축수는 급수 또는 온수 등의 예열용으로 재활용된다.
- 응축수탱크에는 급수배관, 응축수 회수배관, 통기관 등이 연결된다.
- 크기 : 펌프 용량의 2배 이상
- 응축수 펌프 용량 : 응축수 발생량의 3배 이상

㉡ 응축수탱크의 특징

- 용수비용을 절감한다.
- 보일러 효율을 증대한다.
- 폐수비용을 절감한다.
- 보일러 급수의 질을 향상한다.

㉢ 응축수탱크 설치 시 고려사항

- 응축수탱크는 응축수 회수배관보다 낮게 설치한다.
- 부득이 회수배관보다 높게 설치할 경우에는 기계식 응축수펌프를 설치하여 트랩에서 원만히 처리 가능하도록 하고, 열교환기 등에 응축수가 체류하지 않도록 한다.
- 트랩의 설치 위치는 가능한 한 짧게 한다.

④ **급수관** : 급수관은 물을 공급하는 각종 배관이다.

⑤ **스트레이너**

㉠ 스트레이너의 개요

- 스트레이너(Strainer)는 유체 속에 포함된 고형물을 제거하여 기기 등에 이물질이 유입하는 것을 방지하는 장치의 총칭이며, 여과기라고도 한다.
- 스트레이너는 주요 밸브나 부속장치 입구에 설치하여 관 내에 흐르는 유체 중 슬러지, 협잡물 등의 불순물을 제거하는 장치이다.

㉡ 스트레이너의 종류

- 형상에 따른 종류 : Y형, U형, V형, T형, S형
- 연결방식에 따른 종류 : 플랜지형, 나사형
- 재질에 따른 종류 : 주철 스트레이너, 주강 스트레이너, 청동 스트레이너, 스테인리스 스트레이너, PVC 스트레이너
- 위의 종류 이외에도 유량, 유체압력, 불순물의 크기 등에 따라 여러 종류가 있다.

㉢ 스트레이너의 특징

- 분무효과를 높여 연소를 양호하게 하고 연소 생성물을 억제한다.
- 펌프를 보호한다.
- 유량계를 보호한다.
- 연료 노즐 및 연료유 조절밸브를 보호한다.

⑥ **급수펌프**

㉠ 급수펌프의 개요

- 급수펌프(Feed Water Pump)는 보일러에 필요한 급수를 적정한 압력으로 공급해 주는 펌프이다.

• 펌프는 구동원동기로부터 기계적 에너지를 받고 이 에너지를 취급 액체에 전달하여 이 액체를 저압부에서 고압부로 송출하는 장치이며 터보형 펌프, 용적형 펌프, 특수펌프 등으로 분류된다.

㉡ 급수펌프의 구비조건
- 고온 · 고압에 잘 견딜 것
- 병렬 운전에 지장이 없을 것
- 부하변동에 신속히 대응할 수 있을 것
- 회전식은 고속회전 시에도 안전할 것
- 저부하에서도 효율이 좋을 것
- 작동이 확실하고 조작이 간단하며 보수가 용이할 것

㉢ 비교회전도(Specific Speed, N_s) : 상사조건을 유지하면서 임펠러(회전차)의 크기를 바꾸어 단위유량에서 단위양정을 내게 할 때의 임펠러에 주어져야 할 회전수로, 비속도라고도 한다.
- 단단의 경우, 비교회전도(비속도) :

$$N_s = \frac{n \times \sqrt{Q}}{h^{3/4}}$$

- 다단의 경우, 비교회전도(비속도) :

$$N_s = \frac{n \times \sqrt{Q}}{(h/Z)^{3/4}}$$

(여기서, n : 회전수, Q : 유량, h : 양정, Z : 단수)

㉣ 펌프의 종류
- 터보형 펌프 : 동력학적으로 에너지를 전달하는 펌프로, 광범위한 유량과 압력에 사용된다.
  - 터보형 펌프는 회전차의 회전에 의한 반작용으로 액체에 에너지를 부가하고 이를 압력에너지로 변환시키는 것으로 원심식, 사류식, 축류식으로 세분된다.
  - 용적식에 비해 소형, 경량으로 진동이 없고 연속 수송할 수 있는 구조로 간단하고 취급이 용이하다.
  - 대부분의 펌프가 터보형이다.
  - 원심펌프는 벌류트펌프(Volute Pump)와 터빈펌프 또는 디퓨저펌프(Diffuser Pump)로 구분하며, 단수에 따라 단단펌프와 다단펌프로 구분한다.
  - 터빈펌프는 고압 · 중압 보일러 급수용 및 고양정 급수용으로 쓰이는 원심펌프이다.
- 용적형 펌프 : 정력학적으로 에너지를 전달하는 펌프로, 고압 · 소용량용으로 적합하다.
  - 용적형 펌프는 왕복식, 회전식으로 분류한다.
  - 왕복식은 원통형 실린더 안에서 피스톤 또는 플런저를 왕복운동시키고, 이에 따라 개폐하는 흡입밸브와 송출밸브의 작용에 의해 피스톤 이동 용적만큼의 액체를 송출하는 것으로 피스톤펌프, 플런저펌프, 다이어프램펌프, 워싱턴펌프, 웨어펌프 등이 있다. 유량과 압력이 맥동하여 운동방식이 왕복식이며 고속운전에는 부적당하다.
  - 워싱턴펌프 : 증기의 압력에너지를 이용하여 피스톤을 작동시켜 급수하는 펌프이다.
  - 회전식 펌프는 회전하는 밀폐공간에 액체를 가두어 저압부에서 고압측으로 압송하는 펌프로, 점도가 높은 기름이나 특수액체용으로 사용되고 소형이 많다.
- 특수형 펌프 : 위의 분류 이외의 펌프류(수격펌프, 제트펌프 등)

⑦ 인젝터

㉠ 인젝터의 개요
- 인젝터(Injector)는 증기의 열에너지를 속도에너지로 전환시키고, 다시 압력에너지로 바꾸어 급수하는 비동력 예비 급수장치이다.
- 인젝터의 원리 : 벤투리의 원리를 응용하여 증기를 분출하고 그 부근의 압력 강하로 인해 발생되는 진공을 이용하여 물을 흡수하여 올린다. 증기는 응축해서 급수온도를 상승시킴과 동시에 고속의 수류로 만들며 이 속도에너지를 압력에너지로 변환하여 급수한다.

㉡ 인젝터의 특징
- 구조가 간단하고 취급이 용이하며 가격이 저렴하다.
- 별도의 장소나 소요동력이 필요하지 않다.
- 급수가 예열되어 열응력의 발생을 방지한다.
- 소량의 고압증기로 다량을 급수할 수 있다.
- 시동과 정지가 용이하다.
- 소형・저압용 보일러에 사용된다.
- 흡입양정이 낮다.
- 인젝터 자체로서의 양수효율이 낮다.
- 급수량의 조절이 어렵다.
- 급수온도가 높으면 작동이 불가능하다.

㉢ 인젝터의 종류
- 메트로폴리탄형 : 급수온도 65[℃] 이하에서 사용한다.
- 그레샴형 : 급수온도 50[℃] 이하에서 사용한다.

㉣ 인젝터 작동 순서 : 출구정지밸브를 연다. → 급수밸브를 연다. → 증기밸브를 연다. → 인젝터 조절핸들을 연다.

㉤ 인젝터 정지 순서 : 인젝터 조절핸들을 닫는다. → 증기밸브를 닫는다. → 급수밸브를 닫는다. → 출구정지밸브를 닫는다.

㉥ 인젝터 작동 불능의 원인
- 증기압력이 0.2[MPa] 이하로 너무 낮거나 1[MPa] 이상으로 너무 높을 때
- 급수온도가 너무 높을 때(50[℃] 이상)
- 흡입관 내에 공기가 누입되었을 경우
- 급수 속에 기포 또는 불순물 혼입 시
- 증기 속에 수분이 너무 많이 혼입되었을 경우
- 노즐이 폐색되었을 때
- 인젝터 자체 과열로 온도가 너무 높을 때

⑧ **밸브류** : 보일러 가까운 위치에 급수밸브, 체크밸브를 순서대로 부착한다.

⑨ **급수내관**

㉠ 개 요
- 급수내관(Distributing Pipe)은 보일러 동 내부에 설치하는 것으로, 관의 길이 방향으로 적당한 간격을 두어 일정하게 뚫은 구멍(세공)을 통하여 급수를 동 내에 골고루 분포시키는 관이다.
- 급수가 내관을 통과하면서 포화수에 의해 예열된다.
- 분해 정비가 가능하며 안전저수위보다 50[mm] 정도 낮게 설치한다.

㉡ 급수내관의 역할
- 동 내에 급수를 균일하게(고르게) 분포시킨다.
- 급수 집중을 방지한다.
- 예열효과를 도모한다.
- 열응력을 방지한다.
- 동판의 부동팽창을 방지한다.

㉢ 급수내관의 설치 위치가 너무 높을 때 나타나는 현상
- 급수내관이 노출되어 파열된다.
- 수격작용이 발생한다.
- 증발을 방해한다.

㉣ 급수내관의 설치 위치가 너무 낮을 때 나타나는 현상
- 보일러의 하부가 냉각된다.
- 보일러수의 순환이 저해된다.
- 전열을 방해한다.

⑩ **급수가열기** : 급수가열기는 급수를 증기터빈에서 추기된 증기로 가열하는 장치이다.

⑪ **바이패스관**

㉠ 바이패스관(Bypass Tube)은 급수조절기를 사용할 경우 수압시험 또는 보일러를 시동할 때 조절기가 작동하지 않게 하거나 수리・교체하는 경우를 위하여 모든 자동 또는 수동제어밸브 주위에 설치하는 관이다.

㉡ 바이패스관의 직경은 주관의 직경보다 작게 한다.

⑫ 리턴탱크

㉠ 리턴탱크의 개요

- 리턴탱크(Returm Tank)는 증기소비설비에서 응결수를 모아 보일러에 되돌리기 위한 급수장치이다.
- 증기압과 수압을 이용하는 비동력 급수장치이다.
- 환원기 또는 응축수회수기라고도 한다.

㉡ 리턴탱크의 설치 : 환원기의 높이는 보일러 동 상부에서 1[m] 이상의 높은 위치에 설치한다.

⑬ **급수량계** : 보일러 내에 급수되는 급수량을 측정하는 장치로 보수, 점검, 교환 등에 대비하여 바이패스관을 설치한다.

핵심예제

1-1. 펌프 등 배관계통에서 유체의 흐름 속에 이물질 등으로 인하여 설비의 파손 또는 오동작 그리고 흐름상 저항이 발생하는 것을 예방하기 위하여 주요 설비 전단에 설치하는 장치로서 Y형과 U형 등의 형태로 배치되는 부속품의 명칭을 쓰시오. [2021년 제2회]

1-2. 보일러의 급수펌프가 갖추어야 할 구비조건을 3가지만 쓰시오. [2014년 제2회]

1-3. 비교회전도 또는 비속도(Specific Speed)는 무엇인지 간단히 설명하고, 이를 구하는 공식을 쓰시오. [2013년 제1회, 2017년 제2회, 2021년 제2회 유사]

1-4. 인젝터 작동원리를 에너지 관점에서 설명하시오. [2012년 제4회]

1-5. 보일러 급수장치의 일종인 인젝터(Injector)의 특징을 4가지만 쓰시오. [2019년 제2회]

1-6. 급수장치인 인젝터의 급수 작동 순서를 다음 보기에서 선택하여 순서대로 나열하시오. [2010년 제4회]

보기
핸들 개방, 급수밸브 개방, 증기밸브 개방, 출구정지밸브 개방

1-7. 인젝터 작동 불능의 원인을 5가지만 쓰시오. [2015년 제4회]

1-8. 급수조절기를 사용할 경우 수압시험 또는 보일러를 시동할 때 조절기가 작동하지 않게 하거나 수리, 교체하는 경우를 위하여 모든 자동 또는 수동제어밸브 주위에 설치하는 것은 무엇인지 쓰시오. [2010년 제1회 유사, 2017년 제1회, 2020년 제3회]

1-9. 바이패스관의 설치목적을 쓰시오. [2013년 제4회]

|해답|

1-1

스트레이너(Strainer, 여과기)

1-2

보일러 급수펌프의 구비조건

① 고온·고압에 잘 견딜 것
② 저부하에서도 효율이 좋을 것
③ 부하변동에 대한 대응성이 좋을 것

1-3

(1) 비회전도 또는 비속도(Specific Speed, N_s) : 상사조건을 유지하면서 임펠러(회전차)의 크기를 바꾸어 단위유량에서 단위양정을 내게 할 때의 임펠러에 주어져야 할 회전수
(2) 비교회전도(비속도)

- 단단의 경우, 비교회전도(비속도) : $N_s = \frac{n \times \sqrt{Q}}{h^{3/4}}$
- 다단의 경우, 비교회전도(비속도) : $N_s = \frac{n \times \sqrt{Q}}{(h/Z)^{3/4}}$

(여기서, n : 회전수, Q : 유량, h : 양정, Z : 단수)

1-4

인젝터 작동원리 : 증기의 열에너지를 속도에너지로 전환시키고 다시 압력에너지로 바꾸어 급수하는 설비이다. 즉, 증기에 의해 급수가 예열되어 동 내로 급수되므로 급수엔탈피가 증가하여 연료소비량이 감소한다.

1-5

인젝터(Injector)의 특징

① 설치에 넓은 장소를 요하지 않는다.
② 급수 예열효과가 있다.
③ 가격이 저렴하다.
④ 자체로서의 양수효율은 낮다.

1-6

인젝터 작동 순서 : 출구정지밸브 개방 → 급수밸브 개방 → 증기밸브 개방 → 핸들 개방

1-7

인젝터 작동 불능의 원인

① 급수온도가 너무 높을 때
② 급수 속에 기포 또는 불순물 혼입 시
③ 노즐이 폐색되었을 때
④ 인젝터 자체 과열로 온도가 너무 높을 때
⑤ 증기압력이 0.2[MPa] 이하이거나 1[MPa] 이상일 때

1-8

바이패스관

1-9

바이패스관은 급수조절기를 사용할 경우 수압시험 또는 보일러를 시동할 때 조절기가 작동하지 않게 하거나 수리, 교체하는 경우를 위하여 모든 자동 또는 수동제어밸브 주위에 설치한다.

핵심이론 02 송기장치

① 송기장치의 개요

㉠ 송기장치는 보일러에서 발생된 증기를 증기 사용부로 공급하기 위하여 주증기관에 설치한 장치이다.

㉡ 송기장치로는 주증기관, 비수방지관, 기수분리기, 주증기밸브, 증기헤더, 감압밸브, 증기트랩, 증기축열기, 신축이음, 스트레이너, 플래시탱크, 자동온도조절밸브 등이 있다.

② **주증기관** : 보일러에서 발생된 증기를 증기 소비처로 운반하는 관으로 보일러 상부 주증기밸브에 연결된다.

③ 비수방지관

㉠ 비수방지관의 개요

- 비수방지관(Antipriming Pipe)은 보일러에서 증기 발생이 활발해져서 증기가 물방울과 함께 비산하여 증기기관으로 취출될 때 증기 속에 포함된 수분 취출을 방지해 주는 관으로, 증기내관이라고도 한다.
- 윗면에만 다수의 구멍을 뚫은 대형 관을 증기실 꼭대기에 부착하여 상부로부터 증기를 평균적으로 인출하고, 증기 속의 물방울은 하부에 뚫린 구멍으로부터 보일러수 속으로 떨어지도록 한 장치이다.
- 증기 속에 혼합된 수분을 분리시켜 증기의 건도를 높이는 장치이다.
- 설치 위치 : 보일러 동 내부 증기 취출구
- 비수방지관에 뚫린 구멍의 전체 면적은 주증기밸브 면적의 1.5배 이상이어야 한다.

㉡ 비수방지관의 설치목적(장점)

- 프라이밍 현상을 방지한다.
- 동 내 수면 안정으로 정확한 수위 측정이 가능하게 한다.
- 수격작용을 방지한다.
- 건증기 취출이 가능하다.

④ 기수분리기

㉠ 기수분리기(Steam Separator)는 발생된 증기 중에서 수분(물방울)을 제거하고 건포화증기에 가까운 증기를 사용하기 위한 장치이다.

㉡ 기수분리기의 특징
- 수격작용을 방지한다.
- 증기의 마찰저항이 감소된다.
- 건조증기 취출로 관의 부식을 방지한다.
- 응축수에 의한 열손실을 방지한다.
- 증기부의 체적이나 높이가 작고 수면의 면적이 증발량에 비해 작을 때는 기수공발이 일어날 수 있다.
- 압력이 비교적 낮은 보일러의 경우는 압력이 높은 보일러보다 증기와 물의 비중량 차이가 커서 기수분리가 용이하다.

㉢ 기수분리방법(사용원리)에 따른 분류
- 차폐판식(Baffle Type, 배플식) : 다수의 차폐판을 통하여 유체의 흐름 방향이 여러 번 바뀌는 증기의 방향 전환과 관성력을 이용한 기수분리기로, 날개식(Vane Type)이라고도 한다.
- 사이클론식(Cyclone Type) : 증기의 원심력을 이용한 기수분리기
- 스크러버식(Scrubber Type) : 파도형의 다수 강판의 장애판(방해판)을 이용한 기수분리기
- 건조스크린식 : 여러 겹의 금속그물망 또는 다공판을 이용한 기수분리기

⑤ **주증기밸브** : 주증기관 입구측에 설치하여 보일러에서 발생된 증기를 증기 소비처로 공급하기 위하여 증기 개폐용으로 사용되는 밸브로 앵글밸브, 글로브밸브, 슬루스밸브 등이 사용된다.

⑥ 증기헤더

㉠ 증기헤더의 개요
- 증기헤더(Steam Header)는 보일러로부터 발생된 증기를 한곳에 모아서 증기를 증기 사용처로 배분하기 위하여 설치하는 장치로, 증기분배기라고도 한다.
- 설치 위치 : 보일러 주증기관과 부하측 증기관 사이
- 헤더의 크기 : 헤더는 부착하는 증기관 중 가장 큰 증기관 지름의 2배 이상

㉡ 증기헤더의 설치목적(장점)
- 불필요한 증기 공급을 차단하여 열손실을 줄인다.
- 증기량과 증기압을 일정하게 조절하여 공급한다.

⑦ 감압밸브

㉠ 감압밸브의 개요
- 감압밸브(Pressure Reducing Valve)는 저압측의 증기 사용량 증감에 관계없이 또는 고압측 압력의 변동에 관계없이 밸브의 리프트를 자동으로 제어하여 저압측 압력을 항상 일정하게 유지하는 압력조정밸브이다.
- 설치 위치 : 고압배관과 저압배관 사이
- 감압밸브를 설치할 때 고압측에 부착하는 장치 : 정지밸브, 압력계, 여과기 등

㉡ 감압밸브의 설치목적
- 고압증기를 저압증기로 유지시킨다.
- 부하측의 압력을 일정하게 유지시킨다.
- 저압증기압력을 항상 일정하게 유지시킨다.
- 고압증기와 저압증기를 동시 사용할 수 있다.
- 부하변동에 따른 증기의 소비량이 감소한다.

㉢ 감압밸브의 종류
- 작동방법에 따른 종류 : 벨로스식, 다이어프램식, 피스톤식
- 구조에 따른 종류 : 스프링식, 추식

㉣ 설치 시 주의사항
- 감압밸브는 부하설비에 가깝게 설치한다.
- 감압밸브 전후에 압력계를 설치한다.
- 감압밸브 앞에는 반드시 스트레이너(여과기)와 기수분리기를 설치한다.
- 감압밸브 앞에서는 기수분리기 또는 스팀트랩에 의해 응축수가 제거되어야 한다.
- 감압밸브 1차 측에는 편심 리듀서를 설치해야 한다.
- 감압밸브 뒤편(저압측)에는 안전밸브를 설치한다.

⑧ **증기트랩** : 증기의 누출을 방지하며, 응축수 및 불응축 가스를 배출하는 장치이다.

⑨ **증기축열기**

㉠ 증기축열기(Steam Accumulator)는 보일러 연소량을 일정하게 하고 저부하 시 잉여증기를 축적시켰다가 갑작스런 부하변동이나 과부하 등에 대처하기 위해 사용되는 장치이다.

㉡ 증기축열기의 역할
- 저부하 시 또는 부하변동 시에 잉여증기를 저장한다.
- 과부하 시에 저장된 잉여증기를 공급하여 증기 부족량을 보충하거나 응급 시를 대비한다.

⑩ **신축이음** : 신축이음(Expansion Joint)은 배관 내를 흐르는 유체의 온도 변화로 발생되는 배관의 팽창과 수축을 흡수하여 배관 변형이나 손상을 방지하기 위한 이음이다.

⑪ **스트레이너** : 스트레이너(Strainer, 여과기)는 유체 내에 포함된 각종 불순물을 제거하기 위한 장치이다.

⑫ **플래시탱크**

㉠ 플래시탱크의 개요
- 플래시탱크(Flash Tank)는 고압응축수를 저압 증기로 만드는 재증발 증기 발생 탱크이다.
- 재증발 증기는 압력이 저하된 고온의 응축수에서 형성된 증기이다.
- 응축수의 열을 회수하여 재사용하기 위해 설치한다.
- 재증발조라고도 한다.

㉡ 플래시탱크의 재증발 증기량(W)

$$W = \frac{G_c \times \Delta Q}{h_L} = \frac{G_c(h_1 - h_2)}{h_3 - h_2}$$

(여기서, G_c : 응축수량, ΔQ : 응축수 열량의 차이, h_L : 출구측 압력의 증기잠열(탱크의 증발잠열), h_1 : 입구측의 비엔탈피(응축수의 엔탈피), h_2 : 출구측의 비엔탈피(배출 응축수의 엔탈피), h_3 : 재증발 증기의 엔탈피)

⑬ **자동온도조절밸브**

㉠ 자동온도조절밸브는 금속감온부에 의해 자동적으로 증기나 온수의 온도를 일정온도로 유지하기 위한 밸브이다.

㉡ 감온부 형식에 따른 종류 : 바이메탈식, 증기압력식, 전기저항식

핵심예제

2-1. 배관 내의 증기 또는 압축공기 내에 포함되어 있는 수분 및 관 내벽에 존재하는 수막 등을 제거하여 건포화증기 및 건조한 압축공기를 2차 측 기기에 공급하여 설비의 고장 및 오작동을 방지하여 시스템의 효율을 좋게 하는 장치인 기수분리기의 종류를 4가지만 나열하시오.

[2012년 제1회, 2018년 제1회, 2020년 제4회]

2-2. 기수분리기 중 방향 전환 또는 관성력을 이용한 기수분리기의 명칭을 쓰시오. [2011년 제1회]

2-3. 발생된 증기 중에서 수분을 제거하고 건포화증기에 가까운 증기를 사용하기 위한 보일러 장치인 기수분리기에 대한 다음의 설명 중 (   ) 안에 들어갈 내용을 쓰시오. [2019년 제4회]

- 증기부의 체적이나 높이가 작고 수면의 면적이 증발량에 비해 작을 때는 (①)이(가) 일어날 수 있다.
- 압력이 비교적 높은 보일러의 경우는 압력이 낮은 보일러보다 증기와 물의 (②)의 차이가 극히 작아 기수분리가 어렵게 된다.
- 사용원리는 (③)을(를) 이용한 것, (④)을(를) 지나게 하는 것, (⑤)을(를) 사용하는 것 또는 이들의 조합을 이루는 것 등이 있다.

2-4. 기수분리기의 성능이 저하되어서 수분이 충분히 제거되지 않았을 때 생기는 문제점을 3가지만 쓰시오. [2015년 제1회]

2-5. 송기장치 중의 하나로, 보일러 운전 중 잉여증기를 급수탱크에 보내어 온수로 저장하였다가 사용부하가 다시 증가할 때 증기의 과부족을 해소하기 위해 증기의 부하를 조절하는 장치의 명칭을 쓰시오. [2013년 제4회]

2-6. 증기축열기(Steam Accumulator)의 기능을 3가지만 쓰시오.

[2019년 제2회, 2021년 제4회]

2-7. 5[kg/cm² · g]의 응축수열을 회수하여 재사용하기 위하여 다음의 조건으로 설치한 Flash Tank의 재증발 증기량[kg/h]을 구하시오. [2013년 제1회, 2018년 제4회]

- 응축수량 : 2[t/h]
- 응축수 엔탈피 : 159[kcal/kg]
- Flash Tank에서의 재증발 증기엔탈피 : 646[kcal/kg]
- Flash Tank 배출 응축수 엔탈피 : 120[kcal/kg]

|해답|

2-1

기수분리기의 종류 : 배플식(차폐판식), 사이클론식, 스크러버식, 건조스크린식

2-2

배플식 기수분리기

2-3

① 기수공발
② 비중량
③ 원심력
④ 스크러버
⑤ 스크린

2-4

기수분리기 성능 저하로 인한 수분 제거의 불충분에 따른 문제점

① 압축기의 효율 저하로 인한 소비전력의 증가
② 수분 과다로 인한 배관 부식 발생
③ 압축공기 사용장치의 성능 저하 및 고장

2-5

증기축열기(Steam Accumulator)

2-6

증기축열기의 기능

① 보일러의 연소량 및 증발량을 일정하게 조절한다.
② 저부하 시, 부하변동 시 (잉여)증기를 저장한다.
③ 과부하 시 저장된 (잉여)증기 공급(방출)으로 증기 부족량을 보충한다.

2-7

플래시탱크의 재증발 증기량

$$W = \frac{G_c \times \Delta Q}{h_L} = \frac{G_c(h_1 - h_2)}{h_3 - h_2} = \frac{2{,}000 \times (159 - 120)}{646 - 120}$$

$$\simeq 148.3[\text{kg/h}]$$

핵심이론 03 증기트랩

① 증기트랩의 개요

㉠ 증기트랩의 일반사항

- 증기트랩(Steam Trap)은 증기와 응축수를 공학적 원리 및 내부구조에 의해 구별하여 자동적으로 밸브를 개폐 또는 조절하여 응축수만 배출하는 일종의 자동밸브이다.
- 증기트랩은 증기관의 도중에 설치하여 증기를 사용하는 설비의 배관 내에 고여 있는 응축수를 자동으로 배출시키는 장치이다.
- 증기트랩은 응축수가 배출되는 구멍인 오리피스, 조절기의 지시에 따라 오리피스를 개폐하여 응축수나 공기를 제거하고 증기의 누출을 방지하는 밸브, 증기와 응축수를 구분하여 밸브를 개폐시키는 조절기, 다른 부품을 내장하고 있는 몸체로 구성되어 있다.
- 증기트랩은 단지 응축수와 증기를 구분하여 응축수만 배출할 수 있도록 밸브의 개폐작용이 이루어지는 단순한 기능을 갖고 있다. 즉, 증기트랩 바로 직전에 응축수가 있으면 밸브가 열리고 증기가 존재하면 밸브가 닫히는 기능만 있다. 따라서 응축수가 증기트랩에 자연스럽게 유입될 수 있도록 증기트랩의 설치방법 등 효율적인 증기트랩핑이 이루어져야 한다.
- 증기트랩은 단지 밸브의 개폐기능만 갖고 있으며 응축수의 배출은 증기트랩 앞의 압력(증기압력)과 뒤의 압력(배압)의 차이, 즉 차압에 의해서 배출된다(펌프와 같은 기능은 없다). 또한, 동일한 오리피스에서 응축수의 배출 용량은 차압에 따라 결정되므로 배압이 과도하면 설비 내에 응축수가 정체될 수 있다.
- 응축수가 원활하게 배출되지 못하면 증기 공간 내에 응축수가 차오르게 되어 결국 유효한 가열면적이 감소한다. 또한 워터해머의 발생 가능성이 높아져 배관이 손상될 수 있고, 가열온도가 불균일하여 제품의 불량이 초래되며, 증기관 및 설비 내부의 부식 또는 재질의 노화를 촉진시켜 설비 수명이 단축된다.
- 그룹트랩핑 : 증기 사용압력이 같거나 다른 여러 개의 증기 사용설비의 드레인관을 하나로 묶어 한 개의 트랩으로 설치한 것이다.

㉡ 증기트랩의 특징

- 응축수 배출로 수격작용을 방지한다.
- 응축수에 기인하는 설비 부식을 방지한다.
- 관 내 유체 흐름에 대한 마찰저항이 감소한다.
- 열효율 저하를 방지한다.
- 증기의 건도 저하를 방지한다(건도 증가).

㉢ 증기트랩이 갖추어야 할 조건

- 압력, 유량의 변화가 있어도 동작이 확실해야 한다.
- 슬립, 율동 부분이 작고, 내마모성과 내부식성이 좋아야 한다.
- 내구력이 커야 한다.
- 마찰저항이 작고 공기빼기가 좋아야 한다.
- 응축수를 연속적으로 배출할 수 있어야 한다.
- 사용 중지 후에도 응축수 배출이 용이해야 한다.
- 증기가 배출되지 않아야 한다.

㉣ 증기트랩의 분류

- 온도조절식 트랩 : 압력평형식(벨로스식, 다이어프램식), 바이메탈식, 열동식
- 기계식 트랩 : 볼플로트트랩, 버킷트랩
- 열역학적 트랩(디스크트랩)

② 온도조절식 트랩

㉠ 개 요

- 온도조절식 트랩은 증기와 응축수의 온도 차이를 이용하여 응축수를 배출하는 타입이다.
- 응축수가 냉각되어 증기포화온도보다 낮은 온도에서 응축수를 배출하므로 응축수의 현열까지 이용할 수 있어 에너지 절약적이다.

㉡ 압력평형식 증기트랩

- 주로 방열기 등에 이용되어 방열기트랩이라고도 하며, 다이어프램 캡슐 엘리먼트를 사용한다.
- 다이어프램 캡슐 엘리먼트의 외부는 두꺼운 스테인리스판으로 보호되어 있고, 내부는 스프링의 역할을 할 수 있는 얇은 스테인리스판, 즉 다이어프램 2장이 외부의 두꺼운 스테인리스판에 용접되어 있다. 이 다이어프램과 외부의 보호판 사이에는 증기의 포화온도보다 약간 낮은 온도에서 증발하는 액체가 봉입되어 있고, 다이어프램 중 상부 다이어프램의 중앙에는 볼밸브가 용접되어 있다.
- 엘리먼트의 내부에서 형성된 압력과 외부의 증기압력과의 균형을 유지하며 작동하므로 압력평형식 트랩이라고도 한다. 이때 내부에 형성되는 압력은 엘리먼트 외부의 응축수압력에 따라 결정되므로 외부압력이 상승하면 내부압력도 함께 상승한다. 항상 증기포화온도곡선에 근접하여 응축수를 배출하는 특성을 갖고 있다.
- 밸브가 열리고 닫히는 온도는 항상 증기포화온도보다 약 10[K][℃](엘리먼트 타입별로 다름) 낮은 온도에서 발생되는데, 이와 같은 온도차가 발생하기 위해서는 응축수가 발생되는 즉시 배출되지 않고 어느 정도 식을 때까지 정체되어 있어야 한다. 따라서 온도조절식 트랩은 항상 응축수가 빠지지 않고 기다리므로 신속한 가열이 요구되고, 부하변동이 심한 경우에는 사용할 수 없다. 응축수가 차 있어도 문제가 없으면서 응축수가 갖고 있는 현열까지도 이용할 수 있는 응용처에 사용된다.
- 주로 난방용 방열기 또는 소용량 가열팬(Pan) 등에 사용된다.
- 벨로스식 증기트랩 : 벨로스를 감온체로 하고 벨로스의 증기(고온)와 드레인(저온)의 온도 변화에 대응하여 변위하는 것을 이용하여 밸브를 개폐시키는 증기트랩이다. 작동원리상 서모스태틱(Thermostatic)형 증기트랩에 속한다.

㉢ 바이메탈식 증기트랩 : 바이메탈의 증기(고온)와 드레인(저온)의 온도 변화에 의한 팽창, 수축을 이용하여 밸브를 개폐함으로써 드레인을 배출하는 장치이다.

- 바이메탈은 열을 받으면 팽창하는 성질이 다른 두 개의 금속을 접합시켜 놓은 것으로, 바이메탈은 열을 받으면 한쪽으로 휘어진다. 그러나 바이메탈 한 개만으로는 밸브를 닫는 힘도 부족하고 증기압력에 관계없이 항상 일정온도에서 작동하므로 트랩에서의 역할을 충분히 할 수 없다. 이에 따라 몇 개의 엘리먼트를 조합하여 보완한다. 또한 밸브의 위치에 따라 응축수의 배출 형태가 달라진다.
- 응축수의 현열까지 이용할 수 있어 에너지 절약적이며, 에어벤트 능력이 뛰어나다. 그러나 온도 변화에 서서히 반응하여 작동되므로 갑작스러운 부하변동이나 압력 변화에는 대처하기 힘들다.
- 바이메탈식 증기트랩의 특징
  - 작동원리상 서모스태틱형 증기트랩에 속하는 것으로, 감온체로서 바이메탈(원판형 바이메탈)을 사용한다.
  - 증기와 응축수의 온도 차이를 이용한다.
  - 구조상 고압에 적당하다.
  - 배기능력이 탁월하다.

- 배압이 높아도 작동이 가능하다.
- 드레인 배출온도를 변화시킬 수 있다.
- 증기 누출이 없다.
- 밸브 폐색의 우려가 없다.
- 과열증기에는 사용할 수 없다.
- 개폐 온도차가 크다.

㉣ 열동식 트랩 : 온도조절식 트랩으로 응축수와 함께 저온의 공기도 통과시키는 특성이 있으며, 진공환수식 증기배관의 방열기트랩이나 관말트랩으로 사용된다.

③ **기계식 트랩** : 증기와 응축수 사이의 밀도차, 즉 부력 차이에 의해 작동되는 타입으로서, 응축수가 생성되는 것과 거의 동시에 배출된다.

㉠ 볼플로트식 증기트랩

- 볼플로트 트랩(Ball Float Trap)은 볼플로트와 레버에 의해서 작동되며 응축수가 트랩에 들어오는 즉시 부력에 의해 볼플로트가 떠오르며 동시에 밸브가 열려 응축수가 배출된다.
- 공기가 트랩 내에 유입되면 플로트는 부력을 잃고 가라앉아 밸브가 열리지 않는 공기장애현상이 발생한다. 대부분의 볼플로트 트랩에는 온도조절식 에어벤트가 내장되어 불필요한 공기를 제거하도록 되어 있다.
- 트랩이 설비의 드레인점보다 너무 먼 거리에 부착되거나 사이펀관 끝에 부착된 경우 증기에 의한 포켓 형성으로 인하여 응축수가 트랩 내로 유입될 수 없는 증기장애현상이 발생하므로, 증기장애해소장치인 니들밸브를 사용하여 증기를 제거해야 한다.
- 다량 및 소량의 응축수를 모두 처리할 수 있으며, 넓은 범위의 압력과 급작스런 압력 변화에 관계없이 작동된다.
- 볼플로트식 증기트랩의 특징
  - 다량의 응축수를 연속적으로 배출한다.
  - 증기 누출이 매우 적다.
  - 자동공기배출이 이루어진다.
  - 가동 시 공기빼기가 불필요하다.
  - 부하변동에 대한 적응성이 좋다.
  - 수격작용으로 인해 볼과 레버가 파손되기 쉽다.
  - 겨울철 동파 위험이 있다.

㉡ 버킷식 증기트랩 : 플로트로 물통 모양의 개방형 플로트(버킷)를 사용한다. 버킷에 들어간 응축수가 일정량에 달하면 버킷이 부력을 상실하고 낙하하여 밸브를 열고 증기압력에 의해 응축수가 배출되며, 버킷 내의 응축수가 감소하면 다시 부력을 얻어 상승하여 밸브를 닫는 온오프 동작에 의해 응축수를 배출하는 형식의 증기트랩이다. 응축수와 증기의 비중차를 이용한 것이다.

- 버킷식 증기트랩은 버킷과 레버에 의해 작동된다. 증기가 유입되면 버킷은 부력을 받아 떠오르게 되어 밸브가 닫히고, 버킷 내에 응축수가 차면 버킷이 가라앉아 밸브가 열린다.
- 버킷트랩은 플로트트랩에 비하여 에어벤트 능력이 부족하여 신속한 예열이 안 된다. 작동원리상 부하변동에 대처하는 능력이 부족하고 응축수 부하가 아주 작은 경우에는 증기 누출이 심하게 발생할 수 있어 선정 및 설치 시 각별한 주의가 필요하다.
- 버킷트랩은 구조상 트랩 내부에 항상 물이 있어 동절기에는 동파 위험이 있으며, 재질에 따라 동파가 안 되더라도 한 번 얼었던 물이 다시 녹으려면 시간이 오래 걸려 설비의 재가동에 문제가 많아진다. 따라서 트랩을 옥외에 설치할 경우에는 추가의 보온 등을 고려해야 한다.
- 버킷트랩은 주로 증기주관이나 대형 탱크 히팅 코일 등에 사용된다.

• 버킷식 증기트랩의 특징
  - 배관계통에 설치하여 배출용으로 사용한다.
  - 장치의 설치는 수평으로 한다.
  - 가동 시 공기빼기가 필요하다.
  - 겨울철 동결의 우려 있다.

④ 열역학적 트랩(디스크트랩)

㉠ 열역학적 트랩의 개요

• 열역학적 트랩은 온도조절식이나 기계식 트랩과는 별개의 작동원리를 갖고 있으며 증기와 응축수의 속도차, 즉 운동에너지의 차이에 의해 작동한다.

• 작동 부분이 디스크 하나뿐이므로 디스크트랩이라고도 하며, 구조가 간단하여 고장이 적고 정비·보수가 용이하다.

• 디스크트랩은 작동원리상 전형적인 간헐 배출을 하고 있으므로 부하변동이 심하고 응축수 배출이 연속적으로 이루어져야 하는 열교환기, 에어히터 등의 공정용 설비에는 적합하지 않다. 오히려 설비에 문제를 일으키기도 한다.

• 디스크식 증기트랩은 베르누이 정리, 즉 유체 흐름에 있어서 모든 점에서의 총압력(동압 + 정압)은 일정하다. 따라서 유체의 속도가 빨라지면(동압 증가) 상대적으로 정압은 감소하게 된다는 원리에 바탕을 두고 있다.

• 디스크트랩은 디스크 하부를 통과하는 재증발 증기의 속도에 따라 작동되므로 증기압력과 트랩의 배압과의 차이에 따라 민감하게 작용한다. 만약 배압이 증기압력에 비하여 너무 크면 디스크가 닫히지 못하고 항상 열려 있어 증기가 누출된다.

• 트랩이 응축수를 배출하는 것은 디스크 상부에 있는 재증발 증기의 응축속도에 따라 결정된다. 만약 증기 공급 초기에 증기의 공급을 너무 빨리 하면 배관 내의 공기가 빠른 속도로 트랩을 통과하면서 디스크가 닫힌다. 그러나 공기는 응축되지 않으므로 디스크 상부에 공기가 계속 남아 있게 되어 더 이상 디스크트랩이 작동하지 않는 배출 불능 상태, 즉 공기장애현상이 발생하므로 주의해서 운전해야 한다.

• 디스크트랩은 크기가 작고 워터해머에 잘 견디며 동파의 위험도 작아 주로 증기주관이나 소형 탱크의 히팅코일 등에 응용되며, 온도조건에 민감한 증기트레이싱 등에도 효과적으로 사용된다.

㉡ 열역학적 트랩의 특징

• 가동 시 공기 배출이 불필요하다.
• 작동 확률이 높고 소형이며 워터해머에 강하다.
• 과열증기 사용에는 적합하나 고압용에는 부적당하다.
• 작동이 빈번하며 내구성이 낮다.

⑤ 증기트랩 관련 제반사항

㉠ 증기트랩의 타입 선정

• 증기트랩의 선정에 있어서 가장 중요한 것은 타입을 정하는 것으로, 증기트랩의 작동원리를 충분히 이해하면 설비 운전조건, 즉 운전방법, 구조, 압력조건, 온도조건, 응축수 배출량 등에 부합되는 타입의 증기트랩을 선정할 수 있으므로 설비 수명이 보장된다.

• 모든 설비의 요구조건을 만족시킬 수 없으므로 항상 설비 운전의 특성을 고려하여 제일 적합한 타입을 선정해야 한다.
  - 생산성을 강조하여 응축수가 발생되는 대로 즉시 배출시켜야 하는 경우에는 볼플로트 타입이 가장 적합하다.
  - 에너지 절약을 위하여 응축수의 현열까지 이용하고자 하는 경우에는 온도조절식 트랩을 선정한다.
  - 설치 공간이 작고 비용이 적게 들며 워터해머 등을 고려한 경우에는 디스크트랩을 선정한다.

㉡ 증기트랩 설치 시 주의사항

- 모든 증기 사용설비에서 응축수 배출점마다 하나씩의 트랩을 각각 설치하는 것이 필수적이므로 가능한 한 그룹트래핑은 하지 않는다.
- 유입된 증기가 배출되지 않고 계속 잔존하고 있으면 설비 내부에는 응축수가 정체되어 결국 설비의 열효율은 심각한 영향을 받는다. 이런 증기에 의한 장애를 증기장애현상이라고 한다. 증기장애현상 발생 시 증기트랩에 유입되어 있는 증기는 설비의 가열에 더 이상 사용할 수 없는 증기로서 설비 운전에 악영향을 미치므로, 이런 증기가 트랩에 유입되면 즉시 배출시켜 설비의 운전에는 영향을 미치지 않도록 하는 것이 필요하다. 증기장애현상은 설비의 응축수 배출점과 증기트랩의 거리가 충분히 멀고 구경이 작을 때에도 발생할 수 있다.
- 증기트랩에서 배출되는 응축수를 회수하여 재활용하는 경우 응축수 회수관 내에는 원하지 않는 배압이 형성되어 증기트랩의 용량에 영향을 미치지만, 디스크트랩의 경우에는 트랩이 폐쇄되지 못하고 증기를 누출하는 경우도 발생하므로 조심해야 한다.
- 증기트랩에서 배출되는 응축수는 회수관 내의 응축수보다는 항상 많은 에너지를 갖고 있어 트랩에서 회수관 내로 배출되면 재증발 증기가 발생한다. 이 재증발 증기가 자연스럽게 응축수와 분리된 후 배출되어야만 회수관 내에서 워터해머 등을 피할 수 있다. 따라서 트랩에서의 배출관은 응축수 회수주관의 상부에 연결하는 것이 필수적으로 요구되며, 특히 회수주관이 고가의 배관인 경우 더욱 주의하여 연결해야 한다.
- 트랩 입구관은 끝내림으로 할 것
- 트랩 주위에는 바이패스라인을 설치할 것
- 트랩 출구관은 굵고 짧게 하여 배압을 작게 할 것
- 트랩 출구관을 길게 할 경우에는 트랩 구경보다 큰 직경의 배관을 사용할 것
- 트랩 출구관이 입상되는 경우에는 출구 직후에 체크밸브를 부착할 것
- 트랩과 설비의 거리는 짧게 할 것

㉢ 증기트랩의 고장원인

- 트랩이 뜨거울 경우 : 배압이 높음, 용량이 부족함, 벨로스가 마모 및 손상됨, 밸브에 이물질이 혼입됨 등
- 트랩이 차가울 경우 : 여과기 막힘, 배압이 낮음, 밸브가 막힘, 밸브 고장, 압력이 높음(기계식 트랩) 등

㉣ 증기트랩 고장 시의 현상

- 방열기의 가열효과가 저하되고, 가열시간이 길어진다.
- 수격작용이 발생하여 설비와 배관을 손상시킨다.
- 증기관과 설비의 내부 부식 또는 재질의 노화를 촉진시킨다.
- 증기잠열의 이용이 불가하므로 에너지 손실이 커진다.

㉤ 증기트랩의 점검방법

- 배출 상태로를 확인한다.
- 초음파 탐지기를 이용하여 점검한다.
- 사이트 그리스를 이용하여 점검한다.

핵심예제

3-1. 증기관의 도중에 설치하여 증기를 사용하는 설비의 배관 내에 고여 있는 응축수(증기의 일부가 드레인된 상태)를 자동 배출시키는 장치인 증기트랩(Steam Trap)의 설치목적을 4가지만 쓰시오. [2010년 제4회 유사, 2011년 제1회 유사, 2012년 제1회, 2015년 제1회, 2018년 제2회, 2019년 제4회]

3-2. 다음의 원리에 따른 증기트랩의 분류별 기본 조작원리, 해당 증기트랩의 예를 쓰시오. [2020년 제2회, 2022년 제1회 유사]

(1) 기계적 트랩(Mechanical Trap)
(2) 열역학적 트랩(Thermodynamic Trap)
(3) 정온트랩(Thermostatic Trap)

3-3. 증기트랩은 증기와 응축수를 공학적 원리 및 내부구조에 의하여 구별하여 응축수만 자동적으로 배출하는(개폐 또는 조절작용) 일종의 자동밸브이다. 보일러에 증기트랩을 설치했을 때의 효과를 3가지만 쓰시오. [2016년 제2회]

|해답|

3-1

증기트랩의 설치목적

① 보일러 설비, 배관 내의 응축수 제거
② 응축수 배출로 수격작용 방지
③ 설비의 부식 방지
④ 관 내 유체의 흐름에 대한 마찰저항 감소

3-2

(1) 기계적 트랩(Mechanical Trap)
  ① 기본 조작원리 : 증기와 응축수의 밀도차 또는 부력원리
  ② 해당 증기트랩의 예 : 플로트식, 버킷식
(2) 열역학적 트랩(Thermodynamic Trap)
  ① 기본 조작원리 : 증기와 응축수의 열역학적 특성차
  ② 해당 증기트랩의 예 : 오리피스식, 디스크식
(3) 정온트랩(Thermostatic Trap)
  ① 기본 조작원리 : 증기와 응축수의 온도차
  ② 해당 증기트랩의 예 : 바이메탈식, 벨로스식

3-3

증기트랩 설치의 효과

① 수격작용(Water Hammering) 방지
② 관 내 유체저항 감소
③ 설비 부식 방지

핵심이론 04 열교환기

① 열교환기의 개요

㉠ 열교환기(Heat Exchanger)는 온도가 다른 2개의 유체를 전열면을 사이에 두고 흐르게 해 고온의 유체가 가진 열을 저온의 유체로 전달하는 장치로 오일히터, 과열기, 재열기, 절탄기, 공기예열기 등이 있다.

㉡ 열교환기의 성능이 저하되는 요인
- 온도차의 감소
- 유체의 느린 속도
- 병류 방향의 유체 흐름
- 낮은 열전도율의 재료 사용
- 작은 전열면적
- 이물질, 스케일, 응축수의 존재

㉢ 열교환기의 효율을 향상시키기 위한 방법
- 온도차를 크게 한다.
- 유체의 유속을 빠르게 한다.
- 유체의 흐름 방향을 향류로 한다.
- 열전도율이 높은 재질을 사용한다.
- 전열면적을 크게 한다.
- 이물질, 스케일, 응축수 등을 제거한다.

② 열교환기의 종류

㉠ 원통다관(Shell & Tube)식 열교환기
- 가장 널리 사용되고 있는 열교환기로, 폭넓은 범위의 열전달량을 얻을 수 있어 적용범위가 매우 넓고, 신뢰성과 효율이 높다.
- 공장 제작하며 크기에 따라 적당한 공간이 필요하고 현장에서 설치 및 조립한다.
- 플레이트 열교환기에 비해서 열통과율이 낮다.
- Shell과 Tube 내의 흐름은 직류보다 향류 흐름의 성능이 더 우수하다.
- 구조상 고온·고압에 견딜 수 있어 석유화학공업 분야 등에서 많이 이용된다.

㉡ 이중관(Double Pipe)식 열교환기 : 외관 속에 전열관을 동심원 상태로 삽입하여 전열관 내부 및 외관 동체의 환상부에 각각 유체를 흘려서 열교환시키는 열교환기이다.
- 구조가 간단하며 가격도 저렴하다.
- 전열면적이 증대됨에 따라 전열면적당의 소요 용적이 커지면 가격도 비싸게 되므로 전열면적 20[m^2] 이하에 사용한다.
- 종류 : 병류형, 향류형(Counter Flow, 전열면적이 많이 필요), 직교류(Cross Flow)형
- 동일한 조건에서 열교환기의 온도효율이 높은 순서 : 향류 > 직교류 > 병류

㉢ 판형 열교환기 : 유로 및 강도를 고려한 요철(凹凸)형으로 프레스 성형된 전열판을 포개서 교대로 각기 유체를 흐르게 한 열교환기로, 평판(Plate)식 열교환기라고도 한다.
- 구조상 압력손실이 크고 내압성이 작다.
- 다수의 파형이나 반구형의 돌기를 프레스 성형하여 판을 조합한다.
- 전열면의 청소나 조립이 간단하고, 고점도에도 적용할 수 있다.
- 판의 매수 조절이 가능하여 전열면적 증감이 용이하다.
- 전열효과가 우수하며 설치면적 소요가 작다.
- 오염도가 낮으며 열손실이 작다.
- 얇은 판에 슬러지가 쉽게 쌓여 고장이 쉽게 일어난다.
- 슬러지 청소 시 설비 해체의 어려움이 따른다.

㉣ 코일(Coil)식 열교환기 : 탱크나 기타 용기 내의 유체를 가열하기 위하여 용기 내에 전기코일이나 스팀라인을 넣어 감아 둔 방식의 열교환기로, 교반기를 사용하면 열전달계수가 더욱 커지므로 큰 효과를 볼 수 있다.

㉤ 스파이럴식 열교환기 : 금속판을 전열체로 하여 유체를 가열하는 방식의 열교환기
- 열팽창에 대한 염려가 없다.
- 플랜지 이음이다.
- 내부 수리가 용이하다.

㉥ 재킷식 열교환기 : 원통형의 저조 또는 반응관의 동체를 두 겹으로 하고 그 공간에 냉매 또는 열매체를 통과시키는 구조의 열교환기
- 구조가 간단하고 제작이 쉽다.
- 가격이 저렴하고 내용적이 크다.
- 전열계수가 비교적 낮다.
- 내부 유체의 보온을 목적으로 하는 경우에 적합하다.
- 열교환만을 목적으로 한 용도에는 적당하지 않다.

㉦ 히트파이프 열교환기
- 열저항이 작아 낮은 온도하에서도 열회수가 가능하다.
- 전열면적을 크게 하기 위해 핀튜브를 사용한다.
- 수평, 수직, 경사구조로 설치 가능하다.
- 별도의 구동장치가 필요 없다.

㉧ 공랭식 열교환기 : 냉각수 대신에 공기를 냉각유체로 하고 팬을 사용하여 전열관의 외면에 공기를 강제 통풍시켜 내부 유체를 냉각시키는 구조의 열교환기이다. 공기는 전열계수가 매우 작으므로 전열관에는 원주핀이 달린 관이 사용된다.
- 공랭식 열교환기의 특징
  - 냉각수가 부족한 경우에 유리하다.
  - 수원이나 물처리가 불필요하다.
  - 냉각수에 의한 부식이나 오염의 염려가 없다.
  - 보전비가 적게 든다.
  - 넓은 설치면적이 필요하며 건설비가 비싸다.
  - 관에서의 누설을 발견하기 어렵다.
  - 전열관의 교환이 곤란하다.

- 공랭식 열교환기의 종류 : 삽입통풍형, 흡입형
- 삽입통풍형 : 튜브 번들(Bundle)에 공기를 삽입하는 형식
- 흡입형(Induced Draft, 유인통풍형) : 공기를 흡입하는 형식
  - 열풍이 재순환할 염려가 없다.
  - 공기의 흐름이 비교적 균일하다.
  - 구동축이 짧고 진동이 작다.

핵심예제

4-1. 다수의 파형이나 반구형의 돌기를 프레스 성형하여 판을 조합하여 제작하는 판형 열교환기의 특징을 3가지만 쓰시오.
[2012년 제4회, 2019년 제4회, 2022년 제2회]

4-2. 판형 열교환기의 종류는 플레이트식, 플레이트판식, 스파이럴형의 3가지가 있다. 이 중에서 스파이럴형의 특징을 4가지만 쓰시오.
[2011년 제1회, 제2회 유사, 2012년 제1회, 2013년 제2회, 2015년 제1회, 2020년 제2회]

4-3. 나선형 튜브 열교환기(Spiral Tube Heat Exchangers)에 대해 간단히 설명하시오.
[2020년 제3회]

4-4. 공랭식 열교환기의 송풍기 중 흡입형(Induced Draft)의 장점을 3가지만 쓰시오.
[2020년 제1회]

4-5. 열교환기의 효율을 향상시키기 위한 방법을 4가지만 쓰시오.
[2014년 제4회]

|해답|

4-1
① 판의 매수 조절이 가능하여 전열면적 증감이 용이하다.
② 전열면의 청소나 조립이 간단하고, 고점도에도 적용할 수 있다.
③ 구조상 압력손실이 크고 내압성이 작다.

4-2
① 열전달률이 크다.
② 큰 열팽창을 감쇠시킬 수 있다.
③ 고형물이 함유된 유체나 고점도 유체에 사용하기 적합하다.
④ 오염저항 및 저유량에서 심한 난류 등이 유발되는 곳에 사용된다.

4-3
나선형 튜브 열교환기는 셸에 적합한 하나 또는 다수의 나선형 전열관의 구조로 되어 있다. 나선형관의 열전달은 직관보다 튜브 전열면적이 증가되고 유체의 흐름이 난류가 되어 전열효과가 우수하다. 그리고 직관보다 매우 크고 열팽창에 따른 문제는 없지만, 열교환기 내의 청결성을 유지하기 어렵다.

4-4
흡입형 송풍기의 장점
① 열풍이 재순환할 염려가 없다.
② 공기의 흐름이 비교적 균일하다.
③ 구동축이 짧고 진동이 작다.

4-5
열교환기의 효율을 향상시키기 위한 방법
① 온도차를 크게 한다.
② 유체의 유속을 빠르게 한다.
③ 유체의 흐름 방향을 향류로 한다.
④ 열전도율이 높은 재질을 사용한다.

핵심이론 05 집진장치

① 집진장치의 개요

㉠ 집진장치는 보일러에서 연료 연소 후 발생되는 배출가스에 함유된 분진, 공해물질 등이 대기 중에 방출되지 않도록 모아 제거하는 장치이다.

㉡ 집진장치의 종류

- 건식 집진장치 : 중력식, 관성력식(충돌식, 반전식), 원심식(사이클론식, 멀티 사이클론식), 백필터(여과식), 진동무화식
- 습식 집진장치 : 유수식, 가압수식(벤투리 스크러버, 사이클론 스크러버, 제트 스크러버, 세정탑 또는 충전탑), 회전식
- 전기식 집진장치 : 코트렐 집진장치(건식, 습식)

㉢ 집진장치의 효율

- 집진효율

$$\eta = \frac{\text{들어온 함진가스량} - \text{나간 함진가스량}}{\text{들어온 함진가스량}} \times 100[\%]$$

- 전체 효율 : $\eta_t = \eta_1 + \eta_2(1 - \eta_1)$

(여기서, η_t : 전체 효율, η_1 : 기존 집진장치의 효율, η_2 : 추가 집진장치의 효율)

㉣ 집진장치의 효율을 높이기 위한 조건

- 처리가스의 온도는 250[℃]를 넘지 않도록 한다.
- 고온가스를 냉각할 때는 산노점 이상을 유지해야 한다.
- 미세입자 포집을 위해서는 겉보기 여과속도가 작아야 한다.
- 높은 집진율을 얻기 위해서는 간헐식 털어내기 방식을 선택한다.

② 건식 집진장치

㉠ 중력식 : 분진을 함유한 배기가스의 유속을 감속시켜 사이즈 20[μm] 정도까지의 매연입자를 중력으로 자연 침강·분리시켜 집진하는 장치로, 중력침강식이라고도 한다.

- 취급이 용이하고, 설비비가 저렴하다.
- 구조가 간단하고, 압력손실이 작다.
- 함진량이 많은 배기가스의 1차 집진장치로 많이 사용한다.

㉡ 관성력식 : 기류와 같이 방향 전환이 어려운 분진가스나 매연을 집진기 내에 충돌시키거나 열가스의 흐름을 반전시켜 급격한 기류의 방향 전환에 의한 관성력으로 사이즈 20[μm] 이상의 분진가스나 매연을 포집하는 집진장치로, 구조가 간단하지만 집진효율이 낮다. 집진율을 높이는 방법은 다음과 같다.

- 방해판이 많을수록 집진효율이 우수하다.
- 함진 배기가스의 속도는 느릴수록 좋다.
- 충돌 직전 처리가스의 속도가 빠를수록 좋다.
- 충돌 후의 출구가스 속도가 느릴수록 미세한 입자가 제거된다.
- 곡률 반경이 작을수록 작은 입자가 포집된다.
- 기류의 방향 전환 각도가 작고 전환 횟수가 많을수록 집진효율이 증가한다.
- 적당한 Dust Box의 형상과 크기가 필요하다.

㉢ 원심식 : 처리가스를 선회시켜 매연을 하강시키고, 가스를 상승 분리하여 매연을 집진하는 장치로, 집진장치 중 압력손실이 가장 크다. 원심력식 또는 원심분리기라고도 한다.

- 사이클론 집진장치 : 분진을 포함하고 있는 가스를 선회시켜 입자에 원심력을 주어 분리시키는 집진장치이다. 주로 고성능 집진장치의 전처리용으로 사용하며 집진효율을 80[%] 정도로 하며 시설비가 가장 저렴하다. 함진가스의 충돌로 집진기의 마모가 쉽게 일어나고, 사이클론 전체로서의 압력손실은 입구 헤드의 4배 정도이다. 입구의 속도가 클수록, 본체의 길이가 길수록, 입자의 지름 및 밀도가 클수록, 동반되는 분진량이 많을수록, 내벽이 미끄러울수록, 직경비가 클수록 집진효율이 향상된다.

- 멀티사이클론 집진장치 : 소형 사이클론을 병렬로 연결한 형식으로, 5[μm]까지 집진하며 처리량이 많고 집진효율이 70~95[%]로 우수하다.
- 멀티 스테이지 사이클론 : 동일한 크기의 사이클론을 직렬로 연결한 형식이다.

㉣ 여과 집진장치 또는 백 필터(Bag-filter) : 백 필터를 거꾸로 매달아 함진가스를 밑으로부터 백 내부로 송입하여 걸러내는 집진장치이다.

- 미립자 크기에 관계없이 집진효율(99[%])이 가장 높다.
- 수[μm] 이하의 작은 입자와 박테리아의 제거도 가능하다.
- 여과면의 가스유속은 미세한 더스트일수록 작게 한다.
- 더스트 부하가 클수록 집진율은 커진다.
- 여포재에 더스트 1차 부착층이 형성되면 집진율은 높아진다.
- 백(Bag)의 밑에서 가스백 내부로 송입하여 집진한다.
- 여과 집진장치의 여과재 중 내산성, 내알칼리성이 모두 좋은 성질을 지닌 것은 비닐론이다.
- 건조한 함진가스의 집진장치이므로 100[℃] 이상의 고온가스나 습한 함진가스의 처리에는 부적당하다.
- 백이 마모되기 쉽다.
- 처리가스의 온도는 250[℃]를 넘지 않도록 한다.
- 고온가스를 냉각할 때는 산노점 이상을 유지해야 한다.
- 미세입자 포집을 위해서는 겉보기 여과속도가 작아야 한다.
- 높은 집진율을 얻기 위해서는 간헐식 털어내기 방식을 선택한다.

㉤ 음파식

③ 습식(세성식) 집진장치

㉠ 세정식 집진장치의 개요

- 세정식 집진장치는 함진 배기가스를 액방울이나 액막에 충돌시켜 분진입자를 포집 분리하는 집진장치이다.
- 입자 포집원리
  - 액적(액방울)이나 액막과 같은 작은 매진(미립자)과 관성에 의한 충돌 부착
  - 배기의 습도(습기) 증가로 입자의 응집성 증가에 의한 부착
  - 미립자 확산에 의한 액적과의 접촉을 좋게 하여 부착
  - 입자(매진)를 핵으로 한 증기의 응결에 의한 응집성 증가

㉡ 세정식 집진장치의 특징

- 가동 부분이 작고 조작이 간단하다.
- 가연성 함진가스 세정에도 이용 가능하다.
- 연속 운전이 가능하고 분진, 함진가스의 종류와 무관하게 집진처리가 가능하다.
- 다량의 물 또는 세정액이 필요하다.
- 집진물의 회수 시 탈수, 여과, 건조 등을 위한 별도의 장치가 필요하다.
- 설비비가 고가이다.

㉢ 유수식 집진장치 : 집진실 내에 일정량의 물통을 집어넣어 오염물질을 집진하는 장치이다.

㉣ 가압수식 집진장치 : 가압한 물을 분사시켜 충돌・확산시키므로 집진율은 비교적 우수하지만 압력손실이 큰 습식집진방식이다. 종류에는 사이클론 스크러버, 제트 스크러버, 벤투리 스크러버, 충진탑 등이 있다.

- 벤투리 스크러버 : 가스 흡입구에 벤투리관을 조합하여 먼지를 세정하는 장치이다. 집진입자의 크기는 0.1~1[μm] 정도이며 분진제거능력은 좋지만, 압력손실이 크다.

• 사이클론 스크러버 : 분무 시 원심력을 이용하여 액방울을 함진가스에 유입·분리시키는 장치이다.
• 제트 스크러버 : 집진장치는 일반적으로 압력손실을 초래하지만, 제트 스크러버는 승압효과를 나타낸다.
• 충진탑(세정탑) : 탑 내부에 모래, 코크스입자, 유리섬유 등을 넣고 함진가스를 통과시켜 포집하는 장치이다. 매연입자의 크기는 0.5~3[μm]이며, 농도가 낮은 가스를 고도로 정화하고자 할 때 사용된다.

ⓜ 회전식 집진장치 : 물을 회전시켜 오염물질을 집진하는 장치이다.
• 대체로 구조가 간단하고 조작이 쉽다.
• 비교적 큰 압력손실을 견딜 수 있다.
• 급수배관을 따로 설치해야 하기 때문에 설치 공간이 많이 필요하다.
• 집진물을 회수할 때 탈수, 여과, 건조 등을 수행할 수 있는 별도의 장치가 필요하다.

④ **전기식 집진장치**

㉠ 전기식 집진장치의 개요
• 전기식 집진장치는 특고압 직류전원으로 불평등 전계를 형성하고 이 전계에 코로나 방전을 이용하여 가스 중의 입자에 전하를 주어 (−)로 대전된 입자를 전기력(쿨롱력)에 의해 집진극(+)으로 이동시켜 미립자를 분리 및 포집하는 장치이다.
• 코트렐식이라고도 하며, 건식과 습식이 있다.

㉡ 전기식 집진장치의 특징
• 방전극은 음으로, 집진극은 양으로 한다.
• 전기집진은 쿨롱력에 의해 포집된다.
• 포집입자의 직경은 0.05~20[μm] 정도이다.
• 집진효율은 90~99.9[%]로 높은 편이다.
• 광범위한 온도범위에서 설계가 가능하다.
• 압력손실이 낮아 대량의 가스처리가 가능하다.

㉢ 습식 전기집진장치 : 처리가스 중에 물 또는 증기를 주입하고 그 온도를 내리거나 습도를 올리며 집진극면에 물을 마르게 하여 수막을 형성하여 포집된 먼지가 흘러내리게 하는 구조의 전기식 집진장치이다.
• 집진 전극에 수막을 흘려 집진효율을 증가시키는 전기 집진장치로, 보일러 배기가스의 대형 집진에서 가장 많이 사용되는 장치이다.
• 습식 집진은 집진 전극면에 액막을 형성하는 형태로서 먼지가 아주 미세한 경우나 응집 용량 밀도가 너무 작을 때, 전기저항이 이상하게 낮거나 높을 경우 또는 습윤한 경우와 끈적거리는 미스트를 함유할 경우에 포집물을 전극으로부터 쉽게 소제 및 회수해 코로나 방전을 안정하게 한다.
• 폐수에 함유된 먼지를 회수하여 제거함으로써 이상방전현상 및 입자의 재비산을 방지하게 되어 처리 가스 유속을 수[m/s]으로 높일 수 있다.
• 산화아연 퓸(ZnO Fume)처럼 먼지의 전기저항이 이상하게 크거나 함진량이 과대할 경우에는 역전리(Back Corona)현상 방지를 고려해야 한다.

㉣ 건식 전기집진장치 : 먼지를 적신 물을 사용하지 않는 방식의 전기식 집진장치이다.
• 분체 집진 : 먼지의 성질이 매우 광범위하기 때문에 도약 방전, 역방전과 공간전하현상을 함께할 경우가 있다. 이러한 경우에는 집진기를 크게 하는 것보다는 전극형식, 전처리장치와 후처리장치 보조기계로서 제진기의 병용, 가스 상태의 조정, 조업조건의 수정 등에 의해 설비의 합리화를 도모하는 일이 많다. 예를 들면, 도약 방전을 함께하는 낮은 저항 먼지에 대해서는 반도체 전극을 채용하거나 후처리장치인 기계제진기를 병용하는 방안이 좋다. 또는 역코로나 방전을 동반한 높은 저항 먼지의 집진에 있어서는 가스 내 수분을 증가시키거나 후처리장치인 기계제진기를 병용하는 것이 바람직하다.

• 미스트 집진 : 먼지와 가스의 습윤이나 용해가 가능할 경우에는 가스청정장치를 전처리한 후 먼지가 함유된 미스트(Mist) 상태로 집진율을 향상시킨다. 분산상이 원래 미스트가 될 경우에는 문제없지만, 미스트 양이 매우 적거나 매우 작은 미세입자가 될 경우에는 세정장치를 전처리로 설비해 두는 것이 유리하다.

핵심예제

5-1. 집진장치의 효율을 높이기 위한 조건을 4가지만 쓰시오.

5-2. 보일러에서 연료 연소 후 발생되는 배출가스에 함유된 분진, 공해물질 등이 대기 중에 방출되지 않도록 모아 제거하는 장치인 집진장치를 3가지로 분류하고 각각의 종류를 하나 이상씩 쓰시오. [2017년 제2회, 2022년 제1회]

5-3. 연소 후 발생되는 배출가스에 함유된 분진, 공해물질, 매연을 제거하는 장치인 집진장치를 6가지만 쓰시오. [2015년 제1회]

5-4. 집진장치와 관련된 다음 사항들 중 습식, 건식, 전기식 등에 해당되는 기호를 각각에 대해 적으시오. [2020년 제3회]

① 코트렐식과 관계가 있다.
② 종류로는 사이클론, 멀티클론, 백 필터 등이 있다.
③ 압력손실 및 동력이 높고 장치의 부식 및 침식이 발생할 수 있다.
④ 분진의 폭발 위험성을 지닌다.
⑤ 고온·고압가스의 취급이 가능하다.
⑥ 폐수처리시설이 유용할 때 유리하다.
⑦ 다량의 수분이 함유된 가스에는 장애가 있을 수 있다.
⑧ 코로나 방전을 일으키는 것과 관련이 있다.
⑨ 단일장치에서 가스 흡수와 분진 포집이 동시에 가능하다.
⑩ 집진효율이 90~99.9[%]로서 높은 편이다.

5-5. 배기가스 집진장치에서 왕복 선회운동을 함으로써 분진을 걸러내는 방식의 집진장치는? [2011년 제1회]

5-6. 분진을 함유한 배기가스의 유속을 감속시켜 사이즈 20[μm] 정도까지의 매연입자를 중력으로 자연 침강·분리시켜 집진하는 건식 집진장치의 명칭을 쓰시오. [2010년 제2회, 2015년 제4회]

5-7. 다음은 백 필터(Bag-filter)에 대한 설명이다. ( ) 안에 알맞은 말을 고르시오.

① 여과면의 가스유속은 미세한 더스트일수록 (빨리, 느리게) 한다.
② 더스트 부하가 클수록 집진율은 (좋아, 나빠)진다.
③ 여포재에 더스트 1차 부착층이 형성되면 집진율은 (높아, 낮아)진다.
④ 백의 (밑, 위)에서 가스백 내부로 송입하여 집진한다.

5-8. 습식(세정식) 집진장치의 입자 포집원리를 4가지만 쓰시오. [2021년 제1회]

5-9. 집진장치의 종류 중에서 세정식 집진장치의 장점과 단점을 각각 3가지씩만 쓰시오. [2016년 제4회]

5-10. 다음의 설명에 해당하는 집진장치의 명칭을 쓰시오. [2010년 제1회, 2017년 제4회, 2022년 제2회]

직류전원으로 불평등 전계를 형성하고 이 전계에 코로나 방전을 이용하여 가스 중의 입자에 전하를 주어 (-)로 대전된 입자를 전기력(쿨롱력)에 의해 집진극(+)으로 이동시켜 미립자를 분리 및 포집하는 집진장치로, 압력손실이 낮고 집진효율이 우수하나 부하변동에 대응하기 어렵고 설비비가 고가이다.

핵심예제

5-11. 다음은 전기식 집진장치에 대한 설명이다. ( ) 안에 알맞은 용어를 채워 넣으시오. [2012년 제4회, 2015년 제1회]

> 방전극에 인가된 고전압에 의해 전기장을 생성하고, 이후 판상 또는 관상의 집진전극을 (①)(으)로 하고, 집진전극 중앙에 매달린 금속선으로 이루어진 (②)의 2개의 전극 사이에서 높은 전압에 의해 전기장이 강한 부분이 전도성을 갖는 현상인 (③)을 일으켜 방전극 주변에서 전하의 생성 및 이동이 이루어지고, 이로 인해 먼지 등이 (④)되면서 대전입자가 되어 전기장 내에서 집진전극 방향으로 발생한 (⑤)에 의해 힘을 받게 되고, 이 힘에 의해 집진전극으로 끌려가 표면에 부착됨으로써 포집된다.

5-12. 집진장치의 입구로 함진가스가 [Nm^3]당 50[g] 들어가고 출구로 5[g]이 나갔다면 이때의 집진효율은 몇 [%]가 되는가? [2016년 제1회]

5-13. 열병합발전소에서 배기가스를 사이클론에서 전처리하고 전기집진장치에서 먼지를 제거하고 있다. 사이클론 입구, 전기집진장치 입구와 출구에서의 먼지 농도가 각각 95, 10, 0.5[g/Nm^3]일 때 종합 집진율[%]을 구하시오. [2020년 제4회]

5-14. 95[%] 효율을 가진 집진장치계통을 요구하는 어느 공장에서 35[%] 효율을 가진 전처리장치를 이미 설치하였다. 이때 주처리장치의 효율[%]을 구하시오. [2019년 제1회]

|해답|

5-1

집진장치의 효율을 높이기 위한 조건

① 처리가스의 온도는 250[℃]를 넘지 않도록 한다.
② 고온가스를 냉각할 때는 산노점 이상을 유지해야 한다.
③ 미세입자 포집을 위해서는 겉보기 여과속도가 작아야 한다.
④ 높은 집진율을 얻기 위해서는 간헐식 털어내기 방식을 선택한다.

5-2

집진장치의 분류

① 습식 집진장치 : 벤투리 스크러버, 사이클론 스크러버, 세정탑
② 건식 집진장치 : 중력식, 관성력식, 원심력식, 백 필터(여과식)
③ 전기식 집진장치 : 코트렐 집진장치

5-3

중력식, 관성력식, 벤투리 스크러버, 제트 스크러버, 세정탑, 전기식 집진장치(코트렐 집진장치)

5-4

(1) 습식 집진장치 : ③, ⑤, ⑥, ⑨
(2) 건식 집진장치 : ②, ④, ⑦
(3) 전기식 집진장치 : ①, ⑧, ⑩

5-5

원심식 집진장치

5-6

중력식 집진장치 또는 중력침강식 집진장치

5-7

① 느리게
② 좋 아
③ 높 아
④ 밑

5-8

① 액적(액방울)이나 액막과 같은 작은 매진(미립자)과 관성에 의한 충돌 부착
② 배기의 습도(습기) 증가로 입자의 응집성 증가에 의한 부착
③ 미립자 확산에 의한 액적과의 접촉을 좋게 하여 부착
④ 입자(매진)를 핵으로 한 증기의 응결에 의한 응집성 증가

5-9

(1) 세정식 집진장치의 장점

① 가동 부분이 작고 조작이 간단하다.

② 가연성 함진가스 세정에도 이용 가능하다.

③ 연속 운전이 가능하고 분진, 함진가스의 종류와 무관하게 집진처리가 가능하다.

(2) 세정식 집진장치의 단점

① 다량의 물 또는 세정액이 필요하다.

② 집진물의 회수 시 탈수, 여과, 건조 등을 위한 별도의 장치가 필요하다.

③ 설비비가 고가이다.

5-10

전기식 집진장치(코트렐식 집진장치)

5-11

① 양 극

② 음 극

③ 코로나 방전

④ 이온화

⑤ 쿨롱력 또는 정전기력

5-12

$$\text{집진효율 } \eta = \frac{\text{들어온 함진가스량} - \text{나간 함진가스량}}{\text{들어온 함진가스량}} \times 100[\%]$$

$$= \frac{50-5}{50} \times 100[\%] = 90[\%]$$

5-13

$$\text{종합 집진율} = \left(1 - \frac{0.5}{95}\right) \times 100[\%] \simeq 99.5[\%]$$

5-14

전체 효율 $\eta_t = \eta_1 + \eta_2(1-\eta_1)$에서

$0.95 = 0.35 + \eta_2(1-0.35) = 0.35 + 0.65\eta_2$이므로

$$\therefore \text{ 주처리장치의 효율 } \eta_2 = \frac{0.95-0.35}{0.65} = \frac{0.60}{0.65} \simeq 92.31[\%]$$

핵심이론 06 분출장치와 폐열회수장치

① 분출장치

㉠ 개 요

- 분출장치는 보일러 내의 침전물(불순물)을 배출시키는 장치이다.
- 분출량(B_D) : $B_D = \frac{W(1-R)d}{r-d}$

  (여기서, W : 급수량[L], R : 응축수 회수율[%], d : 급수 중의 불순물 농도, r : 관수 중 불순물의 농도)
- 응축수 회수율 : $R = \frac{\text{응축수 회수량}}{\text{실제 증발량}} \times 100$
- 분출률[%] : $\frac{d}{r-d} \times 100[\%]$

㉡ 보일러수의 분출목적(분출장치의 설치목적)

- 물의 순환을 촉진한다.
- 보일러수의 pH를 조절한다.
- 고수위를 방지한다.
- 보일러수의 농축을 방지한다.
- 프라이밍 및 포밍을 방지한다.
- 동 상부의 유지분을 제거한다.
- 세관작업 후 폐액을 제거한다.
- 스케일 및 슬러지 생성 및 고착을 방지한다.
- 불순물의 농도를 한계치 이하로 하여 부식 발생을 방지한다.
- 가성취화를 방지한다.

㉢ 보일러수의 분출시기

- 보일러 가동 직전
- 연속 운전일 경우 부하가 낮아졌을 때
- 보일러수가 농축되었을 때
- 보일러 가동 전 보일러수가 정지되었을 때
- 수위가 지나치게 높아졌을 때
- 프라이밍 및 포밍이 발생할 때

㉣ 분출 시 주의사항

- 밸브와 콕이 병설되어 있을 때는 밸브를 먼저 닫는다.
- 개폐는 가능한 한 신속하게 한다.
- 2인 1조가 되어 수면계를 주시하면서 저수위가 되지 않도록 한다.
- 2대 이상의 보일러를 동시에 분출하지 않는다.
- 분출되는 동안 다른 작업을 하지 않는다.
- 분출작업 종료 이후는 밸브가 잘 닫혔는지 반드시 확인한다.
- 불순물의 양에 따라서 분출량을 설정한다.

㉤ 분출장치의 종류

- 수저분출장치(단속분출장치) : 보일러 동 최저면에 설치하여 보일러수 중 불순물의 농도를 낮추고 pH를 조절하는 분출장치이다.
  - 보일러 가까운 곳에는 급개밸브(콕)를, 먼 곳에는 점개밸브를 설치한다.
  - 분출 개시 순서 : 먼저 급개밸브(콕)를 열고 점개밸브를 연다.
  - 분출 정지 순서 : 먼저 점개밸브를 닫고 급개밸브(콕)를 닫는다.
- 수면분출장치(연속분출장치) : 보일러의 안전저수위보다 약간 높게 설치하여 보일러수 중의 유지분이나 부유물을 제거하고 프라이밍, 포밍 등의 현상을 방지한다.

② 폐열회수장치

㉠ 개 요

- 폐열회수장치는 연료가 연소할 때 발생되는 배기가스의 여열 및 폐열을 회수 및 이용하여 보일러의 열효율을 높이기 위한 장치이다.
- 배열회수장치 또는 여열장치라고도 한다.
- 폐열회수장치의 종류 : 과열기, 재열기, 절탄기, 공기예열기
- 순서 : (보일러 본체) → (증발관) → 과열기 → 재열기 → 절탄기 → 공기예열기
- 잠열과 현열을 이용하는 것 : 과열기, 절탄기
- 잠열만 이용하는 것 : 재열기
- 현열만 이용하는 것 : 공기예열기

㉡ 과열기(Superheater)

- 과열기의 개요
  - 과열기는 연도에 흐르는 연소가스의 열을 이용하여 고온의 과열증기를 만드는 장치이다.
  - 보일러에서 발생한 포화증기를 가열하여 압력 변화 없이 온도만 상승시켜 과열증기로 만든다.
- 과열기의 특징
  - 마찰저항을 감소시키고 관 내 부식을 방지한다.
  - 적은 증기로 많은 일을 할 수 있다.
  - 엔탈피 증가로 증기소비량이 감소된다.
  - 과열증기를 만들어 터빈효율을 증대시킨다.
  - 보일러의 열효율이 증가된다.
  - 엔탈피 증가로 증기소비량 감소효과가 있다.
  - 수격작용을 방지한다.
  - 증기의 열에너지가 커 열손실이 많아질 수 있다.
  - 바나듐에 의해 과열기 전열면에 고온 부식이 발생할 수 있다.
  - 연소가스의 저항으로 압력손실이 크다.
  - 가열 표면의 온도를 일정하게 유지하기 곤란하다.
  - 가열장치에 큰 열응력이 발생한다.
  - 직접 가열 시 열손실이 증가한다.
  - 제품 손상의 우려가 있다.
  - 통풍저항이 증가한다.
  - 통풍력의 감소를 초래한다.
  - 과열기 표면에 고온 부식이 발생하기 쉽다.
  - 증기의 열에너지가 커서 열손실이 많다.
  - 설비비가 많이 들고 취급에 기술을 요한다.

• 과열온도에 따른 과열기의 재료
  - 450[℃] 이하 : 탄소강관
  - 600[℃] 이하 : 크롬몰리브덴강
  - 600[℃] 초과 : 오스테나이트계 스테인리스 강관
• 과열기의 분류
  - 전열방식에 따른 과열기의 분류 : 복사식(방사식), 대류식(접촉식), 복사대류식
  - 열가스 흐름에 따른 분류 : 병류식, 향류식, 혼류식
• 방사과열기(복사과열기) : 연소실 노벽에 설치하여 복사열을 이용해 증기를 가열하는 방식의 과열기
  - 주로 고온·고압 보일러에서 접촉과열기와 조합해서 사용한다.
  - 연소실 내의 전열면적 부족을 보충하는 데도 사용한다.
  - 보일러 부하와 함께 증기온도가 하강한다.
  - 과열온도의 변동을 작게 하는 데 사용된다.
• 대류과열기(접촉과열기) : 보일러 연도에 설치하여 배기가스의 대류에 의해 증기를 가열하는 방식의 가열기로, 보일러 부하가 증가할수록 온도가 상승한다.
• 복사대류과열기 : 복사과열기나 대류과열기의 병용방식의 과열기로, 연소실 출구 부분에 설치한다.
• 병류형 과열기 : 증기와 연소가스의 흐름 방향이 일치하는 방식의 과열기이다.
• 향류형 과열기 : 증기와 배기가스의 흐름 방향이 서로 교차하는 방식의 과열기로, 고온 부식 발생의 우려가 있다.
• 혼류형 과열기 : 병류형과 향류형의 병용방식의 과열기로, 효율이 가장 좋다.

㉢ 재열기(Reheater)
• 재열기의 개요 : 과열증기가 원동기에서 팽창되어 일을 하고 나면 포화증기가 되는데 이 포화증기를 재가열시켜 다시 과열증기로 만드는 장치이다.
• 재열기의 특징
  - 증기터빈의 열효율을 향상시킨다.
  - 수분에 의한 부식이나 마찰손실을 감소시킨다.
  - 보일러의 용량이 적어도 된다.
  - 응축수펌프의 동력이 작아도 된다.

㉣ 절탄기
• 절탄기의 개요
  - 절탄기(Economizer, 이코노마이저)는 보일러 본체나 과열기를 가열하고 연도에 남아 흐르는 연소가스의 열(여열)을 회수하여 급수를 예열하는 장치로, 급수예열기라고도 한다.
  - 연도에서 배기가스(폐가스)를 이용하여 보일러 급수를 예열하는 장치이다.
  - 예열온도는 포화수온도보다 10[℃] 낮다.
  - 절탄기에 공급되는 물의 온도는 전열면의 부식을 방지하기 위하여 주철관형은 50[℃] 이상, 강관형은 70[℃] 이상으로 한다.
  - 설치 위치 : 연도
• 절탄기의 특징
  - 연료소비량을 절감한다.
  - 증발능력을 상승시켜 열효율을 향상시킨다(급수 예열온도가 10[℃] 상승하면 보일러의 열효율은 1.5[%] 증가한다).
  - 급수와 보일러수의 온도차가 작아져서 동판의 열응력을 감소시킨다.
  - 증기 발생 소요시간이 단축된다.
  - 급수 중 일부 불순물을 제거한다.

- 열정산 시 절탄기 입구(전단)에 설치된 온도계의 온도를 사용한다.
- 통풍저항 증가로 인하여 연돌의 통풍력이 저하된다.
- 연소가스 마찰손실로 인하여 통풍손실이 발생할 수 있다.
- 배기가스의 온도 저하로 저온 부식이 발생할 수 있다.
- 연소가스의 성분 중 황산화물(SO_2)은 절탄기의 전열면을 부식시킨다.
- 청소 및 점검, 검사가 어렵다.
- 취급에 기술을 요한다.

• 절탄기의 효율 $= \dfrac{\text{물 가열에 소요된 열량}}{\text{배기가스의 손실열량}}$

• 절탄기의 종류
- 주철관식 : 증기압이 2[kg/cm^2] 이하의 저압용으로 사용되는 절탄기로, 청소하기 쉬운 구조이며 내마모성이 우수하고 내식성이 커서 가스에 의한 부식에 강하다.
- 강관식 : 연속 루프관, 연속관 등 강관에 의하여 구성된 급수예열기로, 온도 70[℃] 이상에서 고압용으로 사용된다.

• 절탄기 취급 시 주의사항
- 보일러 가동 중 절탄기 내의 물이 유동해야 한다.
- 저온 부식 방지를 위하여 절탄기 출구 배기가스 온도는 170[℃] 이상이 되어야 한다.
- 절탄기 내의 급수온도는 연소가스의 노점온도 이상으로 유지해야 한다.
- 절탄기 내면의 부식은 급수 중에 용해된 산소에 의해 발생되므로 급수 중의 공기는 가급적 제거해야 한다.

ⓜ 공기예열기

• 공기예열기의 개요
- 공기예열기(Air Preheater)는 보일러 본체나 과열기를 가열하고 연도에 남아 흐르는 연소가스의 열(폐열)을 이용하여 연소실에 들어가는 연소용 공기를 예열하는 장치이다.

• 공기예열기의 특징
- 연소실 내 온도가 높아져서 노 내 열전도가 좋아진다.
- 전열효율, 연소효율이 향상된다.
- 보일러 효율이 높아진다.
- 연소 상태가 양호해진다.
- 연소실 내 온도 상승으로 적은 과잉공기로도 완전연소가 가능하다.
- 연료의 착화열을 감소시킨다.
- 배가스(배기가스)의 손실을 줄인다.
- 과잉공기량을 감소시킨다.
- 배기가스 온도가 내려가므로 배기가스 저항이 증가된다.
- 수분이 많은 저질탄 연료의 연소도 가능하다.
- 저질탄 연소에 효과적이다.
- 연도 내 통풍저항이 증가하여 통풍력이 감소한다.
- 배기가스 온도가 저하되어 저온 부식을 초래한다.
- 산화물에 의한 부식이 발생된다.
- 연도에서 전열면적이 크게 차지한다.

• 적정 온도 : 180~350[℃]

• 공기예열기의 종류 : 재생식, 전도식, 증기식

• 재생식 공기예열기 : 금속판을 일정시간 열가스에 접촉시켜 열을 흡수시키고 이것을 일정시간 공기에 접촉시켜 열을 방출하는 방식으로, 축열식이라고도 하며 회전식(융그스트롬식)과 고정식, 이동식이 있다.

- 전도식 공기예열기 : 금속 절연면을 경계로 하여 배기가스의 열을 전달하는 방식으로, 전열식이라고도 하며 강판식과 강관식이 있다.
  - 강판식 : 다수의 평판을 일정 간격으로 배치하여 층상으로 하고, 그 사이로 연소가스와 공기를 통과시켜 열교환을 하는 공기예열기이다. 2~4[mm] 강판의 단부를 모두 용접하여 1매 걸러 공기와 가스의 통로를 형성한 방식이다.
  - 강관식 : 다수의 강관을 배치하고 관 내(또는 관 외)로 연소 배기가스를 통과시켜 관벽을 통해 관 외(또는 관 내)를 유동하는 공기를 가열하는 공기예열기이다. 관의 한쪽에는 열가스를 보내고, 다른 쪽에는 공기를 흘려보내어 관벽을 통해서 열을 전달한다.
- 공기를 가열하는 열원에 따라서 다음과 같이 구분한다.
  - 증기식 : 배기가스 대신 증기를 사용하여 공기를 간접가열하는 방식
  - 급수식 : 배기가스 대신 급수를 사용하여 공기를 간접가열하는 방식
  - 가스식 : 배기가스 대신 가스를 사용하여 공기를 간접가열하는 방식
- 공기예열기 취급 시 주의사항
  - 저온 부식의 방지를 위하여 공기예열기 출구 배기가스온도는 150[℃] 이하가 되지 않도록 한다.
  - 과열을 방지하기 위하여 배기가스 온도를 최고 500[℃]로 제한한다.
  - 저온 부식이 발생하기 쉬우므로 배기가스 온도는 노점 이상으로 유지한다.
  - 열가스를 통과시킬 경우에는 열팽창성을 고려하여 서서히 통과시킨다.

핵심예제

6-1. 보일러 내의 불순물을 배출시키는 장치인 분출장치의 설치목적을 4가지만 쓰시오. [2015년 제4회]

6-2. 수관 보일러의 수질을 측정한 결과, 급수 중 불순물의 농도가 60[mg/L], 관수 중 불순물의 농도가 2,500[mg/L]로 나타났다. 시간당 급수량이 2,400[L]이고 응축수 회수량이 1,200[L]일 때 분출량[L/day]을 구하시오(단, 하루 8시간 가동하는 것으로 가정한다). [2014년 제4회]

6-3. 연도에 설치하는 다음의 폐열회수장치(여열장치)를 보일러 본체로부터 순서대로 각각의 번호를 나열하시오. [2010년 제1회]

① 공기예열기 ② 과열기 ③ 절탄기 ④ 재열기

6-4. 연돌로 배기되는 온도 255[℃]인 배기가스의 온도를 배기가스의 현열을 사용하여 175[℃]로 내려서 열효율을 올릴 수 있는 배열회수장치(폐열회수장치)의 종류를 2가지만 쓰시오. [2010년 제1회]

6-5. 배열회수장치(과열기, 재열기, 절탄기, 공기예열기) 중에서 배기가스의 현열과 잠열을 이용할 수 있는 것 2가지만 쓰시오. [2010년 제1회]

6-6. 보일러의 여열을 이용하여 증기 보일러의 효율을 높이기 위한 부속장치를 3가지만 쓰시오. [2019년 제4회]

6-7. 보일러에서 발생한 포화증기를 가열하여 증기의 온도를 높이는 장치인 과열기(Superheater)의 역할을 5가지만 쓰시오. [2017년 제1회]

6-8. 보일러에서 발생한 포화증기를 가열하여 증기의 온도를 높이는 장치인 과열기(Superheater)의 장점 및 단점을 각각 3가지씩만 쓰시오. [2014년 제4회 유사, 2020년 제4회]

핵심예제

6-9. 보일러 폐열회수장치의 일종이며, 배기가스 현열을 이용하여 보일러 급수를 예열하고 열효율을 높이는 장치의 명칭을 쓰시오. [2015년 제2회, 2022년 제4회]

6-10. 절탄기(Economizer)의 장점을 4가지만 쓰시오. [2012년 제2회, 2016년 제1회, 2020년 제1회]

6-11. 절탄기(Economizer)에 관한 다음의 질문에 답하시오. [2010년 제2회, 2011년 제4회, 2012년 제1회, 2015년 제4회 유사, 2018년 제1회]

(1) 절탄기의 설치는 장점도 있지만 단점도 존재한다. 절탄기 설치 시의 단점을 4가지만 쓰시오.
(2) 열정산 시 절탄기 입구(전단), 출구(후단)에 각각 설치된 온도계 중 어느 쪽 온도를 사용하는지 쓰시오.

6-12. 폐열회수장치 중 공기예열기 설치 시 그 장점을 4가지만 쓰시오. [2011년 제1회, 2012년 제2회, 2015년 제4회, 2020년 제3회]

6-13. 다음의 ( ) 안에 들어갈 알맞은 명칭을 쓰시오. [2011년 제2회, 2014년 제4회, 2020년 제2회]

> 공기를 예열하는 장치를 (①)(이)라 하며, 보일러 배기가스 현열을 이용하여 급수를 예열하는 장치를 (②)(이)라 한다.

6-14. 폐열회수장치에 대한 다음의 설명 중 ( ) 안에 들어갈 알맞은 명칭을 쓰시오. [2010년 제1회, 2017년 제4회]

> • (①) : 포화증기를 가열하여 과열증기를 생산하는 장치
> • (②) : 보일러 배기가스 현열을 이용하여 급수를 예열하는 장치
> • (③) : 보일러 배기가스 현열을 이용하여 공기를 예열하는 장치

6-15. 보일러 연도에 설치된 절탄기(Economizer)를 이용하여 물의 온도를 58[℃]에서 88[℃]로 높여서 보일러에 급수한다. 절탄기 입구 배기가스 온도가 340[℃]일 때 다음의 자료를 근거로 하여 출구온도[℃]를 구하시오. [2013년 제1회, 2014년 제1회, 2021년 제1회]

> • 절탄기에서 가열된 물의 양 : 53,000[kg/h]
> • 배기가스량 : 65,000[kg/h]
> • 물의 비열 : 4.184[kJ/kg · ℃]
> • 배기가스의 비열 : 1.02[kJ/kg · ℃]
> • 절탄기의 효율 : 80[%]

6-16. 보일러에 설치된 절탄기(Economizer)를 이용하여 다음의 조건하에서 물의 온도를 58[℃]에서 88[℃]로 올렸을 때의 절탄기의 열효율은 얼마인지 구하시오. [2016년 제2회, 2022년 제4회]

> • 절탄기에서 가열된 물의 양 : 53,000[kg/h]
> • 배기가스량 : 65,000[kg/h]
> • 물의 비열 : 4.184[kJ/kg℃]
> • 배기가스의 비열 : 1.02[kJ/kg℃]
> • 배기가스 온도 : 절탄기 입구 370[℃], 절탄기 출구 250[℃]

|해답|

6-1

분출장치의 설치목적

① 보일러수의 농축 방지
② 포밍이나 프라이밍 현상 방지
③ 스케일 및 슬러지 고착 방지
④ 보일러수의 pH 조절

6-2

응축수 회수율 $R = \frac{1,200}{2,400} = 0.5$

$\therefore$ 분출량 $B_D = \frac{W(1-R)d}{r-d} \times 8$

$= \frac{2,400 \times (1-0.5) \times 60}{2,500-60} \times 8 \simeq 236[\text{L/day}]$

6-3

②, ④, ③, ①

6-4

배기가스의 현열을 이용하는 배열회수장치 : 절탄기, 공기예열기

6-5

과열기, 절탄기

6-6

보일러의 여열을 이용하여 증기 보일러의 효율을 높이기 위한 부속장치

① 과열기
② 절탄기
③ 공기예열기

6-7

과열기의 역할

① 이론열효율 증가
② 마찰저항 감소
③ 관 내 부식 방지
④ 엔탈피 증가로 증기소비량 감소효과
⑤ 수격작용 방지

6-8

(1) 과열기의 장점
  ① 증기소비량 감소
  ② 마찰저항 감소
  ③ 관 내 부식 방지
(2) 과열기의 단점
  ① 고온 부식 발생
  ② 연소가스의 저항으로 압력손실 증가
  ③ 온도 분포의 불균일

6-9

절탄기(Economizer)

6-10

절탄기(Economizer)의 장점

① 연료소비량 절감
② 보일러 열효율 증가
③ 열응력 감소
④ 급수 중 일부 불순물 제거

6-11

(1) 절탄기 설치 시의 단점
  ① 통풍저항 증가로 인한 연돌의 통풍력 저하
  ② 연소가스 마찰손실로 인한 통풍 손실
  ③ 저온 부식 발생
  ④ 연도 점검 및 검사 곤란
(2) 열정산 시 절탄기 입구(전단)에 설치된 온도계의 온도를 사용한다.

6-12

공기예열기 설치 시의 장점

① 연료의 착화 시 착화열이 감소한다.
② 연소실 내 온도 상승으로 완전연소가 가능하다.
③ 전열효율, 연소효율이 향상된다.
④ 수분이 많은 저질탄의 연료도 연소가 용이하다.

6-13

① 공기예열기
② 절탄기(급수예열기)

6-14

① 과열기
② 절탄기(Economizer) 또는 급수예열기
③ 공기예열기

6-15

절탄기의 효율 $\eta = \frac{\text{물 가열에 소요된 열량}}{\text{배기가스의 손실열량}}$

물 가열에 소요된 열량 = 배기가스의 손실열량 × η

물을 A, 배기가스를 B라 하면

$m_A C_A (t_{A2} - t_{A1}) = -m_B C_B (t_{B2} - t_{B1})\eta$

$53,000 \times 4.184 \times (88-58) = -65,000 \times 1.02 \times (t_{B2} - 340) \times 0.8$

$340 - t_{B2} = \frac{53,000 \times 4.184 \times (88-58)}{65,000 \times 1.02 \times 0.8} \simeq 125.43$

$\therefore$ 절탄기 출구 배기가스 온도 $t_{B2} = 340 - 125.43 = 214.57[℃]$

6-16

절탄기의 효율 $= \frac{\text{물 가열에 소요된 열량}}{\text{배기가스의 손실열량}}$

$= \frac{53,000 \times 4.184 \times (88-58)}{-\{65,000 \times 1.02 \times (250-370)\}} \simeq 0.836$

$= 83.6[\%]$

핵심이론 07 연료공급장치, 보염장치, 수트블로어

① 연료공급장치

㉠ 연료공급장치는 액체연료를 버너까지 공급하는 일련의 모든 장치이다.

㉡ 오일저장탱크 : 일정 기간 동안 연소할 연료를 저장하는 탱크로, 크기에 따라 옥외, 지하 또는 옥내 저장소에 설치한다.

㉢ 오일스트레이너 : 관 내를 흐르는 오일 중의 이물질을 제거하는 장치이다.

- 관의 입구측에 설치한다.
- 종류로는 Y형, U형, V형 등이 있다.
- 오일스트레이너 전후에 압력측정장치를 설치하여 차압이 0.2[atm] 정도가 되면 내부를 청소해야 한다.

㉣ 오일펌프

- 연료를 목적지까지 운반하기 위한 이송펌프, 연료에 압력을 주기 위한 유압용 펌프가 있다.
- 오일펌프에는 스크루펌프, 플런저펌프, 기어펌프 등이 있다.

㉤ 오일서비스탱크(Oil Service Tank) : 오일저장탱크에서 1차 예열된 오일을 이송펌프로부터 넘겨받아 2차 예열을 하여 버너로 공급하는 탱크이다.

- 일반적으로 기관실 바닥 위에 설치한다.
- 보일러 측면으로부터 2[m] 이상 떨어뜨리고, 버너 중심에서 1.5[m] 이상 높은 곳에 설치한다.
- 오일서비스탱크의 설치목적
  - 원활한 연료 공급을 위해
  - 2~3시간 연소 가능한 연료량 저장으로 신속한 보일러 운전 및 가열 열원 절감을 위해
  - 자연압에 의한 급유펌프까지 연료가 공급되도록 하기 위해
  - 환류되는 연료를 재저장하기 위해

㉥ 오일예열기 : 버너에 공급되는 오일의 분무를 순조롭게 하고 배관 내의 흐름을 원활하게 하기 위하여 기름의 점도를 낮추는 장치이다. 종류로는 증기식, 온수식, 전기식이 있다.

㉦ 오일배관 : 기름을 공급하기 위한 배관으로, 점도가 높은 연료의 이송식은 유온이 내려가지 않도록 보온하거나 이중 배관을 해야 한다.

㉧ 유온계 : 연료공급장치 각 부분의 온도가 설정온도를 유지하고 있는지 확인하기 위한 계측기로, 유리관식 온도계와 바이메탈식 온도계를 사용한다.

② 보염장치

㉠ 보일러 보염장치의 설치목적

- 연소용 공기의 흐름을 조절하여 준다.
- 착화가 확실하게 되도록 한다.
- 화염의 각도 및 형상을 조절한다.
- 국부과열 또는 화염의 편류현상을 방지한다.

㉡ 윈드박스(Wind Box) : 2차 공기를 받아들여 일정한 압력으로 노 내에 공급하는 밀폐상자로, 공기와 분무되는 연료의 혼합을 양호하게 하며 버너 주위에 설치한다.

- 버너연소에 있어서 송풍기로 보내오는 연소용 공기를 받아 공기의 흐름을 조절하며 동시에 동압의 대부분을 정압으로 변환시켜 노 내로 보내지는 공기 흐름이 소정의 일정한 분포 또는 대칭적인 흐름이 되도록 하는 바람상자이다.
- 보일러 윈드박스 주위에 설치되는 장치 또는 부품 : 화염검출기, 착화버너, 투시구 등
- 윈드박스 설치의 효과
  - 공기와 연료의 혼합을 촉진시킨다.
  - 안정된 착화를 도모한다.
  - 화염 형상을 조절한다.
  - 전열효율을 향상시킨다.

㉢ 스태빌라이저(Stabilizer, 보염기) : 버너에서 착화를 확실하고 원활하게 하며 화염이 꺼지지 않도록 화염의 안정을 도모하는 연소용 공기조절장치이다.

- 화염의 안정화, 화염의 형상 조절, 화염의 취소 방지를 위한 장치이다.
- 선회기방식과 보염판방식으로 대별된다.

㉣ 컴버스터(Combustor) : 연소실의 한 부분이다. 원형의 금속재료로 분무된 연료의 착화를 돕고, 저온도에서도 연료의 연소를 안정시키고, 분출 흐름의 형태를 안정시키는 장치이다.

㉤ 버너타일 : 연소실 입구 버너 주위에 내화벽돌을 원형으로 쌓은 것으로, 착화와 불꽃 안정을 도모한다.

㉥ 가이드베인 : 다수의 안전날개를 설치하여 날개 각도를 조절하여 윈드박스에 공기를 공급하는 장치이다.

③ 수트블로어

㉠ 수트블로어의 개요

- 수트블로어(Soot Blower)는 보일러의 노 안이나 연도에 배치된 전열면에 그을음(수트)이나 재가 부착하면 열의 전도가 나빠지므로 그을음이나 재를 제거처리하여 연소열 흡수를 양호하게 유지시키기 위한 장치이다.
- 작동 시 공기의 분류를 내뿜어 부착물을 청소하며, 주로 수관 보일러에 사용된다.
- 별칭 : 매연 분출장치, 그을음 제거기, 매연 취출장치
- 디슬래거(Deslagger) : 화로벽에 부착한 검정 그을음, 슬래그 등을 제거하는 수트블로어

㉡ 수트블로어 가동시기

- 배기가스 온도가 너무 높을 때
- 동일한 부하에서 연료소비량이 많아질 때
- 통풍력이 저하될 때
- 보일러의 능력이 저하될 때
- 보일러의 성능검사를 받기 전

㉢ 수트블로어 사용 시 주의사항

- 한곳에 집중하여 사용하지 않는다.
- 분출기 내의 응축수를 배출시킨 후 사용한다.
- 사용 중 보일러를 저연소 상태를 유지한다.
- 그을음 불어내기를 할 때는 통풍력을 크게 한다.
- 분출 시에는 유인통풍을 증가시킨다(연도 내 배풍기를 사용하여 유인통풍을 증가시킨다).
- 보일러 정지 시 수트블로어 작업을 하지 않는다.

㉣ 수트블로어의 종류

- 롱 리트랙터블형(Long Retractable Type, 장발형) : 삽입형으로 보일러의 고온 전열면 또는 과열기 등에 사용되고 증기 및 공기를 동시에 분사시켜 취출작업을 하는 수트블로어이다. 보일러의 고온가스부, 과열기 등 고온의 배기가스 통로 부분에 대해서 사용 시에만 수트블로어를 통로 속에 놓고, 사용하지 않는 때는 벽 외로 끌어 내놓는 형식이다.
- 쇼트 리트랙터블형(Short Retractable Type, 단발형) : 보일러의 연소로 벽 등에 부착된 타고 남은 찌꺼기를 제거하는 데 적합하며, 특히 미분탄 연소 보일러 및 폐열 보일러 같은 타고 남은 연재가 많이 부착되는 보일러에 효과가 있다. 짧은 분사관을 사용하며, 이 선단 가까이에 1개의 노즐을 설치하여 증기 또는 공기를 강하게 분사해서 타고 남은 연재를 불어내는 작용을 한다. 분사관의 전·후진과 회전을 위한 전동기를 설치하는 것은 장발형과 유사하다.
- 로터리형(정치회전형) : 보일러 전열면, 급수예열기 등에 사용되고, 자동식과 수동식이 있다. 전자에는 전동식과 공기구동식이 있고, 후자에는 체인조작식, 핸들조작식이 이용된다. 분사관은 정위치에 고정되어 있으며 전·후진은 불가하다. 다수의 노즐이 배치된 관을 회전시키는 치차장치 및 밸브를 구성하고 있다. 주로 연도 등의 저온 전열면에 사용된다.

• 건타입(Gun Type) : 분사관이 전・후진하고 회전하지 않는 형식의 수트블로어이다. 타고 남은 연재가 많이 부착되는 미분탄 연소 보일러나 폐열 보일러의 전열면에 부착되는 재나 수트 불기용으로 사용된다.
• 공기예열기 클리너(Air Heater Cleaner) : 자동식과 수동식이 있으며, 관형 공기예열기에 사용된다.

ⓜ 기타 보일러 외부 청소법
• 스크래퍼나 와이어브러시 등으로 전열면의 그을음(수트)을 긁어서 제거한다.
• 샌드블라스터를 이용하여 공기압축으로 모래를 분사하여 제거한다.
• 스팀소킹법에 의하여 증기로 그을음에 습기를 주어 제거한다.

핵심예제

7-1. 액체연료용 보일러에 오일서비스탱크를 설치하는 목적을 4가지만 쓰시오. [2013년 제1회, 2016년 제1회]

7-2. 보일러 버너와 연결된 보염장치인 윈드박스(Wind Box)의 설치효과를 쓰시오. [2020년 제2회]

7-3. 화염이 공급 공기에 의해 꺼지지 않게 보호하며 선회기방식과 보염판방식으로 대별되는 장치의 명칭을 쓰시오. [2019년 제1회]

7-4. 다음에서 설명하고 있는 장치의 명칭을 쓰시오. [2017년 제2회, 2022년 제1회]

> 보일러의 노 안이나 연도에 배치된 전열면에 그을음이나 재가 부착하면 열의 전도가 나빠지므로 그을음이나 재를 제거처리하여 연소열 흡수를 양호하게 유지시키기 위한 장치이다. 작동 시 공기의 분류를 내뿜어 부착물을 청소하며, 주로 수관 보일러에 사용된다.

7-5. 수트블로어(Soot Blower) 사용 시 주의사항을 4가지만 쓰시오. [2019년 제2회]

|해답|

7-1

오일서비스탱크 설치목적

① 원활한 연료 공급을 위해
② 2~3시간 연소 가능한 연료량 저장으로 신속한 보일러 운전 및 가열 열원 절감을 위해
③ 자연압에 의한 급유펌프까지 연료가 공급되도록 하기 위해
④ 환류되는 연료를 재저장하기 위해

7-2

윈드박스 설치의 효과

① 공기와 연료의 혼합을 촉진시킨다.
② 안정된 착화를 도모한다.
③ 화염 형상을 조절한다.
④ 전열효율을 향상시킨다.

7-3

스태빌라이저(Stabilizer, 보염기)

7-4

수트블로어(Soot Blower)

7-5

수트블로어(Soot Blower) 사용 시 주의사항

① 한곳에 집중하여 사용하지 말 것
② 분출기 내의 응축수를 배출시킨 후 사용할 것
③ 사용 중 보일러를 저연소 상태를 유지할 것
④ 연도 내 배풍기를 사용하여 유인통풍을 증가시킬 것

핵심이론 08 지시장치 및 기타 부속장치

① 지시장치(측정장치 또는 계측기기)

㉠ 수면계

- 수면계는 보일러 내부의 수면 위치를 지시하고 보일러 수위를 육안으로 직접 확인할 수 있는 계측기로, 수위계 또는 액면계 등으로도 부른다.
- 수면계의 수위 표시 : 상용 수위는 수면계의 중앙 부분으로 50[%], 운전 중 유지해야 할 수위는 40~60[%], 저수위는 20[%] 이하, 고수위는 80[%] 이상이다.
- 수면계의 종류
  - 플로트식 수면계 : 보기는 편하지만 플로트와 활차의 기계적 고장이 발생하기 쉬우며, 제작 및 설치가 어렵다.
  - 유리계 수면계(원통형 유리관 수면계) : 10[kg/cm^2] 이하의 저압 보일러용으로 사용된다. 비교적 보기 편하지만 파손 및 동결의 우려가 있다.
  - 수고계 : 온수 보일러에 설치하여 수두압을 측정하여 수위를 판단하는 계기이다. 설치와 교체 등을 간단히 할 수 있고 설치 위치가 낮아서 보기 편하지만, 레벨 지시가 개념적이고 동결 및 파손의 우려가 있다.
  - 평형반사식 수면계 : 수부는 검은색, 증기부는 흰색으로 나타내며, 압력 25[kg/cm^2] 이하에서 가장 많이 사용되는 수면계이다.
  - 평형투과식 수면계 : 발전용이나 고압 보일러용으로 사용된다.
  - 2색 수면계 : 녹색 전구, 적색 전구를 이용하므로 수면의 식별이 용이하다.
  - 멀티포트식 수면계 : 210[kg/cm^2] 이하의 초고압 수면계로 사용된다.
  - 검수 콕 : 저압 보일러의 수면계 대용으로 사용되며, 주철제 보일러나 소용량 보일러에 사용된다.
- 수면계의 개수
  - 증기 보일러에는 2개(소용량 및 소형 관류 보일러는 1개) 이상의 유리 수면계를 부착해야 한다. 다만, 단관식 관류 보일러는 제외한다.
  - 최고사용압력 1[MPa](10[kgf/cm^2]) 이하로서 동체 안지름이 750[mm] 미만인 경우에 있어서는 수면계 중 1개는 다른 종류의 수면측정장치로 할 수 있다.
  - 2개 이상의 원격 지시 수면계를 설치하는 경우에 한하여 유리 수면계를 1개 이상으로 할 수 있다.
- 수면계의 구조 : 유리 수면계는 보일러의 최고사용압력과 그에 상당하는 증기온도에서 원활히 작용하는 기능이 있다. 또한 수시로 이것을 시험할 수 있는 동시에 용이하게 내부를 청소할 수 있는 구조로서 다음에 따른다.
  - 유리 수면계는 KS규격(보일러용 수면계 유리)의 유리를 사용해야 한다.
  - 유리 수면계는 상하에 밸브 또는 콕을 갖추어야 하며, 그것의 개폐 여부를 한눈에 알 수 있는 구조이어야 한다. 다만, 소형 관류 보일러에서는 밸브 또는 콕을 갖추지 아니할 수 있다.
  - 스톱밸브를 부착하는 경우에는 청소에 편리한 구조로 해야 한다.
- 수면계의 부착 : 유리 수면계는 보일러 사용 중 안전한 수위를 나타내도록 다음에 따라 보일러 또는 수주관에 부착한다. 수주관은 2개의 수면계에 대하여 공동으로 할 수 있다.
  - 원형 보일러에서는 특별한 경우를 제외하고, 상용 수위가 중심선에 오도록 부착한다.

- 최저 수위의 위치 : 수면계의 부착 위치

보일러 종류	부착 위치
직립형 보일러	연소실 천장판 최고부(플랜지부 제외) 위 75[mm]
직립형 연관 보일러	연소실 천장판 최고부 위 연관 길이의 1/3
수평 연관 보일러	연관의 최고부 위 75[mm]
노통 연관 보일러	연관의 최고부 위 75[mm]. 다만, 연관 최고 부분보다 노통 윗면이 높은 것으로서는 노통 최고부(플랜지부 제외) 위 100[mm]
노통 보일러	노통 최고부(플랜지부 제외) 위 100[mm]

- 수관 보일러, 그 밖의 보일러는 그 구조에 따라 적당한 위치에 부착한다.

• 수면계의 안전관리 사항
  - 수면계의 유리 최하단부와 안전저수위가 일치되도록 장착한다.
  - 운전 시 적정 수위는 수면계 중심(수면계의 1/2 지점)이다.
  - 수면계가 파손되면 물 콕(밸브)을 먼저 신속히 닫는다.
  - 수시로 수면계를 확인한다.
  - 보일러는 정상 작동시험 가동으로 이상 유무를 점검한다.
  - 수위계의 최고 눈금은 보일러의 최고사용압력의 1배 이상 3배 이하로 해야 한다.
  - 온수 발생 보일러에는 보일러 동체 또는 온수의 출구 부근에 수위계를 설치하고, 이것에 가까이 부착한 콕을 닫을 경우 이외에는 보일러와의 연락을 차단하지 않도록 해야 한다. 이 콕의 핸들은 콕이 열려 있을 경우에 이것을 부착시킨 관과 평행되어야 한다.

• 보일러용 수면계의 파손원인
  - 수면계 상하 조임너트를 무리하게 조였을 때
  - 외부에서 충격을 가한 경우
  - 장기간 사용으로 노후되었을 때
  - 상하부의 축이 이완된 경우
  - 상하의 바탕쇠 중심선이 일치하지 않았을 때
  - 보일러의 사용압력과 온도가 수면계 형식과 맞지 않았을 때
  - 유리관 재질이 불량일 때

ⓛ 압력계
• 보일러의 압력을 측정하는 계기로, 유체의 힘의 강약을 정확하게 측정한다.
• 보일러에서는 탄성식 압력계의 하나인 부르동관 압력계가 가장 많이 사용된다.
• 압력계 눈금판의 바깥지름은 100[mm] 이상으로 한다.
• 다음의 보일러에 부착하는 압력계 눈금판의 바깥지름은 60[mm] 이상으로 할 수 있다.
  - 최고사용압력 0.5[MPa] 이하, 동체의 안지름 500[mm] 이하, 동체의 길이 1,000[mm] 이하인 보일러
  - 최고사용압력 0.5[MPa] 이하로서 전열면적 2[m^2] 이하인 보일러
  - 최대 증발량 5[t/h] 이하인 관류 보일러
  - 소용량 보일러
• 압력계의 최고 눈금은 보일러 최고사용압력의 3배 이하로 하되 1.5배보다 작으면 안 된다.
• 압력계는 보일러의 압력을 지시하며, 압력계 사이에 U자형 사이펀관을 장착하여 고온증기를 냉각하여 압력 지시 오류를 방지한다.

ⓒ 온도계 : 증기 보일러에서 증기온도나 온수 보일러에서 온수온도 및 연도에서 배기가스 온도를 측정하는 계기이다. 보일러의 경우 다음의 위치에 온도계를 설치해야 한다. 다만, 소용량 보일러 및 가스용 온수 보일러는 배기가스 온도계만 설치해도 된다.
• 급수 입구의 급수온도계
• 버너 입구의 급유온도계. 다만, 예열을 필요로 하지 않는 것은 제외한다.

- 급수예열기 또는 공기예열기가 설치된 경우에는 각 유체의 전후 온도를 측정할 수 있는 온도계. 다만, 포화증기의 경우에는 압력계로 대신할 수 있다.
- 보일러 본체 배기가스 온도계
- 과열기 또는 재열기가 있는 경우에는 그 출구온도계
- 유량계(가스미터)를 통과하는 온도를 측정할 수 있는 온도계
- 온도계의 감온부는 항상 측정 대상 유체의 온도를 감지할 수 있는 위치에 설치해야 한다.

㉣ 기타 계측장치류 : 수량계, 유량계, 가스계량기, 수주관

- 수량계 : 용량 1[t/h] 이상의 보일러에 설치하며 급수관에는 적당한 위치에 KS B 5336(고압용 수량계) 또는 이와 동등 이상의 성능을 가진 수량계를 설치해야 한다. 다만 온수 발생 보일러는 제외한다.
- 유량계 : 용량 1[t/h] 이상의 보일러에 설치하며 유류용 보일러에는 연료의 사용량을 측정할 수 있는 유량계를 설치해야 한다. 다만, 2[t/h] 미만의 보일러로서 온수 발생 보일러 및 난방 전용 보일러에는 CO_2 측정장치로 대신할 수 있다.
- 가스계량기 : 용량 1[t/h] 이상의 보일러에 설치하며 가스용 보일러에는 가스 사용량을 측정할 수 있는 가스계량기를 설치해야 한다. 다만, 가스계량기가 보일러실 안에 설치되는 때에는 다음의 조건을 만족해야 한다.
  - 가스의 전체 사용량을 측정할 수 있는 가스계량기가 설치되었을 경우는 각각의 보일러마다 설치된 것으로 본다.
  - 가스계량기는 해당 도시가스 사용에 적합한 것이어야 한다.
  - 가스계량기는 화기(해당 시설 내에서 사용하는 자체 화기 제외)와 2[m] 이상의 우회거리를 유지하는 곳으로서 수시로 환기가 가능한 장소에 설치해야 한다.
  - 가스계량기는 전기계량기 및 전기개폐기와의 거리는 60[cm] 이상, 굴뚝(단열조치를 하지 아니한 경우에 한한다), 전기점멸기 및 전기접속기와의 거리는 30[cm] 이상, 절연조치를 아니한 전선과의 거리는 15[cm] 이상의 거리를 유지해야 한다.
- 수주관 : 온도 상승이나 압력팽창 등으로부터 수면계를 보호하기 위해 설치되는 장치로, 수주통이라고도 한다.

② 기타 부속장치

㉠ 댐퍼(Damper) : 연도나 덕트 속을 유동하는 공기나 연소가스 등의 기체유량을 조절하기 위한 가동판의 총칭이다.

- 댐퍼의 종류 : 공기댐퍼, 연도댐퍼
  - 공기댐퍼 : 부하변동에 따라 연소용 공기를 조절하는 방식의 댐퍼
  - 연도댐퍼 : 연도를 따라 설치하여 통풍력을 조절하는 방식의 댐퍼
- 보일러의 연도에 댐퍼를 부착하는 이유
  - 통풍력을 조절하고, 배기가스의 흐름을 차단하기 위해
  - 주연도, 부연도가 있는 경우 가스 흐름을 변경하기 위해
  - 배기가스, 연소물질, 외부 습기, 빗물, 이물질 등의 유입을 차단하기 위해(안전상의 이유)
  - 에너지 절약을 위해(절약상의 이유)

㉡ 스테이(Stay, 보강재 또는 버팀) : 보일러의 변형 및 파손 방지를 위해 강도가 약한 부분에 부착하여 강도를 보강시키는 부품이다.

- 거싯 스테이(Gusset Stay, 가세트 또는 가셋 스테이)
  - 평행경판을 사용하여 경판, 동판 또는 관판이나 동판의 지지용 스테이
  - 보일러 경판의 강도 보강을 위해 삼각형 모양의 평판을 경판과 동판에 비스듬히 부착시킨 스테이
- 거더 스테이(Girder Stay, 나막신 버팀 또는 시렁 버팀) : 화실 천장 과열 부분의 압궤현상을 방지하는 스테이
- 경사 스테이 : 경판과 동판, 관판과 동판 지지용 스테이
- 관 스테이(Tube Stay) : 연관과 경판 부분의 고정 또는 보강용 스테이
  - 연관의 팽창에 따른 관판이나 경판의 팽출에 대한 보강재이다.
  - 연관과 평관판을 연결 보강하는 관으로 만든 스테이로, 연관 역할을 겸하며 소요압력에 따라 적절한 간격으로 배치된다.
- 나사 스테이 : 접근되어 있는 평행한 2매의 보일러판의 보강에 주로 사용되는 스테이
- 도그 스테이(Dog Stay) : 맨홀 뚜껑의 보강용 스테이
- 볼트 스테이(Bolt Stay) : 기관차 보일러 등의 화실판 보강용 스테이
- 봉 스테이(Bar Stay, 막대 버팀) : 진동, 충격 등에 따른 동체의 눌림을 방지하기 위해 경판, 화실 등의 강도 보강용으로 사용되는 스테이

㉢ 브레이스 : 압축기 진동과 서징, 관의 수격작용, 지진 등에서 발생하는 진동을 억제하기 위해 사용되는 지지장치

㉣ 보일러 경판(Boiler End Plate) : 동체의 양옆을 막아 주는 판

- 종류 : 반구형 경판, 반타원형 경판, 접시형 경판, 평경판
- 강도 순서 : 반구형 경판 > 반타원형 경판 > 접시형 경판 > 평경판
- 평경판은 강도가 매우 약하기 때문에 보강대인 거싯 스테이를 반드시 설치해야 한다.

㉤ 유류 연소버너의 노즐 : 압력 증가 시 다음과 같은 현상이 나타난다.

- 분사각이 명백해진다.
- 유입자가 약간 안쪽으로 가는 현상이 나타난다.
- 유량이 증가한다.
- 유입자가 작아진다.

㉥ 인버터

- 보일러 송풍장치의 회전수 변환을 통한 급기풍량을 제어하기 위해 유동전동기에 설치한 장치
- 유도전동기의 회전수(N) : $N = \frac{120f}{P}$
  (여기서, f : 주파수, P : 극수)

㉦ 열동계전기(THR ; Thermal Overload Relay)

- 열동계전기는 과부하나 단락 등으로 인한 과전류 발생 시 모터를 보호하는 기능을 한다.
- 과전류가 흐를 때 발생된 과열의 열전달 시에 열동계전기 내부에 들어 있는 바이메탈이 열팽창계수가 작은 쪽으로 휘는 것을 이용하여 전자접촉기의 전원을 차단시켜 기기 파손을 방지한다.
- 과부하계전기 또는 과전류계전기, 서멀릴레이 등으로도 부른다.
- TEST 버튼 : 누름으로 THR의 정상 작동 여부를 확인하는 기능의 버튼
- RESET 버튼 : THR 작동으로 전원이 차단되었을 경우 원인 제거 후 누름으로 초기 정상 상태로 되돌리는 기능의 버튼

㉧ 전동기(Motor) : 전기에너지를 기계에너지로 변환하는 회전기로, 보일러에서는 각종 팬, 펌프 등을 구동하는 데 사용된다.

핵심예제

8-1. 보일러 본체 내 수면의 위치를 지시해 주는 장치인 수면계에 대한 다음 질문에 답하시오. [2020년 제3회]

(1) 수면계의 최소 설치 개수는 몇 개인지 쓰시오.
(2) 수면계의 종류를 4가지만 쓰시오.
(3) 상용 수위는 수면계의 어느 지점이어야 하는가?
(4) 다음의 보일러 종류별 부착 위치의 ( )를 채우시오.

보일러 종류	부착 위치
직립형 보일러	연소실 천장판 최고부(플랜지부 제외) 위 (①)[mm]
직립형 연관 보일러	연소실 천장판 최고부 위 연관 길이의 (②)
수평 연관 보일러	연관의 최고부 위 (③)[mm]
노통 연관 보일러	연관의 최고부 위 (④)[mm]. 다만, 연관 최고 부분보다 노통 윗면이 높은 것으로서는 노통 최고부(플랜지부 제외) 위 (⑤)[mm]
노통 보일러	노통 최고부(플랜지부 제외) 위 (⑥)[mm]

8-2. 보일러용 수면계 유리관의 파손원인을 5가지만 쓰시오. [2013년 제4회]

8-3. 보일러의 부속장치에 관련된 다음 질문에 답하시오. [2015년 제4회]

(1) 보일러 상용 수위는 수면계의 어느 지점에 위치하는지를 쓰시오.
(2) 수주관과 보일러를 연결하는 연락관의 호칭지름의 기준을 쓰시오.
(3) 보일러에 사용하는 저수위차단장치(경보장치)의 종류를 2가지만 쓰시오.

8-4. 수면계의 안전관리 사항에 대한 다음의 설명 중 옳은 것은 O, 틀린 것은 ×로 표시하고, 틀린 것은 옳은 내용으로 고쳐 쓰시오.

(1) 수면계의 최상부와 안전저수위가 일치되도록 장착한다.
(2) 수면계의 점검은 2일에 1회 정도 실시한다.
(3) 수면계가 파손되면 물밸브를 먼저 신속히 닫는다.
(4) 보일러 가동 완료 후 이상 유무를 점검한다.

8-5. 연도나 덕트 속을 유동하는 공기나 연소가스 등의 기체유량을 조절하기 위한 가동판의 명칭을 쓰시오. [2021년 제1회]

8-6. 연소기의 배기가스 연도에 댐퍼를 부착하는 이유를 3가지만 쓰시오.

8-7. 노통 연관 보일러 화실 천장이 과열되어 압궤되는 현상을 방지하는 버팀(스테이)의 명칭을 쓰시오. [2012년 제4회]

8-8. 반구형 경판이 평경판보다 유리한 점을 쓰시오. [2011년 제4회]

8-9. 과부하계전기 또는 서멀릴레이라고도 부르는 열동계전기(THR ; Thermal Overload Relay)의 기능과 이 기능이 어떻게 실행되는지에 대해서 간단하게 설명하시오. [2010년 제1회, 2016년 제2회]

8-10. 전동기(Motor)의 조건이 '220[V], 4P, 0.8[kW], 8[A], 역률 0.6'일 때 다음의 질문에 답하시오. [2013년 제4회]

(1) 극수를 쓰시오.
(2) 효율[%]을 계산하시오.

|해답|

8-1
(1) 수면계의 최소 설치 개수 : 2개
(2) 수면계의 종류
① 원형 유리수면계
② 평형반사식 수면계
③ 평형투과식 수면계
④ 2색 수면계
(3) 상용 수위는 수면계의 중심선으로 한다(수면계의 1/2 지점).
(4) ① 75 ② 1/3 ③ 75 ④ 75 ⑤ 100 ⑥ 100

8-2
보일러용 수면계 유리관의 파손원인
① 유리관 재질이 불량일 때
② 수면계 상하 조임너트를 무리하게 조였을 때
③ 외부에서 충격을 가한 경우
④ 장기간 사용으로 노후되었을 때
⑤ 보일러의 사용압력과 온도가 수면계 형식과 맞지 않았을 때

8-3
(1) 보일러 상용 수위는 수면계의 중심선(수면계의 1/2 지점)에 위치한다.
(2) 수주관과 보일러를 연결하는 연락관의 호칭지름 : 20A 이상
(3) 보일러에 사용하는 저수위차단장치(경보장치)의 종류 : 차압식, 열팽창식

8-4
(1) ×, 수면계의 유리 최하단부와 안전저수위가 일치되도록 장착한다.
(2) ×, 수면계의 점검은 수시로 확인한다.
(3) ○
(4) ×, 보일러는 정상 작동시험 가동으로 이상 유무를 점검한다.

8-5
댐퍼(Damper)

8-6
연소기의 배기가스 연도에 댐퍼를 부착하는 이유
① 통풍력을 조절하기 위해
② 가스의 흐름을 차단하기 위해
③ 주연도, 부연도가 있는 경우에는 가스의 흐름을 바꾸기 위해

8-7
거더 스테이(Girder Stay)

8-8
반구형 경판은 평경판보다 내압강도가 우수하다.

8-9
열동계전기는 과부하나 단락 등으로 인한 과전류 발생 시 모터를 보호하는 기능을 한다. 과전류가 흐를 때 발생된 과열의 열전달 시에 열동계전기 내부에 들어 있는 바이메탈이 열팽창계수가 작은 쪽으로 휘는 것을 이용하여 전자접촉기의 전원을 차단시켜 기기 파손을 방지한다.

8-10
(1) 극수 : 4극
(2) 효율[%]
$P = IV\cos\theta \times \eta$에서
효율 $\eta = \frac{P}{IV\cos\theta} = \frac{800}{8 \times 220 \times 0.6} \simeq 0.758 = 75.8[\%]$

제2절 | 연소장치 및 통풍과 환기

핵심이론 01 연소장치

① 고체연료의 연소장치

㉠ 화격자 연소장치 : 주로 중소형 산업용 고체연료 연소장치에 사용한다.

- 고정 화격자(Roaster) : 수분식(Hard Firing) 화격자라고도 하며 고정 화격자에 연료를 직접 삽으로 투탄하여 연소시키는 방법이다. 연소효율이 좋지 않으며 소규모 연소장치의 연료 공급에 사용된다.
- 기계 화격자(스토커, Stoker) : 석탄 공급, 재(Ash)처리를 기계적으로 자동화한 화격자로 연소효율은 좋지만, 설비비 및 운전비가 높다. 저질탄 또는 조분탄의 연소방식에도 유효하며 산포식, 쇄상식(체인), 계단식 등이 있다. 주로 쓰레기 소각로에 적용되었지만 액체연료나 가스연료로 대체되면서 사용 용도가 감소되었다.
  - 산포식 스토커 : 하입식이며 스토커 후부에 착화아치를 설치하고 충분히 연소되도록 2차 공기를 넣어 준다.
    ⓐ 주요 구성요소 : 호퍼, 회전익차, 스크루 피더
    ⓑ 산포식 스토커(Stoker)를 이용한 강제통풍일 때의 화격자 부하는 150~200[$kg/m^2 \cdot h$] 정도이다.
    ⓒ 산포식 스토커로 석탄을 연소시킬 때 연소층이 형성되는 순서 : 건조층 → 환원층 → 산화층 → 회층

스토커를 이용하여 무연탄을 연소시키고자 할 때 고려해야 할 사항
- 연소장치는 산포식 스토커가 적합하다.
- 미분탄 상태로 하고 공기는 예열한다.
- 스토커 앞부분에 착화아치를 설치한다.
- 충분히 연소되도록 2차 공기를 넣어 준다.

- 체인 스토커 : 무한궤도의 회전에 의한 연소장치이다.
- 계단식 스토커 : 쓰레기 소각로에 적합하며 저질연료의 연소가 가능한 연소장치이다.

> • 연소장치에 따른 공기과잉계수의 대수 : 수동 수평 화격자 > 산포식 스토커 > 이동 화격자 스토커
> • 연소장치에 따른 공기비의 크기 : 이동 화격자 스토커 < 산포식 스토커 < 수분 수평 화격자

㉡ 유동층 연소장치(유동층식 소각로) : 밑에서 가스를 주입하여 불활성층을 띄운 후 이를 가열시켜(주입 전 미리 파쇄한) 폐기물을 상부에 주입하여 순간적으로 폐기물을 태워 연소시키는 열효율이 우수한 소각로이다. 특징은 다음과 같다.

- 저질연료의 연소도 가능하다(연료, 공기, 유동매체인 입자의 혼합 접촉이 좋고, 특히 유동층 내가 균일한 온도로 유지되기 때문이다).
- 유동층 내가 균일한 온도로 유지되기 때문에 국부 가열의 문제가 발생하지 않는다.
- 유동층 내에 연료와 함께 석회석을 투입하면, 노 내 탈황이 가능하기 때문에 배연탈황장치가 불필요하다.
- 주로 대형 보일러에 사용한다.

㉢ 미분탄 연소장치(버너 연소) : 석탄을 200[mesh] 이하로 가공하여 1차 공기와 혼합하여 연소실에서 버너로 연소하는 방식으로, 종류로는 선회식 버너, 교차식 버너 등이 있다. 입경 1[mm] 정도의 미분탄 중 수분이나 회분을 많이 함유한 저품위탄을 사용할 수 있으며, 구조가 간단하고 소요동력이 적게 드는 연소장치를 클레이머 연소장치라고 한다. 특징은 다음과 같다.

- 과잉공기가 적어도 된다.
- 소량의 과잉공기로 단시간에 완전연소가 되므로 낮은 공기비로 높은 연소효율을 얻을 수 있다.
- 부하변동에 대한 적응성, 응답성이 우수하다.
- 연소실의 공간을 유효하게 이용할 수 있다.
- 큰 연소실이 필요하며 노벽 냉각의 특별장치가 필요하다.
- 소형 연소로에는 부적합하다.
- 회, 먼지 등이 많이 발생하여 집진장치가 필요하다.
- 분쇄시설이나 분진처리시설이 필요하다.
- 중유연소기에 비해 소요동력이 많이 필요하다.
- 마모 부분이 많아 유지비가 많이 든다.
- 미분탄의 자연발화나 점화 시의 노 내 탄진 폭발 등의 위험이 있다.
- 사용연료의 범위가 넓지만, 주로 대형 보일러에 사용한다.

② 액체연료의 연소장치

㉠ 유압분무식 버너

- 구조가 간단하다.
- 유지 및 보수가 간단하다.
- 대용량의 버너 제작이 용이하다.
- 소음 발생이 적다.
- 보일러 가동 중 버너 교환이 용이하다.
- 무화매체인 증기나 공기가 필요하지 않다.
- 분무 유량 조절의 범위가 좁다(비환류식 1 : 2, 환류식 1 : 3).
- 연소의 제어범위가 좁다.
- 기름의 점도가 너무 높으면 무화가 나빠진다.

㉡ 고압기류식 버너

- 고압기류식 버너는 수기압[MPa]의 분무매체를 이용하여 연료를 분무하는 형식의 버너로서, 2유체 버너라고도 한다.
- 유량 조절범위가 1 : 10 정도로 넓다.
- 점도가 높은 연료도 무화가 가능하다.
- 분무 각도가 30° 정도로 작다.
- 연소 시 소음이 발생한다.
- 2~7[kg/cm^2]의 고압증기에 사용된다.

㉢ 저압기류식 버너 : 분무 각도가 30~60°까지 가능하며 유량 조절범위가 넓고, 0.05~2[kg/cm^2]의 저압증기에 사용된다.

㉣ 회전식 버너

- 구조가 간단하고 교환과 자동화가 용이하다.
- 분무각은 에어노즐의 안내날개 각도에 따르지만 보통 40~80° 정도이다.
- 사용유압은 0.3~0.5[kg/cm^2] 정도로 매우 작다.
- 유량 조절범위는 1 : 5 정도이다.
- 자동제어에 편리한 구조이다.
- 부속설비가 없으며, 화염이 짧고 안정한 연소를 얻을 수 있다.
- 유량이 적으면 무화가 불량해진다.
- 로터리 버너를 장시간 사용했을 때 화염이 닿는 곳이 있으면, 노벽에 카본이 많이 붙는다.
- 로터리 버너로 벙커 C유를 연소시킬 때 분무가 잘되게 하기 위한 조치
  - 점도를 낮추기 위하여 중유를 예열한다.
  - 중유 중의 수분을 분리·제거한다.
  - 버너 입구의 오일압력을 30~50[kPa]로 한다.
  - 버너 입구 배관부에 스트레이너를 설치한다.

㉤ 건(Gun) 타입 버너

- 연소가 양호하다.
- 소형이며 구조가 간단하다.
- 버너에 송풍기가 장치되어 있다.
- 보일러나 열교환기에 사용 가능하다.

㉥ 증발식 버너

- 증발연소 : 액체연료가 증발하고 확산에 의해서 공기와 혼합되어 불꽃연소하는 방식
- 포트식 연소방식 : 등유, 경유 등의 휘발성이 큰 연료를 접시 모양의 용기에 넣어 증발연소시키는 방식

㉦ 유류용 연소방법과 장치

- 버너팁의 탄화물 부착은 불완전연소, 버너팁 폐색의 원인이 된다.
- 연소실 측벽에 탄소상 물질이 부착되는 것은 버너 무화의 불량이다.
- 화염의 불안정은 무화용 스팀 공급의 부정적인 원인이다.
- 화염에서 스파크 모양의 섬광이 발생하는 것은 무화가 불량하고, 연료의 비중이나 점도가 높기 때문이다.
- 기름연소 시 공기량이 부족하면 노 내 화염은 주로 암적색을 띤다.

㉧ 유류 연소버너의 노즐압력이 증가하였을 때 나타나는 현상

- 분사각이 명백해진다.
- 유입자가 약간 안쪽으로 가는 현상이 나타난다.
- 유량이 증가한다.
- 유입자가 작아진다.

㉨ 오일 프리히터(Oil Preheater, 유예열기)

- 기름의 점도를 낮추어 무화를 좋게 하고 유동성을 증가시킨다.
- 중유예열기의 가열하는 열원의 종류에 따른 분류 : 전기식, 온수식, 증기식

③ 기체연료의 연소장치

㉠ 개 요

- 기체연료용 버너의 구성요소 : 가스량 조절부, 공기/가스 혼합부, 보염부 등
- 가스필터 : 기체연료의 배관에 설치하며 기체연료 내에 포함된 불순물, 이물질 등을 제거하여 압력 조정기 및 버너의 고장을 방지하는 역할을 한다.
- 기체연료 연소장치의 종류
  - 연소방식에 따른 종류 : 확산연소방식의 연소장치(포트형, 버너형), 예혼합연소방식의 버너(저압버너, 고압버너, 송풍버너)

- 연소용 공기 공급방식에 따른 분류 : 유도혼합식 버너(적화식 가스버너, 분젠식 가스버너), 강제혼합식 버너(내부 혼합식, 외부 혼합식, 부분 혼합식)

ⓛ 확산연소방식의 연소장치 : 포트형, 버너형

- 포트형 : 내화재로 만든 단면적이 큰 화구에서 공기와 기체연료를 별도로 공급하여 연소시키므로, 모두 예열이 가능하며 대형 가마에 적합한 가스연료 연소장치이다.
- 버너형 : 가스버너로 연료가스를 연소시키면서 가스의 유출속도를 점차 빠르게 하면 불꽃이 엉클어지면서 짧아진다.
  - 선회버너 : 연료와 공기를 선회날개를 통해 혼합시키는 방식으로, 고로가스 등 저질 연료연소에 사용되는 버너
  - 방사형 버너 : 천연가스 등 고발열량의 가스연소 시 사용하는 버너

ⓒ 예혼합연소방식 버너의 종류 : 저압버너, 고압버너, 송풍버너

- 저압버너 : 분무압은 70~160[mmHg]이고, 연료 분출 시 주위 공기를 흡인한다. 역화 방지를 위해 1차 공기량은 이론공기량의 60[%], 2차 공기는 노 내 압력을 부압(-)으로 유지하여 흡인하며 가정용, 소형 공업용으로 사용한다.
- 고압 버너 : 분무압 2[kg/cm^2] 이상이고, 연소실 내 압력을 정압(+)으로 유지하며 소형 가열로에 사용한다.
- 송풍 버너 : 연소용 공기를 가압하여 송입하는 형식으로, 가압공기를 분출과 동시에 기체연료를 흡인·혼합하는 버너이다.

ⓔ 유도혼합식 버너 : 연소가스와 외기의 온도차에 의한 통풍력 및 가스 분출에 의한 흡인력에 의해 연소용 공기가 공급되는 버너로, 주로 가정용 보일러와 같은 소형 기기에 사용된다.

- 적화식 가스버너 : 가스를 그대로 내기 중으로 분출하여 연소시키는 가스버너이다. 소음이 작고 역화 염려가 없으며 공기 조절이 필요 없지만, 고온을 얻기 힘들며 불완전연소로 인한 매연 발생 가능성이 있다.
- 분젠식 가스버너 : 가스를 노즐로 분출시켜 운동에너지에 의해 공기구멍으로 연소에 필요한 공기를 흡입하여 연소시키는 가스버너이다. 가스의 유출속도를 점차 빠르게 하면 난류현상으로 연소가 빨라지므로 불꽃 모양은 엉클어지면서 짧아진다. 종류로는 링 버너, 적외선 버너, 슬릿 버너 등이 있다.

ⓜ 강제혼합식 버너 : 송풍기에 의해 연소용 공기가 압입되는 가스 보일러용 버너로, 주로 산업용 보일러에 사용한다.

- 내부혼합식 : 가스와 공기를 미리 혼합하여 버너로 공급한다.
  - 가연성 혼합기를 버너에서 분출하여 역화의 위험이 있기 때문에 역화방지장치는 버너 상류측에 설치되어야 한다.
  - 예혼합 화염이 형성되는 버너이기 때문에 고부하연소에 적합하고, 화염의 크기도 작다.
  - 종류 : 원혼합식(프리믹스식 또는 예혼합식), 선혼합식(노즐믹스식 또는 벤투리식)
- 외부혼합식 : 공기와 가스가 버너 출구에서 혼합을 개시한다.
  - 내부혼합식 버너에 비해 고부하연소를 행하기 어렵지만, 버너 내부에서 가연성 혼합기가 형성되지 않기 때문에 역화의 위험이 없이 광범위한 연소제어가 가능하다.
  - 고온의 예열공기를 연소에 이용하기 용이하다.
- 부분혼합식 : 연소용 공기의 일부를 혼합하여 버너에서 분출하고, 나머지는 노즐 출구에서 혼합한다.

핵심예제

1-1. 고체연료의 연소방법 중 미분탄연소의 특징을 4가지만 쓰시오.

1-2. 직경 1[mm] 정도의 미분탄 중 수분이나 회분을 많이 함유한 저품위탄을 사용할 수 있으며 구조가 간단하고 소요동력이 작게 드는 연소장치의 명칭을 쓰시오.

1-3. 유류 보일러에서 오일 프리히터(Oil Preheater, 유예열기)가 사용되는 목적을 쓰시오. [2019년 제4회]

1-4. 유류 버너의 선정기준을 4가지만 쓰시오. [2018년 제4회]

1-5. 액체연료 연소에서 무화의 목적을 4가지만 쓰시오. [2019년 제2회]

1-6. 유류 연소버너의 노즐압력이 증가하였을 때 발생하는 현상을 4가지만 쓰시오. [2017년 제2회]

1-7. 유압분무식 버너의 특징을 4가지만 쓰시오. [2019년 제1회]

1-8. 연소방법에 각각 적합한 연료를 다음에서 골라서 쓰시오.

고체연료, 액체연료, 기체연료

(1) 화격자연소
(2) 스토커연소
(3) 버너연소
(4) 확산연소

1-9. 가스필터는 어디에 설치되며, 그 역할은 무엇인지 답하시오. [2020년 제1회]

|해답|

1-1

미분탄연소의 특징

① 연소실의 공간을 유효하게 이용할 수 있다.
② 부하변동에 대한 응답성이 우수하다.
③ 낮은 공기비로 높은 연소효율을 얻을 수 있다.
④ 대형 연소로에 적합하다.

1-2

클레이머식 연소장치

1-3

유예열기(오일 프리히터)는 기름의 점도를 낮추어 무화를 좋게 하고 유동성을 증가시킨다.

1-4

유류 버너의 선정기준

① 가열조건과 연소실 구조에 적합해야 한다.
② 버너 용량이 보일러 용량에 적합해야 한다.
③ 부하변동에 따른 유량 조절범위를 고려해야 한다.
④ 자동제어방식에 적합한 버너형식을 고려해야 한다.

1-5

액체연료 연소에서 무화의 목적

① 단위중량당 표면적을 크게 한다.
② 연소효율을 향상시킨다.
③ 주위의 공기와 혼합을 좋게 한다.
④ 연소실의 열부하를 높인다.

1-6

유류 연소버너의 노즐압력이 증가하였을 때 나타나는 현상

① 분사각이 명백해진다.
② 유입자가 약간 안쪽으로 가는 현상이 나타난다.
③ 유량이 증가한다.
④ 유입자가 작아진다.

1-7

유압분무식 버너의 특징

(1) 대용량의 버너 제작이 용이하다.
(2) 유지 및 보수가 간단하다.
(3) 분무 유량 조절의 범위가 1 : 2 정도로 좁다.
(4) 기름의 점도가 너무 높으면 무화가 나빠진다.

1-8

(1) 화격자연소 : 고체연료
(2) 스토커연소 : 고체연료(석탄)
(3) 버너연소 : 액체연료, 기체연료
(4) 확산연소 : 기체연료

1-9

① 가스필터가 설치되는 곳 : 기체연료의 배관
② 가스필터의 역할 : 기체연료 내에 포함된 불순물, 이물질 등을 제거하여 압력조정기 및 버너의 고장을 방지한다.

핵심이론 02 통풍과 환기

① 통 풍

㉠ 통풍(Draft)의 종류

- 자연통풍
- 강제통풍 : 압입통풍(가압통풍), 흡인통풍(유인통풍), 평형통풍

㉡ 자연통풍 : 자연통풍은 연소가스와 외부공기의 밀도차에 의해서 생기는 압력차를 이용하는 통풍방법이다.

- 자연통풍의 특징
  - 동력이 필요 없으며 설비가 간단하여 설비비용이 적게 든다.
  - 매연 연소가스를 외기로 비산시켜 부근에 해를 미치는 일이 적다.
  - 통풍력은 연돌 높이, 배기가스 온도, 외기온도, 습도 등에 영향을 받는다.
  - 배기가스의 유속 : 3~4[m/s] 정도
  - 통풍력 : 15~30[mmAq]
  - 통풍력이 약하다.
  - 대용량 열설비에는 사용하기 적당하지 않다.
  - 연소실 내부가 대기압에 대하여 부압이 되어 차가운 공기가 침입하기 쉬우므로 열손실이 증가한다.
- 자연통풍에서 통풍력을 증가시키는 방법
  - 고대(高大) : 연돌의 높이, 연돌의 단면적, 배기가스의 온도
  - 저소(低少) : 배기가스의 비중량, 연도의 길이, 연도의 굴곡수, 외기의 온도, 공기의 습도, 연도벽과의 마찰, 연도의 급격한 단면적 감소, 벽돌 연도 시 크랙에 의한 외기 침입

㉢ 강제통풍

- 압입통풍 : 노 앞에 설치된 송풍기에 의해 연소용 공기를 노 내부로 압입하는 방식이다.
  - 노 내의 압력이 대기압보다 높으므로 가스의 기밀을 유지할 수 있는 구조여야 한다.
  - 굴뚝의 통풍작용과 같이 통풍을 유지하는 방식이다.
  - 배기가스의 유속 : 8[m/s] 정도
  - 노 안은 항상 정압(+)으로 유지되어 연소가 용이하다.
  - 가열연소용 공기를 사용하여 경제적이다.
  - 가압연소가 되므로 연소율이 높다.
  - 고부하연소가 가능하다.
  - 300[℃] 이상의 연소용 공기가 예열된다.
  - 통풍저항이 큰 보일러에 사용 가능하다.
  - 송풍기의 고장이 적고 점검・보수가 용이하다.
  - 연소용 공기 조절이 용이하다.
  - 노 내압이 높아 연소가스가 쉽게 누설된다.
  - 연소실 및 연도의 기밀 유지가 필요하다.
  - 통풍력이 높아 노 내 손실이 발생한다.
  - 송풍기 가동으로 동력 소비가 많다.
  - 자연통풍에 비하여 설비비가 많이 든다.
- 흡인통풍(유인통풍) : 송풍기로 연소가스를 빨아들여 연도 끝으로 배출시키는 방식이다.
  - 노 내의 압력은 대기압보다 낮고 고온의 열가스가 송풍기에 접촉하는 경우가 많으므로, 내열성과 내식성이 풍부한 재료를 사용하여 관리에 충분한 주의를 기울여야 한다.
  - 배기가스 유속 : 10[m/s] 정도
  - 흡출기로 배기가스를 방출하므로 연돌의 높이에 관계없이 연소가스가 배출된다.
  - 송풍기의 재질은 고온가스에 견딜 수 있어야 한다.
  - 강한 통풍력이 형성된다.
  - 노 내에 항상 부압(-)이 유지되므로 노 내의 손상이 적다.
  - 동력 소비가 많다.

- 노 내가 부압이라서 외기 침입으로 열손실이 많다.
- 연소용 공기가 예열되지 않는다.
- 고장 시 점검, 보수, 교환이 불편하며 수명이 짧다.
- 연소가스 접촉으로 손상이 초래된다.

• 평형통풍 : 노앞과 연돌 하부에 송풍기를 설치하여 대기압 이상의 공기를 압입송풍시켜 노에 밀어 넣고 노의 압력은 흡인송풍시켜 항상 대기압보다 약간 낮은 압력으로 유지시키는 방식, 즉 압입통풍과 흡입통풍을 합한 방식이다.
- 안정한 연소를 유지할 수 있다.
- 노 내 정압을 임의로 조절할 수 있다(노 내 압력을 자유로이 조절할 수 있다).
- 대용량, 고성능, 대규모에 경제적이다.
- 통풍저항이 큰 대형 보일러나 고성능 보일러에 널리 사용된다.
- 강한 통풍력을 얻을 수 있다.
- 연소실 구조가 복잡하여도 통풍이 양호하다.
- 가스 누설이나 외기 침입이 없다.
- 송풍기에 의한 동력이 많이 소요된다.
- 설비비와 유지비가 많이 든다.
- 통풍력이 커서 소음이 심하다.
- 소규모의 경우에는 비경제적이다.

㉣ 연돌의 통풍력

• 연돌의 단면적은 연도와 마찬가지로 연소량과 가스의 유속에 관계한다.
• 연돌의 통풍력은 외기온도가 높아짐에 따라 감소하므로 주의가 필요하다.
• 연돌의 통풍력은 공기의 습도 및 기압, 외기온도의 변화에 따라 달라진다.
• 연돌의 통풍력은 연돌 높이에 비례한다.
• 연돌 설계 시 연돌 상부 단면적을 하부 단면적보다 작게 한다.
• 유효 굴뚝 높이가 2배 높아지면 지표상의 최고농도 $C_{\max}$는 1/4배로 희박해진다.
• 통풍력 계산식
- 이론 통풍력 :

$$Z_{th} = 273H \times \left(\frac{\gamma_a}{T_a} - \frac{\gamma_g}{T_g}\right)[\mathrm{mmH_2O}]$$

(여기서, H : 연돌의 높이[m], γ_a : 대기의 비중량[kg/Nm^3], T_a : 외기의 절대온도, γ_g : 배기가스의 비중량[kg/Nm^3], T_g : 배기가스의 절대온도)

- 실제 통풍력 : $Z_{real} = 0.8Z_{th}$

㉤ 연소실에서 연소된 연소가스의 자연통풍력을 증가시키는 방법

• 연돌의 높이를 높게 한다.
• 연돌의 단면적을 크게 한다.
• 연도의 길이를 짧게 한다.
• 연도의 굴곡부를 없애거나 적게 한다.
• 배기가스의 온도를 높게 유지한다.
• 배기가스의 비중량을 작게 한다.

② 환 기

㉠ 개 요

• 송풍기의 풍량 조절방법 : 속도제어(Speed Control), 댐퍼제어(Damper Control), 베인제어(Vane Control), 피치제어(Pitch Control)
• 송풍기의 형식 : 압입통풍기(터보형, 다익형), 흡인통풍기, 축류형 송풍기
• 제트팬방식(Jet Fan System) : 차량이 드나드는 터널 내부의 환기를 위하여 터널 천장부에 수백[m] 단위의 일정 간격으로 축류 송풍기를 매달아 설치한 팬방식이다.

㉡ 압입통풍기

• 터보형 송풍기 : 후향 날개 형식으로 보일러의 압입송풍에 많이 사용되는 원심송풍기이다.
- 효율이 60~75[%] 정도로 좋은 편이다.

- 작은 동력으로도 운전이 가능하다.
- 고온, 고압, 대용량에 적합하다.
- 소음이 크고 가격이 비싸다.
- 다익형 송풍기(시로코 송풍기) : 대표적인 전향 날개 형태를 지닌 원심송풍기이다. 회전차의 지름이 작은 소형 · 경량의 송풍기로, 풍량이 많은 편이지만 고온 · 고압 · 고속에는 부적합하다.

㉢ 흡인통풍기 : 6~12개의 날개를 지니며 풍량이 많아 배기가스 흡출용으로 이용되는 방사형 배치의 플레이트형 송풍기로, 구조가 간단하며 대용량에 적합하지만 대형이며 무겁고 설비비가 고가이다.

㉣ 축류형 송풍기 : 풍량이 증가하면 동력이 감소하는 경향을 나타내며 집진장치에도 설치가 가능한 송풍기(비행기 프로펠러형, 디스크형)로 고속운전 · 고압력에 적합하며 주로 배기용, 환기용으로 많이 사용된다.

㉤ 송풍기의 상사법칙(비례법칙)

- 풍량 : $Q_2 = Q_1\left(\frac{N_2}{N_1}\right)^1\left(\frac{D_2}{D_1}\right)^3$
- 풍압 : $P_2 = P_1\left(\frac{N_2}{N_1}\right)^2\left(\frac{D_2}{D_1}\right)^2$
- 축동력 : $H_2 = H_1\left(\frac{N_2}{N_1}\right)^3\left(\frac{D_2}{D_1}\right)^5$

(여기서, D : 임펠러의 직경, N : 회전수)

핵심예제

2-1. 연소실에서 연소된 연소가스의 자연통풍력을 증가시키는 방법을 4가지만 쓰시오. [2014년 제1회, 2021년 제2회]

2-2. 연소로에서의 흡인통풍(유인통풍)의 특징을 3가지만 쓰시오.

2-3. 연돌의 높이 100[m], 배기가스의 평균온도 210[℃], 외기온도 20[℃], 대기의 비중량 γ_1 =1.29[kg/Nm^3], 배기가스의 비중량 γ_2 =1.35[kg/Nm^3]일 때 연돌의 이론적 통풍력을 구하시오. [2019년 제1회]

2-4. 배기가스와 외기의 평균온도가 220[℃]와 25[℃]이고, 0[℃], 1기압에서 배기가스와 대기의 밀도는 각각 0.770[kg/m^3]와 1.186[kg/m^3]일 때 연돌의 높이[m]를 구하시오(단, 연돌의 실제 통풍력 Z= 52.85[mmH$_2$O]이다). [2015년 제4회, 2019년 제2회, 2021년 제4회]

2-5. 보일러에 사용되는 다음의 송풍기를 형식별로 구분하여 쓰시오.

터보형, 플레이트형, 다익형, 디스크형, 비행기 프로펠러형

(1) 압입통풍기
(2) 흡인통풍기
(3) 축류형 송풍기

2-6. 차량이 드나드는 터널 내부의 환기를 위하여 터널 천장부에 수백[m] 단위의 일정 간격으로 축류송풍기를 매달아 설치한 팬방식의 명칭을 쓰시오. [2010년 제1회, 2012년 제2회, 2015년 제2회]

2-7. 원심식 송풍기의 상사법칙(비례법칙)을 풍량, 풍압, 축동력으로 구분하여 간단히 설명하시오. [2014년 제4회]

핵심예제

2-8. 연소로로 공기를 공급하는 송풍기가 970[rpm]으로 회전하며, 축동력 50[kW]이고, 유량 600[m^3/min]이다. 연소로의 공기유량을 1,000[m^3/min]으로 증가시킬 때 다음 물음에 답하시오(단, 송풍기의 임펠러 직경 크기는 변경하지 않는다).

[2021년 제회]

(1) 필요한 송풍기의 회전수[rpm]를 구하시오.

(2) (1)의 회전수를 적용한 경우, 송풍기의 축동력[kW]을 구하시오.

2-9. 보일러의 연소용 공기압입터보형 송풍기의 풍압이 부족하여 송풍기의 회전수를 1,800[rpm]에서 2,100[rpm]으로 올렸다. 이때 회전수 증가에 의한 풍압은 약 몇 [%] 상승하는지 계산하시오.

|해답|

2-1

연소실에서 연소된 연소가스의 자연통풍력을 증가시키는 방법

① 연돌의 높이를 높게 한다.

② 연돌의 단면적을 크게 한다.

③ 배기가스의 온도를 높게 유지한다.

④ 연도의 길이를 짧게 한다.

2-2

흡인통풍(유인통풍)의 특징

① 노 안은 항상 부압(-)으로 유지된다.

② 흡출기로 배기가스를 방출하므로 연돌의 높이에 관계없이 연소할 수 있다.

③ 송풍기의 재질은 고온가스에 견딜 수 있어야 한다.

2-3

연돌의 이론적 통풍력

$$Z_{th} = 273H \times \left(\frac{\gamma_a}{T_a} - \frac{\gamma_g}{T_g}\right)$$

$$= 273 \times 100 \times \left(\frac{1.29}{20+273} - \frac{1.35}{210+273}\right) \simeq 43.9[\mathrm{mmH_2O}]$$

2-4

- 이론통풍력 $Z_{th} = 273H \times \left(\frac{\gamma_a}{T_a} - \frac{\gamma_g}{T_g}\right)[\mathrm{mmH_2O}]$
- 실제통풍력 $Z_{real} = 0.8 Z_{th}$

$$52.85 = 273H \times \left(\frac{1.186}{25+273} - \frac{0.770}{220+273}\right) \times 0.8$$

$$= 273H \times (1.934 \times 10^{-3})$$

∴ 연돌의 높이 $H = \dfrac{52.85}{273 \times (1.934 \times 10^{-3})} \simeq 100[\mathrm{m}]$

2-5

송풍기의 형식

(1) 압입통풍기 : 터보형, 다익형

(2) 흡인통풍기 : 플레이트형

(3) 축류형 송풍기 : 비행기 프로펠러형, 디스크형

2-6

제트팬방식(Jet Fan System)

2-7

상사법칙(비례법칙)

임펠러의 직경이 D, 회전수가 N일 때

① 풍량(Q) : 풍량은 회전수 변화에 비례하고, 임펠러의 직경 변화의 3제곱에 비례한다.

$$Q_2 = Q_1\left(\frac{N_2}{N_1}\right)^1\left(\frac{D_2}{D_1}\right)^3$$

② 풍압(P) : 풍압은 회전수 변화의 제곱에 비례하고, 임펠러의 직경 변화의 제곱에 비례한다.

$$P_2 = P_1\left(\frac{N_2}{N_1}\right)^2\left(\frac{D_2}{D_1}\right)^2$$

③ 축동력(H) : 축동력은 회전수 변화의 3제곱에 비례하고, 임펠러의 직경 변화의 5제곱에 비례한다.

$$H_2 = H_1\left(\frac{N_2}{N_1}\right)^3\left(\frac{D_2}{D_1}\right)^5$$

2-8

공기유량 변경 전의 상태를 1, 변경 후의 상태를 2, 풍량을 Q, 임펠러의 직경을 D, 회전수를 N이라고 한다.

(1) 필요한 송풍기의 회전수

풍량 $Q_2 = Q_1\left(\frac{N_2}{N_1}\right)^1\left(\frac{D_2}{D_1}\right)^3$이며, 임펠러 직경 크기는 변경되지 않으므로

$$1{,}000 = 600 \times \left(\frac{N_2}{970}\right)$$

∴ 필요한 송풍기의 회전수 $N_2 = \dfrac{1{,}000 \times 970}{600} \simeq 1{,}616.7[\mathrm{rpm}]$

(2) 공기유량 변경 후 송풍기의 축동력

축동력 $H_2 = H_1\left(\frac{N_2}{N_1}\right)^3\left(\frac{D_2}{D_1}\right)^5$이며, 임펠러 직경 크기는 변경되지 않으므로

∴ $H_2 = 50 \times \left(\dfrac{1616.7}{970}\right)^3 \simeq 231.5[\mathrm{kW}]$

2-9

풍압 $P_2 = P_1\left(\frac{N_2}{N_1}\right)^2\left(\frac{D_2}{D_1}\right)^2$

$$P_2/P_1 = \left(\frac{2{,}100}{1{,}800}\right)^2 \times 1^2 = 1.36$$

∴ 풍압 상승률 $\phi = P_2/P_1 - 1 = 1.36 - 1 = 0.36 = 36[\%]$이다.

제3절 | 요 로

핵심이론 01 요로의 개요

① 요로의 정의

㉠ 요와 노

- 전열을 이용한 가열장치이다.
- 연료의 환원반응을 이용한 장치이다.
- 열원에 따라 연료의 발열반응을 이용한 장치이다.
- 물체(주로 비금속재료)에 열을 가하여 소성하는 장치이다.
- 재료를 가열하여 물리적 및 화학적 성질을 변화시키는 가열장치이다.
- 석탄, 석유, 가스, 전기 등의 에너지를 다량으로 사용하는 설비이다.
- 물체를 가열하여 용융시키거나 소성을 통하여 가공 생산하는 공업장치로서, 열원에 따라 연료의 발열반응을 이용하는 장치, 전열을 이용하는 장치 및 연료의 환원반응을 이용하는 장치 등 크게 세 종류로 구분할 수 있다.

㉡ 요(Kiln, 가마) : 소성, 용융 등의 열처리 공정을 수행하기 위하여 도자기, 벽돌, 시멘트 등의 요업 제조공정에 사용되는 장치이다.

㉢ 노(Furnace) : 물체(주로 금속재료)에 열을 가하여 용융하는 장치이다.

② 분류방식(분류 관점)에 따른 요로의 분류

㉠ 업종별 : 금속공업용, 요업용, 화학공업용 등

㉡ 사용목적 : 가열용, 용융용, 소성용, 반응용 등

㉢ 조업방식 : 불연속식(난가마 : 횡염식, 승염식, 도염식), 반연속식(등요, 셔틀(대차식)요), 연속식(윤요(고리가마), 견요(선가마), 터널요, 회전용가마, 탱크요)

㉣ 열원 : 석탄, 중유, 가스, 전기 등

㉤ 가열(전열)방식 : 직화식(용광로, 용선로, 전로), 반간접식, 간접식(평로)

㉥ 화염 진행방식 : 승염식, 횡염식, 도염식 등

㉦ 재료 이송방식 : 푸셔식, 워킹빔식, 워킹하즈식 등

㉧ 폐열 회수방식 : 축열식, 환열식 등

㉨ 형상 : 수(竪)형, 상자형, 도가니형 등

㉩ 연소기 설치 위치 : 상부연소식, 측방연소식, 하부연소식 등

③ 요로의 개선 방안

㉠ 요로를 균일하게 가열하는 방법

- 노 내 가스를 순환시켜 연소가스량을 많게 한다.
- 가열시간을 되도록 길게 한다.
- 장염이나 축차연소를 행한다.
- 벽으로부터 방사열을 적절히 이용한다.

㉡ 요로의 열효율 향상방법

- 전열량을 증가시킨다.
- 연속 조업으로 손실열을 최소화한다.
- 환열기, 축열기를 설치한다.
- 단열조치로 방사열량을 감소시킨다.
- 배열을 이용하여 연소용 공기를 예열·공급한다.
- 요로의 적정 압력을 유지한다.
- 폐열을 사용한다(폐가스의 열회수).
- 발열량이 높은 연료를 사용한다.
- 적정한 연소장치를 선택한다.
- 공기를 예열한다.
- 가열시간 및 가열온도를 조절한다.
- 적정 공기비 유지로 완전연소를 도모한다.
- 에너지원 단위를 잘 관리한다.
- 요로 내부의 밀폐를 강화시킨다.
- 가열온도를 적정온도로 유지시킨다.
- 가열 대상 물질을 예열시킨다.

④ 축요(가마 제작)

㉠ 가마 축조 시 단열재의 효과

- 작업온도까지 가마의 온도를 빨리 올릴 수 있다.
- 가마의 벽을 얇게 할 수 있다.
- 가마 내의 온도 분포가 균일하게 된다.

• 내화벽돌의 내·외부 온도가 급격히 상승되는 것을 방지한다.

㉡ 지반적부결정시험 : 지내력시험, 토질시험, 지하탐사

㉢ 노재의 하중연화점 측정방법 : 하중을 일정하게 하고 온도를 높이면서 그 하중에 견디지 못하고 변형되는 온도를 측정한다.

㉣ 연소실의 연도 축조 시의 유의사항

• 넓거나 좁은 부분의 차이를 줄인다.
• 가스 정체공극을 만들지 않는다.
• 통풍력 증가를 위하여 가능한 한 굴곡 부분을 없앤다.
• 댐퍼로부터 연도까지의 길이를 짧게 한다.

⑤ 요로 관련 제반사항

㉠ 소성가마 내 열의 전열방법 : 복사, 전도, 대류

㉡ 산화배소 : 광석을 공기의 존재하에서 가열하여 금속산화물 또는 산소를 함유한 금속화합물로 바꾸는 조작

㉢ 섀도 월(Shadow Wall) : 유리 용융용 브리지 월(Bridge Wall) 탱크에서 용융부와 작업부 간의 연소가스 유통을 억제하는 역할을 담당하는 구조 부분

㉣ 노 내 강의 산화를 다소 감소시킬 수 있는 연소가스 : CO

㉤ 침탄법 : 노 내 가열온도 850~950[℃] 상태에서 노 속에 목탄이나 코크스와 침탄촉진제를 이용하여 강의 표면에 탄소를 침입시켜 표면을 경화시키는 표면처리법

㉥ 리큐퍼레이터(환열기) : 공업용 노에 있어서 폐열회수장치로 가장 적합하며 연도측 가까이 설치한다.

㉦ 요로 내에서 생성된 연소가스의 흐름

• 가열물의 주변에 고온가스가 체류하는 것이 좋다.
• 같은 흡입조건하에서 고온가스는 천장쪽으로 흐른다.
• 가연성 가스를 포함하는 연소가스는 흐르면서 연소가 진행된다.
• 연소가스는 일반적으로 가열실 내에 충만되어 흐르는 것이 좋다.

핵심예제

1-1. 다음은 요로의 정의에 대한 설명이다. ( ) 안에 들어갈 용어를 쓰시오.

> 요로란 물체를 가열하여 (㉠)시키거나 (㉡)을(를) 통하여 가공 생산하는 공업장치로서 (㉢)에 따라 연료의 발열반응을 이용하는 장치, 전열을 이용하는 장치 및 연료의 (㉣)반응을 이용하는 장치 등의 3종류로 크게 구분할 수 있다.

1-2. 구조에 따른 요(窯)의 분류 중 소성작업이 연속적으로 이루어지는 요인 연속식 요의 종류를 3가지만 쓰시오.

[2014년 제4회 유사, 2020년 제1회]

1-3. 요로의 에너지 절감을 위한 열손실 방지 또는 열효율 증가방법을 5가지만 쓰시오. [2015년 제2회, 2016년 제2회]

1-4. 연소실의 연도를 축조하려 할 때의 유의사항을 4가지만 쓰시오.

|해답|

1-1

㉠ 용 융
㉡ 소 성
㉢ 열 원
㉣ 환 원

1-2

연속식 요의 종류 : 터널가마, 회전가마, 윤요

1-3

요로의 열효율 증가방법

① 전열량을 증가시킨다.
② 연속 조업으로 손실열을 최소화한다.
③ 환열기, 축열기를 설치한다.
④ 단열조치로 방사열량을 감소시킨다.
⑤ 배열을 이용하여 연소용 공기를 예열·공급한다.

1-4

연소실의 연도를 축조하려 할 때의 유의사항

① 넓거나 좁은 부분의 차이를 줄인다.
② 가스 정체공극을 만들지 않는다.
③ 통풍력 증가를 위하여 가능한 한 굴곡 부분을 없앤다.
④ 댐퍼로부터 연도까지의 길이를 짧게 한다.

핵심이론 02 요의 종류

① 불연속식 요

㉠ 횡염식 요(옆불꽃가마)
㉡ 등염식 요(오름불꽃가마)
㉢ 도염식(Down Draft) 요(꺾임불꽃가마)

- 구조 : 흡입구, 지연도, 주연도, 화교
- 불꽃이 올라가서 가마 천장에 부딪쳐 가마 바닥의 흡입구멍으로 빠진다.
- 머플가마 : 피가열물이 연소가스의 더러움을 받지 않는 간접가열식 가마

② 반연속식 요

㉠ 등요(오름가마)
㉡ 셔틀요(Shuttle Kiln)

- 가마의 보유열보다 대차의 보유열이 열 절약의 요인이 된다.
- 급랭파가 안 생길 정도의 고온에서 제품을 꺼낸다.
- 가마 1개당 2대 이상의 대차가 있어야 한다.
- 요체의 보유열을 이용할 수 있으므로 경제적이다.
- 작업이 간편하고 조업이 용이하여 조업주기가 단축된다.

③ 연속식 요

㉠ 윤요(Ring Kiln, 고리가마) : 피열물을 정지시켜 놓고 소성대의 위치를 바꾸어 가며 주로 벽돌, 기와, 보도타일 등의 건축재료를 소성하는 연속식 가마이다.

- 형태 : 원형, 타원형
- 소성실 개수와 전체 길이 : 약 14개, 약 80[m]
- 종류 : 호프만가마, 지그재그가마, 해리슨가마, 복스형 가마
- 연속식 요의 특징
  - 종이 칸막이가 있다.

– 단가마보다 약 65[%] 정도 연료를 절약할 수 있다.
– 열효율이 좋다.
– 소성이 균일하지 않다.

ⓛ 견요(선가마)
- 석회석 클링커 제조에 널리 사용된다.
- 견요의 특징
  – 이동화상식이다.
  – 연료를 상부에서 장입한다.
  – 제품의 예열을 이용하여 연소용 공기를 예열한다.

ⓒ 터널요(터널가마)
- 3대 구조부 : 예열부, 소성부, 냉각부
- 터널요의 구성장치 : 대차, 샌드 실(Sand Seal), 푸셔
- 터널요의 특징
  – 전체 길이 : 30~100[m]
  – 소성온도 : 1,300[℃] 정도의 고온
  – 예열, 소성, 냉각이 연속적으로 이루어지며 연소가스는 소성대에서 배기된다.
  – 대량 생산이 가능하며 유지비가 저렴하다.
  – 소성이 균일하여 제품의 품질이 좋다.
  – 산화환원 소성의 조절이 쉽고 노 내 온도 조절이 용이하며 온도 조절의 자동화가 쉽다.
  – 열효율이 좋아 연료비가 절감된다.
  – 소성 서랭시간이 짧다.
  – 가마의 바닥면적이 생산량에 비해 작고 노무비가 절감된다.
  – 열 절연을 위하여 샌드 실 장치를 마련한다.
  – 대차가 필요하다.
  – 사용 연료에 제한이 따른다.
  – 제품의 품질, 크기, 형상 등에 제한을 받는다.

ⓔ 회전가마(Rotary Kiln) : 클링커를 굽는 소성가마인 동시에 클링커를 생성하는 반응로로, 주로 시멘트 제조에 사용한다.
- 시멘트 클링커의 제조방법에 따른 분류 : 건식법, 습식법, 반건식법
- 구조 : 온도에 따라 소성대, 하소대, 예열대, 건조대 등으로 구분한다.
- 회전가마의 특징
  – 선가마의 단점을 보완한 가마이다.
  – 원료를 가마 안에서 열처리하여 클링커 생성반응을 일으켜 클링커를 만들면서 반응물질을 운반하는 컨베이어 역할도 한다.
  – 원료와 연소가스는 서로 반대 방향으로 이동함으로써 열교환이 일어난다.
  – 클링커는 별도로 제거한다.
  – 일반적으로 시멘트, 석회석 등의 소성에 사용된다.

ⓜ 탱크요 : 유리 용융용으로 대량 생산 시 사용되는 가마이다.

핵심예제

2-1. 도염식 가마에서 불꽃의 진행 방향은 어떻게 되는지 간단히 설명하시오.

2-2. 셔틀요의 특징을 3가지만 쓰시오.

2-3. 터널요(Tunnel Kiln)의 구조부, 구성장치에 대해 각각 3가지씩 쓰시오. [2016년 제2회, 2020년 제2회]

2-4. 연속식 요 중의 하나인 터널요(터널가마)에 대한 다음 질문에 답하시오. [2019년 제4회]

(1) 연속 진행되는 3가지 프로세스를 기준으로 터널요의 3가지 구조부의 명칭을 쓰시오.
(2) 터널요의 특징을 4가지만 쓰시오.

2-5. 피열물을 정지시켜 놓고 소성대의 위치를 바꾸어 가며 주로 벽돌, 기와, 보도타일 등의 건축재료를 소성하는 연속식 가마의 명칭을 쓰시오.

|해답|

2-1

도염식 가마의 불꽃 진행 방향 : 불꽃이 올라가서 가마 천장에 부딪쳐 가마 바닥의 흡입구멍으로 빠진다.

2-2

셔틀요의 특징

① 가마의 보유열보다 대차의 보유열이 열 절약의 요인이 된다.
② 급랭파가 안 생길 정도의 고온에서 제품을 꺼낸다.
③ 가마 1개당 2대 이상의 대차가 있어야 한다.

2-3

(1) 터널요의 구조부
 ① 예열부(예열대)
 ② 소성부(소성대)
 ③ 냉각부(냉각대)
(2) 터널요의 구성장치
 ① 대 차
 ② 샌드 실(Sand Seal)
 ③ 푸 셔

2-4

(1) 터널요의 3가지 구조부의 명칭
 ① 예열부(예열대)
 ② 소성부(소성대)
 ③ 냉각부(냉각대)
(2) 터널요의 특징 4가지
 ① 소성 서랭시간이 짧고 대량 생산이 가능하다.
 ② 인건비, 유지비가 적게 든다.
 ③ 온도 조절의 자동화가 쉽다.
 ④ 제품의 품질, 크기, 형상 등에 제한을 받는다.

2-5

고리가마

핵심이론 03 노

① 고 로

㉠ 개 요

- 고로(Blast Furnace)는 내화벽돌 또는 돌을 재료로 하고, 외부를 철로 보강한 수직형 또는 원통형의 노이다. 그 안에 코크스, 기타 적당한 원료 및 용제를 섞은 광석에 가압한 공기를 공급하여 광석을 용해하여 선철을 얻는 노로, 일반적으로 용광로라고도 한다.
- 고로는 조직의 화학 변화를 동반하는 소성 및 가소를 목적으로 하는 노이다.
- 구성 : 노구(Throat), 샤프트(Shaft), 보시(Bosh), 노상(Hearth) 등
- 용도 : 선철 제조
- 주원료 : 철광석, 코크스, 석회석
- 용량 : 1일 생산량을 톤[ton]으로 결정한다.
- 종류 : 철피식, 철대식, 절충식

㉡ 코크스의 역할

- 흡탄작용(가스 상태로 선철 중에 흡수)
- 선철을 제조하는 데 필요한 열원 공급(탄소의 연소에 따른 열원 공급 역할)
- 연소 시 환원성 가스를 발생시켜 철의 환원 도모(철광석 및 산화물의 환원제 역할)
- 용선과 슬래그에 열을 주는 열교환 매체 역할
- 고로 내 통기를 위한 스페이스 제공(고로 내의 가스 통풍을 양호하게 함)

㉢ 고로의 특징

- 산소의 제거는 CO가스에 의한 간접환원반응과 코크스에 의한 직접환원반응으로 이루어진다.
- 철광석 등의 원료는 노의 상부에서 투입되고, 용선은 노의 하부에서 배출된다.
- 망간광석은 탈황 및 탈산을 위해 첨가한다.
- 노 내부의 반응을 촉진시키기 위해 압력을 높이거나 열풍의 온도를 높이는 경우도 있다.

② 주물 용해로

㉠ 용선로(큐폴라) : 주철 용해로

- 대량 생산이 가능하다.
- 용해 특성상 용량에 탄소, 황, 인 등의 불순물이 들어가기 쉽다.
- 다른 용해로에 비해 열효율이 좋고 용해시간이 빠르다.

㉡ 반사로 : LPG가스, 석탄, 중유 등을 연료로 하여 노벽이나 천장에서의 반사・복사열을 이용하여 금속을 용해・제련하는 노이다. 용광로가 출현하기 이전에는 제련용의 노로 사용되었으나 현재는 구리, 알루미늄 및 그의 합금, 가단주철 등을 대량으로 용해할 때 채용되고, 유리 용해에도 사용된다.

㉢ 도가니로 : 동합금, 경합금 등 비철금속 용해로이며, 도가니 재료는 흑연질이다.

③ 제강로

㉠ 평로(Open-hearth Furnace) : 고체, 액체 또는 기체연료의 연소가스가 노 내의 용융재료 위로 통하는 구조의 가수 축열실을 갖는 횡형의 고정 또는 기울일 수 있는 강철로 만든 노이다.

- 축열실 : 배기가스에 현열을 흡수하여 공기나 연료가스 예열에 이용하여 열효율을 증가시키는 배열회수 장치이다.
- 환열기(리큐퍼레이터) : 연소가스 온도가 600[℃] 이하의 저온인 경우 축열공기 예열을 위한 장치이다.

㉡ 전로(Converter, 회전로) : 고로로부터의 용선을 용강으로 정련하는 제강로이다. 연료를 사용하지 않고 용선의 보유열과 용선 속 불순물의 산화열에 의해서 노 내 온도를 유지하며 용강을 얻는다.

- 전로의 종류 : 산성 저취전로(베서머전로), 염기성 저취전로(토머스전로), 순산소 상취전로(LD전로), 순산소 저취전로, 상하취 복합취련전로

㉢ 전기로 : 아크로, 저항로, 유도로

④ 금속 가열로(강재 가열로) : 연속식 가열로, 배치식 가열로(균열로)

㉠ 연속식 가열로 : 강편을 압연온도까지 가열하기 위하여 사용되는 가열로이며, 강제 이동방식에 따라 다음과 같이 분류한다.

- Pusher Type : 푸셔를 이용하여 피열물을 이송하는 방식이다. 1대식에서 5대식까지 있으며, 주로 중소형에 사용된다.
- Walking Beam Type : 2개의 빔(고정빔, 이동빔)을 이용하여 피열물을 이동시킨다. 품질이 우수하며 주로 대용량에 사용된다.
- Walking Hearth Type
- 회전로상식(Rotary(또는 Roller) Hearth Type)

㉡ 배치식 가열로(균열로) : 강괴를 균일하게 가열하기 위하여 사용하는 가열로로, 열효율이 낮고 처리물량이 적다.

⑤ 금속 열처리로

㉠ 구조에 따른 분류 : 상형로, 대차로, 회전로

㉡ 풀림로 : 열처리로 경화된 재료를 변태점 이상의 적당한 온도로 가열한 다음 서서히 냉각시켜 강의 입도를 미세화하여 조직을 연화시키고, 내부응력을 제거하는 노이다.

㉢ 머플로 : 가스로 중 주로 내열강재의 용기를 내부에서 가열하고 그 용기 속에 열처리품을 장입하여 간접가열하는 노이다.

핵심예제

3-1. 가스로 중 주로 내열강재의 용기를 내부에서 가열하고 그 용기 속에 열처리품을 장입하여 간접가열하는 노의 명칭은?

[2017년 제1회]

3-2. 제강로 중 전로(Converter)의 종류를 3가지만 쓰시오.

[2010년 제1회, 2013년 제1회]

|해답|

3-1

머플로

3-2

전로의 종류

① 산성 저취전로(베서머전로)

② 염기성 저취전로(토머스전로)

③ 순산소 상취전로(LD전로)

제4절 | 내화물 · 단열재 · 보온재

핵심이론 01 내화물

① 개 요

㉠ 내화도

- 내화도는 'SK숫자'로 나타내며 연화 변형 상태에 따라 사용온도가 결정된다.
- 한국산업표준에서 규정하는 내화물의 내화도 하한치 : SK26번
- 내화물의 사용온도 범위 : SK26번 1,580[℃], SK30번 1,670[℃], SK32번 1,710[℃], SK34번 1,750[℃], SK40번 1,920[℃], SK42번 2,000[℃]
- 내화물 : 내화벽돌 SK26번 1,580[℃] 이상의 내화도를 지닌 물질

㉡ 안전사용온도 : 보랭재, 보온재, 단열재, 내화단열재, 내화물 등을 구분하는 기준

- 보랭재 : 100[℃] 이하
- 보온재 : 100~500[℃]
- 단열재 : 850~1,200[℃]
- 내화단열재(내화재) : 1,100[℃] 이상
- 내화단열벽돌 : 1,300~1,500[℃]
- 내화물 : 1,580[℃](SK26번) 이상

㉢ 내화물의 구비조건

- 고대 : 압축강도, 내마모성, 내열성, 내침식성, 내연화 변형성
- 저소 : 팽창, 수축, 연화 변형
- 적정 : 열전도율

㉣ 내화물의 종류

- 산성 내화물 : 규석질 내화물, 반규석질 내화물, 납석질 내화물, 샤모트질 내화물
- 염기성 내화물 : 마그네시아 내화물, 크롬마그네시아 내화물, 돌로마이트 내화물, 포스터라이트 내화물

• 중성 내화물 : 고알루미나질 내화물, 크롬질 내화물, 탄화규소질 내화물, 탄소질 내화물
• 부정형 내화물 : 캐스터블 내화물, 플라스틱 내화물, 내화 모르타르

ⓜ 제게르콘(Seger Cone)
• 제게르콘은 소성온도 또는 내화도를 확인하기 위한 표준콘이다.
• Al_2O_3, SiO_2, K_2O, CaO 등을 일정 비율로 혼합하여 제조한다.
• 높이 30[mm], 위쪽 머리 부분 3[mm], 삼각형 밑변 길이 7[mm]로 되어 있으며, 시험 내화재의 추와 오열로 받침대 위 80°의 각으로 세워서 내화도를 측정한다.

ⓗ 내화물의 비중
• 참비중(D_t, True Specific Gravity)
  - 내부 기공을 제외한 참부피에 대한 비중이다.
  - 무게/참부피
• 겉보기비중(D_a, Apparent Specific Gravity)
  - 내부 기공까지 포함시킨 체적에 대한 비중이다.
  - $D_a = \dfrac{W_1}{W_1 - W_2}$

    (여기서, W_1 : 시료의 건조 중량[kg], W_2 : 함수시료의 수중 중량[kg])
• 부피비중(D_b, Bulk Specific Gravity)
  - $D_b = \dfrac{W_1}{W_3 - W_2}$

    (여기서, W_1 : 시료의 건조 중량[kg], W_2 : 함수시료의 수중 중량[kg], W_3 : 함수시료의 중량[kg])
• 중량 기준
  - 시료의 건조 중량(W_1) : 벽돌을 105~120[℃]에서 건조시켰을 때의 무게
  - 함수시료의 수중 중량(W_2) : 물속에서 3시간 끓인 후 물속에서 유지시킨 무게
  - 함수시료의 중량(W_3) : 물속에서 3시간 끓인 후 물속에서 끄집어내어 표면에 묻은 수분을 닦은 후의 무게
• 내화물의 비중과 관련된 성질 : 압축강도, 기공률, 열전도율, 내화도 등

ⓢ 흡수율 : $\dfrac{W_3 - W_1}{W_1} \times 100[\%]$

(여기서, W_1 : 시료의 건조 중량, W_3 : 함수시료의 중량)

ⓞ 스폴링 현상
• 스폴링(Spalling) : 온도의 급격한 변동 또는 불균일한 가열 등으로 내화물에 열응력이 생겨 표면이 갈라지는 균열이 생기거나 표면이 박리되는 현상이다.
• 스폴링의 종류 : 열적 스폴링, 기계적 스폴링, 구조적 스폴링(또는 조직적 스폴링)
• 내화물의 스폴링 시험방법
  - 시험체는 표준형 벽돌을 110±5[℃]에서 건조하여 사용한다.
  - 전 기공률 45[%] 이상인 내화벽돌은 공랭법에 의한다.
  - 공랭법의 경우 시험편을 노 내에 삽입 후 약 15분간 가열한 후 15분간 공랭시킨다.
  - 수랭법의 경우 시험편을 노 내에 삽입 후 약 15분간 가열한 후 노 내에서 시험편을 꺼내어 재빠르게 가열면측을 눈금의 위치까지 물에 잠기게 하여 약 10분간 냉각시킨다.

ⓙ 배소(Roasting)
• 광석을 용해되지 않을 정도로 가열시킨다.
• 화학적 조정과 물리적 조직 변화가 발생한다.
• 원광석의 결합수(화합수)를 제거하고 탄산염을 분해한다.
• 황, 인 등의 유해성분을 제거한다.
• 산화배소는 일반적으로 발열반응이다.

- 산화도를 변화시켜 자력선광을 할 수 있도록 하며, 제련을 용이하게 한다.

ⓩ 내화물 관련 제반사항
- 노재(내화물)의 기본 제조공정 : 분쇄 → 혼련 → 성형 → 건조 → 소성 → 제품
- 도자기 소성 시 노 내 분위기의 순서 : 산화성 분위기 → 환원성 분위기 → 중성 분위기
- 스파이스 : 제련에서 중금속 비화물이 균일하게 녹아 있는 인공적인 혼합물이다. 원료 중에 As, Sb 등이 다량으로 들어 있고, 이것이 환원 분위기에서 산화제거되지 않을 때 생기는 물질이다.

② 벽 돌

㉠ 보통벽돌 : 주원료가 점토이고, 점성이 작은 흙이나 강모래를 배합하여 만든 건축재료이다.
- 흡수율은 약 4~23[%] 정도이다.
- 겉보기비중은 1.8~2.2 정도이다(저온용 점토 : 1.8~2.0, 고온용 점토 : 2.0~2.2).
- 압축강도는 약 100~300[kg/cm^2] 정도이다.
- 원료에는 약 5[%]의 산화철이 함유되어 있으며, 적갈색이다.

㉡ 벽돌의 안전사용온도
- 내화단열벽돌 : 1,300~1,500[℃]
- 단열벽돌 : 800~1,200[℃]

㉢ 푸리에 열전도 법칙

시간당 손실열량 $Q = \lambda A \dfrac{(t_1 - t_2)}{L}$

(여기서, λ : 열전도율, A : 벽면의 단면적, t_1 : 외면의 온도, t_2 : 내면의 온도, L : 벽의 두께)

㉣ 납석벽돌
- 납석은 불순한 석영질이며, 열수축이 작기 때문에 생원료의 배합을 많이 할 수가 있으며, 가격이 저렴하다.
- 비교적 저온에서의 소결이 용이하다.
- 흡수율이 작고 압축강도가 크다.
- 슬래그에 의해서 내식성이 크다.
- 내화도는 SK28~33 정도이며 하중연화점도 높지 않아 일반용으로 사용된다.

㉤ 각종 내화벽돌을 쌓을 때 결합제로 사용되는 내화 모르타르의 분류 : 열경성 내화 모르타르, 기경성 내화 모르타르, 수경성 내화 모르타르

③ 산성 내화물

㉠ 규석질 내화물
- 주성분 : SiO_2(실리카)
- 내화도가 높다(SK31~34, 1,690~1,750[℃]).
- 용융점 부근까지 하중에 견딘다.
- 하중연화온도가 높고 온도 변화가 작다.
- 저온에서 스폴링이 발생되기 쉽다.
- 내마모성이 좋고 열전도율이 작다.
- 용도 : 각종 가마의 천장, 산성제강요로의 벽, 전기로, 축열실, 코크스가마의 벽 등
- 온도 변화에 따라 결정형이 달라진다.
- 불순물이 적은 규석을 천천히 가열하면 변태가 일어난다.
- 실리카(Silica)의 전이 특성
  - 온도 변화에 따라 결정형이 달라진다.
  - 광화제가 전이를 촉진시킨다.
  - 가열온도가 높아질수록 비중이 작아진다.
  - 고온전이형이 되면 비중이 작아진다.
  - 내화물에서 중요한 것은 실리카의 고온형 변태이다.
  - 실리카의 전이는 짧은 시간에 매우 빠르게 이루어진다.
  - 실리카의 결정형은 규석(석영, Quartz), 트리디마이트(Tridymaite), 크리스토발라이트(Cristobalite)의 3가지 주형(Principal Form)으로 구성된다.

- 실리카의 3가지 주형 중에서 규석(석영, Quartz)은 상온에서 가장 안정된 광물이며 상압에서 870[℃] 이하 온도에서 안정된 형이다. 규석(석영, Quartz)은 573[℃] 이하에서 안정한 α석영(저온석영)과 573[℃] 이상에서 안정한 β석영(고온석영)의 두 가지 형태로 존재한다.
- 트리디마이트는 870~1,470[℃]에서 안정한 형이다.
- 크리스토발라이트는 1,470~1,728[℃]에서 안정한 형이다.
- 온도 1,728[℃]를 넘으면 융해되어 용융 실리카(Fused Silica 또는 Silica Glass)가 된다.
- 이와 같이 결정형이 바뀌는 것을 전이(Inversion)라고 하며, 주형 간의 전이는 매우 느리다.
- 전이속도를 빠르게 작용하도록 하는 성분을 광화제(Mineralizer)라고 하며, 일반화학에서 촉매와 같은 역할을 한다.
- 각 주형에는 1개 이상의 수식형(Modification)이 있는데 이 수식형 간의 전이는 전이온도에 도달하기만 하면 즉각적으로 일어나므로 전이속도가 매우 빠르고 가역적이다. 1,200[℃]까지 계속 가열하면 β석영은 크리스토발라이트로 변하고 규소-산소의 결합이 끊어진다. 이 변화는 이온들 간에 재배열이 일어나면서 서서히 진행되는 비가역과정이며 실리카의 전이는 팽창을 수반한다.
- 크리스토발라이트(Cristobalite)에서 용융실리카(Fused Silica)로 전이에 따른 부피 변화 시 20[%] 팽창된다.
- SiO_2의 전이에 따른 부피 변화

온도[℃]	전이의 종류	부피 변화[%]
573	α-Quartz → β-Quartz	+1.35
870	β-Quartz → β_2-Tridymaite	+14.4
1,250	β-Quartz → β-Cristobalite	+17.4
1,470	β-Cristobalite → α-Cristobalite	-6.0
1,728	Cristobalite → Fused Silica	+20.0

㉡ 반규석질 내화물
- 주성분 : $SiO_2(Al_2O_3)$이며, 실리카 50~80[%] 정도이다.
- 열에 의한 수축과 팽창이 작아 치수 변동률이 작다.
- 내화도는 낮다(SK28~30).
- 용도 : 야금로, 배소로

㉢ 납석질 내화물

㉣ 샤모트질 내화물 : 카올린을 미리 SK10~14 정도로 1차 소성하여 탈수 후 분쇄한 것으로서 고온에서 광물상을 안정화한 산성 내화물이다.
- 주성분 : Al_2O_3, $2SiO_2$, $2H_2O$
- 성형 및 소결성을 좋게 하기 위하여 샤모트 이외에 가소성 생점토를 가한다.
- 일반적으로 기공률이 크고 비교적 낮은 온도(SK 28~34)에서 연화되며 내스폴링성이 좋다.
- 용도 : 일반 가마용

④ **염기성 내화물** : 마그네시아 내화물, 크롬마그네시아 내화물, 돌로마이트 내화물, 포스터라이트 내화물

㉠ 마그네시아 내화물
- 마그네사이트 또는 수산화마그네슘을 주원료로 한다.
- 1,500[℃] 이상으로 가열하여 소성한다.
- 산성 슬래그와 접촉하여 쉽게 침식되지만 염기성 슬래그에 대한 내침식성이 크다.
- 주로 염기성 제강로의 노재로 사용된다.
- 내화도가 SK36~42로 매우 높다.
- 열팽창률이 커서 내스폴링성이 좋지 않다.

㉡ 크롬–마그네시아 내화물 : 전기로나 시멘트 소성용 회전가마의 소성대 내벽에 사용하기 적합한 내화물이다.
- 비중이 크고 염기성 슬래그에 대한 저항이 크다.
- 내스폴링성이 크다.
- 버스팅(Bursting) : 크롬이나 크롬마그네시아 벽돌이 고온에서 산화철을 흡수하여 표면이 부풀어 오르고 떨어져 나가는 현상이다.

㉢ 돌로마이트 내화물
- 돌로마이트 내화물은 CaO와 MgO를 주성분으로 하는 염기성 내화물이다(돌로마이트의 주성분 : $MgCO_3$, $CaCO_3$).
- 염기성 슬래그에 대한 저항이 크다.
- 내화도, 하중연화온도가 높다.
- 소화성이 크다.
- 내화도는 SK35~36 정도이다.
- 내스폴링성이 크다.
- 전로 내장용, 노의 정련용 용기에 사용된다.

㉣ 포스터라이트(Forsterite) 내화물 : $MgO-SiO_2$계 내화물(2MgO, SiO_2 또는 Mg_2SiO_4)이며 제강로, 비철금속 용해로의 내화물로 사용한다.
- 내식성이 우수하고 기공률이 크다.
- 돌로마이트에 비해 소화성이 작다.
- 하중연화점과 내화도(SK35~37)가 크다.

㉤ 슬래킹(Slaking)
- 염기성 내화물이 수증기에 의해서 조직이 약화되는 현상이다.
- 마그네시아질 내화물 또는 돌로마이트질 내화물의 성분인 MgO, CaO가 공기 중의 수분, 수증기를 흡수하여 $Mg(OH)_2$, $Ca(OH)_2$로 변화되면서 큰 비중 변화에 의한 체적 변화를 일으켜 조직이 약화되어 노벽에 균열이 발생하여 붕괴하는 현상이다.
- 슬래킹은 염기성 내화벽돌에서 공통적으로 일어날 수 있는 현상이다.

⑤ **중성 내화물** : 고알루미나질 내화물, 크롬질 내화물, 탄화규소질 내화물, 탄소질 내화물

㉠ 고알루미나질 내화물
- 알루미나가 50[%] 이상 포함된 중성 내화물이다.
- 알루미나 함량이 많은 원료는 가소성이 작다.
- 고대 : 급열·급랭에 대한 저항성, 내화도, 하중연화온도, 내식성, 내마모성
- 저소 : 고온에서의 부피 변화

㉡ 크롬질 내화물 : 염기성 평로에서 산성 벽돌과 염기성 벽돌을 섞어서 축로할 때 서로의 침식을 방지하는 목적으로 사용되는 중성 내화물로, 내마모성은 크지만 스폴링을 일으키기 쉽다.

㉢ 탄화규소질(SiC) 내화물
- 탄화규소를 주원료로 한다.
- 고대 : 내열성, 내마모성, 내스폴링성, 내화학침식성, 내화도, 하중연화온도, 열간 강도, 열전도율
- 저소 : 열팽창률
- 고온의 중성 및 환원염 분위기에서는 안정하다.
- 고온의 산화염 분위기에서는 산화되기 쉽다.

㉣ 탄소질 내화물

⑥ **부정형 내화물** : 캐스터블 내화물, 플라스틱 내화물, 내화 모르타르

㉠ 캐스터블(Castable) 내화물 : 내화성 골재에 경화제로 사용되는 수경성 알루미나 시멘트를 10~20[%] 정도 배합하여 만든 부정형 내화물이다.
- 건조, 소성 시 수축이 작다.
- 소성할 필요가 없고 가마의 열손실이 작다.
- 현장에서 필요한 형상으로 성형이 가능하다.
- 열전도율이 작다.
- 열팽창은 작고 잔존 수축은 크다.
- 접합부 없이 노체를 구축할 수 있다.

- 내스폴링성이 우수하다.
- 시공 후 약 24시간 후에 건조・승온이 가능하고, 경화제로 알루미나 시멘트를 사용한다.
- 점토질이 많이 사용되고, 용도에 따라 고알루미나질이나 크롬질도 사용된다.
- 경화건조 후 부피비중이 크다(크롬질 : 2.7~2.9, 고알루미나질 : 1.9~2.1, 점토질 : 1.6~2.1, 내화단열질 : 1.0~1.3).

㉡ 플라스틱 내화물
- 소결력이 좋고 내식성이 크다.
- 캐스터블 소재보다 고온에 적합하다.
- 내화도가 높고 하중연화점이 높다.
- 팽창과 수축이 작다.

㉢ 내화 모르타르
- 시공성 및 접착성이 좋아야 한다.
- 화학성분 및 광물 조성이 내화벽돌과 유사해야 한다.
- 건조, 가열 등에 의한 수축과 팽창이 작아야 한다.
- 필요한 내화도를 지녀야 한다.

㉣ 부정형 내화물 사용 시 탈락방지기구 : 메탈라스, 앵커, 서포터

⑦ **특수 내화물** : 지르콘 내화물, 지르코니아 내화물, 베릴리아질 내화물, 토리아질 내화물

㉠ 지르콘($ZrSiO_4$) 내화물
- 열팽창률이 작다.
- 내스폴링성이 크다.
- 염기성 용재에 약하다.
- 내화도는 일반적으로 SK37~38 정도이다.

㉡ 지르코니아(ZrO_2) 내화물
- 용융점은 약 2,710[℃]이다.
- 내식성이 크고 열전도율은 작다.
- 고온에서 전기저항이 작다.
- 주로 용융 주조 내화물로 사용된다.

㉢ 베릴리아질 내화물

㉣ 토리아질 내화물

핵심예제

1-1. 내화물의 구비조건을 4가지만 쓰시오.

1-2. 다음의 SK번호에 따른 내화벽돌의 최고사용가능온도[℃]를 각각 쓰시오. [2014년 제1회]

(1) SK32번
(2) SK34번
(3) SK40번

1-3. 내화재, 단열재, 보온재, 보랭재 등을 구분하는 기준은 무엇인지를 쓰시오. [2010년 제4회]

1-4. 보랭재, 보온재, 단열재, 내화단열재, 내화물을 구분하는 안전사용온도를 각각 쓰시오. [2015년 제4회]

1-5. Al_2O_3, SiO_2, K_2O, CaO 등을 일정 비율로 혼합하여 제조하며 높이 30[mm], 위쪽 머리 부분 3[mm], 삼각형 밑변 길이 7[mm]로 되어 있으며, 시험 내화재의 추와 오열로 받침대 위 80°의 각으로 세워서 내화도를 측정하는 것으로 명칭을 쓰시오. [2010년 제1회]

1-6. 내화물의 겉보기비중(D_a), 부피비중(D_b)의 계산공식을 다음 보기의 W_1, W_2, W_3를 적절하게 사용하여 각각 나타내시오. [2009년 제2회]

보기
- W_1 : 시료의 건조 중량[kg]
- W_2 : 함수시료의 수중 중량[kg]
- W_3 : 함수시료의 중량[kg]

(1) 겉보기비중(D_a)
(2) 부피비중(D_b)

1-7. 온도의 급격한 변동 혹은 불균일한 가열 등으로 내화물에 열응력이 생겨 표면이 갈라지는 균열이 생기거나 표면이 박리되는 현상의 명칭을 쓰시오. [2011년 제1회]

핵심예제

1-8. 내화물이 사용 중 내부에 생성되는 응력으로 인하여 균열이 생기거나 표면이 떨어지는 현상을 스폴링(Spalling)이라고 한다. 스폴링의 종류를 3가지만 쓰시오. [2016년 제1회]

1-9. 다음의 소성 내화물의 제조공정에서 (　) 안에 들어갈 공정의 명칭을 쓰시오.

> [소성 내화물의 제조공정]
> (①) → (②) → (③) → (④) → (⑤) → 제품

1-10. 두께 230[mm]의 내화벽돌이 있다. 내면의 온도가 320[℃]이고 외면의 온도가 150[℃]일 때 이 벽면 10[m^2]에서 매 시간당 손실되는 열량[kcal]을 구하시오(단, 내화벽돌의 열전도율은 0.96[kcal/m · h · ℃]이다).

1-11. 내화도가 높고 용융점 부근까지 하중에 견디기 때문에 각종 가마의 천장에 주로 사용되는 내화물의 명칭을 쓰시오.

1-12. 부정형 내화물(Monolithic Refractories)의 종류를 3가지만, 사용 시 탈락방지기구를 3가지만 쓰시오. [2013년 제2회, 2016년 제4회]

1-13. 캐스터블 내화물(Castable Refractories)의 특징을 4가지만 쓰시오.

1-14. 염기성 내화벽돌에서 공통적으로 일어날 수 있는 현상으로, 마그네시아질 내화물 또는 돌로마이트질 내화물의 성분인 MgO, CaO가 공기 중의 수분, 수증기를 흡수하여 $Mg(OH)_2$, $Ca(OH)_2$로 변화되면서 큰 비중 변화에 의한 체적 변화를 일으켜 조직이 약화되어 노벽에 균열이 발생하여 붕괴하는 현상을 무엇이라고 하는지 쓰시오.

[2012년 제2회, 2013년 제4회, 2017년 제1회, 2021년 제4회]

1-15. 크롬이나 크롬마그네시아 벽돌이 고온에서 산화철을 흡수하여 표면이 부풀어 오르고 떨어져 나가는 현상을 무엇이라 하는지 쓰시오.

|해답|

1-1

내화물의 구비조건

① 상온에서 압축강도가 클 것
② 내마모성 및 내침식성을 가질 것
③ 재가열 시 수축이 작을 것
④ 사용온도에서 연화 변형하지 않을 것

1-2

(1) SK32번 : 1,710[℃]
(2) SK34번 : 1,750[℃]
(3) SK40번 : 1,920[℃]

1-3

안전사용온도

1-4

안전사용온도

① 보랭재 : 100[℃] 이하
② 보온재 : 100~500[℃]
③ 단열재 : 850~1,200[℃]
④ 내화단열재(내화재) : 1,100[℃] 이상
⑤ 내화물 : 1,580[℃](SK26번) 이상

1-5

제게르콘 또는 제게르추

1-6

(1) 겉보기비중(D_a) : $D_a = \frac{W_1}{W_1 - W_2}$

(2) 부피비중(D_b) : $D_b = \frac{W_1}{W_3 - W_2}$

1-7

스폴링(Spalling)

1-8

스폴링의 종류 : 열적 스폴링, 기계적 스폴링, 구조적 스폴링(또는 조직적 스폴링)

1-9

① 분쇄, ② 혼련, ③ 성형, ④ 건조, ⑤ 소성

1-10

푸리에 열전도 법칙에 의하면

시간당 손실열량 $Q = \lambda A \frac{(t_1 - t_2)}{L}$

$= 0.96 \times 10 \times \frac{320 - 150}{0.23} \simeq 7{,}096$[kcal/h]

1–11
규석 내화물

1–12
① 부정형 내화물의 종류 : 캐스터블 내화물, 플라스틱 내화물, 내화 모르타르
② 부정형 내화물 사용 시 탈락방지기구 : 메탈라스, 앵커, 서포터

1–13
캐스터블 내화물의 특징
① 소성할 필요가 없고 가마의 열손실이 작다.
② 접합부 없이 노체를 구축할 수 있다.
③ 사용 현장에서 필요한 형상으로 성형할 수 있다.
④ 내스폴링(Spalling)성이 우수하고 열전도율이 작다.

1–14
슬래킹(Slaking)현상

1–15
버스팅(Bursting)

핵심이론 02 단열재

① 개 요

㉠ 단열재의 기본적인 필요요건
- 유효 열도전율이 작아야 한다.
- 소성이나 유효 열전도율과 관련된다.
- 소성 시 기포 생성이 없어야 한다.

㉡ 공업용 노의 단열시공의 효과(단열재의 단열효과)
- 열확산계수가 작아진다.
- 열전도계수가 작아진다.
- 노 내 온도가 균일하게 유지된다.
- 스폴링 현상을 방지한다.
- 내화재의 내구력을 증가시킨다.
- 열손실을 방지하여 연료 사용량을 감소시킨다.
- 축열용량을 감소시킨다.
- 노벽의 온도 구배 감소로 스폴링 발생을 방지한다.

㉢ 단열재의 보온효율 : $\eta = 1 - \dfrac{Q}{Q_1}$
(여기서, Q : 단열재 사용 시의 방출열량, Q_1 : 단열재 미사용 시의 방출열량)

② 단열재의 종류

㉠ 점토질 단열재
- 내스폴링성이 좋다.
- 노벽이 얇아져서 가볍다.
- 내화재와 단열재의 역할을 동시에 한다.
- 안전사용온도 : 1,300~1,500[℃]

㉡ 규조토질 단열재
- 안전사용온도 : 800~1,200[℃]
- 기공률 : 70~80[%] 정도
- 열전도율 : 0.12~0.2[kcal/m · h · ℃](350[℃] 기준)
- 압축강도 : 5~30[kg/cm^2]
- 내마모성, 내스폴링성이 나쁘다.
- 재가열, 수축열이 크다.

핵심예제

2-1. 공업용 요로에 단열재 사용 시의 단열효과를 4가지만 쓰시오. [2015년 제4회]

2-2. 점토질 단열재의 특징을 4가지만 쓰시오.

|해답|

2-1

단열재의 단열효과

① 축열용량의 감소
② 열전도도 감소
③ 노 내 온도 균일
④ 노벽의 내화재 보호

2-2

점토질 단열재의 특징

① 내스폴링성이 우수하다.
② 노벽이 얇아져서 노의 중량이 적다.
③ 내화재와 단열재의 역할을 동시에 한다.
④ 안전사용온도는 1,300~1,500[℃] 정도이다.

핵심이론 03 보온재

① 개 요

㉠ 보온재의 구비조건
- 고대 : 내화도, 불연성, 내열성, 내약품성, 보온능력, 내구성
- 저소 : 밀도, 비중, 무게, 열전도율(λ), 흡수성, 흡습성
- 적정 : 기계적 강도

㉡ 보온재의 선택 조건
- 노재의 흡습성과 흡수성 고려
- 물리적·화학적 강도와 내용연수
- 단위체적당 가격 및 불연성
- 사용온도범위와 열전도도

㉢ 열전도율
- 기준온도 : 상온(20[℃])
- 열전도율 순(낮은 것 → 높은 것) : 공기 → 스티로폼 → 석고보드 → 고무 → 물 → 유리 → 콘크리트 → 철 → 알루미늄 → 구리
- 상온(20[℃])에서 공기의 열전도율 : 0.022[kcal/mh℃]=0.026[W/mK]
- 보온재의 열전도율 : 일반적으로 상온(20[℃])에서 약 0.4[kJ/mhK]=0.11[W/mK]=0.095[kcal/mh℃]
  - 비례요인 : 온도, 밀도, 비중, 수분(습분, 함수율), 습도, 흡습성, 흡수성
  - 반비례요인 : 두께, 기공률, 기공 크기의 균일성, 가스분자량, 보온능력
  - 무관 : 압력, 강도

㉣ 보온재의 시공
- 보온재와 보온재의 틈새는 되도록 작게 한다.
- 겹침부의 이음새는 동일 선상을 피해서 부착한다.
- 테이프 감기는 물, 먼지 등의 침입을 막기 위해 위에서 위쪽으로 향하여 감아올리는 것이 좋다.

• 보온의 끝 단면은 사용하는 보온재 및 보온목적에 따라서 필요한 보호를 한다.
• 물로 반죽하여 시공하는 보온재의 1차 시공 시 보온재의 두께는 25[mm]가 적당하다.
• 판상 보온재를 사용할 경우 두께가 75[mm]를 초과하는 경우에는 층을 두 개로 나누어 시공한다.
• 보온재의 열전도성 및 내열성을 충분히 검토한 후 선택하여 사용해야 한다.
• 내화벽돌을 사용할 경우 일반 보온재는 내층에, 내화벽돌은 외층으로 하여 밀착시공한다.
• 사용 개소의 온도에 적당한 보온재를 선택한다.
• 사용처의 구조 및 크기 또는 위치 등에 적합한 것을 선택한다.
• 가격만 보고 가장 저렴한 것을 선택하면 안 된다.
• 물로 반죽하는 보온재의 2차 시공 시 수분이 보온재의 1~1.5배 정도 남도록 건조시킨 후 바른다.

ⓜ 알루미늄박 보온재
• 보온효과 : 복사열에 대한 반사의 특성을 이용한다.
• 열전도율 : 0.028~0.048[kcal/m・h・℃]
• 안전사용온도 : 500[℃]

ⓑ 보온재 관련 제반사항
• 보온재 내 공기 이외의 가스를 사용하는 경우 가스분자량이 공기의 분자량보다 적으면 보온재의 열전도율은 높아진다.
• 실리카겔(SiO_2) : 유리섬유의 내열도에 있어서 안전사용온도 범위를 크게 개선시킬 수 있는 결합제이다.
• 보온층의 경제적 두께 결정요인 : 연료비, 시공비, 감가상각비
• 경제성을 고려한 보온재의 최소 두께 : $Q+P$
(여기서, Q : 방산열량, P : 보온재의 비용)
• 보온재의 보온효율 : $\eta = 1 - \frac{Q_2}{Q_1}$
(여기서, Q_2 : 보온면의 방산열량, Q_1 : 나면의 방산열량)

② 유기질 보온재
㉠ 유기질 보온재의 종류 : 폴리스티렌폼(스티로폼), 폴리에틸렌폼, 염화비닐폼, 펠트(우모 및 양모), 탄화코르크, 경질 우레탄폼, 페놀폼 등
㉡ 유기질 보온재의 특징
• 사용 가능온도 : 200[℃] 이하
• 폼(Foam) 형태의 기포성 수지는 흡수성은 좋지 않지만, 불에 잘 타지 않고 보온성과 보랭성이 우수하며 굽힘성 풍부하다.
• 보온능력이 우수하다.
• 가격이 저렴하다.
• 경도가 낮고 기계적 강도가 작다.
• 최고안전사용온도가 낮다.
• 수명이 짧다.
• 무기질 보온재보다 변질이 잘 생긴다.
• 내구성, 내식성, 내수성, 내소성변형성이 좋지 않다.
• 온도 변화에 대한 균열이나 팽창・수축이 크다.
㉢ 폴리스틸렌폼(스티로폼) : 폴리스티렌수지에 발포제를 넣은 다공질의 기포 플라스틱이다.
• 최고안전사용온도 : 70[℃]
• 단열 및 보온효과가 우수하다.
• 가벼워서 운반과 시공성이 우수하다.
• 고온, 자외선에 약하다.
• 화재 시 착화나 유독가스 발생의 위험이 있다.
㉣ 폴리에틸렌폼 : 폴리에틸렌수지에 발포제 및 난연제를 배합하여 압출 발포시킨 후 냉각한 판상의 발포제를 적층 열융착하여 제조한다.
• 최고안전사용온도 : 80[℃]
• 자기소화성을 갖춘 보온판, 보온통에 사용한다.

ⓜ 염화비닐

- 최고안전사용온도 : 80[℃]
- PVC수지의 원료로 사용되며 가격이 저렴하다.

ⓑ 펠 트

- 최고안전사용온도 : 120[℃]
- 저온에서 사용되는 유기질 보온재이다.
- 방습처리가 필요하다.
- 아스팔트로 방습한 것은 -60[℃]까지 유지할 수 있어 보랭용으로 사용된다.

ⓢ 탄화 코르크 : 코르크 입자를 가열하여 제조한다.

- 최고안전사용온도 : 120[℃]
- 냉장고, 보온・보랭재로 사용한다.

ⓞ 경질 우레탄폼

- 최고안전사용온도 : 120[℃]
- 대부분의 보온재는 열전도율이 온도에 따라 직선적으로 증가하며 $\lambda = \lambda_0 + m\theta$의 형으로 되지만, −40[℃] 부근에서 그 경향을 크게 벗어나는 보온재이다(단, λ : 열전도율, λ_0 : 0[℃]에서의 열전도율, θ : 온도, m : 온도계수).
- 가볍고 탄성이 있고 견고하며, 안정성이 우수하다.
- 자기접착력이 높고 현장 발포가 가능하다.
- 방수 및 부식저항력이 우수하다.
- 내용제성, 내약품성, 시공성이 우수하다.
- 땅속에 직접 매설되는 지역난방용 온수배관으로 많이 사용되는 이중 보온관(Pre-insulated Pipe, 공장에서 보온 및 외부 보호관까지 일체형으로 제작)에서 주로 사용되는 보온재이다.

ⓩ 페놀폼 : 페놀수지를 발포하여 경화시킨 유기발포계의 판상 단열재이다.

- 최고안전사용온도 : 200[℃]
- 주택, 공장 등의 단열재, 내장재로 많이 사용한다.

③ 무기질 보온재

㉠ 무기질 보온재의 종류 : 탄산마그네슘, 글라스 울(유리섬유), 암면, 석면(아스베스토스), 규조토, 규산칼슘, 펄라이트, 세라믹 파이버

㉡ 무기질 보온재의 특징

- 사용 가능 온도 : 200~800[℃]
- 경도가 높고 기계적 강도가 크다.
- 안전사용온도 범위가 넓다.
- 최고안전사용온도가 높아 고온에 적합하다.
- 불연성이며 열전도율이 낮다.
- 내열성, 내구성, 내식성, 내수성, 내소성변형성이 우수하다.
- 가격이 비싼 편이지만 수명이 길다.
- 유기질 보온재보다 변질이 작다.
- 온도 변화에 대한 균열이나 팽창・수축이 작다.

㉢ 탄산마그네슘($MgCO_2$) 보온재 : 염기성인 탄산마그네슘 85[%]에 석면 15[%]를 첨가한 것이다.

- 최고안전사용온도 : 250[℃]
- 석면의 혼합 비율에 따라 열전도율이 달라지지만, 일반적으로 열전도율이 작다.
- 물반죽 또는 보온판, 보온통 형태로 사용된다.
- 방습처리하여 습기가 많은 옥외배관에 많이 사용한다.

㉣ 폼 글라스(발포초자) : 유리분말에 발포제를 가하여 가열용융하여 발포 및 경화시켜 제조한다.

- 최고안전사용온도 : 300[℃]
- 기계적 강도가 강하지만 흡수성이 크다.
- 판이나 통으로 사용한다.

㉤ 글라스 울(유리면) : 유리원료를 용융하여 원심법, 와류법 및 화염법 등에 의해 섬유 상태로 만들어진다.

- 최고안전사용온도 : 300[℃]
- 주원료 : 규사, 석회석, 장석, 소다회 등 유리계 광물질

- 용융유리를 섬유화한 것이며 유리섬유 사이에 밀봉된 공기층이 단열층 역할을 한다.
- 형상에 따라 보온판, 보온대, 블랭킷, 보온통으로 분류된다.
- 강산화제와 강알카리를 제외하고는 내약품성이 좋으며 품질의 변화와 변형이 작아 수명이 길다.
- 울 등에 의하여 화학작용을 일으키지 않는다.
- 내열성과 내구성이 좋다.
- 섬유가 가늘고 섬세하며 밀집되어 다량의 공기를 포함하고 있어 보온효과가 좋다.
- 가볍고 유연하여 작업성이 좋으며, 칼이나 가위 등으로 쉽게 절단되므로 작업이 용이하다.
- 단열성, 불연성, 흡음성, 시공성, 운반성이 우수하다.
- 압축이나 침하에 의한 유효 두께 감소, 함수에 의한 단열성 저하가 우려된다.
- 흡습성이 크고 투습저항이 없어 별도의 방수·방습층이 필요하다.
- 유리섬유의 내열도에 있어서 안전사용온도 범위를 크게 개선시킬 수 있는 결합제로 실리카겔이 사용된다.

ⓗ 암면 : 안산암, 현무암 등에 석회석을 섞어 용해 제조한다.
- 최고안전사용온도 : 400[℃]
- 가볍고 가격이 저렴하다.
- 보온효과가 우수하며 흡수성이 적고 알칼리에 강하다.
- 산에 약하고 석면보다 꺾이기 쉽다.
- 파이프, 덕트, 탱크 등의 보온재로 사용한다.
- 블랭킷(Blanket) : 무기질 보온재인 암면을 가공한 것으로 빌딩의 덕트, 천장, 마루 등의 단열재로 사용한다. 한쪽 면은 은박지 등을 부착하였고, 사용온도는 600[℃] 정도이다.

ⓢ 석면(아스베스토스)
- 최고안전사용온도 : 450[℃]
- 400[℃] 이하의 파이프, 탱크, 노벽 등의 보온재로 적합하다.
- 곡관부나 진동이 심한 곳에서도 사용 가능하다.

ⓞ 규조토 : 규조토 건조분말에 석면 또는 삼여물을 혼합하여 물반죽 시공을 한다.
- 최고안전사용온도 : 500[℃]
- 접착성은 좋으나 시공 후 건조시간이 길다.
- 500[℃] 이하의 배관, 탱크, 보일러 등의 보온에 사용하지만, 보온재로서는 높은 열전도율을 지니고 있어서 보온효과는 좋지 않기 때문에 두껍게 시공한다.
- 규조토의 주성분이 유리규산(SiO_2)이므로 규조토 자체만으로는 부스러지기 쉽지만, 다공성 재료이므로 흡습제나 필터 등으로 많이 사용한다.

ⓙ 규산칼슘(최고안전사용온도 : 650[℃])
- 규산에 석회 및 석면섬유를 섞어 성형하고 다시 수증기로 처리하여 만든다.
- 무기질 보온재로 다공질이다.
- 가볍고 기계적 강도가 우수하다.
- 압축강도, 굽힘강도, 내마모성, 내열성, 내수성 등이 우수하다.
- 내산성이 우수하고 끓는 물에 쉽게 붕괴되지 않는다.
- 시공이 용이하다.
- 용도 : 탱크, 노벽, 플랜트 설비의 탑조류, 가열로, 배관류 등의 보온공사 등

ⓩ 펄라이트 : 진주암, 흑석 등을 소성·팽창시켜 다공질로 하여 접착제와 석면 등과 같은 무기질섬유를 배합하여 성형한다. 최고안전사용온도는 650[℃]이다.

㉠ 세라믹 파이버 : 용융 석영을 방사하여 제조한다.

- 최고안전사용온도 : 1,100[℃]
- 융점이 높고 내약품성이 우수하다.

최고안전사용온도[℃] : 폴리스틸렌폼 70, 폴리에틸렌폼 80, 염화비닐폼 80, 펠트 120, 탄화 코르크 120, 경질 우레탄폼 120, 페놀폼 200, 탄산마그네슘 250, 폼 글라스 300, 글라스 울(유리면) 300, 암면 400, 석면(아스베스토스) 450, 규조토 500, 규산칼슘 650, 펄라이트 650, 세라믹 파이버 1,100

핵심예제

3-1. 보온재가 지녀야 할 구비조건을 5가지만 쓰시오.

[2012년 제2회, 2013년 제2회, 2015년 제2회, 2017년 제4회, 2020년 제2회, 2022년 제2회]

3-2. 보온재의 열전도율이 작을수록 보온효과가 크다. 보온재의 열전도율이 작아지는 경우를 4가지만 쓰시오.

[2017년 제1회]

3-3. 보온재는 열전도율이 작을수록 보온이 잘된다. 보온재의 열전도율을 작게 하는 방법을 4가지만 쓰시오.

[2014년 제2회, 2019년 제1회]

3-4. 보온재의 열전도율(열전도도)에 미치는 요인에 대한 다음 기술 중 ( ) 안에 들어갈 단어가 증가인 것의 기호, 감소인 것의 기호를 각각 구분하여 쓰시오.

[2009년 제1회, 2016년 제4회, 2022년 제4회]

㉠ 밀도(비중)이 클수록 ( )한다.
㉡ 보온능력이 클수록 ( )한다.
㉢ 흡습성이나 흡수성이 클수록 ( )한다.
㉣ 기공의 크기가 균일할수록 ( )한다.
㉤ 습도가 높을수록 ( )한다.

(1) 증 가
(2) 감 소

3-5. 온수탱크 나면과 보온면으로부터 방산열량을 측정한 결과 각각 1,000[kcal/m²h], 300[kcal/m²h]이었을 때, 이 보온재의 보온효율[%]을 구하시오.

3-6. 다음 보온재의 최고안전사용온도가 높은 것부터 낮은 것의 순서대로 번호를 나열하시오.

[2011년 제4회, 2018년 제2회 유사, 2020년 제3회, 2022년 제1회 유사]

① 세라믹 파이버 ② 펄라이트
③ 폴리스틸렌폼 ④ 펠 트
⑤ 석 면

3-7. 보온재는 무기질 보온재와 유기질 보온재가 있다. 그중에서 무기질 보온재의 특징을 5가지만 쓰시오. [2016년 제1회]

|해답|

3-1

보온재가 지녀야 할 구비조건

① 열전도율이 작고 보온능력이 클 것
② 적당한 기계적 강도를 지닐 것
③ 흡습성, 흡수성이 작을 것
④ 비중과 부피가 작을 것
⑤ 내열성, 내약품성이 우수할 것

3-2

보온재의 열전도율이 작아지는 경우

① 보온재 두께가 두꺼울수록
② 보온재 재료의 밀도가 작을수록
③ 보온재 내 수분이 적을수록
④ 보온재 내부가 다공질이고 기공의 크기가 균일할수록

3-3

보온재의 열전도율을 작게 하는 방법

① 보온재 재료의 두께를 두껍게 한다.
② 보온재 재료의 밀도가 작은 것을 선정한다.
③ 보온재 재료의 온도를 낮게 한다.
④ 흡수성, 흡습성이 작은 보온재 재료를 선정한다.

3-4

(1) 증가 : ㉠, ㉢, ㉤
(2) 감소 : ㉡, ㉣

3-5

보온재의 보온효율 $\eta = 1 - \frac{Q_2}{Q_1} = 1 - \frac{300}{1,000} = 0.7 = 70[\%]$

3-6

① → ② → ⑤ → ④ → ③

3-7

무기질 보온재의 특징

① 경도가 높다.
② 최고안전사용온도가 높다.
③ 불연성이며 열전도율이 낮다.
④ 내수성, 내소성변형성이 우수하다.
⑤ 가격이 비싼 편이지만 수명이 길다.

제5절 | 배관기술

핵심이론 01 배관기술의 개요

① 보일러의 배관

㉠ 보일러 배관의 일반사항

- 각종 배관은 팽창과 수축을 흡수하여 누설이 없도록 해야 한다.
- 보온은 증기관이나 온수관 등에 대한 단열로서, 불필요한 방열을 방지하고 인체에 화상을 입히는 위험 방지 또는 실내공기의 이상온도 상승 방지 등이 목적이다.
- 냉각레그 : 증기배관 관말부의 최종 분기 이후에서 트랩에 이르는 배관은 여분의 증기가 충분히 냉각되어 응축수가 될 수 있도록 보온피복을 하지 않은 나관 상태로 1.5[m] 설치하는 배관이다.

㉡ 보일러의 배관범위

- 증기배관 : 보일러에서 헤더까지
- 급수배관 : 급수탱크에서 보일러까지
- 연료배관 : 연료유 저장탱크에서 유류버너까지 또는 옥내 인입부 가스배관에서 가스버너까지
- 열매체유 배관
  - 기상 열매체 보일러 : 보일러에서 열매체유 탱크까지
  - 액상형 열매체 보일러 : 열매체탱크에서 공급헤더까지 열매체가 통과하는 배관
- 보일러 본체에 연결되는 배관
  - 압력계 배관 및 드레인배관
  - 수면계 배관 및 드레인배관
  - 보일러 관수 분출배관
  - 수트블로어 배관(증기 및 공기)
  - 보일러 드럼 : 수랭벽 헤더 드레인배관
  - 안전밸브 분출배관
  - 보일러 벤트배관

- 버너 분무용 증기배관 또는 유가열용 증기배관
- 감시구(Peep Hole)의 눈 보호용 공기배관
- 계장용 배관
- 보일러 관수 시료 채취용 배관
- 기타 보일러 운전 및 관리에 필요한 배관

② 스케줄 번호와 관의 두께

㉠ 스케줄 번호(SCH No.)

- 스케줄 번호는 배관의 두께를 표시하는 번호로, 배관 호칭법으로 사용한다.
- 스케줄 번호가 클수록 강관의 두께가 두꺼워진다.
- 스케줄 번호 산출에 영향을 미치는 요인 : 관의 외경, 관의 사용온도, 관의 허용응력, 사용압력 (열팽창계수는 아님)
- 스케줄 번호 산출에 직접적인 영향을 미치는 요인 : 관의 허용응력, 사용압력
- SCH No. : $SCH = 10 \times \frac{P}{\sigma}$

(여기서, P : 사용압력, σ : 허용응력)

㉡ 관의 두께

$$t = \left(\frac{P}{\sigma} \times \frac{D}{175}\right) + 2.54 = \frac{PD}{175\sigma} + 2.54$$

(여기서, D : 관의 바깥지름)

③ 관에 작용하는 응력

㉠ 축 방향 응력 : $\sigma_a = \frac{Pd}{4t}$

(여기서, P : 내압, d : 관의 내경)

㉡ 원주 방향 응력 : $\sigma_1 = \frac{Pd}{2t}$

④ 배관 내의 마찰손실

㉠ 유체가 관로 내를 흐를 때 유체가 갖는 에너지 일부가 유체 상호간 또는 유체와 내벽의 마찰로 인해 소모되는 것

㉡ 마찰손실 중 주손실수두 : 관 내에서 유체와 관 내벽의 마찰에 의한 것

㉢ 마찰손실 중 국부저항 손실수두

- 배관 중의 밸브, 이음쇠류 등에 의한 것
- 관의 굴곡 부분에 의한 것
- 관의 축소, 확대에 의한 것

⑤ 배관의 지지

㉠ 행거(Hanger) : 배관을 천장에 매다는 것으로, 종류로는 리지드행거, 콘스탄트행거, 스프링행거 등이 있다.

㉡ 서포트 : 배관을 바닥에 고정하는 것으로, 종류로는 롤러, 리지드, 스프링, 파이프슈(배관의 곡관부 지지) 등이 있다.

㉢ 리스트레인트(Restraint) : 열팽창에 의한 배관의 이동을 구속 또는 제한하는 배관 지지구로, 종류로는 앵커, 스토퍼, 가이드 등이 있다.

- 앵커(Anchor) : 배관을 완전히 고정시킨다.
- 스토퍼(Stopper) : 관의 회전을 허용하고, 직선 운동을 방지한다.
- 가이드(Guide) : 배관의 휨을 방지하고, 팽창을 바르게 유도한다.

㉣ 배관설비의 지지에 필요한 조건

- 온도 변화에 따른 배관 신축을 충분히 고려해야 한다.
- 배관시공 시 필요한 배관 기울기를 용이하게 조정할 수 있어야 한다.
- 배관설비의 진동과 소음을 외부로 쉽게 전달하지 않고 조정이 가능해야 한다.
- 수격작용 및 외부로부터 진동과 힘에 대하여 견고해야 한다.

⑥ 배관공사

㉠ 배관공사 일반사항

- 각 배관은 정확한 설치도면에 준하여 운전 조작이 편리하고 누수 및 계측기의 확인이 용이하며, 적정 이격거리를 유지하여 배관한다.

• 일반적으로 바닥에 배관할 때에는 바닥으로부터 200[mm] 이상 띄워서 보온배관을 한다.
• 각 배관은 적당한 위치에 지지해서 열에 의한 팽창과 수축을 자유롭게 할 수 있도록 하여 보일러에 과중한 응력이 전달되지 않도록 하고, 보일러에 의한 진동과 유체의 충격에 의한 진동 등이 최소가 되도록 배관을 시공한다.
• 증기 흐름의 강한 파동으로 진동을 초래할 때는 증기관에 증기저장조(Steam Reservoirs)를 사용해야 한다.
• 배관 및 배관 내부 유체의 자중을 감안하여 일정 간격마다 배관을 지지해야 한다.
• 지지물은 안전뿐만 아니라 해로운 처짐, 외부의 기계적 손상 및 비정상적인 사용조건의 노출에 대해 배관을 보호하기 위하여 설치되어야 한다.

㉡ 흡입배관 시공 시 주의사항
• 수평배관 중에는 트랩을 만들지 않는다.
• 흡입관의 입상이 긴 경우에는 약 10[m]마다 트랩을 설치한다.
• 흡입관의 구배는 1/200의 하향 구배를 한다.
• 2대 이상의 증발기가 서로 다른 높이에 있고, 압축기가 이들보다 밑에 있는 경우, 흡입관은 증발기 상부 이상으로 입상시키고 압축기로 향하도록 한다.
• 압축기가 증발기보다 밑에 있는 경우, 정지 중에 액이 압축기로 유입되는 것을 방지하기 위해 흡입관을 증발기 상부까지 입상시킨 후 압축기로 향하도록 한다.

㉢ 토출배관 시공 시 주의사항
• 토출관이 합류할 경우 T이음을 하지 않고, Y이음을 채택한다.
• 응축기쪽으로 하향 구배를 하여 압축기 정지 중에 압축기로의 역류를 방지한다.
• 노즐 또는 소켓용접형 이음쇠에 용접을 하여 부착한다.
• 나사형 이음쇠 또는 밸브의 한쪽 끝에 나사내기를 하여 탭형 구멍에 부착한다.
• 압연 또는 피닝(Peening)의 유무에 관계없이 테이퍼된 플랜지, 이음쇠 또는 밸브의 각 끝에 나사내기를 하여 부착한다.
• 밴 스톤(Van Stone)형 볼트이음을 포함한 이음부에 볼팅을 하여 부착한다.

㉣ 특수 안전요건
• 고체물질 또는 침전물에 의해 막힐 우려가 있는 연결배관은 청소를 위하여 적절한 연결부를 설치해야 한다.
• 습기 또는 기타 물질을 함유하는 공기나 가스를 취급하는 연결배관은 적절한 배수장치, 침전장치 또는 트랩을 갖추어야 한다.
• 액체를 함유하는 연결배관은 가열 또는 다른 적절한 방법으로 동결을 방지해야 한다.

㉤ 배관의 청소
• 모든 배관, 밸브 및 이음쇠의 내부는 매끈하고 깨끗해야 하며, 시공 시 기포(Blister), 용접 찌꺼기, 쇳가루, 모래, 먼지 등이 없어야 한다.
• 모든 배관은 설치 후 및 운전 전에 청소해야 한다.
• 배관에 대한 수압시험이 종료되면 배관 내부를 깨끗이 청소하여 용접 찌꺼기, 쇳가루, 모래, 먼지 등을 제거한다.
• 중요한 배관의 경우 배관 청소가 완료된 후 깨끗하게 청소되었는지 확인한다.

㉥ 관의 고정장치 설치 간격
• 지름 13[mm] 미만의 경우 : 1[m]
• 지름 13[mm] 이상 33[mm] 미만의 경우 : 2[m]
• 지름 33[mm] 이상의 경우 : 3[m]

ⓢ 보일러의 급수밸브 및 체크밸브 설치기준
- 전열면적 10[m^2] 이하의 보일러 : 관의 호칭 15A 이상
- 전열면적 10[m^2]를 초과하는 보일러 : 관의 호칭 20A 이상

⑦ 배관 도료 관련 사항

㉠ 광명단 도료
- 연단을 아마인유나 알키드 수지와 혼합하여 만든다.

  ※ 연단 : 색깔이 적등색이고 내산성이 양호하며, 내알칼리성, 내열성이 우수한 방청 안료
- 적색 안료에 사용된다.
- 다른 착색 도료의 초벽으로 우수하다.
- 강관의 용접이음 시공 후 용접부에 사용된다.
- 녹을 방지하기 위해 기계류의 도장(페인트) 밑칠에 널리 사용된다.

㉡ 알루미늄 도료
- 유성 니스에 알루미늄 분말을 안료로 혼합하여 만든다.
- 은분(Aluminium Powder)이라고도 하며, 방청 효과가 크고 습기가 통하기 어렵기 때문에 내구성이 풍부한 도막이 형성된다.
- 알루미늄 도막은 금속 광택이 있고 빛과 열을 잘 반사한다.
- 내수성, 내광성, 내구성, 피복 본딩력, 철강재의 산화방지력이 우수하다.
- 주로 옥외 도료로 사용된다.
- 400~500[℃]의 내열성을 지니고 있어 난방용 방열기 등의 외면에 도장한다.

㉢ 고농도 아연 도료 : 금속의 희생전극의 원리를 이용하여 방청하는 도료이다.

※ 희생전극의 원리 : 아연과 철이 전해질 속에 공존할 경우 아연 금속의 전자가 철 금속으로 이동하며, 아연이 부식하여 철 소재를 보호하는 원리
- 철 소재에 도장할 때 아연 분말이 양극으로 작용하여 철이 받게 되는 침식을 대신 감수함으로써 소재의 부식을 방지한다.
- 무기질의 전색제를 사용한다.
- 내열성, 방청성, 부착성이 우수하다.
- 아연도금을 대용할 수 있다.

㉣ 에폭시수지 : 보통 피스페놀 A와 에피클로로하이드린을 결합해서 얻어지며, 내열성과 내수성이 크고 전기절연도 우수하여 도료접착제, 방식용으로 쓰이는 합성수지이다.

⑧ 배관 관련 제반사항

㉠ 증기배관용 부품 : 인라인 증기믹서, 사일런서, 벨로스형 신축관 이음 등

㉡ 이음 시 사용하는 패킹
- 나사용 패킹으로 광명단을 섞은 페인트를 사용하기도 한다.
- 플랜지 패킹을 한 석면 조인트 시트는 내열성이 좋다.
- 테프론 테이프는 탄성이 부족하기 때문에 석면, 고무, 파형 금속관 등으로 표면처리하여 사용하는 합성수지류의 패킹이다.
- 액화합성수지는 화학약품에 강하며 내유성이 크다.
- 네오프렌(Neoprene) : 천연고무와 비슷한 성질을 가진 합성고무로서, 내열성을 위주로 만들어진 알칼리성이며 내열도가 -46~121[℃] 사이에서 사용되는 패킹재료이다.
- 식물성 섬유제 : 한지를 여러 겹 붙여서 일정한 두께로 내유가공한 오일시트 패킹이 주로 쓰이며, 내유성은 있으나 내열도가 작은 플랜지 패킹재료이다.

핵심예제

1-1. 배관의 호칭법으로 사용되는 스케줄 번호를 산출하는 데 영향을 미치는 요인을 4가지만 쓰고, 이 중에서 스케줄 번호 산출에 직접적인 영향을 미치는 요인을 2가지만 쓰시오.

1-2. 마찰손실 중 국부저항 손실수두의 예를 3가지만 쓰시오.

1-3. 배관의 경제적 보온 두께 산정 시 고려 대상을 3가지만 쓰시오.

1-4. 보일러의 부속품의 하나인 리스트레인트(Restraint)에 대한 다음 질문에 답하시오.

(1) 리스트레인트의 역할을 쓰시오.
(2) 리스트레인트의 종류를 3가지만 쓰시오.

1-5. 배관설비의 지지에 필요한 조건을 4가지만 쓰시오.

|해답|

1-1

① 스케줄 번호 산출에 영향을 미치는 요인 : 관의 외경, 관의 사용온도, 관의 허용응력, 사용압력
② 스케줄 번호 산출에 직접적인 영향을 미치는 요인 : 관의 허용응력, 사용압력

1-2

국부저항 손실수두의 예

① 배관 중의 밸브, 이음쇠류 등에 의한 것
② 관의 굴곡 부분에 의한 것
③ 관의 축소, 확대에 의한 것

1-3

배관의 경제적 보온 두께 산정 시 고려 대상

① 열량 가격
② 감가상각연수
③ 연간 사용시간

1-4

(1) 리스트레인트의 역할 : 열팽창에 의한 배관의 이동을 구속 또는 제한한다.
(2) 리스트레인트의 종류 : 앵커(Anchor), 스토퍼(Stopper), 가이드(Guide)

1-5

배관설비의 지지에 필요한 조건

① 온도 변화에 따른 배관 신축을 충분히 고려해야 한다.
② 배관시공 시 필요한 배관 기울기를 용이하게 조정할 수 있어야 한다.
③ 배관설비의 진동과 소음을 외부로 쉽게 전달하지 않고 조정이 가능해야 한다.
④ 수격작용 및 외부로부터 진동과 힘에 대하여 견고해야 한다.

핵심이론 02 관이음

① **나사이음(강관)** : 저압이나 분리가 필요한 관이음법이다.

② **플랜지이음(강관)** : 다수의 볼트로 분할된 힘에 의한 관이음으로, 압력에 무관하게 대형 관에 사용되며 분해와 보수가 용이한 이음법이다.

③ **용접이음(강관)** : 고압이나 분리가 필요하지 않은 관이음법이다.

④ **소켓이음(주철관)** : 주철관의 소켓에 납과 마(Yarn)를 정으로 박아 넣는 관이음법이다.

⑤ **플레어이음(동관)** : 압축이음이라고도 하며, 직경 20[mm] 이하에 사용한다.

⑥ **신축이음**

㉠ 개 요

- 신축이음(Expansion Joint)은 증기배관의 신축량을 흡수하여 변형과 파손을 방지하기 위한 장치이다.
- 신축 조인트 또는 신축장치라고도 한다.
- 신축이음은 파이프의 열변형에 대응하기 위한 이음이다.
- 신축량은 열팽창계수, 길이, 온도차 등에 비례한다.
- 신축이음의 종류 : 슬리브형, 루프형, 벨로스형, 스위블형, 상온 스프링형

㉡ 신축 조인트의 설치목적

- 펌프에서 발생된 진동 흡수
- 배관에 발생된 열응력 제거
- 배관의 신축 흡수로 배관 파손이나 밸브 파손 방지

㉢ 설치 간격

- 압력에 따라 고압용은 10[m]마다 1개, 저압용은 30[m]마다 1개를 설치한다.
- 관 재질에 따라 강관은 30[m]마다 1개, 동관은 20[m]마다 1개를 설치한다.

㉣ 슬리브형 신축이음

- 이음 본체가 파이프로 되어 있으며, 관의 신축을 본체 속을 미끄러지는 슬리브 파이프에 흡수하는 형식이다.
- 단식과 복식이 있다.
- 실내용 저압증기 및 온수배관에 사용된다.

㉤ 루프형 신축이음

- 곡관형, 신축곡관, 만곡관형 등으로도 부른다.
- 고온·고압에 잘 견딘다.
- 주로 고압증기의 옥외 증기배관용으로 사용된다.
- 관에 주름 밴딩이 있을 경우의 곡률 반지름은 관지름의 2~3배로 한다.
- 응력을 수반한다.

㉥ 벨로스형 신축이음 : 사진기 주름상자 모양으로, 가공한 동관인 벨로스 신축관에 있어서 배관의 열에 의한 신축을 흡수시키는 방식의 신축이음이다.

- 온도 변화에 따라 일어나는 관의 신축을 벨로스 변형에 의해 흡수하는 신축이음이다.
- 파형 신축이음 또는 팩레스(Packless) 신축이음이라고도 한다.
- 벨로스의 재질은 청동이나 스테인리스강이 사용된다.
- 주로 저압증기배관에 사용된다.
- 신축으로 인한 응력을 받지 않는다.

㉦ 스위블형 신축이음

- 2개 이상의 엘보를 사용하여 나사의 회전에 의해 신축을 흡수하는 형식이다.
- 증기 및 온수난방 또는 저압증기난방 시 주관으로부터의 분기관이나 방열기용 배관으로 사용된다.
- 큰 신축에 대하여는 누설의 염려가 있다.

㉧ 상온 스프링형 신축이음

- 배관의 자유팽창을 미리 계산하여 관의 길이를 약간 짧게 절단하여 강제배관을 하여 열팽창을 흡수하는 방식이다.

- 절단하는 길이는 계산에서 얻은 자유팽창량의 1/2 정도로 한다.
- 콜드 스프링이라고도 한다.

핵심예제

2-1. 보일러의 배관에 신축 조인트(Expansion Joint, 신축이음)를 설치하는 목적 및 종류를 각각 3가지씩만 쓰시오.

[2012년 제2회, 2013년 제4회, 2017년 제2회, 2020년 제3회]

2-2. 관의 신축량에 대한 요인을 3가지 쓰시오.

2-3. 신축이음에 대한 다음 설명에 맞는 신축이음의 명칭을 쓰시오.

(1) 단식과 복식의 두 종류가 있다.
(2) 고온・고압에 잘 견디며 주로 고압증기의 옥외 배관에 사용한다.
(3) 신축으로 인한 응력을 받지 않는다.
(4) 온수 또는 저압증기의 배관에 사용하며 큰 신축에 대하여는 누설의 염려가 있다.

|해답|

2-1
(1) 신축 조인트의 설치목적
① 펌프에서 발생된 진동 흡수
② 배관에 발생된 열응력 제거
③ 배관의 신축 흡수로 배관 파손이나 밸브 파손 방지
(2) 신축 조인트의 종류
① 루프형
② 벨로스형
③ 상온 스프링형

2-2
관의 신축량에 대한 요인 : 관의 열팽창계수, 관의 길이, 온도차

2-3
(1) 슬리브형
(2) 루프형
(3) 벨로스형
(4) 스위블형

핵심이론 03 재질에 따른 관의 분류

① 개 요

㉠ 각 배관의 재료(파이프, 밸브, 배관 부품, 측정계기, 조절밸브, 배관 받침, 행거 등의 재료)는 설계압력, 온도 공급 유체의 종류에 따라서 강도상 충분한 재료를 선정한다.

규격 명칭	기 호	용 도	비 고
배관용 탄소강관	SPP	유류연료배관, 급수배관	–
연료가스배관용 탄소강관	SPPG	가스연료배관	–
압력배관용 탄소강관	SPPS38 SPPS42	증기배관, 분출배관	3.5[MPa] (35[kgf/cm^2]) 이하, 623[K] (350[℃]) 이하
보일러 및 열교환기용 탄소강관	STBH340 STBH410 STBH510	연관, 수관	623[K] (350[℃]) 이상

㉡ 부식과 화학적 변형이 예상되는 곳에는 특수재료를 선택해야 한다.

㉢ 배관재료의 사용 제한 : 배관용 탄소강관은 보일러의 최고사용압력 1[MPa] 이하의 증기관, 급수관 및 분출관에 사용할 수 있다. 다만, 보일러 몸체에서 체크밸브까지의 급수관 및 보일러에서 분출밸브(2개 있는 경우에는 보일러에서 먼 것)까지의 분출관에 사용하는 경우는 보일러의 최고사용압력 0.7[MPa] 이하인 경우에 한한다.

※ 1[MPa]=10[kgf/cm^2], 0.7[MPa]=7[kgf/cm^2]

② 강관(탄소강관) : 배관의 바깥지름을 호칭지름의 기준으로 한다.

㉠ 특 징
- 고대 : 내충격성, 인장강도, 용접성, 부식성
- 저소 : 중량, 내부식성
- 용이 : 관의 접합
- 강관이음 방법 : 나사이음, 플랜지이음, 용접이음

㉡ 일반배관용 탄소강관(SPP) : 350[℃] 이하에서 사용압력 10[kg/cm^2] 이하인 저압의 관(증기, 물 등의 유체 수송관)에 사용한다. 백관과 흑관으로 구분되는 강관으로, 가스관이라고도 한다.

㉢ 압력배관용 탄소강관(SPPS) : 350[℃] 이하에서 사용압력 9.8[N/mm^2] 이하인 압력배관용 강관이다.

㉣ 고압배관용 탄소강관(SPPH)

- 관의 소재로는 킬드강을 사용하여 이음매 없이 제조된다.
- KS규격기호로 SPPH라고 표기한다.
- 350[℃] 이하, 100[kg/cm^2](=9.8[N/mm^2]) 이상의 압력범위에 사용이 가능하다.
- NH_3 합성용 배관, 화학공업의 고압유체 수송용에 사용한다.

㉤ 고온배관용 탄소강관(SPHT) : 350[℃]를 초과하는 온도에서 배관에 사용하는 탄소강관이다.

㉥ 저온배관용 탄소강관(SPLT) : 영점 이하의 저온도에서 사용되는 탄소강관이다.

㉦ 수도용 아연도금강관(SPPW) : 주로 수두 100[m] 이하의 급수 수도에 사용되는 탄소강관이다.

③ **배관용 합금강관(SPA)** : 주로 고온도의 배관에 사용되는 합금강관이다.

④ **주철관**

㉠ 탄소 함량이 약 2[%] 이상이다.

㉡ 제조방법 : 수직법, 원심력법

㉢ 인성이 작아(취성이 커서) 충격에 약하다.

㉣ 적용이음 : 소켓이음, 플랜지이음, 메커니컬이음, 빅토리이음, 타이톤이음 등

㉤ 용접이음은 불가능하다.

㉥ 용도 : 수도용, 배수용, 가스용

⑤ **동관** : 전기와 열의 양도체로서 내식성・굴곡성이 우수하고, 내압성도 있어서 열교환기의 내관(Tube) 및 화학공업용으로 사용되는 관이다. 직경 20[mm] 이하의 경우 플레어이음(압축이음)을 한다.

⑥ **스테인리스강관** : 내식성이 우수한 금속관으로, 일반강관에 비해 기계적 성질이 우수하다. 얇고 가벼워 운반 및 가공이 쉽고, 위생적이다.

⑦ **알루미늄관** : 배관재료 중 온도범위 0~100[℃] 사이에서 온도 변화에 의한 팽창계수가 가장 크다.

핵심예제

다음의 고압배관용 탄소강관에 대한 설명의 (　) 안에 알맞은 것을 선택하시오.

(1) 관의 소재로는 (림드강, 킬드강)을 사용하여 이음매 (있이, 없이) 제조된다.
(2) KS규격기호로 (SPPS, SPPH)라고 표기한다.
(3) (350[℃], 450[℃]) 이하, 100[kg/cm^2] 이상의 압력범위에 사용 가능하다.
(4) (CH_4, NH_3) 합성용 배관, 화학공업의 고압유체 수송용에 사용한다.

|해답|

(1) 킬드강, 없이
(2) SPPH
(3) 350[℃]
(4) NH_3

핵심이론 04 밸 브

① 개 요

㉠ 밸브(Valve) : 유체의 압력, 유량(속도), 방향 등을 제어하는 장치(부품)이다.

㉡ 밸브류는 보일러에 가까이 인접하여 설치한다. 크기는 전열면적 10[m^2] 이하의 보일러에서는 호칭 20A 이상, 전열면적 10[m^2]를 초과하는 보일러에서는 호칭 25A 이상이어야 한다.

㉢ 밸브의 일반적인 종류

- 압력제어밸브 : 감압밸브, 릴리프밸브, 안전밸브, 시퀀스밸브, 무부하밸브, 카운터밸런스밸브, 브레이크밸브 등
- 유량제어밸브 : 스톱밸브(글로브밸브, 슬루스밸브(게이트밸브), 콕), 앵글밸브, 니들밸브(정지밸브, 스톱밸브), 스로틀밸브(노치밸브), 포트밸브, 1방향 교축밸브(속도제어밸브, 슬로리턴밸브, 체크밸브부착형 교축밸브, 가변교축밸브), 배기교축밸브, 급속배기밸브, 감속밸브, 분류밸브, 집류밸브
- 방향제어밸브 : 체크밸브, 셔틀밸브(OR), 2압밸브(AND), 스톱밸브, 감속밸브, 전환밸브, 전자밸브

㉣ 보일러에 사용되는 대표적인 밸브류

- 안전밸브 : 압력방출장치
- 방출밸브 : 보일러 온수의 과잉팽창에 따른 보일러 및 배관 내부의 압력 과다 상승에 의한 보일러의 파열사고를 방지하기 위한 밸브이다. 릴리프밸브 또는 도피밸브라고도 한다.
- 연료차단밸브(전자밸브) : 보일러에서 점화 시 불착화 또는 운전 중 실화(화염검출기 작동), 저수위(저수위경보장치 작동), 증기압력 초과(증기압력제한기 작동) 시 연료를 차단하여 사고를 방지하기 위한 장치이다.
- 급수밸브 또는 급수정지밸브 : 보일러에 인접하여 급수배관에 설치하며 스톱밸브, 콕, 앵글밸브, 글로브밸브, 슬루스밸브(게이트밸브) 등이 사용된다.
- 체크밸브 : 보일러에 인접하여 급수배관에 설치하며, 보일러와 체크밸브 사이에 급수밸브(스톱밸브 또는 콕)를 설치해야 한다. 다만, 최고사용압력 0.1[MPa] (1[kgf/cm^2]) 미만의 보일러에서는 체크밸브를 생략할 수 있다.
  - 급수가 밸브디스크를 밀어 올리도록 급수밸브를 부착해야 한다. 1조의 밸브디스크와 밸브시트가 급수밸브와 체크밸브의 기능을 겸하고 있어도 별도의 체크밸브를 설치해야 한다.
  - 급수예열기 또는 다른 급수가열장치를 중간에 밸브를 사용하지 않고 보일러에 직접 연결하는 경우, 급수밸브 및 체크밸브는 급수예열기나 급수가열장치의 입구에 설치해야 한다.
  - 재순환 회수관에 사용되는 체크밸브는 선택사항이며, 급수밸브 대신 체크밸브를 사용하면 안 된다.
- 주증기밸브 : 보일러에서 발생된 증기를 소비처로 공급하거나 정지하는 밸브이다.
  - 주증기관 입구측에서 개폐용으로 사용한다. 앵글밸브, 글로브밸브, 슬루스밸브(게이트밸브) 등이 사용되며 주로 앵글밸브가 사용된다.
  - 주증기밸브를 개폐할 때 주증기관에서의 수격작용이나 본체 내부에서의 프라이밍 등을 방지하기 위하여 천천히 조작해야 한다.
  - 부착 위치 : 증기 취출구 또는 과열기가 설치된 경우에는 과열기 출구측
- 자동온도조절밸브 : 금속 감온부에 의해 자동적으로 증기나 온수의 온도를 일정 온도로 유지하기 위한 밸브로, 감온부 형식에 따라 바이메탈식, 증기압력식, 전기저항식 등이 있다.

② 압력제어밸브

㉠ 안전밸브(압력방출장치) : 증기압력이 규정 이상이 되면 자동으로 열리게 하여 일정한 압력을 유지하여 최고사용압력 초과로 인한 파열을 방지하기 위한 밸브로, 증기압력이 제한압력의 6[%] 이상을 넘지 않도록 작동해야 한다.

• 원리는 릴리프밸브와 거의 같지만, 회로의 최고압력을 한정하는 밸브이다.

• 분출압력 조정형식에 따른 분류 : 스프링식, 중추식, 지렛대식, 복합식

- 스프링식 안전밸브 : 스프링의 신축(탄력)으로 증기의 취출압력을 조절하는 형식이며, 양정에 따라 저양정식, 고양정식, 전양정식, 전량식으로 구분한다. 증기 보일러의 안전밸브로 널리 사용되며 고압, 대용량, 이동용에 적합하다.
- 중추식 안전밸브 : 밸브 위에 추를 올려놓아 추의 중력을 이용하여 추가 증기압력과 수직이 되게 하여 분출압력을 조정하는 형식으로, 저압 보일러에 사용되며 이동형 보일러에는 부적합하다.
- 지렛대식 안전밸브 : 지렛대와 추를 이용하여 추의 위치를 좌우로 이동시켜 추의 중력으로 분출압력을 조정하는 형식이다. 안전밸브에 받는 전압력이 600[kg] 이하인 저압 보일러에 적합하다.
- 복합식 안전밸브 : 스프링식과 지렛대식을 조합한 형식이다.

• 안전밸브의 설치 시 주의사항

- 안전밸브는 보일러 동체에 직접 부착시켜야 한다.
- 안전밸브는 증기부에 직접 수직으로 부착한다.
- 안전밸브의 방출판은 단독으로 설치해야 한다.
- 증기 보일러는 2개 이상의 안전밸브를 설치해야 한다. 이때 1개는 최고사용압력 이하, 나머지 1개는 최고사용압력의 1.03배 이하의 압력으로 설정한다.
- 전열면적 50[m^2] 이하의 증기 보일러에는 1개 이상의 안전밸브를 설치한다.
- 안전밸브 및 압력방출장치의 크기는 호칭지름 25[mm] 이상으로 해야 한다.
- 안전밸브와 안전밸브가 부착된 동체 사이에는 어떠한 차단밸브도 설치하지 않아야 한다.

• 온수 보일러의 안전밸브

- 온수온도가 120[℃] 초과 시 안전밸브를 설치해야 한다.
- 안전밸브는 보일러 상부에 설치해야 한다.
- 안전밸브는 보일러 내부의 관에 연결하여서는 안 된다.
- 안전밸브는 중심선을 수직으로 하여 설치한다.
- 안전밸브 연결 시 나사로 된 연결관을 사용한다.

• 안전밸브의 작동시험

- 안전밸브의 분출압력은 1개일 경우 최고사용압력 이하이어야 한다.
- 과열기의 안전밸브 분출압력은 증발부 안전밸브의 분출압력 이하이어야 한다.
- 재열기 및 독립과열기의 안전밸브가 하나인 경우 최고사용압력 이하이어야 한다.

• 스프링식 안전밸브의 고장원인

- 스프링 장력이 약화된 경우
- 밸브시트부에 누설이 발생한 경우
- 밸브디스크와 밸브시트에 이물질이 존재하는 경우
- 밸브와 밸브시트가 오염된 경우
- 압력의 불균형에 의한 채터링현상이 나타난 경우
- 밸브축이 이완된 경우
- 구성 부품이 부식된 경우

• 스팀헤더에 설치된 스프링식 안전밸브에서 증기가 누설되는 원인

- 스프링 장력이 약하거나 작동압력이 낮게 조정된 경우

- 밸브디스크와 밸브시트에 이물질이 존재할 경우
- 밸브축이 이완되었거나 밸브와 밸브시트가 오염되었거나 가공 불량인 경우

• 스프링식 안전밸브의 미작동 원인
- 스프링이 너무 조여 있거나 하중이 지나치게 많은 경우
- 밸브디스크가 밸브시트에 고착된 경우
- 밸브디스크와 밸브시트의 틈이 지나치게 크고, 디스크가 한쪽으로 기울어져 있는 경우
- 밸브 각이 제대로 맞지 않고 뒤틀어진 경우

㉡ 감압밸브

• 작동방식 : 직동식, 파일럿 작동식
• 감압밸브는 부하설비에 가깝게 설치한다.
• 감압밸브는 반드시 스트레이너를 설치한다.
• 감압밸브 1차 측에는 편심 리듀서가 설치되어야 한다.
• 감압밸브 앞에는 기수분리기 또는 스팀트랩에 의해 응축수가 제거되어야 한다.
• 해체나 분해 시를 대비하기 위하여 바이패스라인을 설치한다. 이때 바이패스라인의 관지름은 주배관의 지름보다 작아야 한다.
• 증기용 감압밸브의 출구측에는 안전밸브를 설치해야 한다.
• 감압밸브를 설치할 때는 직관부를 호칭경의 10배 이상으로 하는 것이 좋다.
• 감압밸브를 2단으로 설치할 경우에는 1단의 설정압력을 2단보다 높게 하는 것이 좋다.

㉢ 릴리프밸브(Relief Valve) : 압력을 설정치로 유지하기 위하여 압축유체의 일부나 전부를 방출시키는 밸브이다.

• 감압밸브와 병용하여 릴리프 유량을 보충한다.
• 실린더 내의 힘이나 토크를 제한하여 과부하를 방지하고 유압장치의 안전용과 출력의 조정기능을 겸한다.
• 작동유가 배출구를 거쳐 탱크로 귀환되는 것을 릴리핑(Reliefing)이라고 한다. 이때 압축에너지가 열에너지로 변하므로 고열이 발생된다. 배출구로부터 기름이 돌아올 때의 압력을 크래킹(Craking)압력이라고 한다.
• 릴리프밸브의 종류
- 직동형 릴리프밸브 : 조정스프링으로 조절한다.
- 파일럿 릴리프밸브(평형 피스톤형) : 상하 양면에 압력을 받는 면적이 같은 평형 피스톤을 기본으로 구성한다. 압력 오버라이드가 매우 적고 채터링이 거의 없다.

③ 유량제어밸브

㉠ 스톱밸브(Stop Valve, 정지밸브) : 밸브 몸체가 밸브시트에 의해 밸브시트와 직각 방향으로 작동하는 밸브의 총칭이다. 공기의 흐름을 정지하거나 흘려보내는 밸브로 공압원의 수동 폐지용이나 드레인 배출용, 배관 차단용으로 사용한다.

• 글로브밸브(Globe Valve) : 구형의 밸브박스를 가지며 입구와 출구의 중심선이 일직선상에 있다. 박스가 구형이므로 구조상 유로가 S형이며, 개도를 조절해서 교축기구로 사용되는 유량제어밸브이다.
- 밸브의 몸통이 둥근 달걀형 밸브로서 유체의 압력 감소가 커서 압력을 필요로 하지 않을 경우나 유량 조절용 및 차단용으로 적합한 밸브로, 구형 밸브 또는 옥형 밸브라고도 한다.
- 유량 조절이 용이해 자동조절밸브 등에 응용할 수 있다.
- 개폐가 빠르고, 구조가 간단하며 가격이 저렴하다.
- 나사형과 플랜지형이 있다.
- 유체의 흐름 방향이 밸브 몸통 내부에서 변한다.
- 디스크 형상에 따라 앵글밸브, Y형 밸브, 니들밸브 등으로 분류한다.

- 앵글밸브는 유체의 흐름 방향을 90°(직각)로 변경할 때 사용한다.
- 유체저항, 압력손실, 조작력이 크다.
- 유체의 저항이 크므로 압력 강하가 크다.

• 슬루스밸브 : 일반적으로 가장 많이 사용하는 밸브로, 유체 흐름을 개폐하는 대표적인 밸브이다.
- 게이트밸브, 칸막이밸브라고도 한다.
- 유체저항과 마찰손실이 작다.
- 완전히 열면 유동저항이 매우 작고, 구조상 밸브 내에 유체가 남지 않는다.
- 개폐용 밸브로 사용한다.
- 펌프 흡입쪽에 설치하여 차단성이 좋고 전개 시 손실수두가 가장 작다.
- 유체 흐름에 대해 수직으로 개폐하며 압력손실이 글로브밸브보다 작다.
- 유체저항이 가장 작아 주로 전개·전폐용으로 사용한다.
- 난방·냉방 등에 두루 사용한다.
- 유량 조절용으로는 적당하지 않다.
- 개폐 시 다른 밸브보다 소요시간이 길다.
- 값이 다소 비싸다.

• 콕(Cock) : 구멍이 뚫려 있는 원통 또는 원뿔 모양의 플러그를 90° 회전시켜 유량을 신속하게 조절·개폐 및 유로 분배 등을 한다.
- 유로 방향수에 따라 이방 콕, 삼방 콕, 사방 콕 등이 있다.
- 접속방법에는 나사식과 플랜지식이 있다.

㉡ 다이어프램밸브(Diaphram Valve) : 내약품성, 내열성의 고무로 만든 것을 밸브시트에 밀어 붙여서 유량을 조절하는 밸브이다.
• 유체의 흐름에 주는 저항이 작아 유체 흐름이 원활하다.
• 화학약품을 차단하여 금속 부분의 부식을 방지한다.
• 기밀을 유지하기 위한 패킹이 필요없다.

㉢ 버터플라이밸브(Butterfly Valve)
• 종류로는 기어형과 레버형이 있다.
• 90° 회전으로 개폐가 가능하다.
• 유량 조절이 가능하다.
• 완전히 열리면 유체저항이 작다.
• 개구경의 관로에 적용되며 조름밸브(Throttle Valve)로 사용된다.

㉣ 볼밸브(Ball Valve)
• 유로가 배관과 같은 형상으로 유체의 저항이 작다.
• 밸브의 개폐가 쉽고 조작이 간편하여 자동조작 밸브로 활용된다.
• 이음쇠 구조가 없어 설치 공간이 작아도 되고 보수가 쉽다.
• 밸브대가 90° 회전하므로 패킹과의 원주 방향 움직임이 작아서 개폐시간이 짧아 가스배관에 많이 사용된다.
• 구형 밸브라고도 한다.

㉤ 시스턴밸브(Cistern Valve) : 하이탱크와 대변기를 이어 주는 세정관 중간에 설치하는 밸브로, 하이탱크식의 단점을 보완하기 위하여 세정관 바닥에서 40[cm] 정도의 높이에 설치한다.

④ **체크밸브(Check Valve)**

㉠ 체크밸브의 개요
• 유체(보일러수)의 역류를 방지하여 한쪽 방향으로만 흐르게 하는 밸브로 역정지밸브, 역류방지밸브라고도 한다.
• 밸브의 무게와 밸브의 양면 간 압력차를 이용하여 밸브를 자동으로 작동시켜 유체가 한쪽 방향으로만 흐르게 한다.

㉡ 체크밸브의 특징
• Non Return Valve라고도 한다.
• 몸체에 2개의 구멍이 있는 2포트 밸브이다. 한 구멍으로 유체가 들어가고, 다른 한 구멍으로는 유체가 나간다.

• 유체의 역류를 방지하여 관련 장치류를 보호한다.
• 제어를 위한 장치와 외부 구동력이 불필요하다.
• 엘보 등 유체 흐름이 급격하게 변화하는 구간은 호칭경의 5~10배 이상의 거리에 설치한다.
• 흐름이 정지될 때 수격작용이 발생할 수 있으므로 빠르게 잠가야 한다.
• 원활한 설치 및 관리를 위하여 체크밸브 몸체에 유체 방향을 표시한다.
• 상황에 따라 유체가 약간 샐 수 있다.

㉢ 체크밸브의 종류

• 스윙 체크밸브(Swing Type Disc Check Valve)
  - 디스크가 몸통시트에 평면으로 접촉되며, 암(Arm)과 로드핀(Rod Pin)에 의해 디스크가 회전하면서 개폐가 이루어지는 구조로 되어 있다.
  - 체크밸브 중에서 가장 많이 사용되는 형태이다.
  - 비교적 제작이 쉬워 저압과 고압, 소형에서 대형까지 제작이 가능하며, 압력손실이 작다.
  - 디스크의 회전 반경이 크고, 닫힐 때 압력이 걸려 폐쇄속도가 느리다.
  - 심한 와류가 발생하는 배관에서는 디스크가 한계 각도 이상으로 회전하여 로드핀이 파손되거나 디스크의 너트 연결부가 파손될 수 있다.
  - 디스크가 몸통시트에 평면으로 접촉되므로 밸브가 닫힐 때 높은 소음이 발생할 수 있다.
  - 수평·수직배관이 모두 가능하지만 수직 설치 시 심각한 수격작용이 발생하므로 가능한 한 수직배관에는 사용하지 않는 것이 좋다.
  - 와류가 심한 배관에서 압력에 의한 파손, 소음 등의 문제가 발생할 수 있다.
• 리프트 체크밸브
  - 스프링에 의해 디스크가 상하로 움직이면서 폐쇄되는 체크밸브이다.
  - 외관이 글로브밸브와 비슷하여 제작이 용이하다.
  - 기밀성이 우수하다.
  - 고압 및 빠른 유속의 이동에 적합하다.
  - 수평배관에서만 사용된다.
  - 압력손실이 크고, 채터링이 잘 일어난다.
  - 소음이 크고, 진동이 심하다.
  - 수격작용이 발생할 수 있다.
• 해머리스 체크밸브
  - 리프트 체크밸브의 일종으로, 스윙 체크밸브의 문제점을 보완하여 개발된 밸브이다.
  - 디스크 상부에 스프링이 설치되어 밸브가 차단되는 방향으로 작용한다.
  - 유체가 공급되는 동안 유체의 압력으로 디스크가 들리면 스프링은 압축되면서 밸브를 개방하고, 유체 공급이 중단되면 즉시 스프링이 팽창하면서 디스크를 원래의 위치로 돌려 유체를 차단한다.
  - 수격작용을 방지한다.
  - 스모렌스키식이라고도 한다.
• 더블플레이트 체크밸브(Dual Plate, Butterfly Check Valve)
  - 2개의 디스크가 나비의 날개처럼 접히면서 개폐되어 나비체크밸브라고도 한다.
  - 소음이 작고, 기밀성이 우수하다.
  - 주로 저압에 많이 사용된다.
  - 고압용이나 고온용으로는 부적합하다.
• 틸팅디스크식 체크밸브(Tilting Type Disc Check Valve)
  - 디스크가 회전하며 몸통시트에 콘 형태로 접촉되면서 개폐가 이루어지는 체크밸브이다.
  - 스윙식을 개선한 타입이다.
  - 개폐 시 소음이나 진동이 작고 디스크의 채터링 현상이 잘 안 일어난다.
  - 저압에서 고압, 소형에서 대형까지 다양하게 제작이 가능하지만, 제작이 어렵고 고가이다.

- 디스크 체크밸브(Disc Check Valve)
  - 코일 스프링의 힘에 의해 디스크밸브를 개폐하여 유체를 한쪽 방향으로만 유동시킴으로써 역류를 방지하는 구조의 체크밸브이다.
  - 몸체, 디스크, 스프링, 스프링 고정장치로 구성된다.
  - 디스크가 유체의 흐름 방향으로 이동하고, 이 디스크의 이동은 스프링 고정장치(Retainer)에 의해 고정되어 있는 스프링에 의해 저항을 받는다. 입구측 압력에 의해 디스크에 미치는 힘이 스프링, 디스크의 무게, 출구측 압력에 비해 크면 디스크가 시트에서 떨어져 밸브를 통해 유체가 흐르게 된다.
  - 밸브에서 차압이 감소되면 스프링에 의해 디스크가 시트쪽으로 밀려 역류가 발생하기 전에 밸브를 폐쇄시킨다.
  - 크기가 작고 가벼워서 가격이 저렴하다.
  - 왕복동 공기압축기의 출구측과 같이 맥동이 심한 곳에서는 디스크의 반복된 충격으로 인해 스프링 고정장치가 고장 나고 스프링에 과도한 스트레스가 가해지므로 사용하면 안 된다.
- 풋 체크밸브(Foot Check Valve)
  - 리프트식 체크밸브의 형태를 지닌다.
  - 펌프 입구측 하단부에 설치한다.
  - 펌프 내부 유체의 손실을 방지한다.
  - 스트레이너가 부착되어 있다.
- 스톱 체크밸브
  - 리프트식 체크밸브와 글로브밸브가 합쳐진 형태의 체크밸브이다.
  - 강제로 열 수는 없지만, 닫을 수는 있다.
  - 열린 상태에서는 리프트 체크밸브의 기능을 갖는다.

핵심예제

4-1. 스프링식 안전밸브의 고장원인을 4가지만 쓰시오.
[2021년 제1회]

4-2. 스프링 힘에 의해 디스크시트가 밀봉되는 밸브인 스프링식 안전밸브가 제대로 작동되지 않는 원인을 4가지만 쓰시오.
[2018년 제1회]

4-3. 스팀헤더에 설치된 스프링식 안전밸브에서 증기가 누설되는 원인을 3가지만 쓰시오. [2016년 제2회]

4-4. 증기 보일러에 안전밸브를 2개 설치할 때 각 안전밸브의 설정압력을 쓰시오. [2014년 제4회]

4-5. 증기 보일러에 설치되는 주증기밸브에 대한 다음 질문에 답하시오. [2013년 제1회, 제4회]

(1) 주증기밸브의 사용목적을 쓰시오.
(2) 주증기밸브 개폐 시 천천히 조작해야 하는 이유를 쓰시오.

4-6. 감압밸브 설치 시 주의사항을 5가지만 쓰시오.
[2022년 제4회]

4-7. 게이트밸브(Gate Valve)의 특징을 4가지만 쓰시오.
[2018년 제4회]

4-8. 다음에서 설명하는 밸브에 대해 각 물음에 답하시오.
[2021년 제2회]

> 유체의 흐름을 단속하는 가장 일반적인 밸브로서 냉수, 온수, 난방배관 등에 광범위하게 사용되고, 완전히 열거나 닫도록 설계되어 있다. 밸브 개방 시 유체 흐름의 단면적 변화가 없어 압력손실이 작은 특징이 있다.

(1) 이 밸브의 명칭을 쓰시오.
(2) 이 밸브를 유량 조절 용도로 절반만 열고 사용하기에 부적절한 이유를 쓰시오.

핵심예제

4-9. 격막밸브라고도 하는 다이어프램밸브(Diaphram Valve)의 특징을 3가지만 쓰시오. [2020년 제1회]

4-10. 급수설비에서 유체의 역류를 방지하기 위한 것으로 밸브의 무게와 밸브의 양면 간 압력차를 이용하여 밸브를 자동으로 작동시켜 유체가 한쪽 방향으로만 흐르도록 한 밸브의 명칭을 쓰고, 이 밸브의 종류를 3가지만 나열하시오.

[2010년 제2회 유사, 2018년 제2회, 2022년 제2회]

|해답|

4-1

스프링식 안전밸브의 고장원인

① 스프링의 장력이 약화된 경우
② 밸브시트부에 누설이 발생한 경우
③ 밸브디스크와 밸브시트에 이물질이 존재하는 경우
④ 밸브축이 이완된 경우

4-2

스프링식 안전밸브의 미작동 원인

① 스프링이 너무 조여 있거나 하중이 지나치게 많은 경우
② 밸브디스크가 밸브시트에 고착된 경우
③ 밸브디스크와 밸브시트의 틈이 지나치게 크고, 디스크가 한쪽으로 기울어져 있는 경우
④ 밸브 각이 제대로 맞지 않고 뒤틀어진 경우

4-3

스팀헤더에 설치된 스프링식 안전밸브에서 증기가 누설되는 원인

① 스프링 장력이 약하거나 작동압력이 낮게 조정된 경우
② 밸브디스크와 밸브시트에 이물질이 존재할 경우
③ 밸브축이 이완되었거나 밸브와 밸브시트가 오염되었거나 가공이 불량인 경우

4-4

1개는 최고사용압력 이하, 나머지 1개는 최고사용압력의 1.03배 이하의 압력으로 설정한다.

4-5

(1) 주증기밸브의 사용목적 : 보일러에서 발생된 증기를 송기 및 정지한다.
(2) 주증기밸브 개폐 시 천천히 조작해야 하는 이유 : 주증기관에서의 수격작용이나 본체 내부에서의 프라이밍 등을 방지하기 위하여 주증기밸브를 개폐할 때 천천히 조작해야 한다.

4-6

감압밸브 설치 시 주의사항

① 감압밸브는 부하설비에 가깝게 설치한다.
② 감압밸브는 반드시 스트레이너를 설치한다.
③ 감압밸브 1차 측에는 편심 리듀서가 설치되어야 한다.
④ 감압밸브 앞에는 기수분리기 또는 스팀트랩에 의해 응축수가 제거되어야 한다.
⑤ 해체나 분해 시를 대비하기 위하여 바이패스라인을 설치한다. 이때 바이패스라인의 관지름은 주배관의 지름보다 작아야 한다.

4-7

게이트밸브의 특징

① 유체가 밸브 내를 통과할 때 그 통로의 변화가 작으므로 압력 손실이 작다.
② 핸들 회전력이 글로브밸브에 비해 가벼워 대형 및 고압밸브에 사용된다.
③ 원통지름 그대로 열리므로 양정이 크게 되어 개폐에 시간이 걸린다.
④ 밸브를 절반 정도 열고 사용하면 와류가 생겨 유체저항이 크게 되어 유량 특성이 나빠지므로 완전 개폐용으로 사용하는 것이 좋다.

4-8

(1) 밸브의 명칭 : 게이트밸브(또는 슬루스밸브)
(2) 반개방 상태로 사용하면 와류현상이 발생하여 유체저항 증가, 밸브 진동 발생, 밸브 내면 침식작용 위험성 증가, 유체에 의해 디스크의 마모 증가, 밸브 조작력 증가 등의 문제가 발생하므로 반만 열고 사용하는 것은 매우 부적절하다.

4-9

다이어프램밸브(격막밸브)의 특징

① 유체의 흐름이 주는 영향이 작다.
② 기밀을 유지하기 위한 패킹이 필요 없다.
③ 산 등의 화학약품을 차단하는 데 사용하는 밸브이다.

4-10

(1) 밸브 명칭 : 체크밸브(Check Valve)
(2) 체크밸브의 종류 : 리프트식, 스윙식, 해머리스식(스모렌스키식)

제6절 | 에너지설비의 기계설계

핵심이론 01 에너지설비 기계설계의 개요

① 응력(보일러 동체, 드럼, 원통형 고압용기)

㉠ 축 방향(길이 방향) 인장응력(σ) : $\sigma = \frac{PD}{4t}$

(여기서, P : 내압, D : 안지름, t :두께)

㉡ 원주 방향(반경 방향) 인장응력(σ_1) : $\sigma_1 = \frac{PD}{2t}$

(여기서, P : 내압, D : 안지름, t :두께)

㉢ 이음효율(η) 고려 시 : $\sigma = \frac{PD}{4t\eta}$, $\sigma_1 = \frac{PD}{2t\eta}$

㉣ $\sigma : \sigma_1 = 1:2$

② 두 께

㉠ 육용강재 보일러의 구조에서 동체의 최소 두께 기준

- 안지름이 900[mm] 이하 : 6[mm]
- 안지름이 900[mm] 이하이며 스테이를 부착한 경우 : 8[mm]
- 안지름이 900[mm] 초과 1,350[mm] 이하 : 8[mm]
- 안지름이 1,350[mm] 초과 1,850[mm] 이하 : 10[mm]
- 안지름이 1,850[mm] 초과 : 12[mm] 이상

㉡ 원통판의 두께(t) : $t = \frac{PD}{2\sigma_1}$

(여기서, P : 내압[kgf/cm^2], D : 안지름[mm], σ_1 : 원주 방향(반경 방향) 인장응력[kgf/cm^2])

㉢ 최소 두께 : 보일러와 압력용기에서 일반적으로 사용하는 계산식에 의해 산정되는 두께로서, 부식 여유를 포함한 두께이다.

㉣ 안전율(S), 이음효율(η), 부식 여유(C) 고려 시 최소 두께(t) : $t = \frac{PD}{2\sigma_a\eta} + C = \frac{PDS}{2\sigma_u\eta} + C$

(여기서, σ_a : 허용인장응력[kgf/cm^2], σ_u : 강판의 인장강도[kgf/cm^2])

㉤ 구형 용기의 최소 두께(t) :

$$t = \frac{PD}{400\sigma_a\eta - 0.4P} + \alpha$$

(여기서, P : 최고사용압력[kgf/cm^2], D : 안지름[mm], σ_a : 허용인장응력[kgf/cm^2], η : 용접 이음효율, α : 부식 여유[mm])

㉥ 절탄기용 주철관의 최소 두께(t)

- $t = \frac{PD}{200\sigma_a - 1.2P} + C$

  (여기서, P : 급수에 지장이 없는 압력 또는 릴리프밸브의 분출압력[kgf/cm^2], D : 안지름[mm], σ_a : 허용인장응력[kgf/cm^2], C : 핀 미부착 시 4[mm], 핀 부착 시 2[mm])

- $t = \frac{PD}{2\sigma_a - 1.2P} + C$

  (여기서, P : 급수에 지장이 없는 압력 또는 릴리프밸브의 분출압력[MPa], D : 안지름[mm], σ_a : 허용인장응력[MPa], C : 핀 미부착 시 4[mm], 핀 부착 시 2[mm])

㉦ 육용강재 보일러에 접시 모양 경판으로 노통 설치 시 경판의 최소 두께(t) : $t = \frac{PR}{150\sigma_a\eta} + A$

(여기서, P : 최고사용압력[kgf/cm^2], R : 접시 모양 경판의 중앙부에서의 내면 반지름[mm], σ_a : 재료의 허용인장응력[kgf/cm^2], η : 경판 자체의 이음효율, A : 부식 여유[mm])

㉧ 관판의 두께

- 관판의 롤 확관 부착부의 최소 두께 : 완전한 링 모양을 이루는 접촉면의 두께가 10[mm] 이상이어야 한다.

• 연관의 바깥지름이 75[mm]인 연관 보일러 관판의 최소 두께(t) : $t=\frac{D}{10}+5[\text{mm}]$

(여기서, D : 연관의 바깥지름[mm])

• 연관의 바깥지름 150[mm] 이하의 연관 보일러 관판의 최소 두께(t)

– $t=\frac{PD}{700}+1.5[\text{mm}]$

(여기서, P : 최고사용압력[kgf/cm^2], D : 연관의 바깥지름[mm])

– $t=\frac{PD}{70}+1.5[\text{mm}]$

(여기서, P : 최고사용압력[MPa])

• 연관 보일러 관판의 최소 두께(관판의 바깥지름 1,350[mm]~)

관판의 바깥지름[mm]	관판의 최소 두께[mm]
1,350 이하	10
1,350 초과 1,850 이하	12
1,850 초과	14

ⓩ 화실 및 노통용 판의 두께 제한

• 최소 두께 제한 : 플랜지가 있는 화실판 또는 노통판의 두께는 8[mm] 이상으로 해야 한다.

• 최고 두께 제한 : 평노통, 파형 노통, 화실 및 직립 보일러 화실판의 최고 두께는 22[mm] 이하이어야 한다. 다만, 습식 화실 및 조합노통 중 평노통은 제외한다.

ⓩ 규칙적으로 배치된 스테이 볼트 그 밖의 스테이에 의하여 지지되는 평판의 최소 두께

• $t=p\sqrt{\frac{P}{C}}$

(여기서, p : 스테이 볼트 또는 이것과 똑같은 스테이의 평균피치이며 스테이 열의 수평 및 수직 방향 중심 선간거리의 평균치, P : 최고사용압력[kgf/cm^2], C : 노통의 종류에 따른 상수)

• $t=p\sqrt{\frac{10P}{C}}$

(여기서, P : 최고사용압력[MPa])

※ 단, 어떠한 경우에도 8[mm] 미만으로 해서는 안 된다.

③ 파형 노통의 최소 두께와 최고사용압력

㉠ 노통식 보일러 파형부 길이 230[mm] 미만인 노통의 최소 두께(t)

• $t=\frac{PD}{C}[\text{mm}]$

(여기서, P : 최고사용압력[kgf/cm^2], D : 노통의 파형부에서의 최대 내경과 최소 내경의 평균치(모리슨형 노통에서는 최소내경에 50[mm]를 더한 값), C : 노통의 종류에 따른 상수)

• $t=\frac{10PD}{C}[\text{mm}]$

(여기서, P : 최고사용압력[MPa])

㉡ 최고사용압력 : $P=\frac{Ct}{D}[\text{kgf/cm}^2]$

(여기서, P : 최고사용압력[kgf/cm^2], C : 노통의 종류에 따른 상수, t : 관판의 최소 두께, D : 노통의 파형부에서의 최대 내경과 최소 내경의 평균치)

④ 부속장치류 설계 시 고려사항

㉠ 연소실 체적 결정 시 고려사항 : 연소실의 열 발생률, 연소실의 열부하, 연료의 연소량

㉡ 연소실 노 내 온도 및 노 내 압력 결정 시 고려사항 : 내화벽돌의 내압강도

㉢ 과열기 설계 시 고려사항 : 연료의 종류 및 연소방법, 과열기로 공급되는 과열증기의 과열도, 증기와 연소가스의 온도차

㉣ 수증기관에 만곡(Loop)관을 설치하는 목적 : 열팽창에 의한 관의 팽창작용을 허용하기 위함이다.

㉤ 사이펀(Siphon)관과 관련 있는 계기 : (탄성)압력계(부르동관식)

ⓑ 관 내 유속의 크기 : 과열증기관 > 포화증기관 > 펌프토출관 > 응축수관

ⓢ 브리딩 스페이스(Breathing Space)

- 노통의 신축호흡거리(노통 보일러에 경판 부착 시 거싯 스테이의 하단과 노통 상단 사이의 거리)로 경판의 탄성(강도)을 높이기 위한 완충폭의 역할을 한다.
- 브리딩 스페이스가 충분하지 않으면, 구식(Grooving)이 발생된다.
- 노통 보일러의 브리딩 스페이스 기준 수치
  - 경판 두께 13[mm] 이하 : 230[mm] 이상
  - 경판 두께 15[mm] 이하 : 260[mm] 이상
  - 경판 두께 17[mm] 이하 : 280[mm] 이상
  - 경판 두께 19[mm] 이하 : 300[mm] 이상
  - 경판 두께 19[mm] 초과 : 320[mm] 이상
- 노통 보일러의 이외의 보일러의 브리딩 스페이스 기준 수치

구 분	완충 폭[[mm]
① 경판부 거싯 스테이 하단과 노통 상부 사이	• $D \le 1,800$: 200 이상 • $1,800 < D \le 2,300$: 225 이상 • $2,300 < D$: 250 이상
② 관군과 거싯 스테이 사이	• 100 이상
③ 동체판의 내면과 관군 사이	• 40 이상
④ 노통과 관군, 동체판의 내면과 노통 사이	• 0.03 D 또는 50 중 큰쪽 값 이상(100을 초과할 필요는 없음)

• D : 동체 안지름
• 후연실 둘레판과 관군부 사이에는 적용하지 않는다.
• ④항 중 노통에 돌기 설치 경우 : 30[mm] 이상 틈새 유지

ⓞ 강 보일러 재료로 이용되는 대부분의 강철제는 200~300[℃]에서 최대의 강도를 유지하지만, 350[℃] 이상이 되면 재료의 강도가 급격히 저하된다.

ⓩ 스테이(Stay)

- 관 스테이의 최소 단면적(S)
  1개의 관 스테이가 지시하는 면적이 A, A 중에서 관구멍의 합계 면적이 a일 때,
  - $S = \dfrac{(A-a)P}{5}$
    (여기서, P : 최고사용압력[kgf/cm^2])
  - $S = 2(A-a)P$
    (여기서, P : 최고사용압력[MPa])
- 경사 스테이의 최소 단면적 : $A = A_1 \dfrac{l}{h}$
  (여기서, A : 경사 스테이의 최소 단면적[mm^2], A_1 : 봉 스테이를 부착하는 것으로 가정한 경우의 소요 단면적[mm^2], l : 경사 스테이의 길이[mm], h : 경사 스테이의 동체 부착부 중앙부에서 경판면으로의 수직선 길이[mm])
- 거싯 스테이의 최소 단면적 : 가장 긴 변과 동일한 각도를 이루는 경사 스테이의 최소 단면적보다 10[%] 이상 크게 한다.
- 육용강재 보일러에서 봉 스테이 또는 경사 스테이를 핀이음으로 부착할 경우, 스테이링부의 단면적은 스테이 소요 단면적의 1.25배 이상으로 해야 한다.

ⓧ 송풍기의 소요동력(H)

- $H = \dfrac{PQ}{60 \times \eta}[\text{kW}] = \dfrac{PQ}{60 \times 75 \times \eta}[\text{PS}]$
  (여기서, P : 송풍기 출구 풍압[mmAq], Q : 송풍량[m^3/min], η : 효율)
- 여유율(α) 반영 시
  $$H = \frac{PQ}{60 \times \eta}(1+\alpha)[\text{kW}] = \frac{PQ}{60 \times 75 \times \eta}(1+\alpha)[\text{PS}]$$

핵심예제

1-1. 보일러 드럼의 내압을 받는 동체에 발생하는 2가지 응력인 원주 방향의 인장응력과 길이 방향의 인장응력의 비는 얼마인지 답하시오. [2014년 제1회, 2015년 제2회]

1-2. 동체의 안지름이 2,000[mm], 최고사용압력이 12[kg/cm^2]인 원통 보일러 동판의 두께[mm]를 계산하시오(단, 강판의 인장강도는 40[kg/mm^2], 안전율은 4.5, 용접부의 이음효율(η)은 0.71, 부식 여유는 2[mm]이다). [2022년 제4회]

1-3. 육용강재 보일러의 안지름이 다음과 같은 때 각각의 동체의 최소 두께[mm]를 쓰시오.

(1) 안지름 900[mm] 이하의 것(단, 스테이를 부착할 경우)
(2) 안지름 900[mm] 초과 1,350[mm] 이하의 것
(3) 안지름 1,350[mm] 초과 1,850[mm] 이하의 것
(4) 안지름 1,850[mm] 초과하는 것

1-4. 다음 열설비에 사용되는 관을 관 내 유속이 빠른 순서대로 나열하시오.

응축수관, 펌프 토출관, 포화증기관, 과열증기관

|해답|

1-1
내압 P, 안지름 D, 두께 t일 때
- 원주 방향(반경 방향) 인장응력 : $\sigma_1 = \frac{PD}{2t}$
- 축 방향(길이 방향) 인장응력 : $\sigma_2 = \frac{PD}{4t}$

$\therefore \sigma_1 : \sigma_2 = \frac{PD}{2t} : \frac{PD}{4t} = 2 : 1$

1-2
동판의 두께

$$t = \frac{PD}{2\sigma_a \eta} + C = \frac{PDS}{2\sigma_u \eta} + C = \frac{12 \times 2{,}000 \times 4.5}{2 \times 40 \times 10^2 \times 0.71} + 2$$
$$\simeq 21.01[\text{mm}]$$

1-3
(1) 8[mm]
(2) 8[mm]
(3) 10[mm]
(4) 12[mm]

1-4
관 내 유속이 빠른 순서 : 과열증기관 > 포화증기관 > 펌프 토출관 > 응축수관

핵심이론 02 관의 설계

① 배 관

㉠ 압력용기 배관용 탄소강관(SPP) : 설계압력 1[MPa] 이하에 사용한다.

㉡ 보일러 실내에 설치하는 배관

- 배관의 외부에 노출하여 시공해야 한다.
- 배관의 이음부와 전기계량기의 거리는 60[cm] 이상의 거리를 유지해야 한다.
- 관경 50[mm]인 배관은 3[m]마다 고정장치를 설치해야 한다.
- 배관을 나사 접합으로 하는 경우에는 관용 테이퍼나사에 의해야 한다.

㉢ 급수배관의 비수방지관에 뚫려 있는 구멍의 면적 : 증기 배출에 지장이 없도록 주증기관 면적의 1.5배 이상으로 한다.

㉣ 연소실 연도의 단면적 크기 설정 시 고려해야 할 요인

- 연도 내부를 통과하는 연소가스량
- 연소가스의 통과속도
- 연돌의 통풍력

② 노 통

㉠ 개 요

- 노통은 연료를 연소시켜 고온의 열가스를 발생시키는 연소실이다.
- 금속판으로 제작하며 파형 노통과 평형 노통이 있다.
- 노통 보일러의 연소실로 이용된다.

㉡ 평형 노통

- 제작이 용이하며 내부 청소, 통풍이 양호하다.
- 고열에 의해 신축이 용이하지 못하다.
- 외압에 의해 강도가 약하므로 플랜지형으로 몇 개의 노통으로 분할 제작하여 길이 1[m] 간격으로 이음 보강한다(애덤슨 조인트).
- 노통 보강, 전열면적 증가, 보일러의 순환 개선 등을 위하여 겔로이드관을 30° 경사로 3~4개 설치한다.
- 애덤슨 링이 있는 평형 수평 노통의 플랜지 : 플랜지의 굽힘 반지름은 화염쪽에서 측정한 판 두께의 3배 이상이어야 한다.

㉢ 파형 노통 : 노통 표면을 특수한 롤을 사용하여 파형(물결 모양)으로 제작한 노통이다.

- 파형 노통의 특징
  - 강도가 크고 외압에 강하다.
  - 열에 대한 신축 탄력성이 좋다.
  - 전열면적이 넓다.
  - 통풍의 저항이 있다.
  - 스케일 생성이 쉽다.
  - 제작비용이 많이 들고 내부 청소 및 제작이 어렵다.
- 파형 노통의 종류별 피치 및 골의 깊이

노통의 종류	피치([mm])	골의 깊이([mm])
모리슨형	200 이하	32 이상
데이톤형	200 이하	38 이상
폭스형	200 이하	38 이상
파브스형	230 이하	35 이상
리즈포지형	200 이하	57 이상
브라운형	230 이하	41 이상

- 폭스형·모리슨형·데이톤형 : 피치 200[mm] 이하, 골 깊이 38[mm] 이상
- 휘크형 : 피치 150[mm] 이하, 골 깊이 38[mm] 이상
- 파브스형 : 피치 230[mm] 이하, 골 깊이 35[mm] 이상
- 리즈·위지형 : 피치 200[mm] 이하, 골 깊이 57[mm] 이상
- 브라운형 : 피치 230[mm] 이하, 골 깊이 41[mm] 이상

③ 연관(Smoke Tube) : 관 내에 연소가스가 흐르며 주위에는 물이 접촉하고 있는 관

④ 기 타

㉠ 수주관 : 최고사용압력 1.6[MPa] 이하 보일러의 수주관은 주철제로 할 수 있다. 수주관에는 호칭지름 20A 이상의 분출관을 장치해야 한다.

㉡ 수주관과 보일러를 연결하는 관은 호칭지름 20A 이상으로 다음 조건을 갖추어야 한다.

- 물쪽 연락관 및 수주관의 내부는 용이하게 청소할 수 있도록 해야 한다.
- 물쪽 연락관을 수주관 또는 보일러에 부착하는 구멍 입구는 수면계가 보이는 최저 수위보다 위에 있으면 안 된다. 그리고 관의 도중에 굽힘(중고 또는 중저)이 없도록 해야 하며, 부득이하게 중저 부분을 두는 경우에는 그 부분의 물을 전부 분출할 수 있는 드레인밸브를 부착해야 한다.
- 증기쪽 연락관을 수주관 또는 보일러에 부착할 때 그 위치는 수면계가 보이는 최고 수위보다 아래에 있으면 안 된다. 또한 관의 도중에 응축수가 고이지 않도록 해야 한다.
- 연락관에 밸브 또는 콕을 설치할 때는 그 개폐 여부를 한눈에 확인할 수 있는 구조로 해야 한다.

㉢ 수면계의 연락관 : 수주관과 보일러를 연결하는 관의 조건을 준용하되, 연락관에 밸브 또는 콕을 설치할 때에는 그 개폐 여부를 한눈에 알 수 있는 구조로 해야 한다.

⑤ 전열면적(A 또는 F)

㉠ 수관 보일러 몸체의 전열면적

- 몸통, 수관 또는 헤더에서 그 일부 또는 전부가 연소가스 등에 접촉하고, 다른 면이 물(기수 혼합물 포함)에 접촉하는 부분의 면을 연소가스 등의 쪽에서 측정한 면적

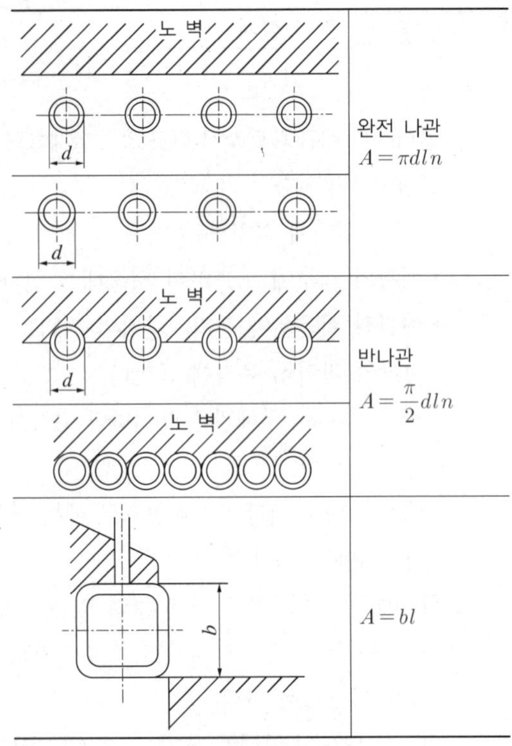

여기서, d : 수관의 바깥지름[m]
l : 수관 또는 헤더의 길이[m]
n : 수관의 수
b : 너비[m]

- 핀붙이 수관에서 핀이 길이 방향으로 부착되어 있고, 양쪽면이 연소가스 등에 접촉하는 것은 전열의 종류에 따라 각각 다음의 계수를 핀의 한쪽 면 면적에 곱하여 얻은 면적을 관 바깥둘레의 면적에 더한 면적

전열의 종류	계수(α)
양쪽면에 방사열을 받는 경우	1.0
한쪽면에 방사열, 다른 면에 접촉열을 받는 경우	0.7
양쪽면에 접촉열을 받는 경우	0.4

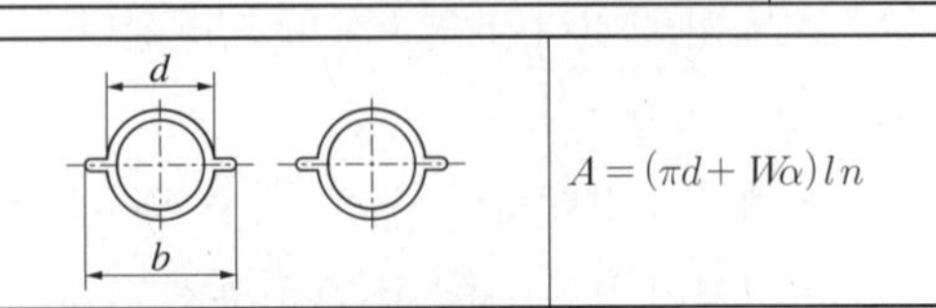

여기서, d : 수관의 바깥지름[m]
l : 수관 또는 헤더의 길이[m]
n : 수관의 수
b : 너비[m]
W : 1개 수관의 핀 너비의 합[m], $W=b-d$
α : 열전달 종류에 따른 계수

• 핀붙이 수관에서 길이 방향으로 부착되어 있고, 한쪽면이 연소가스 등에 접촉하는 것은 전열의 종류에 따라 다음의 계수를 핀의 한쪽면 면적에 곱하여 얻은 면적에 관 바깥둘레 중 연소가스 등에 접촉하는 부분의 면적을 더한 면적

전열의 종류	계수(α)
방사열을 받는 경우	0.5
접촉열을 받는 경우	0.2

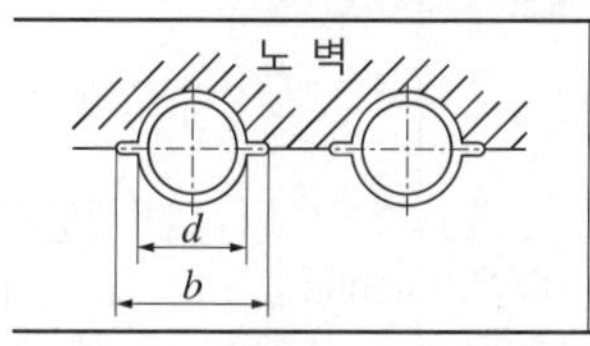

$$A=\left(\frac{\pi}{2}d+W\alpha\right)ln$$

여기서, d : 수관의 바깥지름[m]
l : 수관 또는 헤더의 길이[m]
n : 수관의 수
b : 너비[m]
W : 1개 수관의 핀너비의 합[m], $W=b-d$
α : 열전달의 종류에 따른 계수

• 핀붙이 수관에서 핀이 원둘레 방향 또는 스파이럴 모양으로 부착되어 있는 것은 핀의 한쪽면 면적(핀이 스파이럴 모양으로 부착되어 있을 때는 핀의 감긴 수를 매수로 하여 원둘레 방향으로 핀이 부착되어 있는 것으로 간주하여 계산한 면적)의 20[%] 면적을 관 바깥둘레의 면적에 더한 면적

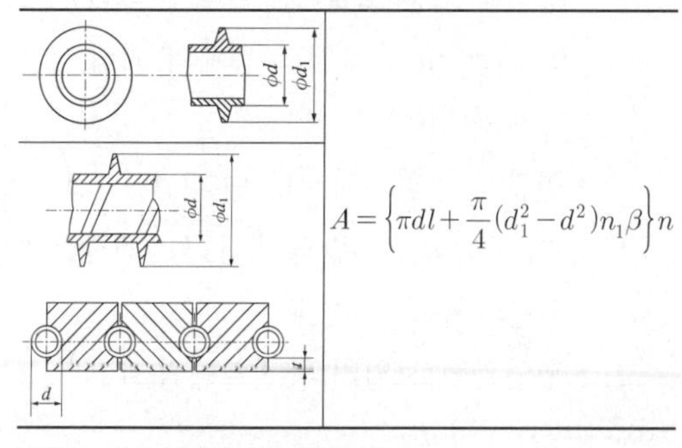

$$A=\left\{\pi dl+\frac{\pi}{4}(d_1^2-d^2)n_1\beta\right\}n$$

여기서, d : 수관의 바깥지름[m]
d_1 : 핀의 바깥지름[m]
l : 수관 또는 헤더의 길이[m]
n : 수관의 수
n_1 : 수관 1개당 핀의 수
β : 상수 = 0.2

• 내화물(내화벽돌 포함)로 피복된 수관에서 한쪽면이 연소가스 등에 접촉하는 것은 내화물의 두께(표면과 내화물 표면 사이의 최소 두께)가 10[mm] 이하인 경우는 관의 반둘레 면적, 내화물의 두께가 10[mm]를 초과하고 30[mm] 이하인 경우는 관의 반둘레 면적에 0.65를 곱한 면적, 양쪽면 또는 전체 둘레가 접촉하는 것에서는 각각 앞에 적은 2배의 면적 또한 어떤 경우에서도 내화물의 두께가 30[mm]를 초과하는 경우는 두께(t[mm])에 비례하여 감소하는 것으로서 각각 앞에 적은 면적에 $30/t$을 곱한 면적

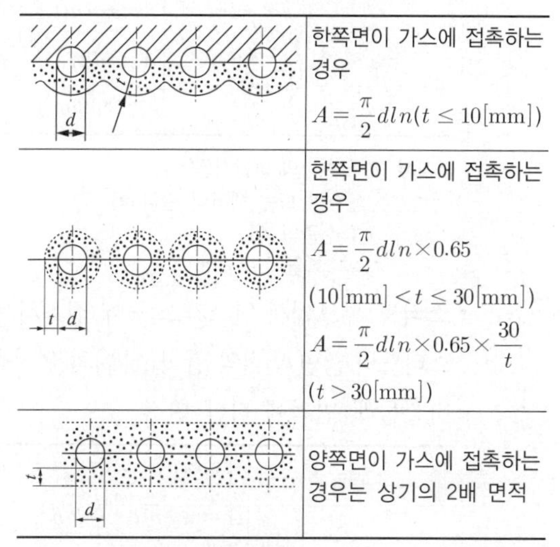

한쪽면이 가스에 접촉하는 경우
$A=\frac{\pi}{2}dln(t\le 10[\mathrm{mm}])$

한쪽면이 가스에 접촉하는 경우
$A=\frac{\pi}{2}dln\times 0.65$
$(10[\mathrm{mm}]<t\le 30[\mathrm{mm}])$
$A=\frac{\pi}{2}dln\times 0.65\times\frac{30}{t}$
$(t>30[\mathrm{mm}])$

양쪽면이 가스에 접촉하는 경우는 상기의 2배 면적

여기서, d : 수관의 바깥지름[m]
l : 수관 또는 헤더의 길이[m]
n : 수관의 수
t : 내화물의 두께[m]

• 베일리식 수랭 노벽은 연소가스 등에 접촉하는 면의 전개면적

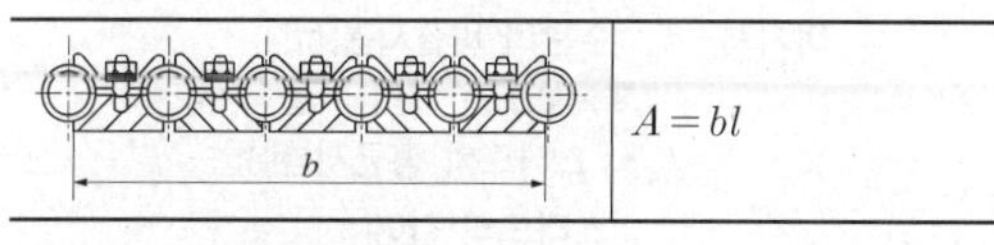

$$A=bl$$

여기서, b : 너비[m]
l : 수관 또는 헤더의 길이[m]

- 스터드 튜브에서 내화물로 피복되고 한쪽면이 연소가스 등에 접촉하는 것에서는 관의 반둘레 면적, 전체 둘레가 접촉하는 것에서는 관의 바깥둘레 면적. 다만, 내화물의 두께가 30[mm]를 초과할 경우는 두께(t[mm])에 비례하여 감소하는 것으로서 각각 앞에 적은 면적에 $30/t$을 곱한 면적

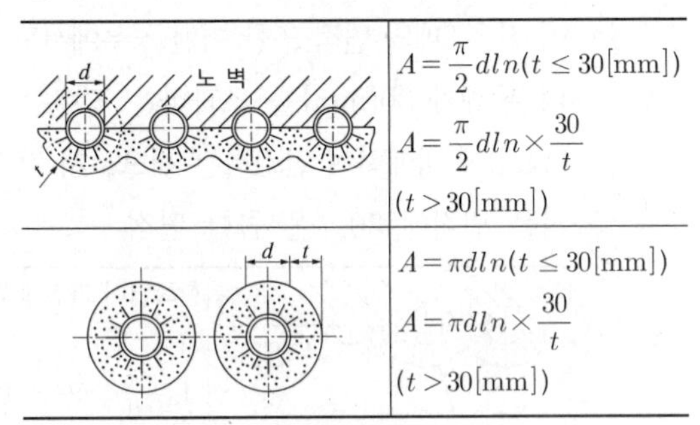

$A=\frac{\pi}{2}dln(t \le 30[\text{mm}])$

$A=\frac{\pi}{2}dln\times\frac{30}{t}$

$(t>30[\text{mm}])$

$A=\pi dln(t \le 30[\text{mm}])$

$A=\pi dln\times\frac{30}{t}$

$(t>30[\text{mm}])$

여기서, d : 수관의 바깥지름[m]
l : 수관 또는 헤더의 길이[m]
n : 수관의 수
t : 내화물의 두께[m]

- 스터드 튜브에서 연소가스 등에 접촉하는 것은 스터드의 옆면 면적의 합이 15[%]의 면적을 관의 바깥둘레 면적에 더한 면적

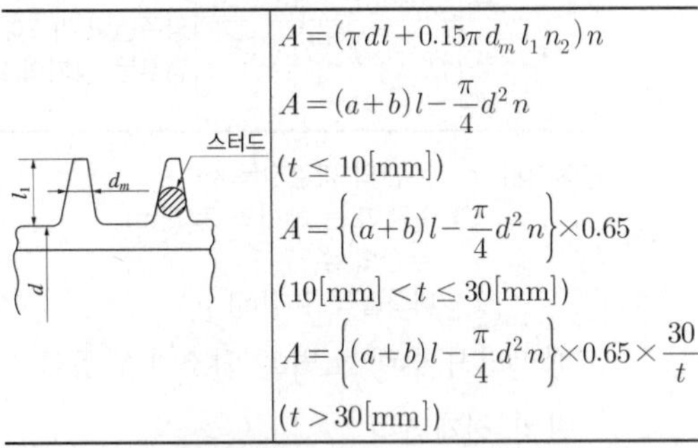

$A=(\pi dl+0.15\pi d_m l_1 n_2)n$

$A=(a+b)l-\frac{\pi}{4}d^2 n$

$(t \le 10[\text{mm}])$

$A=\left\{(a+b)l-\frac{\pi}{4}d^2 n\right\}\times 0.65$

$(10[\text{mm}]<t \le 30[\text{mm}])$

$A=\left\{(a+b)l-\frac{\pi}{4}d^2 n\right\}\times 0.65\times\frac{30}{t}$

$(t>30[\text{mm}])$

여기서, d : 수관의 바깥지름[m]
l : 수관 또는 헤더의 길이[m]
d_m : 스터드의 평균지름[m]
l_1 : 스터드의 길이[m]
n_2 : 수관 1개당 스터드수
n : 수관의 수
a, b : 너비[m]

- 몸통 또는 헤더에서 연소가스 등에 접촉하는 면을 내화물로 피복하고 있는 것은 내화물의 두께가 10[mm] 이하인 경우는 그 면의 표면적, 내화물의 두께가 10[mm]를 초과하고 30[mm] 이하인 경우에는 그 면의 표면적에 0.65를 곱한 면적, 내화물의 두께가 30[mm]를 초과할 경우는 그 면의 표면적에 $0.65\times 30/t$을 곱한 면적

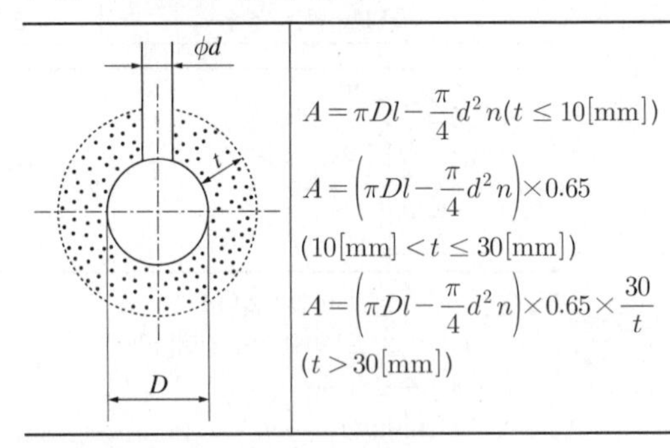

$A=\pi Dl-\frac{\pi}{4}d^2 n(t \le 10[\text{mm}])$

$A=\left(\pi Dl-\frac{\pi}{4}d^2 n\right)\times 0.65$

$(10[\text{mm}]<t \le 30[\text{mm}])$

$A=\left(\pi Dl-\frac{\pi}{4}d^2 n\right)\times 0.65\times\frac{30}{t}$

$(t>30[\text{mm}])$

여기서, D : 헤더의 바깥지름[m]
l : 수관 또는 헤더의 길이[m]
d : 수관의 바깥지름[m]
n : 수관의 수

㉡ 수관 보일러 외 보일러의 전열면적

- 코니시 보일러의 전열면적(A) : $A=\pi dl$
  (여기서, d : 보일러 동체의 외경, l : 보일러 동체의 길이)
- 랭커셔 노통 보일러의 전열면적(A) : $A=4dl$
  (여기서, d : 보일러 동체의 외경, l : 보일러 동체의 길이)
- 연관식 보일러의 전열면적(A) : $A=\pi dln$
  (여기서, d : 연관의 내경, l : 연관의 길이, n : 연관의 수)
- 횡연관식 보일러의 전열면적(A) :

  $A=\pi l\left(\frac{d}{2}+d_1 n\right)+d^2$

  (여기서, d : 보일러 동체의 외경, l : 보일러 동체의 길이, d_1 : 연관의 내경, n : 연관의 개수)

• 중공원관의 평균 전열면적(A_m) :

$$A_m = \frac{A_o - A_i}{\ln(A_o/A_i)}$$

(여기서, A_o : 외경측의 전열면적, A_i : 내경측의 전열면적)

⑥ 관의 설계 관련 수치 및 계산식

㉠ 급수밸브, 체크밸브 관의 호칭지름

• 전열면적 10[m^2] 이하 : 15A(15[mm]) 이상
• 전열면적 10[m^2] 초과 : 20A(20[mm]) 이상

㉡ 노통 연관 보일러의 노통 바깥면과 이에 가장 가까운 연관의 면과의 틈새 : 50[mm]

㉢ 평노통, 파형 노통, 화실 및 직립 보일러 화실판의 최고 두께 : 22[mm] 이하(습식 연소실 및 조합 노통 중 평노통 제외)

㉣ 연관 보일러 연관의 최소 피치(p) :

$p = (1 + 4.5/t)d$

(여기서, t : 연관판의 두께, d : 관구멍의 지름)

핵심예제

2-1. 노통 중 파형 노통의 장점 및 단점을 각각 2가지씩 쓰시오.

[2015년 제1회, 2019년 제4회]

(1) 장 점
(2) 단 점

2-2. 수주관과 보일러를 연결하는 관(연락관)의 최소 호칭지름은 얼마인지 쓰시오(단, 보일러는 용량 2[ton/h], 증기압력 0.5[MPa]의 노통 연관식 보일러임).

[2012년 제4회, 2013년 제2회]

2-3. 외경 76[mm], 내경 68[mm], 직관 길이 5[m]의 연관 10개로 된 연관식 보일러가 있다. 이 보일러의 전열면적[m^2]을 구하시오.

[2010년 제1회]

2-4. 지름 2[m]인 원통에 가로×세로 33[cm]의 일정한 간격으로 내경 120[mm], 직관 길이 3[m]의 연관 16개를 배치할 때의 전열면적[m^2]을 계산하시오.

[2014년 제2회]

2-5. 외경 76[mm], 내경 68[mm], 유효 길이 4,800[mm]의 수관 96개로 된 수관 보일러가 있다. 이 보일러의 전열면적[m^2] 및 시간당 증발량[kg/h]을 구하시오(단, 수관 이외 부분의 전열면적은 무시하며, 전열면적 1[m^2]당 증발량은 26.9[kg/h]이다).

[2017년 제2회, 2020년 제4회]

2-6. 핀붙이 수관에서 길이 방향으로 핀이 부착되어 있고 양쪽 면이 연소가스에 접촉하는 형식의 수관 보일러가 한쪽면은 방사열을, 다른 면은 접촉열을 받고 있다. 이때의 전열면적[m^2]을 다음의 자료를 기준으로 하여 구하시오.

[2012년 제2회, 2013년 제1회, 2014년 제4회, 2015년 제1회]

• 수관의 바깥지름 : 55[mm]
• 너비(피치) : 77[mm]
• 수관의 길이 : 3,300[mm]
• 수관의 수 : 77개
• 전열계수(α) : 0.7

|해답|

2-1

(1) 파형 노통의 장점

① 열에 의한 신축에 대하여 탄력성이 좋다.

② 강도가 크다.

(2) 파형 노통의 단점

① 제작비가 비싸다.

② 스케일 생성이 쉽다.

2-2

호칭지름 20A 이상

2-3

연관 보일러의 전열면적 계산 시 내경을 적용한다.

전열면적 $A=\pi dln=\pi\times 0.068\times 5\times 10\simeq 10.68[\text{m}^2]$

2-4

전열면적 $A=\pi dln=\pi\times 0.12\times 3\times 16\simeq 18[\text{m}^2]$

2-5

(1) 보일러의 전열면적

수관 보일러의 전열면적 계산 시 외경을 적용한다.

전열면적 $A=\pi dln=\pi\times 0.076\times 4.8\times 96\simeq 110[\text{m}^2]$

(2) 시간당 증발량

$G_B=\gamma_0 A=26.9\times 110=2{,}959[\text{kg/h}]$

2-6

전열면적

$$A=(\pi d+W\alpha)ln=\{\pi d+(b-d)\alpha\}ln$$
$$=\{\pi\times 0.055+(0.077-0.055)\times 0.7\}\times 3.3\times 77$$
$$\simeq 47.8[\text{m}^2]$$

핵심이론 03 이음설계

① 용접이음

㉠ 용접이음의 특징

- 이음효율이 우수하다.
- 기밀성과 수밀성이 우수하다.
- 이음 형상을 자유롭게 선택할 수 있다.
- 구조를 간단하게 할 수 있다.
- 두께 제한이 없다.
- 중량 경감이 가능하며 작업공정이 짧다.
- 잔류응력이 발생한다.
- 진동에 대한 감쇠력이 낮다.
- 응력집중에 대해 민감하다.

㉡ 용접봉 피복재의 역할

- 용융금속의 정련작업을 하며 탈산제 역할을 한다.
- 용융금속의 급랭을 늦추어 산화방지를 한다.
- 용융금속에 필요한 원소를 보충해 준다.
- 피복재의 강도를 증가시킨다.

㉢ 연관 보일러 관판의 필렛용접 : 연관 보일러의 관판은 플랜지부를 보일러의 안쪽 또는 바깥쪽으로 향하여 동체에 필렛용접을 해도 좋다. 이 경우에는 다음에 따라야 한다. 다만, 외부 연소 수평 연관 보일러의 뒤 관판은 동체에 필렛용접으로 부착해서는 안 된다.

- 플랜지가 바깥쪽으로 향하는 경우에는 이음을 동체 끝부의 안쪽에 두고 한쪽 전체 두께 필렛겹치기용접으로 한다.
- 플랜지가 안쪽으로 향하는 경우에는 양쪽 전체 두께 필렛겹치기용접으로 해야 한다.
- 필렛용접부는 화염에 직접 접촉해서는 안 된다.
- 필렛용접의 목 두께는 관판 두께의 0.7배 이상으로 한다.
- 용접부는 방사선검사를 필요로 하지 않는다.

㉣ 양쪽 전체 두께 필렛겹침용접
- 판의 겹침부를 판 두께의 4배 이상(최소 25[mm])으로 해야 한다.
- 판의 두께가 다른 경우에는 얇은 쪽의 판 두께를 취한다.

㉤ 가스용접
- 사용 불꽃에 산소량이 많을 경우 : 용착금속이 산화·탈탄된다.

㉥ 맞대기용접
- 판 두께에 따른 그루브 형상
  - 1~5[mm] : I형
  - 6~16[mm] : J형, R형, V형
  - 12~38[mm] : 양면 J형, K형, U형, X형
  - 19[mm] 이상 : H형
- 두께가 다른 판의 경우, 중심선 일치를 위하여 1/3 이하의 기울기로 가공한다.
- 용접부의 인장응력(σ) : $\sigma = \frac{W}{hl}$

  (여기서, W : 인장하중, h : 판 두께, l : 용접 길이)

㉦ 맞대기 양쪽 용접 : 노통 보일러에 있어 원통 연소실 또는 노통의 길이이음에 가장 적합한 용접법이다.

㉧ 피복아크용접에서 루트의 간격이 크게 되었을 때 보수하는 방법
- 맞대기이음에서 간격이 6[mm] 이하일 때 : 이음부의 한쪽 또는 양쪽에 덧붙이를 하고 깎아내 간격을 맞춘다.
- 맞대기이음에서 간격이 16[mm] 이하일 때 : 판의 전부 또는 일부를 바꾼다.
- 필릿용접에서 간격이 1.5~4.5[mm]일 때 : 그대로 용접해도 좋지만, 벌어진 간격만큼 각장을 크게 한다.
- 필릿용접에서 간격이 1.5[mm] 이하일 때 : 그대로 용접한다.

㉨ 테르밋(Thermit)용접 : 테르밋반응에 의해 발생되는 강렬한 열을 이용한 용접법이다.

※ 테르밋 : 알루미나와 산화철의 분말

㉩ 스테이의 용접 부착
- 스테이재료의 탄소 함유량 : 0.35[%] 이하
- 봉 스테이 또는 관 스테이의 용접 부착
  - 스테이를 판의 구멍에 삽입하여 그 주위를 용접하며, 스테이의 축에 평행하게 전단력이 작용하는 면을 스테이가 필요한 단면적의 1.25배 이상으로 한다.
  - 용접의 다리 길이 : 관의 두께 이상을 기본으로 봉 스테이 10[mm] 이상, 관 스테이 4[mm] 이상
  - 스테이의 끝은 판의 외면보다 안쪽에 있으면 안 된다.
  - 스테이의 끝은 화염에 접촉하는 판의 바깥으로 10[mm]를 초과하여 돌출해서는 안 된다.
  - 관 스테이의 두께는 4[mm] 이상으로 한다.
  - 관 스테이는 용접하기 전에 가볍게 롤 확관한다.
- 경사 스테이는 다음과 같이 동체의 내면에 필렛용접을 할 수 있으나 경판의 내면에 필렛용접을 해서는 안 된다.
  - 필렛용접의 다리 길이는 10[mm] 이상으로 한다.
  - 스테이가 용접되는 부분의 단면적 및 동체 축에 평행하게 측정한 목 두께부의 단면적은 스테이가 필요한 단면적의 1.25배 이상으로 한다.
  - 용접은 스테이 부착부의 전체 둘레에 걸쳐서 해야 한다.
- 스테이의 길이 방향 중심선 또는 그 연장이 동체의 안쪽면과 교차하는 점은 스테이가 동체의 안쪽면에 용접되어 있는 용접선으로 둘러쌓인 면적 안에 있어야 한다.
- 거싯 스테이를 용접으로 부착할 경우는 다음에 따른다.

– 경판과의 부착은 K형 용접 또는 V형 용접으로 한다.
– 동체판과의 부착은 K형 용접, V형 용접 또는 양쪽 필렛용접으로 한다.
– 경판과의 부착부 아래의 끝과 노통 사이에는 충분한 완충폭이 있어야 한다.

- 스테이의 용접부에 대해서는 방사선 검사가 필요 없으며, 관 스테이를 부착하는 용접부의 목 두께가 6.5[mm] 미만인 경우 또는 관 스테이가 연속되고 있지 않은 경우에 용접 후 열처리는 필요하지 않다.
- $\pi dl \geqq 1.25S$
  (여기서, S : 스테이 계산상 필요한 최소 단면적[mm^2], d : 스테이의 실제 지름[mm], l : 다리 길이[mm])

㉪ 부착물의 용접

- 압력이 작용하지 않는 것의 부착은 단속용접 또는 용접 후 열처리를 하는 연속용접으로 할 수 있다. 다만, 용접 후 열처리는 본체가 필요로 하지 않을 경우에는 하지 않아도 된다.
- 단속용접의 방법
  – 단속용접의 비드 길이 : 75[mm] 이하
  – 노통 등 외압 동체의 보강링을 단속용접하는 경우에는 비드 간격을 동체판 두께의 8배 이하로 하고, 1 용접선에 대한 비드의 합계 길이를 동체 바깥둘레의 1/2 이상으로 한다.

② 리벳이음

㉠ 기밀작용 시 리베팅하고 냉각된 후 가장자리에 코킹작업을 한다.

㉡ 열간 리베팅은 작업 완료 후 수축이 있어 판을 죄는 힘이 있고 마찰저항도 생긴다.

㉢ 보일러 제작 시 이음의 추세는 리벳이음에서 용접이음으로 대부분 바뀌었다.

㉣ 리벳재료는 가능한 한 판재와 같은 종류의 재질 계통을 사용하는 것이 원칙이다.

㉤ 리벳 양쪽 이음매판의 최소 두께(t_0) :
$t_0 = 0.6t + 2$
(여기서, t : 드럼판 두께)

㉥ 리벳이음의 계산식

- 인장응력 : $\sigma_t = \dfrac{W}{(p-d)\times t}$
  (여기서, W : 인장하중, p : 피치, d : 리벳구멍의 지름, t : 두께)
- 전단응력 : $\tau = \dfrac{4W}{\pi d^2}$
  (여기서, W : 전단하중, d : 리벳구멍의 지름)
- 강판효율 : $\eta_1 = 1 - \dfrac{d}{p}$
  (여기서, d : 리벳구멍의 지름, p : 피치)
- 리벳효율 : $\eta_2 = \dfrac{n\pi d^2 \tau}{4pt\sigma_t}$
  (여기서, n : 줄수, W : 인장하중, p : 피치, d : 리벳구멍의 지름, t : 두께)

③ 볼트이음

㉠ 스테이 볼트의 부착

- 2산 이상을 완전히 판면으로부터 돌출시켜 이것을 코킹해야 한다.
- 스테이가 판에 대하여 경사지게 부착되는 경우에는 3산 이상이 나사박음되고, 그중 1산 이상이 전체 둘레 나사박음되어 있어야 한다. 판 두께가 이에 부족할 때는 보강해야 한다.

㉡ 스테이 볼트의 알림구멍

- 길이가 200[mm] 이하인 스테이 볼트에는 적어도 바깥쪽 끝에는 지름 5[mm] 이상이고, 깊이가 판의 내면으로부터 13[mm] 이상인 알림구멍을 설치해야 한다.
- 중간부의 지름을 나사 밑 이하로 가늘게 한 경우에는 알림구멍의 깊이를 지름이 감소된 부분의 기점으로부터 13[mm] 이상으로 하거나 속이 빈 스테이로 한다.

• 길이가 200[mm]를 초과하는 스테이에는 알림구멍을 설치하지 않아도 된다.

㉢ 관 스테이의 부착 : 나사 밑에서 두께 4.3[mm] 이상으로 하고 나사박음하여 양끝을 관판에서 약 6[mm] 돌출시켜 롤 확관하고, 화염에 접촉되는 끝은 가장자리를 굽힌다.

㉣ 스테이에 부착한 너트는 화염에 노출되면 안 된다.

㉤ 봉 스테이의 부착

• 판에 나사박음하여 판의 바깥쪽에 너트를 부착하거나 판의 안팎 양쪽에 와셔 없이 너트를 부착한다.
• 안쪽에 너트를, 바깥쪽에 강재 와셔와 너트를 부착한다.
• 형강 그 밖의 쇠붙이를 판에 부착하고 여기에 핀으로 부착한다.

④ 기타 이음

㉠ 핀이음에 의한 스테이의 부착 : 봉 스테이 또는 경사 스테이를 핀이음으로 부착할 때는 핀이 2곳에서 전단력을 받도록 한다. 핀의 단면적은 스테이 소요 단면적의 3/4 이상으로 하며, 스테이링부의 단면적은 스테이 소요 단면적의 1.25배 이상으로 해야 한다.

㉡ 나사식 파이프 조인트

• 소구경이고 저압의 파이프에 사용한다.
• 관의 분해·조립 시 사용되는 이음장치 : 플랜지, 유니언

㉢ 애덤슨 조인트 : 노통 보일러에서 일어나는 열팽창 흡수역할을 하는 이음이며, 몇 개의 플랜지형 노통 제작 시 이음부로 사용된다.

핵심예제

3-1. 피복아크용접에서 루트 간격이 크게 되었을 때 보수하는 방법을 다음에 대해서 각각 쓰시오.

(1) 맞대기이음에서 간격이 6[mm] 이하일 때
(2) 맞대기이음에서 간격이 16[mm] 이하일 때
(3) 필릿용접에서 간격이 1.5~4.5[mm]일 때
(4) 필릿용접에서 간격이 1.5[mm] 이하일 때

3-2. 용접봉 건조기의 사용목적을 쓰시오. [2010년 제2회]

3-3. 다음의 조건으로 강판에 1줄 겹치기 리벳이음을 했다.

• 강판 : 두께 30[mm]
• 리벳구멍 : 지름 55[mm]
• 피치 : 85[mm]
• 피치당 걸리는 하중 : 1,000[kgf]

이때 다음을 구하시오.

[2016년 제2회, 2022년 제1회 유사, 2022년 제2회 유사]

(1) 강판에 발생되는 인장응력 σ_t[kgf/mm^2]
(2) 강판에 걸리는 전단응력 τ[kgf/mm^2]
(3) 강판효율[%]
(4) 리벳효율[%]

3-4. 두께가 10[mm]인 강판에 리벳구멍의 지름 17[mm], 피치 75[mm]의 1줄 겹치기 리벳이음을 했을 때의 이음효율[%]을 구하시오(단, 리벳의 전단강도는 강판의 인장강도의 2.5배이다). [2010년 제2회, 2014년 제2회, 2018년 제4회]

|해답|

3-1

(1) 맞대기이음에서 간격이 6[mm] 이하일 때 : 이음부의 한쪽 또는 양쪽에 덧붙이를 하고 깎아내 간격을 맞춘다.

(2) 맞대기이음에서 간격이 16[mm] 이하일 때 : 판의 전부 또는 일부를 바꾼다.

(3) 필릿용접에서 간격이 1.5~4.5[mm]일 때 : 그대로 용접해도 좋지만 벌어진 간격만큼 각장을 크게 한다.

(4) 필릿용접에서 간격이 1.5[mm] 이하일 때 : 그대로 용접한다.

3-2

용접봉 건조기의 사용목적 : 용접봉의 피복제에 포함된 수분을 제거하여 용접결함을 방지하기 위함이다.

3-3

(1) 인장응력

$$\sigma_t = \frac{W}{(p-d)\times t} = \frac{1{,}000}{(85-55)\times 30} \simeq 1.1[\text{kgf/mm}^2]$$

(2) 전단응력 $\tau = \frac{4W}{\pi d^2} = \frac{4\times 1{,}000}{\pi \times 55^2} \simeq 0.42[\text{kgf/mm}^2]$

(3) 강판효율 $\eta_1 = 1 - \frac{d}{p} = 1 - \frac{55}{85} \simeq 0.353 = 35.3[\%]$

(4) 리벳효율

$$\eta_2 = \frac{n\pi d^2 \tau}{4pt\sigma_t} = \frac{1\times\pi\times 55^2\times 0.42}{4\times 85\times 30\times 1.1} \simeq 0.356 = 35.6[\%]$$

3-4

- 강판효율 $\eta_1 = 1 - \frac{d}{p} = 1 - \frac{17}{75} \simeq 0.773 = 77.3[\%]$
- 리벳효율

$$\eta_2 = \frac{n\pi d^2 \tau}{4pt\sigma_t} = \frac{1\times\pi\times 17^2\times 2.5\sigma_t}{4\times 75\times 10\times \sigma_t} \simeq 0.757 = 75.7[\%]$$

이음효율 η는 η_1과 η_2 중 작은 값을 택한다.

∴ 이음효율 $\eta = \eta_2 = 75.7[\%]$

제7절 | 에너지설비의 열공학설계

핵심이론 01 유체의 흐름

① 유량 · 유속의 관계식

㉠ 유량계수 고려 시 : 유량 $Q = CAv$

(여기서, C : 유량계수, A : 단면적, v : 평균유속)

㉡ 유량계수 = 1 또는 미고려 시 : 유량 $Q = Av$

② **파스칼의 원리** : 밀폐용기 내의 액체에 압력을 가하면 압력은 모든 부분에 동일하게 전달된다.

③ 점성계수와 동점성계수

㉠ 점성계수(μ) : $\mu = \rho\nu[\text{Pa}\cdot\text{s} = \text{N}\cdot\text{s/m}^2]$

(여기서, ρ : 밀도, ν : 동점성계수)

㉡ 동점성계수(ν) : $\nu = \frac{\mu}{\rho}[\text{m}^2/\text{s}]$

(여기서, μ : 점성계수, ρ : 밀도)

④ 손실수두, 마찰계수, 압력 강하

㉠ 직관에서의 손실수두 : $h_L = f\frac{l}{d}\frac{v^2}{2g}$ (다르시-바이스바하(Darcy-Weisbach) 방정식)

㉡ 층류에서의 관마찰계수 : $f = \frac{64}{R_e}$

㉢ 압력 강하

- 직관에서의 압력 강하(손실) :

$$\Delta p = \gamma h_L = \gamma f \frac{l}{d}\frac{v^2}{2g}$$

- 연도 내에서의 압력 강하 : $p_1 = 4f\frac{\rho v^2}{2g}\frac{l}{d}$

⑤ **하겐-푸아죄유 방정식** : 수평 층류 원관을 흐르는 유량의 변화량 계산 공식이다.

유량 $Q = \frac{\pi \Delta p d^4}{128\mu L}[\text{m}^3/\text{s}]$

㉠ 비례 : 압력 강하(Δp), 관의 지름의 4제곱(d^4)

㉡ 반비례 : 점성계수(μ), 관의 길이(L)

⑥ 유체에서의 무차원수

㉠ 에케르트(Eckert)수(Ec)

- 엔탈피에 대한 운동에너지의 비
- $Ec = \frac{u_\infty^2}{C_p(T_\infty - T_s)}$

  (여기서, u_∞ : 표면에서 충분히 멀리 떨어진 유체의 운동에너지, C_p : 정압비열, T_∞ : 표면에서 충분히 멀리 떨어진 유체의 온도, T_s : 표면온도)
- 점성 소산(Dissipation), 확산계수와 관계가 있다.
- 에케르트수가 1보다 매우 작으면 점성 소산과 체적력을 무시할 수 있다.

㉡ 그래호프(Grashof)수(Gr)

- 유체의 열팽창에 의한 부력과 점성력의 비(부력/점성력)
- 자연대류에서 층류와 난류를 결정하는 수 ($Gr = 10^9$)
- $Gr = \frac{g\beta(T_s - T_\infty)L_c^3}{\nu^3}$

  (여기서, g : 중력가속도, β : 체적팽창계수, T_s : 표면온도, T_∞ : 표면에서 충분히 멀리 떨어진 유체의 온도, L_c : 특성 길이, ν : 동점성계수)

㉢ 너셀(Nusselt)수(Nu)

- 유체층을 통과하는 대류에 의한 열전달 크기와 전도에 의한 열전달 크기의 비(대류에 의한 열전달 크기/전도에 의한 열전달 크기)
- $Nu = \frac{hL}{k}$

  (여기서, h : 대류열전달계수, L : 특성 길이, k : 유체의 열전도도)
- 열전달계수(열전도도)와 관계가 있다.
- 너셀수가 클수록 대류효과가 크다.

㉣ 프랜틀(Prandtl)수(Pr)

- 유체의 동점성계수와 유체온도 전파속도의 비
- 운동량 전달계수와 열전달계수의 비
- 운동량의 퍼짐도와 열적 퍼짐도의 비(열확산/열전도)
- $Pr = \frac{\mu C_p}{k}$

  (여기서, μ : 유체의 점성계수, C_p : 정압비열, k : 열전도계수)
- 동점성계수와 관계가 있다.
- 속도 경계층과 온도 경계층의 확산비
- 흐름과 열이동의 관계를 결정한다.
- Pr값은 액체에서는 온도에 따라 변화되지만 기체에서는 거의 일정하다.
- 강제 대류, 고속 기류에서 점성의 문제를 다룬다.

㉤ 레이놀즈수(Reynold's Number, Re)

- 관성력과 점성력의 비(관성력 / 점성력)
- 레이놀즈수 $Re = \frac{관성력}{점성력} = \frac{\rho v d}{\mu} = \frac{vd}{\nu}$

  (여기서, ρ : 유체의 밀도, v : 유체의 평균속도, d : 특성 길이(관의 내경), μ : 유체의 점도, ν : 유체의 동점성계수)
  - 비례 : 관성력, 유체속도, 관의 직경
  - 반비례 : 점성력, 유체점성, 동점도(동점도계수)
  - 무관 : 중력, 압력
- 강제 대류에서의 층류와 난류를 결정(임계 레이놀즈수 $Re \simeq 2{,}320$)
  - 층류 : 임계 레이놀즈수 이하, 점성력이 지배적인 유동, 레이놀즈수가 낮고 평탄하고 일정한 유동
  - 난류 : 임계 레이놀즈수 이상, 관성력이 지배적인 유동, 레이놀즈수가 높고 와류의 어지러운 유동

ⓑ 슈미트(Schmidt)수(Sc)

- 운동량 계수와 물질 전달계수와의 비(운동량 계수/물질 전달계수)
- $Sc = \frac{\mu}{\rho D} = \frac{\nu}{D}$

  (여기서, μ : 유체의 점성계수, ρ : 유체밀도, ν : 동점성계수, D : 물질 확산도)
- 농도 경계층 결정에 적용한다.

ⓢ 스텐톤(Stanton)수(St)

- 열전달률과 관계가 있다.
- $St = \frac{\alpha}{C_p \rho v}$

  (여기서, α : 열전달률, C_p : 정압비열, ρ : 유체밀도, v : 유체속도)

핵심예제

1-1. 유속을 일정하게 하고 관의 직경을 2배로 증가시켰을 경우 일반적으로 유량은 어떻게 변하는가?

1-2. 내경이 150[mm]이고, 강판 두께가 10[mm]인 파이프의 허용인장응력이 6[kg/mm^2]일 때 이 파이프의 유량이 40[L/s]이다. 이때 평균유속[m/s]을 구하시오(단, 유량계수는 1이다).

1-3. 지름 200[mm]인 배관 내를 흐르는 밀도 789[kg/m^3]인 유체의 평균유속이 5[m/s]일 때 질량유량[kg/s]을 구하시오.

[2015년 제4회]

1-4. 안지름 235[mm], 길이 125[m], 마찰손실계수 0.035인 원형관에 물이 흐를 때 마찰손실수두가 100[m]이었다. 이때의 유속[m/s]을 구하시오. [2011년 제2회]

1-5. 길이 25[m]이고, 안지름이 50[mm]인 원형관에서 마찰손실수두는 운동에너지의 3.2[%]일 때, 마찰손실계수(f)를 구하시오(단, 답은 소수점 여섯 번째 자리까지 쓸 것).

[2021년 제1회]

1-6. 원형관 내의 유체가 펌프 토출압력 150[kPa], 속도 3[m/s], 높이 7[m]로 송출되고 있을 때 다음의 자료를 이용하여 축동력[kW]을 구하시오. [2020년 제4회]

- 원형관 : 안지름 22[cm], 관 마찰계수 0.025
- 관 상당 길이 : 엘보 1.7, 밸브 2.3
- 유체의 비중 : 0.95
- 펌프의 효율 : 85[%]
- 흡입구에서 토출구까지의 수평거리 : 17[m]
- 흡입측에 설치된 압력계의 압력 : 완전 진공 상태
- 대기압 : 101[kPa]
- 관로에 설치된 것은 토출측 밸브만으로 가정

핵심예제

1-7. 보일러 급수펌프용 전동기의 진동과 소음이 심해지면서 고장이 발생되어 전동기를 교체하려고 한다. 다음의 급수펌프 및 전동기의 조건을 근거로 하여 전동기의 용량[kW]을 계산하시오. [2012년 제4회]

- 급수펌프 : 양수량 10,000[kg/h], 양정 17[m], 효율 80[%]
- 전동기 : 여유율 0.15, 효율 85[%]
- 급수의 비중량 : 1,000[kgf/m^3]

1-8. 보일러 급수펌프용 모터가 노후되어 교체작업을 하고자 하는데 다음의 자료를 활용하여 질문에 답하시오. [2021년 제4회]

• 급수량 : 12,000[kg/h] • 전양정 : 15[m] • 펌프효율 : 75[%] • 모터효율 : 95[%] • 설계 안전율 : 2	기성모터의 용량 100[W], 200[W], 400[W], 750[W], 1[kW], 2[kW], 3[kW], 5[kW], 10[kW], 0.5[HP], 1[HP], 2[HP], 3[HP], 4[HP], 5[HP], 10[HP]

(1) 교체할 모터의 용량[kW]을 계산하시오.

(2) 위에 제시된 기성품 모터 중에서 조건을 만족하는 최소 용량의 모터를 한 가지 선정하시오.

1-9. 내경이 50[mm]인 원관에 20[℃] 물이 흐르고 있다. 층류로 흐를 수 있는 최대 유량[m^3/s]을 구하시오(단, 임계 레이놀즈수(Re)는 2,320이고, 20[℃]일 때 동점성계수(ν) = 1.0064 $\times 10^{-6}$[m^2/s]이다). [2020년 제3회]

1-10. 온도 60[℃], 길이 2[m], 너비 2[m]인 평판을 통하여 유체가 흐를 때, 다음의 자료를 이용하여 x = 1[m] 만큼 떨어진 위치에서의 유체의 평균열전달계수 h_x[W/m^2·K]와 열전달량 Q[kW]을 구하시오. [2021년 제4회]

- 유체의 동점성계수 $\nu = 2\times10^{-4}[\mathrm{m^2/s}]$
- 유체의 유속 $U = 2[\mathrm{m/s}]$
- 외기온도 $T_\infty = 20[℃]$
- 열전도율 $k = 0.6[\mathrm{W/m\cdot K}]$
- 프랜틀수 $Pr = 0.8$
- 넛셀수 $Nu = \dfrac{h_x x}{k} = 0.3(Re_x)^{\frac{4}{5}} Pr^{\frac{1}{3}}$
- h_x : 대류열전달계수 또는 평균열전달계수[W/m^2·K]

|해답|

1-1

유량 $Q = Av$에서 관의 직경을 2배로 증가시켰을 경우 A(단면적)가 4배로 증가하므로 유량 Q는 4배로 증가한다.

1-2

유량 $Q = CAv$에서

$$v = \frac{Q}{CA} = \frac{Q}{A} = \frac{4Q}{\pi d^2} = \frac{4\times40\times10^{-3}}{3.14\times0.15^2} \simeq 2.26[\mathrm{m/s}]$$

1-3

질량유량 $\dot{m} = \rho A v = 789\times\frac{\pi}{4}\times0.2^2\times5 \simeq 124[\mathrm{kg/s}]$

1-4

손실수두 $h_L = f\frac{l}{d}\frac{v^2}{2g}$

유속 $v = \sqrt{\dfrac{h_L\times d\times 2g}{f\times l}} = \sqrt{\dfrac{100\times0.235\times2\times9.8}{0.035\times125}}$
$\simeq 10.3[\mathrm{m/s}]$

1-5

- 운동에너지 = $\dfrac{v^2}{2g}$
- 마찰손실수두

$$h_L = f\times\frac{l}{d}\times\frac{v^2}{2g} = f\times\frac{25}{0.05}\times\frac{v^2}{2g} = \frac{v^2}{2g}\times0.032$$

∴ 관마찰계수 $f = \dfrac{0.05}{25}\times0.032 = 0.000064$

1-6

- 유량 $Q = Av = \left(\frac{\pi}{4}\times0.22^2\right)\times3 \simeq 0.114[\mathrm{m^3/s}]$
- 실제 양정 = 7[m]
- 관마찰손실수두 $h_f = f\times\frac{l}{d}\times\frac{v^2}{2g}$

$$= 0.025\times\frac{(7+1.7+2.3+17)}{0.22}\times\frac{3^2}{2\times9.8}$$
$$\simeq 1.46[\mathrm{m}]$$

- 전체 양정 = 실제 양정 + 관마찰손실수두 = 7 + 1.46 = 8.46[m]

∴ 축동력 $L = \dfrac{\gamma Q h}{\eta}$

$$= \frac{(0.95\times1,000)\times0.114\times8.46}{0.85} \simeq 1,078[\mathrm{kgf\cdot m/s}]$$
$$= 1,078\times9.8[\mathrm{N\cdot m/s}] \simeq 10,564[\mathrm{W}] \simeq 10.56[\mathrm{kW}]$$

1-7

펌프의 축동력 $L=\frac{\gamma Qh}{\eta}$

$$=\frac{1{,}000\times\frac{10{,}000}{1{,}000\times3{,}600}\times17}{0.80}\simeq59[\text{kgf}\cdot\text{m/s}]$$

$$=59\times9.8[\text{N}\cdot\text{m/s}]\simeq578[\text{W}]=0.578[\text{kW}]$$

$\therefore$ 전동기용량 $=\frac{0.578\times(1+0.15)}{0.85}\simeq0.782[\text{kW}]$

1-8

(1) 교체할 모터의 용량

$$H=\frac{\gamma Qh\times\alpha}{\eta}$$

$$=\frac{1{,}000\times\frac{12{,}000}{1{,}000\times3{,}600}\times15\times2}{0.75\times0.95}\simeq140.35[\text{kgf}\cdot\text{m/s}]$$

$$=140.35\times9.8\simeq1{,}375.43[\text{N}\cdot\text{m/s}]\simeq1{,}375.43[\text{W}]$$

$$=1.375[\text{kW}]$$

(2) 조건을 만족하는 최소 용량의 기성품 모터

마력$=\frac{1.375}{0.746}\simeq1.84[\text{HP}]$이므로 2[HP]의 모터를 선정한다.

1-9

레이놀즈수 $Re=\frac{vd}{\nu}$, 유속 $v=\frac{\nu Re}{d}$

유량 $Q=Av=\frac{\pi d^2}{4}\times\frac{\nu Re}{d}=\frac{\pi d\nu Re}{4}$

$$=\frac{3.14\times50\times10^{-3}\times1.0064\times10^{-6}\times2{,}320}{4}$$

$$\simeq9.16\times10^{-5}[\text{m}^3/\text{s}]$$

$\therefore$ $Q=9.16\times10^{-5}[\text{m}^3/\text{s}]$

1-10

(1) 평균열전달계수

$$Nu=\frac{h_x x}{k}=0.3(Re_x)^{\frac{4}{5}}Pr^{\frac{1}{3}}$$

$$=\frac{h_x x}{0.6}=0.3\left(\frac{Ux}{\nu}\right)^{\frac{4}{5}}Pr^{\frac{1}{3}}$$ 이고

$x=1$이므로

$$\frac{h_x}{0.6}=0.3\left(\frac{U}{\nu}\right)^{\frac{4}{5}}Pr^{\frac{1}{3}}$$

$$\frac{h_x}{0.6}=0.3\times\left(\frac{2}{2\times10^{-4}}\right)^{\frac{4}{5}}\times0.8^{\frac{1}{3}}$$

$\therefore$ 평균열전달계수 $h_x=0.6\times0.3\times\left(\frac{2}{2\times10^{-4}}\right)^{\frac{4}{5}}\times0.8^{\frac{1}{3}}$

$$\simeq246.83[\text{W/m}^2\cdot\text{K}]$$

(2) 열전달량

$$Q=h_x\cdot F\cdot\Delta t=264.83\times(2\times2)\times(60-20)$$

$$\simeq42{,}372.8[\text{W}]\simeq42.37[\text{kW}]$$

핵심이론 02 열전달 이론

① 열의 이동

㉠ 대류(Convection) : 유동물체가 고온 부분에서 저온 부분으로 이동하는 현상으로, 유체가 열을 받아 밀도가 감소하여 부력의 발생으로 상승하는 것은 대류현상이다.

㉡ 전도 : 정지하고 있는 물체 속을 열이 이동하는 현상이다.

㉢ 복사 : 전자파의 에너지 형태로 열이 고온물체에서 저온물체로 이동하는 현상이다.

② 복사열(방사열)

㉠ 슈테판-볼츠만 방정식 : 복사전열량은 흑체 표면의 절대온도의 4제곱에 비례한다.

- 복사전열량 : $q_R=\varepsilon\sigma AT^4[\text{W}]$

(여기서, ε : 복사율, σ : 슈테판-볼츠만 상수, A : 전열면적, T : 절대온도)

- 복사율 : $0<\varepsilon<1$
- 슈테판-볼츠만 상수 :

$$\sigma=4.88\times10^{-8}[\text{kcal/m}^2\text{hK}^4]$$
$$=5.67\times10^{-8}[\text{W/m}^2\text{K}^4]$$

㉡ 완전 흑체의 복사력(복사열량) : $E_b=\sigma\left(\frac{T}{100}\right)^4$

㉢ 복사열 전달률 :

$$\varepsilon C_b\left\{\left(\frac{T_1}{100}\right)^4-\left(\frac{T_2}{100}\right)^4\right\}\times\frac{1}{T_1-T_2}$$

(여기서, ε : 복사율, C_b : 흑체방사정수, T_1 : 표면온도, T_2 : 외기온도)

㉣ 총괄 호환인자 :

$$F_{12}=C_0=\frac{1}{\frac{1}{C_1}+\frac{F_1}{F_2}\left(\frac{1}{C_2}-\frac{1}{4.88}\right)}$$

(여기서, C_1 : 해당 물질의 복사능, F_1 : 해당 물질의 전열면적, F_2 : 둘러싼 물질의 전열면적, C_2 : 둘러싼 물질의 복사능)

㉤ Wien의 법칙 : 주어진 온도에서 최대 복사강도에서의 파장(λ_{max})은 절대온도에 반비례한다.

핵심예제

2-1. 서로 평행한 무한히 큰 평판 2개가 다음의 조건으로 존재한다고 가정할 때, 단위면적당 복사전열량[kW/m²]은 얼마나 되는지를 계산하시오.

[2012년 제1회, 2014년 제4회 유사, 2017년 제4회]

- 고온부 : 온도(T_1) 1,200[℃], 복사능(ε_1) 0.55
- 저온부 : 온도(T_2) 589[℃], 복사능(ε_2) 0.85
- 슈테판-볼츠만 상수(σ) : 5.67×10^{-8}[W/m² · K⁴]

2-2. 주위 온도가 20[℃], 방사율이 0.3인 금속 표면의 온도가 150[℃]인 경우에 금속 표면으로부터 주위로 대류 및 복사가 발생될 때의 열유속(Heat Flux)[W/m²]을 구하시오(단, 대류 열전달계수는 h=20[W/m² · K], 슈테판-볼츠만 상수는 σ=5.7×10^{-8}[W/m² · K⁴]이다).

[2012년 제4회, 2020년 제1회]

2-3. 다음의 자료를 이용하여 관 표면에서 방사에 의한 전열량은 자연대류에 의한 전열량의 몇 배가 되는지를 계산하시오.

[2015년 제2회, 2021년 제4회]

- 온도 : 외기 30[℃], 관 표면 300[℃]
- 방사율 : ε=0.88
- 슈테판-볼츠만 상수 : σ=5.7×10^{-8}[W/m² · K⁴]
- 대류열전달률 : 5.6[W/m² · K]

|해답|

2-1

단위면적당 복사전열량

$$Q=\sigma\times\frac{1}{\left(\frac{1}{\varepsilon_1}+\frac{1}{\varepsilon_2}\right)-1}\times\left(T_1^4-T_2^4\right)$$

$$=(5.67\times10^{-8})\times\frac{1}{\left(\frac{1}{0.55}+\frac{1}{0.85}\right)-1}\times\{(1{,}200+273)^4-(589+273)^4\}$$

$$\simeq 118.1[\mathrm{kW/m^2}]$$

2-2

열유속(Heat Flux)=대류 열유속+복사 열유속

$$=h(T_2-T_1)+\varepsilon\sigma(T_2^4-T_1^4)$$

$$=20\times(150-20)+0.3\times5.7\times10^{-8}\times\{(150+273)^4-(20+273)^4)\}$$

$$\simeq 2{,}600+421=3{,}021[\mathrm{W/m^2}]$$

2-3

- 단위면적당 방사전열량

$$Q_1=\varepsilon\sigma(T_1^4-T_2^4)$$

$$=0.88\times(5.7\times10^{-8})\times\{(300+273)^4-(30+273)^4\}$$

$$\simeq 4{,}984[\mathrm{W/m^2}]$$

- 단위면적당 대류열전달량

$$Q_2=K\cdot\Delta t=5.6\times(300-30)=1{,}512[\mathrm{W/m^2}]$$

∴ 방사전열량 / 대류열전달량= $\frac{Q_1}{Q_2}=\frac{4{,}984}{1{,}512}\simeq 3.3$배

핵심이론 03 열전도율, 열저항률, 열관류율

① 열전도율

㉠ 개 요

- 열전도율(Thermal Conductivity)은 열전달을 나타내는 물질의 고유한 성질로서, 전도에 의한 열이동의 정도이다.
- 열전도율은 재료의 앞쪽 표면에서 뒤쪽 표면으로 열을 전달하는 정도이다.
- 두께 1[m], 면적 1[m^2]인 재료의 앞쪽 표면에서 뒤쪽 표면으로 1[℃]의 온도차로 1시간 동안 전달된 열량이다.
- 두께와는 무관하며 전도율, 열전도도, 열전도계수라고도 한다.

㉡ 단위와 표시기호

- 단위 : [kcal/m·h·℃] 또는 [W/m·K], [W/m·℃]
- 표시기호 : λ, k, κ

㉢ 열전도율 관련 사항

- 열전도율 순 : 구리 > 알루미늄 > 니켈 > 철(탄소강) > 물 > 스케일 > 고무 > 그을음
- 상온(20[℃])에서 공기의 열전도율 : 0.022[kcal/m·h·℃]

② 열관류율

㉠ 개 요

- 열관류율(Heat Transmittance)은 벽과 같은 고체를 통하여 공기층으로 열이 전해지는 정도이다.
- 고체의 벽을 통하여 고온유체에서 저온유체로 열이 통과하는 정도이다.
- 단위시간에 1[m^2]의 단면적을 1[℃] 온도차가 있을 때 흐르는 열량이다.
- 한 종류 이상의 재료로 구성된 복합체에 대해 전체 벽 두께에 대한 단열성능을 표현한 값이다.
- 두께에 반비례하며 열전달계수(Heat Transfer Coefficient), 열전달률, 열통과율이라고도 한다.

㉡ 단위와 표시기호

- 단위 : [kcal/m^2·h·℃] 또는 [W/m^2·K], [W/m^2·℃]
- 표시기호 : K

㉢ 열관류율(K) 계산 공식

- 평면일 경우 : 실내측을 1, 실외측을 2라고 하면

$$\frac{1}{K}=\frac{1}{\alpha_1}+\left(\sum\frac{b}{\lambda}\right)+\frac{1}{\alpha_2}$$

(여기서, K : 열관류율, α : 열전달계수, b : 전열부의 두께, λ : 전열부의 열전도율)

- 원통일 경우 : 관 내부를 1, 관 외부를 2라고 하면
  - 단일관의 원통일 경우

ⓐ 내표면적(내경) 기준 :

$$\frac{1}{K_1}=\frac{1}{\alpha_1}+\left(\frac{r_1}{\lambda}\ln\frac{r_2}{r_1}\right)+\frac{1}{\alpha_2}\frac{r_1}{r_2}$$

ⓑ 외표면적(외경) 기준 :

$$\frac{1}{K_2}=\frac{1}{\alpha_2}+\left(\frac{r_2}{\lambda}\ln\frac{r_2}{r_1}\right)+\frac{1}{\alpha_1}\frac{r_2}{r_1}$$

(여기서, α_1 : 관 내부의 열전달계수, α_2 : 관 외부의 열전달계수, r_1 : 관 내부 반경, r_2 : 관 외부 반경, λ : 열전도율)

  - 2중관의 원통일 경우

ⓐ 내표면적(내경) 기준 :

$$\frac{1}{K_i}=\frac{1}{\alpha_i}+\left(\frac{r_1}{\lambda_1}\ln\frac{r_2}{r_1}\right)+\left(\frac{r_1}{\lambda_2}\ln\frac{r_3}{r_2}\right)+\frac{1}{\alpha_o}\frac{r_1}{r_3}$$

ⓑ 외표면적(외경) 기준 :

$$\frac{1}{K_o}=\frac{1}{\alpha_o}+\left(\frac{r_3}{\lambda_1}\ln\frac{r_2}{r_1}\right)+\left(\frac{r_3}{\lambda_2}\ln\frac{r_3}{r_2}\right)+\frac{1}{\alpha_i}\frac{r_3}{r_1}$$

(여기서, α_i : 관 내부의 열전달계수, α_o : 관 외부의 열전달계수, r_1 : 안쪽 관의 내부 반경, r_2 : 안쪽 관의 외부 반경 또는 바깥쪽관의 내부 반경, r_3 : 바깥쪽 관의 외부 반경, λ_1 : 안쪽 관의 열전도율, λ_2 : 바깥쪽 관의 열전도율)

- 강관을 흐르는 온수의 열전달계수(K) :

$$K = Nu \times \frac{k}{D}$$

(여기서, Nu : Nusselt수, k : 온수의 열전도도, D : 강관의 지름)

③ 열저항률

㉠ 개 요

- 열저항률(Heat Resistance)은 고체 내부의 한 지점에서 다른 한 지점까지 통과하는 열량에 대한 저항의 정도이다.
- 두께에 비례하며, 열전도저항이라고도 한다.
- 열관류율의 역수이다.

㉡ 단위와 표시기호

- 단위 : [$m^2 \cdot h \cdot ℃/kcal$]
- 표시기호 : R

㉢ 열저항률 계산식

- $R = \frac{b}{\lambda}$

(여기서, b : 두께, λ : 열전도율)

④ 열전도율(λ), 열저항률(R), 열관류율(K)의 상관관계식과 그 응용

㉠ $K = \frac{1}{R} = \frac{\lambda}{b}$, $\lambda = bK = \frac{b}{R}$

(여기서, b : 두께)

㉡ $R = R_i + \frac{b_1}{\lambda_1} + \cdots + \frac{b_n}{\lambda_n} + R_o$

(여기서, R_i : 실내 표면 열저항률, R_o : 실외 표면 열저항률)

㉢ 3겹층 평면벽의 평균열전도율(λ) :

$$\lambda = \frac{b_1 + b_2 + b_3}{\frac{b_1}{\lambda_1} + \frac{b_2}{\lambda_2} + \frac{b_3}{\lambda_3}}$$

(여기서, b : 두께, λ : 열전도율)

㉣ 2중관 열교환기의 열관류율의 근사식(전열 계산은 내관 외면 기준) :

$$\text{열관류율 } K = \frac{1}{R} = \frac{1}{\left(\frac{1}{\alpha_i F_i} + \frac{1}{\alpha_o F_o}\right)}$$

(여기서, R : 열저항률, α_i : 내관 내면과 유체 사이의 경막계수, F_i : 내관 내면적, α_o : 내관 외면과 유체 사이의 경막계수, F_i : 내관 외면적)

㉤ 다층벽의 열관류율 :

$$K = \frac{1}{R} = \frac{1}{\left(\frac{1}{\alpha_i} + \sum_{i=1}^{n} \frac{L_i}{\lambda_i} + \frac{1}{\alpha_o}\right)}$$

(여기서, R : 열저항률, α : 열전달률, $\frac{1}{\alpha}$: 열전도저항값, L : 두께, λ : 열전도율)

⑤ 총괄 전열계수(U, Overall Coefficient of Heat Transfer)

㉠ 고체벽을 관통해서 열이 한쪽의 유체에서 다른 쪽의 유체로 전달될 때의 열전달 계수로, 총괄 열전달계수라고도 한다.

㉡ 총괄 열전달계수 = 복사 열전달계수 + 전도 열전달계수 + 대류 열전달계수

- 복사 열전달계수 : 외기 → 열교환기 표면
- 전도 열전달계수 : 열교환기의 표면 → 열교환기 내면
- 대류 열전달계수 : 열교환기 내면 → 열교환기 내부의 유체

㉢ 총괄 전열계수의 계산식 :

$$U = \frac{1}{1/h_1 + b/k + 1/h_2} [\text{kcal/m}^2\text{h}℃]$$

(여기서, U : 총괄열전달계수, h_1 : 고온유체측의 전열계수, b : 고체벽의 두께[m], k : 고체의 열전도율, h_2 : 저온유체측의 전열계수)

핵심예제

3-1. 두께 20[cm]의 벽돌의 내측을 10[mm]의 모르타르와 5[mm]의 플라스틱 마무리로, 그리고 외측은 두께 15[mm]의 모르타르 마무리로 시공한 다층벽의 열관류율[kcal/m^2·h·℃]을 구하시오(단, 실내 측벽 표면의 열전달률은 α_i =8[kcal/m^2·h·℃], 실외 측벽 표면의 열전달률은 α_o =20[kcal/m^2·h·℃], 플라스틱의 열전도율은 λ_1 =0.5[kcal/m·h·℃], 모르타르의 열전도율은 λ_2 =1.3[kcal/m·h·℃], 벽돌의 열전도율은 λ_3 = 0.65[kcal/m·h·℃]이다).

3-2. 두께 25[mm]이며, 열전도율이 47[W/m·K]인 강관에 열전도율이 2.2[W/m·K]인 스케일이 4[mm] 부착되었다. 스케일이 부착되었을 때의 열전도저항과 스케일이 부착하지 않은 상태의 강관의 열전도저항과의 비를 열전도저항비로 놓고 구하시오. [2013년 제2회, 2016년 제4회 유사, 2020년 제4회]

|해답|

3-1

$$열관류율\ K=\frac{1}{R}=\frac{1}{\left(\frac{1}{\alpha_i}+\sum\frac{L}{\lambda}+\frac{1}{\alpha_o}\right)}$$

$$=\frac{1}{\frac{1}{8}+\left(\frac{0.2}{0.65}+\frac{0.01+0.015}{1.3}+\frac{0.005}{0.5}\right)+\frac{1}{20}}$$

$$\simeq 1.95[\text{kcal/m}^2\cdot\text{h}\cdot℃]$$

3-2

- 강관의 열전도저항

$$R_1=\frac{b_1}{\lambda_1}=\frac{0.025}{47}\simeq 5.32\times10^{-4}[\text{m}^2\cdot\text{K/W}]$$

- 스케일의 열전도저항

$$R_2=\frac{b_2}{\lambda_2}=\frac{0.004}{2.2}\simeq 1.82\times10^{-3}[\text{m}^2\cdot\text{K/W}]$$

$$\therefore\ 열전도저항비=\frac{R_1+R_2}{R_1}=\frac{5.32\times10^{-4}+1.82\times10^{-3}}{5.32\times10^{-4}}$$

$$\simeq 4.42배$$

핵심이론 04 제반 열 관계식

① 열전달량

㉠ 개 요

- 열전달량 계산 기본식 :

$$Q=K\cdot F\cdot \Delta t=\frac{\lambda}{b}\cdot F\cdot\Delta t$$

(여기서, K : 열관류율, F : 전열면적, Δt : 온도차, $\Delta t=t_1-t_2$, t_1 : 고온부 온도, t_2 : 저온부 온도, λ : 열전도율, b : 두께)

- 열전달량은 전열량, 열유량, 열이동량, 열손실량 등으로도 표현한다.

㉡ 중공원관(원통관)의 열손실(Q)

- 대수평균면적(F_m) : $F_m=\dfrac{2\pi L(r_2-r_1)}{\ln\dfrac{r_2}{r_1}}[\text{m}^2]$

- 열손실(Q) : $Q=K\cdot F_m\cdot\Delta t$

$$=\frac{k}{b}\times\frac{2\pi L(r_2-r_1)}{\ln(r_2/r_1)}\times(t_1-t_2)$$

$$=\frac{2\pi Lk(t_1-t_2)}{\ln(r_2/r_1)}$$

(여기서, K : 열관류율, F_m : 전열면적, Δt : 온도차, $\Delta t=t_1-t_2$, t_1 : 내면온도, t_2 : 외기온도, b : 두께($b=r_2-r_1$), L : 원통의 길이, k : 열전도율, r_2 : 바깥쪽 반지름, r_1 : 안쪽 반지름)

㉢ 중공구(구형 용기)를 통한 단위면적당 열이동량(Q)

$Q=K\cdot F\cdot\Delta t$

$$=\frac{k}{b}\times\frac{4\pi(r_2-r_1)}{1/r_1-1/r_2}\times(t_1-t_2)$$

$$=\frac{4\pi k(t_1-t_2)}{1/r_1-1/r_2}$$

(여기서, K : 열관류율, F : 전열면적, Δt : 온도차, b : 두께($b=r_2-r_1$), t_1 : 중공지름부의 온도, t_2 : 구의 바깥지름의 온도, k : 열전도율, r_1 : 중공지름, r_2 : 구의 바깥지름)

㉣ 단위시간에 대한 교환열량(열유속) 계산식($\dot{q}$) :

$\dot{q}=\frac{\dot{Q}}{A}$(여기서, $\dot{Q}$: 열교환량, A : 전열면적)

② 수관 보일러의 계산식

㉠ 시간당 증발량(G_B) : $G_B=\gamma_0(\pi D_o L)\times N$

(여기서, γ_0 : 전열면적 1[m²]당 증발량, D_o : 보일러 외경, L : 보일러 유효 길이, N : 수관의 개수)

※ 단, 수관 이외 부분의 전열면적은 무시한다.

㉡ 수관 보일러 기수드럼의 증기부 용적(V) :

$V=\frac{\text{증발량}\times\text{포화증기의 비체적}}{\text{증기실 부하}}$

③ 열교환기의 계산식

㉠ 대수평균온도차(Δt_m, LMTD)

- $\Delta t_m=\frac{\Delta t_1-\Delta t_2}{\ln(\Delta t_1/\Delta t_2)}$

(여기서, Δt_1 : 고온유체 입구측에서의 유체온도차, Δt_2 : 고온유체 출구측에서의 유체온도차)

- $\Delta t_m=\frac{\text{온도차}}{\left(\frac{\text{열관류율}\times\text{전열면적}}{\text{유량}\times\text{비열}}\right)}$

$=\frac{\text{온도차}}{\text{전열 유닛수}}=\frac{\Delta t}{NTU}$

㉡ 열교환열량(Q) : $Q=K\cdot F\cdot\Delta t_m$

(여기서, K : 열관류율(총괄 열전달계수), F : 열교환면적, Δt_m : 대수평균온도차)

④ 기타 관련 식

㉠ 트랩 선정 관련 식 : $Q=mC\Delta t=w\gamma_0$

(여기서, Q : 포화증기의 열량, m : 강관의 총중량, C : 강관의 비열, Δt : 포화온도와 외부온도의 차, w : 트랩 선정에 필요한 응축수량, γ_0 : 증발잠열)

㉡ 발생열이 모두 일로 전환될 때의 동력(H) :

$H=H_L\times G_f$

(여기서, H_L : (저위)발열량, G_f : 연료소비량)

㉢ 열확산계수 또는 열확산도(h)

- $h=\frac{\lambda}{\rho C_p}$

(여기서, h : 열확산계수, λ : 열전도율, ρ : 밀도, C_p : 정압비열)

- 열확산계수는 열전도성을 나타내며, 열전도계수에 비례하는 온도에 대한 함수이고 단위는 [m³/s]이다.

㉣ 전기저항로에서의 전력량과 이론열량

- 전력량 : $W=Pt=VIt=I^2Rt=\frac{V^2}{R}t$[Wh]

(여기서, P : 전력, t : 시간, V : 전압, I : 전류, R : 저항)

- 이론열량 : $Q=0.24I^2Rt$

핵심예제

4-1. 열전달량과 관련된 다음의 내용 중 ( ) 속에서 알맞은 내용을 찾아 답하시오. [2013년 제1회]

> 열량 $Q=K\cdot F\cdot\Delta t$의 계산식에서 열량 Q가 일정할 경우 전열면적(F)을 최소화하려면
> (1) 열전도율(kcal/m·h·℃)을 (증가, 감소)시켜야 한다.
> (2) 온도차(℃)는 (크게, 작게) 해야 한다.

4-2. 열손실량과 관련된 다음의 내용 중 ( ) 속에서 알맞은 내용을 찾아 답하시오. [2013년 제1회]

> 방열손실량 $Q=K\cdot F\cdot\Delta t$에서 전열면적과 온도차가 일정한 경우
> (1) 열전도율 4배로 하면 방열손실열량은 (2, 4)배로 (증가, 감소)한다.
> (2) 두께를 2배로 하면 방열손실량은 (2, 4)배로 (증가, 감소)한다.

핵심예제

4-3. 노벽의 두께가 200[mm]이고, 그 외측은 75[mm]의 보온재로 보온되고 있다. 노벽의 내부온도가 400[℃]이고, 외측온도가 38[℃], 노벽의 면적이 10[m^2]일 때 열손실[W]을 구하시오(단, 노벽과 보온재의 평균열전도율은 각각 3.3[W/m·℃], 0.13[W/m·℃]이다). [2017년 제4회, 2018년 제4회]

4-4. 열전도율 0.75[W/m·℃], 두께 0.5[cm]인 유리를 통한 단위면적당 이동열량[W]을 구하시오(단, 실내온도는 27[℃], 실외온도는 11[℃]이며 내면과 외면의 열저항은 각각 15[m^2·℃/W], 55[m^2·℃/W]이다). [2010년 제2회]

4-5. 벽체로 차단된 곳의 내부온도는 250[℃], 외부 벽체 표면온도는 23[℃], 두께는 50[cm], 외부의 대류열전달률은 27[W/m^2·K]인 경우 0[℃]에 노출되어 있다. 이때 벽체의 열전도율[W/m·K]을 구하시오. [2015년 제2회]

4-6. 내벽, 중간벽, 외벽의 3중 벽돌로 된 벽의 내벽 표면온도가 1,200[℃]일 때 다음의 자료를 근거로 하여 외벽 표면온도[℃]를 구하시오. [2011년 제2회, 2022년 제2회]

- 내벽 : 두께 180[mm], 열전도율 1.2[kcal/m·h·℃]인 내화벽돌
- 중간벽 : 두께 110[cm], 열전도율 0.1[kcal/m·h·℃]인 단열벽돌
- 외벽 : 두께 210[mm], 열전도율 0.9[kcal/m·h·℃]인 붉은벽돌
- 외벽 주위온도 : 22[℃]
- 외벽 표면의 열전달률 : 7.3[kcal/m^2·h·℃]

4-7. 보온시공을 위하여 다음 그림과 같이 보온재 A, B, C, D를 배치하였을 때 B, C와 D의 접촉면의 온도(D의 좌측면의 온도)가 90[℃]이었다. 이때 주어진 조건을 이용하여 보온재 A의 열전도도[W/m·℃]를 구하시오(단, 열이동은 그림의 좌에서 우로 진행되며 상하로의 이동은 없다고 가정한다). [2021년 제1회]

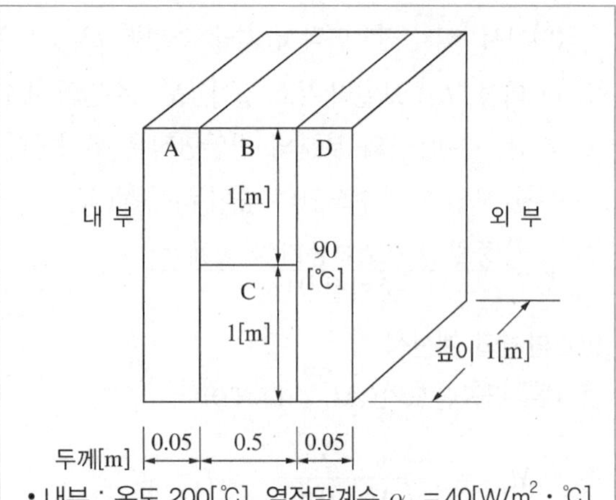

- 내부 : 온도 200[℃], 열전달계수 $\alpha_1 = 40$[W/m^2·℃]
- 외부 : 온도 20[℃], 열전달계수 $\alpha_2 = 10$[W/m^2·℃]
- 열전도도[W/m·℃] : B 5.0, C 10, D 1.0

4-8. 외경 30[mm]의 철관에 두께 15[mm]의 보온재를 감은 증기관이 있다. 관 표면의 온도가 100[℃], 보온재의 표면온도가 20[℃]인 경우 관의 길이 15[m]인 관의 표면으로부터의 열손실[W]을 구하시오(단, 보온재의 열전도율은 0.06[W/m·℃]이다). [2011년 제1회, 2012년 제4회, 2013년 제4회, 2019년 제4회]

4-9. 지름 2[mm], 길이 10[m]의 전선에 두께 1[mm]의 플라스틱이 피복되어 있다. 이 전선으로 전류 10[A], 전압 9[V]의 전기가 흐를 때 다음의 데이터를 이용하여 전선과 플라스틱 피복 사이(접촉 부위)의 온도 T_m[℃]를 계산하시오(단, 정상 상태이며, 전선에서 발생되는 열량은 모두 외부로 방출된다). [2021년 제2회]

- 외부온도 : $T_\infty = 30$[℃]
- 전선의 열전달계수 : 15[W/m^2·K]
- 피복된 플라스틱의 열전도율 : 0.15[W/m·K]

핵심예제

4-10. 외경 200[mm], 내경 80[mm]인 중공원관의 내면온도가 380[℃], 외기온도가 32[℃]일 때, 중공원관의 길이 1[m]당 손실열량[W] 및 중간 지점의 온도[℃]를 구하시오(단, 중공원관의 열전도율은 0.05[W/m·℃]이다). [2014년 제4회]

4-11. 두께 20[cm] 벽돌의 내측에 10[mm]의 모르타르와 5[mm]의 플라스터 마무리를 시행하고, 외측은 두께 15[mm]의 모르타르 마무리를 시공하였다. 다음의 자료를 근거로 하여 단위면적당 손실열량[W]을 구하시오. [2018년 제2회]

- 온도 : 외기 20[℃], 노 내부 1,000[℃]
- 실내 측벽 열전달계수 $\alpha_i = 8$[W/m^2·℃]
- 실외 측벽 열전달계수 $\alpha_o = 20$[W/m^2·℃]
- 플라스터 열전도율 $\lambda_1 = 0.5$[W/m·℃]
- 모르타르 열전도율 $\lambda_2 = 1.3$[W/m·℃]
- 벽돌 열전도율 $\lambda_3 = 0.65$[W/m·℃]

4-12. 두께 x[cm]의 벽돌의 내측에 10[mm]의 모르타르와 5[mm]의 플라스터 마무리를 시행하고, 외측은 두께 15[mm]의 모르타르 마무리를 시공하였다. 다음의 자료를 근거로 하여 벽돌의 두께[cm]를 구하시오. [2010년 제4회, 2019년 제2회]

- 단위면적당 손실열량[W] : 1,911[W]
- 온도 : 외기 20[℃], 노 내부 1,000[℃]
- 실내 측벽 열전달계수 $\alpha_i = 8$[W/m^2·℃]
- 실외 측벽 열전달계수 $\alpha_o = 20$[W/m^2·℃]
- 플라스터 열전도율 $\lambda_1 = 0.5$[W/m·℃]
- 모르타르 열전도율 $\lambda_2 = 1.3$[W/m·℃]
- 벽돌 열전도율 $\lambda_3 = 0.65$[W/m·℃]

4-13. 두께 230[mm]의 내화벽돌, 두께를 모르는 단열벽돌, 두께 230[mm]의 보통벽돌로 된 노의 평면벽에서 내벽면의 온도가 1,200[℃]이고, 외벽면의 온도가 120[℃]일 때 노벽 1[m^2]당 열손실[kcal]은 708[kcal/h]이었다. 이때 단열벽돌의 두께[cm]를 구하시오(단, 벽돌의 열전도도는 나열된 순서대로 각각 1.2, 0.12, 0.6[kcal/mh℃]이다). [2014년 제2회]

4-14. 두께 230[mm]의 내화벽돌, 두께 114[mm]의 단열벽돌, 두께를 모르는 보통벽돌로 된 노의 평면벽에서 내벽면의 온도가1,200[℃]이고, 외벽면의 온도가 120[℃]일 때 노벽 1[m^2]당 열손실[kcal]은 708[kcal/h]이었다. 이때 보통벽돌의 두께[cm]를 구하시오(단, 벽돌의 열전도도는 나열된 순서대로 각각 1.2, 0.12, 0.6[kcal/mh℃]이다). [2020년 제1회, 제3회]

4-15. 내벽 내화벽돌, 외벽 플라스틱 절연체로 시공된 이중벽이 있으며 시공 관련 자료는 다음과 같다.

- 내화벽돌 : 두께 20[cm], 열전도율 1.3[W/m·℃], 내측온도 550[℃]
- 플라스틱 전열체 : 두께 10[cm], 열전도율 0.56[W/m·℃], 외측온도 110[℃]

이때 다음을 계산하시오. [2016년 제2회]

(1) 단위면적당 전열량[W/m^2]
(2) 내화벽돌과 플라스틱 절연체의 접촉면 온도[℃]

4-16. A정밀(주)의 열처리공장의 벽은 내화벽돌과 단열벽돌로 설치된 노벽이 있으며 관련 데이터는 다음과 같다.

- 온도 : 노 내부 1,250[℃], 실내 33[℃]
- 내화벽돌 : 두께 330[mm], 열전도율 2.7[kcal/m·h·℃]
- 단열벽돌 : 두께 89[mm], 열전도율 0.15[kcal/m·h·℃]

노 내부와 실내 공기의 열전달률을 무시하는 조건하에 다음의 값을 각각 구하시오. [2019년 제1회]

(1) 노벽 5[m^2]에서 방열되는 열량[kcal/h]
(2) 내화벽돌과 단열벽돌의 접촉 부분의 온도[℃]

4-17. 내부 반지름이 55[cm]이고 외부 반지름이 90[cm]인 구형 용기가 있다. 이 구형 용기의 열전도율 $k = 42.5$[W/m·K]이고 내부 표면온도가 550[K], 외부 표면온도가 545[K]일 때 열손실[kW]을 구하시오.
[2010년 제2회, 2016년 제1회, 2022년 제4회 유사]

핵심예제

4-18. 다음의 자료를 기준으로, 증기관에 보온재를 시공하였을 때의 증기관의 열손실[kJ/h]을 계산하시오. [2016년 제4회]

- 증기관 : 길이 10[m], 바깥지름 35[mm], 표면온도 103[℃]
- 보온재 : 두께 20[mm], 외부온도 23[℃], 열전도율 0.22[kJ/m · h · ℃]

4-19. 옥내온도는 15[℃], 외기온도가 5[℃]일 때 콘크리트 벽(두께 10[cm], 길이 10[m] 및 높이 5[m])을 통한 열손실이 1,700[W]일 때, 외부 표면 열전달계수[W/m^2 · ℃]를 구하시오(단, 내부 표면 열전달계수는 9.0[W/m^2 · ℃]이고, 콘크리트 열전도율은 0.87[W/m^2 · ℃]이다). [2017년 제2회]

4-20. 전달열량이 1,500[W]인 보온재의 면적과 동일하게 하고 보온재의 두께, 온도차, 열전도율을 각각 2배, 3배, 4배인 보온재로 변경했을 때의 전달열량[W]을 구하시오. [2019년 제4회]

4-21. 단열재의 전후 양쪽에 두께(b_1) 30[mm]의 금속판으로 구성된 일반 냉동창고(F급)의 벽이 있다. 이 냉동창고의 내부온도(t_i)는 −25[℃]로 유지되고 있고, 이때의 외기온도(t_o)는 22[℃]이다. 냉동창고 외부면의 온도(t_s)가 19[℃] 미만이 될 때 수분이 응축되어 이슬이 맺힌다고 가정할 때, 다음의 자료를 이용하여 냉동창고의 외벽면에 대기 중의 수분이 응축되어 이슬이 맺히지 않도록 하기 위한 단열재의 최소 두께(b_2)[mm]를 구하시오. [2020년 제4회]

- 대류 열전달률
  벽내측 $\alpha_1 = 7.7$[W/m^2 · ℃],
  벽외측 $\alpha_2 = 15.5$[W/m^2 · ℃]
- 열전도율
  금속판 $\lambda_1 = 17.5$[W/m · ℃],
  단열재 $\lambda_2 = 0.033$[W/m · ℃]

4-22. 열전도율이 55[kcal/m · h · ℃]이고 두께가 10[mm]인 벽면의 외부온도는 22[℃], 내부온도는 165[℃]이다. 이 벽면에 열전도율이 0.04[kcal/m · h · ℃]이고, 두께가 10[mm]인 단열재를 설치한 후 외부온도가 11[℃]가 되었을 때 다음의 질문에 답하시오. [2010년 제1회]

(1) 벽면의 단위면적당 절감열량[kcal/h]을 구하시오.
(2) 단열효율[%]을 계산하시오.

4-23. 2중관식 열교환기 내 68[kg/min]의 비율로 흐르는 물이 비열 1.9[kJ/kg · ℃]의 기름으로 20[℃]에서 30[℃]까지 가열된다. 이때 기름의 온도는 열교환기에 들어올 때 80[℃], 나갈 때 30[℃]이라면 대수평균온도차는 얼마인가?(단, 두 유체는 향류형으로 흐른다)
[2010년 제2회, 2012년 제4회, 2016년 제4회, 2020년 제3회, 2021년 제1회]

4-24. A중공업 엔진사업부에서 다음의 조건으로 열교환기를 연도에 설치했다. 이때 열교환기의 전열면적[m^2]을 구하시오. [2011년 제2회, 2015년 제4회 유사]

- 총괄 전열계수 : 20[kcal/m^2 · h · ℃]
- 열교환기의 열회수량 : 135,790[kcal/h]
- 대수평균온도차 : 77[℃]

4-25. 병행류 열교환기에서 고온유체의 입구온도는 95[℃]이고 출구온도는 55[℃]이며, 이와 열교환되는 저온유체의 입구온도는 25[℃], 출구온도는 45[℃]이었다. 다음의 자료를 이용하여 전열면적[m^2]을 구하시오. [2020년 제4회, 2022년 제4회]

- 고온유체의 유량 : 2,200[kg/h]
- 고온유체의 평균비열 : 1,884[J/kg · ℃]
- 관의 안지름 : 0.0427[m]
- 총괄 전열계수는 600[W/m^2 · ℃]

4-26. 증기로 공기를 가열하는 열교환기에서 가열원으로 150[℃]의 증기가 열교환기 내부에서 포화 상태를 유지하고, 이때 유입공기의 입 · 출구온도는 20[℃]와 70[℃]이다. 열교환기에서의 전열량이 3,090[kJ/h] 전열면적이 12[m^2]이라고 할 때, 열교환기의 총괄 열전달계수[kJ/m^2 · h · ℃]를 구하시오. [2017년 제1회]

핵심예제

4-27. 안지름이 10[cm]인 열교환기 배관 내를 유속 2[m/s]으로 물이 흐를 때 배관 입구에서의 물의 온도는 20[℃]이며, 관 내부를 거쳐 배관 출구에서의 물의 온도는 최종적으로 40[℃]이었다. 이때 다음의 조건을 이용하여 배관의 길이[m]를 구하시오(단, 관 내부의 온도는 80[℃]로 일정하게 유지되어 있다). [2021년 제2회]

- 물 : 비열 4,186[J/kg · K], 밀도 1,000[kg/m^3]
- 열관류율 : 10[kW/m^2 · K]
- 대수평균온도차[℃] : $\Delta t_m = \dfrac{\Delta t_1 - \Delta t_2}{\ln \dfrac{\Delta t_1}{\Delta t_2}}$
  - Δt_1 : 관 내부온도와 입구온도의 차
  - Δt_2 : 관 내부온도와 출구온도의 차

4-28. 방열유체의 전열 유닛수(NTU)가 3.5, 온도차가 105[℃]이고, 열교환기의 전열효율이 1일 때의 대수평균온도차(Δt_m)[℃]를 계산하시오.

4-29. 증기압력 120[kPa]의 포화증기(포화온도 104.25[℃], 증발잠열 2,245[kJ/kg]를 내경 52.9[mm], 길이 50[mm]인 강관을 통해 이송하고자 할 때 트랩 선정에 필요한 응축수량[kg]을 구하시오(단, 외부온도 0[℃], 강관의 질량 300[kg], 강관의 비열 0.46[kJ/kg · ℃]이다).

|해답|

4-1

(1) 증 가

(2) 크 게

4-2

(1) 4, 증가

(2) 2, 감소

4-3

열손실

$$Q = K \cdot F \cdot \Delta t = \frac{1}{R} \times F \times \Delta t = \frac{1}{\dfrac{b_1}{\lambda_1} + \dfrac{b_2}{\lambda_2}} \times F \times \Delta t$$

$$= \frac{1}{\dfrac{0.2}{3.3} + \dfrac{0.075}{0.13}} \times 10 \times (400 - 38) \simeq 5,678[\mathrm{W}]$$

4-4

단위면적당 이동열량

$$Q = K \cdot \Delta t = \frac{1}{R} \cdot F \cdot \Delta t = \frac{1}{R_1 + \dfrac{b}{\lambda} + R_2} \times \Delta t$$

$$= \frac{1}{15 + \dfrac{0.005}{0.75} + 55} \times (27 - 11) \simeq 0.229[\mathrm{W/m^2}]$$

4-5

- 벽체를 통한 열전달량

$$Q_1 = K \cdot F \cdot \Delta t_1 = \frac{1}{0.5/\lambda} \times F \times (250 - 23)$$

- 외부 표면에서의 대류에 의한 열전달량

$$Q_2 = K \cdot F \cdot \Delta t_2 = 27 \times F \times (23 - 0)$$

$$Q_1 = Q_2$$

$$\frac{1}{0.5/\lambda} \times F \times (250 - 23) = 27 \times F \times (23 - 0)$$

$$\lambda \times 454F = 621F$$

∴ 벽체의 열전도율 $\lambda = \dfrac{460}{454} \simeq 1.374[\mathrm{W/m \cdot K}]$

4-6

1시간 동안의 벽면 1[m²]당 손실열량

$$Q = K \cdot F \cdot \Delta t = \frac{1}{R} \cdot F \cdot \Delta t$$

$$= \frac{1}{\frac{b_1}{\lambda_1} + \frac{b_2}{\lambda_2} + \frac{b_3}{\lambda_3} + \frac{1}{\alpha_o}} \times F \times (t_2 - t_1)$$

$$= \frac{1}{\frac{0.18}{1.2} + \frac{0.11}{0.1} + \frac{0.21}{0.9} + \frac{1}{7.3}} \times 1 \times (1{,}200 - 22)$$

$$\simeq 727[\text{kcal/m}^2 \cdot \text{h}]$$

외벽 표면온도를 t_o라 하면

$$Q = K \cdot F \cdot \Delta t = \frac{1}{R} \cdot F \cdot \Delta t = \frac{1}{\frac{b_1}{\lambda_1} + \frac{b_2}{\lambda_2} + \frac{b_3}{\lambda_3}} \times F \times (t_2 - t_o)$$

$$727 = \frac{1}{\frac{0.18}{1.2} + \frac{0.11}{0.1} + \frac{0.21}{0.9}} \times 1 \times (1{,}200 - t_o)$$

∴ 외벽 표면온도 $t_o \simeq 121.6[℃]$

4-7

보온재 A의 열전도도를 λ_A라고 하면,

- 내부로부터 외부로 전달되는 열손실량

$$Q_1 = K_1 \cdot F_1 \cdot \Delta t_1$$

$$= \frac{1}{\frac{1}{40} + \frac{0.05}{\lambda_A} + \frac{0.5}{(5+10)/2} + \frac{0.05}{1.0} + \frac{1}{10}} \times (2 \times 1) \times (200 - 20)$$

$$\simeq \frac{360}{\frac{0.05}{\lambda_A} + 0.2417}$$

- D로부터 외부로 전달되는 열손실량

$$Q_2 = K_2 \cdot F_2 \cdot \Delta t_2 = \frac{1}{\frac{0.05}{1.0} + \frac{1}{10}} \times (2 \times 1) \times (90 - 20)$$

$$\simeq 933.3[\text{W}]$$

$Q_1 = Q_2$이므로 $\dfrac{360}{\frac{0.05}{\lambda_A} + 0.2417} = 933.3$

∴ 보온재 A의 열전도도 $\lambda_A = \dfrac{0.05}{0.144} \simeq 0.35[\text{W/m} \cdot ℃]$

4-8

원통관 열전도 열손실 $Q = K \cdot F \cdot \Delta t = \dfrac{2\pi Lk(t_1 - t_2)}{\ln(r_2/r_1)}$

$$= \frac{2\pi \times 15 \times 0.06 \times (100 - 20)}{\ln(0.03/0.015)}$$

$$\simeq 653[\text{W}]$$

4-9

- 전력 $P = VI = 9 \times 10 = 90[\text{W}]$
- 총열관류율 $K = \dfrac{1}{R} = \dfrac{1}{\frac{1}{15} + \frac{0.001}{0.15}} \simeq 13.64[\text{W/m}^2 \cdot \text{K}]$
- 플라스틱 부분의 대수평균면적

$$F_m = \frac{2\pi L(r_2 - r_1)}{\ln\frac{r_2}{r_1}} = \frac{2\pi \times 10 \times (0.002 - 0.001)}{\ln\frac{0.002}{0.001}} \simeq 0.09[\text{m}^2]$$

전선과 플라스틱 피복 접촉 부위의 온도를 T_m이라고 하면

발생열량 $Q = K \cdot F_m \cdot \Delta t = 13.64 \times 0.09 \times (T_m - 30)$

전력 = 발생열량이므로 $90 = 1.2276 \times (T_m - 30)$

$T_m - 30 \simeq 73.314$

∴ 전선과 플라스틱 피복 접촉 부위의 온도 $T_m \simeq 103.31[℃]$

4-10

(1) 중공원관의 길이 1[m]당 손실열량

$$Q = \frac{2\pi Lk(t_1 - t_2)}{\ln(r_2/r_1)} = \frac{2\pi \times 1 \times 0.05 \times (380 - 32)}{\ln(0.1/0.04)}$$

$$\simeq 119[\text{W}]$$

(2) 중간 지점의 온도

중간 지점 $r_m = r_1 + \dfrac{\text{두께}}{2} = 40 + \dfrac{100 - 40}{2} = 70[\text{mm}]$

중공원관의 길이 1[m]당 손실열량은 중간 지점에서도 같으므로

중간 지점의 온도를 t_m이라 하면

$$Q = \frac{2\pi Lk(t_1 - t_m)}{\ln(r_m/r_1)} = 119$$

$$= \frac{2\pi \times 1 \times 0.05 \times (380 - t_m)}{\ln(0.07/0.04)} = 119$$

$$\therefore t_m = 380 - \frac{119 \times 0.56}{0.314} \simeq 168[℃]$$

4-11

총열관류율 $K = \dfrac{1}{R} = \dfrac{1}{\left(\frac{1}{\alpha_i} + \sum\frac{b}{\lambda} + \frac{1}{\alpha_o}\right)}$

$$= \frac{1}{\frac{1}{8} + \left(\frac{0.2}{0.65} + \frac{0.01}{1.3} + \frac{0.005}{0.5} + \frac{0.015}{1.3}\right) + \frac{1}{20}}$$

$$\simeq 1.95[\text{W/m}^2 \cdot ℃]$$

∴ 단위면적당 손실열량

$Q = K \cdot \Delta t = 1.95 \times (1{,}000 - 20) = 1{,}911[\text{W}]$

4-12

• 손실열량 $Q=K\cdot F\cdot \Delta t=K\times 1\times(1,000-20)=1,911[\text{W}]$

• 총열관류율 $K=\dfrac{1,911}{980}=1.95[\text{W/m}^2\cdot ℃]$

$$K=\frac{1}{R}=\frac{1}{\left(\dfrac{1}{\alpha_i}+\sum\dfrac{b}{\lambda}+\dfrac{1}{\alpha_o}\right)}$$

$$=\frac{1}{\dfrac{1}{8}+\left(\dfrac{x}{0.65}+\dfrac{0.01}{1.3}+\dfrac{0.005}{0.5}+\dfrac{0.015}{1.3}\right)+\dfrac{1}{20}}$$

$\simeq 1.95[\text{W/m}^2\cdot ℃]$

∴ 벽돌의 두께 $x=20[\text{cm}]$

4-13

단열벽돌의 두께를 x라고 하면

노벽 $1[\text{m}^2]$당 열손실량

$$Q=K\cdot \Delta t=\frac{1}{(b_1/\lambda_1)+(b_2/\lambda_2)+(b_3/\lambda_3)}\times \Delta t$$

$$=\frac{1}{(0.23/1.2)+(x/0.12)+(0.23/0.6)}\times(1,200-120)$$

$\simeq 708[\text{kcal/h}]$

∴ 단열벽돌의 두께 $x\simeq 0.114[\text{m}]=11.4[\text{cm}]$

4-14

보통벽돌의 두께를 x라고 하면

노벽 $1[\text{m}^2]$당 열손실량

$$Q=K\cdot \Delta t=\frac{1}{(b_1/\lambda_1)+(b_2/\lambda_2)+(b_3/\lambda_3)}\times \Delta t$$

$$=\frac{1}{(0.23/1.2)+(0.14/0.12)+(x/0.6)}\times(1,200-120)$$

$\simeq 708[\text{kcal/h}]$

∴ 보통벽돌의 두께 $x\simeq 0.23[\text{m}]=23[\text{cm}]$

4-15

내화벽돌을 1, 플라스틱 절연체를 2라고 하자.

(1) 단위면적당 전열량$[\text{W/m}^2]$

$$Q=K\cdot \Delta t=\frac{1}{\dfrac{b_1}{\lambda_1}+\dfrac{b_2}{\lambda_2}}\times \Delta t$$

$$=\frac{1}{\dfrac{0.2}{1.3}+\dfrac{0.1}{0.56}}\times(550-110)\simeq 1,324[\text{W}]$$

(2) 내화벽돌과 플라스틱 절연체의 접촉면 온도[℃]

접촉면 온도를 x[℃]라고 하면,

$$Q=\frac{1}{b_1/\lambda_1}\times F\times(t_2-x)$$

$$\therefore\ x=t_2-\frac{Q\times(b_1/\lambda_1)}{F}=550-\frac{1,324\times(0.2/1.3)}{1}$$

$\simeq 346[℃]$

4-16

(1) 노벽 $5[\text{m}^2]$에서 방열되는 열량

$$Q=K\cdot F\cdot \Delta t$$

$$=\frac{1}{(0.33/2.7)+(0.089/0.15)}\times 5\times(1,250-33)$$

$\simeq 8,503.9[\text{kcal/h}]$

(2) 내화벽돌과 단열벽돌의 접촉 부분의 온도

접촉 부분의 온도를 x[℃]라고 하면

노벽 $5[\text{m}^2]$에서 방열되는 열량 = 접촉면까지 전달되는 열량

$$Q=8,503.9=\frac{1}{0.33/2.7}\times 5\times(1,250-x)$$

$$\therefore\ x=1,250-\frac{0.33\times 8,503.9}{2.7\times 5}\simeq 1,042[℃]$$

4-17

$$\text{열손실}\ Q=\frac{4\pi k(t_1-t_2)}{\dfrac{1}{r_1}-\dfrac{1}{r_2}}=\frac{4\pi\times 42.5\times(550-545)}{\dfrac{1}{0.55}-\dfrac{1}{0.9}}$$

$\simeq 3,777[\text{W}]\simeq 3.78[\text{kW}]$

4-18

• 강관의 바깥 반지름 $r_1=\dfrac{0.035}{2}=0.0175[\text{mm}]$

• 보온재 시공 후의 바깥 반지름

$r_2=0.0175+0.02=0.0375[\text{mm}]$

∴ 증기관의 열손실

$$Q=K\cdot F\cdot \Delta t=\frac{2\pi Lk(t_1-t_2)}{\ln(r_2/r_1)}$$

$$=\frac{2\pi\times 10\times 0.22\times(103-23)}{\ln(0.0375/0.0175)}\simeq 1,451[\text{kJ/h}]$$

4-19

열손실량 $Q=K\cdot F\cdot \Delta t$

$1,700=K\times(5\times 10)\times(15-5)$

$K=3.4[\text{W/m}^2\cdot ℃]$

여기서, $K=\dfrac{1}{R}=\dfrac{1}{\dfrac{1}{\alpha_i}+\dfrac{b}{\lambda}+\dfrac{1}{\alpha_o}}$이므로

$$3.4=\frac{1}{\dfrac{1}{9}+\dfrac{0.1}{0.87}+\dfrac{1}{\alpha_o}}$$

∴ 외부 표면 열전달계수 $\alpha_o\simeq 14.7[\text{W/m}^2\cdot ℃]$

4-20

변경 전 전달열량을 Q_1, 변경 후 전달열량을 Q_2라고 하면

$$Q_1=K_1\cdot F\cdot \Delta t_1=\frac{1}{b_1/\lambda_1}\times F\times \Delta t_1=\frac{\lambda_1}{b_1}\times F\times \Delta t_1$$

$$Q_2=K_2\cdot F\cdot \Delta t_2=\frac{1}{2b_1/4\lambda_1}\times F\times 3\Delta t_1=\frac{4\lambda_1}{2b_1}\times F\times 3\Delta t_1$$

$$=\frac{4\times 3}{2}\times\left(\frac{\lambda_1}{b_1}\times F\times \Delta t_1\right)=6Q_1=6\times 1,500=9,000[\text{W}]$$

4-21

외기에서 냉동창고 내부로의 전달열량을 Q_1,

외기에서 냉장고 외벽면에 이슬이 맺히기 직전의 온도(t_s = 19[℃])까지의 전달열량을 Q_2라고 하면

$Q_1 = Q_2$이므로 $K \cdot F \cdot (t_o - t_i) = \alpha_2 \cdot F \cdot (t_o - t_s)$이다.

양변을 F로 나누면

$K \times (t_o - t_i) = \alpha_2 \times (t_o - t_s)$

$$\frac{1}{\frac{1}{\alpha_i} + \frac{b_1}{\lambda_1} + \frac{b_2}{\lambda_2} + \frac{b_1}{\lambda_1} + \frac{1}{\alpha_o}} \times (t_o - t_i) = \alpha_2 \times (t_o - t_s)$$

$$\frac{1}{\frac{1}{7.7} + \frac{0.03}{17.5} + \frac{b_2}{0.033} + \frac{0.03}{17.5} + \frac{1}{15.5}} \times \{22 - (-25)\}$$

$= 15.5 \times (22 - 19)$

$$\frac{47}{0.1978 + \frac{b_2}{0.033}} = 46.5$$

$$\frac{b_2}{0.033} = \frac{47}{46.5} - 0.1978 \simeq 0.81295$$

∴ 단열재의 두께

$b_2 = 0.033 \times 0.81295 \simeq 0.0268[\text{m}] = 26.8[\text{mm}]$

4-22

(1) 벽면의 단위면적당 절감열량

- 단열 전의 손실열량

$$Q_1 = K_1 \cdot \Delta t_1 = \frac{\lambda_1}{b_1} \times \Delta t_1 = \frac{55}{0.01} \times (165 - 22)$$

$= 786,500[\text{kcal/h}]$

- 단열 후의 손실열량

$$Q_2 = K_2 \cdot \Delta t_2 = \frac{1}{\frac{b_1}{\lambda_1} + \frac{b_2}{\lambda_2}} \times \Delta t_2$$

$$= \frac{1}{\frac{0.01}{55} + \frac{0.01}{0.04}} \times (165 - 11) \simeq 616[\text{kcal/h}]$$

∴ 단위면적당 절감열량

$Q = 786,500 - 616 = 785,884[\text{kcal/h}]$

(2) 단열효율

$$\eta = \frac{Q}{Q_1} = \frac{785,884}{786,500} \simeq 0.999 = 99.9[\%]$$

4-23

- $\Delta t_1 = 80 - 30 = 50[℃]$
- $\Delta t_2 = 30 - 20 = 10[℃]$

∴ 대수평균온도차

$$\Delta t_m = \frac{\Delta t_1 - \Delta t_2}{\ln(\Delta t_1 / \Delta t_2)} = \frac{50 - 10}{\ln(50/10)} \simeq 24.85[℃]$$

4-24

열회수량 $Q = K \cdot F \cdot \Delta t_m$

$$\text{전열면적 } F = \frac{Q}{K \cdot \Delta t_m} = \frac{135,790}{20 \times 77} \simeq 88[\text{m}^2]$$

4-25

- 전열량 $Q = mC\Delta t = (2,200/3,600) \times 1,884 \times (55 - 95)$
  $\simeq -46,053[\text{W}] = 46,053[\text{W}]$ (냉각)
- $\Delta T_1 = 95 - 25 = 70[℃]$, $\Delta T_2 = 55 - 45 = 10[℃]$
- $$\Delta T_m = \frac{\Delta t_1 - \Delta t_2}{\ln\left(\frac{\Delta t_1}{\Delta t_2}\right)} = \frac{70 - 10}{\ln\left(\frac{70}{10}\right)} \simeq 30.83[℃]$$

$$∴ \text{ 전열면적 } A = \frac{46,053}{600 \times 30.83} \simeq 2.49[\text{m}^2]$$

4-26

- $\Delta t_1 = 150 - 20 = 130[℃]$
- $\Delta t_2 = 150 - 70 = 80[℃]$

대수평균온도차

$$\Delta t_m = \frac{\Delta t_1 - \Delta t_2}{\ln(\Delta t_1 / \Delta t_2)} = \frac{130 - 80}{\ln(130/80)} \simeq 103[℃]$$ 이며,

열교환열량 $Q = K \cdot F \cdot \Delta t_m$이므로

$$∴ \text{ 총괄 열전달계수 } K = \frac{Q}{F \times \Delta t_m} = \frac{3,090}{12 \times 103}$$

$\simeq 2.5[\text{kJ/m}^2 \cdot \text{h} \cdot ℃]$

4-27

- 물의 질량유량

$$G = \rho A v = 1,000 \times \frac{\pi}{4} \times 0.1^2 \times 2 \simeq 15.708[\text{kg/s}]$$

- 물의 현열량

$Q_1 = G \cdot C \cdot \Delta t = 15.708 \times 4,186 \times (40 - 20)$

$\simeq 1,315,073.8[\text{W}] \simeq 1,315.07[\text{kW}]$

- $\Delta t_1 = 80 - 20 = 60[℃]$, $\Delta t_2 = 80 - 40 = 40[℃]$
- $$\text{대수평균온도차 } \Delta t_m = \frac{\Delta t_1 - \Delta t_2}{\ln\frac{\Delta t_1}{\Delta t_2}} = \frac{60 - 40}{\ln\frac{60}{40}} \simeq 49.326[℃]$$

배관의 길이를 L이라고 하면

전열량 $Q_2 = K \cdot F \cdot \Delta t_m = 10 \times (\pi \times 0.1 \times L) \times (49.326 + 273)$

$\simeq 1,012.6L[\text{kW}]$

$Q_1 = Q_2$이므로 $1,315.07 = 1,012.6L$

∴ 배관의 길이 $L \simeq 1.3[\text{m}]$

4-28

$$\text{대수평균온도차 } \Delta t_m = \frac{\text{온도차}}{\text{전열 유닛수}} = \frac{\Delta t}{NTU} = \frac{105}{3.5} = 30[℃]$$

4-29

$Q = mC\Delta t = w\gamma_0$

∴ 트랩 선정에 필요한 응축수량

$$w = \frac{mC\Delta t}{\gamma_0} = \frac{300 \times 0.46 \times (104.25 - 0)}{2,245} \simeq 6.4[\text{kg}]$$

에너지설비관리 및 에너지 실무

제1절 | 난 방

핵심이론 01 난방의 개요

① 난방부하

㉠ 개 요

- 난방부하 계산 시 고려해야 할 사항 : 유리창 및 문의 크기, 현관 등의 공간, 건물 위치 등
- 난방부하 : $Q=(Q_1+Q_2)-(Q_3+Q_4+Q_5)$
  (여기서, Q : 난방부하[kcal/h], Q_1 : 벽체를 통한 열손실량, Q_2 : 환기로 인한 열손실량, Q_3 : 실내 거주자의 몸에서 방출되는 열량, Q_4 : 전등, 조명기구 등에서 발생되는 열량, Q_5 : 동력 등 기계에서 발생되는 열량)

㉡ 벽체를 통한 열손실 : 지면에 접하는 바닥의 손실열량과 내벽, 중간벽 및 중간층의 천장 등의 손실열량

$Q_1 = K \cdot F \cdot \Delta t \times Z$

(여기서, K : 외벽, 천장, 바닥의 열관류율[kcal/m^2·h·℃], F : 외벽, 천장, 바닥의 방열면적[m^2], Δt : 실내온도와 외기온도의 온도차, Z : 방위계수)

㉢ 환기에 의한 열손실

$Q_2 = m \cdot C \cdot \Delta t \times N$

(여기서, m : 환기량[m^3/h], C : 공기비열[kcal/Nm^3·℃], Δt : 실내온도와 외기온도의 온도차, N : 환기 횟수)

② 난방방법

㉠ 중앙집중난방법 : 특정 장소에 보일러를 설치하여 증기, 온수, 열기를 다수의 방에 공급하는 난방방식으로, 대규모 난방에 적합하다.

- 직접난방법 : 증기, 온수의 열원을 방열기에 공급하는 난방방식
- 간접난방법 : 덕트를 이용하여 열풍을 실내로 보내는 난방방식
- 복사난방법 : 증기 및 온수가 흐르는 방열코일을 벽, 바닥, 천장 등에 설치하여 방사열을 공급하는 난방방식

㉡ 개별난방법 : 보일러를 난방 개소마다 설치하는 난방방식으로, 소규모 난방에 적합하다.

㉢ 지역난방법 : 고압증기 또는 고온수를 일정 구역의 다수 건물에 공급하는 난방방식

핵심예제

1-1. 벽체면적 33[m^2], 열관류율 7[kcal/m^2·h·℃], 벽체 내부온도 40[℃], 벽체 외부온도 9[℃]일 때의 시간당 손실열량[kcal/h]을 계산하시오(단, 방위계수는 1.1이다).

1-2. 하루에 4,500[kg]의 온수 순환량이 필요한 건물에 온수 출구와 입구의 온도차가 38[℃], 온수의 비열이 1[kcal/kg·℃]일 때 이 건물의 난방부하[kcal/h]를 계산하시오.

|해답|

1-1

벽체를 통한 시간당 손실열량

$Q_1 = K \cdot F \cdot \Delta t \times Z = 7 \times 33 \times (40-9) \times 1.1 \simeq 7,877$[kcal/h]

1-2

난방부하$=\dfrac{4,500 \times 1 \times 38}{24}=7,125$[kcal/h]

핵심이론 02 증기난방

① 증기난방의 개요와 특징

㉠ 증기난방의 개요

- 증기난방은 보일러에서 발생된 증기를 방열기로 보내 증발잠열을 방출하여 대류 및 방사에 의해 실내에 열을 방출하는 난방방식이다.
- 리프트 피팅(Lift Fitting) : 증기난방에서 저압 증기 환수관이 진공펌프의 흡입구보다 낮은 위치에 있을 때 응축수를 원활히 끌어올리기 위해 설치하는 것이다.
- 증기난방의 시공에서 환수배관에 리프트 피팅을 적용하여 시공할 때 1단의 흡상 높이는 1.5[m] 이내가 적당하다.

㉡ 증기난방의 특징

- 용량에 대한 방열면적이 좁아도 된다.
- 난방 소요시간이 짧다.
- 수격작용의 우려가 있다.
- 방열량의 소량 조절이 어렵다.
- 취급에 기술을 요한다.
- 복귀관의 지름이 작아도 되므로 시설비가 절감된다.
- 증기의 응축에 대한 잠열을 이용하므로 열의 운반능력이 크다.

② 증기난방의 분류

㉠ 증기압력에 의한 분류

- 저압식 : 0.1~0.35[kg/cm^2] 미만의 저압증기를 사용하며 증기압력이 낮아서 증기의 장거리 수송이 어렵다.
- 중압식 : 0.5~1.0[kg/cm^2]의 증기를 사용한다.
- 고압식 : 1.0[kg/cm^2] 이상의 증기를 사용한다.
  - 동일한 열량을 운반하는 경우, 저압식에 비해서 작은 관경을 사용할 수 있다.
  - 지역난방 등 배관 길이가 긴 증기배관에 적합하다.
  - 증기 누설의 우려가 있다.

㉡ 응축수 환수방법에 의한 분류

- 중력환수식 : 중력작용에 의하여 응축수를 보일러에 유입시키는 방식이다.
  - 온수의 밀도차에 의해 온수가 순환한다.
  - 자연순환이므로 강제순환식보다 관경을 크게 해야 한다.
  - 단관식과 복관식이 있다.
  - 저압보일러에 사용한다.
  - 방열기는 보일러보다 높은 위치에 설치한다.
  - 보일러는 최하위 방열기보다 더 낮은 곳에 설치한다.
  - 소규모 주택 등의 소규모 난방에 적합하다.
- 기계환수식 : 방열기에서 응축수탱크까지는 중력환수하고 탱크에서 보일러까지는 펌프에 의해 강제순환방식으로, 대규모 난방에 적합하다.
- 진공환수식 : 환수주관의 끝에 진공펌프를 설치하여 응축수 및 공기를 흡입하는 방식이다.
  - 환수관의 진공도를 100~250[mmHg]로 유입시켜 응축수를 신속하게 배출시킬 수 있다.
  - 배관 및 방열기 내의 공기를 배출하므로 증기순환이 빠르다.
  - 응축수의 유속이 빠르므로 환수 관경이 작아도 된다.
  - 리프트이음을 하므로 방열기의 설치 위치에 제한을 받지 않는다.
  - 방열기밸브의 개폐를 조절하여 방열량을 광범위하게 조절할 수 있다.
  - 환수관의 기울기를 낮게 할 수 있다.
  - 대규모 난방에 적합하다.

㉢ 배관방식에 의한 분류(중력환수식)

- 단관식 : 응축수와 증기가 동일 관 속을 흐르는 방식이다.
  - 상향식과 하향식이 있다.
  - 방열기밸브는 방열기 하부의 나사부에 설치한다.

- 배관 기울기는 1/100~1/200 정도의 순 기울기가 적당하다.
- 소규모 난방방식에 사용된다.

• 복관식 : 공급관과 환수관의 2개의 관으로 구성된 방식이다.
- 증기관과 환수관이 연결되는 곳은 증기트랩(열동식)을 설치하여 증기가 환수관으로 역류하지 않도록 한다.
- 배관 기울기는 1/200 정도의 순 기울기가 적당하다.

㉣ 중력환수식의 증기 공급방식에 의한 분류

• 상향순환식 : 수평주관을 보일러 바로 위에 설치하고, 여기에 수직관 또는 분기관을 연결하여 위층의 방열기에 증기를 공급하는 방식이다.

• 하향순환식 : 증기수평주관을 가장 높은 층의 천장에 배관하고, 이 수평주관에서 방열기로 공급하는 방식이다.

㉤ 환수관의 배관방식에 의한 분류

• 습식환수관 : 환수주관이 보일러의 수면보다 낮은 곳에 배관되어 항상 만수 상태로 흐르고 건식환수관보다 관지름을 가늘게 할 수 있으나, 겨울철 동결에 주의해야 한다. 공기빼기밸브나 에어포켓이 설치된다.

• 건식환수관 : 환수주관이 보일러 수면보다 높게 배관되어 응축수를 관 밑바닥으로 흐르게 하며, 방열기 및 관 끝에 증기트랩(열동식)을 장치하여 증기가 환수관에 유입되는 것을 방지한다.

③ 증기난방 배관 시공

㉠ 개 요

• 난방용 코일 이외의 냉난방용 배관은 매설하지 않는다.

• 지름이 서로 다른 관을 접속할 경우에는 편심 조인트를 사용하여 주관의 밑면과 일치하게 접속한다.

• 환수관의 수평배관에서 관경이 가늘어지는 경우, 응축수의 체류를 방지하기 위하여 편심 리듀서를 사용한다.

• 응축수의 체류를 방지하기 위해서 증기난방설비에 배관 구배를 부여한다.

• 증기주관에 분기관을 설치할 경우에는 수직선에서 45° 이상 경사지게 접합한다.

㉡ 진공환수식 증기난방 배관 시공

• 증기주관은 흐름 방향에 1/200~1/300의 앞내림 기울기로 하고, 도중에 수직 상향부가 필요한 때 트랩장치를 한다.

• 방열기 분기관 등에서 앞단에 트랩장치가 없을 때는 1/50~1/100의 앞올림 기울기로 하여 응축수를 주관에 역류시킨다.

• 환수관에 수직 상향부가 필요한 때는 리프트 피팅을 써서 응축수가 위쪽으로 배출하게 한다.

• 리프트 피팅은 될 수 있으면 사용 개소를 적게 하고, 1단을 1.5[m] 이내로 한다.

• 리프트 파이프는 증기수평관 지름보다 작게 한다.

㉢ 트랩 주위의 배관

• 증기관 끝을 같은 지름으로 100[mm] 이상 세워 내리고, 다시 하부를 150[mm] 이상 연장해서 드레인박스를 설치한다.

• 고온의 응축수로 인한 트랩의 기능 장해를 방지하기 위하여 트랩 앞 1.5[m] 떨어진 곳에 냉각다리(냉각레그)를 설치하고 보온피복하지 않는다.

• 환수관이 트랩보다 높은 곳에 배관되어 있으면 버킷트랩을 설치하여 환수관에 접속한다. 이때 버킷트랩이 응축수를 끌어 올리는 높이는 압력차 1[kg/cm^2]에 대하여 5[m] 이하로 한다.

㉣ 보일러 주위의 배관

• 환수주관을 보일러에 연결할 때는 증기헤더와 환수헤더 사이에 균형관을 장치하고, 환수주관을 보일러 안전저수면에 연결한다.

- 저압 증기 보일러 주위 배관에서 증기관과 환수관 사이에 균형관을 연결하는 배관방법을 하트포드 접속법이라고 한다.
- 균형관을 보일러 사용 수위보다 50[mm] 아래에 연결하여 환수관이 파손되더라도 보일러 수위가 안전저수위 이하로 내려가는 것을 방지한다.

ⓜ 감압밸브 및 방열기 주위의 배관
- 감압밸브 저압측의 압력을 검출하는 검출부는 감압밸브로부터 3[m] 이상 떨어진 곳에 설치하여 고압측 관의 지름은 1/2의 관을 사용한다.
- 방열기 주위 배관은 2개 이상의 엘보를 사용하는 스위블 조인트를 하여 관의 신축을 흡수한다.
- 방열기 입구배관(공급관)은 역구배(선단 상향), 출구의 환수관은 순구배(선단 하향)로 한다.

핵심예제

2-1. 증기난방에서 저압증기환수관이 진공펌프의 흡입구보다 낮은 위치에 있을 때 응축수를 원활히 끌어올리기 위해 설치하는 것의 명칭을 쓰시오.

2-2. 증기난방에서 환수관의 수평배관에서 관경이 가늘어지는 경우 편심 리듀서를 사용하는 이유를 쓰시오.

2-3. 저압 증기 보일러 주위 배관에서 하트포드 접속법은 어느 부분에 적용하는 배관법인지를 쓰시오.

|해답|

2-1
리프트 피팅 (Lift Fitting)

2-2
증기난방에서 환수관의 수평배관에서 관경이 가늘어지는 경우 편심 리듀서를 사용하는 이유는 응축수의 체류를 방지하기 위해서이다.

2-3
보일러의 증기관과 환수관 사이에 균형관을 연결한다.

핵심이론 03 온수난방

① 온수난방의 개요와 특징

㉠ 온수난방은 보일러에서 방열된 온수를 방열기로 보내 온수의 온도 강하(현열)에 의한 난방방식이다.

㉡ 순환 온수의 현열량 : $Q = mC\Delta t$
(여기서, m : 온수 순환량, C : 비열, Δt : 온도차)

㉢ 온수난방의 특징
- 난방부하변동에 따른 방열량 조절이 용이하다.
- 동결 위험이 작다.
- 방열기 표면온도가 낮아서 위험성이 작다.
- 방열면적이 넓고 취급이 용이하다.
- 온도 조절이 용이하다.
- 실내 쾌감도가 높다.
- 예열시간이 길다.
- 소규모 주택용에 사용된다.
- 대규모 난방에는 적당하지 않다.
- 방열면적과 관경이 커서 설비비가 고가이다.
- 한랭지에서 난방 정지 시 동결 우려가 있다.

② 온수난방의 분류

㉠ 온수온도에 의한 분류
- 고온수식 : 밀폐식 팽창탱크를 사용하며 장치 내 압력을 가하여 온수온도를 100[℃] 이상으로 난방한다.
- 보통온수식 : 개방형 팽창탱크를 사용하며, 85~90[℃]의 온수로 난방한다.

㉡ 온수순환방법에 의한 분류
- 중력순환식(자연순환식) : 온수의 밀도차(또는 비중력차)에 의해 온수가 순환하는 방식이다.
  - 보일러는 방열기보다 더 낮은 곳에 설치한다.
  - 자연순환이므로 관경을 크게 한다.
  - 단독주택 및 소규모 난방용에 사용한다.

- 자연순환수두 :

$h = h_1(S_1 - S_2) \times 1{,}000[\mathrm{mmH_2O}]$

(여기서, h : 자연순환수두([$\mathrm{mmH_2O}$] 또는 [mmAq]), h_1 : 보일러에서 방열기까지의 높이[m], S_1 : 환수관의 온수비중[kg/L], S_2 : 공급관의 온수비중[kg/L])

• 강제순환식 : 순환펌프에 의해 온수를 강제순환시키는 방식으로, 대규모 난방에 사용된다.

㉢ 배관방법에 의한 분류

• 단관식 : 송수주관과 환수주관이 하나의 관으로 이루어진 배관방식으로, 보일러에서 멀어질수록 온수의 온도가 낮아진다.

• 복관식 : 송수주관과 환수주관이 별도로 되어 있는 배관방식으로 직접환수식, 역귀환식(리버스리턴방식)이 있다. 역귀환식은 각 방열기의 방열량이 거의 일정하다.

㉣ 온수 공급방법에 따른 분류

• 상향 공급식 : 송수주관을 최하층의 천장에 배관하고 상향 수직관으로 설치하여 각 방열기로 연결하는 방식이다.

• 하향 공급식 : 보일러에 송수주관을 최상층까지 올려 세워 최상층 천장에 배관하고 하향 수직관을 세워서 각 방열기로 연결하는 방식이다.

③ 온수난방 배관방법

㉠ 일반배관법

• 수평관의 관지름을 바꾸고자 할 경우 : 증기배관과 같이 편심 조인트를 사용한다. 선단하향구배 배관은 파이프 윗면을, 선단상향구배 배관은 파이프 밑면을 일치시킨다.

• 온수난방설비의 내림구배 배관에서 배관 아랫면을 일치시키고자 할 때 사용되는 이음쇠는 편심 리듀서이다.

• 온수난방 배관 시공 시 이상적인 기울기는 1/250 이상이다.

• 주관에 지관을 접속할 경우

- 지관을 주관보다 아래에 설치할 경우 : 45° 이상의 선단상향구배

- 지관을 주관보다 위에 설치할 경우 : 45° 이상의 선단하향구배

㉡ 팽창탱크 설치 및 주위 배관

• 팽창탱크는 열수의 체적팽창을 흡수하고, 장치 내 공기를 취출하기 위해서 설치한다.

• 보일러와 팽창탱크 사이에 팽창관을 설치한다.

• 100[℃]의 온수에도 충분히 견딜 수 있는 재료를 사용해야 한다.

• 내식성 재료를 사용하거나 내식처리된 탱크를 설치해야 한다.

• 동결 우려가 있을 경우에는 보온을 한다.

• 팽창탱크의 주위 배관 및 부설장치

- 개방식 : 팽창관, 안전관, 일수관, 배기관 등

- 밀폐식 : 안전밸브, 압력계, 수위계, 압축공기 공급관 등

• 팽창탱크의 용량 : 전열면적 14[$\mathrm{m^2}$] 이하의 온수보일러의 팽창탱크 용량은 보일러 및 배관 내의 보유 수량이 200[L] 이하인 경우에는 20[L] 이상으로 하고, 보유 수량이 100[L]씩 초과할 때마다 10[L]를 가산한 용량 이상으로 한다.

• 개방식 팽창탱크의 온수팽창량 :

$\Delta L = \left(\dfrac{1}{S_1} - \dfrac{1}{S_2}\right) \times$ 전수량

(여기서, ΔL : 온수팽창량, S_1 : 가열된 물의 비중, S_2 : 가열 후 물의 비중)

㉢ 보일러 및 공기가열기의 주위 배관

• 팽창관에는 밸브를 설치하지 않는다.

• 순환펌프는 온수의 온도가 낮은 환수관에 설치한다.

• 공기가열기는 공기의 흐름 방향과 코일 내 온수의 흐름 방향이 교체되도록 한다.

- 팽창관의 접속 위치는 강제순환식인 경우 순환 펌프 가까이 설치하지만, 중력환수식의 경우에는 어느 쪽에 설치해도 상관없다.
- 배관 내 에어포켓이 우려되는 곳에는 슬루스밸브를 설치하여 공기를 취출한다.

핵심예제

3-1. 온수난방의 특징을 5가지만 쓰시오.

3-2. 온수 보일러 및 배관 내의 보유 수량이 300[L]일 때 온수 보일러의 팽창탱크 용량[L]을 계산하시오.

3-3. 온수난방설비에 들어 있는 10[℃]의 물 4,550[kg]이 가열되어 85[℃]가 되었다면 전체 체적팽창량[L]은 얼마인지 계산하시오(단, 10[℃] 물의 비중량은 999[kg/m³], 85[℃]일 때 물의 비중량은 967[kg/m³]이다).

3-4. 온수난방에 소요되는 열량은 23,400[kcal/h], 송수온도는 88[℃], 환수온도는 26[℃]이다. 이때 온수 순환량[kg/h]을 구하시오(단, 온수의 비열은 1.0[kcal/kg · ℃]이다).

[2015년 제4회]

3-5. 어떤 방의 온수난방에서 소요되는 열량이 시간당 28,500[kcal]이고, 송수온도가 88[℃]이며, 환수온도가 22[℃]라면 온수의 순환량[kcal/h]은 얼마인지 계산하시오(단, 온수의 비열은 1.0[kcal/kg · ℃]이다).

|해답|

3-1

온수난방의 특징

① 난방부하변동에 따른 방열량 조절이 용이하다.
② 온도 조절이 용이하다.
③ 실내 쾌감도가 높다.
④ 소규모 주택용에 사용된다.
⑤ 방열면적과 관경이 커서 설비비가 고가이다.

3-2

온수 보일러의 팽창탱크 용량

20 + 10 = 30[L]

3-3

체적팽창량

$$\Delta L = \left(\frac{1}{S_1} - \frac{1}{S_2}\right) \times \text{전수량} = \left(\frac{1}{967} - \frac{1}{999}\right) \times 1,000 \times 4,550 \simeq 150.72[\text{L}]$$

3-4

순환 온수의 현열량 $Q = mC\Delta t$

온수 순환량 $m = \dfrac{Q}{C\Delta t} = \dfrac{23,400}{1.0 \times (88-26)} \simeq 377[\text{kg/h}]$

3-5

온수난방부하 $Q = m \cdot C \cdot \Delta t$

온수 순환량 $m = \dfrac{Q}{C \cdot \Delta t} = \dfrac{28,500}{1 \times (88-22)} \simeq 432[\text{kg/h}]$

핵심이론 04 복사난방, 지역난방, 온풍난방 및 기타

① 복사난방

㉠ 복사난방의 개요

- 복사난방은 실내의 바닥이나 천장 또는 벽면에 증기나 온수가 통과하는 패널을 매설하여 여기서 발생하는 복사열을 이용한 난방방식이다.
- 코일을 벽, 천장, 바닥 등에 매입시켜 복사열을 내는 코일식과 반사판을 이용하여 직접복사열을 만드는 패널식이 있다.
- 패널식은 방열패널의 설치 위치에 따라 바닥패널, 천장패널, 벽패널로 분류한다.

㉡ 복사난방의 특징

- 실내공기온도분포가 균등하여 쾌감도(쾌적도)가 좋다.
- 방열기 설치가 불필요하므로 공간 이용도(바닥면 이용도)가 증가한다.
- 환기에 기인하는 손실열량(열손실)이 감소된다.
- 천장이 높은 곳에서도 난방효과가 좋다.
- 공기 대류 감소로 실내공기 오염도가 감소한다.
- 방열체의 열용량이 커서 온도 변화에 따른 방열량 조절이 어렵다.
- 외기온도 급변화에 대해 온도 조절이 곤란하다.
- 매입배관이므로 시공・수리가 불편하며 설비비가 많이 든다.
- 고장을 발견하기 어렵고, 시멘 모르타르 표면 등에 균열 발생이 일어난다.
- 열손실 방지를 위하여 단열시공을 해야 한다.
- 반드시 단열재를 사용해야 한다.
- 일시적인 난방에는 경제적이지 않다.

② 지역난방

㉠ 지역난방은 1개소 또는 수개소의 보일러에서 지역 내의 공장, 아파트, 병원, 학교 등 다수의 건물에 증기 또는 온수를 배관으로 공급하는 난방방식이다.

㉡ 지역난방의 특징

- 열효율이 높고 연료비가 절감된다.
- 토지의 이용효용도가 높다.
- 설비의 고도화로 대기오염이 적다.
- 난방운전의 합리화로 열손실이 작다.
- 설비비 및 인건비가 절감된다.
- 배관의 길이가 길기 때문에 배관 열손실이 크다.
- 초기 시설투자비가 높다.
- 열의 사용이 적으면 기본요금이 높아진다.

㉢ 지역난방 열매체 사용상의 특징

- 온수 사용 시 특징
  - 좁은 구역의 난방에 적합하다.
  - 난방부하에 따른 조절이 쉽다.
  - 순환펌프가 필요하다.
  - 예열부하가 크다.
  - 열량의 계량이 어렵다.
  - 열매 공급관의 마찰저항이 크다.
  - 배관설비비가 비싸다.
- 증기 사용 시 특징
  - 넓은 구역의 난방에 적합하다.
  - 배관설비비가 저렴하다.
  - 예열부하가 작다.
  - 열매공급관의 마찰저항이 작다.
  - 증기트랩이 필요하다.
  - 난방부하에 따른 조절이 어렵다.

③ 온풍난방

㉠ 온풍난방의 개요 : 온풍난방은 가열한 공기를 실내에 공급하는 간접난방방식이다.

㉡ 온풍난방의 특징

- 예열시간이 짧다(예열시간이 거의 필요 없다).
- 누수・동결의 우려가 없다.
- 송풍온도가 높아 덕트 직경이 작아도 된다.
- 신선한 공기를 공급할 수 있다.
- 중간 열매를 사용하지 않아 시공이 간편하다.

- 설비비가 싸고, 패키지형이므로 시공이 간편하다.
- 타 난방방식에 비하여 열용량이 작다.
- 온도가 높아 실내온도분포가 나쁘다.
- 쾌감도가 나쁘다.
- 소음이 크다.

④ 기 타

㉠ 팬코일유닛(FCU ; Fan Coil Unit)로 실내를 냉난방할 때 실내 냉난방온도를 조절하는 방법
- 풍량조절스위치를 이용하여 토출되는 풍량을 조절하는 방법
- 냉온수코일에 순환되는 냉온수 유량제어로 실내온도를 조절하는 방법

㉡ 열병합발전(CHP ; Combined Heat & Power)시스템 : 산업공정 또는 주거난방에서 발생하는 폐열을 난방, 온수, 산업공정 등에 이용하거나 전기를 생산하는 시스템이다.
- 에너지 이용효율이 높다.
- 저질연료나 쓰레기 등의 폐자재를 활용한다.
- 전력 수요 예측의 불확실성에 대한 대처가 용이하다.
- 초기 투자비가 많이 든다.
- 진동, 소음에 대한 대책이 필요하다.
- 열전용 보일러나 축열조 등의 보조설비가 필요하다.

핵심예제

4-1. 복사난방의 특징을 4가지만 쓰시오.

[2012년 제4회, 2019년 제2회]

4-2. 복사난방의 장점을 4가지만 쓰시오.

[2016년 제2회, 2021년 제1회]

4-3. 팬코일유닛(FCU ; Fan Coil Unit)로 실내를 냉난방할 때 실내 냉난방온도를 조절하는 방법을 2가지만 쓰시오.

4-4. 산업공정 또는 주거 난방에서 발생하는 폐열을 난방, 온수, 산업공정 등에 이용하거나 전기를 생산하는 시스템인 열병합발전(CHP ; Combined Heat & Power)시스템의 장점과 단점을 각각 3가지씩만 쓰시오.

[2017년 제4회]

|해답|

4-1

복사난방의 특징

① 쾌감도가 좋다.
② 실내 공간의 이용률이 높다.
③ 동일 방열량에 대한 열손실이 작다.
④ 고장을 발견하기 어렵고, 시설비가 비싸다.

4-2

복사난방의 장점

① 실내온도 균등화로 쾌적도(쾌감도)가 증가한다.
② 방열기 설치 불필요로 바닥면 이용도가 증가한다.
③ 열손실이 감소한다.
④ 공기 대류 감소로 실내공기 오염도 감소한다.

4-3

팬코일유닛 온도 조절방법

① 풍량조절스위치를 이용하여 토출되는 풍량을 조절하는 방법
② 냉온수코일에 순환되는 냉온수 유량제어로 실내온도를 조절하는 방법

4-4

(1) 열병합발전시스템의 장점
  ① 에너지 이용효율이 높다.
  ② 저질연료나 쓰레기 등의 폐자재를 활용한다.
  ③ 전력 수요 예측의 불확실성에 대한 대처가 용이하다.

(2) 열병합발전시스템의 단점
  ① 초기 투자비가 많이 든다.
  ② 진동, 소음에 대한 대책이 필요하다.
  ③ 열전용 보일러나 축열조 등의 보조설비가 필요하다.

핵심이론 05 방열기

① 방열기의 개요

㉠ 방열기(Radiator)는 건축물 실내에 설치하여 증기 또는 온수를 통하여 방사열로 실내온도를 높여 난방을 공급하는 장치이다. 난방은 복사열에 의해서도 공급되지만 주로 대류에 의해서 공급된다.

㉡ 방열기의 설치 : 틈새바람이 많은 창문 아래에 설치한다. 기둥형 방열기의 경우 벽에서 50~60[mm], 바닥에서 150[mm] 정도 높게 설치한다.

② 방열기의 종류

㉠ 주형 방열기 : 기둥과 수의 크기에 따라 2주형(Ⅱ), 3주형(Ⅲ), 3세 주형(3C), 5세 주형(5C)이 있다. 주철재료이므로 고압에 부적당하다.

㉡ 벽걸이 방열기 : 수평형(횡형)과 수직형(종형)이 있다.

㉢ 강관제 방열기 : 파이프를 연결하여 사용하는 것으로, 고압증기에도 사용된다.

㉣ 길드방열기 : 길이 1[m] 정도의 주철관에 다수의 핀이 달려 있고 양쪽 끝에 플랜지가 붙어 있다.

㉤ 대류방열기 : 대류작용을 촉진하도록 상자 속에 길드 방열기를 넣은 구조이다.

㉥ 재료에 따라 강판제 방열기, 알루미늄제 방열기로도 구분한다.

③ 방열기의 부하 계산

㉠ 방열기의 표준방열량

열 매	표준방열량 [kcal/m^2 · h]	표준온도차 [℃]	표준상태에서의 온도[℃]		방열 계수
			열매 온도	실내 온도	
증 기	650	81	102	21	7.78
온 수	450	62	80	18	7.31

㉡ 상당 방열면적(EDR) : 방열면적 1[m^2]당 1시간 동안 난방에 필요로 하는 열량의 값

㉢ 방열기의 방열량 : $Q = K(t_1 - t_2)$[kcal/m^2 · h]

(여기서, K : 방열기의 방열계수[kcal/m^2 · h · ℃],

t_1 : 방열기의 평균온도

$= \dfrac{\text{방열기의 입구온도} + \text{방열기의 출구온도}}{2}$[℃]

t_2 : 실내온도[℃])

㉣ 방열기 소요 방열면적과 상당 방열면적

- 소요 방열면적[m^2] : $\dfrac{\text{난방부하[kcal/h]}}{\text{방열기 방열량[kcal/m}^2\text{ · h]}}$
- 상당 방열면적[m^2]
  - 온수난방 : 난방부하/450
  - 증기난방 : 난방부하/650

㉤ 방열기 섹션수

- 온수난방 : $\dfrac{\text{전 손실열량[kcal/h]}}{450 \times \text{쪽당 방열면적[m}^2]}$
- 증기난방 : $\dfrac{\text{전 손실열량[kcal/h]}}{650 \times \text{쪽당 방열면적[m}^2]}$

㉥ 방열기 내 응축수량[kg/m^2 · h] :

$\dfrac{\text{방열기의 방열량[kcal/m}^2\text{ · h]}}{\text{사용증기의 증발잠열[kcal/kg]}}$

㉦ 증기용 방열기 1[m^2]에서 표준응축수량 :

$\dfrac{539}{650} \simeq 1.2$[kg/m^2 · h]

핵심예제

5-1. 손실열량 3,500[kcal/h]의 사무실에 온수방열기를 설치할 때 방열기의 소요 섹션수[개]를 구하시오(단, 방열기의 방열량은 표준방열량이며 1섹션의 방열면적은 0.25[m^2]이다).

5-2. 온수난방에서 방열기 내 온수의 평균온도가 88[℃], 실내온도가 21[℃]이고, 방열기의 방열계수가 6.6[kcal/m^2 · h · ℃]인 경우 방열기의 방열량[kcal/m^2 · h]을 구하시오.

핵심예제

5-3. 온수난방기에서 방열기 입구의 온수온도가 95[℃], 출구의 온도가 77[℃], 실내온도가 20[℃]인 경우 방열기의 방열량 [kcal/m^2 · h]을 구하시오(단, 방열기의 방열계수는 7.3[kcal/m^2 · h · ℃]이다).

5-4. 증기방열기의 표준방열량이 650[kcal/m^2 · h]이고, 증기의 증발잠열이 539[kcal/kg]일 때 방열기 응축수량[kg/m^2 · h]을 계산하시오.

5-5. 증기난방에서 방열기 방열면적이 33[m^2]일 때 방열량 [kcal/h]을 구하시오(단, 방열기 방열량은 표준방열량으로 한다).

|해답|

5-1

온수난방 방열기의 소요 섹션수

$\frac{3,500}{450 \times 0.25} \simeq 31.1 \simeq 32$개

5-2

방열기의 방열량

방열계수 × (평균온도 − 실내온도) $= 6.6 \times (88 - 21)$

$\simeq 442$[kcal/m^2 · h]

5-3

방열기의 방열량

방열계수 × (평균온도 − 실내온도)

$= 7.3 \times \left(\frac{95+77}{2} - 20\right) \simeq 482$[kcal/m^2 · h]

5-4

응축수량

$\frac{\text{표준 방열량}}{\text{증기의 증발잠열}} = \frac{630}{539} \simeq 1.2$[kg/m^2 · h]

5-5

방열량

방열면적 × 표준방열량 = 33 × 650 = 21,450[kcal/h]

제2절 | 에너지설비의 수질관리

핵심이론 01 수질관리의 개요와 수질의 기준

① 수질관리의 개요

㉠ 보일러의 수명 연장과 효율적인 운영을 위해서는 수질관리가 매우 중요하다.

㉡ 수질 불량이 보일러에 미치는 영향

- 프라이밍이나 포밍이 발생할 수 있다.
- 보일러수가 불순하면 분출 횟수가 많아진다.
- 분출(열수)로 인한 열손실이 많아진다.
- 스케일(관석)이나 침전물이 생겨서 열전도가 방해된다.
- 열효율 저하로 연료 소비가 증가된다.
- 보일러의 수명이 단축된다.
- 저압보다 고압일수록 장애가 더욱 심하다.
- 부식현상이 발생한다.
- 증기의 질이 불순해진다.

② 수질의 기준

㉠ ppm(parts per million) : 백만분의 1단위

- 물 1,000[mL](1[L]=1,000[cc]) 중에 함유된 시료의 양을 [mg]으로 표시한 것
- ppm의 환산단위 : [mg/kg], [g/ton], [mg/L]

㉡ epm(당량농도) : 용액 1[kg] 중의 용질 1[mg] 당량

㉢ 탁도 : 카올린 1[mg]이 증류수 1[L] 속에 들어 있을 때의 색과 같은 색을 가지는 물을 탁도 1도의 물이라고 한다.

㉣ 경도 : 보일러 급수 중에 함유되어 있는 칼슘(Ca) 및 마그네슘(Mg)의 농도를 나타내는 척도이다.

- 경도에 따른 물의 구분
  - 경도 10 이하 : 연수
  - 경도 10 초과 : 경수
- 해수 마그네시아 침전반응의 화학반응식 :

$MgCO_3 + Ca(OH)_2 \rightarrow Mg(OH)_2 + CaCO_3$

㉤ pH(수소이온 농도지수) :

$$pH = \log\frac{1}{[H^+]} = -\log[H^+]$$

- pH + pOH = 14
- KS B 6209(보일러 급수 및 보일러수의 수질)에 의하면 pH 기준온도는 25[℃]이다.
- 급수의 pH
  - 급수의 일반적인 pH 범위는 8.0~9.0 사이이다.
  - 원통형 보일러, 소형 보일러의 급수 : pH 7.0~9.0
  - 수관 보일러의 급수
    ⓐ 최고사용압력 3[MPa] 이하 : pH 7.0~9.0
    ⓑ 최고사용압력 3[MPa] 초과 5[MPa] 이하 : pH 8.0~9.5
    ⓒ 최고사용압력 5[MPa] 초과 20[MPa] 이하 : pH 8.5~9.0
  - 관류 보일러의 급수
    ⓐ 최고사용압력 2.5[MPa] 이하 : pH 10.5~11.0
    ⓑ 최고사용압력 7.5[MPa] 초과 20[MPa] 이하 : pH 8.5~9.5
    ⓒ 최고사용압력 20[MPa] 초과 : pH 9.0~9.5
- 보일러수(관수)
  - 보일러수의 일반적인 pH 범위는 10~11 사이이며, 가장 알맞은 pH는 11 전후이다.
  - 보일러수 중에 적당량의 수산화나트륨을 포함시켜 보일러의 부식 및 스케일 부착을 방지하기 위하여 pH 10.5~11.5(11.8)의 약알칼리성을 유지한다.
  - 원통형 보일러의 관수 : pH 11.0~11.8
  - 저압 원통형 보일러의 관수 : pH 10.5~11.5
  - 수관 보일러의 관수
    ⓐ 최고사용압력 1[MPa] 이하 : pH 11.0~11.8
    ⓑ 최고사용압력 1[MPa] 초과 2[MPa] 이하 : pH 10.8~11.3
    ⓒ 최고사용압력 2[MPa] 초과 3[MPa] 이하 : pH 10.5~11.0

㉥ 알칼리도 : 물의 알칼리성 정도를 아는 척도로, 수질 조정의 지표로 이용한다. 시료 물에 지시약인 페놀프탈레인이나 메틸오렌지를 첨가하여 (이미 농도를 알고 있는) 염산이나 황산으로 중화적정하여 정한다. 지시약에 의한 색깔 변화를 비교하여 측정하며 통상 탄산칼슘의 상당량으로 나타낸다. 수중에 함유되어 있는 알칼리분을 탄산칼슘($CaCO_3$)으로 환산하여 1[L] 중의 [mg]량으로 표시한다. 알칼리분은 용존하는 탄산염류(CO_3), 탄산수소염류(HCO_3), 수산화물류(OH) 등이다. 알칼리도는 산을 중화시키는 데 필요한 능력이므로 일정한 농도의 황산을 주입하면서 결정하는데, 이때 주입된 산의 양을 $CaCO_3$값으로 환산한 것이다.

- P알칼리도(페놀프탈레인 알칼리도) : 페놀프탈레인을 사용한 알칼리도로서, 천연수에 함유되어 있는 수산이온의 총량과 탄산이온의 반량(1/2)에 상당한다.
- M알칼리도(메틸오렌지 알칼리도) : 메틸오렌지를 사용한 알칼리도로서 탄산수소이온까지 포함한 것이며, 총알칼리도라고도 한다.

㉦ 수질관리의 기준

- 최고사용압력이 1[MPa]인 수관 보일러의 보일러수 수질관리 기준
  - pH 11~11.8(25[℃] 기준)
  - M알칼리도 100~800[mg $CaCO_3$/L]
- 계속사용검사기준에 따라 설치한 날로부터 15년 이내인 보일러에 대한 순수처리 수질 기준
  - pH[298K(25[℃])에서] : 7~9
  - 총경도[mg $CaCO_3$/L] : 0
  - 실리카[mg SiO_2/L] : 흔적이 나타나지 않음
  - 전기전도율[298K(25[℃])에서의] : 0.5[μs / cm] 이하

③ TDS와 블로다운

㉠ TDS(Total Dissolved Solids, 총용존고형물) : 보일러수에 녹아 있는 불순물(칼슘이나 마그네슘, 철분 등 미네랄성분을 포함한 고형 물질이 물속에 녹아 있는 양)이며, 전기전도율의 측정으로 계측 가능하다.

㉡ 블로다운(Blow Down) : 보일러수에 존재하는 TDS를 제거하기 위한 일련의 조작이다.

- 전배수라고도 한다.
- 보일러수의 주기적인 배출과 보충을 통해 보일러수 내의 불순물 농도를 적정치 이내로 조정한다.

㉢ 블로다운의 목적

- TDS 제거 및 적정치 이내로 유지하기 위해
- 스케일 생성 및 부식 방지를 위해
- 수처리 약품 사용으로 보일러수의 pH 조절을 위해
- 고형 물질의 침전 및 부착 방지를 위해

㉣ 블로다운량 계산식

$$\text{증기 발생량}\times\frac{\text{급수 }TDS}{\text{보일러수 최대허용 }TDS-\text{급수 }TDS}$$

㉤ 블로다운의 순서

- 보일러 운전스위치를 켜서 운전한다.
- 증기압력이 30[psi]가 되면 전원스위치 및 전원을 끈다.
- 배수밸브를 느리게 전개하여 보일러수를 완전히 배수시킨 다음에 배수밸브를 닫는다.
- 보일러 전원 및 운전스위치를 켜서 정상 운전에 들어간다.

㉥ 블로다운은 반드시 보일러 가동 전에 실시해야 한다.

㉦ 블로다운을 보일러 가동 종료 후에 실시할 경우 발생하는 문제점

- 블로다운 후 재급수되어 보일러로 유입된 새로운 물에 포함된 용존산소로 인하여 보일러 재가동 대기시간(휴지시간) 중 보일러 내부를 부식시킨다.
- 블로다운 후 배수밸브를 열어 놓고 귀가할 경우, 배수밸브를 통해 산소가 수관 내에 유입되어 있다가 부식을 진행시키고 익일 급수가 이루어지면 보일러수에 용해되어 있던 산소가 보일러 내부를 부식시킨다.

핵심예제

1-1. 최고사용압력 3[MPa] 이하 수관 보일러 급수의 pH는 얼마인지 쓰시오. [2011년 제1회]

1-2. 최고사용압력 15[kg/cm^2], 용량 30[ton/h]인 보일러에 경도 7[ppm]의 급수를 25[ton/h]씩 공급할 때 보일러에 공급되는 경도성분[g/day]을 계산하시오.

1-3. 보일러에 급수되는 TDS가 2,500[μs/cm]이고, 보일러수의 TDS는 5,000[μs/cm]이다. 최대 증기 발생량이 10,000[kg/h]일 때 블로다운량[kg/h]을 구하시오.

|해답|

1-1

pH 7.0~9.0

1-2

$$\text{경도성분}=\frac{7}{10^6}\times25\times10^6\times24=4,200[\text{g/day}]$$

1-3

블로다운량

$$=\text{증기 발생량}\times\frac{\text{급수}TDS}{\text{보일러수 최대허용 }TDS-\text{급수}TDS}$$

$$=10,000\times\frac{2,500}{5,000-2,500}=10,000[\text{kg/h}]$$

핵심이론 02 불순문

① 보일러수 중 불순물의 종류와 장해

㉠ 가스분

- 종류 : 산소, 탄산가스, 암모니아, 아황산, 아질산 등
- 장해 : 보일러 내부 부식 초래

㉡ 용해 고형분

- 종류 : 탄산염, 황산염, 규산염, 인산염 등
- 장해 : 스케일 생성 초래로 과열의 원인 제공

㉢ 고형 협잡물

- 종류 : 흙탕, 모래, 유지분, 수산화철, 유기 미생물, 콜로이드상의 규산염, 염류분 등
- 장해 : 부식 및 프라이밍, 포밍의 초래로 캐리오버가 발생한다.
- 보일러 동(胴) 저부에 퇴적해 있는 진흙 모양의 침전물은 염류분 성분이다.

② 스케일

㉠ 개 요

- 스케일(Scale)은 보일러 관수 중의 용존 고형물로부터 생성되어 전열면에 부착하여 굳어진 물질로, 관석이라고도 한다.
- 보일러에서 스케일 생성의 주요인 : 경도성분, 실리카(SiO_2)
- 스케일은 마그네슘, 탄산 등으로 인한 탄산염 스케일과 실리카로 인한 규산염계 스케일로 나눌 수 있다.
- 규산염계 스케일의 발생원인은 실리카이다.
- 보일러 급수 중의 칼슘성분과 결합하여 규산칼슘을 생성하거나 알루미늄 이온과 결합하여 다양한 형태의 스케일을 생성한다.
- 실리카 함유량이 높은 스케일은 경질이 심해 기계적 또는 화학적 방법으로 제거하기 어렵다. 이러한 규산염계 스케일은 보일러, 열교환기, 터빈의 효율을 감소시키고, 적절하게 관리되지 않는 경우 터빈의 파손까지 일으킨다.

㉡ 주성분

- 연질 스케일
  - 탄산염 : 탄산칼슘($CaCO_3$), 탄산마그네슘($MgCO_3$)
  - 중탄산염 : 탄화수소칼슘($Ca(HCO_3)_2$), 탄산수소마그네슘($Mg(HCO_3)_2$)
  - 산화철
- 경질 스케일
  - 황산염 : 황산칼슘($CaSO_4$, 보일러수에 함유된 성분 중 고온에서 석출되는 것으로, 주로 증발관에서 스케일화되기 쉬우며 내처리제를 사용하여 침전시켜 제거한다)
  - 규산염 : 규산나트륨(Ni_2SiO_3), 규산칼슘($CaSiO_3$), 규산마그네슘($MgSiO_3$)
  - 염화칼슘($CaCl_2$)

㉢ 스케일의 특징

- 스케일은 열전도율이 매우 작아 보일러에서 열전도의 방해물질로 작용한다.
- 스케일은 전열면에 부착되어 과열을 일으키고 더 크게 성장한다.
- 스케일로 인하여 연료 소비가 많아진다.
- 스케일로 인하여 배기가스의 온도가 높아진다.
- 고압 수관 보일러의 증발관에 스케일이 부착되면 파열을 일으킨다.

㉣ 보일러 스케일 두께에 따른 연료 손실과 관벽의 온도

스케일 두께 [mm]	0.5	1	2	3	4	5	6
연료의 손실[%]	1.1	2.2	4.0	4.7	6.3	6.8	8.2

㉤ 스케일의 생성원인 : 보일러에 사용되는 물속에 용해되어 있는 경도성분(칼슘, 마그네슘)과 실리카성분이 물속의 염과 결합된 후 버너의 연소열에 의해 경화되어 보일러 전열면에 부착되어 생성된다.

ⓑ 보일러 동 내부의 스케일 부착 방지대책(스케일 생성 방지대책)
- 급수 중의 염류, 불순물 등을 제거한다.
- 전처리된 용수를 사용한다.
- 청관제를 적절히 사용한다.
- 관수 분출작업을 적절한 주기로 행한다.
- 보일러수의 농축 방지를 위하여 적절히 분출시킨다.
- 철저한 보일러수의 배수로 보일러 내 경도성분의 잔류를 방지한다.
- 경수연화장치를 설치하여 물탱크로 유입되는 물속에 용해되어 있는 경도성분인 칼슘(Ca), 마그네슘(Mg) 제거하여 보일러 내부로 유입되지 못하게 한다.
- 보일러수에 약품을 넣어서 스케일성분이 고착하지 않도록 한다.
- 미처리된 경도성분과 연수기에서 제거되지 않는 실리카성분이 보일러에 유입되면 이 성분을 보일러수(관수) 중에 용해·분산시켜 보일러수 배수 시 외부로 배출되도록 하여 제거한다.
- 수질분석을 철저히 실시하여 급수한계치를 유지한다.

ⓢ 염산을 이용한 산세척에 의한 스케일 제거법
- 스케일의 용해능력이 우수하다.
- 위험성이 작고, 취급이 용이하다.
- 가격이 저렴하여 경제적이다.
- 사용 중에 부식억제제를 첨가한다.

③ 급수 불순물과 그에 따른 보일러 장해

ⓐ 철 : 부식

ⓑ 용존산소 : 부식

ⓒ 보일러수 중에 포함된 실리카(SiO_2)
- 칼슘, 알루미늄 등과 결합해서 여러 가지 형의 스케일을 생성한다.
- 실리카 함유량이 많은 스케일은 경질이므로 제거가 어렵다.
- 보일러수에 실리카가 많으면 캐리오버에 의해 터빈날개 등에 부착되어 성능을 저하시킬 수 있다.
- 저압 보일러에서는 알칼리도를 높여 스케일화를 방지할 수 있다.

ⓓ 경도성분 : 스케일 부착

ⓔ 나트륨 : 가성취화

핵심예제

2-1. 보일러 내부에 생성 가능한 스케일(Scale)의 특징을 4가지만 쓰시오.

2-2. 보일러 내 스케일 생성 방지대책을 2가지만 쓰시오.

[2015년 제4회]

|해답|

2-1

스케일의 특징

① 스케일로 인하여 연료 소비가 많아진다.
② 스케일은 규산칼슘, 황산칼슘이 주성분이다.
③ 스케일로 인하여 배기가스의 온도가 높아진다.
④ 스케일은 보일러에서 열전도의 방해물질이다.

2-2

보일러 내 스케일 생성 방지대책

① 급수 중의 염류, 불순물 등을 제거한다.
② 보일러수의 농축 방지를 위하여 적절히 분출시킨다.

핵심이론 03 급수처리법

① 보일러 급수처리의 목적

㉠ 보일러수의 농축을 방지한다.

㉡ 스케일 생성을 방지한다.

㉢ 보일러 부식을 방지한다.

㉣ 슬러지 고착을 방지한다.

㉤ 가성취화현상을 방지한다.

㉥ 캐리오버현상을 방지한다.

② 보일러 외처리법(1차 처리법)

㉠ 개 요

- 외처리법으로 제거되는 불순물의 종류 : 현탁 고형물, 용해 고형물, 용존산소, 경도성분, 실리카(SiO_2), 알칼리분, 유지류, 유기물 등
- 보일러 외처리법의 종류 : 용해 고형물처리법, 고형 협잡물처리법(기계적 방법), 용존가스처리법

㉡ 용해 고형물처리법

- 약품첨가법 : 수중 경도성분을 불용성 화합물로 침전·여과시켜 제거하는 방법
- 증류법 : 보급수의 양이 적은 보일러 또는 선박용 보일러에서 해수로부터 청수를 얻고자 할 때 주로 사용하는 급수처리법
  - 양질의 급수를 얻을 수 있다.
  - 비용이 많이 든다.
  - 5,000[ppm] 이하의 고형물 농도에서는 비경제적이다.
- 이온교환법 : 수지의 성분과 Na형의 양이온이 결합하여 경도성분을 제거하여 경수를 연화시키는 방법
  - 양이온 교환수지는 소금 또는 염화수소, 황산 등으로 재생한다.
  - 음이온 교환수지는 수산화나트륨(가성소다), 염화나트륨(소금), 암모니아, 탄산나트륨 등으로 재생한다.
- 제오라이트(Zeolite)법 : 경수를 연화시키는 방법
  - 경수(Ca, Mg 등)에 사용하면 제거효율이 좋다.
  - 전 경도를 제거할 수 있다.
  - 특히 영구 경도 제거에 효과가 좋다.
  - 넓은 장소를 차지하지 않고 침전물이 생기지 않는다.

㉢ 고형 협잡물처리법(기계적 방법)

- 침강법 : 비중이 큰 협잡물을 자연 침강시켜 처리하는 방법
- 여과법 : 부유물, 유지분 등을 필터로 걸러내는 방법
- 응집법 : 황산 알루미늄, 폴리염화 알루미늄 등의 응집제를 사용하여 콜로이드 상태의 미세입자로 된 협잡물을 제거하는 방법

㉣ 용존가스처리법

- 기폭법(폭기법) : 기폭기로 이산화탄소(CO_2) 가스, 암모니아(NH_3) 가스 등을 제거한다(철, 망간 등의 이물질도 제거 가능하다).
- 탈기법 : 탈기기로 산소(O_2)가스, 이산화탄소(CO_2) 가스 등을 제거한다(진공탈기법, 가열탈기법).
  - 가열탈기기(Heating Deaerator) : 수온이 상승함에 따라 기체의 용해도가 감소하는 성질을 이용한 장치이다. 탈기기 속에서 피처리수와 증기를 효율적으로 접촉시켜 수온을 기기 내 압력에 대응하는 포화온도에 가깝게 하여 피처리수 속에 녹아 있는 기체성분을 기화하고 배출증기와 함께 기기 밖으로 방출한다.
  - 진공탈기기(Vacuum Deaerator) : 완전 밀폐된 용기 속을 진공펌프 또는 증기이젝터 등에 의해 감압, 즉 진공 상태를 유지하고 이 진공용기 속에 물을 끌어들여 물속의 용존 기체성분을 진공펌프 등에 의해 진공용기 밖으로 배출하는 장치이다.

- 보일러 급수의 탈기방법 중 물리적 방법 : 물을 진공용기 중에 작은 방울로 떨어뜨려 기체 분압을 낮춰 탈기한다.

③ 보일러 내처리법(2차 처리법)

㉠ 개 요

㉡ 보일러 내처리법(2차 처리법)은 소량의 청관제(내처리제)를 급수에 공급하여 급수 중에 포함된 유해성분을 보일러 내에서 화학적 방법으로 처리하는 방법이다.

㉢ 청관제 사용목적

- 보일러수의 pH를 조정한다.
- 보일러수를 연화시킨다.
- 보일러수 내의 용존산소를 제거한다.
- 가성취화를 방지한다.
- 기포 발생, 농축수, 보일러관 내부 부식, 전열면의 스케일 생성 등을 방지한다.

㉣ 보일러 청관제의 종류

- pH 조정제 : pH를 조절하여 부식, 스케일 등을 방지한다.
  - pH 높임 : 수산화나트륨(가성소다), 탄산나트륨(탄산소다), 암모니아
  - pH 낮춤 : 황산, 인산, 인산나트륨(인산소다)
  - 탄산나트륨 : 고압 보일러에 사용할 수 없다(수온이 상승하면 가수분해되어 이산화탄소와 산화나트륨이 생성되어 부식을 촉진시킨다).
- 연화제 : 인산소다, 수산화나트륨
- 용존산소를 제거할 목적으로 사용하는 탈산소제 : 하이드라진, 아황산나트륨(Na_2SO_3, 아황산소다), 타닌
  - 하이드라진 : 용존가스와 반응하여 질소와 물이 생성되며, 용해 고형물 농도가 상승하지 않아 주로 고압 보일러에 사용되는 탈산소제이다.
  - 아황산소다 : 주로 저압 보일러에 사용된다.
  - 타닌 : 슬러지를 조정하며 환원작용이 약하고 보일러수가 착색되는 단점이 있지만, 부식성 인자 생성이 없고 독성이 낮아 식품공장 등 건강·위생 안전관리가 중요한 분야에 적용된다.
- 슬러지 조정제 : 타닌, 리그닌
- 가성취화 방지제 : 인산나트륨, 타닌, 리그린, 질산나트륨(pH 12 이상에서 발생되는 알칼리성 부식 방지)
- 포밍방지제 : 고급 지방산 에스테르, 폴리아마이드, 고급 지방산 알코올, 프탈산 아마이드 등
- 보일러에 사용되는 중화방청제 : 암모니아, 하이드라진, 탄산나트륨

㉤ 보일러 청관제 선택 시 주의사항

- 수질을 분석한다.
- 스케일성분을 조사한다.
- 슬러지 생성을 관찰한다.
- 청관제의 주요성분을 파악한다.
- 보일러수에 청관제를 소량 공급하여 pH 변화를 측정한다.

핵심예제

3-1. 보일러 수질관리를 위한 보일러 외처리법에 대한 다음 질문에 답하시오. [2013년 제4회]

(1) 다음의 처리과정 순서에서 ①, ②, ③에 들어갈 공정의 명칭을 쓰시오.

원수 → 응집 → ① → ② → ③ → 급수

(2) 외처리법으로 제거되는 불순물의 종류를 5가지만 쓰시오.

3-2. 관수 중 용존산소 및 용존기체를 제거하는 급수처리방법을 이용하여 부식을 방지하는 급수처리방식 2가지와 각각의 제거물질을 쓰시오. [2011년 제4회]

3-3. 탈기기(Deaerator)의 주요 기능 2가지에 대해 간단히 설명하시오. [2019년 제4회]

핵심예제

3-4. 다음 보기 중에서 청관제로 사용할 수 있는 약품을 골라 쓰시오. [2015년 제4회]

보기

수산화나트륨, 탄산마그네슘, 암모니아, 아황산소다, 과산화수소, 염화나트륨

3-5. 보일러 용수처리법 중 내처리방법에서 청관제를 사용하는 목적을 4가지만 쓰시오.

[2015년 제1회, 2018년 제1회, 2022년 제2회 유사]

3-6. 보일러 급수처리에 사용되는 청관제 중 용존산소를 제거할 목적으로 사용하는 탈산소제의 종류를 3가지만 쓰시오.

[2015년 제4회, 2019년 제1회, 2021년 제2회]

3-7. 보일러 급수관리에 대한 다음 질문에 답하시오.

[2015년 제2회]

(1) 수산화나트륨, 탄산나트륨, 생석회 등을 사용하여 관수 중의 경도성분인 불순물(Ca, Mg 등)을 슬러지로 만들어 스케일의 생성을 방지하는 청관제로 이용하는 급수처리 내처리제의 명칭을 쓰시오.

(2) 수지의 성분과 Na형의 양이온이 결합하여 경도성분을 제거하여 경수를 연화시키는 외처리법의 명칭을 쓰시오.

3-8. 20[ton]의 보일러 보급수에 용존산소가 7[ppm]이 용해되어 있다. 이때 이 용존산소를 제거하기 위하여 필요한 아황산나트륨(Na_2SO_3)의 이론적 양[kg]을 구하시오.

[2010년 제1회, 2014년 제1회, 2022년 제4회 유사]

|해답|

3-1

(1) ① 침전, ② 여과, ③ 탈염연화

(2) 외처리법으로 제거되는 불순물의 종류 : 고형물(현탁, 용해), 용존산소, 실리카(SiO_2), 알칼리분, 유기물

3-2

용존가스처리법

① 기폭법(폭기법) : CO_2, NH_3, Mn, Fe

② 탈기법 : O_2, CO_2

3-3

탈기기(Deaerator)의 주요 기능 2가지

① 보일러의 급수 중에 녹아 있는 용존산소(O_2)와 이산화탄소(CO_2)를 제거하여 보일러 급수계통의 부식을 억제한다.

② 보일러 급수를 필요한 온도까지 예열시키는 급수가열기로서의 역할도 겸하게 되어 설비 전체의 효율을 증가시킨다.

3-4

수산화나트륨, 암모니아, 아황산소다

3-5

청관제 사용목적

① 보일러수의 pH를 조정한다.

② 보일러수를 연화시킨다.

③ 보일러수의 탈산소

④ 가성취화를 방지한다.

3-6

탈산소제의 종류

① 하이드라진

② 아황산나트륨(아황산소다)

③ 타닌

3-7

(1) 연화제

(2) 이온교환법

3-8

아황산나트륨과 용존산소의 반응식 : $2Na_2SO_3 + O_2 \rightarrow 2Na_2SO_4$

$$\text{용존산소의 몰수} = \frac{(20\times10^3)\times(7\times10^{-6})}{32} = 4.375\times10^{-3}[\text{kmol}]$$

아황산나트륨 1[kmol] = 23 × 2 + 32 + 16 × 3 = 126[kg]

∴ 필요한 아황산나트륨의 양[kg] = $(4.375\times10^{-3})\times(2\times126) \simeq 1.1$[kg]

제3절 | 에너지 설비관리

핵심이론 01 안전장치

① 안전장치의 개요

㉠ 안전장치는 보일러 운전 중에 이상 사태가 발생하였을 경우 사고를 미연에 방지하기 위하여 이를 신속하게 조치 및 제어하는 장치이다.

㉡ 안전장치로는 안전밸브, 방출밸브, 방출관, 가용전, 방폭문, 화염검출기, 증기압력제어기, 연료차단장치 및 연료차단밸브, 저수위차단장치, 고저수위경보기, 가스누설안전장치, 압력제한스위치, 과열방지장치, 연소제어장치, 미연소가스배출안전장치 등이 있다.

② 안전밸브(Safety Valve) : 밸브 입구쪽의 압력이 설정압력에 도달하면 자동적으로 스프링이 작동하면서 유체가 분출되고, 일정압력 이하가 되면 정상 상태로 복원되는 밸브이다.

③ 방출밸브(Relief Valve) : 설비나 배관의 압력이 설정압력을 초과하는 경우에 작동하여 내부압력을 분출하는 밸브이다.

④ 방출관

㉠ 개 요

- 방출관은 개방형 온수 보일러에 사용되는 안전장치이다.
- 보일러에서 팽창탱크까지 연결하여 가열된 팽창수를 흡수하여 안전사고를 방지한다.

㉡ 전열면적에 따른 방출관의 안지름

전열면적[m^2]	방출관의 안지름[mm]
10 미만	25 이상
10 이상 15 미만	30 이상
15 이상 20 미만	40 이상
20 이상	50 이상

⑤ 가용전(가용마개)

㉠ 가용전은 보일러수가 안전저수위 이하로 내려가서 온도 이상 과열 시 합금(납, 주석)이 용융하여(녹아서) 화실이나 연소실 내로 증기가 취출되어 연소를 저지시켜 전열면 과열로 인한 사고를 미연에 방지하기 위해서 설치하는 장치이다.

㉡ 설치 위치 : 연소실 천장, 노통의 상부, 화실판 등

⑥ 방폭문(폭발문)

㉠ 개 요

- 방폭문은 연소실 내의 미연소가스로 인해 폭발이 발생했을 경우 폭발가스를 외부로 비산시켜 보일러의 손상이나 사고를 방지하기 위해 설치하는 장치이다.
- 설치 위치 : 연소실 후부나 좌우측

㉡ 방폭문의 종류

- 스프링식(밀폐식) : 강제통풍식의 보일러에 사용한다.
- 스윙식(개방식) : 자연통풍식의 보일러에 사용한다.

㉢ 미연소가스의 폭발원인

- 연소실이나 연도에 미연소가스가 충만한 경우
- 점화에 실패하여 미연소가스가 차 있을 경우
- 점화시간이 지연되었을 경우
- 운전 중에 실화하여 연료가 누설되었을 경우
- 점화 전에 노 내 환기를 충분히 하지 않았을 경우 (프리퍼지가 부족한 경우)

⑦ 화염검출기

㉠ 개 요

- 화염검출기는 자동 보일러에서 점화 시 착화되지 않거나 운전 중에 실화될 경우 이를 검출하여 그 신호를 전자밸브로 보내서 연료 공급을 차단하여 노 내 미연소가스 축적으로 인한 폭발사고를 미연에 방지하기 위해 설치하는 장치이다.

- 보일러 운전 중 정전이나 실화로 인하여 연료의 누설이 발생하여 갑자기 점화되었을 때 가스폭발 방지를 위해 연료 공급을 차단하는 안전장치이다.
- 화염검출방식 : 화염의 열을 이용하는 방법, 화염의 빛을 이용하는 방법, 화염의 전기전도성을 이용하는 방법 등이 있다.

ⓛ 화염검출기의 종류 : 스택스위치, 플레임 아이, 플레임 로드

- 스택스위치(Stack Switch, 열적 화염검출기) : 화염의 열을 이용하여 특수합금판의 서모스탯이 감지하여 작동하는 스위치이다.
  - 화염의 발열현상을 이용한 것이다.
  - 바이메탈의 신축작용으로 화염의 유무를 검출한다.
  - 구조가 간단하다.
  - 버너 용량이 적은 곳에 사용된다.
  - 주로 가정용 소형 보일러에만 이용된다.
- 플레임 아이(Flame Eye, 광학적 화염검출기) : 화염에서 발생하는 빛을 검출하는 방법으로, 주로 오일용으로 사용한다.
  - 적외선, 가시광선 및 자외선의 영역별로 다르게 검출하는 특성이 다른 황화카드뮴 광전셀(CdS셀, 기름버너용), 황화납 광전셀(PbS셀, 기름 및 가스버너용), 자외선 광전관(기름 및 가스버너용), 적외선 광전관(빛의 적외선 이용), 정류식 광전관(기름버너용) 등의 화염검출기가 있다.
  - 자동연소장치의 광전관 화염검출기가 정상적으로 작동하는지를 간단히 점검할 수 있는 가장 좋은 방법은 화염검출기의 앞을 가려보는 것이다. 이때 점화가 불량해진다면 화염검출기는 정상이다.
  - 자외선과 같이 짧은 파장의 빛은 연소하고자 하는 화학적 반응이나 아크방전과 같은 극히 고온의 방전현상 이외에서는 발생하지 않으므로 효과적일 수 있다.
  - 화염이나 고온체에서 방출되는 열복사의 파장은 가시영역과 적외선영역에 걸쳐서 넓게 분포되어 있고, 그 강도는 연소실벽 온도의 상승과 함께 증가한다. 따라서 가시영역이나 적외선영역의 파장의 빛에 응답하는 검출기는 운전 중에 이상소화가 있더라도 고온의 노가 강력한 방사선을 계속 방사하기 때문에 검출기도 그와 같은 응답을 하는 신호를 계속 내어 결과적으로 이상소화의 검출 불능이 된다. 이것은 안전제어를 매우 위험한 상태가 되게 할 수 있다.
- 플레임 로드(Flame Rod, 전기전도 화염검출기) : 화염의 이온화현상에 따른 전기전도성을 이용하여 화염의 유무를 검출하는 것으로, 주로 가스점화 버너에 사용한다.
  - 단순하게 화염이 가진 도전성을 이용하는 도전식, 검출기와 화염에 접하는 면적의 차이에 의한 정류효과를 이용한 정류식이 있다.
  - 화염의 이온화를 이용한 것으로, 금속봉이 불꽃에 의해 오손 및 소손이 발생되기 쉬우므로 주 1~2회 점검 및 손질한다.
  - 연도에 설치하여 바이메탈의 신축작용으로 화염의 유무를 검출한다.
  - 구조가 간단하고 가격이 저렴하다.
  - 화염검출의 응답(30~40초)이 느리다.

ⓒ 화염검출기 기능 불량과 대책

- 집광렌즈의 오염 : 분리 후 청소한다.
- 증폭기의 노후화 : 교체한다.
- 동력선의 영향 : 검출회로와 동력선을 분리한다.
- 점화전극의 고전압이 프레임로드에 흐를 때 : 전극과 불꽃 사이를 좁게 분리한다.

⑧ 증기압력제어기

㉠ 증기압력제한기 : 수은스위치의 변위에 의해 전기의 온오프 신호를 버너와 전자밸브로 보내서 연료의 공급과 차단의 역할을 하는 장치이다.

㉡ 증기압력조절기 : 증기압력에 따른 벨로스의 신축작용으로 전기저항을 변화시켜서 연료량과 공기량을 조절하여 항상 일정한 증기압력이 되도록 유지하는 장치이다.

⑨ 연료차단장치

㉠ 연료차단장치는 가스버너에 적용하는 연료공급안전장치이다.

㉡ 가스압력에 따른 연료 차단

- 가스압력 부족 시 안전 차단(가스압 하한스위치) : 설정된 압력 이하로 가스가 공급되거나 공급이 중단되었을 경우 1초 이내에 버너기능을 차단시킨다.
- 가스 공급압력 초과 시 안전 차단(가스압 상한스위치) : 설정된 압력 이상으로 가스가 공급되거나 노 내압 이상 상승 시 1초 이내에 버너기능을 차단시킨다.

⑩ 연료차단밸브

㉠ 개 요

- 보일러에서 점화 시 불착화 또는 운전 중 실화(화염검출기 작동), 저수위(저수위경보기 작동), 증기압력초과(증기압력제한기 작동) 시 연료를 차단하여 사고를 방지하는 밸브이다.
- 전자밸브(솔레노이드밸브)로 되어 있다.
- 유류 보일러에 전자밸브를 설치하는 목적은 보일러 긴급정지 시에 연료공급을 차단하기 위함이다.

㉡ 연료차단밸브와 연동되어 있는 장치 : 화염검출기, 저수위경보기, 증기압력제한기

⑪ 저수위차단장치

㉠ 개 요

- 저수위차단장치(Low Water Level Cut-off Device)는 운전 중 보일러 수위가 안전저수위 이하로 감소하기 전에 경보를 울리고, 저수위에 도달하면 연소실 내로 진입되는 연료를 차단(50~100초)하여 보일러의 과열사고를 방지하기 위한 장치이다.
- 최고사용압력 1[kg/cm^2] 이상 시 반드시 설치해야 한다.
- 별칭 : 저수위경보장치(Low Water Level Alarm), 저수위안전장치, 수위검출기, 수위제어기, 급수수위조절기, 수위경보기
- 자동급수조정장치는 저수위차단장치에 자동기능이 부가된 것으로, 보일러 부하에 따라 급수량을 자동적으로 조절하여 수위를 안전저수위 이상으로 유지하는 장치이다.

㉡ 저수위차단장치의 기능

- 급수를 자동으로 조절한다.
- 급수탱크의 수위를 일정하게 유지한다.
- 저수위 경보를 울린다.
- 연료를 차단한다.

㉢ 저수위차단장치의 종류

- 플로트식 : 내부에 플로트를 설치하여 수위의 부력에 의해 연결된 수은스위치 또는 마이크로스위치를 플로트의 위치 변위에 따라 작동시켜 경보를 울리는 형식이다.
  - 기계적으로 작동이 확실하지만 수면의 변화에 좌우되며 플로트의 침수 가능성이 있다.
  - 수은스위치는 내식성이 있으나 수면의 유동에도 영향을 받는다.
  - 별칭 : 부자식, 기계식, 맥도널식
  - 중소형 보일러에 가장 많이 사용한다.

• 차압식 : 내식성이 강하지만 물의 움직임에 영향을 받으며, 부력식이라고도 한다.
• 코프식 : 금속의 열팽창력을 이용하여 수위를 제어하는 형식으로, 열팽창식 또는 열팽창력식이라고도 한다.
• 전극식 : 물의 전기전도도를 이용하여 내부의 수위에 맞는 기본 접점들을 두어 수위 변화에 나타나는 전기적 신호를 제어릴레이를 통해 경보를 발하는 형식이다. 스팬의 조절이 곤란하여 온오프의 스팬이 긴 경우에는 적합하지 않다.

⑫ 고저수위경보기(High and Low Water Level Alarm)

㉠ 고저수위경보기는 보일러 수위가 허락되는 최고 또는 안전저수위에 도달했을 때 경보를 울리는 장치로, 고저수위조절장치라고도 한다.

㉡ 보일러 동 내 수위를 적당한 범위 내에서 유지시키며, 이상 시 경보를 울린다.

㉢ 보일러의 이상 수위에 의한 사고를 미연에 방지하기 위하여 사용한다.

※ (자동)경보장치 : 운전조건이 미리 설정된 범위를 일탈한 경우에 계기류의 검출단에서 직접 신호를 받아 부저를 울리는 등 경보장치를 작동시켜 정상적인 운전조건을 유지시키는 장치이다(저수위경보기, 고수위경보기 등).

⑬ 그 밖의 안전장치 및 안전설계 관련 사항

㉠ 가스누설안전장치 : 메인밸브의 내부 누설로 인한 가스가 노 내에 유입되지 않게 하는 누설가스 유입방지 안전장치이다.
• 보일러 정지 상태에서 가스 누설 시 전후 압력차에 의한 정지신호로 버너 작동을 정지한다.
• 실내에 설치하는 기기로 외부 가스누설검출기와는 작동방식이 다르다.
• 보일러에서 외부 누설검출기는 미적용한다.

㉡ 압력제한스위치(압력차단스위치 또는 압력제한장치) : 상용압력 이상으로 압력이 상승할 경우 보일러의 파열을 방지하기 위해 버너 연소를 차단하여 열원을 제거시켜 정상압력을 유지시키는 장치이다.
• 수동식 : 버너 작동 완전 정지
• 자동식 : 일시 정지 후 압력 강하 시 재기동 작동

㉢ 과열방지장치 또는 과열방지스위치 : 설정온도(최고사용압력하의 포화온도+약 10[℃])에서 전원을 차단하여 모든 컨트롤 기능을 정지시킨다.
• 퓨즈식 : 설정온도에 의한 퓨즈 단락으로 전원을 차단한다(재사용 불가).
  - 과열방지용 온도 퓨즈는 373[K] 미만에서 확실히 작동해야 한다.
  - 과열방지용 온도 퓨즈가 작동한 경우 재점화되지 않는 구조로 한다.
  - 과열방지용 온도 퓨즈는 봉인을 하고 사용자가 변경할 수 없는 구조로 한다.
  - 일반적으로 용해전은 369~371[K]에 용해되는 것을 사용한다.
• 전자식 : 설정온도에 의한 리밋스위치의 작동으로 전원을 차단한다(정상 시 원상 복귀시켜 계속 사용 가능).

㉣ 연소제어장치 : 이상 발생 시 연료 공급밸브가 잠김과 동시에 버너기능을 차단하는 연소안전장치이다.
• 착화 또는 연소 중 이상 발생 시 버너기능이 차단된다.
• 기동 전 안전장치 : 기동 전 연소실 내에 이상 화염이 잔류할 경우 기동을 중지한다.
• 연료 분사 후 착화가 이루어지지 않는 경우 : 오일용 7.7초 이내, 가스버너의 제1안전 시간 2.0초 이내(파일럿), 가스버너의 제2안전 시간 4.0초 이내(주버너)에 각각 버너기능이 차단된다.

- 착화 후 연료 중단 등으로 실화될 경우 : 오일용 4.0초 이내, 가스용 1.0초 이내 버너기능이 차단된다.
- 과잉공기량 조절 시 최소로 조절해야 할 대상 : $L_s + L_i$

  (여기서, L_s : 배기가스에 의한 열손실량, L_i : 불완전연소에 의한 열손실량)
- 연소부하의 감소 시 조치사항 : 연소실의 구조 개량, 노상면적 축소, 연소방식 개조
- 비례식 자동제어를 할 때 보일러 효율이 높아지는 가장 큰 이유는 연료량과 공기량이 일정한 비율로 자동제어되기 때문이다.

ⓜ 미연소가스배출안전장치 : 노 내에 잔류한 미연소가스를 배출시키는 안전장치이다.

- 30초 이상 프리퍼지한 후에 착화기능이 작동한다.
- 풍압스위치에 의한 풍압 확인 기능(압입송풍기능)
- 댐퍼모터 개폐 작동에 의한 퍼지 확인
- 기능 이상 발생 시 착화기능이 중단된다.

ⓗ 안전설계 관련 사항

- 입형 횡관 보일러의 안전저수위 : 화실 천장판에서 상부 75[mm] 지점
- 용량 1[t/h] 이상의 증기 보일러에는 수질관리를 위한 급수처리, 스케일 부착 방지나 제거 등을 위한 시설을 해야 한다.
- 강제순환 : 보일러의 압력이 상승하면 포화수와 포화증기의 비중량의 차가 점점 줄어들어 자연순환이 순조롭지 않기 때문에 보일러 내에서 물을 강제순환시킨다.
- 점화장치의 프리퍼지 : 연소 시 점화 전에 연소실 가스를 몰아내어 환기시킨다.
- 포스트퍼지(Post-purge) : 보일러 가동을 중지한 후 또는 보일러 운전이 끝난 후 연소실, 노 내와 연도 내에 체류 또는 잔류한 가연성 누설가스나 미연소가스를 배출시키는 작업이다.

핵심예제

1-1. 최고사용압력이 수두압 55[mmAq], 용량이 53만[kcal/h]인 주철제 온수 보일러에 안전밸브를 설치하지 않고 방출관을 설치한다면 방출관의 최소 안지름은 몇 [mm] 이상이어야 하는가? 이때 전열면적은 19[m^2]라고 한다.

[2010년 제4회, 2011년 제4회, 2012년 제2회]

1-2. 화염검출기의 기능에 대해 간단히 설명하시오.

[2011년 제2회]

1-3. 다음의 설명에 해당하는 화염검출기 종류의 명칭을 각각 쓰시오. [2012년 제1회]

(1) 화염의 발광체(적외선, 자외선)를 이용한 화염검출기
(2) 화염의 전기전도성을 이용한 화염검출기
(3) 화염의 발열체를 이용하여 연도에 설치하며 소용량 보일러에 사용하는 화염검출기

1-4. 광전관식 화염검출기에 대한 다음의 질문에 답하시오.

[2013년 제1회, 2015년 제4회]

(1) 화염검출기의 광전관이 고온에 노출되어 오동작을 일으키지 않도록 주위온도를 몇 [℃] 이내로 관리해야 하는가?
(2) 광전관식 화염검출기에 사용되는 검출소자의 종류를 3가지만 쓰시오.

1-5. 수위검출기의 종류를 3가지만 쓰시오. [2016년 제1회]

1-6. 보일러 및 연소기는 점화나 착화 전에 반드시 프리퍼지(Pre-purge)를 해야 한다. 그 이유를 간단히 기술하시오.

[2016년 제2회, 2021년 제1회]

1-7. 저수위차단장치(Low Water Level Cut-off Device)의 기능을 3가지만 쓰시오.

[2012년 제2회, 2014년 제1회, 2018년 제2회]

|해답|

1-1

전열면적이 $15[m^2]$ 이상 $20[m^2]$ 미만이므로 방출관의 안지름은 40[mm] 이상이어야 한다.

1-2

화염검출기의 기능 : 연소실 내의 연소 상태를 감시하여 실화 및 소화 시 연료전자밸브를 차단하여 노 내 미연소가스 축적으로 인한 폭발사고를 미연에 방지한다.

1-3

(1) 플레임 아이
(2) 플레임 로드
(3) 스택스위치

1-4

(1) 50[℃]
(2) 광전관식 화염검출기에 사용되는 검출소자의 종류 : 자외선 광전관, 적외선 광전관, 황화납(PbS) 광전도 셀

1-5

수위검출기의 종류 : 차압식, 플로트식, 전극식

1-6

착화나 착화 전에 반드시 프리퍼지(Pre-purge)를 해야 하는 이유 : 보일러 가동 전 화실이나 노 내, 노통, 연도 내에 체류된 가연성 잔류가스를 외부로 배출시켜 점화나 착화 시 가스폭발을 방지하는 사전 안전조치를 하기 위함이다.

1-7

저수위차단장치의 기능

① 급수를 자동으로 조절한다.
② 저수위 경보를 울린다.
③ 연료를 차단한다.

핵심이론 02 보일러 관리

① 개 요

㉠ 보일러 수위관리

- 상용 수위는 수면계의 중앙 부분으로 50[%], 운전 중 유지해야 할 수위는 40~60[%], 저수위는 20[%] 이하, 고수위는 80[%] 이상이다.
- 운전 시 적정 수위는 수면계 중앙부(수면계의 1/2 지점)이다.
- 관수의 분출작업은 2명이 동시에 하는 것이 좋다.
- 수면계의 수위가 50~60[%] 정도 되게 한다.
- 고수위 및 저수위 양쪽 모두 보일러에 나쁜 영향을 미친다.

㉡ 보일러의 일상 점검 : 급수배관 점검, 압력계 상태 점검, 자동제어장치 점검 등

㉢ 보일러 내부의 건조방식

- 건조제로 생석회가 사용된다.
- 가열장치로 서서히 가열하여 건조시킨다.
- 보일러 내부 건조 시 사용되는 기화성 부식억제제(VCI)는 물에 녹는다.
- 보일러 내부 건조 시 사용되는 기화성 부식억제제는 건조제와 병용하여 사용할 수 있다.

② 보일러의 청소

㉠ 보일러 청소의 일반사항

- 보일러의 냉각은 연화적(벽돌)이 있는 경우에는 24시간 이상 소요되어야 한다.
- 보일러는 적어도 40[℃] 이하까지 냉각한다.
- 부득이하게 빨리 냉각시키고자 할 경우 찬물을 보내면서 취출하는 방법에 의해 압력을 저하시킨다.
- 압력이 남아 있지 않은 상태(0)에서 취출밸브를 열어서 보일러물을 완전히 배출한다.

㉡ 보일러 내부 청소의 목적

- 스케일 슬러지에 의한 보일러 효율 저하 방지
- 수면계 노즐 막힘에 의한 장해 방지
- 보일러수 순환 저해 방지

③ 보일러의 보존방법

㉠ 건조보존법 : 동결사고가 예상될 때 실시하는 밀폐식 보존법

- 보존기간이 6개월 이상인 장기 보존의 경우 적용한다.
- 1년 이상 보존할 경우 방청도료를 도포한다.
- 약품 상태는 1~2주마다 점검한다.
- 동 내부의 산소 제거는 숯불 등을 이용한다.

㉡ 만수보존법

- 보존기간이 6개월 미만(2~3개월)인 단기보존의 경우 적용한다.
- 밀폐보존방식이다.
- 겨울철 동결에 주의해야 한다.
- 보일러수는 pH가 7.5~8.2 정도로 유지되도록 한다.
- 약품 첨가, 방청도료, 생석회 건조제 등을 사용한다.

㉢ 기타 보존방법 : 질소보존법, 특수보존법

④ 교체시기

㉠ 노후 열화된 보일러 튜브의 교체시기

- 심한 과열로 인한 튜브의 소손이 발생되었을 때
- 배기가스의 온도가 급격히 상승되었을 때
- 스케일 생성이 많을 때
- 열효율이 낮아질 때

㉡ 보일러의 전열면 교체시기

- 보일러 열효율이 현저히 저하된 경우
- 재질의 강도가 매우 저하된 경우
- 스케일 침식이 증가된 경우

⑤ 보일러의 설치

㉠ 보일러의 옥내 설치

- 불연성 물질의 격벽으로 구분된 장소에 설치한다. 다만, 소형 보일러(소용량 강철제 보일러, 소용량 주철제 보일러, 가스용 온수 보일러, 소형 관류 보일러 등)는 반격벽으로 구분된 장소에 설치할 수 있다.
- 보일러 동체 최상부로부터(보일러의 검사 및 취급에 지장이 없도록 작업대를 설치한 경우에는 작업대로부터) 천장, 배관 등 보일러 상부에 있는 구조물까지의 거리는 1.2[m] 이상이어야 한다. 다만, 소형 보일러 및 주철제 보일러의 경우에는 0.6[m] 이상으로 할 수 있다.
- 보일러 동체에서 벽, 배관, 기타 보일러 측부에 있는 구조물(검사 및 청소에 지장이 없는 것은 제외)까지 거리는 0.45[m] 이상이어야 한다. 다만, 소형 보일러는 0.3[m] 이상으로 할 수 있다.
- 보일러 및 보일러에 부설된 금속제의 굴뚝 또는 연도의 외측으로부터 0.3[m] 이내에 있는 가연성 물체에 대하여는 금속 이외의 불연성 재료로 피복해야 한다.
- 연료를 저장할 때에는 보일러 외측으로부터 2[m] 이상 거리를 두거나 방화격벽을 설치해야 한다. 다만, 소형 보일러의 경우에는 1[m] 이상 거리를 두거나 반격벽으로 할 수 있다.
- 보일러에 설치된 계기들을 육안으로 관찰하는 데 지장이 없도록 충분한 조명시설이 있어야 한다.
- 보일러실은 연소 및 환경을 유지하기에 충분한 급기구 및 환기구가 있어야 하며 급기구는 보일러 배기가스 덕트의 유효 단면적 이상이어야 하고 도시가스를 사용하는 경우에는 환기구를 가능한 한 높게 설치하여 가스가 누설되었을 때 체류하지 않는 구조이어야 한다.

㉡ 압력용기의 옥내 설치

- 압력용기와 천장의 거리는 압력용기 본체 상부로부터 1[m] 이상이어야 한다.
- 압력용기의 본체와 벽의 거리는 최소 0.3[m] 이상이어야 한다.
- 인접한 압력용기와의 거리는 최소 0.3[m] 이상이어야 한다.

- 유독성 물질을 취급하는 압력용기는 2개 이상의 출입구나 환기장치를 설치해야 한다.

㉢ 보일러의 옥외 설치

- 보일러에 빗물이 스며들지 않도록 케이싱 등의 적절한 방지설비를 해야 한다.
- 노출된 절연재 또는 래깅 등에는 방수처리(금속 커버 또는 페인트 포함)를 해야 한다.
- 보일러 외부에 있는 증기관 및 급수관 등이 얼지 않도록 적절한 보호조치를 해야 한다.
- 강제 통풍팬의 입구에는 빗물방지보호판을 설치해야 한다.

㉣ 보일러의 설치 시 주의사항

- 기초가 약하여 내려앉거나 갈라지지 않아야 한다.
- 강 구조물은 접지되어야 하고 빗물이나 증기에 의하여 부식이 되지 않도록 적절한 보호조치를 해야 한다.
- 수관 보일러의 경우 전열면을 청소할 수 있는 구멍이 있어야 한다. 다만, 전열면의 청소가 용이한 구조인 경우에는 예외로 한다.
- 보일러에 설치된 폭발구의 위치가 보일러 기사의 작업 장소에서 2[m] 이내에 있을 때에는 해당 보일러의 폭발가스를 안전한 방향으로 분산시키는 장치를 설치해야 한다.
- 보일러의 사용압력이 어떠한 경우에도 최고사용압력을 초과할 수 없도록 설치해야 한다.
- 보일러는 바닥 지지물에 반드시 고정되어야 한다. 소형 보일러의 경우는 앵커 등을 설치하여 가동 중 보일러의 움직임이 없도록 설치해야 한다.

㉤ 보일러의 설치방법

- 보일러 설치 공간 계획 시 바닥으로부터 보일러 동체의 최상부의 높이가 4.4[m]라면, 바닥으로부터 상부 건축구조물까지의 최소 높이는 5.6[m] 이상을 유지해야 한다.
- 증기 보일러에는 2개 이상의 유리 수면계를 부착한다.
- 액상식 열매체보일러, 온도 120[℃] 이하의 온수 보일러에는 방출밸브를 설치한다.
- 온도 120[℃]를 초과하는 온수 보일러에는 안전밸브를 설치한다.
- 보일러 설치 시 수위계의 최고 눈금은 보일러 최고사용압력의 1.5배 이상 2배 이하로 해야 한다.

㉥ 보일러 설치검사

- 5[t/h] 이하의 유류 보일러의 배기가스 온도는 정격부하에서 상온과의 차이가 315[℃] 이하이어야 한다.
- 보일러의 안전장치는 사고를 방지하기 위해 먼저 경보기를 울리고 30초 정도 지난 후 연료를 차단한다.
- 수입 보일러의 설치검사의 경우 수압시험이 필요하다.
- 보일러 설치검사 시 안전장치 기능 테스트를 한다.

⑥ 수압시험압력

㉠ 강철제 보일러

- 최고사용압력이 0.43[MPa] 이하일 때에는 그 최고사용압력의 2배 압력으로 한다. 다만, 그 시험압력이 0.2[MPa] 미만인 경우에는 0.2[MPa]로 한다.
- 보일러의 최고사용압력이 0.43[MPa] 초과 1.5[MPa](15[kgf/cm^2]) 이하일 때에는 그 최고사용압력의 1.3배에 0.3[MPa]를 더한 압력으로 한다.
- 보일러의 최고사용압력이 1.5[MPa]를 초과할 때에는 그 최고사용압력의 1.5배 압력으로 한다.

㉡ 주철제 보일러

- 최고사용압력이 0.43[MPa] 이하일 때는 그 최고사용압력의 2배 압력으로 한다. 다만, 시험압력이 0.2 [MPa] 미만인 경우에는 0.2[MPa]로 한다.

- 보일러의 최고사용압력이 0.43[MPa]를 초과할 때는 그 최고사용압력의 1.3배에 0.3[MPa]을 더한 압력으로 한다.

㉢ 압력용기의 수압시험압력

- 최고사용압력이 0.1[MPa]를 초과하는 경우, 주철제 압력용기는 최고사용압력의 2배이다.
- 최고사용압력이 1[MPa] 이하의 주철제 압력용기는 최고사용압력의 1.3배에 0.3[MPa]를 더한 압력이다.
- 비철금속제 압력용기는 최고사용압력의 1.5배의 압력에 온도를 보정한 압력이다.
- 법랑 또는 유리 라이닝한 압력용기는 최고사용압력이다.

⑦ 보일러의 성능시험 및 검사

㉠ 보일러의 성능시험

- 증기건도는 강철제(0.98) 또는 주철제(0.97)로 나누어 정해져 있다.
- 측정은 매 10분마다 실시한다.
- 수위는 최초 측정치에 비해서 최종 측정치가 높아야 한다.
- 측정 기록 및 계산 양식은 규격으로 정해진 것을 사용한다.
- 압력 변동은 ±7[%] 이내이어야 한다.
- 유량계의 오차는 ±1[%] 범위 이내이어야 한다.

㉡ 방사선투과시험

- 부분 방사선투과시험의 검사 길이 계산 : 300[mm] 단위
- 방사선 투과시험 시 방사선에서 시험기 성능을 판 두께의 2[%] 결함을 검출할 수 있어야 한다.

⑧ 보일러의 안전관리

㉠ 보일러 안전사고의 종류(주요 위험요인)와 원인

- 균열, 파열 : 이상압력 상승, 버너 노즐의 막힘으로 인한 국부 가열, 압궤(Collapse), 전열면의 팽출(Bulge)
- 폭발 : 자동급수장치 고장으로 인한 저수위 급수, 착화 불량에 따른 연소실 역화(Back Fire), 그 외의 이상연소

㉡ 보일러 가스폭발 방지에 관한 작업 시 준수사항

- 점화 전 또는 보일러에 따라 정지 시에도 노 내 및 연도 내를 충분히 환기시킨다.
- 매연(그을음) 퇴적에 주의하여 퇴적한 매연에 의한 착화를 방지한다.
- 버너의 청소를 주기적으로 실시한다.
- 연소안전장치는 그 기능을 잃은 채로 보일러 운전 강행을 금지한다.
- 화염검출기로 화염의 유무를 검출하고, 검출부의 오손·소손 등의 유무 및 검출기능을 점검한다.
- 연료차단밸브는 정기적으로 그 기능, 누설 및 이물질의 유무를 점검하고, 청소를 실시한다.

㉢ 보일러 사용 시 이상 저수위의 원인

- 증기 취출량(토출량)이 과대한 경우
- 보일러 연결부에서 누출되는 경우
- 급수장치가 증발능력에 비해 과소한 경우
- 급수탱크 내 급수량이 적은 경우
- 급수펌프가 고장 난 경우
- 급수내관이 스케일로 막힌 경우
- 수위검출기에 이상이 있는 경우
- 수면계의 연락관이 막혀 수위를 모르는 경우
- 분출장치, 급수밸브, 방출콕 또는 밸브, 보일러 연결부 등에서 누설된 경우
- 급수밸브 및 체크밸브가 고장이 나서 보일러수가 급수탱크로 역류한 경우
- 수면계의 유리가 오손되어 수위를 오인한 경우
- 수면계 막힘·고장, 밸브 개폐 오류에 의해 수위를 오판한 경우
- 자동급수 제어장치가 고장 나거나 작동이 불량한 경우

- 펌프용량이 증발능력에 비해 과소한 것을 설치한 경우
- 갑자기 정전사고가 발생한 경우
- 보일러 운전 중 안전관리자가 자리를 이탈한 경우 등

㉣ 보일러 저수위 사고 방지에 관한 작업 시 확인사항
- 가동 전 확인사항
  - 급수탱크의 수위
  - 분출장치의 폐지 상태
  - 급수배관밸브의 개폐
  - 수면 측정장치 각 연락배관의 밸브 또는 콕의 상태
  - 보일러의 수위
- 가동 중 확인사항
  - 수면 측정장치의 기능
  - 연료차단밸브, 연료리턴밸브의 기능
  - 수위검출기의 증기와 물쪽 연락관 및 배수관에 설치되어 있는 밸브 또는 콕의 상태
  - 분출장치에서의 누설 유무

㉤ 보일러의 과열 방지대책
- 고열 부분에 스케일 슬러지를 부착시키지 말 것
- 보일러수를 농축하지 말 것
- 보일러수의 순환을 좋게 할 것

㉥ 보일러의 작업 전 안전수칙
- 점화 전 충분히 환기시킨다.
- 급수탱크의 수위가 정상 상태인지 수시로 확인한다.
- 점화에 실패한 경우 연료를 계속 공급하지 말고 환기 후 다시 점화한다.
- 기기를 기동시킬 때 주위를 정돈하고, 불필요한 물건을 제거한 후 조작한다.
- 보일러 소음으로 인한 청력 손실 예방을 위한 귀마개 · 귀덮개를 착용한다.
- 노 내의 점검 시에는 반드시 입회인을 대기시킨 후 작업을 실시한다.

㉦ 작업 중 안전수칙
- 보일러 내에서 증발이 시작되면 소정의 압력에 달할 때까지 보일러의 압력, 수위의 움직임 및 연소 상태를 감시한다.
- 일정압력으로 상승 후 수면 측정장치의 기능, 수위검출기의 작동상황, 연료차단밸브의 기능 등을 점검한 후 송기를 시작한다.
- 운전 중 다른 사정으로 수위 확인이 불가능할 경우 보일러 운전을 정지한 후 원인을 파악한다.
- 수위검출기나 조절기를 너무 믿지 말고 수면계를 수시로 확인한다.

㉧ 버너 점화 시 주의사항
- 점화 전 아궁이문, 연도 댐퍼를 전개하여 노 내, 연도 등에 체류된 가연가스를 몰아낸다.
- 점화 시 공기와 연료를 분무한 후 불씨를 밀어 넣는다.
- 점화 직후 점화봉을 꺼낸 다음 연소량 및 공기량을 조절하여 충분히 연소되는지 확인한다.
- 점화 직후 노 내가 차가워서 불이 꺼지는 경우가 있으므로 소화되면 가연가스를 완전히 몰아낸 후 재점화한다.

㉨ 사용 중인 보일러의 점화 전 주의사항
- 연료계통을 점검한다.
- 각 밸브의 개폐 상태를 확인한다.
  - 수저분출밸브 및 분출 콕의 기능을 확인하고, 분출되지 않도록 잘 닫아 둔다.
  - 급수배관의 밸브가 열려 있는지, 급수펌프의 기능은 정상인지 확인한다.
  - 공기빼기밸브는 증기가 발생하기 전까지 열어 놓는다.
- 댐퍼를 열고 프리퍼지한다.
- 수위가 적정한지 수면계의 수위를 확인한다.

ⓩ 가스 보일러에서 가스폭발의 예방을 위한 유의사항
- 가스압력이 적당하고 안정되어 있는지 점검한다.
- 화로 및 굴뚝의 통풍, 환기를 완벽하게 하는 것이 필요하다.
- 점화용 가스의 종류는 가급적 화력이 높은 것을 사용한다.
- 착화 후 연소가 불안정할 때는 즉시 가스 공급을 중단한다.

⑨ 압력용기

㉠ 압력용기(Pressure Vessel)는 용기의 내면 또는 외면에서 일정한 유체의 압력을 받는 밀폐된 용기이다.

㉡ 에너지이용합리화법의 압력용기
- 1종 압력용기 : 최고사용압력[MPa]과 내용적[m^3]을 곱한 수치가 0.004를 초과하는 다음의 것
  - 증기 기타 열매체를 받아들이거나 증기를 발생시켜 고체 또는 액체를 가열하는 기기로서, 용기 안의 압력이 대기압을 넘는 것
  - 용기 안의 화학반응에 의하여 증기를 발생시키는 용기로서, 용기 안의 압력이 대기압을 넘는 것
  - 용기 안의 액체의 성분을 분리하기 위하여 해당 액체를 가열하거나 증기를 발생시키는 용기로서, 용기 안의 압력이 대기압을 넘는 것
  - 용기 안의 액체의 온도가 대기압에서의 비점을 넘는 것
- 2종 압력용기 : 최고사용압력이 0.2[MPa]를 초과하는 기체를 그 안에 보유하는 용기로서, 다음의 것
  - 내용적이 0.04[m^3] 이상인 것
  - 동체의 안지름이 200[mm] 이상(증기헤더의 경우에는 안지름이 300[mm] 초과)이고, 그 길이가 1,000[mm] 이상인 것

㉢ 압력용기의 안전설계와 설치
- 압력용기는 1개소 이상 접지되어야 한다.
- 압력용기의 화상 위험이 있는 고온배관은 보온되어야 한다.
- 압력용기의 기초는 약하여 내려앉거나 갈라짐이 없어야 한다.
- 압력용기의 본체는 바닥에서 10[cm] 이상의 높이에 설치되어야 한다.
- 압력용기를 옥내에 설치하는 경우 유독성 물질을 취급하는 압력용기는 2개 이상의 출입구 및 환기장치가 되어 있어야 한다.
- 압력용기를 옥내에 설치하는 경우 압력용기의 본체와 벽과의 거리는 0.3[m] 이상이어야 한다.

⑩ 연료의 저장·공급

㉠ 저탄관리
- 석탄 저장 시 자연발화 및 풍화작용에 유의하여 저탄장을 설치·운용해야 한다.
- 석탄 저장 시 자연발화를 방지하기 위하여 탄층 1[m] 깊이의 온도를 측정하여 60[℃] 이하가 되도록 하는 것이 가장 적당하다(저탄장 자연발화 방지온도 : 60[℃] 이하).
- 자연발화를 억제하기 위해 탄층은 옥외 저탄 시 4[m] 이하, 옥내 저탄 시 2[m] 이하로 한다.
- 저탄장
  - 바닥의 구배 : 1/100~1/150(경사 : 배수 양호)
  - 30[m^2]마다 1개소 이상의 통기구를 마련한다.
  - 탄층 높이 : 실내 2[m] 이하, 실외 4[m] 이하

㉡ 석탄의 풍화작용 : 건조한 석탄층을 공기 중에 오래 방치할 때 일어나는 현상이다.
- 석탄 표면의 색깔이 탈색되고 탄질이 변화된다.
- 공기 중 산소를 흡수하고 휘발분이 감소되어 서서히 발열량이 감소한다.
- 점결탄의 경우 점결성이 감소한다.

- 산소에 의하여 산화와 직사광선으로 열을 발생하여 자연발화할 수도 있다.
- 풍화작용은 외기온도 및 저장기간의 영향을 크게 받으므로 저장일은 30일 이내로 한다.
- 풍화작용을 억제하기 위해 가급적 수분과 휘발분이 적고, 입자가 큰 석탄을 선택해야 한다.

ⓒ 기체연료의 저장방식 : 저압식(유수식, 무수식), 고압식

ⓔ 가스의 위험 장소 등급 구분 : 제0종 장소, 제1종 장소, 제2종 장소

ⓜ 일정한 체적의 저장용기에 담겨 있는 기체연료의 재고관리상 측정해야 할 사항은 온도와 압력이다.

ⓗ 액화석유가스를 저장하는 가스설비의 내압성능 : 상용압력의 1.5배 이상의 압력으로 내압시험을 실시하여 이상이 없어야 한다.

핵심예제

2-1. 보일러 내부를 청소한 후 공기를 빼내면서 급수를 계속하여 보일러 내 공기를 제거하고 물이 가득 찬 상태로 한 다음 물의 용존산소나 용존기체를 제거하고 내부에 약품을 첨가하여 pH12 이하로 하여 2~3개월 정도 단기간 동안 밀폐 보존하는 보일러 보존방법의 명칭을 쓰시오. [2011년 제1회]

2-2. 노후 열화된 보일러 튜브의 교체시기를 3가지만 쓰시오. [2010년 제2회, 2014년 제4회]

2-3. 보일러의 전열면을 교체해야 하는 시기를 3가지만 쓰시오. [2014년 제4회]

2-4. 다음에서 설명하는 보일러 보존방법의 명칭을 쓰시오.

- 보존기간이 6개월 이상인 경우 적용한다.
- 1년 이상 보존할 경우 방청도료를 도포한다.
- 약품 상태는 1~2주마다 점검해야 한다.
- 동 내부의 산소 제거는 숯불 등을 이용한다.

2-5. 다음의 압력용기에 대한 수압시험압력은 얼마인지 각각 답하시오. [2019년 제1회, 2022년 제1회 유사]

(1) 최고사용압력이 0.2[MPa]인 법랑 또는 유리 라이닝한 압력용기

(2) 최고사용압력이 0.4[MPa]인 주철제 보일러

2-6. 보일러 사용 시 이상 저수위의 원인을 5가지만 쓰시오.

2-7. 가스보일러에서 가스폭발의 예방을 위한 유의사항을 4가지만 기술하시오.

2-8. 증기 기타 열매체를 받아들이거나 증기를 발생시켜 고체 또는 액체를 가열하는 기기의 최고사용압력이 0.25[MPa]이고, 내용적이 2.3[m^3]일 때 에너지이용합리화법령에 따르면 이 용기는 몇 종 압력용기에 해당하는지 답하고, 그 이유를 근거를 들어 설명하시오(단, 용기 안의 압력이 대기압을 넘는다). [2012년 제4회]

2-9. 석탄의 안전한 저장과 관련된 다음 내용의 ①, ②에 알맞은 숫자를 써넣으시오.

석탄 저장 시 자연발화를 방지하기 위하여 탄층 ①[m] 깊이의 온도를 측정하여 ②[℃] 이하가 되도록 하는 것이 가장 적당하다.

2-10. 기체연료의 저장방식을 3가지 쓰시오.

|해답|

2-1

만수보존법

2-2

노후 열화된 보일러 튜브의 교체시기

① 심한 과열로 인한 튜브의 소손이 발생되었을 때

② 배기가스의 온도가 급격히 상승되었을 때

③ 스케일 생성이 많을 때

2-3

보일러의 전열면을 교체해야 하는 시기

① 보일러 열효율이 현저히 저하된 경우

② 재질의 강도가 매우 저하된 경우

③ 스케일 침식이 증가된 경우

2-4
건조보존법

2-5
(1) 0.2[MPa]
※ 법랑 또는 유리 라이닝한 압력용기의 수압시험압력은 최고사용압력과 같다.
(2) 0.8[MPa]
※ 주철제 보일러의 최고사용압력이 0.43[MPa] 이하일 때는 그 최고사용압력의 2배의 압력으로 한다.

2-6
보일러 사용 시 이상 저수위의 원인
① 증기 취출량(토출량)이 과대한 경우
② 보일러 연결부에서 누출되는 경우
③ 급수장치가 증발능력에 비해 과소한 경우
④ 급수탱크 내 급수량이 적은 경우
⑤ 급수펌프가 고장 난 경우

2-7
가스보일러에서 가스폭발의 예방을 위한 유의사항
① 가스압력이 적당하고 안정되어 있는지 점검한다.
② 화로 및 굴뚝의 통풍, 환기를 완벽하게 하는 것이 필요하다.
③ 점화용 가스의 종류는 가급적 화력이 높은 것을 사용한다.
④ 착화 후 연소가 불안정할 때는 즉시 가스 공급을 중단한다.

2-8
(1) 1종 압력용기에 해당한다.
(2) 최고사용압력[MPa]과 내용적[m^3]을 곱한 수치는 $0.25 \times 2.3 = 0.575$이므로 최고사용압력[MPa]과 내용적[m^3]을 곱한 수치가 0.004를 초과한다. 증기 기타 열매체를 받아들이거나 증기를 발생시켜 고체 또는 액체를 가열하는 기기이며, 용기 안의 압력이 대기압을 넘으므로 1종 압력용기에 해당한다.

2-9
① 1
② 60

2-10
기체연료의 저장방식
① 유수식
② 무수식
③ 고압식

제4절 | 에너지 실무

핵심이론 01 열정산

① 개 요

㉠ 열정산(Heat Balance)의 정의
- 연소장치의 열평형을 이용하여 입열과 출열의 관계를 상세히 계산하는 것이다.
- 발생하는 모든 입열과 출열의 수지 계산이며, 열감정 또는 열수지라고도 한다.
- 열정산 : 공급된 열량과 소비된 열량 사이의 양적 관계(입열과 출열의 관계)이다.
- 물질정산 : 각 공급물질이나 생성물질의 양을 직접 측정할 수 없는 경우에 원소분석이나 가스분석에 의해 계산하여 구하는 것이다.

㉡ 열정산의 목적
- 열손실과 열효율, 열설비의 성능, 열의 행방을 파악하기 위해
- 연소장치의 운전 상태를 파악하기 위해
- 장치의 고장이나 결함을 발견하기 위해
- 새로운 장치설계를 위한 기초 자료를 확보하기 위해
- 조업방법 개선 자료를 확보하기 위해
- 열설비의 개축 및 신축 시 기초 자료가 된다.
- 열효율 향상을 위한 개조 자료를 확보하기 위해
- 운전조건의 개선 자료를 확보하기 위해

㉢ 열정산에 관여하는 변수 : 연료의 발열량(저위, 고위), 열효율 또는 연소효율, 연료와 공기의 현열, 연소가스량, 연소가스의 평균정압비열, 연소가스로부터의 방열량, 연소가스 성분, 연속가스 중 미연물질의 양과 온도, 가열될 물질의 양과 온도, 연소가스온도, 기준온도

㉣ 가장 편리한 열정산의 기준온도 : 0[℃]

ⓜ 열정산도 : 연료의 전체 보유 열량을 100[%]로 하여 각 입・출열 항목에 대해서 상대적인 비율[%]를 나타내어 열량이 유효하게 이용되는 정도와 열손실 발생에 대해서 도시한 것으로, 열평형도라고도 한다.

ⓑ 열효율 향상 대책
- 과잉공기를 감소시킨다.
- 손실열을 가급적 적게 한다.
- 되도록 연속으로 조업할 수 있도록 한다.
- 장치의 최적 설계조건(설치조건)과 운전조건을 일치시킨다.
- 전열량이 증가되는 방법을 취한다.

② 입열과 출열, 순환열

㉠ 입열 : 연료의 발열량(가장 크다, 연료의 보유 열량), 연료의 현열, 공기의 현열(연소용 마른 공기의 현열, 산소의 현열, 연소용 공기 중 수분의 현열), 노 내 취입증기 또는 온수의 보유열, 보조기기의 일에 상당하는 열량, 폐열 보일러의 입열, 기타(장입강재의 함열량, 연료의 예열, 연료의 연소열, 발열반응에 의한 반응열, 스케일의 생성열, 무화체의 현열, 급수의 현열 등)

㉡ 출열 : 유효출열과 열손실
- 유효출열 : 발생증기의 흡수열(발생증기의 보유열 – 급수의 현열), 분사물의 흡수된 열(블로다운수의 흡수열), 기타
- 손실열 : 배기가스(수증기 포함) 보유 열손실(가장 크다, 발생증기 보유열 포함), 노 내 취입증기 또는 온수에 의한 열손실, 불완전연소가스에 의한 열손실, 연소 잔재물 중 미연소분에 의한 열손실, 방산 열손실(노체 및 연통 발산열, 노 개구부 방염가스 방사손실열, 예열 유체배관의 방사열, 열풍발산열, 복사・전도에 의한 열손실 등), 기타 열손실(그을음에 의한 손실, 추출강재의 함열량, 스케일의 현열, 배기가스의 현열, 냉각수가 가져가는 열, 과잉공기에 의한 열손실, 축 열손실, 유입 수증기가 다시 가져나가는 열량 등)

㉢ 순환열 : 예열장치에서 회수한 열, 공기예열기 흡수열량, 축열기 흡수열량, 과열기 흡수열량 등

③ 열정산방식(KS B 6205)

㉠ 열정산의 조건
- 원칙적으로 정격부하 이상에서 정상 상태(Steady State)로 적어도 2시간 이상의 운전결과에 따른다.
- 액체 또는 기체연료를 사용하는 소형 보일러에서는 인수・인도 당사자 간의 협의에 따라 시험시간을 1시간 이상으로 할 수 있다.
- 시험부하는 원칙적으로 정격부하 이상으로 하고, 필요에 따라 3/4, 1/2, 1/3 등의 부하로 한다.
- 최대 출열량을 시험할 경우에는 반드시 정격부하에서 시험을 한다.
- 측정결과의 정밀도를 유지하기 위하여 급수량과 증기 배출량을 조절하여 증발량과 연료의 공급량이 일정한 상태에서 시험하도록 최대한 노력한다.
- 급수량과 연료 공급량의 변동이 불가피한 경우에는 가능한 한 그 변동량이 작은 상태에서 시험한다.
- 열정산시험 전에 미리 보일러의 각부를 점검한다.
- 열정산시험 전에 연료, 증기 또는 물의 누설이 없는가를 확인한다.
- 시험 중 실제 사용상 지장이 없는 경우 블로다운(Blow Down), 그을음 불어내기(Soot Blowing) 등은 하지 않는다.
- 안전밸브를 열지 않은 운전 상태에서 한다.
- 안전밸브가 열린 경우에는 다시 시험한다.
- 시험은 시험 보일러를 다른 보일러와 무관한 상태로 하여 실시한다.
- 열정산시험 시의 연료 단위량(고체 및 액체연료의 경우는 1[kg], 기체연료의 경우는 표준 상태(온도 0[℃], 압력 101.3[kPa])로 환산한 1[Nm^3])에 대하여 열정산하는 것으로 한다.

- 단위시간당 총입열량(총출열량, 총손실열량)에 대하여 열정산을 하는 경우에는 그 단위를 명확히 표시한다.
- 혼소 보일러 및 폐열 보일러의 경우에는 단위시간당 총입열량에 대하여 실시한다.
- 발열량은 원칙적으로 사용 시 연료의 총발열량(고위발열량)으로 한다.
- 진발열량을 사용하는 경우에는 기준발열량을 분명하게 명기해야 한다.
- 열정산의 기준온도는 시험 시의 외기온도를 기준으로 하지만, 필요에 따라 주위온도는 압입 송풍기 출구 등의 공기온도로 할 수 있다.
- 과열기, 재열기, 절탄기 및 공기예열기를 갖는 보일러는 이들을 그 보일러에 포함시킨다. 다만, 인수·인도 당사자 간의 협의에 의해 이 범위를 변경할 수 있다.
- 공기는 수증기를 포함하는 습공기로 한다.
- 연소가스는 수증기를 포함하지 않은 건조가스로 하는 경우와 연소에 의하여 발생한 수증기를 포함한 습가스로 하는 경우가 있다. 이들의 단위량은 어느 것이나 연료 1[kg](또는 [Nm^3])당으로 한다.
- 증기의 건도는 98[%] 이상인 경우에 시험함을 원칙으로 한다. 건도가 98[%] 이하인 경우에는 수위 및 부하를 조절하여 건도를 98[%] 이상으로 유지한다.
- 온수 보일러 및 열매체 보일러의 열정산은 증기 보일러의 경우에 준하여 실시하되, 불필요한 항목(예를 들면, 증기의 건도 등)은 고려하지 않는다.
- 폐열 보일러의 열정산은 증기 보일러의 경우에 준하여 실시하되, 입열량은 보일러에 들어오는 폐열과 보조연료의 화학에너지로 하고, 단위시간당 총입열량(총출열량, 총손실열량)에 대하여 실시한다.
- 전기에너지는 1[kW]당 3,600[kJ/h]로 환산한다.
- 증기 보일러 열출력 평가의 경우, 시험압력은 보일러 설계압력의 80[%] 이상에서 실시한다.
- 보일러 열효율 정산방법에서 열정산을 위한 액체연료량을 측정할 때, 측정의 허용오차는 일반적으로 ±1.0[%]로 해야 한다.
- 온수 보일러 및 열매체 보일러의 열출력 평가 시에는 보일러 입구온도와 출구온도의 차에 민감하기 때문에 설계온도와의 차를 ±1[℃] 이하로 조절하고 시험을 실시한다. 이 조건을 만족하지 못하는 경우에는 그 이유를 명기한다.
- 열정산 시 절탄기의 전·후단에 설치된 온도계 중 절탄기 입구쪽의 온도계가 지시하는 온도를 적용한다.
- 열정산결과는 입열, 출열, 순환열 세 항목이다.
- 열정산 시 입열량과 출열량은 같아야 한다.

ⓛ 보일러 효율의 산정방식

- 입출열법에 의한 보일러 효율(η_1) :

$$\eta_1 = \frac{Q_s}{H_h + Q} \times 100[\%]$$

(여기서, Q_s : 유효출열, $H_h + Q$: 입열 합계)

- 열손실법에 의한 보일러 효율(η_2) :

$$\eta_2 = \left(1 - \frac{L_h}{H_h + Q}\right) \times 100[\%]$$

(여기서, L_h : 열손실 합계)

- 위의 2가지 방법에 의한 효율의 차가 과대한 경우에는 시험을 다시 실시한다. 다만, 입출열법과 열손실법 중 어느 하나의 방법에 의하여 효율을 측정할 수밖에 없는 경우에는 그 이유를 분명하게 명기한다.

㉢ 열정산표

입 열	[kJ/kg] 또는 [m³]	[%]
a) 연료의 발열량(H_L, H_h) b) 연료의 현열(Q_1) c) 공기의 현열(Q_2) d) 노 내 취입증기 또는 온수의 보유열(Q_3) e) 보조기기의 일에 상당하는 열량(Q_4) f) 폐열 보일러의 입열(Q_5)		
합 계		100
b), c), d)는 외부열원에 의한 것이며, 일반적으로 e)는 고려하지 않는다.		

출 열		[kJ/kg] 또는 [m³]	[%]
유효 출열	a) 발생증기의 흡수한 열(Q_{s1}, Q_{s2}, Q_{s3}, Q_{s4}) b) 분사물의 흡수된 열(Q_d) c) 기 타		
	소 계		
열손실	a) 배기가스(수증기 포함) 보유 열손실(L_1 또는 L_{1h}) b) 노 내 취입증기 또는 온수에 의한 열손실(L_2 또는 L_{2h}) c) 불완전연소가스에 의한 열손실(L_3 또는 L_{3h}) d) 연소 잔재물 중 미연소분에 의한 열손실(L_4 또는 L_{4h}) e) 방산 열손실(L_5 또는 L_{5h}) f) 기타 열손실		
	소 계		
합 계			100

보일러 효율	[%]
a) 입출열법(η_1)	
b) 열손실법(η_2)	

④ 열정산 관련 식

㉠ 열정산식 : $\sum Q_{in}(\text{입열}) = \sum Q_{out}(\text{출열})$

㉡ 연소효율(η_e) : 연소장치의 열효율

- $\eta_e = \dfrac{\text{실제 연소열량}}{\text{연료의 발열량}} \times 100[\%]$

$$= \frac{\text{실제 연소열량}}{\text{완전연소 시의 열량}} \times 100[\%]$$

- 실제 연소에 의한 열량 계산 시 필요한 요소 : 연소가스 유출 단면적, 연소가스 밀도, 연소가스 비열

㉢ 전열효율(η_r) : $\eta_r = \dfrac{\text{유효열량}}{\text{실제 연소열량}} \times 100[\%]$

㉣ 열효율 : 연소장치에 공급한 열량 중 유효하게 이용된 비율

- 열효율 $\eta_{th} = \dfrac{\text{유효열량}}{\text{공급열}} \times 100[\%]$

$$= \frac{\text{유효출열}}{\text{입열 합계}} \times 100[\%]$$

$$= 1 - \frac{\text{열손실 합계}}{\text{입열 합계}}$$

- 열효율 $\eta_t = \dfrac{Q_p}{H_L}$

(여기서, Q_p : 피열물에 준 열량, H_L : 연료의 저위발열량)

- 연소효율 : 연소장치의 열효율
- 연료가 보유한 화학에너지를 열에너지로 변환하는 정도
- 연소효율 : 실제의 연소에 의한 열량을 완전연소 했을 때의 열량으로 나눈 것
- 연소효율 $\eta_c = \dfrac{H_c - H_1 - H_2}{H_c}$

(여기서, H_c : 연료의 발열량, H_1 : 미연탄소에 의한 열손실, H_2 : 불완전연소에 따른 손실 또는 CO가스에 따른 손실)

- 연소효율 $\eta_c = \dfrac{H_L - (L_c + L_i)}{H_L}$

(여기서, H_L : 저위발열량, L_c : 탄 찌꺼기 속의 미연탄소분에 의한 손실열, L_i : 불완전연소에 따른 손실열)

- 가열실의 이론효율 : $E = \dfrac{t_r - t_i}{t_r}$

(여기서, t_r : 이론연소온도, t_i : 피열물의 온도)

• 보일러의 열효율(η_B) :

$$\eta_B = \frac{G_a(h_2 - h_1)}{G_f \times H_L} = \frac{G_e \times 539}{G_f \times H_L} \times 100[\%]$$

(여기서, G_a : 실제증발량, h_2 : 발생증기의 엔탈피, h_1 : 급수의 엔탈피(보일러 급수온도), G_f : 연료소비량, H_L : 저위발열량, G_e : 상당증발량)

• 보일러 열효율(η_B) :

$$\eta_B = \eta_e \times \eta_r$$

$$= \frac{\text{실제 연소열량}}{\text{연료의 발열량}} \times \frac{\text{유효열량}}{\text{실제 연소열량}}$$

$$= \frac{\text{유효열량}}{\text{연료의 발열량}}$$

• 열기관의 열효율 : $\eta = \frac{Q_{out}}{G_f \times H_L} \times 100[\%]$

(여기서, Q_{out} : 출력 또는 출열)

• 건조기의 열효율(η) : $\eta = \frac{q_1 + q_2}{Q}$

(여기서, q_1 : 수분 증발에 소비된 열량, q_2 : 재료 가열에 소비된 열량, Q : 입열량)

• 온수 보일러 효율 :

$$\eta = \frac{WC(t_2 - t_1)}{G_f \times H_L} \times 100[\%]$$

(여기서, W : 시간당 온수 발생량[kg/h], C : 온수의 비열[kcal/kg℃], t_2 : 출탕온도[℃], t_1 : 급수온도[℃])

ⓜ 연소부하율[kcal/m^{3}h] : 연소실 단위용적당 1시간 동안 발생되는 열량이다. 그 크기는 가스터빈 > 미분탄연소 보일러 > 중유 보일러 > 머플로 순으로, 가스터빈이 가장 높다.

• 보일러 부하율

$$= \frac{\text{시간당 증기 발생량}(G)}{\text{시간당 최대 증발량}(G_e)} \times 100[\%]$$

ⓑ 상당증발량 또는 환산증발량(G_e) :

$$G_e = \frac{G_a(h_2 - h_1)}{539}[\text{kgf/h}]$$

(여기서, G_a : 실제증발량, h_2 : 발생증기의 엔탈피, h_1 : 급수의 엔탈피(보일러 급수온도))

ⓢ 증발계수 : $\left(\frac{G_e}{G_a}\right) = \frac{(h_2 - h_1)}{\gamma}$

(여기서, h_2 : 발생 증기의 엔탈피, h_1 : 급수의 엔탈피, γ : 물의 증발잠열 = 539[kcal/kg] = 2,256~2,257[kJ/kg])

ⓞ 증발배수[kg/kg] : 연료 1[kg]이 연소하여 발생하는 증기량의 비

• 실제증발배수 : $\frac{G_a}{G_f}$

(여기서, G_a : 실제증발량, G_f : 연료소비량)

• 환산증발배수 또는 상당증발배수 : $\frac{G_e}{G_f}$

(여기서, G_e : 환산증발량, G_f : 연료소비량)

ⓙ 전열면의 증발률(보일러의 증발률) : 전열면적에 대한 실제증발량과의 비

• 전열면 증발률 = $\frac{G_a}{F}$

(여기서, G_a : 실제증발량, F : 전열면적)

ⓒ 1보일러 마력(또는 보일러 1마력)

• 표준대기압(760[mmHg]) 상태하에서 포화수(100[℃] 물) 15.65[kg]을 1시간 동안 100[℃] 건포화증기로 만드는 또는 증발시킬 수 있는 능력
• 1시간에 100[℃]의 물을 15.65[kg]을 전부 증기로 만들 수 있는 능력
• 보일러 마력 = 매시 상당증발량 ÷ 15.65

• 보일러 마력

– 엔탈피 단위가 [kcal/kg]일 때,

$$\text{보일러 마력} = \frac{G_e}{15.65} = \frac{G_a(h_2 - h_1)}{539 \times 15.65}$$

$$= \frac{G_a(h_2 - h_1)}{8,435}\text{[B-HP]}$$

– 엔탈피 단위가 [kJ/kg]일 때,

$$\text{보일러 마력} = \frac{G_e}{15.65}$$

$$= \frac{G_a(h_2 - h_1)}{2,257 \times 15.65}\text{[B-HP]}$$

• 1보일러 마력을 상당증발량으로 환산한 값 : 15.65[kg/h]

• 1보일러 마력을 시간당 발생열량으로 환산한 값 : 8,435[kcal/h]

㉪ 제반열 관계식

• 보일러의 공급열량 : $Q = G(h_2 - h_1)$

(여기서, G : 시간당 얻는 증기량, h_1 : 보일러의 급수의 엔탈피, h_2 : 발생증기의 엔탈피)

• 시간당 연료소비량 :

G_f[kgf/h] = 체적유량[L/h] × 비중량[kgf/L]

= 연소율[kgf/m²h] × 전열면적[m²]

• 연소실의 열 발생률 : $Q = \frac{\text{연소실 열 발생량}}{\text{연소실 체적}}$

$$= \frac{H_L \times G_f}{V_c}$$

(여기서, H_L : 저위발열량, G_f : 연료소비량, V_c : 연소실의 체적)

• 보일러 화격자 연소율 : G_f/F

(여기서, G_f : 시간당 연료소비량, F : 화격자 면적)

• 급수온도를 올렸을 때의 연료 절감률[%] :

$$= \frac{\text{최초 상태에서의 엔탈피차} - \text{승온 상태에서의 엔탈피차}}{\text{최초 상태에서의 엔탈피차}}$$

핵심예제

1-1. 보일러 장치의 효율 향상을 위한 개조 또는 운전조건의 개선 등의 자료를 얻을 수 있는 열정산의 입열 항목 및 출열 항목을 각각 4가지씩만 나열하시오. [2019년 제2회]

(1) 입열 항목

(2) 출열 항목

1-2. 연소효율은 실제의 연소에 의한 열량을 완전연소했을 때의 열량으로 나눈 것으로 정의할 때, 실제의 연소에 의한 열량을 계산하는 데 필요한 요소를 3가지만 쓰시오. [2017년 제2회]

1-3. 열정산방식(KS B 6205)을 근거로 보일러 효율의 산정방식 2가지를 들고 각각의 효율 계산식을 쓰시오. [2013년 제2회, 2021년 제4회]

1-4. 다음의 자료를 이용하여 연소장치의 연소효율(E_c)은 몇 [%]인지 계산하시오. [2013년 제1회, 2017년 제1회]

• 연료의 발열량(H_c) : 12,500[MJ/kg]
• 연재 중의 미연탄소에 의한 손실(H_1) : 55[MJ/kg]
• 불완전연소에 따른 손실(H_2) : 105[MJ/kg]

1-5. 외기온도 22[℃]에서 발열량이 33,000[kJ/kg]인 연료를 보일러에서 연소 시 연료 1[kg]당 연소가스 15[Nm³]가 발생되고, 배기온도는 285[℃]가 되었다. 이때 불완전연소로 손실열이 연료 발열량의 15[%]라 할 때, 이 보일러의 효율[%]을 구하시오(단, 배기가스의 비열은 1.55[kJ/Nm³ · ℃]이다). [2020년 제2회]

1-6. 다음의 자료를 근거로 하여 히트펌프에서의 입열량과 출열량의 열 차이[kJ]를 구하시오. [2011년 제2회]

• 압축기 발생열량 : 5,670[kJ]
• 응축기 발생열량 : 57,800[kJ]
• 증발기 발생열량 : 52,780[kJ]
• 재열기 발생열량 : 2,344[kJ]

핵심예제

1-7. 흡수식 냉온수기의 운전조건이 다음과 같을 때 입출열량의 차이[kJ/h]를 구하시오. [2014년 제1회]

- 증발열 : 5,678[kJ/h]
- 응축열 : 5,812[kJ/h]
- 흡수열 : 7,654[kJ/h]
- 재생기 가열열량 : 7,890[kJ]

1-8. 다음의 자료를 이용하여 보일러 열정산 기준으로 증기 발생량[kg/h]을 구하시오. [2013년 제4회, 2016년 제4회]

- 보일러 : 전열면적 107[m^2], 효율 77[%]
- 연료 : 저위발열량 10,000[kcal/Nm^3], 고위발열량 11,000[kcal/Nm^3], 사용량 415[Nm^3/h]
- 급수온도 : 53[℃]
- 발생증기의 엔탈피 : 678[kcal/kg]

1-9. 발생증기 엔탈피가 789[kcal/kg], 급수온도가 12[℃], 보일러의 상당증발량이 2.2[ton/h]일 때 실제증발량[kg/h]을 계산하시오. [2012년 제4회, 2015년 제1회, 2022년 제1회 유사]

1-10. 중유를 110[kg/h] 연소시키는 보일러가 있다. 이 보일러의 증기압력이 1[MPa], 급수온도가 50[℃], 실제증발량이 1,500[kg/h]일 때 보일러의 효율[%]을 구하시오(단, 중유의 저위발열량은 40,950[kJ/kg]이며, 1[MPa]하에서 증기엔탈피는 2,864[kJ/kg], 50[℃] 급수엔탈피는 210[kJ/kg]이다). [2014년 제1회, 2016년 제1회, 2018년 제4회, 2021년 제2회]

1-11. 보일러의 증발량이 3,000[kg/h]이고, 증기압이 1[MPa]이며, 급수온도는 80[℃]이며, 발생증기의 엔탈피는 2,680[kJ/kg], 급수의 엔탈피는 330[kJ/kg]일 때 증발계수를 구하시오(단, 물의 증발잠열은 2,257[kJ/kg]이다). [2021년 제2회]

1-12. 증기의 건도가 0.92이며, 압력 101[kPa]에서 발생증기량 12[kg/s], 포화수 엔탈피 435[kJ/kg], 포화증기 엔탈피 3,300[kJ/kg], 급수엔탈피 285[kJ/kg]일 때 증발계수를 구하시오(단, 물의 증발잠열은 2,256[kJ/kg]이다). [2011년 제2회]

1-13. 연소실 전열면적이 55[m^2]인 보일러를 가동하기 위하여 저위발열량이 9,500[kcal/kg]인 연료를 283[kg/h] 사용했다. 이때 실제증발량이 2,750[kg/h]이고 급수온도는 47[℃], 발생증기의 엔탈피는 777[kcal/kg]일 때 다음을 구하시오. [2011년 제1회 유사, 2018년 제2회]

(1) 상당증발량[kg/h]
(2) 상당증발 배수
(3) 보일러의 효율[%]

1-14. 다음의 조건하에서 보일러의 배기가스 온도가 절탄기 입구에서 350[℃]라면, 절탄기 출구의 온도는 몇 [℃]가 되는가? [2016년 제1회]

- 효율 75[%]인 절탄기를 통해 50[℃]에서 80[℃]로 높여 보일러에 급수
- 급수 사용량 : 30,000[kg/h]
- 급수의 비열 : 4.184[kJ/kg·℃]
- 배기가스량 : 50,000[kg/h]
- 배기가스 비열 : 1.045[kJ/kg·℃]

1-15. 다음의 자료는 어느 수관 보일러에 대한 자료이다.

- 보일러 : 전열면적 107[m^2], 증기 발생량 5,624[kg/h]
- 연료 : 저위발열량 10,000[kcal/Nm^3], 고위발열량 11,000[kcal/Nm^3], 사용량 415[Nm^3/h]
- 급수온도 : 53[℃]
- 발생증기의 엔탈피 : 678[kcal/kg]
- 100[℃] 물의 증발잠열 : 2,256[kJ/kg]

이 자료를 이용하여 보일러 열정산 기준으로 다음을 각각 구하시오. [2015년 제1회, 2020년 제4회]

(1) 보일러의 효율[%]
(2) 환산증발량[kg/h]

핵심예제

1-16. 100[℃] 포화수가 증발하여 건포화증기로 변하는 데 필요한 열량은 2,256[kJ/kg]이며, 보일러 운전조건은 다음과 같다. 이를 근거로 하여 상당증발량[kg/h]을 구하시오.

[2013년 제2회]

- 습포화증기 발생량 : 3,300[kg/h]
- 급수온도 : 25[℃]
- 엔탈피 : 급수 77[kJ/kg], 포화수 850[kJ/kg], 건포화증기 2,750[kJ/kg]
- 습포화증기의 건도 : 0.93

1-17. 다음의 보일러 운전조건을 근거로 하여 질문에 답하시오.

[2016년 제2회]

- 급수 : 사용량 3,300[kg/h], 온도 25[℃], 증발잠열 539[kcal/kg]
- 연료 : 발열량 8,990[kcal/kg], 사용량 250[kg/h]
- 습포화증기의 건도 : 0.93
- 전열면적 : 65[m^2]
- 엔탈피 : 포화수 160[kcal/kg]

(1) 습포화증기의 엔탈피[kcal/kg]를 구하시오.
(2) 상당증발량[kg/h]을 계산하시오.
(3) 전열면의 상당증발량[kg/m^2·h]을 구하시오.
(4) 보일러의 효율[%]을 계산하시오.

1-18. 급수온도를 67[℃]에서 85[℃]로 올리면 연료 절감률은 몇 [%]가 되는가?(단, 발생증기의 엔탈피는 675[kcal/kg]이고, 보일러 효율은 변하지 않는다고 가정한다)

[2013년 제1회, 2016년 제4회]

1-19. A공단에 위치한 보아리(주) 제1공장의 보일러 운전 데이터는 다음과 같다.

- 사용 연료 : 저위발열량(H_L) 9,777[kcal/kg], 소비량 333[L/h], 비중 0.96(15[℃]), 온도 66[℃], 체적보정계수 $k = 0.98 - 0.0007(t-49)$
- 급수(공급되는 물) : 급수량 3,500[L/h], 급수온도 85[℃], 비체적 0.00104[m^3/kg]
- 포화증기 : 엔탈피 789[kcal/kg]
- 운전 중 보일러의 압력 : 1.0[MPa]

이 데이터를 근거로 하여 다음을 계산하시오.

[2012년 제4회, 2014년 제2회, 2017년 제2회, 2022년 제2회]

(1) 급수 사용량 또는 증기 발생량[kg/h]
(2) 실제 연료소비량[kg/h]
(3) 보일러의 효율[%]

1-20. 옥탄(g)의 연소엔탈피는 반응물 중의 수증기가 응축되어 물이 되었을 때 25[℃]에서 −48,220[kJ/kg]이다. 이 상태에서 옥탄(g)의 저위발열량[kJ/kg]을 구하시오(단, 25[℃] 물의 증발엔탈피[h_{fg}]는 2,441.8[kJ/kg]이다). [2020년 제2회]

1-21. 압력 1.1[MPa]에서 증기 3,333[kg/h]를 발생하는 보일러의 마력을 구하시오(단, 급수온도는 88[℃]이며, 발생증기의 엔탈피는 666[kcal/kg]이다). [2015년 제1회]

1-22. 다음 그림은 어떤 노의 열정산도이다. 발열량이 2,000[kcal/Nm^3]인 연료를 이 가열로에서 연소시켰을 때 강재가 함유하는 열량은 약 몇 [kcal/Nm^3]인가?

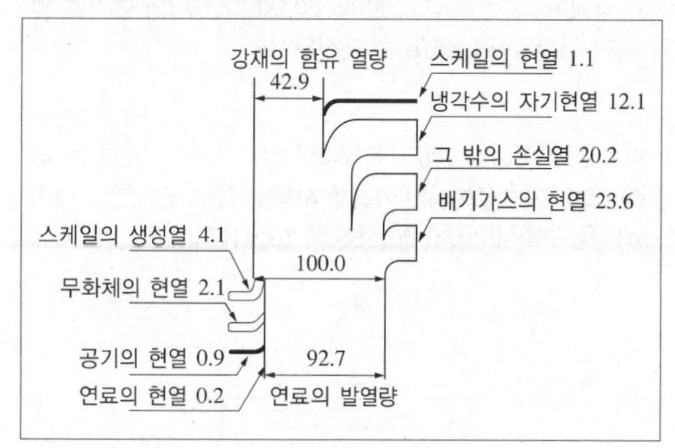

핵심예제

1-23. 다음의 보일러 열정산 측정결과 데이터를 근거로 하여 보일러의 효율[%]을 구하시오. [2010년 제4회]

항 목	입 열		출 열	
	[kJ/kg]	[%]	[kJ/kg]	[%]
연료의 발생열	3,355	87.3		
공기의 현열	335	8.7		
연료의 현열	155	4.0		
발생증기 흡수열			2,512	65.3
배기가스에 의한 손실열			695	18.1
방산열에 의한 손실열			286	7.4
기타 손실열			352	9.2
합 계	3,845	100	3,845	100

(1) 입출열법에 의한 효율
(2) 열손실법에 의한 효율

1-24. 고체연료를 사용하는 어느 열기관의 출력이 3,000[kW]이고, 연료소비율이 매시간 1,400[kg]일 때 이 열기관의 열효율[%]을 구하시오(단, 고체연료의 중량비는 C = 81.5[%], H = 4.5[%], O = 8[%], S = 2[%], W = 4[%]이다).

1-25. 상당증발량이 0.05[ton/min]인 보일러에서 5,800[kcal/kg]의 석탄을 태우고자 한다. 보일러의 효율이 87[%]라고 할 때 필요한 화상면적은?(단, 무연탄의 화상연소율은 73[kg/m^{2}h]이다)

1-26. 보일러의 급수 및 발생증기의 엔탈피를 각각 150[kcal/kg], 670[kcal/kg]이라고 할 때 20,000[kg/h]의 증기를 얻기 위한 공급열량[kcal/h]을 계산하시오.

1-27. 물 500[L]를 10[℃]에서 60[℃]로 1시간 가열하는 데 발열량 50.232[MJ/kg]인 가스를 사용할 경우, 필요한 가스량[kg/h]을 구하시오(단, 연소효율은 75[%]이다).

|해답|

1-1

(1) 입열 항목 : 공기의 현열, 급수의 현열, 연료의 현열, 연료의 연소열
(2) 출열 항목 : 배기가스에 의한 손실열, 발생증기 보유열, 불완전연소에 의한 손실열, 건연소 배기가스의 현열

1-2

실제 연소에 의한 열량 계산 시 필요한 요소

① 연소가스 유출 단면적
② 연소가스 밀도
③ 연소가스 비열

1-3

(1) 입출열법에 의한 보일러 효율(η_1) :

$$\eta_1 = \frac{Q_s}{H_h + Q} \times 100[\%]$$

(여기서, Q_s : 유효출열, $H_h + Q$: 입열 합계)

(2) 열손실법에 의한 보일러 효율(η_2) :

$$\eta_2 = \left(1 - \frac{L_h}{H_h + Q}\right) \times 100[\%]$$

(여기서, L_h : 열손실 합계)

1-4

연소효율(E_c)

$$E_c = \frac{H_c - H_1 - H_2}{H_c} = \frac{12,500 - 55 - 105}{12,500} = 0.9872 = 98.72[\%]$$

1-5

효 율

$$\eta = \left(1 - \frac{\text{손실열}}{\text{입열}}\right) \times 100[\%]$$
$$= \left\{1 - \frac{15 \times 1.55 \times (285 - 22)}{33,000 \times 0.85}\right\} \times 100[\%]$$
$$\simeq 78.2[\%]$$

1-6

입열량과 출열량의 열 차이

ΔQ = 입열 - 출열
= (압축기 열량 + 증발기 열량 + 재열기 열량) - 응축기 열량
= (5,670 + 52,780 + 2,344) - 57,800
= 2,994[kJ]

1-7

입출열량의 차이

ΔQ = 입열 - 출열 = (증발열 + 재생기 가열 열량) - (응축열 + 흡수열)
= (5,678 + 7,890) - (5,812 + 7,654) = 102[kJ/h]

1-8

보일러의 효율 $\eta=\dfrac{G_a(h_2-h_1)}{G_f\times H_h}$

$\therefore$ 증기 발생량 $G_a=\dfrac{G_f\times H_h\times\eta}{h_2-h_1}=\dfrac{415\times 11,000\times 0.77}{678-53}$

$\simeq 5,624[\text{kg/h}]$

1-9

상당증발량 $G_e=\dfrac{G_a(h_2-h_1)}{539}$

실제증발량 $G_a=\dfrac{539G_e}{h_2-h_1}=\dfrac{539\times 2,200}{789-12}\simeq 1,526[\text{kg/h}]$

1-10

$\eta_B=\dfrac{G_a(h_2-h_1)}{G_f\times H_L}=\dfrac{1,500\times(2,864-210)}{110\times 40,950}\simeq 0.8838$

$=88.38[\%]$

1-11

증발계수

$\left(\dfrac{G_e}{G_a}\right)=\dfrac{(h_2-h_1)}{\gamma}=\dfrac{2,680-330}{2,257}\simeq 1.04$

1-12

습포화증기의 엔탈피

$h_2=h'+(h''-h')x=435+(3,300-435)\times 0.92$

$\simeq 3,071[\text{kJ/kg}]$

$\therefore$ 증발계수 $\left(\dfrac{G_e}{G_a}\right)=\dfrac{(h_2-h_1)}{\gamma}=\dfrac{3,071-285}{2,256}\simeq 1.235$

1-13

(1) 상당증발량 :

$G_e=\dfrac{G_a(h_2-h_1)}{539}=\dfrac{2,750\times(777-47)}{539}\simeq 3,724.5[\text{kg/h}]$

(2) 상당증발 배수 : $\dfrac{G_e}{G_f}=\dfrac{3,724.5}{283}\simeq 13$배

(3) 보일러의 효율 :

$\eta=\dfrac{G_a(h_2-h_1)}{G_f\times H_L}=\dfrac{2,750\times(777-47)}{283\times 9,500}\simeq 74.7[\%]$

1-14

절탄기에서 물이 흡수한 열량을 Q_1, 배기가스가 전달한 열량을 Q_2라고 하면 절탄기의 효율이 75[%]이므로 $Q_1=0.75\times Q_2$이다. 절탄기 출구의 온도를 x[℃]라 하면, 열량 $Q=mC\Delta T$이므로

$30,000\times 4.184\times(80-50)=0.75\times 50,000\times 1.045\times(350-x)$

$\therefore$ 절탄기 출구의 온도 $x=350-\dfrac{30,000\times 4.184\times 30}{0.75\times 50,000\times 1.045}$

$\simeq 254[℃]$

1-15

(1) 보일러의 효율

$\eta=\dfrac{G_a(h_2-h_1)}{G_f\times H_h}=\dfrac{5,624\times(678-53)}{415\times 11,000}\simeq 0.77=77[\%]$

(2) 환산증발량

100[℃] 물의 증발잠열 2,256[kJ/kg] = 2,256/4.184[kcal/kg]

$\simeq$ 539[kcal/kg]

환산증발량 $G_e=\dfrac{G_a(h_2-h_1)}{539}=\dfrac{5,624\times(678-53)}{539}$

$\simeq 6,521[\text{kg/h}]$

1-16

습포화증기의 엔탈피

$h_2=h'+x(h''-h')=850+0.93\times(2,750-850)=2,617[\text{kJ/kg}]$

$\therefore$ 상당증발량[kg/h]

$G_e=\dfrac{G_a(h_2-h_1)}{\gamma}=\dfrac{3,300\times(2,617-77)}{2,256}\simeq 3,715[\text{kg/h}]$

1-17

(1) 습포화증기의 엔탈피[kcal/kg]

$h_2=h_1+\gamma x=160+539\times 0.93\simeq 661.27[\text{kcal/kg}]$

(2) 상당증발량[kg/h]

$G_e=\dfrac{G_a(h_2-h_1)}{539}=\dfrac{3,300\times(661.27-25)}{539}\simeq 3,895.53[\text{kg/h}]$

(3) 전열면의 상당증발량[kg/m^2·h]

전열면의 상당증발량$=\dfrac{3,895.53}{65}\simeq 59.93[\text{kg/m}^2\cdot\text{h}]$

(4) 보일러의 효율[%]

$\eta=\dfrac{G_a(h_2-h_1)}{G_f\times H_L}=\dfrac{3,300\times(661.27-25)}{250\times 8,990}\simeq 0.9342$

$=93.42[\%]$

1-18

연료 절감률

$=\dfrac{67[℃]\text{ 상태에서의 엔탈피차}-85[℃]\text{ 상태에서의 엔탈피차}}{67[℃]\text{ 상태에서의 엔탈피차}}$

$=\dfrac{(675-67)-(675-85)}{675-67}\simeq 0.0296=2.96[\%]$

1-19

(1) 급수 사용량 또는 증기 발생량[kg/h]

$G_a=\dfrac{\text{급수량}}{\text{비체적}}=\dfrac{3,500\times 10^{-3}}{0.00104}\simeq 3,365[\text{kg/h}]$

(2) 실제 연료소비량[kg/h]

G_f = 비중 × 체적보정계수 × 연료소비량

$=0.96\times[0.98-0.0007(66-49)]\times 333\simeq 309.5[\text{kg/h}]$

(3) 보일러의 효율[%]

$\eta=\dfrac{G_a(h_2-h_1)}{G_f\times H_L}=\dfrac{3,365\times(789-85)}{309.5\times 9,777}\simeq 0.783=78.3[\%]$

1-20

옥탄의 연소방정식은 $C_8H_{18} + 12.5O_2 \rightarrow 8CO_2 + 9H_2O$이다.
옥탄 1[kg] 연소 시 발생되는 수증기량을 x라고 하면

$114 : 9 \times 18 = 1 : x$

$$x = \frac{1 \times 9 \times 18}{114} \simeq 1.42[\text{kg}]$$

∴ 저위발열량

$$H_L = 48,220 - (2,441.8 \times 1.421) \simeq 44,750[\text{kJ/kg}]$$

1-21

$$\text{보일러 마력} = \frac{G_e}{15.65} = \frac{G_a(h_2 - h_1)}{539 \times 15.65} = \frac{3,333 \times (666 - 88)}{539 \times 15.65} \simeq 228.4[\text{B-HP}]$$

1-22

강재가 함유하는 열량을 x라고 하면 주어진 조건에서

$2,000 : 92.7 = x : 42.9$이므로

$$x = \frac{2,000 \times 42.9}{92.7} \simeq 925.57[\text{kcal/Nm}^3]$$

1-23

(1) 입출열법에 의한 보일러 효율(η_1)

$$\eta_1 = \frac{\text{유효출열}}{\text{입열합계}} \times 100 = \frac{2,512}{3,845} \times 100 \simeq 65.33[\%]$$

(2) 열손실법에 의한 보일러 효율(η_2)

$$\eta_2 = \left(1 - \frac{\text{열손실 합계}}{\text{입열 합계}}\right) \times 100 = \left(1 - \frac{695 + 286 + 352}{3,845}\right) \times 100 \simeq 65.33[\%]$$

1-24

$$\begin{aligned} H_h &= 8,100\text{C} + 34,000(\text{H} - \text{O}/8) + 2,500\text{S} \\ &= 8,100 \times 0.815 + 34,000 \times (0.045 - 0.08/8) + 2,500 \times 0.02 \\ &= 7,841.5[\text{kcal/kg}] \end{aligned}$$

$$\therefore H_L = H_h - 600(9\text{H} + w) = 7,841.5 - 600 \times (9 \times 0.045 + 0.04) = 7,574.5[\text{kcal/kg}]$$

열기관의 열효율

$$\eta = \frac{Q_{out}(\text{출열})}{Q_{in}(\text{입열})} \times 100 = \frac{Q_{out}}{H_L \times G_f} \times 100[\%]$$

$$= \frac{3,000[\text{kW}] \times \frac{860[\text{kcal/h}]}{1[\text{kW}]}}{7,574.5[\text{kcal/kg}] \times 1,400[\text{kg/h}]} \times 100 \simeq 24.33[\%]$$

1-25

$$\eta_B = \frac{G_a(h_2 - h_1)}{H_L \times G_f} \times 100[\%] = \frac{G_e \times 539}{H_L \times G_f} \times 100[\%]$$

$$\therefore G_f = \frac{G_e \times 539}{H_L \times \eta_B} = \frac{(0.05 \times 1,000 \times 60) \times 539}{5,800 \times 0.87} = 320.45[\text{kg/h}]$$

시간당 연료소비량 G_f[kg/h] = 체적유량[L/h] × 비중량[kg/L]
= 연소율[kg/m²h] × 전열면적[m²]

$$\therefore \text{화상면적} = \frac{G_f}{\text{연소율}} = \frac{320.45[\text{kg/h}]}{73[\text{kg/m}^2\text{h}]} = 4.39[\text{m}^2]$$

1-26

공급열량

$$Q = G(h_2 - h_1) = 20,000 \times (670 - 150) = 10.4 \times 10^6[\text{kcal/h}]$$

1-27

물의 가열량

$$Q = mC\Delta t = 500 \times 4.186 \times (60 - 10) = 104,650[\text{kJ}]$$

$$\eta = \frac{Q_{out}}{H_L \times G_f} \times 100[\%]$$

∴ 필요한 가스량

$$G_f = \frac{Q_{out}}{H_L \times \eta} \times 100[\%] = \frac{104,650}{50,232 \times 0.75} \simeq 2.78[\text{kg/h}]$$

핵심이론 02 열사용기자재

① 개 요

㉠ 열사용기자재 : 연료를 사용하는 기기, 열을 사용하는 기기, 축열식 전기기기, 단열성 자재

㉡ 열사용기자재 지정 품목

- 보일러 : 강철제 보일러, 주철제 보일러, 소형 온수 보일러, 구멍탄용 온수 보일러, 축열식 전기 보일러, 캐스케이드 보일러, 가정용 화목 보일러
- 태양열집열기
- 압력용기 : 1종 압력용기, 2종 압력용기
- 요 로
  - 요업요로 : 연속식 유리용융가마, 불연속식 유리용융가마, 유리용융도가니가마, 터널가마, 도염식 가마, 셔틀가마, 회전가마 및 석회용선가마
  - 금속요로 : 용선로, 비철금속용융로, 금속소둔로, 철금속가열로 및 금속균열로
- 집단에너지사업법의 적용을 받는 발전 전용 보일러 및 압력용기

㉢ 열사용기자재 지정 품목별 적용범위

구 분	품목명	적용범위
보일러	강철제 보일러, 주철제 보일러	1. 1종 관류 보일러 : 강철제 보일러 중 헤더의 안지름이 150[mm] 이하이고, 전열면적이 5[m^2] 초과 10[m^2] 이하이며, 최고사용압력이 1[MPa] 이하인 관류 보일러(기수분리기를 장치한 경우에는 기수분리기의 안지름이 300[mm] 이하이고, 그 내부 부피가 0.07[m^3] 이하인 것만 해당) 2. 2종 관류 보일러 : 강철제 보일러 중 헤더의 안지름이 150[mm] 이하이고, 전열면적이 5[m^2] 이하이며, 최고사용압력이 1[MPa] 이하인 관류 보일러(기수분리기를 장치한 경우에는 기수분리기의 안지름이 200[mm] 이하이고, 그 내부 부피가 0.02[m^3] 이하인 것에 한정) 3. 1종 관류 보일러 및 2종 관류 보일러 외의 금속(주철 포함)으로 만든 것. 다만, 소형 온수 보일러 · 구멍탄용 온수 보일러 및 축열식 전기 보일러는 제외한다.
보일러	소형 온수 보일러	전열면적이 14[m^2] 이하이고, 최고사용압력이 0.35[MPa] 이하의 온수를 발생하는 것. 다만, 구멍탄용 온수 보일러 · 축열식 전기 보일러 및 가스 사용량이 17[kg/h](도시가스는 232.6[kW]) 이하인 가스용 온수 보일러는 제외한다.
	구멍탄용 온수 보일러	연탄을 연료로 사용하여 온수를 발생시키는 것으로서 금속제만 해당한다.
	축열식 전기 보일러	심야 전력을 사용하여 온수를 발생시켜 축열조에 저장한 후 난방에 이용하는 것으로서 정격소비전력이 30[kW] 이하이고, 최고사용압력이 0.35[MPa] 이하인 것
	캐스케이드 보일러	산업표준화법에 따른 한국산업표준에 적합함을 인증받거나 액화석유가스의 안전관리 및 사업법에 따라 가스용품의 검사에 합격한 제품으로서, 최고사용압력이 대기압을 초과하는 온수 보일러 또는 온수기 2대 이상이 단일 연통으로 연결되어 서로 연동되도록 설치되며, 최대가스사용량의 합이 17[kg/h](도시가스는 232.6[kW])를 초과하는 것
	가정용 화목 보일러	화목(火木) 등 목재연료를 사용하여 90[℃] 이하의 난방수 또는 65[℃] 이하의 온수를 발생하는 것으로서 표시 난방출력이 70[kW] 이하로서 옥외에 설치하는 것
태양열 집열기	태양열집열기	
압력 용기	1종 압력 용기	최고사용압력[MPa]과 내부 부피[m^3]를 곱한 수치가 0.004를 초과하는 다음의 어느 하나에 해당하는 것 1. 증기 그 밖의 열매체를 받아들이거나 증기를 발생시켜 고체 또는 액체를 가열하는 기기로서 용기 안의 압력이 대기압을 넘는 것 2. 용기 안의 화학반응에 따라 증기를 발생시키는 용기로서 용기 안의 압력이 대기압을 넘는 것 3. 용기 안의 액체의 성분을 분리하기 위하여 해당 액체를 가열하거나 증기를 발생시키는 용기로서 용기 안의 압력이 대기압을 넘는 것 4. 용기 안의 액체의 온도가 대기압에서의 비점을 넘는 것

구 분	품목명	적용범위
압력용기	2종 압력용기	최고사용압력이 0.2[MPa]를 초과하는 기체를 그 안에 보유하는 용기로서 다음의 어느 하나에 해당하는 것 1. 내부 부피가 0.04[m^3] 이상인 것 2. 동체의 안지름이 200[mm] 이상(증기헤더의 경우에는 동체의 안지름이 300[mm] 초과)이고, 그 길이가 1,000[mm] 이상인 것
요로(고온가열장치)	요업요로	연속식 유리용융가마, 불연속식 유리용융가마, 유리용융도가니가마, 터널가마, 도염식 가마, 셔틀가마, 회전가마 및 석회용선가마
	금속요로	용선로, 비철금속용융로, 금속소둔로, 철금속가열로 및 금속균열로

㉣ 열사용기자재 제외 품목

- 전기사업자가 설치하는 발전소의 발전 전용 보일러 및 압력용기
- 철도사업을 위하여 설치하는 기관차 및 철도차량용 보일러
- 고압가스안전관리법 및 액화석유가스의 안전관리 및 사업법에 따라 검사를 받는 보일러(캐스케이드 보일러는 제외) 및 압력용기
- 선박용 보일러 및 압력용기
- 전기용품안전관리법 및 의료기기법의 적용을 받는 2종 압력용기
- 이 규칙에 따라 관리하는 것이 부적합하다고 산업통상자원부장관이 인정하는 수출용 열사용기자재

② 열사용기자재 관리규칙

㉠ 계속사용검사는 해당 연도 말까지 연기할 수 있으며 검사의 연기를 받으려는 자는 검사대상기기 검사연기신청서를 한국에너지공단 이사장에게 제출해야 한다.

㉡ 한국에너지공단 이사장은 검사에 합격한 검사대상기기에 대해서 검사 신청인에게 검사일로부터 7일 이내에 검사증을 발급해야 한다.

㉢ 검사대상기기 조종자의 선임·해임·퇴직 신고는 신고 사유가 발생한 날로부터 30일 이내에 한국에너지공단에 신고해야 한다.

㉣ 검사대상기기에 대한 폐기신고는 폐기한 날로부터 15일 이내에 한국에너지공단 이사장에게 신고해야 한다.

③ 특정열사용기자재 및 설치·시공범위

구 분	품목명	설치·시공범위
보일러	강철제 보일러, 주철제 보일러, 온수보일러, 구멍탄용 온수 보일러, 축열식 전기 보일러, 캐스케이드 보일러, 가정용 화목보일러	해당 기기의 설치·배관 및 세관
태양열집열기	태양열집열기	
압력용기	1종 압력용기, 2종 압력용기	
요업요로	연속식 유리용융가마, 불연속식 유리용융가마, 유리용융도가니가마, 터널가마, 도염식 각가마, 셔틀가마, 석회용선가마	해당 기기의 설치를 위한 시공
금속요로	용선로, 비철금속용융로, 금속소둔로, 철금속가열로, 금속균열로	

④ 검사대상기기의 검사

㉠ 검사대상기기

구 분	검사대상기기	적용범위
보일러	강철제 보일러, 주철제 보일러	다음의 어느 하나에 해당하는 것은 제외 1. 최고사용압력 0.1[MPa] 이하이고, 동체 안지름이 300[mm] 이하이며, 길이가 600[mm] 이하인 것 2. 최고사용압력이 0.1[MPa] 이하이고, 전열면적이 5[m^2] 이하인 것 3. 2종 관류 보일러 4. 온수를 발생시키는 보일러로서 대기개방형인 것
	소형 온수보일러	가스를 사용하는 것으로서 가스 사용량이 17[kg/h](도시가스는 232.6[kW])를 초과하는 것
	캐스케이드 보일러	에너지이용합리화법 시행규칙 별표 1에 따른 캐스케이드 보일러의 적용범위에 따른다.
압력용기	1종 압력용기, 2종 압력용기	에너지이용합리화법 시행규칙 별표 1에 따른 압력용기의 적용범위에 따른다.
요 로	철금속가열로	정격용량이 0.58[MW]를 초과하는 것

㉡ 다음의 어느 하나에 해당하는 자(이하 검사대상기기 설치자)는 산업통상자원부령으로 정하는 바에 따라 시·도지사의 검사를 받아야 한다.
- 검사대상기기를 설치하거나 개조하여 사용하려는 자
- 검사대상기기의 설치 장소를 변경하여 사용하려는 자
- 검사대상기기를 사용 중지한 후 재사용하려는 자

㉢ 시·도지사는 검사에 합격된 검사대상기기의 제조업자나 설치자에게는 지체 없이 그 검사의 유효기간을 명시한 검사증을 내주어야 한다.

㉣ 검사의 유효기간이 끝나는 검사대상기기를 계속 사용하려는 자는 산업통상자원부령으로 정하는 바에 따라 다시 시·도지사의 검사를 받아야 한다.

㉤ 검사에 합격되지 아니한 검사대상기기는 사용할 수 없다. 다만, 시·도지사는 ㉣에 따른 검사의 내용 중 산업통상자원부령으로 정하는 항목의 검사에 합격되지 아니한 검사대상기기에 대하여는 검사대상기기의 안전관리와 위해 방지에 지장이 없는 범위에서 산업통상자원부령으로 정하는 기간 내에 그 검사에 합격할 것을 조건으로 계속 사용하게 할 수 있다.

㉥ 검사의 종류 및 적용 대상

검사의 종류		적용 대상
제조검사	용접검사	동체·경판(동체의 양 끝부분에 부착하는 판) 및 이와 유사한 부분을 용접으로 제조하는 경우의 검사
	구조검사	강판·관 또는 주물류를 용접·확대·조립·주조 등에 따라 제조하는 경우의 검사
설치검사		신설한 경우의 검사(사용 연료의 변경에 의하여 검사 대상이 아닌 보일러가 검사 대상으로 되는 경우의 검사를 포함한다)
개조검사		다음의 어느 하나에 해당하는 경우의 검사 1. 증기 보일러를 온수 보일러로 개조하는 경우 2. 보일러 섹션의 증감에 의하여 용량을 변경하는 경우 3. 동체·돔·노통·연소실·경판·천장판·관판·관모음 또는 스테이의 변경으로서 산업통상자원부장관이 정하여 고시하는 대수리의 경우 4. 연료 또는 연소방법을 변경하는 경우 5. 철금속가열로로서 산업통상자원부장관이 정하여 고시하는 경우의 수리
설치 장소 변경검사		설치 장소를 변경한 경우의 검사. 다만, 이동식 검사대상기기를 제외한다.
재사용검사		사용 중지 후 재사용하고자 하는 경우의 검사
계속 사용 검사	안전검사	설치검사·개조검사·설치 장소 변경검사 또는 재사용검사 후 안전 부문에 대한 유효기간을 연장하고자 하는 경우의 검사
	운전성능 검사	다음의 어느 하나에 해당하는 기기에 대한 검사로서 설치검사 후 운전성능 부문에 대한 유효기간을 연장하고자 하는 경우의 검사 1. 용량이 1[t/h](난방용의 경우에는 5[t/h]) 이상인 강철제 보일러 및 주철제 보일러 2. 철금속가열로

㉦ 시·도지사는 검사에서 검사대상기기의 안전관리와 위해 방지에 지장이 없는 범위에서 산업통상자원부령으로 정하는 바에 따라 그 검사의 전부 또는 일부를 면제할 수 있다.

ⓞ 검사의 면제 대상범위

검사대상 기기명	대상범위	면제되는 검사
강철제 보일러, 주철제 보일러	1. 강철제 보일러 중 전열면적 5[m^2] 이하이고, 최고사용압력 0.35[MPa] 이하인 것 2. 주철제 보일러 3. 1종 관류 보일러 4. 온수 보일러 중 전열면적 18[m^2] 이하이고, 최고사용압력이 0.35[MPa] 이하인 것	용접검사
	주철제 보일러	구조검사
	1. 가스 외의 연료를 사용하는 1종 관류 보일러 2. 전열면적 30[m^2] 이하의 유류용 주철제 증기 보일러	설치검사
	1. 전열면적 5[m^2] 이하의 증기 보일러로서 다음 각 목의 어느 하나에 해당하는 것 가. 대기에 개방된 안지름이 25[mm] 이상인 증기관이 부착된 것 나. 수두압 5[m] 이하이며 안지름 25[mm] 이상인 대기에 개방된 U자형 입관이 보일러의 증기부에 부착된 것 2. 온수 보일러로서 다음 각 목의 어느 하나에 해당하는 것 가. 유류・가스 외의 연료를 사용하는 것으로서 전열면적 30[m^2] 이하인 것 나. 가스 외의 연료를 사용하는 주철제 보일러	계속사용 검사
소형 온수 보일러	가스 사용량 17[kg/h](도시가스는 232.6[kW])를 초과하는 가스용 소형 온수 보일러	제조검사
캐스케이드 보일러	캐스케이드 보일러	제조검사
1종 압력용기, 2종 압력용기	1. 용접이음(동체와 플랜지와의 용접이음 제외)이 없는 강관을 동체로 한 헤더 2. 압력용기 중 동체의 두께가 6[mm] 미만인 것으로서 최고사용압력([MPa])과 내부 부피([m^3])를 곱한 수치가 0.02 이하(난방용의 경우에는 0.05 이하)인 것 3. 전열교환식인 것으로서 최고사용압력이 0.35[MPa] 이하이고, 동체의 안지름이 600[mm] 이하인 것	용접검사
1종 압력용기, 2종 압력용기	1. 2종 압력용기 및 온수탱크 2. 압력용기 중 동체의 두께가 6[mm] 미만인 것으로서 최고사용압력([MPa])과 내부 부피([m^3])를 곱한 수치가 0.02 이하(난방용 경우 0.05 이하)인 것 3. 압력용기 중 동체의 최고사용압력이 0.5[MPa] 이하인 난방용 압력용기 4. 압력용기 중 동체의 최고사용압력이 0.1[MPa] 이하인 취사용 압력용기	설치검사 및 계속사용검사
철금속 가열로	철금속가열로	제조검사, 재사용 검사 및 계속사용 검사 중 안전검사

ⓩ 검사대상기기 설치자는 다음의 어느 하나에 해당하면 산업통상자원부령으로 정하는 바에 따라 시・도지사에게 신고해야 한다.

- 검사대상기기를 폐기한 경우 : 폐기한 날부터 15일 이내 검사대상기기 폐기신고서를 한국에너지공단 이사장에게 제출한다.
- 검사대상기기의 사용을 중지한 경우 : 중지한 날부터 15일 이내 검사대상기기 사용중지신고서를 한국에너지공단 이사장에게 제출한다.
- 검사대상기기의 설치자가 변경된 경우 : 새로운 검사대상기기의 설치자는 그 변경일부터 15일 이내 검사대상기기 설치자 변경신고서를 한국에너지공단 이사장에게 제출한다.
- 검사의 전부 또는 일부가 면제된 검사대상기기 중 산업통상자원부령으로 정하는 검사대상기기를 설치한 경우

ⓧ 검사대상기기의 검사유효기간

검사의 종류	검사유효기간
설치검사	1. 보일러 : 1년. 다만, 운전성능 부문의 경우에는 3년 1개월로 한다. 2. 캐스케이드 보일러, 압력용기 및 철금속가열로 : 2년

검사의 종류		검사유효기간
개조검사		1. 보일러 : 1년 2. 캐스케이드 보일러, 압력용기 및 철금속 가열로 : 2년
설치 장소 변경검사		1. 보일러 : 1년 2. 캐스케이드 보일러, 압력용기 및 철금속 가열로 : 2년
재사용검사		1. 보일러 : 1년 2. 캐스케이드 보일러, 압력용기 및 철금속 가열로 : 2년
계속 사용 검사	안전검사	1. 보일러 : 1년 2. 캐스케이드 보일러 및 압력용기 : 2년
	운전성능 검사	1. 보일러 : 1년 2. 철금속가열로 : 2년

비 고

1. 보일러의 계속사용검사 중 운전성능검사에 대한 검사유효기간은 해당 보일러가 산업통상자원부장관이 정하여 고시하는 기준에 적합한 경우에는 2년으로 한다.
2. 설치 후 3년이 지난 보일러로서 설치 장소 변경검사 또는 재사용검사를 받은 보일러는 검사 후 1개월 이내에 운전성능검사를 받아야 한다.
3. 개조검사 중 연료 또는 연소방법의 변경에 따른 개조검사의 경우에는 검사유효기간을 적용하지 않는다.
4. 다음 각 목의 구분에 따른 검사대상기기에 대한 안전검사 유효기간은 다음 각 목의 구분에 따른다.
   가. 고압가스 안전관리법 제13조의2 제1항에 따른 안전성 향상계획과 산업안전보건법 제44조 제1항에 따른 공정안전보고서 모두를 작성해야 하는 자의 검사대상기기(보일러의 경우에는 제품을 제조·가공하는 공정에만 사용되는 보일러만 해당한다. 이하 나목에서 같다) : 4년. 다만, 산업통상자원부장관이 정하여 고시하는 바에 따라 8년의 범위에서 연장할 수 있다.
   나. 고압가스안전관리법 제13조의2 제1항에 따른 안전성 향상계획과 산업안전보건법 제44조 제1항에 따른 공정안전보고서 중 어느 하나를 작성해야 하는 자의 검사대상기기 : 2년. 다만, 산업통상자원부장관이 정하여 고시하는 바에 따라 6년의 범위에서 연장할 수 있다.
   다. 의약품 등의 안전에 관한 규칙 별표 3에 따른 생물학적 제제 등을 제조하는 의약품제조업자로서 같은 표에 따른 제조 및 품질관리기준에 적합한 자의 압력용기 : 4년
5. 제31조의25 제1항에 따라 설치신고를 하는 검사대상기기는 신고 후 2년이 지난 날에 계속사용검사 중 안전검사(재사용검사를 포함)를 하며, 그 유효기간은 2년으로 한다.
6. 법 제32조 제2항에 따라 에너지 진단을 받은 운전성능 검사대상기기가 제31조의9에 따른 검사기준에 적합한 경우에는 에너지 진단 이후 최초로 받는 운전성능검사를 에너지 진단으로 갈음한다(비고 4에 해당하는 경우는 제외).

㉪ 검사대상기기의 검사유효기간 기준

- 검사유효기간은 검사에 합격한 날의 다음 날부터 계산한다.
- 검사에 합격한 날이 검사유효기간 만료일 이전 30일 이내인 경우와 검사가 연기된 경우에는 검사유효기간 만료일의 다음 날부터 계산한다.
- 산업통상자원부장관은 검사대상기기의 안전관리 또는 에너지 효율 향상을 위하여 부득이하다고 인정할 때에는 검사유효기간을 조정할 수 있다.

⑤ 검사대상기기 관리자의 선임

㉠ 검사대상기기 관리자의 자격 및 조종범위

관리자의 자격	관리범위
에너지관리기능장 또는 에너지관리기사	용량이 30[t/h]를 초과하는 보일러
에너지관리기능장, 에너지관리기사 또는 에너지관리산업기사	용량이 10[t/h]를 초과하고 30[t/h] 이하인 보일러
에너지관리기능장, 에너지관리기사, 에너지관리산업기사 또는 에너지관리기능사	용량이 10[t/h] 이하인 보일러
에너지관리기능장, 에너지관리기사, 에너지관리산업기사, 에너지관리기능사 또는 인정검사 대상기기 관리자의 교육을 이수한 자	1. 증기 보일러로서 최고사용압력이 1[MPa] 이하이고, 전열면적이 10[m^2] 이하인 것 2. 온수 발생 및 열매체를 가열하는 보일러로서 용량이 581.5[kW] 이하인 것 3. 압력용기

비 고

1. 온수 발생 및 열매체를 가열하는 보일러의 용량은 697.8[kW]를 1[t/h]로 본다.
2. 에너지이용합리화법 시행규칙 제31조의27 제2항에 따른 1구역에서 가스 연료를 사용하는 1종 관류 보일러의 용량은 이를 구성하는 보일러의 개별 용량을 합산한 값으로 한다.
3. 계속사용검사 중 안전검사를 실시하지 않는 검사대상기기 또는 가스 외의 연료를 사용하는 1종 관류 보일러의 경우에는 검사대상기기관리자의 자격에 제한을 두지 아니한다.
4. 가스를 연료로 사용하는 보일러의 검사대상기기관리자의 자격은 위 표에 따른 자격을 가진 사람으로서 에너지이용합리화법 시행규칙 제31조의26 제2항에 따라 산업통상자원부장관이 정하는 관련 교육을 이수한 사람 또는 도시가스사업법 시행령 별표 1에 따른 특정가스사용시설의 안전관리 책임자의 자격을 가진 사람으로 한다.

㉡ 검사대상기기관리자의 선임·해임·퇴직 신고는 신고 사유가 발생한 날로부터 30일 이내에 한국에너지공단에 신고해야 한다.

㉢ 검사대상기기 설치자는 검사대상기기 관리자를 해임하거나 검사대상기기관리자가 퇴직하는 경우에는 해임이나 퇴직 이전에 다른 검사대상기기 관리자를 선임해야 한다. 다만, 산업통상자원부령으로 정하는 사유에 해당하는 경우에는 시·도지사의 승인을 받아 다른 검사대상기기 관리자의 선임을 연기할 수 있다.

핵심예제

2-1. 좌측의 특정열사용기자재와 설치, 시공범위를 우측에서 예시하는 기호로 각각 써넣으시오.

(1) 강철제 보일러	① 설치를 위한 시공
(2) 태양열집열기	② 설 치
(3) 비철금속 용융로	③ 배 관
(4) 축열식 전기 보일러	④ 세 관

2-2. 에너지이용합리화법에 따라 검사대상기기 검사 중 개조검사 적용 대상을 4가지 쓰시오.

2-3. 용접검사가 면제되는 대상기기를 4가지만 쓰시오.

[2022년 제4회]

2-4. 인정검사대상기기 관리자가 조종할 수 있는 검사대상기기를 4가지만 쓰시오.

2-5. 열사용기자재인 소형 온수 보일러, 구멍탄용 온수 보일러, 축열식 전기 보일러에 대한 다음 질문에 답하시오.

[2021년 제4회]

(1) 소형 온수 보일러의 전열면적과 최고사용압력의 기준을 쓰시오.
(2) 구멍탄용 보일러는 연탄을 연료로 사용하여 온수를 발생시키는 것으로 어디에만 적용 가능한지 쓰시오.
(3) 축열식 전기 보일러의 최고사용압력을 쓰시오.

|해답|

2-1

(1) 강철제 보일러 : ②, ③, ④
(2) 태양열집열기 : ②, ③, ④
(3) 비철금속 용융로 : ①
(4) 축열식 전기 보일러 : ②, ③, ④

2-2

검사대상기기검사 중 개조검사 적용 대상

① 증기 보일러를 온수 보일러로 개조하는 경우
② 보일러 섹션의 증감에 의하여 용량을 변경하는 경우
③ 동체·경판·관판·관모음 또는 스테이의 변경으로서 산업통상자원부장관이 정하여 고시하는 대수리의 경우
④ 연료 또는 연소방법을 변경하는 경우

2-3

용접검사 면제 대상기기

① 주철제 보일러
② 1종 관류 보일러
③ 용접이음이 없는 강관을 동체로 한 헤더
④ 전열면적이 18[m^2] 이하이고, 최고사용압력이 0.35[MPa]인 온수 보일러

2-4

인정검사대상기기 관리자가 조종할 수 있는 검사대상기기

① 압력용기
② 열매체를 가열하는 보일러로서 용량이 581.5[kW] 이하인 것
③ 온수를 발생하는 보일러로서 용량이 581.5[kW] 이하인 것
④ 증기 보일러로서 최고사용압력이 1[MPa] 이하이고, 전열면적이 10[m^2] 이하인 것

2-5

(1) 소형 온수 보일러의 전열면적과 압력 : 14[m^2] 이하, 0.35[MPa] 이하
(2) 구멍탄용 보일러는 금속제에만 적용 가능하다.
(3) 축열식 전기 보일러의 최고사용압력 : 0.35[MPa] 이하

핵심이론 03 이상연소현상

① 불완전연소(Incomplete Combustion)

㉠ 개 요

- 산소량이 부족하여 산화반응을 완전히 완료하지 못해 일산화탄소, 그을음, 카본 등과 같은 미연소물이 생기는 연소현상이다.
- 염공에서 연료가스가 연소 시 가스와 공기의 혼합이 불충분하거나 연소온도가 낮을 경우에 황염이나 그을음이 발생하는 연소현상이다.

㉡ 불완전연소의 원인

- 공기와의 접촉 및 혼합이 불충분할 때
- 과대한 가스량 또는 필요량의 공기가 없을 때
- 배기가스의 배출이 불량할 때
- 불꽃이 저온 물체에 접촉되어 온도가 내려갈 때

② 역 화

㉠ 개 요

- 역화(Back Fire, Flash Back, Lighting Back)는 가스 분출속도보다 연소속도가 빠를 때 불꽃이 염공 속으로 빨려 들어가 연소기 내 혼합관 속에서 연소하는 현상이다.
- 역화는 가스압이 이상 저하되거나 노즐과 콕 등이 막혀 가스량이 매우 적어진 경우, 불꽃이 돌발적으로 화구 속으로 역행하는 현상이다.

㉡ 역화의 원인

- 가스의 분출속도보다 연소속도가 빨라질 경우(공기보다 먼저 연료를 공급했을 경우)
- 연소속도가 일정하고 분출속도가 느린 경우
- 점화할 때 착화가 늦어졌을 경우(점화착화지연)
- 프리퍼지가 불충분한 경우
- 연료밸브를 급히 열 때(연료 공급밸브를 급개하여 다량으로 분무한 경우)
- 공기 과다로 혼합가스의 연소속도가 빠르게 나타나는 경우
- 통풍이 불량할 때(흡입 통풍 부족)
- 댐퍼를 너무 조인 경우
- 1차 공기가 적을 때
- 연료의 불완전연소 및 미연소 시
- 1차 공기댐퍼가 너무 열려 1차 공기 흡입이 과대하게 된 경우
- 혼합기체의 양이 너무 적은 경우
- 가스압력이 지나치게 낮을 때
- 콕이 충분하게 열리지 않은 경우
- 노즐, 콕 등 기구밸브가 막혀 가스량이 극히 적어지는 경우
- 노즐 구경, 염공이 크거나 부식에 의해 확대되었을 경우
- 버너가 과열되었을 경우(기름이 과열되었을 때)
- 기름에 수분・공기 등이 혼입되었을 때
- 인화점이 낮을 때

㉢ 연소기에서 발생할 수 있는 역화를 방지하는 방법

- 다공버너의 경우 연료 분출구의 크기를 작게 한다.
- 다공버너의 경우 연료 분출구의 수를 적게 한다.
- 버너가 과열되지 않도록 버너의 온도를 낮춘다.
- 버너 부근의 온도가 아니라 연소실・화실・노・노통의 온도를 높게 유지한다.
- 연료의 분출속도를 크게 한다.
- 리프트(Lift)한계가 큰 버너를 사용하여 저연소 시의 분출속도를 크게 한다.
- 연소용 공기를 분할 공급하여 1차 공기를 착화범위보다 작게 한다.

③ 리프팅(선화, Lifting)

㉠ 개 요

- 불꽃이 버너에서 떠올라 일정한 거리를 유지하면서 공간에서 연소하는 현상이다.
- 염공을 떠나 연소하는 현상이다.

㉡ 리프팅의 원인

- 가스의 분출속도가 연소속도보다 큰 경우
- 공기조절기를 지나치게 열었을 경우
- 1차 공기가 너무 많아 혼합기체의 양이 많은 경우
- 가스의 공급압력이 지나치게 높은 경우
- 버너 내의 압력이 높아져 가스가 과다 유출된 경우
- 공기 및 가스의 양이 많아져 분출량이 증가한 경우
- 콕이 충분하게 열리지 않는 경우
- 노즐이 줄어들거나 버너의 염공이 작거나 막혔을 경우
- 버너가 낡고 염공이 막혀 염공의 유효면적이 작아져 버너 내압이 높게 되어 분출속도가 빠르게 되는 경우

④ 황염(Yellow Tip)

㉠ 불꽃의 색이 황색으로 되는 현상으로, 염공에서 연료가스의 연소 시 공기량의 조절이 적정하지 못하여 완전연소가 이루어지지 않을 때 발생한다.

㉡ 황염의 원인 : 1차 공기의 부족

⑤ 블로오프(Blow Off)

㉠ 개 요

- 불꽃의 주위, 특히 불꽃의 기저부에 대한 공기의 움직임이 세지면 불꽃이 노즐에 정착하지 않고 떨어져 꺼지는 현상이다.
- 선화 상태에서 다시 분출속도가 증가하여 결국 화염이 꺼지는 현상이다.
- 주위 공기의 움직임에 따라 불꽃이 날려서 꺼지는 현상이다.

㉡ 블로오프의 원인 : 연료가스의 분출속도가 연소속도보다 클 때

⑥ 탄화수소계 연료에서 연소 시 발생하는 검댕이(미연소분)

㉠ 불포화도가 클수록 많이 발생한다.

㉡ 많이 발생하는 순서 : 나프탈렌계 > 벤젠계 > 올레핀계 > 파라핀계

핵심예제

3-1. 기체연료 연소 시 발생 가능한 이상현상을 4가지만 쓰고 간단히 설명하시오. [2020년 제4회]

3-2. 보일러 연소 시의 이상현상 중의 하나인 역화(Back Fire)의 원인을 5가지만 쓰시오. [2017년 제2회]

3-3. 공기의 저항이 너무 세져서 불꽃의 주위, 특히 불꽃의 기저부에 대한 공기의 움직임이 지나쳐서 화염이 소멸되는 현상의 명칭을 쓰시오. [2011년 제4회]

|해답|

3-1

① 역화(Back Fire) : 연료 연소 시 연료의 분출속도가 연소속도보다 느릴 때 불꽃이 염공 속으로 빨려 들어가 혼합관 속에서 연소하는 현상
② 선화(Lifting) : 염공에서 연료가스의 분출속도가 연소속도보다 빠를 때 불꽃이 염공 위에 들뜨는 현상
③ 황염(Yellow Tip) : 염공에서 연료가스의 연소 시 공기량의 조절이 적정하지 못하여 완전연소가 이루어지지 않을 때 불꽃의 색이 황색으로 되는 현상
④ 블로오프(Blow Off) : 염공에서 연료가스의 분출속도가 연소속도보다 빠를 때 주위 공기의 움직임에 따라 불꽃이 날려서 꺼지는 현상

3-2

역화(Back Fire)의 원인

① 가스의 분출속도보다 연소속도가 빨라질 경우
② 가스압력이 지나치게 낮을 때
③ 1차 공기가 적을 때
④ 혼합기체의 양이 너무 적은 경우
⑤ 노즐, 콕 등 기구밸브가 막혀 가스량이 극히 적어지는 경우

3-3

블로오프(Blow Off)

핵심이론 04 보일러의 손상 및 대책

① 보일러 손상의 분류

㉠ 과 열

㉡ 팽출, 압궤, 만곡

㉢ 균 열

㉣ 래미네이션, 블리스터

㉤ 가성취화

㉥ 내부 부식 : 점식, 전면 부식, 구상 부식, 알칼리 부식

㉦ 외부 부식 : 일반 부식, 저온 부식, 고온 부식

㉧ 기타 손상 : 이완 및 누설, 내화벽돌의 탈락 및 소손 등

② 과 열

㉠ 개 요

- 보일러 운전 중 보일러판이나 관의 온도는 내부 보일러수의 포화온도보다 30~50K[℃]가량 높은 것이 일반적인데 연소가스가 직접 닿는 곳은 포화온도보다 100K[℃] 높다.
- 예를 들면, 증기압력이 1[MPa]일 때 보일러수의 포화온도는 456[K](183[℃])이므로 보일러 전열면의 온도는 486~506[K](213~233[℃]) 정도이다.
- 보일러는 일반적으로 저탄소강을 사용하므로 강재의 온도가 473~573[K](200~300[℃])일 때 최고인장강도는 50[kgf/mm^2]이지만, 강재의 온도가 773[K](500[℃]) 정도 되면 인장강도는 1/2 이하로 감소한다.
- 1,023~1,073[K](750~800[℃]) 이상으로 상승 시에는 재질의 결정립 변화가 두드러져 버닝 상태가 되며, 이것을 소변이라고 한다.
- 보일러 판은 643[K](370[℃]) 정도까지가 안전온도로 되어 있어 증기압력이 10[MPa]일 때 포화수의 온도는 583[K](310[℃])이므로 전열이 정상일 때 판의 온도는 633[K](360[℃])이므로 안전하다.

㉡ 과열의 원인

- 보일러 내에 스케일이 부착된 경우
- 보일러 내에 유지분이 부착된 경우
- 보일러수의 순환이 좋지 않은 경우(수관의 격벽 파손 시)
- 국부적으로 복사열을 받는 경우
- 다량의 불순물로 인해 보일러수가 농축된 경우
- 국부적으로 화염이 세차게 충돌하는 경우
- 증기 기포의 이탈이 나쁜 경우
- 보일러 수위가 너무 낮을 경우

㉢ 과열의 방지대책

- 보일러 내에 스케일이나 슬러지, 유지분이 부착되지 않도록 급수관리를 하고, 보일러수의 블로어나 내부 청소 등을 철저히 해야 한다.
- 연소 시 화염이 전열면에 직접 닿지 않도록 연소장치에 대한 관리를 철저히 해야 한다(연소장치의 변경 시 특히 주의).
- 보일러수의 순환을 교란시킬 수 있는 2차 연소, 격벽 탈락, 냉공기 누입, 슬러지 탈락 및 누적 등의 요인을 제거한다.
- 보일러수가 안전수위 이하가 되지 않도록 급수 자동제어장치에 철저한 관리와 항시 수위를 감시하도록 해야 한다.
- 보일러가 과열되면 즉시 전원을 차단하고 서서히 냉각시킨다. 이때 급수하면 보일러가 폭발할 우려가 있으므로 절대로 급수를 하면 안 된다.
- 보일러수를 농축시키지 말아야 한다.

③ 팽출, 압궤, 만곡

㉠ 팽 출

- 과열로 인하여 심하게 강도가 저하된 부분이 보일러의 압력에 견디지 못하여 바깥쪽으로 부풀어 오르는 현상이다.
- 팽출은 동체, 수관, 노통 보일러의 갤러웨이관(횡관)처럼 인장력을 받는 부분에 생기기 쉽다.

ⓛ 압궤(Collapse)
- 과열로 인하여 강도가 심하게 저하된 부분이 보일러의 압력에 견디지 못하여 안쪽으로 오므라들고 눌려 찢어지는 현상이다.
- 압궤는 노통 상부, 화실 천장, 연관 등 압축력을 받는 부분에 잘 생긴다.

ⓒ 만 곡
- 만곡은 고온이나 압력을 받은 부분이 휘어지는 현상이다.
- 만곡은 보일러의 저수위 시 연관에 많이 발생된다.
- 과열기는 항상 고온을 받으므로 전체가 만곡되는 경우가 있다.
- 설계·공작 불량으로 인해 사용압력에 견디지 못하여 생길 수 있다.

ⓔ 팽출, 압궤, 만곡의 방지대책
- 과열되지 않도록 주의한다.
- 안전수위관리를 철저히 한다.
- 무리하게 가동하지 않는다.

④ 균 열

㉠ 개 요
- 보일러 강재가 증기압력이나 온도 등에 의하여 신축작용을 장시간 반복해서 받으면 열화되어 인장력이 약화되고, 결국 그 부분에 금이 가거나 갈라지는 균열(Crack)이 발생한다.
- 인접한 리벳구멍과 리벳구멍 사이에 연속하여 균열이 생기는 것을 심립스(Seam Lips)라고 한다.
- 길이 이음부에 생기는 심립스는 이음부의 강도를 약화시켜 보일러 본체의 파열을 초래한다.

ⓛ 균열의 발생원인
- 리벳이음부의 판 끝 또는 리벳구멍 사이
- 전열면측 이음부, 외부 연소 횡 연관 보일러의 동체 하부 둘레의 이음부
- 노통 플랜지의 판 끝 또는 리벳구멍 부위
- 연관 보일러 관판의 관구멍 사이
- 직립형 보일러의 아궁이 부분 화실판
- 수관 드럼구멍 부위
- 연관의 관판구멍 부위
- 관구멍이나 급수구 부위
- 거싯 스테이, 봉 스테이, 스테이 볼트 부착 부위
- 용접이음부의 용착철 또는 그 경계선 등

ⓒ 균열의 방지대책
- 급랭, 급열을 반복하는 운전을 하지 않아야 한다.
- 과열이 발생하지 않도록 한다.
- 설계·제작 불량의 경우, 메이커나 시공업자에게 바로 알려 시정조치하도록 한다.

⑤ 래미네이션, 블리스터

㉠ 개 요
- 래미네이션 : 강판, 강관이 기포에 의해 내부에서 두 장 이상으로 분리되는 현상이다.
- 블리스터 : 래미네이션 발생 후 가열로 인하여 부분적으로 혹처럼 부풀어 오르는(팽출하는) 현상이다.
- 래미네이션은 두 장의 판 모양으로 되어 있어 열전도율이 나쁘고 고온으로 가열되면 팽창하여 블리스터가 되는데, 더욱 심해지면 그 부분이 갈라진다.

ⓛ 래미네이션, 블리스터 발생 부위 : 보일러 본체나 노통판, 화실판, 수관, 연관 등

ⓒ 래미네이션, 블리스터 발생의 주요원인은 재료 내 잔재 가스로 인해 발생된 블로홀(Blow Hole)이다.

⑥ 가성취화(Caustic Embrittlement)

㉠ 개 요
- 보일러수 내에 농축된 강알카리의 영향으로 철강조직이 취약해지고, 입계균열을 일으키는 현상이다.
- 고압, 고온의 리벳 보일러에서 발생하는 응력 부식 균열의 일종이다.

- 알칼리성분이 가열에 의해 농축되고, 이 알칼리와 이음부 등의 반복응력의 영향으로 재료의 결정립계에 따라 균열이 생기는 열화현상이다.
- 알칼리도가 높아져서 나타나는 현상이다.
- 물리적, 화학적으로 양호한 철판에도 생길 수 있다.
- 발생 가능 부위 : 리벳과 리벳 사이, 주로 인장응력을 받는 이음부, 리벳이음판의 중첩부 틈새 사이, 리벳 머리의 아래쪽, 관구멍 등 응력이 집중하는 곳의 틈이 많은 곳

ⓛ 가성취화의 특징
- 보일러 관의 늘어남은 없다.
- Na, H 등이 강재의 결정립계에 침입한다.
- 외견상 부식성이 없다.
- 방향은 불규칙적이다.
- 극히 미세한 불규칙적인 방사상 형태이다.
- 용접 보일러에서는 거의 발생하지 않는다.

ⓒ 가성취화 방지대책
- 리벳이음부나 부착부를 아주 엄밀하게 제작하여 보일러수가 침입할 것 같은 틈새를 만들지 않는다.
- 보일러수의 알칼리도가 제한값을 넘지 않도록 한다.

⑦ 내부 부식

㉠ 내부 부식의 종류 : 점식, 전면 부식, 구식, 알칼리 부식

ⓛ 내부 부식의 발생원인
- 급수 중에 유지류, 산류, 탄산가스, 산소, 염류 등의 불순물이 함유된 경우
- 강재 속에 함유된 유황분이나 인분이 온도 상승과 더불어 산화되거나 이외의 원인으로 녹이 생긴 경우
- 보일러수의 pH가 저하된 경우
- 강재의 수축 표면에 녹이 생겨서 국부적으로 전위차가 발생하여 전류가 흐르는 경우
- 보일러 재료에 부분적으로 온도차가 생겨서 고열부가 양극이 되어 열전류가 발생하는 경우
- 공작 불량 또는 구조상 부분적으로 큰 왜곡이 생겨서 국부적으로 전위차가 발생하여 전류가 흐르는 경우
- 누전으로 인하여 일반 전기배선에 장시간 전류가 흐르는 경우
- 특히 고온 부분의 보일러 재료에서 어느 개소에 과열증기가 접촉하여 증기분해를 일으킨 경우
- 강재가 다른 금속과 접촉되었을 때 전류가 흘러 양극으로 된 금속이 부식한 경우, 강은 청동이나 동 등에 대하여 양극이 된다. 이 작용은 온도 상승과 함께 왕성해진다.

ⓒ 점식(Pitting)
- 개 요
  - 점식은 물속의 용존산소나 탄산가스에 의한 부식이며, 공식이라고도 한다.
  - 점식은 어느 한 부분이 계속 상대적 양극으로 작용하는 국부전지의 작용에 의해 구멍 모양으로 진행하는 부식이다.
  - 보일러수에 접하는 보일러판에 좁쌀알, 쌀알, 콩알 크기로 점이 생기는 곰보 같은 부식이다.
  - 동체(드럼), 경판, 노통 등의 판면은 물론, 관면 등 보일러 내면의 각부에 걸쳐서 가장 발생하기 쉬운 부식이다. 특히, 보일러수의 유속이 느린 곳이나 반대로 증발이 특히 왕성한 곳 또는 직립형 보일러의 굴뚝관 등 화염의 부딪침이 격심하고 고열되기 쉬운 곳의 물 경계부 등에서 많이 발생한다.

- 점식이 발생하는 주원인 : 보일러수 중에 잔류된 용존산소, 탄산가스
  - 점식은 수면 부근에 발생하기 쉬운데, 이것은 수면 부근에는 보일러 수에서 방출된 가스(탄산가스나 산소)가 정체하기 쉽기 때문이다.
- 점식의 특징
  - 진행속도가 빠르다.
  - 스테인리스강에서 흔히 발생된다.
  - 양극반응의 독특한 형태이다.
  - 보일러 동의 저부, 재료 표면의 성분이 고르지 못한 곳에 발생하기 쉽다.
- 점식 방지대책
  - 적합한 재료를 잘 선택한다.
  - 용존산소를 제거한다.
  - 아연판을 매단다.
  - 내면에 도료를 칠한다.
  - 브리징 스페이스를 크게 한다.
  - 급수를 예열하거나 탈기하거나, 하이드라진 같은 약제를 사용하여 탈산소하는 등 부식성 물질을 제거한다.

㉣ 전면 부식

- 전면 부식은 일반 쇠약 또는 전반 부식이라고도 하며, 매우 넓은 면적 전체에 걸쳐서 같은 모양으로 부식하는 것이다. 일반적으로 점식이 세월의 흐름에 따라 진행되어 서로 연결되어서 결국에는 전면 부식으로 이르는 경우가 많다.
- 점식과 마찬가지로 어느 곳에서나 발생하는데, 특히 화염이 심하게 닿는 면에 쉽게 발생한다. 또 전면 부식의 발생원인은 점식의 원인 외에도 특히 보일러수 중의 산류(유리산 등)나 부식성 염류, 특히 염화마그네슘($MgCl_2$)에 의해서 생기는 경우가 많다.
- 전면 부식을 방지하기 위해서는 점식의 경우와 동일한 예방조치를 취하는 동시에 산류나 부식성 염류 및 이들의 성분이 보일러수 중에 함유되지 않도록 물에 대한 처리를 해야 한다.

㉤ 구식(Grooving)

- 개 요
  - 구식은 강재의 팽창·수축에 따른 피로에 의한 전기적 또는 화학적 작용으로 발생된 부식으로, 구상 부식이라고도 한다.
  - 부식 단면에 V형 또는 U자형의 도랑 모양의 홈이 생기는 부식이다.
  - U자형은 외관적으로 부식의 시작이 크기 때문에 매우 위험하다고 생각되지만 진행 깊이를 판정하기는 쉽다.
  - V자형은 그 외관상으로는 부식의 시작이 좁기 때문에 위험하지 않다고 생각하기 쉽지만, 진행 깊이를 판정하기가 어려우며, 매우 위험성이 큰 것으로 열식이라고도 한다. 구식도 부식인 것은 틀림없지만, 부식뿐만 아니라 균열과 합쳐진 것이다.
- 구식의 발생 부위
  - 입형 보일러 화실 천장판의 연돌관이 부착되는 플랜지의 만곡부
  - 노통 보일러 경판과 노통이 접합되는 부분
  - 거싯 스테이(Gusset Stay) 부착부
  - 리벳이음판의 가장자리
  - 접시형 경판의 구석 둥근 부분
  - 경판에 뚫린 급수구멍
  - 노통과 경판이 접합된 만곡부 및 애덤슨 조인트 만곡부
- 구식의 방지대책
  - 구조상의 결함을 시정한다.
  - 심한 부하변동을 피한다(증기압력이나 온도의 상하 또는 연소량의 변동은 되도록 작게 한다).

- 재료의 온도가 급격하게 변화하지 않도록 한다.
- 브리징 스페이스를 크게 한다.
- 노통 플랜지 둥근 부분의 굽힘 반경을 크게 한다.
- 열응력을 크게 받지 않도록 한다.
- 보일러의 냉각, 냉열 등과 같은 무리한 조작을 삼간다.
- 정확한 수처리를 하여 부식성 유해물을 제거하고, 스케일을 부착시키지 않는다.
- 보일러 사용상 구식이 발생하기 쉬운 곳에는 되도록 화염이 직접 닿지 않도록 방호 등의 조치를 취한다.

ⓗ 알칼리 부식

- 개 요
  - 알칼리 부식은 경막온도차(보일러수와 관 내벽과의 온도차)가 큰 부위에서 보일러수의 비등이 급격하게 일어나 보일러수 중에 존재하는 유리된 알칼리가 잔사로 농축되어 발생하는 부식이다.
  - 열점(Hot Spot) 부위에서 증발관 내의 물이나 증기의 관벽 사이의 온도차가 큰 곳에서 발생되기 쉽다.
  - 발생 부위 : 점식이 일어난 부위, 용접 불량에 의한 요철 부위, 이물질 존재 부위, 관 외면에 러그(Lug), 핀(Fin)이 부착된 곳 등
- 특 징
  - 관 외면은 변색되지 않는다.
  - 섬식이 군집된 현상으로 나타나는 경우가 많다.
  - 외경이 팽출된다.
  - 선단 두께가 두꺼워진다.
  - 수소취화의 양상과 비슷하다.
- 방지대책 : 보일러수의 pH가 13 이상 올라가지 않도록 한다.

⑧ 외부 부식

㉠ 외부 부식의 일반사항

- 외부 부식은 분별하기 쉽지 않아서 넓고 깊게 부식이 진행될 때까지 간과하기 쉽다.
- 직립 보일러나 노통 연관 보일러는 그 구조상 굴뚝에서 빗물이 들어가기 쉽고, 노통 보일러나 수관식 보일러는 연도 등을 지면상에 설치하는 경우가 많아 그만큼 용수나 지하수가 스며들기 쉽다.
- 보일러는 분출관의 설치부, 연관이나 수관 등의 관류 설치부 또는 각 구멍의 뚜껑 부착부 등의 설치 불량으로 인하여 미세한 틈 사이에 수분이 고이기 쉽다.
- 패킹 불량이나 조임 불량, 수관의 드럼 관구멍에서의 확관 불량, 관판의 연관 삽입 불량 등 이들 부분에서 증기나 보일러수가 누출되거나 수트블로어 사용 시 증기 누출 등 노 내나 연도 내의 습기 누입이 외부 부식의 주원인이 된다.

㉡ 외부 부식의 발생원인

- 빗물, 지하수 등에 의한 보일러 외면의 습기나 수분에 의한 작용
- 증기나 보일러 수 등의 누출로 인한 습기나 수분에 의한 작용
- 보일러의 이음부나 맨홀, 청소구, 수관 등에서의 물 누설
- 연료 내에 존재하는 황분, 회분
- 재나 회분 속에 함유된 부식성 물질(바나듐분 등)에 의한 작용
- 연소가스 속의 부식성 가스(아황산가스 등)에 의한 작용
- 연소가스 속의 수증기(연료 속의 수소분은 연소하여 수증기가 된다)에 의한 작용

㉢ 일반 부식

- 보일러의 일반 부식은 어느 정도 면적이 있는 부식 및 국부적 부식이다.

• 보일러 내면의 순수한 철을 순수한 물에 넣으면 순수한 철과 순수한 물이 반응하여 철 표면에 수산화 제1철[$Fe(OH)_2$]이라는 화합물이 생성된다. 이것이 얇은 막으로 피복되어 표면이 안정화되므로 부식현상이 발생하지 않는다. 그러나 여기에 용존산소가 포함된 물이 첨가되면 철 표면의 안정된 피복물질은 산화반응에 의하여 수산화 제2철[$Fe(OH)_3$]이라는 화합물이 생성 및 침전되어 부식이 발생한다.
• 보일러수 내에 용존산소가 존재하면 철재 보일러의 내부가 부식되고 침전물이 생성된다.

㉣ 저온 부식

• 개 요
  - 저온 부식은 연료 중에 포함된 유황분이 연소되어 가스로 변하였다가 절탄기, 공기예열기 등 출구쪽의 금속 표면온도가 노점 이하인 부위에서 응축하여 급속히 발생되는 부식이다.
  - 저온 부식은 황분이 많은 연료연소 시 폐열회수장치인 절탄기나 공기예열기에서 배기가스의 온도가 150[℃] 이하로 하강할 때 황산이 발생하여 전연면의 강재를 침식시키는 부식이다.
  - 연료 중 황(S)성분이 연소되어 아황산가스(SO_2)가 되고 일부는 무수황산(SO_3)이 되며 이것이 150[℃] 정도 저온의 수증기(H_2O)와 화합하여 황산(H_2SO_4)증기가 되어 산노점(연소가스 중 황산증기가 응축되는 온도)에 이르게 되면 금속 표면에서 응축되어 전열면을 부식시킨다.

• 특 징
  - 외면은 변색되지 않는다.
  - 외경이 가늘어진다.
  - 두께가 줄어든다.
  - 외면 스케일은 습윤하며 황성분이 많다.

• 저온 부식의 방지대책
  - 과잉공기를 적게 하여 배기가스 중의 산소를 감소시키고 배기가스 온도를 올린다.
  - 연소 배기가스의 온도를 너무 낮지 않게 한다.
  - 절탄기, 공기예열기의 배기가스 온도를 황의 노점온도 이상으로 유지한다.
  - 연료첨가제(수산화마그네슘)를 사용하여 황의 노점온도를 낮춘다.
  - 연료 중의 황성분을 제거한다.
  - 유황분을 제거하기 위한 연료 전처리를 실시한다.
  - 저유황 중유를 사용한다.
  - 배기가스 중의 산소함유량을 낮추어 아황산가스의 산화를 제한한다.
  - 절연면에 내식재료를 사용하거나 전열면을 내식재료로 피복(보호피막처리)한다.

㉤ 고온 부식

• 개 요
  - 고온 부식은 바나듐산화물에 의해 전열면 등에서 일어나는 부식이다.
  - 고온 부식은 연료(특히 중유)에 함유된 바나듐이 500[℃] 이상에서 산소와 화합하여 생성된 바나듐산화물인 오산화바나듐(V_2O_5)이 고온부 과열기, 재열기의 전열면 등에서 용융 및 부착되어 발생하는 부식이다.
  - 연소 시 고온 부식의 주원인이 되는 연료성분은 바나듐이다.
  - 회(灰)의 부착으로 인하여 고온 부식이 잘 생기는 곳은 과열기다.
  - 연료 중 황분의 산화에 의해서 일어난다.
  - 연료의 연소 후 생기는 수분이 응축해서 일어난다.
  - 연료 중 수소의 산화에 의해서 일어난다.

- 특 징
  - 곰보 형상으로 발생된다.
  - 외경이 가늘어진다.
  - 두께가 줄어든다.
  - 외면 스케일에 V, Na, Fe 등의 함량이 많다.
- 고온 부식의 방지대책
  - 연료에 첨가제를 사용하여 바나듐의 융점을 높인다.
  - 연료를 전처리하여 바나듐, 나트륨, 황분을 제거한다.
  - 전열면의 온도를 설계온도 이하로 유지한다.
  - 연소가스를 550[℃] 이하의 낮은 온도로 유지한다.
  - 절연면에 내식재료를 사용하거나 전열면을 내식재료로 피복(보호피막처리)한다.

⑨ 기타 손상

㉠ 이완 및 누설

- 동체, 경판, 관판 등의 리벳 조인트나 관의 확관 또는 나사 설치부, 부속품의 설치부 등이 느슨해져서 누설되는 경우가 있다.
- 누설되는 곳에는 염분형의 작은 덩어리가 부착되어 있다. 누설이나 이완을 방치하면 균열이나 절단 또는 이탈, 나아가서는 파열과 같은 큰 사고로 연결되기 때문에 외부 부식을 점검할 때는 이것도 함께 점검할 필요가 있다.
- 계속사용안전검사나 조립 등의 경우에는 가능한 한 수압시험을 실시하여 이러한 점도 확인한다.
- 과열기의 과열관, 수관 보일러의 헤더나 수관 등은 고온 연소가스에 닿고 있기 때문에 과열 소손이나 만곡을 일으키기 쉽다. 수관군 중에서도 가장 먼저 연소가스와 접촉하는 곳이나 곡관의 경우는 하부 곡부에 스케일이 쌓이기 쉬우며, 25[mm] 이상 만곡된 경우에는 이를 교환해야 한다.
- 수관은 이외에도 고온 연소가스가 고속으로 통과하여 마모되기 쉽다. 또한 수트블로어에 의하여 외면이, 튜브 클리너에 의한 청소에 의하여 내면이 마모되기 쉬우므로 이 점도 주의해야 한다. 수관이 부식이나 마모 등으로 인하여 일정하게 얇아진 경우에는 그 수관을 빼내어 중량을 측정해서 새로운 수관과 비교하여 20[%] 이상 중량이 감소되었으면 교환해야 한다.
- 드럼 내부의 스테이나 급수 내관, 물막이관, 기수분리기 등 내면 설치부의 헐거움도 손상이나 사고의 원인이 되므로, 조립 시나 안전검사 시에는 이를 잘 점검하여 시정해야 한다. 이완은 무리한 설치나 공작 불량과 급랭·급열이나 부하 과대에 기인하기 때문에 피해야 한다.

㉡ 내화벽돌의 탈락 및 소손

- 벽돌 손상의 종류
  - 내화벽돌이 열의 변화로 인하여 물러져서 부서지거나 깨지는 스폴링(Spalling)
  - 강력한 화염이나 연소가스가 닿는 곳에서 일어나기 쉬운 소손이나 원형의 감소
  - 연소가스측(내측)과 외기측(외측)과의 현저한 온도차에 의한 급랭·급열 등의 부동팽창에 의하여 내화벽돌 벽이 보통벽돌로부터 이탈, 팽창, 탈락, 붕괴하거나 벽돌 벽의 일부 또는 전면적인 균열이나 틈이 생기는 것 등
- 아치(특히 착화 아치), 벽면, 보일러 벽(특히 외연 보일러의 노벽)이 탈락하거나 붕괴되면 보일러의 사용이 완전히 불가능해지며, 틈이 생기거나 균열이 생기면 냉공기(외기)의 침입(가압연소의 경우에는 연소가스의 분출), 연소가스의 단락이 원인이 되어 2차 연소를 일으켜서 보일러수의 순환을 교란시키거나 보일러의 과열이라는 폐단을 가져온다.

- 벽돌 시설물이나 벽에 생긴 이상을 방치해 두면 보일러의 손상이나 사고 발생의 원인이 되므로 기회가 있을 때마다 이 부분의 점검을 잊어서는 안 된다.
- 고온 연소가스에 접촉되는 부분의 내화벽돌면은 표면이 백색 또는 이에 가까운 색깔을 띤다. 만약 일부가 흑색이나 그을음 색을 띠면 밖으로부터 냉기를 흡입하고 있다는 증거이므로, 이를 시정해야 한다. 일반적으로 이음이 없어진 부분이나 만곡부에 많다.
- 그을음 색 일부에 연한 색깔 부분이 있으면 그 부근에서 2차 연소를 일으킨 것이므로, 연도 내에서 2차 연소를 일으킨 흔적이 없는가를 살펴보아야 한다. 비교적 저온부의 연도 벽면이 소손되어 있거나 회분이 용착되어 있는 것은 2차 연소의 흔적이다.
- 지면 아래 등에서 습기가 차기 쉬운 부분의 내화벽돌은 변질되기 쉬운데 표면을 두들겨 보아서 모래 같은 상태에 이르렀으면 조기에 수리해야 한다.

핵심예제

4-1. 팽출(Bulge)과 압궤(Collapse)에 대하여 각각 간단하게 정의하시오. [2018년 제1회]

4-2. 보일러에서 발생하는 압궤현상의 원인 및 방지법을 3가지만 쓰시오. [2011년 제1회]

4-3. 보일러 및 열사용설비에 발생하는 부식에는 일반 부식, 알칼리 부식, 점식 등이 있다. 이들의 특성을 각각 간단히 설명하시오. [2018년 제4회]

4-4. 보일러 일반 부식에 관한 다음의 설명에서 ( ) 안에 알맞은 내용을 써넣으시오. [2009년 제1회]

> 보일러 철 표면은 항상 물과 접촉하기 때문에 철 표면에서 철이 녹아 나와서 $Fe \rightarrow Fe^{2+} + 2e^-$으로 되며 또한 물은 극히 일부분이 전리되어 $2H_2O \rightarrow H_3O^+ + OH^-$로 되고 $Fe^{2+} + 2OH^-$와 결합해서 (①)을(를) 침전시킨다. $Fe^{2+} + 2OH^- \rightarrow Fe(OH)_2$, 즉 물의 (②)이(가) 낮아서 약산성이 되면 철 표면에서 물이 녹아 나온다. 그러나 물에 산소가 녹아 있으므로 산화되어 (③)(으)로서 침전물이 생긴다. 높은 온도에서 (④)은(는) 분해해서 쉽게 사산화삼철(사삼산화철, Fe_3O_4), 즉 흔히 말하는 쇳녹으로 되어 표면이 들고 일어나는 현상이 생긴다.

4-5. 보일러에서 발생 가능한 일반 부식에 대한 다음의 설명 중 ( ) 안에 알맞은 용어를 써넣으시오.

[2016년 제4회, 2019년 제2회, 2022년 제1회]

> 보일러의 일반 부식은 어느 정도 면적이 있는 부식 및 국부적 부식이다. 보일러 내면의 순수한 철을 순수한 물에 넣으면 순수한 철과 순수한 물이 반응하여 철 표면에 (①)(이)라는 화합물이 생성되어 이것이 얇은 막으로 피복되어 표면이 안정화되므로 부식현상이 발생하지 않는다. 그러나 여기에 용존산소가 포함된 물이 첨가되면 철 표면의 안정된 피복 물질은 산화반응에 의하여 (②)(이)라는 화합물이 생성 및 침전되어 부식이 발생된다. 즉, 보일러수 내에 용존산소가 존재하면 철재 보일러의 내부가 부식되고 침전물이 생성된다.

4-6. 저온 부식에 대하여 간단히 설명하시오. [2011년 제2회]

4-7. 다음의 보일러에서 발생 가능한 저온 부식에 대한 설명을 읽고 ①~⑤에 알맞은 내용을 써넣으시오. [2021년 제1회]

> 연료 중의 황성분이 연소되어 (①)이(가) 되고 이것이 (②)의 촉매작용에 의하여 과잉공기와 반응하여 (③)이(가) 되고 이것은 연소가스 중의 (④)와(과) 화합하여 (⑤)이(가) 되어 저온 부식을 일으킨다.

핵심예제

4-8. 다음의 연소가스에 의한 보일러의 부식에 대한 설명을 읽고 질문에 답하시오.

[2015년 제4회 유사, 2020년 제1회, 2022년 제2회]

> 배기가스에 의한 이 부식은 주로 전열면의 온도가 낮을 경우 결로현상이 생기게 되며 이때 연소가스 성분 중 황(S)이 결로 되어 있는 수분(H_2O)과 결합하여 황산(H_2SO_4)으로 되어 급격한 부식이 진행된다. 따라서 폐가스성분 중에 황(S)이 얼마나 포함되어 있느냐에 따라 이 부식이 발생되는 온도가 많은 차이가 있다. 즉, 황(S) 성분이 적을수록 이 부식이 발생되는 온도가 낮아 이 부식이 발생될 가능성은 낮아진다.

(1) 이 부식의 명칭을 쓰시오.
(2) 이 부식의 방지대책을 4가지만 쓰시오.

4-9. 보일러에서 발생 가능한 부식에 대한 다음의 질문에 답하시오.

[2013년 제2회 유사, 2018년 제2회]

(1) 고온 부식, 저온 부식이 발생할 수 있는 장치를 각각 2가지씩만 쓰시오
(2) 고온 부식을 발생시키는 원소 2가지를 쓰시오.
(3) 고온 부식의 방지방법을 4가지만 쓰시오.

4-10. 저온 부식 및 고온 부식의 방지방법을 각각 4가지씩만 쓰시오.

[2018년 제1회]

(1) 저온 부식의 방지방법
(2) 고온 부식의 방지방법

|해답|

4-1

① 팽출(Bulge) : 수관, 횡관 등에 부착된 스케일에 의한 과열 발생으로 인한 인장응력으로 인하여 부동팽창이 발생되어 관이 외부로 부풀어 올라 변형되는 현상
② 압궤(Collapse) : 노통, 연관이 저수위 사고나 스케일에 의한 과열로 압축응력이 발생되어 내부로 오므라들어 변형을 일으키는 현상

4-2

(1) 압궤현상의 원인
① 전열면의 과열
② 스케일 및 유지분 부착
③ 저수위 사고
④ 노통, 화실, 연관의 과열
(2) 압궤현상의 방지법
① 과열을 방지한다.
② 스케일이나 유지분 부착을 방지한다.
③ 이상 저수위 사고를 방지한다.
④ 노통, 화실, 연관의 과열을 방지한다.

4-3

(1) 일반 부식 : 금속면에 일정한 양식으로 발생되는 부식으로서, 부식 생성물의 성상과 환경조건에 따라 부식 생성물질이 발생면에 부착하거나 부착하지 않고 흘러 지나가면서 금속면을 노출시키는 경우가 있다. 이런 부식은 일반적으로 강하게 발생하지는 않으나 부식 생성물로 인하여 2차 부식의 원인을 제공한다.
(2) 알카리 부식 : 고온수에서 알칼리 농도가 높아 pH가 12 이상의 강알칼리성으로 될 경우 철의 산화물을 용해하는 경향이 강하기 때문에 알칼리 부식을 발생시킨다. 이 부식은 주로 보일러 내부나 과열관, 열사용설비 등의 내면에 발생한다. 수산화물[$Fe(OH)_2$]은 국부적으로 집중된 수산화나트륨과 반응하여 가용성의 Na_2FeO_2(Sodium Ferrite)를 생성하여 알칼리 부식이 진행된다.
$Fe(OH)_2 + 2NaOH \rightarrow Na_2FeO_2 + 2H_2O$
$Fe + 2NaOH \rightarrow Na_2FeO_2 + H_2$
(3) 점식 : 국부적으로 깊이 발생하는 부식으로, 일정범위에 약간만 발생하더라도 부식이 깊어지기 때문에 기계적 강도를 직접 저하시킬 위험성이 큰 부식이다.

4-4

① 수산화 제1철
② pH
③ 수산화 제2철
④ 수산화 제1철

4-5

① 수산화 제1철[$Fe(OH)_2$]

② 수산화 제2철[$Fe(OH)_3$]

4-6

저온 부식은 황분이 많은 연료연소 시 폐열회수장치인 절탄기나 공기예열기에서 배기가스의 온도가 150[℃] 이하로 하강할 때 황산이 발생하여 전연면의 강재를 침식시키는 부식이다.

4-7

① 아황산가스(SO_2)

② 오산화바나듐(VO_5)

③ 무수황산(SO_3)

④ 수증기(H_2O)

⑤ 황산(H_2SO_4)증기

4-8

(1) 부식의 명칭 : 저온 부식

(2) 저온 부식의 방지대책

① 과잉공기를 적게 하여 연소한다.

② 연료 중의 황성분을 제거한다.

③ 연료첨가제(수산화마그네슘)을 이용하여 노점온도를 낮춘다.

④ 연소 배기가스의 온도를 너무 낮지 않게 한다.

4-9

(1) 고온 부식, 저온 부식이 발생할 수 있는 장치

① 고온 부식 발생 가능 장치 : 과열기, 재열기

② 저온 부식 발생 가능 장치 : 절탄기, 공기예열기

(2) 고온 부식 발생 원소 : 바나듐(V), 나트륨(Na)

(3) 고온 부식의 방지방법

① 연소가스의 온도를 낮게 한다.

② 고온의 전열면에 내식재료를 사용한다.

③ 연료에 첨가제를 사용하여 바나듐의 융점을 높인다.

④ 연료를 전처리하여 바나듐, 나트륨 등을 제거한다.

4-10

(1) 저온 부식의 방지방법

① 과잉공기를 적게 하여 연소한다.

② 연료 중의 황성분을 제거한다.

③ 연료첨가제(수산화마그네슘)을 이용하여 노점온도를 낮춘다.

④ 연소 배기가스의 온도를 너무 낮지 않게 한다.

(2) 고온 부식의 방지방법

① 연소가스의 온도를 낮게 한다.

② 고온의 전열면에 내식재료를 사용한다.

③ 연료에 첨가제를 사용하여 바나듐의 융점을 높인다.

④ 연료를 전처리하여 바나듐, 나트륨 등을 제거한다.

핵심이론 05 보일러의 이상현상 및 트러블

① 캐비테이션(Cavitation, 공동현상)

㉠ 정의 : 빠른 속도로 유체가 흐르면서 유체 내부의 압력이 낮아져 공동(Cavity, 거품)이 급격히 발생하는 현상으로, 보일러용 급수펌프에서 발생할 수 있다.

㉡ 캐비테이션의 영향 : 소음과 진동 증가, 임펠러 파손, 펌프 수명 저하

㉢ 캐비테이션의 발생원인

- 흡입양정이 지나치게 큰 경우
- 흡입관의 저항이 큰 경우
- 유량의 속도가 빠른 경우
- 관로 내의 온도가 상승되었을 때

㉣ 캐비테이션의 방지책

- 양흡입펌프를 사용한다.
- 펌프 설치 대수를 늘린다.
- 펌프 설치 위치를 낮추어 흡입양정을 낮춘다.
- 펌프 임펠러 회전수를 낮춘다.
- 수직축 펌프를 사용하여 임펠러를 수중에 완전히 잠기게 한다.

② 수격작용(Water Hammering)

㉠ 정의 : 관로 속을 가득 차 흐르는 물 등의 유체 흐름이 갑자기 멈추거나 방향이 바뀌거나 유체속도를 급격히 변화시켰을 때 생기는 순간적인 압력 변화로 인해 관에 타격을 주는 작용으로, 밸브의 급격한 개폐, 기체의 혼입 등에 의하여 발생하는 이상현상이다. 배관 내부에 체류하는 응축수가 송기 시 고온·고압의 증기에 의해 배관을 타격하여 소음을 발생시키며 배관 및 밸브를 파손할 수 있다.

㉡ 수격작용 방지책

- 주증기밸브를 천천히 개방한다.
- 응축수를 관 내에서 신속히 제거한다(드레인 빼기를 철저히 한다).

- 송기 전 소량의 증기로 배관을 예열시킨다.
- 증기관에 경사도를 준다.
- 과부하를 피한다.
- 관의 굴곡부를 최대한 줄인다.
- 스팀트랩을 설치한다.
- 관 도중에 드레인 포켓을 설치한다.
- 배관의 보온을 철저히 한다.

③ 프라이밍과 포밍

㉠ 프라이밍 현상(Priming, 비수현상) : 급격한 증발 현상, 압력 강하 등으로 수면에서 작은 입자의 물방울이 증기와 혼합하여 드럼 밖으로 튀어 오르는 현상이다. 이 현상의 원인으로는 급작스런 증기의 부하 증가, 고수위 상태 유지, 급작스런 압력 강하, 보일러수의 농축 등이 있다.

㉡ 포밍(Foaming, 물거품(솟음)현상) : 포밍은 보일러수에 불순물이 많이 포함되어 보일러수의 비등과 함께 수면 부근에 거품 층을 형성하여 수위가 불안정해지는 현상이다.

㉢ 프라이밍과 포밍의 발생원인
- 증기부하가 클 때
- 증발수면이 좁을 때
- 보일러수에 불순물, 유지분이 포함되어 있을 때
- 수면과 증기 취출구의 거리가 가까울 때
- 주증기밸브(수증기밸브)을 급히 열었을 때
- 보일러를 고수위로 운전할 때
- 관수가 농축되었을 때
- 증기 발생속도가 너무 빠른 경우(부하의 급변화)
- 청관제 사용이 적당하지 않을 때

㉣ 프라이밍과 포밍 발생 시 조치사항
- 먼저 연소를 억제한다.
- 연소량을 줄인다(가볍게 한다).
- 증기취출을 서서히 한다.
- 수위가 출렁거리면 조용히 취출한다.
- 보일러 물을 조사한다.
- 저압운전을 하지 않는다.
- 압력을 규정압력으로 유지한다.
- 보일러수의 일부를 분출하고 새로운 물을 넣는다.
- 안전밸브, 수면계의 시험과 압력계 연락관을 취출하여 본다.

㉤ 프라이밍과 포밍의 발생 방지대책
- 증기부하를 감소시킨다.
- 주증기밸브를 급하게 열지 않는다.
- 증발수면을 넓게 한다.
- 보일러수를 농축시키지 않는다.
- 보일러수 중의 불순물을 제거한다.
- 과부하되지 않도록 한다.

④ 캐리오버(Carry Over, 기수공발현상)

㉠ 보일러수 중에 용해 또는 현탁되어 있던 불순물로 인해 보일러수가 비등해 증기와 함께 혼합된 상태로, 보일러 본체 밖으로 나오는 현상이다.

㉡ 캐리오버의 발생원인
- 프라이밍 또는 포밍이 발생(외부 반출)한 경우
- 주증기밸브가 급격히 개방된 경우
- 부하가 급격하게 변화된 경우
- 보일러 관수가 농축된 경우
- 유지분, 알칼리분, 부유물이 함유된 경우
- 인산나트륨이 많을 때
- 증발수 면적이 좁을 때
- 보일러 내의 수면이 비정상적으로 높을 때
- 증기 발생속도가 빠를 때
- 보일러관수 수위가 높을 때
- 청관제 사용이 부적합할 때

㉢ 캐리오버의 방지대책
- 주증기밸브를 서서히 연다.
- 관수의 농축을 방지한다.
- 과부하를 피한다.
- 기수분리기(스팀 세퍼레이터)를 이용한다.
- 보일러 수위를 너무 높게 하지 않는다.

- 유지분이나 불순물이 많은 물을 사용하지 않는다.
- 무리하게 연소하지 않는다.
- 심한 부하변동 발생요인을 제거한다.

⑤ 전열면 오손

㉠ 절연면 오손이 미치는 영향 : 전열량 감소, 열설비 손상 초래

㉡ 전열면 오손 방지대책

- 황분이 적은 연료를 사용하여 저온 부식을 방지한다.
- 첨가제를 사용하여 배기가스의 노점을 낮추어 저온 부식을 방지한다.
- 과잉공기를 적게 하여 저공기비 연소를 시킨다.
- 내식성이 강한 재료를 사용한다.

⑥ 가마울림현상

㉠ 가마울림현상은 연소실이나 연도 내에서 지속적으로 발생하는 울림현상으로, 공명음현상이라고도 한다.

㉡ 가마울림현상의 원인

- 연료 중에 수분이 많은 경우
- 연소가스가 빠른 속도로 노벽에 접촉할 때
- 연료와 공기의 혼합이 나빠서 연소속도가 늦은 경우
- 연도에 포켓이 있을 경우
- 연소가스가 연도 내에서 통과 시 와류가 발생할 경우

㉢ 가마울림현상 방지대책

- 수분이 적은 연료를 사용한다.
- 공연비를 개선(공기량과 연료량의 밸런싱)한다.
- 연소실이나 연도를 개선한다.
- 연소실 내에서 완전연소한다.
- 2차 연소를 방지한다.
- 2차 공기의 가열, 통풍의 조절을 개선한다.
- 연료와 공기의 혼합을 좋게 하여 연소속도를 알맞게 한다(연소실 내에서 빨리 연소시킨다).
- 석탄분에서는 연도 내의 가스포켓이 되는 부분에 재를 남긴다.

⑦ 이상 감수

㉠ 이상 감수의 원인

- 급수장치의 능력 및 기능 저하
- 급수탱크의 수량 부족
- 수면계의 기능 불량
- 수위제어장치의 기능 불량
- 분출장치에서의 누설

㉡ 이상 감수 시 조치방법

- 연료 공급을 차단한다.
- 연소용 공기의 공급을 정지한다.
- 주증기밸브를 차단한다.
- 보일러 수위를 유지 및 확인한다.
- 댐퍼를 개방한 상태에서 강제 통풍을 실시한다.

⑧ 이상 증발

㉠ 이상 증발의 원인

- 주증기밸브를 급하게 열었을 때
- 고수위로 운전할 때
- 증기부하가 클 때
- 보일러수가 농축되었을 때
- 보일러수에 불순물이 다량 함유되었을 때
- 증기압력이 급격한 강하될 때

㉡ 이상 증발의 영향

- 수면계 수위 확인이 곤란하다.
- 안전밸브가 오염된다.
- 증기의 오염 및 과열도가 저하된다.
- 수격작용이 발생한다.
- 저수위 사고가 발생한다.

⑨ 이상현상 및 트러블 관련 사항

㉠ 보일러 연소 시 그을음

- 발생원인 : 통풍력 부족, 연소실의 낮은 온도, 연소장치 불량, 연소실 면적 협소
- 대책 : 적절한 통풍력, 연소실 온도 상승, 연소장치 불량 부위 수리, 연소실 면적 증가

㉡ 스케일이 보일러 전열면(내면, 관벽 등)에 부착되어 발생하는 현상
- 열전달률이 매우 작아 열전달을 방해한다.
- 전열면의 열전달률 저하에 따른 증발량이 감소한다.
- 물의 순환속도가 저하된다.
- 보일러가 파열 및 변형된다.

㉢ 연소실 내 통풍력이 과대할 때 나타나는 현상
- 과잉공기량이 많아진다.
- 완전연소가 가능하다.
- 배기가스에 의한 열손실이 커진다.
- 연소실 내부의 온도가 떨어진다.

㉣ 보일러 사용 중 이상 감수의 원인
- 급수밸브가 누설될 때
- 수면계의 연락관이 막혀 수위를 모를 때
- 방출콕 또는 밸브가 누설될 때

㉤ 보일러 점화 불량(착화 불량)의 원인
- 연료 공급이 불량하거나 연료노즐이 막힌 경우
- 배관이나 연료 내에 물이나 슬러지 등의 불순물이 존재하는 경우
- 점화버너의 공기비 조정이 불량한 경우
- 연료 유출속도가 너무 빠르거나 늦을 경우
- 버너와 오일유압이 서로 맞지 않는 경우
- 통풍의 풍압이 적당하지 않은 경우
- 1차 공기의 압력이 너무 높은 경우
- 유압이 낮은 경우
- 기름이 분사되지 않는 경우
- 기름의 온도가 너무 높거나 낮은 경우
- 연료노즐이 폐색된 경우

㉥ 오일버너에서 기름 분사가 잘되지 않는 이유
- 기름의 예열온도가 적정한 온도가 되지 않을 때
- 연료의 점도가 높을 때
- 연료의 분무압력이 적당하지 않을 때
- 노즐 구경이 맞지 않을 때
- 오일의 표면장력이 맞지 않을 때

㉦ 보일러 연도에 설치된 배기가스 온도계에서 온도가 크게 상승하는 원인
- 과부하 상태의 연소
- 전열면 내부에 스케일이 과다 부착된 경우
- 전열면 외부에 그을음이 과다 부착된 경우

㉧ 기타 메모 사항
- 핵비등(Nucleate Boiling) : 전열면에 비등기포가 생겨 열유속이 급격하게 증대하며, 가열면상에 서로 다른 기포 발생이 나타나는 비등과정이다.
- 석탄 보일러에서 회분의 부착 손상이 가장 심한 곳은 과열기와 재열기이다.
- 버드네스트(Birdnest) : 석탄연소 시 석탄재의 용융이 낮거나 화구 출구의 연소가스 온도가 높을 때 재가 용융 상태 그대로 과열기나 재열기의 전열면에 새둥지 모양처럼 부착 및 성장한 물질이다.
- 클링커(Klinker) : 재가 용융되어 만들어진 덩어리이다.
- 신더(Cinder) : 석탄 등이 타고 남은 재이다.
- 용존 고형물이 증가하면 전기전도도는 커진다.
- 물 사용설비에서의 부식 초래 인자 : 용존산소, 용존 탄산가스, pH 등

핵심예제

5-1. 보일러용 급수펌프에서 발생될 수 있는 캐비테이션(Cavitation, 공동현상)의 방지책을 4가지만 쓰시오.

[2011년 제2회, 2016년 제1회, 2021년 제2회]

5-2. 수격작용(Water Hammering)에 대한 다음 질문에 답하시오. [2011년 제1회 유사, 2016년 제1회 유사, 2021년 제2회]

(1) 수격작용을 정의하시오.
(2) 수격작용 방지책을 5가지만 쓰시오.

5-3. 보일러 운전 중 발생하는 프라이밍 현상은 무엇인지 설명하시오. [2016년 제1회]

5-4. 보일러에 발생 가능한 다음의 이상현상에 대해 간단히 설명하시오. [2010년 제1회, 2012년 제1회 유사, 2014년 제1회, 2016년 제4회, 2021년 제4회]

(1) 프라이밍(Priming) 현상
(2) 포밍(Foaming)현상
(3) 캐리오버(Carry Over) 현상

5-5. 보일러 운전 중 증기드럼 내 프라이밍(비수)의 발생원인을 4가지만 쓰시오. [2015년 제4회]

5-6. 보일러 증기 보일러 운전 중 드럼 내 프라이밍(비수) 및 포밍(물거품) 발생 시 조치사항을 4가지만 쓰시오.

[2012년 제4회]

5-7. 다음에서 설명하는 보일러 이상현상의 명칭을 쓰시오.

[2020년 제3회]

이 현상은 보일러 수중에 용해 또는 현탁되어 있던 불순물로 인해 보일러수가 비등해 증기와 함께 혼합된 상태로 보일러 본체 밖으로 나오는 현상이다. 이 현상으로 인하여 증기의 질이 저하되어 운전 장애 발생, 과열이나 고형물 부착에 의한 팽출, 파열사고, 습증기 공급에 따른 증기의 사용효율 저하 등이 야기된다.

5-8. 보일러에서 발생 가능한 이상현상 중의 하나인 캐리오버(Carry Over, 기수공발)의 발생원인을 5가지만 쓰시오.

[2010년 제2회]

5-9. 보일러의 이상현상 중의 하나인 캐리오버(Carry Over, 비수현상) 방지대책을 5가지만 쓰시오.

[2013년 제2회, 2017년 제1회, 2020년 제1회]

5-10. 보일러를 고수위로 운전할 때 발생이 가능한 장해를 4가지만 쓰시오. [2017년 제4회]

5-11. 보일러에서 점화 불량이 발생하는 원인을 5가지만 쓰시오.

[2010년 제4회, 2016년 제1회, 2022년 제1회]

5-12. 연소실이나 연도 내에서 지속적으로 발생하는 울림현상인 가마울림현상 방지대책을 5가지만 쓰시오.

[2011년 제1회, 2014년 제4회, 2017년 제1회, 2022년 제4회]

5-13. 오일버너에서 기름 분사가 잘되지 않는 이유를 3가지만 쓰시오. [2010년 제1회]

5-14. 보일러 연도에 설치된 배기가스 온도계에서 온도가 크게 상승하는 원인을 2가지만 쓰시오. [2010년 제2회]

|해답|

5-1

캐비테이션(공동현상)의 방지책

① 양흡입펌프를 사용한다.
② 펌프 설치 대수를 늘린다.
③ 펌프 설치 위치를 낮추어 흡입양정을 낮춘다.
④ 펌프 임펠러 회전수를 낮춘다.

5-2

(1) 수격작용의 정의 : 관로 속을 가득 차 흐르는 물 등의 유체 흐름이 갑자기 멈추거나 방향이 바뀌거나 유체속도를 급격히 변화시켰을 때 생기는 순간적인 압력 변화로 인해 관에 타격을 주는 작용
(2) 수격현상의 방지대책
① 주증기밸브를 천천히 개방한다.
② 드레인 빼기를 철저히 한다.
③ 관의 굴곡부를 최대한 줄인다.
④ 스팀트랩을 설치한다.
⑤ 배관의 보온을 철저히 한다.

5-3

프라이밍 현상

급격한 증발현상, 압력 강하 등으로 수면에서 작은 입자의 물방울이 증기와 혼합하여 드럼 밖으로 튀어 오르는 현상이다. 이 현상의 원인으로는 급작스런 증기의 부하 증가, 고수위 상태 유지, 급작스런 압력 강하, 보일러수의 농축 등이 있다.

5-4

(1) 프라이밍(Priming) 현상 : 보일러 부하의 급변(급격한 증발 현상, 압력 강하 등)으로 인하여 동 수면에서 작은 입자의 물방울이 증기와 혼입하여 튀어 오르는 현상으로, 올바른 수위 판단을 하지 못하게 한다.
(2) 포밍(Foaming) 현상 : 보일러수 내에 존재하는 용해 고형물, 유지분, 가스 등에 의하여 수면에 거품같이 기포가 덮이는 현상
(3) 캐리오버(Carry Over) 현상 : 보일러수 중에 용해되고 부유하고 있는 고형물이나 물방울이 보일러에서 생산되는 증기에 혼입되어 보일러 외부로 튀어 나가는 현상이다. 기수공발현상이라고도 하며 프라이밍과 포밍에 의해 발생한다.

5-5

프라이밍(비수) 발생원인

① 주증기밸브의 급개방
② 관수의 농축
③ 증기 발생속도가 너무 빠른 경우(부하의 급변화)
④ 관수의 수위가 고수위로 운전하는 경우

5-6

프라이밍(비수) 및 포밍(물거품) 발생 시 조치사항

① 주증기 밸브를 천천히 연다.
② 수위를 고수위로 운전하지 않는다.
③ 관수 중 불순물이나 농축수를 제거한다.
④ 기수분리기 및 비수방지관을 설치한다.

5-7

캐리오버(Carry Over, 기수공발현상)

5-8

캐리오버의 발생원인

① 프라이밍 또는 포밍이 발생(외부 반출)한 경우
② 보일러 관수가 농축된 경우
③ 밸브가 급격하세 개방된 경우
④ 증발수 면적이 좁을 때
⑤ 부하가 급격하게 변화된 경우

5-9

① 주증기밸브를 서서히 연다.
② 관수의 농축을 방지한다.
③ 보일러 수위를 너무 높게 하지 않는다.
④ 심한 부하변동 발생요인을 제거한다.
⑤ 기수분리기(스팀 세퍼레이터)를 이용한다.

5-10

보일러 고수위 운전 시 발생 가능한 장해

① 프라이밍 및 포밍
② 캐리오버(기수공발)
③ 수격작용(Water Hammering)
④ 급수처리비용 증가

5-11

보일러 점화 불량의 원인

① 연료 공급이 불량하거나 연료노즐이 막힌 경우
② 연료 내에 물이나 슬러지 등의 불순물이 존재하는 경우
③ 점화버너의 공기비 조정이 불량한 경우
④ 연료 유출속도가 너무 빠르거나 늦을 경우
⑤ 버너의 유압이 맞지 않거나 통풍이 적당하지 않을 경우

5-12

가마울림현상 방지대책

① 수분이 적은 연료를 사용한다.
② 공연비를 개선(공기량과 연료량의 밸런싱)한다.
③ 연소실이나 연도를 개선한다.
④ 연소실 내에서 완전연소한다.
⑤ 2차 연소를 방지한다.

5-13

오일버너에서 기름 분사가 잘되지 않는 이유

① 기름의 예열온도가 적정한 온도가 되지 않을 때
② 연료의 점도가 높을 때
③ 연료의 분무압력이 적당하지 않을 때

5-14

보일러 연도에 설치된 배기가스 온도계에서 온도가 크게 상승하는 원인

① 과부하 상태의 연소
② 전열면 내부에 스케일이 과다 부착된 경우

핵심이론 06 대기오염물질

① 개 요

㉠ 노 내에서 연료 연소과정 중 발생 가능한 대기오염물질 : CO 가스, 매연, 수트, 분진, 입자상 물질, 황산화물, 질소산화물 등

㉡ 질소산화물(NO_x)

- 질소산화물의 주된 발생원인 : 연소실 온도가 높을 때
- 대도시의 광화학 스모그(Smog) 발생의 원인물질로 문제가 되는 것은 NO_x이다.
- 연료를 공기 중에서 연소시킬 때 질소산화물에서 가장 많이 발생하는 오염 물질은 NO이다.

㉢ 황산화물(SO_x)

- 대기 중에서는 SO_2가 SO_3로, SO_3는 SO_2로 다시 변한다.
- 액체연료 연소 시 온도가 높을수록 SO_3의 생산량은 적다.
- 대기 중에 존재하는 황화물 중에서 가장 많은 것은 SO_2이다.
- 대기 중의 황산화물이 많은 순은 $SO_x > SO_2 > SO_3$이다.
- SO_x는 연소 시 직접 생기는 경우도 있고, SO_2가 산화하여 생기는 경우도 있다.

② 대기오염물질의 측정

㉠ 링겔만농도표 : 연돌에서 배출하는 매연농도를 측정한다.

- 가로 14[cm], 세로 20[cm]의 백상지에 각각 0[mm], 1.0[mm], 2.3[mm], 3.7[mm], 5.5[mm] 전폭의 격자형 흑선을 그려 백상지의 흑선 부분이 전체의 0[%], 20[%], 40[%], 60[%], 80[%], 100[%]를 차지하도록 하여 이 흑선과 굴뚝에서 배출하는 매연의 검은 정도를 비교하여 각각 0도에서 5도까지 6종으로 분류한다.
- 매연농도의 법적 기준 : 2도 이하
- 링겔만 매연농도를 이용한 매연 측정방법
  - 농도는 0~5도(6종)로 구분되며, 농도 1도당 매연 20[%]이다.
  - 가장 양호한 연소는 1도(20[%])이며, 2도(40[%]) 이하를 합격으로 한다.
  - 매연농도율 : $R = \frac{\text{매연농도값}}{\text{측정시간(분)}} \times 20[\%]$
  - 보일러 운전 중 매연농도는 항상 2도 이하(매연율 40[%] 이하)로 유지되어야 한다.
  - 6개의 농도표와 배출 매연의 색을 연돌 출구에서 비교하는 것이다.
  - 농도표는 측정자로부터 16[m] 떨어진 곳에 설치한다.
  - 측정자와 연돌의 거리는 200[m] 이내여야 한다.
  - 연돌 출구로부터 30~45[m] 정도 떨어진 곳의 연기를 관측한다.
  - 연기의 흐르는 방향의 직각의 위치에서 측정한다.
  - 태양광선을 측면으로 받는 위치에서 측정한다.

㉡ 기타 : 매연포집중량계, 광전관식 매연농도계, 바카라치 스모크 테스터

③ 대기오염물질의 발생원인과 방지대책

㉠ 보일러 가동 시 대기오염물질의 발생원인

- 연소실 용적의 과소
- 낮은 연소실 온도
- 연료 중에 수분, 슬러지 등의 불순물이 혼입된 경우
- 연료 중 수분이 다량 함유된 연료를 사용할 때
- 연소용 공기량의 공급이 부족한 경우
- 무리한 연소, 통풍력의 부족 또는 과대
- 버너 조작 불량에 의해 화염이 노벽과 충돌할 때
- 연료와 연소장치가 서로 맞지 않을 때(연소장치가 부적합할 때)

- 연료의 질이 나쁠 때
- 연료의 점도가 높거나 연료의 예열온도가 맞지 않을 때
- 공기와 연료의 혼합 상태가 불량할 때
- 연소의 기술이 부적합할 때

㉡ 보일러 가동 시 환경오염물질의 발생 방지대책
- 집진장치를 설치한다.
- 공기비를 낮춘다.
- 연료유의 불순물을 제거한다.
- 공기를 예열한다.
- 연료를 예열한다.
- 연소실 내의 온도를 높인다.
- 통풍력을 적당히 유지한다.
- 무리하게 연소하지 않는다.
- 연소실을 적당한 크기로 한다.
- 연소장치를 정기적으로 청소한다.

㉢ 질소산화물 생성 억제 및 경감방법
- 물분사법, 2단 연소법, 배기가스 재순환연소법, 저산소(저공기비)연소법, 저온연소법, 농담연소법
- 건식법 환원제(암모니아, 탄화수소, 일산화탄소)를 사용한다.
- 연료와 공기의 혼합을 양호하게 하여 연소온도를 낮춘다.
- 저온 배출가스 일부를 연소용 공기에 혼입해서 연소용 공기 중의 산소농도를 저하시킨다.
- 버너 부근의 화염온도와 배기가스 온도를 낮춘다.
- 저소감 : 과잉공기량, 연소온도, 연소용 공기 중의 산소농도, 노 내 가스 잔류시간, 미연소분
- 질소성분을 함유하지 않은 연료를 사용한다.

㉣ 기 타
- 배출가스 탈황법에 사용되는 물질 : 수산화나트륨, 석회석, 암모니아
- 마그네시아 : 습식법과 건식법 배기가스 탈황설비에서 모두 사용할 수 있는 흡수제
- 황산화물을 제거하는 방법 : 석회첨가법, 아황산석회법, 활성탄 흡착법 등이 있으며, 배출가스 탈황법에 사용되는 물질은 석회석, 백운석, 암모니아 등이다.

④ 폐열회수

㉠ 절탄기(Economizer)는 배기가스로 보일러 급수를 예열한다.

㉡ 폐열회수에 있어서 검토해야 할 사항
- 폐열의 감소방법에 대해서 검토한다.
- 폐열회수의 경제적 가치에 대해서 검토한다.
- 폐열의 양 및 질과 이용 가치에 대해서 검토한다.
- 폐열회수방법과 이용방안에 대해서 검토한다.

㉢ 환열실(리큐퍼레이터)의 전열량 : $Q = FV\Delta t_m$
(여기서, F : 전열면적, V : 총괄 전열계수, Δt_m : 평균온도차)

㉣ 쓰레기(도시 폐기물)의 소각열 : 2,000~5,000[kcal/kg]

핵심예제

6-1. 다음은 링겔만 매연농도표를 이용한 측정방법에 대한 설명이다. (   ) 안에서 옳은 것을 골라 쓰시오.

(1) (5개, 6개)의 농도표와 배출 매연의 색을 연돌 출구에서 비교하는 것이다.
(2) 농도표는 측정자로부터 (16[m], 23[m]) 떨어진 곳에 설치한다.
(3) 연돌 출구로부터 (16~20[m], 30~45[m]) 정도 떨어진 곳의 연기를 관측한다.
(4) 연기의 흐르는 방향의 (반대, 직각)의 위치에서 측정한다.

6-2. 보일러 가동 시 환경오염에 문제가 되는 매연은 어떤 경우에 발생하게 되는지를 5가지만 쓰시오. [2019년 제2회]

6-3. 노 내에서 연료연소과정 중 CO 가스, 매연, 수트, 분진 등이 발생하는 원인을 4가지만 쓰시오.

[2011년 제4회, 2015년 제4회]

6-4. 보일러 등의 연소장치에서 질소산화물(NO_x)의 생성을 억제할 수 있는 연소방법을 5가지만 쓰시오.

6-5. 연료 사용설비의 배기가스에 의한 대기오염을 방지하는 방법을 4가지만 쓰시오.

|해답|

6-1

(1) 6개
(2) 16[m]
(3) 30~45[m]
(4) 직 각

6-2

보일러 가동 시 매연이 발생되는 경우

① 연소실 용적이 작을 때
② 연소실 온도가 낮을 때
③ 연료 중 수분이 다량 함유된 연료를 사용할 때
④ 통풍력이 부족하거나 과대할 때
⑤ 연료의 질이 나쁠 때

6-3

노 내에서 연료 연소과정 중 CO 가스, 매연, 수트, 분진 등이 발생하는 원인

① 공기비가 작아 연소용 공기량이 부족할 때
② 연소실의 온도가 저하될 때(연소실의 온도가 낮을 때)
③ 연료의 점도가 높거나 연료의 예열온도가 맞지 않을 때
④ 수분이 다량 함유된 연료를 사용할 때

6-4

질소산화물(NO_x) 생성 억제 연소방법

① 물분사법
② 2단 연소법
③ 배기가스 재순환연소법
④ 저산소(저공기비)연소법
⑤ 저온연소법

6-5

연료 사용설비의 배기가스에 의한 대기오염을 방지하는 방법

① 집진장치를 설치한다.
② 공기비를 낮춘다.
③ 연료유의 불순물을 제거한다.
④ 연소장치를 정기적으로 청소한다.

핵심이론 07 에너지진단

① 에너지진단의 개요

㉠ 에너지진단주기는 월 단위로 계산하되, 에너지진단을 시작한 달의 다음 달부터 기산한다.

㉡ 에너지다소비사업자는 산업통상자원부장관이 지정하는 에너지진단전문기관(이하 진단기관)으로부터 3년 이상의 범위에서 대통령령으로 정하는 기간마다 그 사업장에 대하여 에너지진단을 받아야 한다. 다만, 물리적 또는 기술적으로 에너지진단을 실시할 수 없거나 에너지진단의 효과가 적은 아파트·발전소 등 산업통상자원부령으로 정하는 범위에 해당하는 사업장(에너지진단 제외대상 사업장)은 그러하지 아니하다.

㉢ 에너지진단 제외 대상 사업장 : 전기사업자가 설치하는 발전소, 아파트, 연립주택, 다세대주택, 판매시설 중 소유자가 2명 이상이며 공동 에너지사용설비의 연간 에너지 사용량이 2,000[TOE] 미만인 사업장, 일반업무시설 중 오피스텔, 창고, 지식산업센터, 군사시설, 폐기물처리의 용도만으로 설치하는 폐기물처리시설, 그 밖에 기술적으로 에너지진단을 실시할 수 없거나 에너지진단의 효과가 작다고 산업통상자원부장관이 인정하여 고시하는 사업장

㉣ 연간 에너지 사용량이 20만[TOE] 이상인 자가 전체 에너지진단을 할 때의 에너지진단주기, 연간 에너지 사용량이 20만[TOE] 미만인 자가 전체 에너지 진단을 할 때의 에너지진단주기 : 5년

㉤ 연간 에너지 사용량이 20만[TOE] 이상인 자가 부분 에너지 진단(구역별로 나누어 진단)을 할 때의 에너지진단주기 : 3년

㉥ 산업통상자원부장관은 자체 에너지 절감 실적이 우수하다고 인정되는 에너지다소비사업자에 대하여는 산업통상자원부령으로 정하는 바에 따라 에너지진단을 면제하거나 에너지진단주기를 연장할 수 있다.

대상사업자	면제 또는 연장 범위
1. 에너지절약이행실적 우수사업자	–
가. 자발적 협약 우수사업장으로 선정된 자(중소기업인 경우)	에너지진단 1회 면제
나. 자발적 협약 우수사업장으로 선정된 자(중소기업이 아닌 경우)	1회 선정에 에너지진단주기 1년 연장
1의2. 에너지경영시스템을 도입한 자로서 에너지를 효율적으로 이용하고 있다고 산업통상자원부장관이 정하여 고시하는 자	에너지진단주기 2회마다 에너지진단 1회 면제
2. 에너지절약 유공자	에너지진단 1회 면제
3. 에너지진단 결과를 반영하여 에너지를 효율적으로 이용하고 있는 자	1회 선정에 에너지진단주기 3년 연장
4. 지난 연도 에너지 사용량의 100분의 30 이상을 친에너지형 설비를 이용하여 공급하는 자	에너지진단 1회 면제
5. 에너지관리시스템을 구축하여 에너지를 효율적으로 이용하고 있다고 산업통상자원부장관이 고시하는 자	에너지진단주기 2회마다 에너지진단 1회 면제
6. 목표관리업체로서 온실가스·에너지목표관리 실적이 우수하다고 산업통상자원부장관이 환경부장관과 협의한 후 정하여 고시하는 자	에너지진단주기 2회마다 에너지진단 1회 면제

비 고

1. 에너지절약 유공자에 해당되는 자는 1개의 사업장만 해당한다.
2. 제1호, 제1호의2 및 제2호부터 제6호까지의 대상사업자가 동시에 해당되는 경우에는 어느 하나만 해당되는 것으로 한다.
3. 제1호 가목 및 나목에서 '중소기업'이란 중소기업기본법 제2조에 따른 중소기업을 말한다.
4. 에너지진단이 면제되는 '1회'의 시점은 다음 각 목의 구분에 따라 최초로 에너지진단주기가 도래하는 시점을 말한다.
   가. 제1호 가목의 경우 : 중소기업이 자발적 협약 우수사업장으로 선정된 후
   나. 제2호의 경우 : 에너지절약 유공자 표창을 수상한 후
   다. 제4호의 경우 : 100분의 30 이상의 에너지사용량을 친에너지형 설비를 이용하여 공급한 후

• 친에너지형 설비 : 금융·세제상의 지원을 받는 설비, 효율관리기자재 중 에너지소비효율이 1등급인 제품, 대기전력저감우수제품, 인증 표시를 받은 고효율에너지기자재, 설비인증을 받은 신재생에너지 설비, 에너지관리시스템을 구축하여 에너지를 효율적으로 이용하고 있다고 산업통상자원부장관이 고시하는 자, 목표관리업체(목표관리 대상 공공기관과 온실가스 배출관리

업체)로서 온실가스목표관리 실적이 우수하다고 산업통상자원부장관이 환경부장관과 협의한 후 정하여 고시하는 자(단, 배출권 할당 대상업체로 지정·고시된 업체는 제외)

- 에너지진단면제(에너지진단주기 연장)신청서에 추가되는 서류 : 자발적 협약 우수사업장임을 확인할 수 있는 서류, 중소기업임을 확인할 수 있는 서류, 에너지경영시스템 구축 및 개선 실적을 확인할 수 있는 서류, 에너지절약 유공자 표창 사본, 에너지진단결과를 반영한 에너지 절약 투자 및 개선 실적을 확인할 수 있는 서류, 친에너지형 설비 설치를 확인할 수 있는 서류(설비의 목록, 용량 및 설치 사진 등), 에너지관리시스템 구축 및 개선 실적을 확인할 수 있는 서류, 목표관리업체로서 온실가스목표관리 실적을 확인할 수 있는 서류

ⓢ 산업통상자원부장관은 에너지다소비사업자가 에너지진단을 받기 위하여 드는 비용의 전부 또는 일부를 지원할 수 있다. 이 경우 지원 대상·규모 및 절차는 대통령령으로 정한다. 에너지진단비용의 일부 또는 전부를 지원할 수 있는 에너지다소비사업자는 중소기업기본법에 따른 중소기업이며, 연간 에너지사용량이 1만[TOE] 미만이어야 한다.

ⓞ 진단기관의 지정기준은 대통령령으로 정하고, 진단기관의 지정절차와 그 밖에 필요한 사항은 산업통상자원부령으로 정한다.

ⓩ 진단기관지정신청서에 첨부되는 서류 : 에너지진단업무수행계획서, 보유장비명세서, 기술인력명세서(자격증 사본, 경력증명서, 재직증명서 포함)

ⓒ 진단기관의 지정 취소 : 산업통상자원부장관은 진단기관의 지정을 받은 자가 다음의 어느 하나에 해당하면

- 지정 취소 : 거짓이나 그 밖의 부정한 방법으로 지정을 받은 경우
- 지정 취소 또는 업무 정지(2년 이내) : 에너지관리기준에 비추어 현저히 부적절하게 에너지진단을 하는 경우, 지정기준에 적합하지 아니하게 된 경우, 보고를 하지 아니하거나 거짓으로 보고한 경우 또는 같은 항에 따른 검사를 거부·방해 또는 기피한 경우, 정당한 사유 없이 3년 이상 계속하여 에너지진단업무 실적이 없는 경우

② **에스코사업, 에너지원단위, 에너지관리기준**

㉠ 에스코사업

- 에스코사업(Energy Service Company, ESCO 또는 ESCo)은 에너지절약사업을 뜻한다.
- 전기·조명·난방 등 ESCO로 지정받은 에너지 전문업체가 특정 건물이나 시설에서 에너지절약시설을 도입할 때 해당 기관으로부터 돈을 받지 않은 채 비용 전액을 ESCO업체가 투자하고, 여기서 얻어지는 에너지 절감 예산에서 투자비를 분할 상환받도록 하는 사업방식이다.

㉡ 에너지원단위 : 일정 부가가치 또는 생산액을 생산하기 위해 투입된 에너지의 양으로, 건물의 경우는 단위면적당 연간 에너지 사용량이다.

㉢ 에너지관리기준

- 증기 등의 열매체를 수송하거나 저장을 위한 배관 및 그 밖에 부속설비에 있어서 열손실 방지를 위하여 표면온도, 배관 및 스팀트랩, 기타 부속기기 등의 점검주기에 대한 관리표준을 설정하여 이행한다.
- 열수송 및 저장설비 평균표면온도의 목표치는 주위온도에 30[℃]를 더한 값 이하로 한다.

③ **요로시스템의 에너지 절감기법**

㉠ 운전관리 합리화

- 공기비 제어
- 불완전연소 방지
- 개구부 면적 축소를 통한 손실열 차단
- 노 내압 제어를 통한 외기공기 유입 차단
- 용해로 저부하 운전 시 잔탕조업방식 채택

㉡ 폐열 활용
- 리큐퍼레이터(Recuperator) 설치로 연소용 공기 승온 및 폐열회수 증대
- 배기가스 열회수로 장입물 예열
- 냉각수열 회수 이용
- 열처리로 배기열 회수로 세척조 히터 전력 절감
- 폐열 보일러 설치

㉢ 고효율설비 도입
- 산소부화연소시스템 도입
- 축열식 버너시스템 도입
- 축열식 연소장치(RTO) 도입
- 폐열회수형 촉매연소장치 도입
- 유리화학강화로 도입
- 에너지 절약형 유리용해로 도입
- 직접 통전식 유리용해로 도입
- 전기유도용해로 도입
- 고주파유도가열장치 도입
- 원적외선 열처리로 도입
- 진공 이온질화 열처리로 도입
- 전기침전식 보온로 도입
- 고온 도가니 전기로 도입

㉣ 기타 절감기술
- 유도로 가열코일 적정화
- 대차 내화물 축열량 개선
- 노체 단열 강화

④ 에너지진단 관련 제반사항

㉠ 발생 탄소량 : 연료량×석유환산계수×탄소배출계수
- 석유환산계수 : 에너지원별 열량을 석유환산량으로 환산하기 위한 계수

※ 석유환산량(TOE ; Ton of Oil Equivalent) : 원유 1[ton]에 해당하는 열량(약 10^7[kcal])으로, 발열량을 1[kg] = 10,000[kcal]로 환산한 값

- 탄소배출계수 : 화석연료소비량을 탄소량으로 변환하기 위해 연료별 단위 에너지당 탄소 함유량으로 나타낸 계수이다.

㉡ 보일러 효율 시험방법
- 급수온도의 경우 절탄기가 있는 것은 절탄기 입구에서 측정한다.
- 배기가스의 온도는 전열면의 최종 출구에서 측정한다.
- 포화증기의 압력은 보일러 출구의 압력으로 부르동관식 압력계로 측정한다.
- 증기온도의 경우 과열기가 있을 때는 과열기 출구에서 측정한다.

㉢ 요로나 공업용 노에서 에너지 절감방안 또는 열손실을 방지하기 위한 조건
- 전열량을 증가시킨다.
- 연속 조업을 행하여 손실열을 최대한 방지한다.
- 장치의 설계조건과 일치된 운전조건을 강구한다.
- 환열기나 축열기를 설치하여 운전한다.
- 배기가스 여열로 연소용 공기를 예열하여 공기의 온도를 높인다.
- 축열식 버너를 사용하여 배기가스 폐열을 회수한다.
- 공기비를 낮추어 운전한다.

핵심예제

7-1. 에스코사업(Energy Service Company, ESCO 또는 ESCo)에 대해서 설명하시오. [2013년 제2회]

7-2. 다음의 내용은 각각 무엇에 대한 것인지 그 명칭을 각각 쓰시오. [2018년 제4회]

(1) 일정 부가가치 또는 생산액을 생산하기 위해 투입된 에너지의 양을 말하며, 건물의 경우는 단위면적당 연간 에너지 사용량
(2) 중간기 또는 동절기에 발생하는 냉방부하를 실내 기준온도보다 낮은 도입 외기에 의하여 제거 또는 감소시키는 장치
(3) 윗면에만 다수의 구멍을 뚫은 대형 관을 증기실 꼭대기에 부착하여 상부로부터 증기를 평균적으로 인출하고, 증기 속의 물방울은 하부에 뚫린 구멍으로부터 보일러수 속으로 떨어지도록 한 것

7-3. 다음의 문장 중 (　) 안에 들어갈 내용을 쓰시오. [2018년 제4회]

- 증기 등의 열매체를 수송하거나 저장을 위한 배관 및 그 밖에 부속설비에 있어서 (㉠)을(를) 위하여 표면온도, 배관 및 스팀트랩, 기타 부속기기 등의 점검주기에 대한 (㉡)을(를) 설정하여 이행한다.
- 열수송 및 저장설비 평균표면온도의 목표치는 주위온도에 (㉢)을(를) 더한 값 이하로 한다.

[출처 : 에너지관리기준 제18조]

7-4. 요로시스템의 에너지 절감기법을 4가지로 분류하고, 각각 3가지씩만 예를 들어보시오. [2020년 제2회]

7-5. LNG를 사용하는 보일러의 연도에 절탄기를 설치하였다. 연도에서 측정한 배기가스 온도가 절탄기 설치 전 195[℃]이었고, 절탄기 설치 후 103[℃]이었다. 다음 자료를 이용하여 절탄기 설치 후 배기가스에 의한 손실열의 감소량[kW]을 구하시오. [2011년 제1회, 2020년 제3회]

- 공기 : 이론공기량 11[m^3/m^3], 공기비 1.2
- LNG 소비량 : 53[m^3/h]
- 배기가스 : 비열 1,400[J/m^3 · ℃], 배기가스량 12.5 [m^3/m^3]

7-6. 벙커C유를 사용하는 보일러의 연도에 급수예열기(절탄기)를 설치하였다. 연도에서 측정한 배기가스 온도가 급수예열기를 설치하기 전에는 385[℃]이었고, 설치한 후에는 145[℃]이었다. 다음의 자료를 이용하여 급수예열기에서 회수한 열량[kcal/h]을 구하시오. [2010년 제1회]

- 급수예열기의 효율 : 77[%]
- 배기가스 : 비열 0.23[kcal/kg · ℃], 배기가스량 2,700 [kg/h]

7-7. A열처리주식회사의 제2공장에 설치된 보일러의 열정산 자료에 의하면, 사용된 연료인 벙커C유 1[kg]당 배기가스량이 15[Nm^3]이고, 배기가스 온도는 333[℃]라고 한다. 이 보일러에 공기예열기를 설치하여 배기가스의 온도를 155[℃]로 내렸을 때, 다음의 자료를 이용하여 사용연료 1[kg]당 감소되는 배기가스 열손실량[kcal]을 구하시오(단, 공기예열기의 효율은 78[%], 배기가스의 비열은 0.32[kcal/Nm^3 · ℃]이다). [2012년 제2회]

7-8. 보일러 연도에 공기예열기를 설치하여 20[℃]의 공기를 시간당 15[Nm^3]을 보내서 165[℃]로 올리기 위해 필요한 열량[kcal/h]은 얼마인지 구하시오(단, 공기의 비체적은 0.022[m^3/kg], 공기의 평균비열은 0.175[kcal/kg · ℃], 보일러의 효율은 0.85이다). [2012년 제2회]

7-9. 연소용 공기의 온도를 25[℃] 올리면 연료소비량이 5[%] 감소한다면, 17[℃] 외기온도를 77[℃]로 예열하여 공급할 때 연료 감소율[%]을 계산하시오. [2015년 제2회]

7-10. 발열량이 9,030[kcal/L]인 경유 200[L]의 석유환산톤[TOE]을 계산하시오(단, 경유의 석유환산계수[TOE/kL]는 0.905이다). [2021년 제4회]

7-11. 경유 1,000[L]를 연소시킬 때 발생하는 탄소량은 약 몇 [TC]인지 구하시오(단, 경유의 석유환산계수는 0.92[TOE/kL], 탄소배출계수는 0.837[TC/TOE]이다). [2018년 제2회]

핵심예제

7-12. K공장의 대형 부품 F의 가공 시 공작기계에서 발생되는 열을 제거하기 위하여 냉동기와 공조기를 이용하여 냉방을 하는 중 공조기의 외부 급기댐퍼를 45[%]에서 77[%]로 증가시켜 외기 도입을 개선했다. 이때 냉동기의 부하 감소량[kcal/h]을 다음의 데이터를 활용하여 계산하시오.

[2014년 제2회, 2018년 제1회, 2022년 제2회]

- 공조기 : 통풍량 55,555[m^3/h]
- 외기온도 : 22[℃]
- 공기 밀도 : 1.23[kg/m^3]
- 개선 전 : 실내온도 25[℃], 상대습도 58[%], 엔탈피 12.3[kcal/kg]
- 개선 후 : 실내온도 23[℃], 상대습도 58[%], 엔탈피 11.1[kcal/kg]

7-13. 과열기 출구의 온도와 압력이 각각 500[℃], P_1 =12[MPa]인 증기를 공급받아서 최초 포화증기로 될 때까지 고압터빈에서 단열팽창시킨 후 추기하여 추기압력하에서 처음 온도까지 재열을 가한 다음에 저압터빈으로 유입시켜서 P_2 =7[kPa]까지 단열팽창시켰다. 이때 다음의 자료를 이용하여 터빈의 출력[kW]을 구하시오.

- 증기소비량 : 567[kg/h]
- 압력 7[kPa]에서 포화수의 비체적(ν) : 0.0012[m^3/kg]
- 엔탈피 데이터
  - 과열기 출구 : 3,333[kJ/kg]
  - 고압터빈 단열팽창 후 : 2,888[kJ/kg]
  - 재열기 출구 : 3,456[kJ/kg]
  - 저압터빈 단열팽창 후 : 2,345[kJ/kg]
  - 복수기 정압방열 후 : 123[kJ/kg]

7-14. 폐열회수장치를 설치한 결과 폐열회수 전의 연소가스의 온도 300[℃]에서 폐열회수 후 155[℃]로 낮아졌다. 이때 다음의 자료를 근거로 하여 연료 1[kg]당 절감되는 열량[kcal]을 구하시오. [2011년 제1회]

- 폐열회수장치의 폐열회수율 : 87[%]
- 이론배기가스량 : 13[Nm^3/kg]
- 이론공기량 : 12[Nm^3/kg]
- 공기비 : 1.3
- 배기가스 비열 : 0.3[kcal/Nm^3 · ℃]

7-15. 현재 공기비를 측정한 결과 공기비 1.6으로 과잉공기가 유입되고 있는 보일러를 자동공기비제어시스템을 구성하여 공기비를 1.2로 개선했을 때, 다음의 자료를 이용하여 개선 후 연간 배출가스 절감 금액[원]을 구하시오. [2015년 제1회]

- 연료 사용량 : 350[Nm^3/h]
- 가동시간 : 연간 300일, 일일 12시간
- 보일러 효율 : 90[%]
- 사용 연료 : LNG(발열량 9,540[kcal/Nm^3]
- 연료 금액 : 600[원/Nm^3]
- 배기가스온도 : 210[℃]
- 이론연소공기량 : 10.685[Nm^3/Nm^3]
- 이론배기가스량 : 11.687[Nm^3/Nm^3]
- 배기가스 비열 : 0.33[kcal/Nm^3 · ℃]

7-16. A공단의 B신소재(주)에서 신제품 HS-복합재료를 일 년에 177[ton]을 생산하는데, 프로판가스 55,000[kg], 벙커C유 1,234,500[L], 경유 135,700[L]의 연료가 소비되며 전기는 7,777,000[kWh]이 소요된다. 이때 에너지 사용 현황과 원 단위 현황을 기록한 다음의 양식의 빈칸에 알맞은 데이터를 써넣으시오(단, 석유환산계수는 프로판가스 1.17, 벙커C유 1.0, 경유 0.94, 전기 0.27이다).

[2010년 제2회, 제4회, 2011년 제4회, 2012년 제1회, 2014년 제1회, 제2회 유사]

(1) 에너지 사용 현황

구 분	프로판가스	벙커C유	경 유	연료 합계	전 기	전체 합계
사용량 [TOE]	①	②	③	④	⑤	⑥

(2) 원 단위 현황

제품명	완제품 생산 실적 [ton/년]	연료 원 단위 [TOE/ton]	전기 원 단위 [TOE/ton]	에너지 원 단위 [TOE/ton]
HS-복합재료	177	①	②	③

|해답|

7-1

에스코사업(Energy Service Company, ESCO 또는 ESCo)은 에너지절약사업을 뜻한다. 전기·조명·난방 등 ESCO로 지정받은 에너지전문업체가 특정 건물이나 시설에서 에너지절약시설을 도입할 때 해당 기관으로부터 돈을 받지 않은 채 비용 전액을 ESCO업체가 투자하고, 여기서 얻어지는 에너지 절감 예산에서 투자비를 분할 상환받도록 하는 사업방식이다.

7-2

(1) 에너지원단위
(2) 절탄기
(3) 비수방지관

7-3

㉠ 열손실 방지
㉡ 관리표준
㉢ 30[℃]

7-4

요로의 에너지 절감기법

① 운전관리합리화 : 공기비 제어, 불완전연소 방지, 개구부 면적 축소를 통한 손실열 차단
② 폐열 활용 : 리큐퍼레이터(Recuperator) 설치로 연소용 공기 승온 및 폐열회수 증대, 배기가스 열회수로 장입물 예열, 냉각수열 회수 이용
③ 고효율설비 도입 : 산소부화연소시스템 도입, 축열식 버너시스템 도입, 축열식 연소장치(RTO) 도입
④ 기타 절감기술 : 유도로 가열코일 적정화, 대차 내화물 축열량 개선, 노체 단열 강화

7-5

손실열량

$Q = G_f \times mC\Delta t$

$= 53 \times \{12.5 + (1.2 - 1) \times 11\} \times 1,400 \times (103 - 195)$

$= -100,348,080[\mathrm{J/h}] = -100,348,080/3,600[\mathrm{J/s}]$

$\simeq -27,874.5[\mathrm{W}] \simeq -27.87[\mathrm{kW}] \simeq 27.87[\mathrm{kW}]$ (감소)

7-6

회수열량

$Q = mC\Delta t \times \eta = 2,700 \times 0.23 \times (145 - 385) \times 0.77$

$\simeq -114,761[\mathrm{kcal/h}] \simeq 119,543[\mathrm{kcal/h}]$ (회수열량)

7-7

사용연료 1[kg]당 감소되는 배기가스 열손실량

$Q = mC\Delta t \times \eta = 15 \times 0.32 \times (155 - 333) \times 0.78$

$\simeq -666.4[\mathrm{kcal}] \simeq 666.4[\mathrm{kcal}]$ (감소되는 열손실량)

7-8

필요한 열량

$Q = mC\Delta t \times \eta$

$= \frac{15}{0.022} \times 0.175 \times (165 - 20) \times 0.85 \simeq 14,706[\mathrm{kcal/h}]$

7-9

연료 감소율 $= 5 \times \frac{77 - 17}{25} = 12[\%]$

7-10

석유환산톤 $= \frac{200}{1,000} \times 0.905 \simeq 0.18[\mathrm{TOE}]$

7-11

발생 탄소량

연료량 × 석유환산계수 × 탄소배출계수 = 1 × 0.92 × 0.837
= 0.77[TC]

7-12

부하 변화량 = 공기질량 × 외기 급기댐퍼 증가량 × 엔탈피차 공기질량

$= (55,555 \times 1.23) \times (0.77 - 0.45) \times (11.1 - 12.3)$

$\simeq -26,240[\mathrm{kcal/h}]$

∴ 부하 감소량은 26,240[kcal/h]이다.

7-13

급수펌프 구동 소비열량

$W_P = \nu \times (P_1 - P_2) = 0.0012 \times (12,000 - 7) \simeq 14.4[\mathrm{kJ/kg}]$

고압터빈의 일량

$W_{T_1} = 3,333 - 2,888 = 445[\mathrm{kJ/kg}]$

저압터빈의 일량

$W_{T_2} = 3,456 - 2,345 = 1,111[\mathrm{kJ/kg}]$

∴ 터빈의 출력

$H = m \times (W_{T_1} + W_{T_2} - W_P)$

$= 567 \times (445 + 1,111 - 14.4) \simeq 874,087[\mathrm{kJ/h}]$

$= \frac{874,087}{3,600}[\mathrm{kJ/s}] \simeq 242.8[\mathrm{kW}]$

7-14

절감열량

$[G_0 + (m-1)A_0] \times C \times \Delta t \times \eta$

$= [13 + (1.3 - 1) \times 12] \times 0.3 \times (155 - 300) \times 0.87$

$\simeq -628[\mathrm{kcal}] = 628[\mathrm{kcal}]$ (절감)

7-15

• 개선 전

- 개선 전의 배출가스량

G_1 = [이론배기가스량 + (공기비−1) × 이론연소공기량]

= [11.687 + (1.6−1) × 10.685] ≃18.098[Nm^3/Nm^3]

- 개선 전의 연간 배출가스 열량

$Q_1 = 350 \times 18.098 \times 0.33 \times 210 \times 3,600$

= 1,580,281,164[kcal/년]

- 개선 전 연간 배출가스금액

$₩_1 = \dfrac{1,580,281,164 \times 600}{9,540 \times 0.9} \simeq 110,431,947$[원/년]

• 개선 후

- 개선 후의 배출가스량

G_2 = [이론배기가스량 + (공기비−1) × 이론연소공기량]

= [11.687 + (1.2−1) × 10.685] ≃13.82[Nm^3/Nm^3]

- 개선 후의 연간 배출가스 열량

$Q_2 = 350 \times 13.82 \times 0.33 \times 210 \times 3,600$

= 1,206,734,760[kcal/년]

- 개선 후 연간 배출가스 금액

$₩_2 = \dfrac{1,206,734,760 \times 600}{9,540 \times 0.9} \simeq 84,328,075$[원/년]

• 개선 후 연간 배출가스 절감 금액[원]

$₩ = ₩_1 - ₩_2 = 110,431,947 - 84,328,075 = 26,103,872$[원]

7-16

(1) 에너지 사용량[TOE]

① 프로판가스의 TOE= $\dfrac{55,000}{1,000} \times 1.17 = 64.35$[TOE]

② 벙커C유의 TOE= $\dfrac{1,234,500}{1,000} \times 1.0 = 1,234.5$[TOE]

③ 경유의 TOE= $\dfrac{135,700}{1,000} \times 0.94 \simeq 127.56$[TOE]

④ 연료합계의 TOE= 64.35 + 1,234.5 + 127.56

= 1,426.41[TOE]

⑤ 전기의 TOE= $\dfrac{7,777,000}{1,000} \times 0.27 = 2,099.79$[TOE]

⑥ 전체 합계의 TOE= 1,426.41 + 2,099.79 = 3.526.2[TOE]

(2) 원 단위 계산[TOE/ton]

① 연료 원 단위= $\dfrac{1,426.41}{177} \simeq 8.059$[TOE/ton]

② 전기 원 단위= $\dfrac{2,099.79}{177} \simeq 11.863$[TOE/ton]

③ 에너지 원 단위 = 연료 원 단위 + 전기 원 단위

= 8.059 + 11.863

= 19.922[TOE/ton]

핵심이론 08 효율 향상관리

① 개 요

㉠ 보일러의 효율 향상을 위한 운전방법

- 가능한 한 정격부하로 가동되도록 조업을 계획한다.
- 여러 가지 부하에 대해 열정산을 행하여 그 결과를 통해 연소를 관리한다.
- 전열면의 오손, 스케일 등을 제거하여 전열효율을 향상시킨다.
- 보일러에 대하여 부하변동이 크지 않도록 주의하여 운전한다.
- 적절한 연소용 공기량을 확보한다.
- 운전 중의 보일러와 정지 중의 보일러는 배관과 연도를 함께 분리한다.
- 보일러의 블로(Blow)는 최소한으로 하고, 가능한 한 연속 블로는 하지 않는다.

㉡ 보일러의 효율 향상 관리방안 및 조치방안

- 공기비관리 : 적정 공기비 유지, 연소공기량 제어, 배기가스 O_2 제어, 배기가스 온도관리
- 배기가스 열회수 : 부속기기 설치(공기예열기, 급수예열기), 전열관 관리 합리화, 전열면 관리 합리화
- 설비관리 합리화 : 연소장치관리의 합리화, 보일러 본체관리 합리화 : 연소가스 누설 방지 및 보온 강화
- 기타 효율향상관리 : 운전관리의 최적화, 잠열 회수, 드레인 회수, 블로 수열 회수, 효율 향상을 위한 자동제어(송풍기 및 펌프의 회전수 제어), 시스템 개선

② 공기비관리

㉠ 적정 공기비

- 적정 공기비 : 보일러 효율이 최대로 되는 공기비
- 연료를 효율 좋게 연소시키고자 할 때, 연소용 공기량을 적정치로 조정하는 것이 에너지 절약의 기본이다.

- 적정 공기비는 연료의 종류, 버너의 종류, 연소실의 구조 등에 따라 다를 뿐만 아니라 동일한 보일러와 버너에서도 운전부하에 따라 다르기 때문에 각각의 보일러에 대해 적정 공기비를 찾아 관리해야 한다.
- 공급하는 공기량이 부족하면 불완전연소가 되어 미연가스나 그을음이 발생하기 때문에 열손실이 커진다. 또한 발생한 그을음이 전열면에 부착되어 전열량의 저하를 초래하기 때문에 보일러에서는 불완전연소를 일으키지 않도록 주의할 필요가 있다.
- 공급하는 공기량이 과잉일 때는 동일 연소량에 대한 배기가스량이 증가하여 배기가스와 함께 굴뚝으로 배출되는 열량이 증가하여 배기가스 열손실(배기가스에 의해 보일러에서 방출되는 열량)이 커진다.
- 배기가스 분석결과에서 얻어진 공기비를 그 보일러에 대한 최적 공기비와 비교하여 공급되고 있는 공기량이 적정한가를 판단할 수 있다.
- 공급되고 있는 공기량이 과잉인 것으로 판명되면 공기량을 조절하여 적정 공기비가 되도록 한다.

㉡ 연소공기량

- 연소공기량 제어 : 댐퍼 사용, 송풍기의 회전수 제어, 지르코니아 가스분석계 활용(대형 보일러)
- 배기가스 O_2 제어 : 배기가스 중의 O_2 농도를 측정하여 연소공기의 양을 제어하여 보일러의 부하에 따라 적정한 배기가스 O_2[%]를 보정하는 방식이다.

③ 배기가스 온도관리

㉠ 배기가스 열회수

- 보일러의 열손실의 대부분은 배기가스에 의한 것이므로 배기가스가 갖는 열량을 회수하면, 보일러의 효율은 향상된다.
- 보일러의 배기가스 온도는 발생하는 증기의 포화온도 이하로는 낮출 수 없기 때문에 증기압력이 높아질수록 배기가스 손실도 커진다.
- 배기가스가 갖는 열량을 회수하는 방법 : 보일러에 들어가기 전의 급수 예열, 연소용 공기 예열
- 일반적으로 배기가스가 갖는 열량을 회수하여 배기가스 온도를 20~25[℃] 저하시킬 때마다 보일러의 효율은 1[%] 정도 상승한다.
- 배기가스 열손실률을 작게 하려면 배기가스 온도를 낮게 하거나 공기비를 작게(1.0에 근접) 할 필요가 있다. 공기비가 너무 작으면 불완전연소로 인하여 그을음과 미연가스가 발생할 수 있으며, 불완전연소에 의해 연소효율이 낮아지면 불완전연소에 의한 손실이 커진다.

㉡ 부속기기 설치

- 공기예열기 설치
- 급수예열기 설치

㉢ 전열관 관리 합리화

- 전열관의 그을음 제거관리
- 전열관의 스케일 제거관리
- 적정한 블로

㉣ 전열면 관리 합리화

- 전열면의 그을음 부착 방지
- 수트블로어 이용
  - 그을음을 제거하는 시기는 부하가 가벼운 시기를 선택하고, 소화한 직후의 고온 연소실 내에서는 하면 안 된다.
  - 그을음 제거는 흡출 통풍을 증가시킨 후 실시한다. 연소량을 줄이면 불이 꺼지는 경우가 있으므로 피한다. 자동연소제어장치는 제조자의 의견을 따르는 것이 좋다.
  - 그을음을 제거하기 전에 반드시 드레인을 충분히 배출한다.
  - 한 장소에 장시간 불어대지 않도록 한다.

④ 설비관리 합리화
   ㉠ 연소장치관리의 합리화
      • 연소장치의 정기적인 점검관리
      • 공기 공급 및 배기가스 경로관리
   ㉡ 보일러 본체관리 합리화 : 연소가스 누설 방지 및 보온 강화

⑤ 기타 효율 향상 관리
   ㉠ 운전관리의 최적화
      • 운전방법의 검토
      • 효율적인 증기압력 설정
   ㉡ 잠열 회수
   ㉢ 드레인 회수
   ㉣ 블로 수열 회수
   ㉤ 효율 향상을 위한 자동제어 : 송풍기 및 펌프의 회전수 제어
   ㉥ 시스템 개선
      • 보일러 효율은 비교적 높아 연소관리 등의 기본적인 대책을 철저히 하여도 비약적인 효율 향상은 크게 기대할 수 없다. 또한 효율 향상이 가능하다고 해도 실시하기 위해서는 많은 투자가 필요하다.
      • 보일러는 정격 증발량 가까이에서 연속 운전하고 있을 때에는 효율이 매우 높지만, 간헐 운전으로 연소와 정지를 반복하면 효율이 급격히 저하한다. 공장 전체에서의 증기 사용량을 될 수 있는 한 시간적으로 평준화할 수 있도록 협력이 이루어지면 보일러의 평균적인 효율을 대폭 향상시킬 수 있다.
      • 증기 발생만이 아니라 증기가 어떻게 사용되고 있는가에 대해 관심을 갖고 증기를 유효하게 사용하기 위한 대책을 사용처와 서로 협의하여 증기 사용방법까지도 관리하는 것이 향후 효율을 더욱 향상시킬 수 있다.

핵심예제

보일러의 효율 향상 관리방안을 4가지로 대별하고 각각의 조치방안을 나열하시오.

|해답|

보일러의 효율 향상 관리방안

① 공기비 관리 : 적정 공기비 유지, 연소공기량 제어, 배기가스 O_2 제어, 배기가스 온도관리
② 배기가스 열회수 : 부속기기 설치(공기예열기, 급수예열기), 전열관 관리 합리화, 전열면 관리 합리화
③ 설비관리 합리화 : 연소장치관리의 합리화, 보일러 본체관리 합리화(연소가스 누설 방지 및 보온 강화)
④ 기타 효율 향상관리 : 운전관리의 최적화, 잠열 회수, 드레인 회수, 블로 수열 회수, 효율 향상을 위한 자동제어(송풍기 및 펌프의 회전수 제어), 시스템 개선

핵심이론 09 신재생에너지와 그린환경

① 신재생에너지

㉠ 관련 용어의 이해

- 에너지 : 연료・열 및 전기
- 연료 : 석유・가스・석탄, 그 밖에 열을 발생하는 열원(제외 : 제품의 원료로 사용되는 것)
- 신에너지 : 기존의 화석연료를 변환시켜 이용하거나 수소・산소 등의 화학반응을 통하여 전기 또는 열을 이용하는 에너지
  - 수소에너지
  - 연료전지 : 연료전지로 사용 가능한 연료로는 수소, 천연가스, 나프타, 석탄가스, 메탄올 등이 있다.
  - 석탄을 액화・가스화한 에너지
  - 중질잔사유를 가스화한 에너지
  - 그 밖에 석유・석탄・원자력 또는 천연가스가 아닌 에너지로서 대통령령으로 정하는 에너지
- 재생에너지 : 햇빛・물・지열・강수・생물 유기체 등을 포함하는 재생 가능한 에너지를 변환시켜 이용하는 에너지
  - 태양에너지
  - 풍 력
  - 수 력
  - 해양에너지 : 파력에너지(파도 이용), 조력에너지(밀물과 썰물 이용), 조류에너지(좁은 해협의 조류 이용), 해양 온도차 등
  - 지열에너지
  - 생물자원을 변환시켜 이용하는 바이오에너지로서 대통령령으로 정하는 기준 및 범위에 해당하는 에너지
  - 폐기물에너지(비재생폐기물로부터 생산된 것은 제외한다)로서 대통령령으로 정하는 기준 및 범위에 해당하는 에너지
  - 그 밖에 석유・석탄・원자력 또는 천연가스가 아닌 에너지로서 대통령령으로 정하는 에너지
- 바이오에너지 설비 : 바이오에너지를 생산하거나 이를 에너지원으로 이용하는 설비
- 바이오매스(Biomass) : 태양에너지를 화학에너지로 전환하여 저장하고 있는 생물로부터 얻은 유기물질로, 바이오연료의 원료로 사용된다.
- 바이오연료 : 바이오매스를 직접 또는 가공하여 연료로 이용하는 신재생연료

㉡ 신재생에너지 공급의무화(RPS ; Renewable Portfolio Standard)

- RPS제도는 신재생에너지 공급의무화제도로서 FIT제도 이후에 등장하였다.
- 50만[kW](500[MW]) 이상 발전사업자는 반드시 일정 비율 이상을 신재생에너지원으로 발전해야 한다.
- REC는 RPS제도에서 신재생에너지를 이용하여 에너지를 공급한 사실을 증명하는 인증서이다.
- 신재생에너지 중 의무공급량이 지정되어 있는 에너지원은 태양에너지이다(단, 태양의 빛에너지를 변환시켜 전기를 생산하는 방식에 한정함).
- 연도별 의무공급량[GWh]
  - 2012년 : 276
  - 2013년 : 723
  - 2014년 : 1,353
  - 2015년 이후 : 1,971

㉢ 태양전지(솔라셀) : 실리콘(단결정, 다결정), 화합물, 적층형, 기타

㉣ 슬래그(Slag) : 철강 제조공정에서 철의 원료인 철광석 등으로부터 철을 분리하고 남은 암석성분으로, 시멘트원료, 건설토목용 재료 등 활용 분야가 무한한 환경친화적 재료이다. 좋은 슬래그가 갖추어야 할 구비조건은 다음과 같다.

- 유가금속의 비중이 낮을 것
- 유가금속의 용해도가 작을 것
- 유가금속의 용융점이 낮을 것
- 점성이 낮고 유동성이 좋을 것

② 에너지원의 종류별 기준 및 범위

㉠ 석탄을 액화·가스화한 에너지

• 기준 : 석탄을 액화 및 가스화하여 얻은 에너지로서, 다른 화합물과 혼합되지 않은 에너지

• 범위 : 증기 공급용 에너지, 발전용 에너지

㉡ 중질잔사유를 가스화한 에너지

• 기 준

- 중질잔사유(원유를 정제하고 남은 최종 잔재물로서 감압증류과정에서 나오는 감압잔사유, 아스팔트와 열분해공정에서 나오는 코크스, 타르 및 피치 등)를 가스화한 공정에서 얻어지는 연료

- 위의 연료를 연소 또는 변환하여 얻어지는 에너지

• 범위 : 합성가스

㉢ 바이오에너지

• 기 준

- 생물 유기체를 변환시켜 얻은 기체, 액체 또는 고체의 연료이다.

- 위의 연료를 연소 또는 변환시켜 얻은 에너지이다.

- 신재생에너지가 아닌 석유제품 등과 혼합된 경우에는 생물 유기체로부터 생산된 부분만 바이오에너지로 본다.

• 범 위

- 생물 유기체를 변환시킨 바이오가스, 바이오에탄올, 바이오액화유 및 합성가스

- 쓰레기 매립장의 유기성 폐기물을 변환시킨 매립지가스

- 동물·식물의 유지를 변환시킨 바이오디젤 및 바이오중유

- 생물 유기체를 변환시킨 땔감, 목재칩, 펠릿 및 숯 등의 고체연료

㉣ 폐기물에너지

• 기 준

- 폐기물을 변환시켜 얻은 기체, 액체 또는 고체의 연료

- 위의 연료를 연소 또는 변환시켜 얻은 에너지

- 폐기물의 소각열을 변환시킨 에너지

- 신재생에너지가 아닌 석유제품 등과 혼합되는 경우에는 폐기물로부터 생산된 부분만 폐기물에너지로 보고, 비재생폐기물(석유, 석탄 등 화석연료에 기원한 화학섬유, 인조가죽, 비닐 등으로서 생물 기원이 아닌 폐기물)로부터 생산된 것은 제외한다.

• 범위 : 없음

㉤ 수열에너지

• 기준 : 물의 열을 히트펌프(Heat Pump)를 사용하여 변환시켜 얻은 에너지

• 범위 : 해수의 표층 및 하천수의 열을 변환시켜 얻은 에너지

③ 그린환경

㉠ 온실가스 : 적외선 복사열을 흡수하거나 재방출하여 온실효과를 유발하는 대기 중의 가스 상태의 물질로서 이산화탄소(CO_2), 메탄(CH_4), 아산화질소(N_2O), 수소불화탄소(HFCs), 과불화탄소(PFCs), 육불화황(SF_6) 및 그 밖에 대통령령으로 정하는 물질을 말한다(기후위기 대응을 위한 탄소중립 · 녹색성장 기본법).

㉡ 저탄소 : 화석연료에 대한 의존도를 낮추어 청정에너지의 사용 및 보급을 확대하여 녹색기술 연구개발, 탄소 흡수원 확충 등을 통하여 온실가스를 적정 수준 이하로 줄이는 것

㉢ 지구온난화 : 사람의 활동에 수반하여 발생하는 온실가스가 대기 중에 축적되어 온실가스의 농도를 증가시킴으로써 지구 전체적으로 지표 및 대기의 온도가 추가적으로 상승하는 현상

㉣ 교토의정서 : 지구온난화의 규제 및 방지를 위한 국제협약인 기후변화협약의 수정안이다.

- 정식 명칭 : 기후 변화에 관한 국제연합규약의 교토의정서(Kyoto Protocol to the United Nations Framework Convention on Climate Change)
- 교토의정서는 온실가스 배출을 1990년대 수준으로 줄이기 위해서 기후변화협약 당사국들은 제3차 당사국회의(교토 1997년 12월)에서 기후 변화의 기본원칙에 입각하여 선진국에게 구속력이 있는 온실가스 감축목표를 부여한 의정서이다.
- 교토의정서를 인준한 국가는 이산화탄소를 포함한 6가지의 온실가스의 배출을 감축하며, 배출량을 줄이지 않는 국가에 대해서는 비관세 장벽을 적용한다.
- 6가지의 온실가스 : 이산화탄소, 메탄, 아산화질소, 과플루오린화탄소, 수소플루오린화탄소, 육플루오린화황

핵심예제

9-1. 에너지법에서 정한 에너지의 종류를 3가지 쓰시오.

9-2. 바이오매스(Biomass)란 무엇인지 설명하시오. [2014년 제1회]

9-3. 신에너지와 재생에너지의 개발은 에너지원 다양화, 에너지의 안정적인 공급, 에너지 구조의 환경친화적 전환 및 온실가스 배출의 감소 등을 도모할 수 있다. 신에너지, 재생에너지의 종류를 각각 4가지씩만 나열하시오. [2012년 제2회, 2017년 제2회]

9-4. 바다에서 얻을 수 있는 해양에너지의 신재생에너지 종류를 2가지만 쓰시오. [2011년 제4회]

9-5. 신재생에너지 중에서 신에너지의 의미를 설명하고, 종류를 3가지만 쓰시오. [2013년 제2회]

9-6. 다음의 에너지 중에서 신에너지, 재생에너지에 대해서 각각 해당 번호를 기입하시오(단, 신에너지, 재생에너지가 아닌 것도 나열되어 있음). [2020년 제2회]

① 수소에너지	② 태양에너지
③ 연료전지	④ LNG
⑤ 석탄을 액화·가스화한 에너지	
⑥ 풍 력	
⑦ 중질잔사유를 가스화한 에너지	
⑧ 수 력	⑨ 해양에너지
⑩ 지열에너지	⑪ 원자력에너지
⑫ 바이오에너지	⑬ 폐기물에너지

(1) 신에너지
(2) 재생에너지

9-7. 다음 에너지 중 신에너지, 재생에너지에 해당하는 에너지의 기호를 각각 나열하시오. [2021년 제2회]

① 수 력	② 지열에너지
③ 수소에너지	④ 연료전지
⑤ 중질잔사유를 가스화한 공정에서 얻어지는 연료	
⑥ 폐기물을 변환시켜 얻어지는 연료	

(1) 신에너지
(2) 재생에너지

9-8. 신재생에너지 중 신에너지의 종류를 2가지만, 재생에너지의 종류를 4가지만 쓰시오. [2015년 제4회]

9-9. 연료전지의 재료로 사용 가능한 연료를 5가지만 쓰시오. [2011년 제4회, 2016년 제2회]

9-10. 전기화학반응을 이용하여 연료가 가지고 있는 화학에너지를 연소과정 없이 직접 전기에너지로 변환시키는 전기화학 발전장치는 어떤 에너지에 해당하는가? [2013년 제1회]

9-11. 신에너지 및 재생에너지 개발·이용·보급촉진법 시행령에 제시된 바이오에너지 설비에 대한 설명 및 활용범위 4가지에 대하여 쓰시오. [2013년 제1회]

핵심예제

9-12. 야외의 쓰레기 더미와 쓰레기 매립지에서 처리되는 쓰레기가 분해되면서 발생하는 부생가스의 명칭을 쓰시오.
[2013년 제1회]

9-13. 교토의정서에 대하여 설명하시오. [2012년 제1회]

9-14. 교토의정서의 채택목적을 3가지만 쓰시오.
[2015년 제1회]

9-15. 다음에서 설명하는 것의 명칭을 쓰시오. [2014년 제2회]

> 전원을 끈 상태에서도 전기제품이 소비하는 전력을 말하며, 이것만 줄여도 에너지 절약과 온실가스 감축효과를 도모할 수 있다.

|해답|

9-1
에너지법에서 정한 에너지의 종류 : 열, 연료, 전기

9-2
바이오매스(Biomass) : 태양에너지를 화학에너지로 전환하여 저장하고 있는 생물로부터 얻은 유기물질로, 바이오연료의 원료로 사용된다.

9-3
(1) 신에너지의 종류 : 수소에너지, 연료전지, 석탄을 액화·가스화한 에너지, 중질잔사유를 가스화한 에너지
(2) 재생에너지의 종류 : 태양에너지, 풍력, 수력, 해양에너지

9-4
해양에너지의 신재생에너지 : 파력에너지, 조력에너지

9-5
(1) 신에너지 : 기존의 화석연료를 변환시켜 이용하거나 수소·산소 등의 화학반응을 통하여 전기 또는 열을 이용하는 에너지
(2) 신에너지의 종류 : 수소에너지, 연료전지, 석탄을 액화·가스화한 에너지

9-6
(1) 신에너지 : ①, ③, ⑤, ⑦
(2) 재생에너지 : ②, ⑥, ⑧, ⑨, ⑩, ⑫, ⑬

9-7
(1) 신에너지 : ③, ④, ⑤
(2) 재생에너지 : ①, ②, ⑥

9-8
(1) 신에너지 : 수소에너지, 연료전지
(2) 재생에너지 : 태양에너지, 풍력, 수력, 해양에너지

9-9
연료전지로 사용 가능한 연료 : 수소, 천연가스, 나프타, 석탄가스, 메탄올

9-10
연료전지에너지

9-11
(1) 바이오에너지 설비 : 바이오에너지를 생산하거나 이를 에너지원으로 이용하는 설비
(2) 바이오에너지의 범위
① 생물 유기체를 변환시킨 바이오가스, 바이오에탄올, 바이오액화유 및 합성가스
② 쓰레기 매립장의 유기성 폐기물을 변환시킨 매립지가스
③ 동물·식물의 유지를 변환시킨 바이오디젤 및 바이오중유
④ 생물 유기체를 변환시킨 땔감, 목재칩, 펠릿 및 숯 등의 고체연료

9-12
메탄(CH_4)

9-13
교토의정서는 온실가스 배출을 1990년대 수준으로 줄이기 위해서 기후변화협약 당사국들은 제3차 당사국회의(교토 1997년 12월)에서 기후 변화의 기본원칙에 입각하여 선진국에게 구속력이 있는 온실가스 감축목표를 부여한 의정서이다.

9-14
교토의정서 채택목적
① 선진국에 대하여 구속력 있는 온실가스 감축목표 설정
② 공동이행(JI), 청정개발체제(CDM), 배출권거래제(ET) 등 시장원리에 입각한 새로운 온실가스 감축수단 도입
③ 국가 간 연합을 통한 온실가스 공동 감축목표 달성

9-15
대기전력(Standby Power)

계측 및 자동제어

제1절 | 계 측

1-1. 계측 일반

핵심이론 01 압력과 온도

① 압 력

㉠ 압력의 개요

- 압력(P) : 단위면적(A)에 작용하는 수직 방향의 힘(F), $P = \frac{F}{A}$
- 압력의 기준단위 : [Pa]
- 1[Pa] : 1[m^2]의 면적에 1[N]의 힘이 작용할 때의 압력([N/m^2])
- 1[bar] = 100,000[Pa, N/m^2], 0.9869[atm], 14.507[psi], 750.061[mmHg], 10.20[mH_2O](물의 수두), 1.02[kgf/cm^2]
- 1[kgf/cm^2] = 0.98[bar]

㉡ 표준대기압 : 1[atm] = 101.325[kPa] = 1.01325[bar] ≃ 760[mmHg]

- 1[bar] = 10^5[Pa] = 100[kPa]
- 산소의 분압 : $P_{O_2} = 101.325 \times 0.21 = 21.3$[kPa]

㉢ 절대압력 = 대기압 + 게이지압력
　　　　　　= 대기압 − 진공압

- 게이지압력 : 대기압보다 높은 압력, (+)게이지 압력
- 진공압력 : 대기압보다 낮은 압력, (−)게이지 압력

㉣ 대기압력

- 표준대기압 : 1[atm], 760[mmHg], 10.33[mAq], 10.34[mH_2O](물의 수두), 1.033[kgf/cm^2], 101,325[Pa, N/m^2], 1.013[bar], 14.7[psi]
- 공학기압(1[kgf/cm^2] 압력 기준) : 1[ata], 0.967[atm], 735.5[mmHg], 0.98[bar], 10.14[mH_2O](물의 수두)

② 온 도

㉠ 온도 측정의 타당성에 대한 근거 : 열역학 제0법칙

㉡ 온도단위

- 섭씨온도[℃] : 표준대기압 상태에서 물의 빙점을 0[℃], 물의 비등점을 100[℃]로 하여 그 사이를 100등분한 것을 1[℃]로 정한 온도단위
- 화씨온도[°F] : 표준대기압 상태에서 물의 빙점을 32[°F], 물의 비등점을 212[°F]로 하여 그 사이를 180등분한 것을 1[°F]로 정한 온도단위
- 절대온도[K] : 열역학적으로 분자운동이 정지되었을 때의 온도를 기점(절대영도)으로 측정한 온도 단위이며, 이론상 가능한 최저온도를 0[K], 물의 삼중점을 273.15[K]로 정한 온도이다. 온도의 SI단위로 사용된다.
- 랭킨온도[°R] : 켈빈단위계(절대온도)를 화씨단위계에 맞춘 온도이다. 즉, 0[°R]는 0[K]와 같으며, 1[°R]의 간격은 1[°F]와 같다. 화씨온도보다 숫자가 항상 약 460(459.67)만큼 크다. 32[°F](0[°C])는 약 492(491.67)[°R]이다.

㉢ 각 온도단위 간의 관계

- [℃] = $\frac{5}{9}$([°F] − 32)
- [°F] = $\frac{9}{5}$[℃] + 32
- [K] = [℃] + 273
- [°R] = [°F] + 460 = 1.8[K]
- 섭씨온도[℃]와 화씨온도[°F]가 같은 온도 : −40[℃], [°F]=233[K]

㉣ 물의 빙점(Icing Point) : 0[℃], 32[°F]=273.15[K]=492[°R]

㉤ 3중점 : 물질의 상태가 특정온도와 압력에서 고체, 액체, 기체가 모두 공존하는 상태

- 물의 3중점 : 0.009[℃], 4.58[mmHg]
- 평형수소의 3중점 : −259.34[℃] = 13.81[K]

㉥ 온도계의 동작지연에 있어서 온도계 지시치와 시간의 관계식 : $\frac{dT}{d\tau}=\frac{(x-T_0)}{\lambda}$

(여기서, T : 온도계의 지시치, x : 측정온도, τ : 시간, λ : 시정수)

핵심예제

1-1. 연성계(압력계)에서 진공압력이 50[cmHg]를 나타내고 있을 때, 절대압력[kgf/cm^2]을 구하시오(대기압은 1[atm]이다).

[2010년 제2회, 2012년 제1회 유사, 제4회, 2015년 제2회, 2016년 제1회]

1-2. 보일러 냉각기의 진공도가 700[mmHg]일 때 절대압[kg/cm^2 · a]을 계산하시오. [2012년 제1회 유사, 2018년 제2회]

1-3. 진공압력이 333[mmHg]라면 진공도[%]는 얼마인가?

[2010년 제1회]

1-4. 달에서 측정한 압력이 7[kgf/cm^2]이라면 이때의 절대압력[kgf/cm^2 · a]은 얼마인가?(단, 표준대기압은 101.3[kPa], 달의 중력은 지구의 1/8이다) [2013년 제4회]

|해답|

1-1

절대압력 = 대기압 - 진공압력 = 760 − 500 = 260[mmHg · a]

$$= \frac{260}{760}\times 1.0332 \simeq 0.353[\mathrm{kgf/cm^2}]$$

1-2

절대압

$$P_a = \frac{760-700}{760}\times 1.0332 \simeq 0.08[\mathrm{kg/cm^2\cdot a}]$$

1-3

진공도

$$\frac{333}{760} \simeq 0.438 = 43.8[\%]$$

1-4

절대압력 = 대기압 + 게이지압력

$$= \left(101.3\times\frac{1.033}{101.325}\times\frac{1}{8}\right)+7 \simeq 7.13[\mathrm{kgf/cm^2\cdot a}]$$

핵심이론 02 단위와 차원

① 단위계

㉠ CGS단위계 : cm(길이단위), g(질량단위), s(시간단위, 초)를 기준으로 하는 단위계

㉡ MKS단위(국제단위)

- m, kg, s를 기준으로 하는 단위계이다.
- MKS단위는 SI단위의 기본이 되므로 통상 MKS단위를 사용하며 CGS단위는 보조적으로 사용한다.

② 국제단위계(SI) : 7가지 기본 측정단위를 정의하고 있으며, 이로부터 다른 모든 SI 유도단위를 이끌어낸다.

③ SI 기본단위 7가지

기본량	명 칭	기 호
길 이	미 터	m
질 량	킬로그램	kg
시 간	초	s
전 류	암페어	A
온 도	켈 빈	K
물질량	몰	mol
광 도	칸델라	cd

④ 절대단위계 물리량의 차원 표시

㉠ 길이 : L

㉡ 질량 : M

㉢ 시간 : T

⑤ 계량단위에 대한 일반적인 요건

㉠ 정확한 기준이 있을 것

㉡ 사용하기 편리하고 알기 쉬울 것

㉢ 대부분의 계량단위를 10진법으로 할 것

㉣ 보편적이고 확고한 기반을 가진 안정된 원기가 있을 것

핵심예제

SI 기본단위 7가지의 기본량, 명칭, 기호를 다음 표 안에 써넣으시오.

기본량	명 칭	기 호

|해답|

SI 기본단위 7가지

기본량	명 칭	기 호
길 이	미터	m
질 량	킬로그램	kg
시 간	초	s
전 류	암페어	A
온 도	켈빈	K
물질량	몰	mol
광 도	칸델라	cd

핵심이론 03 측정의 기본

① 측정의 기본 용어

㉠ 평균치 : 측정치를 모두 더하여 측정 횟수로 나눈 값(측정치의 산술평균값)이다.

㉡ 공차, 오차, 참값, 측정값

- 공차(Tolerance) : 계측기(계량기) 고유오차의 최대허용한도
- 오차(Error) : 측정값 − 참값 또는 측정값 − 기준값

$$※\ 오차율 = \frac{측정값 - 참값}{참값} \times 100[\%]$$

$$= \frac{측정값 - 기준값}{기준값} \times 100[\%]$$

- 참값 : 측정값 − 오차
- 측정값 : 참값 + 오차

㉢ 편차와 정확도

- 편차(Bias, 치우침) : 측정값 − 평균값
  - 측정치로부터 모평균을 뺀 값이다.
  - 목표치와 제어량의 차이다.
- 정확도(Accuracy) : 치우침이 작은 정도
- 오차가 작은 계량기는 정확도가 높다.

㉣ 산포와 정밀도

- 산포(분산) : 흩어짐의 정도
- 정밀도(Precision) : 분산(산포)이 작은 정도, 참값에 가까운 정도이다. '계기로 같은 시료를 여러 번 측정하여도 측정값이 일정하지 않다.'고 할 때 이 일치하지 않는 것은 작은 정도를 정밀도라고 한다.

㉤ 감도(Sensitivity)

- 감도는 계측기가 측정량의 변화에 민감한 정도이다.
- 감도는 측정량의 변화(ΔM)에 대한 지시량의 변화(ΔA)의 비이다.

$$E = \frac{지시량의\ 변화}{측정량의\ 변화} = \Delta A / \Delta M$$

- 지시량은 눈금상에서 읽을 수 있는 측정량이다.
- 감도의 표시는 지시계의 감도와 눈금 너비로 나타낸다.
- 지시계의 확대율이 커지면 감도는 높아진다.
- 감도가 좋으면 아주 작은 양의 변화도 측정할 수 있다.
- 정밀한 측정을 위해서는 감도가 좋은 측정기를 사용해야 한다.
- 감도가 나쁘면 정밀도도 나빠진다.
- 감도가 좋으면 측정시간이 길어진다.
- 감도가 좋으면 측정범위는 좁아진다.

㉥ 동특성

- 시간지연과 동 오차
- 측정량이 시간에 따라 변동할 때 계기의 지시값은 그 변동에 따를 수 없는 것이 일반적이며, 시간적으로 처짐과 오차가 생기는데 이 측정량의 변동에 대하여 계측기의 지시가 어떻게 변하는지 대응관계를 나타내는 계측기의 특성을 의미한다.

㉦ 계량단위의 접두어

크 기	기 호	명 칭	크 기	기 호	명 칭
10^{1}	da	deca	10^{-1}	d	deci
10^{2}	h	hecto	10^{-2}	c	centi
10^{3}	k	kilo	10^{-3}	m	mili
10^{6}	M	Mega	10^{-6}	μ	micro
10^{9}	G	Giga	10^{-9}	n	nano
10^{12}	T	Tera	10^{-12}	p	pico
10^{15}	P	Peta	10^{-15}	f	femto
10^{18}	E	Exa	10^{-18}	a	atto
10^{21}	Z	Zetta	10^{-21}	z	zepto
10^{24}	Y	Yotta	10^{-24}	y	yocto

② 측정오차의 종류 : 우연오차, 계통적 오차

㉠ 우연오차 : 발생원인을 알 수 없는 오차

- 원인 규명이 명확하지 않다.
- 측정할 때마다 측정값이 일정하지 않은 오차이다.
- 측정치가 일정하지 않고 분포현상을 일으키는 흩어짐(Dispersion)이 원인이 되는 오차이다.

- 측정자 자신의 산포 및 관측자의 오차와 시차 등 산포에 의하여 발생한다.
- 상대적인 분포현상을 가진 측정값을 나타낸다.
- 정・부의 오차가 일정한 분포 상태를 가진다.
- 완전한 제거가 가능하지 않다.

㉡ 계통적 오차 : 발생원인을 알고 있는 오차이며, 측정값의 쏠림(Bias)에 의하여 발생하는 오차이다.

- 계기오차(기차) : 계측기 자체에 원인으로 발생되는 오차
  - 계측기가 가지고 있는 고유의 오차이다.
  - 정오차(Static Error) : 측정량이 변동하지 않을 때 계측기의 오차
- 개인오차 : 개인 숙련도의 따른 오차
- 이론오차 : 이론적으로 보정 가능한 오차(열팽창이나 처짐 등)
- 환경오차
  - 측정 시의 온도, 습도, 압력 등의 영향으로 발생하는 오차
  - 강(Steel)으로 만들어진 자(Rule)로 길이를 잴 때 자가 온도의 영향을 받아 팽창・수축함으로써 발생하는 오차는 계통적 오차 중 환경오차에 해당한다.

※ 측정기 정도 표준 : 온도 20±0.5[℃], 습도 65[%], 기압 760[mmHg](1,013[mb])

㉢ 계통적 오차 제거방법

- 외부조건을 표준조건으로 유지한다.
- 진동과 충격 등을 제거한다.
- 제작 시부터 생긴 기차를 보정한다.

③ **측정의 종류**

㉠ 직접측정 : 측정기를 피측정물에 직접 접촉시켜서 길이나 각도를 측정기의 눈금으로 읽는 방식(자, 버니어캘리퍼스, 마이크로미터 등)

㉡ 비교측정 : 기준 치수와 피측정물을 비교하여 차이를 읽는 방식(다이얼게이지, 미니미터, 공기 마이크로미터, 전기 마이크로미터 등)

㉢ 간접측정 : 피측정물의 측정부 치수를 수학적이나 기하학적인 관계로 측정하는 방식(사인바에 의한 각도 측정, 롤러와 블록게이지에 의한 테이퍼 측정, 삼침법에 의한 나사의 유효지름 측정 등)

㉣ 절대측정 : 정의에 따라 결정된 양을 사용하여 측정하는 방식(U자관 압력계-수은주 높이, 밀도, 중력가속도를 측정해서 압력의 측정값 결정 등)

④ **측정량 계량방법**

㉠ 보상법 : 측정량의 크기가 거의 같은 미리 알고 있는 양의 분동을 준비하여 분동과 측정량의 차이로부터 측정량을 구하는 방법이다.

㉡ 편위법 : 측정량의 크기에 따라 지침 등을 편위시켜 측정량을 구하는 방법이다.

- 취급이 쉽고 신속하게 측정할 수 있다.
- 적용 : 스프링 저울, 부르동관 압력계, 전압계, 전류계 등
- 스프링식 저울의 경우 물체의 무게가 작용하여 스프링의 변위가 생기고, 이에 따라 바늘의 변위가 생겨 물체의 무게를 지시하는 눈금으로 무게를 측정한다.
- 감도는 떨어진다.

㉢ 치환법 : 정확한 기준과 비교측정하여 측정기의 부정확한 원인이 되는 오차를 제거하기 위하여 사용하는 방법으로, 다이얼게이지를 이용하여 두께를 측정하는 방법 등이 이에 해당한다.

㉣ 영위법 : 측정량(측정하고자 하는 상태량)과 기준량(독립적 크기 조정 가능)을 비교하여 측정량과 똑같이 되도록 기준량을 조정한 후 기준량의 크기로부터 측정량을 구하는 방법(천칭)

⑤ **계량, 계측, 계기**

㉠ 개 요

- 계량, 계측기의 교정 : 계량, 계측기의 지시값을 참값과 일치하도록 수정하는 것이다.

- 계량·계측기기의 정확도와 정밀도를 확보하기 위한 제도 중 계량법상 강제 규정 : 검정, 교정, 정기검사, 수시검사 등

㉡ 계량에 관한 법률의 목적
- 계량의 기준을 정한다.
- 적절한 계량을 실시한다.
- 공정한 상거래 질서를 유지한다.
- 산업의 선진화에 기여한다.

㉢ 계측기의 원리
- 액주 높이로부터 압력을 측정한다.
- 초음파속도 변화로 유량을 측정한다.
- 기전력의 차이로 온도를 측정한다.
- 전압과 정압의 차를 이용하여 유속을 측정한다.

㉣ 계측기기의 구비조건
- 구조가 단순하고, 취급이 용이해야 한다.
- 정확도가 있고, 견고하고 신뢰할 수 있어야 한다.
- 주변 환경에 대하여 내구성이 있어야 한다.
- 경제적이며 수리가 용이해야 한다.
- 연속적이고 원격 지시, 기록이 가능해야 한다.

㉤ 계측기 선정 시 고려사항
- 측정 대상 : 측정량의 종류, 상태
- 측정환경 : 장소, 조건
- 측정 수량 : 소량, 다량
- 측정방법 : 원격 측정, 자동 측정, 지시, 기록 등
- 요구성능 : 측정범위, 정확도와 정밀도, 감도, 견고성 및 내구성, 편리성, 고장 조치 등
- 경제사항 : 가격, 유지비, 측정에 소요되는 비용

㉥ 계측기기의 보존을 위해 취해야 할 사항
- 예비 부품, 예비 계측기기의 상비
- 계측 관련 업무 근무자의 관리교육
- 관리 자료의 정비
- 점검 및 수리

㉦ 계측 관련 제반사항
- 측정 전 상태의 영향으로 발생하는 히스테리시스(Hysteresis) 오차의 원인 : 기어 사이의 틈, 운동 부위의 마찰, 탄성 변형(주위 온도의 변화는 아니다)
- 제동(Damping) : 관성이 있는 측정기의 지나침(Overshooting)과 공명현상을 방지하기 위해 취하는 행동

핵심예제

3-1. 표준원기의 구비조건을 4가지만 쓰시오. [2010년 제2회]

3-2. 측정하고자 하는 상태량과 독립적 크기를 조정할 수 있는 기준량과 비교하여 측정, 계측하는 방법의 명칭을 쓰시오.

|해답|

3-1

표준원기의 구비조건

① 안정성이 있을 것
② 경년변화가 작을 것
③ 외부의 물리적 조건에 대하여 변형이 작을 것
④ 정도가 높고 단위의 현시가 가능할 것

3-2

영위법

1-2. 압력 측정

핵심이론 01 압력 측정의 개요

① 압력계의 분류

㉠ 1차 압력계

- 액주식 : U자관식, 단관식, 경사관식, 플로트식, 환상천평식, 2액식
- 기준 분동식(부유 피스톤식)
- 침종식

㉡ 2차 압력계

- 탄성식 : 부르동관, 벨로스, 다이어프램, 콤파운드 게이지
- 전기식 : 전기저항식, 자기 스테인리스식, 압전식
- 진공식 : 맥라우드 진공계, 열전도형 진공계, 피라니 압력계, 가이슬러관, 열음극 전리 진공계

② 압력계 선택 시 유의사항

㉠ 사용 용도를 고려하여 선택한다.

㉡ 사용압력에 따라 압력계의 측정범위를 정한다.

㉢ 진동 등을 고려하여 필요한 부속품을 준비한다.

㉣ 사용목적 중요도에 따라 압력계의 크기, 등급 정도를 결정한다.

③ 베르누이 방정식(Bernoulli's Equation)

㉠ 베르누이 방정식 : $\frac{P}{\gamma}+\frac{v^2}{2g}+Z=H=C$(일정)

또는 $P+\frac{\rho v^2}{2}+\rho gh=H=C$(일정)

(여기서, $\frac{P}{\gamma}$: 압력수두[m], $\frac{v^2}{2g}$: 속도수두[m], Z : 위치수두[m], H : 전수두[m])

㉡ 베르누이 방정식의 가정조건

- 유체는 비압축성이어야 한다(압력이 변해도 밀도는 변하지 않아야 한다).
- 유체는 비점성이어야 한다(점성력이 존재하지 않아야 한다).
- 정상유동(정상 상태의 흐름, Steady State)이어야 한다(시간에 대한 변화가 없어야 한다).
- 동일한 유선상에 있어야 한다.
- 유선이 경계층(Boundary Layer)을 통과해서는 안 된다.
- 이상유체의 흐름이다.
- 마찰이 없는 흐름이다.

㉢ 베르누이 방정식에 대한 제반사항

- 오일러의 운동방정식을 유선에 따라 적분하면 베르누이 방정식이 얻어진다.
- 에너지보존의 법칙을 유체유동에 적용시킨 방정식이다(역학적 에너지보존의 법칙의 변형된 형태이다).
- 이상유체에 대해 (유체에 가해지는 일이 없는 경우) 유체의 압력에너지, 속도에너지(운동에너지), 위치에너지 사이의 관계를 나타낸 식이다.
- 압력수두, 속도수두, 위치수두의 합은 언제나 일정하다(압력수두 + 속도수두 + 위치수두 = 전수두 = 일정).
- 흐르는 유체에 대해 유선상에서 모든 형태의 에너지의 합은 언제나 일정하다.
- 전압은 정압과 동압의 합이며 일정하다.
- 우변의 상수값은 동일 유선에 대해서는 같은 값을 가진다는 의미이다.

㉣ 베르누이 방정식의 이론과 실제

- 베르누이 방정식을 실제 유체에 적용할 때 보정해 주기 위해 도입하는 항 : W_p(펌프일), h_f(마찰손실), W_t(터빈일)
- 마찰 미고려 시(이론) :

$$\frac{P_1}{\gamma}+\frac{v_1^2}{2g}+Z_1=\frac{P_2}{r}+\frac{v_2^2}{2g}+Z_2$$

- 마찰 고려 시(실제) : 손실수두를 h_L이라고 하면,

$$\frac{P_1}{\gamma}+\frac{v_1^2}{2g}+Z_1=\frac{P_2}{r}+\frac{v_2^2}{2g}+Z_2+h_L$$이다.

이 식을 수정 베르누이 방정식이라고 한다.

- 유동유체 내에 펌프를 설치했을 때 :

$$\frac{P_1}{\gamma}+\frac{v_1^2}{2g}+Z_1+h_P=\frac{P_2}{\gamma}+\frac{v_2^2}{2g}+Z_2$$

(여기서, h_P : 펌프양정)

- 유동유체 내에 터빈을 설치했을 때 :

$$\frac{P_1}{\gamma}+\frac{v_1^2}{2g}+Z_1=\frac{P_2}{\gamma}+\frac{v_2^2}{2g}+Z_2+h_T$$

(여기서, h_T : 터빈양정)

핵심예제

1-1. 압력계를 선택할 때 유의할 사항을 4가지만 쓰시오.

1-2. 물이 유속 12[m/s]으로 기준면으로부터 7[m]인 곳에서 흐르는 중에 압력계가 10[kgf/cm²]을 지시하고 있을 때의 전수두[m]를 구하시오(단, 마찰손실수두는 없다고 가정한다).

1-3. 반경 R=20[cm]인 관 내 유동에서 다음에 주어진 조건을 이용하여 관벽이 유체에 미치는 마찰력[N]을 구하시오(단, 유체는 비압축성이며 정상 상태이다). [2021년 제2회]

- 입구측 : 압력 P_1 = 180[kPa], 속도 u_1 = 3[m/s]
- 출구측 : 압력 P_2 = 170[kPa],

  속도 $u_2=u(r)=u\left\{1-\left(\frac{r}{R}\right)^2\right\}$

  – u : 출구 중심 속도
  – r : 관의 중심에서 관벽으로 향하는 임의의 지점까지의 거리
  – R : 안지름
- 출구 중심 속도 : $u=2u_1$
- 운동량 방정식 : $F_x=P_1A_1-P_2A_2-F_f$

  $=\frac{dP_{(out)}}{dt}-\frac{dP_{(in)}}{dt}$

|해답|

1-1

압력계를 선택할 때 유의할 사항

① 사용 용도를 고려하여 선택한다.
② 사용압력에 따라 압력계의 측정범위를 정한다.
③ 진동 등을 고려하여 필요한 부속품을 준비한다.
④ 사용목적 중요도에 따라 압력계의 크기, 등급 정도를 결정한다.

1-2

베르누이방정식 $\frac{P}{\gamma}+\frac{v^2}{2g}+Z=H=C$

전수두 $H=\frac{10\times10^4}{1,000}+\frac{12^2}{2\times9.8}+7\simeq114[\mathrm{m}]$

1-3

운동량 방정식

$$F_x=P_1A_1-P_2A_2-F_f=\frac{dP_{(out)}}{dt}-\frac{dP_{(in)}}{dt}$$

우변을 운동량에 대해 정리하면 다음과 같다.

$$\begin{aligned}\frac{dP_{(out)}}{dt}-\frac{dP_{(in)}}{dt}&=(\rho A_2u_2)\times u_2-(\rho A_1u_1)\times u_1\\&=\rho Au_2{}^2-\rho Au_1{}^2\\&=\rho A\int_0^R u(r)^2dr-\rho Au_1{}^2\end{aligned}$$

여기서 $\rho Au_2{}^2$항의 적분 부분을 정리하면 다음과 같다.

$$\int_0^R u(r)^2dr=4u_1{}^2\int_0^R\left[1-2\left(\frac{r}{R}\right)^2+\left(\frac{r}{R}\right)^4\right]dr=\frac{32}{15}Ru_1{}^2$$

위 식을 운동량 방정식에 대입해서 마찰력 F_f에 대해 정리하면,

$$P_1A_1-P_2A_2-F_f=\frac{32}{15}\rho ARu_1{}^2-\rho Au_1{}^2$$

$$F_f=P_1A-P_2A+\rho Au_1{}^2-\frac{32}{15}\rho ARu_1{}^2$$

물의 밀도 $\rho=1,000[\mathrm{kg/m^3}]$를 적용한 뒤 수치를 대입하면,

$$F_f=0.2^2\pi\times\left\{(180-170)+3^2-\frac{32}{15}\times0.2\times3^2\right\}\times10^3$$

$$=1,905.1[\mathrm{N}]$$

핵심이론 02 액주식 압력계

① 액주식 압력계의 개요

㉠ 액주식 압력계(Manometer)는 측정압력에 의해 발생되는 힘과 액주의 무게가 평형을 이룰 때 액주의 높이로부터 압력을 계산하는 압력계로, 오래전부터 사용되었다.

㉡ 액주식 압력계의 종류

- 형태에 따른 분류 : U자관식, 단관식, 경사관식, 플로트식, 링밸런스식, 2액식
- 측정방법에 따른 분류 : 열린식, 차압식, 닫힌식
  - 열린식(Open-end) : 한쪽 끝이 대기 중에 개방되어 있으므로 대기압 기준압력인 상대압력(계기압력)을 측정하는 마노미터
  - 차압식(Differential) : 공정 흐름선상의 두 지점의 압력차를 측정하며 압력 계산 시 유체의 밀도와는 무관하고, 단지 마노미터 액의 밀도에만 관계되는 마노미터
  - 닫힌식(Sealed-end) : 한쪽 끝이 진공 상태로 막혀 있으므로 진공 기준압력인 절대압력을 측정하는 마노미터

㉢ 구비조건과 취급 시 주의사항

- 온도에 따른 액체의 밀도 변화를 작게 해야 한다.
- 모세관현상에 의한 액주의 변화가 없도록 해야 한다.
- 순수한 액체를 사용한다.
- 점도를 작게 하여 사용하는 것이 안전하다.
- 액주식 압력계의 보정방법 : 모세관현상의 보정, 중력의 보정, 온도의 보정

㉣ 액주식 압력계의 특징

- 1차 압력계로, 미압 분야의 1차 표준기로 사용한다.
- 구조가 간단하다.
- 응답성 및 정도가 양호하다.
- 고장이 적다.
- 현재까지도 고도화된 각종 산업의 압력 측정 분야에서 널리 사용된다.
- 액주식 압력계에 봉입되는 액체 : 수은, 물, 기름(석유류) 등
- 압력 측정의 크기 순 : 플로트식 > 링밸런스식 > 단관식 > U자관 > 경사관식
- 온도에 민감하다.
- 액체와 유리관의 오염으로 인한 오차가 발생한다.

㉤ 액주식 압력계에 사용되는 액주의 구비조건

- 고대 : 화학적 안정성
- 저소 : 점성(점도), 열팽창계수, 모세관현상, 온도 변화에 의한 밀도 변화
- 유지 : 액면은 항상 수평하고, (화학)성분은 일정하다.

② U자관식 압력계

㉠ 개 요

- U자관식 압력계는 U자관 속에 수은, 물 등을 넣고 한쪽 끝에 측정압력을 도입하여 압력을 측정하는 액주식 압력계이다.
- 차압을 측정할 때 양쪽에 압력을 가한다.

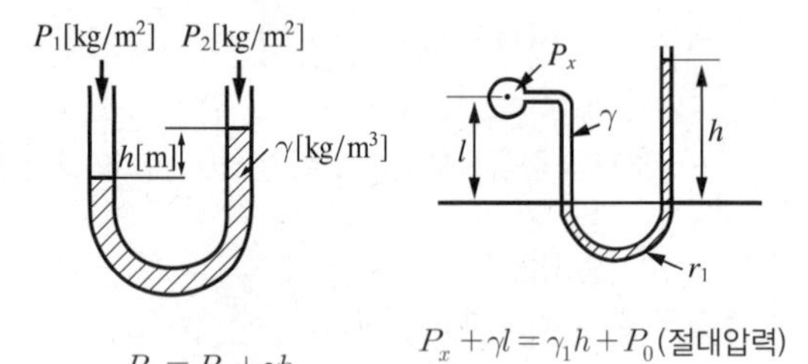

$P_1 = P_2 + \gamma h$

$P_x + \gamma l = \gamma_1 h + P_0$(절대압력)

$P_x + \gamma l = \gamma_1 h$(게이지압력)

(여기서, P : 압력, γ : 비중, P_0 : 대기압)

㉡ 특 징

- 측정범위 : 5~2,000[mmH$_2$O], 정확도 : ±0.1[mmH$_2$O]
- 압력 유도식이며 고압 측정이 가능하다.
- 크기는 특수한 용도를 제외하고는 보통 2[m] 정도로 한다.
- 주로 통풍력을 측정하는 데 사용된다.

- 측정 시 메니스커스, 모세관현상 등의 영향을 받으므로 이에 대한 보정이 필요하다.

③ 단관식 압력계(Cistern)

㉠ U자관 압력계의 한쪽 관의 단면적을 크게 하여 압력계의 크기를 줄인 액주식 압력계로, 유리관을 압력 측정용기에 수직으로 세워 유리관 내의 상승 액주 높이로 액체의 압력을 측정한다.

㉡ 특 징

- 측정범위 : 300~2,000[mmH_2O],
  정확도 : ±0.1[mmH_2O]
- 액체를 넣을 때는 액면이 눈금의 영점과 일치하도록 넣어야 한다.
- 시스턴에 압력을 가하면 액체는 가는 유리관을 통하여 올라간다.
- 주로 저압용으로 사용한다.

④ 경사관식 압력계

㉠ 경사관식 압력계는 액주를 경사지게 하여 눈금을 확대하여 읽을 수 있는 구조로 만든 액주식 압력계이다.

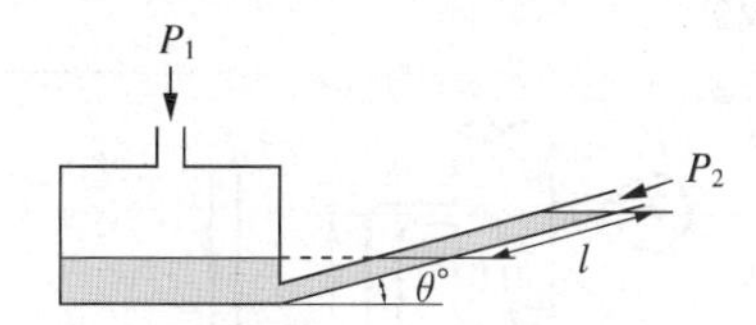

$$P_1 = P_2 + \gamma l \sin\theta$$

(여기서, γ : 액체의 비중량, l : 경사관 압력계의 눈금, θ : 경사각)

㉡ 특 징

- 측정범위 : 10~300[mmH_2O],
  정확도 : ±0.01[mmH_2O]
- 정밀도가 높은 것이 요구되는 미압의 측정에 가장 적합한 압력계이다.
- 미세압 측정용으로 가장 적합하므로 통풍계로 사용 가능하다.
- 감도(정도)가 우수하여 주로 정밀 측정에 사용한다.

⑤ 플로트식 압력계

㉠ 플로트식 압력계는 U자관식과 비슷하지만, 플로트를 이용하여 액의 변화를 기계적 또는 전기적으로 변환시켜 압력을 측정하는 액주식 압력계이다.

㉡ 압력 측정범위 : 500~6,000[mmH_2O]

⑥ 링밸런스식 압력계

㉠ 개 요

- 링밸런스식 압력계는 링 모양의 액주 하부에는 봉입액이 절반 정도 채워져 있고, 상부에는 격벽을 두어 하부의 액체와의 사이에는 2개의 실(Chamber)로 구성되어 있다. 각 압력 도입 구멍(총 2개)의 한쪽으로는 대기압이 들어가고, 한쪽으로는 측정하고자 하는 압력이 들어가 압력이 가해지면, 각 실의 압력이 불균형해지면서 하부에 부착된 평형추가 회전되어 압력차에 비례하여 회전하는 링 본체(Ringbody)의 회전각을 지침이 지시하는 값을 통하여 압력차를 구하는 액주식 압력계이다.
- 평형추의 복원력과 회전력이 평형을 이루면 링 본체는 정지한다.
- U자관식 압력계의 변형된 형태이며 환상천평식이라고도 한다.
- 봉입액 : 물, 수은, 기름 등

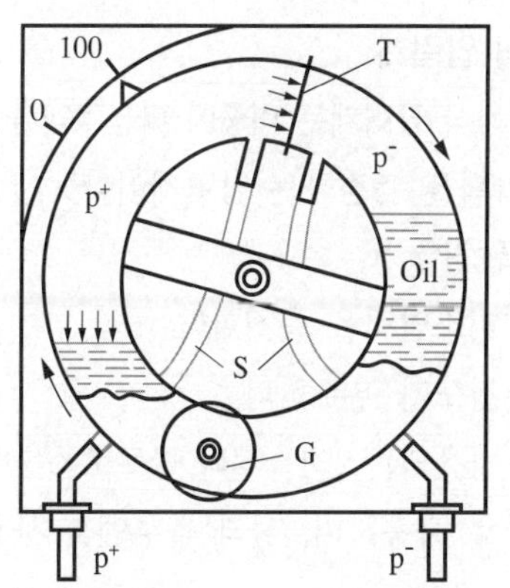

㉡ 링밸런스식 압력계의 특징
- 측정범위 : 25~3,000[mmH_2O] 정도
- 도압관은 굵고 짧게 한다.
- 원격 전송이 가능하고 회전력이 커서 기록이 쉽다.
- 단면적을 크게 하면 회전력이 커져서 고정도를 얻을 수 있다.
- 평형추의 증감이나 취부장치의 이동에 의해 측정범위의 변경이 가능하다.
- 주로 저압가스의 압력 측정이나 드래프트 게이지(Draft Gauge)로 이용된다.
- 부식성 가스나 습기가 많은 곳에서는 정도가 떨어진다.
- 봉입유체가 액체이므로 액의 압력 측정에는 사용할 수 없고, 기체의 압력 측정에만 사용할 수 있다.

㉢ 설치 시 주의사항
- 진동 및 충격이 없는 곳에 수평 또는 수직으로 설치한다.
- 온도 변화가 작고 상온이 유지되는 곳에 설치한다.
- 부식성 가스나 습기가 적은 곳에 설치한다.
- 계기는 압력원에 접근하도록 가깝게 설치한다.
- 보수 및 점검이 원활하고 눈에 잘 띄는 곳에 설치한다.

⑦ 2액식 압력계

㉠ 2액식 압력계는 비중이 다른 2액을 사용하여 미소압력을 측정하는 압력계이다.

㉡ 특 징
- 미소압력을 측정한다.
- 감도가 우수하다.
- 사용되는 2액 : 물과 클로로폼을 1 : 1.47의 비율로 사용하며, 물과 톨루엔을 사용하기도 한다.

핵심예제

2-1. 액주식 압력계에 사용되는 액체의 구비조건을 4가지만 쓰시오.

2-2. 직화식 흡수식 냉온수기에 부착된 U자관식 마노미터의 눈금차가 7[mmHg]일 때 흡수식 냉온수기 내부의 진공도[%]를 구하시오.

2-3. 물이 흐르고 있는 공정상의 두 지점에서 압력 차이를 측정하기 위해 다음 그림과 같은 압력계를 사용하였다. 압력계 내 액의 비중은 1.1이고, 양쪽 관의 높이가 다음 그림과 같을 때 지점 (1)과 (2)에서의 압력차[$dyne/cm^2$]를 구하시오.

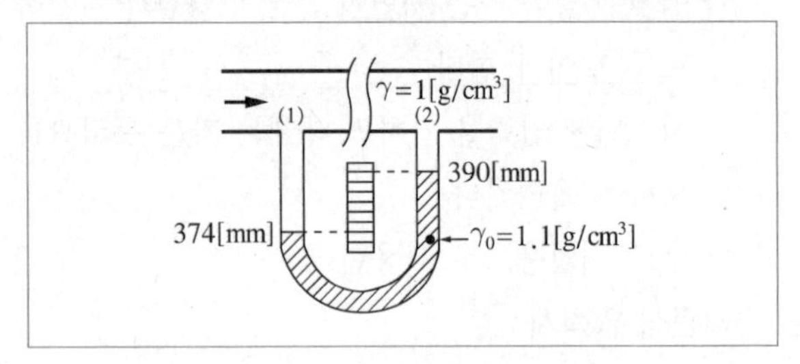

2-4. 수지관 속에 비중이 0.9인 기름이 흐르고 있다. 다음 그림과 같이 액주계를 설치하였을 때 압력계의 지시값[kg/cm^2]을 구하시오.

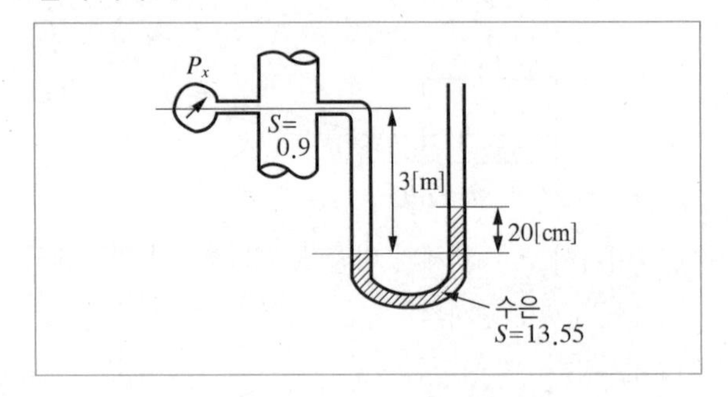

핵심예제

2-5. 다음 그림과 같은 탱크 내 기체의 압력을 측정할 때 수은을 넣은 U자관 압력계를 사용한다. 대기압이 756[mmHg]일 때 수은면의 높이차가 124[mm]일 때, 탱크 내 기체의 절대압 P_0[kg/cm^2]을 구하시오(단, 수은의 비중량은 13.8[g/cm^3]이다).

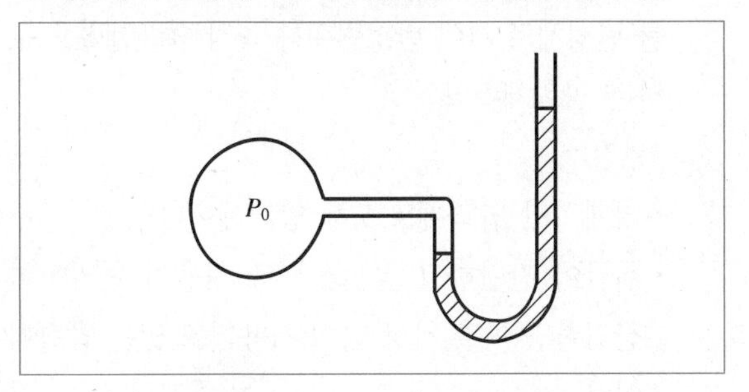

2-6. 다음 그림과 같이 수은을 넣은 차압계를 이용하는 액면계에 있어 수은면의 높이차(h)가 50[mm]일 때 상부의 압력 취출구에서 탱크 내 액면까지의 높이(H)[mm]를 구하시오(단, 액의 밀도(γ)는 999[kg/m^3]이고, 수은의 밀도(γ_0)는 13,550[kg/m^3]이다).

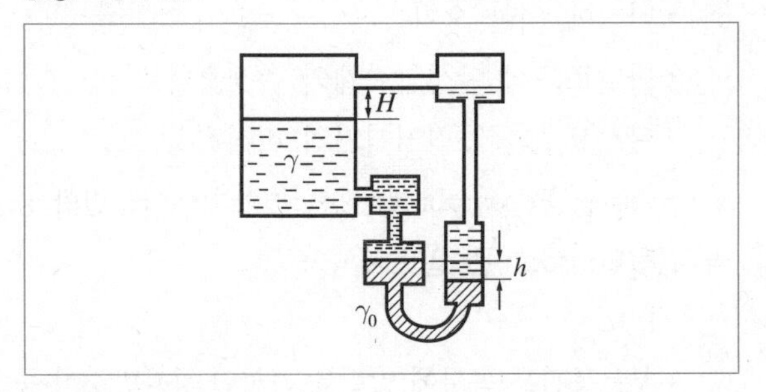

2-7. 다음 그림과 같은 경사관식 압력계에서 P_2가 50[kg/m^2]일 때 측정압력 P_1[kg/m^2]을 구하시오(단, 액체의 비중은 1이다).

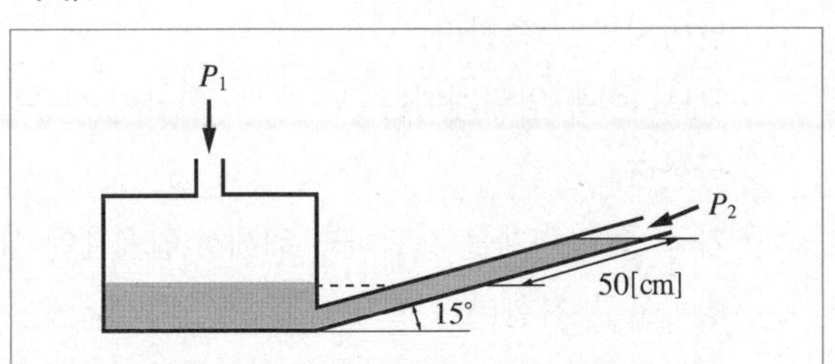

2-8. 다음과 같은 U자관 압력계에서 압력차($P_x - P_y$)[kPa]를 구하시오. [2019년 제2회]

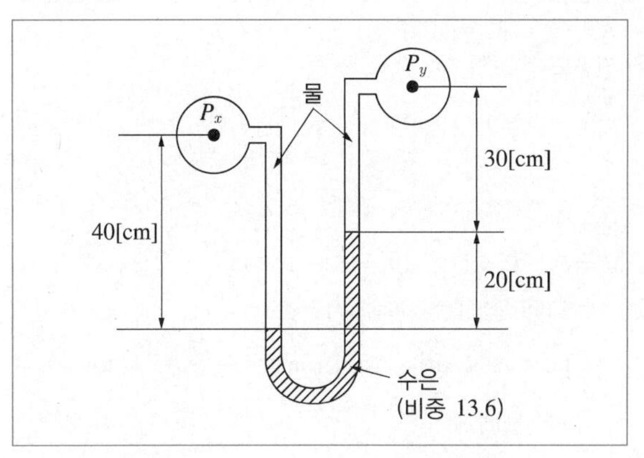

2-9. 다음 U자관 압력계에서 A와 B의 압력차는 몇 [kPa]인가?(단, $H_1 = 250$[mm], $H_2 = 200$[mm], $H_3 = 600$[mm]이고, 수은의 비중은 13.6이다) [2019년 제4회]

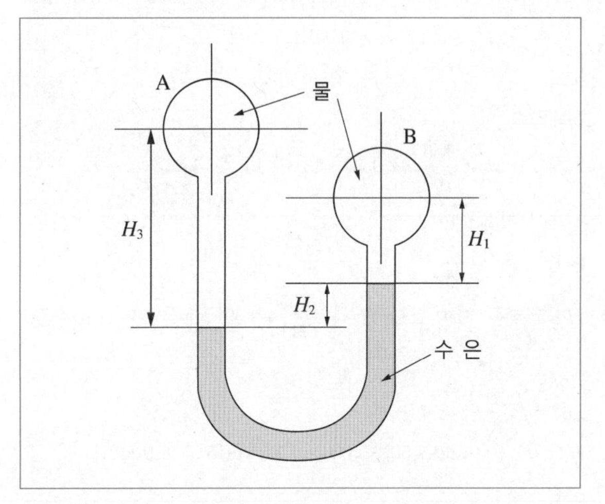

|해답|

2-1

액주식 압력계에 사용되는 액체의 구비조건

① 온도 변화에 의한 밀도 변화가 작아야 한다.
② 액면은 항상 수평이 되어야 한다.
③ 점도와 팽창계수가 작아야 한다.
④ 모세관현상이 작아야 한다.

2-2

• 진공압력

760 - 7 = 753[mmHg]

• 진공도

$\frac{753}{760} \simeq 0.991 = 99.1[\%]$

2-3

압력차

$\Delta P = P_1 - P_2 = (\gamma_0 - \gamma)h = (1.1 - 1) \times 1.6$

$= 0.16[g/cm^2] = 1.6[kg/m^2]$

$= 1.6 \times 9.8[N/m^2] = 15.68[N/m^2] = \frac{15.68 \times 10^5}{10^4}[dyne/cm^2]$

$\simeq 157[dyne/cm^2]$

2-4

$P_x + 1{,}000S \times 3 = (1{,}000 \times 13.55) \times 0.2 = 2{,}710$

∴ 압력계의 지시값 $P_x = 2{,}710 - 1{,}000 \times 0.9 \times 3$

$= 2{,}710 - 2{,}700$

$= 10[kg/m^2]$

$= 0.001[kg/cm^2]$

2-5

절대압력

$P_0 = P + \gamma h = \frac{756}{760} \times 1.0332 + 13.8 \times 10^{-3} \times 12.4$

$\simeq 1.20[kg/cm^2]$

2-6

$H + h = \frac{\gamma_0}{\gamma} \times h$이므로 $H = \left(\frac{13{,}550}{999} \times 50\right) - 50 \simeq 628[mm]$

2-7

$\Delta P = P_1 - P_2 = \gamma l \sin\theta$

$P_1 = P_2 + \gamma l \sin\theta = 50 + 1{,}000 \times 0.5 \times \sin 15° \simeq 179[kg/m^2]$

2-8

$P_x + 9.8 \times 1 \times 0.4 = 9.8 \times 13.6 \times 0.2 + 9.8 \times 1 \times 0.3 + P_y$

$P_x + 3.92 = 29.596 + P_y$

∴ U자관 압력계에서 압력차 $P_x - P_y \simeq 25.68[kPa]$

2-9

$P_A + \gamma_3 H_3 = P_B + \gamma_2 H_2 + \gamma_1 H_1$

$P_A + 1 \times 0.6 = P_B + 13.6 \times 0.2 + 1 \times 0.25$

∴ A와 B의 압력차 $P_A - P_B = 13.6 \times 0.2 + 1 \times 0.25 - 1 \times 0.6$

$= 2.37[mH_2O] = \frac{2.37}{10.33} \times 101.325$

$\simeq 23.2[kPa]$

핵심이론 03 탄성식 압력계

① 탄성식 압력계의 개요

㉠ 탄성식 압력계는 '탄성한계 내의 변위는 외력에 비례한다.'는 탄성법칙을 이용하여 수압부(수압소자)를 탄성체로 하여 탄성변위를 측정하여 압력을 구하는 압력계이다.

㉡ 특 징

- 기계적인 압력계로 2차 압력계이다.
- 취급이 간단하고 공업적으로 적용이 편리하여 산업혁명 이후 가장 많이 사용되고 있는 압력계이다.
- 탄성의 법칙을 완전하게 만족시키는 수압소자를 얻기 곤란하다.

㉢ 탄성식 압력계의 오차 유발요인

- 히스테리시스(Hysteresis) 오차
- 마찰에 의한 오차
- 아날로그식 탄성압력계의 측정오차
- 탄성요소와 압력지시기의 비직진성
- Creep, Repeatability, 경년변화 및 온도 변화 등

② 부르동(Bourdon)관 압력계

㉠ 개 요

- 부르동관은 곡관에 압력을 가하면 곡률반경이 증대(변화)되는 것을 이용하는 탄성식 압력계이다.
- 호칭 크기의 결정기준 : 눈금판의 바깥지름
- 부르동관의 선단은 압력이 상승하면 팽창하고, 낮아지면 수축한다.
- 암모니아용 압력계에는 Cu 및 Cu 합금의 사용을 금한다.
- 가동 중 압력계를 시험하기 위해서 압력계에 삼방콕을 부착한다.
- 과열증기로부터 부르동관 압력계를 보호하기 위한 방법으로 사이펀(Siphon)관 설치가 가장 적당하다.

- 사이펀관의 안지름 : 6.5[mm] 이상
- 압력계 연결관의 지름 : 강관(12.7[mm] 이상), 동 및 황동관(6.5[mm] 이상)
- 증기온도가 210[℃] 이상인 경우는 황동관 또는 동관의 사용을 금지한다.
- 사이펀관 속에 넣는 물질 : 물

㉡ 형태에 따른 종류 : C자형, 스파이럴형(와권형), 헬리컬형(나선형), 버튼형(토크 튜브 타입)

㉢ 용도에 따른 종류로 구분할 때 사용하는 기호
- M : 증기용 보통형
- H : 내열형
- V : 내진형
- MV : 증기용 내진형
- HV : 내열, 내진형

㉣ 부르동관의 재질
- 저압용 : 황동, 청동, 인청동, 특수청동
- 고압용 : 니켈(Ni)강, 스테인리스강

㉤ 특 징
- 측정범위 : 0.1~5,000[kg/cm^2], 정확도 : ±0.5~2[%]
- 구조가 간단하며 제작비가 저렴하다.
- 높은 압력을 넓은 범위로 측정할 수 있다.
- 주로 고압용에 사용한다.
- 다이어프램 압력계보다 고압 측정이 가능하다.
- 일반적으로 장치에 사용되는 부르동관 압력계 등으로 측정되는 압력은 게이지압력이다.
- 측정 시 외부로부터 에너지를 필요로 하지 않는다.
- 계기 하나로 2공정의 압력차 측정이 불가능하다.
- 정도가 좋지 않다.
- 설치 공간을 비교적 많이 차지한다.
- 내부 기기들의 마찰에 의한 오차가 발생한다.
- 감도가 비교적 느리다.
- 히스테리시스가 크다.

③ 벨로스(Bellows) 압력계

㉠ 개 요
- 벨로스의 내부 또는 외부에 압력을 가하여 중심축 방향으로 팽창 및 수축을 일으키는 양으로 압력을 구하는 탄성식 압력계이다.
- 벨로스는 외주에 주름상자형의 주름이 있는 금속박판 원통상이다.

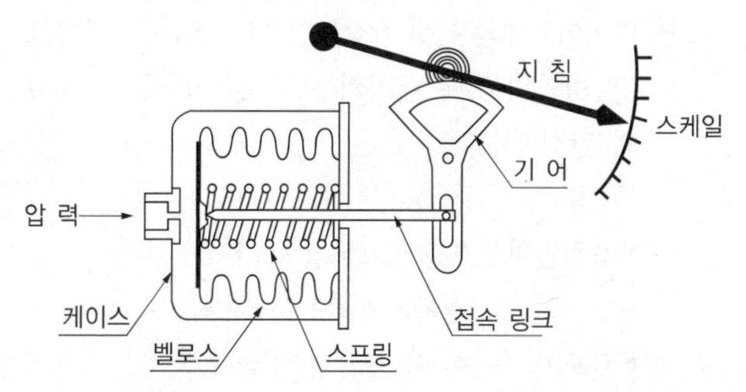

㉡ 특 징
- 측정범위 : 0.01~10[kg/cm^2], 정확도 : ±1~2[%]
- 주로 진공압 및 차압 측정용으로 사용한다.
- 히스테리시스 현상(압력 측정 시 벨로스 내부에 압력이 가해질 경우 원래 위치로 돌아가지 않는 현상)을 없애기 위하여 벨로스 탄성의 보조로 코일 스프링을 조합하여 사용한다.

④ 다이어프램(Diaphragm) 압력계

㉠ 개 요
- 다이어프램 압력계는 박막으로 격실을 만들고 압력 변화에 따른 격막의 변위를 링크, 섹터, 피니언 등에 의해 지침에 전달하여 지시계로 나타내는 탄성식 압력계이다.
- 미소압력의 변화에도 민감하게 반응하는 얇은 막을 이용하여 입력을 감지한다.
- 격막식 압력계라고도 한다.

㉡ 다이어프램의 재질 : 고무(천연고무, 합성고무), 테프론, 양은, 인청동, 스테인리스강 등

㉢ 다이어프램 압력계의 종류 : 평판형, 물결무늬형, 캡슐형

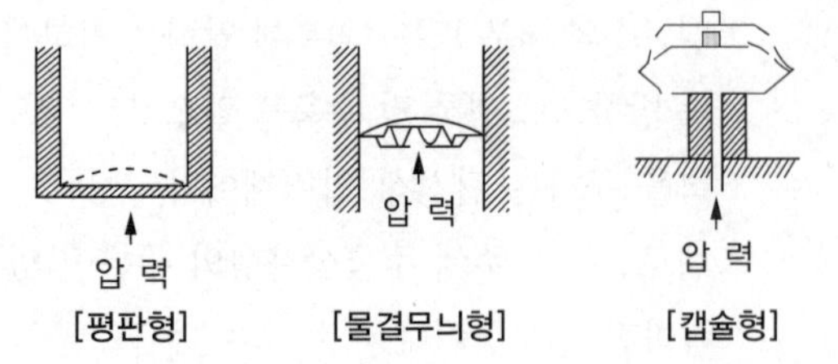

㉣ 다이어프램의 특성 결정요인 : 다이어프램의 유효경, 박막의 두께, 굴곡의 모양, 굴곡의 횟수, 재료의 탄성계수

㉤ 특 징
- 측정범위 : 0.01~500[kg/cm^2],
  정확도 : ±0.25~2[%]
- 감도가 우수하며 응답성이 좋다.
- 정확성이 높은 편이다.
- 압력증가현상이 일어나면 피니언이 시계 방향으로 회전한다.
- 작은 변화에도 크게 편향하는 성질이 있다.
- 극히 미소한 압력을 측정할 수 있다.
- 저기압, 미소한 압력을 측정하기에 적합하다.
- 격막식 압력계로 압력을 측정하기 적당한 대상 : 점도가 큰 액체, 먼지 등을 함유한 액체, 고체 부유물이 있는 유체, 부식성 유체
- 주로 연소로의 드래프트 게이지(통풍계 또는 드래프트계)로 사용되며, 공기식 자동제어의 압력검출용으로도 이용 가능하다.
- 주로 압력의 변화가 크지 않은 곳에 사용한다.
- 과잉압력으로 파손되면 그 위험성은 크지 않다.
- 온도의 영향을 받는다.

㉥ 격막식 압력계의 겉모양 및 구조
- 영점조절장치를 갖추고 있어야 한다.
- 직결형은 A형, 격리형은 B형을 사용한다.
- 직접 지침에 닿는 멈추개는 원칙적으로 붙이지 않아야 한다.
- 중간 플랜지는 나사식 및 I형 플랜지식에 적용한다.

⑤ 콤파운드 게이지(Compound Gage)

㉠ 콤파운드 게이지는 압력계와 진공계 두 가지 기능을 갖춘 탄성식 압력게이지이다.

㉡ 진공과 양압을 동일한 계기에서 측정할 수 있다.

핵심예제

3-1. 부르동관 압력계를 설치할 때 돼지꼬리처럼 생긴 사이펀관(Siphon Tube)을 같이 사용한다.

[2013년 제2회, 2020년 제1회]

(1) 이때 사이펀관의 역할은 무엇인지를 간단히 쓰시오.

(2) 이 역할을 수행할 수 있는 이유를 간단히 설명하시오.

3-2. 벨로스 압력계에서 벨로스 탄성의 보조로 코일 스프링을 조합하여 사용하는 주된 이유는 무엇인지 설명하시오.

3-3. 부르동관 압력계로 측정한 압력이 5[kg/cm^2]이었다. 이때 부유 피스톤 압력계 추의 무게가 10[kg]이고, 펌프 실린더의 직경이 8[cm], 피스톤 지름이 4[cm]일 때 피스톤의 무게[kg]를 구하시오.

|해답|

3-1

(1) 사이펀관의 역할 : 부르동관이 파손되지 않도록 보호한다.

(2) 이 역할을 수행할 수 있는 이유 : 고온 증기가 부르동관 내부로 바로 들어가면 압력계 내부의 부르동관이 파손되므로 이를 방지하기 위하여 사이펀관의 굴곡부 내부에 유체(물)를 채워 넣어 부르동관이 고온에 직접 접촉하지 않게 하여 부르동관이 파손되지 않게 보호한다.

3-2

벨로스 압력계에서는 히스테리시스 현상을 없애기 위하여 벨로스 탄성의 보조로 코일 스프링을 조합하여 사용한다.

3-3

추의 무게를 w_1, 피스톤의 무게를 w_2라고 하면

압력 $P = \frac{F}{A} = \frac{w_1 + w_2}{\frac{\pi d^2}{4}} = 5$에서 $w_1 + w_2 = 5\pi \times 4 = 20\pi$

$\therefore$ 피스톤의 무게 $w_2 = 20\pi - w_1 = 20 \times 3.14 - 10 = 52.8$[kg]

핵심이론 04 기타 압력계

① 기준 분동식 압력계

㉠ 개 요

- 기준 분동식 압력계는 램, 실린더, 기름탱크, 가압펌프 등으로 구성된 압력계이다.
- (자유) 피스톤식 압력계(피스톤형 게이지 또는 부유 피스톤형 압력계)의 일종이며 분동식 압력계, 분동식 압력교정기, 표준 분동식 압력계, 사하중계(Dead Weight Gauge) 등으로도 부른다.

㉡ 사용 액체와 측정압력

- 모빌유 : 500[MPa](5,000[kgf/cm^2])
- 스핀들유 : 10~100[MPa](100~1,000[kgf/cm^2])
- 피마자유 : 10~100[MPa](100~1,000[kgf/cm^2])
- 경유 : 4~10[MPa](40~100[kgf/cm^2])

㉢ 특 징

- 측정범위 : 2~100,000[kg/cm^2], 정확도 : ±0.01[%]
- 압력계 중 압력 측정범위가 가장 크다.
- 측정압력이 매우 높고 정도가 좋다.
- 다른 압력계의 교정 또는 검정용 표준기, 연구실용으로 사용한다.
- 주로 탄성식 압력계의 일반교정용 시험기(부르동관식 압력계의 눈금 교정)로 사용한다.

㉣ 게이지압력 : $P_g = \dfrac{W}{A}$

(여기서, W : 사하중계의 추, 피스톤 그리고 팬(Pan)의 전체 무게, A : 피스톤의 단면적)

② 침종식 압력계

㉠ 개 요

- 침종식 압력계(Inverted Bell Pressure Gauge)는 수은이나 기름 위에 종 모양의 플로트(부자)를 액 속에 넣고 압력에 따라 떠오르는 플로트의 변위량으로 압력을 측정하는 압력계이다.
- 용기 내에 압력이 가해지면 종을 뒤집어 놓은 모양의 용기를 위로 밀어 올리는 힘이 작용하여 종과 평형을 유지시켜 압력을 측정한다.
- 압력을 고체의 무게와 평형시켜 이에 대응하는 고체량으로부터 압력을 구하는 방법이다.
- 단종식과 복종식이 있다.

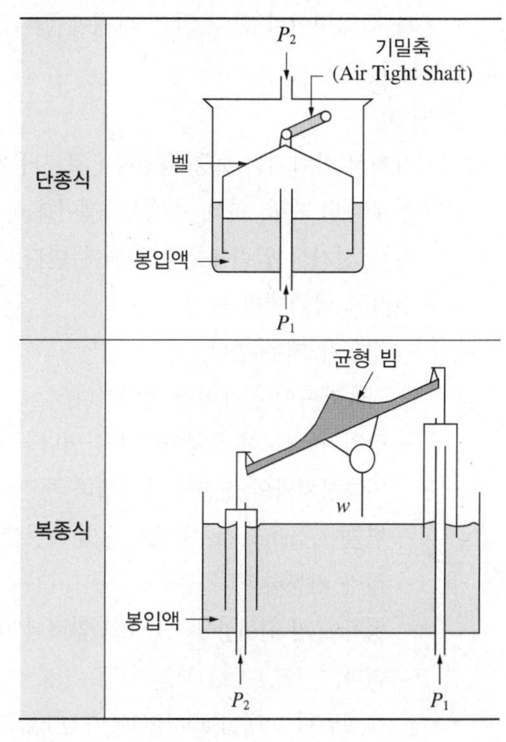

㉡ 측정원리 : 아르키메데스의 원리

㉢ 특 징

- 측정범위 : 단종식 100[mmH$_2$O] 이하, 복종식 5~30[mmH$_2$O]
- 정도 : ±1~2[%] 또는 ±2.5[%] 이하
- 봉입액 : 물, 수은, 기름 등
- 진동, 충격의 영향을 작게 받는다.
- 압력이 낮은 기체의 압력 측정에 적합하다.
- 미소 차압의 측정이 가능하다.
- 액체 측정에서는 적당하지 않고, 기체의 압력 측정에는 적당하다.

㉣ 설치 시 주의사항

- 계기는 똑바로 수평으로 설치한다.
- 압력 취출구에서 압력계까지 배관은 직선으로 가능한 한 짧게 설치한다.

- 봉입액은 자주 세정 또는 교환하여 청정하게 유지한다.
- 봉입액의 양은 일정하게 유지해야 한다.
- 과대 압력이나 큰 차압은 피해야 한다.

③ 전기식 압력계

㉠ 개 요

- 기계식 압력계는 보통 육안용으로 사용하며 공정에 대한 기록, 분석, 원격자동제어를 하기 위해서는 전기식 압력계를 사용해야 한다.
- 전기식 압력계의 특징
  - 정도가 매우 좋다.
  - 자동계측이나 제어가 용이하다.
  - 장치가 비교적 소형이어서 가볍다.
  - 기록장치와의 조합이 용이하다.
  - 변환기, Indicator, 기록계 등의 측정장치와 분리가 가능하다.
  - 정확도 및 신뢰성이 아날로그 압력계보다 우수하다.
  - 측정범위 : 수천[mmH_2O]~수천[kg/cm^2],
    정확도 ±0.5[%]
- 전기저항식 압력계
  - 금속의 전기저항값이 변화되는 것을 이용하여 압력을 측정하는 전기식 압력계이다.
  - 응답속도가 빠르고 초고압에서 미압까지 측정한다.
  - 종류 : 자기변형식 전기압력계, 피에조 전기압력계, 퍼텐쇼메트릭형 압력계

㉡ 자기변형식 전기압력계 : 압전저항효과를 이용한 전기식 압력계

- 금속은 늘어나면 전기저항은 증가하고, 줄어들면 전기저항은 감소한다는 피에조 저항(Piezo-resistivity)효과원리를 이용한 전기식 압력계이다.
- 별칭 : 스트레인 게이지(Strain Gauge), 스트레인 게이지형 압력센서, 자기 스트레인리스식 압력계, 스트레인 게이지식 압력계
- 전기저항측정기 휘트스톤 브리지(Wheatstone Bridge)를 결합하여 압력을 전기적인 신호로 감지하여 측정한다.

㉢ 피에조 전기압력계

- 피에조 전기저항효과라고도 하는 압전효과(Piezo-electric Effect)를 이용한 전기식 압력계이다.
- 몇몇 종류의 결정체는 특정한 방향으로 힘을 받으면 자체 내에 전압이 유기되는 성질이 있는데, 피에조 전기압력계는 이러한 성질을 이용한 압력계이다.
- 수정 등의 결정체에 압력을 가할 때 표면에 발생하는 전기적 변화의 특성을 이용하는 압력계이다.
- 별칭 : 압전식 압력계, 압전형(Piezoelectric Type) 압력센서
- 측정범위 : 7×10^{-8}~700[kg/cm^2],
  정확도 : ±0.5~4[%]
- 압전효과는 수정이나 세라믹 등을 매개로 하여 특정한 방향으로 기계적 에너지(압력 등)를 받으면 매개 자체 내에 전압이 발생되는데, 이 전기적 에너지를 측정하여 압력으로 환산하여 사용하는 원리이다.
- 수정이나 전기석 또는 로셸염 등 결정체의 특정 방향으로 압력을 가할 때 표면에 발생하는 전기적 변화의 특성(표면 전기량)으로 압력을 측정한다.
- 응답이 빠르고 일반 기체에 부식되지 않는다.
- 기전력을 이용한 것으로 응답이 빠르고 급격히 변화하는 압력 측정에 적당하다.
- 가스폭발 등 급속한 압력 변화를 측정하는 데 가장 적합하다.
- 엔진의 지시계로 사용한다.

㉣ 퍼텐쇼메트릭(Potentiometric)형 압력계
- 인가압력에 의해서 벨로스 또는 부르동관이 신축하면 그 변위가 와이퍼 암(Wiper Arm)을 구동해서 전위차계의 저항을 변화시켜 압력을 측정하는 전기식 압력계이다.
- 측정범위 : 사양에 따라 결정, 정확도 : ±0.25[%]
- 전위차계식 압력센서(Potentiometric Pressure Sensor)라고도 한다.
- 부르동관 또는 벨로스와 전위차계로 구성되어 있다.
- 전위차계 압력센서는 매우 작게 만들 수 있다.
- 추가의 증폭기가 필요 없을 정도로 출력이 커서 저전력이 요구되는 곳에 응용된다.
- 가격이 저렴하다.
- 히스테리시스 오차가 크고, 재현성이 나쁘다.
- 진동에 민감하다.
- 가동 접촉부의 마모 및 접촉저항이 발생한다.

㉤ 커패시턴스(Capacitance)형 압력계 또는 정전용량형(Capacitance Type) 압력센서
- 측정범위 : 수천[mmH_2O]~수천[kg/cm^2],
  정확도 : ±1.0[%]
- 평판과 전극 사이의 정전용량을 측정하여 압력을 구하는 전기식 압력계
- 평판은 주로 다이어프램이 사용된다.
- 측정원리 : 다이어프램에 압력이 가해지면 고정 전극 사이의 위치에 따른 정전용량의 변화(정전용량은 극판 사이의 거리에 반비례)가 일어나며, 이 정전용량을 측정하여 압력으로 환산하는 원리이다.
- 게이지압, 차압, 절대압 검출이 가능하다.
- 관리·유지가 편리하다.
- 직선성이 좋다.
- 신호변환기가 고가이다.

④ **진공식 압력계** : 대기압 이하의 진공압력을 측정하는 압력계

㉠ 진공계의 원리
- 수은주를 이용한 것 : 맥라우드 진공계
- 열전도를 이용한 것 : 피라니 진공계, 열전쌍 진공계, 서미스터 진공계
- 전기적 현상을 이용한 것 : 가이슬러관, 열음극 전리 진공계

㉡ 맥라우드(McLeod) 진공계 : 측정 기체를 압축하여 체적 변화를 수은주로 읽어 원래의 압력을 측정하는 형식의 진공에 대한 폐관식 압력계이다.
- 일종의 폐관식 수은 마노미터이다.
- 표준 진공계, 진공계의 교정용으로 사용된다.
- 측정범위 : 1×10^{-2}[Pa] 정도

㉢ 열전도형 진공계
- 진공 속에서 가열된 물체의 열손실이 압력에 비례하는 것을 이용한 진공계이다.
- 필라멘트에 충돌하는 기체분자의 수가 많을수록 증가되는 필라멘트의 열손실로 인한 필라멘트의 온도변화를 이용한다.
- 압력이 증가하면 열전도현상으로 필라멘트의 온도가 감소한다.
- 필라멘트의 열전대로 측정하는 열전대 진공계의 측정범위 : 10^{-3}~1[torr](10^{-2}[torr])
- 사용이 간편하며, 가격이 저렴하다.
- 필라멘트 재질이나 가스의 종류에 따라 특성이 달라진다.

㉣ 피라니(Pirani) 진공계
- 압력에 따른 기체의 열전도 변화를 이용하여 저압을 측정하는 진공계(압력계)이다.
- 저압에서 기체의 열전도도는 압력에 비례하는 원리를 이용한 진공계이다.
- 응답속도가 빠르며 회로가 간단하다.

- 전기적 출력을 자동기록장치 등에 쉽게 연결할 수 있다.

㉤ 가이슬러관 : 방전을 이용하는 진공식 압력계이다.

㉥ 열음극 전리 진공계 : 정밀도가 가장 우수한 진공계이며, 전리되는 양이온의 수가 충돌되는 기체분자수(기체분자의 밀도)와 방출되는 전자수에 비례하는 것을 이용한다.

핵심예제

4-1. 분동식 압력계에서 다음의 측정압력에 적합한 사용 액체명을 각각 쓰시오.

(1) 4~10[MPa](40~100[kgf/cm^2])

(2) 10~100[MPa](100~1,000[kgf/cm^2])

(3) 500[MPa](5,000[kgf/cm^2])

4-2. 침종식 압력계의 유지·관리에 대한 사항을 4가지만 쓰시오.

4-3. 주로 낮은 압력을 측정하는 데 사용되는 피라니 게이지의 원리는 압력에 따른 기체의 어떤 성질의 변화를 이용한 것인가?

|해답|

4-1

(1) 경 유

(2) 스핀들유 또는 피마자유

(3) 모빌유

4-2

침종식 압력계의 유지·관리에 대한 사항

① 봉입액은 자주 세정 또는 교환하여 청정하게 유지한다.

② 압력 취출구에서 압력계까지 배관은 직선으로 가능한 한 짧게 설치한다.

③ 계기는 똑바로 수평으로 설치한다.

④ 봉입액의 양은 일정하게 유지해야 한다.

4-3

열전도

1-3. 유량 측정

핵심이론 01 유량 측정의 개요

① 유량과 유량계

㉠ 유 량

- 유량의 정의 : 단위시간당 통과하는 유체의 양(유체의 양 / 단위시간)이다.
- 유체의 양은 주로 체적으로 나타내지만, 질량이나 중량으로도 표시한다.
- 유량의 단위 : [Nm^3/s], [m^3/s], [L/s], [kg/s], [kg/h], [ft^3/s] 등

㉡ 유량계(Flow Meter) : 유체의 양을 체적, 질량이나 중량으로 나타내는 계측기로 유량측정계라고도 한다.

- 체적유량계 : 유체의 양을 체적으로 나타내는 유량계
- 질량유량계 : 유체의 양을 질량으로 나타내는 유량계
- 중량유량계 : 유체의 양을 중량으로 나타내는 유량계

② 체적유량계의 종류

㉠ 직접측정식 유량계(용적식 유량계)

- 용적식 유량계는 유체의 체적이나 질량을 직접 측정하는 유량계이다.
- 용적식 유량계의 종류 : 오벌식, 루트식, 로터리 피스톤식, 회전원판식, 나선형 회전자식, 가스미터

㉡ 간접측정식 유량계 : 유체의 제반법칙이나 원리, 유체의 흐름에 따른 물리량의 변화, 전기적 현상 등을 근거로 계산을 통하여 간접적으로 유량을 측정하는 유량계로 추측식 유량계 또는 추량식 유량계라고도 한다.

- 차압식 : 오리피스 미터, 플로노즐, 벤투리 미터
- 유속식 : 임펠러식 유량계, 피토관식 유량계, 열선식 유량계, 아누바유량계

• 면적식 유량계, 와류유량계, 전자유량계, 초음파유량계

③ 질량유량계와 중량유량계의 종류

㉠ 질량유량계의 종류

• 직접식 : 열식(기체용), 코리올리스식(액체용), 와류식(기체용), 각운동량식
• 간접식 : 유량계와 밀도계의 조합형, 유량계와 유량계의 조합형, 온도보정형, 온도·압력보정형, MFC

㉡ 중량유량계의 종류(일반적이지 않아 설명 생략함)

④ 직관거리(Straight Pipe)

㉠ 개 요

• 유량계의 전·후단에 구부러짐 또는 방해물 없이 직선으로 설치되는 직관거리가 확보되어야 한다.
• 유량계의 전단부는 파이프 내경의 10배 정도의 직관거리가 필요하고, 유량계 후단은 파이프 내경의 5배 정도의 직관거리가 필요하다.
• 직관거리는 길면 길수록 평평한 유속을 얻을 수 있기 때문에 유량계의 오차를 최소화할 수 있다.
• 직선 파이프가 있는 경우 총직관의 2/3 지점이 유량계의 전단, 1/3이 유량계의 후단이 되도록 설치한다.
• 유량계 전단에 구부러짐이나 제어밸브 등의 방해물을 설치해야 한다면 직관거리는 배로 늘리는 것이 좋다.
• 설치조건상 부득하게 충분한 직관거리를 확보할 수 없다면 유량계의 측정값에 대해 이느 정도의 오차는 감수해야 한다.
• 원리상 직관 길이가 필요 없는 유량계도 있다.

㉡ 안정된 유속분포를 얻기 위해서 일반적으로 추천하는 직관 길이

• 상하류 직관 길이가 필요 없는 유량계 : 용적식, 면적식, 질량식(코리올리식, 열식)
• 상류 5D, 하류 3D 이상 필요한 경우(D : 파이프 내경) : 전자식(단, 구경이 500[mm] 이상인 다전극형에서는 상류 직관 길이가 3D이면 충분하다)
• 상류 10~15D, 하류 5~7D : 차압식, 터빈식, 와류식, 초음파식

㉢ 유량계 형식에 따른 직관부 길이 규정(국내 상수도법)

구 분		전자식	초음파	기계식
상류측	밸 브	3	30	5
	곡 관	2	10	5
	확대관	5	30	5
	축소관	3	10	5
하류측	확대관	2	5	3
	밸 브	2	10	3

⑤ 유체조건에 따른 유량계의 그루핑

㉠ 유체의 종류에 따라 적합한 유량계

• 유체의 종류에 관계없이 측정이 가능한 유량계 : 차압식, 와류식, 면적식, 초음파식
• 액체 및 기체만 측정할 수 있는 유량계 : 용적식, 터빈식
• 액체만 측정 가능한 유량계 : 전자유량계, 질량식(코리올리식)
• 기체만 측정 가능한 유량계 : 질량식(열식)

㉡ 유체의 온도와 압력에 따라 추천하는 유량계

• 200[℃] 이상의 고온유체 측정 : 차압식, 터빈식, 와류식, 면적식, 질량식(열식), 용적식
• −100[℃] 이하의 저온유체 측정 : 와류식, 터빈식, 면적식, 질량식(코리올리식)
• 10[MPa]을 넘는 고압유체 측정 : 차압식, 와류식, 면적식, 질량식(코리올리식, 열식)

㉢ 유량계의 압력손실 정도

• 압력손실이 없는 유량계 : 전자식, 초음파식, 코리올리식(단일 직관형)
• 압력손실이 작은 유량계 : 면적식, 와류식
• 압력손실이 큰 유량계 : 차압식, 용적식, 터빈식, 질량식(코리올리 곡관형, 열식)

㉣ 측정 정밀도에 따른 유량계
- 지시값의 0.2~0.3[%] 정밀도를 갖는 유량계 : 코리올리식, 용적식, 터빈식
- 지시값의 0.5~1[%] 정밀도를 갖는 유량계 : 전자식, 와류식, 용적식, 터빈식
- 전 범위의 1~2[%] 정밀도를 갖는 유량계 : 면적식, 차압식, 초음파식, 질량(열식)

㉤ 측정 가능 범위에 따른 유량계
- 광범위한 범위를 가진 유량계(20 : 1 이상) : 전자식, 초음파식, 질량(코리올리식, 열식)
- 중간 범위를 가진 유량계(10 : 1 이상) : 와류식, 용적식, 터빈식
- 좁은 범위를 가진 유량계(10 : 1 미만) : 면적식, 차압식

⑥ 기본식, 선정요령, 유량 측정 관련 제반사항

㉠ 유량 관련 기본식
- 체적유량 : $Q = Av_m\,[\mathrm{m^3/s}]$
(여기서, A : 단면적, v_m : 평균유속)
- 질량유량 : $M = \rho A v_m\,[\mathrm{kg/s}]$
(여기서, ρ : 밀도)
- 중량유량 : $Q = \gamma A v_m\,[\mathrm{N/s}]$
(여기서, γ : 비중량)
- 적산유량 : $G = \int \rho A v_m\,[\mathrm{m^3,\ kg}]$

㉡ 유량 측정과 관련된 기타 사항
- 유체의 밀도가 변할 경우 질량유량을 측정하는 것이 좋다.
- 유체가 기체일 경우 온도와 압력에 의한 영향이 크다.
- 유체가 액체일 때 온도나 압력에 의한 밀도의 변화는 무시할 수 있다.
- 유체의 흐름이 층류일 때와 난류일 때의 유량 측정방법은 다르다.
- 압력손실의 크기 순 : 오리피스 미터 > 플로노즐 > 벤투리 미터 > 전자유량계
- 유량계를 교정하는 방법 중 기체 유량계의 교정에 가장 적합한 것은 기준 체적관을 사용하는 방법이다.

핵심예제

1-1. 다음의 유량계들을 직접측정식 유량계, 간접측정식 유량계로 구분하여 각각에 해당하는 기호를 나열하시오.

① 오리피스 미터	② 아누바유량계
③ 오벌미터	④ 루트미터
⑤ 전자유량계	⑥ 로터리 피스톤식 유량계

(1) 직접측정식 유량계
(2) 간접측정식 유량계

1-2. 다음의 유량계들을 압력손실이 작은 순서대로 나열하시오.

오리피스 미터, 벤투리 미터, 전자유량계, 플로노즐

|해답|

1-1
(1) 직접측정식 유량계 : ③, ④, ⑥
(2) 간접측정식 유량계 : ①, ②, ⑤

1-2
압력손실이 작은 순서 : 전자유량계, 벤투리 미터, 플로노즐, 오리피스 미터

핵심이론 02 용적식 유량계(직접식 유량계)

① 개 요

㉠ 용적식 유량계[PD(Positive Displacement) Meter]

- 직접체적유량을 측정하는 적산유량계이다.
- 계량실 내부의 회전자나 피스톤 등의 가동부와 그것을 둘러싸고 있는 케이스 사이에 일정 용적의 공간부를 밸브로 하고, 그 속에 유체를 충만시켜 유체를 연속적으로 유출구로 송출하는 구조로 되어 있다.
- 계량 횟수를 통하여 용적유량을 측정하는 적산식 유량계이다.

㉡ 종류 : 오벌식, 루트식, 로터리 피스톤식, 회전원판식, 나선형 회전자식, 가스미터

㉢ 특 징

- 정밀도가 우수하다.
- 유체의 성질에 영향을 작게 받는다.
- 유체의 물성치(온도, 압력 등)에 의한 영향을 거의 받지 않는다.
- 점도가 높거나 점도 변화가 있는 유체의 유량 측정에 가장 적합하다.
- 고점도의 유체에 적합하며 주로 액체유량의 정량 측정에 사용된다.
- 외부에너지의 공급이 없어도 측정할 수 있다.
- 유량계 전후의 직관 길이에 영향을 받지 않는다.
- 직관부가 필요하지 않지만, 유량계 전단에 반쯤 열린 밸브가 있어 기포가 발생할 우려가 있는 경우에는 주의해야 한다.
- 유량계 상류측에 기체분리기를 설치한다.
- 여과기(Strainer)는 유량계의 바로 전단에 설치한다.
- 유량계의 전후 및 우회 파이프(By-pass Line)에는 밸브를 설치한다.
- 유량계 본체의 입구 및 출력 플랜지는 설치 시까지 더미 플랜지를 설치하여 먼지 등 이물질이 유입되지 않도록 유의해야 한다.
- 유량계의 점검이 가능하도록 반드시 우회 파이프를 설치하고, 우회 파이프의 크기는 주파이프와 동일하게 한다.
- 수직 설치의 경우 유량계는 우회 파이프에 설치한다. 이것은 파이프 중량에 의한 응력이 유량계에 직접 가해지는 것을 피하기 위함이다.
- 유량계는 펌프의 배기(Discharge)쪽에 설치해야 한다. 펌프의 흡기(Suction)쪽은 압력이 낮기 때문에 유량계의 압력손실보다 압력이 낮은 경우에는 유량계가 회전하지 않는 경우가 생길 수 있다.
- 설치 시 유량계를 떨어뜨리거나 충격을 주지 않도록 유의해야 한다. 특히 플랜지 표면에 흠이 나지 않도록 유의해야 한다.
- 유량계의 흐름 방향과 실제 유체의 흐름 방향이 일치하도록 해야 한다.
- 압력변동의 가압유체의 측정은 어렵다.

② 용적식 유량계의 종류

㉠ 오벌(Oval)식 유량계 : 맞물린 2개의 타원형의 기어를 유체 흐름 속에 놓고, 유체의 압력으로 생기는 기어의 회전을 계수하는 방식의 유량계이다.

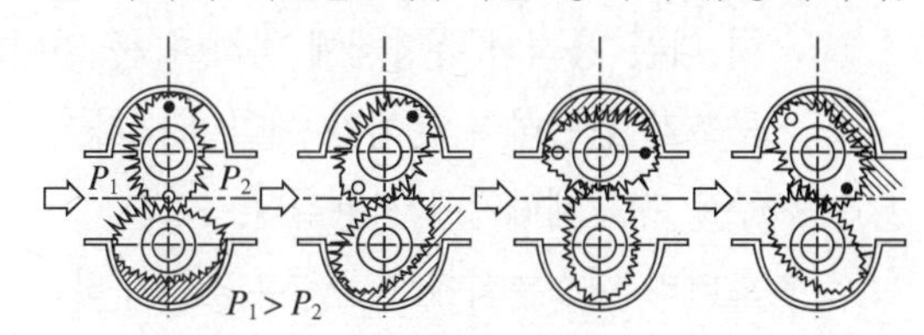

- 오벌기어식 또는 원형기어식이라고도 한다.
- 기어의 회전이 유량에 비례하는 것을 이용한 용적식 유량계이다.
- 유입되는 유체 흐름에 의해 2개의 타원형 기어가 서로 맞물려 회전하며 유체를 출구로 밀어 보낸다.
- 회전체의 회전속도를 측정하여 유량을 구한다.
- 액체의 유량 측정에 적합하나 기체의 유량 측정에는 부적합하다.

㉡ 루트식 유량계 : 오벌기어식과 유사한 구조이지만 회전자의 모양(누에고치 모양)이 다르며 회전자에 기어가 없다.

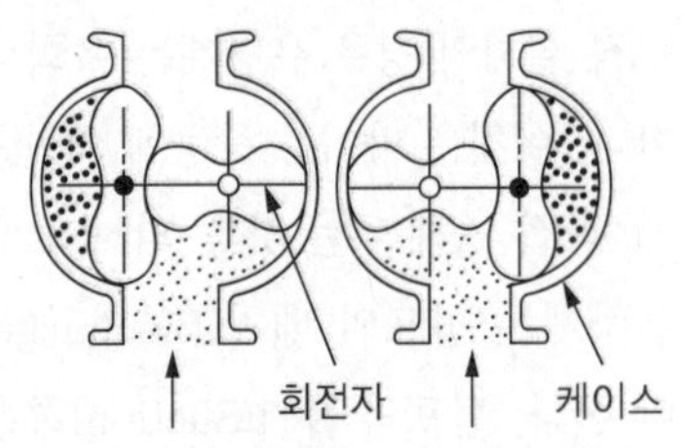

㉢ 로터리 피스톤식 유량계 : 입구에서 유입되는 유체에 의한 회전자의 회전속도를 이용하여 유량을 구하는 용적식 유량계이다.

- 선회 피스톤형이라고도 한다.
- 회전자가 1개이므로 회전저항이 작아 작은 유량 측정에 적합하다.
- 계량실과 회전자 사이를 크게 하였기 때문에 고점도 유체의 측정에 적합하다.
- 수평 설치, 수직 설치, 기울임 설치 등 설치방법에 제한이 없다.
- 계량부에 맞물림 기구가 없어 소음과 진동이 작다.
- 유체의 이동이 계량실의 회전자 내・외부에서 동시에 실행되기 때문에 회전자 1회전당 토출량이 다른 용적식 유량계에 비하여 큰 편이다.
- 구조가 간단하여 분해와 세척이 쉽다.
- 주로 수도계량기에 사용된다.
- 로터리 피스톤식에서 중량유량을 구하는 식 :

  $G = CA\sqrt{\dfrac{2g\gamma W}{a}}$

  (여기서, C : 유량계수, A : 유출구의 단면적, W : 유체 중의 피스톤 중량, a : 피스톤의 단면적)

㉣ 회전원판식 유량계 : 둥근 축을 갖는 원판이 유량실의 중심에 위치하고, 원판의 회전에 따른 유체의 통과량을 측정하는 용적식 유량계이다.

㉤ 나선형 회전자식 유량계

- 나선형 기어식이라고도 한다.
- 액체유량을 측정한다.
- 오벌기어식과 같이 맥동을 발생시키는 유량계에 비하여 등속회전이고, 동일한 토크이기 때문에 맥동이 발생하지 않는다.
- 진공 및 소음이 매우 작다.
- 토출되는 유량이 연속적이며, 1회전당 토출량이 크며 회전속도도 비교적 빠르게 할 수 있기 때문에 소형이라도 대용량 측정이 가능하다.
- 두 회전자 사이에 에너지 교환이 없으므로 회전자의 톱니면에 부하가 발생하지 않아 내구성이 뛰어나다.
- 파일럿기어방식에서는 회전자가 비접촉식으로 동작하므로 내구성이 매우 뛰어나다.

㉥ 가스미터(기체유량계) : 실측식, 추량식이 있으며 기준 체적관을 사용하여 교정한다.

- 실측식
  - 습식 가스미터 : 기준 가스미터, 공해 측정용으로 사용한다.
  - 건식 가스미터(막식, 회전식) : 도시가스 측정으로 사용한다.
- 추량식 : 오리피스식, 벤투리식, 터빈식, 와류식, 델타식

핵심예제

2-1. 좌측의 유량계와 우측의 유량계 형식이 일치하는 기호를 연결하여 쓰시오.

① 오리피스 미터	㉠ 용적식 유량계
② 로터미터	㉡ 면적식 유량계
③ 피토관	㉢ 차압식 유량계
④ 습식 가스미터	㉣ 유속식 유량계

2-2. 오벌(Oval)식 유량계의 특징을 4가지만 쓰시오.

|해답|

2-1

① - ㉢

② - ㉡

③ - ㉣

④ - ㉠

2-2

오벌(Oval)식 유량계의 특징

① 타원형 치차의 맞물림을 이용하므로 비교적 측정 점도가 높다.

② 기체유량 측정은 불가능하다.

③ 이물질 흡입에 의한 고장을 미연에 방지하기 위하여 유량계의 앞부분(前部)에 여과기(Strainer)를 설치한다.

④ 설치가 간단하고 내구력이 있다.

핵심이론 03 차압식 유량계

① 차압식 유량계의 개요

㉠ 차압식 유량계는 관로 내 조임기구(오리피스, 노즐, 벤투리관)를 설치하고 유량의 크기에 따라 전후에 발생하는 차압 측정으로 유량을 구하는 유량계이다. 조리개식 유량계 또는 (스로틀(Throttle) 기구에 의하여 유량을 측정(순간치 측정)하므로) 교축기구식이라고도 한다.

㉡ 측정원리

- 운동하는 유체의 에너지법칙
- 베르누이 방정식
- 연속의 법칙(질량보존의 법칙)

㉢ 유량계산식

$$Q = C \cdot Av_m$$

$$= C \cdot A\sqrt{\frac{2g}{1-(d_2/d_1)^4} \times \frac{P_1 - P_2}{\gamma}}$$

$$= C \cdot A\sqrt{\frac{2gh}{1-(d_2/d_1)^4} \times \frac{\gamma_m - \gamma}{\gamma}}$$

$$= C \cdot A\sqrt{\frac{2gh}{1-(d_2/d_1)^4} \times \left(\frac{\gamma_m}{\gamma} - 1\right)}$$

$$= C \cdot A\sqrt{\frac{2gh}{1-(d_2/d_1)^4} \times \left(\frac{\rho_m}{\rho} - 1\right)}$$

$$= C \cdot A\sqrt{\frac{2gh}{1-(d_2/d_1)^4} \times \left(\frac{S_m}{S} - 1\right)}$$

(여기서, Q : 유량[m^3/s], C : 유량계수, A : 단면적[m^2], v_m : 평균유속, g : 중력가속도(9.8[m/s^2]), d_1 : 입구지름, d_2 : 조임기구 목의 지름, P_1 : 교축기구 입구측 압력[kgf/m^2], P_2 : 교축기구 출구측 압력[kgf/m^2], h : 마노미터 높이차, γ_m : 마노미터 액체비중량[kgf/m^3], γ : 유체비중량[kgf/m^3], ρ_m : 마노미터 액체밀도[kg/m^3], ρ : 유체밀도[kg/m^3], S_m : 마노미터 액체비중, S : 유체비중)

• 차압식 유량계에서 유량은 압력차의 제곱근에 비례한다.
• 유량을 계산하기 위하여 설치한 유량계에서 유체를 흐르게 하면서 측정해야 할 값은 마노미터 액주계의 눈금인 h의 값이다.

㉣ 특 징

• 압력 강하를 측정(정압의 차)한다.
• 간접식(간접계량)이다.
• 액체, 기체, 스팀 등 거의 모든 유체의 유량 측정이 가능하다.
• 기체 및 액체 양용으로 사용한다.
• 구조가 간단하고 견고하며 가동부가 없어 수명이 길고 내구성도 좋다.
• 가격이 저렴하며, 특히 대구경인 경우 더욱 유리하다.
• 고온·고압의 과부하에 잘 견딘다.
• 유체의 점도 및 밀도를 알고 있어야 한다.
• 하류측과 상류측의 절대압력의 비가 0.75 이상이어야 한다.
• 조임기구 재료의 열팽창계수를 알아야 한다.
• 관로의 수축부가 있어야 하므로 압력손실이 비교적 높은 편이다.
• 압력손실의 크기 순 : 오리피스식 > 플로노즐식 > 벤투리 미터식
• 오리피스의 교축기구를 기하학적으로 닮은꼴이 되도록 정밀하게 끝맺음질을 하면 정확한 측정값을 얻을 수 있다.
• 유량은 압력차의 평방근에 비례한다.
• 레이놀즈수 10^5 이상에서 유량계수가 유지된다.
• 직관부가 필요하며, 요구 직관부 길이가 길다.
• 유출계수 및 유량 측정 정확도는 배관의 형태, 유체의 유동 상태에 따라 큰 영향을 받는다.
• 정도가 좋지 않고 측정범위가 좁다.
• 유량에 대한 교정을 하면 높은 정확도를 얻을 수 있으나, 교정하지 않으면 2[%] 이내의 정확도를 얻기 힘들다.
• 기계 부분의 마모 및 노후화로 인하여 유량 측정 정확도가 큰 영향을 받을 소지가 있으며, 이에 대한 영향이 정량화되어 있지 않다.
• 일부 유량계의 경우, 특히 오리피스 유량계의 경우 압력손실이 크며, 이로 인한 동력 소모가 높다.

㉤ 탭 입구 위치에 따른 차압 측정 탭(압력 탭 또는 압력 도출구) 방식의 분류

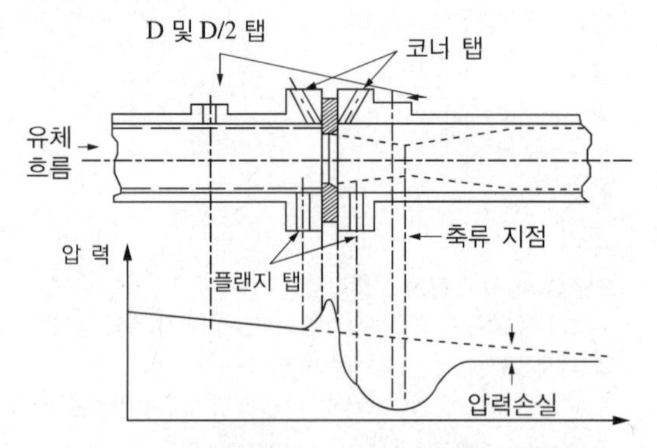

• 플랜지 탭(Flange Tap) : 가장 많이 사용하는 방법으로, 오리피스 전단 및 후단 플랜지로부터 오리피스 전단 및 후단의 표면에 평행하게 천공하여 차압을 측정하는 방식이다. 오리피스의 압력을 측정하기 위하여 관지름에 관계없이 오리피스 판벽으로부터 상하류 25[mm] 위치에 설치한다.
• 코너 탭(Corner Tap) : 오리피스 전단 및 후단 플랜지로부터 오리피스 전단 및 후단의 표면까지 경사지게 천공하여 차압을 측정하는 방식이다. 오리피스판의 바로 인접한 위치에서 압력을 측정하는 방식이며, 주로 2인치 이하의 라인에 사용된다. 플랜지 탭보다 가공하기 어려워 가격이 플랜지 탭보다 비싸고, 구멍이 작아서 막히기 쉽고 압력이 불안정하다.

• D 및 D/2 탭 : 파이프 탭(Pipe Tap) 또는 Full-flow 탭이라고도 하며, 오리피스가 설치될 배관에 천공하여 차압(오리피스 양단의 손실압력)을 측정하는 방식이다. 배관천공작업은 현장에서 한다. 상류 탭은 판으로부터 관의 지름의 2-1/2 만큼 떨어진 위치에 설치하고, 하류 탭은 관의 지름의 8배만큼 떨어진 위치에 설치한다.

• 축류 탭 : 오리피스 하류측 압력구멍은 오리피스 유량계 직경비의 변화에 따라 가변적인 위치의 값을 갖게 한 방식으로, 이론적으로 최대의 압력을 얻을 수 있는 위치에 설치한다. 제작이 까다롭고 복잡하다.

• 반경 탭 : 축류 탭과 유사하나 하류 탭이 오리피스판으로부터 관의 지름의 1/2 만큼 떨어진 위치에 설치된다는 것이 다르다.

ⓑ 종류 : 오리피스 미터, 플로노즐, 벤투리 미터

② 오리피스 유량계(Orifice Meter)

㉠ 개 요

• 오리피스 유량계는 조임기구의 하나인 오리피스를 이용한 유량계이다.

• 오리피스 플레이트 설계 시 고려요인 : 에지(Edge) 각도, 베벨각, 표면거칠기 등

• 오리피스에서 유출하는 물의 속도수두 : $h \cdot C_v^2$ (여기서, h : 수면의 높이, C_v : 속도계수)

• 오리피스 유량계의 측정오차 중 맥동에 의한 영향
  - 게이지라인이 배관 내 압력 변화를 차압계까지 전달하지 못하는 경우
  - 차압계의 반응속도가 좋지 않은 경우
  - SRE(Square Root Error)가 생기는 경우

㉡ 오리피스 유량계의 원리 : 베르누이 원리(베르누이 방정식)를 기본원리로 한다. 유체가 흐르는 직경이 일정한 관 내에 조리개 기구인 오리피스를 삽입하여 관의 단면을 갑자기 축소시켜 유속을 증가시키고, 압력차에 의한 액주계 내의 높이차를 측정하여 유량을 구한다.

㉢ 오리피스의 종류

• 동심형 오리피스
  - 제작과 교정이 용이하다.
  - 가격이 저렴하다.
  - 정확도가 좋지 않다.
  - 에지판이 마모되기 쉽다.
  - 정확도의 계속적인 저하가 발생한다.

• 편심형 또는 반원형 오리피스 : 이물질이 많은 유체에 적용한다.

• 콘형(원뿔형), 사분원형 오리피스 : 고점도 유체, 낮은 레이놀즈수의 유체에 적용한다.

㉣ 오리피스 유량계의 특징

• 형상과 구조가 간단하고, 제작이 용이하여 널리 사용된다.
• 가격이 저렴하다.
• 협소한 장소에 설치할 수 있다.
• 설치가 쉽고, 고압에 적당하다.
• 사용조건에 따라 다르나 거의 반영구적이다.
• 교환이 용이하다.
• 측정유량범위 변경 시 플레이트 변경만으로 가능하다.
• 유량계수가 작다(유량계수의 신뢰도가 높다).
• 액체·가스·증기의 유량 측정이 가능하고, 광범위한 온도·압력에서의 유량 측정이 가능하다.
• 충분한 정도를 보증하기 위해서 직관부가 필요하다(유량계 전후에 동일한 지름의 직관이 필요하다).
• 관의 곡선부에 설치하면 정도가 떨어진다.
• 압력손실이 크다.
• 침전물 생성의 우려가 있다.
• 에지 마모가 정도에 영향을 미치므로 유체 중에 고형물 함유를 피해야 한다.

③ 플로노즐(Flow Nozzle)

㉠ 개요 : 플로노즐은 조임기구의 하나인 노즐을 이용한 유량계이다.

㉡ 특 징

- 고속・고압 및 레이놀즈수가 높은 경우에 사용하기 적정하다.
- 유체 흐름에 의한 유선형의 노즐 형상을 지니므로 유체 중에 이물질에 의한 마모 등의 영향이 매우 작다.
- 같은 사양의 오리피스에 비해 유량계수가 60[%] 이상 많다.
- 소량 고형물이 포함된 슬러지 유체의 유량 측정이 가능하다.
- 오리피스에 비해 압력손실(차압손실)이 작으나 벤투리관보다는 크다.
- 오리피스보다 마모가 정도에 미치는 영향이 작다.
- 고속유체의 유속 측정에는 플로노즐식이 이용된다.
- 고온・고압・고속의 유체 측정에도 사용된다.
- 노즐은 수직 관로상에서 유입부를 위쪽으로 설치하는 것이 바람직하며, 액체보다는 기체유량 측정에 더 적합하다.
- 노즐에 대한 압력 탭 위치는 코너 탭을 사용하지만, 타원노즐에 대해서는 오리피스의 D 및 D/2 탭 방식을 사용하고, 압력 탭의 위치가 노즐 출구보다 높은 경우에는 노즐 출구 이내에 위치하도록 한다.
- 유체 중 고압입자가 지나치게 많이 들어 있는 경우에는 사용할 수 없다.
- 유량측정범위 변경 시 교환이 오리피스에 비하여 어렵다.
- 구조가 다소 복잡하며 오리피스에 비해 고가이다.

④ 벤투리(Venturi) 미터 유량계

㉠ 개 요

- 벤투리 미터 유량계는 조리개부가 유선형에 가까운 형상으로 설계되어 비교적 축류의 영향을 작게 받고 조리개에 의한 압력손실을 최대한으로 줄인 조리개 형식의 유량계이다.
- 유량은 유량계수・관지름의 제곱・차압의 평방근 등에 비례하며, 조리개비의 제곱에 반비례한다.

㉡ 특 징

- 압력손실이 작고, 측정 정도가 높다.
- 유체 체류부가 없어 마모에 의한 내구성 좋다.
- 오리피스 및 노즐에 비해 압력손실이 작다.
- 축류(縮流)의 영향을 비교적 작게 받는다.
- 침전물 생성의 우려가 작다.
- 고형물을 함유한 유체에 적합하다(단 차압 취출구의 막힘이 발생하므로 퍼지 등의 대책 필요).
- 대유량 측정이 가능하며 취부범위가 크다.
- 동일한 사이즈의 오리피스에 비해서 발생 차압이 작다.
- 구조가 복잡하고 공간을 많이 차지하며, 대형이고 비싸다.
- 파이프와 목 부분의 지름비를 변화시킬 수 없다.
- 유량의 측정범위 변경 시 교환이 어렵다.

핵심예제

3-1. 차압식 유량계인 오리피스 유량계의 원리를 간단히 설명하시오. [2015년 제1회]

3-2. 차압식 유량계인 오리피스 유량계에 대한 다음 설명 중 (　) 안에 알맞은 내용을 써넣으시오. [2015년 제4회]

> 베르누이 방정식을 기본원리로 하며, 유체가 흐르는 직경이 일정한 관 내에 조리개 기구인 오리피스를 삽입하여 관의 단면을 갑자기 축소시켜 유속을 증가시키고 (　) 에 의한 액주계 내의 높이차를 측정하여 유량을 구한다.

핵심예제

3-3. 차압식 유량계에 해당하는 오리피스 유량계의 장점을 3가지만 쓰시오. [2011년 제2회]

3-4. 스로틀(Throttle) 기구에 의하여 유량을 측정하는 유량계의 명칭을 3가지만 쓰시오.

3-5. 조리개부가 유선형에 가까운 형상으로 설계되어 축류의 영향을 비교적 작게 받고 조리개에 의한 압력손실을 최대한으로 줄인 조리개 형식의 유량계의 명칭을 쓰시오.

3-6. 물이 흐르는 안지름 80[mm]의 관 속에 지름 20[mm]인 오리피스를 설치하였는데 오리피스 전후 차압이 물의 수주 120[mmH_2O]로 나타났다. 이때의 물의 유량[L/min]을 구하시오(단, 유량계수는 0.66이다). [2021년 제1회]

3-7. 입구의 지름이 40[cm], 벤투리 목의 지름이 20[cm]인 벤투리 미터기로 공기의 유량을 측정하여 물－공기 시차액주계가 300[mmH_2O]를 나타냈을 때의 유량[m^3/s]을 구하시오(단, 물의 밀도는 1,000[kg/m^3], 공기의 밀도는 1.5[kg/m^3], 유량계수는 1이다). [2011년 제4회 유사, 2017년 제2회]

3-8. 다음의 그림과 같은 벤투리관으로 20[℃]의 물이 흐를 때, 최대 유량[L/s]을 계산하시오. [2021년 제4회]

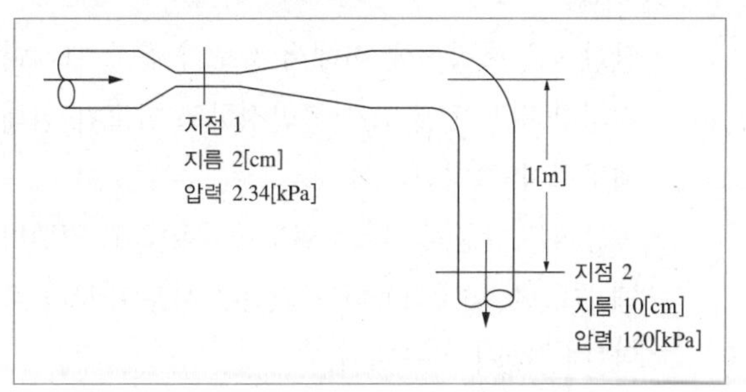

|해답|

3-1

오리피스 유량계의 원리 : 베르누이 원리(베르누이 방정식)를 기본원리로 한다. 유체가 흐르는 직경이 일정한 관 내에 조리개 기구인 오리피스를 삽입하여 관의 단면을 갑자기 축소시켜 유속을 증가시키고, 압력차에 의한 액주계 내의 높이차를 측정하여 유량을 구한다.

3-2

압력차 또는 차압

3-3

오리피스 유량계의 장점

① 형상과 구조가 간단하고, 제작이 용이하여 널리 사용된다.
② 측정유량범위 변경 시 플레이트 변경만으로 가능하다.
③ 액체·가스·증기의 유량 측정이 가능하고, 광범위한 온도·압력에서의 유량 측정이 가능하다.

3-4

스로틀(Throttle) 기구에 의하여 유량을 측정하는 유량계

① 오리피스 미터
② 플로노즐
③ 벤투리 미터

3-5

벤투리 미터 유량계

3-6

오리피스 전후 차압

$\Delta P = P_1 - P_2 = 120[\mathrm{mmH_2O}] = 120[\mathrm{kgf/m^2}]$

∴ 물의 유량

$$Q = C \cdot Av_m = C \cdot A\sqrt{\frac{2g}{1-(d_2/d_1)^4} \times \frac{P_1 - P_2}{\gamma}}$$

$$= 0.66 \times \left(\frac{\pi}{4} \times 0.02^2\right) \times \sqrt{\frac{2 \times 9.8}{1-(0.02/0.08)^4} \times \frac{120}{1{,}000}}$$

$$\simeq 3.186 \times 10^{-4}[\mathrm{m^3/s}]$$

$$= 3.186 \times 10^{-4} \times 1{,}000 \times 60[\mathrm{L/min}]$$

$$\simeq 19.12[\mathrm{L/min}]$$

3-7

유 량

$$Q = CAv = CA\sqrt{\frac{2gh(\rho_w/\rho_a - 1)}{1-(d_2/d_1)^4}}$$

$$= 1 \times \frac{\pi(0.2)^2}{4} \times \sqrt{\frac{2 \times 9.8 \times 0.3 \times (1{,}000/1.5 - 1)}{1-(20/40)^4}} \simeq 2[\mathrm{m^3/s}]$$

3-8

• 연속 방정식으로부터 유량 $Q = A_1v_1 = A_2v_2$

$$\frac{\pi}{4}\times 0.02^2 \times v_1 = \frac{\pi}{4}\times 0.1^2 \times v_2$$

$$v_1 = \frac{0.1^2}{0.02^2}\times v_2 = 25v_2$$

• 베르누이 방정식으로부터 $\frac{P_1}{\gamma}+\frac{v_1^2}{2g}+Z_1 = \frac{P_2}{\gamma}+\frac{v_2^2}{2g}+Z_2$

$$\frac{2,340}{9,800}+\frac{(25v_2)^2}{2\times 9.8}+0 = \frac{120,000}{9,800}+\frac{v_2^2}{2\times 9.8}-1$$

$$v_2^2 = \frac{215.72}{624} \simeq 0.3457$$

$$v_2 \simeq 0.588[\text{m/s}]$$

$\therefore$ 최대 유량 $Q = A_2v_2 = \frac{\pi}{4}\times 0.1^2 \times 0.588$

$$\simeq 4.618\times 10^{-3}[\text{m}^3/\text{s}]$$

$$= 4.618[\text{L/s}]$$

핵심이론 04 유속식 유량계

① 임펠러식 유량계

㉠ 개 요

• 임펠러식 유량계는 관 속에 설치된 임펠러를 통한 유속 변화를 이용한 유량계이다.

• 유체에너지를 이용한다.

• 종 류

– 접선식 : 임펠러의 축이 유체 흐름 방향에 수직(단상식, 복상식)이다.

– 축류식 : 임펠러의 축이 유체 흐름 방향에 수평이다.

㉡ 특 징

• 구조가 간단하고, 보수가 용이하다.

• 내구력이 우수하다.

• 부식성이 강한 액체에도 사용할 수 있다.

• 측정 정도는 약 ±0.5[%]이다.

• 직관 부분이 필요하다.

㉢ 접선식 임펠러 유량계 : 배관에 수직으로 임펠러 축을 설치하여 유체의 흐름에 의하여 발생하는 임펠러의 회전수로 유량을 측정하는 임펠러식 유량계이다.

• 단상식은 복상식에 비해서 감도가 좋고 가격이 저렴하지만, 정밀도가 불안정하고 마모가 심해 내구력이 떨어진다.

• 복상식은 단상식보다 정밀도가 우수하고 임펠러에 균일한 힘이 작용하고 회전부 부분 마모가 작아 내구성이 우수하다.

㉣ 축류식 임펠러 유량계 : 배관에 수평으로 터빈 축을 설치하여 유체의 흐름에 의하여 발생하는 터빈의 회전수로 유량을 측정하는 임펠러식 유량계이다.

• 유체에너지를 이용하는 유속식 유량계이다.

• 날개에 부딪히는 유체의 운동량으로 회전체를 회전시켜 운동량과 회전량의 변화로 가스 흐름을 측정한다.

- 터빈유량계, 월트만(Woaltman)식 또는 터빈미터라고도 한다.
- 원통상의 유로 속에 로터(회전날개)를 설치하고, 이것에 유체가 흐르면 통과하는 유체의 속도에 비례한 회전속도로 로터가 회전한다. 이 로터의 회전속도를 측정하여 흐르는 유체의 유량을 구하는 방식이다.
- 용적식에 비해 소형이고 구조가 간단하여, 제작이 쉽고 저가이다.
- 내구력이 있고, 수리가 용이하다.
- 크기가 간결하고 선형도가 우수하며 재현성이 좋아 교정 후 사용하면 ±0.2[%]의 측정 정확도 유지가 가능하다.
- 측정범위가 넓고 압력손실이 작다.
- 주로 기체용으로 많이 사용되지만 액체의 적용도 가능하다.
- 순시유량과 적산유량의 측정에 적당하다.
- 상류측은 5D, 하류측은 3D 정도의 직관부가 필요하다.
- 상부에 밸브나 곡관이 있으면 정확한 측정이 어려우므로 반드시 상부와 하부에 직관부를 두어야 한다.
- 파이프 유동조건과 측정 대상 유체의 점도에 따라 특성이 달라진다.
- 유속이 급격히 변화하는 경우 오차가 발생한다.
- 교정 후 사용기간이 길어지면 베어링 등 기계 구동부의 마모로 유량 측정의 정확도와 특성이 달라지는 문제가 발생한다.
- 유량 측정의 정확도를 보장하기 위해서는 요구되는 직관부의 길이가 길다.
- 슬러리 유체에는 적용이 불가능하다.

② 피토관식 유량계

㉠ 개 요

- 피토관식 유량계는 관에 흐르는 유체 흐름의 전압과 정압의 차이를 측정하고 유속을 구하는 장치이다.
- 관 속을 흐르는 유체의 한 점에서의 속도를 측정하고자 할 때 가장 적당한 유속 측정이 가능한 유속식 유량계이다.
- 액체의 전압과 정압과의 차(동압)로부터 순간치 유량을 측정한다.
- 응용원리 : 베르누이 정리

㉡ 유량 계산식

$$Q = C \cdot Av_m$$
$$= C \cdot A\sqrt{2g \times \frac{P_t - P_s}{\gamma}}$$
$$= C \cdot A\sqrt{2gh \times \frac{\gamma_m - \gamma}{\gamma}}$$
$$= C \cdot A\sqrt{2gh \times \left(\frac{\gamma_m}{\gamma} - 1\right)}$$
$$= C \cdot A\sqrt{2gh \times \left(\frac{\rho_m}{\rho} - 1\right)}$$
$$= C \cdot A\sqrt{2gh \times \left(\frac{S_m}{S} - 1\right)}$$

(여기서, Q : 유량[m^3/s], C : 유량계수, A : 단면적[m^2], v_m : 평균유속, g : 중력가속도(9.8[m/s^2]), P_t : 전압[kgf/m^2], P_s : 정압[kgf/m^2], γ_m : 마노미터 액체비중량[kgf/m^3], γ : 유체비중량[kgf/m^3], ρ_m : 마노미터 액체밀도[kg/m^3], ρ : 유체밀도[kg/m^3], S_m : 마노미터 액체비중, S : 유체비중)

㉢ 관련 식

- 피토관을 이용한 풍속 측정 :

$$\text{풍속 } v = C\sqrt{2gh\left(\frac{\gamma_w}{\gamma_{Air}} - 1\right)}$$
$$= C \cdot A\sqrt{2gh \times \left(\frac{S_w}{S_{Air}} - 1\right)}$$

(여기서, C : 피스톤 속도계수, g : 중력가속도, h : 전압, γ_w : 물의 비중량, γ_{Air} : 공기의 비중량, S_w : 물의 비중, S_{Air} : 공기의 비중)

- 유속 $v = C_v\sqrt{2g\Delta h} = C_v\sqrt{2g(P_t - P_s)/\gamma}$ 이므로, 피토관의 유속은 $v \propto \sqrt{\Delta h}$, 즉 $\sqrt{\Delta h}$ 에 비례한다.
  (여기서, v : 유속[m/s], C_v : 속도계수, g : 중력가속도(9.8[m/s^2]), P_t : 전압[kgf/m^2], P_s : 정압[kgf/m^2], γ : 유체의 비중량[kgf/m^3])

㉣ 특 징
- 측정이 간단하다.
- 피토관의 헤드 부분은 유동 방향에 대해 평행하게(일치) 부착한다.
- 흐름에 대해 충분한 강도를 가져야 한다.
- 5[m/s] 이하의 기체에는 적당하지 않다.
- 피토관의 단면적은 관 단면적의 1[%] 이하이어야 한다.
- 노즐 부분의 마모에 의한 오차가 발생한다.
- 더스트(분진), 미스트, 슬러지 등의 불순물이 많은 유체에는 적합하지 않다.
- 비행기의 속도 측정, 수력발전소의 수량 측정, 송풍기의 풍량 측정 등에 사용된다.
- 사용방법에 따라 오차가 발생하기 쉬우므로 주의가 필요하다.

③ 열선식 유량계

㉠ 개 요
- 열선식 유량계는 관에 전열선을 설치하여 유체 유속 변화에 따른 온도 변화를 측정하여 순간유량을 구하는 유속식 유량계이다.
- 보일러 공기예열기의 공기유량을 측정하는 데 가장 적합한 유량계이다.

㉡ 특 징
- 유체의 압력손실이 작다.
- 기체의 질량유량의 직접 측정이 가능하다.
- 기체의 종류가 바뀌거나 조성이 변하면 정도가 떨어진다.

㉢ 종류 : 토마스식 유량계, 열선풍속계(미풍계), 서멀유량계
- 토마스식 유량계 : 유체의 흐름 중에 전열선을 넣고 유체의 온도를 높이는 데 필요한 에너지를 측정하여 유체의 질량유량을 알 수 있는 열선식 유량계(유체가 필요로 하는 열량이 유체의 양에 비례하는 것을 이용한 유량계)로, 가스의 유량 측정에 적합하다.
- 열선풍속계 : 열선의 전기저항이 감소하는 것을 이용한 유량계이다.

④ 아누바 유량계

㉠ 개 요
- 아누바 유량계는 관 속의 평균유속을 구하여 유량을 측정하는 속도수두 측정식 유량계로, 아누바관 유량계라고도 한다.
- 아누바(Annubar)는 특정 회사의 상품명에서 유래된 것이다.
- 2개의 관을 이용하여 한 개는 유체와 부딪히는 관으로서 4개의 구멍을 통하여 유속에 의한 압력을 측정하여 평균점을 찾고, 다른 1개의 관은 유로의 반대쪽으로 향하게 하여 일정압을 측정하게 하여 이 두 압력의 차이를 측정하여 유량을 구한다.

㉡ 특 징
- 피토관식과 구조가 유사하다.
- 구조가 간단하다.
- 유량범위가 넓다.
- 측정 정확도가 우수하다.
- 여러 변수를 측정할 수 있다.

핵심예제

4-1. 유속식 유량계에 해당하는 피토관식 유량계에 대한 다음의 질문에 답하시오. [2013년 제1회 유사, 2018년 제4회]

(1) 피토관식 유량계의 유량 측정에 이용된 물리적 원리의 명칭을 쓰시오.

(2) 피토관식 유량계의 사용 시 주의사항을 4가지만 쓰시오.

4-2. 피토관식 유량계와 오리피스 유량계에 대한 다음 설명의 ( )를 채우시오. [2010년 제1회]

> 유속식 유량계인 피토관식 유량계는 유체 이동의 (①)을(를) 이용하여 (②)에 곱하여 유량을 측정하며, 차압식 유량계인 오리피스 유량계의 유량은 차압의 (③)에 비례한다.

4-3. 22[℃]의 1기압 공기(밀도 1.21[kg/m^3])가 원형 덕트를 흐르고 있다. 피토관을 원형 덕트 중심부에 설치하고 물을 봉액으로 한 U자관 마노미터의 눈금이 4.0[cm]이었다. 이 상태에서 원형 덕트의 지름을 2배로 크게 했을 때의 원형 덕트 중심부의 유속[m/s]을 구하시오. [2020년 제1회]

4-4. 온도 22[℃], 압력 1기압에서 공기가 흐르는 직경 500[mm]의 배관 중심부에 유량계수가 1인 피토 튜브를 설치하였는데, 전압이 80[mmH_2O], 정압이 40[mmH_2O]로 지시되었다. 이때 초당 평균유량[m^3/s]을 구하시오(단, 공기의 비중량은 1.25[kgf/m^3], 평균유속은 배관 중심부 유속의 3/4이다). [2015년 제1회, 2021년 제1회]

4-5. 물이 흐르는 관의 중심에 피토관을 삽입하여 압력을 측정하였다. 전압력은 20[mAq], 정압은 5[mAq]일 때 관 중심에서 물의 유속[m/s]을 구하시오. [2019년 제2회]

4-6. 공기의 유속을 피토관으로 측정하였을 때 동압이 60[mmH_2O]이었다. 이때 유속[m/s]은?(단, 피토관 계수 1, 공기의 비중량 1.2[kgf/m^3]이다) [2012년 제4회, 2016년 제4회, 2022년 제2회 유사]

4-7. 유속식 유량측정계의 일종인 피토관을 물속에 설치하여 측정한 결과 전압 15[mH_2O], 유속 13[m/s]임을 알아냈다. 이때 동압과 정압을 각각 [kPa] 단위로 구하시오. [2013년 제4회, 2018년 제2회, 2022년 제1회]

4-8. 유속식 유량측정계의 일종인 피토관을 물속에 설치하여 측정한 결과 전압 150[kPa], 정압 142[kPa]임을 알아냈다. 이때 유속[m/s]을 구하시오. [2010년 제2회, 2019년 제4회]

4-9. 비중 0.8의 알코올이 든 U자관 압력계가 있다. 이 압력계의 한 끝은 피토관의 전압부에, 다른 끝은 정압부에 연결하여 피토관으로 기류의 속도를 재려고 한다. U자관의 읽음의 차가 78.8[mm], 대기압력이 1.0266×10^5[Pa abs], 온도 21[℃]일 때 기류의 속도를 구하시오(단, 기체상수 R=287[N · m/kg · K]이다). [2018년 제1회]

|해답|

4-1

(1) 피토관식 유량계의 유량 측정에 이용된 물리적 원리의 명칭 : 베르누이 방정식(베르누이 정리)

(2) 피토관식 유량계 사용 시 주의사항

① 피토관의 헤드 부분은 유동 방향에 대해 평행하게 부착한다.

② 흐름에 대해 충분한 강도를 가져야 한다.

③ 5[m/s] 이하의 기체에는 적당하지 않다.

④ 더스트(Dust), 미스트(Mist) 등이 많은 유체에 적합하지 않다.

4-2

① 속도수두

② 단면적

③ 평방근

4-3

지름 변경 전의 유속 $v_1 = \sqrt{2gh\left(\frac{\gamma_m - \gamma}{\gamma}\right)}$

$= \sqrt{2 \times 9.8 \times 0.04 \times \left(\frac{1,000 - 1.21}{1.21}\right)}$

$\simeq 25.4[\text{m/s}]$

원형 덕트의 지름을 2배로 했을 때의 속도를 v_2라고 하면

유량 $Q = A_1 v_1 = A_2 v_2$

$\therefore$ 원형 덕트 중심부의 유속 $v_2 = \frac{A_1}{A_2} \times v_1 = \frac{\frac{\pi d_1^2}{4}}{\frac{\pi (2d_1)^2}{4}} \times v_1$

$= \frac{1}{4} \times v_1 = \frac{1}{4} \times 25.4$

$= 6.35[\text{m/s}]$

4-4

• 액주계의 높이차 = 전압 − 정압

= 80 − 40 = 40[mmH₂O]

= 0.04[mH₂O]

• 중심부의 유속 : $v = \sqrt{2gh\left(\frac{\gamma_m - \gamma}{\gamma}\right)}$

$= \sqrt{2 \times 9.8 \times 0.04 \times \left(\frac{1,000 - 1.25}{1.25}\right)}$

$\simeq 25[\text{m/s}]$

$\therefore$ 초당 평균유량 :

$Q_m = C \cdot Av_m = \left(\frac{\pi}{4} \times 0.5^2\right) \times \left(25 \times \frac{3}{4}\right) \simeq 3.68[\text{m}^3/\text{s}]$

4-5

관 중심에서 물의 유속

$v = \sqrt{2g\Delta h} = \sqrt{2 \times 9.8 \times (20 - 5)} \simeq 17.2[\text{m/s}]$

4-6

피토관의 유속

$v = C\sqrt{2g\Delta h} = C\sqrt{2g(P_t - P_s)/\gamma} = 1 \times \sqrt{\frac{2 \times 9.8 \times 60}{1.2}}$

$\simeq 31.3[\text{m/s}]$

4-7

전압을 P_t, 동압을 P_d, 정압을 P_s라 하면 $P_d = P_t - P_s$이다.

유속 $v = \sqrt{2gh} = \sqrt{2g \cdot P_d}$ 이므로

동압 $P_d = \frac{v^2}{2g} = \frac{13^2}{2 \times 9.8} \simeq 8.6[\text{mH}_2\text{O}]$이며,

정압 $P_s = P_t - P_d = 15 - 8.6 = 6.4[\text{mH}_2\text{O}]$이다.

따라서, 동압과 정압을 각각 [kPa] 단위로 환산하면 다음과 같다.

• 동압 $P_d \simeq 8.6[\text{mH}_2\text{O}] = \frac{8.6}{10.332} \times 101.325[\text{kPa}] \simeq 84.3[\text{kPa}]$

• 정압 $P_s \simeq 6.4[\text{mH}_2\text{O}] = \frac{6.4}{10.332} \times 101.325[\text{kPa}] \simeq 62.8[\text{kPa}]$

4-8

전압을 P_t, 동압을 P_d, 정압을 P_s라고 하면

동압 $P_d = P_t - P_s = 150 - 142 = 8[\text{kPa}]$

유속 $v = \sqrt{2gh} = \sqrt{2g \cdot P_d}$ 에서 동압의 단위는 [mH₂O]이므로

동압 $P_d = \frac{8}{101.325} \times 10.332 \simeq 0.82[\text{mH}_2\text{O}]$

$\therefore$ 유속 $v = \sqrt{2gh} = \sqrt{2g \cdot P_d} = \sqrt{2 \times 9.8 \times 0.82} \simeq 4[\text{m/s}]$

4-9

$\rho = \frac{P}{RT} = \frac{1.0266 \times 10^5}{287 \times (21 + 273)} \simeq 1.217[\text{kg/m}^3]$

$\therefore$ 기류의 속도 $v = \sqrt{2gh\left(\frac{\rho_s}{\rho} - 1\right)}$

$= \sqrt{2 \times 9.8 \times \frac{78.8}{1,000} \times \left(\frac{1,000 \times 0.8}{1.217} - 1\right)}$

$\simeq 31.8[\text{m/s}]$

핵심이론 05 기타 유량계

① 면적식 유량계(Area Flowmeter)

㉠ 개 요

- 면적식 유량계는 관로에 설치된 테이퍼관에 부자(Float)를 넣고 유체를 관의 밑부분에서 위쪽으로 흘려서 부자가 위쪽으로 변위하는 변위량을 측정하여 유량을 측정하는 유량계이다.
- 변위량은 유량 및 밀도에 비례하는 것을 이용한다.

㉡ 종류 : 부자식(플로트 타입, 로터미터), 게이트식, 피스톤식

- 플로트 타입 면적식 유량계의 검사 및 교정시기 : 유량계를 분해・소제한 경우, 장시간 사용하지 않았던 것을 재사용할 경우, 그 밖의 성능에 의문이 생긴 경우 등
- 로터(Rota)미터 : 부표(Float)와 관의 단면적 차이를 이용하여 유량 측정하는 면적식 순간유량계
  - 수직 유리관 속에 원뿔 모양의 플로트를 넣어 관 속을 흐르는 유체의 유량에 의해 밀어 올리는 위치로 유량을 구한다.
  - 유체가 흐르는 단면적이 변함으로써 직접 유체의 유량을 읽을 수 있고, 압력차를 측정할 필요가 없다.

㉢ 특 징

- 압력손실이 작고, 균등한 유량을 얻을 수 있다.
- 슬러리나 부식성 액체의 측정이 가능하다.
- 적은 유량(소유량)도 측정 가능하다.
- 플로트 형상에 따르며, 측정치가 균등 눈금으로 얻어진다.
- 측정하려는 유체의 밀도를 미리 알아야 한다.
- 고점도 유체의 측정이 가능하지만 점도가 높으면 유동저항의 증가로 정밀 측정이 곤란하다.
- 수직배관에만 적용 가능하다.
- 정도가 1~2[%]로 낮아 정밀 측정에는 부적당하다.

② 와류유량계(Eddy Flow)

㉠ 개 요

- 와류유량계는 와류에서 발생하는 와류(소용돌이) 발생수를 이용하여 압력 변화나 유속 변화를 검출하여 유량을 측정하는 유량계이다.
- 계량기 내에서 와류를 발생시켜 초음파로 측정하여 계량하는 방식이다.
- 볼텍스 유량계(Vortex Flow Meter)라고도 한다.
- 유량계 입구에 고정된 터빈 형태의 가이드 보디(Guide Body)가 와류현상을 일으켜 발생한 고유의 주파수가 피에조 센서(Piezo Sensor)에 의해 검출 되어 유량을 적산하는 방법의 가스미터이다.
- 유량 출력은 유동유체의 평균유속에 비례한다.

㉡ 종류 : 델타식, 칼만(Karman)식, 스와르 미터식 등

㉢ 특 징

- 압전소자인 피에조 센서를 이용한다.
- 액체・가스・증기 모두 측정 가능한 범용형 유량계이지만, 주로 증기유량 계측에 사용한다.
- 측정범위가 넓다.
- 유체의 압력이나 밀도에 관계없이 사용 가능하다.
- 오리피스 유량계 등과 비교해서 높은 정도를 지닌다.
- 구조가 간단하고, 설치・관리가 쉽다.
- 신뢰성이 높고, 수명이 길다.
- 압력손실이 작다.
- 고점도 유량 측정은 어느 정도 가능하지만, 슬러리 유체, 고체를 포함한 액체 측정에는 사용할 수 없다.
- 외란에 의해 측정에 영향을 받는다.

③ 전자유량계

㉠ 개 요

- 전자유량계는 유체에 생기는 기전력을 측정하여 유량을 구하는 간접식 유량계이다.
- 패러데이의 전자유도법칙을 원리로 한다.
- 유량계 출력이 유량에 비례한다.

㉡ 특 징

- 전도성 액체(도전성 유체)에 한하여 사용할 수 있다.
- 유속 검출에 지연시간이 없어 응답이 매우 빠르다.
- 측정관 내에 장애물이 없으며, 압력손실이 거의 없다.
- 정도는 약 1[%]이고, 고성능 증폭기를 필요로 한다.
- 액체의 온도, 압력, 밀도, 점도의 영향을 거의 받지 않으며 체적유량의 측정이 가능하다.
- 유체의 밀도, 점성 등의 영향을 받지 않으므로 밀도, 점도가 높은 유체 측정도 가능하다.
- 적절한 라이닝 재질을 선정하면 슬러리나 부식성 액체의 측정이 용이하다.
- (관 내에 적당한 재료를 라이닝하므로) 높은 내식성을 유지할 수 있다.
- 유로에 장애물이 없고 압력손실, 이물질 부착의 염려가 없다.
- 다른 물질이 섞여 있거나 기포가 있는 액체도 측정 가능하다.
- 미소한 측정전압에 대하여 고성능의 증폭기가 필요하다.

④ 초음파 유량계

㉠ 초음파 유량계는 관로 밖에서 유체의 흐름에 초음파를 방사하여 유속에 의하여 변화를 받은 투과파와 반사파를 관 밖에서 포착하여 유량을 측정하는 유량계이다.

㉡ 특 징

- 도플러효과를 원리로 한다.
- 압력은 유량에 비례하며, 압력손실이 거의 없다.
- 정확도가 매우 높은 편이다.
- 측정체가 유체와 접촉하지 않는다.
- 비전도성 유체 측정도 가능하다.
- 대구경 관로의 측정이 가능하며 대유량 측정에 적합하다.
- 개방 수로에 적용된다.
- 고온, 고압, 부식성 유체에도 사용 가능하다.
- 액체 중에 고형물이나 기포가 많이 포함되어 있으면 정도가 나빠진다.

⑤ 질량유량계(Mass Flow Meter)

㉠ 열식 질량유량계 : 압력과 온도가 변화하는 유동성 배관에서 압력이나 온도의 변화에 따른 밀도를 직접 보상하여 질량유량을 측정하는 질량유량계이다.

- 직접 질량유량을 측정한다.
- 작은 유속에서도 측정 가능하다.
- 압력손실이 작다.
- 반응속도가 빠르다.
- 설치비용, 운전비용이 적게 든다.
- 측정 가능한 배관 크기가 4~50,000[mm]로 광범위하다.
- 먼지나 파티클이 있어도 유량 측정에 문제가 없다.
- 다양한 출력이 가능하다.
- 컴퓨터와 연계가 가능하다.

㉡ 코리올리스 질량유량계 : 양단이 고정된 플로 튜브 내로 유체가 흐를 때 유출의 각 지점의 반대 방향의 힘(Coriolis Force)이 작용하여 진동의 반사이클 지점에서 발생되는 뒤틀림현상이 질량유량에 비례하는 것을 이용하여 질량유량을 측정하는 질량유량계이다.

- 액체, 기체에 모두 적용 가능하다.
- 질량유량을 직접 측정하는 것이 가능하다.
- 정확도가 매우 높다(±0.2[%]).
- 제한된 온도 및 압력범위에서 거의 모든 유체의 유량 측정이 가능하다.
- 검출센서는 유체와 접촉하지 않는 비접촉이다.

- 유량 외에 유체의 밀도 측정도 가능하다.
- 원리적으로 유체의 점도나 밀도의 영향을 받지 않는다.

㉢ MFC(Mass Flow Controller) : 관을 통과하는 기체의 질량유량을 센서로 측정하고 제어하는 유량계

- 부피가 아니라 질량을 측정하기 때문에 온도나 압력으로 인한 기체의 부피 변화와 상관없이 유량 측정이 가능하다.
- 매우 정확하게 폭넓은 범위에서 질량유량을 측정 및 제어할 수 있다.
- 유체의 압력 및 온도 변화에 영향이 작다.
- 정확한 가스유량 측정과 제어가 가능하다.
- 응답속도가 빠르다.
- 소유량이며 혼합가스 제조 등에 유용하다.
- 질소용 Mass Flow Controller를 헬륨에 사용하면, 지시계는 변화가 없으나 부피유량은 증가한다.

핵심예제

5-1. 면적식 유량계의 장점을 4가지만 쓰시오.
[2011년 제4회, 2019년 제1회]

5-2. 면적식 유량계에 해당하는 로터미터의 장점을 3가지만 쓰시오.
[2010년 제4회, 2013년 제2회]

5-3. 전자유량계의 특징을 4가지만 쓰시오. [2017년 제4회]

5-4. 관 외부에서 음파를 보내어 관 내 유체의 체적유량을 측정하는 초음파 유량계의 장점을 4가지만 쓰시오.
[2018년 제1회, 2021년 제2회]

|해답|

5-1

면적식 유량계의 장점

① 압력손실이 작다.
② 균등한 유량을 얻을 수 있다.
③ 적은 유량(소유량)도 측정 가능하다.
④ 슬러리나 부식성 액체의 측정이 가능하다.

5-2

로터미터의 장점

① 압력손실이 작고 균등한 유량을 얻을 수 있다.
② 슬러리나 부식성 액체의 측정이 가능하다.
③ 적은 유량(소유량)도 측정 가능하다.

5-3

전자유량계의 특징

① 유속 검출에 지연시간이 없다.
② 유체의 밀도와 점성의 영향을 받지 않는다.
③ 유로에 장애물이 없고 압력손실, 이물질 부착의 염려가 없다.
④ 다른 물질이 섞여 있거나 기포가 있는 액체도 측정 가능하다.

5-4

초음파 유량계의 장점

① 압력손실이 없다.
② 대유량 측정용으로 적합하다.
③ 부식성 유체, 비전도성 유체의 유량 측정이 가능하다.
④ 고온·고압의 유체 측정이 가능하다.

1-4. 액면 측정

핵심이론 01 액면 측정의 개요

① 액면계의 구비조건 및 선정 시 고려사항

㉠ 공업용 액면계(액위계)로서 갖추어야 할 조건
- 연속 측정이 가능하고, 고온과 고압에 잘 견디어야 한다.
- 지시 기록 또는 원격 측정이 가능하고 내식성이 좋아야 한다.
- 액면의 상·하한계를 간단히 계측할 수 있어야 하며, 적용이 용이해야 한다.
- 구조가 간단하고 조작이 용이해야 한다.
- 자동제어장치에 적용이 가능해야 한다.
- 가격이 저렴하고, 보수가 용이해야 한다.

㉡ 액면계 선정 시 고려사항
- 측정범위
- 측정 정도
- 측정 장소 조건 : 개방, 밀폐탱크, 탱크의 크기 또는 형상
- 피측정체의 상태 : 액체, 분말, 온도, 압력, 비중, 점도, 입도(입자 크기)
- 변동 상태 : 액위의 변화속도
- 설치조건 : 플랜지 치수, 설치 위치의 분위기
- 안정성 : 내식성, 방폭성
- 정격 출력 : 현장 지시, 원격 지시, 제어방식

② 액면계의 분류

㉠ 직접측정식 : 유리관식(직관식), 검척식, 플로트식(부자식), 사이트글라스

㉡ 간접측정식 : 차압식, 편위식(부력식), 퍼지식(기포관식), 초음파식, 정전용량식, 전극식(전도도식), 방사선식(γ선식), 레이더식, 슬립 튜브식, 중추식, 중량식

핵심예제

1-1. 액면계 선정 시 고려사항을 3가지만 쓰시오.

1-2. 일반적인 액면 측정방법의 종류를 3가지만 쓰시오.

1-3. 다음의 액면계들을 직접측정식 액면계, 간접측정식 액면계로 구분하여 각각에 해당하는 기호를 나열하시오.

① 유리관식 액면계	② 플로트식 액면계
③ 차압식 액면계	④ 기포식 액면계
⑤ 초음파식 액면계	⑥ 사이트글라스

(1) 직접측정식 유량계
(2) 간접측정식 유량계

|해답|

1-1

액면계 선정 시 고려사항

① 안정성
② 측정범위와 정도
③ 변동 상태

1-2

일반적인 액면 측정방법의 종류

① 압력식
② 정전용량식
③ 부자식

1-3

(1) 직접측정식 유량계 : ①, ②, ⑥
(2) 간접측정식 유량계 : ③, ④, ⑤

핵심이론 02 직접측정식 액면계

① 유리관식 액면계

㉠ 개 요

- 유리관식 액면계는 유리 등을 이용하여 액위를 직접 판독할 수 있는 직접측정식 액위계이다.
- 직관식 액위계 또는 봉상액위계라고도 한다.

㉡ 특 징

- 구조와 설치가 간단하다.
- 저압용이다.
- 개방된 액체용 탱크에 적합하다.
- 직접적인 자동제어가 가장 어려운 액면계이다.

② 검척식 액면계

㉠ 개 요

- 검척식 액면계는 직접 검척봉의 눈금을 읽어 액면을 측정하는 액면계이다.
- 검척봉으로 직접 액면의 높이를 측정한다.

㉡ 특 징

- 구조와 사용이 간단하다.
- 액면 변동이 작은 개방된 탱크, 저수탱크 등에 사용한다.
- 자동차 엔진오일 체크용으로 사용된다.

③ 플로트(Float)식 액면계

㉠ 개 요

- 플로트식 액면계는 액면상에 부자(Float)의 변위를 여러 가지 기구에 의해 지침이 변동되는 것을 이용하여 액면을 측정하는 방식의 직접측정식 액면계이다.
- 부자식 액면계라고도 한다.
- 적용원리 : 아르키메데스의 원리
- 종류 : 플로트스위치식, 디스플레이스식, 차동변압식(LVDT) 등
  - 플로트스위치식 : 부자의 반대편에 영구자석을 부착하여 액면의 위치에 따라 영구자석을 상하로 이동하게 하여 액위를 측정하는 액면계
  - 디스플레이스식 : 디스플레이스를 액 중에 잠기게 하여 부력에 따른 토크 튜브의 비틀림각을 회전각도센서를 이용하여 계측하여 액위를 측정하는 액면계
  - 차동변압식(LVDT) : 플로트의 위치 검출에 차동변압기를 이용하는 액면계

㉡ 특 징

- 고압밀폐탱크의 액면 측정용으로 가장 많이 이용한다.
- 여러 종류의 액체 레벨을 검출할 수 있다.
- 원리와 구조가 간단하다.
- 견고하고 수명이 길다.
- 고온·고압의 액체에도 사용 가능하다.
- 액면의 상·하한계에 경보용 리밋스위치를 설치할 수 있다.
- 용도 : LPG 자동차 용기의 액면계, 경보 및 액면제어용 등
- 액면이 심하게 움직이는 곳에는 사용하기 어렵다.

④ 사이트 글라스(Sight Glass)

㉠ 개 요

- 액체용 탱크에 많이 사용되는 액위계이다.
- 입구를 완만한 동심형으로 축소 설계하여 난류가 촉진되게 하여 유체 흐름의 상태를 쉽게 판단할 수 있다.

㉡ 특 징

- 유체의 흐름 방향이 올바른지 알 수 있다.
- 흐름이 막혔는지 알 수 있다.
- 생증기 및 재증발증기가 새는지 확인 가능하다.
- 공정을 통해서 나온 제품의 색상검사가 가능하다.
- 측정범위가 넓은 곳에서 사용하기 곤란하다.
- 동결 방지를 위한 보호가 필요하다.
- 파손되기 쉬우므로 보호대책이 필요하다.
- 외부 설치 시 요동 방지를 위해 스틸링 체임버(Stilling Chamber) 설치가 필요하다.

핵심예제

2-1. 유리관식 액면계의 특징을 3가지만 쓰시오.

2-2. 사이트 글라스(Sight Glass)의 특징을 4가지만 쓰시오.

|해답|

2-1

유리관식 액면계의 특징

① 구조와 설치가 간단하다.
② 저압용이며 개방된 액체용 탱크에 적합하다.
③ 자동제어가 어렵다.

2-2

사이트 글라스(Sight Glass)의 특징

① 유체의 흐름 방향이 올바른지, 흐름이 막혔는지 등을 알 수 있다.
② 측정범위가 넓은 곳에서 사용하기 곤란하다.
③ 동결 방지를 위한 보호가 필요하다.
④ 파손되기 쉬우므로 보호대책이 필요하다.

핵심이론 03 간접측정식 액면계

① 차압식 액면계

㉠ 개 요

- 차압식 액면계는 기준 수위에서의 압력과 측정 액면계에서의 압력 차이로부터 액위를 구하는 간접측정식 액면계이다.
- 액위는 높이와 비중에 비례하므로 비중만 알면 액위 측정이 가능하다.
  차압 $\Delta P = \gamma h = \rho g h$에서 액체의 높이
  $h = \dfrac{\Delta P}{\gamma}$
  (여기서, γ : 비중량, ρ : 밀도, g : 중력가속도)

㉡ 종류 : U자관식(햄프슨식), 다이어프램식, 벨로스식

- 액화산소와 같은 극저온 저장조의 상·하부를 U자관에 연결하여 차압에 의하여 액면을 측정하는 방식인 햄프슨식이 대표적이다.
- 햄프슨식 액면계는 주로 액체산소, 액체질소 등과 같이 초저온 저장탱크에 사용한다.

㉢ 특 징

- 정압 측정으로 액위를 구한다.
- 주로 고압밀폐탱크의 액면 측정용으로 사용한다.
- (고압)밀폐탱크의 액위를 측정할 수 있다.
- 고압·고온에 사용할 수 있다.
- 공업용 프로세스용에 가장 많이 사용된다.
- 액화산소 등을 저장하는 초저온 저장탱크의 액면 측정용으로 가장 적합하다.
- 액체의 밀도가 변화하면 측정오차가 발생한다.

② 편위식 액면계

㉠ 개 요

- 편위식 액면계는 아르키메데스의 원리를 이용하여 액체에 잠긴 부력기의 무게를 측정하여 액위를 검출하는 액면계이다.
- 부력식 액면계라고도 한다.

㉡ 특 징

- 구조가 간단하고 견고하다.
- 고온 · 고압에서 사용이 가능하다.
- 완충효과가 있어 안정적인 검출이 용이하다.

③ 퍼지(Purge)식 액면계

㉠ 개 요

- 퍼지식 액면계는 액체의 정압과 공기압력을 비교하여 액면의 높이를 측정하는 간접측정식 액면계이다.
- 액체의 압력을 이용하여 액위를 측정하는 방식이다.
- 액 중에 관을 넣고 압축공기의 압력을 조절하여 보내어 관 끝에서 기포가 발생될 때의 압력 측정으로 액위를 계산한다.
- 탱크 내에 퍼지관을 삽입하여 공기나 불활성 가스를 흘리면 퍼지관으로부터 항상 기포가 발생하고, 이때 파이프 내의 압력은 퍼지관 끝단의 정압과 같으므로 이 압력을 측정함으로써 액면을 검출한다.
- 기포관식 액면계라고도 한다.

㉡ 특 징

- 압력식 액면계이다.
- 부식성이 강하거나 점도가 높은 액체에 사용한다.
- 주로 개방탱크에 이용된다.

④ 초음파식 액면계

㉠ 개 요

- 초음파식 액면계는 초음파를 이용하여 액면을 측정하는 간접측정식 액면계이다.
- 20[kHz] 이상을 초음파라고 하며, 초음파식 액위계에 적용하는 초음파는 50[kHz]까지 이용된다.
- 초음파 진동식, 초음파 레벨식 등으로 부른다.

㉡ 특 징

- 측정 대상에 직접 접촉하지 않고 레벨을 측정할 수 있다.
- 부식성 액체나 유속이 큰 수로의 레벨을 측정할 수 있다.
- 측정 정도가 높고, 측정범위가 넓다.
- 공정온도에 따라 오차가 발생할 수 있으므로 측정온도를 보정해 주어야 한다.
- 고온이나 고압의 환경에서는 사용하기 적합하지 않다.

⑤ 정전용량식 액면계

㉠ 개 요

- 정전용량식 액면계는 검출소자를 액 속에 넣어 액위에 따른 정전용량의 변화를 측정하여 액면 높이를 측정하는 액면계이다.
- 액 중에 탐사침을 넣어 검출되는 물질의 유전율을 이용하는 액면계이다.
- 프로브 형성 및 부착 위치와 길이에 따라 정전용량이 변화한다.
- 전극 프로브와 전극벽 사이에 레벨이 상승하면 전극 프로브를 둘러싸고 있던 전기가 다른 유전체(측정물)로 대체되어 레벨에 따라 정전용량값이 변하게 된다. 전극 프로브는 공기 중에 있을 때 초기의 낮은 정전용량값을 가지며, 측정물이 상승하면서 전극 프로브를 덮어 정전용량값이 증가하게 된다. 정전용량은 두 개의 서로 절연된 도체가 있을 경우, 두 도체 사이에서 형성되는 두 도체의 크기, 상대적인 위치관계 및 도체 간에 존재하는 매질(내용물)의 유전율에 따라 결정된다.
- 서로 맞서 있는 2개 전극 사이의 정전용량은 전극 사이에 있는 물질 유전율의 함수이다.

㉡ 특 징

- 측정범위가 넓다.
- 온도, 압력 등의 사용범위가 넓다.

- 구조가 긴단하고 설치 및 보수가 용이하다.
- 액체 및 분체에 사용 가능하다.
- 도전성이나 비도전성 액체의 수위 측정에 모두 사용된다.
- 저장탱크는 전도성 물질이어야 한다.
- 액체가 탐침에 부착되면 오차가 발생한다.
- 대상 물질 액체의 유전율이 변화하는 경우 오차가 발생한다.
- 온도에 따라 유전율이 변화되는 곳에는 사용할 수 없다.
- 습기가 있거나 전극에 피측정체를 부착하는 곳에는 적당하지 않다.

⑥ 전극식 액면계

㉠ 개 요

- 전극식 액면계는 전도성 액체 내에 전극을 설치하여 저전압을 이용하여 액면을 검지하며, 자동 급배수제어장치에 이용하는 액면계이다.
- 2개의 전극에 전압을 가하여 전극의 선단에 도전성 액체가 접촉하면, 전기적인 폐회로가 구성되고 전류가 통하면서 릴레이를 구동시켜 경보가 울린다.
- 전도도식 액면계라고도 한다.

㉡ 특 징

- 내식성이 강한 전극봉이 필요하다.
- 액체의 고유저항 차이에 따라 동작점의 차이가 발생하기 쉽다.
- 고유저항이 큰 액체에는 사용이 불가능하다.

⑦ 방사선식 액면계

㉠ 개 요

- 방사선식 액면계는 γ선을 방사시켜 액위를 측정하는 간접측정식 액면계이다.
- 방사선 동위원소에서 방사되는 γ선이 투과할 때 흡수되는 에너지를 이용한다.
- 탱크 외벽에 방사선원을 높고 강한 투과력에 의해 탱크벽을 통해 투과되는 방사선량을 측정하는 방식이다.
- γ선식 액면계라고도 한다.

㉡ 종류 : 조사식, 가반식, 투과식

㉢ 특 징

- 레벨계는 용기 외측에 검출기를 설치한다.
- 측정범위는 25[m] 정도이다.
- 방사선원은 코발트60(Co60)의 γ선이 이용된다.
- 용해 금속의 레벨 측정 등에 이용한다.
- 액면 측정 가능 대상 : 고온·고압의 액체, 밀폐 고압탱크, 고점도의 부식성 액체, 분립체
- 고온·고압 또는 내부에 측정자를 넣을 수 없는 경우에 사용한다.
- 매우 까다로운 조건의 레벨 측정이 가능하다.
- 법적 규제가 있고 취급상에 주의가 필요하며, 고가이다.

⑧ 레이더식 액면계

㉠ 개요 : 레이더식 액면계는 극초단파(Microwave) 주파수를 연속적으로 가변하여 탱크 내부에 발사하고, 탱크 내 액체에서 반사되어 되돌아오는 극초단파와 발사된 극초단파의 주파수차를 측정하여 액위를 측정하는 액면계이다.

㉡ 특 징

- 측정면에 비접촉으로 측정할 수 있다.
- 고정밀 측정을 할 수 있다.
- 초음파식보다 정도가 좋다.
- 진공용기에서의 측정이 가능하다.
- 탱크 내 공기나 증기 또는 거품의 영향을 받지 않는다.
- 압력 또는 가스의 성질에 영향을 받지 않는다.
- 모든 액위, 극심한 공정조건에 사용할 수 있다.
- 고온·고압의 환경에서도 사용 가능하다.
- 산업용으로 허가된 주파수 대역을 사용한다.

⑨ 그 밖의 액면계

㉠ 슬립 튜브식 액면계

- 슬립 튜브식 액면계는 저장탱크 정상부에서 탱크 밑면까지 지름이 작은 스테인리스관을 부착하여 관을 상하로 움직여서 관 내에서 분출하는 가스 상태와 액체 상태의 경계면을 찾아 액면을 측정하는 간접식 액면계이다.
- 액면계로부터 가스가 방출되었을 때 인화 또는 중독의 우려가 없는 장소에 주로 사용한다.

㉡ 중추식 액면계

- 중추식 액면계는 모터에 의해서 추를 하강시키고 하강 길이를 레벨지시계에 표시하고 추가 원료 표면까지 하강하면, 모터와 레벨지시계는 정지하고 다시 원위치로 추가 복귀되는 것을 반복적으로 측정하는 간접식 액면계이다.
- 탱크 내의 고체 레벨은 추의 이동거리 또는 시간과 관계가 있다.

㉢ 중량식 액면계

- 탱크의 중량은 무시되도록 교정하고 고체를 포함한 탱크 중량을 로드셀에 의해 측정하여 고체 레벨로 환산하는 액면계이다.
- 저장탱크 내의 고체 레벨은 탱크 내의 고체 중량과 직접적인 관계를 갖는다.
- 로드셀은 스트레인 게이지를 포함하는 신호변환기로서, 스트레인 게이지는 인가되는 중량에 비례하는 전기적 출력을 발생한다.

핵심예제

3-1. 차압식 액면계의 특징을 4가지만 쓰시오.

3-2. 정전용량식 액면계의 특징을 4가지만 쓰시오.

3-3. 저장탱크 정상부에서 탱크 밑면까지 지름이 작은 스테인리스관을 부착하여 관을 상하로 움직여서 관 내에서 분출하는 가스 상태와 액체 상태의 경계면을 찾아 액면을 측정하는 간접식 액면계의 명칭을 쓰시오.

|해답|

3-1

차압식 액면계의 특징

① 정압 측정으로 액위를 구한다.
② 고압·고온에 사용할 수 있다.
③ 고압밀폐탱크의 액면 측정용으로 적합하다.
④ 액체의 밀도가 변화하면 측정오차가 발생한다.

3-2

정전용량식 액면계의 특징

① 측정범위가 넓다.
② 구조가 간단하고 보수가 용이하다.
③ 온도에 따라 유전율이 변화되는 곳에는 사용할 수 없다.
④ 습기가 있거나 전극에 피측정체를 부착하는 곳에는 적당하지 않다.

3-3

슬립 튜브식 액면계

1-5. 온도 측정

핵심이론 01 온도 측정의 개요

① 1차 온도계와 2차 온도계

㉠ 1차 온도계 : 열역학법칙에 근거한 열역학적 온도를 측정하는 온도계

- 물리실험방식으로 측정해야 하므로 측정 절차가 복잡하고 계산을 통해 눈금을 도출해야 한다.
- 소리온도계 : 소리의 속도를 측정해서 온도값을 계산하는 온도계
- 기체온도계 : 압력과 부피를 측정값을 통해 온도 눈금을 도출하는 온도계

㉡ 2차 온도계 : 거의 대부분 실용온도계로, 접촉식 온도계와 비접촉식 온도계로 구분된다.

② 접촉식 온도계와 비접촉식 온도계

㉠ 접촉식 온도계

- 접촉식의 온도 계측에는 열팽창, 전기저항 변화, 물질 상태의 변화, 열기전력 등을 이용한다.
- 수은온도계와 같은 접촉식 온도계는 열역학 제0법칙을 이용한 것이다.
- 측온소자를 접촉시킨다.
- 피측정체의 내부온도를 측정한다.
- 1,600[℃]까지도 측정이 가능하지만, 일반적으로 1,000[℃] 이하의 측온에 적합하다.
- 측정범위가 넓고 측정오차가 비교적 작지만 응답속도가 느리다.
- 측정 정도는 측정조건에 따라 0.01[%]도 가능하지만, 일반적으로 0.5~1.0[%] 정도이다.
- 응답속도는 조건이 나쁘면 1시간이 걸리기도 하지만, 일반적으로 1~2분 정도 걸린다.
- 이동 물체의 온도 측정은 불가능하다.
- 접촉식 온도계의 종류 : 유리제온도계, 열전대온도계, 바이메탈온도계, 압력식 온도계, 전기저항식 온도계, 제게르콘 등

㉡ 비접촉식 온도계

- 피측정 대상이 충분히 보여야 한다.
- 물체의 표면온도 측정이 가능하다.
- 고온의 노 내 온도 측정에 적절하다.
- 1,000[℃] 이하에서는 오차가 크며, 일반적으로 1,000[℃] 이상의 측온에 적합하다.
- 측정범위가 좁고 측정오차가 비교적 크지만, 응답속도가 빠르다.
- 측정 정도는 일반적으로 20° 정도이며, 좋더라도 5~10° 정도이다.
- 응답속도는 일반적으로 2~3초이며, 아무리 늦어도 10초 이하이다.
- 움직이는 물체의 온도 측정이 가능하다.
- 측정량의 변화가 없다.
- 측정시간의 지연이 크다.
- 방사온도계의 경우, 방사율의 보정이 필요하다.
- 비접촉식 온도계의 종류 : 방사온도계, 광온도계, 광전관식 온도계, 적외선온도계, 색온도계

③ 측정원리에 의한 온도계의 분류

㉠ 열팽창 : 유리제온도계, 바이메탈온도계, 압력식 온도계

㉡ 열기전력 : 열전대온도계

㉢ 저항 변화 : 저항온도계, 서미스터

㉣ 상태 변화 : 제게르콘, 서모컬러

㉤ 방사(복사)에너지 : 방사온도계

㉥ 단파장 : 광고온도계, 광전관온도계, 색온도계

④ 온도계별 최고측정온도[℃]

㉠ 접촉식 온도계의 최고측정온도[℃]

- 유리제온도계 : 750(수은 360, 수은 - 불활성 가스 이용 750, 알코올 100, 베크만 150)
- 바이메탈온도계 : 500
- 압력식 온도계 : 600(액체 : 수은 600, 알코올 200, 아닐린 400, 기체압력식 : 420)

• 전기저항식 온도계 : 500(백금 500, 니켈 150, 동 120, 서미스터 300)
• 열전대 온도계 : 1,600(R형(PR) 1,600, K형(CA) 1,200, E형(CRC) 900, J형(IC) 800, T형(CC) 350)

㉡ 비접촉식 온도계의 최고측정온도[℃]
• 광고온계(광온도계), 방사온도계, 광전관온도계 : 3,000
• 색온도계 2,500(어두운 색 600, 붉은색 800, 오렌지색 1,000, 노란색 1,200, 눈부신 황백색 1,500, 매우 눈부신 흰색 2,000, 푸른 기가 있는 흰백색 2,500)

⑤ 온도계 관련 제반사항
㉠ 온도계 눈금값의 기준이 되는 정의 정점 : 몇 가지 표준물질의 비등, 용해, 응고점
㉡ 온도계에 이용되는 것 : 유체의 팽창, 열기전력, 복사에너지 등(탄성체의 탄력은 아니다)
㉢ 온도계의 검출단은 열용량이 작은 것이 좋다.

핵심예제

1-1. 측정원리에 따른 접촉식 온도계의 종류를 4가지만 쓰시오.

[2017년 제4회, 2019년 제2회, 2021년 제1회 유사]

1-2. 접촉식 온도계와 비접촉식 온도계의 원리를 쓰시오.

[2011년 2회]

(1) 바이메탈온도계
(2) 전기저항온도계
(3) 방사온도계

|해답|

1-1

접촉식 온도계의 측정원리에 따른 종류

① 열팽창을 이용한 온도계 : 바이메탈온도계
② 열기전력을 이용한 온도계 : 열전대온도계
③ 상태 변화를 이용한 온도계 : 서모컬러
④ 전기저항 변화를 이용한 것 : 서미스터

1-2

온도계의 원리

(1) 바이메탈온도계 : 선팽창계수가 다른 두 종의 금속을 결합시켜 온도에 따라 굽히는 정도가 다른 것을 이용한 온도계
(2) 전기저항온도계 : 온도에 따라 변하는 전기저항을 이용한 온도계로, 온도가 상승할 때 증가하는 전기저항값을 통하여 온도와 전기저항의 관계를 파악하여 온도를 측정한다.
(3) 방사온도계 : 온도가 높아질수록 크게 방출되는 복사에너지를 이용하여 고온 물체로부터 생기는 전 에너지를 수열관에 집열하여 온도를 측정한다.

핵심이론 02 유리제온도계

① 개 요

㉠ 봉상온도계라고도 한다.

㉡ 봉상온도계에서 측정오차를 최소화하려면 가급적 온도계 전체를 측정하는 물체에 접촉시키는 것이 좋다.

㉢ 종류 : 알코올온도계, 수은온도계, 베크만온도계 등

② 알코올온도계

㉠ 개 요

- 알코올온도계는 가는 유리관에 착색한 알코올을 봉입한 온도계이다.
- 알코올의 온도에 따른 체적 변화로부터 온도를 구한다.
- 알코올의 끓는점 : 78[℃], 어는점 : -117[℃]

㉡ 특 징

- 0[℃] 이하에서 팽창계수의 온도 변화가 작으므로 0[℃] 이하 측정에 우수하다.
- 저온(78[℃] 이하) 측정에 적합하다.
- 표면장력이 작아서 모세관현상이 작다.
- 열팽창계수가 크다.
- 열전도율이 낮다.
- 매우 작은 단위의 값까지 도출 가능하므로 정밀도가 높다.
- 액주가 상승 후 하강하는 데 시간이 많이 걸린다.
- 다소 부정확하다.

③ 수은온도계

㉠ 개 요

- 수은온도계는 가는 유리관에 수은을 봉입한 온도계로, 수은의 온도에 따른 체적 변화로부터 온도를 구한다.
- 모세관의 상부에 수은을 봉입한 부분에 대해 측정 온도에 따라 남은 수은의 양을 가감하여 그 온도 부분의 온도차를 0.01[℃]까지 측정할 수 있다.
- 온도 측정범위 : −60~+350[℃]
- 수은의 끓는점 : 356[℃], 어는점 : -38[℃]
- 2개의 수은온도계를 사용하는 습도계 : 건습구습도계

㉡ 특 징

- 극저온을 제외하고는 정도가 높다.
- 판독하기가 약간 어렵다.

④ 베크만온도계

㉠ 개 요

- 베크만온도계는 모세관 상부에 보조 구부를 설치하고 사용온도에 따라 수은량을 조절하여 미세한 온도차의 측정이 가능한 수은온도계이다.
- 온도 측정범위 : −20~160[℃]
- 용도 : 끓는점이나 응고점의 변화, 발열량, 유기화합물의 분자량 측정 등

㉡ 특 징

- 미세한 온도 변화를 정밀하게 측정할 수 있다.
- 모세관 상부에 수은을 봉입한 부분에 대해 측정 온도에 따라 남은 수은의 양을 가감하여 그 온도 부분의 온도차를 0.01[℃]까지 측정할 수 있다.
- 온도 그 자체가 아니라 임의 기준 온도와의 미세한 온도 차이를 정밀하게 측정한다.
- 응답성은 좋지 않다.

핵심예제

2-1. 알코올온도계의 일반적인 특징을 4가지만 쓰시오.

2-2. 모세관 상부에 보조 구부를 설치하고 사용온도에 따라 수온량을 조절하여 미세한 온도차의 측정이 가능한 유리제 온도계의 명칭을 쓰시오.

|해답|

2-1
알코올 온도계의 일반적인 특징
① 저온 측정에 적합하다.
② 알코올온도계는 표면장력이 작아서 모세관현상이 작다.
③ 열팽창계수가 크다.
④ 액주 상승 후 하강하는 데 시간이 오래 걸린다.

2-2
베크만온도계

핵심이론 03 열전대온도계

① 열전대온도계의 개요

㉠ 열전(대)온도계(Thermocouple)

- (열기전력의) 전위차계를 이용한 접촉식 온도계이다.
- 2종의 금속선 양 끝에 접점을 만들어 주어 온도차를 주면 기전력이 발생하는데 이 기전력을 이용하여 온도를 표시하는 온도계이다.
- 회로의 두 접점 사이의 온도차로 열기전력을 일으키고 그 전위차를 측정하여 온도를 알아내는 온도계이다.

㉡ 열전대온도계의 원리

- 제베크효과 : 2가지 다른 도체의 양끝을 접합하고 두 접점을 다른 온도로 유지할 경우 회로에 생기는 기전력에 의해 열전류가 흐르는 현상이다(성질이 다른 두 금속의 접점에 온도차를 두면 열기전력이 발생한다).
- 펠티에효과
- 톰슨효과

㉢ 열기전력을 이용하는 법칙 : 열전효과의 3법칙(균질회로의 법칙, 중간금속의 법칙, 중간온도의 법칙)

- 균질회로의 법칙 : 균질한 금속 재질의 도체로 구성된 회로에 있어서는 그 형상 및 부분적 온도분포와 관계없이 측온접점을 가열시켜도 열전류는 발생하지 않는다. 즉, 열기전력이 0이 된다는 법칙으로 이 법칙을 설명하기 위해서는 열역학적 고찰에 의해서 증명될 수 있으며, 하나의 절대제베크계수만 가지는 회로의 선적분 평가에 의해서 증명된다.
- 중간금속의 법칙 : 제3의 금속이 도입되는 두 개의 접점이 동일한 온도하에 있을 때에는 중간금속의 열전대 회로 내의 삽입은 정미기전력에 영향을 미치지 않는다.

- 중간온도의 법칙 : 간단한 열전대 회로에서 양 접점의 온도가 T_1, T_2일 때 기전력은 e_1이고, 온도가 T_2, T_3일 때 기전력이 e_2라고 한다면 T_1, T_3일 때 기전력은 $e_1 + e_2$가 된다. 이는 온도는 알고 있으나 직접적으로 조정할 수 없는 2차 접점에 대한 직접적인 보정이 가능함을 의미한다.

㉣ 열전대의 구비조건
- 저소(低少): 열전도율, 전기저항, 온도계수, 이력현상
- 고대(高大) : 열기전력, 기계적 강도, 내열성, (고온가스에 대한) 내식성, 내변형성, 재생도, 가공용이성
- 장시간 사용에 견디며 이력현상이 없을 것
- 온도 상승에 따라 연속적으로 상승할 것

㉤ 열전대의 특징
- 측정온도(사용온도)의 범위가 넓다.
- 가격이 비교적 저렴하다.
- 내구성이 우수하다.
- 공업용으로 가장 널리 사용된다.
- 국부온도의 측정이 가능하다.
- 응답속도가 빠르다.
- 원격 측정용으로 적합하다.
- 진동 및 충격에 강하다.
- 온도차를 측정할 수 있다.
- 온도에 대한 열기전력이 크다.
- 온도 증가에 따라 열기전력이 상승해야 한다.
- 기준접점이 필요하며 기준접점의 온도를 일정하게 유지해야 한다.
- 냉접점이 있으며 냉접점의 온도를 0[℃]로 유지해야 하며, 0[℃]가 아닐 때는 지시온도를 보정한다.
- 접촉식 온도계에서 비교적 높은 온도 측정에 사용한다(접촉식 온도계 중 가장 높은 온도에 사용된다).
- 적용의 예 : 큐폴라 상부의 배기가스 온도 측정, 가스보일러의 화염온도를 측정하여 가스 및 공기의 유량 조절에 이용한다.
- 소자를 보호관 속에 넣어 사용한다.
- 열용량이 적다.
- 보상도선을 사용한다.
- 보상도선에 의한 오차가 발생할 수 있다.
- 장기간 사용하면 재질이 변한다.

㉥ (가스온도를) 열전대 사용 시 주의사항
- 계기는 수평 또는 수직으로 바르게 달고, 먼지와 부식성 가스가 없는 장소에 부착한다.
- 기계적 진동이나 충격은 피한다.
- 사용온도에 따라 적당한 보호관을 선정하고 바르게 부착한다.
- 열전대를 배선할 때에는 접속에 의한 절연 불량을 고려해야 한다.
- 주위의 고온체로부터 복사열의 영향으로 인한 오차가 생기지 않도록 주의해야 한다.
- 오차의 종류 : 열적 오차와 전기적 오차
  - 열적 오차 : 삽입전이의 영향, 열복사의 영향, 열저항 증가에 의한 영향 등
  - 전기적 오차 : 전자유도의 영향 등
- 보호관 선택 및 유지관리에 주의한다.
- 열전대는 측정하고자 하는 곳에 정확히 삽입하며, 삽입된 구멍에 냉기가 들어가지 않도록 한다.
- 단자의 +, −가 보상도선의 +, −와 일치되도록 연결하여 감온부의 열팽창에 의한 오차가 발생하지 않도록 해야 한다.
- 보호관 선택에 주의한다.

㉦ 열전대온도계의 구성 : 보상도선, 측온접점 및 기준접점, 보호관, 계기
- 보상도선의 원리 : 중간금속의 법칙
- 금속보호관 : 내부의 온도 변화를 신속하게 열전대에 전달 가능할 것

• 계기 : 전위차계, 자동평형계기, 디지털온도계, 온도지시계, 온도기록계

ⓞ 보상도선의 구비조건
• 일반용은 비닐로 피복한 것으로 침수 시에도 절연이 저하되지 않을 것
• 내열용은 글라스 울(Glass Wool)로 절연되어 있을 것
• 절연은 500[V] 직류전압하에서 3~10[MΩ] 정도일 것

ⓧ 열전대보호관의 구비조건
• 기밀을 유지할 것
• 사용온도에 견딜 것
• 화학적으로 강할 것
• 열전도율이 높을 것

ⓩ 열전대보호관의 재질
• 유 리
• 카보런덤 : 상용온도가 가장 높고, 급랭·급열에 강해 주로 방사고온계의 단망관이나 2중 보호관의 외관으로 사용되는 재료이다.
• 자기 : 최고측정온도는 1,600[℃] 이하이며, 상용사용온도는 약 1,450[℃]이다. 급열이나 급랭에 약하며 2중 보호관 외관에 사용되는 비금속보호관 재료이다.
• 석영 : 최고측정온도는 1,100[℃] 이하이며, 상용사용온도는 약 1,000[℃]이다. 내열성, 내산성이 우수하지만 환원성 가스에 기밀성이 약간 떨어진다.
• 내열강 SEH-5
  - 탄소강 + 크롬(Cr) 25[%] + 니켈(Ni) 25[%]로 구성되어 있다.
  - 내식성, 내열성, 강도가 우수하다.
  - 상용온도는 1,050[℃]이고, 최고사용온도는 1,200[℃]이다.
  - 유황가스 및 산화염과 환원염에도 사용 가능하다.
  - 비금속관(자기관 등)에 비해 비교적 저온 측정에 사용한다.
• Ni-Cr 스테인리스강 : 1,050[℃] 이하
• 구리 : 최고측정온도는 400[℃] 이하

ⓚ 열전대의 결선

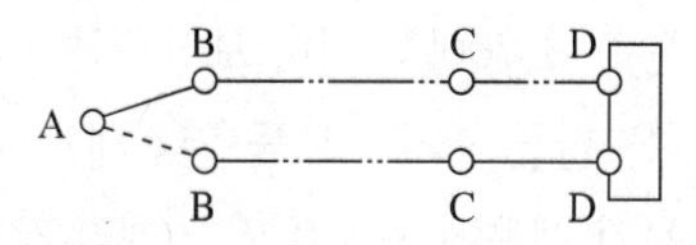

• A : 열접점(측온접점)
• AB : 열전대
• B : 보상접점
• BC : 보상도선
• C : 냉접점
• D : 측정단자

※ 냉접점 : 냉각을 하여 항상 0[℃]를 유지한 점으로, 기준접점이라고도 한다.

ⓣ 주위온도에 의한 오차를 전기적으로 보상할 때 주로 구리(Cu) 저항선을 사용한다.

ⓟ 측정온도에 대한 기전력의 크기 순 : IC(철-콘스탄탄) > CC(동-콘스탄탄) > CA(크로멜-알루멜) > PR(백금-백금·로듐)

② **백금·로듐(PR) 열전대온도계** : B형, R형, S형

㉠ 극성 : (+) 백금·로듐 / (-) 백금 또는 (-) 백금·로듐

㉡ 특 징
• 열전대 중 내열성이 가장 우수하다.
• 측정온도의 범위 : 0~1,600[℃] 정도
• 보상도선의 허용오차 : 0.5[%] 이내
• 열전대 중에서 측정온도가 가장 높다.
• 정도가 높아 주로 정밀 측정용으로 사용된다(다른 열전대에 비하여 측정값이 가장 정밀하다).
• 다른 열전대온도계보다 안정성이 우수하여 고온 측정에 적합하다.
• 산화성 분위기에 강하다.

- 환원성 분위기에 약하고 금속증기 등에 침식되기 쉽다.
- 열기전력이 작다.

ⓒ 종 류

- B형(Pt-30%Rh / Pt-6%Rh) : 측정온도의 범위는 0~1,700[℃]이며 보상도선의 색깔은 회색이다. 다른 백금·로듐 열전대보다 로듐 함량이 높기 때문에 용융점 및 기계적 강도가 우수하다. 1,600[℃]까지의 산화 및 중성 분위기에서 지속적으로 사용할 수 있고, 다른 백금·로듐 열전대보다 환원성 분위기에도 장시간 사용할 수 있다. 특히 정밀 측정 및 고온하에서 내구성을 요구하는 장소에 유리하다.
- R형(Pt-13%Rh / Pt) : 측정온도의 범위는 0~1,600[℃]이며 보상도선의 색깔은 검은색이다. 1,400[℃]까지는 연속적으로, 1,600[℃]까지는 간헐적으로 산화 및 비활성 분위기 내에서 측정 가능하지만, 세라믹 절연관과 보호관으로 올바르게 보호했더라도 진공, 환원 또는 금속증기 분위기 내에서는 사용할 수 없다.
- S형(Pt-10%Rh / Pt) : 측정온도의 범위는 0~1,600[℃]이며 보상도선의 색깔은 검은색이다. 1886년 르샤틀리에(Le Chatelier)에 의해 처음으로 개발된 역사적인 열전대이다. IPTS(International Practical Temperature Scale, 국제실용온도눈금)에 의해 정의된 630.74[℃]에서 안티모니(Antimony)로부터 1,064.43[℃]의 금(Gold) 범위까지 동결점으로 정의하는 표준 열전대로 사용된다. 가격이 비싸다.

③ 크로멜-알루멜(CA) 열전대 온도계 : K형

㉠ 극성 : (+) 크로멜(Ni 90, Cr 10) / (-) 알루멜(Ni 94, Mn 2)(Si 1, Al 3)

㉡ 특 징

- 구기호는 CA이며, 보상도선의 색깔은 청색이다.
- 온도와 기전력의 관계가 거의 선형적이며 공업용으로 널리 사용된다.
- 다양한 특성을 지니며 신뢰성이 높은 산업용 열전대로 가장 널리 사용된다.
- 측정온도의 범위 : -20~1,250[℃]
- 열기전력이 크다.
- 환원성 분위기에는 강하지만, 산화성·부식성 분위기에는 약하다.

④ 크로멜-콘스탄탄(CRC) 열전대온도계 : E형

㉠ 극성 : (+) 크로멜(Ni 90, Cr 10) / (-) 콘스탄탄(Cu 55, Ni 45)

㉡ 특 징

- 구기호는 CRC이며, 보상도선의 색깔은 분홍색이다.
- 산업용 열전대 중 기전력 특성이 가장 높다.
- 대단위 화력 및 원자력 발전소에서 폭넓게 사용된다.
- 측정온도의 범위 : -210~900[℃]
- 750[℃]까지 지속적으로 사용할 수 있고, 실제 사용을 위해 E형과 유사한 K형을 예방책으로 사용한다.
- 금속열전대 중 가장 높은 저항성을 갖고 있어 이와 연결시키는 계기 선정 시에 각별한 주의가 요구된다.

⑤ 철-콘스탄탄(IC) 열전대온도계 : J형

㉠ 극성 : (+) 순철(Fe) / (-) 콘스탄탄(Cu 55, Ni 45)

㉡ 특 징

- 구기호는 IC이며, 보상도선의 색깔은 노란색이다.
- 측정온도의 범위 : -210~760[℃]
- 열기전력이 크다(기전력 특성이 우수하다).
- 환원성 분위기에는 강하지만 수분을 포함한 산화성·부식성 분위기에는 약하다.
- E형 열전대 다음으로 기전력 특성이 높다.
- 환원, 비활성, 산화 또는 진공 분위기 등에서 사용 가능하다.

• 수소와 일산화탄소 등에 사용 가능하다.
• 가격이 저렴하고 다양한 곳에서 사용한다.
• 538[℃] 이상의 유황 분위기에서는 사용할 수 없다(녹이 슬거나 물러지므로 이때는 저온 측정용 T형을 적용).

⑥ 동-콘스탄탄(CC) 열전대온도계 : T형

㉠ 극성 : (+) 순동(Cu) / (-) 콘스탄탄(Cu 55, Ni 45)

㉡ 특 징

• 구기호는 CC이며, 보상도선의 색깔은 갈색이다.
• 측정온도의 범위 : -200~350[℃]
• 열기전력이 크고, 저항 및 온도계수는 작다.
• 수분에 의한 습한 분위기에서도 부식에 강해 저온 측정에 적합하다.
• 열전대 중에서 저온에 대하여 연속 사용할 수 있는 열전대온도계이다.
• 기전력 특성이 안정되고 정확하다.
• 비교적 저온의 실험용으로 주로 사용한다.
• 중간이 0[℃]인 온도 측정에 적합하며 이 범위에서 정도가 가장 우수하다.
• 진공 및 산화, 환원 또는 비활성 분위기 등에서 사용 가능하다.

⑦ Ni-Cr-Si / Ni-Si-Mg 열전대온도계 : N형

㉠ 극성 : (+) 84%Ni-14.2%Cr-1.4%Si / (-) 95.5%Ni-4.4%Si-0.1%Mg

㉡ 특 징

• K형의 개량형으로 Si 함량을 늘려서 내열성을 증가한 것이다.
• 보상도선 색깔은 갈색(미국 색상코드 사용)이다.
• 측정온도의 범위 : 600~1,250[℃]
• 호주 국방성 재료연구실험실에서 처음 개발하였다.
• 안정되고 산화에 우수한 저항력을 지닌다.
• 1,000~1,200[℃]에서 지속적 산화성 분위기에서 사용 가능하다.

측온접점이 형성되는 열전대 소선 보호 형태에 따른 열전대 분류

• 일반 열전대(General Thermocouple) : 분리 제작된 보호관, 열전대 소선, 절연관, 단자함을 결합하여 구성되었다.
• 시스 열전대(Sheath Thermocouple) : 보호관, 열전대 소선, 산화마그네슘(MgO) 등의 절연재가 일체로 구성되어 있고, 기계적 내구성이 좋고 임의로 구부릴 수 있는 등의 특징이 있어 일반 열전대보다 많이 사용된다.

⑧ 시스(Sheath) 열전대온도계 : 열전대가 있는 보호관 속에 무기질 절연체인 마그네시아, 알루미나 등을 넣고 다져서 가늘고 길게 만든 열전대온도계이다.

㉠ 특 징

• 별칭 : 무기질 절연 금속 시스 열전대(Mineral Insulated Metal Sheathed Thermocouple), MI Cable
• 보호관, 소선, 절연재를 일체화한 열전대이다.
• 응답속도가 빠르다.
• 국부적인 온도 측정에 적합하다.
• 피측온체의 온도 저하 없이 측정할 수 있다.
• 시간지연이 없다.
• 매우 가늘고 가소성이 있다.
• 진동이 심한 곳에 사용 가능하다.

㉡ 종류 : 금속보호관에 대한 열전대 소선의 접지 여부에 따라 접지식과 비접지식으로 분류한다.

• 접지식 : 열전대 소선을 시스의 선단부에 직접 용접하여 측온접점을 만든 형태로서, 응답이 빠르고 고온·고압하의 온도 측정에 적당하다.
• 비접지식 : 열전대 소선을 시스와 완전히 절연시키고 측온접점을 만든 형태로서, 열기전력의 경시변화가 적고 장시간 사용에 견딜 수 있다. 잡음전압에도 영향을 받지 않고 위험 장소에도 안전하게 사용할 수 있다. 한 쌍의 열전대 소선에 절연저항계를 설치하면 간편하게 절연재의 절연저항을 측정할 수 있다.

핵심예제

3-1. 열전대(Thermocouple)의 구비조건을 4가지만 쓰시오.
[2013년 제2회, 2019년 제1회]

3-2. 열전대온도계(Thermocouple)의 특징을 4가지만 쓰시오.
[2018년 제4회]

3-3. 열전대온도계에 대한 다음 설명의 ( ) 안에 숫자나 용어를 써넣으시오.
[2015년 제2회]

> 두 가지의 서로 다른 금속선을 접합시켜 전후 양 접점에서 (①)을(를) 서로 다르게 하면 (②)이(가) 생기는데 이것을 (③)효과라고 하며, 이 (②)의 값은 두 금속의 종류와 양 접점의 온도차에 의해서 결정되며 두 금속선의 조합을 열전대라 하고, 이를 이용한 온도계를 열전대온도계라고 한다. 일정한 온도로 유지되는 한 끝을 기준접점 또는 (④)(이)라고 하며 표준용으로 물탱크에 넣어 (⑤)[℃]로 유지하는 장치를 사용하기도 한다.

3-4. 다음은 계측기기에 대한 설명이다. ( ) 안에 알맞은 내용을 써넣으시오.
[2011년 제4회, 2015년 제4회]

> - 열전대온도계의 냉접점온도(기준접점온도)는 열전대와 도선 또는 보상도선과 접합점의 온도로 항상 (①)[℃]로 유지해야 한다.
> - 유속식 유량계 중 열선식 유량계는 저항선에 (②)을(를) 흐르게 하여 (③)을(를) 발생시키고 여기에 직각으로 (④)을(를) 흐르게 하여 생기는 온도 변화율로부터 유속을 측정하는 방법과 유체의 온도를 전열로 일정 온도를 상승시키는 데 필요한 전기량을 측정하는 방법이 있다. 열선식 유량계의 종류는 미풍계, 토마스계, 서멀유량계 등이 있다.

3-5. 다음의 열전대 온도계에 대한 구기호, 신기호, 최고사용가능온도[℃]를 채워 넣으시오.
[2014년 제2회, 2020년 제3회]

No	열전대 재질	구기호	신기호	최고사용가능온도[℃]
1	동-콘스탄탄			
2	철-콘스탄탄			
3	크로멜-알루멜			
4	백금-백금・로듐			

|해답|

3-1

열전대(Thermocouple)의 구비조건

① 온도 상승에 따른 열기전력이 클 것
② 열전도율, 전기저항, 온도계수가 작을 것
③ 기계적 강도가 크고 내열성, 내식성이 있을 것
④ 장시간 사용에 견디며 이력현상이 없을 것

3-2

열전대온도계(Thermocouple)의 특징

① 습기에 강하다.
② 열기전력의 차를 이용한 것이다.
③ 자기가열에 주의할 필요 없다.
④ 온도에 대한 열기전력이 크며 내구성이 좋다.

3-3

① 온 도
② 열기전력
③ 제베크
④ 냉접점
⑤ 0

3-4

① 0
② 전 류
③ 열
④ 유 체

3-5

열전대 온도계의 기호와 최고사용가능온도

No	열전대 재질	구기호	신기호	최고사용가능온도 [℃]
1	동-콘스탄탄	CC	T	350
2	철-콘스탄탄	IC	J	800
3	크로멜-알루멜	CA	K	1,200
4	백금-백금・로듐	PR	R	1,600

핵심이론 04 기타 접촉식 온도계

① 바이메탈(Bimetal)온도계

㉠ 개 요

- 바이메탈 온도계는 열팽창계수가 다른 2종 박판 금속을 맞붙여 온도 변화에 의하여 휘어지는 변위로 온도를 측정하는 접촉식 온도계이다.
- 바이메탈의 두께는 0.1~2[mm] 정도이다.
- 선팽창계수가 다른 2종의 금속을 결합시켜 온도 변화에 따라 굽히는 정도가 다른 점을 이용한다.
- 열팽창식 온도계 또는 금속온도계라고도 한다.
- 선팽창계수가 큰 재질로, 주로 황동을 사용한다.
- 변환방식 : 기계적 변환
- 기본 작동원리 : 두 금속판의 열팽창계수의 차
- 온도 측정범위 : -50~500[℃]

㉡ 바이메탈온도계의 특징

- 온도 지시를 바로 읽을 수 있다.
- 구조가 간단하고 보수가 쉽다.
- 고체팽창식 온도계이며, 유리온도계보다 견고하다.
- 간단한 온도제어나 기록이 가능하다.
- 보호판을 내압구조로 하면 압력용기 내의 온도를 측정할 수 있다.
- 온도조절스위치, 온도자동조절장치, 온도보정장치, 현장지시용 등에 이용된다.
- 작용하는 힘이 크다.
- 원격 지시가 불가능하다.
- 오래 사용하면 히스테리시스 오차가 발생할 수 있다.

㉢ 자유단의 변위량 : $\delta = K(\alpha_A - \alpha_B)L^2 \Delta t / h$

(여기서, K : 정수, α : 선팽창계수, L : 전장, Δt : 온도 변화)

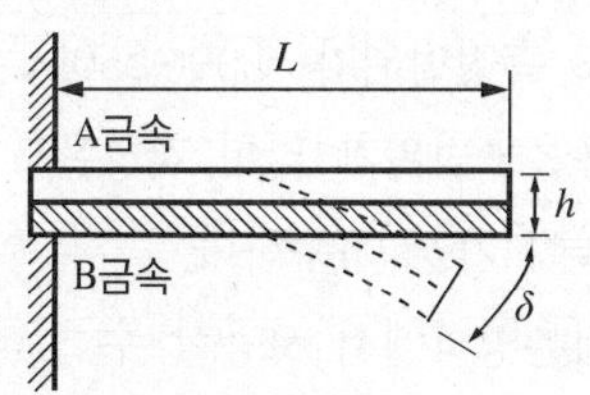

② 압력식 온도계(충만식 온도계)

㉠ 개 요

- 압력식 온도계는 밀폐된 관에 수은 등과 같은 액체나 기체를 봉입한 것으로, 온도에 따라 체적 변화를 일으켜 관 내에 생기는 압력의 변화를 이용하여 온도를 측정하는 접촉식 온도계이다.
- 액체, 기체 또는 액체와 그 증기로 충만된 금속제 부분의 내부압력 또는 포화증기압이 온도에 따라 변화하는 것을 이용한다.
- 내부 주입물(액체, 증기, 기체)을 주입시킨 상태에서 감온부에 피측정 물체의 온도가 가해지면 그에 따른 내부 주입물의 열팽창(체적팽창)에 의해 발생하는 압력이 모세관으로 전달되어 부르동관으로 입력된다.
- 구성 : 감온부(측온부), 도압부[전달부(모세관)], 감압부[지시부 또는 표시부(부르동관)]
- 원리방식의 종류 : 액체팽창식, 증기팽창식, 기체팽창식
- 압력방식의 종류 : 차압식, 기포식, 액저압식
- 압력식 온도계의 종류 : 수은충만압력식 온도계, 액체충만압력식 온도계, 증기압식 온도계, 가스압력식 온도계

㉡ 특 징

- 진동 및 충격에 강하다.
- 간편하게 사용할 수 있다.
- 구조가 간단하고 전원이 필요하지 않다.
- 정도가 열선식이나 측온저항체보다는 낮다.

㉢ 수은충만압력식 온도계

- 사용 봉입액 물질 : 수은
- 온도 측정범위 : -50~600[℃]
- 진동 및 충격에 강하다.
- 원격 지시, 온도제어, 기록이 가능하다.
- 눈금 간격이 균일하다.

㉣ 액체충만압력식 온도계
- 사용 봉입액 물질 : 알코올, 수은, 아닐린, 크실렌, 케로신 등
- 온도 측정범위 : −100~400[℃]
- 진동 및 충격에 강하다.
- 원격 지시, 온도제어, 기록이 가능하다.
- 눈금 간격이 균일하다.

㉤ 증기압(력)식 온도계
- 사용 봉입액 물질 : 휘발성 액체(프로판, 염화에틸, 부탄, 에테르, 물, 톨루엔, 아닐린, 프레온, 에틸에테르, 염화메틸 등)
- 온도 측정범위 : −30~200[℃]
- 측정온도의 범위가 좁다.
- 특정온도범위의 것을 제작할 수 있다.
- 눈금 간격이 불균일하다.
- 신용도가 높아 공업용 온도계로 광범위한 목적으로 널리 사용된다.
- 공해와는 무관하며 측정압력이 낮아 안전면에서도 좋은 편이다.
- 만약 주입액이 누출되어도 증발하기 때문에 인체에 무해하다.
- 고온이 아닌 장소에 적용한다.
- 정밀도는 액체충만압력식보다 조금 낮다.

㉥ 가스압력식 온도계
- 사용 봉입액 물질 : 질소, 헬륨 등 비활성 기체
- 온도 측정범위 : −200~600[℃]
- 지시부와 감온부 위치 높이차의 영향이 없다.
- 주위 압력의 영향을 받는다.
- 눈금 간격이 균일하다.

③ 전기저항식 온도계

㉠ 개 요
- 전기저항식 온도계는 온도가 상승함에 따라 금속의 전기저항이 증가하는 현상을 이용한 접촉식 온도계이다.
- 서미스터 등을 사용하며 저항온도계라고도 한다.
- 측정회로로서 일반적으로 휘스톤브리지가 채택되고 있다.
- 전기저항온도계의 측온저항체의 공칭저항치 : 온도가 0[℃]일 때 저항소자의 저항
- 측온저항체의 종류 : Cu, Ni, Pt
- 노 내 온도 : $T = \frac{R_1 - R_0}{\alpha \times R_0}$[℃]

  (여기서, R_0 : 0[℃]에서의 저항, R_1 : 노 내 삽입 시의 저항, α : 저항온도계의 저항온도계수)
- 저항값 : $R_1 = R_0(1+\alpha dt)$(여기서, R_0 : 0[℃]에서의 저항값, α : 저항온도계수, dt : 온도차)
- 온도 측정범위 : −273~500[℃]

㉡ 특 징
- 정밀도가 좋은 온도 측정에 적합하다.
- 저온도~중온도 범위의 계측에서 정도가 우수하다.
- 자동기록이 가능하며 원격 측정이 용이하다.
- 응답이 빠르다.
- 저항체의 저항온도계수는 커야 한다.
- 일정 온도에서 일정한 저항을 지녀야 한다.
- 강한 진동이 있는 대상에는 부적합하다.

㉢ 동 전기저항식 온도계 : 비례성이 좋으나 고온에서 산화되며, 온도 측정범위는 0~120[℃]이며 저항률이 낮다.

㉣ 니켈저항온도계 : 온도 측정범위는 −50~300[℃]이며, 저항온도계수가 크다. 표준측온저항체는 0[℃]에서 500[Ω]이다.

㉤ 백금저항온도계
- 백금측온저항체 온도계라고도 한다.
- 온도 측정범위가 −200~850[℃]로 넓다.
- 사용온도범위가 넓어 저항온도계의 저항체 중 재질이 가장 우수하다.
- 초저온영역에서 사용할 수 있다.

- 경시변화(시간이 경과함에 따라 열화되는 현상)가 작다.
- 안정성과 재현성이 우수하다.
- 표준용으로 사용할 수 있을 만큼 안정되어 있다.
- 큰 출력을 얻을 수 있다.
- 기준접점의 온도보상이 필요 없다.
- 고온에서 열화가 작고, 일반적으로 가장 많이 사용된다.
- 0[℃]에서 100[Ω], 50[Ω], 25[Ω] 등을 사용한다.
- 저항온도계수가 비교적 낮고 가격이 비싸다.
- 온도 측정시간이 지연된다.

ⓗ 서미스터(Thermistor) (측온)저항(체)온도계 : Ni, Mn, Co 등의 금속산화물 분말을 혼합 소결시켜 만든 반도체로서, 미세한 온도 측정에 용이한 전기저항식 온도계이다.

- 반도체를 이용하여 온도 변화에 따른 저항 변화를 온도 측정에 이용한다.
- 이용현상 : 온도에 의한 전기저항의 변화
- 저항온도계수(α_T, 단위 : [%/℃]) : 임의 측정온도에서 온도 1[℃]당 서미스터 저항의 변화 비율을 나타내는 계수로서, 섭씨온도의 제곱에 반비례한다.
- 조성성분 : 니켈(Ni), 코발트(Co), 망간(Mn), 철(Fe), 구리(Cu)
- 온도 측정범위 : -100~300[℃]
- 서미스터의 종류
  - CTR(Critical Temperature Resistor) 서미스터 : 온도 경계에서 전기저항이 갑자기 감소하는 특성을 가지는 서미스터
  - NTC(Negative Temperature Coefficient) 서미스터
  - PTC(Positive Temperature Coefficient) 서미스터
  - PNTC(Positive & Negative Temperature Coefficient) 서미스터
- 응답이 빠르고 감도가 높다.
- 도선저항에 의한 오차를 작게 할 수 있다.
- 소형으로 좁은 장소의 측온에 적합하다.
- 저항온도계수가 부특성이며, 저항온도계 중 저항값이 가장 크다.
- 온도계수가 크다(저항온도계수는 25[℃]에서 백금의 10배 정도이다).
- 온도 상승에 따라 저항치가 감소한다(온도 증가에 따라 전기저항이 감소된다).
- 저항 변화가 크다.
- 도선저항에 비하여 검출기의 저항이 크다.
- 사용온도의 범위가 좁다.
- 자기가열현상이 있다.
- 온도 변화에 따른 저항 변화가 직선성이 아니다.
- 주로 온도 변화가 작은 곳의 측정에 이용된다.
- 수분을 흡수하면 오차가 발생한다.
- 균일성이 좋지 않아 특성을 고르게 얻기가 어렵다(소자의 온도특성인 균일성을 얻기 어렵다).
- 재현성과 호환성이 좋지 않다.
- 흡습 등으로 열화되기 쉽다.
- 충격에 대한 기계적 강도가 떨어진다.
- 경년변화가 있다.

ⓢ 시스(Sheath)형 측온저항체

- 응답성이 빠르다.
- 진동에 강하다.
- 가소성이 있다.
- 국부적인 측온에 사용된다.

ⓞ 측온저항체의 설치방법

- 내열성, 내식성이 커야 한다.
- 삽입 길이는 관직경의 10~15배이어야 한다.
- 유속이 가장 느린 곳에 설치하는 것이 좋다.

• 가능한 한 파이프 중앙부의 온도를 측정할 수 있게 한다.
• 파이프 길이가 아주 짧을 때에는 유체의 방향으로 굴곡부에 설치한다.

④ 제게르콘(Segel Cone) : 내화물의 내화도를 측정한다.

핵심예제

4-1. 바이메탈온도계의 특징을 4가지만 쓰시오.

4-2. 압력식 온도계의 방식을 3가지만 쓰시오.

4-3. 전기저항온도계의 특징을 4가지만 쓰시오.

4-4. 명판에 Ni450이라 쓰인 측온저항체의 100[℃]점에서의 저항값[Ω]을 구하시오(단, Ni의 저항온도계수는 +0.0067이다).

|해답|

4-1

바이메탈온도계의 특징

① 구조가 간단하다.
② 온도 변화에 대하여 응답이 느리다.
③ 오래 사용하면 히스테리시스 오차가 발생한다.
④ 온도자동조절이나 온도보상장치에 이용된다.

4-2

압력식 온도계의 방식

① 액체팽창식
② 기체팽창식
③ 증기팽창식

4-3

전기저항온도계의 특징

① 온도가 상승함에 따라 금속의 전기저항이 증가하는 현상을 이용한 것이다.
③ 최고 500[℃]까지 측정 가능하다.
② 자동기록이 가능하다.
④ 원격 측정이 용이하다.

4-4

저항값

$R_t = R_0(1+\alpha dt) = 450 \times (1+0.0067 \times 100) = 751.5[\Omega]$

핵심이론 05 비접촉식 온도계

① 방사온도계

㉠ 개 요

• 방사온도계는 고온의 피측온 물체의 전 방사에너지를 렌즈 또는 반사경을 이용하여 열전대와 측온접점에 모아서, 이때 생기는 열기전력을 측정하여 온도를 알아내는 비접촉식 온도계이다.
• 측정온도의 범위 : 50~3,000[℃]
• 응용이론 : 슈테판-볼츠만 법칙

㉡ 전 방사에너지와 피측정체의 실제온도

• 전 방사에너지 : $E = \sigma \varepsilon T^4$[W]
(여기서, σ : 슈테판-볼츠만 상수 5.67×10^{-12}[W/cm^2K^4], ε : 방사율, T : 흑체 표면온도)
• 피측정체의 실제온도 : $T = \frac{S}{\sqrt[4]{Et}}$
(여기서, S : 계기의 지시온도, Et : 전 방사율)

㉢ 특 징

• 열복사를 이용한다.
• 측정대상 온도의 영향이 작다.
• 이동 또는 회전하고 있는 물체의 표면온도 측정이 가능하다.
• 고온도에 대한 측정에 적합하다.
• 원격 측정이 가능하다.
• 피측정물의 온도를 혼란시키는 일이 적다.
• 1,000[℃] 이상 최고 2,000[℃]까지 고온 측정이 가능하다.
• 응답속도가 빠르다.
• 발신기의 온도가 상승하지 않게 필요에 따라 냉각한다.
• 노벽과의 사이에 수증기, 탄산가스 등이 있으면 오차가 생기므로 주의해야 한다.
• 방사율에 대한 보정량이 크다.
• 측정거리에 따라 오차 발생이 크다.

② **광온도계** : 복사선 중 가시광선의 휘도로 온도를 판정하는 비접촉식 온도계

㉠ 개 요

- 광온도계는 특정 파장을 온도계 내에 통과시켜 온도계 내의 전구 필라멘트의 휘도를 육안으로 직접 비교하여 온도를 측정하는 비접촉식 온도계이다.
- 물체에서 방사된 빛의 강도와 비교된 필라멘트의 밝기가 일치되는 점을 비교 측정하여 고온도를 측정한다.
- 광고온도계 또는 광고온도계라고도 한다.
- 온도 측정범위 : 700~2,000[℃](약 3,000[℃]까지 측정은 가능하다)

㉡ 특 징

- 파장을 이용한다.
- 구조가 간단하고 휴대가 편리하다.
- 정도가 우수하여 비접촉식 온도측정기 중 가장 정확한 측정이 가능하다.
- 방사온도계에 비해 방사율에 대한 보정량이 적다.
- 900[℃] 이하의 경우 오차가 발생된다.
- 측정시간이 지연된다.
- 측정 시 사람의 손이 필요하므로 개인오차가 발생한다.
- 기록, 경보, 자동제어는 불가능하다.

㉢ 사용 시 주의점

- 개인차가 발생되므로 여러 명이 모여서 측정한다.
- 측정하는 위치와 각도를 같은 조건으로 한다.
- 광학계의 먼지, 상처 등을 수시로 점검한다.
- 측정체와의 사이에 연기나 먼지 등이 생기지 않도록 주의한다.
- 발신부 설치 시 성립사항 : $\frac{L}{D} < \frac{l}{d}$

  (여기서, L : 렌즈로부터 물체까지의 거리, D : 물체의 직경, l : 렌즈로부터 수열판까지의 거리, d : 수열판의 직경)

③ **광전관온도계** : 광전관을 사용하여 고온체에서 복사를 광전류로 바꾸어 온도를 판정하는 비접촉식 온도계

㉠ 복사 광전류를 이용한다.

㉡ 이동 물체의 온도 측정이 가능하다.

㉢ 응답시간이 매우 빠르다.

㉣ 온도의 연속 기록 및 자동제어가 용이하다.

㉤ 비교증폭기가 부착되어 있다.

④ **적외선온도계(Infrared-ray Thermometer)** : 상온이나 저온도 측정할 수 있는 비접촉식 온도계

㉠ 개 요

- 적외선온도계는 물체에서 방사되는 적외선복사에너지를 계측하여 그 물체의 방사온도를 얻는 온도계이다.
- 물질이 방출하는 적외선복사에너지가 온도에 따라 달라지는 원리를 이용하여 물질의 온도를 측정한다.
- 모든 물질은 가시광선의 붉은색보다 파장이 긴 적외선을 방출하는데 이 적외선 복사에너지의 세기를 열로 변환·감지하여 온도를 측정한다.
- 필요에 따라서는 거울로 반사시키거나 창을 통해서 안쪽의 온도를 측정할 수도 있다.

㉡ 특 징

- 물체의 온도에 따른 에너지 전달량이 가시광선의 10만 배에 해당하기 때문에 주위의 공기를 포함한 매질을 통해 열평형이 이루어진 온도를 측정하는 것보다 유리하다.
- 물체에 직접 접촉하지 않고도 온도를 측정할 수 있으므로, 주로 손이 닿지 않는 곳이나 회전·이동 중인 물체 등의 표면온도를 측정할 때 쓰인다.
- 적외선온도계를 통해 온도를 측정할 때 가장 주의해야 할 요소는 방사율(Emissivity)이다.

  ※ 방사율 : 물체가 외부로부터 빛에너지를 흡수한 후 재방사하거나 표면반사현상이 일어날 때 재복사하는 에너지 비율

• 이론적으로 외부에너지를 흡수한 후 100[%] 복사하고 표면 반사하지 않는 물체를 흑체(Black-body)라고 한다. 이때의 방사율(ε)값을 1로 규정한다. 그러나 일반적인 물체는 광택, 거칠기, 산화 정도 등 표면 상태에 따라서 흡수, 반사, 방사하는 에너지량이 변화하며, 흡수하고 반사하는 에너지 비율이 흑체를 기준으로 1보다 작은 값을 갖게 된다. 적외선온도계는 전자기파의 일종인 적외선을 이용하므로 정확한 온도 측정을 위해서는 방사율을 고려하여 물체의 고유에너지 중 방사되지 않은 일부분에 의한 오차를 보정해 주어야 한다.

⑤ 색온도계

㉠ 개 요

• 색온도계는 복사에너지의 온도와 파장의 관계를 이용한 비접촉식 온도계이다.
• 고온 물체로부터 방사되는 복사에너지는 온도가 높아지면 파장이 짧아진다.
• 온도에 따라 색이 변하는 일원적인 관계로부터 온도를 측정한다.
• 온도 측정범위 : 600~2,000[℃]
• 색에 따른 온도 : 어두운 색 600[℃], 적색 800[℃], 오렌지색 1,000[℃], 노란색 1,200[℃], 눈부신 황백색 1,500[℃], 매우 눈부신 흰색 2,000[℃], 푸른 기가 있는 흰백색 2,500[℃]

㉡ 특 징

• 방사율의 영향이 작다.
• 광흡수의 영향이 작다.
• 응답이 매우 빠르다.
• 휴대와 취급이 간편하다.
• 고온 측정이 가능하며 기록조절용으로 사용된다.
• 구조가 복잡하며 주위로부터 빛 반사의 영향을 받는다.

핵심예제

5-1. 슈테판-볼츠만의 법칙을 응용이론으로 하며 피측정체의 방사에너지를 렌즈나 반사경으로 열전대와 측온접점에 모아 열기전력을 측정하여 온도를 구하는 비접촉식 온도계의 명칭을 쓰시오. [2014년 제4회]

5-2. 비접촉식 온도계에 해당하는 방사고온계의 측정원리로 이용되는 법칙의 명칭을 쓰고 간단히 설명하시오. [2012년 제2회]

5-3. 고온의 노 내 온도 측정을 위해 사용되는 온도계를 3가지만 쓰시오.

5-4. 특정 파장을 온도계 내에 통과시켜 온도계 내의 전구 필라멘트의 휘도를 육안으로 직접 비교하여 온도를 측정하므로 정도는 높지만 측정인력이 필요한 비접촉온도계의 명칭을 쓰시오.

5-5. 방사온도계의 특징을 4가지만 쓰시오.

5-6. 비접촉식 온도계 중 색온도계의 특징을 4가지만 쓰시오.

|해답|

5-1

방사온도계

5-2

(1) 방사고온계의 측정원리로 이용되는 법칙 : 슈테판-볼츠만의 법칙

(2) 슈테판-볼츠만의 법칙 : 일정온도에서 물체에서 복사하는 열에너지는 절대온도의 네 제곱에 비례한다.

5-3

고온의 노 내 온도측정용 온도계

① 제게르콘(Seger Cone)온도계

② 방사온도계

③ 광고온계

5-4

광고온도계 또는 광고온계

5-5

방사온도계의 특징

① 응답속도가 빠르다.

② 이동 물체에 대한 온도 측정이 가능하다.

③ 측정 대상의 온도에 대한 영향이 작다.

④ 저온도에 대한 측정에는 적합하지 않다.

5-6

색온도계의 특징

① 방사율의 영향이 작다.

② 휴대와 취급이 간편하다.

③ 고온 측정이 가능하며 기록조절용으로 사용된다.

④ 주변 빛의 반사에 영향을 받는다.

1-6. 기타 측정

핵심이론 01 습도 측정

① 습도 측정의 개요

㉠ 절대습도(비습도) : 습공기 중에서 건공기 1[kg]에 대한 수증기의 양과의 비로, 온도에 관계없이 일정하다.

$$\omega = \frac{G_w}{G_a} = \frac{G_w}{G - G_w} = \frac{M_w}{M_a} \times \frac{P_w}{P_a} = \frac{M_w}{M_a} \times \frac{P_w}{P - P_w} \simeq 0.622 \times \frac{P_w}{P - P_w} [\mathrm{kgH_2O/kgDA}]$$

(여기서, G_w : 수증기량, G_a : 건공기량, G : 습공기량, P_w : 수증기 분압, P : 전압, DA : Dry Air)

㉡ 포화습도 : 수증기가 포화 상태일 때의 절대습도(일정온도에서 공기가 함유할 수 있는 최대 수증기량)

$$\omega_s = \frac{G_s}{G_a} = \frac{G_s}{G - G_s} = \frac{M_s}{M_a} \times \frac{P_s}{P_a} = \frac{M_s}{M_a} \times \frac{P_s}{P - P_s} \simeq 0.622 \times \frac{P_s}{P - P_s} [\mathrm{kgH_2O/kgDA}]$$

(여기서, G_s : 포화수증기량, G_a : 건공기량, G : 습공기량, P_s : 포화수증기압력, P : 전압)

㉢ 몰습도 : 습공기 중에서 건조기체 1[kgmol]에 대한 수증기의 [kgmol]수

$$\omega_m = \frac{P_w}{P_a} = \frac{P_w}{P - P_w} [\mathrm{kgH_2O/kgDA}]$$

(여기서, P_w : 수증기 분압, P : 전압)

㉣ 상대습도 : 수증기 분압(P_w)과 포화수증기압(P_s)의 비(% RH)

- 상대습도(ϕ) : $\phi = \frac{P_w}{P_s} = \frac{\chi_w}{\chi_s} = \frac{\rho_w}{\rho_s}$

(여기서, P_w : 수증기 분압, P_s : 포화수증기압, χ_w : 수증기 몰분율, χ_s : 포화수증기 몰분율, ρ_w : 수증기 밀도, ρ_s : 포화수증기 밀도)

- 일반적으로 습도라고 하면 상대습도를 의미한다.
- 온도가 상승하면 상대습도는 감소한다.
- 상대습도 100[%]가 되면 물방울이 생긴다.
- 상대습도가 0이라 함은 공기 중에 수증기가 존재하지 않는다는 의미이다.

㉤ 비교습도(ω_p) : 절대습도와 포화습도의 비(습공기의 절대습도와 포화수증기의 절대습도와의 비)

$\omega_p = \frac{\omega}{\omega_s}$

② 습도 측정법

㉠ 흡습법

- 수분흡수법에 의한 습도 측정에 사용되는 흡수제 : 염화칼슘, 오산화인, 실리카겔, 황산 등
- 수분흡수법에 의한 습도 측정에 사용되는 건조제 : 활성탄

㉡ 노점(이슬점)법

- 습도를 측정하는 가장 간편한 방법은 노점을 측정하는 방법이다.
- 흡습염(염화리튬)을 이용하여 흡습체 표면에 대기 중의 습도를 흡수시켜 포화용액층을 형성하게 하여 포화용액과 대기의 증기 평형을 이루는 온도 측정으로, 습도를 측정하는 방법이다.

③ 건습구습도계(Psychrometer) : 2개의 수은온도계를 사용하여 건구온도와 습구온도를 동시에 측정하는 습도계

㉠ 건습구습도계의 특징

- 구조가 간단하고 가격이 저렴하다.
- 원격 측정, 자동기록이 가능하다.
- 습도 측정 시 계산이 필요하다.
- 물이 필요하다.
- 증류수 공급, 거즈 설치・관리가 필요하다.
- 통풍 상태에 따라 오차가 발생한다.
- 정확한 습도를 구하려면 3~5[m/s] 정도의 통풍이 필요하다.
- 종류 : 간이 건습구습도계, 통풍형 건습구습도계

㉡ 간이 건습구습도계 : 자연통풍에 의한 건습구습도계

- 습도가 낮을수록 온도편차가 커진다.
- 정확도가 낮다.
- 측정은 건구와 습구의 온도를 측정한 다음 건구와 습구의 온도 차이를 구한다.
- 풍속에 따라 건구와 습구 사이의 열전달에 영향을 미치므로 풍속 1[m/s] 이하에서 사용한다.

㉢ 통풍형 건습구습도계 또는 아스만(Assmann)습도계 : 측정오차에 대한 풍속의 영향을 최소화하기 위해 강제통풍장치를 이용하여 설계된 건습구습도계이다.

- 태엽의 힘으로 통풍하는 통풍형 건습구습도계이다.
- 휴대가 편리하고 최소 필요 풍속이 3[m/s]이다.
- 3~5[m/s]의 통풍이 필요하다.
- 증류수 공급, 거즈 설치・관리가 필요하다.
- 습도 측정 시 계산이 필요하다.
- 습구온도가 0[℃]보다 높은 범위에서 사용하는 것이 바람직하다.
- 고온쪽은 100[℃] 근처까지 측정할 수 있다.
- 휴대용으로 상온에서 비교적 정도(정확도)가 좋다.
- 비교적 가격이 저렴하다.
- 안정에 많은 시간이 소요되며 숙련이 필요하다.
- 물이 필요하다.

- 습구에서 증발한 물이 측정 장소의 습도에 영향을 줄 정도의 좁은 공간에서 사용하는 것은 적당하지 않다.
- 가스・먼지 등으로 현저하게 오염된 대기 중에서 사용하는 것은 적당하지 않다.
- 거즈와 감온부 사이에 틈새가 생기지 않도록 해야 하며 거즈가 원통의 내벽에 접촉하지 않도록 주의하여 설치한다.
- 장기간 사용하면 습구의 감온부에 물때가 부착되므로 물때를 씻어 내야 한다(유리제 온도계의 경우, 묽은 염산에 담근 후 물로 씻는다).
- 연료탱크 속에 부착하여 사용하면 안 된다.
- 측정 위치의 기압이 표준기압과 30[%] 이상 차이가 날 경우에는 측정 정밀도에 영향을 줄 수 있다.

④ 기타 습도계

㉠ 모발습도계(Hair Hygrometer) : 습도에 따라 규칙적으로 신축하는 모발의 성질을 이용한 습도계

- 구조가 간단하고 취급 및 사용이 간편하다.
- 저습도 측정이 가능하다.
- 한랭지역(추운 지역)에서 사용하기 편리하다.
- 재현성이 좋아 상대습도계의 감습소자로 사용된다.
- 상대습도가 바로 나타난다.
- 실내의 습도 조절용으로 많이 이용된다.
- 실내에서 사용하기 좋지만, 머리카락은 물에 젖으면 수축하는 성질이 있으므로 야외에서는 사용하기 곤란하다.
- 모발은 10~20개 정도 묶어서 사용하며, 2년마다 모발을 바꾸어 주어야 한다.
- 히스테리시스 오차가 발생한다.
- 정도, 안정성과 응답성이 좋지 않다.

㉡ 듀셀(Dew-cell) 노점계(가열식 노점계) : 염화리튬이 공기 수증기압과 평형을 이룰 때 생기는 온도 저하를 저항온도계로 측정하여 습도를 알아내는 습도계

- 저습도 측정이 가능하다.
- 구조가 간단하고, 고장이 적다.
- 고압에서 사용이 가능하지만, 응답이 늦다.

㉢ 전기저항식 습도계

- 교류전압을 사용하여 저항치를 측정하여 상대습도를 표시한다.
- 응답이 빠르고 정도가 우수하다.
- 저습도 측정이 가능하다.
- 물이 필요하다.
- 연속 기록, 원격 측정, 자동제어에 이용한다.
- 비교적 온도계수가 크다.
- 고습도에 장기간 방치하면 감습막이 유동한다.

㉣ 서미스터 습도센서 : 물을 함유한 공기와 건조공기의 열전도율 차이를 이용하여 습도를 측정하는 습도센서

- 사용온도 영역이 0~200[℃]로 넓다.
- 응답이 신속하다.

㉤ 광전관식 노점계 : 거울 표면에 이슬(서리)이 부착되어 있는 상태에서 거울온도를 조절해 노점 상태를 유지하는 노점계이다. 열전대온도계로 온도를 측정하여 습도를 구한다.

- 상온 또는 저온에서 상점의 정도가 우수하다.
- 저습도 측정이 가능하다.
- 고압 상태에서의 측정이 가능하다.
- 연속 기록, 원격 측정, 자동제어에 이용한다.
- 노점과 상점의 육안 판정이 필요하다.
- 기구가 복잡하다.
- 교류전원 및 가열, 냉각장치가 필요하다.
- 저습도의 응답시간이 늦다.
- 경년변화가 존재한다.

㉥ 기타 습도센서 : 고분자 습도센서, 염화리튬 습도센서, 수정진동자 습도센서

핵심예제

1-1. 염화리튬이 공기 수증기압과 평형을 이룰 때 생기는 온도 저하를 저항온도계로 측정하여 습도를 알아내는 습도계의 명칭을 쓰시오.

1-2. 물을 함유한 공기와 건조공기의 열전도율 차이를 이용하여 습도를 측정하는 습도센서의 명칭을 쓰시오.

1-3. 방 안의 온도가 25[℃]인데 온도를 낮추어 20[℃]에서 물방울이 생성되었고, 방 안의 온도가 25[℃]일 때의 상대습도[%]를 계산하시오(단, 20[℃], 25[℃]에서의 포화수증기압은 각각 2.23[kPa], 3.15[kPa]이다).

1-4. 실내공기의 온도는 15[℃]이고, 이 공기의 노점은 5[℃]로 측정되었다. 이 공기의 상대습도는 약 몇 [%]인가?(단, 5[℃], 10[℃] 및 15[℃]의 포화수증기압은 각각 6.54[mmHg], 9.21[mmHg], 및 12.79[mmHg이다). [2020년 제2회]

1-5. 습도와 관련된 다음 질문에 답하시오. [2010년 제4회 유사, 2011년 제2회, 2012년 제1회, 제2회, 2013년 제2회, 2014년 제1회]

(1) 습도계의 종류를 3가지만 쓰시오.
(2) 온도 25[℃] 습공기의 노점온도가 19[℃]이며 포화증기압이 23.76[mmHg], 수증기 분압이 16.47[mmHg]일 때 다음을 구하시오.
① 공기의 상대습도
② 공기의 절대습도

1-6. 다음의 자료를 근거로 하여 대기압 760[mmHg]에서의 상대습도 및 절대습도를 구하시오.

- 습도계의 종류 : 건습구습도계
- 건구 : 온도 25[℃], 포화수증기분압 20.2[mmHg]
- 습구 : 온도 24.5[℃], 포화수증기분압 17.5[mmHg]

1-7. 온도가 21[℃]에서 상대습도 60[%]의 공기를 압력은 변화하지 않고 온도를 22.5[℃]로 할 때, 다음의 자료를 활용하여 공기의 상대습도를 구하시오. [2018년 제1회]

온도[℃]	물의 포화증기압[mmHg]
20	16.54
21	17.83
22	19.12
23	20.41

|해답|

1-1
듀셀 노점계(가열식 노점계)

1-2
서미스터 습도센서

1-3
상대습도

$$\phi = \frac{P_w}{P_s} \times 100 = \frac{2.23}{3.15} \times 100 \simeq 70.8[\%]$$

1-4
상대습도

$$\phi = \frac{P_w}{P_s} \times 100[\%] = \frac{6.54}{12.79} \times 100[\%] \simeq 51.1[\%]$$

1-5
(1) 습도계의 종류 : 건습구습도계, 모발습도계, 듀셀습도계
(2) 공기의 상대습도, 절대습도
① 공기의 상대습도

$$\phi = \frac{P_w}{P_s} \times 100[\%] = \frac{16.47}{23.76} \times 100[\%] \simeq 69[\%]$$

② 공기의 절대습도

$$\omega = 0.622 \times \frac{P_w}{P - P_w} = 0.622 \times \frac{16.47}{760 - 16.47} \simeq 1.378 \times 10^{-2}[kgH_2O/kgDA]$$

1-6
대기 중 수증기분압

$$P_w = 17.5 - \frac{760}{1,500} \times (25 - 24.5) \simeq 17.25[mmHg]$$

(1) 상대습도

$$\phi = \frac{P_w}{P_s} \times 100[\%] = \frac{17.25}{20.2} \times 100[\%] \simeq 85.4[\%]$$

(2) 절대습도

$$\omega = 0.622 \times \frac{P_w}{P - P_w} = 0.622 \times \frac{17.25}{760 - 17.25} \simeq 0.014[kgH_2O/kgDA]$$

1-7
- 온도 21[℃], 상대습도 60[%]에서 수증기의 분압

$$P_w = \phi \times P_s = 0.6 \times 17.83 = 10.698[mmHg]$$

- 22.5[℃]에서 물의 포화증기압

$$P_s = 19.12 + \frac{22.5 - 22}{23 - 22} \times (20.41 - 19.12) = 19.765[mmHg]$$

∴ 22.5[℃]에서의 상대습도

$$\phi = \frac{P_w}{P_s} \times 100[\%] = \frac{10.698}{19.765} \times 100[\%] \simeq 54.13[\%]$$

핵심이론 02 밀도, 비중, 점도, 열량 측정

① 밀도 측정

㉠ 용기를 이용하는 방법

㉡ 추를 이용하는 방법

② 비중 측정

㉠ 비중병법 : 병이 비었을 때, 증류수로 채웠을 때, 시료로 채웠을 때의 각 질량으로부터 같은 부피의 시료 및 증류수의 질량을 구해 그것과 증류수 및 공기의 비중으로부터 시료의 비중을 구하는 비중 측정법이다.

㉡ 분젠실링법 : 가는 구멍으로부터 시료가스, 공기를 유출시켜 각 유출시간의 비를 구하여 가스의 비중을 계산하는 가스비중측정법이다.

- 비중계, 스톱워치(Stop Watch), 온도계가 필요하다.
- 건조공기에 대한 건조시료가스의 비중(S) :

$$S=\left(\frac{t_s}{t_a}\right)^2+d$$

(여기서, t_s : 시료가스의 유출시간(s), t_a : 공기의 유출시간(s), d : 건조가스비중 환산을 위한 보정값)

㉢ 보메비중계(Baumé Scale) : 물과 식염수를 기준으로 하는 비중계이다.

- 액체의 비중을 재는 데 사용된다.
- 눈금 : [°Bé](Baumé도)
- Baumé도$=144.3-\dfrac{144.3}{\text{비중}}$
- 종류 : 경액용, 중액용
  - 경액용 : 물보다 무거운 10[%]의 식염수를 10[°Bé], 순수한 물을 0[°Bé]로 하여 그 사이를 10등분해서 만든 비중계
  - 중액용 : 물보다 무거운 15[%]의 식염수를 15[°Bé], 순수한 물을 0[°Bé]로 하여 그 사이를 15등분해서 만든 비중계

③ 점도 측정

㉠ 하겐-푸아죄유법칙을 이용한 점도계 : 오스트발드(Ostwald)점도계, 세이볼트(Saybolt)점도계

㉡ 스토크스법칙을 이용한 점도계 : 낙구식(Falling Ball Type) 점도계

㉢ 뉴턴의 점성법칙 이용한 점도계 : 스토마점도계, 맥미첼점도계, 회전식(Rotation Type) 점도계, 모세관점도계

④ 열량 측정

㉠ 전기적인 열량(Q) :

$$Q=VI=(IR)I=I^2R=\left(\frac{V}{R}\right)^2R=\frac{V^2}{R}[\text{W}]$$

㉡ 습증기의 열량을 측정하는 기구 : 조리개열량계, 분리열량계, 과열열량계

㉢ 간이열량계 : 발생 열량 모두 용액이 흡수한다고 가정하고 열량을 측정하는 열량계

㉣ 단열형 열량계(봄베 열량계 또는 열연식 단열열량계) : 액체와 고체연료의 열량을 측정하는 열량계

발열량 H_h

$$=\frac{(\text{내통수량}+\text{수당량})\times\text{내통수비열}\times\text{상승온도}-\text{발열보정}}{\text{시료량}}\times\frac{100}{100-\text{수분}[\%]}[\text{J/g}]$$

㉤ 융커스(Junker)식 열량계(유수형 열량계) : 주로 기체연료의 발열량을 측정하는 열량계

$$\text{발열량 } H_h=\frac{\text{냉각수량}\times\text{비열}\times\text{유수 상승온도}}{\text{기체연료 체적}}$$

㉥ Parr Bomb을 이용한 열량 측정 : 열에너지 전달에 의한 온도차로 발열량을 측정하는 열량계로, Parr Bomb의 일정 부피 특성을 이용한다.

㉦ 시차주사열량계 : 융해열을 측정할 수 있는 열량계

핵심예제

2-1. 하겐-푸아죄유의 법칙을 이용한 점도계를 2가지만 쓰시오.

2-2. 2.2[kΩ]의 저항에 220[V]의 전압이 사용되었다면 1초당 발생한 열량은 몇 [W]인지 계산하시오.

2-3. 액체와 고체연료의 열량을 측정하는 열량계의 명칭을 쓰시오.

|해답|

2-1

하겐-푸아죄유 방정식(또는 원리)을 이용한 점도계

① 오스트발트점도계

② 세이볼드점도계

2-2

1초당 발생한 열량

$$Q = VI = V\left(\frac{V}{R}\right) = \frac{V^2}{R} = \frac{220^2}{2.2 \times 10^3} = 22[\mathrm{W}]$$

2-3

봄베식 열량계

1-7. 가스분석

핵심이론 01 가스분석의 개요

① 목적에 따른 분석의 분류

㉠ 정성분석 : 시료에 포함된 성분의 종류를 파악하거나 시료 내 특정 화학물질의 유무를 확인하기 위한 분석이다.

㉡ 정량분석 : 시료에 포함된 성분의 양을 파악하기 위한 분석으로, 가스 정량분석을 통해 표준 상태의 체적을 구하는 식은 다음과 같다.

$$V_0 = V \times \frac{P_1 - P_0}{760} \times \frac{273}{t + 273}$$

(여기서, V_0 : 표준 상태의 체적, V : 측정 시의 가스체적, P_1 : t[℃]의 증기압[mmHg], P_0 : 대기압[mmHg], t : 온도[℃])

② 가스분석의 기초

㉠ 연소가스의 주성분은 독성이 없는 질소, 수증기, 이산화탄소 등이며, 기타 성분으로 일산화탄소, 탄화수소, 질소산화물, 황산화물, 오존, 매연(검댕이), 중금속 등이 있다.

㉡ 연소가스 중의 유해성분

- 일산화탄소 : 연료의 불완전연소에 의해 발생하며, 혈액의 헤모글로빈과 결합해서 혈액의 산소 운반능력을 급격히 떨어뜨려 많은 양에 노출되면 치명적이다.
- 탄화수소 : 연료가 타지 않고 남은 것으로 독성물질이며, 스모그의 주요 원인이 된다. 장기간 노출되면 천식, 간질환, 폐질환, 암 유발의 가능성이 있다.
- 질소산화물 : 공기 중의 질소가 산소와 결합하여 발생하며, 일반적으로 녹스(NO_x)라고 한다. 스모그와 산성비의 원인이 된다.
- 황산화물 : 연료에 포함된 황이 산화되어 생성되며, 10[ppm] 이하로 규제한다.

• 매연 : 미세먼지로 이루어진 검댕이 또는 황의 산화물로 호흡기 질환이나 암 유발의 가능성이 있다.
• 중금속 : 엔진 부식, 연료 첨가물, 엔진오일 등에 의하여 발생한다.

ⓒ 가스분석의 목적
• 공기비의 추정
• 연소가스량의 파악
• 열정산
• 배출가스 손실의 산정

ⓓ 가스분석계의 특징
• 적정한 시료가스의 채취장치가 필요하다.
• 선택성에 대한 고려가 필요하다.
• 시료가스의 온도 및 압력의 변화로 측정오차를 유발할 우려가 있다.
• 계기의 교정에는 화학분석에 의해 검정된 표준 시료가스를 이용한다.

ⓔ LPG의 성분분석에 이용 가능한 분석법 : 적외선 분광분석법, 저온정밀증류법, 가스크로마토그래피법

③ 시료가스 채취

ⓐ 시료가스 채취장치 구성
• 일반 성분의 분석 및 발열량·비중을 측정할 때, 시료가스 중의 수분이 응축될 염려가 있을 때는 도관 가운데에 적당한 응축액 트랩을 설치한다.
• 특수 성분을 분석할 때 시료가스 중의 수분 또는 기름성분이 유입되지 않도록 분리장치 및 여과장치를 설치한다.
• 시료가스에 타르류, 먼지류를 포함하는 경우는 채취관 또는 도관 가운데에 적당한 여과기를 설치한다.
• 고온의 장소에서 시료가스를 채취하는 경우는 도관 가운데에 적당한 냉각기를 설치한다.

ⓑ 시료가스 채취 시 주의해야 할 사항
• 가스의 구성성분의 비중을 고려하여 적정한 위치에서 측정해야 한다.
• 가스 채취구는 외부에서 공기가 유통되지 않도록 잘 밀폐시켜야 한다.
• 채취한 가스의 온도, 압력의 변화로 측정오차가 생기지 않도록 한다.
• 가스성분과 화학반응을 일으키지 않는 관을 이용하여 채취한다.

④ 가스 정량분석법의 분류 : 화학적 가스분석법, 물리적 가스분석법

ⓐ 화학적 가스분석법 : 연소가스의 주성분인 이산화탄소, 산소, 일산화탄소 등의 가스가 흡수액에 잘 녹는 성질을 이용하여 용적 감소나 흡수제를 적정하여 성분 비율을 구하거나 연소열 등 화학적인 성질을 이용하는 가스분석법이다.
• 물리적 분석법에 비해 신뢰성, 신속성이 떨어진다.
• 화학적 가스분석법의 종류 : 흡수분석법(흡수법), 연소분석법(연소열법), 시험지법, 검지관법, 아이오딘 적정법, 중화적정법, 칼피셔법 등

ⓑ 물리적 가스분석법 : 열전도율, 밀도, 자성, 적외선, 자외선, 도전율, 연소열, 점성, 흡수, 화학발광량, 이온전류 등의 물리적 성질을 계측하는 가스상태를 그대로 분석하는 가스분석법이다.
• 신뢰성과 신속성이 높다.
• 물리적 가스분석법의 종류 : 열전도율법, 밀도법, 자기법, 적외선법(적외선흡수법), 자외선법, 도전율법, 화학발광법, 고체전지법, 액체전지법, 흡광광도법, 저온정밀증류법, 슐리렌법, 분리분석법, 가스크로마토그래피법 등

핵심예제

1-1. 가스분석을 위한 시료가스 채취 시 주의해야 할 사항을 4가지만 쓰시오.

1-2. 가스 정량분석법은 크게 화학적 가스분석법과 물리적 가스분석법으로 구분한다. 각각의 종류를 3가지씩만 쓰시오.

|해답|

1-1

시료가스 채취 시 주의해야 할 사항

① 가스의 구성성분의 비중을 고려하여 적정한 위치에서 측정해야 한다.
② 가스 채취구는 외부에서 공기가 유통되지 않도록 잘 밀폐시켜야 한다.
③ 채취한 가스의 온도, 압력의 변화로 측정오차가 생기지 않도록 한다.
④ 가스성분과 화학반응을 일으키지 않는 관을 이용하여 채취한다.

1-2

(1) 화학적 가스분석법 : 흡수분석법, 연소분석법, 시험지법
(2) 물리적 가스분석법 : 열전도율법, 밀도법, 자기법

핵심이론 02 화학적 가스분석법

① 흡수분석법

㉠ 개 요

- 흡수분석법은 시료가스를 각각 특정한 흡수액에 흡수시켜 흡수 전후의 가스 체적을 측정하여 가스의 성분을 분석하는 정량적 가스분석법이다.
- 종류로는 오르사트법, 헴펠법, 게겔법 등이 있다.
- 가스와 흡수제

CO_2	30[%]의 수산화칼륨(KOH)용액
C_2H_2(아세틸렌)	아이오딘수은칼륨용액(옥소수은칼륨용액)
C_2H_4(에틸렌)	HBr(브롬화수소용액)
O_2	알칼리성 파이로갈롤용액 (수산화칼륨+파이로갈롤 수용액)
CO	암모니아성 염화제일구리용액
C_3H_6(프로필렌), n-C_4H_8	87[%] H_2SO_4 용액
중탄화수소(C_mH_n)	발연 황산(진한 황산)

㉡ 오르사트법(오르자트법) : 채취된 가스를 분석기 내부의 성분흡수제에 흡수시켜 체적 변화를 측정하는 정량 가스분석법이다.

- 용적 감소를 이용하여 연소가스 주성분인 이산화탄소, 산소, 일산화탄소 등을 분석한다.
- 배기가스 중 이산화탄소를 정량분석하고자 할 때 가장 적당한 방법이다.
- 건배기가스의 성분을 분석한다.
- 가스분석의 순서 : $CO_2 \rightarrow O_2 \rightarrow CO$
  - CO_2 성분[%] 계산식 : (KOH 30[%] 용액 흡수량/시료 채취량) × 100
  - O_2 성분[%] 계산식 : (알칼리성 파이로갈롤용액 흡수량/시료 채취량) × 100
  - CO 성분[%] 계산식 : (암모니아성 염화제일구리용액 흡수량/시료 채취량) × 100

  ※ N_2 성분[%] 계산식 : 100 − (CO_2[%] + O_2[%] + CO[%])
- 연속 측정과 수분분석은 불가능하다.

- 자동화학식 : 오르사트가스분석법을 자동화하여 탄산가스를 흡수액에 흡수시키고, 시료가스의 용적 감소를 측정하여 탄산가스의 농도를 지시하는 화학적 가스분석법이다.

ⓒ 헴펠법 : 시료가스 중의 각각의 성분을 규정된 흡수액에 의해 순차적이고 선택적으로 흡수시켜 그 가스 부피의 감소량으로부터 성분을 분석하는 정량적 가스분석법이다.

- 가스분석의 순서 : $CO_2 \rightarrow C_mH_n \rightarrow O_2 \rightarrow CO$
- 흡수액에 흡수되지 않는 성분은 산소와 함께 연소시켜 그때 가스 부피의 감소량 및 이산화탄소의 생성량으로부터 계산에 의해 정량하는 가스분석방법이므로, 연소분석법이기도 하다.
- 헴펠식 가스분석법에서 수소나 메탄은 연소법으로 성분을 분석한다.

ⓔ 게겔법 : 흡수액을 이용하여 저급 탄화수소분석에 이용하는 정량적 가스분석법이다.

- 가스분석의 순서 : $CO_2 \rightarrow C_2H_2 \rightarrow C_3H_6 \sim C_3H_8 \rightarrow C_2H_4 \rightarrow O_2 \rightarrow CO$

② 연소분석법

㉠ 개 요

- 연소분석법은 시료가스를 공기, 산소 등으로 연소하고, 그 결과를 가스성분으로 산출하는 가스분석법이다.
- 종류로는 완만연소법, 분별연소법, 폭발법 등이 있다.

ⓛ 완만연소법(우인클러법) : 산소와 시료가스를 피펫에 천천히 넣고 백금선(지름 0.5[mm] 정도) 등으로 연소시켜 가스를 분석하는 방법이다.

- 질소산화물 생성을 방지할 수 있다.
- 완만연소 피펫은 지름 0.5[mm] 정도의 백금선을 3~4[mm]의 코일로 한 적열부를 가지고 있다.

ⓒ 분별연소법 : 2종 이상의 동족 탄화수소와 수소가 혼합된 시료를 측정할 수 있는 연소분석법이다. 분별연소법을 사용하여 가스를 분석할 경우 분별적으로 완전히 연소되는 가스는 수소, 일산화탄소이다.

- 팔라듐관 연소분석법 : 탄화수소는 산화시키지 않고 H_2 및 CO만을 분별적으로 완전산화시키는 연소분석법이다.
  - 촉매, 가스뷰렛, 봉액 등이 이용된다.
  - 촉매로는 팔라듐, 백금, 실리카겔 등이 사용된다.
- 산화구리법 : 산화구리를 250[℃]로 가열하여 시료가스 중 H_2와 CO 가스를 연소시키고 CH_4를 남겨서 CH_4 가스를 정량분석한다.

ⓔ 폭발법 : 폭발법은 가스 조성이 일정할 때 사용하지만, 안전과는 무관하다.

③ 용량법(아이오딘 적정법) : 시료 중의 황화수소를 아연아민착염용액에 흡수시킨 다음 염산 산성으로 하고, 아이오딘용액을 가하여 과잉의 아이오딘을 싸이오황산나트륨용액으로 적정하여 황화수소를 정량한다. 이 방법은 시료 중에 황화수소가 100~2,000[ppm] 함유되어 있는 경우의 분석에 적합하다. 또 황화수소의 농도가 2,000[ppm] 이상인 것에 대하여는 분석용 시료용액을 흡수액으로 적당히 희석하여 분석에 사용할 수 있다. 이 방법은 다른 산화성 가스와 환원성 가스에 의하여 방해받는다.

④ 기 타

㉠ 중화적정법 : 중화반응을 이용하여 시료가스의 농도를 측정하는 가스분석법이다.

- 전유황, 암모니아의 분석에 이용한다.
- 연료가스 중의 암모니아(NH_3)를 황산(H_2SO_4)에 흡수시켜 남은 황산을 수산화나트륨(NaOH)용액으로 적정한다.

ⓛ 칼피셔법 : 물의 화학반응을 통해 시료의 수분 함량을 측정하며 휘발성 물질 중의 수분을 정량하는 방법이다.

⑤ 화학적 가스분석계의 예

㉠ 오르자트 가스분석계 : 용적 감소를 이용하여 저온인 16~20[℃]에서 연소가스의 주성분을 이산화탄소, 산소, 일산화탄소의 순서대로 분석하는 가스분석계

㉡ 헴펠 가스분석계(헴펠식 분석장치) : 흡수법, 연소법으로 이산화탄소, (중)탄화수소, 산소, 일산화탄소, 질소, 수소, 메탄 등을 분석하는 가스분석계
- 구성 : 가스뷰렛(기체 부피 측정), 가스피펫(흡수액 포함), 수준관 또는 수준병(차단액인 물 포함)
- 흡수법 적용 : 이산화탄소, (중)탄화수소, 산소, 일산화탄소, 질소
- 연소법 적용 : 수소, 메탄

㉢ 자동화학식 CO_2계 : 30[%]KOH 수용액을 흡수제로 사용하여 시료가스의 용적 감소를 측정함으로써 이산화탄소 농도를 측정한다.
- 조작은 모두 자동화되어 있다.
- 선택성이 비교적 우수하다.
- 흡수액 선정에 따라 O_2 및 CO의 분석계로도 사용 가능하다.
- 유리 부분이 많아 구조상 약하고 파손되기 쉽다.
- 점검과 보수가 용이하지 않다.

㉣ 연소식 O_2계 : 시료가스가 가연성인 경우 일정량의 시료가스에 가연성 가스(수소 등)를 혼합하여 촉매를 넣고 연소시켰을 때 반응열에 의해 온도 상승이 생기는데 이 반응열이 측정가스 중 산소농도에 비례한다는 것을 이용한다.
- 원리가 간단하며 취급이 용이하다.
- 산소(O_2) 측정용 촉매로 주로 팔라듐(Palladium)을 사용한다.
- 가스의 유량이 변동되면 오차가 발생한다.

㉤ 미연소식 가스계 : 연소가스 중 일산화탄소(CO)와 수소(H_2) 분석에 주로 사용되는 가스분석계이다.

핵심예제

2-1. 다음에서 설명하고 있는 분석기의 명칭을 쓰시오.

[2013년 제4회, 2018년 제2회 유사, 2020년 제3회]

- 흡수제를 사용하여 시료가스의 부피 감소량으로부터 분석가스의 농도를 구한다.
- 연소가스의 주성분인 이산화탄소(CO_2), 산소(O_2), 일산화탄소(CO)를 순서대로 분석 및 측정한다.
- 가스분배관은 이방 또는 삼방 콕이 달린 유리제 모세관으로 된 것을 사용한다.
- 시료 채취관의 재질은 스테인레스강, 경질유리 또는 석영 등이다.

2-2. 100[mL] 시료가스를 CO_2, O_2, CO 순으로 흡수시켰더니 남은 부피가 각각 50[mL], 30[mL], 20[mL]이었으며, 최종 질소가스가 남았다. 이때 CO_2, O_2, CO, N_2의 가스 조성을 각각 구하시오.

2-3. 흡수법을 이용한 가스분석법에서 좌측에 기입된 분석 대상가스와 우측의 흡수제를 연결하여 그 기호를 적으시오.

① CO	㉠ 30[%]의 수산화칼륨(KOH)용액
② CO_2	㉡ 암모니아성 염화제1동용액
③ O_2	㉢ 발연 황산(진한 황산)
④ 중탄화수소(C_mH_n)	㉣ 알칼리성 파이로갈롤용액

|해답|

2-1

오르사트분석기

2-2

(1) $CO_2 = \frac{100-50}{100} \times 100[\%] = 50[\%]$

(2) $O_2 = \frac{50-30}{100} \times 100[\%] = 20[\%]$

(3) $CO = \frac{30-20}{100} \times 100[\%] = 10[\%]$

(4) $N_2 = 100[\%] - (CO_2 + O_2 + CO) = 100 - 80 = 20[\%]$

2-3

① - ㉡
② - ㉠
③ - ㉣
④ - ㉢

핵심이론 03 물리적 가스분석법

① **열전도율법** : 열전도율법은 측정가스 도입 셀과 공기를 채운 비교 셀 속에 백금선을 넣어 전기저항값을 측정하여 열전도율이 매우 작은 탄산가스(CO_2)의 농도를 측정하는 물리적 가스분석법이다. 열전도율이 큰 수소가 혼입되면 측정오차가 커진다.

② **밀도법** : 가스의 밀도차를 이용하는 방법으로, 탄산가스(CO_2)의 밀도가 공기보다 크다는 것을 이용한다.

③ **자기법** : 가스의 자성을 이용하는 가스분석법으로 가스 중에서 산소만 매우 높은 자성을 나타내며, 실내 열선의 냉각작용이 강해질 때의 온도 저하에 의한 전기저항의 변화를 측정한다. 자기법으로 O_2 농도 측정은 가능하지만 CO_2 농도 측정은 불가능하다.

④ **적외선분광분석법**

㉠ 개 요

- 적외선분광분석법은 화합물이 가지는 고유의 흡수정도의 원리(흡광도의 원리)를 이용하여 정성 및 정량분석에 이용할 수 있는 가스분석법이다.
- LPG의 정량분석에서 흡광도의 원리를 이용한 가스분석법이다.
- 적외선법 또는 적외선흡수법이라고도 한다.
- 분자가 적외선을 흡수하려면 진동과 회전운동에 의한 쌍극자 모멘트의 알짜변화를 일으켜야 한다.
- 분자가 진동할 때 쌍극자 모멘트의 변화량이 클수록 적외선 흡수는 크다.
- 쌍극자 모멘트의 변화량은 진동하고 있는 원자 간 거리가 짧을수록 그리고 부분전하가 클수록 커져서 강한 적외선 흡수가 관측된다.
- 쌍극자 모멘트의 알짜변화 조건하에서만 복사선의 전기장이 분자와 작용할 수 있고, 분자의 진동 및 회전운동의 진폭에 변화를 일으킬 수 있다.
- 단원자 분자(He, Ne, Ar 등)와 이원자 분자(O_2, N_2, Cl_2 등)의 경우에는 분자의 진동 또는 회전운동에 의해 쌍극자 모멘트의 알짜변화가 일어나지 않으므로 적외선을 흡수하지 않는다.
- 미량성분의 분석에는 셀(Cell) 내에서 다중 반사되는 기체 셀을 사용한다.
- 흡광계수는 셀압력에 비례한다.

㉡ 특 징

- 적외선을 이용하여 대부분의 가스를 분석할 수 있다.
- 선택성이 우수하고 연속 분석이 가능하다.
- 단원자 분자(He, Ne, Ar 등)와 이원자 분자(H_2, O_2, N_2, Cl_2 등)는 적외선을 흡수하지 않으므로 분석이 불가능하다.

⑤ **자외선법** : 대부분의 물질이 지닌 고유의 특유한 자외선 흡수 스펙트럼을 이용한 가스분석법이다.

⑥ **도전율법** : 흡수액에 시료가스를 흡수시켜서 용액의 도전율 변화로 가스농도를 측정하는 방법이다.

⑦ **화학발광법**

㉠ 화학발광법은 NO_x 분석에 이용되는데, NO_x 분석 시 약 590~2,500[nm]의 파장영역에서 발광하는 광량을 이용하는 물리적 가스분석법이다.

㉡ 화학발광(Chemiluminescence)은 가시광선의 방출에 의해 일어나는 화학반응이다.

㉢ 활성화된 상태의 이산화질소(NO_2)는 오존이 있는 낮은 압력 상태에서 일산화질소가 산화될 때 형성되고, 활성화된(들뜬 상태) 분자들이 바닥 상태로 천이되면서 화학발광에 의한 빛(파장 590~2,500[nm])을 방출한다.

⑧ **이온법** : 이온전류를 이용하는 방법으로, 수소염 속에 유기물을 넣고 연소시켜 유기물 중의 탄소수에 비례하여 발생하는 이온을 모아 전류를 끌어내어 유기물의 농도를 측정하는 분석법이다.

⑨ **고체전지법** : 고온에서 산소이온만 통과시키고 전자나 양이온을 거의 통과시키지 않는 특수한 도전성을 지닌 지르코니아의 특성을 이용하여 산소농담전지를 만들어 시료가스 중의 산소농도를 측정하는 가스분석법이다.

⑩ **액체전지법** : 전해질 액체의 전지반응을 이용하여 산소농도를 측정하는 가스분석법이다.

⑪ **광학분광법(분광광도법 또는 흡광광도법)**

㉠ 개 요

- 흡수, 형광, 방출 등의 현상에 바탕을 두고 있는 가스분석법이다.
- 측정 대상 가스를 흡수한 용액에 적당한 화학적 조작을 가하여 발색시킨 후 발색시료에 가시부 또는 자외부 파장의 빛을 비추어 흡수된 광량으로 가스농도를 측정하는 가스분석법으로, 미량분석에 유용하다.
- 적용법칙 : 램버트-비어의 법칙
- 램버트-비어의 법칙(Lambert-Beer) : 흡광도는 매질을 통과하는 길이와 용액의 농도에 비례한다는 법칙으로, 비어의 법칙 또는 비어-람베르트의 법칙이라고도 한다.

  $A = \varepsilon bc$

  [여기서, A : 흡광도, ε : 시료의 몰 흡광계수(해당 빛의 파장에서 화합물의 특성에 의존), b : 시료의 길이(빛이 시료를 통과하는 길이), c : 시료의 몰농도]

⑫ **질량분석법** : 질량분석계로 가스를 분석하는 방법으로 탄화수소 혼합가스, 희가스, 동위원소 등의 분석에 이용한다.

⑬ **저온정밀증류법** : 시료기체를 냉각하여 액화시킨 후 정밀증류분석하는 가스분석법으로, LPG의 성분분석이 이용되며 지방족 탄화수소의 분리정량이 가능하다.

⑭ **슐리렌(Schlieren)법** : 기체의 흐름에 대한 밀도 변화를 광학적 방법으로 측정하는 분석법이다.

⑮ **분리분석법** : 두 가지 이상의 성분으로 된 물질을 단일성분으로 분리하는 선택성이 우수한 분석법이다.

⑯ **물리적 가스분석계의 예**

㉠ 열전도율형 CO_2(분석)계 : 탄산가스의 열전도율이 매우 작은 특성을 이용한 가스분석계이다. 사용 시 주의사항은 다음과 같다.

- 가스의 유속을 거의 일정하게 한다.
- 셀의 주위온도와 측정가스의 온도는 거의 일정하게 유지시키고, 온도의 과도한 상승을 피한다.
- 브리지의 공급전류의 점검을 확실하게 한다.
- 수소가스가 혼입되지 않도록 주의한다(열전도율이 큰 수소가 혼입되면 지시값이 저하되어 측정오차가 커진다).

㉡ 밀도식 CO_2계 : 가스의 밀도차(CO_2의 밀도가 공기보다 크다)를 이용하여 CO_2의 농도를 측정하는 가스분석계이다.

㉢ 자기식 O_2계(O_2 가스계) : 산소(O_2)는 다른 가스에 비하여 강한 상자성체이므로 자장에 대하여 흡인되는 특성을 이용하여 분석하는 가스분석계이다.

- 열선(저항선)의 냉각작용이 강해지면 온도가 저하되는데 온도 저하에 의한 전기저항의 변화를 측정한다.
- 자기풍 세기 : O_2농도에 비례하고, 열선온도에 반비례한다.
- 자화율 : 열선온도에 반비례한다.
- 가동 부분이 없고, 구조도 비교적 간단하며 취급이 용이하다.
- 가스의 유량, 압력, 점성의 변화에 대하여 지시오차가 거의 발생하지 않는다.
- 열선은 유리로 피복되어 있어 측정가스 중의 가연성 가스에 대한 백금의 촉매작용을 막아 준다.
- 다른 가스의 영향이 없고, 계기 자체의 지연시간이 작다.
- 감도가 크고, 정도는 1[%] 내외이다.

㉣ 세라믹식 O_2계 : 기전력을 이용하여 산소농도를 측정하는 가스분석계이다.

- 세라믹의 주성분 : 산화지르코늄(ZrO_2)
- 고온이 되면 산소이온만 통과시키고 전자나 양이온을 거의 통과시키지 않는 특수한 도전성 나타내는 지르코니아(Zr)의 특성을 이용하여 산소농담으로 전지를 만들어 시료가스 중의 산소농도를 측정한다.

• 비교적 응답이 빠르며(5~30초) 측정가스의 유량이 나 설치 장소의 주위 온도 변화에 의한 영향이 작다.
• 연속 측정이 가능하며 측정범위가 광범위([ppm]~[%])하다.
• 측정부의 온도 유지를 위하여 온도 조절 전기로가 필요하다.

ⓜ 전지식 O_2계 : 액체의 전해질의 전지반응을 이용하는 가스분석계이다.

ⓑ 적외선흡수식 가스분석계 : 2원자 분자를 제외한 대부분의 가스가 고유한 흡수 스펙트럼을 가지는 것을 응용한 가스분석계(대상 성분 가스만 강하게 흡수하는 파장의 광선을 이용하는 가스분석계)이다.
• 별칭 : 적외선분광분석계, 적외선식 가스분석계
• 저농도의 분석에 적합하며 선택성이 우수하다.
• CO_2, CO, CH_4 NH_3, $COCl_2$ 등의 가스분석이 가능하다.
• 대칭성 2원자 분자(N_2, O_2, H_2, Cl_2 등), 단원자 가스(He, Ne, Ar 등) 등의 분석은 불가능하다.
• 비분산형 적외선분석계는 고순도 헬륨 등 불활성 가스의 분석에 부적합하다.

ⓢ 용액전도율식 분석계 또는 도전율식 가스분석계(흡수제의 도전율의 차를 이용하는 방법) : 용액에 시료가스를 흡수시켜 측정성분에 따라 도전율이 변하는 것을 이용하여 가스의 농도를 구하는 분석계이다. 측정가스와 반응용액은 다음과 같다.
• CO_2 - NaOH용액
• SO_2- NaOH용액
• Cl_2- $AgNO_3$용액
• NH_3- H_2SO_4용액

ⓞ 화학발광검지기(Chemiluminescence Detector) : Ar 가스가 운반(Carrier)역할을 하는 고온(800~900[℃])으로 유지된 반응 관 내에 시료를 주입시키면, 시료 중의 질소화합물이 열분해된 후 O_2 가스에 의해 산화되어 NO 상태로 되고 생성된 NO 가스를 O_3 가스와 반응시켜 화학발광을 일으킨다.

ⓙ 흡광광도계 또는 분광광도계 : 측정 대상 가스를 흡수한 용액에 적당한 화학적 조작을 가하여 발색시킨 다음 그 발색 시료에 가시부 또는 자외부 파장의 빛을 비추어 그 흡수광량에 의해 대상 가스의 농도를 알아내는 가스분석계이다.

ⓒ 대기압이온화질량분석계(APIMS) : 반도체용 초고순도 분위기 가스 중의 초미량 수분 함량을 측정하는 분석기기로서, 가장 낮은 농도의 측정에 사용한다.

ⓚ 가스크로마토그래피(Gaschromatography) : 기체 비점 300[℃] 이하의 액체를 측정하는 물리적 가스분석계이다.

핵심예제

3-1. 물리적 가스분석계의 종류를 5가지만 쓰시오.

3-2. 측정 대상 가스를 흡수한 용액에 적당한 화학적 조작을 가하여 발색시킨 다음 그 발색시료에 가시부 또는 자외부 파장의 빛을 비추어 그 흡수광량에 의해 대상 가스의 농도를 알아내는 가스분석계의 명칭을 쓰시오.

|해답|

3-1
물리적 가스분석계의 종류
① 열전도율형 CO_2(분석)계
② 자기식 O_2계
③ 적외선흡수식 가스분석계
④ 도전율식 가스분석계
⑤ 가스크로마토그래피

3-2
흡광광도계

핵심이론 04 가스크로마토그래피(Gas Chromatography)

① 가스크로마토그래피의 개요

㉠ 용 어

- 이동상(Mobile Phase) : 용리액(흘려주는 용매)
- 고정상(Stationary Phase) : 충전물질(시료성분의 통과속도를 느리게 하여 성분을 분리시키는 부분)이며 정지상이라고도 한다.
- 용리(Elution) : 용매를 칼럼을 통하여 흘려 주는 과정
- 보유시간(Retention Time) : 어떤 조건에서 시료를 분리관에 도입시킨 후 그중의 어떤 성분이 검출되어 기록지상에 피크(Peak)로 나타날 때까지의 시간
  - 인젝션(Injection)에서 최대 피크까지 걸리는 시간이다.
  - 시료의 양에 따라 변하지 않는 양이다.
  - 시료의 여러 가지 성분은 각각 동일한 보유시간(머무름시간, Retention Time)을 가질 수 없다.
  - 다른 성분의 간섭을 받지 않는다.
- 보유용량(Retention Volume) : 보유시간에 운반가스의 유량을 곱한 값이다.
- 가스크로마토그래피는 기체크로마토그래피라고도 한다.

㉡ 가스크로마토그래피법

- 두 가지 이상의 성분으로 된 물질을 단일성분으로 분리하는 선택성이 우수한 분리분석기법이다.
- 이동상으로 캐리어가스(이동기체)를 이용하고, 고정상으로 액체 또는 고체를 이용해서 혼합성분의 시료를 캐리어가스로 공급하여 고정상을 통과할 때 시료 중의 각 성분을 분리하는 분석법이다.
- 시료가 칼럼을 지날 때 각 성분의 이동도 차이를 이용해 혼합물의 각 성분을 분리해 낸다.
- 이용되는 기체의 특성 : 확산속도의 차이(이동속도의 차이)
- 원리 : 흡착의 원리, 분리의 원리
- 흡착제를 충전한 관 속에 혼합시료를 넣고, 용제를 유동시키면 흡수력 차이에 따라 성분의 분리가 일어난다.
- 액체흡착제를 사용할 때 분리의 바탕이 되는 것은 분배계수의 차이다.
- 시료를 이동시키기 위하여 흔히 사용되는 기체는 헬륨가스이다.
- 시료의 주입이 반드시 기체이어야 하는 것은 아니다.
- 기체크로마토그래피에 의해 가스의 조성을 알고 있을 때에는 계산에 의해서 그 비중을 알 수 있다. 이 때 비중 계산의 인자로는 성분의 함량비, 분자량, 수분 등이 있다(증발온도는 아니다).
- 각 성분의 머무름시간은 분석조건이 일정하면 조성에 관계없이 거의 일정하다.
- 기체크로마토그래피를 통하여 가장 먼저 피크가 나타나는 물질은 메탄이다.
- 피크면적 측정법 : 주로 적분계(Integrator)에 의한 방법을 이용한다.
- 용도 : 수소, 이산화탄소, 탄화수소(부탄, 나프탈렌, 할로겐화 탄화수소 등), 산화물, 연소기체 등의 분석

※ 기체크로마토그래피 분석방법으로 분석하지 않는 가스 : 염소

㉢ 충전물에 따른 가스크로마토그래피의 분류

- 기체-고체크로마토그래피(GSC) : 흡착성 고체 분말을 충전물로 사용한다(시료성분이 정지상 고체 표면에 흡착).
- 기체-액체크로마토그래피(GLC) : 적당한 담체에 고정상 액체를 함침한 충전물을 사용한다(시료성분이 정지상 액체상에 분배).

㉣ 가스크로마토그래피의 일반적인 특징
- 분리능력과 선택성이 우수하다.
- 한 대의 장치로 여러 가지 가스를 분석할 수 있다.
- 여러 가지 가스성분이 섞여 있는 시료가스분석에 적당하다.
- 다른 분석기기에 비하여 감도가 뛰어나다.
- 미량성분의 분석이 가능하다.
- 액체크로마토그래피보다 분석속도가 빠르다.
- 운반기체로서 화학적으로 비활성인 헬륨을 주로 사용한다.
- 칼럼에 사용되는 액체 정지상은 휘발성이 낮아야 한다.
- 빠른 시간 내에 분석이 가능하다.
- 액체크로마토그래피보다 분석속도가 빠르다.
- 적외선가스분석계에 비해 응답속도가 느리다.
- 연속 분석이 불가능하다.
- 연소가스에서는 SO_2, NO_2 등의 분석이 불가능하다.
- 분석 순서는 가스크로마토그래피 조정 및 안전성을 확인한 후 분리관에 충전물을 충전한 다음에 분석시료를 도입한다.
- 각 성분의 머무름시간은 분석조건이 일정하면 조성에 관계없이 거의 일정하다.
- 분배크로마토그래피는 액체성분분석도 가능하므로 LP가스의 액체 부분을 채취해도 된다.

② 가스크로마토그래피의 구성요소

운반기체, 압력조정기·압력계, 유속조절기(유량측정기)·유량조절밸브, 시료주입기(Injector), 분리관(Column), 검출기(Detector), 기록계(Data System) 등

㉠ 운반기체(Carrier Gas) : 시료 주입구에서 기화된 시료를 분리관으로 이동시키는 기체
- 운반가스는 이동상이며 전개제(Developer)로 이용한다.
- 운반가스의 구비조건
  - 사용하는 검출기에 적합해야 한다.
  - 순도가 높고 구입이 용이해야 한다.
  - 시료와 반응성이 낮은 불활성(비활성) 기체이어야 한다.
  - 독성이 없어야 한다.
  - 건조해야 한다.
  - 기체 확산을 최소로 할 수 있어야 한다.
- 종류 : 수소(H_2), 헬륨(He), 아르곤(Ar), 질소(N_2) 등
  - 가스크로마토그래피 분석법에 사용되는 캐리어가스 중 가장 많이 사용하는 것은 질소, 헬륨이다.
  - TCD(열전도도검출기)용 : 순도 99.9[%] 이상의 수소나 헬륨
  - FID(수소염이온화검출기)용 : 순도 99.9[%] 이상의 질소 또는 헬륨
  - ECD(전자포획검출기)용 : 순도 99.99[%] 이상의 질소 또는 헬륨
  - 기타 검출기에서는 각각 규정하는 가스를 사용한다.
- 운반기체의 불순물을 제거하기 위해 사용하는 부속품 : 화학필터(Chemical Filter), 산소제거트랩(Oxygen Trap), 수분제거트랩(Moisture Trap)

㉡ 압력조정기, 압력계

㉢ 유속조절기(유량측정기), 유량조절밸브

㉣ 시료주입기(Injector) : 분석하고자하는 시료를 주입하는 장치
- 주입한 시료를 기화시켜 분리관으로 보내는 역할을 한다.
- 주입기 온도는 분석물의 비등점보다 20~50[℃] 정도 높다.
- 시료를 서서히 주입할 경우 피크의 폭이 넓어지므로 시료 주입은 일시에 빠르게 해야 한다.

㉤ 분리관(칼럼, Column) : 내부에 충전물로 채워져 있는 여러 용기가 있으며, 시료성분들을 각각의 단일화합물로 분리하는 장치이다. 유리관 또는 합성수지관으로 되어 있다.

- 주로 열린관 칼럼을 사용한다.
- 기체크로마토그래피의 열린관 칼럼 중 유연성이 있고, 화학적 비활성이 우수하여 널리 사용되는 것은 용융실리카 도포 열린관 칼럼(FSWC)이다.
- 분리관 오븐은 가열기구, 온도조절기구, 온도측정기구로 구성되어 있다.
- 분리능에 가장 큰 영향을 미치는 것은 충전물에 부착되는 액체의 양이다.
- 충전물(충전담체) : 화학적으로 활성을 띠지 않는 정지상 물질
  - 큰 표면적을 가진 미세한 분말이 좋다.
  - 입자 크기가 균등하면 분리작용이 좋다.
  - 충전하기 전에 비휘발성 액체로 피복한다.
  - 충전물질의 분류
    ⓐ 흡착형 충전물질 : 기체-고체크로마토그래프법에서 분리관 내경에 따라 사용(실리카겔, 활성탄, 알루미나, 합성제오라이트, 몰레큘러시브 등)한다.
    ⓑ 분배형 충전물질 : 기체-액체크로마토그래프법에서 적당한 담체(불활성 규조토, 내화벽돌, 유리, 석영 등)에 고정상 액체를 함침시킨 것을 충전물로 사용한다. 고정상 액체는 분석 대상을 완전히 분리시키고 증기압이 낮고 점성이 작으며 화학성분이 일정하고 화학적으로 안정한 것이어야 한다. 일반적으로 사용되는(가장 널리 사용되는) 고체 지지체 물질은 규조토이다.
    ⓒ 다공성 고분자형 충전물질 : 다이비닐벤젠(Divinyl Benzene)을 가교제로 스티렌계 단량체를 중합시킨 고분자물질을 단독 또는 고정상 액체로 표면처리하여 사용한다.
- 충선물의 충전방법 : 내부를 잘 씻어 말린 분리관의 한쪽 끝은 유리솜으로 막고 진동을 주어 감압 흡인하면서 충전물을 고르고 빽빽하게 채운 후 한쪽 끝을 유리솜으로 막는다. 충전물질의 최고사용온도 부근에서 수 시간 동안 헬륨 또는 질소를 통하여 건조시킨다. 이때 감소되는 만큼 충전하고 더이상 감소되지 않을 때까지 조작을 반복한다.

㉥ 검출기(Detector) : 분리관으로부터 분리된 단일화합물을 검출하여 양에 비례하는 전기적인 신호로 변환시키는 장치이다.

- 검출기 오븐은 검출기를 한 개 또는 여러 개 수용할 수 있고, 분리관 오븐과 동일하거나 그 이상의 온도를 유지할 수 있는 기구로 구성한다.
- 가스크로마토그래피에서 사용되는 검출기의 구비조건
  - 적당한 강도를 가져야 한다.
  - 모든 용질에 대한 감응도가 비슷하거나 선택적인 감응을 보여야 한다.
  - 일정 질량범위에 걸쳐 직선적인 감응도를 보여야 한다.
  - 가스 유출속도와 감응시간이 원활하게 이루어져야 한다.
  - 재현성이 좋아야 한다.
  - 시료를 파괴하지 않아야 한다.
- 가스크로마토그래피에서 사용되는 검출기의 종류 : 불꽃이온화검출기(FID), 염광광도검출기(FPD), 열전도도검출기(TCD), 전자포획검출기(ECD), 원자방출검출기(AED), 알칼리열이온화검출기(FTD), 황화학발광검출기(SCD), 열이온검출기(TID), 방전이온화검출기(DID), 환원성가스검출기(RGD) 등

㉦ 기록계(Data System) : 검출기에서 나온 신호값을 Y축, 시간을 X축으로 하여 크로마토그램을 그린다.

③ 가스크로마토그래피에서 사용되는 검출기의 종류

㉠ 불꽃이온화검출기 또는 수소염이온화검출기 (FID ; Flame Ionization Detector)

- 개 요
  - FID는 수소불꽃 속에 탄화수소가 들어가면 불꽃의 전기전도도가 증대하는 현상을 이용한 검출기이다.
  - 도로에 매설된 도시가스가 누출되는 것을 감지하여 분석한 후 가스 누출 유무를 알려주는 가스검출기이다.
- 구성요소 : 시료가스, (수소연소)노즐, 컬렉터(이온수집기) 전극, 증폭부(직류전압변환회로), 농도지시계(감도조절부, 신호감쇄부) 등

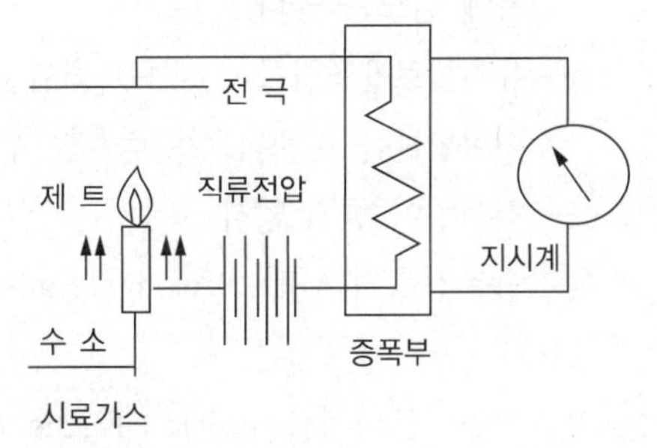

- FID의 특징
  - 감도가 매우 우수하다.
  - 벤젠, 페놀 등의 탄화수소에 대한 감도가 가장 우수하며, 가장 높은 검출한계를 갖는다(예를 들면, 프로판의 성분을 분석할 때 FID가 가장 적합하다).
  - 메탄(CH_4)과 같은 탄화수소 계통의 가스는 열전도검출기보다 불꽃이온화검출기(FID)가 적합하다.
  - 물에 대하여 감도를 나타내지 않기 때문에 자연수 중에 들어 있는 오염물질을 검출하는 데 유용하다.
  - FID에 의한 탄화수소의 상대감도는 탄소수에 거의 비례한다.
  - 이온의 형성은 불꽃 속에 들어온 탄소원자의 수에 비례한다.
  - 시료를 연소시켜 파괴한다.
  - 연소성 기체에 대하여 감응한다.
  - 미량의 탄화수소를 검출할 수 있다.
  - 유기화합물의 분리에도 가장 적합하다.
  - 열전도도검출기보다 감도가 높다.
  - 노이즈가 작고 사용이 편리하다.
  - H_2, O_2, H_2O, CO_2, SO_2, CO 등에는 감응하지 않는다.
  - 연소 시 발생하는 수분의 응축을 방지하기 위해서 검출기의 온도는 100[℃] 이상에서 작동되어야 한다.

㉡ 불꽃광도검출기 또는 염광광도검출기(FPD ; Flame Photometric Detector)

- 개 요
  - FPD는 수소염에 의하여 시료성분을 연소시키고, 이때 발생하는 염광의 광도를 분광학적으로 측정하는 검출기이다.
  - 황화합물과 인화합물에 대하여 선택성이 높은 검출기이다.
- FPD의 특징
  - 불꽃광도검출기는 열전도검출기(TCD)보다 미량분석에 적합하다.
  - 황화합물, 인화합물을 선택적으로 검출한다.
  - 탄화수소에는 전혀 감응하지 않는다.

㉢ 열전도도검출기(TCD ; Thermal Conductivity Detector)

- 개요 : TCD는 금속필라멘트 또는 전기저항체인 서미스터를 이용하여 캐리어가스와 시료가스의 열전도도 차이를 측정하는 검출기이다.
- 구성 : 금속 필라멘트 또는 전기저항체를 검출소자로 하여 금속판 안에 들어 있는 본체와 여기에 안정된 직류 전기를 공급하는 전원회로, 전류조절부, 신호검출전기회로, 신호감쇄부 등으로 구성되어 있다.

• 열전도형 검출기(TCD)의 특성
  - 가열된 서미스터에 가스를 접촉시키는 방식이다.
  - 비파괴성 검출기이며 모든 화합물의 검출이 가능하여 일반적으로 널리 사용된다.
  - 고농도의 가스를 측정할 수 있다.
  - 가연성 가스 이외의 가스도 측정할 수 있다.
  - 공기와의 열전도도 차가 클수록 감도가 좋다.
  - 선형감응범위가 넓고, 유기 및 무기화학종 모두에 감응하고, 검출 후에도 용질이 파괴되지 않으나 감도가 비교적 낮다.
  - 사용되는 검출기 중에서 감도가 가장 낮다.
  - 비교적 구조가 간단하다.
  - 수소와 헬륨의 검출한계가 가장 낮다.
• 열전도도검출기 측정 시 주의사항
  - 운반기체 흐름속도에 민감하므로 흐름속도를 일정하게 유지한다.
  - 필라멘트에 전류를 공급하기 전에 일정량의 운반기체를 먼저 흘러 보낸다.
  - 감도를 위해 필라멘트와 검출실 내벽의 온도를 적정하게 유지한다.
  - 운반기체의 흐름속도가 느릴수록 감도가 증가한다.
  - 유속이 너무 느리면 분석시간이 길어진다.
• 산소(O_2) 중에 포함되어 있는 질소(N_2)성분을 가스크로마토그래피로 정량할 때
  - 열전도도검출기(TCD)를 사용한다.
  - 질소(N_2)의 피크가 산소(O_2)의 피크보다 먼저 나오도록 칼럼을 선택한다.
  - 캐리어가스로는 헬륨을 쓰는 것이 바람직하다.
  - 산소제거트랩(Oxygen Trap)을 사용하는 것이 좋다.

㉣ 전자포획검출기(ECD ; Electron Capture Detector)
  • 개 요
    - ECD는 방사선 동위원소의 자연붕괴과정에서 발생하는 베타입자를 이용하여 시료의 양을 측정하는 검출기이다.
    - 자유전자포착성질을 이용하여 전자친화력이 있는 화합물에만 감응하는 원리를 적용하여 환경물질분석에 널리 이용되는 검출기이다.
  • ECD의 특징
    - 할로겐, 산소화합물, 과산화물 및 나이트로기와 같은 전기음성도가 큰 작용기를 포함하는 분자에 감도가 좋다.
    - 유기할로겐화합물, 나이트로화합물 및 유기금속화합물을 선택적으로 검출할 수 있다.
    - 직선성이 좋지 않다.

㉤ 원자방출검출기(AED ; Atomic Emission Detector)

㉥ 알칼리열이온화검출기(FTD ; Flame Thermionic Detector) : 수소염이온화검출기에 알칼리 또는 알칼리토류 금속염의 튜브를 부착한 것으로, 유기질소화합물 및 유기염화합물을 선택적으로 검출할 수 있다.

㉦ 황화학발광검출기(SCD)

㉧ 열이온검출기(TID)

㉨ 방전이온화검출기(DID)
  • 초고순도 산소(O_2) 중의 미량 불순물 (Ar, N_2, CH_4, H_2)을 분석한다.
  • 정확한 분석을 위해 구리(Cu) 또는 망간(Mn)으로 된 산소트랩(Oxygen Trap)의 사용을 도입한다.

㉩ 환원성가스검출기(RGD) : 환원성 가스(H_2, CO, H_2S 등)를 검출한다.

④ 설치 및 조작법

㉠ 설치조건

- 진동이 없고 분석에 사용되는 유해물질을 안전하게 처리할 수 있는 곳에 설치한다.
- 설치 장소는 부식가스나 먼지가 적고, 실온 5~35[℃], 상대습도 85[%] 이하, 직사광선을 받지 않는 곳이어야 한다.
- 공급전원은 가능한 한 주파수 변동이 없어야 한다.
- 전원 변동은 지정전압의 10[%] 이내이어야 한다.
- 접지저항 10[Ω] 이하의 접지점이 있는 곳이어야 한다.

㉡ 분석 전 준비사항 : 가스통은 화기가 없는 실외의 그늘진 곳에 넘어지지 않도록 고정 및 설치하며, 가스류 배관의 누출 여부를 확인한다.

㉢ 조작 순서

- 가스크로마토그래피 조정(분석조건의 설정 : 유량, 분리관 온도, 시료 기화실 온도, 검출기 온도, 감도, 기록지 이동속도 등을 설정한다)
- 가스크로마토그래피의 안정성 확인(바탕선의 안정도 확인 : 검출기 및 기록계를 소정의 작동 상태로 하여 바탕선의 안정 상태를 확인한다)
- 표준가스 도입
- 시료가스 도입가(시료의 도입 : 액체시료나 기체시료는 실린더를 사용하여 주입하고, 고체시료는 용매를 용해시켜 주입한다)
- 성분분석
- 피크면적 계산
  - 크로마토그램 기록 : 시료의 피크가 기록계의 기록지상에 진동이 없고 가능한 한 큰 피크를 그리도록 성분에 따라 감도를 보정한다.
  - 데이터 정리 : 날짜, 장치명, 시료명 및 시료도입량, 운반가스의 종류 및 유량, 충전물의 종류, 분리관온도 등 제반에 필요사항을 정리하여 기재한다.

㉣ 분리의 평가 : 분리의 평가는 분리효율과 분리능으로 한다.

- 분리효율 : 이론단수 또는 1 이론단에 해당하는 분리관의 길이(HETP)로 표시하고 크로마토그램상의 피크로부터 계산한다.
- 분리능 : 2개의 접근한 피크의 분리 정도를 나타내기 위해 분리계수 또는 분리도를 가지고 정량적으로 정의하여 사용한다.

⑤ 크로마토그램과 제반 계산식

㉠ 가스크로마토그래프의 크로마토그램

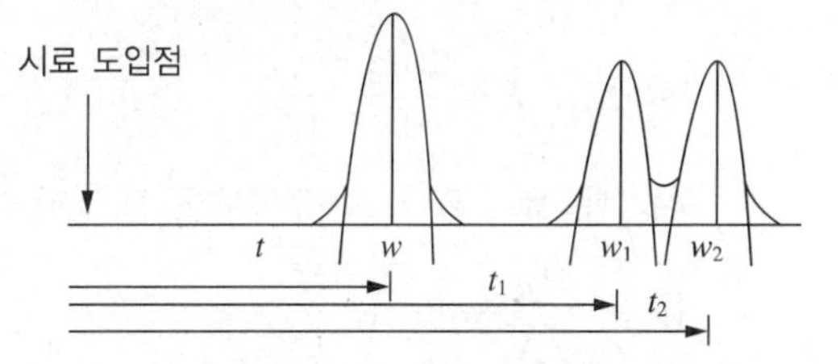

- t, t_1, t_2 : 체류시간 또는 머무름시간(시료 도입점으로부터 피크의 최고점까지 이르는 길이)
- W, W_1, W_2 : 피크의 좌우 변곡점 길이(피크의 좌우 변곡점에서 접선이 자르는 바탕선의 길이)

㉡ 피크의 넓이 계산 : $A = Wh$

(여기서, W : 피크 높이의 1/2 지점에서의 피크의 너비, h : 피크의 높이)

㉢ 이론단수 : $N = 16 \times \left(\frac{l}{W}\right)^2 = 16 \times \left(\frac{t}{T}\right)^2$

$= 16 \times \left(\frac{vt}{W}\right)^2$

(여기서, l : 시료 도입점으로부터 피크 최고점까지의 길이, W : 봉우리(피크)의 폭, t : 머무름시간, T : 바닥에서의 너비 측정시간, v : 기록지의 속도)

㉣ 이론단 해당 높이(HETP ; Height Equivalent to a Theoretical Plate) : $HETP = \frac{L}{N}$

(여기서, L : 분리관의 길이, N : 이론단수)

ⓜ 가스 주입시간 : $t_i = \frac{V}{Q}$

(여기서, V : 지속용량, Q : 이동기체의 유량)

ⓑ 기록지 속도 : $v = \frac{l}{t_i} = \frac{Q}{V} \times l$

(여기서, l : 주입점에서 피크까지의 길이, t_i : 가스 주입시간)

ⓢ 주입점에서 피크까지의 길이 : $l = vt_i = v \times \frac{V}{Q}$

ⓞ 분리도(Resolution) : 2개의 인접 피크를 분리·식별하는 분리관의 능력

- 분리도 : $R = \frac{2(t_2 - t_1)}{W_2 + W_1}$

  (여기서, W : 폭, t : 머무름시간, W : 피크의 폭)

  $W = \frac{4t_R}{\sqrt{N}} = 4t_R\sqrt{\frac{H}{L}}$

  (여기서, H : 단의 높이, L : 칼럼 길이)

- 분리도는 간단하게 다음과 같이 나타내기도 한다.

  $R = K\sqrt{L}$

  (여기서, K : 상수, L : 칼럼 길이)

- 칼럼 길이의 제곱근에 비례한다.
- 분리도는 칼럼의 길이가 길고 두 성분의 머무름 시간의 차이가 크고 띠폭이 좁을수록 크다.

핵심예제

4-1. 가스크로마토그래피의 특징을 4가지만 쓰시오.

4-2. 가스크로마토그래피에서 운반가스(Carrier Gas)의 구비 조건을 4가지만 쓰시오.

4-3. 열전도형 검출기(TCD)의 특성을 4가지만 쓰시오.

4-4. CO, CH_4, CO_2를 함유한 어떤 기체를 분석 시 Gas Chromatography를 사용하여 다음 그림과 같은 스트립 차트를 얻었다. 이들 2가지 물질에 대한 CO : CH_4 : CO_2의 몰분율비를 구하시오.

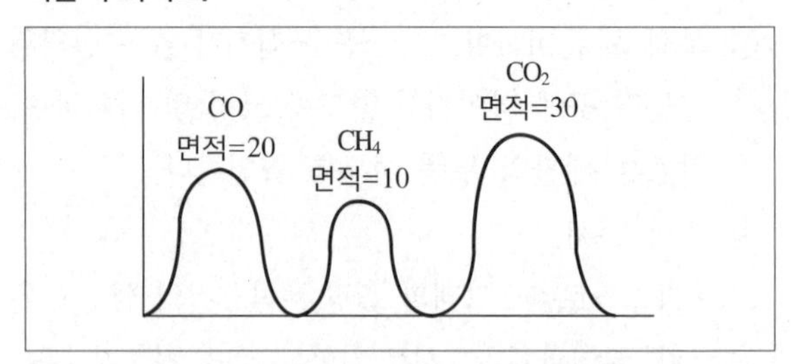

4-5. 에탄올, 헵탄, 벤젠, 에틸아세테이트로 된 4성분 혼합물을 TCD를 이용하여 정량분석하려고 한다. 다음 데이터를 이용하여 각 성분(에탄올 : 헵탄 : 벤젠 : 에틸아세테이트)의 중량분율(wt[%])을 구하시오.

성 분	면적[cm^2]	중량인자
에탄올	5.0	0.64
헵 탄	9.0	0.70
벤 젠	4.0	0.78
에틸아세테이트	7.0	0.79

4-6. 어떤 기체를 가스크로마토그래피로 분석하였더니 머무름 부피(Retention Volume)가 3[mL]이고, 머무름시간(Retention Time)이 6[min]이었다면 운반기체의 유속[mL/min]을 계산하시오.

4-7. 관의 길이 250[cm]에서 벤젠의 가스크로마토그램을 재었더니 머무름 부피가 82.2[mm], 봉우리의 폭(띠 너비)이 9.2[mm]이었다. 이때의 이론단수를 계산하시오.

핵심예제

4-8. 어떤 관의 길이 25[cm]에서 벤젠을 가스크로마토그램으로부터 계산한 이론단수가 400단이었다. 기록지에 머무름 부피가 30[mm]로 나타났다면 봉우리의 폭(띠 너비)이 몇 [mm]인지 계산하시오.

4-9. 머무름시간이 407초, 길이가 12.2[m]인 칼럼에서의 띠 너비를 바닥에서 측정하였을 때 13초이었다. 이때 단높이(HETP)[mm]를 계산하시오.

4-10. 어떤 시료 가스크로마토그램에서 성분 A의 머무름시간(t)이 10분이고, 피크 폭이 10[mm]이었다. 이 경우 성분 A에 대한 HETP(Height Equivalent to a Theoretical Plate)[mm]를 계산하시오(단, 분리관의 길이는 2[m]이고, 기록지의 속도는 10[mm/min]이다).

4-11. 가스크로마토그램에서 A, B 두 성분의 머무름시간은 각각 1분 50초와 2분 20초이고, 피크 폭은 다 같이 30초일 때의 분리도를 구하시오.

4-12. 가스크로마토그램 분석결과 노멀 헵탄의 피크 높이가 12.0[cm], 반높이선 너비가 0.48[cm]이고 벤젠의 피크 높이가 9.0[cm], 반높이선 너비가 0.62[cm]일 때의 노멀 헵탄의 농도[%]를 구하시오.

4-13. 가스크로마토그래피(Gas Chromatography)에서 캐리어가스의 유량이 5[mL/s]이고, 기록지의 속도가 3[mm/s]일 때 어떤 시료가스를 주입하니 지속용량이 250[mL]이었다. 이때 주입점에서 성분의 피크까지 거리[mm]를 구하시오.

|해답|

4-1

가스크로마토그래피의 특징

① 한 대의 장치로 여러 가지 가스를 분석할 수 있다.
② 미량성분의 분석이 가능하다.
③ 분리성능이 좋고 선택성이 우수하다.
④ 응답속도가 다소 느리고, 동일한 가스의 연속 측정이 불가능하다.

4-2

운반가스(Carrier Gas)의 구비조건

① 사용하는 검출기에 적합해야 한다.
② 순도가 높고, 구입이 용이해야 한다.
③ 기체 확산을 최소로 할 수 있어야 한다.
④ 시료와 반응성이 낮은 불활성 기체이어야 한다.

4-3

열전도형 검출기(TCD)의 특성

① 고농도의 가스를 측정할 수 있다.
② 가열된 서미스터에 가스를 접촉시키는 방식이다.
③ 공기와의 열전도도 차가 클수록 감도가 좋다.
④ 가연성 가스 이외의 가스도 측정할 수 있다.

4-4

전체 면적 = 20 + 10 + 30 = 60이므로, 몰분율비는

$\frac{20}{60} : \frac{10}{60} : \frac{30}{60} = \frac{1}{3} : \frac{1}{6} : \frac{1}{2} = \frac{2}{6} : \frac{1}{6} : \frac{3}{6} = 2 : 1 : 3$이다.

4-5

- 총중량 $= (5.0 \times 0.64) + (9.0 \times 0.70) + (4.0 \times 0.78) + (7.0 \times 0.79) = 18.15$
- 중량분율(wt[%])
  - 에탄올 : $\frac{5.0 \times 0.64}{18.15} \times 100[\%] \simeq 17.6[\%]$
  - 헵탄 : $\frac{9.0 \times 0.70}{18.15} \times 100[\%] \simeq 34.7[\%]$
  - 벤젠 : $\frac{4.0 \times 0.78}{18.15} \times 100[\%] \simeq 17.2[\%]$
  - 에틸아세테이트 : $\frac{7.0 \times 0.79}{18.15} \times 100[\%] \simeq 30.5[\%]$

4-6

유 속

$v = \frac{Q}{t} = \frac{3}{6} = 0.5[\mathrm{mL/min}]$

4-7

이론단수

$N = 16 \times \left(\frac{82.2}{9.2}\right)^2 \simeq 1{,}277$

4-8
이론단수

$N = 400 = 16\times\left(\frac{30}{W}\right)^2$

∴ 봉우리의 폭(띠 너비) $W = 6[\text{mm}]$

4-9

- 이론단수 : $N = 16\times\left(\frac{407}{13}\right)^2 \simeq 15{,}683$
- 단높이(HETP) : $\frac{L}{N} = \frac{12.2\times1{,}000}{15{,}683} \simeq 0.78[\text{mm}]$

4-10

- 이론단수 : $N = 16\times\left(\frac{l}{W}\right)^2 = 16\times\left(\frac{t}{T}\right)^2 = 16\times\left(\frac{vt}{W}\right)^2$

$= 16\times\left(\frac{10\times10}{10}\right)^2 = 1{,}600$

- HETP : $\frac{L}{N} = \frac{2\times1{,}000}{1{,}600} \simeq 1.25[\text{mm}]$

4-11
분리도

$R = \frac{2(t_2 - t_1)}{W_2 + W_1} = \frac{2\times(140-110)}{30+30} = 1.0$

4-12

- 노멀 헵탄의 면적 : 반높이선 너비 × 피크 높이 = $0.48\times12 = 5.76[\text{cm}^2]$
- 벤젠의 면적 : 반높이선 너비 × 피크 높이 = $0.62\times9 = 5.58[\text{cm}^2]$

∴ 노멀 헵탄의 농도 : $\frac{5.76}{5.76+5.58}\times100[\%] \simeq 50.79[\%]$

4-13

기록지 속도 $v = \frac{l}{t_i} = \frac{Q}{V}\times l$

∴ 주입점에서 성분의 피크까지 거리

$l = \frac{V}{Q}\times v = \frac{250}{5}\times3 = 150[\text{mm}]$

제2절 | 자동제어

2-1. 자동제어 일반

핵심이론 01 자동제어의 개요

① 자동제어 관련 용어

㉠ 목푯값 : 자동제어에서 희망하는 제어량(온도 등)에 일치시키려는 물리량

㉡ 뱅뱅 : 제어량이 목푯값을 중심으로 일정한 폭의 상하 진동을 하게 되는 현상

㉢ 언더슈트(Undershoot) : 동작 간격에 못 미쳐서 미달되는 오차

㉣ 오버슈트(Overshoot) : 동작 간격으로부터 벗어나 초과되는 오차

㉤ 오프셋(Off-set, 잔류편차) : 정상 상태로 되고 난 다음에도 남는 제어동작

㉥ 외란 : 제어량의 값이 목푯값과 달라지게 하는 외부로부터의 영향

㉦ 펄스 : 계측시간이 짧은 에너지의 흐름

㉧ 히스테리시스 : 자동제어계측기의 정특성에서 입력값을 증가시키면서 발생되는 출력값과 입력을 감소시키면서 발생되는 출력값의 차이

② 제어시스템

㉠ 개루프제어계와 폐루프제어계

- 개루프제어(Open Loop Control)시스템 : 가장 간단한 장치이며 제어동작이 출력과 관계없이 신호의 통로가 열려 있는 제어이다.

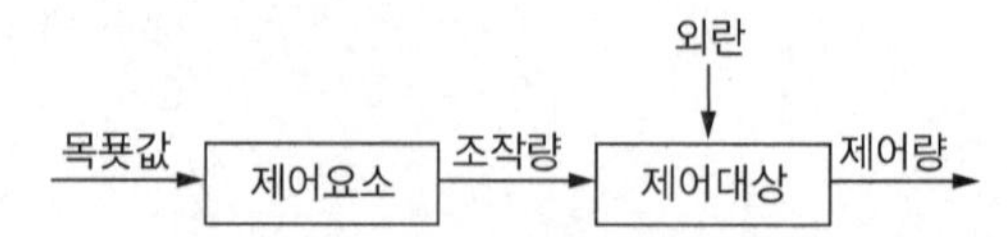

- 미리 정해진 순서에 따라 제어의 각 단계를 순차적으로 행하는 시퀀스제어가 대표적이다.
- 제어동작이 출력과 무관한 간단한 제어이지만, 오차가 발생되며 출력이 목푯값과 비교되어 제어편차를 수정하는 과정이 없어 오차 수정이 어렵다.

• 폐루프제어(Closed Loop Control)시스템 : 제어의 최종 신호값이 이 신호의 원인이 되었던 전달요소로 되돌려지는 제어방식이다.

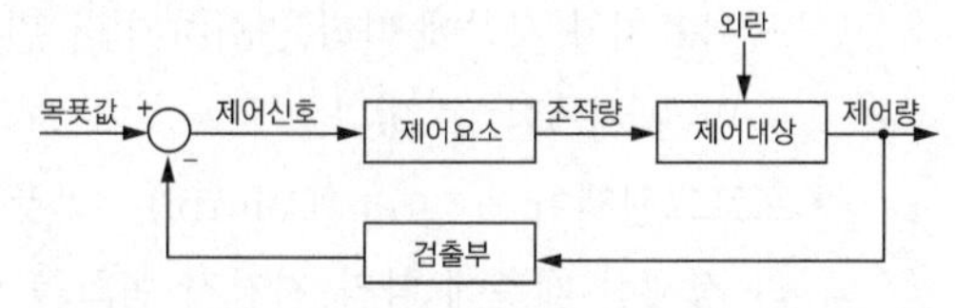

- 출력결과를 목표치와 비교하여 앞 단계로 되돌려 수정하는 피드백제어(Feedback Control, 되먹임제어)가 대표적이다.

※ 피드백 : 폐루프를 형성하여 출력측의 신호를 입력측에 되돌리는 것

- 출력값을 피드백시켜 목푯값과 비교하여 그 차이에 비례하는 동작신호를 제어계에 다시 보내 오차를 수정시키므로, 개루프제어에 비하여 정확성이 매우 우수하고 신뢰성이 높은 제어방식이다.
- 장단점

장 점	단 점
• 외부조건 변화에 대한 영향이 감소한다. • 제어기 성능에 영향을 많이 받지 않는다. • 제어계 특성이 향상된다. • 정확성이 우수하다(목푯값에 정확하게 도달).	• 고가이다. • 복잡하며 불안정 우려 요인이 있다. • 특성 변화에 대한 입력 대 출력비의 감도가 감소한다.

㉡ 제어정보 표시 형태에 의한 분류

• 아날로그제어계 : 아날로그신호로 처리되는 제어계로, 연속적인 물리량(온도, 습도, 길이, 조도, 질량 등)의 직접적인 값이 포함된다.

• 디지털제어계 : 시간과 정보의 크기를 모두 불연속적으로 표현한 제어계로, 디지털신호를 사용하며 제어 정보는 카운터, 레지스터 등의 기구를 통해 입력한다(컴퓨터를 사용하는 제어).

• 2진 제어계 : 2진 신호를 이용하여 제어하는 자동화에 가장 많이 적용하는 시스템이다(하나의 제어변수에 두 가지의 가능한 값, 신호의 유무, 온오프, 인아웃(I/O), 실린더의 전진과 후진, 모터의 기동과 정지 등).

㉢ 제어 시점에 의한 분류

• 시한제어 : 제어 순서, 제어명령 실행시간을 기억시키고 정해진 시간이 되면 제어의 각 동작이 행해지는 제어이다.

• 순서제어 : 제어 순서를 기억시키고 제어의 각 동작은 전 단계 동작완료감지장치의 신호에 의해 행해지는 제어로 가장 많이 사용된다.

• 조건제어 : 순서제어가 확정된 제어로 검출결과를 종합하여 제어명령을 실행 결정하는 제어이다.

㉣ 신호처리방식에 의한 분류

• 동기제어계 : 시간과 관계된 신호에 의하여 제어되는 제어시스템

• 비동기제어계 : 시간과 관계없이 입력신호 변화에 의해서 제어되는 제어시스템

• 논리제어계 : 요구 입력조건에 맞는 신호가 출력되는 시스템

• 시퀀스제어계 : 제어프로그램에 의해 미리 결정된 순서대로 제어신호가 출력되어 순차적인 제어를 행하는 제어

㉤ 제어 대상이 되는 제어량의 종류(성질)에 의한 분류 : 프로세스제어, 서보기구제어, 자동조정제어

• 프로세스제어 : 원료에 물리적 · 화학적 처리를 가하여 제품을 만들어 내는 프로세스 제어량(온도, 압력, 유량, 액면(액위), 조성, 점도, 효율 등)을 제어하며 철강업 · 화학공장 · 발전소와 같은 제조공정용 플랜트에 이용된다.

• 서보기구제어 : 서보기구의 제어량(위치, 방향, 자세)을 목푯값의 임의 변화에 추종되도록 구성시킨 제어계이다.
  - 레이더의 방향 및 선박과 항공기의 방향제어 등에 사용되는 제어방식이다.
  - 공작기계, 선박의 방향제어, 산업용 로봇, 비행기 · 미사일 제어, 추적용 레이더 등에 이용된다.

• 자동조정제어 : 전기적인 양(전력, 전류, 전압, 주파수 등) 또는 기계적인 양(위치, 속도, 압력 등)을 제어량으로 하며 이것을 일정하게 유지하는 것을 목적으로 하는 제어방식으로, 응답속도가 매우 빨라야 한다. 정전압장치, 발전기의 조속기 등에 이용된다.

ⓑ 제어를 행하는 과정에 따른 분류

• 파일럿제어 : 요구되는 입력조건이 만족하면 그에 상응하는 출력신호가 발생되는 형태를 요구하는 제어이다.
  - 메모리 기능이 없고 여러 입출력 요소가 있을 때는 논리적인 해결을 위해 불 대수가 이용되므로, 논리제어라고도 하는 제어방식이다.
  - 입력과 출력이 1 : 1 대응관계에 있는 시스템이다.

• 메모리제어 : 출력에 영향을 주는 반대되는 입력신호가 들어올 때까지 이전에 출력된 신호를 유지하는 제어이다.

• 시간에 따른 제어 : 전 단계와 다음 단계의 작업 사이는 상관없이 시간의 변화에 따라 제어가 이루어지는 제어이다.

• 조합제어 : 요구 입력조건에 관련된 신호가 출력되는 제어이다.

• 시퀀스제어 : 미리 정해진 순서에 따라 순차적으로 진행하는 제어방식이다.

ⓢ 목푯값에 따른 제어의 분류 : 정치제어, 추치제어(추종제어, 프로그램제어, 캐스케이드제어, 비율제어)

• 정치제어(Constant-value Control) : 목푯값이 시간적으로 변하지 않고 일정한 제어(프로세스제어, 자동 조정)이다.

• 추치제어 : 목푯값을 측정하는 데 제어량을 목푯값에 일치되도록 하는 제어방식이다.

• 추종제어(Follow-up Control)
  - 목푯값의 변화가 시간적으로 임의로 변하는 제어이다(서보기구).
  - 목표치가 시간에 따라 변화하지만, 변화의 모양은 예측할 수 없다.

• 프로그램제어(Program Control) : 목푯값이 미리 정해진 계측에 따라 시간적 변화를 할 경우 목푯값에 따라 변하도록 하는 제어이다.
  - 목푯값이 미리 정한 프로그램에 따라서 시간과 더불어 변화하거나 제어 순서 등을 지정한다.
  - 적용 : 금속이나 유리 등의 열처리, 가스크로마토그래피의 온도제어 등

• 캐스케이드제어(Cascade Control) : 2개의 제어계를 조합하여 1차 제어장치가 제어량을 측정하여 제어명령을 내리고, 2차 제어장치가 이 명령을 바탕으로 제어량을 조절하는 제어이다.
  - 측정제어라고도 한다.
  - 1차 제어장치가 제어량을 측정하고 2차 조절계의 목푯값을 설정하는 것으로, 외란의 영향이나 낭비시간 지연이 큰 프로세서에 적용되는 제어방식이다.

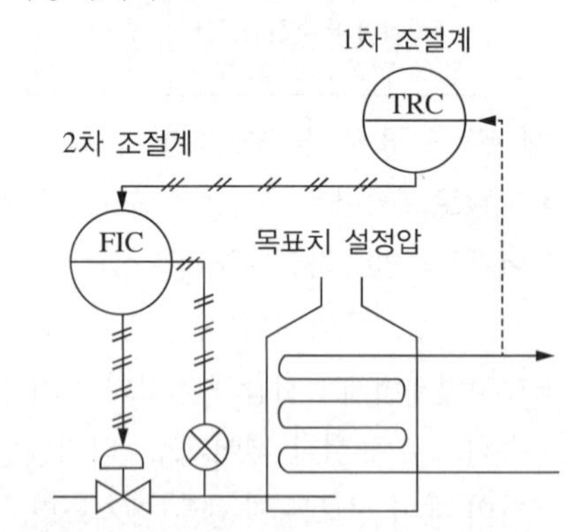

  - 1차 제어장치가 제어량을 측정하여 제어명령을 하고, 2차 제어장치가 이 명령을 바탕으로 제어량을 조절하는 제어방식이다.
  - 2개의 제어계를 조합하여 제어량을 1차 조절계로 측정하고, 그 조작 출력으로 2차 조절계의 목표치를 설정하는 제어방식이다.

- 프로세스계 내에 시간지연이 크거나 외란이 심할 경우 조절계를 이용하여 설정점을 작동시키게 하는 제어방식이다.
- 보일러에 여러 대의 버너를 사용하여 연소실의 부하를 조절하는 경우 버너의 특성 변화에 따라 버너 대수를 수시로 바꾸는데, 이때 사용하는 제어방식으로 가장 적당한 제어방식이다.
- 계 전체의 지연을 작게 하는 데 유효하기 때문에 출력측에 낭비시간이나 시간지연이 큰 프로세스제어에 적합한 제어방법이다.
- 단일 루프제어에 비해 외란의 영향을 줄이고 계 전체의 지연을 작게 하는 데 유효하기 때문에 출력측에 낭비시간이나 지연이 큰 프로세스 제어에 이용되는 제어이다.

• 비율제어 : 목표치가 다른 양과 일정한 관계에서 변화되는 추치제어이다.

③ 제어와 자동제어

㉠ 제어(Control) : 목적에 적합하도록 되어 있는 대상에 필요한 조작을 가하는 것으로, 시스템 내의 하나 또는 여러 개의 입력변수가 약속된 법칙에 의하여 출력변수에 영향을 미치는 공정이다.

• 제어량 : 온도, 압력, 시간, 속도, 유량, 위치, 방향, 전압, 전류, 주파수 등의 제어하고자 하는 물리량

• 제어시스템의 회로 : 개회로제어계
- 신호의 흐름이 열려 있는 제어계로서 입력과 출력이 서로 독립된 제어계이므로, 외란의 영향을 무시하고 제어계의 출력을 유지한다.
- 설치비가 저렴하지만 제어계가 부정확하고 신뢰성이 없다.

• 제어명령 : 정성적 제어, 정량적 제어
- 정성적 제어 : 제어회로를 온오프, 유무 상태 등 두 동작 중 한 동작에 의하여 제어명령이 내려지는 제어방법
- 정량적 제어 : 제어량을 지시하는 지시계와 목푯값을 나타내는 지시계를 달아 놓아 양자의 지시량을 비교하여 제어량이 목푯값에 일치되도록 하는 제어방법
- 제어시스템을 선택하는 경우 : 외란변수에 의한 영향이 무시할 수 있을 정도로 작을 때, 특징과 영향을 확실히 알고 있는 하나의 외란 변수만 존재할 때, 외란변수의 변화가 아주 작을 때

외란변수(Disturbance Variables)
• 제어계의 상태를 어지럽게 교란시키는 바람직하지 않은 영향을 주는 외적 요인
• 외란의 원인 : 가스의 공급압력, 가스의 공급온도, 저장탱크의 주위 온도, 가스 유출량, 틈새바람 등 (가스의 공급속도는 내적 요인이므로 외란이 아닌 내란으로 분류되며 탱크의 외관은 이와 무관하다)

㉡ 자동제어 : 제어하고자 하는 하나의 변수가 계속 측정되어서 다른 변수, 즉 지령치와 비교되며 그 결과가 첫 번째의 변수를 지령치에 맞추도록 수정을 가하는 것이다.

• 자동제어의 회로 : 폐회로제어시스템
- 신호의 흐름이 닫혀 있는 제어계로서 외란의 영향에 대응하는 제어이다.
- 센서를 통해 출력을 연속적으로 감시한다.
- 설치비가 비싸지만, 제어계가 정확하고 신뢰성이 높다.

• 외란에 의한 출력값 변동을 입력변수로 활용한다.
• 제어하고자 하는 변수가 계속 측정된다.
• 피드백신호를 필요로 한다.
• 자동제어시스템을 선택하는 경우 : 여러 개의 외란변수가 존재할 때, 외란변수들의 특징과 값이 변화할 때

④ 시퀀스제어와 피드백제어

㉠ 시퀀스제어(Sequence Control) : 제어프로그램에 의해 미리 결정된 순서대로 제어신호가 출력되어 순차적인 제어를 행하는 제어이다.

• 미리 정해 놓은 순서에 따라 제어의 각 단계가 순차적으로 진행되는 제어방식이다.
• 일반적으로 공장 자동화에 가장 많이 응용되는 제어방법이다.
• 이전 단계작업의 완료 여부를 리밋스위치 또는 센서를 이용하여 확인한 후 다음 단계의 작업을 수행한다.
• 메모리 기능이 없고, 여러 개의 입출력 사용 시 불 대수가 이용된다.
• 시퀀스제어의 예 : 교통신호등의 신호제어, 승강기의 작동제어, 자동판매기의 작동제어, 전열기에 의해 자동으로 물을 끓일 경우 등

㉡ 피드백제어 : 폐루프를 형성하여 출력측의 신호를 입력측에 되돌리는 제어로, 되먹임제어라고도 한다.

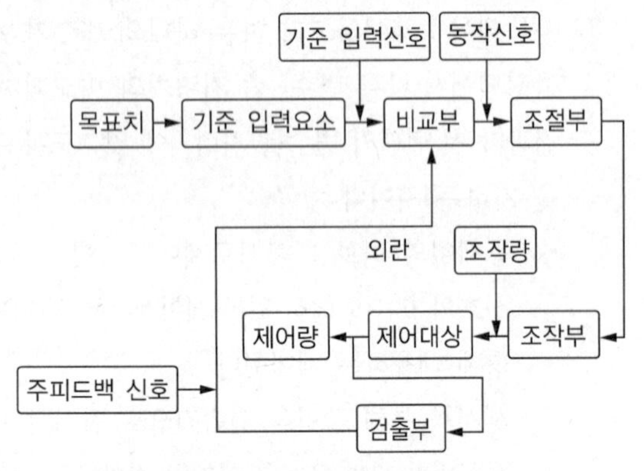

• 피드백에 의해 제어량과 목푯값을 비교하고, 그것이 일치되도록 정정동작을 하는 제어이다.
• 되먹임제어는 정량적 제어, 폐루프제어, 비교제어이다.
• 목푯값에 정확히 도달할 수 있다.
• 제어계의 특성을 향상시킬 수 있다.
• 외부조건의 변화에 영향을 줄일 수 있다.
• 제어기 부품들의 성능이 다소 나빠져도 큰 영향을 받지 않는다.
• 입력과 출력을 비교하는 장치가 반드시 필요하다.
• 기계제어에서는 입력신호에 대하여 어떤 출력신호를 얻을 수 있는가를 추산하는 것이 중요하다.
• 가장 핵심적인 역할을 수행하는 장치는 목푯값과 제어량을 비교하는 비교기(비교부)이다.
• 목푯값과 출력결과가 일치할 때까지 제어를 되풀이하므로, 외부로부터 예측하지 못한 방해가 들어오는 경우 이에 대응하기 쉬운 제어라고 할 수 있다.
• 설정부 : 피드백제어계에서 설정한 목푯값을 피드백신호와 같은 종류의 신호로 바꾸는 역할을 하는 부분이다.
• 자동제어의 분류 중 폐루프제어는 피드백신호가 요구된다.
• 제어폭이 증가(Band Width)하며, 정확성이 높다.
• 대역폭이 증가계의 특성 변화에 대한 입력 대 출력비의 감도가 감소한다.
• 피드백을 하면 외란이나 잡음신호의 영향을 줄일 수 있다.
• 설비비의 고액 투입이 요구된다.
• 운영에 있어 고도의 기술이 요구된다.
• 설계가 복잡하고 제작비용이 비싸진다.
• 일부 고장이 있으면 전 생산에 영향을 미친다.
• 수리가 쉽지 않다.
• 동작신호 : 기준압력과 주피드백량의 차로서 제어동작을 일으키는 신호이다.

⑤ 자동제어의 4대 기본장치 : 조절부, 조작부, 검출부, 비교부

㉠ 검출부
• 제어 대상으로부터 제어에 필요한 신호를 나타내는 부분
• 압력, 온도, 유량 등의 제어량을 계측하여 신호로 나타내는 부분
• 제어량을 검출하고 기준 입력신호와 비교시키는 요소

㉡ 비교부
- 목푯값과 제어량을 비교하는 장치
- 목표량인 기준입력요소와 주피드백량의 차이를 구하는 부분

㉢ 조절부(조절기, Controller) 또는 판단부 : 제어편차에 따라 일정한 신호를 조작요소에 보내는 장치
- 기본입력과 검출부 출력의 차를 조작부에 신호로 전하는 부분
- 기준입력과 주피드백 신호의 차에 의해서 일정한 신호를 조작요소에 보내는 제어장치

㉣ 조작부(조작기, Actuator)
- 조절부로부터 받은 신호를 조작량으로 변환하여 제어 대상에 보내는 장치
- 전압 또는 전력증폭기, 제어밸브, 서보전동기(Servo Motor) 등으로 되어 있으며, 조절부에서 나온 신호를 증폭시켜 제어 대상을 작동시키는 장치
- 조작장치
  - 공기식 조작장치(다이어프램밸브가 대표적으로 사용되는 장치)
  - 유압식 조작장치
  - 전기식 조작장치
  - 혼합식 조작장치

⑥ 자동제어 관련 제반사항

㉠ 자동제어의 일반적인 동작 순서 : 검출 → 비교 → 판단 → 조작
- 계측기를 사용하여 제어 대상을 검출한다.
- 목푯값으로 이미 정한 물리량과 비교한다.
- 결과에 따른 편차가 있으면 판단하여 조절한다.
- 조작기에서 조작량을 증감한다.

㉡ 액면 조절을 위한 자동제어의 구성 : 액면계 → 전송기 → 조절기 → 조작기 → 밸브

㉢ 계측기의 일반적인 주요 구성 : 검출부, 변환부, 전송부(전달부), 지시부

㉣ 온도계 중 백금저항온도계, 서미스터(Thermister) 저항온도계, 크로멜-알루멜 열전대온도계 등은 자동제어에 사용하기 적합하지만, 베크만온도계는 구조상 자동제어에 사용하기 적합하지 않다.

㉤ 대규모의 플랜트가 많은 화학공장에서 사용하는 제어방식 : 비율제어(Ratio Control), 종속제어(Cascade Control), 전치제어(Feed Forward Control) 등

㉥ 가스보일러의 자동연소제어
- 가스보일러 자동연소제어에서의 조작량 : 연료량, 연소가스량, 공기량 등
- 증기식 가스보일러의 자동연소제어에서의 제어량 : 증기압력

㉦ 자동조작장치 : 전자개폐기, 전동밸브, 댐퍼 등(안전밸브는 아님)

㉧ 화실 노 내압 제어에 필요한 조작 : 공기량 조작, 연료량 조작, 연소가스 배출량 조작, 댐퍼의 조작

㉨ 유류 연소 온수 보일러 자동제어장치 중 주안전제어장치의 설치 위치
- 프로텍터 릴레이 : 버너
- 콤비네이션 릴레이 : 보일러 본체
- 애쿼스텃(Aquastat) 또는 하이 리밋 컨트롤 : 보일러 본체
- 스택 릴레이 : 연도

㉩ 신호등을 LED등으로 설치할 때의 이점
- 수명이 길다.
- 조도가 높다.
- 소비전력이 작아 에너지가 절약된다.

㉪ 제어회로에 사용되는 기본논리
- 논리곱(AND) 연산 : 변수 A와 B가 모두 성립할 때와 변수 Y가 성립할 때(Y는 A와 B의 논리곱(AND) 연산)의 연산이다. 논리식은 $Y = A \cdot B$로 표시하며, Y가 1이 되기 위해서는 A와 B가 모두 1이 되어야 한다.

- 논리합(OR) 연산 : 변수 A와 B 중 어느 한쪽만 성립할 때와 변수 Y가 성립할 때(Y는 A와 B의 논리합(OR) 연산)의 연산이다. 논리식은 $Y = A + B$로 표시하며, Y가 1이 되기 위해서는 A 또는 B 중 어느 하나가 1이 되어야 한다.
- 부정(NOT) 연산 : 변수 A가 아니면 변수 Y이거나, 변수 A이면 변수 Y가 부정되면 A와 Y는 부정(NOT) 연산관계를 지닌다. 논리식은 $Y = \overline{A}$로 표시하며, Y가 1이 되기 위해서는 A가 0이 되어야 한다.

논리곱(AND)	논리합(OR)	부정(NOT) 연산
A, B → AND 게이트	A, B → OR 게이트	A → NOT 게이트 → Y

핵심예제

1-1. 다음에서 언급하고 있는 자동제어의 명칭을 쓰시오.

[2012년 제1회, 2018년 제2회]

미리 정해진 순서에 따라 순차적으로 진행하는 제어방식으로 교통신호등, 보일러 점화 및 소화에 사용된다.

1-2. 미리 정해진 순서에 따라서 순차적으로 진행되는 제어방식의 명칭을 쓰고, 적용 예를 5가지만 들어보시오.

[2016년 제2회]

1-3. 시퀀스제어(Sequence Control), 피드백제어(Feedback Control)에 대하여 각각 간단히 설명하시오.

[2009년 제2회 유사, 2011년 제1회, 2015년 제1회 유사, 2016년 제1회, 2019년 제1회, 2020년 제3회, 제4회]

1-4. 보일러 자동제어 중 되먹임제어(피드백제어)의 궁극적인 목적을 쓰시오.

[2013년 제4회]

1-5. 다음은 피드백제어계의 구성을 나타낸 것이다. ①~⑥에 적절한 용어를 써넣으시오.

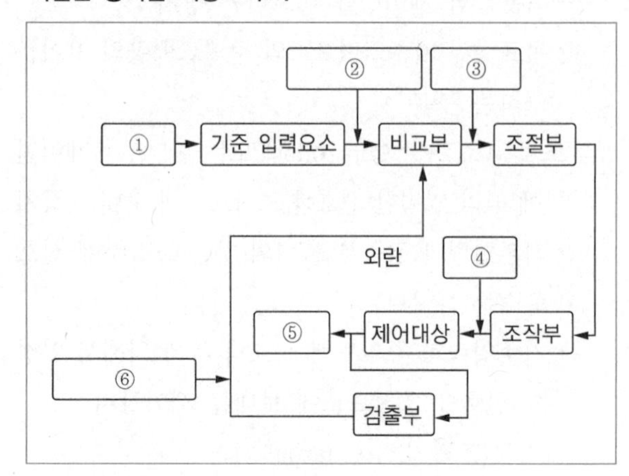

1-6. 유류 연소온수 보일러 자동제어장치 중 다음의 주안전제어장치의 설치 위치를 쓰시오.

[2010년 제4회]

(1) 프로텍터 릴레이
(2) 콤비네이션 릴레이
(3) 애쿼스텃(Aquastat) 또는 하이 리밋 컨트롤
(4) 스택 릴레이

1-7. 신호등을 LED등으로 설치할 때의 이점을 2가지만 쓰시오.

[2010년 제4회]

|해답|

1-1
시퀀스제어(Sequence Control)

1-2
① 명칭 : 시퀀스제어
② 적용 예 : 자판기, 신호등, 승강기, 자동세탁기, 전기밥솥

1-3
① 시퀀스제어 : 미리 정해진 순서에 따라 순차적으로 진행되는 제어로, 보일러의 점화나 자판기의 제어에 적용한다.
② 피드백제어 : 결과를 입력쪽으로 되돌려서 비교한 후 입력과 출력의 차이를 수정하는 제어로, 정도가 우수하다.

1-4
피드백제어의 궁극적인 목적은 결과를 입력쪽으로 되돌려 비교한 후 입력과 출력의 차이를 수정하여 편차를 제거하여 정도를 높이기 위함이다.

1-5
① 목표치
② 기준 입력신호
③ 동작신호
④ 조작량
⑤ 제어량
⑥ 주피드백 신호

1-6
주안전제어장치의 설치 위치
(1) 프로텍터 릴레이 : 버너
(2) 콤비네이션 릴레이 : 보일러 본체
(3) 애쿼스텃(Aquastat) 또는 하이 리밋 컨트롤 : 보일러 본체
(4) 스택 릴레이 : 연도

1-7
신호등을 LED등으로 설치할 때의 이점
① 수명이 길고 조도가 높다.
② 소비전력이 작아 에너지가 절약된다.

핵심이론 02 블록선도, 자동제어계의 응답, 신호 전송방법

① 블록선도(Block Diagram)

㉠ 정 의

- 자동제어계 내에서 신호가 전달되는 모양을 나타내는 선도
- 제어신호의 전달경로를 표시하는 선도
- 제어시스템을 구성하는 각 요소가 어떻게 동작하고, 신호는 어떻게 전달되는지를 나타내는 선도

㉡ 블록선도의 구성요소 : 전달요소, 가합점, 인출점

㉢ 출력

$B(s) = G(s)A(s)$

$G(s) = B(s)/A(s)$

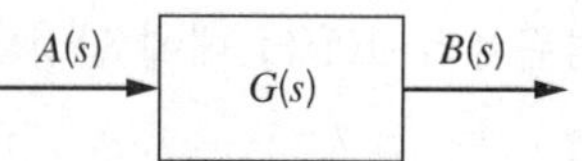

㉣ 블록선도의 등가변환 : 전달요소 치환, 인출점 치환, 병렬 결합, 피드백 결합

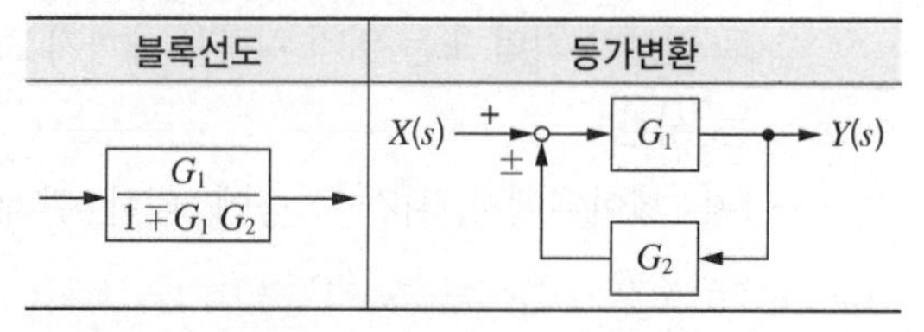

② 자동제어계의 응답

㉠ 응답, 정상응답, 과도응답

- 응답(Response) : 계에 입력신호를 가했을 때 출력신호의 변화를 나타내는 것으로, 기준 입력에 대응하는 정상응답이 계의 정확도의 지표가 되므로 응답 해석을 한다.
- 정상응답(Steady State Response) : 자동제어계의 입력신호가 어떤 상태에 이를 때 출력신호가 최종값으로 되는 정상적인 응답으로, 이 특성은 시험입력에 대한 정상오차값을 측정하여 판단한다.
- 과도응답(Transient Response) : 입력신호에 대한 출력신호의 시간적 변화로, 입력이 임의의 시간적 변화를 가했을 때 정상 상태가 되기까지의 출력신호의 시간적 변화이다.

- 계단응답(Step Response) : 시스템이 시간적으로 얼마나 빨리 반응(속응성)하는가 등을 정량화하는 척도이다.

  스텝응답 $Y = 1 - e^{-\frac{t}{T}}$

  (여기서, t : 변화시간, T : 시정수)

ⓛ 시 간

- 지연시간(Delay Time) : 응답이 최초로 희망값의 50[%] 진행되는 데 필요한 시간
- 상승시간(Rise Time) : 응답이 목푯값에 처음으로 도달하는 데 걸리는 시간(응답이 희망값의 10[%]에서 90[%]까지 도달하는 데 필요한 시간)
- 정정시간(Settling Time) : 응답의 최종값의 허용범위가 5~10[%] 내에 안정되기까지 필요한 시간
- 액세스 타임(Access Time) : 정보를 기억장치에 기억시키거나 읽어 내는 명령을 한 후부터 실제로 정보가 기억 또는 읽기 시작할 때까지 소요되는 시간
- 1차 제어계에서 시간 상승에 대한 관계식 : $\tau = CR$

  (여기서, τ : 시간상수, C : 커패시턴스, R : 저항)
- 데드타임(Dead Time, L) : 스위칭 지연시간(처음 펄스에서 다음 펄스가 발생될 때까지의 지연시간)
- 시정수(Time Constant, T 또는 τ) : 전기회로에 갑자기 전압을 가했을 때 전류가 점차 증가하여 일정한 값에 도달할 때까지의 증가 비율이다. 정상값의 63.2[%]에 달할 때까지의 시간을 초로 표시한다.
- L/T(데드타임과 시정수의 비) : Process Controller의 난이도를 표시하는 값
  - L/T값이 클 경우에는 응답속도가 느리고 제어하기 어렵다.
  - L/T값이 작을수록 응답속도가 빠르고 제어가 용이하다.

ⓒ 편 차

- 정상편차 : 과도응답에 있어서 충분한 시간이 경과하여 제어편차가 일정한 값으로 안정되었을 때의 값
- 제어편차 : 외란의 영향으로 발생된 편차(제어량의 목푯값 – 제어량의 변화된 목푯값)
- 오버슈트(Overshoot)
  - 응답 중에 생기는 입력과 출력 사이의 편차량
  - 최대편차량 $= \dfrac{\text{최대 초과량}}{\text{최종 목표값}} \times 100[\%]$
  - 제어시스템에서 응답이 계단 변화가 도입된 후에 얻게 될 최종적인 값을 얼마나 초과하게 되는지를 나타내는 척도
  - 자동제어 안정성 척도

ⓡ 헌팅(Hunting) : 제어계가 불안정하여 제어량이 주기적으로 변화하는 좋지 못한 상태

ⓜ 동특성

- 자동제어계에서 응답을 나타낼 때 목표치를 기준으로 한 앞뒤의 진동으로 시간지연을 필요로 하는 시간적 동작의 특성
- 동특성응답 : 과도응답, 임펄스응답, 스텝응답

핵심예제

2-1. 다음은 어떤 것에 대한 설명인지 해당하는 용어를 각각 쓰시오.

(1) 과도응답에 있어서 충분한 시간이 경과하여 제어편차가 일정한 값으로 안정되었을 때의 값
(2) 제어계가 불안정하여 제어량이 주기적으로 변하는 상태
(3) 제어시스템에서 응답이 계단 변화가 도입된 후에 얻게 될 최종적인 값을 얼마나 초과하게 되는지를 나타내는 척도

2-2. 1차 지연요소가 적용되는 계에서 시정수(τ)가 10분일 때 10분 후의 스텝(Step)응답은 최대 출력의 몇 [%]인지 계산하시오.

2-3. 시정수(Time Constant)가 5[s]인 1차 지연형 계측기의 스텝응답(Step Response)에서 전 변화의 95[%]까지 변화하는 데 걸리는 시간[s]을 계산하시오.

|해답|

2-1
(1) 정상편차
(2) 헌 팅
(3) 오버슈트

2-2
스텝응답

$Y=1-e^{-\frac{t}{\tau}}=1-e^{-\frac{10}{10}}\simeq 0.63=63[\%]$

(여기서, t : 변화시간, τ : 시정수)

2-3
스텝응답

$Y=1-e^{-\frac{t}{T}}$

$0.95=1-e^{-\frac{t}{5}}$

$t\simeq 15$초

(여기서, t : 변화시간, T : 시정수)

핵심이론 03 제어동작

① 불연속동작제어계

㉠ 온오프동작(2위치 동작)

- 조작량이 제어편차에 의해서 정해진 2개의 값이 어느 편인가를 택하는 제어방식이다.
- 제어량이 설정치로부터 벗어났을 때 조작부를 개 또는 폐의 2가지 중 하나로 동작시키는 동작이다.

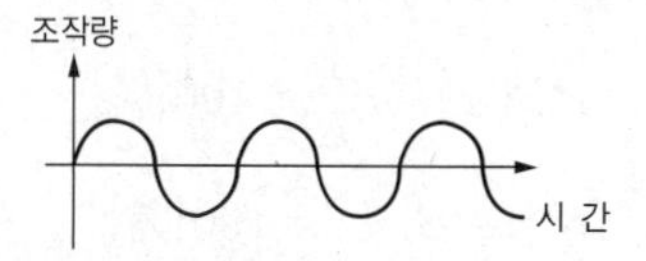

- 편차의 정(+), 부(−)에 의해서 조작신호가 최대, 최소가 되는 제어동작이다.
- 2위치 제어 또는 뱅뱅제어라고도 한다.
- 외란에 의한 잔류편차가 발생하지 않는다.
- 사이클링(Cycling) 현상을 일으킨다.
- 설정값 부근에서 제어량이 일정하지 않다.
- 주로 탱크의 액위를 제어하는 방법으로 이용된다.

㉡ 다위치동작 : 제어량이 변화했을때 제어장치의 조작 위치가 3위치 이상이 있어 제어량 편차의 크기에 따라 그중 하나의 위치를 취하는 동작이다.

㉢ 부동제어(불연속 속도동작) : 제어량 편차의 과소에 의하여 조작단을 일정한 속도로 정작동, 역작동 방향으로 움직이게 하는 동작이다.

② 연속동작제어계

㉠ P동작(비례동작) : 동작신호에 대해 조작량의 출력 변화가 일정한 비례관계에 있는 제어동작이다.

- 조절부 동작의 수식 표현
  $Y(t)=K\cdot e(t)$
  (여기서, $Y(t)$: 출력, K : 비례감도(비례상수)
  $e(t)$: 편차)
- 비례대(PB ; Proportional Band, $PB[\%]$)
  - 밸브를 완전히 닫힌 상태로부터 완전히 열린 상태로 움직이는 데 필요한 오차의 크기이다.

$$PB[\%] = \frac{CR}{SR} \times 100[\%]$$

(여기서, CR : 제어범위(제어기 측정온도차), SR : 설정 조절범위(비례제어기 온도차 또는 조절온도차)

– 자동조절기에서 조절기의 입구신호와 출구신호 사이의 비례감도의 역수인 $1/K$을 백분율[%]로 나타낸 값이다.

$$PB[\%] = \frac{1}{K} \times 100[\%]$$

$$K \times PB[\%] = 100[\%]$$

• 사이클링(상하진동)을 제거할 수 있다.
• 외란이 작은 제어계, 부하 변화가 작은 프로세스 제어에 적합하다.
• 오차에 비례한 제어출력신호를 발생시키며 공기식 제어의 경우에는 압력 등을 제어출력신호로 이용한다.
• 잔류편차가 발생한다.
• 외란이 큰 제어계(부하가 변화하는 등)에는 부적합하다.

㉡ I동작(적분동작) : 출력 변화의 속도가 편차에 비례하는 제어동작이다.

• 조절부 동작의 수식 표현

$$Y(t) = K \cdot \frac{1}{T_i} \int e(t)dt$$

$\left(\text{여기서, } Y(t) : \text{출력, } K : \text{비례감도, } T_i : \text{적분시간, } e(t) : \text{편차, } \frac{1}{T_i} : \text{리셋률}\right)$

• 편차의 크기와 지속시간이 비례하는 동작이다.
• 제어량의 편차가 없어질 때까지 동작을 계속한다.
• 부하 변화가 커도 잔류편차가 제거된다.
• 진동하는 경향이 있다.
• 응답시간이 길어서 제어의 안정성은 떨어진다.
• 단독으로 사용되지 않고, 비례동작과 조합하여 사용된다.
• 적분동작은 유량제어에 가장 많이 사용된다.
• 적분동작이 좋은 결과를 얻을 수 있는 경우
  – 측정 지연 및 조절 지연이 작은 경우
  – 제어 대상이 자기평형성을 가진 경우
  – 제어 대상의 속응도가 큰 경우
  – 전달 지연과 불감시간이 작은 경우

㉢ D동작(미분동작) : 조절계의 출력 변화가 편차의 시간 변화(편차의 변화속도)에 비례하는 제어동작이다.

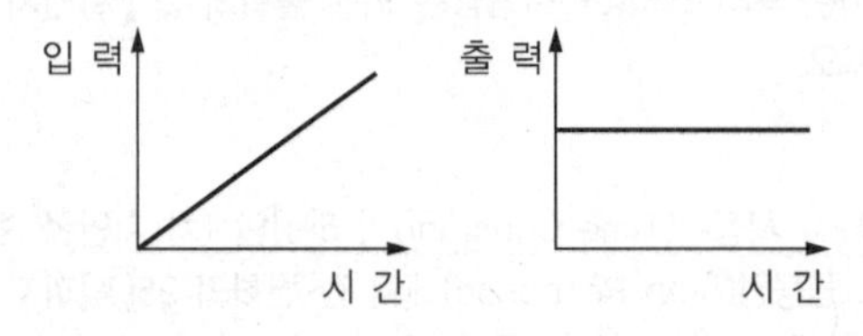

• 조절부 동작의 수식 표현

$$Y(t) = K \cdot T_d \cdot \frac{de}{dt}$$

(여기서, $Y(t)$: 출력, K : 비례감도, T_d : 미분시간, e : 편차)

• 진동이 제거된다.
• 응답시간이 빨라져서 제어의 안정성이 높아진다.
• 오버슈트를 감소시킨다.
• 잔류편차가 제거되지 않는다.
• 단독으로 사용되지 않고, 비례동작과 조합하여 사용된다.

㉣ PI동작(비례적분동작) : 비례동작에 의해 발생하는 잔류편차를 제거하기 위하여 적분동작을 조합시킨 제어동작이다.

• 조절부 동작의 수식 표현

$$Y(t) = K \cdot \left[e(t) + \frac{1}{T_i} \int e(t)dt\right]$$

• 잔류편차가 제거된다.

※ 정상특성 : 출력이 일정한 값에 도달한 이후 제어계의 특성

- 부하 변화가 넓은 범위의 프로세스에도 적용할 수 있다.
- 진동하는 경향이 있다.
- 제어의 안정성이 떨어진다.
- 간헐현상이 발생한다.

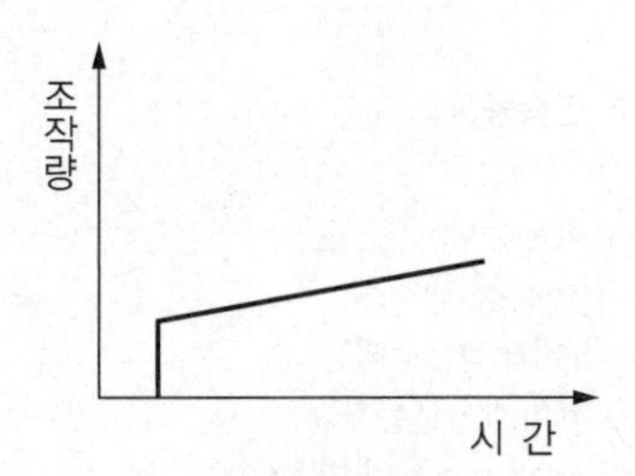

- 제어시간은 단축되지 않다.
- 전달 느림이나 쓸모없는 시간이 크면 사이클링의 주기가 커진다.
- 자동조절계의 비례적분동작에서 적분시간 : P동작에 의한 조작신호의 변화가 I동작만으로 일어나는 데 필요한 시간이다.

㉤ PD동작(비례미분동작) : 제어결과에 신속하게 도달되도록 비례동작에 미분동작을 조합시킨 제어동작이다.

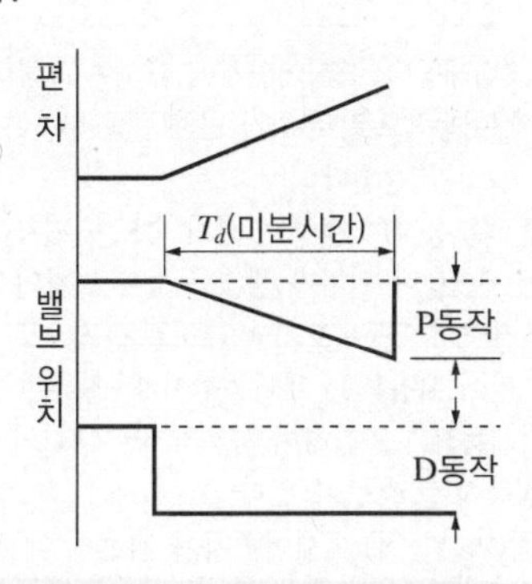

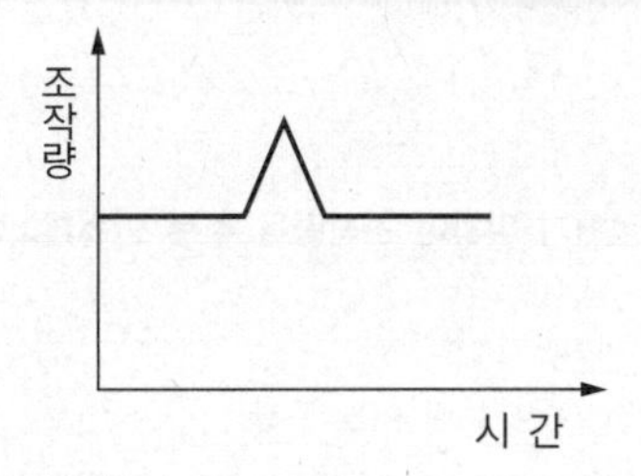

- 조절부 동작의 수식 표현

$$Y(t) = K \cdot \left[e(t) + T_d \cdot \frac{de}{dt} \right]$$

- 오버슈트가 감소한다.
- 진동이 제거된다.
- 응답속도가 개선된다.
- 제어의 안정성이 높아진다.
- 잔류편차는 제거되지 않는다.

㉥ PID동작(비례적분미분동작) : 비례적분동작에 미분동작을 조합시킨 제어동작이다.

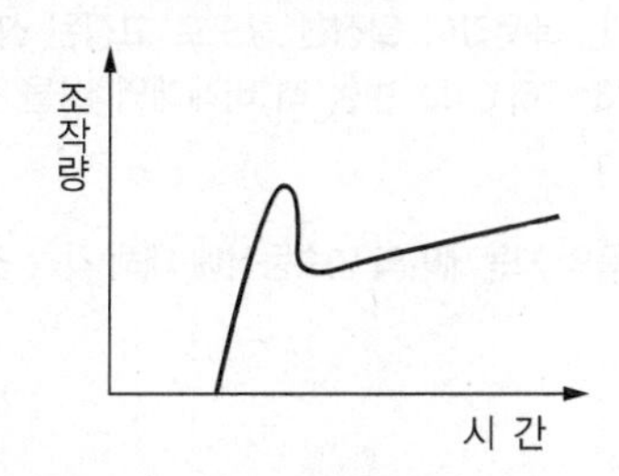

- 조절부 동작의 수식 표현

$$Y(t) = K \cdot \left[e(t) + \frac{1}{T_i} \int e(t)dt + T_d \frac{de}{dt} \right]$$

- 잔류편차와 진동이 제거되어 응답시간이 가장 빠르다.
- 제어계의 난이도가 큰 경우에 가장 적합한 제어동작이다.
- 가장 최적의 제어동작이다.
- 조절효과가 좋다.
- 피드백제어는 비례미적분제어(PID Control)를 사용한다.

핵심예제

3-1. 자동제어에서 불연속동작인 On-Off 동작의 특징을 3가지만 쓰시오. [2010년 제1회]

3-2. 자동제어 연속동작을 6가지만 쓰시오. [2021년 제1회]

3-3. 연속자동제어의 동작 중 비례동작(P동작)의 특징을 4가지만 쓰시오. [2012년 제1회, 2017년 제1회, 2020년 제4회]

3-4. 비례제어기로 60~80[℃] 사이의 범위로 온도를 제어하고자 한다. 목푯값이 일정한 값으로 고정된 상태에서 측정된 온도가 73~76[℃]로 변할 때 비례대역[%]을 구하시오.

3-5. 다음의 자동제어의 연속동작에 대해 각각 간단히 설명하시오. [2019년 제4회]

(1) P동작
(2) I동작
(3) D동작

3-6. 자동제어에서 편차를 없애기 위하여 조작량을 주는 연속제어방식을 3가지만 쓰시오. [2015년 제2회, 2010년 제2회]

|해답|

3-1

On-Off 동작의 특징

① 설정값 부근에서 제어량이 일정하지 않다.
② 사이클링(Cycling) 현상을 일으키기 쉽다.
③ 목푯값을 중심으로 진동현상이 나타난다.

3-2

자동제어 연속동작

① P동작(비례동작)
② I동작(적분동작)
③ D동작(미분동작)
④ PI동작(비례적분동작)
⑤ PD동작(비례미분동작)
⑥ PID동작(비례적분미분동작)

3-3

비례동작(P동작)의 특징

① 잔류편차(Off-set) 현상이 발생한다.
② 주로 부하 변화가 작은 프로세스에 적용한다.
③ 비례대가 좁아질수록 조작량이 커진다.
④ 비례대가 매우 좁아지면 불연속제어동작인 2위치 동작과 같아진다.

3-4

비례대역

$$PB = \frac{CR}{SR} \times 100[\%] = \frac{76-73}{80-60} \times 100[\%] = 15[\%]$$

3-5

(1) P동작(비례동작) : 제어편차에 대하여 조작량의 출력이 비례하는 제어동작으로, 부하가 변하는 등 외란이 생기면 잔류편차(Off-set)가 생긴다.
(2) I동작(적분동작) : 출력 변화의 속도가 편차에 비례하는 동작이다. 제어량에 편차가 생겼을 경우 편차의 적분차를 가감해서 조작량의 이동속도가 비례하는 동작으로, 유량압력제어에 가장 많이 사용되는 제어동작이다. 잔류편차가 생기지 않아서 비례동작과 조합하여 사용하지만 제어의 안정성이 떨어지고 진동하는 경향이 있다.
(3) D동작(미분동작) : 제어편차가 검출될 때 편차의 변화속도에 비례하여 조작량을 가감할 수 있도록 작동하는 제어동작이다.

3-6

편차를 없애기 위하여 조작량을 주는 연속제어방식

① 적분동작(I동작)
② 비례적분동작(PI동작)
③ 비례적분미분동작(PID 동작)

2-2. 보일러의 자동제어

핵심이론 01 보일러 자동제어(ABC)의 종류

① 자동연소제어 : ACC(Automatic Combustion Control)

명 칭	제어량	조작량
자동연소제어(ACC)	노 내압	연소가스량
	증기압력	연료량, 공기량

② 자동급수제어(수위제어) : FWC(Feed Water Control)

명 칭	제어량	조작량
급수제어(FWC)	보일러 수위	급수량

㉠ 단요소식 수위제어 : 보일러의 수위만 검출하여 급수량을 조절하는 피드백 수위제어방식이다.

㉡ 2요소식 수위제어 : 수위와 증기유량의 2가지 요소로 급수량을 제어하는 방식이다.

- 수위와 증기유량을 동시에 검출하여 급수밸브의 개도가 조절되도록 한 제어방식이다.
- 부하변동에 의한 수위의 변화 폭이 작다.

㉢ 3요소식 수위제어 : 수위, 증기유량 및 급수유량의 3요소로 제어하는 방식으로 보일러의 부하 변화가 심한 발전용 고압 대용량 보일러의 수위제어에 사용된다.

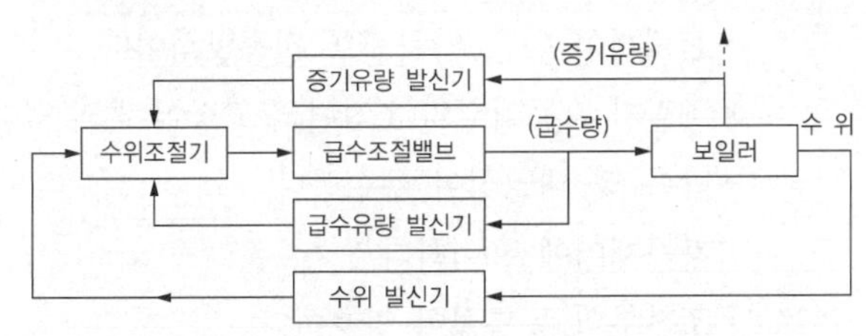

③ 증기온도제어 : STC(Steam Temperature Control)

명 칭	제어량	조작량
증기온도제어(STC)	증기온도	전열량

④ 증기압력제어 : SPC(Steam Pressure Control)

명 칭	제어량	조작량
증기압력제어(SPC)	증기압력	연료 공급량, 연소용 공기량

㉠ 증기압력을 검출하여 설정압력에 따라 연료량과 공기량을 가감하는 제어

㉡ 증기압력제어의 병렬제어방식의 구성

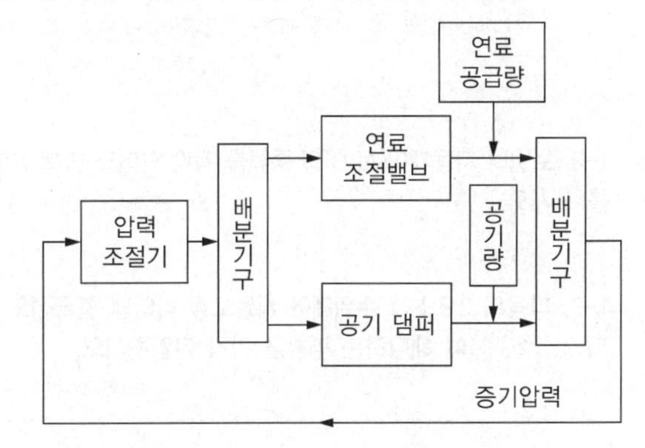

⑤ 수위의 역응답

㉠ 보일러 물속에 점유하고 있는 기포의 체적 변화에 의해 발생하는 현상

㉡ 증기유량이 증가하면 수위가 약간 상승하는 현상

㉢ 증기유량이 감소하면 수위가 약간 하강하는 현상

핵심예제

1-1. 보일러 자동제어(ABC ; Automatic Boiler Control)를 위한 장치의 설계 및 사용 시의 주의사항을 4가지만 쓰시오.

[2010년 제1회, 2011년 제1회, 제2회, 2013년 제1회, 2014년 제4회, 2017년 제4회]

1-2. 보일러 자동제어(ABC)의 종류를 각각 약어와 함께 4가지를 쓰시오.

[2014년 제4회, 2019년 제1회]

1-3. 다음의 3요소식 수위제어 계통도를 나타낸 블록선도 내의 ①, ②, ③에 해당하는 명칭을 각각 기입하시오.

[2017년 제4회, 2021년 제1회]

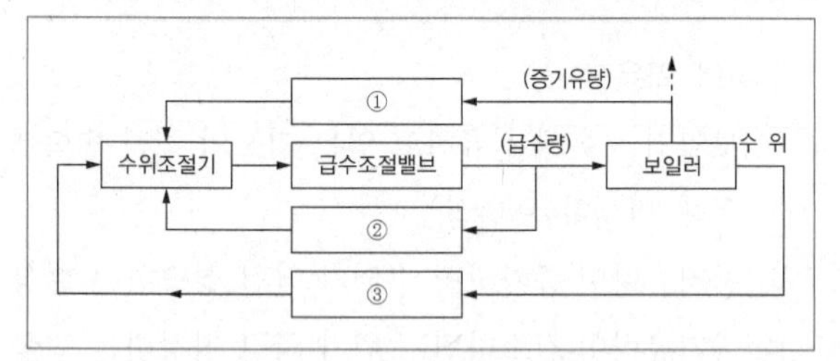

|해답|

1-1

보일러자동제어장치의 설계 및 사용 시의 주의사항

① 요구제어 정도 내로 관리되도록 잔류편차를 억제할 수 있을 것
② 응답성과 안정성이 우수할 것
③ 제어동작이 지연되지 않고 신속하게 이루어질 것
④ 제어량, 조작량이 과도하게 되지 않도록 할 것

1-2

보일러 자동제어(ABC)의 종류

① 자동연소제어 : ACC(Automatic Combustion Control)
② 자동급수제어(수위제어) : FWC(Feed Water Control)
③ 증기온도제어 : STC(Steam Temperature Control)
④ 증기압력제어 : SPC(Steam Pressure Control)

1-3

① 증기유량 발신기
② 급수유량 발신기
③ 수위 발신기

핵심이론 02 인터로크, 입력신호 전송방식, 신호조절기

① **인터로크(Interlock)** : 조건이 충족되지 않으면 다음 동작이 진행되지 않고 중지되도록 하는 방법 또는 장치

㉠ 프리퍼지(Prepurge) 인터로크 : 보일러를 자동운전할 경우 송풍기가 작동되지 않으면 연료 공급 전자밸브가 열리지 않고, 점화를 저지하는 인터로크

㉡ 압력 초과 인터로크 : 제한설정압력 초과 시 연료 공급을 차단시키는 인터로크

㉢ 저연소 인터로크 : 운전 중 연소 상태 불량, 연소 초기와 연소 정지 시 최대 부하의 30[%] 정도의 저연소 전환 시 연소 전환이 안 되면 연료 공급을 차단시키는 인터로크

㉣ 불착화 인터로크(실화 인터로크) : 착화버너의 소염에 의해 주버너 점화 시 일정시간 내 점화되지 않거나 운전 중에 실화되면 연료 공급을 차단시키는 인터로크

㉤ 저수위 인터로크 : 보일러의 수위가 안전수위 이하가 되면 연료 공급을 차단시키는 인터로크

② **조절계의 입력신호 전송방식** : 공기압식, 유압식, 전기식

㉠ 공기압식

- 신뢰성이 높은 입력신호 전송방식이다.
- 조절기 자동제어의 조작단의 고장이 거의 없다.
- 방폭 및 내열성이 우수하다.
- 자동제어에 용이하다.
- 조작부의 동특성이 양호하다.
- 석유화학, 화약공장과 같은 화기의 위험성이 있는 곳에 사용한다.
- 전송지연이 있다.
- 신호전송거리 : 100[m] 정도
- 공기압식 조절계의 구성요소
  - 파일럿밸브 : 변환된 공기압을 증폭하는 기구
  - 노즐-플래퍼(Nozzle-flapper) : 변위를 공기압신호로 변환하는 기기

ⓛ 유압식

- 사용유압은 0.2~1[kg/cm^2] 정도이다.
- 조작속도가 빠르고, 조작력이 크고, 응답성이 우수하다.
- 전송지연이 작고 희망특성을 얻을 수 있다.
- 부식의 염려는 적으나 인화 위험성이 있다.
- 파일럿 밸브식과 분사관식이 있다.
- 신호전송거리 : 최대 300[m]
- 유압식 조절계의 제어동작 : I동작이 기본이고, P동작과 PI동작이 있다.

ⓒ 전기식

- 신호지연이 없으며 배선이 용이하다.
- 컴퓨터와의 접속성이 좋다.
- 신호의 복잡한 취급이 용이하다.
- 온오프가 간단하다.
- 취급기술이 필요하며 습도에 주의해야 한다.
- 신호전송거리 : 300[m]~수[km]
- 전기적 변환방식의 예 : 저항 변화를 이용, 압전기의 변환을 이용, 콘덴서의 용량 변화를 이용

③ 신호조절기

㉠ 공기압식 조절기

- 신호로 사용되는 공기압은 약 0.2~1.0[kg/cm^2]이다.
- 관로저항으로 전송지연이 생길 수 있다.
- 실용상 150[m] 이내에서는 전송지연이 없다.
- 신호 공기압은 충분히 제습, 제진한 것이 요구된다.
- 4~20[mA] 또는 10~50[mA] DC 전류를 통일하여 신호한다.

ⓛ 유압식 조절기

- 조작력이 크게 요구되는 곳에 사용한다.
- 유압원이 별도로 필요하다.

ⓒ 전류신호전송기

- 전송거리가 길어도 지연 염려가 없다.
- DC 4~20[mA] 또는 DC 10~50[mA]의 전류로 통일하여 신호한다.

핵심예제

2-1. 보일러에 적용하는 인터로크(Interlock)제어에 대하여 간단히 설명하시오. [2010년 제1회, 2020년 제2회]

2-2. 다음에서 설명하는 인터로크의 명칭을 각각 쓰시오. [2018년 제4회]

(1) 보일러를 자동 운전할 경우 송풍기가 작동되지 않으면 연료 공급 전자밸브가 열리지 않고, 점화를 저지하는 인터로크
(2) 제한설정압력 초과 시 연료 공급을 차단시키는 인터로크
(3) 운전 중 연소 상태 불량, 연소 초기와 연소 정지 시 최대 부하의 30[%] 정도의 저연소 전환 시 연소 전환이 안 되면 연료 공급을 차단시키는 인터로크
(4) 착화버너의 소염에 의해 주버너 점화 시 일정시간 내 점화가 되지 않거나 운전 중에 실화되면 연료 공급을 차단시키는 인터로크
(5) 보일러의 수위가 안전수위 이하가 될 때 연료 공급을 차단시키는 인터로크

|해답|

2-1

보일러 운전 중 작동 상태가 원활하지 않거나 정상적인 운전 상태가 아닐 때 하나가 동작하면 나머지 하나는 동작하지 않도록 하여 다음 단계의 동작이 진행되지 않도록 중단하는 제어로, 보일러의 안전을 도모한다.

2-2

(1) 프리퍼지 인터로크
(2) 압력 초과 인터로크
(3) 저연소 인터로크
(4) 불착화 인터로크(실화 인터로크)
(5) 저수위 인터로크

연소공학 및 열역학

제1절 | 연소공학

1-1. 연소 기초

핵심이론 01 연소와 연료의 개요

① 연소(Combustion)의 정의

㉠ 온도가 높은 분위기 속에서 가연물질이 산소와 화합하여 빛과 열을 발생시키는 현상이다.

㉡ 응고 상태 또는 기체 상태의 연료와 관계된 자발적인 발열반응과정이다.

㉢ 가연성 물질이 공기 중의 산소와 반응을 일으키며 산화열을 발생시키는 현상이다.

② 연소의 3요소와 4요소

㉠ 연소의 3요소 : 가연물(환원제), 산소공급원(산화제), 점화원

㉡ 연소의 4요소 : 연소의 3요소 + 연소의 연쇄반응

③ 연료(Fuel)의 정의

㉠ 열에너지로 변환이 가능한 모든 물질이다.

㉡ 자체의 내부구조 변화 또는 다른 물질과의 상호반응에 의해 화학에너지 및 핵에너지를 지속적으로 빛이나 열에너지로 변화시키는 물질이다.

㉢ 공기 또는 산소가 공존할 때 지속적으로 산화반응을 일으켜 빛과 열에너지를 발생시키고, 이때 발생한 빛과 열에너지를 경제적으로 이용할 수 있는 물질이다.

㉣ 연소에 의해 발생하는 열을 경제적으로 이용할 수 있는 가연물질이다.

④ 연료의 구비조건

㉠ 연소가 안정적이며 단위질량당 발열량이 높아야 한다.

㉡ 활성화에너지가 작아야 한다(점화에너지가 작아야 한다).

㉢ 열전도도가 작아야 한다.

㉣ 산소와의 결합력이 강해야 한다.

㉤ 발열반응을 하고 연쇄반응을 수반해야 한다.

㉥ 자원이 풍부하여 쉽게 구할 수 있고, 가격이 저렴해야 한다.

㉦ 취급이 용이하고 안전하며 무해해야 한다.

㉧ 저장・운반이 간편하고 사용 시 안전하며 위험성이 작아야 한다.

㉨ 연소 시 생성되는 회분(재) 등의 배출물이 적어야 하며 배출가스 중 공해물질이 적어야 한다.

㉩ 부하변동에 따라 연소 조절이 용이해야 한다.

㉪ 점화뿐만 아니라 소화도 쉬워야 한다.

⑤ 완전연소의 조건

㉠ 충분한 연료와 산소

㉡ 연소반응이 시작되기 위한 충분한 온도

㉢ 연소반응이 완결되기 위한 충분한 체류시간

㉣ 가연물과 산소의 충분한 혼합

⑥ (공기나) 연료의 예열효과

㉠ 연소실의 온도를 높게 유지한다.

㉡ 착화열을 감소시켜 연료를 절약한다.

㉢ 연소효율이 향상되고, 연소 상태가 안정되어야 한다.

⑦ 현열, 잠열, 비열

㉠ 현열(감열, Sensible Heat)

- 물질의 상태 변화 없이 온도 변화에만 필요한 열량이다.
- $Q_s = mC\Delta t$

(여기서, m : 질량, C : 비열, Δt : 온도차)

㉡ 잠열(Latent Heat)
- 물질의 온도 변화 없이 상태 변화에만 필요한 열량이다.
- $Q_L = m\gamma$
  (여기서, m : 질량, γ : 융해잠열, 증발잠열)

㉢ 비열(Specific Heat)
- 1[kg]의 물체를 1[℃]만큼 올리는 데 필요한 열량이다.
- 물의 비열(1.0[kcal/kg])은 일반적으로 다른 물질에 비해서 큰 편이므로 물의 입자는 많은 열량을 흡수하여 냉각효과가 우수하다.

⑧ 연소공학 제반 기본사항

㉠ 열관리의 의의 : 연료 및 열의 효율적인 사용을 목적으로 관리방법 및 기술의 양면을 다룬다.

㉡ 연소의 목적 : 연소에 의해 생기는 열을 이용하기 위해서이다.

㉢ 연소가 일어나기 위한 조건 : 착화온도 이하에서 충분한 산소를 공급해야 한다.

㉣ 연소를 계속 유지시키는 데 필요한 조건 : 연료에 산소를 공급하고 착화온도 이상으로 유지한다.

㉤ 압력의 증가에 따른 증기의 성질
- 증가 : 현열, 엔탈피, 포화온도
- 감소 : 증발열, 잠열

㉥ 연료의 주성분 : 주로 탄소와 수소이며, 공기 중의 산소와 반응한다.

㉦ 대규모 화력발전용 보일러의 주연료로 사용하는 것은 LNG, 미분탄, 중유 등이다(LPG는 아님).

㉧ 버너의 타일이 과열되면 복사열이 발생하여 연소상태가 양호해진다.

㉨ 물질의 위험성을 나타내는 성질
- 온도가 높을수록 위험하다.
- 압력이 클수록 위험하다.
- 인화점, 착화점(발화점), 융점, 비등점이 낮을수록 위험하다.
- 연소범위가 넓을수록 위험하다.
- 연소속도, 증기압, 연소열이 클수록 위험하다.
- 증발열, 비열, 표면장력이 작을수록 위험하다.
- 비중이 작을수록 위험하다.

㉩ 점화지연(Ignition Delay) : 특정 온도에서 가열하기 시작하여 발화 시까지 소요되는 시간이다.
- 착화지연 또는 발화지연이라고도 한다.
- 혼합기체가 어떤 온도 및 압력 상태하에서 자기점화가 일어날 때까지 약간의 시간이 걸리는 것이다.
- 물리적 점화지연과 화학적 점화지연으로 나뉜다.
- 자기점화가 일어날 수 있는 최저온도를 점화온도라고 한다.
- 발화 지연시간에 영향을 주는 요인 : 온도, 압력, 가연성 가스의 농도, 혼합비 등
  - 압력에도 의존하지만, 압력보다는 주로 온도에 의존한다.
  - 저온・저압일수록 발화지연은 길어진다.
  - 고온・고압, 혼합비가 완전산화에 가까울수록 발화지연은 짧아진다.
- 디젤엔진에서 흡기온도가 상승하면 착화가 순조로워져 착화 지연시간이 감소한다.

핵심예제

1-1. 열과 관련된 다음의 용어를 간단히 정의하시오.
[2018년 제1회]

(1) 현 열
(2) 잠 열
(3) 비 열
(4) 전 열

1-2. 연소 상태에서 착화지연(Igition Delay Time)현상에 대하여 설명하시오.
[2013년 제1회]

|해답|

1-1
(1) 현열 : 물질의 상태 변화 없이 온도 변화에만 필요한 열량
(2) 잠열 : 물질의 온도 변화 없이 상태 변화에만 필요한 열량
(3) 비열 : 1[kg]의 물체를 1[℃] 또는 1[K]만큼 올리는 데 필요한 열량
(4) 전열 : 물체의 현열과 잠열을 합한 단위질량당 총열량

1-2
착화지연은 어느 온도에서 가열하기 시작하여 발화에 이르기까지의 시간이다.
- 고온・고압일수록 발화지연은 짧아진다.
- 가연성 가스와 산소의 혼합비가 완전산화에 가까울수록 발화지연은 짧아진다.

핵심이론 02 연료의 기본 성질

① 비중 : 물질의 중량과 이와 동등한 체적의 표준물질과의 중량의 비로, 액체연료인 석유계 연료의 가장 중요한 성질 중의 하나이다.
 ㉠ 주요 액체연료의 비중 : 가솔린(휘발유) 0.65~0.8, 등유 0.78~0.8, 경유 0.81~0.88, 중유 0.85~0.99
 ㉡ API(American Petroleum Institute)도 :

$$API도 = \frac{141.5}{S} - 131.5$$

 (여기서, S : 비중(60[°F]/60[°F])

② 유동점 : 액체가 흐를 수 있는 최저 온도로 응고점보다 2.5[℃] 높다.

③ 인화점 또는 인화온도
 ㉠ 인화점 : 가연성 액체에서 발생한 증기의 공기 중 농도가 연소범위 내에 있을 때 불꽃을 접근시키면 불이 붙는 최저 온도이다.
 ㉡ 액체연료의 인화점[℃] : 가솔린 -20, 벤졸 -10, 등유 30~60, 경유 50~70, 중유 60~150
 ㉢ 액체의 인화점에 영향을 미치는 요인 : 온도, 압력, 용액의 농도

④ 세탄가 : 디젤연료의 발화성을 나타내는 지수로, 세탄가가 높으면 발화성이 양호하다(노멀 파라핀 > 나프텐 > 올레핀).

⑤ 점화 또는 착화
 ㉠ 착화온도(착화점 또는 발화점) : 외부로부터 열을 받지 않아도 연소를 개시할 수 있는 최저 온도이다.
  - 착화온도[℃] : 셀룰로이드 180, 아세틸렌 299, 휘발유(가솔린) 210~300, 목탄(목재, 장작) 250~300, 갈탄 250~450, 목탄(역청탄) 300~400, 석탄 330~450, 무연탄 400~500, 벙커C유(중유) 500~600, 코크스 400~600, 프로판 460~520, 코크스 500~600, 중유 530~580, 수소 580~600, 메탄 615~682, 탄소 800, 소금 800 등이며, 고체연료 중에서는 목재의 착화온도가 가장 낮다.

- 착화온도가 낮아지는 이유 : 분자구조가 복잡할수록, 산소농도・압력・발열량・반응활성도 등이 높을수록, 습도・활성화에너지・열전도율이 낮을수록

㉡ 착화열 : 연료를 최초의 온도부터 착화온도까지 가열하는 데 사용되는 열량

㉢ 최소점화에너지 또는 최소착화에너지(MIE) : 가연성 혼합기체(가스 및 증기, 분체 등)의 점화에 필요한 최소에너지이다. 연소속도・열전도도・질소농도 등에 따라 증가되며, 압력・산소농도 등에 따라 감소된다. 일반적으로 분진의 MIE는 가연성 가스보다 크며 1[atm] / 상온 상태에서 탄화수소의 MIE는 10^{-1}[mJ] 정도다. 혼합기의 종류에 의해서 변하며 불꽃방전 시 일어나는 에너지의 크기는 전압의 제곱에 비례한다.

핵심예제

2-1. 다음 액체연료를 비중이 낮은(가벼운) 순서대로 나열하시오.

중유, 등유, 경유, 가솔린

2-2. 비중이 0.8(60[°F]/60[°F])인 액체연료의 API도를 계산하시오.

|해답|

2-1

비중이 가벼운 순서 : 가솔린, 등유, 경유, 중유

2-2

$API도 = \frac{141.5}{S} - 131.5 = \frac{141.5}{0.8} - 131.5 \simeq 45.4$

핵심이론 03 연료의 종류 및 특성

① 고체연료

㉠ 고체연료의 특징

- 저렴하고, 구하기 쉽다.
- 주성분은 C, H, O이며 가연성은 C, H, S이다.
- 회분이 많고, 발열량이 적다.
- 연소효율이 낮고, 고온을 얻기 어렵다.
- 점화 및 소화가 곤란하고, 온도 조절이 어렵다.
- 완전연소가 어렵고, 연료의 품질이 균일하지 못하다.
- 설비비 및 인건비가 많이 든다.
- 품질이 좋은 고체연료의 조건 : 고정탄소가 많고, 수분・회분・황분이 적어야 한다.

㉡ 고체연료의 종류 : 목재, 석탄, 코크스, 미분탄

- 목재 : 100~360[℃] 사이에서 일산화탄소(CO)가 가장 많이 발생한다.
- 석탄 : 석탄에 함유된 성분 중에서 수분(발열량 감소), 휘발분(매연 발생), 황분(연소기관의 부식) 등은 좋지 않은 영향을 미치므로 최소가 되도록 한다.
- 코크스 : 고온건류온도는 1,000~1,200[℃]이다.
- 미분탄 : 입자지름이 0.5[mm] 이하의 미세한 석탄이다.

㉢ 석탄의 완전연소를 위한 조건

- 공기를 적당하게 보내 피연물과 잘 접촉시킨다.
- 연료를 착화온도 이상으로 유지시킨다.
- 통풍력을 좋게 한다.
- 공기를 예열한다.

㉣ 연소성과 관련 있는 석탄의 성질 : 비열, 기공률, 열전도율

㉤ 석탄의 함유 성분이 많을수록 연소에 미치는 영향

- 수분 : 착화성이 저하된다.

- 회 분
  - 발열량이 감소한다.
  - 연소 상태가 고르지 않게 된다.
  - 클링커의 발생으로 통풍을 방해한다.
  - 불완전연소되어 잔류물을 남긴다.
  - 연소효율이 저하된다.
- 고정탄소 : 발열량이 증가한다.
- 휘발분 : 검은 매연이 발생하기 쉽다.

② 액체연료

㉠ 액체연료의 특징
- 고체연료에 비해서 수소(H_2) 함량이 많고, 산소(O_2) 함량이 적다.
- 연소온도가 높기 때문에 국부과열을 일으키기 쉽다.
- 발열량이 높고 품질이 일정하다.
- 화재나 역화의 위험이 크다.
- 연소할 때 소음이 발생한다.
- 액체연료의 인화점에 영향을 미치는 요인 : 온도, 압력, 용액의 농도
- 안티노킹(Anti-knocking)제 : 가솔린기관의 노크를 방지하기 위해 연료 중에 첨가하는 제폭제이다.

㉡ 액체연료의 종류 : 가솔린, 등유, 경유, 중유, 나프타
- 가솔린(휘발유) : 액체연료 중 비중(0.65~0.8)이 가장 낮다.
- 중유 : 비중은 0.85~0.99이며, 점도에 따라 A중유・B중유・중유로 구분한다. A중유는 C중유보다 점성과 수분 함유량이 적고, C중유는 주로 대형 디젤기관 및 대형 보일러에 사용한다. 원소조성성분은 C 84~87[%], H 10~12[%]이며 인화점은 60~70[℃] 이상(약 60~150[℃] 정도)이다.

㉢ 중유연소의 특징
- 발열량이 석탄보다 크고, 과잉공기가 적어도 완전연소시킬 수 있다.
- 점화 및 소화가 용이하며, 화력의 가감이 자유로워 부하변동에 적용하기 쉽다.
- 재가 적게 남으며 발열량, 품질 등이 고체연료에 비해 일정하다.
- 회분(재) 및 중금속성분이 포함된다.
- 중유의 탄수소비(C/H)가 증가하면 발열량은 감소한다.

㉣ 고온건류하여 얻은 타르계 중유의 특징
- 화염의 방사율이 크다.
- 단위용적당 발열량이 크다.
- 황의 영향이 작다.
- 슬러지를 발생시킨다.

㉤ 노 또는 보일러에 사용하는 연소용 중유의 성질
- 비중 : 일반적으로 큰 것을 선택한다.
- 점도 : 사용지역에 적합한 것을 선택한다.
- 인화점 : 낮은 것은 화재의 위험성이 있으므로, 예열온도보다 5[℃] 정도 높은 것을 선택한다.
- 잔류 탄소 : 적은 것을 선택한다.
- 중유의 성상을 개선하기 위한 첨가제 : 슬러지 분산제, 조연제, 부식방지제, 안정제(슬러지 생성방지제), 회분개질제, 탈수제, 연소촉진제(분무를 순조롭게 하기 위하여 사용하는 것)

㉥ 중유연소에서 화염이 불안정하게 되는 원인
- 유압의 변동
- 노 내 온도가 너무 낮을 때
- 연소용 공기의 과다
- 물 및 기타 협잡물에 의한 분무의 단속

㉦ 중유연소과정에서 발생하는 그을음의 주원인 : 연료 중 미립탄소의 불완전연소

ⓞ C중유 사용 시 그을음 발생의 원인 체크방법
- 화염이 닿는지 점검한다.
- 연소실 온도가 너무 낮은지 점검한다.
- 연소실 열부하가 큰지 점검한다.
- 통풍력이 부족한지 점검한다.

ⓩ 중유의 점도가 높아질수록 연소에 미치는 영향
- 오일탱크로부터 버너까지의 이송이 곤란해진다.
- 버너의 연소 상태가 나빠진다.
- 기름의 분무현상(Atomization)이 불량해진다.
- 버너 화구에 유리탄소가 생긴다.

ⓒ 중유 사용 보일러에서 노벽에 카본(탄화물)이 쌓이는 원인
- 중유의 점도가 너무 높을 때
- 유류의 분무 상태가 균일하지 않을 때(불량할 때)
- 공기와의 혼합이 불량할 때
- 1차 공기량이 부족할 때(연소용 공기량이 부족할 때)
- 버너타일과 노가 버너와 구조적으로 부적합한 경우
- 단속 운전이 지속될 때
- 오일 중 카본량이 많을 때(잔류탄소가 많은 중유 사용)
- 장시간 고온으로 중류를 가열할 때
- 화염이 노벽에 직접 닿으면서 연소할 때
- 기름의 예열온도가 과대할 때

ⓚ 카본 생성 방지대책
- 적정 점도의 중유를 사용한다.
- 중유의 분무를 원활히 하여 공기와의 혼합을 양호하게 한다.
- 1차 공기량를 적정화(연소용 공기량 적정화)한다.
- 버너타일과 노가 버너와 구조적으로 적합하게 한다.
- 증기 사용의 평균화하여 연속 운전을 실시한다.
- 잔류탄소가 적은 중유를 사용한다.
- 연소 휴지 중 버너 분무구 등을 청소한다.
- 버너 유압을 일정한 범위로 제한한다.
- 기름의 예열온도를 필요 이상으로 가열하지 않는다.

③ 기체연료

㉠ 기체연료의 특징
- 연소 조절 및 점화, 소화가 용이하다.
- 단위중량당 발열량이 크다.
- 적은 공기로 완전연소시킬 수 있으며, 연소효율이 높다.
- 연료의 예열이 쉽고, 전열효율이 좋다.
- 화염온도의 상승이 비교적 용이하다.
- 확산연소되므로 연소용 공기가 적게 든다.
- 고온을 얻기 쉽다.
- 하나의 가스원으로 다수의 연소장치에 쉽게 공급할 수 있다.
- 자동제어에 의한 연소에 적합하다.
- 연소 후에 유해성분의 잔류가 거의 없다.
- 회분 및 유해물질의 배출량이 적고, 매연이 없어 청결하다.
- 연소장치의 온도 및 온도분포의 조절이 용이하다.
- 다량으로 사용하는 경우 운반과 저장이 용이하지 않다.
- 인화의 위험성이 있고, 연소장치가 간단하지 않다.
- 누출되기 쉽고 폭발의 위험성이 크다.
- 회분을 전혀 함유하지 않아 이것에 의한 장해가 없다.
- 포화탄화수소계의 기체연료에서 탄소원자수(C_1~C_4)가 증가할 때
  - ↑ : 분자량, 분자구조의 복잡성, 화학결합의 반응활성도, 비등점, 융점, 비중, 발열량 등
  - ↓ : 활성화에너지, 착화점(발화점), 연료 중의 수소분, 휘발성, 연소범위, 연소하한, 증기압, 증발잠열, 연소속도 등

- 보일러에서 기존에 사용하던 연료를 수소(H_2)성분이 많은 연료로 변경할 경우, 수소(H_2)와 산소(O_2)가 연소반응하면 수증기(H_2O)가 발생하므로, 사용하던 연료를 수소성분이 많은 연료로 변경하면 배기가스 중 수증기의 양이 증가한다.

ⓛ 기체연료의 종류 : 액화천연가스(LNG), 액화석유가스(LPG), 메탄, 수소, 부생가스(석탄가스, 발생로가스, 코크스로가스, 수성가스, 고로가스, 전로가스, 오일가스, 도시가스 등)

- 액화천연가스(LNG) : 주성분은 메탄(CH_4)이다. 단위중량당 발열량(15,000[kcal/kg])이 가장 높고, 프로판(C_3H_8)가스보다 가벼우며, 대기압하에서 비등점이 -162[℃]인 액체이다.
- 액화석유가스(LPG) : 주성분은 프로판(C_3H_8)과 부탄(C_4H_{10})이며, 단위체적당 발열량이 가장 높고 다음의 특징을 지닌다.
  - 상온·상압(대기압)에서 기체이다.
  - 가스의 비중은 공기보다 무겁다.
  - 기화잠열이 커서 냉각제로도 이용 가능하다.
  - 천연고무를 잘 용해시킨다.
  - 물에는 잘 녹지 않는다.
  - 인화폭발의 위험성이 크다.
- 기타 가스연료 : 발열량[kcal/m^3]은 석탄가스(5,670) > 수성가스(2,500) > 발생로가스(1,100) > 고로가스(900)의 순으로 높다.
  - 석탄가스 : 제철소의 코크스 제조 시 부산물로 생성되는 가스이다. 주성분은 수소와 메탄이며, 저온건류가스와 고온건류가스로 분류된다.
  - 수성가스 : 주성분은 H_2, CO이다. 일산화탄소를 공기 중에서 연소할 때 과잉공기의 양이 많을수록 연소 평형 생성물은 이산화탄소의 양이 증가한다.
  - 발생로가스 : 석탄, 코크스, 목재 등을 적열 상태로 가열하고, 공기 또는 산소로 불완전연소시켜 얻는 연료이다.
  - 부생가스 : 고로가스(N_2, CO, CO_2가 주성분이며, 주요 가연분은 일산화탄소이다), 코크스로가스(CH_4과 H_2가 주성분이다), 전로가스(O_2가 주성분이다)

핵심예제

3-1. 고체연료의 일반적인 특징을 4가지만 쓰시오.

3-2. 연료 중에 회분이 많을 경우 연소에 미치는 영향을 4가지만 쓰시오.

3-3. 보일러에서 기존 사용하던 연료를 수소(H_2)성분이 많은 연료로 변경한다면 배기가스 중 어떤 성분이 증가되는가?

[2010년 제2회, 2012년 제1회, 2014년 제1회, 2015년 제1회, 2016년 제2회]

3-4. 액체연료가 갖는 일반적인 특징을 4가지만 쓰시오.

3-5. 중유 사용 보일러에서 노벽에 카본(탄화물)이 쌓이는 원인을 4가지만 쓰시오. [2014년 제2회]

3-6. 액체연료 중 고온건류하여 얻은 타르계 중유의 특징을 4가지만 쓰시오.

3-7. 기체연료의 특징을 4가지만 쓰시오.

3-8. LNG(Liquefied Natural Gas, 액화천연가스)의 주성분을 쓰시오. [2010년 제1회, 2015년 제2회]

3-9. 포화탄화수소계의 기체연료에서 탄소원자수(C_1~C_4)가 증가할 때의 현상으로 옳은 것을 ( )에서 선택하여 쓰시오.

(1) 연료 중의 수소분이 (증가, 감소)한다.
(2) 연소범위가 (넓어, 좁아)진다.
(3) 발열량이 (증가, 감소)한다.
(4) 발화온도가 (높아, 낮아)진다.

|해답|

3-1

고체연료의 일반적인 특징

① 회분이 많고, 발열량이 적다.
② 연소효율이 낮고, 고온을 얻기 어렵다.
③ 점화 및 소화가 곤란하고 온도 조절이 어렵다.
④ 완전연소가 어렵고, 연료의 품질이 균일하지 못하다.

3-2

연료 중에 회분이 많을 경우 연소에 미치는 영향

① 연소 상태가 고르지 않게 된다.
② 클링커의 발생으로 통풍을 방해한다.
③ 불완전연소되어 잔류물을 남긴다.
④ 연소효율이 저하된다.

3-3

- 수소의 완전연소방정식 : $2H_2 + O_2 \rightarrow 2H_2O$
- 수소(H_2)와 산소(O_2)가 연소반응하면 수증기(H_2O)가 발생하므로, 사용하던 연료를 수소성분이 많은 연료로 변경하면 배기가스 중 수증기의 양이 증가한다.

3-4

액체연료가 갖는 일반적인 특징

① 발열량이 높고 품질이 일정하다.
② 연소온도가 높기 때문에 국부과열을 일으키기 쉽다.
③ 화재, 역화 등의 위험이 크다.
④ 연소할 때 소음이 발생한다.

3-5

중유 사용 보일러에서 노벽에 카본(탄화물)이 쌓이는 원인

① 중유의 점도가 너무 높을 때
② 유류의 분무 상태가 균일하지 않을 때(불량할 때)
③ 버너타일과 노가 버너와 구조적으로 부적합한 경우
④ 화염이 노벽에 직접 닿으면서 연소할 때

3-6

고온건류하여 얻은 타르계 중유의 특징

① 단위용적당 발열량이 많다.
② 황의 영향이 작다.
③ 화염의 방사율이 크다.
④ 슬러지를 발생시킨다.

3-7

기체연료의 특징

① 연소효율이 높다. ② 단위중량당 발열량이 크다.
③ 고온을 얻기 쉽다. ④ 자동제어에 의한 연소에 적합하다.

3-8

메탄(CH_4)

3-9

(1) 감 소 (2) 좁 아
(3) 증 가 (4) 낮 아

핵심이론 04 연소의 형태(상태)

① 정상연소와 비정상연소

㉠ 정상연소 : 공기가 충분히 공급되고 연소 시 기상조건이 양호할 때의 연소로, 열의 발생속도와 방산속도가 균형을 유지하는 상태의 연소이다.

㉡ 비정상연소 : 공기 공급이 불충분하고 연소 시 기상조건이 좋지 않을 때의 연소로, 열의 발생속도가 방산속도보다 빠르며 연소속도가 급격히 증가하여 폭발적으로 일어나는 연소이다.

② 고체연료의 연소방식

㉠ 고체연료 가열 시 '증발 가연물의 증발연소→열분해에 의한 분해연소→나머지 남은 물질의 표면연소'의 연소과정을 거친다.

㉡ 증발연소 : 열분해를 일으키지 않고 증발하여 증기가 공기와 혼합하여 일어나는 연소이다.

- 고체 가연물이 점화에너지를 공급받아 가연성 증기를 발생하여 발생한 증기와 공기의 혼합 상태에서 연소하는 형태로, 불꽃이 없다.
- 파라핀(양초), 유지 등은 가열하면 융해되어 액체로 변화하고 계속적인 가열로 기화되면서 증기가 되어 공기와 혼합하여 연소하는 형태를 보인다.

㉢ 표면연소 : 고체 가연물의 일반적인 연소 형태로 표면이 산소와 반응하여 연소하는 현상이다.

- 가연물이 휘발분이 없거나 낮은 열분해반응에 의해 가연성 혼합기를 형성하지 못하고 물질 자체가 느린 반응을 하는 현상이다.
- 일반적으로 연료가 열분해되고 남은 고체분(Char)은 표면연소를 하게 된다.
- 휘발분을 거의 포함하고 있지 않은 코크스, 목탄, 분해연소 후의 고체분 등에서 발견되는 현상으로, 산소나 산화성 가스가 고체 표면이나 내부의 빈 공간에 확산되어 표면반응을 한다.

• 확산에 의한 산소 공급이 부족하면, 불완전연소에서 생긴 CO와 같은 중간 생성물이 표면에서 떨어진 곳에서 기상연소되기 때문에 일반적으로 표면연소는 표면반응뿐만 아니라 기체 상태의 연소반응도 동반한다.
• 휘발성분이 없어 가연성 증기 증발도 없고, 열분해반응도 없기 때문에 불꽃이 없다.
• 별칭 : 직접연소, 무염연소, 작열연소(응축 상태의 연소로 불꽃은 없지만 가시광을 방출하면서 일어나는 연소)
• 연소속도 : 비교적 느린 편이며 연소 생성물의 상태에 따라 달라진다.
• 해당 고체연료 : 숯, 코크스, 목탄, 금속분(마그네슘 등) 등

㉣ 분해연소 : 복잡한 경로의 열분해반응을 일으켜 생성된 가연성 증기와 공기가 혼합하여 일어나는 연소이다.
• 열분해온도가 증발온도보다도 낮아 가열에 의해 열분해가 일어나 휘발되기 쉬운 성분이 연료 표면으로부터 떨어져 나와 일어나는 연소로, 연소속도가 느리다.
• 해당 고체연료 : 무연탄, 석탄, 목재, 종이, 플라스틱 등

㉤ 자기연소(내부연소) : 외부로부터 산소 공급이 없어도 스스로 산소가 공급되어 일어나는 연소이다.
• 제5류 위험물처럼 가연성이면서 자체 내에 산소를 함유하고 있어 공기 중의 산소를 필요로 하지 않는 연소 형태이다.
• 연소속도가 매우 빠르며, 폭발적이다.

㉥ 유동층연소 : 석탄 분쇄입자와 유동매체(석회석)의 혼합가루층에 적정 속도의 공기를 불어 넣은 부유 유동층 상태에서의 연소(기술)이다.

㉦ 미분탄연소 : 석탄을 200[mesh] 이하의 미분으로 만들어 1차 공기와 반응하여 발생되는 연소이다.

1차 공기와 2차 공기
• 1차 공기 : 연료의 무화와 산화반응에 필요한 공기로서 버너에서 직접 공급된다.
• 2차 공기 : 1차 공기로는 부족한 공기를 보충하기 위하여 화실로 직접 공급되는 완전연소시키기 위한 공기로서 송풍기를 이용하여 연소실로 공급된다.

③ 액체연료의 연소방식

㉠ 증발연소 : 액체연소의 대부분을 차지하며 액체 표면에서 발생된 증기가 공기와 혼합하여 발생하는 연소이다(휘발유, 등유, 경유, 중유).

㉡ 분해연소 : 비휘발성 액체를 열분해시켜 분해가스가 공기와 혼합하여 발생하는 연소로, 연소속도가 느리다.

㉢ 액적연소 : 점도가 높고 비휘발성인 액체를 가열하여 점도를 낮춘 뒤 분무기(버너)를 사용하여 액체 입자를 안개상으로 분출하여 액체 표면적을 넓게 하여 공기와의 접촉면을 많게 하는 연소방법이다.

㉣ 기화연소(포트식 연소) : 등유, 경유 등의 휘발성이 큰 연료를 접시 모양의 용기에 넣어 증발연소시키는 방식이다.

㉤ 무화연소(분무연소) : 공업적으로 가장 많이 이용되는 액체연료의 연소방식이다.
• 액체연료의 미립화 방법 : 고속기류, 충돌식, 와류식, 회전식
• 액체연료의 미립화 특성 결정 시 반드시 고려해야 할 사항 : 분무입경, 입경분포, 분산도, 공기나 증기, 분무컵 등
• 액체연료의 분무를 지배하는 요소(액체를 미립화하기 위해 분무할 때 분무를 지배하는 요소) : 액류의 운동량, 액류와 기체의 표면적에 따른 저항력, 액체와 기체 사이의 표면장력
• 액체연료의 미립화 시 평균 분무입경에 직접적인 영향을 미치는 요소 : 표면장력, 점성계수, 밀도

- 중유연료의 연소 시 무화에 수증기를 사용하는 경우
  - 고압무화가 가능하므로 무화효율이 좋다.
  - 고압무화할수록 무화매체량이 적어도 되므로 대용량 보일러에 사용된다.
  - 고점도의 기름도 쉽게 무화시킬 수 있다.
  - 고압기류식 버너인 수증기 사용 버너는 대용량 중유연료의 무화버너이다.

④ 기체연료의 연소방식

㉠ 확산연소(발염연소 또는 불꽃연소) : 연료·공기를 별도로 공급한다.

- 기체 또는 액체 가연물의 전형적인 연소 형태이다.
- 가연성 가스와 산소가 반응에 의해 농도가 0이 되는 화염쪽으로 이동하는 확산과정으로 발생되는 연소이다.
- 일정한 양의 가연성 기체에 산소를 접촉시켜 점화원을 주면 산소와 접촉하고 있는 부분부터 불꽃을 내면서 연소한다.
- 연료의 불꽃은 있으나 불티가 없는 연소이다(불이 바람에 흔들리는 깃털처럼 움직이는 모습).
- 가스의 반응에 의해 열과 빛을 발하는 것으로 육안으로 보이는 현상이다.
- 연쇄반응 및 폭발을 수반한다.
- 연쇄반응 발생현상 : 기체에 산소 공급, 열에 의해 고체가 분해된 분해가스, 액체에서 증발된 가스(가솔린)
- 단위시간당 발열량이 많다.
- 연소 사면체에 의한 연소로, 연소속도가 매우 빠르고 양상도 매우 복잡하다.

㉡ 예혼합연소 : 연료·공기를 혼합하여 공급한다.

- 가연성 혼합기가 형성되어 있는 상태에서의 연소이다.
- 증발, 분해, 혼합과정이 생략되어 연소속도가 매우 빠르다.
- 내부 혼합형이며 가스와 공기의 사전 혼합형이다.
- 불꽃의 길이가 확산연소방식보다 짧다.
- 노의 체적이 크지 않아도 된다.
- 연소실 부하율을 높게 얻을 수 있다.
- 화염대에 해당하는 두께는 두껍지 않다.
- 역화(Back Fire)의 위험성이 있다.

㉢ 부분 예혼합연소 : 소형 또는 중형에 쓰이며 기체연료와 공기의 분출속도에 따른 흡인력으로, 연료와 공기를 흡인한다.

핵심예제

4-1. 불꽃(Flaming)연소의 특징을 4가지만 쓰시오.

4-2. 액체연료의 미립화 시 평균 분무 입경에 직접적인 영향을 미치는 요소를 3가지만 쓰시오. [2019년 제1회]

|해답|

4-1
① 연소 사면체에 의한 연소이다.
② 불꽃연소는 연소속도가 빠르다.
③ 연쇄반응을 수반한다.
④ 가솔린 등의 연소가 이에 해당한다.

4-2
액체연료의 미립화 시 평균 분무 입경에 직접적인 영향을 미치는 요소
① 표면장력
② 점성계수
③ 밀 도

핵심이론 05 연소속도

① **연소속도의 정의**

㉠ 별칭 : 산화속도, 산화반응속도, 반응속도

㉡ 단위면적의 화염면이 단위시간에 소비하는 미연소혼합기의 체적이다.

㉢ $반응속도 = \frac{생성물질의\ 농도\ 증가량}{시간의\ 변화}$

$= \frac{반응물질의\ 농도\ 감소량}{시간의\ 변화}$

② **일반적인 정상연소의 연소속도 지배요인** : 공기(산소)의 확산속도

③ **연소속도에 영향을 미치는 인자** : 연료(가연물) 종류, 산화성 물질의 종류, 산소농도, 가연물과 산화성 물질의 혼합비율, 촉매, 연료의 밀도·비열(작을수록 연소속도 증가), 연료의 열전도율·화염온도·연소온도(반응온도)·압력(크거나 높을수록 연소속도 증가)

④ **기체연료의 연소속도**

㉠ 연소속도는 가연한계 내에서 혼합기체의 농도에 영향을 크게 받는다.

㉡ 연속속도는 메탄의 경우 당량비가 1.1 부근에서 최저가 된다.

㉢ 보통의 탄화수소와 공기의 혼합기체 연소속도는 약 40~50[cm/s] 정도로 느린 편이다.

㉣ 혼합기체의 초기온도가 올라갈수록 연소속도도 빨라진다.

⑤ **층류 연소속도의 측정법** : 평면화염버너법, 슬롯노즐버너법, 분젠버너법, 비누거품법

㉠ 평면화염버너법 : 가연성 혼합기를 일정 속도분포로 만들어 혼합기의 유속과 연소속도가 균형을 이루게 하여 혼합기의 유속을 연소속도로 가정하는 기법이다.

㉡ 슬롯노즐버너법 : 가로와 세로의 비율이 3 이상인 노즐 내부에서는 균일한 속도분포를 얻을 수 있게 하여 착화시킨 후 노즐 위에 역V자의 화염콘(Flame Cone)이 만들어진 것을 이용하여 화염 모형도로부터 연소속도를 구하는 방법이다.

㉢ 분젠버너법 : 슬롯버너법과 유사한 방법으로 연소속도를 결정하는 방법으로, 단위면적당 단위시간에 소비되는 미연혼합기의 체적으로 연소속도를 계산한다.

㉣ 비누거품법 : 연료-산화제 혼합기로 비누거품을 만들고 그 중심에 전기불꽃점화 전극을 이용하여 점화시켜 화염을 구상으로 만들어 밖으로 전파되게 하여 비눗방울 내부가 연소 진행과 동시에 팽창하여 터지는 정압연소되는 속도를 측정하는 방법이다. 비눗방울법이라고도 한다.

핵심예제

일반적인 정상연소에 있어서 연소속도를 지배하는 가장 주된 요인을 1가지 쓰시오.

|해답|

공기 중 산소의 확산속도

1-2. 연소 계산

핵심이론 01 연소현상이론

① 개 요

㉠ 1차 연소와 2차 연소

- 1차 연소 : 화실 내에서의 연소
- 2차 연소 : 불완전연소에 의해 발생한 미연가스가 연도 내에서 다시 연소하는 것

㉡ 연소의 3대 조건 : 연료(C, H, S 등의 가연성분), 산화제(산소공급원), 착화원(점화원, 고온)

㉢ 연소 계산의 단위량

- 고체, 액체연료 : [kgf]
- 기체연료 : 표준 상태에서의 단위체적으로, [m^3N] 또는 [Nm^3]으로 표시한다.

㉣ 실제연소에 사용하는 공기의 조성

- 질량비 : 산소 0.232, 질소 0.768
- 체적비 : 산소 0.21, 질소 0.79

㉤ 연소반응에서 수소와 연소용 산소 및 연소가스(물)의 [Kmol] 관계 : 2 : 1 : 2

㉥ 유효수소와 유효수소수

- 유효수소 : 실제연소가 가능한 수소이다.
- 유효수소수 : 연료 중에 포함된 산소가 연소 전에 수소와 반응하여 실제연소에 영향을 주는 가연성분인 수소가 감소된 수로, $\left(H-\frac{O}{8}\right)$로 계산한다.

② 연소 계산을 위한 필수 암기사항

㉠ 주요 원자와 원자량 : 수소원자(H) 1, 탄소원자(C) 12, 질소원자(N) 14, 산소원자(O) 16, 황원자(S) 32, 염소원자(Cl) 35.5

㉡ 주요 분자와 분자량[g/mol] : 수소분자(H_2) 2, 메탄(CH_4) 16, 물(H_2O) 18, 질소분자(N_2) 28, 일산화탄소(CO) 28, 공기(혼합물) 29, 에탄(C_2H_6) 30, 산소분자(O_2) 32, 이산화탄소(CO_2) 44, 프로판(C_3H_8) 44, 부탄(C_4H_{10}) 58, 아황산가스(SO_2) 64, 염소분자(Cl_2) 71

③ 연소방정식

㉠ 개 요

- 연소방정식 또는 연소반응식은 연소반응 전후의 양적 관계를 식으로 나타낸 것이다.
- 반응 전후의 물질 종류, 물질의 질량관계 또는 체적 관계(기체)를 나타낸다.
- 반응 전후의 질량 보존의 원칙이 지켜지고 있다.

㉡ 주요 연소방정식

- 수소 : $H_2 + 0.5O_2 \rightarrow H_2O$
- 탄소 : $C + O_2 \rightarrow CO_2$
- 황 : $S + O_2 \rightarrow SO_2$
- 일산화탄소 : $CO + 0.5O_2 \rightarrow CO_2$
- 메탄 : $CH_4 + 2O_2 \rightarrow CO_2 + 2H_2O$
- 아세틸렌 : $C_2H_2 + 2.5O_2 \rightarrow 2CO_2 + H_2O$
- 에탄 : $C_2H_6 + 3.5O_2 \rightarrow 2CO_2 + 3H_2O$
- 프로판 : $C_3H_8 + 5O_2 \rightarrow 3CO_2 + 4H_2O$
- 부탄 : $C_4H_{10} + 6.5O_2 \rightarrow 4CO_2 + 5H_2O$
- 옥탄 : $C_8H_{18} + 12.5O_2 \rightarrow 8CO_2 + 9H_2O$
- 등유 : $C_{10}H_{20} + 15O_2 \rightarrow 10CO_2 + 10H_2O$
- 탄화수소의 일반 반응식 :

$$C_mH_n + \left(m+\frac{n}{4}\right)O_2 \rightarrow mCO_2 + \frac{n}{2}H_2O$$

핵심예제

1-1. 1차 연소, 2차 연소는 각각 어떤 것을 말하는지 쓰시오.

(1) 1차 연소
(2) 2차 연소

1-2. 산소 1[Nm^3]를 이용하려고 할 때 필요한 공기량[Nm^3]을 계산하시오.

|해답|

1-1

(1) 1차 연소 : 화실 내에서의 연소
(2) 2차 연소 : 불완전연소에 의해 발생한 미연가스가 연도 내에서 다시 연소하는 것

1-2

공기의 체적은 산소 0.21[%]와 질소 0.79[%]로 구성되므로, 산소 1[m^3]를 이용하기 위해 필요한 공기량은 1/0.21=4.762≒4.8 [Nm^3]가 된다.

핵심이론 02 이론 및 실제공기량, 연소가스량

① **이론공기량(A_0)**

㉠ 연료의 연소 시 이론적으로 필요한 공기량
㉡ 연소에 필요한 최소한의 공기량
㉢ 완전연소에 필요한 최소공기량
㉣ 액화석유가스와 같이 이론산소량이 크게 요구되는 연료의 경우 이론공기량이 가장 크다.
㉤ 이론연소(양론연소) : 이론공기량으로 연료를 완전연소시키는 것이다.
㉥ 희박연소 : 이론공기보다 많은 양이 들어가는 상태의 연소로, 연료의 완전연소가 가능하도록 연료와 공기가 반응할 충분한 기회 제공이 가능하며 연소실 온도를 조절할 수 있다.
㉦ 결핍공기 : 이론공기보다 부족한 상태의 공기
㉧ 과농 상태 : 이론공기보다 부족한 상태의 연소

② **과잉공기** : 연소를 위해 필요한 이론공기량보다 과잉된 공기

㉠ 과잉공기량이 연소에 미치는 영향 : 열효율, CO 배출량, 노 내 온도
㉡ 과잉공기량이 너무 많을 때 일어나는 현상
- 배가가스에 의한 열손실이 증가한다.
- 연소실의 온도가 낮아진다.
- 연료소비량이 많아진다.
- 불완전 연소물의 발생이 적어진다.
- 연소속도가 느려지고 연소효율이 저하된다.
- 연소가스 중의 N_2O 발생이 심하여 대기오염을 초래한다.
- 연소가스 중의 SO_3이 현저히 줄어 저온 부식이 촉진된다.

③ **실제공기량(A)**

㉠ 연료를 완전히 연소할 수 있는 공기량
㉡ 이론공기량에 과잉공기량이 추가된 공기량

④ **연소가스량** : 연소 후 생성되는 가스량

⑤ CO_{2max}[%](최대탄산가스율 또는 탄산가스최대량) : 이론공기량으로 완전연소했을 때의 CO_2[%]값 또는 이론건연소가스 중의 CO_2[%]로 탄소가 가장 높다.

㉠ 기본식

$$CO_{2max} = \frac{(C/12 + S/32) \times 22.4}{G_0'} \times 100[\%]$$

$$= \frac{1.867C + 0.7S}{G_0'} \times 100[\%]$$

(여기서, G_o' : 이론건배기가스량)

㉡ 연소가스 분석결과로 CO_{2max}를 구하는 방법

- CO성분이 0[%]일 때 :

$$CO_{2max} = \frac{21 \times CO_2[\%]}{21 - O_2[\%]}$$

- CO성분이 주어졌을 때 :

$$CO_{2max} = \frac{21 \times (CO_2[\%] + CO[\%])}{21 - O_2[\%] + 0.395 \times CO[\%]}$$

㉢ 연소 배출가스 중 CO_2 함량을 분석하는 이유

- 연소 상태를 판단하기 위하여
- 공기비를 계산하기 위하여
- 열효율을 높이기 위하여

⑥ 공기량 관련 제반사항

㉠ 공기량에 따른 화염 및 연소실 상태

- 공기량이 적은 경우 : 암적색 화염이 나타나고 연기가 발생하며, 연소실 내부가 보이지 않는다.
- 공기량이 적당한 경우 : 엷은 주황색 화염이 나타나고, 연소실 내부가 잘 보인다.
- 공기량이 많은 경우 : 짧은 회백색 화염이 나타나고, 연소실 내부가 밝다.

㉡ 연소량을 증가시킬 때는 먼저 공기량을 증가시킨 다음에 연료량을 증가시킨다.

핵심예제

2-1. 연소에 관련된 다음의 질문에 답하시오. [2013년 제1회]

(1) 만일 보일러 연소실 내부의 불꽃이 짧고 회백색을 나타내고 있다면 공기량은 어떤 상태인가?

(2) 연소량을 증가시킬 때는 먼저 ①을 증가시킨 후에 ②를 증가시킨다. ① 및 ②는 무엇인지를 각각 쓰시오.

2-2. 과잉공기량이 많을 때 일어나는 현상을 4가지만 쓰시오.

2-3. 연도가스를 분석한 결과값이 각각 CO_2 12.6[%], O_2 6.4[%]일 때 CO_{2max} 값을 구하시오. [2015년 제1회, 2018년 제2회]

2-4. 탄소(C) 86[%], 수소(H_2) 12[%], 황(S) 2[%]의 조성을 갖는 중유 100[kg]을 표준 상태(0[℃], 101,325[kPa])에서 완전연소시킬 때 C는 CO_2가 되고, H는 H_2O가 되며, S는 SO_2가 되었다고 할 때 압력 101,325[kPa], 온도 590[K]에서 연소가스의 체적[m^3]을 구하시오.

|해답|

2-1

(1) 공기량이 많은 상태이다.

(2) ① 공기량, ② 연료량

2-2

과잉공기량이 많을 때 일어나는 현상

① 불완전연소물의 발생이 적어진다.

② 연소실의 온도가 낮아진다.

③ 연료소비량이 많아진다.

④ 배기가스에 의한 열손실이 증가한다.

2-3

$$CO_{2max} = \frac{21 \times CO_2[\%]}{21 - O_2[\%]} = \frac{21 \times 12.6}{21 - 6.4} = 18.1[\%]$$

2-4

해법 1

$\frac{V_1}{T_1}=\frac{V_2}{T_2}$에서 $V_2=V_1\times\frac{T_2}{T_1}=22.4\times\frac{590}{273}=48.4[m^3/kmol]$

이므로 연소가스의 체적은

$$V=100\times48.4\times(CO_2+H_2O+SO_2)$$

$$=100\times48.4\times\left(\frac{44}{12}\times0.86\times\frac{1}{44}+\frac{18}{2}\times0.12\times\frac{1}{18}+\frac{64}{32}\times0.02\times\frac{1}{64}\right)$$

$$=100\times48.4\times(0.0717+0.06+0.000625)=48.4\times13.2325$$

$$\simeq640[m^3]$$

해법 2

- 표준 상태에서 연소가스 내 각 성분의 [kmol]수

$$CO_2=100[kg]\times0.86\times\frac{44[kg]}{12[kg]}\times\frac{1[kmol]}{44[kg]}\simeq7.167[kmol]$$

$$H_2O=100[kg]\times0.12\times\frac{18[kg]}{2[kg]}\times\frac{1[kmol]}{18[kg]}=6[kmol]$$

$$SO_2=100[kg]\times0.02\times\frac{64[kg]}{32[kg]}\times\frac{1[kmol]}{64[kg]}\simeq0.0625[kmol]$$

- 101,325[kPa], 590[K]에서 연소가스 내 각 성분의 체적[m³]

$$CO_2=7.167[kmol]\times\frac{22.4[m^3]}{1[kmol]}\times\frac{590}{273}\simeq347[m^3]$$

$$H_2O=6[kmol]\times\frac{22.4[m^3]}{1[kmol]}\times\frac{590}{273}\simeq290[m^3]$$

$$SO_2=0.0625[kmol]\times\frac{22.4[m^3]}{1[kmol]}\times\frac{590}{273}\simeq3[m^3]$$

∴ 연소가스의 체적

$$CO_2+H_2O+SO_2=347+290+3=640[m^3]$$

핵심이론 03 공기비

① **공기비 또는 과잉공기계수(m)** : 실제공기량과 이론공기량의 비

㉠ 공기비는 매연 생성에 가장 큰 영향을 미치는 요인이다.

㉡ 공기비가 1 이하이면 불완전연소 및 매연이 생성되며, 반면 공기비가 너무 크면 배기가스량이 증가한다.

㉢ 공기비(m) 계산 공식

- $m=\frac{A}{A_0}$

  (여기서, A : 실제공기량, A_0 : 이론공기량)

- $m=\frac{21}{21-O_2[\%]}$

- $m=\frac{CO_{2max}}{CO_2}$

- $m=\frac{N_2}{N_2-3.76(O_2-0.5CO)}$

㉣ 과잉공기비 : $m-1$

㉤ 과잉공기 백분율(ϕ) : $\phi=(m-1)\times100[\%]$

② **공연비(Air Fuel Ratio, $A/F=AFR$)** : 연소과정 중 사용되는 공기량과 연료량의 비

$$공연비=\frac{공기량}{연료량}$$

③ **연공비(Fuel Air Ratio, $F/A=FAR$)** : 공연비의 역수

④ **과잉공기비(λ)** : 실제공연비와 이론공연비의 비, 이론연공비와 실제연공비의 비

$$과잉공기비=\frac{실제공연비}{이론공연비}=\frac{이론연공비}{실제연공비}$$

⑤ **당량비(Equivalence Ratio)** : 과잉공기비의 역수

$$당량비=\frac{이론공연비}{실제공연비}=\frac{실제연공비}{이론연공비}$$

⑥ **보일러의 연소가스를 분석하는 주된 이유** : 과잉공기비를 알기 위하여

핵심예제

3-1. 연소가스 분석결과가 CO_2 13[%], O_2 8[%], CO 0[%]일 때 공기과잉계수를 구하시오(단, CO_{2max}는 21[%]이다)

3-2. 어떤 중유 연소 보일러의 연소 배기가스의 조성이 체적비로 CO_2(SO_2 포함) 11.6[%], CO 0[%], O_2 6.0[%], 나머지는 N_2이었으며, 중유의 분석 결과 중량단위로 탄소 84.6[%], 수소 12.9[%], 황 1.6[%], 산소 0.9[%]로서 비중은 0.924이었다. 이때의 공기비(m)를 구하시오. [2017년 제2회, 2022년 제1회]

3-3. 중량비로 C(86[%]), H(14[%])의 조성을 갖는 액체 연료를 매시간당 100[kg] 연소시켰을 때 생성되는 연소가스의 조성이 체적비로 CO_2(12.5[%]), O_2(3.7[%]), N_2(83.8[%])일 때 1시간당 필요한 연소용 공기량[Sm^3]을 구하시오.

[2019년 제4회]

3-4. 옥탄(C_8H_{18}) 1[kmol]을 공기비 1.3으로 완전연소했을 때 다음에 답하시오. [2020년 제4회]

(1) 공연비(Air Fuel Ratio)를 계산하시오.
(2) 배기가스 중의 CO_2, H_2O, O_2, N_2의 몰분율[%]을 각각 구하시오.

3-5. 시간당 100[mol]의 부탄(C_4H_{10})과 5,000[mol]의 공기를 완전연소시키는 경우, 과잉공기 백분율을 구하시오.

3-6. CH_4 1[mol]이 완전연소할 때의 AFR을 계산하시오.

|해답|

3-1

공기비

$$m = \frac{CO_{2_{max}}}{CO_2} = \frac{21}{13} \simeq 1.62$$

3-2

배기가스 중의 $N_2 = 100 - (11.6 + 6) = 82.4$[vol.%]

$$\therefore \text{ 공기비 } m = \frac{N_2}{N_2 - 3.76(O_2 - 0.5CO)}$$

$$= \frac{82.4}{82.4 - 3.76 \times (6 - 0.5 \times 0)} \simeq 1.38$$

3-3

$$\text{공기비 } m = \frac{N_2}{N_2 - 3.76(O_2 - 0.5CO)} = \frac{83.8}{83.8 - 3.76 \times 3.7} \simeq 1.2$$

이며,

$$m = \frac{\text{실제공기량}}{\text{이론공기량}} = \frac{A}{A_0} \text{ 이므로}$$

∴ 실제공기량

$$A = mA_0$$

$$= 100[kg] \times 1.2 \times \frac{1}{0.21} \times \left\{1.867C + 5.6\left(H - \frac{O}{8}\right) + 0.7S\right\}$$

$$= 100 \times 1.2 \times \frac{1}{0.21} \times (1.867 \times 0.86 + 5.6 \times 0.14)$$

$$\simeq 1{,}365[Sm^3]$$

3-4

(1) 공연비(Air Fuel Ratio)

옥탄(C_8H_{18})의 연소방정식 : $C_8H_{18} + 12.5O_2 \rightarrow 8CO_2 + 9H_2O$

- 공기질량 $A = mA_0 = 1.3 \times \dfrac{12.5 \times 32}{0.232} \simeq 2{,}241$[kg air]
- 연료질량 $F = 12 \times 8 + 1 \times 18 = 114$[kg fuel]

∴ 공연비 = 공기질량/연료질량

$$= \frac{2{,}241}{114} \simeq 19.66[\text{kg air/kg fuel}]$$

(2) 배기가스 중의 CO_2, H_2O, O_2, N_2의 몰분율[%]

$$\text{배기가스 중 성분별 몰비율} = \frac{\text{성분의 몰수}}{\text{배기가스의 몰수}} \times 100[\%]$$

배기가스에는 CO_2와 H_2O 그리고 질소가스, 과잉공기량이 포함된다.

배기가스의 몰수

$$= 8 + 9 + (12.5 \times 3.76) + \left\{(1.3 - 1) \times \frac{12.5}{0.21}\right\}$$

$$\simeq 81.86[kmol]$$

- CO_2의 몰분율 $= \dfrac{8}{81.86} \times 100 \simeq 9.77[\%]$
- H_2O의 몰분율 $= \dfrac{9}{81.86} \times 100 \simeq 10.99[\%]$

- O_2의 몰분율 $= \frac{(1.3-1)\times 12.5}{81.86}\times 100 \simeq 4.58[\%]$
- N_2의 몰분율[%]
  N_2의 몰수는 이론공기 중의 질소몰수와 과잉공기 중의 질소 몰수를 합한 값이다.
  N_2의 몰수 $=(12.5\times 3.76)+\{(1.3-1)\times 12.5\times 3.76\}$
  $\simeq 61.1[\text{kmol}]$
  $\therefore$ N_2의 몰분율 $= \frac{61.1}{81.86}\times 100 \simeq 74.64[\%]$

3-5
- 부탄의 연소방정식 : C_4H_{10} + $6.5O_2$ → $4CO_2$ + $5H_2O$
- 공기비 $m=\frac{5,000}{100\times(6.5/0.21)}=1.615$

$\therefore$ 과잉공기백분율 $\phi=(m-1)\times 100[\%]$
$=(1.615-1)\times 100[\%]=61.5[\%]$

3-6
메탄의 연소방정식 : CH_4 + $2O_2$ → CO_2 + $2H_2O$
이론공기량 $A_0=\frac{2}{0.21}\simeq 9.52[\text{mol}]$
AFR(공연비) $=\frac{\text{공기량}}{\text{연료량}}$에서 연료량이 1[mol]이므로
$\therefore$ AFR(공연비) $=\frac{9.52}{1}=9.52$

핵심이론 04 연소방정식을 이용한 이론산소량과 이론공기량의 계산

① 이론산소량
㉠ 질량계산[kg/kg] :
O_0 = 가연물질의 몰수×산소의 몰수×32
㉡ 체적계산[Nm^3/kg] :
O_0 = 가연물질의 몰수×산소의 몰수×22.4

② 이론공기량
㉠ 질량계산식 : $A_0=\frac{O_0}{0.232}[\text{kg/kg}]$
㉡ 체적계산식 : $A_0=\frac{O_0}{0.21}[\text{Nm}^3/\text{kg}]$

핵심예제

4-1. 일산화탄소 1[Sm^3]을 완전연소시키는 데 필요한 이론공기량[Sm^3]을 계산하시오. [2019년 제4회]

4-2. 메탄(CH_4) 2[Nm^3]를 완전연소시키는 데 필요한 이론공기량[Nm^3]은 얼마인가?(단, 공기 중 질소는 79[vol%], 산소는 21[vol%]이다) [2015년 제1회 유사, 2017년 제1회]

4-3. LNG를 공기비 1.3으로 시간당 77[Nm^3]를 완전연소시키는 데 필요한 이론공기량[Nm^3]은 얼마인가? [2011년 제2회]

4-4. C_2H_4가 10[g] 연소할 때 표준 상태인 공기는 160[g] 소모되었다. 이때 과잉공기량[g]를 구하시오(단, 공기 중의 산소의 중량비는 23.2[%]이다). [2012년 제2회]

4-5. 탄화수소인 $C_{1.12}H_{4.25}$ 2[Nm^3]의 완전연소에 필요한 이론공기량[Nm^3]을 구하시오. [2014년 제1회]

|해답|

4-1

일산화탄소의 연소방정식은 $CO + 0.5O_2 \rightarrow CO_2$이다.

∴ 이론공기량 $A_0 = O_0/0.21 = 0.5/0.21 = 2.38[Sm^3]$

4-2

메탄의 연소방정식은 $CH_4 + 2O_2 \rightarrow CO_2 + 2H_2O$이다.

∴ 이론공기량 $A_0 = \frac{O_0}{0.21} = \frac{2\times 2}{0.21} \simeq 19.05[Nm^3]$

4-3

LNG의 주성분은 메탄(CH_4)이다.

- 메탄의 연소방정식 : $CH_4 + 2O_2 \rightarrow CO_2 + 2H_2O$
- 시간당 이론공기량 : $A = A_0 = \frac{2\times 77}{0.21} \simeq 733[Nm^3/h]$

4-4

- 에틸렌의 연소방정식 : $C_2H_4 + 3O_2 \rightarrow 2CO_2 + 2H_2O$
- 이론산소량 : $O_0 = \frac{10}{28}\times(3\times 32) \simeq 34.286$
- 이론공기량 : $A_0 = \frac{O_0}{0.232} = \frac{34.286}{0.232} \simeq 147.78[g]$
- 과잉공기량 : $160 - 147.78 = 12.22[g]$

4-5

먼저 $C_{1.12}H_{4.25}$의 연소방정식을 구한다.

$C_{1.12}H_{4.25} + aO_2 \rightarrow bCO_2 + cH_2O$

- C : $1.12 = b$
- H : $4.25 = 2c,\ c = 2.125$
- O : $2a = 2b + c = 2\times 1.12 + 2.125 = 4.365$

  $a = 2.1825$

연소방정식 : $C_{1.12}H_{4.25} + 2.1825O_2 \rightarrow 1.12CO_2 + 2.125H_2O$

∴ 이론공기량

$$A_0 = \frac{O_0}{0.21} = \frac{2\times 2.1825}{0.21} \simeq 20.79[Nm^3]$$

핵심이론 05 성분 조성을 이용한 이론산소량과 이론공기량의 계산

① 이론산소량

㉠ 고체, 액체연료의 이론산소량

- 질량계산식[kg/kg]

$$O_0 = 32\times\sum(\text{각 가연원소의 필요산소량})$$
$$= 32\times\left\{\frac{C}{12} + \frac{(H - O/8)}{4} + \frac{S}{32}\right\}$$
$$= 2.667C + 8\left(H - \frac{O}{8}\right) + S$$

- 체적계산식[Nm³/kg]

$$O_0 = 22.4\times\sum(\text{각 가연원소의 필요산소량})$$
$$= 22.4\times\left\{\frac{C}{12} + \frac{(H - O/8)}{4} + \frac{S}{32}\right\}$$
$$= 1.867C + 5.6\left(H - \frac{O}{8}\right) + 0.7S$$

㉡ 기체연료의 이론산소량[Nm³/Nm³]

$$O_0 = \sum(\text{각 단위가스의 필요산소량})$$
$$= \left\{\frac{CO}{2} + \frac{H_2}{2} + \sum\left(m + \frac{n}{4}\right)C_mH_n - O_2\right\}$$

② 이론공기량

㉠ 고체, 액체연료의 이론공기량

- 질량계산식[kg/kg]

$$A_0 = \frac{\text{이론산소량}}{0.232}$$
$$= \left(\frac{32}{0.232}\right)\times\sum(\text{각 가연연소의 필요산소량})$$
$$= \left(\frac{32}{0.232}\right)\times\left\{\frac{C}{12} + \frac{(H - O/8)}{4} + \frac{S}{32}\right\}$$
$$= \frac{1}{0.232}\times\left\{2.667C + 8\left(H - \frac{O}{8}\right) + S\right\}$$

• 체적계산식[Nm^3/kg]

$$A_0 = \frac{\text{이론산소량}}{0.21}$$
$$= \left(\frac{22.4}{0.21}\right) \times \sum(\text{각 가연연소의 필요산소량})$$
$$= \left(\frac{22.4}{0.21}\right) \times \left\{\frac{C}{12} + \frac{(H - O/8)}{4} + \frac{S}{32}\right\}$$
$$= \frac{1}{0.21} \times \left\{1.867C + 5.6\left(H - \frac{O}{8}\right) + 0.7S\right\}$$
$$= 8.89C + 26.67\left(H - \frac{O}{8}\right) + 3.33S$$

ⓛ 기체연료의 이론공기량[Nm^3/Nm^3]

$$A_0 = \frac{1}{0.21}\sum(\text{각 단위가스의 필요산소량})$$
$$= \left(\frac{1}{0.21}\right)\left\{\frac{CO}{2} + \frac{H_2}{2} + \sum\left(m + \frac{n}{4}\right)C_mH_n - O_2\right\}$$

핵심예제

5-1. 탄소 85[%], 수소 11[%], 수분 4[%]의 조성으로 이루어진 액체연료를 완전연소할 때 필요한 이론공기량[Nm^3/kg]을 구하시오. [2021년 제1회]

5-2. 조성성분이 체적으로 탄소 70[%], 수소 20[%], 회분 10[%]인 액체연료 50[kg]의 완전연소에 필요한 이론공기량 [Nm^3]을 구하시오. [2021년 제4회]

5-3. 질량 조성비가 탄소 60[%], 질소 13[%], 황 0.8[%], 수분 5[%], 수소 8.6[%], 산소 5[%], 회분 7.6[%]인 고체연료 5[kg]을 공기비 1.1로 완전연소시키고자 할 때의 실제공기량은 약 몇 [Nm^3]인가? [2011년 제1회]

5-4. 프로판(Propane)가스 2[kg]을 완전연소시킬 때 필요한 이론공기량[Nm^3]을 구하시오.

5-5. 분자식이 C_mH_n인 탄화수소가스 1[Nm^3]을 완전연소시키는 데 필요한 이론공기량[Nm^3]을 구하시오.

|해답|

5-1

필요한 이론공기량

$$A_0 = 8.89C + 26.67\left(H - \frac{O}{8}\right) + 3.33S$$
$$= 8.89 \times 0.85 + 26.67 \times 0.11 \simeq 10.49[Nm^3/kg]$$

5-2

이론산소량

$$O_0 = 50 \times \{1.867C + 5.6(H - O/8) + 0.7S\}$$
$$= 50 \times \{1.867 \times 0.7 + 5.6 \times 0.2\} = 121.345[Nm^3]$$
$$\therefore A_0 = \frac{O_0}{0.21} = \frac{121.345}{0.21} \simeq 577.83[Nm^3]$$

5-3

고체연료 5[kg], 공기비 $m = A/A_0$이므로 $A = mA_0$이며

$$A = mA_0 = 1.1 \times 5 \times (8.89C + 26.67 \times (H - O/8) + 3.33S)$$
$$= 1.1 \times 5 \times (8.89 \times 0.6 + 26.67 \times (0.086 - 0.05/8) + 3.33 \times 0.008)$$
$$\simeq 41.2[Nm^3]$$

5-4

프로판가스의 연소방정식 $C_3H_8 + 5O_2 \rightarrow 3CO_2 + 4H_2O$에서

C_3H_8의 분자량 : $12 \times 3 + 1 \times 8 = 44$이므로 $1[kmol] = 44[kg]$

C_3H_8 2[kg]에 대해 완전연소에 필요한 이론산소량

$$O_0 = \left(\frac{2}{44}\right) \times 5[kmol] = \left(\frac{2}{44}\right) \times 5 \times 22.4[Nm^3] = 5.0909[Nm^3]$$
$$\therefore \text{이론공기량 } A_0 = \frac{O_0}{0.21} = \frac{5.0909}{0.21} = 24.24[Nm^3]$$

5-5

기체연료의 이론공기량[Nm^3/Nm^3]

$$A_0 = \frac{1}{0.21}\sum(\text{각 단위가스의 필요산소량})$$
$$= \left(\frac{1}{0.21}\right)\left\{\frac{CO}{2} + \frac{H_2}{2} + \sum\left(m + \frac{n}{4}\right)C_mH_n - O_2\right\}$$
$$= \left(\frac{1}{0.21}\right) \times \left(m + \frac{n}{4}\right) = \left(\frac{1}{0.21}\right) \times \left(\frac{4m + n}{4}\right)$$
$$= \frac{4m + n}{0.21 \times 4} = \frac{4m + n}{0.84} = 4.76m + 1.19n$$

핵심이론 06 습연소가스량(습배기가스량)

① 고체, 액체연료의 습연소가스량(G)

㉠ 연소방정식에 의한 계산

- [kg/kg]

$$G=(m-0.232)A_0+(44/12)\mathrm{C}+(18/2)\mathrm{H}+(64/32)\mathrm{S}+\mathrm{N}+w$$

- [$\mathrm{Nm^3/kg}$]

$$G=(m-0.21)A_0+22.4\{(\mathrm{C}/12)+(\mathrm{H}/2)+(\mathrm{S}/32)+(\mathrm{N}/28)+(w/18)\}$$

㉡ 체적 변화에 의한 계산

- [$\mathrm{Nm^3/kg}$]

$$G=mA_0+22.4\{(\mathrm{O}/32)+(\mathrm{H}/4)+(\mathrm{N}/28)+(w/18)\}$$

- [$\mathrm{Nm^3/kg}$]

$$G=mA_0+5.6\mathrm{H}$$

(액체연료의 성분이 탄소와 수소만일 경우)

② 기체연료의 습연소가스량(G)

㉠ 연소방정식에 의한 계산

- [$\mathrm{Nm^3/Nm^3}$]

$$G=(m-0.21)A_0+\mathrm{CO}+\mathrm{H_2}+\sum(m+n/2)\mathrm{C}_m\mathrm{H}_n+(\mathrm{N_2}+\mathrm{CO_2}+\mathrm{H_2O})$$

- [$\mathrm{Nm^3/kg}$]

$$G=(m-0.21)A_0+\text{연료의 몰수}\times 22.4\times\text{연료가스의 몰수}$$

㉡ 체적 변화에 의한 계산 : [$\mathrm{Nm^3/Nm^3}$]

$$G=1+mA_0-(1/2)\mathrm{CO}-(1/2)\mathrm{H_2}+\sum(n/4-1)\mathrm{C}_m\mathrm{H}_n$$

③ 실제습연소가스량과 이론습연소가스량의 관계식

$$G=G_0+A-A_0=G_0+(m-1)A_0$$

(여기서, G : 실제습연소가스량, G_0 : 이론습연소가스량, A : 실제공기량, A_0 : 이론공기량, m : 공기비)

핵심예제

6-1. 이론습배기가스량 G_0, 공기비 $m(m>1)$, 이론공기량 A_0일 때 실제습배기가스량(G) 계산식을 쓰시오.

[2010년 제4회]

6-2. 프로판(C_3H_8) 3[$\mathrm{Nm^3}$]를 공기 중에서 완전연소시켰을 때 수증기를 포함한 이론연소가스량[$\mathrm{Nm^3/Nm^3}$]을 계산하시오(단, 공기 중 체적으로 질소 79[%], 산소 21[%]가 포함되어 있다).

[2012년 제4회]

6-3. 연료 1[kg]당 이론공기량이 15[$\mathrm{Nm^3}$], 이론배기가스량이 17[$\mathrm{Nm^3}$], 공기비가 1.3일 때 다음 질문에 답하시오(단, 배기가스의 평균비열은 0.38[$\mathrm{kcal/Nm^3\cdot ℃}$], 배기가스온도는 300[℃], 연소용 공기공급온도는 22[℃]이다).

[2012년 제2회 유사, 2015년 제2회]

(1) 실제배기가스량[$\mathrm{Nm^3/kg}$]을 구하시오.
(2) 배기가스에 의한 손실열량[kcal/kg]을 구하시오.

6-4. 공기비 m =1.2로 부탄(C_4H_{10}) 1[kg]을 완전연소했을 때의 이론습배기가스량[$\mathrm{Nm^3/kg}$]과 실제습배기가스량[$\mathrm{Nm^3/kg}$]을 각각 구하시오.

[2011년 제4회]

6-5. 경유의 조성이 중량비로 탄소 84[%], 수소 13[%], 유황 2[%]일 때 다음 질문에 답하시오.

[2010년 제4회]

(1) 완전연소에 필요한 이론공기량[$\mathrm{Nm^3/kg}$]을 구하시오.
(2) 이론습배기가스량[$\mathrm{Nm^3/kg}$]을 구하시오.

6-6. 다음 보기와 같은 부피 조성을 가진 석탄가스의 연소 시 생성되는 이론 습연소가스량[$\mathrm{Sm^3/Sm^3}$]을 구하시오.

|보기|

H_2 26.5[%], CH_4 18.2[%], CO_2 5.2[%], CO 4.8[%], C_2H_4 13.1[%], O_2 6.0[%], N_2 26.2[%]

|해답|

6-1

$G=G_0+(m-1)A_0$

6-2

- 프로판의 연소방정식 : $C_3H_8 + 5O_2 \rightarrow 3CO_2 + 4H_2O$
- 수증기를 포함한 이론연소가스량 : $(3CO_2 + 4H_2O + N_2) \times C_3H_8$

$= (3 + 4 + 3.76 \times 5) \times 3 = 77.4[Nm^3/Nm^3]$

6-3

(1) 실제배기가스량 : 이론배기가스량 + 과잉공기량

$=$ 이론배기가스량 $+ (m-1) \times A_0 = 17 + (1.3 - 1) \times 15$

$= 21.5[Nm^3/kg]$

(2) 배기가스에 의한 손실열량 :

$Q = mC\Delta t = 21.5 \times 0.38 \times (300 - 22) \simeq 2{,}271[kcal/kg]$

6-4

- 부탄의 연소방정식 : $C_4H_{10} + 6.5O_2 \rightarrow 4CO_2 + 5H_2O$

$O_0 = \frac{1}{58} \times 6.5 \times 22.4 \simeq 2.5[Nm^3/kg]$

$A_0 = \frac{O_0}{0.21} = \frac{2.5}{0.21} \simeq 11.9[Nm^3/kg]$

- 이론습배기가스량

$G_0 = (1 - 021)A_0 + \frac{1}{58} \times 22.4 \times (4 + 5)$

$= 0.79 \times 11.9 + \frac{22.4 \times 9}{58} \simeq 12.88[Nm^3/kg]$

- 실제습배기가스량

$G = G_0 + (m-1)A_0 = 12.88 + (1.2 - 1) \times 11.9$

$= 15.26[Nm^3/kg]$

6-5

(1) 이론공기량

$A_0 = \left(\frac{22.4}{0.21}\right) \times \left\{\frac{C}{12} + \frac{(H - O/8)}{4} + \frac{S}{32}\right\}$

$= \left(\frac{22.4}{0.21}\right) \times \left\{\frac{0.84}{12} + \frac{0.13}{4} + \frac{0.02}{32}\right\}$

$= 106.67 \times 0.103 \simeq 11[Nm^3/kg]$

(2) 이론습배기가스량

$G_0 = 8.89C + 32.3H - 2.63O + 3.33S + 0.8N + 1.244w$

$= 8.89 \times 0.84 + 32.3 \times 0.13 + 3.33 \times 0.02 \simeq 11.73[Nm^3/kg]$

6-6

$A_0 = \frac{1}{0.21}\sum$(각 단위가스의 필요산소량)

$= \left(\frac{1}{0.21}\right)\left\{\frac{CO}{2} + \frac{H_2}{2} + \sum\left(m + \frac{n}{4}\right)C_mH_n - O_2\right\}$

$= \frac{0.5 \times 0.048 + 0.5 \times 0.265 + 2 \times 0.182 + 3 \times 0.131 - 0.06}{0.21}$

$= 4.06[Nm^3/Nm^3]$

$G = (m - 0.21)A_0 + CO + H_2 + \sum(m + n/2)C_mH_n$
$+ (N_2 + CO_2 + H_2O)$

$= 0.79 \times 4.06 + 0.048 + 0.265 + 3 \times 0.182 + 4 \times 0.131 + 0.262$
$+ 0.052$

$= 4.904[Sm^3/Sm^3]$

핵심이론 07 건연소가스량(건배기가스량)

① 고체, 액체연료의 건연소가스량(G' 또는 G_d)

㉠ 연소방정식에 의한 계산

- $[Nm^3/kg]$

$G' = (m - 0.21)A_0 + 22.4\{(C/12) + (S/32) + (N/28)\}$

㉡ 체적 변화에 의한 계산

- $[Nm^3/kg]$

$G' = mA_0 + 22.4\{(O/32) - (H/4) + (N/28)\}$

- $[Nm^3/kg]$

$G' = mA_0 - 5.6H$

(액체연료의 성분이 탄소와 수소만일 경우)

② 기체연료의 건연소가스량(G' 또는 G_d)

㉠ 연소방정식에 의한 계산$[Nm^3/Nm^3]$

$G' = (m - 0.21)A_0 + CO + H_2 + \sum(m)C_mH_n + (N_2 + CO_2)$

㉡ 체적 변화에 의한 계산$[Nm^3/Nm^3]$

$G' = 1 + mA_0 - (1/2)CO - (3/2)H_2 - \sum\{(n/4) + 1\}C_mH_n - H_2O$

③ 고체연료의 건연소가스량

$G' = G_0' + A - A_0 = G_0' + (m-1)A_0$

(여기서, G' : 건연소가스량, G_0' : 이론건연소가스량, A : 실제공기량, A_0 : 이론공기량, m : 공기비)

④ 실제건연소가스량과 이론건연소가스량의 관계식

$G' = G_0' + A - A_0 = G_0' + (m-1)A_0$

(여기서, G' : 실제건연소가스량, G_0' : 이론건연소가스량, A : 실제공기량, A_0 : 이론공기량, m : 공기비)

⑤ CO_2와 연료 중의 탄소분을 알고 있을 때의 건연소가스량

$$G' = \frac{1.867 \times C}{(CO_2)} [Nm^3/kg]$$

⑥ 습연소가스량과 건연소가스량의 관계식

$$G = G' + 1.25(9H + w)$$

⑦ 산소의 몰분율(연소가스 조성 중 산소값)

$$M = \frac{0.21(m-1)A_0}{G}$$

(여기서, m : 공기과잉률, A_0 : 이론공기량, G : 실제배기가스량)

핵심예제

7-1. 어느 보일러의 연소장치에서 연료를 완전연소하기 위하여 35[%]의 과잉공기가 필요하다. 연료의 이론공기량이 11[Nm^3/kg], 이론건연소가스량이 12[Nm^3/kg]일 때 건연소가스량[Nm^3/kg]을 구하시오. [2020년 제4회]

7-2. 질량 조성비가 탄소 60[%], 질소 13[%], 황 0.8[%], 수분 5[%], 수소 8.6[%], 산소 5[%], 회분 7.6[%]인 고체연료 5[kg]을 공기비 1.1로 완전연소시키고자 할 때, 다음 질문에 답하시오. [2020년 제1회, 2022년 제2회 유사]

(1) 실제공기량[Nm^3/kg]을 구하시오.

(2) 건연소가스량[Nm^3/kg]을 구하시오.

7-3. 프로판(C_3H_8) 5[Nm^3]를 이론산소량으로 완전연소시켰을 때의 건연소가스량[Nm^3]을 계산하시오.

7-4. 다음과 같은 조성을 가진 액체연료의 연소 시 생성되는 이론건연소가스량[Nm^3/kg]을 구하시오.

탄소 : 1.2[kg]	산소 : 0.2[kg]	질소 : 0.17[kg]
수소 : 0.31[kg]	황 : 0.2[kg]	

7-5. 옥탄(C_8H_{18})이 공기과잉률 2로 연소될 때 연소가스 중 산소의 몰분율을 구하시오.

|해답|

7-1

실제건연소가스량

$G' = G_0' + B = G_0' + (m-1)A_0$

$= 12 + \{(1.35 - 1) \times 11\} = 15.85[Nm^3/kg]$

7-2

(1) 실제공기량

• 이론공기량

$A_0 = 5 \times \left\{8.89C + 26.67 \times \left(H - \frac{O}{8}\right) + 3.33S\right\}$

$= 5 \times \left\{8.89 \times 0.6 + 26.67 \times \left(0.086 - \frac{0.05}{8}\right) + 3.33 \times 0.008\right\}$

$\simeq 37.44[Nm^3/kg]$

∴ 실제공기량

$A = mA_0 = 1.1 \times 37.44 \simeq 41.2[Nm^3/kg]$

(2) 건연소가스량

$G' = (m - 0.21)A_0 + 1.867C + 0.7S + 0.8N$

$= (1.1 - 0.21) \times 37.45 + 1.867 \times 0.6 + 0.7 \times 0.08 + 0.8 \times 0.13$

$\simeq 34.61[Nm^3/kg]$

7-3

프로판 연소방정식은 $C_3H_8 + 5O_2 \rightarrow 3CO_2 + 4H_2O$이므로 건연소가스량은 $3CO_2$의 양이다.

따라서 건연소가스량은 5[Nm^3] × 3 = 15[Nm^3]이다.

7-4

$A_0 = \frac{O_0}{0.21} = \frac{22.4}{0.21} \times \left\{\frac{C}{12} + \frac{(H - O/8)}{4} + \frac{S}{32}\right\}$

$G' = (1 - 0.21)A_0 + 1.867C + 0.7S + 0.8N$

$= 8.89C + 21.07 \times (H - O/8) + 3.33S + 0.8N$

$= 8.89 \times 1.2 + 21.07 \times (0.31 - 0.2/8) + 3.33 \times 0.2 + 0.8 \times 0.17$

$= 17.5[Nm^3/kg]$

7-5

• 옥탄의 연소방정식 : $C_8H_{18} + 12.5O_2 \rightarrow 8CO_2 + 9H_2O$

• 이론 공기량 : $A_0 = \frac{O_0}{0.21} = \frac{12.5}{0.21} = 59.52[m^3/Sm^3]$

• 이론 배기가스량 : $G_0 = (1 - 0.21) \times 59.52 + (8 + 9)$

$\simeq 64[m^3/Sm^3]$

• 실제배기가스량 :

$G = G_0 + (m-1)A_0 = 64 + (2-1) \times 59.52 = 123.52[m^3/Sm^3]$

• 산소의 몰분율 : $M = \frac{0.21(m-1)A_0}{G}$

$= \frac{0.21 \times (2-1) \times 59.52}{123.52} = \frac{12.5}{123.52}$

$\simeq 0.1012$

핵심이론 08 발열량

① 발열량의 개요

㉠ 정 의

- 연료가 보유한 화학에너지이다.
- 연료가 완전연소할 때 발생하는 열량이다.
- 25[℃]에서 산소와 완전연소한 연료의 생성물이 25[℃]의 온도로 배출될 때 단위질량당 연료가 내는 열량이다.

㉡ 기체연료는 그 성분으로부터 발열량을 계산할 수 있다.

㉢ 액체연료는 비중이 크면 체적당 발열량은 증가하고, 중량당 발열량은 감소한다.

㉣ 실제연소에 의한 열량을 계산하는 데 필요한 요소 : 연소가스 유출단면적, 연소가스의 밀도, 연소가스의 비열

㉤ 연료의 발열량 측정방법의 종류 : 열량계에 의한 방법, 공업분석에 의한 방법, 원소분석에 의한 방법

㉥ 발열량의 분류 : 고위발열량(H_h), 저위발열량(H_L)

- 고위발열량 또는 총발열량 : 연료의 연소과정에서 발생하는 수증기의 잠열을 포함한 발열량
- 저위발열량 또는 순발열량 또는 진발열량 : 연료의 연소과정에서 발생하는 수증기의 잠열을 제외한 발열량

※ 저위발열량은 열로 이용할 수 없는 수증기 증발의 잠열을 뺀 값이므로, 실제로 사용되는 연료의 발열량을 나타낸다는 의미로 순발열량이라고 한다.

- 연료의 특성에 따라 H_h와 H_L 기준 적용 : 천연가스와 석탄화력발전은 H_h를, 디젤엔진과 보일러는 H_L을 기준으로 한다.
- 석유환산톤[TOE]을 계산할 때 H_h를, 이산화탄소 배출량을 계산할 때 H_L을 사용한다.
- 저위발열량 = 고위발열량 – 물의 증발열
- H_2O의 발생이 없으면 고위발열량과 저위발열량이 같다(일산화탄소, 유황).
- 고위발열량과 저위발열량의 차이는 수소성분과 관련 있다. 석탄의 경우 수소 함량이 적으므로 H_h와 H_L의 차가 작고, 천연가스는 수소 함량이 많으므로 이 차이가 크다.

② 고체, 액체연료의 발열량

㉠ 고체, 액체연료의 고위발열량

- $H_h = 8,100\mathrm{C} + 34,000(\mathrm{H} - \mathrm{O}/8) + 2,500\mathrm{S}$
  $= H_L + 600(9\mathrm{H} + w)$[kcal/kg]
- $H_h = 33.9\mathrm{C} + 144(\mathrm{H} - \mathrm{O}/8)$
  $+ 10.5\mathrm{S}$[MJ/kg]

㉡ 고체, 액체연료의 저위발열량

- $H_L = H_h - 600(9\mathrm{H} + w)$[kcal/kg]
- $H_L = H_h - 2.5(9\mathrm{H} + w)$[MJ/kg]

③ 기체연료의 발열량

㉠ 기체연료의 고위발열량[kcal/Nm^3]

$H_h = 3.05H_2 + 3.035CO + 9.530CH_4$
$+ 14.080C_2H_2 + 15.280C_2H_4 + \cdots$

㉡ 기체연료의 저위발열량[kcal/Nm^3]

$H_L = H_h - 480(H_2O$몰수$)$

④ 발열량 데이터(저위발열량/고위발열량, [kcal/kg])

㉠ 수소(H_2) 28,800/34,200

㉡ 메탄(CH_4) 11,970/13,320, 천연가스(LNG) 11,750/13,000, 에틸렌 11,360/12,130, 에탄(C_2H_6) 11,200/12,410, 아세틸렌 11,620/12,030, 프로판(C_3H_8) 11,000/12,040, 프로필렌 11,000/11,770, 가솔린 11,000/

㉢ 부탄(C_4H_{10}) 10,940/11,840, 뷰틸렌 10,860/11,630, 헵탄(C_2H_{16}) 10,740/11,580, 옥탄(C_8H_{18}) 10,670/11,540, 등유 10,500/, 경유 10,400/, 중유 10,100/

㉣ 벤졸증기 9,620/10,030, 탄소 8,100/8,100, 코크스 7,000/7,000, 수입 무연탄 6,400/6,550, 에탄올(에틸알코올) 6,540/, 유연탄(원료용) 5,950/7,000

㉤ 아역청탄 5,000/5,350, 메탄올(메틸알코올) 4,700/, 국내 무연탄 4,600/4,650, 황 2,500/2,500, 일산화탄소 2,430/2,430

⑤ 에너지열량 환산기준(에너지법 시행규칙 별표)

구 분	에너지원	단 위	총발열량			순발열량		
			MJ	kcal	석유 환산톤 (10^{-3} [toe])	MJ	kcal	석유 환산톤 (10^{-3} [toe])
석 유	원 유	kg	45.7	10,920	1.092	42.8	10,220	1.022
	휘발유	L	32.4	7,750	0.775	30.1	7,200	0.720
	등 유	L	36.6	8,740	0.874	34.1	8,150	0.815
	경 유	L	37.8	9,020	0.902	35.3	8,420	0.842
	바이오디젤	L	34.7	8,280	0.828	32.3	7,730	0.773
	B-A유	L	39.0	9,310	0.931	36.5	8,710	0.871
	B-B유	L	40.6	9,690	0.969	38.1	9,100	0.910
	B-C유	L	41.8	9,980	0.998	39.3	9,390	0.939
	프로판 (LPG 1호)	kg	50.2	12,000	1.200	46.2	11,040	1.104
	부탄 (LPG 3호)	kg	49.3	11,790	1.179	45.5	10,880	1.088
	나프타	L	32.2	7,700	0.770	29.9	7,140	0.714
	용 제	L	32.8	7,830	0.783	30.4	7,250	0.725
	항공유	L	36.5	8,720	0.872	34.0	8,120	0.812
	아스팔트	kg	41.4	9,880	0.988	39.0	9,330	0.933
	윤활유	L	39.6	9,450	0.945	37.0	8,830	0.883
	석유코크스	kg	34.9	8,330	0.833	34.2	8,170	0.817
	부생연료유 1호	L	37.3	8,900	0.890	34.8	8,310	0.831
	부생연료유 2호	L	39.9	9,530	0.953	37.7	9,010	0.901
가 스	천연가스(LNG)	kg	54.7	13,080	1.308	49.4	11,800	1.180
	도시가스(LNG)	Nm^3	42.7	10,190	1.019	38.5	9,190	0.919
	도시가스(LPG)	Nm^3	63.4	15,150	1.515	58.3	13,920	1.392
석 탄	국내 무연탄	kg	19.7	4,710	0.471	19.4	4,620	0.462
	연료용 수입 무연탄	kg	23.0	5,500	0.550	22.3	5,320	0.532
	원료용 수입 무연탄	kg	25.8	6,170	0.617	25.3	6,040	0.604
	연료용 유연탄 (역청탄)	kg	24.6	5,860	0.586	23.3	5,570	0.557
	원료용 유연탄 (역청탄)	kg	29.4	7,030	0.703	28.3	6,760	0.676
	아역청탄	kg	20.6	4,920	0.492	19.1	4,570	0.457
	코크스	kg	28.6	6,840	0.684	28.5	6,810	0.681
전기 등	전기 (발전 기준)	kWh	8.9	2,130	0.213	8.9	2,130	0.213
	전기 (소비 기준)	kWh	9.6	2,290	0.229	9.6	2,290	0.229
	신 탄	kg	18.8	4,500	0.450	–	–	–

[비 고]
1. '총발열량'이란 연료의 연소과정에서 발생하는 수증기의 잠열을 포함한 발열량을 말한다.
2. '순발열량'이란 연료의 연소과정에서 발생하는 수증기의 잠열을 제외한 발열량을 말한다.
3. '석유환산톤'(toe : ton of oil equivalent)이란 원유 1톤(t)이 갖는 열량으로 10^7[kcal]를 말한다.
4. 석탄의 발열량은 인수식을 기준으로 한다. 다만, 코크스는 건식을 기준으로 한다.
5. 최종 에너지사용자가 사용하는 전력량값을 열량값으로 환산할 경우에는 1kWh=860[kcal]를 적용한다.
6. 1[cal] = 4.1868[J]이며, 도시가스 단위인 Nm^3은 0℃ 1기압[atm] 상태의 부피 단위 [m^3]를 말한다.
7. 에너지원별 발열량(MJ)은 소수점 아래 둘째 자리에서 반올림한 값이며, 발열량[kcal]은 발열량(MJ)으로부터 환산한 후 1의 자리에서 반올림한 값이다. 두 단위 간 상충될 경우 발열량(MJ)이 우선한다.

핵심예제

8-1. 다음에 열거된 기체연료의 체적당 저위발열량이 큰 것부터 작은 것의 순서대로 각각에 붙여진 번호를 나열하시오.

[2011년 제4회, 2018년 제2회]

① 메 탄	② 프로판
③ 부 탄	④ 에 탄
⑤ 옥 탄	⑥ 아세틸렌

8-2. 천연가스의 성분이 메탄(CH_4) 85[%], 에탄(C_2H_6) 13[%], 프로판(C_3H_8) 2[%]일 때 이 천연가스의 총발열량[kcal/m^3]을 계산하시오(단, 조성은 용량 백분율이며, 각 성분에 대한 총발열량은 다음과 같다).

[2013년 제4회, 2019년 제2회]

성 분	메 탄	에 탄	프로판
총발열량 [kcal/m^3]	9,520	16,850	24,160

8-3. 고위발열량이 9,000[kcal/kg]인 연료 3[kg]이 연소할 때 총저위발열량[kcal]을 구하시오(단, 이 연료 1[kg]당 수소분은 15[%], 수분은 1[%]의 비율로 들어 있다). [2014년 제4회]

8-4. 메탄(CH_4)가스를 공기 중에 연소시키려고 한다. CH_4의 저위발열량이 50,000[kJ/kg]이라면 고위발열량은 약 몇 [kJ/kg]인가?(단, 물의 증발잠열은 2,450[kJ/kg]으로 한다).

[2015년 제2회]

핵심예제

8-5. 다음의 무게 조성을 가진 중유의 고위발열량 그리고 저위발열량은 각각 약 몇 [kcal/kg]인지 계산하시오(단, 다음의 조성은 중유 1[kg]당 함유된 각 성분의 양이다). [2011년 제2회]

C : 84[%], H : 13[%], O : 0.5[%], S : 2[%], w : 0.5[%]

8-6. 프로판가스를 완전연소시킬 때 고위발열량과 저위발열량의 차이[kcal/kg]를 계산하시오(단, 물의 증발잠열은 539[cal/g H_2O]이다). [2012년 제4회]

8-7. 온도 25[℃]에서 공급압력 255[mmH_2O]으로 공급되는 도시가스를 300[m^3/h]를 사용했을 때의 총연소열량[kcal/h]을 구하시오(단, 도시가스의 저위발열량은 9,500[kcal/Nm^3], 대기압은 10,332[mH_2O]이다).

8-8. 체적비 CH_4 94[%], C_2H_6 4[%], CO_2 2[%]인 어떤 혼합기체 연료의 10[℃], 3기압하에서의 고위발열량[kJ/m^3]을 구하시오(단, 20[℃], 1기압하에 CH_4 및 C_2H_6의 고위발열량이 각각 37,204[kJ/m^3] 및 65,727[kJ/m^3]이다).

|해답|

8-1

⑤→③→②→④→⑥→①

※ 탄화수소의 체적당 저위발열량은 분자량이 클수록 크다.

8-2

천연가스의 총발열량

$9,520 \times 0.85 + 16,850 \times 0.13 + 24,160 \times 0.02$

$\simeq 10,766[\text{kcal/m}^3]$

8-3

총저위발열량

$H_L = \text{연료무게} \times \{H_h - 600(9\text{H} + w)\}$

$= 3 \times \{9,000 - 600 \times (9 \times 0.15 + 0.01)\} = 24,552[\text{kcal}]$

8-4

메탄의 연소방정식 : $CH_4 + 2O_2 \rightarrow CO_2 + 2H_2O$

고위발열량 = 저위발열량 + 물의 증발열

$= 50,000 + \frac{2 \times 18}{1 \times 16} \times 2,450 \simeq 55,513[\text{kJ/kg}]$

8-5

(1) 고위발열량

$H_h = 8,100\text{C} + 34,000(\text{H} - \text{O}/8) + 2,500\text{S}$

$= 8,100 \times 0.84 + 34,000(0.13 - 0.005/8) + 2,500 \times 0.02$

$\simeq 11,253[\text{kcal/kg}]$

(2) 저위발열량

$H_L = H_h - 600(9\text{H} + w)$

$= 11,253 - 600 \times (9 \times 0.13 + 0.005) = 10,548[\text{kcal/kg}]$

8-6

프로판가스의 연소방정식 : $C_3H_8 + 5O_2 \rightarrow 3CO_2 + 4H_2O$

고위발열량과 저위발량의 차이는 물의 증발잠열의 양이다.

생성되는 물의 양 : $\frac{4 \times 18}{44} \simeq 1.64[\text{kg/kg}]$

∴ 고위발열량과 저위발량의 차이 $1.64 \times 539 \simeq 884[\text{kcal/kg}]$

8-7

표준 상태(0[℃], 1[atm])를 1, 온도 25[℃]에서 공급압력 255[mmH_2O]의 상태를 2라 하면

$\frac{P_1 V_1}{T_1} = \frac{P_2 V_2}{T_2}$ 이므로,

$V_1 = \frac{P_2 V_2}{T_2} \times \frac{T_1}{P_1} = \frac{(255 + 10,332) \times 300}{20 + 273} \times \frac{273}{10,332}$

$\simeq 286[\text{Nm}^3/\text{h}]$

∴ 총연소열량 $Q = V_1 \times H_L = 286 \times 9,500 = 2,717,000[\text{kcal/h}]$

8-8

고위발열량

$H_h = \{(0.94 \times 37,204) + (0.04 \times 65,727)\} \times \frac{3}{1} \times \frac{20 + 273}{10 + 273}$

$\simeq 116,788[\text{kJ/m}^3]$

핵심이론 09 연소온도(화염온도)

① 연소온도 : 연소실 내 가열물질의 전열이다.

㉠ 이론연소온도 : $T_0 = \frac{H_L}{GC} + t$

(여기서, H_L : 저위발열량, G : 배기가스량, C : 배기가스의 평균비열, t : 기준온도)

㉡ 실제연소온도 : $T = \frac{H_L + Q_a + Q_f}{GC} + t$

(여기서, Q_a : 공기의 현열, Q_f : 연료의 현열, t : 기준온도)

② 연소온도에 영향을 미치는 요인 : 공기비, 공기 중의 산소농도, 연소효율, 공급 공기온도, 연소 시 반응물질 주위의 온도, 연료의 저위발열량

※ 연소온도는 공기비의 영향을 가장 많이 받는다.

③ 화염온도를 높이려고 할 때 조작방법

㉠ 공기를 예열한다.

㉡ 연료를 완전연소시킨다.

㉢ 노벽 등의 열손실을 막는다.

㉣ 과잉공기를 적게 공급한다.

㉤ 발열량이 높은 연료를 사용한다.

핵심예제

저위발열량 93,766[kJ/Sm³]의 C_3H_8을 공기비 1.2로 연소시킬 때의 이론연소온도[K]를 구하시오(단, 배기가스의 평균비열은 1.653[kJ/Nm³K]이고, 다른 조건은 무시한다).

|해답|

- 프로판의 연소가스방정식 : $C_3H_8 + 5O_2 \rightarrow 3CO_2 + 4H_2O$
- 이론공기량 : $A_0 = \frac{O_0}{0.21} = \frac{5}{0.21} = 23.81[m^3/Sm^3]$
- 이론배기가스량 :
  $G_0 = (1-0.21) \times 23.81 + (3+4) = 25.81[m^3/Sm^3]$
- 실제배기가스량 :
  $G = G_0 + (m-1)A_0 = 25.81 + (1.2-1) \times 23.81$
  $= 30.57[m^3/Sm^3]$

∴ 이론연소온도 : $T_0 = \frac{H_L}{GC} = \frac{93,766}{30.57 \times 1.653} \simeq 1,856[K]$

핵심이론 10 연료의 분석과 시험

① 고체연료의 분석

㉠ 로트에서 고체연료 시료 채취방법 : 이단 시료 채취, 계통 시료 채취, 층별 시료 채취

※ 로트(Lot) : 연료의 품위를 결정하기 위한 단위량 (예 석탄 : 500[ton])

㉡ 원소분석

- 탄소(C), 수소(H) : 셰필드법, 리비히법
- 황(S)
  - 연소성 황분[%] :

    $S_C = S_T \times \frac{100}{100-w} - S_N[\%]$

    (여기서, S_T : 전황분, w : 수분, S_N : 불연성 황분)
  - 전황분 : 에슈카법, 연소용량법, 산소봄베법

    ※ 에슈카법(Eschka's Method) : 석탄과 에슈카합성제(산화마그네슘과 탄산나트륨 무수염)를 혼합하여 공기 중에서 800±25[℃]로 가열하여 황산염으로 고정한 후 황산이온을 산이나 알칼리용액으로 추출하여 황산바륨으로 침전시켜 그 양으로 전황분을 정량한다.
  - 전불연성 황분 : 연소중량법, 연소용량법
- 질소 : 킬달법, 세미마이크로 킬달법
- 산소 :

  O[%]=100−(C[%]+H[%]+N[%]+S[%]+A[%])

㉢ 공업분석 : 수분, 회분, 휘발분, 고정탄소 순으로 분석한다.

- 수분(w) : 항습시료 1[g]을 병에 넣어 뚜껑을 연 상태로 107±2[℃]의 항온건조기 속에 넣어 1시간 경과 후 뚜껑을 닫고 데시케이터 속에서 냉각 및 건조시킨 후 건조 후의 감량 무게를 시료 무게에 대한 백분율로 표시한다.

  $w = \frac{\text{건조 감량 무게}}{\text{시료 무게}} \times 100[\%]$

연소가스의 노점(Dew Point)은 연소가스 중의 수분 함량에 영향을 가장 많이 받는다. 수분이 많을 경우 다음 현상이 나타난다.

- 점화가 어렵고 흰 연기 발생이 많다.
- 수분이 다량의 연소열을 흡수한다.
- 불완전연소로 연소효율이 감소된다.
- 통풍이 불량해진다.

• 회분(A) : 시료 1[g]을 도가니(Crucible)에 넣고 이를 전기로에 넣는다. 1시간에 500[℃]로 올리고 다시 30~60분 동안 공기를 통과시키면서 800±10[℃]까지 올려 2시간 정도 유지시켜 완전연소시킨 후 도가니를 꺼내어 10분 정도 냉각시킨 다음 데시케이터 속에서 15~20분 냉각시킨 후 잔류물의 양을 시료질량에 대한 백분율로 표시한다.

$$A = \frac{\text{회화량}}{\text{시료 무게}} \times 100[\%]$$

회분이 많을 경우 다음의 현상이 나타난다.

- 발열량이 감소된다.
- 불완전연소 생성물(잔류물)이 많아진다.
- 연소 상태가 불량해진다.
- 클링커의 발생으로 통풍을 방해한다.

• 휘발분(V) : 시료 1[g]을 백금 도가니(뚜껑 부착)에 넣어 전기로에서 7분 동안 925±20[℃]로 가열한 후 도가니를 꺼내어 1분간 대기 중에서 냉각시킨 다음 데시케이터 속에서 20분 정도 냉각시킨 후 감량 무게를 시료질량에 대한 백분율로 표시하고 여기서 수분[%]을 뺀 값이다.

$$V = \frac{\text{가열 감량 무게}}{\text{시료 무게}} \times 100[\%] - \text{수분}[\%]$$

$$= \frac{(\text{가열 감량 무게} - \text{수분 무게})}{\text{시료 무게}} \times 100[\%]$$

휘발분이 많을 경우 다음의 현상이 나타난다.

- 점화가 용이해진다.
- 발열량이 감소된다.
- 연소 시 붉은 장염과 매연이 발생한다.

• 고정탄소[%] : 100－(수분[%]+회분[%]+휘발분[%])으로 산출한다. 연료비는 $\frac{\text{고정탄소}[\%]}{\text{휘발분}[\%]}$이므로 고정탄소가 높을수록 연료비가 크다. 고체연료의 연료비는 무연탄 7 이상, 유연탄 1~7(반역청탄 > 흑갈탄), 갈탄 1 이하이다. 연료비가 크면 나타나는 일반적인 현상은 다음과 같다.

- 고정탄소량이 증가한다.
- 휘발분이 감소되므로 착화온도가 높아진다.
- 발열량이 증가된다.
- 연소속도가 늦어진다.
- 불꽃은 짧은 단염이 된다.
- 매연의 발생이 적다.

② 액체연료시험

㉠ 인화점시험 : 가연물이 점화원에 의해 불이 붙는 최저온도로 위험도를 표시하는 시험방법이다.

• 아벨-펜스키 밀폐식 시험 : 인화점 50[℃] 이하인 시료의 인화점 시험이며, 적용 유종은 원유, 경유, 중유 등이다.

• 태그 밀폐식 시험 : 인화점 93[℃] 이하인 시료의 인화점 시험이며, 적용 유종은 원유, 가솔린, 등유, 항공터빈연료유 등이다.

- 제외 : 40[℃]에서 동점도 5.5[mm^2/s] 이상인 액체, 25[℃]에서 동점도 9.5[mm^2/s] 이상인 액체, 시험조건에서 기름막이 생기는 시료, 현탁물질을 함유하는 시료

• 펜스키-마텐스 밀폐식 시험 : 태그 밀폐식을 적용할 수 없는 시료의 인화점 시험이며, 적용 유종은 원유, 경유, 중유, 전기 절연유, 방청유, 절삭유제 등이다.

• 신속평형법 : 인화점 110[℃] 이하인 시료의 인화점 시험이며, 적용 유종은 원유, 등유, 경유, 중유, 항공터빈 연료유 등이다.

- 클리블랜드 개방식 시험 : 인화점 80[℃] 이상인 시료의 인화점 시험이며, 적용 유종은 석유 아스팔트, 유동 파라핀, 에어 필터유, 석유왁스, 방청유, 전기절연유, 열처리유, 절삭유제, 각종 윤활유 등이다.
  - 제외 : 원유 및 연료유

㉡ 황분시험 : 석유제품에 포함된 황분을 정량·측정하는 시험방법

- 램프식 : 용량법, 중량법으로 시험하는 방법
- 봄브식 : 램프식 적용이 어려운 경우의 시험법
- 연소관식 : 공기법, 산소법으로 시험하는 방법
- 회분시험 : 시료의 무게에 대한 회분(재)의 무게를 백분율로 표시한다.

③ 기체연료시험

㉠ 연소 배기가스 중의 O_2, CO_2 함유량을 측정·분석하는 경제적인 이유 : 연소 상태 판단, 공기비 계산 및 조절로 열효율 향상, 연료소비량 감소 등

㉡ 헴펠법 : 연소가스 중에 들어 있는 성분을 이산화탄소(CO_2), 중탄화수소(C_mH_n), 산소(O_2) 등의 순서로 흡수체에 접촉 분리시킨 후 체적 변화로 조성을 구하고, 이어 잔류가스에 공기나 산소를 혼합·연소시켜 성분을 분석하는 기체연료분석방법이다.

㉢ 오르자트분석장치 : 흡수제를 이용하여 주로 기체연료시험에 사용되는 휴대용 가스분석기이다.

핵심예제

10-1. 고체연료의 공업분석에서 수분의 정량방법에 대하여 설명하시오. [2009년 제4회]

10-2. 고체연료의 공업분석에서 수분 측정 시 ① 기준온도, ② 기준시간, ③ 수분[%] 계산 공식을 각각 쓰시오. [2016년 제4회]

10-3. 고체연료의 연료비를 식으로 나타내시오.

10-4. 석탄을 공업분석하여 휘발분 33.1[%], 회분 14.8[%], 수분 5.7[%]의 결과를 얻었다. 이 석탄의 연료비를 계산하시오.

10-5. 연소가스 중에 들어 있는 성분을 이산화탄소(CO_2), 중탄화수소(C_mH_n), 산소(O_2) 등의 순서로 흡수체에 접촉 분리시킨 후 체적 변화로 조성을 구하고, 이어 잔류가스에 공기나 산소를 혼합, 연소시켜 성분을 분석하는 기체연료분석방법의 명칭을 쓰시오.

10-6. 프로판(C_3H_8) 및 부탄(C_4H_{10})이 혼합된 LPG를 건조공기로 연소시킨 가스를 분석하였더니 CO_2 11.32[%], O_2 3.76[%], N_2 84.92[%]의 조성을 얻었다. LPG 중의 프로판의 부피는 부탄의 약 몇 배인지 계산하시오.

|해답|

10-1

수분의 정량방법 : 석탄 등 고체연료의 시료 1[g]을 건조기에서 107±2[℃]에서 60분간 가열하여 건조시켰을 때의 감량을 시료에 대한 백분율로 표시한다.

수분[%] = (건조감량 / 시료량) × 100[%]

10-2

① 기준온도 : 107±2[℃]

② 기준시간 : 1시간

③ 수분[%] 계산 공식 : $\frac{\text{건조 감량 무게}}{\text{시료 무게}} \times 100[\%]$

10-3

$$\text{고체연료의 연료비} = \frac{\text{고정탄소}[\%]}{\text{휘발분}[\%]}$$

10-4

$$\text{고체연료의 연료비} = \frac{\text{고정탄소}[\%]}{\text{휘발분}[\%]} = \frac{100-(33.1+14.8+5.7)}{33.1} = \frac{46.4}{33.1} = 1.4$$

10-5

헴펠법

10-6

연소반응식

$$mC_3H_8 + nC_4H_{10} + x\left(O_2 + \frac{79}{21}N_2\right)$$

$$\rightarrow 11.32CO_2 + 3.76O_2 + yH_2O + 84.92N_2$$

C : $3m + 4n = 11.32$

H : $8m + 10n = 2y$

O : $2x = 11.32 \times 2 + 3.76 \times 2 + y = 30.16 + y$

N : $\frac{79}{21} \times x = 84.92$이므로 $x \simeq 22.574$

$\therefore y = 45.148 - 30.16 = 14.988$

$\therefore n = \frac{29.976 - 8m}{10} = 2.9976 - 0.8m$

$\therefore m = \frac{0.6704}{0.2} = 3.352$

$\therefore n = \frac{11.32 - 10.056}{4} = 0.316$

∴ 프로판의 부피비 : 부탄의 부피비

$= \frac{3.352}{3.352 + 0.316} : \frac{0.316}{3.352 + 0.316} = 0.91385 : 0.08615$

$\therefore \frac{\text{프로판의 부피비}}{\text{부탄의 부피비}} = \frac{0.91385}{0.08615} \simeq 10.61 \simeq 11$배

1-3. 화재, 연소범위, 폭발

핵심이론 01 화재 · 연소범위

① 화 재

㉠ 화재의 종류 : 일반화재(A급 화재), 유류화재(B급 화재), 전기화재(C급 화재), 금속화재(D급 화재), 주방화재(K급 화재)

㉡ 가스 발화의 주된 원인이 되는 외부 점화원 : 정전기, 화염, 전기불꽃, 마찰, 충격파, 단열압축, 열복사, 방전, 자외선 등

㉢ 가연성 가스의 폭발한계 측정에 영향을 주는 요소 : 점화에너지, 온도, 산소농도

② 연소범위

㉠ 연소범위의 정의

- 연소에 필요한 혼합가스의 농도이다.
- 공기 중에서 가연성 가스가 연소할 수 있는 가연성 가스의 농도범위이다.
- 공기 중 연소 가능한 가연성 가스의 최저 및 최고 농도이다.

㉡ 연소범위의 별칭 : 폭발범위, 폭발한계, 연소한계, 가연한계

㉢ 모든 가연물질은 연소범위(폭발범위) 내에서만 폭발하며, 연소범위는 넓을수록 위험하다.

㉣ 연소범위는 상한치와 하한치의 값을 가지며 각각 연소상한계 또는 폭발상한(UFL), 연소하한계 또는 폭발하한(LFL)이라고 한다.

㉤ 연소상한계(UFL) : 연소 가능한 상한치

- 공기 중에서 가장 높은 농도에서 연소할 수 있는 부피이다.
- 가연물의 최대 용량비이다.
- UFL 이상의 농도에서는 산소농도가 너무 낮다.
- UFL이 높을수록 위험도는 증가한다.

- UFL 공식 : $\frac{100}{UFL} = \sum \frac{V_i}{L_i}$

  (여기서, V_i : 각 가스의 조성[%], L_i : 각 가스의 연소상한계[%])

ⓑ 연소하한계(LFL) : 연소 가능한 하한치

- 공기 중에서 가장 낮은 농도에서 연소할 수 있는 부피이다.
- 가연물의 최저 용량비이다.
- LFL 이하의 농도에서는 가연성 증기의 농도가 너무 낮다.
- LFL이 낮을수록 위험도는 증가한다.
- LFL 공식 : $\frac{100}{LFL} = \sum \frac{V_i}{L_i}$

  (여기서, V_i : 각 가스의 조성[%], L_i : 각 가스의 연소하한계[%])
- 활성화에너지의 영향을 받는다.

ⓢ 대표적인 가스의 폭발범위[%] : 아세틸렌 2.5~82(79.5, 가장 넓음), 수소 4.1~75(70.9), 일산화탄소 12.5~75(62.5), 에틸에테르 1.7~48(46.3), 이황화탄소 1.2~44(42.8), 황화수소 4.3~46(41.7), 사이안화수소 6~41(35), 에틸렌 3.0~33.5(30.5), 메틸알코올 7~37(30), 에틸알코올 3.5~20(16.5), 아크릴로나이트릴 3~17(14), 암모니아 15.7~27.4(11.7), 아세톤 2~13(11), 메탄 5~15(10), 에탄 3~12.5(9.5), 프로판 2.1~9.5(7.4), 산화에틸렌 3~10(7), 부탄 1.8~8.4(6.6), 휘발유 1.4~7.6(6.2), 벤젠 1.4~7.4(6)

※ ( )는 폭발범위 폭이다.

ⓞ 연소범위에 영향을 주는 요인으로 온도·압력·산소량·조성(농도) 등이 있다. 일반적으로 온도·압력·산소량(산소농도) 등에 비례하며, 불활성 기체량에 반비례한다.

- 수소와 공기 혼합물의 폭발범위는 저온보다 고온일 때 더 넓어진다.
- 온도가 낮아지면 방열속도가 빨라져서 연소범위가 좁아지며, 온도가 높아지면 방열속도가 느려져서 연소범위가 넓어진다.
- 메탄과 공기 혼합물의 폭발범위는 저압보다 고압일 때 더 넓어진다.
- 일반적으로 압력이 올라가면 연소범위가 넓어지지만, 일산화탄소는 공기 중 질소의 영향을 받아 오히려 연소범위가 좁아진다.
- 프로판과 공기 혼합물에 질소를 더 가할 때 폭발범위가 더 좁아진다.
- 수소가스 : 공기 중에서 압력을 증가시키면 (1기압까지는) 폭발범위가 좁아지다가 10[atm] 이상의 고압 이후부터는 폭발범위가 넓어진다.
- 압력이 1[atm]보다 낮아질 때 폭발범위는 크게 변화되지 않는다.

ⓩ 안전간격(MESG) : H_2, C_2H_2, $CO+H_2$, CS_2 등의 안전간격이 짧은 가스일수록 위험하다.

- 1등급 : 0.6[mm] 초과
- 2등급 : 0.4[mm] 초과 0.6[mm] 이하
- 3등급 : 0.4[mm] 이하

ⓒ 가연성 가스의 위험도(H) : $H = \frac{U-L}{L}$

(여기서, U : 폭발상한, L : 폭발하한)

- 폭발상한과 폭발하한의 차이가 클수록 위험도는 커진다.
- 안전간격이 짧을수록, 연소속도가 빠를수록, 폭발범위가 넓을수록, 압력이 높아질수록 위험하다.

③ 가스 폭발사고

㉠ 피해범위의 산정 절차 중 일반 공정위험의 페널티 계산에서 일반적인 흡열반응인 경우에는 0.2 수치를 적용한다.

㉡ 가스 폭발사고의 근본적인 원인
- 내용물의 누출 및 확산
- 착화원 또는 고온물의 생성
- 경보장치의 미비
- 가연성 혼합기의 폭발방지방법 : 산소농도의 최소화, 불활성 가스 치환, 불활성 가스의 첨가

핵심예제

1-1. 가연성 가스의 위험도(H) 계산 공식을 쓰시오.

[2010년 제1회]

1-2. 가연성 혼합기의 폭발방지를 위한 방법을 3가지만 쓰시오.

|해답|

1-1

위험도(H)

$H=\dfrac{U-L}{L}$ (여기서, U : 폭발상한, L : 폭발하한)

1-2

가연성 혼합기의 폭발 방지방법

① 산소농도의 최소화
② 불활성 가스의 치환
③ 불활성 가스의 첨가

핵심이론 02 폭 발

① 폭연과 폭굉

㉠ 폭연(Deflagration)
- 압력파 또는 충격파가 미반응 매질 속으로 음속보다 느리게 이동하는 경우에 발생하며, 폭굉으로 전이될 수 있다.
- 연소파의 전파속도는 기체의 조성・농도에 따라 다르지만, 일반적으로 0.1~10[m/s] 범위이다.
- 폭연 시에 벽이 받는 압력은 정압뿐이다.
- 연소파의 파면(화염면)에서 온도, 압력, 밀도의 변화는 연속적이다.

㉡ 폭굉(Detonation)
- 물질 내에 충격파가 발생하며 반응을 일으키고, 그 반응을 유지하는 현상이다.
- 관 내에서 연소파가 일정거리 진행 후 연소속도가 급격히 빨라지는 현상이다.
- 연소파의 전파속도가 초음속이 되는 경우는 데토네이션이다.
- 충격파에 의해 유지되는 화학반응현상이다.
- 반응의 전파속도가 그 물질 내에서 음속보다 빠르다.
- 연소속도는 1,000~3,500[m/s]이다.
- DID(폭굉유도거리)
  - 최초의 완만한 연소로부터 격렬한 폭굉으로 발산할 때까지의 거리이며 짧을수록 위험하다.
  - DID가 짧아지는 요인 : 관경이 가늘수록, 관속에 방해물이 있을수록, 압력이 높을수록, 발화원의 에너지가 클수록

② 폭발의 공정별 분류

㉠ 핵폭발 : 원자핵의 분열 또는 융합에 동반하여 일어나는 강한 에너지의 유출에 유래하는 폭발이다.

㉡ 물리적 폭발 : 물리적 변화(액상・고상에서 기상으로의 상변화, 온도 상승, 충격에 의한 압력의 비정상적인 상승 등)를 주체로 하여 발생되는 폭발이

다(고압용기 파열, 탱크 감압 파손, 폭발적 증발, (수)증기 폭발).

㉢ 화학적 폭발 : 화학반응에 의한 폭발적 연소, 중축합, 분해, 반응 폭주 등에 의해 발생되는 폭발이다.
- 분해폭발성 물질 : 아세틸렌, 하이드라진, (산화)에틸렌, 5류 위험물
- 중합폭발성 물질 : 사이안화수소, (산화)에틸렌
- 화합폭발성 물질 : 아세틸렌, 아세트알데하이드, 산화프로필렌

㉣ 물리적 폭발과 화학적 폭발의 병립에 의한 폭발

③ **원인물질의 물리적 상태에 따른 분류** : 기상폭발, 응상폭발

㉠ 기상폭발 : 열선, 화염, 충격파 등의 발화원에 의해 발생하는 폭발
- 가스폭발 : 농도조건이 맞고 발화원(에너지 조건)이 존재할 때 가연성 가스와 지연성 가스의 혼합기체에서 발생하는 폭발이다.
- 분무폭발 : 고압의 유압설비의 일부가 파손되어 내부의 가연성 액체가 공기 중에 분출되면, 이것이 미세한 액적이 되어 무상으로 되고 공기 중에 현탁하여 존재할 때에 어떤 원인으로 인해 착화에너지가 주어지면 발생하는 폭발이다.
- 분진폭발 : 가연성의 미세입자가 공기 중에 퍼져 있을 때, 약간의 불꽃이나 열에도 돌발적으로 연쇄 산화–연소를 일으켜 폭발하는 현상이다.
- 분해폭발 : 분해할 때에 발열하는 가스로, 예를 들어 석유화학공업에서 다량으로 취급하는 에틸렌, 산화에틸렌이나 금속의 용접, 용단에 널리 이용되고 있는 아세틸렌 등이 어떤 조건하에서 분해되는 경우가 있는데, 이때 매우 큰 발열을 동반하기 때문에 분해에 의해 생성된 가스가 열팽창되고, 이때 생기는 압력 상승과 이 압력의 방출에 의해 폭발이 일어난다.
- 산화폭발 : 가스가 급격히 산화하면서 폭발하는 현상으로, 비정상연소를 일으키는 경우이다. 주로 가연성 가스, 증기, 분진, 미스트 등과 공기의 혼합물, 산화성・환원성 고체 및 액체 혼합물 또는 화합물의 반응에 의하여 발생한다.
- 증기운폭발(UVCE) : 증기운의 크기가 클수록 점화될 가능성이 커지며 폭발보다 화재가 많다. 점화위치가 방출점에서 멀수록 폭발효율이 증가하므로 폭발 위력이 커지고 연소에너지의 약 20[%]만 폭풍파로 변한다.
- 액화가스탱크의 폭발(BLEVE현상) : 액체가 비등하여 증기가 팽창하면서 폭발을 일으키는 현상이다. BLEVE에 영향을 주는 인자는 저장된 물질의 종류와 형태, 저장용기의 재질, 내용물의 물질적 역학 상태, 주위온도와 압력 상태, 내용물의 인화성 및 독성 여부 등이다.

㉡ 응상폭발(수증기폭발) : 액상에서 기상으로 상변화할 때 발생하는 폭발이다(용융금속이나 슬러그 같은 고온물질이 물속에 투입되었을 때 짧은 시간에 고온물질이 갖는 열이 저온의 물에 전달되면 일시적으로 물은 과열 상태가 되고, 조건에 따라서는 순간적인 짧은 시간에 급격하게 비등하여 발생하는 폭발).

핵심예제

증기운폭발의 특징을 4가지만 쓰시오.

|해답|

증기운폭발의 특징

① 폭발보다 화재가 많다.
② 연소에너지의 약 20[%]만 폭풍파로 변한다.
③ 증기운의 크기가 클수록 점화될 가능성이 커진다.
④ 점화 위치가 방출점에서 멀수록 폭발효율이 증가하므로 폭발 위력이 커진다.

제2절 | 열역학

2-1. 열역학의 기초사항

핵심이론 01 열역학의 개요

① 경로함수와 상태함수

㉠ 경로함수 또는 과정함수(Path Function) : 경로에 따라 달라지는 물리량, 함수, 변수(일, 열)

㉡ 상태함수 또는 점함수(State Function or Point Function) : 경로와는 무관하게 처음과 나중의 상태만으로 정해지는 물리량, 함수, 변수(온도, 부피, 압력, 에너지, 엔트로피, 엔탈피)

② 상태량 : 종량성 성질, 강도성 성질

㉠ 종량성 성질(Extensive Property) : 시량특성 또는 용량성 상태량이라고도 하며, 질량에 비례하는 상태이다 (무게, 체적, 질량, 엔트로피, 엔탈피, 에너지 등).

㉡ 강도성 성질(Intensive Property) : 시강특성이라고도 하며, 물질의 양과는 무관한 상태량이다 (절대온도, 압력, 비체적, 비질량, 밀도, 조성, 몰분율 등).

③ 밀도, 비중량, 비체적, 비열, 소요전력

㉠ 밀도(ρ)

- 단위체적당 질량 : $\rho = \dfrac{m}{V}$
- 물의 밀도 : $1[g/cm^3] = 1{,}000[kg/m^3]$
- 온도와 압력이 변한 경우의 건공기의 밀도 : $\rho_2 = \rho_1 \times \dfrac{T_1}{T_2} \times \dfrac{P_2}{P_1}$

㉡ 비중량(γ)

- 단위체적당 중량, $\gamma = \dfrac{w}{V}$
- 물의 비중량 : $1{,}000[kgf/m^3] = 9{,}800[N/m^3]$ (표준기압, 4[℃])

㉢ 비체적(V_s)

- 단위질량당 체적(절대단위계) : $V_s = \dfrac{V}{m} = \dfrac{1}{\rho}$
- 단위중량당 체적(중력단위계) : $V_s = \dfrac{V}{w} = \dfrac{1}{\gamma}$
- 물의 비체적 : $0.001[m^3/kg]$

㉣ 비열 : 단위질량의 물질의 온도를 단위온도만큼 올리는 데 필요한 열량

- 정압비열(C_p) : 압력이 일정하게 유지되는 열역학적 과정에서의 비열이다.

$$C_p = \left(\frac{dh}{dT}\right)_p$$

- 정적비열(C_v) : 물체의 부피가 일정하게 유지되는 열역학적 과정에서의 비열이다.

$$C_v = \left(\frac{du}{dT}\right)_v$$

- 비열비 : $k = C_p / C_v$
  - 단원자 : $k = 1.67$(He 등)
  - 2원자 : $k = 1.4$(O_2 등)
  - 다원자 : $k = 1.33$(CH_4 등)

㉤ 소요전력량 : $P = \dfrac{Q}{\eta}$

(여기서, Q : 가열량, η : 전열기의 효율)

④ 교축과정(Throttling Process)

㉠ 교축(스로틀링) : 유체가 관 내를 흐를 때 단면적이 급격히 작아지는 부분을 통과할 때 압력이 급격하게 감소되는 현상이다(비가역 단열과정).

㉡ 일반적으로 교축과정에서는 외부에 대하여 일을 하지 않고 열교환이 없으며 속도 변화가 거의 없음에 따라 엔탈피는 변하지 않는다고 가정한다.

㉢ 이상기체의 교축과정 : 온도・엔탈피 일정, 압력 강하, 엔트로피 증가

㉣ 실제유체의 교축과정 : 엔탈피 일정, 압력・온도 강하, 엔트로피・비체적・속도 증가의 비가역 정상류 과정

㉤ 줄-톰슨(Joule-Thomson)효과 또는 줄-톰슨의 법칙 : 기체가 가는 구멍에서 일을 하지 않고 비가역적으로 유출될 때 온도 변화가 일어나는 현상이다.

- 실제기체의 부피(V)가 절대온도(T)에 비례하지 않기 때문에 일어나는 효과이다.
- 이 효과는 수소, 헬륨, 네온의 3가지 기체를 제외한 모든 기체에서 나타나는 현상이다.
- 압축된 기체를 좁은 관이나 구멍을 통해 팽창시키면 기체의 온도는 내려간다.
- 실제기체를 다공물질을 통하여 고압에서 저압측으로 연속적으로 팽창시킬 때 온도는 변화한다.

㉥ 줄-톰슨계수 : 등엔탈피 과정에 대한 온도 변화와 압력 변화와의 비를 나타낸다.

- 줄-톰슨계수식 : $\mu = \left(\frac{\partial T}{\partial P}\right)_{h=c}$
- 온도 강하 시 : ($T_1 > T_2$) $\mu > 0$
- 온도 상승 시 : ($T_1 < T_2$) $\mu < 0$
- 이상기체의 경우 : ($T_1 = T_2$) $\mu = 0$
- 교축과정의 예 : 노즐, 오리피스, 팽창밸브 등

⑤ 노즐(Nozzle)

㉠ 노즐은 단면적의 변화로 운동에너지를 증가시키는 장치이다.

㉡ 단열 노즐 출구의 유속

- $v_2 = \sqrt{2 \times (h_1 - h_2)}$ [m/s]

  (여기서, h_1 : 노즐 입구에서의 비엔탈피[J/kg], h_2 : 노즐 출구에서의 비엔탈피[J/kg])

- $v_2 = 44.72\sqrt{h_1 - h_2}$ [m/s]

  (여기서, h_1 : 노즐 입구에서의 비엔탈피[kJ/kg], h_2 : 노즐 출구에서의 비엔탈피[kJ/kg])

- $v_2 = \sqrt{\frac{2kRT_1}{k-1}\left[1 - \left(\frac{P_2}{P_1}\right)^{\frac{k-1}{k}}\right]}$ [m/s]

  (여기서, k : 비열비, R : 기체상수, T_1 : 절대온도, P_1 : 처음 압력, P_2 : 나중 압력)

㉢ 단열 노즐 출구에서의 속도계수(노즐계수)

$$\phi = \frac{\text{비가역단열팽창 시 노즐 출구속도}}{\text{가역단열팽창 시 노즐 출구속도}} = \frac{\text{실제속도}}{\text{이론속도}} = \frac{v_2'}{v_2}$$

㉣ 탱크에 저장된 건포화증기가 노즐로부터 분출될 때의 임계압력(P_c)

$$P_c = P_1\left(\frac{2}{k+1}\right)^{\frac{k}{k-1}}$$

(여기서, P_1 : 탱크의 압력, k : 비열비)

㉤ 증기터빈의 노즐효율 : $\eta_n = \left(\frac{C_a}{C_t}\right)^2$

(여기서, 초속 무시, C_a : 수증기의 실제속도, C_t : 수증기의 이론속도)

⑥ 일과 열의 개요

㉠ 일과 열의 열역학적 개념

- 일과 열은 경로함수이다.
- 일과 열은 일시적 현상, 전이현상, 경계현상이다.
- 일과 열은 계의 경계에서만 측정되고, 경계를 이동하는 에너지이다.
- 일과 열은 전달되는 에너지로, 열역학적 성질은 아니다.
- 일과 열은 온도와 같은 열역학적 상태량이 아니다.
- 열과 일은 서로 변할 수 있는 에너지이며, 그 관계는 1[kcal] = 427[kg · m]이다.
- 사이클에서 시스템의 열전달 양은 시스템이 수행한 일과 같다.
- 일은 계에서 나올 때, 열은 계에 공급될 때 (+)값을 가진다.
- 일은 계에 공급될 때, 열은 계에서 나올 때 (−)값을 가진다.

㉡ 부호 규약

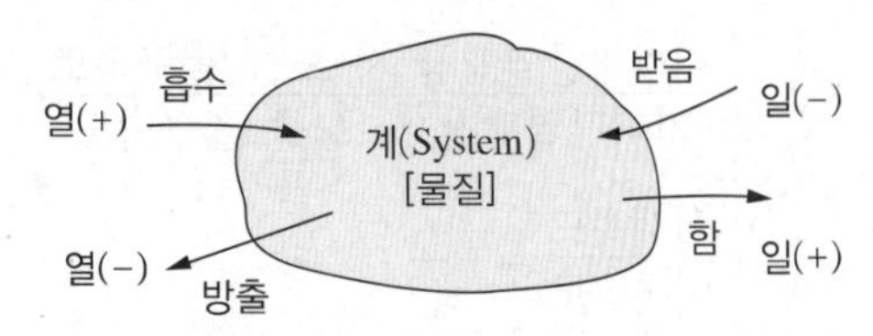

+	-
공급열(열을 받는다)	방출열(열을 내보낸다)
+	-
팽창일(일을 한다)	압축일(일을 받는다)

핵심예제

1-1. 연료의 비중을 측정하기 위하여 질량이 0.07[kg]인 비중계를 준비하였다. 비중이 1인 물에 비중계를 넣어 연료의 비중을 측정하는데, 이때의 수위를 기준점 0으로 하였고 이 비중계를 연료에 넣었을 때의 수위를 측정하니 기준점 위 3[cm]이었다. 이때 연료의 비중을 구하시오(단, 비중계 유리관의 단면적은 5[cm^2]이다). [2011년 제1회]

1-2. 빈 병의 질량이 414[g]인 비중병이 있다. 물을 채웠을 때 질량이 999[g], 어느 액체를 채웠을 때의 질량이 874[g]일 때 이 액체의 밀도는 얼마인가?(단, 물의 밀도 : 0.998[g/cm^3], 공기의 밀도 : 0.00120[g/cm^3]이다). [2019년 제2회]

1-3. 밀도가 800[kg/m^3]인 액체와 비체적이 0.0015[m^3/kg]인 액체를 질량비 1 : 1로 잘 섞었을 때 혼합액의 밀도[kg/m^3]를 계산하시오.

1-4. 전열기를 사용하여 물 5[L]의 온도를 15[℃]에서 80[℃]까지 올리려고 한다. 전열기의 용량은 0.7[kW]이고 투입된 에너지가 모두 물에 전달된다고 하면 가열에 요구되는 시간[min]을 구하시오(단, 가열 중에 외부로의 열손실은 없다고 가정하며, 물의 비열은 4.179(kJ/kgK이다).

1-5. 위치에너지의 변화를 무시할 수 있는 단열 노즐 내를 흐르는 공기의 출구속도가 600[m/s]이고, 노즐 출구에서의 엔탈피가 입구에 비해 179.2[kJ/kg] 감소할 때 공기의 입구속도는 약 몇 [m/s]인가? [2018년 제1회]

1-6. 위치에너지의 변화를 무시할 수 있는 단열 노즐 내를 흐르는 공기의 입구속도가 40[m/s]이고, 노즐 출구에서의 엔탈피가 입구에 비해 179.2[kJ/kg] 감소할 때 공기의 출구속도는 약 몇 [m/s]인가? [2013년 제1회, 2022년 제4회 유사]

1-7. 1[MPa], 500[℃]인 큰 용기 속의 압축공기가 노즐을 통하여 100[kPa]까지 등엔트로피 팽창할 때, 출구속도[m/s]를 구하시오(단, 비열비는 1.4이고 정압비열은 0.9982[kJ/kg·K]이다). [2013년 제4회]

1-8. 압력 1[MPa], 온도 150[℃]인 큰 용기 속의 압축공기가 노즐을 통하여 압력 0.5[MPa], 온도 74[℃]의 상태로 등엔트로피 팽창할 때 출구속도[m/s]를 구하시오(단, 입구속도는 작아서 무시하고, 정압비열은 1.0053[kJ/kg·K]이며 공기의 기체상수는 0.287[kJ/kg·K]이다). [2021년 제1회]

1-9. 20[MPa], 0[℃]의 공기를 100[kPa]로 교축(Throttling)하였을 때의 온도[℃]를 계산하시오(단, 엔탈피는 20[MPa], 0[℃]에서 485[kJ/kg], 100[kPa], 0[℃]에서 439[kJ/kg]이고, 압력이 100[kPa]인 등압과정에서 평균비열은 1.0[kJ/kg·℃]이다).

|해답|

1-1

비중계를 연료에 넣었을 때 수위가 기준점 위로 3[cm]인 것은 비중계가 3[cm] 가라앉은 것이므로

연료의 체적 V=비중계 유리관 단면적×가라앉은 길이

$= 5 \times 3 = 15[\text{cm}^3]$

∴ 연료의 질량 $m = 15[\text{g}]$

비중계의 질량 0.07[kg] = 70[g]이며

연료의 비중을 x라 하면

$1 : 70[\text{g}] = x : (70-15)[\text{g}]$에서 $x = \dfrac{1 \times (70-15)}{70} \simeq 0.786$

1-2

빈 병의 체적을 x[cm^3]라고 하면 $\dfrac{999-414}{x} = 0.998$이므로,

$x = 586.17[\text{cm}^3]$

∴ 어느 액체의 밀도 $\rho = \dfrac{874-414}{586.17} \simeq 0.785[\text{g/cm}^3]$

1-3

질량비 1 : 1이므로

혼합액의 비체적 : $\frac{(1/800)+0.0015}{2}=1.375\times10^{-3}[\text{m}^3/\text{kg}]$

$\therefore$ 혼합액의 밀도$=\frac{1}{1.375\times10^{-3}}\simeq 727[\text{kg/m}^3]$

1-4

$Q_1=mC\Delta t=5\times4.179\times(80-15)\simeq 1{,}358[\text{kJ}]$

$Q_2=0.7[\text{kW}]$

가열시간(분) : $\frac{Q_1}{Q_2}=\frac{1{,}358[\text{kJ}]}{0.7[\text{kW}]}=\frac{1{,}358}{0.7\times60}[\text{min}]\simeq 32.33[\text{min}]$

1-5

${}_1\dot{Q}_2=0,\ \ \dot{W}_t=0$

$${}_1\dot{Q}_2=\dot{W}_t+\frac{\dot{m}(v_2^2-v_1^2)}{2}+\dot{m}(h_2-h_1)+\dot{m}g(Z_2-Z_1)$$

$$0=\frac{\dot{m}(v_2^2-v_1^2)}{2}+\dot{m}(h_2-h_1)$$

$$0=\frac{(600^2-v_1^2)}{2}-179.2\times10^3$$

$\therefore$ 공기의 입구속도 $v_1\simeq 40[\text{m/s}]$

1-6

${}_1\dot{Q}_2=0,\ \ \dot{W}_t=0$

$${}_1\dot{Q}_2=\dot{W}_t+\frac{\dot{m}(v_2^2-v_1^2)}{2}+\dot{m}(h_2-h_1)+\dot{m}g(Z_2-Z_1)$$

$$0=\frac{\dot{m}(v_2^2-v_1^2)}{2}+\dot{m}(h_2-h_1)$$

$$0=\frac{(v_2^2-40^2)}{2}-179.2\times10^3$$

$\therefore$ 공기의 출구속도 $v_2\simeq 600[\text{m/s}]$

1-7

비열비 $k=\frac{C_p}{C_v}=\frac{0.9982}{C_v}=1.4$에서 정적비열 $C_v=\frac{0.9982}{1.4}\simeq 0.713$

공기의 기체상수 $R=C_p-C_v=1.0-0.713=0.285[\text{kJ/kg}\cdot\text{K}]$

$\therefore$ 출구속도

$$v_2=\sqrt{2\left(\frac{k}{k-1}\right)RT_1\left\{1-\left(\frac{P_2}{P_1}\right)^{\frac{k-1}{k}}\right\}}$$

$$=\sqrt{2\times\left(\frac{1.4}{1.4-1}\right)\times285\times(500+273)\times\left\{1-\left(\frac{100}{1{,}000}\right)^{\frac{1.4-1}{1.4}}\right\}}$$

$$=\sqrt{2\times3.5\times285\times(500+273)\times0.482}$$

$$\simeq\sqrt{743{,}309}\simeq 862.20[\text{m/s}]$$

1-8

- $C_p-C_v=R$,

  정적비열 $C_v=C_p-R=1.0053-0.287=0.7183[\text{kJ/kg}\cdot\text{K}]$

- 비열비 $k=\frac{C_p}{C_v}=\frac{1.0053}{0.7183}\simeq 1.4$

$\therefore$ 출구속도

$$v_2=\sqrt{2\left(\frac{k}{k-1}\right)RT_1\left\{1-\left(\frac{P_2}{P_1}\right)^{\frac{k-1}{k}}\right\}}$$

$$=\sqrt{2\times\left(\frac{1.4}{1.4-1}\right)\times287\times(150+273)\times\left\{1-\left(\frac{500}{1{,}000}\right)^{\frac{1.4-1}{1.4}}\right\}}$$

$$=\sqrt{2\times3.5\times287\times(150+273)\times0.18}$$

$$\simeq\sqrt{152{,}965}\simeq 391.11[\text{m/s}]$$

1-9

$h_1-h_2=C_p(t_1-t_2)$

$\therefore\ t_2=t_1-\frac{h_1-h_2}{C_p}=0-\frac{485-439}{1.0}=-46[℃]$

핵심이론 02 물

① 물의 상평형도(삼태도)

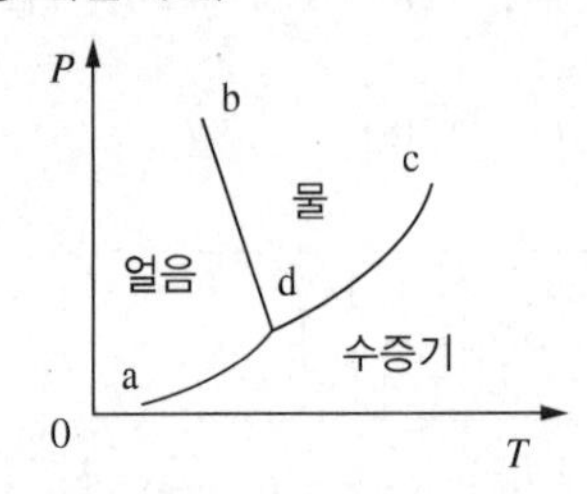

㉠ ad : 승화곡선

㉡ bd : 융해곡선

㉢ cd : 증발곡선

㉣ d : 삼중점(Triple Point)

- 기상, 액상, 고상이 함께 존재하는 점이다.
- 온도 : 273.16[K](0.01[℃]), 압력(수증기압) : 6.11[hPa]

㉤ c : 임계점(Critical Point)

- 고온, 고압에서 포화액과 포화증기의 구분이 없어지는 상태이다.
- 액상과 기상이 평형 상태로 존재할 수 있는 최고 온도 및 최고 압력이다.
- 임계점에서는 액상과 기상을 구분할 수 없다.
- 물의 임계압력(P_c) : 22[MPa] = 225.65[ata = kg/cm^2]
- 물의 임계온도(T_c) : 374.15[℃]
- 증발열 : 0
- 임계온도 이상에서는 순수한 기체를 아무리 압축시켜도 액화되지 않는다.

② 물의 특성

㉠ 4[℃] 부근에서 비체적이 최소가 된다.

㉡ 물이 얼어 고체가 되면 밀도가 감소한다.

㉢ 임계온도보다 높은 온도에서는 액상과 기상을 구분할 수 없다.

㉣ 물을 가열하여도 체적의 변화가 거의 없으므로 가열량은 내부에너지로 변환된다.

㉤ 물을 가열하여 온도가 상승하는 경우, 이때 공급한 열을 현열이라고 한다.

③ 증발잠열

㉠ 개 요

- 증발잠열은 건포화증기의 엔탈피와 포화수의 엔탈피의 차이다.
- 온도에 따라 변화되지 않는 열량이다.

㉡ 물의 증발잠열

- 0[℃] 물 : 597[kcal/kg] = 2,501[kJ/kg]
- 100[℃] 물 : 539[kcal/kg] = 2,256[kJ/kg]

㉢ 포화압력이 낮으면 물의 증발잠열은 증가한다.

④ 노점온도(Dew Point Temp.) : 공기, 수증기의 혼합물에서 수증기의 분압에 해당하는 수증기의 포화온도

핵심예제

한 용기 내에 적당량의 순수물질 액체가 갇혀 있을 때, 어느 특정조건하에서 이 물질의 액체상과 기체상의 구별이 없어질 수 있다. 이러한 상태가 유지되기 위한 필요충분조건을 쓰시오.

|해답|

액상과 기상이 평형 상태로 존재할 수 있는 최고온도 및 최고압력을 임계점이라고 하며, 임계점 이상의 압력과 온도에서는 물질의 액체상과 기체상의 구별이 없어진다.

핵심이론 03 일 · 동력과 열효율

① 일(Work)

㉠ 물체에 힘이 가해져 물체가 이동했을 때 힘과 힘의 방향으로의 이동거리의 곱이다.

㉡ 이동 방향으로의 힘의 크기와 이동거리의 곱이다.

㉢ 일 : 힘 × 변위 $= W = F \cdot s = \int F dx = PV$

㉣ 힘-변위 그래프의 어떤 구간에서의 밑넓이이다.

㉤ 일의 단위 : 줄[J]=[N×m]=에너지 단위

② 절대일과 공업일

㉠ 절대일(비유동일) : 동작유체가 유동하지 않고 팽창 및 압축만으로 하는 일

㉡ 공업일(유동일) : 동작유체가 유동하면서 하는 일

③ 동력(출력)과 열효율

㉠ 출력, 연료 발열량, 연료소모율이 주어졌을 때의 열효율 : $\eta = \dfrac{H}{H_L \times m_f}$

(여기서, H : 출력, H_L : 연료 발열량, m_f : 연료소모율)

㉡ 발생동력(출력) : $H = H_L \times m_f \times \eta$

㉢ 연료소모율 : $m_f = \dfrac{H}{H_L \times \eta}$

핵심예제

3-1. 폐쇄계에서 경로 A → C → B를 따라 100[J]의 열이 계로 들어오고 40[J]의 일을 외부에 할 경우 B → D → A를 따라 계가 되돌아올 때 계가 30[J]의 일을 받는다면 이 과정에서 계는 얼마의 열을 방출 또는 흡수하는지를 답하시오.

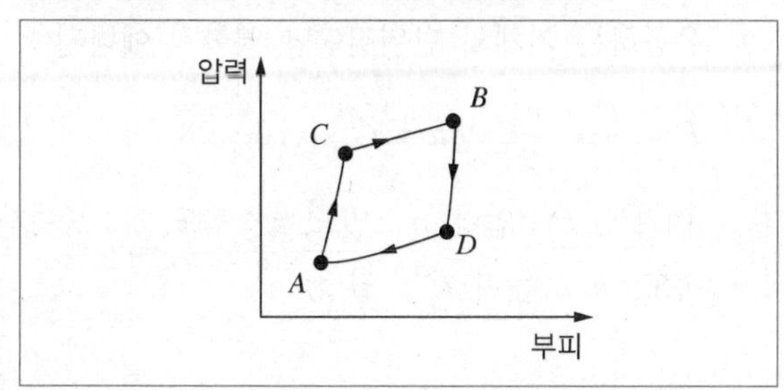

3-2. 직경 40[cm]의 피스톤이 800[kPa]의 압력에 대항하여 20[cm] 움직였을 때 한 일[kJ]을 계산하시오.

3-3. 출력 50[kW]의 열기관이 매시간 10[kg]의 연료를 소모할 때의 열효율[%]을 계산하시오(단, 연료의 발열량은 42,000[kJ/kg]이다).

3-4. 저발열량 11,000[kcal/kg]인 연료를 연소시켜서 900[kW]의 동력을 얻기 위해 연소해야 하는 연료량[kg/min]을 구하시오(단, 연료는 완전연소되며 발생한 열량의 50[%]가 동력으로 변환된다고 가정한다).

|해답|

3-1

100[J]의 열을 받고, 40[J]의 일을 하고, 30[J]의 일을 받았으므로 전체적으로는 10[J]의 일을 하고 나머지 90[J]의 열을 방출한 것이다.

3-2

$$W = PV = P \times A \times l = 800 \times \frac{3.14 \times 0.4^2}{4} \times 0.2 \simeq 20.1[\text{kJ}]$$

3-3

열효율

$$\eta = \frac{H}{H_L \times m_f}$$

$$= \frac{50[\text{kW}]}{42,000[\text{kJ/kg}] \times 10[\text{kg/hr}]} = \frac{50 \times 3,600}{42,000 \times 10} \simeq 43[\%]$$

3-4

연소해야 하는 연료량

$$m_f = \frac{H}{H_L \times \eta} = \frac{900[\text{kW}]}{11,000[\text{kcal/kg}] \times 0.5}$$

$$= \frac{900[\text{kW}]}{(11,000 \times 4.184)[\text{kJ/kg}] \times 0.5}$$

$$= \frac{900 \times 60}{(11,000 \times 4.184) \times 0.5}[\text{kg/min}]$$

$$\simeq 2.347[\text{kg/min}]$$

2-2. 열역학 법칙

핵심이론 01 열역학 제1법칙

① 열역학 제1법칙의 개요

㉠ 열역학 제1법칙(에너지보존의 법칙=가역법칙=양적 법칙=제1종 영구기관 부정의 법칙)

- 일은 열로, 열은 일로 변환시킬 수 있으며 이때 변환되는 일과 열의 비는 일정하다.
- 열을 일로 변환할 때 또는 일을 열로 변환할 때 전체 계의 에너지 총량은 변화하지 않고 일정하다.

  $W = J \times Q$

  $Q = A \times W$

  [여기서, W : 일량[kg·m], J : 열의 일당량(427[kg·m/kcal]), Q : 열량[kcal], A : 일의 열당량(1/427[kcal/kg·m])]
- 계의 내부에너지의 변화량은 계에 들어온 열에너지에서 계가 외부에 해 준 일을 뺀 양과 같다.

  $\Delta U = \Delta Q - \Delta W$
- 물체에 공급된 에너지는 물체의 내부에너지를 높이거나 외부의 일을 하므로, 에너지의 양은 일정하게 보존된다.

㉡ 제1종 영구기관 : 에너지 공급 없이도 영원히 일을 계속할 수 있는 가상의 기관으로, 열역학 제1법칙에 위배된다.

㉢ 유로계(Flow System)에서 입구의 전체 에너지는 출구의 전체 에너지와 같으며, 이것은 시간에 따라 변하지 않는다.

㉣ 정상유동의 에너지방정식 : 정상 상태(Steady State)에서의 유체의 흐름은 입구와 출구에서의 유체 물성이 시간에 따라 변하지 않는 흐름이다.

② 내부에너지와 엔탈피

㉠ 내부에너지 : $\Delta U = \Delta Q - \Delta W = \Delta H - \Delta W$
$= \Delta H - P\Delta V$

㉡ 엔탈피(Enthalpy, H) : 단위중량당 물질이 갖는 열량[kcal/kg]

- 일정한 압력과 온도에서 물질이 지닌 고유에너지량(열 함량)이다.
- 엔탈피(H)
  - 내부에너지(U) + 유동일(에너지)
    = 내부에너지(U) + 압력(P) × 체적(V)
  - $H = U + PV$
- 엔탈피는 물리·화학적 변화에서 출입하는 열의 양을 구하게 해 주고, 화학평형과도 밀접하게 연관되는 열역학의 핵심 함수로 엔트로피와 더불어 열역학에서 가장 중요한 개념이다.
- 완전미적분이 가능한 열량적 상태량(상태 함수)이다.
- $H = H(T, P)$로부터

  $dH = \left(\frac{\partial H}{\partial P}\right)_T dP + \left(\frac{\partial H}{\partial T}\right)_P dT$를 유도할 수 있는데, $\left(\frac{\partial H}{\partial P}\right)_T$, $\left(\frac{\partial H}{\partial T}\right)_P$ 모두 T, P의 함수이다.

③ 에너지식과 단위질량유량당 축일

㉠ 베르누이의 방정식 :
압력에너지 + 운동에너지 + 위치에너지 = 일정

㉡ 운동에너지 : $K = \frac{1}{2}mv^2$

㉢ 위치에너지 : $W = mgh$

㉣ 위치에너지, 운동에너지, 열에너지의 변화 :
$mgh = mC\Delta t$

㉤ 유동하는 기체의 단위질량당 역학적 에너지 :

$$E = \frac{P}{\rho} + \frac{v^2}{2} + gh = C$$

(여기서, P : 압력, ρ : 밀도, v : 속도, g : 중력가속도, h : 높이 C : 일정)

ⓑ 증기의 속도가 빠르고, 입출구 사이의 높이차도 존재하여 운동에너지 및 위치에너지를 무시할 수 없다고 가정하고, 증기는 이상적인 단열 상태에서 개방시스템 내로 흘러 들어가 단위질량유량당 축일(w_s)을 외부로 제공하고 시스템으로부터 흘러나온다고 할 때, 단위질량유량당 축일(w_s)의 계산식 :

$$w_s = -\int_i^e VdP + \frac{1}{2}(v_i^2 - v_e^2) + g(z_i - z_e)$$

(여기서, V : 비체적, P : 압력, v : 속도, z : 높이, i : 입구, e : 출구)

핵심예제

압력 3,000[kPa], 온도 400[℃]인 증기의 비체적은 0.1015[m³/kg]이고 엔탈피는 3,230[kJ/kg]이다. 이 상태에서 내부에너지 변화량[kJ/kg]을 계산하시오.

|해답|

내부에너지 변화량

$\Delta U = \Delta H - \Delta W = 3{,}230 - (3{,}000 \times 0.1015) \simeq 2{,}926$[kJ/kg]

핵심이론 02 열역학 제2법칙

① 열역학 제2법칙의 개요

㉠ 열역학 제2법칙(엔트로피 법칙 = 비가역법칙(에너지흐름의 방향성) = 실제적 법칙 = 제2종 영구기관 부정의 법칙)

- 일은 열로 변환시킬 수 있으나 열은 일로 변환시킬 수 없다.
- 임의의 과정에 대한 가역성과 비가역성을 논의하는 데 적용되는 법칙이다.
- 진공 중에서 가스의 확산은 비가역적이다.
- 고립계 내부의 엔트로피 총량은 언제나 증가한다.
- 자연계에서 일어나는 모든 현상은 규칙적이고 체계화된 정도가 감소하는 방향으로 일어난다. 즉, 자연계에서 일어나는 현상은 한 방향으로만 진행된다.
- 에너지가 전환될 때 에너지는 형태만 바뀔 뿐 보존되지만, 외부로 확산된 열에너지는 다시 회수하여 사용할 수 없다.
- 전열선에 전기를 가하면 열이 발생하지만, 전열선을 가열하여도 전력은 얻을 수 없다.
- 열기관의 효율에 대한 이론적인 한계를 결정한다.

※ 열기관 : 열에너지를 기계적 에너지로 변환하는 기관

㉡ 열역학 제2법칙과 열

- 사이클에 의하여 일을 발생시킬 때는 고온체와 저온체가 필요하다.
- 열은 온도가 높은 곳에서 낮은 곳으로 흐른다.
- 열은 외부 동력 없이 저온체에서 고온체로 이동할 수 없다.
- 열은 그 자신만으로는 저온의 물체로부터 고온의 물체로 이동할 수 없다.
- 열은 차가운 물체에서 더운 물체로 스스로 흐르지 않는다.

- 열은 스스로 고온에서 저온으로 흐를 수 있지만, 저온에서 고온으로는 흐르지 않는다.
- 열에너지가 모두 역학적 에너지로 전환되는 것은 불가능하다.
- 일을 열로 바꾸는 것은 용이하고 완전히 되는 것에 반하여, 열을 일로 바꾸는 것은 그 효율이 절대로 100[%]가 될 수 없다.
- 주위에 아무런 변화를 남기지 않고 열을 저온의 열원으로부터 고온의 열원으로 전달하는 것은 불가능하다.
- 외부에 어떠한 영향을 남기지 않고 한 사이클 동안에 계가 열원으로부터 받은 열을 모두 일로 바꾸는 것은 불가능하다.

㉢ 제2종 영구기관 : 공급된 열을 100[%] 완전하게 역학적인 일로 바꿀 수 있는 가상의 기관으로, 존재하지 않는다.

㉣ 유효에너지와 무효에너지
- 유효에너지 : 유효한 일로 변환되는 에너지 또는 기계에너지로 변환할 수 있는 에너지(엑서지, Exergie)
- 무효에너지 : 저열원으로 버리게 되는 에너지 또는 기계에너지로 변환할 수 없는 에너지(아너지, Anergy)

② 가역과정과 비가역과정

㉠ 가역과정(Reversible Process) : 변화 전의 원래 상태로 되돌아갈 수 있는 과정(이상과정)
- 과정은 어느 방향으로나 진행될 수 있다.
- 과정은 이를 조절하는 값을 무한소만큼씩 변화시켜 역행할 수 있다.
- 작용 물체는 전 과정을 통하여 항상 평형 상태에 있다.
- 마찰로 인한 손실이 없다.
- 열역학적 비유동계 에너지의 일반식 : $\delta Q = dU + PdV = dH - VdP$
- 근접 예 : 잘 설계된 터빈 · 압축기 · 노즐을 통한 흐름, 유체의 균일하고 느린 팽창이나 압축, 충분히 천천히 일어나서 시스템 내에 기울기가 나타나지 않는 많은 과정

㉡ 비가역과정(Irreversible Process) : 변화 전의 원래 상태로 되돌아갈 수 없는 과정(실제과정)
- 과정은 실제과정이며, 정방향으로만 진행된다.
- 과정은 이를 조절하는 값을 무한소만큼씩 변화시켜도 역행할 수는 없다.
- 예 : 점성력이 존재하는 관 또는 덕트 내의 흐름, 부분적으로 열린 밸브나 다공성 플러그와 같이 국부적으로 좁은 공간을 통과하는 흐름(Joule-Thomson 팽창), 충격파와 같은 큰 기울기를 통과하는 흐름, 온도 기울기가 존재하는 열전도, 마찰이 중요한 모든 과정, 온도 또는 압력이 서로 다른 유체의 흐름 등

㉢ 클라우지우스(Clausius)의 폐적분값 :

$\oint \frac{\delta Q}{T} \le 0$(항상 성립)

- 가역 사이클 : $\oint \frac{\delta Q}{T} = 0$
- 비가역 사이클 : $\oint \frac{\delta Q}{T} < 0$

③ 엔트로피(Entropy)

㉠ 엔트로피의 정의
- 자연물질이 변형되어 다시 원래의 상태로 환원될 수 없게 되는 현상이다.
- 비가역 공정에 의한 열에너지의 소산 : 에너지의 사용으로 결국 사용 가능한 에너지가 손실되는 결과
- 다시 가용할 수 있는 상태로 환원시킬 수 없는 무용의 상태로 전환된 질량(에너지)의 총량이다.
- 무질서도라고도 한다.

• 엔트로피는 엔탈피 증가량을 절대온도로 나눈 값이다.

$$\Delta S = \frac{\Delta Q}{T}$$

(여기서, ΔS : 엔트로피[kcal/kg · K], ΔQ : 열량변화[kcal/kg], T : 절대온도[K])

ⓛ 엔트로피의 특징

• 엔트로피는 상태함수이다.

• 엔트로피는 분자들의 무질서도의 척도가 된다.

• 고립계에서 엔트로피는 항상 증가하거나 일정하게 보존된다.

• 우주의 모든 현상은 총엔트로피가 증가하는 방향으로 진행된다.

• 자유팽창, 종류가 다른 가스의 혼합, 액체 내 분자의 확산 등의 과정은 비가역과정이므로 엔트로피는 증가한다.

ⓒ 비가역 단열 변화에서의 엔트로피 변화 : $dS > 0$

ⓔ 열의 이동 등 자연계에서의 엔트로피 변화 : $\Delta S_1 + \Delta S_2 > 0$

ⓜ 정압 · 정적 엔트로피

• $\Delta S_p = m C_p \ln \frac{T_2}{T_1}$

• $\Delta S_v = m C_v \ln \frac{T_2}{T_1}$

• $\frac{\Delta S_p}{\Delta S_v} = \frac{C_p}{C_v} = k$

핵심예제

2-1. 96.9[℃]로 유지되고 있는 항온탱크가 온도 26.9[℃]의 방 안에 놓여 있다. 어떤 시간 동안에 1,000[J]의 열이 항온탱크로부터 방 안 공기로 방출됐다. 항온탱크 속 물질의 엔트로피 변화량[J/K]을 계산하시오.

2-2. 비열 4.184[kJ/kgK]인 물 15[kg]을 0[℃]에서 80[℃]까지 가열할 때, 물의 엔트로피 상승량[kJ/K]을 계산하시오.

2-3. 온도가 800[K]이고, 질량이 10[kg]인 구리를 온도 290[K]인 100[kg]의 물속에 넣었을 때 이 계 전체의 엔트로피 변화량[kJ/K]을 계산하시오(단, 구리와 물의 비열은 각각 0.398[kJ/kg · K], 4.185[kJ/kg · K]이고, 물은 단열된 용기에 담겨 있다).

|해답|

2-1

엔트로피 변화량

$$\Delta S = \frac{Q}{T} = \frac{-1,000}{96.9+273} \simeq -2.70[\text{J/K}]$$

2-2

물의 엔트로피 상승량

$$\Delta S = mC\ln\frac{T_2}{T_1} = 15 \times 4.184 \times \ln\frac{(80+273)}{273} \simeq 16.1[\text{kJ/K}]$$

2-3

$$m_1 C_1 T_1 + m_2 C_2 T_2 = m_1 C_1 T_m + m_2 C_2 T_m$$

$$\therefore\ T_m = \frac{m_1 C_1 T_1 + m_2 C_2 T_2}{m_1 C_1 + m_2 C_2} = \frac{10 \times 0.398 \times 800 + 100 \times 4.185 \times 290}{10 \times 0.398 + 100 \times 4.185} \simeq 294.8[\text{K}]$$

$$\therefore\ \Delta S = \frac{\delta Q}{T} = m_1 C_1 \ln\frac{T_m}{T_1} + m_2 C_2 \ln\frac{T_m}{T_2} = 10 \times 0.398 \times \ln\frac{294.8}{800} + 100 \times 4.185 \times \ln\frac{294.8}{290} \simeq 2.897[\text{kJ/K}]$$

핵심이론 03 열역학 제0법칙, 열역학 제3법칙

① 열역학 제0법칙(열평형의 법칙)

㉠ 물체 A와 B가 각각 물체 C와 열평형을 이루었다면 A와 B도 서로 열평형을 이룬다는 열역학 법칙이다.

㉡ 제3의 물체와 열평형에 있는 두 물체는 그들 상호 간에도 열평형에 있으며 물체의 온도는 서로 같다.

㉢ 두 계가 다른 한 계와 열평형을 이룬다면, 그 두 계는 서로 열평형을 이룬다.

② 열역학 제3법칙 : 엔트로피 절댓값의 정의(절대영도 불가능의 법칙)

㉠ 절대영도(0[K])에는 도달할 수 없다.

㉡ 순수한(Perfect) 결정의 엔트로피는 절대영도에서 0이 된다.

㉢ 자연계에 실제 존재하는 물질은 절대영도에 이르게 할 수 없다.

㉣ 제3종 영구기관 : 절대온도 0도에 도달할 수 있는 기관, 일을 하지 않으면서 운동을 계속하는 기관

핵심예제

온도 250[℃], 질량 50[kg]인 금속을 20[℃]의 물속에 놓았다. 최종 평형 상태에서의 온도가 30[℃]일 때의 물의 양[kg]을 구하시오(단, 열손실은 없으며 금속의 비열은 0.5[kJ/kg·K], 물의 비열은 4.18[kJ/kg·K]이다).

|해답|

열역학 제0법칙인 열평형의 법칙을 적용하면 금속의 방열량은 물의 흡열량과 같으므로

$m_1 C_1 (t_1 - t_m) = m_2 C_2 (t_m - t_2)$

$\therefore$ 물의 양 $m_2 = \dfrac{m_1 C_1 (t_1 - t_m)}{C_2 (t_m - t_2)} = \dfrac{50 \times 0.5 \times (250-30)}{4.18 \times (30-20)}$

$\simeq 131.6[\text{kg}]$

핵심이론 04 열역학의 제반법칙

① 보일의 법칙

㉠ 온도가 일정할 때 기체의 부피는 압력에 반비례하여 변한다.

㉡ $P_1 V_1 = P_2 V_2 = C$(일정)

㉢ 기체분자의 크기가 0이고, 서로 영향을 미치지 않는 이상기체의 경우, 온도가 일정할 때 가스의 압력과 부피는 서로 반비례한다.

② 샤를의 법칙(Gay Lussac의 법칙)

㉠ 압력이 일정할 때 기체의 부피는 온도에 비례하여 변한다.

㉡ $\dfrac{V_1}{T_1} = \dfrac{V_2}{T_2} = C$(일정)

③ 보일-샤를의 법칙

㉠ 일정량의 기체가 차지하는 부피는 압력에 반비례하고, 절대온도에 비례한다.

㉡ $\dfrac{P_1 V_1}{T_1} = \dfrac{P_2 V_2}{T_2} = C$(일정)

④ 아보가드로의 법칙

㉠ 온도와 압력이 일정할 때 모든 기체는 같은 부피 속에 같은 수의 분자가 들어 있다.

㉡ 모든 기체 1[mol]이 차지하는 부피는 표준 상태에서 22.4[L]이며, 그 속에는 6.02×10^{23}개의 분자가 들어 있다.

⑤ 그레이엄의 법칙(Graham's Law of Diffusion)

㉠ 같은 온도와 압력에서 두 기체의 확산속도의 비는 두 기체 분자량의 제곱근에 반비례한다는 법칙이다.

㉡ $\dfrac{v_A}{v_B} = \sqrt{\dfrac{M_B}{M_A}}$

(여기서, v_A : 기체 A의 확산속도, v_B : 기체 B의 확산속도, M_A : 기체 A의 분자량, M_B : 기체 B의 분자량)

핵심예제

4-1. 다음의 반응식을 근거로 하여 일산화탄소(CO) 1[kg]이 완전연소했을 때의 발열량[MJ/kg]을 구하시오.

[2011년 제1회, 2017년 제1회]

- 반응식 ① : $C + O_2 \rightarrow CO_2 + 403$[MJ/kmol]
- 반응식 ② : $C + \frac{1}{2}O_2 \rightarrow CO + 285$[MJ/kmol]

4-2. 다음의 반응식을 근거로 하여 CH_4의 생성 열량[kJ]을 구하시오.

[2010년 제2회, 2020년 제3회]

① $C + O_2 \rightarrow CO_2 + 402$[kJ]
② $H_2 + \frac{1}{2}O_2 \rightarrow H_2O + 281$[kJ]
③ $CH_4 + 2O_2 \rightarrow CO_2 + 2H_2O + 803$[kJ]

4-3. 어느 기체가 압력이 500[kPa]일 때의 체적이 50[L]였다. 이 기체의 압력을 2배로 증가시키면 체적은 몇 [L]가 되는가?(단, 온도는 일정한 상태이다)

4-4. 온도 100[℃], 압력 200[kPa]의 공기(이상기체)가 정압과정으로 최종 온도가 200[℃]가 되었을 때 공기의 부피는 처음 부피의 약 몇 배가 되는가?

4-5. 110[kPa], 20[℃]의 공기가 정압과정으로 온도가 50[℃]로 상승한 다음, 등온과정으로 압력이 반으로 줄어들었다. 최종 비체적은 최초 비체적의 약 몇 배인가?

|해답|

4-1

① - ②를 하면

$CO + \frac{1}{2}O_2 \rightarrow CO_2 + 118$[MJ/kmol]이므로

일산화탄소(CO) 1[kg]의 발열량은 $\frac{118}{28} \simeq 4.2$[MJ/kg]이다.

4-2

① + ② × 2 - ③을 하면

$C + 2H_2 \rightarrow CH_4 + (402 + 281 \times 2 - 803)$[kJ]

$C + 2H_2 \rightarrow CH_4 + 161$[kJ]

∴ CH_4의 생성 열량=161[kJ]

4-3

보일의 법칙 $P_1V_1 = P_2V_2 = C$으로부터

변화된 체적 $V_2 = \frac{P_1V_1}{P_2} = \frac{500 \times 50}{500 \times 2} = 25$[L]

4-4

샤를의 법칙 $\frac{V_1}{T_1} = \frac{V_2}{T_2} = C$에서

변화된 공기의 부피 $V_2 = T_2 \times \frac{V_1}{T_1} = (200 + 273) \times \frac{V_1}{100 + 273}$

$\simeq 1.27V_1$

4-5

보일-샤를의 법칙 $\frac{P_1V_1}{T_1} = \frac{P_2V_2}{T_2} = C$에서

$V_2 = \frac{P_1V_1}{T_1} \times \frac{T_2}{P_2}$

최종 비체적 $\nu_2 = \frac{V_2}{m} = \frac{P_1\nu_1}{T_1} \times \frac{T_2}{P_2} = \frac{110V_1}{293} \times \frac{323}{55}$

$\simeq 2.2V_1$

∴ 최종 비체적은 최초 비체적의 약 2.2배이다.

핵심이론 05 열역학의 제반 관계식

① 이상기체의 상태방정식

㉠ $PV = n\overline{R}T$

(여기서, P : 압력([Pa] 또는 [atm]), V : 부피([m^3] 또는 [L], n : 몰수[mol], $\overline{R}$: 일반기체상수, T : 온도[K])

㉡ 1[mol]의 경우 $n = 1$이므로, $PV = \overline{R}T$

㉢ $PV = G\overline{R}T$

(여기서, P : 압력[kg/m^2], V : 부피[m^3], G : 몰수[mol], $\overline{R}$: 일반기체상수(848[kg·m/kmol·K]), T : 온도[K])

㉣ $PV = n\overline{R}T = mRT$

(여기서, m : 질량(분자량×몰수), R : 특정기체상수, $R = \dfrac{\overline{R}}{M}$($M$: 기체의 분자량), T : 온도[K])

㉤ 기체상수

- $\overline{R}$: 이상기체상수 또는 일반기체상수로 모든 기체에 대해 동일한 값이다(일반기체상수는 모든 기체에 대해 항상 변함이 없다).

  $\overline{R}$ = 8.314[J/mol·K] = 8.314[kJ/kmol·K]
  = 8.314[N·m/mol·K] = 1.987[cal/mol·K]
  = 82.05[cc−atm/mol·K]
  = 0.082[L·atm/mol·K] = 848[kg·m/kmol·K]

- R : 특정기체상수로 기체마다 상이하다(물질에 따라 값이 다르다).
  - 일반기체상수를 분자량으로 나눈 값이다.
  - 단위로 [kJ/kg·K], [J/kg·K], [J/g·K], [kg·m/kg·K], [N·m/kg·K] 등을 사용한다.
  - 공기의 기체상수 : 8.314[kJ/kmol·K]×1[kmol]/28.97[kg] ≒ 0.287[kJ/kg·K]=287[J/kg·K]

② 실제기체의 상태방정식

㉠ 반데르발스(Van der Waals) 상태방정식 :

$$\left(P + \frac{n^2 a}{V^2}\right)(V - nb) = nRT,$$

$$P = \frac{RT}{V - nb} - a\left(\frac{n}{V}\right)^2$$

- 최초의 3차 상태방정식이다.
- 실제기체의 상호작용을 위해 고려해야 할 조건
  - 척력의 효과 : 기체는 부피가 작은 구처럼 행동하므로 실제기체가 차지하는 부피는 측정된 부피보다 작다.

    $V - nb$
  - 인력의 효과 : 기체 상호간의 인력 때문에 실제 기체의 압력이 감소된다.

    $-a\left(\dfrac{n}{V}\right)^2$
- 기체에 따라 주어지는 상수 a, b를 구하는 임계점 관계식 : $\left(\dfrac{\partial P}{\partial V}\right)_{T_c} = 0$, $\left(\dfrac{\partial^2 P}{\partial V^2}\right)_{T_c} = 0$

㉡ 비리얼(Virial) 상태방정식

$$PV = RT\left(1 + \frac{B}{V} + \frac{C}{V^2} + \cdots\right)$$

$$PV = RT(1 + B'P + C'P^2 + \cdots)$$

㉢ 비티-브리지먼(Beattie-Bridgeman) 상태방정식 :

$$P = \frac{\overline{R}T(1 - \varepsilon)}{\overline{V^2}}(\overline{V} + B) - \frac{A}{\overline{V^2}}$$

③ 깁스(Gibbs) 자유에너지식 : 깁스 자유에너지의 정의와 직접 관련이 있는 것은 엔탈피, 온도 그리고 엔트로피이다.

$\Delta G = \Delta H - T\Delta S$

핵심예제

5-1. 온도 30[℃], 압력 350[kPa]에서 비체적이 0.449[m^3/kg]인 이상기체의 기체상수는 몇 [kJ/kg · K]인가?

[2012년 제1회, 2016년 제1회]

5-2. 공기의 기체상수가 0.287[kJ/kg · K]일 때 표준 상태(0[℃], 1기압)에서 밀도[kg/m^3]를 계산하시오.

5-3. 애드벌룬에 어떤 이상기체 100[kg]을 주입하였더니 팽창 후의 압력이 150[kPa], 온도 300[K]가 되었다. 이때 애드벌룬의 반지름[m]을 구하시오(단, 애드벌룬은 완전한 구형(Sphere)이라고 가정하며, 기체상수는 250[J/kg · K]이다).

5-4. 구형 용기 내에 공기가 들어 있고 내부압력 100[kPa], 온도 20[℃], 반지름 5[m]일 때 구형 용기 내 공기의 몰수[kmol]를 구하시오.

[2010년 제4회, 2014년 제2회]

5-5. 공기가 채워진 어떤 구형 기구의 반지름이 반지름 5[m]이고 내부압력이 100[kPa], 온도는 20[℃]일 때 기구 내에 채워진 공기의 몰수[kmol]를 구하시오(단, 공기의 기체상수는 287[J/kg · K]이고, 공기의 분자량은 28.97[g/mol]이다).

[2021년 제2회]

|해답|

5-1

$PV = mRT$

$\therefore\ R = \dfrac{PV}{mT} = \dfrac{V}{m} \times \dfrac{P}{T} = \nu \times \dfrac{P}{T} = 0.449 \times \dfrac{350}{30+273}$

$\simeq 0.519[\text{kJ/kg} \cdot \text{K}]$

5-2

밀도 $\rho = \dfrac{m}{V}$이므로 $PV = mRT$에서 밀도식을 유도하면

$\rho = \dfrac{m}{V} = \dfrac{P}{RT} = \dfrac{101.325}{0.287 \times 273} \simeq 1.29[\text{kg/m}^3]$

5-3

$PV = mRT$에서 $V = \dfrac{mRT}{P} = \dfrac{100 \times 250 \times 300}{150 \times 1{,}000} = 50$이며

구의 체적 $V = \dfrac{4}{3}\pi r^3$에서

$r = \sqrt[3]{\dfrac{3V}{4\pi}} = \sqrt[3]{\dfrac{3 \times 50}{4 \times 3.14}} \simeq 2.29[\text{m}]$

5-4

① 내부압력을 게이지압력으로 고려했을 때

구형 용기의 체적 $V = \dfrac{4}{3}\pi r^3 = \dfrac{4}{3}\pi \times 5^3 \simeq 523.6[\text{m}^3]$

$PV = n\overline{R}T$에서

$n = \dfrac{PV}{\overline{R}T} = \dfrac{\left(\dfrac{100+101.3}{101.3}\right) \times 523.6}{0.082 \times (20+273)} \simeq 43.3[\text{kmol}]$

② 내부압력을 절대압력으로 고려했을 때

구형 용기의 체적 $V = \dfrac{4}{3}\pi r^3 = \dfrac{4}{3}\pi \times 5^3 \simeq 523.6[\text{m}^3]$

$PV = n\overline{R}T$에서

$n = \dfrac{PV}{\overline{R}T} = \dfrac{\left(\dfrac{100}{101.3}\right) \times 523.6}{0.082 \times (20+273)} \simeq 21.5[\text{kmol}]$

5-5

① 내부압력을 게이지압력으로 고려했을 때

구형 용기의 체적 $V = \dfrac{4}{3}\pi r^3 = \dfrac{4}{3}\pi \times 5^3 \simeq 523.6[\text{m}^3]$

$PV = mRT$에서

공기의 질량 $m = \dfrac{PV}{RT} = \dfrac{(100+101.3) \times 523.6}{0.287 \times (20+273)} \simeq 1{,}253.4[\text{kg}]$

$\therefore$ 공기의 몰수 $n = \dfrac{1{,}253.4}{28.97} \simeq 43.3[\text{kmol}]$

② 내부압력을 절대압력으로 고려했을 때

구형 용기의 체적 $V = \dfrac{4}{3}\pi r^3 = \dfrac{4}{3}\pi \times 5^3 \simeq 523.6[\text{m}^3]$

$PV = mRT$에서

공기의 질량 $m = \dfrac{PV}{RT} = \dfrac{100 \times 523.6}{0.287 \times (20+273)} \simeq 622.7[\text{kg}]$

$\therefore$ 공기의 몰수 $n = \dfrac{622.7}{28.97} \simeq 21.5[\text{kmol}]$

2-3. 이상기체 및 관련 사이클

핵심이론 01 이상기체의 개요

① 이상기체의 특징

㉠ 분자와 분자 사이의 거리가 매우 멀다.

㉡ 분자 사이의 인력이 없다.

㉢ 압축성 인자가 1이다.

㉣ 내부에너지는 온도만의 함수이다.

$dU = C_v dT$

㉤ 이상기체의 엔탈피는 온도만의 함수이다.

$dh = C_p dT$

㉥ 이상기체상수(R)값 :

8.314[J/mol · K] = 1.987[cal/mol · K]

= 82.05[cc-atm/mol · K]

② 상태량 간의 관계식(이상기체의 내부에너지 · 엔탈피 · 엔트로피 관계식)

㉠ $Tds = du + pdv$

(여기서, u : 단위질량당 내부에너지, h : 엔탈피, s : 엔트로피, T : 절대온도, p : 압력, v : 비체적)

㉡ $Tds = dh - vdp$

㉢ 가역과정, 비가역과정 모두에 대하여 성립한다.

㉣ 가역과정의 경로에 따라 적분할 수 있다.

㉤ 비가역과정의 경로에 대하여는 적분할 수 없다.

③ 이상기체의 정압비열과 정적비열의 관계 :

$C_p - C_v = R,\ C_p / C_v = k$

④ 실제기체가 이상기체로 근사시키기 가장 좋은 조건 : 저압, 고온, 큰 비체적, 작은 분자량, 작은 분자 간 인력

⑤ 이상기체 상태방정식으로 공기의 비체적을 계산할 때, 저압과 고온일수록 오차가 가장 작다.

⑥ 이상기체의 엔트로피 변화량

㉠ T, V 함수일 때,

$$\Delta S = C_v \ln\left(\frac{T_2}{T_1}\right) + R\ln\left(\frac{V_2}{V_1}\right)$$

㉡ T, P 함수일 때,

$$\Delta S = C_p \ln\left(\frac{T_2}{T_1}\right) - R\ln\left(\frac{P_2}{P_1}\right)$$

㉢ V, P 함수일 때,

$$\Delta S = C_p \ln\left(\frac{V_2}{V_1}\right) + C_v \ln\left(\frac{P_2}{P_1}\right)$$

핵심예제

1-1. 비열비 $k = 1.3$이고, 정적비열이 0.65[kJ/kg · K]일 때 이 기체의 기체상수[kJ/kg · K]를 구하시오.

1-2. 용기 속에 절대압력 850[kPa], 온도 52[℃]인 이상기체가 49[kg] 들어 있다. 이 기체의 일부가 누출되어 용기 내 절대압력이 415[kPa], 온도가 27[℃]가 되었을 때, 밖으로 누출된 기체량[kg]을 구하시오.

|해답|

1-1

$k = 1.3$, $C_v = 0.65$이며 $C_p / C_v = k$이므로

$C_p / 0.65 = 1.3$에서 $C_p = 1.3 \times 0.65 = 0.845$

$C_p - C_v = R$이므로 $R = C_p - C_v = 0.845 - 0.65 = 0.195$이다.

1-2

$P_1 V = m_1 R T_1$에서

$$V = \frac{m_1 R T_1}{P_1} = \frac{49 \times 0.287 \times (52 + 273)}{850} \simeq 5.38[\text{m}^3]$$

$P_2 V = m_2 R T_2$에서 $m_2 = \dfrac{P_2 V}{R T_2} = \dfrac{415 \times 5.38}{0.287 \times (27 + 273)} \simeq 25.93$

∴ 누출된 기체량은 $m_1 - m_2 = 49 - 25.93 \simeq 23.1$[kg]

핵심이론 02 이상기체의 가역 변화

① 정압과정(Constant Pressure Process) : 압력이 일정한 상태에서의 과정이다.

㉠ 압력, 부피, 온도 : $P=C,\ \frac{V_1}{T_1}=\frac{V_2}{T_2}$

㉡ 절대일(비유동일) :

$$_1W_2=\int PdV=P(V_2-V_1)=mR(T_2-T_1)$$

※ 과정 중에서 외부로 가장 많은 일을 하는 과정이다.

㉢ 공업일(유동일) : $W_t=-\int VdP=0$

㉣ (가)열량 :

$$_1Q_2=\Delta H=mC_p\Delta T=mC_p(T_2-T_1)$$
$$=mC_pT_1\left(\frac{T_2}{T_1}-1\right)=mC_pT_1\left(\frac{V_2}{V_1}-1\right)$$

㉤ 내부에너지 변화량 : $\Delta U=mC_v\Delta T$

㉥ 엔탈피 변화량 : $\Delta H={}_1Q_2=mC_p\Delta T$

㉦ 엔트로피 변화량 :

$$\Delta S=mC_p\ln\frac{T_2}{T_1}=mC_p\ln\frac{V_2}{V_1}$$

㉧ 정압비열 : $C_p=\frac{Q}{m(T_2-T_1)}$

$$=\frac{k}{k-1}R[\text{kJ/kg}\cdot\text{K}]$$

㉨ 체적팽창계수 : $\beta=\frac{1}{V}\left(\frac{\partial V}{\partial T}\right)_p$ 이며, 비압축성 유체의 경우 $\beta=0$이다.

② 정적과정(Constant Volume Process) : 체적이 일정한 상태에서의 과정이다.

㉠ 압력, 부피, 온도 : $V=C,\ \frac{P_1}{T_1}=\frac{P_2}{T_2}$

㉡ 절대일(비유동일) :

$$_1W_2=\int PdV=0$$

㉢ 공업일(유동일) :

$$W_t=-\int VdP=V(P_1-P_2)$$
$$=mR(T_1-T_2)$$

㉣ (가)열량 : $_1Q_2=\Delta U,\ \delta q=du$

㉤ 내부에너지 변화량 : $\Delta U=\Delta Q=mC_v\Delta T$

㉥ 엔탈피 변화량 : $\Delta H=mC_p\Delta T$

㉦ 엔트로피 변화량 :

$$\Delta S=mC_v\ln\frac{T_2}{T_1}=mC_v\ln\frac{P_2}{P_1}$$

③ 등온과정(Constant Temperature Process) : 온도가 일정한 상태에서의 과정이다.

㉠ 압력, 부피, 온도 : $T=C,\ P_1V_1=P_2V_2$

㉡ 절대일(비유동일) :

$$_1W_2=\int PdV=P_1V_1\ln\frac{V_2}{V_1}=P_1V_1\ln\frac{P_1}{P_2}$$
$$=mRT\ln\frac{V_2}{V_1}=mRT\ln\frac{P_1}{P_2}$$

㉢ 공업일(유동일) : $W_t=-\int VdP={}_1W_2$

㉣ (가)열량 : $_1Q_2={}_1W_2=W_t,\ Q=W,\ \delta q=\delta w$

㉤ 내부에너지 변화량, 엔탈피 변화량, 엔트로피 변화량 : $\Delta U=0, \Delta H=0, \Delta S>0$

㉥ 엔트로피 변화량 :

$$\Delta S=mR\ln\frac{V_2}{V_1}=mR\ln\frac{P_1}{P_2}$$

㉦ 등온압축과정 : 기체 압축에 필요한 일을 최소로 할 수 있는 과정이다.

- 압축기에서 압축일의 크기 순 : 가역단열압축일 > 폴리트로픽 압축일 > 등온압축일
- 등온압축계수 : $K=-\frac{1}{V}\left(\frac{dV}{dP}\right)_T$

④ 단열과정(Adiabatic Process) : 경계를 통한 열전달 없이 일의 교환만 있는 과정이다.

㉠ 압력, 부피, 온도 : $PV^k = C$, $TV^{k-1} = C$,

$PT^{\frac{k}{1-k}} = C$, $TP^{\frac{1-k}{k}} = C$,

$$\frac{T_2}{T_1} = \left(\frac{V_1}{V_2}\right)^{k-1} = \left(\frac{P_2}{P_1}\right)^{\frac{k-1}{k}}$$

㉡ 절대일(비유동일) :

$$_1W_2 = \int PdV = \frac{1}{k-1}(P_1V_1 - P_2V_2)$$

$$= \frac{mR}{k-1}(T_1 - T_2) = \frac{mRT_1}{k-1}\left(1 - \frac{T_2}{T_1}\right)$$

$$= \frac{mRT_1}{k-1}\left\{1 - \left(\frac{V_1}{V_2}\right)^{k-1}\right\}$$

$$= \frac{mRT_1}{k-1}\left\{1 - \left(\frac{P_2}{P_1}\right)^{\frac{k-1}{k}}\right\}$$

$$= \frac{P_1V_1}{k-1}\left\{1 - \left(\frac{T_2}{T_1}\right)\right\}$$

$$= \frac{P_1V_1}{k-1}\left\{1 - \left(\frac{V_1}{V_2}\right)^{k-1}\right\}$$

$$= \frac{P_1V_1}{k-1}\left\{1 - \left(\frac{P_2}{P_1}\right)^{\frac{k-1}{k}}\right\}$$

㉢ 공업일(유동일) : $W_t = -\int VdP = k \cdot {}_1W_2$

㉣ (가)열량 : $Q = 0$, $\Delta Q = 0$, $\delta q = 0$

㉤ 내부에너지 변화량 : $\Delta U = -{}_1W_2$

㉥ 엔탈피 변화량 : $\Delta H = -W_t = -k \cdot {}_1W_2$

㉦ 엔트로피 변화량 : $\Delta S = 0$

㉧ 단열 변화에서는 $PV^n = C$(일정)에서 $n = k$이다.

㉨ 이상기체와 실제기체를 진공 속으로 단열팽창시키면 이상기체의 온도는 변동이 없지만 실제기체의 온도는 내려간다.

㉩ 밀폐계가 행한 일(절대일)은 내부에너지의 감소량과 같다.

㉪ 계의 전 엔트로피는 변하지 않는다.

$\Delta S = 0$(등엔트로피=엔트로피 불변)

※ 그러나 비가역 단열과정에서의 ΔS는 항상 증가한다.

⑤ 폴리트로픽 과정(Polytropic Process) : 'PV^n = 일정'으로 기술할 수 있는 과정이다.

㉠ 폴리트로픽 지수(n)와 상태 변화의 관계식

- n의 범위 : $-\infty \sim +\infty$
- $n = 0$이면, $P = C$: 등압 변화
- $n = 1$이면, $T = C$: 등온 변화
- $n = k(= 1.4)$: 단열 변화
- $n = \infty$ 이면 $V = C$: 등적 변화
- $n > k$이면, 팽창에 의한 열량은 방열량이 되며 온도는 올라간다.
- $1 < n < k$이면, 압축에 의한 열량은 흡열량이 되며 온도는 내려간다.

㉡ 압력, 부피, 온도 :

$$PV^n = C, \quad \frac{T_2}{T_1} = \left(\frac{V_1}{V_2}\right)^{n-1} = \left(\frac{P_2}{P_1}\right)^{\frac{n-1}{n}}$$

㉢ 절대일(비유동일) :

$$_1W_2 = \int PdV = P_1V_1^n \int_1^2 \left(\frac{1}{V}\right)^n dV$$

$$= \frac{1}{n-1}(P_1V_1 - P_2V_2)$$

$$= \frac{P_1V_1}{n-1}\left(1 - \frac{P_2V_2}{P_1V_1}\right) = \frac{P_1V_1}{n-1}\left(1 - \frac{T_2}{T_1}\right)$$

$$= \frac{mRT}{n-1}\left(1 - \frac{T_2}{T_1}\right)$$

$$= \frac{mRT}{n-1}\left\{1 - \left(\frac{P_2}{P_1}\right)^{\frac{n-1}{n}}\right\}$$

$$= \frac{mR}{n-1}(T_1 - T_2)$$

※ 만일 $n = 2$라면,

$$_1W_2 = \frac{1}{n-1}(P_1V_1 - P_2V_2) = P_1V_1 - P_2V_2$$

㉣ 공업일(유동일) : $W_t = -\int VdP = n \times {}_1W_2$

㉤ 비열 : 폴리트로픽 비열 $C_n = C_v\left(\dfrac{n-k}{n-1}\right)$

㉥ 외부로부터 공급되는 열량 :

$$\begin{aligned} {}_1q_2 &= C_v(T_2 - T_1) + {}_1w_2 \\ &= C_v(T_2 - T_1) + \frac{R}{n-1}(T_1 - T_2) \\ &= C_v\frac{n-k}{n-1}(T_2 - T_1) = C_n(T_2 - T_1) \end{aligned}$$

㉦ 내부에너지 변화량 :

$$\begin{aligned} \Delta U &= mC_v(T_2 - T_1) \\ &= \frac{mRT_1}{k-1}\left\{\left(\frac{P_2}{P_1}\right)^{\frac{n-1}{n}} - 1\right\} \end{aligned}$$

㉧ 엔탈피 변화량 :

$$\begin{aligned} \Delta h &= mC_p(T_2 - T_1) \\ &= \frac{kmRT_1}{k-1}\left\{\left(\frac{P_2}{P_1}\right)^{\frac{n-1}{n}} - 1\right\} \end{aligned}$$

㉨ 엔트로피 변화량 :

$$\begin{aligned} \Delta S &= mC_n\ln\frac{T_2}{T_1} = mC_v\left(\frac{n-k}{n-1}\right)\ln\frac{T_2}{T_1} \\ &= mC_v(n-k)\ln\frac{V_1}{V_2} \\ &= mC_v\left(\frac{n-k}{n}\right)\ln\frac{P_2}{P_1} \end{aligned}$$

핵심예제

2-1. 다음 그림은 단열, 등압, 등온, 등적을 나타내는 압력(P)-부피(V), 온도(T)-엔트로피(S)선도이다. 다음의 각 과정에 해당하는 선의 기호를 모두 각각 쓰시오.

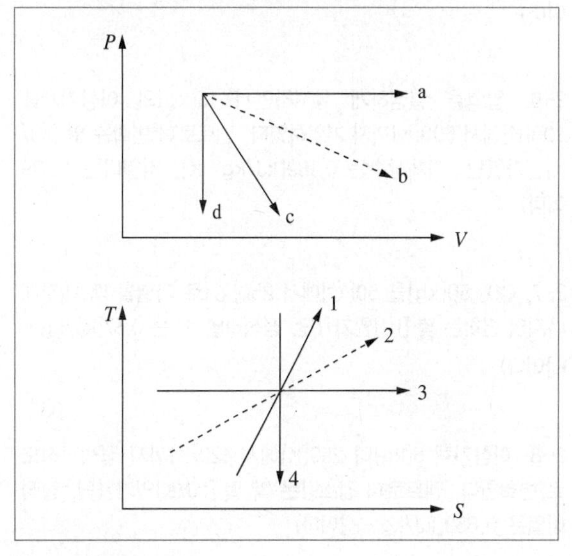

(1) 등압과정
(2) 등온과정
(3) 가역단열과정
(4) 등적과정

2-2. 압력이 200[kPa]로 일정한 상태로 유지되는 실린더 내의 이상기체가 체적 0.3[m³]에서 0.4[m³]로 팽창될 때 이상기체가 한 일의 양은 몇 [kJ]인가?

2-3. 일정 정압비열(C_p = 1.0[kJ/kg·K])을 가정하고 공기 100[kg]을 400[℃]에서 120[℃]로 냉각할 때 엔탈피[kJ]의 변화는?

2-4. 질량 m[kg]의 어떤 기체로 구성된 밀폐계가 A[kJ]의 열을 받아 0.5A[kJ]의 일을 하였다면, 이 기체의 온도 변화는 몇 [K]인가?(단, 이 기체의 정적비열은 C_v[kJ/kg·K], 정압비열은 C_p[kJ/kg·K]이다)

핵심예제

2-5. 기체 2[kg]을 압력이 일정한 과정으로 50[℃]에서 150[℃]로 가열할 때, 필요한 열량은 몇 [kJ]인가?(단, 이 기체의 정적비열은 3.1[kJ/kg·K]이고, 기체상수는 2.1[kJ/kg·K]이다)

2-6. 압력을 일정하게 유지하면서 15[kg]의 이상기체를 300[K]에서 500[K]까지 가열하였다. 엔트로피 변화는 몇 [kJ/K]인가?(단, 기체상수는 0.189[kJ/kg·K], 비열비는 1.289이다)

2-7. CO_2 50[kg]을 50[℃]에서 250[℃]로 가열할 때 내부에너지의 변화는 몇 [kJ]인가?(단, 정적비열 C_v는 0.67[kJ/kg·K]이다)

2-8. 이상기체 5[kg]이 250[K]에서 120[K]까지 정적과정으로 변화한다. 엔트로피 감소량은 약 몇 [kJ/K]인가?(단, 정적비열은 0.653[kJ/kg·K]이다)

2-9. 압력이 100[kPa]인 공기를 정적과정에서 200[kPa]의 압력이 되었다. 그 후 정압과정으로 비체적이 1[m^3/kg]에서 2[m^3/kg]으로 변하였다고 할 때 이 과정 동안의 총엔트로피의 변화량은 약 몇 [kJ/kg·K]인가?(단, 공기의 정적비열은 0.7[kJ/kg·K], 정압비열은 1.0[kJ/kg·K]이다)

2-10. 피스톤과 실린더로 구성된 밀폐된 용기 내에 일정한 질량의 이상기체가 차 있다. 초기 상태의 압력은 2[bar], 체적은 0.5[m^3]이다. 이 시스템의 온도가 일정하게 유지되면서 팽창하여 압력이 1[bar]가 되었다. 이 과정 동안에 시스템이 한 일은 몇 [kJ]인가?

2-11. 이상기체 1[kmol]이 23[℃]에서 부피가 23[L]에서 45[L]로 등온가역팽창하였을 때 엔트로피 변화는 몇 [kJ/K]인가?(단, $\overline{R}$ = 8.314[kJ/kmol·K]이다)

2-12. 압력 300[kPa]인 이상기체 150[kg]이 있다. 온도를 일정하게 유지하면서 압력을 100[kPa]로 변화시킬 때 엔트로피 [kJ/K] 변화는?(단, 기체의 정적비열은 1.735[kJ/kg·K], 비열비는 1.299이다)

2-13. 실린더 내에 있는 온도 300[K]의 공기 1[kg]을 등온압축할 때 냉각된 열량이 114[kJ]이다. 공기의 초기 체적이 V라면 최종 체적은 약 얼마가 되는가?(단, 이 과정은 이상기체의 가역과정이며, 공기의 기체상수는 0.287[kJ/kg·K]이다)

2-14. 1[mol]의 이상기체가 40[℃], 35[atm]으로부터 1[atm]까지 단열가역적으로 팽창하였다. 최종 온도는 약 몇 [K]가 되는가?

2-15. 온도가 293[K]인 이상기체를 단열압축하여 체적을 1/6로 하였을 때 가스의 온도는 약 몇 [K]인가?(단, 가스의 정적비열 C_v은 0.7[kJ/kg·K], 정압비열 C_p은 0.98[kJ/kg·K]이다)

2-16. 체적 4[m^3], 온도 290[K]의 어떤 기체가 가역단열과정으로 압축되어 체적 2[m^3], 온도 340[K]로 되었다. 이상기체라고 가정하면 기체의 비열비는 약 얼마인가?

2-17. 27[℃], 100[kPa]에 있는 이상기체 1[kg]을 1[MPa]까지 가역단열압축하였다. 이때 소요된 일의 크기는 약 몇 [kJ]인가?(단, 이 기체의 비열비는 1.4, 기체상수는 0.287[kJ/kg·K]이다)

2-18. 압력 1[MPa], 온도 400[℃]의 이상기체 2[kg]이 가역단열과정으로 팽창하여 압력이 500[kPa]로 변화한다. 이 기체의 최종 온도[℃]를 구하시오(단, 이 기체의 정적비열은 3.12[kJ/kg·K], 정압비열은 5.21[kJ/kg·K]이다).

[2010년 제1회 유사, 2014년 제1회, 2017년 제4회 유사, 2020년 제2회]

2-19. 압력 0.15[MPa], 온도 25[℃]인 유체 1[kg]이 폴리트로픽 과정을 거쳐서 온도가 270[℃]로 상승하였을 때 압력[MPa]과 압력비를 구하시오(단, 폴리트로픽 지수 n = 1.33이다).

[2016년 제2회]

2-20. PV^n = 일정인 과정에서 밀폐계가 하는 일을 나타낸 식을 구하시오.

핵심예제

2-21. 1.5[MPa], 250[℃]의 공기 5[kg]이 $PV^{1.3}$값이 일정한 과정에 따라 팽창비가 5가 될 때까지 팽창하였다. 이때 내부에너지의 변화는 약 몇 [kJ]인가?(단, 공기의 정적비열은 0.72 [kJ/kg · K]이다)

2-22. 피스톤-실린더 장치 안에 300[kPa], 100[℃]의 이산화탄소 2[kg]이 들어 있다. 이 가스를 $PV^{1.2} = Constant$인 폴리트로픽 변화의 관계를 유지하면서 피스톤 위에 추를 더해 가며 온도가 200[℃]가 될 때까지 압축하였다. 이 과정 동안의 열전달량[kJ]을 구하시오(단, 이산화탄소의 정적비열 $C_v = 0.653$[kJ/kg · K]이고, 정압비열 $C_p = 0.842$[kJ/kg · K]이며, 각각 일정하다). [2019년 제1회]

2-23. $PV^n = C$(일정)($n = 1.2$)인 폴리트로픽 과정을 따르는 증기 2[kg]이 압력 0.3[MPa]을 유지하면서 온도 25[℃]에서 330[℃]로 상승되었을 때의 엔트로피 변화량[kcal/K]을 구하시오(단, 비열비 $k = 1.3$, 정적비열 $C_v = 0.177$[kcal/kg · K]이다). [2011년 제4회, 2015년 제4회, 2021년 제4회]

|해답|

2-1

(1) 등압과정 : a, 2
(2) 등온과정 : b, 3
(3) 가역단열과정 : c, 4
(4) 등적과정 : d, 1

2-2

$${}_1W_2 = \int PdV = P(V_2 - V_1) = 200 \times (0.4 - 0.3) = 20[\text{kJ}]$$

2-3

$$\Delta H = mC_p(t_2 - t_1) = 100 \times 1.0 \times [(120 + 273) - (400 + 273)] = -28,000[\text{kJ}]$$

2-4

$$Q - W = \Delta U[\text{kJ}]$$

$$\therefore A - \frac{1}{2}A = mC_v\Delta t[\text{kJ}]$$

$$\therefore \Delta T = \frac{A}{2mC_v}[\text{K}]$$

2-5

$C_p - C_v = R$에서 $C_p = R + C_v = 2.1 + 3.1 = 5.2[\text{kJ/kg} \cdot \text{K}]$

$$\delta Q = dH = mC_p dT = 2 \times 5.2 \times (150 - 50) = 1,040[\text{kJ}]$$

2-6

$$C_p = \frac{k}{k-1}R = \frac{1.289}{1.289 - 1} \times 0.189 = 0.843[\text{kJ/kg} \cdot \text{K}]$$

$$\Delta S = mC_p \ln\frac{T_2}{T_1} = 15 \times 0.843 \times \ln\frac{500}{300} \simeq 6.459[\text{kJ/K}]$$

2-7

$$\Delta U = \Delta Q = mC_v\Delta T = 50 \times 0.67 \times (250 - 50) = 6,700[\text{kJ}]$$

2-8

$$\Delta S = mC_v \ln\frac{T_2}{T_1} = 5 \times 0.653 \times \ln\frac{120}{250} \simeq -2.396[\text{kJ/K}]$$

2-9

$$\Delta S_{total} = \Delta S_1 + \Delta S_2 = C_v \ln\left(\frac{P_2}{P_1}\right) + C_p \ln\left(\frac{V_2}{V_1}\right) = 0.7 \times \ln\left(\frac{200}{100}\right) + 1.0 \times \ln\left(\frac{2}{1}\right) = 1.18[\text{kJ/kg} \cdot \text{K}]$$

2-10

$${}_1W_2 = \int PdV = P_1V_1 \ln\frac{P_1}{P_2} = 200 \times 0.5 \times \ln\frac{200}{100} \simeq 69[\text{kJ}]$$

2-11

$$\Delta S = n\overline{R}\ln\frac{V_2}{V_1} = 1 \times 8.314 \times \ln\frac{45}{23} \simeq 5.58[\text{kJ/K}]$$

2-12

$$\Delta S = mR\ln\frac{V_2}{V_1} = mR\ln\frac{P_1}{P_2} = m(C_p - C_v)\ln\frac{P_1}{P_2} = mC_v(k-1)\ln\frac{P_1}{P_2} = 150 \times 1.735 \times (1.299 - 1) \times \ln\frac{300}{100} \simeq 85.5[\text{kJ/K}]$$

2-13

$$Q = mRT\ln\frac{V_2}{V_1}$$

$$-114 = 1 \times 0.287 \times 300 \times \ln\frac{V_2}{V_1}$$

$$\ln\frac{V_2}{V_1} = -\frac{114}{86.1} = -1.324$$

$$\frac{V_2}{V_1} = e^{-1.324} \simeq 0.27$$

$$V_2 = 0.27V_1$$

2-14

$$\frac{T_2}{T_1}=\left(\frac{V_1}{V_2}\right)^{k-1}=\left(\frac{P_2}{P_1}\right)^{\frac{k-1}{k}}$$

$$T_2=T_1\times\left(\frac{P_2}{P_1}\right)^{\frac{k-1}{k}}=(40+273)\times\left(\frac{1}{35}\right)^{\frac{1.67-1}{1.67}}$$

$$\simeq 75[\mathrm{K}]$$

2-15

$k=C_p/C_v=0.98/0.7=1.4$이며 $\dfrac{T_2}{T_1}=\left(\dfrac{V_1}{V_2}\right)^{k-1}$

$$\therefore\ T_2=T_1\times\left(\frac{V_1}{V_2}\right)^{k-1}=293\times\left(\frac{6}{1}\right)^{1.4-1}\simeq 600[\mathrm{K}]$$

2-16

$\dfrac{T_2}{T_1}=\left(\dfrac{V_1}{V_2}\right)^{k-1}$ 의 양변에 로그를 취하면

$\ln\dfrac{T_2}{T_1}=(k-1)\ln\dfrac{V_1}{V_2}$ 이므로 $\ln\dfrac{340}{290}=(k-1)\ln\dfrac{4}{2}$ 이며

이것은 $0.159=(k-1)\times 0.693$이므로 $k=1+0.229=1.229$

2-17

$${}_1W_2=\int PdV=\frac{mRT_1}{k-1}\left\{1-\left(\frac{P_2}{P_1}\right)^{\frac{k-1}{k}}\right\}$$

$$=\frac{1\times 0.287\times 300}{1.4-1}\times\left\{1-10^{\frac{1.4-1}{1.4}}\right\}\simeq -200[\mathrm{kJ}]$$

$$\therefore\ W_t=k\times {}_1W_2$$

$$=1.4\times(-200.33[\mathrm{kJ}])$$

$$=-280.46[\mathrm{kJ}]$$

2-18

비열비 $k=\dfrac{C_p}{C_v}=\dfrac{5.21}{3.12}\simeq 1.67$

가역단열과정이므로 $\dfrac{T_2}{T_1}=\left(\dfrac{V_1}{V_2}\right)^{k-1}=\left(\dfrac{P_2}{P_1}\right)^{\frac{k-1}{k}}$

$\therefore$ 최종 온도 $T_2=T_1\times\left(\dfrac{P_2}{P_1}\right)^{\frac{k-1}{k}}$

$$=(400+273)\times\left(\frac{500}{1{,}000}\right)^{\frac{1.67-1}{1.67}}$$

$$\simeq 510[\mathrm{K}]$$

$$=237[℃]$$

2-19

$$\frac{T_2}{T_1}=\left(\frac{P_2}{P_1}\right)^{\frac{n-1}{n}}$$

$$\frac{270+273}{25+273}=\left(\frac{P_2}{0.15}\right)^{\frac{1.33-1}{1.33}}$$

$$1.822=\left(\frac{P_2}{0.15}\right)^{0.248}$$

양변에 $\dfrac{1}{0.248}$승을 취하면 $1.822^{\frac{1}{0.248}}=\dfrac{P_2}{0.15}$

$\therefore$ 압력 $P_2=0.15\times 11.236\simeq 1.685[\mathrm{MPa}]$

압력비 $\varepsilon=\dfrac{P_2}{P_1}=\dfrac{1.685}{0.15}\simeq 11.23$

2-20

$${}_1W_2=\int_1^2 PdV=P_1V_1^n\int_1^2\left(\frac{1}{V}\right)^n dV=\frac{1}{n-1}(P_1V_1-P_2V_2)$$

2-21

$\dfrac{T_2}{T_1}=\left(\dfrac{V_1}{V_2}\right)^{n-1}$ 에서

$T_2=T_1\times\left(\dfrac{V_1}{V_2}\right)^{n-1}=(250+273)\times\left(\dfrac{1}{5}\right)^{1.3-1}\simeq 323[\mathrm{K}]$이므로

$\Delta U=mC_v(T_2-T_1)=5\times 0.72\times(323-523)=-720[\mathrm{kJ}]$

2-22

비열비 $k=\dfrac{C_p}{C_v}=\dfrac{0.842}{0.653}\simeq 1.289$

$\therefore$ 열전달량 $Q=mC_v\dfrac{n-k}{n-1}(T_2-T_1)$

$$=2\times 0.653\times\frac{1.2-1.289}{1.2-1}\times(200-100)$$

$$\simeq -58[\mathrm{kJ}]$$

2-23

엔트로피 변화량

$$\Delta S=mC_v\left(\frac{n-k}{n-1}\right)\ln\frac{T_2}{T_1}$$

$$=2\times 0.177\times\left(\frac{1.2-1.3}{1.2-1}\right)\ln\left(\frac{330+273}{25+273}\right)$$

$$\simeq -0.125[\mathrm{kcal/K}]$$

핵심이론 03 혼합기체

① 돌턴(Dalton)의 법칙 : 전압은 분압의 합과 같다.

② 혼합기체의 기체상수 : $R = \sum_{i=1}^{n} \frac{G_i}{G} R_i = \sum_{i=1}^{n} \frac{m_i}{m} R_i$

③ 가스의 액화조건 : 압력 상승, 온도 저하(압축과정, 등압냉각과정, 엔트로피 감소, 최종 상태는 압축액 또는 포화 혼합물 상태)

핵심예제

3-1. N_2와 O_2의 가스 정수는 각각 30.26[kgf · m/kg · K], 26.49[kgf · m/kg · K]이다. N_2가 70[%]인 N_2와 O_2의 혼합가스의 가스 정수[kgf · m/kg · K]는 얼마인가?

3-2. N_2와 O_2의 기체상수는 각각 0.297[kJ/kg · K] 및 0.260[kJ/kg · K]이다. N_2가 0.7[kg], O_2가 0.3[kg]인 혼합가스의 기체 상수는 약 몇 [kJ/kg · K]인가?

|해답|

3-1

혼합가스의 가스 정수

$$R = \frac{G_{N_2}}{G} \times R_{N_2} + \frac{G_{O_2}}{G} \times R_{O_2}$$
$$= 0.7 \times 30.26 + 0.3 \times 26.49 \simeq 29.13[\text{kgf} \cdot \text{m/kg} \cdot \text{K}]$$

3-2

혼합기체의 기체 상수

$$R = \frac{m_{N_2}}{m} \times R_{N_2} + \frac{m_{O_2}}{m} \times R_{O_2}$$
$$= 0.7 \times 0.297 + 0.3 \times 0.260 \simeq 0.286[\text{kJ/kg} \cdot \text{K}]$$

핵심이론 04 카르노사이클과 기체동력사이클

① 카르노사이클(Carnot Cycle)

㉠ 카르노사이클은 2개의 등온과정과 2개의 단열과정으로 구성된 가역사이클이다.

㉡ 카르노사이클의 구성과정 : 등온팽창 → 단열팽창 → 등온압축 → 단열압축

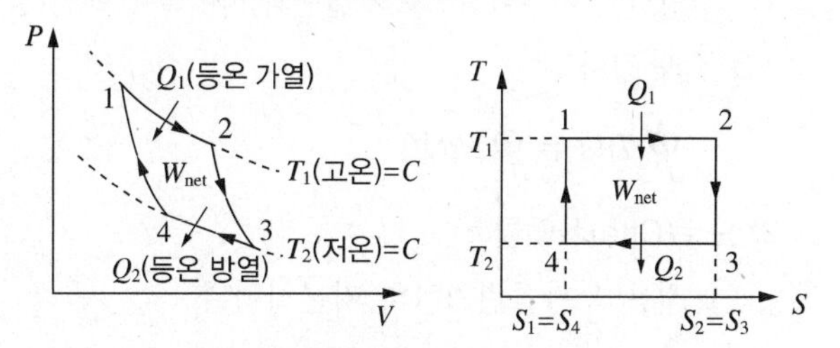

㉢ 카르노사이클의 특징

- 실제로 존재하지 않는 이상사이클이다.
- 열기관사이클 중에서 열효율이 최대인 사이클이다.

㉣ 카르노사이클 열기관의 열효율

- 카르노사이클 열기관의 열효율 :

$$\eta_c = \frac{W_{net}}{Q_1} = 1 - \frac{Q_2}{Q_1} = 1 - \frac{T_2}{T_1}$$

(여기서, Q_1 : 고열원의 열량, Q_2 : 저열원의 열량, T_1 : 고열원의 온도, T_2 : 저열원의 온도)

- 고온 열저장조와 저온 열저장조의 온도(고열원의 온도와 저열원의 온도)만으로 표시할 수 있다. $\eta_c = f(T_1, T_2)$
- 동일한 두 열저장조 사이에서 작동하는 용량이 다른 카르노사이클 열기관의 열효율은 서로 같다.
- 고온 열저장조의 온도가 높을수록 열효율은 높아진다.
- 저온 열저장조의 온도가 높을수록 열효율은 낮아진다.
- 주어진 고온 열저장조와 저온 열저장조 사이에서 작동할 수 있는 열기관 중 카르노사이클 열기관의 열효율이 가장 높다.

㉤ 엔트로피의 변화량 : $\Delta S = \dfrac{\delta Q}{T}$

㉥ 카르노사이클의 손실일 : $W_2 = Q_2 = \dfrac{T_2}{T_1} \times Q_1$

(여기서, W_2 : 손실일, Q_2 : 비가용에너지)

㉦ 카르노사이클의 순환 적분 시 등온상태에서 흡열·방열이 이루어지므로 가열량과 사이클이 행한 일량과 같다.

$$\oint Tds = \oint PdV$$

② 오토(Otto)사이클

㉠ 적용 : 가솔린기관의 기본사이클

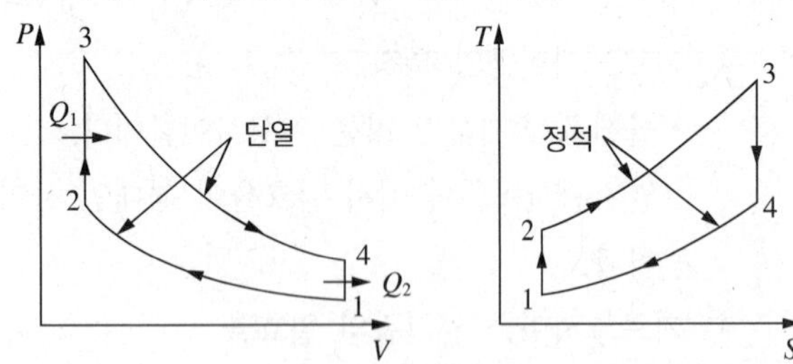

㉡ 구성 : 2개의 등적과정과 2개의 등엔트로피 과정

㉢ 과정 : 단열압축 → 정적가열 → 단열팽창 → 정적방열

㉣ 오토사이클의 특징

- 작업유체의 열 공급 및 방열이 일정한 체적에서 이루어진다.
- 전기점화기관(불꽃점화기관)의 이상적 사이클이다.
- 압축비는 노킹현상 때문에 제한을 가진다.

㉤ 열효율 : $\eta_o = \dfrac{\text{유효한 일}}{\text{공급열량}} = \dfrac{W}{Q_1}$

$$= \frac{\text{공급열량} - \text{방출열량}}{\text{공급열량}}$$

$$= \frac{mC_V(T_3 - T_2) - mC_V(T_4 - T_1)}{mC_V(T_3 - T_2)}$$

$$= 1 - \frac{T_4 - T_1}{T_3 - T_2} = 1 - \left(\frac{1}{\varepsilon}\right)^{k-1}$$

(여기서, ε : 압축비, k : 비열비)

- 열효율은 압축비만의 함수이다.
- 열효율은 압축비가 증가하면 증가한다.
- 열효율은 공급열량과 방출열량에 의해 결정된다.
- 열효율은 작동유체의 비열비와 압축비에 의해서 결정된다.
- 열효율은 작동유체의 비열비가 클수록 증가한다.
- 4행정기관이 2행정기관보다 열효율이 높다.
- 카르노사이클의 열효율보다 낮다.

㉥ 평균 유효압력 : $p_{mo} = P_1 \dfrac{(\alpha - 1)(\varepsilon^k - \varepsilon)}{(k-1)(\varepsilon - 1)}$

$\left(\text{여기서, } \alpha = \dfrac{P_3}{P_2} \text{ : 압력비, } P_1 \text{ : 최소압력}\right)$

③ 디젤(Diesel)사이클

㉠ 적용 : (저속) 디젤기관의 기본사이클

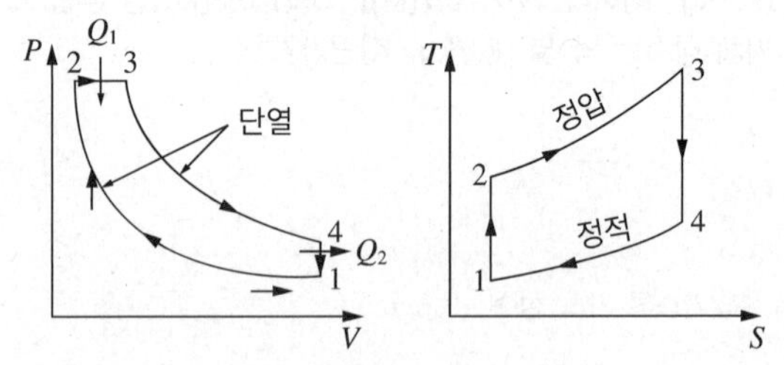

㉡ 과정(디젤기관의 행정 순서) : 단열압축 → 정압급열 → 단열팽창 → 정적방열

㉢ 디젤사이클의 특징

- 가열(연소)과정은 정압과정으로 이루어진다(일정한 압력에서 열공급을 한다).
- 일정 체적에서 열을 방출한다.
- 등엔트로피 압축과정이 있다.
- 조기 착화 및 노킹 염려가 없다.
- 오토사이클보다 효율이 높다.
- 평균 유효압력이 높다.
- 압축비는 15~20 정도이다.

㉣ 압축비와 차단비

- 압축비 : $\varepsilon = \left(\dfrac{P_3}{P_1}\right)^{\frac{1}{k}}$

• 차단비(Cut-off Ratio, 단절비 또는 체절비, 등압팽창비) : $\sigma = \frac{V_3}{V_2} = \frac{T_3}{T_2} = \frac{T_3}{T_1 \varepsilon^{k-1}}$

ⓜ 열효율 : $\eta_d = 1 - \left(\frac{1}{\varepsilon}\right)^{k-1} \times \frac{\sigma^k - 1}{k(\sigma - 1)}$

(여기서, ε : 압축비, k : 비열비, σ : 단절비)

ⓑ 평균 유효압력 :

$$P_{md} = P_1 \frac{\varepsilon^k k(\sigma-1) - \varepsilon(\sigma^k - 1)}{(k-1)(\varepsilon - 1)}$$

④ 브레이턴(Brayton)사이클

㉠ 적용 : 가스터빈의 기본사이클

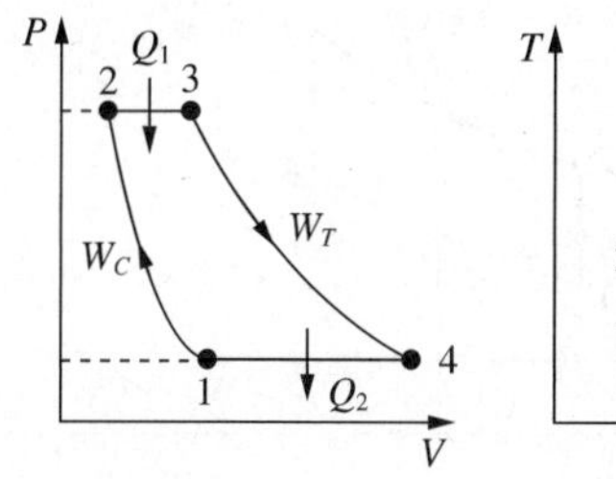

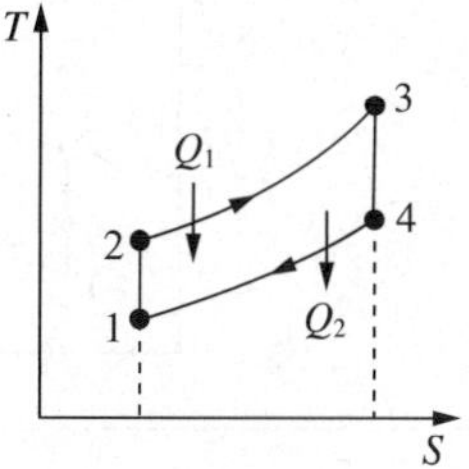

㉡ 과정 : 단열압축 → 정압가열 → 단열팽창 → 정압방열

㉢ 브레이턴사이클의 특징

• 2－3과정, 4－1과정의 압력이 일정하다.
• 정압(등압) 상태에서 흡열(연소)되므로 정압(연소)사이클 또는 등압(연소)사이클이라고도 한다.
• 실제 가스터빈은 개방사이클이다.
• 증기터빈에 비해 중량당의 동력이 크다.
• 공기는 산소를 공급하고 냉각제의 역할을 한다.
• 단위시간당 동작유체의 유량이 많다.
• 기관중량당 출력이 크다.
• 연소가 연속적으로 이루어진다.
• 가스터빈은 완전연소에 의해서 유해성분의 배출이 거의 없다.
• 열효율은 압축비가 클수록 증가한다.

㉣ 열효율 : $\eta_B = 1 - \frac{Q_2}{Q_1} = 1 - \frac{T_4 - T_1}{T_3 - T_2}$

$$= 1 - \left(\frac{1}{\varepsilon}\right)^{\frac{k-1}{k}}$$

(여기서, ε : 압축비, k : 비열비)

⑤ 사바테(Sabathe)사이클

㉠ 적용 : 고속 디젤기관의 기본사이클(복합사이클)

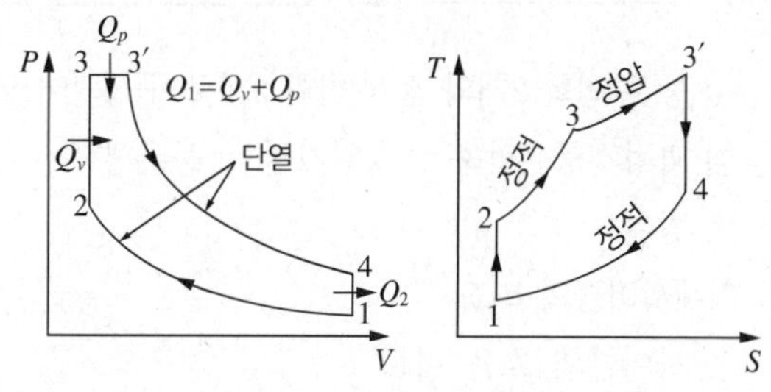

㉡ 가열과정은 정적과정과 정압과정이 복합적으로 이루어진다.

㉢ 과정 : 단열압축 → 정적가열 → 정압가열 → 단열팽창 → 정적방열

㉣ 평균유효압력 :

$$P_{ms} = P_1 \frac{\varepsilon^k\{(\alpha - 1) + k\alpha(\sigma - 1)\} - \varepsilon(\sigma^k \alpha - 1)}{(k-1)(\varepsilon - 1)}$$

⑥ 스털링(Stirling)사이클

㉠ 적용 : 스털링기관(밀폐식 외연기관)의 기본사이클

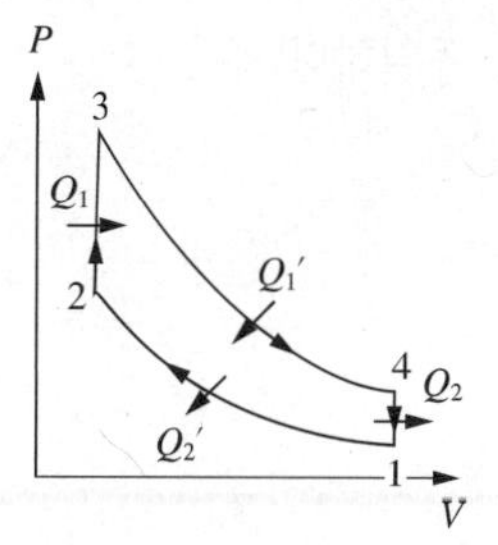

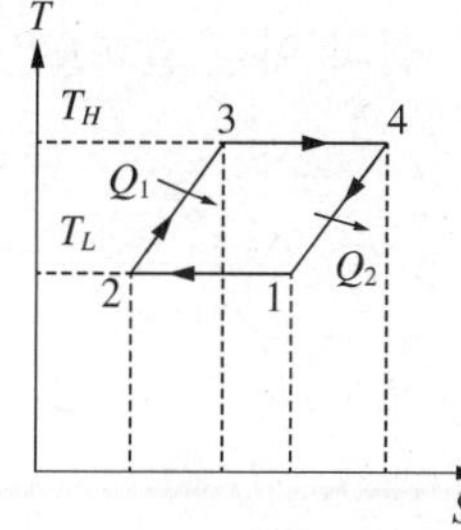

㉡ 구성 : 가열・냉각의 2가지 등적 변화와 압축・팽창의 2가지 등온 변화로 구성되어 있다.

㉢ 과정 : 등온압축 → 정적가열 → 등온팽창 → 정적방열

⑦ 에릭슨(Ericsson)사이클

㉠ 적용 : 가스터빈의 기본사이클

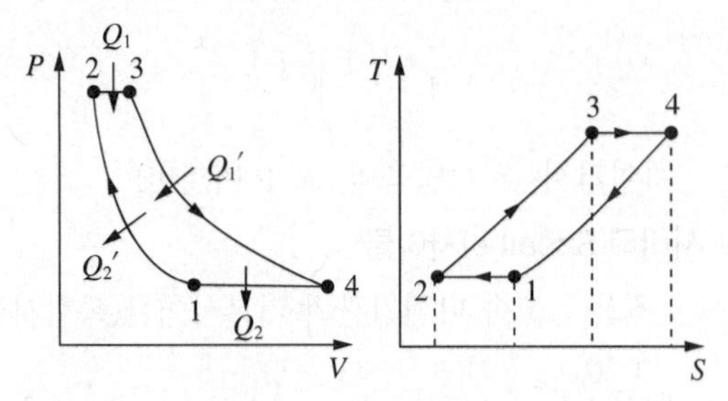

㉡ 등온 변화 2개와 정압 변화 2개로 구성되어 있다.

㉢ 과정 : 등온압축 → 정압가열 → 등온팽창 → 정압방열

⑧ 기체사이클의 비교

㉠ 사이클의 효율 비교

- 초온, 초압, 최저 온도, 압축비, 공급열량, 가열량, 연료 단절비 등이 같은 경우 : 오토사이클 > 사바테 사이클 > 디젤사이클
- 최고 압력이 일정한 경우 : 디젤사이클 > 사바테 사이클 > 오토사이클

㉡ 동일한 압축비에서는 오토사이클의 효율이 디젤사이클의 효율보다 높다.

㉢ 카르노사이클의 최고 및 최저 온도와 스털링사이클의 최고 및 최저 온도가 서로 같을 경우 두 사이클의 이론 열효율은 동일하다.

핵심예제

4-1. 다음 각 기관에 맞는 사이클의 명칭을 각각 쓰시오.

(1) 가솔린기관
(2) 디젤기관
(3) 증기기관
(4) 가스터빈기관

4-2. 카르노사이클을 이루는 4개의 가역과정을 쓰시오.

4-3. $T-S$ 선도에서 다음 그림과 같은 사이클의 명칭을 쓰시오(단, 2－3, 4－1과정에서는 압력이 일정하다).

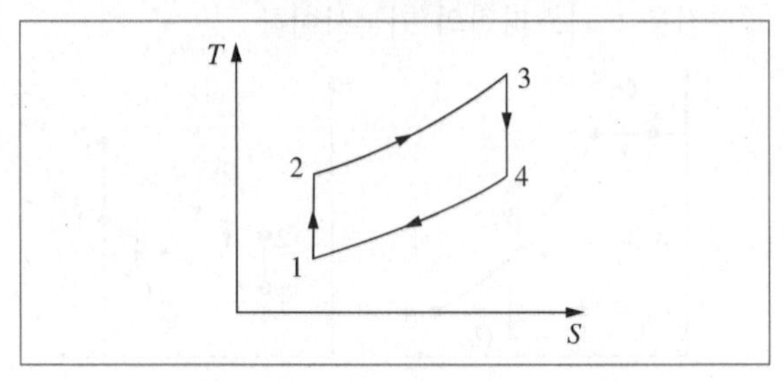

4-4. 다음 그림의 열기관사이클의 명칭을 쓰시오.

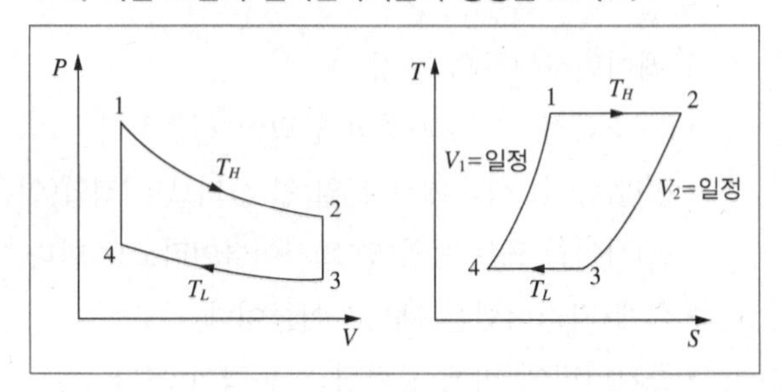

4-5. 다음 그림과 같은 $T-S$ 선도를 갖는 사이클의 명칭을 쓰시오.

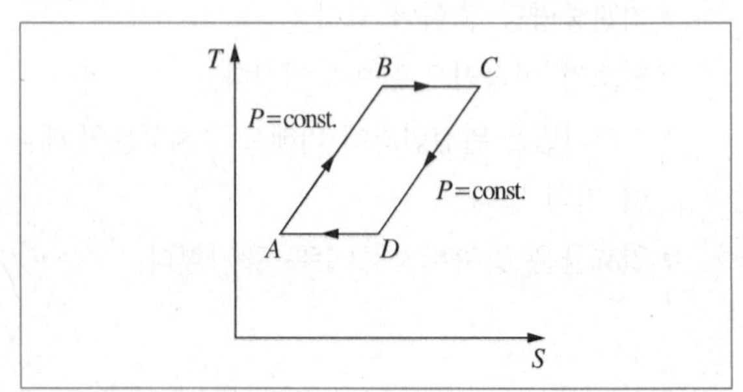

핵심예제

4-6. 한 과학자가 자기가 만든 열기관이 80[℃]와 10[℃] 사이에서 작동하면서 100[kJ]의 열을 받아 20[kJ]의 유용한 일을 할 수 있다고 주장한다. 이 과학자의 주장은 어떠한지 열역학 법칙으로 설명하시오.

4-7. 227[℃]의 고온 열저장조와 27[℃]의 저온 열저장조 사이에서 작동되는 카르노 열기관의 효율[%]을 구하시오.

[2012년 제2회]

4-8. 분당 120사이클로 회전하는 카르노기관의 체적을 등온 팽창시켜 압력(P_1) 456[kPa]을 압력(P_2) 321[kPa]로 변화시켰을 때의 1시간 동안 수열되는 열량[kW]을 다음의 조건을 이용하여 구하시오.

[2020년 제1회]

- 작동 물질 : 기체상수 $R = 0.287$[kJ/kg·K], 질량 $m = 5$[kg]
- 열원온도 : 고열원 678[℃], 저열원 123[℃]

4-9. 온도가 400[℃]인 열원과 300[℃]인 열원 사이에서 작동하는 카르노 열기관이 있다. 이 열기관에서 방출되는 300[℃]의 열은 또 다른 카르노 열기관으로 공급되어, 300[℃]의 열원과 100[℃]의 열원 사이에서 작동한다. 이와 같은 복합 카르노 열기관의 전체 효율[%]을 구하시오.

4-10. 카르노사이클에서 공기 1[kg]이 1사이클마다 하는 일이 100[kJ]이고 고온 227[℃], 저온 27[℃] 사이에서 작용한다. 이 사이클의 열공급 과정 중에서 고온 열원에서의 엔트로피의 변화[kJ/K]를 계산하시오.

4-11. 200[℃]의 고온 열원과 20[℃]의 저온 열원 사이에서 작동하는 카르노사이클이 하는 일이 10[kJ]이라면 저온에서 방출된 열[kJ]을 계산하시오.

4-12. 저열원 10[℃], 고열원 600[℃] 사이에 작용하는 카르노사이클에서 사이클당 방열량이 3.5[kJ]이면 사이클당 실제 일의 양[kJ]을 구하시오.

4-13. 카르노사이클로 작동하는 가역기관이 800[℃]의 고온열원으로부터 5,000[kW]의 열을 받고 30[℃]의 저온열원에 열을 배출할 때 동력[kW]을 구하시오.

4-14. 오토사이클에서 압축비가 8일 때 열효율[%]을 계산하시오(단, 비열비는 1.4이다).

4-15. 오토사이클에서 동작 가스의 가열 전후의 온도가 600[K], 1,200[K]이고, 방열 전후의 온도가 800[K], 400[K]일 경우의 이론열효율[%]을 구하시오.

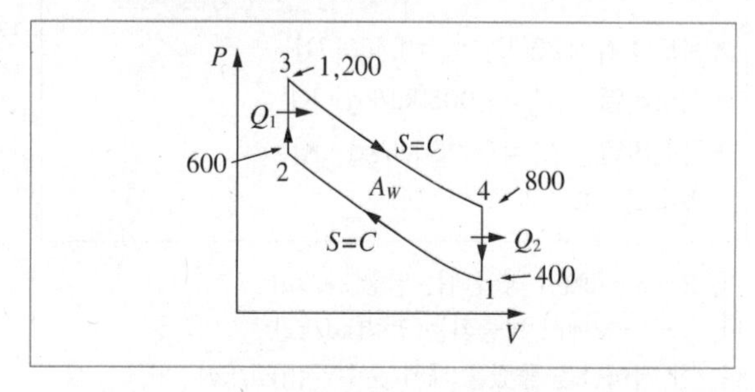

4-16. 간극체적이 행정체적의 15[%]인 오토사이클의 열효율[%]을 계산하시오(단, 비열비는 1.4이다).

4-17. 디젤사이클에서 압축비가 20, 단절비(Cut-off Ratio)가 1.7일 때, 열효율[%]을 계산하시오(단, 공기의 비열비는 1.4이다).

4-18. 공기를 작동유체로 하는 디젤사이클의 온도범위가 32~3,200[℃]이고 이 사이클의 최고압력 6.5[MPa], 최초압력 160[kPa]일 경우 열효율[%]을 구하시오(단, 비열비는 1.4이다).

핵심예제

4-19. 다음의 스털링사이클의 $T-S$ 선도와 주어진 조건을 이용하여 '가~라'의 답을 구하시오. [2021년 제1회]

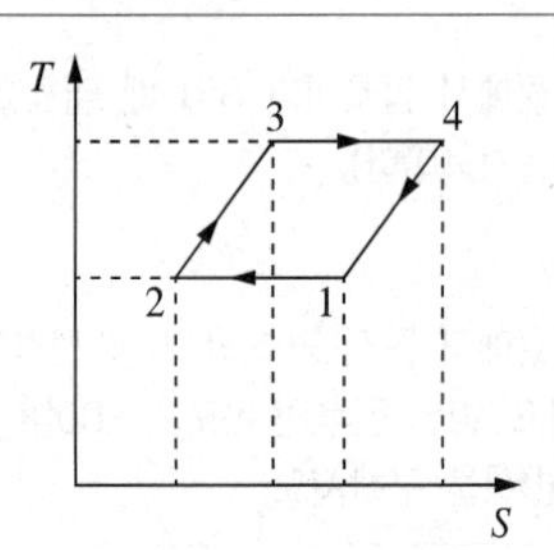

- 온도 : $t_1 = 20[℃]$, $t_3 = 1{,}420[℃]$
- 정압비열 : $C_p = 1.005[\text{kJ/kg}\cdot\text{K}]$
- 정적비열 : $C_v = 0.718[\text{kJ/kg}\cdot\text{K}]$
- 압축비 : 8

가. 2 - 3 - 4에서 공급되는 열량[kJ/kg]
나. 4 - 1 - 2에서 방출되는 열량[kJ/kg]
다. 한 사이클을 돌렸을 때의 순수일량[kJ/kg]
라. 열효율[%]

|해답|

4-1
(1) 가솔린기관 : 오토사이클
(2) 디젤기관 : 디젤사이클
(3) 증기기관 : 랭킨사이클
(4) 가스터빈기관 : 브레이턴사이클

4-2
카르노사이클의 4개 가역과정 : 등온팽창, 단열팽창, 등온압축, 단열압축

4-3
문제 그림의 사이클은 등압과정 2개, 가역단열과정 2개로 구성된 브레이턴사이클이다.

4-4
문제 그림의 열기관사이클은 등온과정 2개, 등적과정 2개로 구성된 스털링사이클이다.

4-5
문제의 그림은 등온과정 2개, 등압과정 2개로 구성된 에릭슨사이클이다.

4-6
- 카르노사이클의 열효율 :

$$\eta_c = 1 - \frac{T_2}{T_1} = 1 - \frac{10+273}{80+273} = 1 - 0.802 \simeq 19.83[\%]$$

- 과학자가 만든 열기관의 열효율 : $\eta = \frac{W_{net}}{Q_1} = \frac{20}{100} = 20[\%]$

결과적으로 $\eta > \eta_c$, 즉 과학자가 만든 열기관의 열효율이 가장 효율이 높은 카르노사이클보다 더 높다는 것이므로 열역학 제2법칙에 위배된다.

4-7
카르노 열기관의 효율

$$\eta = 1 - \frac{T_2}{T_1} = 1 - \frac{27+273}{227+273} = 0.4 = 40[\%]$$

4-8
1사이클당 수열량

$$Q_1 = mRT_1 \ln\frac{P_1}{P_2} = 5\times 0.287\times(678+273)\times\ln\frac{456}{321} \simeq 479[\text{kJ/cycle}]$$

∴ 1시간 동안 수열되는 열량[kW]

$$Q_{1h} = \frac{479[\text{kJ/cycle}]\times(120\times 60)[\text{cycle/h}]}{(60\times 60)[\text{s/h}]} = 958[\text{kW}]$$

4-9

$$\eta_c = 1 - \frac{T_2}{T_1} = 1 - \frac{100+273}{400+273} = 1 - \frac{373}{673} \simeq 0.4458 = 44.58[\%]$$

4-10

$$\Delta S = \frac{\delta Q}{T} = \frac{100}{500} = 0.2[\text{kJ/K}]$$

4-11
카르노사이클의 열효율 $\eta_c = \frac{W_{net}}{Q_1} = 1 - \frac{Q_2}{Q_1} = 1 - \frac{T_2}{T_1}$

$$= 1 - \frac{30+273}{200+273} = 0.36$$

$$Q_2 = Q_1(1-\eta_c) = \left(\frac{W_{net}}{\eta_c}\right)(1-\eta_c) = \left(\frac{10}{0.36}\right)\times(1-0.36) \simeq 17.8[\text{kJ}]$$

4-12

카르노사이클의 열효율 $\eta_c = \frac{W_{net}}{Q_1} = 1 - \frac{Q_2}{Q_1} = 1 - \frac{T_2}{T_1}$

$$= 1 - \frac{10+273}{600+273} = 1 - \frac{283}{873}$$

$$= 0.6758$$

$\eta_c = 1 - \frac{Q_2}{Q_1}$ 에서 $0.6758 = 1 - \frac{3.5}{Q_1}$ 이므로,

$Q_1 = \frac{3.5}{1-0.6758} = 10.796[\text{kJ}]$ 이며

$\eta_c = \frac{W_{net}}{Q_1}$ 에서 $0.6758 = \frac{W_{net}}{10.796}$ 이므로,

$W_{net} = 0.6758 \times 10.796 \simeq 7.3[\text{kJ}]$

4-13

$\eta_c = \frac{W_{net}}{Q_1} = 1 - \frac{Q_2}{Q_1} = 1 - \frac{T_2}{T_1} = 1 - \frac{30+273}{800+273} = 1 - \frac{303}{1,073}$

$= 0.7176$ 이며 $\eta_c = \frac{W_{net}}{Q_1}$ 이므로

$0.7176 = \frac{W_{net}}{5,000}$ 에서

$W_{net} = 0.7176 \times 5,000 = 3,588 \simeq 3,590[\text{kW}]$

4-14

오토사이클의 열효율

$\eta_o = 1 - \left(\frac{1}{\varepsilon}\right)^{k-1} = 1 - \left(\frac{1}{8}\right)^{1.4-1} \simeq 56.5[\%]$

4-15

이론열효율

$\eta_o = 1 - \frac{T_4 - T_1}{T_3 - T_2} = 1 - \frac{800-400}{1,200-600} = 33.3[\%]$

4-16

압축비 $\varepsilon = \frac{1+0.15}{0.15} \simeq 7.67$

∴ 이론열효율 $\eta = \left\{1 - \left(\frac{1}{7.67}\right)^{1.4-1}\right\} \times 100 \simeq 55.73[\%]$

4-17

디젤사이클의 열효율

$\eta_d = 1 - \left(\frac{1}{\varepsilon}\right)^{k-1} \times \frac{\sigma^k - 1}{k(\sigma - 1)}$

$= 1 - \left(\frac{1}{20}\right)^{1.4-1} \times \frac{1.7^{1.4} - 1}{1.4 \times (1.7-1)} \simeq 0.66 = 66[\%]$

4-18

압축비와 단절비를 구해서 열효율 식에 대입한다.

• 압축비 : $\varepsilon = \left(\frac{P_3}{P_1}\right)^{\frac{1}{k}} = \left(\frac{6,500}{160}\right)^{\frac{1}{1.4}} \simeq 14$

• 단절비 : $\sigma = \frac{V_3}{V_2} = \frac{T_3}{T_2} = \frac{T_3}{T_1 \varepsilon^{k-1}} = \frac{3,473}{305 \times 14^{0.4}} \simeq 3.96$

• 열효율 : $\eta_d = 1 - \left(\frac{1}{\varepsilon}\right)^{k-1} \times \frac{\sigma^k - 1}{k(\sigma-1)}$

$= 1 - \left(\frac{1}{14}\right)^{1.4-1} \times \frac{3.96^{1.4} - 1}{1.4 \times (3.96-1)} \simeq 50.7[\%]$

4-19

스털링사이클의 $P-V$ 선도

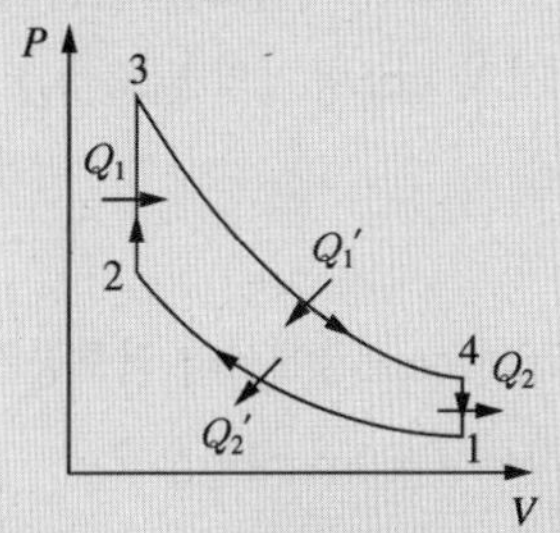

• 기체상수 : $R = C_p - C_v = 1.005 - 0.718 = 0.287[\text{kJ/kg} \cdot \text{K}]$

• 압축비 : $\varepsilon = \frac{V_4}{V_3} = \frac{V_1}{V_2}$

가. 2 - 3 - 4에서 공급되는 열량

$$Q_{공급} = Q_1 + Q_1' = C_v \times (T_3 - T_2) + RT_3 \ln\frac{V_4}{V_3}$$
$$= 0.718 \times \{(1,420+273) - (20+273)\} + 0.287 \times (1,420+273) \times \ln 8 \simeq 2,015.6[\text{kJ/kg}]$$

나. 4 - 1 - 2에서 방출되는 열량

$$Q_{방출} = Q_2 + Q_2' = C_v \times (T_4 - T_1) + RT_1 \ln\frac{V_1}{V_2}$$
$$= 0.718 \times \{(1,420+273) - (20+273)\} + 0.287 \times (20+273) \times \ln 8$$
$$\simeq 1,180.1[\text{kJ/kg}]$$

다. 한 사이클을 돌렸을 때의 순수일량

$$W = Q_{공급} - Q_{방출} = 2,015.6 - 1,180.1 = 835.5[\text{kJ/kg}]$$

라. 열효율[%]

$$\eta = 1 - \frac{Q_{방출}}{Q_{공급}} = 1 - \frac{1,180.1}{2,015.6} \simeq 0.4145 = 41.45[\%]$$

2-4. 공기와 증기

핵심이론 01 공 기

① 공기의 개요

㉠ 습공기선도 : 수증기분압, 절대습도, 상대습도, 건구온도, 습구온도, 노점온도, 비체적, 엔탈피 등 각각의 상태값을 측정한다.

㉡ 상대습도(Relative Humidity)를 가장 쉽고 빠르게 측정할 수 있는 방법 : 건구온도와 습구온도를 측정한 다음 습공기선도에서 상대습도를 읽는다.

㉢ 임의의 온도와 압력에서의 건조공기의 밀도(ρ_2) :

$$\rho_2 = \rho_1 \times \frac{T_1}{T_2}\frac{P_2}{P_1}$$

(여기서, ρ_1 : 0[℃], 760[mmHg]에서의 건조공기의 밀도, T_1 : 0[℃], P_1 : 760[mmHg], T_2 : 공기온도[℃], P_2 : 조건 대기압－공기 중의 증기의 분압[mmHg])

② 공기압축기

㉠ 용 어

- 상사점 : 실린더 체적이 최소일 때 피스톤의 위치
- 하사점 : 실린더의 체적이 최대일 때 피스톤의 위치
- 간극체적(V_C) : 실린더의 최소 체적(피스톤이 상사점에 있을 때 가스가 차지하는 체적)

㉡ 단열효율 : $\eta_{ad} = \dfrac{\text{단열압축 시의 이론일}}{\text{단열압축 시의 실제 소요일}}$

$$= \frac{h_2 - h_1}{h_2' - h_1}$$

㉢ 압축비 : $\varepsilon = 1 + \dfrac{V_S}{V_C}$

(여기서, V_S : 피스톤 행정체적, V_C : 간극체적)

㉣ 압축기의 일(소비동력)을 작게 하는 방법 : 중간냉각기(Intercooler)를 사용하여 다단압축한다.

핵심예제

1-1. 상대습도(Relative Humidity)를 가장 쉽고 빠르게 측정할 수 있는 방법을 설명하시오.

1-2. 공기압축기에 흡입되는 공기의 외기온도[℃]가 $t_1 < t_2 < t_3$일 때 에너지효율의 측면에서 가장 유리한 조건의 온도는 어느 온도인지 쓰고, 그 이유를 간략하게 설명하시오. [2012년 제2회]

1-3. 간극체적이 피스톤 행정체적의 8[%]인 피스톤기관의 압축비를 계산하시오.

1-4. 공기를 왕복식 압축기를 사용하여 1기압에서 9기압으로 압축한다. 이 경우에 압축에 소요되는 일을 가장 작게 하기 위한 중간 단의 압력[atm]을 구하시오.

|해답|

1-1

상대습도(Relative Humidity)를 가장 쉽고 빠르게 측정할 수 있는 방법은 건구온도와 습구온도를 측정한 다음 습공기선도에서 상대습도를 읽는 것이다.

1-2

(1) 에너지효율의 측면에서 가장 유리한 조건의 온도 : t_1[℃]

(2) 흡입공기의 온도가 낮을수록 토출온도도 낮아지며 압축기효율이 증가되어 소비전력도 감소되므로, 흡입공기의 온도가 낮을수록 에너지효율 측면에서 유리하다.

1-3

압축비

$$\varepsilon = 1 + \frac{V_S}{V_C} = 1 + \frac{1}{0.08} = 13.5$$

1-4

$$\frac{P_m}{P_1} = \frac{P_2}{P_m}$$

∴ 중간 단의 압력은 $P_m = \sqrt{P_1 P_2} = \sqrt{1 \times 9} = 3$[atm]이다.

핵심이론 02 증 기

① 증기의 개요

㉠ 기본 용어

- 액체열(감열) : 포화수 상태에 도달할 때까지 가한 열량이다.
- 포화온도(Saturated Temperature) : 가해진 압력에 대응하여 증발을 시작한 때의 온도(100[℃], 1기압)
- 건도(x) : 습증기 중량당 증발증기 중량의 비
- 습도(y) : 습증기 중량당 (증기 증발 후) 잔재 액체 중량의 비
- 과열도 : 과열증기온도(t_B)와 포화온도의 차로, 증기 성질은 과열도가 증가할수록 이상기체에 근사한다.
- 임계점 : 습증기가 존재할 수 없는 압력과 온도 이상의 점이다.
- 증발잠열(γ) : 포화액이 건포화증기로 변할 때까지 가한 열량으로, 1기압에서 2,256[kJ/kg], 539[kcal/kg]이다.
  - 내부잠열과 외부잠열로 이루어진다.
  - 포화압력이 증가할수록 증발잠열은 감소한다.
  - 포화압력이 감소할수록 증발잠열은 증가한다.

㉡ 증기와 가스

- 증기 : 액화와 기화가 용이한 작동유체(증기원동기의 수증기, 냉동기의 냉매 등)
- 가스 : 액화와 증발현상이 잘 일어나지 않은 작동유체(내연기관의 연소가스 등)

㉢ 증기의 특징

- 물보다 비열이 작다.
- 임계압력하에서의 증발열은 0이 된다.
- 동일한 압력에서 포화수와 포화증기의 온도는 같다.

② 증발과정(등압가열)

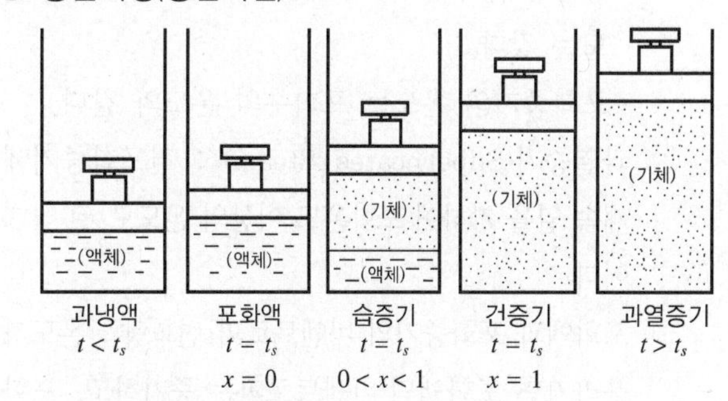

※ t_s = 포화온도, x = 건도

㉠ 과냉액(물, 압축수)

- 가열 전 상태이다(포화온도 이하).
- 포화액의 온도를 유지하면서 압력을 높이면 과냉액체가 된다.

㉡ 포화액(포화수)

- 포화온도에 도달하여 증발하기 시작하는 상태이다(건도 $x = 0$).
- 포화수의 증기압력이 낮을수록 물의 증발열이 크다.

㉢ 습증기(습포화증기) : 포화액과 포화증기의 혼합물로, 체적이 현저하게 증가되어 외부의 일을 하는 상태이다(계속 가열하지만 온도는 더 이상 증가하지 않음. 건도 $0 < x < 1$).

- 포화온도와 포화압력이 일정하므로 압력이 높아지면 증발잠열이 작아진다.
- 증발잠열과 엔트로피는 비례하므로 가압이 높을수록 엔트로피가 작아진다.
- 온도와 비체적, 압력과 비체적, 압력과 건도 등으로 습증기의 상태를 나타낼 수 있다.
- 습증기 구역에서는 온도와 압력선이 일치하므로(등압선과 등온선이 같으므로) 온도와 압력으로는 습증기의 상태를 나타낼 수 없다.

㉣ 건증기(건포화증기) : 액체가 모두 증기로 변한 상태이다(건도 $x = 1$).

- 동일한 압력에서 습포화증기와 건포화증기의 온도는 같다.
- 포화증기의 온도는 포화수의 온도와 같다.

ⓜ 과열증기(Superheated Steam) : 건포화증기에 계속 열을 가하여 포화온도 이상의 온도로 된 상태이다.

ⓑ 포화액과 포화증기의 비엔트로피 변화량 : 온도가 올라가면 포화액의 비엔트로피는 증가하고, 포화증기의 비엔트로피는 감소한다.

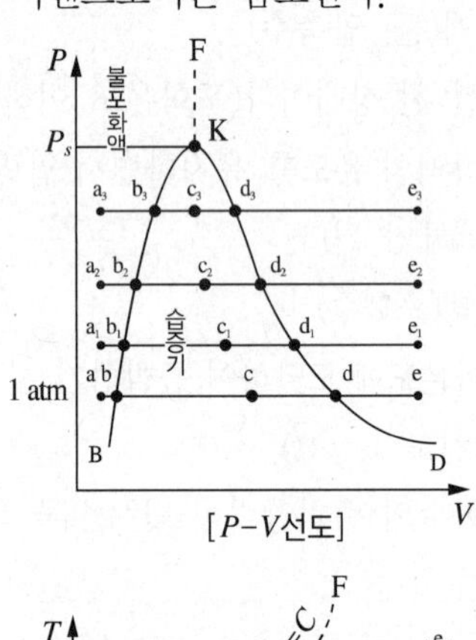

[P-V선도]

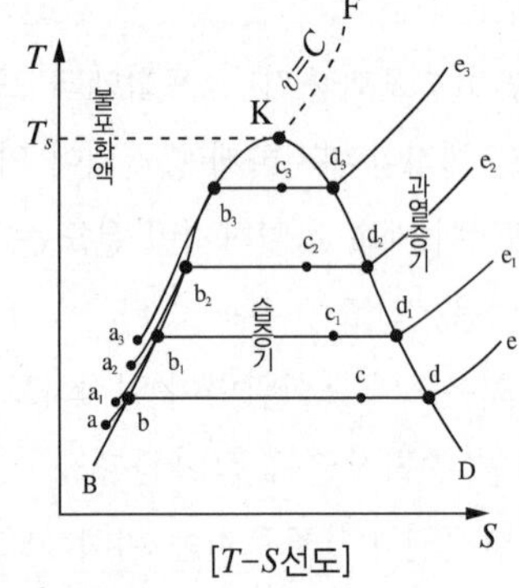

[T-S선도]

③ 증기의 열적 상태량

㉠ 개 요

- 기준 : 0[℃]의 포화액
  - 물 : 엔탈피와 엔트로피를 0으로 가정한다.
  - 냉동기 : 엔탈피 100[kcal/kg], 엔트로피 1[kcal/kg·K]를 기준으로 한다.
- 표시 기호
  - 포화액 : 비체적 v', 내부에너지 u', 엔탈피 h', 엔트로피 s'
  - 건포화증기 : 비체적 v'', 내부에너지 u'', 엔탈피 h'', 엔트로피 s''

㉡ 건도(x)와 습도(y), 과열도, 과열증기 가열량

- 건도 : $x = \dfrac{\text{증기 중량}}{\text{습증기 중량}}$

$$= \frac{v_x - v'}{v'' - v'} = \frac{(V/G) - v'}{v'' - v'}$$

- 습도 : $y = 1 - x$
- 과열도 : 과열증기온도(t_B) – 포화온도(t_A)
- 과열증기 가열량 :

  $Q_B = (1-x)(h'' - h') + C_p A$

  (여기서, x : 건도, h'' : 건포화증기의 엔탈피, h' : 포화액의 엔탈피, C_p : 증기의 평균정압비열, A : 과열도)

㉢ 건포화증기의 엔탈피(h'')와 증발잠열(γ)

- 건포화증기의 엔탈피 : $h'' = h' + \gamma$

  (여기서, h' : 포화액의 엔탈피, γ : 증발잠열)
- 증발잠열 :

  $\gamma = Q = h'' - h' = (u'' - u') + P(v'' - v')$

  (여기서, h'' : 건포화증기의 엔탈피, h' : 포화액의 엔탈피, $(u'' - u')$: 내부 증발잠열, $P(v'' - v')$: 외부 증발잠열)

㉣ 건도 x인 습증기의 비체적, 내부에너지, 엔탈피, 엔트로피

- 비체적 : $v_x = v' + x(v'' - v')$

  (여기서, v' : 포화수의 비체적, v'' : 건포화증기의 비체적)
- 내부에너지 : $u_x = (1-x)u' + xu''$

$$= u' + x(u'' - u')$$
$$= u'' - y(u'' - u')$$

- 엔탈피 : $h_x = (1-x)h' + xh''$

$$= h' + x(h'' - h')$$
$$= h'' - y(h'' - h')$$

• 엔트로피 : $s_x = s' + x(s'' - s')$

$= s'' - y(s'' - s')$

ⓜ 액체열(감열) : $Q = \int mCdT = mCT_s$

(여기서, T_s : 포화온도)

ⓗ 수증기와 물의 엔탈피 차이 또는 건포화증기 형성에 필요한 열량 :

$\Delta H = Q =$ 가열량(현열) + 잠열량

$= m_1 C\Delta t + m_2 \gamma_0$

(여기서, m_1 : 물의 무게, C : 비열, Δt : 온도차, m_2 : 수증기의 무게, γ_0 : 증발잠열)

ⓢ 엔트로피 변화량

• $\Delta S = \dfrac{\Delta Q}{T} = mC\ln\dfrac{T_s}{T_0}$

• $s'' - s' = \dfrac{\gamma}{T}$

ⓞ 과열증기의 엔탈피 : $h_B = h'' + C_B(t_B - t_A)$

(여기서, h'' : 포화증기의 엔탈피, C_B : 과열증기의 평균비열, t_B : 과열증기의 온도, t_A : 포화증기의 온도)

ⓙ 물과 증기의 혼합 배출액의 열량 관계식 :

$Q = m_1 C(t_m - t_1) = m_2 C(t_2 - t_m) + m_2 h$

(여기서, m_1 : 물의 시간당 공급량, C : 물의 평균비열, t_m : 혼합액의 온도, t_1 : 물의 온도, m_2 : 수증기의 시간당 공급량, t_2 : 수증기의 포화온도, h : 수증기의 엔탈피)

핵심예제

2-1. 다음의 유체를 보유에너지 또는 단위질량당 보유 열량이 작은 순서대로 나열하시오. [2010년 제1회]

포화액, 건도 50[%]의 습포화증기, 과열증기, 불포화액, 포화증기

2-2. 건도가 0.7인 수증기가 보일러로부터 공급될 때 습증기의 엔탈피[kJ/kg]를 다음의 자료를 이용하여 구하시오. [2020년 제3회]

• 보일러의 압력 : 2.5[MPa]
• 포화수의 엔탈피 : 1,150[kJ/kg]
• 포화증기의 엔탈피 : 3,230[kJ/kg]

2-3. 압력 1[MPa]인 포화수가 압력 0.4[MPa]인 재증발기(Flash Vessel)에 들어올 때, 포화수 100[kg]당 발생되는 증기량[kg]을 구하시오(단, 1[MPa]에서 포화수 엔탈피는 775.1[kJ/kg], 0.4[MPa]에서 포화수 엔탈피는 636.8[kJ/kg]이고, 0.4[MPa]의 증기 엔탈피는 2,748.4[kJ/kg]이다). [2019년 제1회]

2-4. 20[℃]의 물 10[kg]을 대기압하에서 100[℃]의 수증기로 완전히 증발시키는 데 필요한 열량[kJ]을 구하시오(단, 수증기의 증발잠열은 2,256[kJ/kg]이고, 물의 평균비열은 4.2[kJ/kg・K]이다). [2010년 제2회, 2013년 제1회, 2017년 제1회, 2020년 제2회]

2-5. 온도 25[℃]의 물 5[m³]와 100[℃]의 포화증기를 혼합하니 온도가 63[℃]인 물이 되었을 때의 혼합해야 할 포화증기량[N]을 구하시오(단, 물의 비열은 4.18[k/kg・K]이며, 100[℃]에서의 증발잠열은 2,256[kJ/kg]이다). [2013년 제1회]

2-6. 20[℃]의 물 2[ton]을 압력 10[kgf/cm²]의 증기와 열교환하여 50[℃]의 온수로 만들기 위해 필요한 증기의 양[kg]을 구하시오(단, 증기엔탈피는 777[kcal/kg]이며, 포화수 엔탈피는 222[kcal/kg]이다). [2014년 제1회]

핵심예제

2-7. 증기터빈의 입구조건은 3[MPa], 350[℃]이고, 출구의 압력은 30[kPa]이다. 이때 정상 등엔트로피 과정으로 가정할 경우, 다음 자료를 이용하여 유체의 단위질량당 터빈에서 발생되는 출력[kJ/kg]을 구하시오(단, 표에서 h는 단위질량당 엔탈피, s는 단위질량당 엔트로피이다). [2019년 제4회]

- 터빈 입구 : $h_1 = 3{,}115.3$[kJ/kg], $s_1 = 6.7428$[kJ/kg·K]
- 터빈 출구

엔트로피[kJ/kg·K]		
포화액(s_f)	증발(s_{fg})	포화증기(s_g)
0.9439	6.8247	7.7686

엔탈피[kJ/kg]		
포화액(h_f)	증발(h_{fg})	포화증기(h_g)
289.2	2,336.1	2,625.3

2-8. 비열이 0.473[kJ/kg·K]인 철 10[kg]의 온도를 20[℃]에서 80[℃]로 높이는 데 필요한 열량은 몇 [kJ]인가?

2-9. 85[℃]의 물 120[kg]의 온탕에 10[℃]의 물 140[kg]을 혼합했을 때의 물의 온도[℃]를 계산하시오.

2-10. 동일한 온도, 압력의 포화수 1[kg]과 포화증기 4[kg]을 혼합하였을 때 이 증기의 건조도[%]는?

2-11. 50[℃]의 물의 포화액체와 포화증기의 엔트로피는 각각 0.703[kJ/kg·K], 8.07[kJ/kg·K]이다. 50[℃]의 습증기의 엔트로피가 4[kJ/kg·K]일 때 습증기의 건도는 약 몇 [%]인가?

2-12. 피스톤이 설치된 실린더에 압력 0.3[MPa], 체적 0.8[m^3]인 습증기 4[kg]이 들어 있다. 압력이 일정한 상태에서 가열하여 체적이 1.6[m^3]가 되었을 때 습증기의 건도는 얼마인가?(단, 0.3[MPa]에서 포화액의 비체적은 0.001[m^3/kg], 건포화증기의 비체적은 0.60[m^3/kg]이다)

2-13. 피스톤이 설치된 실린더에 압력 0.3[MPa], 체적 0.8[m^3]인 습증기 4[kg]이 들어 있다. 압력이 일정한 상태에서 가열하여 습증기의 건도가 0.8이 되었을 때 수증기에 의한 일은 몇 [kJ]인가?(단, 0.3[MPa]에서 포화액의 비체적은 0.001[m^3/kg], 건포화증기의 비체적은 0.60[m^3/kg]이다)

2-14. 80[℃]의 물($h = 335$[kJ/kg])과 100[℃]의 건포화수증기($h_s = 2{,}676$[kJ/kg])를 질량비 1 : 1, 열손실 없는 정상 유동과정으로 혼합하여 95[℃]의 포화액－증기 혼합물 상태로 내보낸다. 95[℃] 포화 상태에서 $h_f = 398$[kJ/kg], $h_s = 2{,}668$[kJ/kg]이라면 혼합실 출구 건도는 얼마인가?

2-15. 피스톤이 장치된 단열실린더에 300[kPa], 건도 0.4인 포화액－증기 혼합물 0.1[kg]이 들어 있고 실린더 내에는 전열기가 장치되어 있다. 220[V]의 전원으로부터 0.5[A]의 전류를 10분 동안 흘려보냈을 때 이 혼합물의 건도는 약 얼마인가?(단, 이 과정은 정압과정이고, 300[kPa]에서 포화액의 엔탈피는 561.42[kJ/kg]이며, 포화증기의 엔탈피는 2,724.9[kJ/kg]이다)

2-16. 보일러로부터 압력 1[MPa]로 공급되는 수증기의 건도가 0.95일 때 이 수증기 1[kg]당의 엔탈피는 약 몇 [kcal]인가?(단, 1[MPa]에서 포화액의 비엔탈피는 181.2[kcal/kg], 포화증기의 비엔탈피는 662.9[kcal/kg]이다)

2-17. 동일한 압력에서 100[℃], 3[kg]의 수증기와 0[℃], 3[kg]의 물의 엔탈피 차이는 몇 [kJ]인가?(단, $C_v = 4.184$[kJ/kg·K], 100[℃]에서 증발잠열은 2,250[kJ/kg])

2-18. 물 1[kg]이 50[℃]의 포화액 상태로부터 동일 압력에서 건포화증기로 증발할 때까지 2,280[kJ]을 흡수하였다. 이때 엔트로피의 증가는 몇 [kJ/K]인가?

2-19. 온도 127[℃]에서 포화수 엔탈피는 560[kJ/kg], 포화증기의 엔탈피는 2,720[kJ/kg]일 때 포화수 1[kg]의 포화증기로 변하는 데 따르는 엔트로피의 증가는 몇 [kJ/kg·K]인가?

2-20. 압력 500[kPa], 온도 240[℃]인 과열증기와 압력 500[kPa]의 포화수가 정상 상태로 흘러 들어와 섞인 후 같은 압력의 포화증기 상태로 흘러 나간다. 1[kg]의 과열증기에 대하여 필요한 포화수의 양을 구하면 약 몇 [kg]인가?(단, 과열증기의 엔탈피는 3,063[kJ/kg]이고, 포화수의 엔탈피는 636[kJ/kg], 증발열은 2,109[kJ/kg]이다)

핵심예제

2-21. 압력 500[kPa], 온도 250[℃]의 과열증기 500[kg]에 동일 압력의 주입 수량 m[kg]의 포화수를 주입하여 동일 압력의 건도 93[%]의 습공기를 얻었을 때, 주입 수량 m은 약 얼마인가?(단, 압력 500[kPa], 온도 250[℃]의 과열증기 엔탈피는 3,347[kJ/kg], 동일 압력에서 포화수의 엔탈피는 758[kJ/kg]이며, 이때 증발잠열은 2,108[kJ/kg]이다)

2-22. 다음의 자료를 근거로 하여 215[℃]에서의 증기압력 [kgf/cm² · a] 및 포화수 엔탈피[kcal/kg]를 구하시오.

[2013년 제4회]

압력 [kgf/cm² · a]	포화온도 [℃]	엔탈피[kcal/kg]	
		포화수	포화증기
19	210	214	666
21	216	221	667
23	223	228	668
25	224	230	669

2-23. 215[℃]의 발생증기를 압력 2[kgf/cm² · a]로 감압하였더니 온도가 112[℃]가 되었다. 다음의 자료를 근거로 하여 215[℃]에서의 습증기의 건도를 구하시오(단, 감압 후 112[℃] 포화수 엔탈피는 113[kcal/kg], 포화증기 엔탈피는 637[kcal/kg]이다).

[2014년 제1회]

압력 [kgf/cm² · a]	포화온도 [℃]	엔탈피[kcal/kg]	
		포화수	포화증기
19	210	214	666
21	216	221	667
23	223	228	668
25	224	230	669

2-24. 압력 25[kgf/cm² · a]에서 건도가 0.77인 습증기를 교축과정을 통하여 압력을 19[kgf/cm² · a]로 감압했을 때의 건도(x_{19})를 다음의 자료를 근거로 하여 구하시오.

[2015년 제4회]

압력 [kgf/cm² · a]	건 도	엔탈피[kcal/kg]	
		포화수	포화증기
25	x_{25} =0.77	230	669
19	x_{19} =?	214	666

|해답|

2-1

불포화액, 포화액, 건도 50[%]의 습포화증기, 포화증기, 과포화증기

2-2

습증기의 엔탈피

$h_2 = h' + (h'' - h') \times x = 1,150 + (3,230 - 1,150) \times 0.7$

$= 2,606[\text{kJ/kg}]$

2-3

$$\text{증기 발생량} = \text{포화수 무게} \times \frac{\text{재증발기 내 엔탈피차}}{\text{증발잠열}}$$

$$= 100[\text{kg}] \times \frac{775.1 - 636.8}{2,748.4 - 636.8} = 100[\text{kg}] \times \frac{138.3}{2,111.6}$$

$$\simeq 6.5[\text{kg}]$$

2-4

물을 수증기로 완전히 증발시키는 데 필요한 열량

$Q = Q_S + Q_L$

- $Q_S = mC(t_2 - t_1) = 10 \times 4.2 \times (100 - 20) = 3,360[\text{kJ}]$
- $Q_L = m\gamma_0 = 10 \times 2,256 = 22,560[\text{kJ}]$

$\therefore$ 필요한 열량 $Q = Q_S + Q_L = 3,360 + 22,560 = 25,920[\text{kJ}]$

(여기서, Q_S : 20[℃]의 물을 100[℃]의 포화수로 만드는 데 소요되는 가열량, Q_L : 잠열량 = 100[℃]의 물을 100[℃]의 증기로 만드는 데 소요되는 가열량)

2-5

물이 얻은 현열량 = 현열 + 증기가 잃은 잠열

물을 1, 증기를 2라고 하면

$m_1 C_1 (t_m - t_1) = m_2 C_1 (t_2 - t_m) + m_2 \gamma$

$$\therefore \text{혼합해야 할 포화증기량 } m_2 = \frac{m_1 C_1 (t_m - t_1)}{C_1 (t_2 - t_m) + \gamma}$$

$$= \frac{5,000 \times 4.18 \times (63 - 25)}{4.18 \times (100 - 63) + 2,256}$$

$$\simeq 329.45[\text{kg}]$$

지구상에서 질량 1[kg]은 중량 1[kgf]

$\therefore$ 혼합해야 할 포화증기량 $m_2 = 329.45 \times 9.8[\text{N}] = 3,229.6[\text{N}]$

2-6

물을 1, 증기를 2라 하면, $m_1 C_1 \Delta t = m_2 \gamma_2$에서

$$\text{필요한 증기의 양[kg] } m_2 = \frac{m_1 C_1 \Delta t}{\gamma_2} = \frac{2,000 \times 1 \times (50 - 20)}{777 - 222}$$

$$\simeq 108[\text{kg}]$$

2-7

- $s_1 = s_2 = 6.7428$

$s_1 = s_2 = s_f + x(s_g - s_f)$

$x = \frac{s_2 - s_f}{s_g - s_f} = \frac{6.7428 - 0.9439}{7.7686 - 0.9439} \simeq 0.8497$

- 터빈 출구 엔탈피

$h_2 = h_f + x(h_g - h_f) = 289.2 + 0.8497(2,625.3 - 289.2)$

$\simeq 2,274.184[\text{kJ/kg}]$

∴ 터빈에서 발생되는 출력 = 터빈에서의 엔탈피 변화량

$W_T = \Delta h = h_1 - h_2 = 3115.3 - 2,274.184 \simeq 841.1[\text{kJ/kg}]$

2-8

$Q = mC\Delta t = 10 \times 0.473 \times (80 - 20) \simeq 284[\text{kJ}]$

2-9

열량 $Q = mC\Delta t = m_1 C_1 (t_1 - t_m) = m_2 C_2 (t_m - t_2)$

$C_1 = C_2$

∴ 혼합액체의 평균온도 $t_m = \frac{m_1 t_1 + m_2 t_2}{m_1 + m_2}$

$= \frac{120 \times 85 + 140 \times 10}{120 + 140} \simeq 44.6[℃]$

2-10

건조도

$x = \frac{\text{건포화증기질량}}{\text{습증기전체질량}} = \frac{4}{1+4} = 80[\%]$

2-11

$s_x = s' + x(s'' - s')$

∴ 건조도 $x = \frac{s_x - s'}{s'' - s'} = \frac{4 - 0.703}{8.07 - 0.703} \simeq 44.8[\%]$

2-12

습증기의 건도

$x = \frac{v_x - v'}{v'' - v'} = \frac{(V/G) - v'}{v'' - v'} = \frac{(1.6/4) - 0.001}{0.6 - 0.001} = 0.666$

2-13

$x_1 = \frac{v_x - v'}{v'' - v'} = \frac{(V/G) - v'}{v'' - v'} = \frac{(0.8/4) - 0.001}{0.6 - 0.001} = 0.33$

$W = mP(x_2 - x_1)(v'' - v')$

$= 4 \times 0.3 \times 10^3 \times (0.8 - 0.33)(0.6 - 0.001) \simeq 337.8[\text{kJ}]$

2-14

$h_m = x(h_f + h_g) = \frac{h + h_s}{m + m_s} = \frac{335 + 2,676}{2} = 1,505.5[\text{kJ/kg}]$

∴ 혼합실 출구의 건도 $x = \frac{h_m}{h_f + h_s} = \frac{1,505.5}{398 + 2,668} = 0.49$

2-15

전열기의 발생 열량

$Q = I^2 Rt = IVt = 0.5 \times 220 \times (10 \times 60) = 66,000[\text{J}] = 66[\text{kJ}]$

$Q = m(x_2 - x_1)\gamma = m(x_2 - x_1)(h'' - h')$

$\therefore\ x_2 = x_1 + \frac{Q}{m(h'' - h')} = 0.4 + \frac{66}{0.1 \times (2,724.5 - 561.4)}$

$\simeq 0.705$

2-16

$h_x = h' + x(h'' - h') = 181.2 + 0.95 \times (662.9 - 181.2)$

$\simeq 638.8[\text{kcal/kg}]$

2-17

$\Delta H = m_1 C_v \Delta t + m_2 \gamma_0$

$= m(C_v \Delta t + \gamma_0) = 3 \times (4.184 \times 100 + 2,250) \simeq 8,005[\text{kJ}]$

2-18

$\Delta S = \frac{Q}{T_s} = \frac{2,280}{50 + 273} \simeq 7.06[\text{kJ/K}]$

2-19

$\Delta S = \frac{\Delta Q}{T} = \frac{h'' - h'}{T_s} = \frac{2,720 - 560}{127 + 273} \simeq 5.4[\text{kJ/kg} \cdot \text{K}]$

2-20

과열증기가 잃은 엔탈피와 포화수가 얻은 열량이 같을 때 포화증기가 된다.

- 과열증기가 잃은 엔탈피 $= 3,063 - (636 + 2,109) = 318$
- 포화수가 얻은 열량 $= 2,109 \times G_W$

$318 = 2,109 \times G_W$

∴ 포화수의 양 $G_W = \frac{318}{2,109} \simeq 0.15[\text{kg}]$

2-21

- 습증기 비엔탈피 : $h_x = h' + x\gamma = 758 + 0.93 \times 2,108$

$= 2,718.44[\text{kJ/kg}]$

- 습증기열량 : $Q_w = m_1 h_x = 500 \times 2,718.44 = 1,359,220[\text{kJ}]$
- 과열증기열량 : $Q_B = 500 \times 3,347 = 1,673,500[\text{kJ}]$

∴ 주입 수량 $m = \frac{Q_B - Q_w}{h_x - h'} = \frac{1,673,500 - 1,359,220}{2,718.44 - 758}$

$= 160.3[\text{kg}]$

2-22

(1) 215[℃]에서의 증기압력

$19 + \frac{215 - 210}{216 - 210} \times (21 - 19) \simeq 20.67[\text{kgf/cm}^2 \cdot \text{a}]$

(2) 215[℃] 포화수 엔탈피

$h' = 214 + \frac{215 - 210}{216 - 210} \times (221 - 214) \simeq 219.8[\text{kcal/kg}]$

2-23

• 215[℃] 포화수 엔탈피 $h' = 214 + \frac{215-210}{216-210} \times (221-214)$

$\simeq 219.8$[kcal/kg]

• 215[℃] 포화증기 엔탈피 $h'' = 666 + \frac{215-210}{216-210} \times (667-666)$

$\simeq 666.8$[kcal/kg]

∴ 215[℃] 습증기의 건도

$$x_{215} = \frac{\text{112[℃]포화증기 엔탈피 - 215[℃]포화수 엔탈피}}{\text{215[℃]포화증기 엔탈피 - 215[℃]포화수 엔탈피}}$$

$$= \frac{637-219.8}{666.8-219.8} \simeq 0.933$$

2-24

교축과정은 등엔탈피 과정이므로 감압 전의 습증기 엔탈피(h_2)와 감압 후의 습증기 엔탈피(i_2)는 동일하다.

$h_2 = h' + x\gamma = h' + x_{25}(h'' - h')$

$i_2 = i' + x\gamma = i' + x_{19}(i'' - i')$

$h_2 = i_2$

$\therefore h' + x_{25}(h'' - h') = i' + x_{19}(i'' - i')$

∴ 감압 후의 건도 $x_{19} = \frac{[h' + x_{25}(h'' - h')] - i'}{i'' - i'}$

$$= \frac{[230 + 0.77 \times (669-230)] - 214}{666-214}$$

$\simeq 0.78$

핵심이론 03 증기동력사이클

① 랭킨(Rankine)사이클

㉠ 적용 : 증기원동기의 증기동력사이클

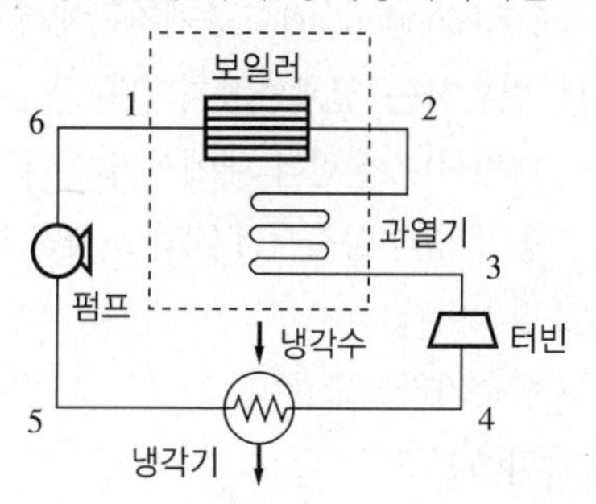

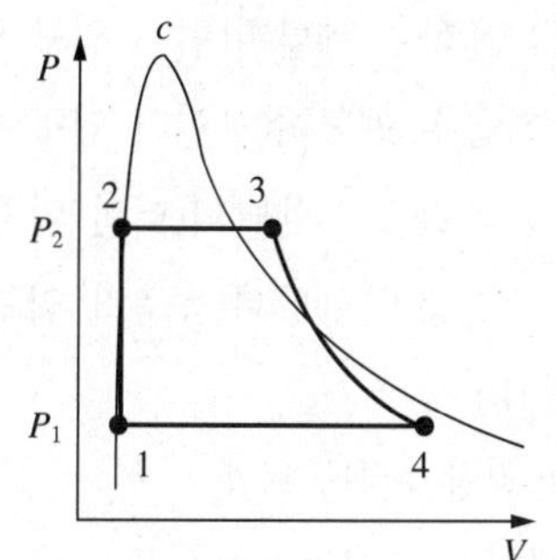

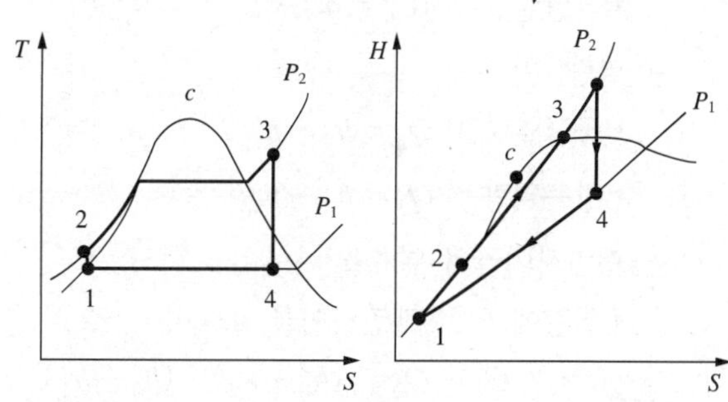

㉡ 랭킨사이클의 순서 : 단열압축 → 정압가열 → 단열팽창 → 정압냉각

㉢ 증기원동기의 순서 : 펌프(단열압축) → 보일러・과열기(정압가열) → 터빈(단열팽창) → 복수기(정압냉각)

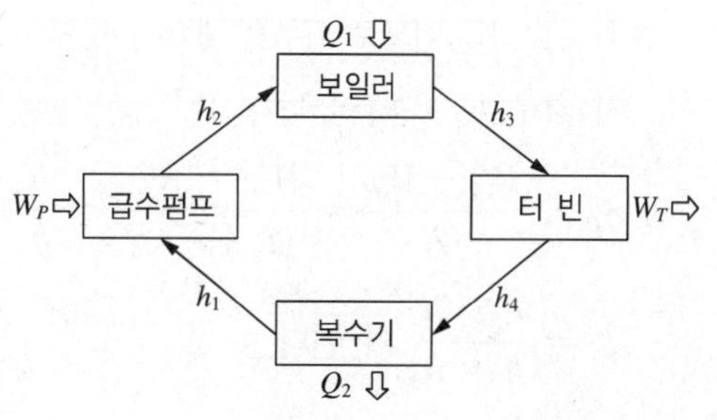

- 터빈(Turbine) : 유체를 임펠러의 날개에 부딪치게 하여 축을 회전시키는 장치로, 유체가 지닌 에너지를 회전운동에너지로 변환시켜 일을 한다.
- 복수기(Condenser) : 증기기관에서 수증기를 물로 변환하는 열교환장치이다.
  - 터빈이나 실린더 내에서 일이 끝난 수증기를 등압 냉각 응축시켜 저압 포화액으로 복원하는 장치이다.
  - 응축기라고도 한다.

㉣ 엔탈피(h)

- h_1 : 포화수 엔탈피(펌프 입구 엔탈피)
- h_2 : 급수 엔탈피(보일러 입구 엔탈피)
- h_3 : 과열증기 엔탈피(터빈 입구 엔탈피)
- h_4 : 습증기 엔탈피(응축기 입구 엔탈피)

㉤ 일량(W)

- 펌프일량 : $W_P = h_2 - h_1$
- 터빈일량 : $W_T = h_3 - h_4$

㉥ 열량(Q)

- 공급열량 : $Q_1 = h_3 - h_2$
- 방출열량 : $Q_2 = h_4 - h_1$

㉦ 랭킨사이클의 열효율

- 열량에 의한 랭킨사이클 효율식 :

$$\eta_R = \frac{Q_1 - Q_2}{Q_1} = \frac{(h_3 - h_2) - (h_4 - h_1)}{(h_3 - h_2)}$$

- 일량에 의한 랭킨사이클 효율식 :

$$\eta_R = \frac{W_T - W_P}{Q_1} = \frac{(h_3 - h_4) - (h_2 - h_1)}{h_3 - h_2}$$

- 펌프일을 생략한 랭킨사이클의 열효율 :
  $W_T \gg W_P$이므로 W_P를 생략(무시)할 수 있고, 이 경우 $h_2 \simeq h_1$이므로,

$$\eta_R = \frac{W_T - W_P}{Q_1} = \frac{W_T}{Q_1} = \frac{W_{net}}{Q_1} = \frac{h_3 - h_4}{h_3 - h_2}$$

$$= \frac{h_3 - h_4}{h_3 - h_1}$$ 이 된다.

㉧ 랭킨사이클의 열효율 향상 요인

- 고대 : 초온, 초압, 보일러 압력, 고온측과 저온측의 온도차, 사이클 최고 온도, 과열도(증기가 고온으로 과열될수록 출력 증가)
- 저소 : 응축기(복수기)의 압력(배압)과 온도
- 재열기를 사용한 재열사이클(2유체 사이클)에 의한 운전

㉨ 응축기(복수기)의 압력을 낮출 때 나타나는 현상

- 고대 : 정미일, 이론 열효율 향상, 터빈 출구에서의 수분 함유량, 터빈 출구부의 부식
- 저소 : 방출온도, 터빈 출구의 증기건도, 응축기의 포화온도, 응축기 내의 절대압력, 배출열량

㉩ 랭킨사이클의 특징

- 별칭 : 증기사이클 또는 베이퍼사이클
- 랭킨사이클에도 단점이 존재한다.
- 카르노사이클(Carnot Cycle)에 가깝다.
- 포화수증기를 생산하는 핵동력장치에 가깝다.

② 재열(Reheating)사이클

㉠ 재열사이클은 랭킨사이클의 터빈 출구 증기의 건도를 상승시켜 터빈날개의 부식을 방지하기 위한 사이클이다.

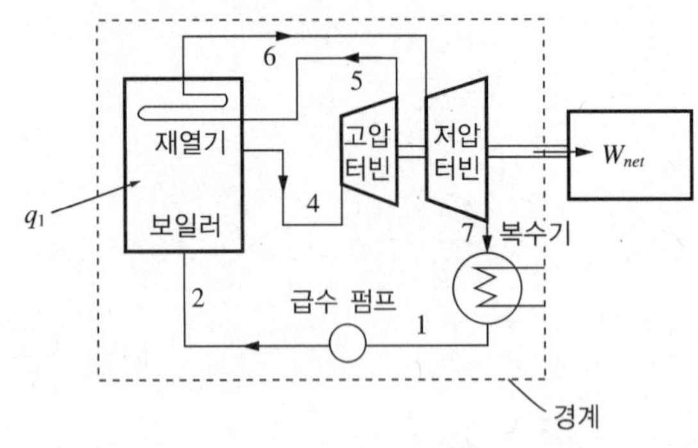

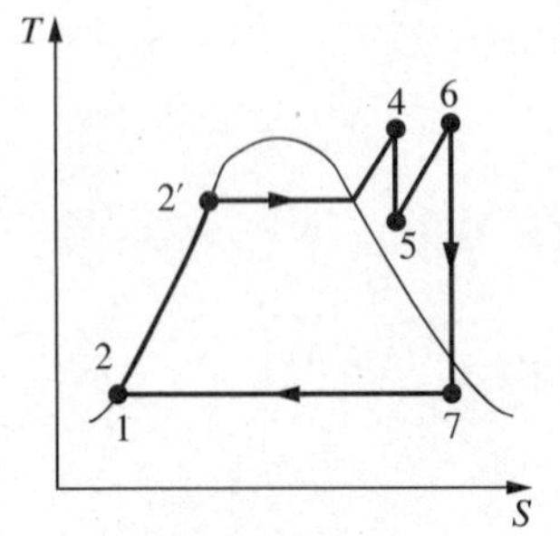

㉡ 랭킨사이클의 단열팽창과정 도중 추출한 증기는 재열기에서 재가열되고, 터빈에 되돌려서 팽창하게 해 열효율을 높인다.

㉢ 고압증기터빈에서 저압증기터빈으로 유입되는 증기의 건도를 높여 상대적으로 높은 보일러 압력을 사용할 수 있게 하고, 터빈일을 증가시키며 터빈 출구의 건도를 높인다.

㉣ 설비가 복잡해지기 때문에 일반적으로 출력이 75,000[kW] 이상의 대형 터빈에 이용된다.

㉤ 열효율 : $\eta = \dfrac{(h_4 - h_5) + (h_6 - h_7)}{(h_4 - h_1) + (h_6 - h_5)}$

$$= 1 - \frac{h_7 - h_1}{(h_4 - h_1) + (h_6 - h_5)}$$

㉥ 열효율은 랭킨사이클보다 3~4[%] 증가하지만, 실제로는 재생사이클의 팽창과정이 들어가 재열재생사이클로 이용되는 경우가 있다.

③ 재생(Regenerative)사이클

㉠ 재생사이클은 터빈에서 증기의 일부를 빼내어 그 증기로 급수를 예열하여 열효율을 향상시키는 사이클이다.

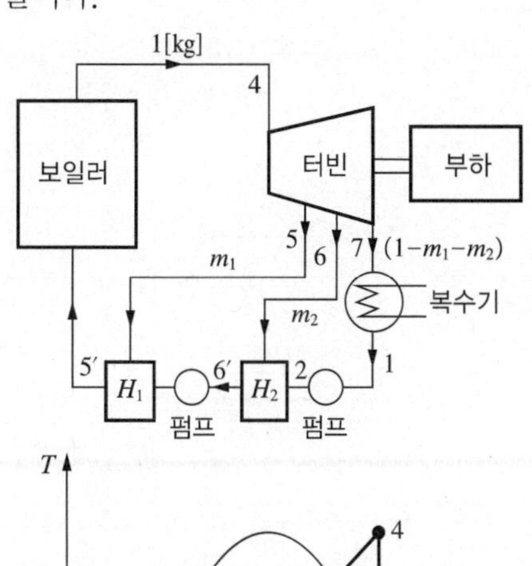

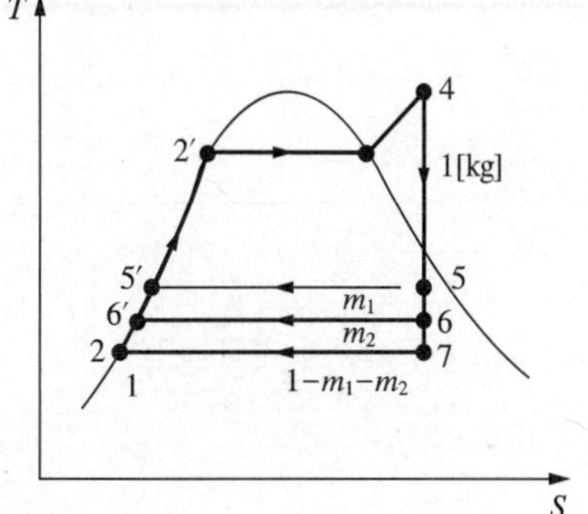

㉡ 재생사이클의 특징

- 랭킨사이클에 비해 효율이 증가한다.
- 터빈 저압부가 과대해지는 것을 막을 수 있다.
- 추기에 의하여 보일러 급수를 예열하므로 보일러에서 가열량을 감소시킨다.
- 공기예열기(급수가열기)가 필요하다.
- 대부분의 원자력발전소에서 이 방식을 채택한다.

㉢ 열효율 :

$$\eta = \frac{(h_4 - h_7) - m_1(h_5 - h_7) + m_2(h_6 - h_7)}{h_4 - h_5{}'}$$

④ 재생-재열사이클

㉠ 재생-재열사이클은 재생사이클에서 팽창 도중의 증기를 재가열하기 위해 재열기를 첨가한 사이클이다.

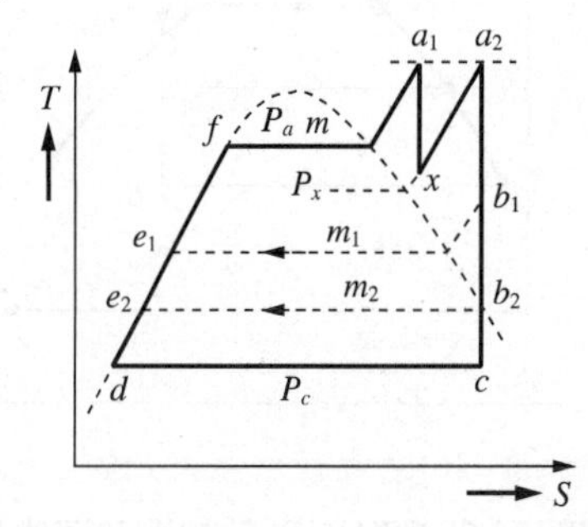

㉡ 재생-재열사이클의 특징 : 대용량 증기동력 플랜트에 이용한다.

㉢ 열효율 :

$$\eta_{th} = \frac{h_{a1} - h_c + (h_{a2} - h_x) - \{g_1(h_1 - h_c) + g_2(h_2 - h_c)\}}{h_{a1} - h_1{}' + h_{a2} - h_x}$$

핵심예제

3-1. 다음 랭킨사이클의 $T-S$ 선도에서 사선 부분 4-5-6-7-4는 무엇을 나타내는가?

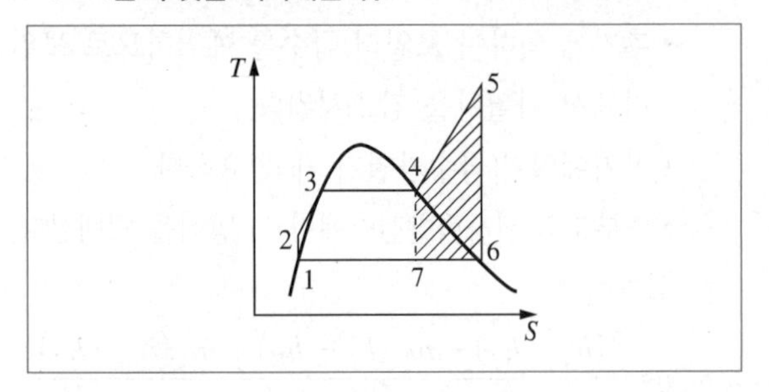

3-2. 다음 그림은 재생과정이 있는 랭킨사이클이다. 추기에 의하여 급수가 가열되는 과정은?

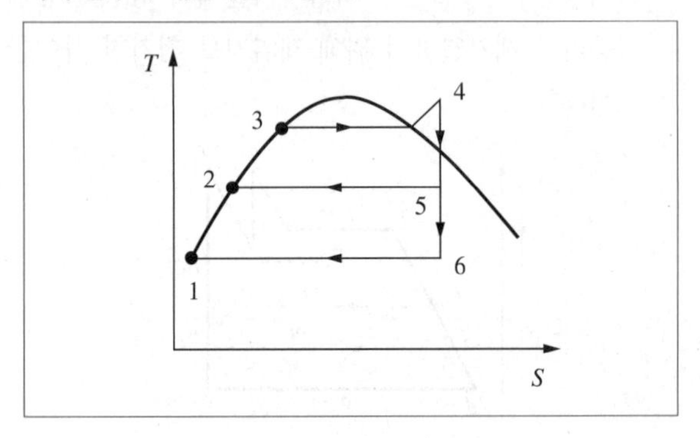

3-3. 증기원동소의 재열사이클 및 재생사이클에 대하여 각각 간단히 설명하시오. [2016년 제4회]

3-4. 수증기를 사용하는 기본 랭킨사이클의 복수기 압력이 10[kPa], 보일러 압력이 2[MPa], 터빈일이 792[kJ/kg], 복수기에서 방출되는 열량이 1,800[kJ/kg]일 때 열효율[%]을 구하시오(단, 펌프에서 물의 비체적은 1.01×10^{-3}[m^3/kg]이다).

3-5. 터빈 입구에서 수증기의 내부에너지는 3,000[kJ/kg], 엔탈피는 3,400[kJ/kg]이고, 터빈 출구에서 수증기의 내부에너지는 2,500[kJ/kg], 엔탈피는 2,800[kJ/kg]인 증기원동소 사이클에서의 터빈 출력[kW]을 구하시오(단, 터빈은 단열되어 있고 발생되는 수증기의 질량유량은 2[kg/s]이다).

[2011년 제2회]

3-6. 다음 그림은 랭킨사이클의 온도-엔트로피($T-S$)선도이다. h_1 = 192[kJ/kg], h_2 = 194[kJ/kg], h_3 = 2,802[kJ/kg], h_4 = 2,010[kJ/kg]일 때, 열효율[%]을 구하시오.

[2018년 제4회, 2022년 제4회]

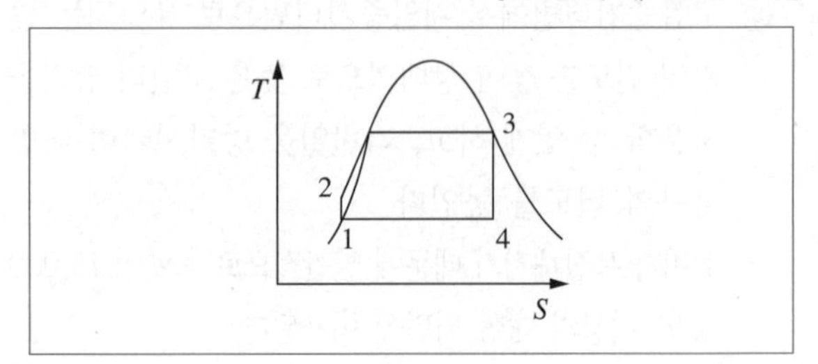

3-7. 랭킨사이클에서 포화수 엔탈피 192.5[kJ/kg], 과열증기 엔탈피 3,002.5[kJ/kg], 습증기 엔탈피 2,361.8[kJ/kg]일 때 열효율[%]은?(단, 펌프의 동력은 무시한다)

[2011년 제4회, 2018년 제1회]

|해답|

3-1

4-5-6-7-4 : 수증기의 과열에 의한 추가적인 일(Work)

3-2

1-2 : 추기에 의하여 급수가 가열되는 과정

3-3

(1) 재열사이클 : 랭킨사이클을 개선한 사이클로 재열을 사용하여 열효율을 향상시키고 터빈 출구 증기의 건도를 상승시켜 터빈 날개의 부식을 방지하기 위한 사이클이다.

(2) 재생사이클 : 터빈에서 증기의 일부를 배출하여 급수를 가열하는 증기사이클이다.

3-4

$W_p = \nu_1(P_2 - P_1) = 1.01\times10^{-3}\times(2{,}000-10) \simeq 2.01[\text{kJ/kg}]$

$\therefore$ 열효율 $\eta_R = \dfrac{W_t - W_p}{Q_1} = \dfrac{792-2.01}{792+1{,}800} \simeq 0.305 = 30.5[\%]$

3-5

터빈 출력

$H = m(h_2 - h_3) = 2\times(3{,}400-2{,}800) = 1{,}200[\text{kW}]$

3-6

랭킨사이클의 열효율

$$\eta_R = \frac{W_{net}}{Q_1} = \frac{h_3 - h_4}{h_3 - h_1} = \frac{2{,}802-2{,}010}{2{,}802-192} \simeq 30.3[\%]$$

3-7

- h_1 : 포화수 엔탈피(펌프 입구 엔탈피)
- h_2 : 급수 엔탈피(보일러 입구 엔탈피)
- h_3 : 과열증기 엔탈피(터빈 입구 엔탈피)
- h_4 : 습증기 엔탈피(응축기 입구 엔탈피)

펌프의 동력을 무시하면 $h_2 \simeq h_1$ 이므로

$$\therefore\ \eta_R = \frac{h_3 - h_4}{h_3 - h_2} = \frac{h_3 - h_4}{h_3 - h_1} = \frac{3{,}002.5-2{,}361.8}{3{,}002.5-192.5} \simeq 0.228 = 22.8[\%]$$

2-5. 냉동 · 냉매 · 냉동사이클

핵심이론 01 냉 동

① 냉동의 개요

㉠ 냉동능력(Q_2) : 단위시간당 냉동기가 흡수하는 열량([kcal/h] 또는 [kJ/h])

$Q_2 = m(C\Delta t + \gamma_0)$

(여기서, m : 시간당 생산되는 얼음의 질량, C : 비열, Δt : 온도차, γ_0 : 얼음의 융해열)

㉡ 냉동효과(q_2) : 냉매 1[kg]이 흡수하는 열량([kcal/kg] 또는 [kJ/kg])

$q_2 = \varepsilon_R W_c$

(여기서, ε_R : 성능계수, W_c : 공급일)

㉢ 체적냉동효과 : 압축기 입구에서의 증기 1[m^3]의 흡열량

㉣ 냉동톤[RT] : 냉동능력을 나타내는 단위

- 0[℃]의 물 1[ton]을 24시간(1일) 동안 0[℃]의 얼음으로 만드는 냉동능력
- 1[RT] : 3,320[kcal/h] = 3.86[kW] = 5.18[PS]

㉤ 제빙톤 : 24시간(1일) 얼음생산능력을 톤으로 나타낸 것. 1제빙톤 = 1.65[RT]

㉥ 냉매순환량

$$G \text{ 또는 } m_R = \frac{\text{냉동능력}}{\text{냉동효과}} = \frac{Q_2}{q_2}[\text{kg/h}]$$

㉦ 체적효율

$$\eta_v = \frac{\text{실제 피스톤의 냉매 압축량}}{\text{이론 피스톤의 냉매 압축량}} = \frac{V_a}{V_{th}} = \frac{V_a}{V}$$

② 흡수식 냉동기(Absorption System of Refrigeration)

㉠ 개 요

- 흡수식 냉동기(흡수식 냉동시스템 또는 흡수식 냉온수기)는 저압조건에서 증발하는 냉매의 증발잠열을 이용하여 순환하는 냉수를 냉각시키고, 흡수제에 혼합된 냉매를 외부 열원으로 가열하여 분해한 후 냉각수에 의해 응축되었다가 증발기로 보내지는 냉동순환사이클을 돌면서 냉방을 수행하는 냉동기이다.

• 증발기에는 냉매인 H_2O를 넣고, 흡수기에는 흡수제인 리튬브로마이드(LiBr)를 넣은 후 내부압력이 6.5[mmHg]가 되도록 진공도를 형성하고, 냉매가 5[℃]에서 증발하여 전열관 내 7[℃]의 냉수를 얻어서 하절기 냉방을 유지하고, 동절기에는 고온재생기에서 냉매를 증발시켜 이 증발잠열로 온수를 가열시켜 난방을 실시하여 한 대의 기기로 냉난방을 가능하게 한다.
• 흡수기와 재생기가 압축기 역할을 함께하므로 압축기가 없다. 그러므로 압축에 소요되는 일이 감소하고 소음 및 진동도 작아진다.
• 대형 건물의 냉난방용으로 많이 사용된다.

ⓛ 사용 냉매와 흡수제
• 냉매 : 물(H_2O)
• 흡수제 : 리튬브로마이드(LiBr)

ⓒ 흡수식 냉동기의 4가지 주요 장치
• 증발기
• 흡수기
• 재생기 : 흡수작용이 계속되면서 수증기를 흡수할수록 흡수제의 농도가 묽어지게 되어 흡수작용이 어려워지므로 묽어진 흡수제의 농도를 다시 높여 주는 방법을 재생이라 하고, 재생을 수행하는 장치를 재생기(재생장치)라고 한다.
• 응축기

ⓔ 흡수식 냉온수기의 특징
• 기계 구동 부분이 펌프와 팬뿐이고 압축기를 사용하지 않기 때문에 전력소비량과 고장이 적고, 소음이 작다.
• 냉매로 물을 사용하므로 환경친화적이며 위험성이 작다.
• 냉온수기 하나로 냉방과 난방이 가능하므로 편리하다.
• 설비 내부의 압력이 진공 상태이므로 압력이 높지 않아 위험성이 작다.
• 중앙공조방식 중 설치면적이 작아 공간 활용도가 높다.
• 전기가 아닌 열원을 동력원으로 사용하므로 태양열, 지열, 폐열회수 사용이 가능하고 환경오염을 줄일 수 있다.
• 제작비용이 많이 든다.

ⓜ 태양열을 이용한 냉방원리(사막과 같이 뜨거운 태양이 존재하는 환경에서 태양열을 이용한 냉방시스템 설비) : 태양열집열기의 집열효율을 높이기 위하여 진공관형 태양열집열기를 이용하여 얻은 열을 축열조에 저장한 후 88[℃] 이상의 온수를 흡수식 냉동기의 재생기의 구동열원으로 공급하여 증발기에서 7[℃] 냉수를 발생시킨 후 이를 공조기 및 팬코일 유닛에 연결하여 순환시키는 냉방시스템을 구축한다.

핵심예제

1-1. 흡수식 냉동기(Absorption System of Refrigeration)에 대해 간단히 설명하시오. [2009년 제4회, 2016년 제2회]

1-2. 흡수식 냉온수기의 장점을 3가지만 쓰시오.
[2010년 제1회, 2011년 제2회, 2012년 제4회, 2013년 제1회, 2014년 제2회, 2015년 제2회, 제4회]

1-3. 사막과 같이 뜨거운 태양이 존재하는 환경에서 태양열을 이용한 냉방시스템 설비 내지는 태양열을 이용한 냉방원리에 대해 간단히 설명하시오. [2013년 제4회]

1-4. 성능계수가 5.0, 압축기에서 냉매의 단위질량당 압축하는 데 요구되는 에너지는 200[kJ/kg]인 냉동기에서 냉동능력 1[kW]당 냉매의 순환량[kg/h]은?

1-5. 15[℃]의 물로부터 0[℃]의 얼음을 시간당 40[kg] 만드는 냉동기의 냉동톤은 약 얼마인가?

|해답|

1-1

흡수식 냉동기는 저압조건에서 증발하는 냉매의 증발잠열을 이용하여 순환하는 냉수를 냉각시키고, 흡수제에 혼합된 냉매를 외부 열원으로 가열하여 분해한 후 냉각수에 의해 응축되었다가 증발기로 보내지는 냉동순환사이클을 돌면서 냉방을 수행하는 냉동기이다. 냉매로는 물(H_2O), 흡수제로는 리튬브로마이드(LiBr)가 사용된다. 흡수식 냉동기의 4가지 주요 장치는 증발기, 흡수기, 재생기, 응축기이다.

1-2

흡수식 냉온수기의 장점

① 기계 구동 부분이 펌프와 팬뿐이고 압축기를 사용하지 않기 때문에 전력소비량과 고장이 적고 소음이 작다.
② 냉매로 물을 사용하므로 환경친화적이며 위험성이 적다.
③ 냉온수기 하나로 냉방과 난방이 가능하므로 편리하다.

1-3

태양열을 이용한 냉방원리 : 태양열집열기의 집열효율을 높이기 위하여 진공관형 태양열집열기를 이용하여 얻은 열을 축열조에 저장 후 88[℃] 이상의 온수를 흡수식 냉동기의 재생기의 구동열원으로 공급하여 증발기에서 7[℃] 냉수를 발생시킨 후 이를 공조기 및 팬코일 유닛에 연결하여 순환시키는 냉방시스템을 구축한다.

1-4

냉매순환량

$$G = \frac{\text{냉동능력}}{\text{냉동효과}} = \frac{Q_2}{q_2} = \frac{1[\text{kW}]}{\varepsilon_R W_c} = \frac{3,600[\text{kJ/h}]}{0.5\times 200[\text{kJ/kg}]}$$
$$= 3.6[\text{kg/h}]$$

1-5

$Q_2 = m(C\Delta t + \gamma_0) = 40\times(1\times 15 + 80) = 3,800[\text{kcal/h}]$이므로

$$\text{RT} = \frac{Q_2}{3,320} = \frac{3,800}{3,320} \simeq 1.14$$

핵심이론 02 냉 매

① 냉매(Refrigerant)는 냉동기 내를 순환하며 냉동사이클을 형성하고, 상변화(Phase Change)에 의해 저온부(증발기)에서 열을 흡수하여 고온부(응축기)에 배출하는 매체이다.

② 냉동기의 냉매가 갖추어야 할 조건
   ㉠ 저소 : 응고온도, 액체비열, 비열비, 점도, 표면장력, 증기의 비체적, 포화압력, 응축압력, 절연물 침식성, 가연성, 인화성, 폭발성, 부식성, 누설 시 물품 손상, 악취, 가격
   ㉡ 고대 : 임계온도, 증발잠열, 증발열, 증발압력, 윤활유와의 상용성, 열전도율, 전열작용, 환경친화성, 절연내력, 화학적 안정성, 무해성(무독성), 내부식성, 불활성, 비가연성(내가연성), 누설 발견 용이성, 자동운전 용이성

③ **냉매의 상태 변화** : 증발과정(증발기) > 압축과정(압축기) > 응축과정(응축기) > 팽창과정(팽창밸브)

④ **팽창밸브에서의 냉매 상태 변화** : 압력과 온도 강하, 등엔탈피 과정, 비가역과정, 엔트로피 증가

⑤ **냉매선도** : 냉매의 물리적, 화학적 성질 모두 나타낼 수 있는 선도(등압선, 등엔탈피선, 포화액선, 포화증기선, 등온선, 등엔트로피선, 등비체적선, 등건조도선이 존재)
   ㉠ 압력-체적선도($P-V$ 선도)
   ㉡ 온도-엔탈피선도($T-S$ 선도)
   ㉢ 엔탈피-엔트로피선도($H-S$ 선도)
   ㉣ 입력-엔딜피 신도($P-H$ 신도) : 냉동사이클의 운전 특성을 잘 나타내고 사이클을 해석하는 데 가장 많이 사용되는 선도로 냉동사이클을 도시하여 냉동기의 성적계수를 구할 수 있다(몰리에르선도).

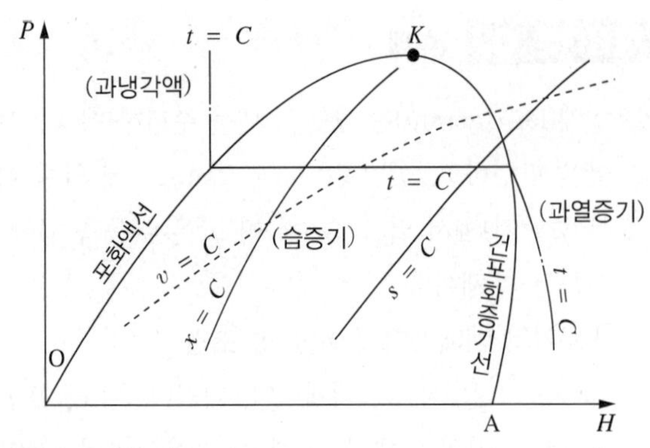

⑥ 냉매의 종류

㉠ 암모니아(NH_3, R-717) : 냉매의 증발열이 매우 커서 표준(이상)사이클에서 동일 냉동능력에 대한 냉매순환량이 가장 적고, 냉동효과가 가장 좋은 냉매이다. 비열비가 커서($k=1.31$) 토출가스 온도가 높다. 우수한 열역학적 특성 및 높은 효율을 지닌 냉매로 제빙, 냉동, 냉장 등 산업용의 증기압축식 및 흡수식 냉동기의 냉매로 오래 전부터 많이 사용되어 왔다. 그러나 작동압력이 다소 높고 인체에 해로운 유독성이 있어 위험하다. 주로 산업용 대용량 시스템에서 사용되었으며, 소형에는 특수한 목적에만 사용되어 왔다.

㉡ 물(R-718) : 가정 안전하고 투명한 무해, 무취의 냉매로 증기분사식 냉동기, 흡수식 냉동기 등의 공기조화용으로 사용되지만, 응고점이 너무 높고 비체적이 커서 증기압축식 냉동기에는 사용할 수 없다.

㉢ 공기(R-729) : 안전하고 투명한 무해, 무취의 냉매로 소요동력이 크고 냉동효과와 성능계수가 낮아 항공기의 냉방과 같은 특수한 목적의 공기냉동기 및 공기액화 등에 사용한다.

㉣ 이산화탄소(CO_2, R-744) : 투명하고 무해, 무취이며 공기보다 무겁고, 연소 및 폭발성이 없는 냉매이다. 냉매가 개발되기 전에는 선박이나 건물 등의 냉방용 냉매로 널리 사용되었으나 현재 특수한 용도 외에는 거의 사용되지 않는다. 가스의 비체적이 매우 작기 때문에 체적유량이 적으며, 소형 냉동시스템 제작이 가능하다. 임계점(31[℃])이 매우 낮아서 냉각수의 온도가 충분히 낮지 않으면 응축기에서 액화가 곤란하다.

㉤ 아황산가스(SO_2, R-764) : 소형 냉동기에 적합한 특성이 있어 초기에는 가정용 냉동기 등에 널리 사용되었지만, 냄새와 독성이 매우 강해 현재는 사용되지 않는다.

㉥ CFC(염화플루오린화탄소) 냉매(프레온) : Cl, F, C만으로 화합된 냉매로 열역학적 우수성, 화학적 안정성 등 냉매로서의 구비조건을 거의 완벽하게 갖추어 냉장고 및 에어컨을 포함한 냉동공조기기의 냉매는 물론 발포제, 세정제 및 분사제 등으로 널리 사용되어 왔지만, 오존층파괴지수(ODP ; Ozone Depletion Potential)가 커서 대기에 누출될 경우 오존층을 파괴하고 지구온난화지수(GWP ; Global Warming Potential)가 높은 지구온난화에 영향을 미치는 환경오염물질로 판명되어 국제협약에 의해 제조와 사용이 금지되었다.

- R-11(CCl_3F) : 오존파괴지수가 가장 큰 냉매이다. 비등점이 비교적 높고, 냉매가스의 비중이 커서 주로 터보식 압축기에 사용되었다.
- R-12(Cl_2F_2) : 프레온 냉매 중 제일 먼저 개발되어 왕복식 압축기에 가장 많이 사용되는 등 널리 사용되었다.
- R-13($CClF_3$) : 비등점과 응고점이 매우 낮아 -100[℃] 이하의 극저온 냉동기에 사용되었다. 포화압력이 다른 냉매에 비해 매우 높아 R-22와 더불어 극저온을 얻는 2원 냉동기의 저온측 냉매로 쓰였다.
- R-113($C_2Cl_3F_3$) : 에탄계의 할로겐화 탄화수소 냉매로 포화압력이 매우 낮다. 비등점과 응고점이 비교적 높아 냉방용, 소형 터보압축기에 사용되었다.

ⓢ HCFC(수소염화플루오린화탄소) 냉매 : H, Cl, F, C만으로 구성된 냉매이다. HCFC에 포함된 Cl이 공기 중에 쉽게 분해되지 않아 오존층에 대한 영향이 CFC 냉매보다 작아서 HFC 냉매가 개발되기 전까지 CFC의 대체 냉매로 사용되었지만, 지구온난화지수가 높아 CFC 냉매와 마찬가지로 환경오염물질로 판명되어 제조와 사용이 금지되었다.

- R-22($CHClF_2$) : 비열비가 작아($k=1.18$) 토출가스 온도가 낮다. 성질이 암모니아와 흡사한 냉매로 R-12와 더불어 가장 많이 사용되며 비등점 및 응고점이 낮고 저온 영역에서 냉동능력이 암모니아보다 우수하여 -80~-50[℃]까지의 2단 압축냉동기에 쓰인다. 오존층파괴지수가 0.05로 낮은 편이지만, 지구온난화지수가 1,810으로 매우 높아 2030년부터 사용이 금지된다.
- R-21($CHCl_2F$)
- R-123($C_2HCl_2CF_3$)

ⓞ HFC(수소플루오린화탄소) 냉매 : H, F, C만으로 구성된 냉매로 오존파괴의 원인인 Cl을 포함하지 않아 오존층파괴 염려는 없어서 CFC/HCFC 냉매의 대체 냉매로 사용되지만, 지구온난화지수가 높아서 교토의정서에서 6개의 온실가스 중 하나에 포함되어 대기방출규제물질로 분류된 규제 대상 냉매이다.

- R-134a(CH_2FCF_3) : R-12의 대체 냉매로 개발되어 가정용 냉장고 및 자동차 에어컨에 사용된다.
- R-152a(CHF_2CH_3)

ⓩ HFO(수소플루오린화올레핀) : 오존층파괴지수가 0이고, 지구온난화지수도 4 이하이며, 약가연성(A2 Level)이고 비싸지만, 자동차 에어컨용으로 사용된다.

- R-1234yf : 교토협약에 의해 지구온난화지수가 높은 HFC도 규제되어 R-134a 대체 냉매로 개발된 냉매이다. 약가연성(A2L Level)이며, Mineral Oil(광유)에는 적합하지 않아 PAG Oil을 사용해야 한다. 냉장고용, 자동차 에어컨용 등으로 쓰이고 있지만, 고가이다. 오존층파괴지수는 0이고, 지구온난화지수는 4 이하로 매우 낮아 환경친화적이지만 독성에 관한 안전은 검증되지 않았다.

ⓒ 할론 냉매 : Br을 포함하는 냉매, 소화제로도 널리 사용되지만, 오존파괴물질로 사용이 제한된다.

ⓚ 탄화수소 냉매 : C, H만으로 이뤄진 냉매로 오존층파괴지수가 0이고, 지구온난화지수도 3 이하로 매우 낮으며, 에너지 절감효과가 뛰어나 전 세계에서 냉장고와 정수기 등에 사용하고 있지만, 화재나 폭발 위험이 있어 각별한 주의와 대책이 필요하다.

- R-600a(아이소부탄) : 반드시 99.55 이상의 고순도이어야 하며, 비등점이 -11.7[℃] 이고, 분자량이 작아 냉매 주입량이 적다. 오존층파괴지수가 0이고, 지구온난화지수도 3 이하로 낮아 친환경적이다. 이 냉매는 가연성 등급이 A3임에도 불구하고 냉장고용 냉매로 전 세계적으로 사용하고 있다.
- R-290(프로판) : 반드시 99.55 이상의 고순도이어야 하며, 비등점이 -42.1[℃]이고, 분자량이 작아 냉매 주입량이 적다. 오존층파괴지수가 0이고, 지구온난화지수도 3 이하로 낮아 친환경적이다. 이 냉매는 가연성 등급이 A3임에도 불구하고 유럽에서는 가정용 및 산업용 에어컨 냉매로 사용하도록 권장하고 있다. 오존층파괴나 지구온난화에 미치는 영향이 없고 가연성을 제외하면 기존의 압축오일을 사용할 수 있어서 매우 우수한 냉매이기 때문에 R-22의 대체 냉매로 개발되었다. 가정용 공조기와 같은 소형 공조기에 적합하다.

• R-1270(프로필렌) : 반드시 99.55 이상의 고순도이어야 하며, 비등점이 -47.7[℃]이고, 분자량이 작아 냉매 주입량이 적다. 오존층파괴지수가 0이고, 지구 온난화지수도 3 이하로 낮아 친환경적이다. 이 냉매는 가연성 등급이 A3이고, 냉각탑차, 쇼케이스 등의 냉매로 사용할 수 있다.
• 기타 : 메탄(CH_4), 에탄(C_2H_6)

ⓔ 혼합 냉매

• 공비 혼합 냉매 : 2종의 할로겐화 탄화수소 냉매를 일정 비율로 혼합했을 때 전혀 다른 새로운 특성을 가지면서 혼합물의 비등점이 일치하는 냉매이다. 응축압력을 감소시키거나 압축기의 압축비를 줄일 수 있다. R-500부터 개발된 순서에 따라 R-501, R-502와 같이 일련번호를 붙인다(예 R-500(R-12(73.8[%]) + R-152a(26.2[%])), R-502(R-12(48.8[%]) + R-115(51.2[%])).
• 비공비 혼합 냉매 : 2개 이상의 냉매가 혼합되어 각각 개별적인 성격을 띠며, 등압의 증발 및 응축과정을 겪을 때 조성비가 변하고 온도가 증가 또는 감소되는 온도 구배를 나타내는 냉매이다. 400번대의 번호로 표시되며, 비등점이 낮은 냉매부터 먼저 명시하는 것이 관례이다(예 R-404A, R-407C, R-410A 등).

핵심예제

2-1. 냉동기 냉매의 구비조건을 5가지만 쓰시오.

2-2. 혼합 냉매를 2가지로 분류하고 각각 간단히 설명하시오.

|해답|

2-1

냉동기 냉매의 구비조건

① 임계온도가 높고 증발열이 커야 한다.
② 응고온도가 낮고 액체 비열, 비열비, 점도, 표면장력이 커야 한다.
③ 증기의 비체적이 작아야 한다.
④ 열전도율이 좋아야 한다.
⑤ 절연내력이 우수해야 한다.

2-2

① 공비 혼합 냉매 : 2종의 할로겐화 탄화수소 냉매를 일정 비율로 혼합했을 때 전혀 다른 새로운 특성을 가지면서 혼합물의 비등점이 일치하는 냉매이다. 응축압력을 감소시키거나 압축기의 압축비를 줄일 수 있다.
② 비공비 혼합 냉매 : 2개 이상의 냉매가 혼합되어 각각 개별적인 성격을 띠며, 등압의 증발 및 응축과정을 겪을 때 조성비가 변하고 온도가 증가 또는 감소되는 온도 구배를 나타내는 냉매이다.

핵심이론 03 냉동사이클

① 역카르노사이클

㉠ 역카르노사이클의 정의

- 이상적인 열기관사이클인 카르노사이클을 역작용시킨 사이클이다.
- 저온측에서 고온측으로 열을 이동시킬 수 있는 사이클이다.
- 이상적인 냉동사이클 또는 열펌프사이클이다.
  - 냉동기 : 저온측을 사용하는 장치
  - 열펌프 : 고온측을 사용하는 장치

㉡ 사이클 구성 : 카르노사이클과 마찬가지로 2개의 등온과정과 2개의 등엔트로피 과정으로 구성된다.

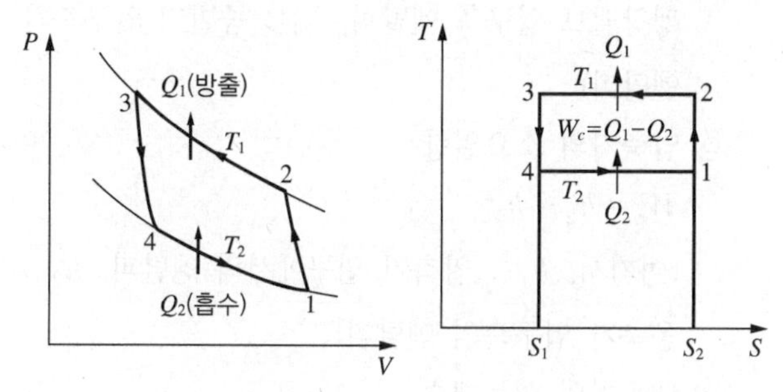

- 과정 : 단열압축 → 등온압축 → 단열팽창 → 등온팽창
- 구성 : 압축기 → 응축기 → 팽창밸브 → 증발기

㉢ 성능계수(성적계수) : 냉동효과 또는 열펌프효과의 척도이다. 냉동사이클 중에서 성능계수가 가장 크며, 성능계수를 최대로 하기 위해서는 고온열원과 저온열원의 온도차를 작게 하거나 저온열원의 온도(냉동기) 또는 고온열원의 온도(열펌프)를 높여야 한다.

- 냉동기의 성능계수

$$(COP)_R = \varepsilon_R$$

$$= \frac{\text{냉동열량(저온체에서의 흡수열량)}}{\text{압축일량(공급일)}}$$

$$= \frac{Q_2}{W_c} = \frac{Q_2}{Q_1 - Q_2} = \frac{T_2}{T_1 - T_2}$$

$$= \frac{h_1 - h_3}{h_2 - h_1}$$

(여기서, h_1 : 압축기 입구의 냉매 엔탈피(증발기 출구의 엔탈피), h_2 : 응축기 입구의 냉매 엔탈피, h_3 : 증발기 입구의 엔탈피)

- 열펌프의 성능계수

$$(COP)_H = \varepsilon_H$$

$$= \frac{\text{방출열량(고온체에 공급한 열량)}}{\text{압축일량(공급일)}}$$

$$= \frac{Q_1}{W_c} = \frac{Q_1}{Q_1 - Q_2} = \frac{T_1}{T_1 - T_2}$$

$$= \frac{h_2 - h_3}{h_2 - h_1} = \varepsilon_R + 1$$

- 전체 성능계수 : $\varepsilon_T = \varepsilon_R + \varepsilon_H = 2\varepsilon_R + 1$

㉣ 동력 및 냉동시스템에서 사이클의 효율을 향상시키기 위한 방법

- 재생기 사용
- 다단압축
- 다단팽창
- 압축비 증가

㉤ 열펌프의 성능계수를 높이는 방법

- 응축온도를 낮춘다.
- 증발온도를 높인다.
- 손실일을 줄인다.
- 생성 엔트로피를 줄인다.

㉥ 냉난방 겸용의 열펌프 사이클 구성 주요 요소 : 전기구동압축기, 4방 밸브, 전자팽창밸브 등

② 역랭킨사이클

㉠ 증기압축 냉동사이클(가장 많이 사용되는 냉동사이클)에 적용한다.

㉡ 역카르노사이클 중 실현이 곤란한 단열과정(등엔트로피 팽창과정)을 교축팽창시켜 실용화한 사이클이다.

㉢ 증발된 증기가 흡수한 열량은 역카르노사이클에 의하여 증기를 압축하고, 고온의 열원에서 방출하는 사이클 사이에 액체와 기체의 두 상으로 변하는 물질을 냉매로 하는 냉동사이클이다.

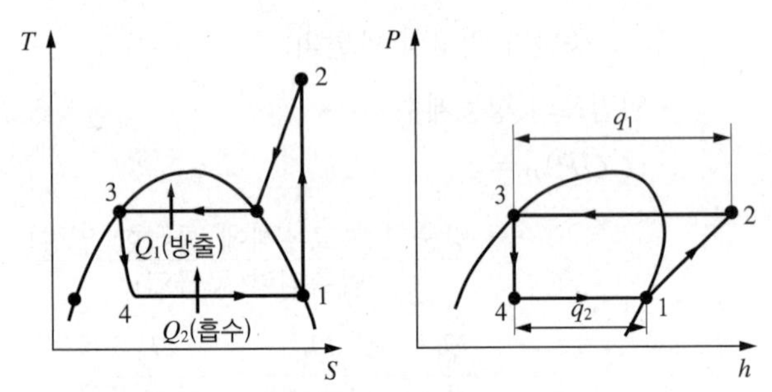

㉣ 과정 : 단열압축 → 정압방열 → 교축과정 → 등온정압흡열

- 단열압축(압축과정) : 증발기에서 나온 저온·저압의 기체(냉매)를 단열압축하여 고온·고압의 상태가 되게 하여 과열증기로 만든다. 등엔트로피 과정이며, $T-S$ 곡선에서 수직선으로 나타나는 과정(1-2 과정)이다.
- 정압방열(응축과정) : 압축기에 의한 고온·고압의 냉매증기가 응축기에서 냉각수나 공기에 의해 열을 방출하고 냉각되어 액화된다. 냉매의 압력이 일정하며 주위로의 열방출을 통해 기체(냉매)가 액체(포화액)로 응축·변화하면서 열을 방출한다.
- 교축과정(팽창과정) : 응축기에서 액화된 냉매가 팽창밸브를 통하여 교축팽창한다. 온도와 압력이 내려가면서 일부 액체가 증발하여 습증기로 변한다. 교축과정 중에는 외부와 열을 주고받지 않으므로 단열팽창인 동시에 등엔탈피 팽창의 변화과정이 이루어진다.
- 등온정압흡열(증발과정) : 팽창밸브를 통해 증발기의 압력까지 팽창한 냉매는 일정한 압력 상태에서 주위로부터 증발에 필요한 잠열을 흡수하여 증발한다.

㉤ 구성 : 압축기 → 응축기 → 팽창밸브 → 증발기

㉥ 방출열량(응축효과)

$q_1 = h_2 - h_3 = h_2 - h_4$

(여기서, h_2 : 응축기 입구측의 엔탈피, h_3 : 팽창밸브 입구측 엔탈피, h_4 : 증발기 입구측의 엔탈피)

㉦ 흡입열량(냉동효과)

$q_2 = h_1 - h_4 = h_1 - h_3$

(여기서, h_1 : 압축기 입구에서의 엔탈피, h_3 : 팽창밸브 입구측 엔탈피, h_4 : 증발기 입구측의 엔탈피)

㉧ 압축기의 소요일량

$W_c = h_2 - h_1$

(여기서, h_1 : 압축기 입구에서의 엔탈피, h_2 : 응축기 입구측의 엔탈피)

㉨ 냉동기의 성능계수

- $(COP)_R = \varepsilon_R = \dfrac{q_2(\text{냉동효과})}{W_c(\text{압축일량})} = \dfrac{q_2}{q_1 - q_2}$

$$= \frac{T_2}{T_1 - T_2} = \frac{h_1 - h_4}{h_2 - h_1} = \frac{h_1 - h_3}{h_2 - h_1}$$

(여기서, q_2 : 냉동효과, q_1 : 응축효과, W_c : 압축일량, h_1 : 압축기 입구에서의 엔탈피, h_2 : 응축기 입구측의 엔탈피, h_3 : 팽창밸브 입구측 엔탈피, h_4 : 증발기 입구에서의 엔탈피)

- 증발온도는 높을수록, 응축온도는 낮을수록 크다.

㉮ 열펌프의 성능계수

$$(COP)_H = \varepsilon_H = \frac{q_1(\text{응축효과})}{W_c(\text{압축일량})} = \frac{q_1}{q_1 - q_2}$$

$$= \frac{T_1}{T_1 - T_2} = \frac{h_2 - h_3}{h_2 - h_1} = \frac{h_2 - h_4}{h_2 - h_1}$$

(여기서, q_1 : 응축효과, q_2 : 냉동효과, W_c : 압축일량, h_1 : 압축기 입구에서의 엔탈피, h_2 : 응축기 입구측의 엔탈피, h_3 : 팽창밸브 입구측 엔탈피, h_4 : 증발기 입구에서의 엔탈피)

③ 역브레이턴사이클

㉠ 공기압축식 냉동사이클에 적용한다.

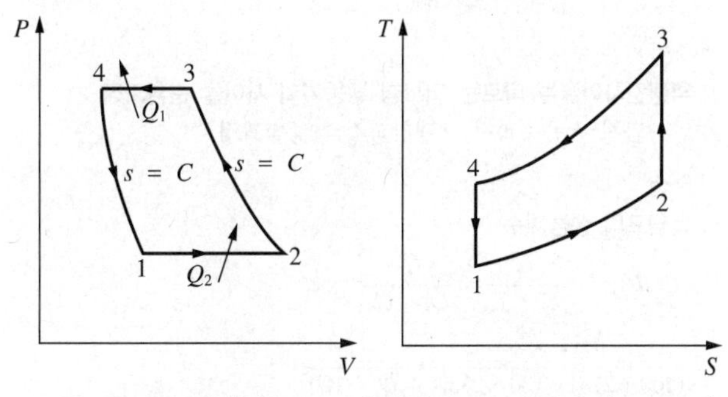

㉡ 과정 : 정압흡열 → 단열압축 → 정압방열 → 단열팽창

㉢ 흡입열량(냉동능력) : $Q_2 = C_p(T_2 - T_1)$

㉣ 방출열량 : $Q_1 = C_p(T_3 - T_4)$

㉤ 소요일량(냉동기가 소비하는 이론상의 일량)

$$W = W_1 - W_2 = Q_1 - Q_2$$

$$= C_p(T_3 - T_4) - C_p(T_2 - T_1)$$

(여기서, W_1 : 압축기에서 소비되는 일, W_2 : 팽창터빈에서 발생되는 일)

㉥ 냉동기의 성능계수

$$(COP)_R = \varepsilon_R = \frac{Q_2}{W} = \frac{Q_2}{W_1 - W_2} = \frac{T_1}{T_4 - T_1}$$

$$= \frac{T_2}{T_3 - T_2}$$

(여기서, Q_2 : 냉동능력, W : 소요일량)

㉦ 실제 증기압축식 냉동시스템에서 고려해야 할 사항

- 압축기 입구의 냉매를 약간 과열된 상태로 만든다.
- 냉매가 교축밸브로 들어가기 전에 약간 과냉각시킨다.
- 압축과정 동안 비가역성과 열전달이 존재한다.
- 교축밸브는 가급적 증발기에서 가까운 곳에 위치시킨다.

핵심예제

3-1. 냉동사이클의 $T-S$ 선도에서 냉매단위질량당 냉각열량 q_L과 압축기의 소요동력 W의 공식을 쓰시오(단, h는 엔탈피를 나타낸다).

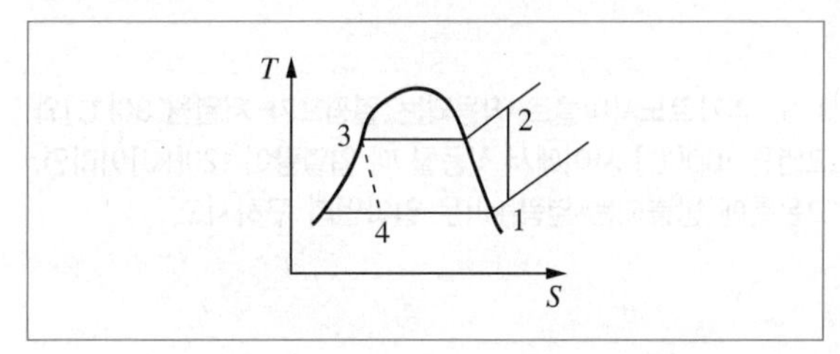

3-2. 다음 $T-S$ 선도에서 냉동사이클의 성능계수를 엔탈피 기호를 사용하여 표시하시오(단, u는 내부에너지, h는 엔탈피를 나타낸다).

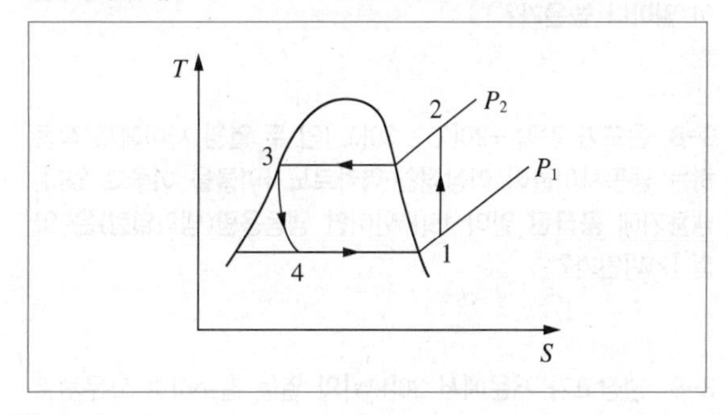

3-3. 다음 보기에 주어진 기기나 유체 중에서 효율이 가장 유리한 것은? [2012년 제1회]

보기

전기, 히트펌프, 석유

핵심예제

3-4. 다음 보기의 조건을 이용하여 냉동기의 성적계수(COP)를 구하는 공식을 해당 번호를 넣어 완성하시오.

[2011년 제1회, 2014년 제2회]

보기

① 냉각수량[kg/h]
② 입력전원[kW/h]
③ 냉각수의 비열[kcal/kg・℃]
④ 냉각수 입출구온도차[Δt]

3-5. 역랭킨사이클을 따르는 터보형 냉동기의 사이클 순환과정을 순서대로 나열하시오. [2011년 제1회, 2012년 제1회]

3-6. 역카르노사이클로 작동되는 열펌프가 저열원 30[℃]와 고열원 100[℃] 사이에서 작동될 때 입열량이 120[kJ]이라면, 고온측에 방출되는 열량[kJ]은 얼마인지 구하시오.

[2011년 제2회]

3-7. 역카르노사이클로 작동하는 냉동사이클이 있다. 저온부가 −10[℃]로 유지되고, 고온부가 40[℃]로 유지되는 상태를 A상태라 하고, 저온부가 0[℃], 고온부가 50[℃]로 유지되는 상태를 B상태라고 할 때, 성능계수는 어느 상태의 냉동사이클이 얼마나 높은가?

3-8. 온도가 각각 −20[℃], 30[℃]인 두 열원 사이에서 작동하는 냉동사이클이 이상적인 역카르노사이클을 이루고 있다. 냉동기에 공급된 일이 15[kW]이면 냉동용량(냉각열량)은 약 몇 [kW]인가?

3-9. 냉장고가 저온에서 30[kW]의 열을 흡수하여 고온체로 40[kW]의 열을 방출한다. 이 냉장고의 성능계수는?

3-10. 성능계수가 4.8인 증기압축냉동기의 냉동능력 1[kW]당 소요동력[kW]은?

|해답|

3-1

- 냉매단위질량당 냉각열량(증발기의 냉동효과) : $q_L = h_1 - h_4$
- 압축기의 소요동력(압축기의 소요일량) : $W = h_2 - h_1$

3-2

$$(COP)_R = \varepsilon_R = \frac{\text{흡수열}}{\text{받은일}} = \frac{q_2}{W_c} = \frac{q_2}{q_1 - q_2} = \frac{T_2}{T_1 - T_2}$$
$$= \frac{h_1 - h_4}{h_2 - h_1}$$

3-3

히트펌프(Heat Pump)

3-4

냉동기의 성적계수

$$(COP) = \frac{(①\times③\times④) - (②\times 860)}{②\times 860}$$

3-5

역랭킨사이클을 따르는 터보형 냉동기의 사이클 순환과정 :

압축과정 → 응축과정 → 팽창과정 → 증발과정

3-6

열펌프의 성능계수

$$(COP)_H = \frac{T_1}{T_1 - T_2} = \frac{Q_1}{Q_1 - Q_2}$$

$$\frac{100+273}{(100+273)-(30+273)} = \frac{Q_1}{Q_1 - 120}$$

∴ 고온측에 방출되는 열량 $Q_1 \simeq 147.7[\text{kJ}]$

3-7

- A상태의 성능계수 : $\varepsilon_{R(A)} = \frac{T_2}{T_1 - T_2} = \frac{263}{313-263} = 5.26$
- B상태의 성능계수 : $\varepsilon_{R(B)} = \frac{T_2}{T_1 - T_2} = \frac{273}{323-273} = 5.46$

∴ $\varepsilon_{R(B)} - \varepsilon_{R(A)} = 5.46 - 5.26 = 0.2$

3-8

$$\varepsilon_R = \frac{T_2}{T_1 - T_2} = \frac{253}{303-253} = 5.06 = \frac{q_2}{W_c}$$

∴ $q_2 = \varepsilon_R W_c = 5.06 \times 15 \simeq 76[\text{kW}]$

3-9

성능계수

$$(COP)_R = \frac{Q_L}{Q_H - Q_L} = \frac{30}{40-30} = 3$$

3-10

냉동기 성능계수

$\varepsilon_R = \frac{Q_e}{W_c}$ 에서 $W_c = \frac{Q_e}{\varepsilon_R} = \frac{1}{4.8} \simeq 0.21[\text{kW}]$

교육이란 사람이 학교에서 배운 것을 잊어버린 후에 남은 것을 말한다.

– 알버트 아인슈타인 –

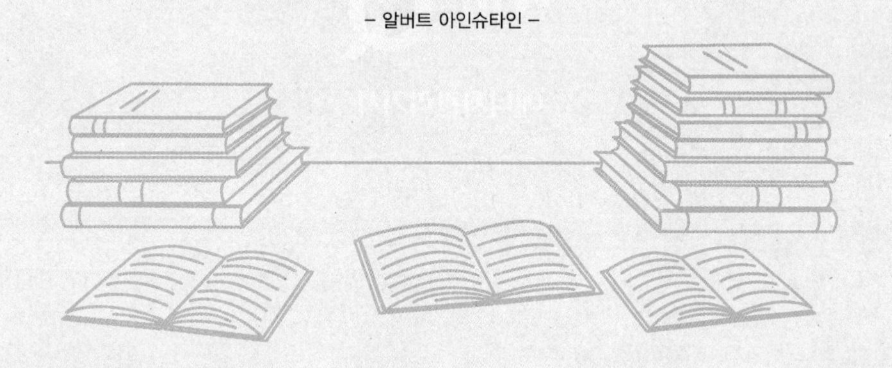

Win-Q

에너지관리기사

2016~2022년 과년도 기출복원문제

2023년 최근 기출복원문제

과년도 + 최근 기출복원문제

2016년 제1회 과년도 기출복원문제

01 **보온재는 무기질 보온재와 유기질 보온재가 있다. 그중에서 무기질 보온재의 특징을 5가지만 쓰시오.**

해답

무기질 보온재의 특징
① 경도가 높다.
② 최고안전사용온도가 높다.
③ 불연성이며, 열전도율이 낮다.
④ 내수성, 내소성변형성이 우수하다.
⑤ 비싼 편이지만 수명이 길다.

02 **절탄기(Economizer)의 장점을 3가지만 쓰시오.**

해답

절탄기(Economizer)의 장점
① 연료소비량 절감
② 보일러 열효율 증가
③ 열응력 감소

03 **시퀀스제어(Sequence Control), 피드백제어(Feedback Control)에 대하여 각각 간단히 설명하시오.**

해답

① 시퀀스제어 : 미리 정해진 순서에 따라 순차적으로 진행되는 제어로, 보일러의 점화나 자판기의 제어에 적용한다.
② 피드백제어 : 결과를 입력쪽으로 되돌려서 비교한 후 입력과 출력의 차이를 수정하는 제어로, 정도가 우수하다.

04 **액체연료용 보일러에 오일서비스탱크를 설치하는 목적 4가지만 쓰시오.**

해답

오일서비스탱크를 설치하는 목적
① 원활한 연료 공급을 위해
② 2~3시간 연소 가능한 연료량 저장으로 신속한 보일러 운전 및 가열 열원 절감을 위해
③ 자연압에 의한 급유펌프까지 연료가 공급될 수 있게 하기 위해
④ 환류되는 연료를 재저장하기 위해

05 수위검출기의 종류를 3가지만 쓰시오.

해답

수위검출기의 종류

① 차압식

② 플로트식

③ 전극식

06 보일러용 급수펌프에서 발생될 수 있는 캐비테이션(Cavitation, 공동현상)의 방지책을 4가지만 쓰시오.

해답

캐비테이션(공동현상)의 방지책

① 양흡입펌프를 사용한다.

② 펌프 설치 대수를 늘린다.

③ 펌프 설치 위치를 낮추어 흡입양정을 낮춘다.

④ 펌프 임펠러 회전수를 낮춘다.

07 수격작용(Water Hammering)에 대한 다음 질문에 답하시오.

(1) 수격작용을 정의하시오.

(2) 수격작용 방지책을 3가지만 쓰시오.

해답

(1) 수격작용의 정의

물 또는 유동적 물체의 움직임을 갑자기 멈추게 하거나 방향이 바뀌게 될 때 순간적인 압력이 발생하는 현상이다. 이 현상이 발생하면 배관 내부에 체류하는 응축수가 송기 시 고온·고압의 증기에 의해 배관을 타격하여 소음을 발생시키며, 배관 및 밸브를 파손할 수 있다.

(2) 수격작용 방지책

① 주증기밸브를 서서히 연다.

② 드레인 빼기를 철저히 한다.

③ 송기 전 소량의 증기로 배관을 예열시킨다.

08 보일러 운전 중 발생하는 프라이밍 현상은 무엇인지 설명하시오.

해답

프라이밍 현상

급격한 증발현상, 압력 강하 등으로 수면에서 작은 입자의 물방울이 증기와 혼합하여 드럼 밖으로 튀어 오르는 현상이다. 이 현상의 원인으로는 급작스런 증기의 부하 증가, 고수위 상태 유지, 급작스런 압력 강하, 보일러수의 농축 등이 있다.

09 보일러에서 점화 불량이 발생하는 원인을 5가지만 쓰시오.

해답

보일러 점화 불량의 원인

① 연료 공급이 불량하거나 연료노즐이 막힌 경우
② 연료 내에 물이나 슬러지 등의 불순물이 존재할 경우
③ 점화버너의 공기비 조정이 불량한 경우
④ 연료 유출속도가 너무 빠르거나 늦을 경우
⑤ 버너의 유압이 맞지 않거나 통풍이 적당하지 않을 경우

10 내화물이 사용 중 내부에 생성되는 응력으로 인하여 균열이 생기거나 표면이 떨어지는 현상을 스폴링(Spalling)이라 한다. 스폴링의 종류를 3가지만 쓰시오.

해답

스폴링의 종류

① 열적 스폴링
② 기계적 스폴링
③ 구조적 스폴링(또는 조직적 스폴링)

11 집진장치의 입구로 함진가스가 [Nm^3]당 50[g] 들어가고 출구로 5[g]이 나갔다면, 이때의 집진효율은 몇 [%]가 되는가?

해답

$$\text{집진효율 } \eta = \frac{\text{들어온 함진가스량} - \text{나간 함진가스량}}{\text{들어온 함진가스량}} \times 100[\%]$$

$$= \frac{50-5}{50} \times 100[\%] = 90[\%]$$

12 온도 30[℃], 압력 350[kPa]에서 비체적이 0.449[m³/kg]인 이상기체의 기체상수는 몇 [kJ/kg·K]인가?

해답

$PV = mRT$

∴ 이상기체의 기체상수 $R = \dfrac{PV}{mT} = \dfrac{V}{m} \times \dfrac{P}{T} = \nu \times \dfrac{P}{T} = 0.449 \times \dfrac{350}{30+273} \simeq 0.518[\text{kJ/kg} \cdot \text{K}]$

13 다음의 조건하에서 보일러의 배기가스온도가 절탄기 입구에서 350[℃]라면 절탄기 출구의 온도는 몇 [℃]가 되는가?

- 효율 75[%]인 절탄기를 통해 50[℃]에서 80[℃]로 높여 보일러에 급수
- 급수 사용량 : 30,000[kg/h]
- 급수의 비열 : 4.184[kJ/kg·℃]
- 배기가스량 : 50,000[kg/h]
- 배기가스 비열 : 1.045[kJ/kg·℃]

해답

절탄기에서 물이 흡수한 열량을 Q_1, 배기가스가 전달한 열량을 Q_2라고 하면

절탄기의 효율이 75[%]이므로 $Q_1 = 0.75 \times Q_2$이다.

절탄기 출구의 온도를 x[℃]라 하면, 열량 $Q = mC\Delta T$이므로

$30{,}000 \times 4.184 \times (80-50) = 0.75 \times 50{,}000 \times 1.045 \times (350-x)$

∴ 절탄기 출구의 온도 $x = 350 - \dfrac{30{,}000 \times 4.184 \times 30}{0.75 \times 50{,}000 \times 1.045} \simeq 254[℃]$

14 내부 반지름이 55[cm]이고 외부 반지름이 90[cm]인 구형 용기가 있다. 이 구형 용기의 열전도율 $k = 42.5$[W/m·K]이고 내부 표면온도가 550[K], 외부 표면온도가 545[K]일 때 열손실[kW]을 구하시오.

해답

열손실 $Q = \dfrac{4\pi k(t_1 - t_2)}{\dfrac{1}{r_1} - \dfrac{1}{r_2}} = \dfrac{4\pi \times 42.5 \times (550-545)}{\dfrac{1}{0.55} - \dfrac{1}{0.9}} \simeq 3{,}777[\text{W}] \simeq 3.78[\text{kW}]$

15 중유를 110[kg/h] 연소시키는 보일러가 있다. 이 보일러의 증기압력이 1[MPa], 급수온도가 50[℃], 실제증발량이 1,500[kg/h]일 때 보일러의 효율[%]을 구하시오(단, 중유의 저위발열량은 40,950[kJ/kg]이며 1[MPa]하에서 증기엔탈피는 2,864[kJ/kg], 50[℃] 급수엔탈피는 210[kJ/kg]이다).

해답

보일러의 효율 $\eta_B = \dfrac{G_a(h_2 - h_1)}{G_f \times H_L} = \dfrac{1{,}500 \times (2{,}864 - 210)}{110 \times 40{,}950} \simeq 0.8838 = 88.38[\%]$

16 연성계(압력계)에서 진공압력이 50[cmHg]를 나타내고 있을 때, 절대압력[kgf/cm^2]을 구하시오(대기압은 1[atm]이다).

해답

절대압력 = 대기압 − 진공압력 $= 760 - 500 = 260[\text{mmHg}\cdot\text{a}] = \dfrac{260}{760} \times 1.0332 \simeq 0.353[\text{kgf/cm}^2]$

2016년 제2회 과년도 기출복원문제

01 미리 정해진 순서에 따라서 순차적으로 진행되는 제어방식의 명칭을 쓰고, 적용 예를 5가지만 들어보시오.

해답

(1) 제어방식의 명칭
시퀀스제어

(2) 적용 예
① 자판기
② 신호등
③ 승강기
④ 자동세탁기
⑤ 전기밥솥

02 보일러 및 연소기는 점화나 착화 전에 반드시 프리퍼지(Pre-purge)를 하여야 한다. 그 이유를 간단히 기술하시오.

해답

점화나 착화 전에 반드시 프리퍼지(Pre-purge)를 하여야 하는 이유
보일러 가동 전 화실이나 노 내, 노통, 연도 내에 체류된 가연성 잔류가스를 외부로 배출시켜 점화나 착화 시 가스폭발을 방지하는 사전 안전조치를 하기 위함이다.

03 증기트랩은 증기와 응축수를 공학적 원리 및 내부구조에 의하여 구별하여 응축수만을 자동적으로 배출하는(개폐 또는 조절작용) 일종의 자동밸브이다. 보일러에 증기트랩을 설치했을 때의 효과를 3가지만 쓰시오.

해답

증기트랩 설치의 효과
① 수격현상(Water Hammering) 방지
② 관 내 유체저항 감소
③ 설비 부식 방지

04 흡수식 냉동기(Absorption System of Refrigeration)에 대해 간단히 설명하시오.

해답

흡수식 냉동기(Absorption System of Refrigeration)

저압조건에서 증발하는 냉매의 증발잠열을 이용하여 순환하는 냉수를 냉각시키고 흡수제에 혼합된 냉매를 외부 열원으로 가열하여 분해한 후 냉각수에 의해 응축되었다가 증발기로 보내지는 냉동순환사이클을 돌면서 냉방을 수행하는 냉동기이다. 냉매로는 물(H_2O), 흡수제로는 리튬브로마이드(LiBr)가 사용된다. 흡수식 냉동기의 4가지 주요 장치는 증발기, 흡수기, 재생기, 응축기이다.

05 연료전지의 재료로 사용 가능한 연료를 5가지만 쓰시오.

해답

연료전지로 사용 가능한 연료

① 수 소

② 천연가스

③ 나프타

④ 석탄가스

⑤ 메탄올

06 복사난방의 장점을 4가지만 쓰시오.

해답

복사난방의 장점

① 실내온도의 균등화로 쾌적도(쾌감도)가 증가한다.

② 방열기 설치가 불필요하여 바닥면 이용도가 증가한다.

③ 열손실이 감소한다.

④ 공기 대류 감소로 실내공기 오염도가 감소한다.

07 터널요(터널가마)의 구조부, 구성장치에 대해 각각 3가지씩 쓰시오.

해답

(1) 터널요의 구조부
① 예열부(예열대)
② 소성부(소성대)
③ 냉각부(냉각대)

(2) 터널요의 구성장치
① 대 차
② 샌드 실(Sand Seal)
③ 푸 셔

08 요로의 에너지 절감을 위한 열손실 방지 또는 열효율 증가방법을 5가지만 쓰시오.

해답

요로의 열효율 증가방법
① 전열량을 증가시킨다.
② 연속 조업으로 손실열을 최소화한다.
③ 환열기, 축열기를 설치한다.
④ 단열조치로 방사열량을 감소시킨다.
⑤ 배열을 이용하여 연소용 공기를 예열・공급한다.

09 스팀헤더에 설치된 스프링식 안전밸브에서 증기가 누설되는 원인을 3가지만 쓰시오.

해답

스팀헤더에 설치된 스프링식 안전밸브에서 증기가 누설되는 원인
① 스프링 장력이 약하거나 작동압력이 낮게 조정된 경우
② 밸브디스크와 밸브시트에 이물질이 존재할 경우
③ 밸브축이 이완되었거나 밸브와 밸브시트가 오염되었거나 가공 불량인 경우

10 보일러에서 기존 사용하던 연료를 수소(H_2)성분이 많은 연료로 변경한다면 배기가스 중 어떤 성분이 증가되는가?

해답

수소의 완전연소 방정식은 $2H_2 + O_2 \rightarrow 2H_2O$이다.
수소(H_2)와 산소(O_2)가 연소반응하면 수증기(H_2O)가 발생하므로, 사용하던 연료를 수소(H_2)성분이 많은 연료로 변경한다면 배기가스 중 수증기(H_2O)의 양이 증가한다.

11 과부하계전기 또는 서멀릴레이라고도 하는 열동계전기(THR ; Thermal Overload Relay)의 기능과 이 기능을 어떻게 실행하는지에 대해서 간단하게 설명하시오.

해답

열동계전기

과부하나 단락 등으로 인한 과전류 발생 시 모터를 보호하는 기능을 한다. 과전류가 흐를 때 발생하는 과열의 열전달 시에 열동계전기 내부에 들어 있는 바이메탈이 열팽창계수가 작은 쪽으로 휘는 것을 이용하여 전자접촉기의 전원을 차단하여 기기의 파손을 방지한다.

12 내벽 내화벽돌, 외벽 플라스틱 절연체로 시공된 이중벽이 있으며 시공 관련 자료는 다음과 같다.

- 내화벽돌 : 두께 20[cm], 열전도율 1.3[W/m · ℃], 내측온도 550[℃]
- 플라스틱 전열체 : 두께 10[cm], 열전도율 0.56[W/m · ℃], 외측온도 110[℃]

이때 다음을 계산하시오.

(1) 단위면적당 전열량[W/m^2]

(2) 내화벽돌과 플라스틱 절연체의 접촉면 온도[℃]

해답

내화벽돌을 1, 플라스틱 절연체를 2라고 하자.

(1) 단위면적당 전열량[W/m^2]

$$Q = K \cdot \Delta t = \frac{1}{\frac{b_1}{\lambda_1} + \frac{b_2}{\lambda_2}} \times \Delta t = \frac{1}{\frac{0.2}{1.3} + \frac{0.1}{0.56}} \times (550 - 110) \simeq 1{,}324[\mathrm{W}]$$

(2) 내화벽돌과 플라스틱 절연체의 접촉면 온도[℃]

접촉면 온도를 x[℃]라고 하면,

$$Q = \frac{1}{b_1/\lambda_1} \times F \times (t_2 - x)$$

$$\therefore\ x = t_2 - \frac{Q \times (b_1/\lambda_1)}{F} = 550 - \frac{1{,}324 \times (0.2/1.3)}{1} \simeq 346[℃]$$

13 다음의 조건으로 강판에 1줄 겹치기 리벳이음을 했다.

- 강판 : 두께 30[mm]
- 리벳구멍 : 지름 55[mm]
- 피치 : 85[mm]
- 피치당 걸리는 하중 : 1,000[kgf]

이때 다음을 구하시오.

(1) 강판에 발생되는 인장응력 σ_t[kgf/mm^2]

(2) 강판에 걸리는 전단응력 τ[kgf/mm^2]

(3) 강판효율[%]

(4) 리벳효율[%]

해답

(1) 인장응력 σ_t[kgf/mm^2]

$$\sigma_t = \frac{W}{(p-d)\times t} = \frac{1,000}{(85-55)\times 30} \simeq 1.1[\mathrm{kgf/mm^2}]$$

(2) 전단응력 τ[kgf/mm^2]

$$\tau = \frac{4W}{\pi d^2} = \frac{4\times 1,000}{\pi \times 55^2} \simeq 0.42[\mathrm{kgf/mm^2}]$$

(3) 강판효율[%]

$$\eta_1 = 1-\frac{d}{p} = 1-\frac{55}{85} \simeq 0.353 = 35.3[\%]$$

(4) 리벳효율[%]

$$\eta_2 = \frac{n\pi d^2 \tau}{4pt\sigma_t} = \frac{1\times \pi \times 55^2 \times 0.42}{4\times 85\times 30\times 1.1} \simeq 0.356 = 35.6[\%]$$

14 보일러에 설치된 절탄기(Economizer)를 이용하여 다음의 조건하에서 물의 온도를 58[℃]에서 88[℃]로 올렸을 때의 절탄기의 열효율은 얼마인지 구하시오.

- 절탄기에서 가열된 물의 양 : 53,000[kg/h]
- 배기가스량 : 65,000[kg/h]
- 물의 비열 : 4.184[kJ/kg・℃]
- 배기가스의 비열 : 1.02[kJ/kg・℃]
- 배기가스 온도 : 절탄기 입구 370[℃], 절탄기 출구 250[℃]

해답

$$\text{절탄기의 효율} = \frac{\text{물 가열에 소요된 열량}}{\text{배기가스의 손실열량}} = \frac{53{,}000 \times 4.184 \times (88-58)}{-\{65{,}000 \times 1.02 \times (250-370)\}} \simeq 0.836 = 83.6[\%]$$

15 압력 0.15[MPa], 온도 25[℃]인 유체 1[kg]이 폴리트로픽 과정을 거쳐서 온도가 270[℃]로 상승하였을 때 압력[MPa]과 압력비를 구하시오(단, 폴리트로픽 지수 $n = 1.33$이다).

해답

$$\frac{T_2}{T_1} = \left(\frac{P_2}{P_1}\right)^{\frac{n-1}{n}}$$

$$\frac{270+273}{25+273} = \left(\frac{P_2}{0.15}\right)^{\frac{1.33-1}{1.33}}$$

$$1.822 = \left(\frac{P_2}{0.15}\right)^{0.248}$$

양변에 $\frac{1}{0.248}$승을 취하면

$$1.822^{\frac{1}{0.248}} = \frac{P_2}{0.15}$$

$\therefore$ 압력 $P_2 = 0.15 \times 11.236 \simeq 1.685[\text{MPa}]$, 압력비 $\varepsilon = \frac{P_2}{P_1} = \frac{1.685}{0.15} \simeq 11.23$

16 다음의 보일러 운전조건을 근거로 하여 질문에 답하시오.

- 급수 : 사용량 3,300[kg/h], 온도 25[℃], 증발잠열 539[kcal/kg]
- 연료 : 발열량 8,990[kcal/kg], 사용량 250[kg/h]
- 습포화증기의 건도 : 0.93
- 전열면적 : 65[m^2]
- 엔탈피 : 포화수 160[kcal/kg]

(1) 습포화증기의 엔탈피[kcal/kg]를 구하시오.

(2) 상당증발량[kg/h]을 계산하시오.

(3) 전열면의 상당증발량[$kg/m^2 \cdot h$]을 구하시오.

(4) 보일러의 효율[%]을 계산하시오.

해답

(1) 습포화증기의 엔탈피[kcal/kg]

$$h_2 = h_1 + \gamma x = 160 + 539 \times 0.93 \simeq 661.27[\text{kcal/kg}]$$

(2) 상당증발량[kg/h]

$$G_e = \frac{G_a(h_2 - h_1)}{539} = \frac{3{,}300 \times (661.27 - 25)}{539} \simeq 3{,}895.53[\text{kg/h}]$$

(3) 전열면의 상당증발량[$kg/m^2 \cdot h$]

$$\text{전열면의 상당증발량} = \frac{3{,}895.53}{65} \simeq 59.93[\text{kg/m}^2 \cdot \text{h}]$$

(4) 보일러의 효율[%]

$$\eta = \frac{G_a(h_2 - h_1)}{G_f \times H_L} = \frac{3{,}300 \times (661.27 - 25)}{250 \times 8{,}990} \simeq 0.9342 = 93.42[\%]$$

2016년 제4회 과년도 기출복원문제

01 보일러에 발생 가능한 다음의 이상현상에 대해 간단히 설명하시오.

(1) 프라이밍(Priming) 현상

(2) 포밍(Foaming) 현상

(3) 캐리오버(Carry Over) 현상

해답

(1) 프라이밍(Priming) 현상

보일러 부하의 급변(급격한 증발현상, 압력 강하 등)으로 인하여 동 수면에서 작은 입자의 물방울이 증기와 혼입하여 튀어 오르는 현상으로, 올바른 수위 판단을 하지 못하게 한다.

(2) 포밍(Foaming) 현상

보일러수 내에 존재하는 용해 고형물, 유지분, 가스 등에 의하여 수면에 거품같이 기포가 덮이는 현상이다.

(3) 캐리오버(Carry Over) 현상

보일러수 중에 용해되고 부유하고 있는 고형물이나 물방울이 보일러에서 생산되는 증기에 혼입되어 보일러 외부로 튀어나가는 현상으로, 기수공발 또는 비수현상이라고도 한다. 캐리오버는 프라이밍과 포밍에 의해 발생한다.

02 고체연료의 공업분석에서 수분 측정 시 ① 기준온도, ② 기준시간, ③ 수분[%] 계산 공식을 각각 쓰시오.

해답

① 기준온도 : 107±2[℃]

② 기준시간 : 1시간

③ 수분[%] 계산 공식 $= \dfrac{\text{건조 감량 무게}}{\text{시료 무게}} \times 100[\%]$

03 보온재의 열전도도에 미치는 요인에 대한 다음 기술 중 (   ) 안에 들어갈 단어가 증가인 것의 기호, 감소인 것의 기호를 각각 구분하여 쓰시오.

㉠ 밀도(비중)이 클수록 (   )한다.
㉡ 보온능력이 클수록 (   )한다.
㉢ 흡습성이나 흡수성이 클수록 (   )한다.
㉣ 기공의 크기가 균일할수록 (   )한다.
㉤ 습도가 높을수록 (   )한다.

(1) 증 가

(2) 감 소

해답

(1) 증 가
㉠, ㉢, ㉤

(2) 감 소
㉡, ㉣

04 관류 보일러는 관으로 이루어진 시스템으로 구성된 보일러이다. 관류 보일러의 장점을 5가지만 쓰시오.

해답

관류 보일러의 장점

① 전열면적이 커서 효율이 높다.
② 순환비가 1이므로 증기드럼이 필요 없다.
③ 보일러 내에서 가열, 증발, 과열이 함께 이루어진다.
④ 점화 후 가동시간이 짧아도 증기 발생이 신속하다.
⑤ 관 배치가 자유로워 구조가 콤팩트하다.

05 부정형 내화물(Monolithic Refractories)의 종류와 사용 시 탈락방지기구를 각각 3가지만 쓰시오.

해답

(1) 부정형 내화물의 종류
① 캐스터블 내화물
② 플라스틱 내화물
③ 내화 모르타르

(2) 부정형 내화물 사용 시 탈락방지기구
① 메탈라스
② 앵 커
③ 서포터

06 보일러의 일반 부식에 대한 다음 설명 중 ( ) 안에 알맞은 내용을 써넣으시오.

> 보일러의 일반 부식은 어느 정도 면적이 있는 부식 및 국부적 부식이다. 보일러 내면의 순수한 철을 순수한 물에 넣으면 순수한 철과 순수한 물이 반응하여 철 표면에 (①)이라는 화합물이 생성되어 이것이 얇은 막으로 피복되어 표면이 안정화되므로 부식현상이 발생하지 않는다. 그러나 여기에 용존산소가 포함된 물이 첨가되면 철 표면의 안정된 피복 물질은 산화반응에 의하여 (②)이라는 화합물이 생성 및 침전되어 부식이 발생된다. 즉, 보일러수 내에 용존산소가 존재하면 철재 보일러의 내부가 부식되고 침전물이 생성된다.

해답

① 수산화 제1철[$Fe(OH)_2$]

② 수산화 제2철[$Fe(OH)_3$]

07 집진장치의 종류 중 세정식 집진장치의 장점과 단점을 각각 3가지씩만 쓰시오.

해답

(1) 세정식 집진장치의 장점

① 가동 부분이 적고 조작이 간단하다.

② 가연성 함진가스 세정에도 이용 가능하다.

③ 연속 운전이 가능하고 분진, 함진가스 종류와 무관하게 집진처리가 가능하다.

(2) 세정식 집진장치의 단점

① 다량의 물 또는 세정액이 필요하다.

② 집진물의 회수 시 탈수, 여과, 건조 등을 위한 별도의 장치가 필요하다.

③ 설비비가 고가이다.

08 증기원동소의 재열사이클 및 재생사이클에 대하여 각각 간단히 설명하시오.

해답

① 재열사이클 : 랭킨사이클을 개선한 사이클로, 재열을 사용하여 열효율을 향상시키고 터빈 출구 증기의 건도를 상승시켜 터빈날개의 부식을 방지하기 위한 사이클이다.

② 재생사이클 : 터빈에서 증기의 일부를 배출하여 급수를 가열하는 증기사이클이다.

09 강관에 스케일이 부착되면 열전도저항은 스케일 부착 전보다 몇 배가 증가하는지 아니면 감소하는지를 답하시오. 강관과 스케일의 데이터는 다음과 같다.

- 강관 : 열전도율 43[W/m·K], 두께 17[mm]
- 스케일 : 열전도율 3.3[W/m·K], 두께 2.5[mm]

해답

- 강관의 열전도저항 $R_1 = \frac{b_1}{\lambda_1} = \frac{0.017}{43} \simeq 3.95 \times 10^{-4} [\mathrm{m^2 \cdot K/W}]$
- 스케일의 열전도저항 $R_2 = \frac{b_2}{\lambda_2} = \frac{0.0025}{3.3} \simeq 7.58 \times 10^{-4} [\mathrm{m^2 \cdot K/W}]$

∴ 강관과 비교한 열전도저항비 $= \frac{R_1 + R_2}{R_1} = \frac{3.95 \times 10^{-4} + 7.58 \times 10^{-4}}{3.95 \times 10^{-4}} \simeq 2.9$배 증가

10 급수온도를 67[℃]에서 85[℃]로 올리면 연료 절감률은 몇 [%]가 되는가?(단, 발생증기의 엔탈피는 675[kcal/kg]이고, 보일러 효율은 변하지 않는다고 가정한다)

해답

$$\text{연료 절감률} = \frac{67[℃]\text{ 상태에서의 엔탈피차} - 85[℃]\text{ 상태에서의 엔탈피차}}{67[℃]\text{ 상태에서의 엔탈피차}}$$

$$= \frac{(675-67)-(675-85)}{675-67} \simeq 0.0296 = 2.96[\%]$$

11 다음의 자료를 기준으로, 증기관에 보온재를 시공하였을 때의 증기관의 열손실[kJ/h]을 계산하시오.

- 증기관 : 길이 10[m], 바깥지름 35[mm], 표면온도 103[℃]
- 보온재 : 두께 20[mm], 외부온도 23[℃], 열전도율 0.22[kJ/m·h·℃]

해답

- 강관의 바깥 반지름 $r_1 = \frac{0.035}{2} = 0.0175[\mathrm{mm}]$
- 보온재 시공 후의 바깥 반지름 $r_2 = 0.0175 + 0.02 = 0.0375[\mathrm{mm}]$

∴ 증기관의 열손실 $Q = K \cdot F \cdot \Delta t = \frac{2\pi L k(t_1 - t_2)}{\ln(r_2/r_1)} = \frac{2\pi \times 10 \times 0.22 \times (103-23)}{\ln(0.0375/0.0175)} \simeq 1{,}451[\mathrm{kJ/h}]$

12 다음의 자료를 이용하여 보일러 열정산 기준으로 증기 발생량[kg/h]을 구하시오.

- 보일러 : 전열면적 107[m^2], 효율 77[%]
- 연료 : 저위발열량 10,000[kcal/Nm^3], 고위발열량 11,000[kcal/Nm^3], 사용량 415[Nm^3/h]
- 급수온도 : 53[℃]
- 발생증기의 엔탈피 : 678[kcal/kg]

해답

보일러의 효율 $\eta = \dfrac{G_a(h_2 - h_1)}{G_f \times H_h}$

$\therefore$ 증기 발생량 $G_a = \dfrac{G_f \times H_h \times \eta}{h_2 - h_1} = \dfrac{415 \times 11{,}000 \times 0.77}{678 - 53} \simeq 5{,}624[\text{kg/h}]$

13 공기의 유속을 피토관으로 측정하였을 때 동압이 60[mmH_2O]이었다. 이때 유속[m/s]은?(단, 피토관 계수 1, 공기의 비중량 1.2[kgf/m^3]이다)

해답

피토관의 유속 $v = C\sqrt{2g\Delta h} = C\sqrt{2g(P_t - P_s)/\gamma} = 1 \times \sqrt{\dfrac{2 \times 9.8 \times 60}{1.2}} \simeq 31.3[\text{m/s}]$

14 2중관식 열교환기 내 68[kg/min]의 비율로 흐르는 물이 비열 1.9[kJ/kg · ℃]의 기름으로 20[℃]에서 30[℃]까지 가열된다. 이때 기름의 온도는 열교환기에 들어올 때 80[℃], 나갈 때 30[℃]이라면 대수평균온도차는 얼마인가?(단, 두 유체는 향류형으로 흐른다)

해답

- $\Delta t_1 = 80 - 30 = 50[℃]$
- $\Delta t_2 = 30 - 20 = 10[℃]$

$\therefore$ 대수평균온도차 $\Delta t_m = \dfrac{\Delta t_1 - \Delta t_2}{\ln(\Delta t_1/\Delta t_2)} = \dfrac{50 - 10}{\ln(50/10)} \simeq 24.85[℃]$

2017년 제1회 과년도 기출복원문제

01 연소실이나 연도 내에서 지속적으로 발생하는 울림현상인 가마울림현상 방지대책을 5가지만 쓰시오.

해답

가마울림현상 방지대책
① 수분이 적은 연료를 사용한다.
② 공연비를 개선(공기량과 연료량의 밸런싱)한다.
③ 연소실이나 연도를 개조한다.
④ 연소실 내에서 완전연소한다.
⑤ 2차 연소를 방지한다.

02 보일러에서 발생한 포화증기를 가열하여 증기의 온도를 높이는 장치인 과열기(Superheater)의 역할을 5가지만 쓰시오.

해답

과열기의 역할
① 이론 열효율 증가
② 마찰저항 감소
③ 관 내 부식 방지
④ 엔탈피 증가로 증기소비량 감소 효과
⑤ 수격작용 방지

03 관류 보일러는 긴 관의 일단에서 급수를 펌프로 압입하여 도중에서 가열, 증발, 과열을 한꺼번에 시켜 과열증기로 내보내는 보일러로서 드럼이 없고, 관만으로 구성된 보일러이다. 관류 보일러의 종류를 4가지만 쓰시오.

해답

관류 보일러의 종류
① 벤슨 보일러
② 슐저 보일러
③ 람진 보일러
④ 앳모스 보일러

04 **연속 자동제어의 동작 중 비례동작(P동작)의 특징을 4가지만 쓰시오.**

해답

비례동작(P동작)의 특징

① 잔류편차(Off-set) 현상이 발생한다.

② 주로 부하 변화가 작은 프로세스에 적용된다.

③ 비례대가 좁아질수록 조작량이 커진다.

④ 비례대가 매우 좁아지면 불연속 제어동작인 2위치 동작과 같아진다.

05 **보일러 운전 중 발생 가능한 이상현상의 하나인 캐리오버(Carry Over)의 방지대책을 4가지만 쓰시오.**

해답

캐리오버(Carry Over) 방지대책

① 주증기밸브를 서서히 연다.

② 관수의 농축을 방지한다.

③ 과부하를 피한다.

④ 기수분리기(스팀 세퍼레이터)를 이용한다.

06 **염기성 내화벽돌에서 공통적으로 일어날 수 있는 현상으로, 마그네시아질 내화물 또는 돌로마이트질 내화물의 성분인 MgO, CaO가 공기 중의 수분, 수증기를 흡수하여 $Mg(OH)_2$, $Ca(OH)_2$로 변화되면서 큰 비중 변화에 의한 체적 변화를 일으켜 조직이 약화되어 노벽에 균열이 발생하여 붕괴하는 현상을 무엇이라고 하는지 쓰시오.**

해답

슬래킹(Slaking) 현상

07 **보온재의 열전도율이 작을수록 보온효과가 크다. 보온재의 열전도율이 작아지는 경우를 4가지만 쓰시오.**

해답

보온재의 열전도율이 작아지는 경우

① 보온재의 두께가 두꺼울수록

② 보온재 재료의 밀도가 작을수록

③ 보온재 내 수분이 적을수록

④ 보온재 내부가 다공질이고 기공의 크기가 균일할수록

08 보일러의 자동제어에서 인터로크제어(Interlock Control)에 대해 간단히 설명하고, 인터로크의 종류를 5가지만 쓰시오.

해답

(1) 인터로크(Interlock)

조건이 충족되지 않으면 다음 동작이 진행되지 않고 중지되도록 하는 방법 또는 장치이다.

(2) 인터로크의 종류

① 프리퍼지 인터로크

② 압력 초과 인터로크

③ 저연소 인터로크

④ 불착화 인터로크(실화 인터로크)

⑤ 저수위 인터로크

09 급수조절기를 사용할 경우 수압시험 또는 보일러를 시동할 때 조절기가 작동하지 않게 하거나 수리, 교체하는 경우를 위하여 모든 자동 또는 수동제어밸브 주위에 설치하는 것은 무엇인지 쓰시오.

해답

바이패스관

10 가스로 중 주로 내열강재의 용기를 내부에서 가열하고 그 용기 속에 열처리품을 장입하여 간접 가열하는 노의 명칭은?

해답

머플로

11 메탄(CH_4) 2[Nm^3]를 완전연소시키는 데 필요한 이론공기량[Nm^3]은 얼마인가?(단, 공기 중 질소는 79[vol%], 산소는 21[vol%]이다)

해답

메탄의 연소방정식은 $CH_4 + 2O_2 \rightarrow CO_2 + 2H_2O$이다.

$$\therefore \text{ 이론공기량 } A_0 = \frac{O_0}{0.21} = \frac{2 \times 2}{0.21} \simeq 19.05[\mathrm{Nm^3}]$$

12 다음의 자료를 이용하여 연소장치의 연소효율(E_c)은 몇 [%]인지 계산하시오.

- 연료의 발열량(H_c) : 12,500[MJ/kg]
- 연재 중의 미연탄소에 의한 손실(H_1) : 55[MJ/kg]
- 불완전연소에 따른 손실(H_2) : 105[MJ/kg]

해답

$$\text{연소효율}(E_c) = \frac{H_c - H_1 - H_2}{H_c} = \frac{1{,}250 - 55 - 105}{1{,}250} = 0.9872 = 98.72[\%]$$

13 20[℃]의 물 10[kg]을 대기압하에서 100[℃]의 수증기로 완전히 증발시키는 데 필요한 열량[kJ]을 구하시오(단, 수증기의 증발잠열은 2,256[kJ/kg]이고, 물의 평균비열은 4.2[kJ/kg·K]이다).

해답

물을 수증기로 완전히 증발시키는 데 필요한 열량 $Q = Q_S + Q_L$

여기서, Q_S : 20[℃]의 물을 100[℃]의 포화수로 만드는 데 소요되는 가열량

Q_L : 잠열량, 100[℃]의 물을 100[℃]의 증기로 만드는 데 소요되는 가열량

- $Q_S = mC(t_2 - t_1) = 10 \times 4.2 \times (100 - 20) = 3{,}360[\text{kJ}]$
- $Q_L = m\gamma_0 = 10 \times 2{,}256 = 22{,}560[\text{kJ}]$

∴ 필요한 열량 $Q = Q_S + Q_L = 3{,}360 + 22{,}560 = 25{,}920[\text{kJ}]$

14 다음의 반응식을 근거로 하여 일산화탄소(CO) 1[kg]이 완전연소했을 때의 발열량[MJ/kmol]을 구하시오.

- 반응식 ① : $C + O_2 \rightarrow CO_2 + 403$[MJ/kmol]
- 반응식 ② : $C + \frac{1}{2}O_2 \rightarrow CO + 285$[MJ/kmol]

해답

① - ②를 하면 $CO + \frac{1}{2}O_2 \rightarrow CO_2 + 118$[MJ/kmol]이므로

일산화탄소(CO) 1[kg]의 발열량은 $\frac{118}{28} \simeq 4.2$[MJ/kmol]이다.

15 증기로 공기를 가열하는 열교환기에서 가열원으로 150[℃]의 증기가 열교환기 내부에서 포화 상태를 유지하고, 이때 유입공기의 입·출구온도는 20[℃]와 70[℃]이다. 열교환기에서의 전열량이 3,090[kJ/h], 전열면적이 12[m^2]이라고 할 때, 열교환기의 총괄 열전달계수[$kJ/m^2 \cdot h \cdot ℃$]를 구하시오.

해답

- $\Delta t_1 = 150 - 20 = 130[℃]$
- $\Delta t_2 = 150 - 70 = 80[℃]$

대수평균온도차 $\Delta t_m = \frac{\Delta t_1 - \Delta t_2}{\ln(\Delta t_1 / \Delta t_2)} = \frac{130 - 80}{\ln(130/80)} \simeq 103[℃]$이며,

열교환열량 $Q = K \cdot F \cdot \Delta t_m$이므로

∴ 총괄 열전달계수 $K = \frac{Q}{F \times \Delta t_m} = \frac{3{,}090}{12 \times 103} \simeq 2.5[kJ/m^2 \cdot h \cdot ℃]$

2017년 제2회 과년도 기출복원문제

01 보일러에서 연료 연소 후 발생되는 배출가스에 함유된 분진, 공해물질 등이 대기 중에 방출되지 않도록 모아 제거하는 장치인 집진장치를 3가지로 분류하고, 각각의 종류를 하나 이상씩 쓰시오.

해답

집진장치의 분류
(1) 건식 집진장치
① 중력식
② 관성력식
③ 원심력식
④ 백필터(여과식)
(2) 습식 집진장치
① 벤투리 스크러버
② 사이클론 스크러버
③ 세정탑
(3) 전기식 집진장치
① 코트렐 집진장치

02 보일러 연소 시의 이상현상 중의 하나인 역화(Back Fire)의 원인을 5가지만 쓰시오.

해답

역화(Back Fire)의 원인
① 가스의 분출속도보다 연소속도가 빨라질 경우
② 가스압력이 지나치게 낮을 때
③ 1차 공기가 적을 때
④ 혼합기체의 양이 너무 적은 경우
⑤ 노즐, 콕 등 기구밸브가 막혀 가스량이 극히 적어지는 경우

03 보일러의 배관에 신축 조인트(Expansion Joint, 신축이음)를 설치하는 목적 및 종류를 각각 3가지씩만 쓰시오.

해답

(1) 신축 조인트를 설치하는 목적
① 펌프에서 발생된 진동 흡수
② 배관에 발생된 열응력 제거
③ 배관의 신축 흡수로 배관 파손이나 밸브 파손 방지

(2) 신축 조인트의 종류
① 루프형
② 벨로스형
③ 상온 스프링형

04 신에너지와 재생에너지의 개발은 에너지원 다양화, 에너지의 안정적인 공급, 에너지 구조의 환경친화적 전환 및 온실가스 배출의 감소 등을 도모할 수 있다. 신에너지, 재생에너지의 종류를 각각 4가지씩만 나열하시오.

해답

(1) 신에너지의 종류
① 수소에너지
② 연료전지
③ 석탄을 액화·가스화한 에너지
④ 중질잔사유를 가스화한 에너지

(2) 재생에너지의 종류
① 태양에너지
② 풍력에너지
③ 수력에너지
④ 해양에너지

05 이 보일러는 절탄기(Economizer), 증발관(Evaporator), 과열기(Superheater)가 하나의 긴 관(Single Flow Tube)으로 구성되어 있으며, 급수펌프가 공급한 물은 순차적으로 예열, 증발하여 과열증기가 된다. 대표적인 보일러로는 벤슨 보일러와 슐저 보일러가 있다. 이 보일러의 명칭을 쓰시오.

해답

관류 보일러

06 비교회전도 또는 비속도(Specific Speed)는 무엇인지 간단히 설명하고, 이를 구하는 공식을 쓰시오.

해답

(1) 비회전도 또는 비속도(Specific Speed, N_s)

상사조건을 유지하면서 임펠러(회전차)의 크기를 바꾸어 단위유량에서 단위양정을 내게 할 때의 임펠러에 주어져야 할 회전수이다.

(2) 비교회전도(비속도)

① 단단의 경우, 비교회전도(비속도) : $N_s = \dfrac{n\times\sqrt{Q}}{h^{3/4}}$

② 다단의 경우, 비교회전도(비속도) : $N_s = \dfrac{n\times\sqrt{Q}}{(h/Z)^{3/4}}$

여기서, n : 회전수

Q : 유량

h : 양정

Z : 단수

07 다음에서 설명하고 있는 장치의 명칭을 쓰시오.

> 보일러의 노 안이나 연도에 배치된 전열면에 그을음이나 재가 부착하면 열의 전도가 나빠지므로 그을음이나 재를 제거처리하여 연소열 흡수를 양호하게 유지시키기 위한 장치이다. 작동 시 공기의 분류를 내뿜어 부착물을 청소하며 주로 수관 보일러에 사용된다.

해답

수트블로어(Soot Blower)

08 노통 연관식 보일러의 특징을 4가지만 쓰시오.

해답

노통 연관식 보일러의 특징

① 보일러의 크기에 비하여 전열면적이 크고 효율이 좋다.

② 내분식이므로 방산손실 열량이 적다.

③ 내부 청소가 간단하지 않고 급수처리가 필요하다.

④ 고압이나 대용량 보일러에는 적당하지 않다.

09 **유류 연소버너의 노즐압력이 증가하였을 때 발생하는 현상을 4가지만 쓰시오.**

해답

유류 연소버너의 노즐압력이 증가하였을 때 발생하는 현상

① 분사각이 명백해진다.

② 유입자가 약간 안쪽으로 가는 현상이 나타난다.

③ 유량이 증가한다.

④ 유입자가 작아진다.

10 **연소효율은 실제의 연소에 의한 열량을 완전연소했을 때의 열량으로 나눈 것으로 정의할 때, 실제 연소에 의한 열량을 계산하는 데 필요한 요소를 3가지만 쓰시오.**

해답

실제 연소에 의한 열량 계산 시 필요한 요소

① 연소가스 유출 단면적

② 연소가스 밀도

③ 연소가스 비열

11 **입구의 지름이 40[cm], 벤투리 목의 지름이 20[cm]인 벤투리 미터기로 공기의 유량을 측정하여 물-공기 시차액주계가 300[mmH₂O]를 나타냈을 때의 유량[m³/s]을 구하시오(단, 물의 밀도는 1,000[kg/m³], 공기의 밀도는 1.5[kg/m³], 유량계수는 1이다).**

해답

유량 $Q = CAv = CA\sqrt{\dfrac{2gh(\rho_w/\rho_a - 1)}{1-(d_2/d_1)^4}} = 1 \times \dfrac{\pi(0.2)^2}{4} \times \sqrt{\dfrac{2\times 9.8\times 0.3\times(1{,}000/1.5-1)}{1-(20/40)^4}} \simeq 2[\mathrm{m^3/s}]$

12 **어떤 중유 연소 보일러의 연소 배기가스의 조성이 체적비로 CO_2(SO_2 포함) 11.6[%], CO 0[%], O_2 6.0[%], 나머지는 N_2이었으며, 중유의 분석 결과 중량단위로 탄소 84.6[%], 수소 12.9[%], 황 1.6[%], 산소 0.9[%]로서 비중은 0.924이었다. 이때의 공기비(m)를 구하시오.**

해답

배기가스 중의 $N_2 = 100-(11.6+6) = 82.4[\mathrm{vol.\%}]$

$\therefore$ 공기비 $m = \dfrac{N_2}{N_2 - 3.76(O_2 - 0.5CO)} = \dfrac{82.4}{82.4 - 3.76\times(6-0.5\times 0)} \simeq 1.38$

13 **외경 76[mm], 내경 68[mm], 유효 길이 4,800[mm]의 수관 96개로 된 수관식 보일러가 있다. 이 보일러의 시간당 증발량[kg/h]을 구하시오(단, 수관 이외 부분의 전열면적은 무시하며, 전열면적 1[m²]당 증발량은 26.9[kg/h]이다).**

해답

수관 보일러의 전열면적 계산 시 외경을 적용한다.

전열면적 $A = \pi dln = \pi \times 0.076 \times 4.8 \times 96 \simeq 110[\mathrm{m}^2]$

∴ 수관식 보일러의 시간당 증발량 $G_B = \gamma_0(\pi dln) = 26.9 \times 110 \simeq 2{,}959[\mathrm{kg/h}]$

14 **옥내온도는 15[℃], 외기온도가 5[℃]일 때 콘크리트 벽(두께 10[cm], 길이 10[m] 및 높이 5[m])을 통한 열손실이 1,700[W]일 때, 외부 표면 열전달계수[W/m² · ℃]를 구하시오(단, 내부 표면 열전달계수는 9.0[W/m² · ℃]이고, 콘크리트 열전도율은 0.87[W/m² · ℃]이다).**

해답

열손실량 $Q = K \cdot F \cdot \Delta t$

$1{,}700 = K \times (5 \times 10) \times (15 - 5)$

$K = 3.4[\mathrm{W/m^2 \cdot ℃}]$

여기서, $K = \dfrac{1}{R} = \dfrac{1}{\dfrac{1}{\alpha_i} + \dfrac{b}{\lambda} + \dfrac{1}{\alpha_o}}$ 이므로

$$3.4 = \frac{1}{\dfrac{1}{9} + \dfrac{0.1}{0.87} + \dfrac{1}{\alpha_o}}$$

∴ 외부 표면 열전달계수 $\alpha_o \simeq 14.7[\mathrm{W/m^2 \cdot ℃}]$

15 **A공단에 위치한 보아리(주) 제1공장의 보일러 운전 데이터는 다음과 같다.**

- 사용 연료 : 저위발열량(H_L) 9,777[kcal/kg], 소비량 333[L/h], 비중 0.96(15[℃]), 온도 66[℃], 체적보정계수 $k=0.98-0.0007(t-49)$
- 급수(공급되는 물) : 급수량 3,500[L/h], 급수온도 85[℃], 비체적 0.00104[m³/kg]
- 포화증기 : 엔탈피 789[kcal/kg]
- 운전 중 보일러의 압력 : 1.0[MPa]

이 데이터를 근거로 하여 다음을 계산하시오.

(1) 급수 사용량 또는 증기 발생량[kg/h]

(2) 실제 연료소비량[kg/h]

(3) 보일러의 효율[%]

해답

(1) 급수 사용량 또는 증기 발생량[kg/h]

$$G_a = \frac{\text{급수량}}{\text{비체적}} = \frac{3,500 \times 10^{-3}}{0.00104} \simeq 3,365[\text{kg/h}]$$

(2) 실제 연료소비량[kg/h]

$$G_f = \text{비중} \times \text{체적보정계수} \times \text{연료소비량비중}$$
$$= 0.96 \times \{0.98 - 0.0007(66-49)\} \times 333 \simeq 309.5[\text{kg/h}]$$

(3) 보일러의 효율[%]

$$\eta = \frac{G_a(h_2 - h_1)}{G_f \times H_L} = \frac{3,365 \times (789-85)}{309.5 \times 9,777} \simeq 0.783 = 78.3[\%]$$

2017년 제4회 과년도 기출복원문제

01 **측정원리에 따른 접촉식 온도계의 종류를 4가지만 쓰시오.**

해답

측정원리에 따른 접촉식 온도계의 종류
① 열팽창을 이용한 온도계 : 바이메탈온도계
② 열기전력을 이용한 온도계 : 열전대온도계
③ 상태 변화를 이용한 온도계 : 서모컬러
④ 전기저항 변화를 이용한 것 : 서미스터

02 **수관 보일러(Water tube Boiler)는 상부 드럼(기수드럼)과 하부 드럼(수드럼) 사이에 다수의 작은 구경의 수관을 설치한 구조의 보일러이다. 수관 보일러의 장점을 4가지만 쓰시오.**

해답

수관 보일러의 장점
① 드럼이 작아 구조상 고온·고압의 대용량에 적합하다.
② 연소실 설계가 자유롭고 연료의 선택범위가 넓다.
③ 보일러수의 순환이 좋고 전열면 증발률이 크다.
④ 보유 수량이 적어 파열 시 피해가 작다.

03 **다음의 설명에 해당하는 집진장치의 명칭을 쓰시오.**

직류전원으로 불평등 전계를 형성하고 이 전계에 코로나 방전을 이용하여 가스 중의 입자에 전하를 주어 (-)로 대전된 입자를 전기력(쿨롱력)에 의해 집진극(+)으로 이동시켜 미립자를 분리 및 포집하는 집진장치로 압력손실이 낮고 집진효율이 우수하나 부하변동에 대응하기 어렵고 설비비가 비싸다.

해답

전기식 집진장치(코트렐식 집진장치)

04 산업공정 또는 주거 난방에서 발생하는 폐열을 난방, 온수, 산업공정 등에 이용하거나 전기를 생산하는 시스템인 열병합발전(CHP ; Combined Heat & Power)시스템의 장점과 단점을 각각 3가지씩만 쓰시오.

해답

(1) 열병합발전시스템의 장점
① 에너지 이용효율이 높다.
② 저질연료나 쓰레기 등의 폐자재를 활용한다.
③ 전력 수요 예측의 불확실성에 대한 대처가 용이하다.

(2) 열병합발전시스템의 단점
① 초기 투자비가 많이 든다.
② 진동, 소음에 대한 대책이 필요하다.
③ 열전용 보일러나 축열조 등의 보조설비가 필요하다.

05 폐열회수장치에 대한 다음의 설명 중 (　　) 안에 들어갈 알맞은 명칭을 쓰시오.

- (①) : 포화증기를 가열하여 과열증기를 생산하는 장치
- (②) : 보일러 배가가스 현열을 이용하여 급수를 예열하는 장치
- (③) : 보일러 배가가스 현열을 이용하여 공기를 예열하는 장치

해답

① 과열기
② 절탄기(Economizer) 또는 급수예열기
③ 공기예열기

06 보일러를 고수위로 운전할 때 발생이 가능한 장해를 4가지만 쓰시오.

해답

보일러 고수위 운전 시 발생 가능한 장해
① 프라이밍 및 포밍
② 캐리오버(기수공발)
③ 수격작용(Water Hammering)
④ 급수처리비용 증가

07 보온재가 지녀야 할 구비조건을 5가지만 쓰시오.

해답

보온재가 지녀야 할 구비조건

① 열전도율이 작고 보온능력이 클 것
② 적당한 기계적 강도를 지닐 것
③ 흡습성, 흡수성이 작을 것
④ 비중과 부피가 작을 것
⑤ 내열성, 내약품성이 우수할 것

08 전자유량계의 특징을 4가지만 쓰시오.

해답

전자유량계의 특징

① 유속 검출에 지연시간이 없다.
② 유체의 밀도와 점성의 영향을 받지 않는다.
③ 유로에 장애물이 없고 압력손실, 이물질 부착의 염려가 없다.
④ 다른 물질이 섞여 있거나 기포가 있는 액체도 측정 가능하다.

09 보일러 자동제어(ABC ; Automatic Boiler Control)를 위한 장치의 설계 및 사용 시의 주의사항을 4가지만 쓰시오.

해답

보일러 자동제어장치의 설계 및 사용 시의 주의사항

① 요구제어 정도 내로 관리되도록 잔류편차를 억제할 수 있을 것
② 응답성과 안정성이 우수할 것
③ 제어동작이 지연되지 않고 신속하게 이루어질 것
④ 제어량, 조작량이 과도하게 되지 않도록 할 것

10 다음의 3요소식 수위제어 계통도를 나타낸 블록선도 내의 ①, ②, ③에 해당하는 명칭을 각각 기입하시오.

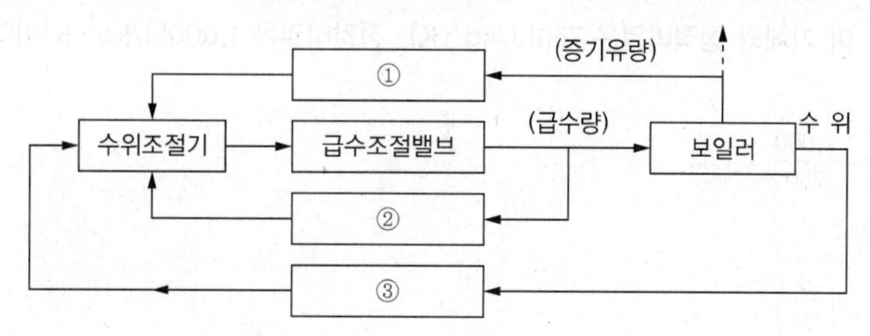

해답

① 증기유량발신기

② 급수유량발신기

③ 수위발신기

11 서로 평행한 무한히 큰 평판 2개가 다음의 조건으로 존재한다고 가정할 때, 단위면적당 복사전열량[kW/m²]은 얼마나 되는지를 계산하시오.

- 고온부 : 온도(T_1) 1,200[℃], 복사능(ε_1) 0.55
- 저온부 : 온도(T_2) 589[℃], 복사능(ε_2) 0.85
- 슈테판-볼츠만 상수(σ) : 5.67×10^{-8}[W/m² · K⁴]

해답

단위면적당 복사전열량

$$Q = \sigma \times F \times \frac{1}{\left(\frac{1}{\varepsilon_1} + \frac{1}{\varepsilon_2}\right) - 1} \times \left(T_1^4 - T_2^4\right)$$

$$= (5.67 \times 10^{-8}) \times 1 \times \frac{1}{\left(\frac{1}{0.55} + \frac{1}{0.85}\right) - 1} \times \{(1{,}200 + 273)^4 - (589 + 273)^4\} \simeq 118.1[\mathrm{kW/m^2}]$$

12 노벽의 두께가 200[mm]이고, 그 외측은 75[mm]의 보온재로 보온되고 있다. 노벽의 내부온도가 400[℃]이고, 외측온도가 38[℃], 노벽의 면적이 10[m²]일 때, 열손실 [W]을 구하시오(단, 노벽과 보온재의 평균 열전도율은 각각 3.3[W/m · ℃], 0.13[W/m · ℃]이다).

해답

열손실 $Q = K \cdot F \cdot \Delta t = \frac{1}{R} \times F \times \Delta t = \frac{1}{\frac{b_1}{\lambda_1} + \frac{b_2}{\lambda_2}} \times F \times \Delta t = \frac{1}{\frac{0.2}{3.3} + \frac{0.075}{0.13}} \times 10 \times (400 - 38) \simeq 5{,}678[\mathrm{W}]$

13 2[kg], 30[℃]인 이상기체가 100[kPa]에서 300[kPa]까지 가역단열과정으로 압축되었다면 최종온도[℃]는 얼마인지 계산하시오(단, 이 기체의 정적비열은 750[J/kg · K], 정압비열은 1,000[J/kg · K]이다).

해답

비열비 $k = \dfrac{C_p}{C_v} = \dfrac{1,000}{750} \simeq 1.33$

가역단열과정이므로

$$\frac{T_2}{T_1} = \left(\frac{V_1}{V_2}\right)^{k-1} = \left(\frac{P_2}{P_1}\right)^{\frac{k-1}{k}}$$

$$\frac{T_2}{30+273} = \left(\frac{300}{100}\right)^{\frac{1.33-1}{1.33}} \simeq 1.313$$

∴ 최종온도 $T_2 = 303 \times 1.313 \simeq 398[\text{K}] = 125[℃]$

14 압력 500[kPa], 온도 240[℃]인 과열증기와 압력 500[kPa]의 포화수가 정상 상태로 흘러들어와 섞인 후 같은 압력의 포화증기 상태로 흘러나간다. 1[kg]의 과열증기에 대하여 필요한 포화수의 양은 약 몇 [kg]인가?(단, 과열증기의 엔탈피는 3,063[kJ/kg]이고, 포화수의 엔탈피는 636[kJ/kg], 증발열은 2,109[kJ/kg]이다)

해답

과열증기가 잃은 엔탈피와 포화수가 얻은 열량이 같을 때 포화증기가 된다.

- 과열증기가 잃은 엔탈피 $= 3,063 - (636 + 2,109) = 318$
- 포화수가 얻은 열량 $= 2,109 \times G_W$

  $318 = 2,109 \times G_W$

∴ 포화수의 양 $G_W = \dfrac{318}{2,109} \simeq 0.15[\text{kg}]$

2018년 제1회 과년도 기출복원문제

01 **보일러 용수처리법 중 내처리방법에서 청관제를 사용하는 목적을 4가지만 쓰시오.**

해답

청관제를 사용하는 목적

① 보일러수의 pH 조정
② 보일러수의 연화
③ 보일러수의 탈산소
④ 가성취화 방지

02 **관 외부에서 음파를 보내어 관 내 유체의 체적유량을 측정하는 초음파유량계의 장점을 4가지만 쓰시오.**

해답

초음파유량계의 장점

① 압력손실이 없다.
② 대유량 측정용으로 적합하다.
③ 부식성 유체, 비전도성 액체의 유량 측정이 가능하다.
④ 고온·고압의 유체 측정이 가능하다.

03 **스프링 힘에 의해 디스크시트가 밀봉되는 밸브인 스프링식 안전밸브가 제대로 작동되지 않는 원인을 4가지만 쓰시오.**

해답

스프링식 안전밸브의 미작동 원인

① 스프링이 너무 조여 있거나 하중이 지나치게 많은 경우
② 밸브디스크가 밸브시트에 고착해 있는 경우
③ 밸브디스크와 밸브시트의 틈이 지나치게 크고, 디스크가 한쪽으로 기울어져 있는 경우
④ 밸브 각이 제대로 맞지 않고 뒤틀어진 경우

04 다음 노통 보일러의 노통의 개수를 각각 쓰시오.

(1) 코르니시 보일러 : 노통 ____개

(2) 랭커셔 보일러 : 노통 ____개

해답

(1) 코르니시 보일러 : 노통 1개

(2) 랭커셔 보일러 : 노통 2개

05 열과 관련된 다음의 용어를 간단히 정의하시오.

(1) 현 열

(2) 잠 열

(3) 비 열

(4) 전열량

해답

(1) 현 열

물질의 상태 변화 없이 온도 변화에만 필요한 열량

(2) 잠 열

물질의 온도 변화 없이 상태 변화에만 필요한 열량

(3) 비 열

1[kg]의 물체를 1[℃] 또는 1[K] 만큼 올리는 데 필요한 열량

(4) 전열량

물체의 현열과 잠열을 합한 단위질량당 총열량

06 팽출(Bulge)과 압궤(Collapse)에 대하여 각각 간단하게 정의하시오.

해답

① 팽출(Bulge) : 수관, 횡관 등에 부착된 스케일에 의한 과열 발생으로 인한 인장응력으로 인하여 부동팽창이 발생하여 관이 외부로 부풀어 올라 변형되는 현상이다.

② 압궤(Collapse) : 노통, 연관이 저수위 사고나 스케일에 의한 과열로 압축응력이 발생하여 내부로 오므라들어 변형을 일으키는 현상이다.

07 배관 내의 증기 또는 압축공기 내에 포함되어 있는 수분 및 관 내벽에 존재하는 수막 등을 제거하여 건포화증기 및 건조한 압축공기를 2차 측 기기에 공급하여 설비의 고장 및 오작동을 방지하여 시스템의 효율을 좋게 하는 장치인 기수분리기의 종류를 4가지만 나열하시오.

해답

기수분리기의 종류

① 배플식(차폐판식)
② 사이클론식
③ 스크러버식
④ 건조스크린식

08 대기압하에서 수증기를 더욱 가열하여 포화온도(대략 100[℃]) 이상 상태로 만든 고온의 수증기인 과열증기의 온도를 조절할 수 있는 방법을 3가지만 쓰시오.

해답

과열증기의 온도를 조절할 수 있는 방법

① 연소가스의 유량을 가감하는 방법
② 습증기의 일부를 과열기로 보내는 방법
③ 과열기 전용 화로를 설치하는 방법

09 저온 부식 및 고온 부식의 방지방법을 각각 4가지씩만 쓰시오.

(1) 저온 부식의 방지방법

(2) 고온 부식의 방지방법

해답

(1) 저온 부식의 방지방법
  ① 과잉공기를 적게 하여 연소한다.
  ② 연료 중의 황성분을 제거한다.
  ③ 연료첨가제(수산화마그네슘)을 이용하여 노점온도를 낮춘다.
  ④ 연소 배기가스의 온도가 너무 낮지 않게 한다.

(2) 고온 부식의 방지방법
  ① 연소가스의 온도를 낮게 한다.
  ② 고온의 전열면에 내식재료를 사용한다.
  ③ 연료에 첨가제를 사용하여 바나듐의 융점을 높인다.
  ④ 연료를 전처리하여 바나듐, 나트륨 등을 제거한다.

10 절탄기(Economizer)의 설치는 장점도 있지만 단점도 존재한다. 절탄기 설치 시의 단점을 4가지만 쓰시오.

해답

절탄기 설치 시의 단점

① 통풍저항 증가로 인한 연돌의 통풍력 저하
② 연소가스 마찰손실로 인한 통풍 손실
③ 저온 부식 발생
④ 연도 점검 및 검사 곤란

11 랭킨사이클에서 포화수 엔탈피 192.5[kJ/kg], 과열증기 엔탈피 3,002.5[kJ/kg], 습증기 엔탈피 2,361.8[kJ/kg]일 때 열효율[%]은?(단, 펌프의 동력은 무시한다)

해답

- h_1 : 포화수 엔탈피(펌프 입구 엔탈피)
- h_2 : 급수 엔탈피(보일러 입구 엔탈피)
- h_3 : 과열증기 엔탈피(터빈 입구 엔탈피)
- h_4 : 습증기 엔탈피(응축기 입구 엔탈피)

펌프의 동력을 무시하면 $h_2 \simeq h_1$이므로

$$\therefore \text{ 열효율 } \eta_R = \frac{h_3 - h_4}{h_3 - h_2} = \frac{h_3 - h_4}{h_3 - h_1} = \frac{3{,}002.5 - 2{,}361.8}{3{,}002.5 - 192.5} \simeq 0.228 = 22.8[\%]$$

12 비중 0.8의 알코올이 든 U자관 압력계가 있다. 이 압력계의 한 끝은 피토관의 전압부에, 다른 끝은 정압부에 연결하여 피토관으로 기류의 속도를 재려고 한다. U자관의 읽음의 차가 78.8[mm], 대기압력이 1.0266×10⁵[Pa abs], 온도 21[℃]일 때 기류의 속도를 구하시오(단, 기체상수 R = 287[N·m/kg·K]이다).

해답

$$\rho = \frac{P}{RT} = \frac{1.0266 \times 10^5}{287 \times (21 + 273)} \simeq 1.217[\text{kg/m}^3]$$

$$\therefore \text{ 기류의 속도 } v = \sqrt{2gh\left(\frac{\rho_s}{\rho} - 1\right)} = \sqrt{2 \times 9.8 \times \frac{78.8}{1{,}000}\left(\frac{1{,}000 \times 0.8}{1.217} - 1\right)} \simeq 31.8[\text{m/s}]$$

13 K공장의 대형 부품 F의 가공 시 공작기계에서 발생되는 열을 제거하기 위하여 냉동기와 공조기를 이용하여 냉방을 하는 중 공조기의 외부 급기댐퍼를 45[%]에서 77[%]로 증가시켜 외기 도입을 개선했다. 이때 냉동기의 부하 감소량 [kcal/h]을 다음의 데이터를 활용하여 계산하시오.

- 공조기 : 통풍량 55,555[m^3/h]
- 외기온도 : 22[℃]
- 공기 밀도 : 1.23[kg/m^3]
- 개선 전 : 실내온도 25[℃], 상대습도 58[%], 엔탈피 12.3[kcal/kg]
- 개선 후 : 실내온도 23[℃], 상대습도 58[%], 엔탈피 11.1[kcal/kg]

해답

부하 변화량 = 공기질량 × 외기 급기댐퍼 증가량 × 엔탈피차 공기질량

$= (55,555 \times 1.23) \times (0.77 - 0.45) \times (11.1 - 12.3) \simeq -26,240$[kcal/h]

∴ 부하 감소량은 26,240[kcal/h]이다.

14 온도가 21[℃]에서 상대습도 60[%]의 공기를 압력은 변화하지 않고 온도를 22.5[℃]로 할 때, 다음의 자료를 활용하여 공기의 상대습도를 구하시오.

온도[℃]	물의 포화증기압[mmHg]
20	16.54
21	17.83
22	19.12
23	20.41

해답

- 온도 21[℃], 상대습도 60[%]에서의 수증기의 분압 $P_w = \phi \times P_s = 0.6 \times 17.83 = 10.698$[mmHg]
- 22.5[℃]에서의 물의 포화증기압 $P_s = 19.12 + \frac{22.5 - 22}{23 - 22} \times (20.41 - 19.12) = 19.765$[mmHg]

∴ 22.5[℃]에서의 상대습도 $\phi = \frac{P_w}{P_s} \times 100[\%] = \frac{10.698}{19.765} \times 100[\%] \simeq 54.13[\%]$

15 위치에너지의 변화를 무시할 수 있는 단열노즐 내를 흐르는 공기의 출구속도가 600[m/s]이고, 노즐 출구에서의 엔탈피가 입구에 비해 179.2[kJ/kg] 감소할 때 공기의 입구속도는 약 몇 [m/s]인가?

해답

$_1\dot{Q}_2 = 0$, $\dot{W}_t = 0$

$$_1\dot{Q}_2 = \dot{W}_t + \frac{\dot{m}(v_2^2 - v_1^2)}{2} + \dot{m}(h_2 - h_1) + \dot{m}g(Z_2 - Z_1)$$

$$0 = \frac{\dot{m}(v_2^2 - v_1^2)}{2} + \dot{m}(h_2 - h_1)$$

$$0 = \frac{(600^2 - v_1^2)}{2} - 179.2 \times 10^3$$

∴ 공기의 입구속도 $v_1 \simeq 40[\mathrm{m/s}]$

2018년 제2회 과년도 기출복원문제

01 **다음에 열거된 기체연료의 체적당 저위발열량이 큰 것부터 작은 것의 순서대로 각각에 붙여진 번호를 나열하시오.**

① 메 탄	② 프로판
③ 부 탄	④ 에 탄
⑤ 옥 탄	⑥ 아세틸렌

해답

⑤ → ③ → ② → ④ → ⑥ → ①

※ 탄화수소의 체적당 저위발열량은 분자량이 클수록 크다.

02 **감압밸브 설치 시 주의사항을 5가지만 쓰시오.**

해답

감압밸브 설치 시 주의사항

① 감압밸브는 부하설비에 가깝게 설치한다.

② 감압밸브는 반드시 스트레이너를 설치한다.

③ 감압밸브 1차 측에는 편심 리듀서가 설치되어야 한다.

④ 감압밸브 앞에는 기수분리기 또는 스팀트랩에 의해 응축수가 제거되어야 한다.

⑤ 해체나 분해 시를 대비하기 위하여 바이패스라인을 설치한다. 이때 바이패스라인의 관지름은 주배관의 지름보다 작아야 한다.

03 **다음에서 언급하고 있는 자동제어의 명칭을 쓰시오.**

미리 정해진 순서에 따라 순차적으로 진행하는 제어방식으로 교통 신호등, 보일러 점화 및 소화에 사용된다.

해답

시퀀스제어(Sequence Control)

04 급수설비에서 유체의 역류를 방지하기 위한 것으로 밸브의 무게와 밸브의 양면 간 압력차를 이용하여 밸브를 자동으로 작동시켜 유체가 한쪽 방향으로만 흐르도록 한 밸브의 명칭을 쓰고, 이 밸브의 종류를 3가지만 나열하시오.

해답

(1) 밸브의 명칭

체크밸브(Check Valve)

(2) 체크밸브의 종류

① 리프트식

② 스윙식

③ 해머리스식(스모렌스키식)

05 보일러에서 발생 가능한 부식에 대한 다음의 질문에 답하시오.

(1) 고온 부식, 저온 부식이 발생할 수 있는 장치를 각각 2가지씩만 쓰시오.

(2) 고온 부식을 발생시키는 원소를 2가지 쓰시오.

(2) 고온 부식의 방지방법을 4가지만 쓰시오.

해답

(1) 고온 부식, 저온 부식이 발생할 수 있는 장치

① 고온 부식이 발생 가능한 장치 : 과열기, 재열기

② 저온 부식이 발생 가능한 장치 : 절탄기, 공기예열기

(2) 고온 부식을 발생시키는 원소

① 바나듐(V)

② 나트륨(Na)

(3) 고온 부식의 방지방법

① 연소가스의 온도를 낮춘다.

② 고온의 전열면에 내식재료를 사용한다.

③ 연료에 첨가제를 사용하여 바나듐의 융점을 높인다.

④ 연료를 전처리하여 바나듐, 나트륨 등을 제거한다.

06 대기압하에서 수증기를 더욱 가열하여 포화온도(대략 100[℃]) 이상 상태로 만든 고온의 수증기인 과열증기의 온도를 일정하게 유지할 수 있는 방법을 4가지만 쓰시오.

해답

과열증기의 온도를 일정하게 유지하기 위한 방법

① 연소가스량을 조절한다.

② 과열저감기를 사용한다.

③ 저온가스를 재순환시킨다.

④ 화염 위치를 변경한다.

07 다음 보온재의 두께가 같을 때 각 보온재에 붙여진 번호를 보온성이 우수한 순서대로 나열하시오.

① 석 면	② 페놀폼
③ 글라스 울	④ 폴리스티렌폼
⑤ 펄라이트	

해답

⑤ → ① → ③ → ② → ④

08 증기관의 도중에 설치하여 증기를 사용하는 설비의 배관 내에 고여 있는 응축수(증기의 일부가 드레인된 상태)를 자동 배출시키는 장치인 증기트랩의 설치목적을 3가지만 쓰시오.

해답

증기트랩의 설치목적

① 응축수에 의한 설비 부식 방지

② 응축수 배출로 수격작용 발생 억제

③ 관 내 유체 흐름에 대한 마찰저항 감소

09 저수위차단기(Low Water Level Cut-off Device)의 기능을 3가지만 쓰시오.

해답

저수위차단기의 기능

① 급수 자동 조절

② 저수위 경보

③ 연료 차단

10 흡수제를 사용하여 연소가스의 주성분인 이산화탄소(CO_2), 산소(O_2), 일산화탄소(CO)를 순서대로 분석 및 측정하는 화학적 가스분석기의 명칭을 쓰시오.

해답

오르사트 가스분석기

11 두께 20[cm] 벽돌의 내측에 10[mm]의 모르타르와 5[mm]의 플라스터 마무리를 시행하고, 외측은 두께 15[mm]의 모르타르 마무리를 시공하였다. 다음의 자료를 근거로 하여 단위면적당 손실열량[W]을 구하시오.

- 온도 : 외기 20[℃], 노 내부 1,000[℃]
- 실내 측벽 열전달계수 $\alpha_i = 8$[W/m^2 · ℃]
- 실외 측벽 열전달계수 $\alpha_o = 20$[W/m^2 · ℃]
- 플라스터 열전도율 $\lambda_1 = 0.5$[W/m · ℃]
- 모르타르 열전도율 $\lambda_2 = 1.3$[W/m · ℃]
- 벽돌 열전도율 $\lambda_3 = 0.65$[W/m · ℃]

해답

$$\text{총열관류율 } K = \frac{1}{R} = \frac{1}{\left(\frac{1}{\alpha_i} + \sum \frac{b}{\lambda} + \frac{1}{\alpha_o}\right)}$$

$$= \frac{1}{\frac{1}{8} + \left(\frac{0.2}{0.65} + \frac{0.01}{1.3} + \frac{0.005}{0.5} + \frac{0.015}{1.3}\right) + \frac{1}{20}} \simeq 1.95[\text{W/m}^2 \cdot ℃]$$

$\therefore$ 단위면적당 손실열량 $Q = K \cdot \Delta t = 1.95 \times (1{,}000 - 20) = 1{,}911[\text{W}]$

12 연도가스를 분석한 결과값이 각각 CO_2 12.6[%], O_2 6.4[%]일 때 CO_{2max} 값을 구하시오.

해답

$$CO_{2max} = \frac{21 \times CO_2[\%]}{21 - O_2[\%]} = \frac{21 \times 12.6}{21 - 6.4} = 18.1[\%]$$

13 유속식 유량측정계의 일종인 피토관을 물속에 설치하여 측정한 결과 전압 15[mH_2O], 유속 13[m/s]임을 알아냈다. 이때 동압과 정압을 각각 [kPa] 단위로 구하시오.

해답

전압을 P_t, 동압을 P_d, 정압을 P_s라 하면 $P_d = P_t - P_s$이다.

유속 $v = \sqrt{2gh} = \sqrt{2g \cdot P_d}$이므로

동압 $P_d = \frac{v^2}{2g} = \frac{13^2}{2 \times 9.8} \simeq 8.6[\mathrm{mH_2O}]$이며,

정압 $P_s = P_t - P_d = 15 - 8.6 = 6.4[\mathrm{mH_2O}]$이다.

따라서, 동압과 정압을 각각 [kPa] 단위로 환산하면 다음과 같다.

- 동압 $P_d \simeq 8.6[\mathrm{mH_2O}] = \frac{8.6}{10.332} \times 101.325[\mathrm{kPa}] \simeq 84.3[\mathrm{kPa}]$
- 정압 $P_s \simeq 6.4[\mathrm{mH_2O}] = \frac{6.4}{10.332} \times 101.325[\mathrm{kPa}] \simeq 62.8[\mathrm{kPa}]$

14 보일러 냉각기의 진공도가 700[mmHg]일 때 절대압[$kg/cm^2 \cdot a$]을 계산하시오.

해답

절대압 $P_a = \frac{760 - 700}{760} \times 1.0332 \simeq 0.08[\mathrm{kg/cm^2 \cdot a}]$

15 경유 1,000[L]를 연소시킬 때 발생하는 탄소량은 약 몇 [TC]인지 구하시오(단, 경유의 석유환산계수는 0.92 [TOE/kL], 탄소배출계수는 0.837[TC/TOE]이다).

해답

발생 탄소량 = 연료량 × 석유환산계수 × 탄소배출계수

$= 1 \times 0.92 \times 0.837 = 0.77[\mathrm{TC}]$

16 연소실 전열면적이 55[m^2]인 보일러를 가동하기 위하여 저위발열량이 9,500[kcal/kg]인 연료를 283[kg/h] 사용했다. 이때 실제증발량이 2,750[kg/h]이고, 급수온도는 47[℃], 발생증기의 엔탈피는 777[kcal/kg]일 때 다음을 구하시오.

(1) 상당증발량[kg/h]

(2) 상당증발배수

(3) 보일러의 효율[%]

해답

(1) 상당증발량[kg/h]

$$G_e = \frac{G_a(h_2 - h_1)}{539} = \frac{2,750 \times (777 - 47)}{539} \simeq 3,724.5[\text{kg/h}]$$

(2) 상당증발배수

$$\frac{G_e}{G_f} = \frac{3,724.5}{283} \simeq 13\text{배}$$

(3) 보일러의 효율[%]

$$\eta = \frac{G_a(h_2 - h_1)}{G_f \times H_L} = \frac{2,750 \times (777 - 47)}{283 \times 9,500} \simeq 74.7[\%]$$

2018년 제4회 과년도 기출복원문제

01 보일러 및 열사용설비에 발생하는 부식에는 일반 부식, 알칼리 부식, 점식 등이 있다. 이들의 특성을 각각 간단히 설명하시오.

해답

① 일반 부식 : 금속면에 일정한 양식으로 발생하는 부식으로, 부식 생성물의 성상과 환경조건에 따라 부식 생성물질이 발생면에 부착하거나 부착하지 않고 흘러 지나가면서 금속면을 노출시키는 경우가 있다. 일반 부식은 일반적으로 강하게 발생하지는 않으나 부식 생성물로 인하여 2차 부식의 원인을 제공한다.

② 알칼리 부식 : 고온수에서 알칼리 농도가 높아 pH가 12 이상의 강알칼리성으로 될 경우, 철의 산화물을 용해하는 경향이 강하기 때문에 알칼리 부식을 발생시킨다. 알칼리 부식은 주로 보일러 내부나 과열관, 열사용설비 등의 내면에 발생된다. 철 수산화물($Fe(OH)_2$)은 국부적으로 집중된 수산화나트륨과 반응하여 가용성의 Na_2FeO_2(Sodium Ferrite)를 생성하여 알칼리 부식이 진행된다.

$Fe(OH)_2 + 2NaOH \rightarrow Na_2FeO_2 + 2H_2O$

$Fe + 2NaOH \rightarrow Na_2FeO_2 + H_2$

③ 점식 : 국부적으로 깊이 발생하는 부식으로, 일정범위에 약간만 발생하더라도 부식이 깊어지기 때문에 기계적 강도를 직접 저하시킬 위험성이 큰 부식이다.

02 다음의 문장 중 (   ) 안에 들어갈 내용을 쓰시오.

- 증기 등의 열매체를 수송하거나 저장을 위한 배관 및 그 밖에 부속설비에 있어서 (㉠)을(를) 위하여 표면온도, 배관 및 스팀트랩, 기타 부속기기 등의 점검주기에 대한 (㉡)을(를) 설정하여 이행한다.
- 열수송 및 저장설비 평균 표면온도의 목표치는 주위온도에 (㉢)을(를) 더한 값 이하로 한다.

※ 출처 : 에너지관리기준 제18조

해답

㉠ 열손실 방지

㉡ 관리표준

㉢ 30[℃]

03 다음은 무엇에 대한 내용인지 각각 그 명칭을 쓰시오.

(1) 일정 부가가치 또는 생산액을 생산하기 위해 투입된 에너지의 양을 말하며, 건물의 경우는 단위면적당 연간 에너지 사용량

(2) 중간기 또는 동절기에 발생하는 냉방부하를 실내 기준온도보다 낮은 도입 외기에 의하여 제거 또는 감소시키는 장치

(3) 윗면에만 다수의 구멍을 뚫은 대형 관을 증기실 꼭대기에 부착하여 상부로부터 증기를 평균적으로 인출하고, 증기 속의 물방울은 하부에 뚫린 구멍으로부터 보일러수 속으로 떨어지도록 한 것

해답

(1) 에너지원단위

(2) 절탄기

(3) 비수방지관

04 유속식 유량계에 해당하는 피토관식 유량계에 대한 다음의 질문에 답하시오.

(1) 피토관식 유량계의 유량 측정에 이용된 물리적 원리의 명칭을 쓰시오.

(2) 피토관식 유량계의 사용 시 주의사항을 4가지만 쓰시오.

해답

(1) 피토관식 유량계의 유량 측정에 이용된 물리적 원리의 명칭

베르누이 방정식(베르누이 정리)

(2) 피토관식 유량계 사용 시 주의사항

① 피토관의 헤드 부분은 유동 방향에 대해 평행하게 부착한다.

② 흐름에 대해 충분한 강도를 가져야 한다.

③ 5[m/s] 이하의 기체에는 부적당하다.

④ 더스트(Dust), 미스트(Mist) 등이 많은 유체에 부적합하다.

05 다음에서 설명하는 인터로크의 명칭을 각각 쓰시오.

(1) 보일러를 자동 운전할 경우 송풍기가 작동되지 않으면 연료 공급 전자밸브가 열리지 않는 인터로크
(2) 제한설정압력 초과 시 연료 공급을 차단시키는 인터로크
(3) 운전 중 연소 상태 불량, 연소 초기·연소 정지 시 최대 부하의 30[%] 정도의 저연소 전환 시 연소 전환이 안 되면 연료 공급을 차단시키는 인터로크
(4) 착화버너의 소염에 의해 주버너 점화 시 일정시간 내 점화되지 않거나 운전 중에 실화되면 연료 공급을 차단시키는 인터로크
(5) 보일러의 수위가 안전수위 이하가 될 때 연료 공급을 차단시키는 인터로크

해답

(1) 프리퍼지 인터로크
(2) 압력초과 인터로크
(3) 저연소 인터로크
(4) 불착화 인터로크(실화 인터로크)
(5) 저수위 인터로크

06 유류버너의 선정기준을 4가지만 쓰시오.

해답

유류버너의 선정기준

① 가열조건과 연소실 구조에 적합하여야 한다.
② 버너 용량이 보일러 용량에 적합하여야 한다.
③ 부하변동에 따른 유량 조절범위를 고려하여야 한다.
④ 자동제어방식에 적합한 버너형식을 고려하여야 한다.

07 연료유 중의 슬러지, 협잡물 등을 제거하는 역할을 수행하는 장치인 스트레이너(Strainer) 설치로 얻을 수 있는 효과를 4가지만 쓰시오.

해답

스트레이너(Strainer) 설치효과

① 펌프를 보호한다.
② 유량계를 보호한다.
③ 연료 노즐 및 연료유 조절밸브를 보호한다.
④ 분무효과를 높여 연소를 양호하게 하고 연소 생성물을 억제한다.

08 게이트밸브(Gate Valve)의 특징을 4가지만 쓰시오.

해답

게이트밸브의 특징

① 유체가 밸브 내를 통과할 때 그 통로의 변화가 작으므로 압력손실이 작다.

② 핸들 회전력이 글로브밸브에 비해 가벼워 대형 및 고압밸브에 사용된다.

③ 원통지름 그대로 열리므로 양정이 크게 되어 개폐에 시간이 걸린다.

④ 밸브를 절반 정도 열고 사용하면 와류가 생겨 유체저항이 크게 되어 유량특성이 나빠지므로 이 밸브는 완전 개폐용으로 사용하는 것이 좋다.

09 노통 보일러에 갤러웨이 관을 직각으로 설치하는 이유를 3가지만 쓰시오.

해답

노통 보일러에 갤러웨이 관을 직각으로 설치하는 이유

① 노통을 보강하기 위하여

② 보일러수의 순환을 돕기 위하여

③ 전열면적을 증가시키기 위하여

10 열전대온도계의 특징을 4가지만 쓰시오.

해답

열전대온도계의 특징

① 습기에 강하다.

② 열기전력의 차를 이용한 것이다.

③ 자기가열에 주의할 필요 없다.

④ 온도에 대한 열기전력이 크며 내구성이 좋다.

11 증기압력 120[kPa]의 포화증기(포화온도 104.25[℃], 증발잠열 2,245[kJ/kg]를 내경 52.9[mm], 길이 50[mm]인 강관을 통해 이송하고자 할 때 트랩 선정에 필요한 응축수량[kg]을 구하시오(단, 외부온도 0[℃], 강관의 질량 300[kg], 강관비열 0.46[kJ/kg · ℃]이다).

해답

$Q = mC\Delta t = w\gamma_0$

∴ 트랩 선정에 필요한 응축수량 $w = \dfrac{mC\Delta t}{\gamma_0} = \dfrac{300 \times 0.46 \times (104.25 - 0)}{2{,}245} \simeq 6.4[\text{kg}]$

12 다음 그림은 랭킨사이클의 온도-엔트로피($T-S$)선도이다. h_1 = 192[kJ/kg], h_2 = 194[kJ/kg], h_3 = 2,802[kJ/kg], h_4 = 2,010[kJ/kg]일 때, 열효율[%]을 구하시오.

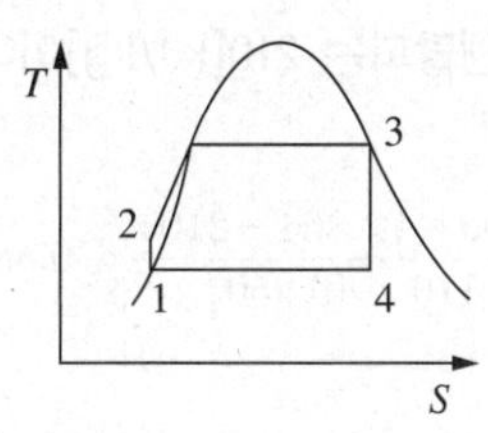

해답

랭킨사이클의 열효율 $\eta_R = \dfrac{W_{net}}{Q_1} = \dfrac{h_3 - h_4}{h_3 - h_1} = \dfrac{2{,}802 - 2{,}010}{2{,}802 - 192} \simeq 30.3[\%]$

13 노벽의 두께가 200[mm]이고, 그 외측은 75[mm]의 보온재로 보온되고 있다. 노벽의 내부온도가 400[℃]이고, 외측온도가 38[℃]이며, 노벽의 면적이 10[m²]일 때 열손실[W]을 구하시오(단, 노벽과 보온재의 평균 열전도율은 각각 3.3[W/m · ℃], 0.13[W/m · ℃]이다).

해답

열손실 $Q = K \cdot F \cdot \Delta t = \dfrac{1}{R} \times F \times \Delta t = \dfrac{1}{\dfrac{b_1}{\lambda_1} + \dfrac{b_2}{\lambda_2}} \times F \times \Delta t = \dfrac{1}{\dfrac{0.2}{3.3} + \dfrac{0.075}{0.13}} \times 10 \times (400 - 38) \simeq 5{,}678[\text{W}]$

14 두께가 10[mm]인 강판에 리벳구멍의 지름 17[mm], 피치 75[mm]의 1줄 겹치기 리벳이음을 했을 때의 이음효율[%]을 구하시오(단, 리벳의 전단강도는 강판의 인장강도의 2.5배이다).

해답

- 강판효율 $\eta_1 = 1 - \dfrac{d}{p} = 1 - \dfrac{17}{75} \simeq 0.773 = 77.3[\%]$
- 리벳효율 $\eta_2 = \dfrac{n\pi d^2 \tau}{4pt\sigma_t} = \dfrac{1 \times \pi \times 17^2 \times 2.5\sigma_t}{4 \times 75 \times 10 \times \sigma_t} \simeq 0.757 = 75.7[\%]$

이음효율 η는 η_1과 η_2 중 작은 값을 택한다.

∴ 이음효율 $\eta = \eta_2 = 75.7[\%]$

15 중유를 110[kg/h] 연소시키는 보일러가 있다. 이 보일러의 증기압력이 1[MPa], 급수온도가 50[℃], 실제증발량이 1,500[kg/h]일 때 보일러의 효율[%]을 구하시오(단, 중유의 저위발열량은 40,950[kJ/kg]이며, 1[MPa]하에서 증기엔탈피는 2,864[kJ/kg], 50[℃] 급수엔탈피는 210[kJ/kg]이다).

해답

보일러의 효율 $\eta_B = \dfrac{G_a(h_2 - h_1)}{G_f \times H_L} = \dfrac{1{,}500 \times (2{,}864 - 210)}{110 \times 40{,}950} \simeq 0.8838 = 88.38[\%]$

16 수증기를 사용하는 기본 랭킨사이클의 복수기 압력이 10[kPa], 보일러 압력이 2[MPa], 터빈일이 792[kJ/kg], 복수기에서 방출되는 열량이 1,800[kJ/kg]일 때 열효율[%]을 구하시오(단, 펌프에서 물의 비체적은 $1.01 \times 10^{-3}[m^3/kg]$이다).

해답

$W_p = \nu_1(P_2 - P_1) = 1.01 \times 10^{-3} \times (2{,}000 - 10) \simeq 2.01[kJ/kg]$

∴ 열효율 $\eta_R = \dfrac{W_t - W_p}{Q_1} = \dfrac{792 - 2.01}{792 + 1{,}800} \simeq 0.305 = 30.5[\%]$

17 5[kg/cm² · g]의 응축수열을 회수하여 재사용하기 위하여 다음의 조건으로 설치한 Flash Tank의 재증발 증기량 [kg/h]을 구하시오.

- 응축수량 : 2[t/h]
- 응축수 엔탈피 : 159[kcal/kg]
- Flash Tank에서의 재증발 증기엔탈피 : 646[kcal/kg]
- Flash Tank 배출 응축수 엔탈피 : 120[kcal/kg]

해답

플래시탱크의 재증발 증기량 $W = \dfrac{G_c \times \Delta Q}{h_L} = \dfrac{G_c(h_1 - h_2)}{h_3 - h_2} = \dfrac{2{,}000 \times (159 - 120)}{646 - 120} \simeq 148.3[kg/h]$

2019년 제1회 과년도 기출복원문제

01 열전대(Thermocouple)의 구비조건을 4가지만 쓰시오.

해답

열전대(Thermocouple)의 구비조건

① 온도 상승에 따른 열기전력이 클 것

② 열전도율, 전기저항, 온도계수가 작을 것

③ 기계적 강도가 크고 내열성, 내식성이 있을 것

④ 장시간 사용에 견디며 이력현상이 없을 것

02 자동제어 중에서 시퀀스제어(Sequence Control)와 피드백제어(Feedback Control)를 각각 간단히 설명하시오.

해답

① 시퀀스제어 : 미리 정해진 순서에 따라 순차적으로 진행하는 제어방식으로 자동세탁기, 자판기, 교통 신호등, 보일러 점화 및 소화 등에 사용된다.

② 피드백제어 : 폐루프를 형성하여 출력측의 신호를 입력측에 되돌려 비교하는 제어방식으로, 다른 제어계보다 정확도가 증가된다.

03 보일러 급수처리에 사용되는 청관제 중 용존산소를 제거할 목적으로 사용하는 탈산소제의 종류를 3가지만 쓰시오.

해답

탈산소제의 종류

① 하이드라진

② 아황산나트륨(아황산소다)

③ 타 닌

04 다음의 압력용기에 대한 수압시험압력은 얼마인지 각각 답하시오.

(1) 최고사용압력이 0.2[MPa]인 법랑 또는 유리 라이닝한 압력용기

(2) 최고사용압력이 0.4[MPa]인 주철제 보일러

해답

(1) 0.2[MPa]

※ 법랑 또는 유리 라이닝한 압력용기의 수압시험압력은 최고사용압력과 같다.

(2) 0.8[MPa]

※ 주철제 보일러의 최고사용압력이 0.43[MPa] 이하일 때는 그 최고사용압력의 2배의 압력으로 한다.

05 면적식 유량계의 장점을 4가지만 쓰시오.

해답

면적식 유량계의 장점

① 압력손실이 작다.

② 균등한 유량을 얻을 수 있다.

③ 적은 유량(소유량)도 측정 가능하다.

④ 슬러리나 부식성 액체의 측정이 가능하다.

06 보온재는 열전도율이 작을수록 보온이 잘된다. 보온재의 열전도율을 작게 하는 방법을 4가지만 쓰시오.

해답

보온재의 열전도율을 작게 하는 방법

① 보온재 재료의 두께를 두껍게 한다.

② 보온재 재료의 밀도가 작은 것을 선정한다.

③ 보온재 재료의 온도를 낮게 한다.

④ 흡수성, 흡습성이 작은 보온재 재료를 선정한다.

07 유압분무식 버너의 특징을 4가지만 쓰시오.

해답

유압분무식 버너의 특징

① 대용량의 버너 제작이 용이하다.

② 유지 및 보수가 간단하다.

③ 분무 유량 조절의 범위가 넓지 않다(비환류식 1 : 2, 환류식 1 : 3).

④ 기름의 점도가 너무 높으면 무화가 나빠진다.

08 화염이 공급 공기에 의해 꺼지지 않게 보호하며, 선회기 방식과 보염판 방식으로 대별되는 장치의 명칭을 쓰시오.

해답

스태빌라이저(Stabilizer)

09 보일러 자동제어(ABC)의 종류를 각각 약어와 함께 4가지를 쓰시오.

해답

보일러 자동제어(ABC)의 종류

① 자동연소제어 : ACC(Automatic Combustion Control)

② 자동급수제어(수위제어) : FWC(Feed Water Control)

③ 증기온도제어 : STC(Steam Temperature Control)

④ 증기압력제어 : SPC(Steam Pressure Control)

10 액체연료의 미립화 시 평균 분무 입경에 직접적인 영향을 미치는 요소를 3가지만 쓰시오.

해답

액체연료의 미립화 시 평균 분무 입경에 직접적인 영향을 미치는 요소

① 표면장력

② 점성계수

③ 밀 도

11 연돌의 높이 100[m], 배기가스의 평균온도 210[℃], 외기온도 20[℃], 대기의 비중량 $\gamma_1 = 1.29$[kg/Nm^3], 배기가스의 비중량 $\gamma_2 = 1.35$[kg/Nm^3]일 때, 연돌의 이론적 통풍력을 구하시오.

해답

연돌의 이론적 통풍력 $Z_{th} = 273H \times \left(\frac{\gamma_a}{T_a} - \frac{\gamma_g}{T_g}\right) = 273 \times 100 \times \left(\frac{1.29}{20+273} - \frac{1.35}{210+273}\right) \simeq 43.9[\text{mmH}_2\text{O}]$

12 A정밀(주)의 열처리공장의 벽은 내화벽돌과 단열벽돌로 설치된 노벽이 있으며 관련 데이터는 다음과 같다.

- 온도 : 노 내부 1,250[℃], 실내 33[℃]
- 내화벽돌 : 두께 330[mm], 열전도율 2.7[kcal/m · h · ℃]
- 단열벽돌 : 두께 89[mm], 열전도율 0.15[kcal/m · h · ℃]

노 내부와 실내 공기의 열전달률을 무시하는 조건하에서 다음의 값을 각각 구하시오.

(1) 노벽 5[m²]에서 방열되는 열량[kcal/h]

(2) 내화벽돌과 단열벽돌의 접촉 부분의 온도[℃]

해답

(1) 노벽 5[m²]에서 방열되는 열량[kcal/h]

$$Q = K \cdot F \cdot \Delta t = \frac{1}{(0.33/2.7)+(0.089/0.15)} \times 5 \times (1{,}250-33) \simeq 8{,}503.9[\text{kcal/h}]$$

(2) 내화벽돌과 단열벽돌의 접촉 부분의 온도[℃]

접촉 부분의 온도를 x[℃]라고 하면

노벽 5[m²]에서 방열되는 열량 = 접촉면까지 전달되는 열량

$$Q = 8{,}503.9 = \frac{1}{0.33/2.7} \times 5 \times (1{,}250 - x)$$

$$\therefore\ x = 1{,}250 - \frac{0.33 \times 8{,}503.9}{2.7 \times 5} \simeq 1{,}042[℃]$$

13 95[%] 효율을 가진 집진장치 계통을 요구하는 어느 공장에서 35[%] 효율을 가진 전처리장치를 이미 설치하였다. 이때 주처리장치의 효율[%]을 구하시오.

해답

전체 효율 $\eta_t = \eta_1 + \eta_2(1-\eta_1)$

$0.95 = 0.35 + \eta_2(1-0.35) = 0.35 + 0.65\eta_2$

$\therefore$ 주처리장치의 효율 $\eta_2 = \dfrac{0.95-0.35}{0.65} = \dfrac{0.60}{0.65} \simeq 92.31[\%]$

14 피스톤–실린더 장치 안에 300[kPa], 100[℃]의 이산화탄소 2[kg]이 들어 있다. 이 가스를 $PV^{1.2} = Constant$인 폴리트로픽 변화의 관계를 유지하면서 피스톤 위에 추를 더해 가며 온도가 200[℃]가 될 때까지 압축하였다. 이 과정 동안의 열전달량[kJ]을 구하시오(단, 이산화탄소의 정적비열 C_v = 0.653[kJ/kg · K]이고, 정압비열 C_p = 0.842[kJ/kg · K]이며, 각각 일정하다).

해답

비열비 $k = \dfrac{C_p}{C_v} = \dfrac{0.842}{0.653} \simeq 1.289$

$\therefore$ 열전달량 $Q = mC_v \dfrac{n-k}{n-1}(T_2 - T_1) = 2 \times 0.653 \times \dfrac{1.2 - 1.289}{1.2 - 1} \times (200 - 100) \simeq -58[\text{kJ}]$

15 압력 1[MPa]인 포화수가 압력 0.4[MPa]인 재증발기(Flash Vessel)에 들어올 때, 포화수 100[kg]당 발생되는 증기량[kg]을 구하시오(단, 1[MPa]에서 포화수 엔탈피는 775.1[kJ/kg], 0.4[MPa]에서 포화수 엔탈피는 636.8[kJ/kg]이고, 0.4[MPa]의 증기 엔탈피는 2,748.4[kJ/kg]이다).

해답

$$\text{증기 발생량} = \text{포화수 무게} \times \frac{\text{재증발기 내 엔탈피차}}{\text{증발잠열}}$$

$$= 100[\text{kg}] \times \frac{775.1 - 636.8}{2{,}748.4 - 636.8} = 100[\text{kg}] \times \frac{138.3}{2{,}111.6} \simeq 6.5[\text{kg}]$$

2019년 제2회 과년도 기출복원문제

01 보일러장치의 효율 향상을 위한 개조 또는 운전조건의 개선 등의 자료를 얻을 수 있는 열정산의 입열 항목 및 출열 항목을 각각 4가지씩만 나열하시오.

(1) 입열 항목

(2) 출열 항목

해답

(1) 입열 항목
① 공기의 현열
② 급수의 현열
③ 연료의 현열
④ 연료의 연소열

(2) 출열 항목
① 배기가스에 의한 손실열
② 발생 증기 보유열
③ 불완전연소에 의한 손실열
④ 건연소 배기가스의 현열

02 증기축열기(Steam Accumulator)의 기능을 3가지만 쓰시오.

해답

증기축열기의 기능
① 보일러의 연소량 및 증발량을 일정하게 조절한다.
② 저부하 시, 부하변동 시 (잉여) 증기를 저장한다.
③ 과부하 시 저장된 (잉여) 증기 공급(방출)으로 증기 부족량을 보충한다.

03 보일러에서 과열증기 사용 시의 장점 및 단점을 각각 3가지씩만 쓰시오.

(1) 과열증기 사용 시의 장점

(2) 과열증기 사용 시의 단점

해답

(1) 과열증기 사용 시의 장점
- ① 관 내 마찰저항이 감소한다.
- ② 수격작용을 방지한다.
- ③ 열효율이 향상된다.

(2) 과열증기 사용 시의 단점
- ① 내부 불균일한 온도분포로 열응력이 발생한다.
- ② 피가열물의 온도분포 불균일에 의한 제품 품질이 저하된다.
- ③ 시설비, 운영 및 유지비용이 증가한다.

04 보일러 가동 시 환경오염에 문제가 되는 매연은 어떤 경우에 발생하게 되는지를 5가지만 쓰시오.

해답

보일러 가동 시 매연이 발생하는 경우
- ① 연소실 용적이 작을 때
- ② 연소실 온도가 낮을 때
- ③ 무리하게 연소하였을 때
- ④ 통풍력이 부족하거나 과대할 때
- ⑤ 연료의 질이 나쁠 때

05 보일러에서 발생 가능한 일반 부식에 대한 다음의 설명 중 (   ) 안에 알맞은 용어를 써넣으시오.

보일러의 일반 부식은 어느 정도 면적이 있는 부식 및 국부적 부식이다. 보일러 내면의 순수한 철을 순수한 물에 넣으면 순수한 철과 순수한 물이 반응하여 철 표면에 (①)이라는 화합물이 생성되어 이것이 얇은 막으로 피복되어 표면이 안정화되므로 부식현상이 발생하지 않는다. 그러나 여기에 용존산소가 포함된 물이 첨가되면 철 표면의 안정된 피복물질은 산화반응에 의하여 (②)이라는 화합물이 생성 및 침전되어 부식이 발생된다. 즉, 보일러수 내에 용존산소가 존재하면 철재 보일러의 내부가 부식되고 침전물이 생성된다.

해답

① 수산화 제1철[$Fe(OH)_2$]

② 수산화 제2철[$Fe(OH)_3$]

06 측정원리에 따른 접촉식 온도계의 종류를 4가지만 쓰시오.

해답

측정원리에 따른 접촉식 온도계의 종류

① 열팽창을 이용한 온도계 : 바이메탈온도계

② 열기전력을 이용한 온도계 : 열전대온도계

③ 상태 변화를 이용한 온도계 : 서모컬러

④ 전기저항 변화를 이용한 것 : 서미스터

07 액체연료 연소에서 무화의 목적을 4가지만 쓰시오.

해답

액체연료 연소에서 무화의 목적

① 단위중량당 표면적을 크게 한다.

② 연소효율을 향상시킨다.

③ 주위의 공기와 혼합을 좋게 한다.

④ 연소실의 열부하를 높인다.

08 수트블로어(Soot Blower) 사용 시 주의사항을 4가지만 쓰시오.

해답

수트블로어(Soot Blower) 사용 시 주의사항

① 한곳으로 집중하여 사용하지 말 것

② 분출기 내의 응축수를 배출시킨 후 사용할 것

③ 사용 중 보일러를 저연소 상태를 유지할 것

④ 연도 내 배풍기를 사용하여 유인 통풍을 증가시킬 것

09 복사난방의 특징을 4가지만 쓰시오.

해답

복사난방의 특징

① 쾌감도가 좋다.

② 실내 공간의 이용률이 높다.

③ 동일 방열량에 대한 열손실이 작다.

④ 고장을 발견하기 어렵고, 시설비가 비싸다.

10 보일러 급수장치의 일종인 인젝터(Injector)의 특징을 4가지만 쓰시오.

해답

인젝터(Injector)의 특징

① 설치에 넓은 장소를 요하지 않는다.

② 급수 예열효과가 있다.

③ 가격이 저렴하다.

④ 자체로서의 양수효율은 낮다.

11 천연가스의 성분이 메탄(CH_4) 85[%], 에탄(C_2H_6) 13[%], 프로판(C_3H_8) 2[%]일 때 이 천연가스의 총발열량[kcal/m^3]을 계산하시오(단, 조성은 용량 백분율이며, 각 성분에 대한 총발열량은 다음과 같다).

성 분	메 탄	에 탄	프로판
총발열량[kcal/m^3]	9,520	16,850	24,160

해답

천연가스의 총발열량 $= 9,520 \times 0.85 + 16,850 \times 0.13 + 24,160 \times 0.02 \simeq 10,766$[kcal/m^3]

12 물이 흐르는 관의 중심에 피토관을 삽입하여 압력을 측정하였다. 전압력은 20[mAq], 정압은 5[mAq]일 때 관 중심에서 물의 유속[m/s]을 구하시오.

해답

관 중심에서 물의 유속 $v = \sqrt{2g\Delta h} = \sqrt{2 \times 9.8 \times (20-5)} \simeq 17.2$[m/s]

13 **빈 병의 질량이 414[g]인 비중병이 있다. 물을 채웠을 때 질량이 999[g], 어느 액체를 채웠을 때의 질량이 874[g]일 때 이 액체의 밀도는 얼마인가?(단, 물의 밀도 : 0.998[g/cm³], 공기의 밀도 : 0.00120[g/cm³]이다)**

해답

빈 병의 체적을 $x[\text{cm}^3]$라고 하면 $\dfrac{999-414}{x}=0.998$이므로, $x=586.17[\text{cm}^3]$

∴ 어느 액체의 밀도 $\rho=\dfrac{874-414}{586.17}\simeq 0.785[\text{g/cm}^3]$

14 **두께 x[cm]의 벽돌의 내측에 10[mm]의 모르타르와 5[mm]의 플라스터 마무리를 시행하고, 외측은 두께 15[mm]의 모르타르 마무리를 시공하였다. 다음의 자료를 근거로 하여 벽돌의 두께[cm]를 구하시오.**

- 단위면적당 손실열량[W] : 1,911[W]
- 온도 : 외기 20[℃], 노 내부 1,000[℃]
- 실내 측벽 열전달계수 α_i = 8[W/m² · ℃]
- 실외 측벽 열전달계수 α_o = 20[W/m² · ℃]
- 플라스터 열전도율 λ_1 = 0.5[W/m · ℃]
- 모르타르 열전도율 λ_2 = 1.3[W/m · ℃]
- 벽돌 열전도율 λ_3 = 0.65[W/m · ℃]

해답

- 손실열량 $Q=K\cdot F\cdot \Delta t=K\times 1\times(1{,}000-20)=1{,}911[\text{W}]$
- 총열관류율 $K=\dfrac{1{,}911}{980}=1.95[\text{W/m}^2\cdot ℃]$

$$K=\frac{1}{R}=\frac{1}{\left(\dfrac{1}{\alpha_i}+\sum\dfrac{b}{\lambda}+\dfrac{1}{\alpha_o}\right)}=\frac{1}{\dfrac{1}{8}+\left(\dfrac{x}{0.65}+\dfrac{0.01}{1.3}+\dfrac{0.005}{0.5}+\dfrac{0.015}{1.3}\right)+\dfrac{1}{20}}\simeq 1.95[\text{W/m}^2\cdot ℃]$$

∴ 벽돌의 두께 $x=20[\text{cm}]$

15 **배기가스와 외기의 평균온도가 220[℃]와 25[℃]이고, 0[℃], 1기압에서 배기가스와 대기의 밀도는 각각 0.770 [kg/m³]와 1.186[kg/m³]일 때 연돌의 높이는 약 몇 [m]인가?(단, 연돌의 통풍력 Z = 52.85[mmH₂O]이다)**

해답

- 이론통풍력 $Z_{th} = 273H \times \left(\frac{\gamma_a}{T_a} - \frac{\gamma_g}{T_g} \right) [\mathrm{mmH_2O}]$
- 실제통풍력 $Z_{real} = 0.8 Z_{th}$

$$52.85 = 273H \times \left(\frac{1.186}{25+273} - \frac{0.770}{220+273} \right) \times 0.8 = 273H \times (1.936 \times 10^{-3})$$

∴ 연돌의 높이 $H = \frac{52.85}{273 \times (1.936 \times 10^{-3})} \simeq 100[\mathrm{m}]$

16 **다음과 같은 U자관 압력계에서 압력차($P_x - P_y$)[kPa]를 구하시오.**

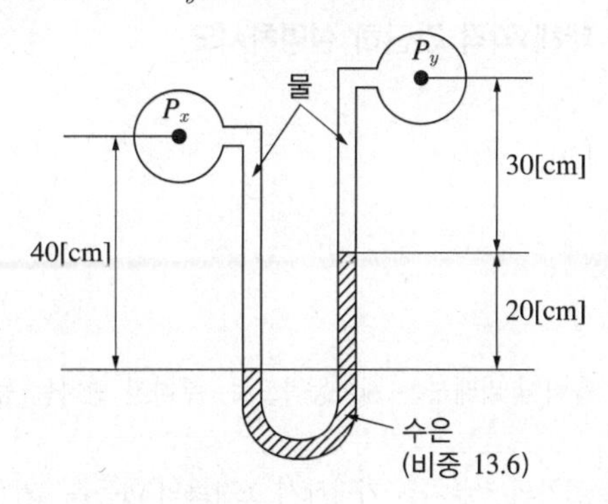

해답

$P_x + 9.8 \times 1 \times 0.4 = 9.8 \times 13.6 \times 0.2 + 9.8 \times 1 \times 0.3 + P_y$

$P_x + 3.92 = 29.596 + P_y$

∴ U자관 압력계에서 압력차 $P_x - P_y \simeq 25.68[\mathrm{kPa}]$

2019년 제4회 과년도 기출복원문제

01 보일러의 여열을 이용하여 증기 보일러의 효율을 높이기 위한 부속장치를 3가지만 쓰시오.

해답

보일러의 여열을 이용하여 증기 보일러의 효율을 높이기 위한 부속장치

① 절탄기

② 공기예열기

③ 과열기

02 다수의 파형이나 반구형의 돌기를 프레스 성형하여 판을 조합하여 제작하는 판형 열교환기의 특징을 3가지만 쓰시오.

해답

판형 열교환기의 특징

① 판의 매수 조절이 가능하여 전열면적 증감이 용이하다.

② 전열면의 청소나 조립이 간단하고, 고점도에도 적용할 수 있다.

③ 구조상 압력손실이 크고 내압성이 작다.

03 다음 자동제어의 연속동작에 대해 각각 간단히 설명하시오.

(1) P동작

(2) I동작

(3) D동작

해답

(1) P동작(비례동작)

제어편차에 대하여 조작량의 출력이 비례하는 제어동작으로, 부하가 변하는 등 외란이 생기면 잔류편차(Off-set)가 생긴다.

(2) I동작(적분동작)

제어량에 편차가 생겼을 경우 편차의 적분차를 가감해서 조작량의 이동속도가 비례하는 동작으로, 유량압력제어에 가장 많이 사용되는 제어동작이다. 잔류편차가 나지 않아서 비례동작과 조합하여 사용되며 제어의 안정성이 떨어지고 진동하는 경향이 있다.

(3) D동작(미분동작)

제어편차가 검출될 때 편차의 변화속도에 비례하여 조작량을 가감할 수 있도록 작동하는 제어동작이다.

04 **탈기기(Deaerator)의 주요 기능 2가지에 대해 간단히 설명하시오.**

해답

탈기기(Deaerator)의 주요 기능 2가지

① 보일러의 급수 중에 녹아 있는 용존산소(O_2)와 이산화탄소(CO_2)를 제거하여 보일러 급수계통의 부식을 억제한다.

② 보일러 급수를 필요한 온도까지 예열시키는 급수가열기로서의 역할도 겸하여 설비 전체의 효율을 증가시킨다.

05 **증기관의 도중에 설치하여 증기를 사용하는 설비의 배관 내에 고여 있는 응축수(증기의 일부가 드레인된 상태)를 자동 배출시키는 장치인 증기트랩(Steam Trap)의 설치목적을 4가지만 쓰시오.**

해답

증기트랩의 설치목적

① 보일러 설비, 배관 내의 응축수 제거

② 응축수로 인한 설비의 부식 방지

③ 응축수 배출로 수격작용 방지

④ 관 내 유체의 흐름에 대한 마찰저항 감소

06 **연속식 요 중의 하나인 터널요(터널가마)에 대한 다음 질문에 답하시오.**

(1) 연속 진행되는 3가지 프로세스를 기준으로 터널요의 3가지 구조부의 명칭을 쓰시오.

(2) 터널요의 특징을 4가지만 쓰시오.

해답

(1) 터널요의 3가지 구조부의 명칭

① 예열부(예열대)

② 소성부(소성대)

③ 냉각부(냉각대)

(2) 터널요의 특징 4가지

① 소성 서랭시간이 짧고 대량 생산이 가능하다.

② 인건비, 유지비가 적게 든다.

③ 온도 조절의 자동화가 쉽다.

④ 제품의 품질, 크기, 형상 등에 제한을 받는다.

07 발생된 증기 중에서 수분을 제거하고 건포화증기에 가까운 증기를 사용하기 위한 보일러장치인 기수분리기에 대한 다음의 설명 중 (　　) 안에 들어갈 내용을 쓰시오.

- 증기부의 체적이나 높이가 작고 수면의 면적이 증발량에 비해 작은 때는 (①)이(가) 일어날 수 있다.
- 압력이 비교적 높은 보일러의 경우는 압력이 낮은 보일러보다 증기와 물의 (②)의 차이가 극히 작아 기수분리가 어렵게 된다.
- 사용원리는 (③)을(를) 이용한 것, (④)을(를) 지나게 하는 것, (⑤)을(를) 사용하는 것 또는 이들의 조합을 이루는 것 등이 있다.

해답

① 기수공발
② 비중량
③ 원심력
④ 스크러버
⑤ 스크린

08 노통 중 파형 노통의 장점 및 단점을 각각 2가지씩만 쓰시오.

(1) 장 점

(2) 단 점

해답

(1) 파형 노통의 장점
　① 열에 의한 신축에 대하여 탄력성이 좋다.
　② 강도가 크다.
(2) 파형 노통의 단점
　① 제작비가 비싸다.
　② 스케일의 생성이 쉽다.

09 유류 보일러에서 오일 프리히터(Oil Preheater, 유예열기)가 사용되는 목적을 쓰시오.

해답

유예열기(오일 프리히터)가 사용되는 목적

기름의 점도를 낮추어 무화를 좋게 하고 유동성을 증가시킨다.

10 열매체 보일러의 특징을 4가지만 쓰시오.

해답

열매체 보일러의 특징

① 안전밸브는 밀폐식을 사용한다.
② 열매체는 동파의 위험이 없다.
③ 비점이 낮은 물질인 수은, 다우섬, 카네크롤 등을 사용한다.
④ 저압에서 고온의 증기를 얻을 수 있다.

11 일산화탄소 1[Sm^3]을 완전연소시키는 데 필요한 이론공기량[Sm^3]을 계산하시오.

해답

일산화탄소의 연소방정식은 $CO + 0.5O_2 \rightarrow CO_2$이다.

$\therefore$ 이론공기량 $A_0 = \dfrac{O_0}{0.21} = \dfrac{0.5}{0.21} = 2.38[\text{Sm}^3]$

12 전달열량이 1,500[W]인 보온재의 면적과 동일하게 하고 보온재의 두께, 온도차, 열전도율을 각각 2배, 3배, 4배인 보온재로 변경했을 때의 전달열량[W]을 구하시오.

해답

변경 전 전달열량을 Q_1, 변경 후 전달열량을 Q_2라고 하면

$$Q_1 = K_1 \cdot F \cdot \Delta t_1 = \frac{1}{b_1/\lambda_1} \times F \times \Delta t_1 = \frac{\lambda_1}{b_1} \times F \times \Delta t_1$$

$$Q_2 = K_2 \cdot F \cdot \Delta t_2 = \frac{1}{2b_1/4\lambda_1} \times F \times 3\Delta t_1 = \frac{4\lambda_1}{2b_1} \times F \times 3\Delta t_1$$

$$= \frac{4 \times 3}{2} \times \left(\frac{\lambda_1}{b_1} \times F \times \Delta t_1\right) = 6Q_1 = 6 \times 1{,}500 = 9{,}000[\text{W}]$$

13 중량비로 C(86[%]), H(14[%])의 조성을 갖는 액체 연료를 매시간당 100[kg] 연소시켰을 때 생성되는 연소가스의 조성이 체적비로 CO_2(12.5[%]), O_2(3.7[%]), N_2(83.8[%])일 때 1시간당 필요한 연소용 공기량[Sm^3]을 구하시오.

해답

공기비 $m = \dfrac{N_2}{N_2 - 3.76(O_2 - 0.5CO)} = \dfrac{83.8}{83.8 - 3.76 \times 3.7} \simeq 1.2$이며, $m = \dfrac{\text{실제공기량}}{\text{이론공기량}} = \dfrac{A}{A_0}$이므로

$\therefore$ 실제공기량 $A = mA_0 = 100[\text{kg}] \times 1.2 \times \dfrac{1}{0.21} \times \left\{1.867\text{C} + 5.6\left(\text{H} - \dfrac{\text{O}}{8}\right) + 0.7\text{S}\right\}$

$$= 100 \times 1.2 \times \frac{1}{0.21} \times (1.867 \times 0.86 + 5.6 \times 0.14) \simeq 1{,}365[\text{Sm}^3]$$

14 다음 U자관 압력계에서 A와 B의 압력차는 몇 [kPa]인가?(단, $H_1 = 250$[mm], $H_2 = 200$[mm], $H_3 = 600$[mm]이고 수은의 비중은 13.6이다)

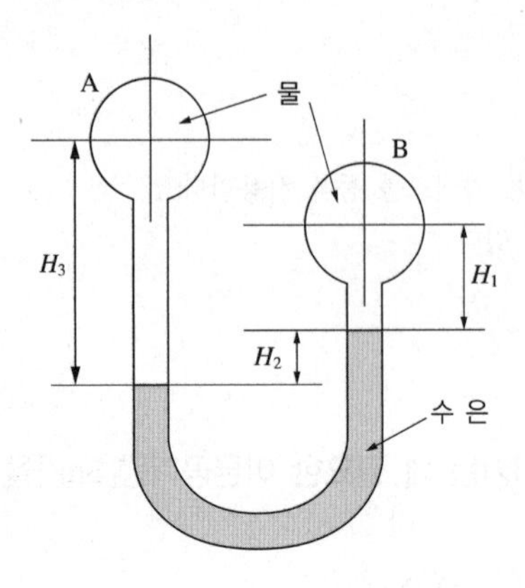

해답

$P_A + \gamma_3 H_3 = P_B + \gamma_2 H_2 + \gamma_1 H_1$

$P_A + 1 \times 0.6 = P_B + 13.6 \times 0.2 + 1 \times 0.25$

∴ A와 B의 압력차 $P_A - P_B = 13.6 \times 0.2 + 1 \times 0.25 - 1 \times 0.6 = 2.37[\text{mH}_2\text{O}] = \dfrac{2.37}{10.33} \times 101.325 \simeq 23.2[\text{kPa}]$

15 증기터빈의 입구조건은 3[MPa], 350[℃]이고, 출구의 압력은 30[kPa]이다. 이때 정상 등엔트로피 과정으로 가정할 경우, 다음 자료를 이용하여 유체의 단위질량당 터빈에서 발생되는 출력[kJ/kg]을 구하시오(단, 표에서 h는 단위질량당 엔탈피, s는 단위질량당 엔트로피이다).

- 터빈 입구 : $h_1 = 3,115.3$[kJ/kg], $s_1 = 6.7428$[kJ/kg·K]
- 터빈 출구

엔트로피[kJ/kg·K]			엔탈피[kJ/kg]		
포화액(s_f)	증발(s_{fg})	포화증기(s_g)	포화액(h_f)	증발(h_{fg})	포화증기(h_g)
0.9439	6.8247	7.7686	289.2	2,336.1	2,625.3

해답

- $s_1 = s_2 = 6.7428$

$s_1 = s_2 = s_f + x(s_g - s_f)$

$x = \dfrac{s_2 - s_f}{s_g - s_f} = \dfrac{6.7428 - 0.9439}{7.7686 - 0.9439} \simeq 0.8497$

- 터빈 출구 엔탈피 $h_2 = h_f + x(h_g - h_f) = 289.2 + 0.8497(2,625.3 - 289.2) \simeq 2,274.184$[kJ/kg]

∴ 터빈에서 발생되는 출력 = 터빈에서의 엔탈피 변화량

$W_T = \Delta h = h_1 - h_2 = 3,115.3 - 2,274.184 \simeq 841.1$[kJ/kg]

16 **유속식 유량측정계의 일종인 피토관을 물속에 설치하여 측정한 결과 전압 150[kPa], 정압 142[kPa]임을 알아냈다. 이때 유속[m/s]을 구하시오.**

해답

전압을 P_t, 동압을 P_d, 정압을 P_s라고 하면

동압 $P_d = P_t - P_s = 150 - 142 = 8[\text{kPa}]$

유속 $v = \sqrt{2gh} = \sqrt{2g \cdot P_d}$ 에서 동압의 단위는 [mH_2O]이므로

동압 $P_d = \dfrac{8}{101.325} \times 10.332 \simeq 0.82[\text{mH}_2\text{O}]$

$\therefore$ 유속 $v = \sqrt{2gh} = \sqrt{2g \cdot P_d} = \sqrt{2 \times 9.8 \times 0.82} \simeq 4[\text{m/s}]$

17 **외경 30[mm]의 철관에 두께 15[mm]의 보온재를 감은 증기관이 있다. 관 표면의 온도가 100[℃], 보온재의 표면온도가 20[℃]인 경우 관의 길이 15[m]인 관의 표면으로부터의 열손실[W]을 구하시오(단, 보온재의 열전도율은 0.06[W/m · ℃]이다).**

해답

원통관 열전도 열손실 $Q = K \cdot F \cdot \Delta t = \dfrac{2\pi L k(t_1 - t_2)}{\ln(r_2/r_1)} = \dfrac{2\pi \times 15 \times 0.06 \times (100-20)}{\ln(0.03/0.015)} \simeq 653[\text{W}]$

2020년 제1회 과년도 기출복원문제

01 절탄기(Economizer)의 장점을 4가지만 쓰시오.

해답

절탄기(Economizer)의 장점

① 연료소비량 절감
② 보일러 열효율 증가
③ 열응력 감소
④ 급수 중 일부 불순물 제거

02 습식(세정식) 집진장치의 입자 포집원리를 4가지만 쓰시오.

해답

습식(세정식) 집진장치의 입자 포집원리

① 액적, 액방울이나 액막과 같은 작은 매진과 관성에 의한 충돌 부착
② 배기의 습도(습기) 증가로 입자의 응집성 증가에 의한 부착
③ 미립자(작은 매진) 확산에 의한 액적과의 접촉을 좋게 하여 부착
④ 입자(매진)를 핵으로 한 증기의 응결에 의한 응집성 증가

03 공랭식 열교환기의 송풍기 중 흡입형(Induced Draft)의 장점을 3가지만 쓰시오.

해답

흡입형 송풍기의 장점

① 열풍이 재순환할 염려가 없다.
② 공기의 흐름이 비교적 균일하다.
③ 구동축이 짧고 진동이 작다.

04 보일러 이상현상 중의 하나인 캐리오버(Carry Over, 비수현상)의 방지대책을 5가지만 쓰시오.

해답

캐리오버(Carry Over, 비수현상)의 방지대책

① 주증기밸브를 서서히 연다.
② 관수의 농축을 방지한다.
③ 보일러 수위를 너무 높게 하지 않는다.
④ 심한 부하변동 발생요인을 제거한다.
⑤ 기수분리기(스팀 세퍼레이터)를 이용한다.

05 다음의 연소가스에 의한 보일러의 부식에 대한 설명을 읽고, 질문에 답하시오.

> 배기가스에 의한 이 부식은 주로 전열면의 온도가 낮을 경우 결로현상이 생기게 되며, 이때 연소가스 성분 중 황(S)이 결로되어 있는 수분(H_2O)과 결합하여 황산(H_2SO_4)으로 되어 급격한 부식이 진행하게 된다. 따라서 폐가스 성분 중에 황(S)이 얼마나 포함되어 있느냐에 따라 이 부식이 발생되는 온도가 많은 차이가 있다. 즉, 황(S)성분이 적을수록 이 부식이 발생되는 온도가 낮아 이 부식이 발생될 가능성은 낮아진다.

(1) 이 부식의 명칭을 쓰시오.
(2) 이 부식의 방지대책을 4가지만 쓰시오.

해답

(1) 부식의 명칭
저온 부식

(2) 저온 부식의 방지대책
① 과잉공기를 적게 하여 연소한다.
② 연료 중의 황성분을 제거한다.
③ 연료첨가제(수산화마그네슘)를 이용하여 노점온도를 낮춘다.
④ 연소 배기가스의 온도를 너무 낮지 않게 한다.

06 구조에 따른 요(窯)의 분류 중 소성작업이 연속적으로 이루어지는 요인 연속식 요의 종류를 3가지만 쓰시오.

해답

연속식 요의 종류

① 터널가마
② 회전가마
③ 윤 요

07 전열면을 형성하는 수관군과 기수분리 및 수관군의 지지를 위해 설치된 드럼(Drum)으로 구성되어 있으며, 관의 내부는 보일러수로 채워지고 관의 외부를 연소가스로 가열하여 증기를 얻는 구조로 되어 있는 수관 보일러에 대한 다음 질문에 답하시오.

(1) 수관 보일러의 장점을 3가지만 쓰시오.

(2) 수관 보일러의 순환방식을 3가지만 쓰시오.

(3) 수관 보일러의 종류를 고유 명칭으로 3가지만 쓰시오.

해답

(1) 수관 보일러의 장점
① 드럼이 작아 구조상 고온·고압의 대용량에 적합하다.
② 연소실 설계가 자유롭고 연료의 선택범위가 넓다.
③ 보일러수의 순환이 좋고 전열면 증발률이 크다.

(2) 수관 보일러의 순환방식
① 자연순환식
② 강제순환식
③ 관류식

(3) 수관 보일러의 예
① 바브콕 보일러
② 라몬트 보일러
③ 벤손 보일러

08 가스필터는 어디에 설치되며, 그 역할은 무엇인지 답하시오.

해답

(1) 가스필터가 설치되는 곳
기체연료의 배관

(2) 가스필터의 역할
① 기체연료 내에 포함된 불순물, 이물질 등을 제거한다.
② 압력조정기 및 버너의 고장을 방지한다.

09 **부르동관 압력계를 설치할 때 돼지꼬리처럼 생긴 사이펀관(Siphon Tube)을 같이 사용한다.**

(1) 이때 사이펀관의 역할은 무엇인지 간단히 쓰시오.

(2) 이 역할을 수행할 수 있는 이유를 간단히 설명하시오.

해답

(1) 사이펀관의 역할

압력계의 부르동관이 파손되기 않게 보호한다.

(2) 이 역할을 수행할 수 있는 이유

사이펀관의 굴곡부에 유체가 체류하므로 부르동관이 고온에 직접 접촉하지 않고도 압력을 측정할 수 있어 압력계를 보호한다.

10 **격막밸브라고도 하는 다이어프램 밸브(Diaphragm Valve)의 특징을 3가지만 쓰시오.**

해답

다이어프램 밸브(격막밸브)의 특징

① 유체의 흐름이 주는 영향이 작다.

② 기밀을 유지하기 위한 패킹이 불필요하다.

③ 산 등의 화학약품을 차단하는 데 사용하는 밸브이다.

11 **22[℃]의 1기압 공기(밀도 1.21[kg/m³])가 원형 덕트를 흐르고 있다. 피토관을 원형 덕트 중심부에 설치하고 물을 봉액으로 한 U자관 마노미터의 눈금이 4.0[cm]이었다. 이 상태에서 원형 덕트의 지름을 2배로 크게 했을 때의 원형 덕트 중심부의 유속[m/s]을 구하시오.**

해답

지름 변경 전의 유속 $v_1 = \sqrt{2gh\left(\frac{\gamma_m - \gamma}{\gamma}\right)} = \sqrt{2 \times 9.8 \times 0.04 \times \left(\frac{1{,}000 - 1.21}{1.21}\right)} \simeq 25.4[\mathrm{m/s}]$

원형 덕트의 지름을 2배로 했을 때의 속도를 v_2라고 하면

유량 $Q = A_1 v_1 = A_2 v_2$

$$\therefore \text{ 원형 덕트 중심부의 유속 } v_2 = \frac{A_1}{A_2} \times v_1 = \frac{\frac{\pi d_1^2}{4}}{\frac{\pi (2d_1)^2}{4}} \times v_1 = \frac{1}{4} \times v_1 = \frac{1}{4} \times 25.4 = 6.35[\mathrm{m/s}]$$

12 두께 230[mm]의 내화벽돌, 두께 114[mm]의 단열벽돌, 두께를 모르는 보통벽돌로 된 노의 평면벽에서 내벽면의 온도가 1,200[℃]이고, 외벽면의 온도가 120[℃]일 때 노벽 1[m^2]당 열손실[kcal]은 708[kcal/h]이었다. 이때 보통벽돌의 두께[cm]를 구하시오(단, 벽돌의 열전도도는 나열된 순서대로 각각 1.2, 0.12, 0.6[kcal/m · h · ℃]이다).

해답

보통벽돌의 두께를 x라고 하면

노벽 1[m^2]당 열손실량 $Q = K \cdot \Delta t = \dfrac{1}{(b_1/\lambda_1)+(b_2/\lambda_2)+(b_3/\lambda_3)} \times \Delta t$

$$= \frac{1}{(0.23/1.2)+(0.14/0.12)+(x/0.6)} \times (1{,}200-120) \simeq 708[\text{kcal/h}]$$

∴ 보통벽돌의 두께 $x \simeq 0.23[\text{m}] = 23[\text{cm}]$

13 질량 조성비가 탄소 60[%], 질소 13[%], 황 0.8[%], 수분 5[%], 수소 8.6[%], 산소 5[%], 회분 7.6[%]인 고체연료 5[kg]을 공기비 1.1로 완전연소시키고자 할 때, 다음 질문에 답하시오.

(1) 실제공기량[Nm^3/kg]을 구하시오.

(2) 건연소가스량[Nm^3/kg]을 구하시오.

해답

(1) 실제공기량[Nm^3/kg]

이론공기량 $A_0 = 5 \times \left\{8.89\text{C} + 26.67 \times \left(\text{H} - \dfrac{\text{O}}{8}\right) + 3.33\text{S}\right\}$

$$= 5 \times \left\{8.89 \times 0.6 + 26.67 \times \left(0.086 - \frac{0.05}{8}\right) + 3.33 \times 0.008\right\} \simeq 37.44[\text{Nm}^3/\text{kg}]$$

∴ 실제공기량 $A = mA_0 = 1.1 \times 37.44 \simeq 41.2[\text{Nm}^3/\text{kg}]$

(2) 건연소가스량[Nm^3/kg]

$$G' = (m-0.21)A_0 + 1.867\text{C} + 0.7\text{S} + 0.8\text{N}$$

$$= (1.1-0.21) \times 37.45 + 1.867 \times 0.6 + 0.7 \times 0.08 + 0.8 \times 0.13 \simeq 34.61[\text{Nm}^3/\text{kg}]$$

14 분당 120사이클로 회전하는 카르노기관의 체적을 등온팽창시켜 압력(P_1) 456[kPa]을 압력(P_2) 321[kPa]로 변화시켰을 때의 1시간 동안 수열되는 열량[kW]을 다음의 조건을 이용하여 구하시오.

- 작동 물질 : 기체상수 $R = 0.287$[kJ/kg · K], 질량 $m = 5$[kg]
- 열원온도 : 고열원 678[℃], 저열원 123[℃]

해답

1사이클당 수열량 $Q_1 = mRT_1 \ln\frac{P_1}{P_2} = 5 \times 0.287 \times (678 + 273) \times \ln\frac{456}{321} \simeq 479[\text{kJ/cycle}]$

∴ 1시간 동안 수열되는 열량 $Q_{1h} = \frac{479[\text{kJ/cycle}] \times (120 \times 60)[\text{cycle/h}]}{(60 \times 60)[\text{s/h}]} = 958[\text{kW}]$

15 주위 온도가 20[℃], 방사율이 0.3인 금속 표면의 온도가 150[℃]인 경우에 금속 표면으로부터 주위로 대류 및 복사가 발생될 때의 열유속(Heat Flux)[W/m²]을 구하시오(단, 대류 열전달계수는 $h = 20$[W/m² · K], 슈테판-볼츠만 상수는 $\sigma = 5.7 \times 10^{-8}$[W/m² · K⁴]이다).

해답

열유속(Heat Flux) = 대류 열유속 + 복사 열유속

$$= h(T_2 - T_1) + \varepsilon\sigma(T_2^4 - T_1^4)$$

$$= 20 \times (150 - 20) + 0.3 \times 5.7 \times 10^{-8} \times \{(150 + 273)^4 - (20 + 273)^4\}$$

$$\simeq 2,600 + 420 = 3,021[\text{W/m}^2]$$

2020년 제2회 과년도 기출복원문제

01 **다음의 원리에 따른 증기트랩의 분류별 기본 조작원리, 해당 증기트랩의 예를 쓰시오.**

(1) 기계적 트랩(Mechanical Trap)

(2) 열역학적 트랩(Thermodynamic Trap)

(3) 정온트랩(Thermostatic Trap)

해답

(1) 기계적 트랩(Mechanical Trap)
  ① 기본 조작원리 : 증기와 응축수의 밀도차 또는 부력원리
  ② 해당 증기트랩의 예 : 플로트식, 버킷식
(2) 열역학적 트랩(Thermodynamic Trap)
  ① 기본 조작원리 : 증기와 응축수의 열역학적 특성차
  ② 해당 증기트랩의 예 : 오리피스식, 디스크식
(3) 정온트랩(Thermostatic Trap)
  ① 기본 조작원리 : 증기와 응축수의 온도차
  ② 해당 증기트랩의 예 : 바이메탈식, 벨로스식

02 **터널요(Tunnel Kiln)의 프로세스에 의한 구조, 구성장치를 각각 3가지씩 쓰시오.**

해답

(1) 터널요의 프로세스에 의한 구조
  ① 예열대
  ② 소성대
  ③ 냉각대
(2) 터널요의 구성장치
  ① 대차(Kiln Car)
  ② 샌드 실(Sand Seal)
  ③ 푸셔(Pusher)

03 다음의 (   ) 안에 들어갈 알맞은 명칭을 쓰시오.

공기를 예열하는 장치를 (①)(이)라 하며, 보일러 배기가스 현열을 이용하여 급수를 예열하는 장치를 (②)(이)라 한다.

해답

① 공기예열기

② 절탄기(급수예열기)

04 요로시스템의 에너지 절감기법을 4가지로 분류하고 각각 3가지씩만 예를 쓰시오.

해답

요로의 에너지 절감기법

(1) 운전관리 합리화
- ① 공기비 제어
- ② 불완전연소 방지
- ③ 개구부 면적 축소를 통한 손실열 차단
- ④ 노 내압 제어를 통한 외기공기 유입 차단
- ⑤ 용해로 저부하운전 시 잔탕조업방식 채택

(2) 폐열 활용
- ① 리큐퍼레이터(Recuperator) 설치로 연소용 공기 승온 및 폐열회수 증대
- ② 배기가스 열회수로 장입물 예열
- ③ 냉각수열 회수이용
- ④ 열처리로 배기열 회수로 세척조 히터 전력 절감
- ⑤ 폐열 보일러 설치

(3) 고효율설비 교체
- ① 산소부화연소시스템 도입
- ② 축열식 버너시스템 도입
- ③ 축열식 연소장치(RTO) 도입
- ④ 폐열회수형 촉매연소장치 도입
- ⑤ 유리화학강화로 도입
- ⑥ 에너지 절약형 유리용해로 도입
- ⑦ 직접 통전식 유리용해로 도입
- ⑧ 전기유도용해로 도입
- ⑨ 고주파유도가열장치 도입
- ⑩ 원적외선 열처리로 도입
- ⑪ 진공 이온질화 열처리로 도입
- ⑫ 전기침전식 보온로 도입
- ⑬ 고온 도가니 전기로 도입

(4) 기타 절감기술
- ① 유도로 가열코일 적정화
- ② 대차 내화물 축열량 개선
- ③ 노체 단열 강화

05 보일러에 적용하는 인터로크(Interlock)제어에 대하여 간단히 설명하시오.

해답

보일러에 적용하는 인터로크(Interlock)제어

보일러 운전 중 작동 상태가 원활하지 않거나 정상적인 운전 상태가 아닐 때 하나가 동작하면 나머지 하나는 동작하지 않도록 하여 다음 단계의 동작이 진행되지 않도록 중단하는 제어로, 보일러의 안전한 안전을 도모한다.

06 다음 에너지 중에서 신에너지, 재생에너지에 대해서 각각 해당 번호를 기입하시오(단, 신에너지, 재생에너지가 아닌 것도 나열되어 있음).

① 수소에너지	② 태양에너지
③ 연료전지	④ LNG
⑤ 석탄을 액화·가스화한 에너지	⑥ 풍 력
⑦ 중질잔사유를 가스화한 에너지	⑧ 수 력
⑨ 해양에너지	⑩ 지열에너지
⑪ 원자력에너지	⑫ 바이오에너지
⑬ 폐기물에너지	

(1) 신에너지

(2) 재생에너지

해답

(1) 신에너지

①, ③, ⑤, ⑦

(2) 재생에너지

②, ⑥, ⑧, ⑨, ⑩, ⑫, ⑬

07 다음의 설명에 해당하는 보일러의 명칭을 쓰시오.

- 급수가 수관으로 공급되어 수관을 통과하면서 그 관 내에서 예열된 후에 증발되는 드럼이 없는 보일러이다.
- 하나로 된 관에 급수를 압입하여 가열, 증발, 과열의 과정을 거쳐서 과열증기를 발생한다.
- 절탄기(Economizer), 증발관(Evaporator), 과열기(Superheater)가 하나의 긴 관(Single Flow Tube)으로 구성되어 있다.
- 강제순환식 보일러에 해당하며, 주로 대형 고압 보일러로 이용된다.

해답

관류 보일러

08 보일러 버너와 연결된 보염장치인 윈드박스(Wind Box)의 설치효과를 쓰시오.

해답

윈드박스 설치의 효과

① 공기와 연료의 혼합을 촉진시킨다.

② 안정된 착화를 도모한다.

③ 화염 형상을 조절한다.

④ 전열효율을 향상시킨다.

09 판형 열교환기의 종류는 플레이트식, 플레이트판식, 스파이럴형의 3가지가 있다. 이 중에서 스파이럴형의 특징을 4가지만 쓰시오.

해답

스파이럴 판형 열교환기의 특징

① 열전달률이 크다.

② 큰 열팽창을 감쇠시킬 수 있다.

③ 고형물이 함유된 유체나 고점도 유체에 사용이 적합하다.

④ 오염저항 및 저유량에서 심한 난류 등이 유발되는 곳에 사용된다.

10 보온재로서 구비하여야 할 일반적인 조건을 4가지만 쓰시오.

해답

보온재로서 구비하여야 할 일반적인 조건

① 불연성일 것

② 비중이 작을 것

③ 열전도율이 작을 것

④ 어느 정도의 강도가 있을 것

11 실내공기의 온도는 15[℃]이고, 이 공기의 노점은 5[℃]로 측정되었다. 이 공기의 상대습도는 약 몇 [%]인가?(단, 5[℃], 10[℃] 및 15[℃]의 포화수증기압은 각각 6.54[mmHg], 9.21[mmHg] 및 12.79[mmHg]이다)

해답

상대습도 $\phi = \frac{P_w}{P_s} \times 100[\%] = \frac{6.54}{12.79} \times 100[\%] \simeq 51.1[\%]$

12 20[℃]의 물 10[kg]을 대기압하에서 100[℃]의 수증기로 완전히 증발시키는 데 필요한 열량[kJ]을 구하시오(단, 수증기의 증발잠열은 2,256[kJ/kg]이고, 물의 평균비열은 4.2[kJ/kg · K]이다).

해답

물을 수증기로 완전히 증발시키는 데 필요한 열량 $Q = Q_S + Q_L$

여기서, Q_S : 20[℃]의 물을 100[℃]의 포화수로 만드는 데 소요되는 가열량

Q_L : 잠열량 = 100[℃]의 물을 100[℃]의 증기로 만드는 데 소요되는 가열량

- $Q_S = mC(t_2 - t_1) = 10 \times 4.2 \times (100 - 20) = 3{,}360[\text{kJ}]$
- $Q_L = m\gamma_0 = 10 \times 2{,}256 = 22{,}560[\text{kJ}]$

∴ 필요한 열량 $Q = Q_S + Q_L = 3{,}360 + 22{,}560 = 25{,}920[\text{kJ}]$

13 외기온도 22[℃]에서 발열량이 33,000[kJ/kg]인 연료를 보일러에서 연소시키니 연료 1[kg]당 연소가스 15[Nm³]가 발생되고, 배기온도는 285[℃]가 되었다. 이때 불완전연소로 손실열이 연료 발열량의 15[%]라 할 때, 이 보일러의 효율[%]을 구하시오(단, 배기가스의 비열은 1.55[kJ/Nm³ · ℃]이다).

해답

보일러의 효율 $\eta = \left(1 - \frac{\text{손실열}}{\text{입열}}\right) \times 100[\%] = \left\{1 - \frac{15 \times 1.55 \times (285 - 22)}{33{,}000 \times 0.85}\right\} \times 100[\%] \simeq 78.2[\%]$

14 옥탄(g)의 연소엔탈피는 반응물 중의 수증기가 응축되어 물이 되었을 때 25[℃]에서 −48,220[kJ/kg]이다. 이 상태에서 옥탄(g)의 저위발열량[kJ/kg]을 구하시오(단, 25[℃] 물의 증발엔탈피[h_{fg}]는 2,441.8[kJ/kg]이다).

해답

옥탄의 연소방정식은 $C_8H_{18} + 12.5O_2 \rightarrow 8CO_2 + 9H_2O$이다.

옥탄 1[kg] 연소 시 발생되는 수증기량을 x라 하면

$114 : 9 \times 18 = 1 : x$

$x = \frac{1 \times 9 \times 18}{114} \simeq 1.42[\text{kg}]$

∴ 저위발열량 $H_L = 48{,}220 - (2{,}441.8 \times 1.421) \simeq 44{,}750[\text{kJ/kg}]$

15 **압력 1[MPa], 온도 400[℃] 의 이상기체 2[kg]이 가역단열과정으로 팽창하여 압력이 500[kPa]로 변화한다. 이 기체의 최종온도[℃]를 구하시오(단, 이 기체의 정적비열은 3.12[kJ/kg · K], 정압비열은 5.21[kJ/kg · K]이다).**

해답

비열비 $k = \dfrac{C_p}{C_v} = \dfrac{5.21}{3.12} \simeq 1.67$

가역단열과정이므로 $\dfrac{T_2}{T_1} = \left(\dfrac{V_1}{V_2}\right)^{k-1} = \left(\dfrac{P_2}{P_1}\right)^{\frac{k-1}{k}}$

∴ 최종온도 $T_2 = T_1 \times \left(\dfrac{P_2}{P_1}\right)^{\frac{k-1}{k}} = (400+273) \times \left(\dfrac{500}{1{,}000}\right)^{\frac{1.67-1}{1.67}} \simeq 510[\mathrm{K}] = 237[℃]$

2020년 제3회 과년도 기출복원문제

01 **시퀀스제어, 피드백제어에 대하여 각각 간단히 설명하시오.**

해답

① 시퀀스제어 : 미리 정해진 순서에 따라 순차적으로 진행되는 제어로, 보일러의 점화나 자판기의 제어에 적용한다.
② 피드백제어 : 결과를 입력쪽으로 되돌려서 비교한 후 입력과 출력의 차이를 수정하는 제어로, 정도가 우수하다.

02 **관류 보일러의 종류를 4가지만 쓰시오**

해답

관류 보일러의 종류
① 벤슨 보일러
② 슐저 보일러
③ 앳모스 보일러
④ 소형 관류 보일러

03 **폐열회수장치 중 공기예열기 설치 시의 장점을 4가지만 쓰시오.**

해답

공기예열기 설치 시의 장점
① 연료의 착화 시 착화열이 감소한다.
② 연소실 내 온도 상승으로 완전연소가 가능하다.
③ 전열효율, 연소효율이 향상된다.
④ 수분이 많은 저질탄의 연료도 연소가 용이하다.

04 **다음 보온재의 최고안전사용온도가 높은 것부터 낮은 것의 순서대로 번호를 나열하시오.**

① 세라믹 파이버	② 펄라이트
③ 폴리스틸렌 폼	④ 펠 트
⑤ 석 면	

해답

① → ② → ⑤ → ④ → ③

05 나선형 튜브 열교환기(Spiral Tube Heat Exchangers)에 대해 간단히 설명하시오.

해답

나선형 튜브 열교환기

셸에 적합한 하나 또는 다수의 나선형 전열관의 구조로 되어 있다. 나선형관의 열전달은 직관보다 튜브 전열면적이 증가되고 유체의 흐름이 난류가 되어 전열효과가 우수하다. 그리고 직관보다 매우 크고 열팽창에 따른 문제는 없지만, 열교환기 내의 청결성을 유지하기 어렵다.

06 집진장치와 관련된 다음의 사항들 중 습식, 건식, 전기식 등에 해당되는 기호를 각각에 대해 적으시오.

① 코트렐식과 관계가 있다.
② 종류로는 사이클론, 멀티클론, 백 필터 등이 있다.
③ 압력손실 및 동력이 높고 장치의 부식 및 침식이 발생할 수 있다.
④ 분진의 폭발 위험성을 지닌다.
⑤ 고온 · 고압가스의 취급이 가능하다.
⑥ 폐수처리시설이 유용할 때 유리하다.
⑦ 다량의 수분이 함유된 가스에는 장애가 있을 수 있다.
⑧ 코로나 방전을 일으키는 것과 관련이 있다.
⑨ 단일장치에서 가스 흡수와 분진 포집이 동시에 가능하다.
⑩ 집진효율이 90~99.9[%]로서 높은 편이다.

해답

(1) 습식 집진장치
③, ⑤, ⑥, ⑨

(2) 건식 집진장치
②, ④, ⑦

(3) 전기식 집진장치
①, ⑧, ⑩

07 다음의 열전대온도계에 대한 구기호, 신기호, 최고사용가능온도[℃]를 채워 넣으시오.

No	열전대 재질	구기호	신기호	최고사용가능온도[℃]
1	동-콘스탄탄			
2	철-콘스탄탄			
3	크로멜-알루멜			
4	백금-백금·로듐			

해답

열전대온도계의 구기호, 신기호, 최고사용가능온도[℃]

No	열전대 재질	구기호	신기호	최고사용가능온도[℃]
1	동-콘스탄탄	CC	T	350
2	철-콘스탄탄	IC	J	800
3	크로멜-알루멜	CA	K	1,200
4	백금-백금·로듐	PR	R	1,600

08 다음에서 설명하는 보일러 이상현상의 명칭을 쓰시오.

이 현상은 보일러 수중에 용해 또는 현탁되어 있던 불순물로 인해 보일러수가 비등해 증기와 함께 혼합된 상태로 보일러 본체 밖으로 나오는 현상이다. 이 현상으로 인하여 증기의 질이 저하되어 운전 장애 발생, 과열이나 고형물 부착에 의한 팽출, 파열사고, 습증기 공급에 따른 증기의 사용효율 저하 등이 야기된다.

해답

캐리오버(Carry Over, 기수공발현상)

09 다음에서 설명하고 있는 분석기의 명칭을 쓰시오.

- 흡수제를 사용하여 시료가스의 부피 감소량으로부터 분석가스의 농도를 구한다.
- 연소가스의 주성분인 이산화탄소(CO_2), 산소(O_2), 일산화탄소(CO)를 순서대로 분석 및 측정한다.
- 가스분배관은 이방 또는 삼방 콕이 달린 유리제 모세관으로 된 것을 사용한다.
- 시료 채취관의 재질은 스테인리스강, 경질유리 또는 석영 등이다.

해답

오르사트 분석기

10 보일러의 배관에 신축 조인트(Expansion Joint, 신축이음)를 설치하는 목적 및 종류를 각각 3가지씩만 쓰시오.

해답

(1) 신축 조인트를 설치하는 목적
① 펌프에서 발생된 진동 흡수
② 배관에 발생된 열응력 제거
③ 배관의 신축 흡수로 배관 파손이나 밸브 파손 방지

(2) 신축 조인트의 종류
① 루프형
② 벨로스형
③ 상온 스프링형

11 급수조절기를 사용할 경우 수압시험 또는 보일러를 시동할 때 조절기가 작동하지 않게 하거나, 모든 자동 또는 수동제어밸브 주위에 수리, 교체하는 경우를 위하여 설치하는 것은 무엇인지 쓰시오.

해답

바이패스관

12 보일러 본체 내 수면의 위치를 지시해 주는 장치인 수면계에 대한 다음 질문에 답하시오.

(1) 수면계의 최소 설치 개수는 몇 개인지 쓰시오.

(2) 수면계의 종류를 4가지만 쓰시오.

(3) 상용 수위는 수면계의 어느 지점이어야 하는가?

(4) 다음의 보일러 종류별 부착 위치의 (　　)를 채우시오.

보일러 종류	부착 위치
직립형 보일러	연소실 천장판 최고부(플랜지부 제외) 위 (①)[mm]
직립형 연관 보일러	연소실 천장판 최고부 위 연관 길이의 (②)
수평 연관 보일러	연관의 최고부 위 (③)[mm]
노통 연관 보일러	연관의 최고부 위 (④)[mm]. 다만, 연관 최고 부분보다 노통 윗면이 높은 것으로서는 노통 최고부(플랜지부 제외) 위 (⑤)[mm]
노통 보일러	노통 최고부(플랜지부를 제외) 위 (⑥)[mm]

해답

(1) 수면계의 최소 설치 개수

2개

(2) 수면계의 종류

① 원형 유리 수면계

② 평형 반사식 수면계

③ 평형 투시식 수면계

④ 2색 수면계

(3) 상용 수위의 지점

상용 수위는 수면계의 중심선으로 한다$\left(\text{수면계의 } \frac{1}{2}\text{지점}\right)$.

(4) 보일러 종류별 부착 위치

① 75, ② $\frac{1}{3}$, ③ 75, ④ 75, ⑤ 100, ⑥ 100

보일러 종류	부착 위치
직립형 보일러	연소실 천장판 최고부(플랜지부 제외) 위 75[mm]
직립형 연관 보일러	연소실 천장판 최고부 위 연관 길이의 $\frac{1}{3}$
수평 연관 보일러	연관의 최고부 위 75[mm]
노통 연관 보일러	연관의 최고부 위 75[mm]. 다만, 연관 최고 부분보다 노통 윗면이 높은 것으로서는 노통 최고부(플랜지부 제외) 위 100[mm]
노통 보일러	노통 최고부(플랜지부를 제외) 위 100[mm]

13 내경이 50[mm]인 원관에 20[℃] 물이 흐르고 있다. 층류로 흐를 수 있는 최대 유량[m^3/s]을 구하시오(단, 임계 레이놀즈수(Re)는 2,320이고, 20[℃]일 때 동점성계수(ν) = 1.0064×10^{-6}[m^2/s]이다).

해답

레이놀즈수 $Re = \dfrac{vd}{\nu}$, 유속 $v = \dfrac{\nu Re}{d}$

유량 $Q = Av = \dfrac{\pi d^2}{4} \times \dfrac{\nu Re}{d} = \dfrac{\pi d \nu Re}{4}$

$$= \frac{3.14 \times 50 \times 10^{-3} \times 1.0064 \times 10^{-6} \times 2{,}320}{4} \simeq 9.16 \times 10^{-5}[\mathrm{m^3/s}]$$

$\therefore\ Q = 9.16 \times 10^{-5}[\mathrm{m^3/s}]$

14 건도가 0.7인 수증기가 보일러로부터 공급될 때 습증기의 엔탈피[kJ/kg]를 다음의 자료를 이용하여 구하시오.

- 보일러의 압력 : 2.5[MPa]
- 포화수의 엔탈피 : 1,150[kJ/kg]
- 포화증기의 엔탈피 : 3,230[kJ/kg]

해답

습증기의 엔탈피 $h_2 = h' + (h'' - h') \times x = 1{,}150 + (3{,}230 - 1{,}150) \times 0.7 = 2{,}606[\mathrm{kJ/kg}]$

15 LNG를 사용하는 보일러에 절탄기를 설치하였다. 연도에서 측정한 배기가스 온도가 절탄기 설치 전 195[℃]이었고, 절탄기 설치 후 103[℃]이었다. 다음의 자료를 이용하여 이때의 절탄기 설치 후 배기가스에 의한 손실열의 감소량[kW]을 구하시오.

- 공기 : 이론공기량 11[m^3/m^3], 공기비 1.2
- LNG 소비량 : 53[m^3/h]
- 배기가스 : 비열 1,400[J/m^3·℃], 배기가스량 12.5[m^3/m^3]

해답

손실열량 $Q = G_f \times m C \Delta t$

$= 53 \times \{12.5 + (1.2 - 1) \times 11\} \times 1{,}400 \times (103 - 195)$

$= -100{,}348{,}080[\mathrm{J/h}] = -100{,}348{,}080/3{,}600[\mathrm{J/s}]$

$\simeq -27{,}874.5[\mathrm{W}] \simeq -27.87[\mathrm{kW}] \simeq 27.87[\mathrm{kW}]$ (감소)

16 다음의 반응식을 근거로 하여 CH_4의 생성 열량[kJ]을 구하시오.

> ① $C + O_2 \rightarrow CO_2 + 402[kJ]$
>
> ② $H_2 + \frac{1}{2}O_2 \rightarrow H_2O + 281[kJ]$
>
> ③ $CH_4 + 2O_2 \rightarrow CO_2 + 2H_2O + 803[kJ]$

해답

①+②×2－③을 하면

$C + 2H_2 \rightarrow CH_4 + (402 + 281 \times 2 - 803)[kJ]$

$C + 2H_2 \rightarrow CH_4 + 161[kJ]$

∴ CH_4의 생성 열량 = 161[kJ]

17 두께 230[mm]의 내화벽돌, 두께 114[mm]의 단열벽돌, 두께를 모르는 보통벽돌로 된 노의 평면벽에서 내벽면의 온도가 1,200[℃]이고, 외벽면의 온도가 120[℃]일 때 노벽 1[m²]당 열손실[kcal]은 708[kcal/h]이었다. 이때 보통벽돌의 두께[cm]를 구하시오(단, 벽돌의 열전도도는 나열된 순서대로 각각 1.2, 0.12, 0.6[kcal/m · h · ℃]이다).

해답

보통벽돌의 두께를 x라고 하면

노벽 1[m²]당 열손실량 $Q = K \cdot \Delta t = \frac{1}{(b_1/\lambda_1) + (b_2/\lambda_2) + (b_3/\lambda_3)} \times \Delta t$

$= \frac{1}{(0.23/1.2) + (0.14/0.12) + (x/0.6)} \times (1{,}200 - 120) \simeq 708[\text{kcal/h}]$

∴ 보통벽돌의 두께 $x \simeq 0.23[\text{m}] = 23[\text{cm}]$

18 2중관식 열교환기 내 68[kg/min]의 비율로 흐르는 물이 비열 1.9[kJ/kg · ℃]의 기름으로 20[℃]에서 30[℃]까지 가열된다. 이때 기름의 온도는 열교환기에 들어올 때 80[℃], 나갈 때 30[℃]이라면 대수평균온도차는 얼마인가?(단, 두 유체는 향류형으로 흐른다)

해답

- $\Delta t_1 = 80 - 30 = 50[℃]$
- $\Delta t_2 = 30 - 20 = 10[℃]$

∴ 대수평균온도차 $\Delta t_m = \frac{\Delta t_1 - \Delta t_2}{\ln(\Delta t_1/\Delta t_2)} = \frac{50 - 10}{\ln(50/10)} \simeq 24.85[℃]$

2020년 제4회 과년도 기출복원문제

01 **배관 내의 증기 또는 압축공기 내에 포함되어 있는 수분 및 관 내벽에 존재하는 수막 등을 제거하여 건포화증기 및 건조한 압축공기를 2차 측 기기에 공급하여 설비의 고장 및 오작동을 방지하여 시스템의 효율을 좋게 하는 장치인 기수분리기의 종류를 5가지만 나열하시오.**

해답

기수분리기의 종류
① 배플식(차폐판식)
② 사이클론식
③ 스크러버식
④ 건조스크린식
⑤ 다공판식

02 **시퀀스제어, 피드백제어에 대하여 각각 간단히 설명하시오.**

해답

① 시퀀스제어 : 미리 정해진 순서에 따라 순차적으로 진행되는 제어로, 보일러의 점화나 자판기의 제어에 적용한다.
② 피드백제어 : 결과를 입력쪽으로 되돌려서 비교한 후 입력과 출력의 차이를 수정하는 제어로, 정도가 우수하다.

03 **보일러에서 발생한 포화증기를 가열하여 증기의 온도를 높이는 장치인 과열기(Superheater)의 장점 및 단점을 각각 3가지만 쓰시오.**

해답

(1) 과열기의 장점
 ① 증기소비량 감소
 ② 마찰저항 감소
 ③ 관 내 부식 방지
(2) 과열기의 단점
 ① 고온 부식 발생
 ② 연소가스의 저항으로 압력손실 증가
 ③ 온도 분포의 불균일

04 제어편차에 대하여 조작량의 출력이 비례하는 제어동작인 P동작(비례동작)의 특징을 4가지만 쓰시오.

해답

비례동작(P동작)의 특징

① 잔류편차(Off-set) 현상이 발생한다.

② 주로 부하 변화가 작은 프로세스에 적용한다.

③ 비례대가 좁아질수록 조작량이 커진다.

④ 비례대가 매우 좁아지면 불연속 제어동작인 2위치 동작과 같아진다.

05 기체연료 연소 시 발생 가능한 이상현상을 4가지만 쓰고 간단히 설명하시오.

해답

기체연료 연소 시 발생 가능한 이상현상

① 역화(Back Fire) : 연료 연소 시 연료의 분출속도가 연소속도보다 느릴 때 불꽃이 염공 속으로 빨려 들어가 혼합관 속에서 연소하는 현상

② 선화(Lifting) : 염공에서 연료가스의 분출속도가 연소속도보다 빠를 때 불꽃이 염공 위에 들뜨는 현상

③ 황염(Yellow Tip) : 염공에서 연료가스의 연소 시 공기량의 조절이 적정하지 못하여 완전연소가 이루어지지 않을 때 불꽃의 색이 황색으로 되는 현상

④ 블로오프(Blow Off) : 염공에서 연료가스의 분출속도가 연소속도보다 클 때 주위 공기의 움직임에 따라 불꽃이 날려서 꺼지는 현상

06 증기 보일러 동체에 물이 담겨져 있는 부분인 수부가 클 때 발생 가능한 현상을 5가지만 쓰시오.

해답

수부가 클 때 발생 가능한 현상

① 부하변동에 대한 압력 변화가 작다.

② 습증기 발생이 쉬워 건조공기를 얻기가 용이하지 않다.

③ 증기 발생시간이 길다.

④ 동체 파열 시 피해가 크다.

⑤ 캐리오버의 발생 가능성이 증가한다.

07 강제순환식 수관 보일러의 종류를 2가지만 쓰시오.

해답

강제순환식 수관 보일러의 종류

① 라몬트 보일러(La Mont Boiler)

② 벨록스 보일러(Velox Boiler)

08 수트블로어(Soot Blower)는 어떤 설비인지 간단히 설명하시오.

해답

수트블로어(Soot Blower)

배기가스와 접촉하는 보일러 전열면으로, 증기나 압축공기를 직접 분사시켜서 보일러에 회분, 그을음 등 열전달을 막는 퇴적물을 청소하고, 쌓이지 않도록 유지하는 설비이다.

09 다음은 어느 수관 보일러에 대한 자료이다.

- 보일러 : 전열면적 107[m^2], 증기 발생량 5,624[kg/h]
- 연료 : 저위발열량 10,000[kcal/Nm^3], 고위발열량 11,000[kcal/Nm^3], 사용량 415[Nm^3/h]
- 급수온도 : 53[℃]
- 발생증기의 엔탈피 : 678[kcal/kg]
- 100[℃] 물의 증발잠열 : 2,256[kJ/kg]

이 자료를 이용하여 보일러 열정산 기준으로 다음을 각각 구하시오.

(1) 보일러의 효율[%]

(2) 환산증발량[kg/h]

해답

(1) 보일러의 효율[%]

$$\eta = \frac{G_a(h_2 - h_1)}{G_f \times H_h} = \frac{5{,}624 \times (678 - 53)}{415 \times 11{,}000} \simeq 0.77 = 77[\%]$$

(2) 환산증발량[kg/h]

100[℃] 물의 증발잠열 2,256[kJ/kg] = 2,256/4.184[kcal/kg] ≃ 539[kcal/kg]

$$\text{환산증발량 } G_e = \frac{G_a(h_2 - h_1)}{539} = \frac{5{,}624 \times (678 - 53)}{539} \simeq 6{,}521[\text{kg/h}]$$

10 어느 보일러의 연소장치에서 연료를 완전연소하기 위하여 35[%]의 과잉공기가 필요하다. 연료의 이론공기량이 11[Nm^3/kg], 이론건연소가스량이 12[Nm^3/kg]일 때 건연소가스량[Nm^3/kg]을 구하시오.

해답

실제건연소가스량 $G' = G_0' + B = G_0' + (m-1)A_0 = 12 + \{(1.35 - 1) \times 11\} = 15.85[\text{Nm}^3/\text{kg}]$

11 외경 76[mm], 내경 68[mm], 유효 길이 4,800[mm]의 수관 96개로 된 수관식 보일러가 있다. 이 보일러의 전열면적[m^2] 및 시간당 증발량[kg/h]을 구하시오(단, 수관 이외 부분의 전열면적은 무시하며, 전열면적 1[m^2]당 증발량은 26.9[kg/h]이다).

해답

① 보일러의 전열면적[m^2]

수관 보일러의 전열면적 계산 시 외경을 적용한다.

$A = \pi dln = \pi \times 0.076 \times 4.8 \times 96 \simeq 110[\text{m}^2]$

② 시간당 증발량[kg/h]

$G_B = \gamma_0 A = 26.9 \times 110 = 2,959[\text{kg/h}]$

12 단열재의 전후 양쪽에 두께(b_1) 30[mm]의 금속판으로 구성된 일반 냉동창고(F급)의 벽이 있다. 이 냉동창고의 내부온도(t_i)는 −25[℃]로 유지되고 있고, 이때의 외기온도(t_o)는 22[℃]이다. 냉동창고 외부면의 온도(t_s)가 19[℃] 미만이 될 때 수분이 응축되어 이슬이 맺힌다고 가정할 때, 다음의 자료를 이용하여 냉동창고의 외벽면에 대기 중의 수분이 응축되어 이슬이 맺히지 않도록 하기 위한 단열재의 최소 두께(b_2)[mm]를 구하시오.

- 대류 열전달률
  벽 내측 $\alpha_i = 7.7[\text{W/m}^2 \cdot ℃]$, 벽 외측 $\alpha_o = 15.5[\text{W/m}^2 \cdot ℃]$
- 열전도율
  금속판 $\lambda_1 = 17.5[\text{W/m} \cdot ℃]$, 단열재 $\lambda_2 = 0.033[\text{W/m} \cdot ℃]$

해답

외기에서 냉동창고 내부로의 전달열량을 Q_1,

외기에서 냉장고 외벽면에 이슬이 맺히기 직전의 온도($t_s = 19[℃]$)까지의 전달열량을 Q_2라 하면

$Q_1 = Q_2$이므로 $K \cdot F \cdot (t_o - t_i) = \alpha_o \cdot F \cdot (t_o - t_s)$이다.

양변을 F로 나누면

$K \times (t_o - t_i) = \alpha_o \times (t_o - t_s)$

$$\frac{1}{\frac{1}{\alpha_i} + \frac{b_1}{\lambda_1} + \frac{b_2}{\lambda_2} + \frac{b_1}{\lambda_1} + \frac{1}{\alpha_o}} \times (t_o - t_i) = \alpha_o \times (t_o - t_s)$$

$$\frac{1}{\frac{1}{7.7} + \frac{0.03}{17.5} + \frac{b_2}{0.033} + \frac{0.03}{17.5} + \frac{1}{15.5}} \times \{22 - (-25)\} = 15.5 \times (22 - 19)$$

$$\frac{47}{0.1978 + \frac{b_2}{0.033}} = 46.5$$

$$\frac{b_2}{0.033} = \frac{47}{46.5} - 0.1978 \simeq 0.81295$$

∴ 단열재의 두께 $b_2 = 0.033 \times 0.81295 \simeq 0.0268[\text{m}] = 26.8[\text{mm}]$

13 병행류 열교환기에서 고온유체의 입구온도는 95[℃]이고 출구온도는 55[℃]이며, 이와 열교환되는 저온유체의 입구온도는 25[℃], 출구온도는 45[℃]이었다. 다음의 자료를 이용하여 전열면적[m^2]을 구하시오.

- 고온유체의 유량 : 2,200[kg/h]
- 고온유체의 평균비열 : 1,884[J/kg · ℃]
- 관의 안지름 : 0.0427[m]
- 총괄 전열계수 : 600[W/m^2 · ℃]

해답

- 전열량 $Q = mC\Delta t = (2{,}200/3{,}600) \times 1{,}884 \times (55-95) \simeq -46{,}053[\mathrm{W}] = 46{,}053[\mathrm{W}]$(냉각)
- $\Delta T_1 = 95 - 25 = 70[℃]$, $\Delta T_2 = 55 - 45 = 10[℃]$
- $\Delta T_m = \dfrac{\Delta t_1 - \Delta t_2}{\ln\left(\dfrac{\Delta t_1}{\Delta t_2}\right)} = \dfrac{70-10}{\ln\left(\dfrac{70}{10}\right)} \simeq 30.83[℃]$

∴ 전열면적 $A = \dfrac{46{,}053}{600 \times 30.83} \simeq 2.49[\mathrm{m}^2]$

14 열병합발전소에서 배기가스를 사이클론에서 전처리하고 전기집진장치에서 먼지를 제거하고 있다. 사이클론 입구, 전기집진장치 입구와 출구에서의 먼지 농도가 각각 95, 10, 0.5[g/Nm^3]일 때 종합 집진율[%]을 구하시오.

해답

종합 집진율 $= \left(1 - \dfrac{0.5}{95}\right) \times 100[\%] \simeq 99.5[\%]$

15 옥탄(C_8H_{18}) 1[kmol]을 공기비 1.3으로 완전연소했을 때 다음에 답하시오.

(1) 공연비(Air Fuel Ratio)를 계산하시오.

(2) 배기가스 중의 CO_2, H_2O, O_2, N_2의 몰분율[%]을 각각 구하시오.

해답

(1) 공연비(Air Fuel Ratio)

옥탄(C_8H_{18})의 연소방정식 : $C_8H_{18} + 12.5O_2 \rightarrow 8CO_2 + 9H_2O$

- 공기질량 $A = mA_0 = 1.3 \times \dfrac{12.5 \times 32}{0.232} \simeq 2{,}241[\text{kg air}]$
- 연료질량 $F = 12 \times 8 + 1 \times 18 = 114[\text{kg fuel}]$

$\therefore$ 공연비 $= \dfrac{\text{공기질량}}{\text{연료질량}} = \dfrac{2{,}241}{114} \simeq 19.66[\text{kg Air/kg fuel}]$

(2) 배기가스 중의 CO_2, H_2O, O_2, N_2의 몰분율[%]

배기가스 중 성분별 몰비율 $= \dfrac{\text{성분의 몰수}}{\text{배기가스의 몰수}} \times 100[\%]$

배기가스에는 CO_2, H_2O, 질소가스, 과잉공기량이 포함된다.

배기가스의 몰수 $= 8 + 9 + (12.5 \times 3.76) + \left\{(1.3-1) \times \dfrac{12.5}{0.21}\right\} \simeq 81.86[\text{kmol}]$

- CO_2의 몰분율[%] $= \dfrac{8}{81.86} \times 100 \simeq 9.77[\%]$
- H_2O의 몰분율[%] $= \dfrac{9}{81.86} \times 100 \simeq 10.99[\%]$
- O_2의 몰분율[%] $= \dfrac{(1.3-1) \times 12.5}{81.86} \times 100 \simeq 4.58[\%]$
- N_2의 몰분율[%]

  N_2의 몰수는 이론공기 중의 질소몰수와 과잉공기 중의 질소몰수를 합한 값이다.

  N_2의 몰수 $= (12.5 \times 3.76) + \{(1.3-1) \times 12.5 \times 3.76\} \simeq 61.1[\text{kmol}]$

  $\therefore$ N_2의 몰분율[%] $= \dfrac{61.1}{81.86} \times 100 \simeq 74.64[\%]$

16 **두께 25[mm]이며, 열전도율이 47[W/m · K]인 강관에 열전도율이 2.2[W/m · K]인 스케일이 4[mm] 부착되었다. 스케일이 부착되었을 때의 열전도저항과 스케일이 부착하지 않은 상태의 강관의 열전도저항과의 비를 열전도저항비로 놓고 구하시오.**

해답

• 강관의 열전도저항 $R_1 = \frac{b_1}{\lambda_1} = \frac{0.025}{47} \simeq 5.32 \times 10^{-4}[\text{m}^2 \cdot \text{K/W}]$

• 스케일의 열전도저항 $R_2 = \frac{b_2}{\lambda_2} = \frac{0.004}{2.2} \simeq 1.82 \times 10^{-3}[\text{m}^2 \cdot \text{K/W}]$

∴ 열전도저항비 $= \frac{R_1 + R_2}{R_1} = \frac{5.32 \times 10^{-4} + 1.82 \times 10^{-3}}{5.32 \times 10^{-4}} \simeq 4.42$배

17 **원형관 내의 유체가 펌프 토출압력 150[kPa], 속도 3[m/s], 높이 7[m]로 송출되고 있을 때 다음의 자료를 이용하여 축동력[kW]을 구하시오.**

• 원형관 : 안지름 22[cm], 관마찰계수 0.025
• 관 상당 길이 : 엘보 1.7, 밸브 2.3
• 유체의 비중 : 0.95
• 펌프의 효율 : 85[%]
• 흡입구에서 토출구까지의 수평거리 : 17[m]
• 흡입측에 설치된 압력계의 압력 : 완전 진공 상태
• 대기압 : 101[kPa]
• 관로에 설치된 것은 토출측 밸브만으로 가정

해답

• 유량 $Q = Av = \left(\frac{\pi}{4} \times 0.22^2\right) \times 3 \simeq 0.114[\text{m}^3/\text{s}]$

• 실제 양정 = 7[m]

• 관마찰손실수두 $h_f = f \times \frac{l}{d} \times \frac{v^2}{2g} = 0.025 \times \frac{(7 + 1.7 + 2.3 + 17)}{0.22} \times \frac{3^2}{2 \times 9.8} \simeq 1.46[\text{m}]$

• 전체 양정 = 실제 양정 + 관마찰손실수두 = 7 + 1.46 = 8.46[m]

∴ 축동력 $L = \frac{\gamma Q h}{\eta} = \frac{(0.95 \times 1{,}000) \times 0.114 \times 8.46}{0.85} \simeq 1{,}078[\text{kgf} \cdot \text{m/s}]$

$= 1{,}078 \times 9.8[\text{N} \cdot \text{m/s}] \simeq 10{,}564[\text{W}] \simeq 10.56[\text{kW}]$

18 과열기 출구의 온도와 압력이 각각 500[℃], P_1 = 12[MPa]인 증기를 공급받아서 최초 포화증기로 될 때까지 고압터빈에서 단열팽창시킨 후 추기하여 추기압력하에서 처음 온도까지 재열을 가한 다음에 저압터빈으로 유입시켜서 P_2 = 7[kPa]까지 단열팽창시켰다. 이때 다음의 자료를 이용하여 터빈의 출력[kW]을 구하시오.

> • 증기소비량 : 567[kg/h]
> • 압력 7[kPa]에서 포화수의 비체적(ν) : 0.0012[m^3/kg]
> • 엔탈피 데이터
>   – 과열기 출구 : 3,333[kJ/kg]
>   – 고압터빈 단열팽창 후 : 2,888[kJ/kg]
>   – 재열기 출구 : 3,456[kJ/kg]
>   – 저압터빈 단열팽창 후 : 2,345[kJ/kg]
>   – 복수기 정압방열 후 : 123[kJ/kg]

해답

• 급수펌프 구동 소비열량 $W_P = \nu \times (P_1 - P_2) = 0.0012 \times (12{,}000 - 7) \simeq 14.4[\text{kJ/kg}]$

• 고압터빈의 일량 $W_{T_1} = 3{,}333 - 2{,}888 = 445[\text{kJ/kg}]$

• 저압터빈의 일량 $W_{T_2} = 3{,}456 - 2{,}345 = 1{,}111[\text{kJ/kg}]$

∴ 터빈의 출력 $H = m \times (W_{T_1} + W_{T_2} - W_P) = 567 \times (445 + 1{,}111 - 14.4) \simeq 874{,}087[\text{kJ/h}]$

$$= \frac{874{,}087}{3{,}600}[\text{kJ/s}] \simeq 242.8[\text{kW}]$$

2021년 제1회 과년도 기출복원문제

01 x축의 위치에 따라 지름이 $D=\dfrac{D_0}{1+ax}$로 변하는 파이프가 있는데 D_0에서의 유체속도는 속도의 축 방향에 대하여 최초 $x=0$에서 $v_0=4$[m/s]일 때 $x=3$[m] 지점에서의 유체의 가속도[m/s²]를 구하시오(단, 유체는 비압축성이며 정상 상태에 있으며 $a=0.01$[m⁻¹]이다).

해답

유량 $Q=A_0v_0=A_1v_1$

- $v_0=\dfrac{Q}{A_0}=\dfrac{Q}{\dfrac{\pi}{4}\times D_0^2}=\dfrac{4Q}{\pi D_0^2}$
- $v_1=\dfrac{Q}{A_1}=\dfrac{Q}{\dfrac{\pi}{4}\times\dfrac{D_0^2}{(1+ax)^2}}=\dfrac{4Q}{\pi D_0^2}(1+ax)^2=v_0(1+ax)^2$
- 가속도 $=\dfrac{dv_1}{dt}=\dfrac{dv_1}{dx}\cdot\dfrac{dx}{dt}=\dfrac{dv_1}{dx}\cdot v_1=2av_0(1+ax)\times v_0(1+ax)^2$

$=2av_0^2(1+ax)^3=2\times0.01\times4^2\times(1+0.01x)^3=0.32\times(1+0.01x)^3$

$\therefore$ $x=3$이므로, 가속도 $=0.32\times(1+0.01\times3)^3\simeq0.35[\mathrm{m/s^2}]$

02 복사난방의 장점을 4가지만 쓰시오.

해답

복사난방의 장점

① 실내온도 균등화로 쾌적도(쾌감도)가 증가한다.
② 방열기 설치가 불필요하여 바닥면 이용도가 증가한다.
③ 열손실이 감소한다.
④ 공기 대류 감소로 실내공기 오염도가 감소한다.

03 스프링식 안전밸브의 고장원인을 4가지만 쓰시오.

해답

스프링식 안전밸브의 고장원인

① 스프링의 장력이 약화된 경우
② 밸브시트부에 누설이 발생한 경우
③ 밸브디스크와 밸브시트에 이물질이 존재한 경우
④ 밸브축이 이완된 경우

04 자동제어 연속동작을 6가지만 쓰시오.

해답

자동제어 연속동작

① P동작(비례동작)
② I동작(적분동작)
③ D동작(미분동작)
④ PI동작(비례적분동작)
⑤ PD동작(비례미분동작)
⑥ PID동작(비례적분미분동작)

05 연도나 덕트 속을 유동하는 공기나 연소가스 등의 기체유량을 조절하기 위한 가동판의 명칭을 쓰시오.

해답

댐퍼(Damper)

06 보일러 및 연소기는 점화나 착화 전에 반드시 프리퍼지(Pre-purge)를 하여야 한다. 그 이유를 간단히 기술하시오.

해답

점화나 착화 전에 반드시 프리퍼지(Pre-Purge)를 하여야 하는 이유

보일러 가동 전 화실이나 노 내, 노통, 연도 내에 체류된 가연성 잔류가스를 외부로 배출시켜 점화나 착화 시 가스폭발을 방지하는 사전 안전조치를 하기 위함이다.

07 측정원리에 따른 접촉식 온도계의 종류를 4가지만 쓰시오.

해답

측정원리에 따른 접촉식 온도계의 종류

① 열팽창을 이용한 온도계 : 바이메탈온도계

② 열기전력을 이용한 온도계 : 열전대온도계

③ 상태 변화를 이용한 온도계 : 서모컬러

④ 전기저항 변화를 이용한 것 : 서미스터

08 다음의 보일러에서 발생 가능한 저온 부식에 대한 설명을 읽고 ①~⑤에 알맞은 내용을 써넣으시오.

연료 중의 황성분이 연소되어 (①)이(가) 되고 이것이 (②)의 촉매작용에 의하여 과잉공기와 반응하여 (③)이(가) 되고, 이것은 연소가스 중의 (④)와(과) 화합하여 (⑤)이(가) 되어 저온 부식을 일으킨다.

해답

① 아황산가스(SO_2)

② 오산화바나듐(VO_5)

③ 무수황산(SO_3)

④ 수증기(H_2O)

⑤ 황산(H_2SO_4)의 증기

09 다음의 3요소식 수위제어 계통도를 나타낸 블록선도 내의 ①, ②, ③에 해당하는 명칭을 각각 기입하시오.

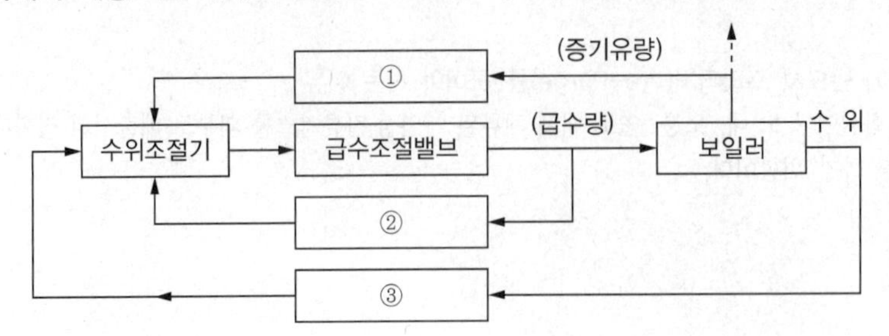

해답

① 증기유량발신기

② 급수유량발신기

③ 수위발신기

10 물이 흐르는 안지름 80[mm]의 관 속에 지름 20[mm]인 오리피스를 설치하였는데 오리피스 전후 차압이 물의 수주 120[mmH_2O]로 나타났다. 이때의 물의 유량[L/min]을 구하시오(단, 유량계수는 0.66이다).

해답

오리피스 전후 차압 $\Delta P = P_1 - P_2 = 120[\text{mmH}_2\text{O}] = 120[\text{kgf/m}^2]$

$$\therefore \text{ 물의 유량 } Q = C \cdot Av_m = C \cdot A\sqrt{\frac{2g}{1-(d_2/d_1)^4} \times \frac{P_1 - P_2}{\gamma}}$$

$$= 0.66 \times \left(\frac{\pi}{4} \times 0.02^2\right) \times \sqrt{\frac{2 \times 9.8}{1-(0.02/0.08)^4} \times \frac{120}{1{,}000}} \simeq 3.186 \times 10^{-4}[\text{m}^3/\text{s}]$$

$$= 3.186 \times 10^{-4} \times 1{,}000 \times 60[\text{L/min}] \simeq 19.12[\text{L/min}]$$

11 2중관식 열교환기 내 68[kg/min]의 비율로 흐르는 물이 비열 1.9[kJ/kg · ℃]의 기름으로 20[℃]에서 30[℃]까지 가열된다. 이때 기름의 온도는 열교환기에 들어올 때 80[℃], 나갈 때 30[℃]이라면, 대수평균온도차는 얼마인가?(단, 두 유체는 향류형으로 흐른다)

해답

- $\Delta t_1 = 80 - 30 = 50[℃]$
- $\Delta t_2 = 30 - 20 = 10[℃]$

∴ 대수평균온도차 $\Delta t_m = \dfrac{\Delta t_1 - \Delta t_2}{\ln(\Delta t_1/\Delta t_2)} = \dfrac{50-10}{\ln(50/10)} \simeq 24.85[℃]$

12 압력 1[MPa], 온도 150[℃]인 큰 용기 속의 압축공기가 노즐을 통하여 압력 0.5[MPa], 온도 74[℃]의 상태로 등엔트로피 팽창할 때 출구속도[m/s]를 구하시오(단, 입구속도는 작아서 무시하고, 정압비열은 1.0053[kJ/kg · K]이며 공기의 기체상수는 0.287[kJ/kg · K]이다).

해답

- $C_p - C_v = R$, 정적비열 $C_v = C_p - R = 1.0053 - 0.287 = 0.7183[\text{kJ/kg} \cdot \text{K}]$
- 비열비 $k = \dfrac{C_p}{C_v} = \dfrac{1.0053}{0.7183} \simeq 1.4$

∴ 출구속도 $v_2 = \sqrt{2\left(\dfrac{k}{k-1}\right)RT_1\left\{1-\left(\dfrac{P_2}{P_1}\right)^{\frac{k-1}{k}}\right\}}$

$$= \sqrt{2\times\left(\frac{1.4}{1.4-1}\right)\times 287\times(150+273)\times\left\{1-\left(\frac{500}{1{,}000}\right)^{\frac{1.4-1}{1.4}}\right\}}$$

$$= \sqrt{2\times 3.5\times 287\times(150+273)\times 0.18}$$

$$\simeq \sqrt{152{,}965} \simeq 391.11[\text{m/s}]$$

13 탄소 85[%], 수소 11[%], 수분 4[%]의 조성으로 이루어진 액체연료를 완전연소할 때 필요한 이론공기량[Nm^3/kg]을 구하시오.

해답

필요한 이론공기량 $A_0 = 8.89\text{C} + 26.67\left(\text{H} - \dfrac{\text{O}}{8}\right) + 3.33\text{S} = 8.89\times 0.85 + 26.67\times 0.11 \simeq 10.49[\text{Nm}^3/\text{kg}]$

14 **보일러 연도에 설치된 절탄기(Economizer)를 이용하여 물의 온도를 58[℃]에서 88[℃]로 높여서 보일러에 급수한다. 절탄기 입구 배기가스 온도가 340[℃]일 때 다음의 자료를 근거로 하여 출구온도[℃]를 구하시오.**

- 절탄기에서 가열된 물의 양 : 53,000[kg/h]
- 배기가스량 : 65,000[kg/h]
- 물의 비열 : 4.184[kJ/kg℃]
- 배기가스의 비열 : 1.02[kJ/kg℃]
- 절탄기의 효율 : 80[%]

해답

절탄기의 효율 $\eta = \dfrac{\text{물 가열에 소요된 열량}}{\text{배기가스의 손실열량}}$

물 가열에 소요된 열량 = 배기가스의 손실열량 × η

여기서, 물을 A, 배기가스를 B라 하면

$m_A C_A (t_{A2} - t_{A1}) = -m_B C_B (t_{B2} - t_{B1})\eta$

$53{,}000 \times 4.184 \times (88-58) = -65{,}000 \times 1.02 \times (t_{B2} - 340) \times 0.8$

$340 - t_{B2} = \dfrac{53{,}000 \times 4.184 \times (88-58)}{65{,}000 \times 1.02 \times 0.8} \simeq 125.43$

∴ 절탄기 출구 배기가스 온도 $t_{B2} = 340 - 125.43 = 214.57[℃]$

15 **온도 22[℃], 압력 1기압에서 공기가 흐르는 직경 500[mm]의 배관 중심부에 유량계수가 1인 피토 튜브를 설치하였는데, 전압이 80[mmH₂O], 정압이 40[mmH₂O]로 지시되었다. 이때 초당 평균유량[m³/s]을 구하시오(단, 공기의 비중량은 1.25[kgf/m³], 평균유속은 배관 중심부 유속의 3/4이다).**

해답

- 액주계의 높이차 = 전압 − 정압 $= 80 - 40 = 40[\mathrm{mmH_2O}] = 0.04[\mathrm{mmH_2O}]$
- 중심부의 유속 $v = \sqrt{2gh\left(\dfrac{\gamma_m - \gamma}{\gamma}\right)} = \sqrt{2 \times 9.8 \times 0.04 \times \left(\dfrac{1{,}000 - 1.25}{1.25}\right)} \simeq 25[\mathrm{m/s}]$

∴ 초당 평균유량 $Q_m = C \cdot Av_m = \left(\dfrac{\pi}{4} \times 0.5^2\right) \times \left(25 \times \dfrac{3}{4}\right) \simeq 3.68[\mathrm{m^3/s}]$

16 다음 스털링사이클의 $T-S$선도와 주어진 조건을 이용하여 '(1)~(4)'의 답을 구하시오.

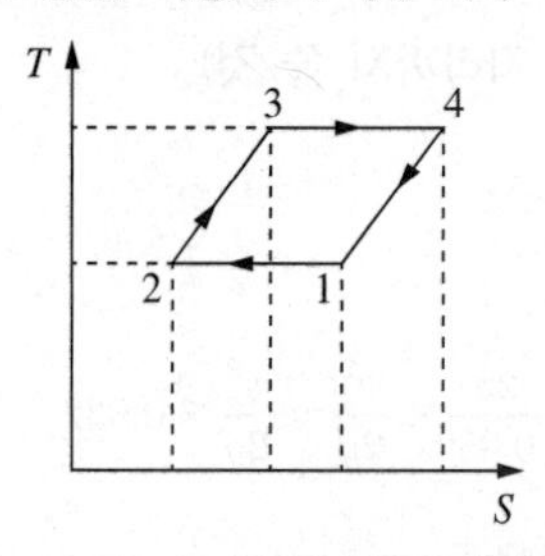

• 온도 : $t_1 = 20$[℃], $t_3 = 1,420$[℃]	• 정압비열 : $C_p = 1.005$[kJ/kg·K]
• 정적비열 : $C_v = 0.718$[kJ/kg·K]	• 압축비 : 8

(1) 2-3-4에서 공급되는 열량[kJ/kg]

(2) 4-1-2에서 방출되는 열량[kJ/kg]

(3) 한 사이클을 돌렸을 때의 순수일량[kJ/kg]

(4) 열효율[%]

해답

스털링 사이클의 $P-V$선도

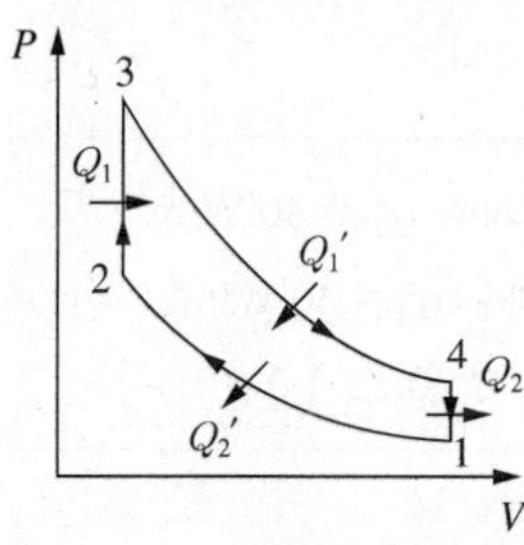

• 기체상수 $R = C_p - C_v = 1.005 - 0.718 = 0.287$[kJ/kg·K]

• 압축비 $\varepsilon = \dfrac{V_4}{V_3} = \dfrac{V_1}{V_2}$

(1) 2-3-4에서 공급되는 열량[kJ/kg]

$$Q_{공급} = Q_1 + Q_1' = C_v \times (T_3 - T_2) + RT_3 \ln\frac{V_4}{V_3}$$

$$= 0.718 \times \{(1,420+273) - (20+273)\} + 0.287 \times (1,420+273) \times \ln 8 \simeq 2,015.6\text{[kJ/kg]}$$

(2) 4-1-2에서 방출되는 열량[kJ/kg]

$$Q_{방출} = Q_2 + Q_2' = C_v \times (T_4 - T_1) + RT_1 \ln\frac{V_1}{V_2}$$

$$= 0.718 \times \{(1,420+273) - (20+273)\} + 0.287 \times (20+273) \times \ln 8 \simeq 1,180.1\text{[kJ/kg]}$$

(3) 한 사이클을 돌렸을 때의 순수일량[kJ/kg]

$$W = Q_{공급} - Q_{방출} = 2,015.6 - 1,180.1 = 835.5\text{[kJ/kg]}$$

(4) 열효율[%]

$$\eta = 1 - \frac{Q_{방출}}{Q_{공급}} = 1 - \frac{1,180.1}{2,015.6} \simeq 0.4145 = 41.45[\%]$$

17 길이 25[m]이고, 안지름이 50[mm]인 원형관에서 마찰손실수두는 운동에너지의 3.2[%]일 때, 마찰손실계수(f)를 구하시오(단, 답은 소수점 여섯 번째 자리까지 쓸 것).

해답

• 운동에너지 $= \dfrac{v^2}{2g}$

• 마찰손실수두 $h_L = f \times \dfrac{l}{d} \times \dfrac{v^2}{2g} = f \times \dfrac{25}{0.05} \times \dfrac{v^2}{2g} = \dfrac{v^2}{2g} \times 0.032$

∴ 관마찰계수 $f = \dfrac{0.05}{25} \times 0.032 = 0.000064$

18 보온시공을 위하여 다음 그림과 같이 보온재 A, B, C, D를 배치하였을 때 B, C와 D의 접촉면의 온도(D의 좌측면의 온도)가 90[℃]였다. 이때 주어진 조건을 이용하여 보온재 A의 열전도도[W/m · ℃]를 구하시오(단, 열이동은 그림의 좌에서 우로 진행되며 상하로의 이동은 없다고 가정한다).

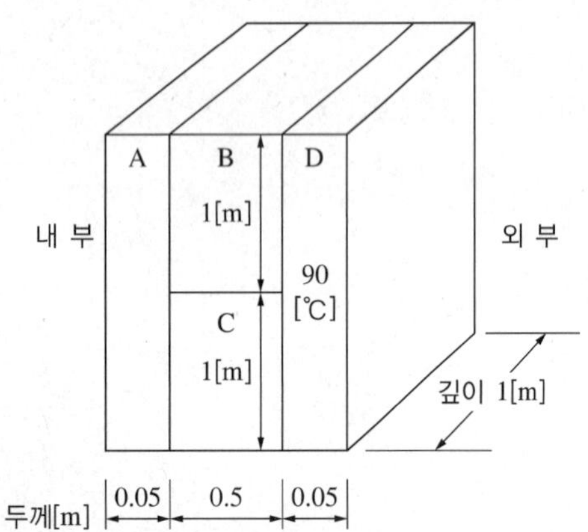

• 내부 : 온도 200[℃], 열전달계수 $\alpha_1 = 40$[W/m^2 · ℃]
• 외부 : 온도 20[℃], 열전달계수 $\alpha_2 = 10$[W/m^2 · ℃]
• 열전도도[W/m · ℃] : B 5.0, C 10, D 1.0

해답

보온재 A의 열전도도를 λ_A라고 하면

• 내부로부터 외부로 전달되는 열손실량

$$Q_1 = K_1 \cdot F_1 \cdot \Delta t_1 = \frac{1}{\frac{1}{40} + \frac{0.05}{\lambda_A} + \frac{0.5}{(5+10)/2} + \frac{0.05}{1.0} + \frac{1}{10}} \times (2 \times 1) \times (200-20) \simeq \frac{360}{\frac{0.05}{\lambda_A} + 0.2417}$$

• D로부터 외부로 전달되는 열손실량

$$Q_2 = K_2 \cdot F_2 \cdot \Delta t_2 = \frac{1}{\frac{0.05}{1.0} + \frac{1}{10}} \times (2 \times 1) \times (90-20) \simeq 933.3[\text{W}]$$

$Q_1 = Q_2$이므로 $\dfrac{360}{\frac{0.05}{\lambda_A} + 0.2417} = 933.3$

∴ 보온재 A의 열전도도 $\lambda_A = \dfrac{0.05}{0.144} \simeq 0.35$[W/m · ℃]

2021년 제2회 과년도 기출복원문제

01 **공기가 채워진 어떤 구형 기구의 반지름이 반지름 5[m]이고 내부압력이 100[kPa], 온도는 20[℃]일 때 기구 내에 채워진 공기의 몰수[kmol]를 구하시오(단, 공기의 기체상수는 287[J/kg · K]이고, 공기의 분자량은 28.97[g/mol]이다).**

해답

① 내부압력을 게이지압력으로 고려했을 때

구형 용기의 체적 $V=\dfrac{4}{3}\pi r^3=\dfrac{4}{3}\pi\times 5^3\simeq 523.6[\text{m}^3]$

$PV=mRT$에서 공기의 질량 $m=\dfrac{PV}{RT}=\dfrac{(100+101.3)\times 523.6}{0.287\times(20+273)}\simeq 1{,}253.4[\text{kg}]$

∴ 공기의 몰수 $n=\dfrac{1{,}253.4}{28.97}\simeq 43.3[\text{kmol}]$

② 내부압력을 절대압력으로 고려했을 때

구형 용기의 체적 $V=\dfrac{4}{3}\pi r^3=\dfrac{4}{3}\pi\times 5^3\simeq 523.6[\text{m}^3]$

$PV=mRT$에서 공기의 질량 $m=\dfrac{PV}{RT}=\dfrac{100\times 523.6}{0.287\times(20+273)}\simeq 622.7[\text{kg}]$

∴ 공기의 몰수 $n=\dfrac{622.7}{28.97}\simeq 21.5[\text{kmol}]$

02 **포화증기에 비해 과열증기를 사용할 때의 장점을 3가지만 쓰시오.**

해답

과열증기 사용 시 이점

① 관 내 마찰저항이 감소한다.

② 수격작용을 방지한다.

③ 열효율이 향상된다.

03 관 외부에서 음파를 보내어 관 내 유체의 체적유량을 측정하는 초음파유량계의 장점을 4가지만 쓰시오.

해답

초음파유량계의 장점

① 압력손실이 없다.

② 대유량 측정용으로 적합하다.

③ 부식성 유체, 비전도성 유체의 유량 측정이 가능하다.

④ 고온·고압의 유체 측정이 가능하다.

04 자연통풍에서 통풍력이 증가되는 조건을 4가지만 쓰시오.

해답

자연통풍에서 통풍력이 증가되는 조건

① 연돌의 높이를 높게 한다.

② 연돌의 단면적을 크게 한다.

③ 배기가스의 온도를 높게 유지한다.

④ 연도의 길이를 짧게 한다.

05 연소로로 공기를 공급하는 송풍기가 970[rpm]으로 회전하며, 축동력 50[kW]이고, 유량 600[m^3/min]이다. 연소로의 공기유량을 1,000[m^3/min]으로 증가시킬 때 다음 물음에 답하시오(단, 송풍기의 임펠러 직경 크기는 변경하지 않는다).

(1) 필요한 송풍기의 회전수[rpm]를 구하시오.

(2) (1)의 회전수를 적용한 경우, 송풍기의 축동력[kW]을 구하시오.

해답

공기유량 변경 전의 상태를 1, 변경 후의 상태를 2, 풍량을 Q, 임펠러의 직경을 D, 회전수를 N이라고 한다.

(1) 필요한 송풍기의 회전수[rpm]

풍량 $Q_2 = Q_1\left(\frac{N_2}{N_1}\right)^1\left(\frac{D_2}{D_1}\right)^3$이며, 임펠러 직경 크기는 변경되지 않으므로

$1{,}000 = 600 \times \left(\frac{N_2}{970}\right)$

∴ 필요한 송풍기의 회전수 $N_2 = \frac{1{,}000 \times 970}{600} \simeq 1{,}616.7$[rpm]

(2) 공기유량 변경 후 송풍기의 축동력[kW]

축동력 $H_2 = H_1\left(\frac{N_2}{N_1}\right)^3\left(\frac{D_2}{D_1}\right)^5$이며, 임펠러 직경 크기는 변경되지 않으므로

∴ $H_2 = 50 \times \left(\frac{1{,}616.7}{970}\right)^3 \simeq 231.5$[kW]

06 **중유를 110[kg/h] 연소시키는 보일러가 있다. 이 보일러의 증기압력이 1[MPa], 급수온도가 50[℃], 실제증발량이 1,500[kg/h]일 때 보일러의 효율[%]을 구하시오(단, 중유의 저위발열량은 40,950[kJ/kg]이며 1[MPa]하에서 증기엔탈피는 2,864[kJ/kg], 50[℃] 급수엔탈피는 210[kJ/kg]이다).**

해답

보일러의 효율 $\eta_B = \dfrac{G_a(h_2 - h_1)}{G_f \times H_L} = \dfrac{1{,}500 \times (2{,}864 - 210)}{110 \times 40{,}950} \simeq 0.8838 = 88.38[\%]$

07 **다음에서 설명하는 밸브에 대해 각 물음에 답하시오.**

유체의 흐름을 단속하는 가장 일반적인 밸브로서 냉수, 온수, 난방 배관 등에 광범위하게 사용되고, 완전히 열거나 닫도록 설계되어 있다. 밸브 개방 시 유체 흐름의 단면적 변화가 없어 압력손실이 작은 특징이 있다.

(1) 이 밸브의 명칭을 쓰시오.

(2) 이 밸브를 유량 조절 용도로 절반만 열고 사용하기에 부적절한 이유를 쓰시오.

해답

(1) 밸브의 명칭

게이트밸브(또는 슬루스밸브)

(2) 유량 조절 용도로 절반만 열고 사용하기에 부적절한 이유

반개방 상태로 사용하면 와류현상이 발생하여 유체저항 증가, 밸브 진동 발생, 밸브 내면 침식작용 위험성 증가, 유체에 의해 디스크의 마모 증가, 밸브 조작력 증가 등의 문제가 발생하므로 반만 열고 사용하면 매우 부적절하다.

08 **펌프 등 배관계통에서 유체의 흐름 속에 이물질 등으로 인하여 설비의 파손 또는 오동작 그리고 흐름상 저항이 발생하는 것을 예방하기 위하여 주요 설비 전단에 설치하는 장치로서, Y형과 U형 등의 형태로 배치되는 부속품의 명칭을 쓰시오.**

해답

스트레이너(Strainer, 여과기)

09 안지름이 10[cm]인 열교환기 배관 내를 유속 2[m/s]로 물이 흐를 때 배관 입구에서의 물의 온도는 20[℃]이며, 관 내부를 거쳐 배관 출구에서의 물의 온도는 최종적으로 40[℃]이었다. 이때 다음의 조건을 이용하여 배관의 길이[m]를 구하시오(단, 관 내부의 온도는 80[℃]로 일정하게 유지되어 있다).

- 물 : 비열 4,186[J/kg · K], 밀도 1,000[kg/m^3]
- 열관류율 : 10[kW/m^2 · K]
- 대수평균온도차[℃] : $\Delta t_m = \dfrac{\Delta t_1 - \Delta t_2}{\ln \dfrac{\Delta t_1}{\Delta t_2}}$
  - Δt_1 : 관 내부온도와 입구온도의 차
  - Δt_2 : 관 내부온도와 출구온도의 차

해답

- 물의 질량유량 $G = \rho A v = 1{,}000 \times \dfrac{\pi}{4} \times 0.1^2 \times 2 \simeq 15.708[\text{kg/s}]$
- 물의 현열량 $Q_1 = G \cdot C \cdot \Delta t = 15.708 \times 4{,}186 \times (40-20) \simeq 1{,}315{,}073.8[\text{W}] \simeq 1{,}315.07[\text{kW}]$
- $\Delta t_1 = 80 - 20 = 60[℃]$, $\Delta t_2 = 80 - 40 = 40[℃]$
- 대수평균온도차 $\Delta t_m = \dfrac{\Delta t_1 - \Delta t_2}{\ln \dfrac{\Delta t_1}{\Delta t_2}} = \dfrac{60-40}{\ln \dfrac{60}{40}} \simeq 49.326[℃]$

  배관의 길이를 L이라고 하면

  전열량 $Q_2 = K \cdot F \cdot \Delta t_m = 10 \times (\pi \times 0.1 \times L) \times (49.326 + 273) \simeq 1{,}012.6L[\text{kW}]$

  $Q_1 = Q_2$이므로 $1{,}315.07 = 1{,}012.6L$

∴ 배관의 길이 $L \simeq 1.3[\text{m}]$

10 보일러 급수처리에 사용되는 청관제 중 용존산소를 제거할 목적으로 사용하는 탈산소제의 종류를 3가지만 쓰시오.

해답

탈산소제의 종류

① 하이드라진

② 아황산나트륨(아황산소다)

③ 타 닌

11 지름 2[mm], 길이 10[m]의 전선에 두께 1[mm]의 플라스틱이 피복되어 있다. 이 전선으로 전류 10[A], 전압 9[V]의 전기가 흐를 때 다음의 데이터를 이용하여 전선과 플라스틱 피복 사이(접촉 부위)의 온도 T_m[℃]를 계산하시오(단, 정상 상태이며, 전선에서 발생되는 열량은 모두 외부로 방출된다).

- 외부온도 : T_∞ = 30[℃]
- 전선의 열전달계수 : 15[W/m²·K]
- 피복된 플라스틱의 열전도율 : 0.15[W/m·K]

해답

- 전력 $P = VI = 9 \times 10 = 90$[W]
- 총열관류율 $K = \dfrac{1}{R} = \dfrac{1}{\dfrac{1}{15} + \dfrac{0.001}{0.15}} \simeq 13.64$[W/m² · K]
- 플라스틱 부분의 대수평균면적 $F_m = \dfrac{2\pi L(r_2 - r_1)}{\ln\dfrac{r_2}{r_1}} = \dfrac{2\pi \times 10 \times (0.002 - 0.001)}{\ln\dfrac{0.002}{0.001}} \simeq 0.09$[m²]

전선과 플라스틱 피복 접촉 부위의 온도를 T_m이라고 하면

발생열량 $Q = K \cdot F_m \cdot \Delta t = 13.64 \times 0.09 \times (T_m - 30)$

전력 = 발생열량이므로 $90 = 1.2276 \times (T_m - 30)$

$T_m - 30 \simeq 73.314$

∴ 전선과 플라스틱 피복 접촉 부위의 온도 $T_m \simeq 103.31$[℃]

12 원심펌프에서 매우 중요한 개념인 비교회전도(N_s) 공식을 쓰시오.

해답

비교회전도(비속도)

① 단단의 경우 : 비교회전도(비속도) $N_s = \dfrac{n \times \sqrt{Q}}{h^{3/4}}$

② 다단의 경우 : 비교회전도(비속도) $N_s = \dfrac{n \times \sqrt{Q}}{(h/Z)^{3/4}}$

여기서, n : 회전수

Q : 유량

h : 양정

Z : 단수

13 캐비테이션의 방지대책을 4가지만 쓰시오.

해답

캐비테이션(공동현상)의 방지책

① 양흡입펌프를 사용한다.

② 펌프 설치 대수를 늘린다.

③ 펌프 설치 위치를 낮추어 흡입양정을 낮춘다.

④ 펌프 임펠러 회전수를 낮춘다.

14 관류 보일러의 장점을 4가지만 쓰시오.

해답

관류 보일러의 장점

① 전열면적이 커서 효율이 높고, 고압 보일러에 적합하다.

② 순환비가 1이므로 증기드럼이 필요 없다.

③ 관을 자유롭게 배치할 수 있으므로 구조가 콤팩트하다.

④ 점화 후 가동시간이 짧아도 증기 발생이 신속하다.

15 수격작용을 정의하고, 방지대책을 5가지만 쓰시오.

해답

(1) 수격작용의 정의

관로 속을 가득 차 흐르는 물 등의 유체 흐름이 갑자기 멈추거나 방향이 바뀌거나 유체속도를 급격히 변화시켰을 때에 생기는 순간적인 압력 변화로 인해 관에 타격을 주는 작용이다.

(2) 수격작용의 방지대책

① 주증기밸브를 천천히 개방한다.

② 드레인 빼기를 철저히 한다.

③ 관의 굴곡부를 최대한 줄인다.

④ 스팀트랩을 설치한다.

⑤ 배관의 보온을 철저히 한다.

16 **반경 $R=20$[cm]인 관 내 유동에서 다음에 주어진 조건을 이용하여 관벽이 유체에 미치는 마찰력[N]을 구하시오(단, 유체는 비압축성이며 정상 상태이다).**

- 입구측 : 압력 $P_1=180$[kPa], 속도 $u_1=3$[m/s]
- 출구측 : 압력 $P_2=170$[kPa], 속도 $u_2=u_{(r)}=u\left\{1-\left(\frac{r}{R}\right)^2\right\}$
  - u : 출구 중심 속도
  - r : 관의 중심에서 관 벽으로 향하는 임의의 지점까지의 거리
  - R : 안지름
- 출구 중심 속도 $u=2u_1$
- 운동량 방정식 $F_x=P_1A-P_2A_2-F_f=\frac{dP_{(out)}}{dt}-\frac{dP_{(in)}}{dt}$

해답

운동량 방정식

$$F_x=P_1A_1-P_2A_2-F_f=\frac{dP_{(out)}}{dt}-\frac{dP_{(in)}}{dt}$$

우변을 운동량에 대해 정리하면 다음과 같다.

$$\frac{dP_{(out)}}{dt}-\frac{dP_{(in)}}{dt}=(\rho A_2u_2)\times u_2-(\rho A_1u_1)\times u_1=\rho A{u_2}^2-\rho A{u_1}^2$$

$$=\rho A\int_0^R u(r)^2dr-\rho A{u_1}^2$$

여기서 $\rho A{u_2}^2$항의 적분 부분을 정리하면 다음과 같다.

$$\int_0^R u(r)^2dr=4{u_1}^2\int_0^R\left[1-2\left(\frac{r}{R}\right)^2+\left(\frac{r}{R}\right)^4\right]dr=\frac{32}{15}R{u_1}^2$$

위 식을 운동량 방정식에 대입해서 마찰력 F_f에 대해 정리하면,

$$P_1A_1-P_2A_2-F_f=\frac{32}{15}\rho AR{u_1}^2-\rho A{u_1}^2$$

$$F_f=P_1A-P_2A+\rho A{u_1}^2-\frac{32}{15}\rho AR{u_1}^2$$

물의 밀도 $\rho=1{,}000[\mathrm{kg/m^3}]$를 적용한 뒤 수치를 대입하면,

$$F_f=0.2^2\pi\times\left\{(180-170)+3^2-\frac{32}{15}\times0.2\times3^2\right\}\times10^3$$

$$=1{,}905.1[\mathrm{N}]$$

17 다음 에너지 중 신에너지, 재생에너지에 해당하는 에너지의 기호를 각각 나열하시오.

① 수 력
② 지열에너지
③ 수소에너지
④ 연료전지
⑤ 중질잔사유를 가스화한 공정에서 얻는 연료
⑥ 폐기물을 변환시켜 얻는 연료

(1) 신에너지
(2) 재생에너지

해답

(1) 신에너지
③, ④, ⑤
(2) 재생에너지
①, ②, ⑥

18 보일러의 증발량이 3,000[kg/h]이고, 증기압이 1[MPa]이며 급수온도는 80[℃]이며, 발생증기의 엔탈피는 2,680[kJ/kg], 급수의 엔탈피는 330[kJ/kg]일 때 증발계수를 구하시오(단, 물의 증발잠열은 2,257[kJ/kg]이다).

해답

$$\text{증발계수} = \frac{G_e}{G_a} = \frac{(h_2 - h_1)}{\gamma} = \frac{2{,}680 - 330}{2{,}257} \simeq 1.04$$

2021년 제4회 과년도 기출복원문제

01 $PV^n = C$(일정)(n = 1.2)인 폴리트로픽 과정을 따르는 증기 2[kg]이 압력 0.3[MPa]을 유지하면서 온도 25[℃]에서 330[℃]로 상승되었을 때의 엔트로피 변화량[kcal/K]을 구하시오(단, 비열비 k = 1.3, 정적비열 C_v = 0.177[kcal/kg · K]이다).

해답

엔트로피 변화량 $\Delta S = m C_v \left(\frac{n-k}{n-1}\right) \ln \frac{T_2}{T_1} = 2 \times 0.177 \times \left(\frac{1.2-1.3}{1.2-1}\right) \ln \left(\frac{330+273}{25+273}\right) \simeq -0.125[\text{kcal/K}]$

02 발열량이 9,030[kcal/L]인 경유 200[L]의 석유환산톤[TOE]을 계산하시오(단, 경유의 석유환산계수[TOE/kL]는 0.905이다).

해답

석유환산톤 $= \frac{200}{1,000} \times 0.905 \simeq 0.18[\text{TOE}]$

03 다음 그림과 같은 벤투리관으로 20[℃]의 물이 흐를 때, 최대 유량[L/s]을 계산하시오.

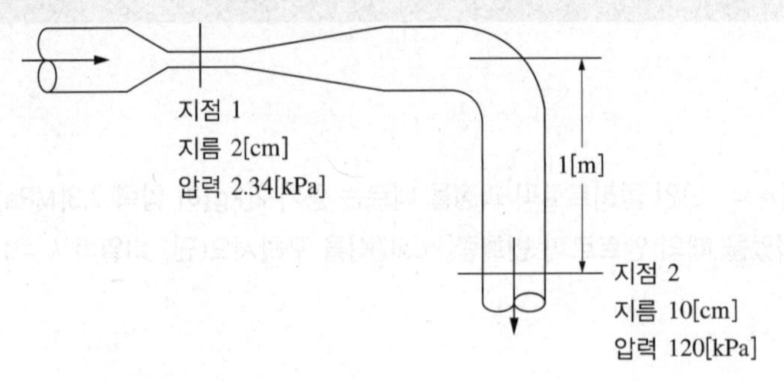

해답

- 연속 방정식으로부터 유량 $Q = A_1v_1 = A_2v_2$

$$\frac{\pi}{4} \times 0.02^2 \times v_1 = \frac{\pi}{4} \times 0.1^2 \times v_2$$

$$v_1 = \frac{0.1^2}{0.02^2} \times v_2 = 25v_2$$

- 베르누이 방정식으로부터 $\frac{P_1}{\gamma} + \frac{v_1^2}{2g} + Z_1 = \frac{P_2}{\gamma} + \frac{v_2^2}{2g} + Z_2$

$$\frac{2,340}{9,800} + \frac{(25v_2)^2}{2 \times 9.8} + 0 = \frac{120,000}{9,800} + \frac{v_2^2}{2 \times 9.8} - 1$$

$$v_2^2 = \frac{215.72}{624} \simeq 0.3457$$

$$v_2 \simeq 0.588[\mathrm{m/s}]$$

$\therefore$ 최대 유량 $Q = A_2v_2 = \frac{\pi}{4} \times 0.1^2 \times 0.588 \simeq 4.618 \times 10^{-3}[\mathrm{m/s}] = 4.618[\mathrm{L/s}]$

04 염기성 내화벽돌에서 공통적으로 일어날 수 있는 현상으로, 마그네시아질 내화물 또는 돌로마이트질 내화물의 성분인 MgO, CaO가 공기 중의 수분, 수증기를 흡수하여 $Mg(OH)_2$, $Ca(OH)_2$로 변화되면서 큰 비중 변화에 의한 체적 변화를 일으켜 조직이 약화되어 노벽에 균열이 발생하여 붕괴하는 현상을 무엇이라고 하는지 쓰시오.

해답

슬래킹(Slaking) 현상

05 온도 60[℃], 길이 2[m], 너비 2[m]인 평판을 통하여 유체가 흐를 때, 다음의 자료를 이용하여 x = 1[m]만큼 떨어진 위치에서의 유체의 평균열전달계수 h_x[W/m² · K]와 열전달량 Q[kW]을 구하시오.

- 유체의 동점성계수 $\nu = 2 \times 10^{-4}$[m²/s]
- 유체의 유속 U = 2[m/s]
- 외기온도 T_∞ = 20[℃]
- 열전도율 k = 0.6[W/m · K]
- 프란틀수 Pr = 0.8
- 넛셀수 $Nu = \dfrac{h_x x}{k} = 0.3(Re_x)^{\frac{4}{5}} P_r^{\frac{1}{3}}$
- h_x : 대류열전달계수 또는 평균열전달계수[W/m² · K]

해답

① 평균열전달계수 h_x[W/m² · K]

$$Nu = \frac{h_x x}{k} = 0.3(Re_x)^{\frac{4}{5}} Pr^{\frac{1}{3}}$$

$$= \frac{h_x x}{0.6} = 0.3\left(\frac{Ux}{\nu}\right)^{\frac{4}{5}} Pr^{\frac{1}{3}}$$

$x = 1$ 이므로 $\dfrac{h_x}{0.6} = 0.3\left(\dfrac{U}{\nu}\right)^{\frac{4}{5}} Pr^{\frac{1}{3}}$

$$\frac{h_x}{0.6} = 0.3 \times \left(\frac{2}{2 \times 10^{-4}}\right)^{\frac{4}{5}} \times 0.8^{\frac{1}{3}}$$

∴ 평균열전달계수 $h_x = 0.6 \times 0.3 \times \left(\dfrac{2}{2 \times 10^{-4}}\right)^{\frac{4}{5}} \times 0.8^{\frac{1}{3}} \simeq 246.83$[W/m² · K]

② 열전달량 Q[kW]

$Q = K \cdot F \cdot \Delta t = 264.83 \times (2 \times 2) \times (60 - 20) \simeq 4{,}2372.8$[W] $\simeq 42.37$[kW]

06 간극체적이 행정체적의 15[%]인 오토사이클의 열효율[%]을 계산하시오(단, 비열비 k = 1.4이다).

해답

압축비 $\varepsilon = \dfrac{1 + 0.15}{0.15} \simeq 7.67$

∴ 이론열효율 $\eta = \left\{1 - \left(\dfrac{1}{7.67}\right)^{1.4-1}\right\} \times 100 \simeq 55.73$[%]

07 보일러 수관에 라몬트 노즐을 설치하는 이유를 쓰시오.

해답

보일러 수관에 라몬트 노즐을 설치하는 이유는 송수량을 조절하기 위해서이다.

08 열정산방식(KS B 6205)을 근거로 보일러 효율의 산정방식 2가지를 들고 각각의 효율 계산식을 쓰시오.

해답

① 입출열법에 의한 보일러 효율(η_1)

$$\eta_1 = \frac{Q_s}{H_h + Q} \times 100[\%]$$

여기서, Q_s : 유효출열

$H_h + Q$: 입열 합계

② 열손실법에 의한 보일러 효율(η_2)

$$\eta_2 = \left(1 - \frac{L_h}{H_h + Q}\right) \times 100[\%]$$

여기서, L_h : 열손실 합계

09 배기가스와 외기의 평균온도가 220[℃]와 25[℃]이고, 0[℃], 1기압에서 배기가스와 대기의 밀도는 각각 0.770[kg/m³]와 1.186[kg/m³]일 때 연돌의 높이[m]를 구하시오(단, 연돌의 실제 통풍력 $Z = 52.85$[mmH₂O]이다).

해답

• 이론통풍력 $Z_{th} = 273H \times \left(\frac{\gamma_a}{T_a} - \frac{\gamma_g}{T_g}\right)[\mathrm{mmH_2O}]$

• 실제통풍력 $Z_{real} = 0.8Z_{th}$

$$52.85 = 273H \times \left(\frac{1.186}{25+273} - \frac{0.770}{220+273}\right) \times 0.8 = 273H \times (1.936 \times 10^{-3})$$

∴ 연돌의 높이 $H = \frac{52.85}{273 \times (1.936 \times 10^{-3})} \simeq 100[\mathrm{m}]$

10 **조성성분이 체적으로 탄소 70[%], 수소 20[%], 회분 10[%]인 액체연료 50[kg]의 완전연소에 필요한 이론공기량[Nm^3]을 구하시오.**

해답

이론산소량 $O_0 = 50 \times \{1.867C + 5.6(H - O/8) + 0.7S\} = 50 \times \{1.867 \times 0.7 + 5.6 \times 0.2\} = 121.345[Nm^3]$

∴ 이론공기량 $A_0 = \frac{O_0}{0.21} = \frac{121.345}{0.21} \simeq 577.83[Nm^3]$

11 **다음에서 설명하는 보일러의 명칭을 쓰시오.**

> 긴 관의 일단에서 급수를 펌프로 압입하여 도중에서 가열, 증발, 과열을 한꺼번에 시켜 과열증기로 내보내는 보일러로서 드럼이 없고, 관으로만 구성된 보일러로 벤슨 보일러, 슐저 보일러가 대표적이다.

해답

관류 보일러

12 **급수조절장치의 수위검출기구방식을 4가지 쓰시오.**

해답

급수조절장치의 수위검출기구방식

① 플로트식(부자식)
② 전극식(전극봉식)
③ 열팽창식(열팽창관식)
④ 차압식

13 노통 연관 보일러와 수관 보일러의 특징을 비교하여 ( ) 안에 알맞은 용어를 보기에서 골라 써넣으시오.

보기

물, 연소가스, 높다, 낮다, 좋다, 나쁘다

(1) 노통 연관 보일러의 연관 내부에는 (①)이(가) 흐르고, 수관 보일러의 수관 내부는 (②)이(가) 흐른다.

(2) 노통 연관 보일러는 압력이 일반적으로 (①). 그러나 수관 보일러는 사용압력이 (②).

(3) 노통 연관식 보일러는 일반적으로 수관 보일러에 비해 효율이 (①). 그러나 수관 보일러는 효율이 (②).

(4) 수관 보일러는 열부하 대응이 (①). 노통 연관식 보일러는 (②).

해답

(1) ① 연소가스, ② 물

(2) ① 낮다, ② 높다

(3) ① 나쁘다, ② 좋다

(4) ① 나쁘다, ② 좋다

14 증기축열기(Steam Accumulator)의 기능을 3가지만 쓰시오.

해답

증기축열기의 기능

① 보일러의 연소량 및 증발량을 일정하게 조절한다.

② 저부하 시, 부하 변동 시 (잉여) 증기를 저장한다.

③ 과부하 시 저장된 (잉여) 증기 공급(방출)으로 증기 부족량을 보충한다.

15 열사용기자재인 소형 온수 보일러, 구멍탄용 온수 보일러, 축열식 전기 보일러에 대한 다음 질문에 답하시오.

(1) 소형 온수 보일러의 전열면적과 최고사용압력의 기준을 쓰시오.

(2) 구멍탄용 보일러는 연탄을 연료로 사용하여 온수를 발생시키는 것으로, 어디에만 적용 가능한지 쓰시오.

(3) 축열식 전기 보일러의 최고사용압력을 쓰시오.

해답

(1) 소형 온수 보일러의 전열면적과 최고사용압력의 기준

① 전열면적 : 14[m^2] 이하

② 최고사용압력 : 0.35[MPa] 이하

(2) 구멍탄용 보일러는 금속제에만 적용 가능하다.

(3) 축열식 전기 보일러의 최고사용압력

0.35[MPa] 이하

16 다음의 자료를 이용하여 관 표면에서 방사에 의한 전열량은 자연대류에 의한 전열량의 몇 배가 되는지를 계산하시오.

- 온도 : 외기 30[℃], 관 표면 300[℃]
- 방사율 : $\varepsilon = 0.88$
- 슈테판-볼츠만 상수 : $\sigma = 5.7 \times 10^{-8}$[W/m^2 · K^4]
- 대류열전달률 : 5.6[W/m^2 · K]

해답

- 단위면적당 방사전열량

$$Q_1 = \varepsilon\sigma(T_1^4 - T_2^4) = 0.88 \times (5.7 \times 10^{-8}) \times \{(300+273)^4 - (30+273)^4\} \simeq 4{,}984[\mathrm{W/m^2}]$$

- 단위면적당 대류열전달량

$$Q_2 = K \cdot \Delta t = 5.6 \times (300-30) = 1{,}512[\mathrm{W/m^2}]$$

$$\therefore \text{방사전열량 / 대류열전달량} = \frac{Q_1}{Q_2} = \frac{4{,}985}{1{,}512} \simeq 3.3\text{배}$$

17 보일러에 발생 가능한 다음의 이상현상에 대해 간단히 설명하시오.

(1) 프라이밍(Priming) 현상

(2) 포밍(Foaming) 현상

(3) 캐리오버(Carry Over) 현상

해답

(1) 프라이밍(Priming) 현상

보일러 부하의 급변(급격한 증발현상, 압력 강하 등)으로 인하여 동 수면에서 작은 입자의 물방울이 증기와 혼입하여 튀어 오르는 현상으로, 올바른 수위 판단을 하지 못하게 한다.

(2) 포밍(Foaming) 현상

보일러수 내에 존재하는 용해 고형물, 유지분, 가스 등에 의하여 수면에 거품같이 기포가 덮이는 현상이다.

(3) 캐리오버(Carry Over) 현상

보일러수 중에 용해되고 부유하고 있는 고형물이나 물방울이 보일러에서 생산되는 증기에 혼입되어 보일러 외부로 튀어나가는 현상으로, 기수공발 또는 비수현상이라고도 한다. 캐리오버는 프라이밍과 포밍에 의해 발생한다.

18 **보일러 급수펌프용 모터가 노후되어 교체작업을 하고자 하는데, 다음의 자료를 활용하여 질문에 답하시오.**

• 급수량 : 12,000[kg/h] • 전양정 : 15[m] • 펌프효율 : 75[%] • 모터효율 : 95[%] • 설계안전율 : 2	기성모터의 용량 100[W], 200[W], 400[W], 750[W] 1[kW], 2[kW], 3[kW], 5[kW], 10[kW] 0.5[HP], 1[HP], 2[HP], 3[HP], 4[HP], 5[HP], 10[HP]

(1) 교체할 모터의 용량[kW]을 계산하시오.

(2) 위에 제시된 기성품 모터 중에서 조건을 만족하는 최소 용량의 모터를 한 가지 선정하시오.

해답

(1) 교체할 모터의 용량[kW]

$$H = \frac{\gamma Qh \times \alpha}{\eta} = \frac{1,000 \times \dfrac{12,000}{1,000 \times 3,600} \times 15 \times 2}{0.75 \times 0.95} \simeq 140.35[\text{kgf} \cdot \text{m/s}]$$

$$= 140.35 \times 9.8 \simeq 1,375.43[\text{N} \cdot \text{m/s}] \simeq 1,375.43[\text{W}] = 1.375[\text{kW}]$$

(2) 조건을 만족하는 최소 용량의 기성품 모터

마력 $= \frac{1.375}{0.76} \simeq 1.81[\text{HP}]$이므로, 2[HP]의 모터를 선정한다.

2022년 제1회 과년도 기출복원문제

01 다음에서 설명하고 있는 장치의 명칭을 쓰시오.

> 보일러의 노 안이나 연도에 배치된 전열면에 그을음이나 재가 부착되면 열의 전도가 나빠지므로 그을음이나 재를 제거처리하여 연소열 흡수를 양호하게 유지시키기 위한 장치이다. 작동 시 공기의 분류를 내뿜어 부착물을 청소하며 주로 수관 보일러에 사용된다.

해답

수트블로어(Soot Blower)

02 어떤 중유 연소 보일러의 연소 배기가스 조성이 체적비로 CO_2(SO_2 포함) 11.6[%], CO 0[%], O_2 6.0[%], 나머지는 N_2이었으며, 중유의 분석 결과 중량단위로 탄소 84.6[%], 수소 12.9[%], 황 1.6[%], 산소 0.9[%]로서 비중은 0.924이었다. 이때의 공기비(m)를 구하시오.

해답

배기가스 중의 $N_2 = 100-(11.6+6) = 82.4$[vol%]

$\therefore$ 공기비 $m = \dfrac{N_2}{N_2 - 3.76(O_2 - 0.5CO)} = \dfrac{82.4}{82.4 - 3.76 \times (6 - 0.5 \times 0)} \simeq 1.38$

03 보일러에서 연료 연소 후 발생되는 배출가스에 함유된 분진, 공해물질 등이 대기 중에 방출되지 않도록 모아 제거하는 장치인 집진장치를 3가지로 분류하고, 각각의 종류를 하나 이상씩 쓰시오.

해답

집진장치의 분류

(1) 습식 집진장치
  ① 벤투리 스크러버
  ② 사이클론 스크러버
  ③ 세정탑
(2) 건식 집진장치
  ① 중력식
  ② 관성력식
  ③ 원심력식
  ④ 백필터(여과식)
(3) 전기식 집진장치
  ① 코트렐 집진장치

04 보일러에서 점화 불량이 발생하는 원인을 5가지만 쓰시오.

해답

보일러 점화 불량의 원인

① 연료 공급이 불량하거나 연료노즐이 막힌 경우
② 연료 내에 물이나 슬러지 등의 불순물이 존재할 경우
③ 점화버너의 공기비 조정이 불량한 경우
④ 연료 유출속도가 너무 빠르거나 늦을 경우
⑤ 버너의 유압이 맞지 않거나 통풍이 적당하지 않을 경우

05 유속식 유량측정계의 일종인 피토관을 물속에 설치하여 측정한 결과 전압 15[mH_2O], 유속 13[m/s]임을 알아냈다. 이때 동압과 정압을 각각 [kPa] 단위로 구하시오.

해답

전압을 P_t, 동압을 P_d, 정압을 P_s라 하면 $P_d = P_t - P_s$이다.

유속 $v = \sqrt{2gh} = \sqrt{2g \cdot P_d}$이므로

동압 $P_d = \dfrac{v^2}{2g} = \dfrac{13^2}{2 \times 9.8} \simeq 8.6[\mathrm{mH_2O}]$이며,

정압 $P_s = P_t - P_d = 15 - 8.6 = 6.4[\mathrm{mH_2O}]$이다.

따라서, 동압과 정압을 각각 [kPa] 단위로 환산하면 다음과 같다.

- 동압 $P_d \simeq 8.6[\mathrm{mH_2O}] = \dfrac{8.6}{10.332} \times 101.325[\mathrm{kPa}] \simeq 84.3[\mathrm{kPa}]$
- 정압 $P_s \simeq 6.4[\mathrm{mH_2O}] = \dfrac{6.4}{10.332} \times 101.325[\mathrm{kPa}] \simeq 62.8[\mathrm{kPa}]$

06 증기와 응축수의 비중차 또는 부력원리에 의해 작동하는 기계식 트랩의 종류를 다음에서 모두 찾아 명칭을 쓰시오.

볼플로트식	서모다이내믹식	온도 조절식	버킷식
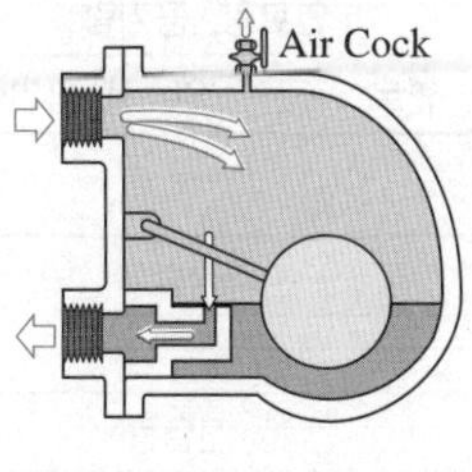 Air Cock	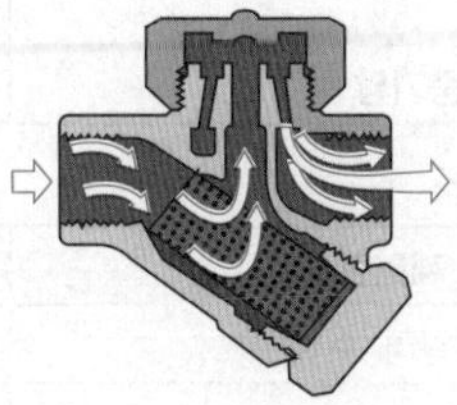	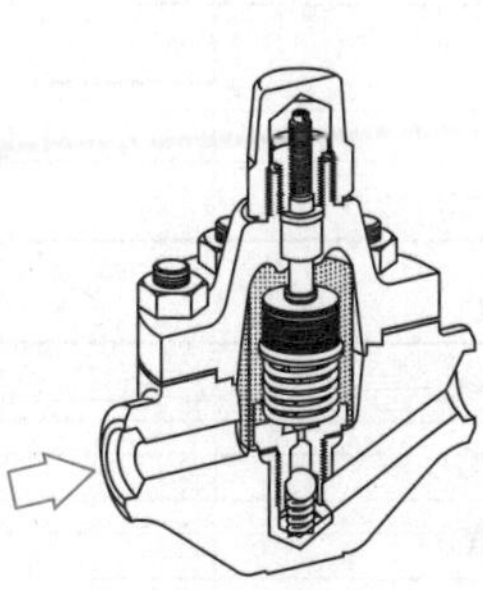	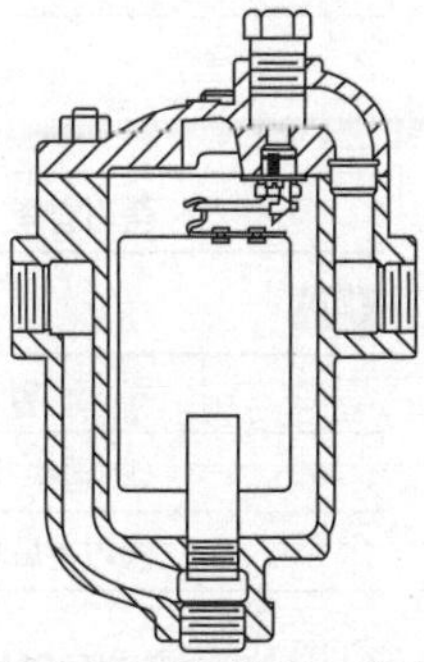

해답

기계식 트랩 : 볼플로트식, 버킷식

07 온도차 200[K], 열전도율 0.1[W/m·K], 두께 20[cm]인 단열재 A를 통한 열유속과 온도차 400[K], 열전도율 0.2[W/m·K]인 단열재 B을 통한 열유속이 같을 때, 단열재 B의 두께[m]를 계산하시오.

해답

전열면적을 $F[\text{m}^2]$, 단열재 B의 두께를 $x[\text{m}]$라 하면

• 단열재 A를 통한 열유속 $\frac{Q_1}{F} = \frac{K_1 \cdot F \cdot \Delta t_1}{F} = K_1 \cdot \Delta t_1 = \frac{\lambda_1}{b_1} \times \Delta t_1 = \frac{0.1}{0.2} \times 200 = 100[\text{W/m}^2]$

• 단열재 B를 통한 열유속 $\frac{Q_2}{F} = \frac{K_2 \cdot F \cdot \Delta t_2}{F} = K_2 \cdot \Delta t_2 = \frac{\lambda_2}{b_2} \times \Delta t_2 = \frac{0.2}{x} \times 400 = \frac{80}{x}[\text{W/m}^2]$

양 단열재의 열유속이 같으므로 $100 = \frac{80}{x}$

$\therefore$ 단열재 B의 두께 $x = \frac{80}{100} = 0.8[\text{m}]$

08 수관 보일러를 보일러수의 유동방식에 따라서 3가지로 분류하고, 각각의 유동에 대한 작동원리를 간단히 설명하시오.

해답

수관 보일러의 유동방식

① 자연순환식 : 물과 증기의 밀도차에 의해 순환하는 방식

② 강제순환식 : 동력을 이용한 순환펌프를 이용한 순환방식

③ 관류순환식 : 증기드럼 없이 펌프로 수관에 물을 공급하여 수관 내 물을 가열·증발·과열의 과정을 거쳐 순환하는 방식

09 보일러 자동제어의 명칭, 제어량, 조작량에 해당하는 용어를 ①~⑤에 각각 써넣으시오.

명 칭	제어량	조작량
①	보일러 수위	④
증기온도제어(STC)	증기온도	⑤
②	노 내압	연소가스량
	③	연료량, 공기량
증기압력제어(SPC)	증기압력	연료 공급량, 연소용 공기량

해답

명 칭	제어량	조작량
① 급수제어(FWC)	보일러 수위	④ 급수량
증기온도제어(STC)	증기온도	⑤ 전열량
② 자동연소제어(ACC)	노 내압	연소가스량
	③ 증기압력	연료량, 공기량
증기압력제어(SPC)	증기압력	연료 공급량, 연소용 공기량

10 강철제 보일러의 최고사용압력이 다음과 같을 때 각각의 수압시험압력을 계산하시오.

① 0.4[MPa]

② 0.8[MPa]

③ 1.6[MPa]

해답

① 수압시험압력 : $0.4 \times 2 = 0.8$[MPa]

② 수압시험압력 : $0.8 \times 1.3 + 0.3 = 1.34$[MPa]

③ 수압시험압력 : $1.6 \times 1.5 = 2.4$[MPa]

11 다음 보온재의 최고안전사용온도가 낮은 것부터 높은 것의 순서대로 번호를 나열하시오.

㉠ 폼글라스	㉡ 폴리우레탄폼
㉢ 세라믹파이버	㉣ 규조토
㉤ 규산칼슘	

해답

㉡ → ㉠ → ㉣ → ㉤ → ㉢

12 다음은 스테인리스강의 종류와 기본조직이다. 빈칸 ①, ②에 적합한 용어를 써넣으시오.

기본 조직	①	마텐자이트계	②
대표 강종	STS304	STS401	STS430

해답

① 오스테나이트계

② 페라이트계

13 발생 증기엔탈피 2,759[kJ/kg], 급수엔탈피 42[kJ/kg], 보일러의 상당증발량이 1.5[ton/h]일 때 실제증발량[kg/h]을 계산하시오.

해답

상당증발량 $G_e = \dfrac{G_a(h_2 - h_1)}{2{,}257}$

$\therefore$ 실제증발량 $G_a = \dfrac{2{,}257 G_e}{h_2 - h_1} = \dfrac{2{,}257 \times 1{,}500}{2{,}759 - 42} \simeq 1{,}246.04[\mathrm{kg/h}]$

14 산업용 소성로에서 배출되는 고온의 배기가스로부터 폐열을 회수하여 보일러로 공급되는 연소용 공기를 예열하려고 한다. 다음의 데이터를 근거로 하여 폐열회수로 인한 연료 절감률[%]을 계산하시오.

[데이터]

① 온도 750[℃], 배기가스량 5[kg/s]인 소성로의 배기가스가 보일러의 폐열회수용 열교환기에 의해 폐열이 회수된 후 온도 150[℃]로 배출된다.

② 공기예열기 입구로 공급되는 연소용 공기온도는 20[℃], 공기량은 8[kg/s]이다.

③ 보일러로 공급되는 공기의 온도가 예열에 의해 20[℃] 상승할 때마다 1[%]씩 연료가 절감된다.

④ 폐열회수용 열교환기의 입구와 출구에서 소성로의 폐열 배기가스의 평균 정압비열은 1,130[J/kg·K]이다.

⑤ 보일러로 공급되는 공기의 평균정압비열은 1,139[J/kg·K]이다.

⑥ 배기가스로부터 회수된 폐열은 모두 공기의 예열에 사용되었다.

해답

배기가스가 잃은 열량을 Q_1, 연소용 공기가 얻은 열량을 Q_2, 공기예열기의 출구온도를 x라 하면

- $Q_1 = Q_2$

  $m_1 C_1 \Delta t_1 = m_2 C_2 \Delta t_2$

  $5 \times 1{,}130 \times (750 - 150) = 8 \times 1{,}139 \times (x - 20)$

  공기예열기의 출구온도 $x \simeq 392.04[℃]$
- 공기예열기에 따른 상승온도 = 출구온도 - 입구온도 = 392.04 - 20 = 372.04[℃]

$\therefore$ 연료 절감률$= \dfrac{1[\%]}{20[℃]} \times 372.04[℃] \simeq 18.60[\%]$

15 강판의 두께가 25[mm]이고, 리벳의 직경이 50[mm], 피치는 80[mm]인 1줄 겹치기 리벳 조인트에서의 강판효율[%]을 계산하시오.

해답

강판효율 $\eta_1 = \left(1 - \frac{d}{p}\right) \times 100[\%] = \left(1 - \frac{50}{80}\right) \times 100[\%] \simeq 37.5[\%]$

16 보일러의 일반 부식에 대한 다음 설명 중 ( ) 안에 알맞은 내용을 써넣으시오.

> 보일러에서 물의 pH가 낮아 약산성이 되면 철 표면에서 Fe^{2+}가 물에 녹아 나온다. 그러나 물에 산소가 녹아 있으므로 수산화철[$Fe(OH)_2$] 침전물이 생긴다. 따라서 물의 경우 (①)에서는 (②), (③)하에서 (④)이(가) 된 후 사삼산화철(Fe_3O_4)이 발생하여 이것이 녹물이 되어 표면이 들고 일어나는 부식이 일반 부식이다.

해답

① 높은 온도
② 수산화 제1철[$Fe(OH)_2$]
③ 용존산소
④ 수산화 제2철[$Fe(OH)_3$]

17 다음 그림과 같은 구조물 내에 물이 채워져 있는데, 30°로 경사진 폭 2[m]의 직사각형의 평판 A－B가 A점에서 힌지(Hinge)로 연결되어 있고, 도심을 기준으로 x축에 대한 단면 2차 모멘트는 $I_x = \frac{bh^3}{12}$ 이다.

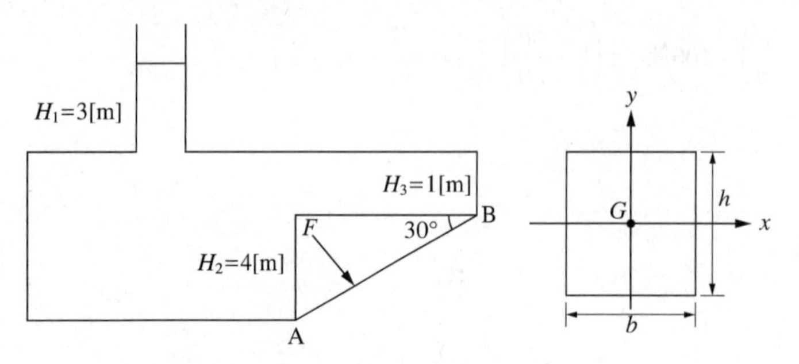

(1) 직사각형 평판 A－B면에 작용하는 물의 정수력 F[kN]을 구하시오.

(2) 정수력 F의 작용점과 힌지 A점과의 거리 y[m]를 구하시오.

해답

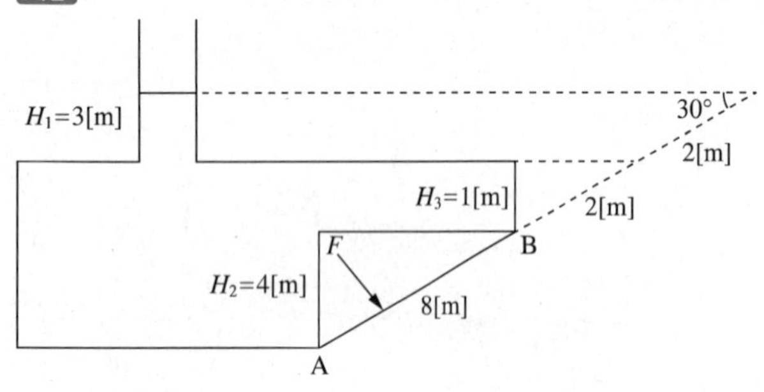

(1) 정수력

$F = \gamma \bar{h} A = \gamma \bar{y} \sin\theta A = 9{,}800 \times (3+4+1) \times \sin 30° \times (2 \times 8) = 627{,}200[\text{N}] \simeq 627.20[\text{kN}]$

(2) 정수력 F의 작용점과 힌지 A점과의 거리

작용점 $y_F = \bar{y} + \frac{I_G}{A\bar{y}} = 8 + \frac{\frac{2 \times 8^3}{12}}{16 \times 8} \simeq 8.67[\text{m}]$

∴ 정수력 F의 작용점과 힌지 A점과의 거리 $y = 12 - 8.67 = 3.33[\text{m}]$

18 터빈 입구에서의 내부에너지 및 엔탈피가 각각 3,000[kJ/kg], 3,300[kJ/kg]인 수증기가 압력이 100[kPa], 건도 0.9인 습증기로 터빈을 나간다. 이때 터빈의 출력[kW]을 구하시오(단, 발생되는 수증기의 질량유량은 0.2[kg/s]이고, 입출구의 속도차와 위치에너지는 무시한다. 100[kPa]에서의 상태량은 다음 표와 같다).

단위[kJ/kg]	포화수	건포화증기
내부에너지 u	420	2,510
엔탈피 h	420	2,680

해답

- 터빈 출구 엔탈피

$h_2 = h_f + x(h_g - h_f) = 420 + 0.9 \times (2{,}680 - 420) = 2{,}454[\text{kJ/kg}]$

- 터빈에서 발생되는 출력=터빈에서의 엔탈피 변화량

$W_T = \Delta h = h_1 - h_2 = 3{,}300 - 2{,}454 = 846[\text{kJ/kg}]$

∴ 질량유량을 고려한 터빈의 출력

$W_T = 846[\text{kJ/kg}] \times 0.2[\text{kg/s}] = 169.2[\text{kW}]$

2022년 제2회 과년도 기출복원문제

01 **두께가 16[mm]인 강판을 리벳의 직경 20[mm], 리벳의 피치 54[mm]의 겹치기 1줄 리벳이음을 하였고, 여기에 8[kN]의 하중이 걸렸다. 다음 (1)과 (2)를 각각 계산하시오.**

(1) 리벳이음의 강판에 발생하는 인장응력[MPa]

(2) 강판효율[%]

해답

(1) 인장응력 $\sigma_t = \dfrac{W}{(p-d)\times t} = \dfrac{8\times 1{,}000}{(54-20)\times 16} \simeq 14.71[\text{MPa}]$

(2) 강판효율 $\eta_1 = \left(1-\dfrac{d}{p}\right)\times 100[\%] = \left(1-\dfrac{20}{54}\right)\times 100[\%] \simeq 62.96[\%]$

02 **보일러 마력에 대한 다음 물음에 답하시오.**

(1) 다음의 (　　) 안에 알맞은 숫자를 써넣으시오.

1보일러 마력이란 (①)시간, (②)[℃], (③)[kg]의 물을 같은 온도의 증기로 바꾸는 것이다.

(2) 증기 발생량은 2,400[kg/h], 급수엔탈피는 42[kJ/kg], 증기엔탈피는 2,960[kJ/kg]일 때, 보일러 마력을 계산하시오(단, 소수점 이하는 반올림하여 정수로 구할 것).

해답

(1) ① 1, ② 100, ③ 15.65

(2) 보일러 마력 $\dfrac{G_a(h_2-h_1)}{2{,}257\times 15.65} = \dfrac{2{,}400\times(2{,}960-42)}{2{,}257\times 15.65} \simeq 198.27 \simeq 198[\text{B}-\text{HP}]$

03 최고사용압력이 1[MPa] 이하인 노통 수관식 보일러에 압력계를 설치하고자 한다.

(1) 다음 압력계 A, B, C, D 중에서 가장 적합한 압력계를 선택하고, 선택한 압력계가 적합한 이유를 설명하시오.

압력계	지침 둘레의 지름 및 최대압력	오차범위
A	100[mm] / 3[MPa]	±1.5[%]
B	75[mm] / 2[MPa]	±1.5[%]
C	200[mm] / 3.5[MPa]	±0.5[%]
D	150[mm] / 5[MPa]	±1.5[%]

(2) 다음 빈칸에 알맞은 내용을 적으시오.

> 압력계 내부의 부르동관을 보호하기 위해 안지름 (①) 이상의 관을 한 바퀴 돌린 (②) 또는 그것과 동등한 성능을 지닌 것을 사용해야 한다.

해답

(1) 가장 적합한 압력계는 A 압력계이며, 적합한 이유는 A 압력계의 외경이 100[mm] 이상이고, 최대압력이 최고사용압력의 1.5~3배이기 때문이다.

(2) ① 6.5mm, ② 사이펀관

04 다음은 강제통풍의 종류에 대한 설명이다. 각 통풍의 명칭을 적으시오.

> ① 압입통풍과 흡입통풍을 병행한 방식이며, 연소실 내의 압력을 정압과 부압으로 조절이 가능하다. 유지비가 많이 들며 초기 설비비가 많이 들지만, 강한 통풍력을 얻을 수 있다.
> ② 송풍기를 연소실 앞에 두고 연소용 공기를 대기압 이상의 압력으로 연소실에 밀어 넣는 방식이다.
> ③ 송풍기를 연도 중에 설치하여 연소 배기가스를 직접 흡입하여 강제로 배출시키는 방식이다.

해답

① 평형통풍

② 압입통풍

③ 흡입통풍

05 보일러 내처리법(2차 처리법)에 사용하는 청관제의 기능을 5개만 쓰시오.

해답

① 보일러수의 pH를 조정한다.
② 보일러수를 연화시킨다.
③ 보일러수 내의 용존산소를 제거한다.
④ 가성취화를 방지한다.
⑤ 기포 발생, 농축수, 보일러관 내부 부식, 전열면의 스케일 생성 등을 방지한다.

06 다수의 파형이나 반구형의 돌기를 프레스 성형하여 판을 조합하여 제작하는 판형 열교환기의 특징을 3가지만 쓰시오.

해답

판형 열교환기의 특징
① 판의 매수 조절이 가능하여 전열면적 증감이 용이하다.
② 전열면의 청소나 조립이 간단하고, 고점도에도 적용할 수 있다.
③ 구조상 압력손실이 크고 내압성이 작다.

07 다음의 연소가스에 의한 보일러의 부식에 대한 설명을 읽고, 질문에 답하시오.

> 배기가스에 의한 이 부식은 주로 전열면의 온도가 낮을 경우 결로현상이 생기게 되며, 이때 연소가스 성분 중 황(S)이 결로되어 있는 수분(H_2O)과 결합하여 황산(H_2SO_4)으로 되어 급격한 부식이 진행하게 된다. 따라서 폐가스 성분 중에 황(S)이 얼마나 포함되어 있느냐에 따라 이 부식이 발생되는 온도가 많은 차이가 있다. 즉, 황(S)성분이 적을수록 이 부식이 발생되는 온도가 낮아 이 부식이 발생될 가능성은 낮아진다.

(1) 이 부식의 명칭을 쓰시오.
(2) 이 부식의 방지대책을 4가지만 쓰시오.

해답

(1) 부식의 명칭
저온 부식
(2) 저온 부식의 방지대책
① 과잉공기를 적게 하여 연소한다.
② 연료 중의 황성분을 제거한다.
③ 연료첨가제(수산화마그네슘)를 이용하여 노점온도를 낮춘다.
④ 연소 배기가스의 온도를 너무 낮지 않게 한다.

08 급수설비에서 유체의 역류를 방지하기 위한 것으로, 밸브의 무게와 밸브의 양면 간 압력차를 이용하여 밸브를 자동으로 작동시켜 유체가 한쪽 방향으로만 흐르도록 한 밸브의 명칭을 쓰고, 이 밸브의 종류를 3가지만 나열하시오.

해답

(1) 밸브의 명칭
체크밸브(Check Valve)

(2) 체크밸브의 종류
① 리프트식
② 스윙식
③ 해머리스식(스모렌스키식)

09 K공장의 대형 부품 F의 가공 시 공작기계에서 발생되는 열을 제거하기 위하여 냉동기와 공조기를 이용하여 냉방을 하는 중 공조기의 외부 급기댐퍼를 45[%]에서 77[%]로 증가시켜 외기 도입을 개선했다. 이때 냉동기의 부하 감소량 [kcal/h]을 다음의 데이터를 활용하여 계산하시오.

- 공조기 : 통풍량 55,555[m^3/h]
- 외기온도 : 22[℃]
- 공기 밀도 : 1.23[kg/m^3]
- 개선 전 : 실내온도 25[℃], 상대습도 58[%], 엔탈피 12.3[kcal/kg]
- 개선 후 : 실내온도 23[℃], 상대습도 58[%], 엔탈피 11.1[kcal/kg]

해답

부하 변화량 = 공기질량 × 외기 급기댐퍼 증가량 × 엔탈피차 공기질량

$= (55,555 \times 1.23) \times (0.77 - 0.45) \times (11.1 - 12.3) \simeq -26,240$[kcal/h]

∴ 부하 감소량은 26,240[kcal/h]이다.

10 원심펌프(Centrifugal Pump)의 종류를 2가지만 쓰시오.

해답

① 벌류트펌프(Volute Pump)
② 터빈펌프(Turbine Pump)

11 보온재가 지녀야 할 구비조건을 5가지만 쓰시오.

해답

보온재가 지녀야 할 구비조건
① 열전도율이 작고 보온능력이 클 것
② 적당한 기계적 강도를 지닐 것
③ 흡습성, 흡수성이 작을 것
④ 비중과 부피가 작을 것
⑤ 내열성, 내약품성이 우수할 것

12 다음의 설명에 해당하는 집진장치의 명칭을 쓰시오.

> 직류전원으로 불평등 전계를 형성하고, 이 전계에 코로나 방전을 이용하여 가스 중의 입자에 전하를 주어 (-)로 대전된 입자를 전기력(쿨롱력)에 의해 집진극(+)으로 이동시켜 미립자를 분리 및 포집하는 집진장치로 압력손실이 낮고, 집진효율이 우수하나 부하변동에 대응하기 어렵고 설비비가 비싸다.

해답

전기식 집진장치(코트렐식 집진장치)

13 **질량 조성비가 탄소 81[%], 수소 15[%], 황 4[%]인 고체연료의 연소 시 다음 (1), (2), (3)을 각각 계산하시오.**

(1) 이론공기량[Nm^3/kg]

(2) 이론건배기가스량[Nm^3/kg]

(3) 최대탄산가스율[%]

해답

(1) 이론공기량

$$A_0 = 8.89C + 26.67 \times \left(H - \frac{O}{8}\right) + 3.33S$$

$$= 8.89 \times 0.81 + 26.67 \times 0.15 + 3.33 \times 0.04 \simeq 11.34[Nm^3/kg]$$

(2) 이론건연소가스량

$$G_0' = (m - 0.21)A_0 + 1.867C + 0.7S + 0.8N$$

$$= (1.0 - 0.21) \times 11.34 + 1.867 \times 0.81 + 0.7 \times 0.04 \simeq 10.50[Nm^3/kg]$$

(3) 최대탄산가스율

$$CO_{2max} = \frac{(C/12 + S/32) \times 22.4}{G_0'} \times 100[\%]$$

$$= \frac{1.867C + 0.7S}{G_0'} \times 100[\%]$$

$$= \frac{(1.867 \times 0.81) + (0.7 \times 0.04)}{10.50} \times 100[\%] \simeq 14.67[\%]$$

14 **유속식 유량측정계의 일종인 피토관을 물속에 설치하여 측정한 결과, 동압이 980[Pa]로 나타났다. 이때 유체의 유속[m/s]을 구하시오(단, 피토관 계수는 1, 공기의 비중량은 12.7[N/m^3]이다).**

해답

유속 $v = C\sqrt{2g\Delta h} = C\sqrt{\dfrac{2g(P_t - P_s)}{\gamma}} = 1 \times \sqrt{\dfrac{2 \times 9.8 \times 980}{12.7}} \simeq 38.89[m/s]$

15 **600[K]의 고온(T_1)과 400[K]의 저온(T_2) 사이에서 작동하는 카르노사이클의 고온에서의 엔트로피는 $S_1 = 100$ [J/K]이고, 저온에서의 엔트로피는 $S_2 = 200$[J/K]이다. 이때 다음을 구하시오.**

(1) 한 사이클당 전달된 열량[J]

(2) 한 사이클당 전달된 일량[J]

(3) 주위계 20[℃] 기준, 엔트로피 변화량[J/K]

(4) 사이클의 열효율[%]

해답

(1) 한 사이클당 전달된 열량

$Q_1 = T_1 dS = 600 \times (200 - 100) = 60{,}000$[J]

(2) 한 사이클당 전달된 일량

한 사이클당 방출된 열량 $Q_2 = T_2 dS = 400 \times (200 - 100) = 40{,}000$[J]

∴ 한 사이클당 전달된 일량 $W = Q_1 - Q_2 = 60{,}000 - 40{,}000 = 20{,}000$[J]

(3) 주위계 20[℃] 기준, 엔트로피 변화량

$$dS_1 = \frac{Q_1}{T} = \frac{60{,}000}{20+273} \simeq 204.78[\text{J/K}]$$

$$dS_2 = \frac{Q_2}{T} = \frac{40{,}000}{20+273} \simeq 136.52[\text{J/K}]$$

$$\therefore\ dS_{total} = dS_2 - dS_1 = 136.52 - 204.78 = -68.26[\text{J/K}]$$

(4) 사이클의 열효율[%]

$$\eta_c = \frac{T_1 - T_2}{T_1} = \frac{600-400}{600} \simeq 0.3333 = 33.33[\%]$$

16 A공단에 위치한 보아리(주) 제1공장의 보일러 운전 데이터는 다음과 같다.

- 사용 연료 : 저위발열량(H_L) 9,777[kcal/kg], 소비량 333[L/h], 비중 0.96(15[℃]), 온도 66[℃], 체적보정계수 $k=0.98-0.0007(t-49)$
- 급수(공급되는 물) : 급수량 3,500[L/h], 급수온도 85[℃], 비체적 0.00104[m³/kg]
- 포화증기 : 엔탈피 789[kcal/kg]
- 운전 중 보일러의 압력 : 1.0[MPa]

이 데이터를 근거로 하여 다음을 계산하시오.

(1) 급수 사용량 또는 증기 발생량[kg/h]

(2) 실제 연료소비량[kg/h]

(3) 보일러의 효율[%]

해답

(1) 급수 사용량 또는 증기 발생량[kg/h]

$$G_a=\frac{\text{급수량}}{\text{비체적}}=\frac{3{,}500\times10^{-3}}{0.00104}\simeq 3{,}365[\text{kg/h}]$$

(2) 실제 연료소비량[kg/h]

$$G_f=\text{비중}\times\text{체적보정계수}\times\text{연료소비량비중}$$
$$=0.96\times\{0.98-0.0007(66-49)\}\times333\simeq309.5[\text{kg/h}]$$

(3) 보일러의 효율[%]

$$\eta=\frac{G_a(h_2-h_1)}{G_f\times H_L}=\frac{3{,}365\times(789-85)}{309.5\times9{,}777}\simeq0.783=78.3[\%]$$

17 다음 그림과 같은 축소관에서 위치 A로부터 위치 B의 방향으로 비중량이 γ_1[kgf/m^3]인 유체가 흐르고 있으며, U자관의 빗금 친 부분에는 비중량이 γ_s[kgf/m^3]인 유체가 채워져 있다. 다음의 질문에 답하시오(단, 높이 H와 h의 단위는 [m]이다).

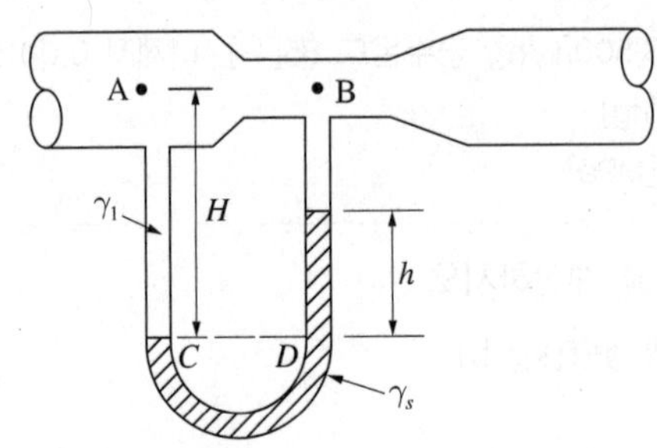

(1) 높이 h를 P(압력), ρ(밀도), g(중력가속도)를 사용한 식으로 유도하시오.

(2) 문제 (1)번과 베르누이방정식을 이용하여 높이 h를 ρ(밀도), g(중력가속도), v(유속)를 사용한 식으로 유도하시오.

(3) 문제 (2)번과 연속방정식을 이용하여 높이 h를 ρ(밀도), g(중력가속도), v_A(A의 유속), d(직경)를 사용한 식으로 유도하시오.

해답

(1) 높이 h를 P(압력), ρ(밀도), g(중력가속도)를 사용한 식으로 유도하기

$P_C = P_D$에서 $P_C = P_A + \gamma_1 H$, $P_D = P_B + \gamma_s h + \gamma_1 (H - h)$이므로

$P_A + \gamma_1 H = P_B + \gamma_s h + \gamma_1 (H - h)$

$P_A - P_B = (\gamma_s - \gamma_1) h$이며 $\gamma = \rho g$이므로

$\therefore$ 높이 $h = \dfrac{P_A - P_B}{\gamma_s - \gamma_1} = \dfrac{P_A - P_B}{(\rho_s - \rho_1) g}$

(2) 높이 h를 ρ(밀도), g(중력가속도), v(유속)를 사용한 식으로 유도하기

베르누이방정식 $\dfrac{P_A}{\gamma_1} + \dfrac{v_A^2}{2g} + Z_A = \dfrac{P_B}{\gamma_1} + \dfrac{v_B^2}{2g} + Z_B$에서 $Z_A = Z_B$이므로

$$\frac{P_A}{\gamma_1} + \frac{v_A^2}{2g} = \frac{P_B}{\gamma_1} + \frac{v_B^2}{2g}$$

$$\frac{P_A}{\gamma_1} - \frac{P_B}{\gamma_1} = \frac{v_B^2}{2g} - \frac{v_A^2}{2g}$$

$$\frac{P_A - P_B}{\rho_1 g} = \frac{v_B^2 - v_A^2}{2g}$$

$$P_A - P_B = \frac{\rho_1 (v_B^2 - v_A^2)}{2}$$

$\therefore$ 높이 $h = \dfrac{P_A - P_B}{(\rho_s - \rho_1) g} = \dfrac{\rho_1 (v_B^2 - v_A^2)}{2g(\rho_s - \rho_1)}$

(3) 높이 h를 ρ(밀도), g(중력가속도), v_A(A의 유속), d(직경)를 사용한 식으로 유도하기

연속방정식 $A_A v_A = A_B v_B$에서 단면적 $A = \frac{\pi}{4}d^2$이므로

$$\left(\frac{\pi}{4}\times d_A^2\right)\times v_A = \left(\frac{\pi}{4}\times d_B^2\right)\times v_B$$

$$d_A^2\times v_A = d_B^2\times v_B$$

$$v_B = \left(\frac{d_A}{d_B}\right)^2\times v_A$$

$$\therefore \text{ 높이 } h = \frac{P_A - P_B}{(\rho_s - \rho_1)g} = \frac{\rho_1(v_B^2 - v_A^2)}{2g(\rho_s - \rho_1)} = \frac{\rho_1 v_A^2}{2g(\rho_s - \rho_1)}\times\left\{\left(\frac{d_A}{d_B}\right)^4 - 1\right\}$$

18 내벽, 중간벽, 외벽의 3중 벽돌로 된 벽의 내벽 표면온도가 1,200[℃]일 때 다음의 자료를 근거로 하여 외벽 표면온도 [℃]를 구하시오.

- 내벽 : 두께 180[mm], 열전도율 1.2[kcal/m · h · ℃]인 내화벽돌
- 중간벽 : 두께 110[cm], 열전도율 0.1[kcal/m · h · ℃]인 단열벽돌
- 외벽 : 두께 210[mm], 열전도율 0.9[kcal/m · h · ℃]인 붉은벽돌
- 외벽 주위온도 : 22[℃]
- 외벽 표면의 열전달률 : 7.3[kcal/m^2 · h · ℃]

해답

1시간 동안의 벽면 1[m^2]당 손실열량

$$Q = K\cdot F\cdot \Delta t = \frac{1}{R}\cdot F\cdot \Delta t = \frac{1}{\frac{b_1}{\lambda_1}+\frac{b_2}{\lambda_2}+\frac{b_3}{\lambda_3}+\frac{1}{\alpha_o}}\times F\times(t_2 - t_1)$$

$$= \frac{1}{\frac{0.18}{1.2}+\frac{0.11}{0.1}+\frac{0.21}{0.9}+\frac{1}{7.3}}\times 1\times(1{,}200-22) \simeq 727[\text{kcal/m}^2\cdot\text{h}]$$

외벽 표면온도를 t_o라 하면

$$Q = K\cdot F\cdot \Delta t = \frac{1}{R}\cdot F\cdot \Delta t = \frac{1}{\frac{b_1}{\lambda_1}+\frac{b_2}{\lambda_2}+\frac{b_3}{\lambda_3}}\times F\times(t_2 - t_o)$$

$$727 = \frac{1}{\frac{0.18}{1.2}+\frac{0.11}{0.1}+\frac{0.21}{0.9}}\times 1\times(1{,}200 - t_o)$$

$\therefore$ 외벽 표면온도 $t_o \simeq 121.6$[℃]

2022년 제4회 과년도 기출복원문제

01 수관 보일러의 연소실 벽면에 수랭 노벽 설치 시의 장점을 4가지만 쓰시오.

해답

수랭 노벽 설치의 목적

① 고온의 연소열에 의한 내화물의 연화·변형을 방지한다.
② 복사열 흡수로 복사에 의한 열손실이 감소된다.
③ 전열면적 증가로 전열효율 상승 및 보일러 효율이 향상된다.
④ 노벽의 무게가 경감된다.

02 다음 질문에 답하시오.

(1) 보일러 폐열회수장치의 일종이며, 배기가스 현열을 이용하여 보일러 급수를 예열하고 열효율을 높이는 장치의 명칭을 쓰시오.

(2) 보일러 폐열회수장치를 이용하여 다음의 조건하에서 물의 온도를 58[℃]에서 88[℃]로 올렸을 때 이 폐열회수장치의 열효율은 얼마인지 구하시오.

- 폐열회수장치에서 가열된 물의 양 : 53,000[kg/h]
- 배기가스량 : 65,000[kg/h]
- 물의 비열 : 4.184[kJ/kg·℃]
- 배기가스의 비열 : 1.02[kJ/kg·℃]
- 배기가스 온도 : 폐열회수장치 입구 370[℃], 폐열회수장치 출구 250[℃]

해답

(1) 절탄기(Economizer)

(2) 폐열회수장치의 열효율 $= \frac{\text{물 가열에 소요된 열량}}{\text{배기가스의 손실열량}} = \frac{53,000 \times 4.184 \times (88-58)}{-\{65,000 \times 1.02 \times (250-370)\}} \simeq 0.836 = 83.6[\%]$

03 연소실이나 연도 내에서 지속적으로 발생하는 울림현상인 가마울림현상 방지대책을 5가지만 쓰시오.

해답

가마울림현상 방지대책

① 수분이 적은 연료를 사용한다.

② 공연비를 개선(공기량과 연료량의 밸런싱)한다.

③ 연소실이나 연도를 개조한다.

④ 연소실 내에서 완전연소한다.

⑤ 2차 연소를 방지한다.

04 감압밸브 설치 시 주의사항을 5가지만 쓰시오.

해답

감압밸브 설치 시 주의사항

① 감압밸브는 부하설비에 가깝게 설치한다.

② 감압밸브는 반드시 스트레이너를 설치한다.

③ 감압밸브 1차 측에는 편심 리듀서가 설치되어야 한다.

④ 감압밸브 앞에는 기수분리기 또는 스팀트랩에 의해 응축수가 제거되어야 한다.

⑤ 해체나 분해 시를 대비하기 위하여 바이패스라인을 설치한다. 이때 바이패스라인의 관지름은 주배관의 지름보다 작아야 한다.

05 탄소 70[%], 수소 20[%], 산소 2[%], 황 3[%], 나머지 5[%]의 조성으로 이루어진 액체연료를 완전연소할 때 필요한 이론산소량[Nm^3/kg]을 구하시오.

해답

이론산소량 $O_0 = 1.867\mathrm{C} + 5.6\left(\mathrm{H} - \frac{\mathrm{O}}{8}\right) + 0.7\mathrm{S} = 1.867 \times 0.7 + 5.6 \times \left(0.2 - \frac{0.02}{8}\right) + 0.7 \times 0.03 \simeq 2.43[\mathrm{Nm^3/kg}]$

06 노통 보일러의 종류를 2가지만 쓰시오.

해답

코니시 보일러, 랭커셔 보일러

07 보일러 운전과 관련하여 이상 증발이 일어나는 원인을 4가지만 쓰시오.

해답

① 주증기밸브를 급하게 열었을 때
② 고수위로 운전할 때
③ 증기부하가 클 때
④ 보일러수가 농축되었을 때

08 2,000[ton]의 보일러 보급수에 용존산소가 9[ppm]이 용해되어 있다. 이때 이 용존산소를 제거하기 위하여 필요한 아황산나트륨(Na_2SO_3)의 이론적인 양[kg]을 구하시오.

해답

아황산나트륨과 용존산소의 반응식 : $2Na_2SO_3 + O_2 \rightarrow 2Na_2SO_4$

용존산소의 몰수 $= \dfrac{(2\times10^9[g])\times(9\times10^{-6})}{32[g/mol]} = 562.5[mol] = 562.5\times10^{-3}[kmol]$

아황산나트륨 1[kmol] = $23\times2 + 32 + 16\times3 = 126$[kg]

∴ 필요한 아황산나트륨의 양[kg] = $(562.5\times10^{-3})\times(2\times126) \simeq 141.75$[kg]

09 **보온재의 열전도율(열전도도)에 미치는 요인에 대한 다음 기술 중 ( ) 안에 들어갈 단어가 증가인 것의 기호, 감소인 것의 기호를 각각 구분하여 쓰시오.**

㉠ 밀도(비중)이 클수록 ( )한다. ㉡ 보온능력이 클수록 ( )한다. ㉢ 흡습성이나 흡수성이 클수록 ( )한다. ㉣ 기공의 크기가 균일할수록 ( )한다. ㉤ 습도가 높을수록 ( )한다.

(1) 증 가

(2) 감 소

해답

(1) 증가 : ㉠, ㉢, ㉤

(2) 감소 : ㉡, ㉣

10 **다음은 증기압축식 냉동장치의 순환 순서를 나타낸 것이다. ( ) 안에 알맞은 장치명을 쓰시오.**

압축기 – (①) – (②) – (③) – (④) – 압축기

해답

① 응축기

② 수액기

③ 팽창밸브

④ 증발기

11 질량 1[kg]의 공기가 밀폐계에서 압력과 체적이 100[kPa], 1[m^3]이었는데 폴리트로픽 과정(PV^n = 일정)을 거쳐 체적이 0.5[m^3]이 되었다. 최종온도(T_2)와 내부에너지의 변화량(ΔU)을 각각 구하시오(단, 공기의 기체상수는 287[J/kg · K], 정적비열은 718[J/kg · K], 정압비열은 1,005[J/kg · K], 폴리트로픽 지수는 1.3이다).

해답

$P_1V_1 = mRT_1$

$T_1 = \frac{P_1V_1}{mR} = \frac{100\times1}{1\times0.287} \simeq 348.4[\mathrm{K}]$

$\frac{T_2}{T_1} = \left(\frac{V_1}{V_2}\right)^{n-1}$

$\therefore$ 최종온도 $T_2 = T_1\left(\frac{V_1}{V_2}\right)^{n-1} = 348.4\times\left(\frac{1}{0.5}\right)^{1.3-1} \simeq 428.9[\mathrm{K}]$

내부에너지의 변화량 $\Delta U = mC_v(T_2-T_1) = 1\times0.718\times(428.9-348.4) \simeq 57.8[\mathrm{kJ}]$

12 다음 그림은 랭킨사이클의 온도-엔트로피($T-S$)선도이다. h_1 = 192[kJ/kg], h_2 = 194[kJ/kg], h_3 = 2,802[kJ/kg], h_4 = 2,010[kJ/kg]일 때, 열효율[%]을 구하시오.

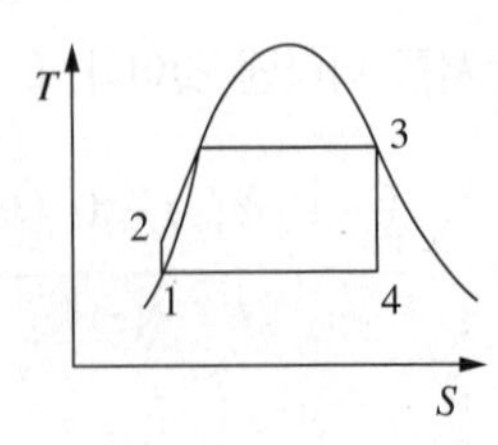

해답

랭킨사이클의 열효율 $\eta_R = \frac{W_{net}}{Q_1} = \frac{h_3-h_4}{h_3-h_1} = \frac{2{,}802-2{,}010}{2{,}802-192} \simeq 30.3[\%]$

13 **안쪽 반지름 50[cm], 바깥쪽 반지름 90[cm]인 구형 용기(열전도율 k = 41.87[W/m · K] 내부 표면온도는 563[K], 외부 표면온도는 543[K]일 때, 열손실량[kW]을 구하시오.**

해답

열손실량 $Q = K \cdot F \cdot \Delta t = \dfrac{4\pi k(t_1 - t_2)}{\dfrac{1}{r_1} - \dfrac{1}{r_2}} = \dfrac{4\pi \times 41.87 \times (563-543)}{\dfrac{1}{0.5} - \dfrac{1}{0.9}} \simeq 11{,}838.46[\text{W}] \simeq 11.84[\text{kW}]$

14 **위치에너지의 변화를 무시할 수 있는 단열노즐 내를 흐르는 공기의 입구속도가 10[m/s]이고 노즐 출구에서의 엔탈피가 입구에 비해 400[kJ/kg] 감소할 때 공기의 출구속도는 약 몇 [m/s]인가?**

해답

${}_1\dot{Q}_2 = 0, \ \dot{W}_t = 0$

$${}_1\dot{Q}_2 = \dot{W}_t + \frac{\dot{m}(w_2^2 - w_1^2)}{2\times 10^3} + \dot{m}(h_2 - h_1) + \dot{m}g(Z_2 - Z_1)$$

$$0 = \frac{\dot{m}(v_2^2 - v_1^2)}{2\times 10^3} + \dot{m}(h_2 - h_1)$$

$$0 = \frac{(v_2^2 - 10^2)}{2\times 10^3} - 400$$

∴ 공기의 출구속도 $v_2 \simeq 894.48[\text{m/s}]$

15 **석탄을 200[mesh] 이하로 가공하여 1차 공기와 혼합하여 연소실에서 버너로 연소하는 방식의 연소장치 명칭을 쓰고, 단점을 3가지만 쓰시오.**

해답

(1) 연소장치의 명칭

미분탄 연소장치

(2) 미분탄 연소장치의 단점

① 회, 먼지 등이 많이 발생하여 집진장치가 필요하다.

② 마모 부분이 많아 유지비가 많이 든다.

③ 미분탄의 자연발화나 점화 시의 노 내 탄진 폭발 등의 위험이 있다.

16 동체의 안지름이 2,000[mm], 최고사용압력이 12[kg/cm²]인 원통 보일러 동판의 두께[mm]를 계산하시오(단, 강판의 인장강도는 40[kg/mm²], 안전율은 4.5, 용접부의 이음효율(η)은 0.71, 부식 여유는 2[mm]이다).

해답

동판의 두께 $t = \frac{PD}{2\sigma_a \eta} + C = \frac{PDS}{2\sigma_u \eta} + C = \frac{12 \times 2{,}000 \times 4.5}{2 \times 40 \times 10^2 \times 0.71} + 2 \simeq 21.01[\text{mm}]$

17 용접검사가 면제되는 대상기기를 4가지만 쓰시오.

해답

용접검사 면제 대상기기

① 주철제 보일러

② 1종 관류 보일러

③ 용접이음이 없는 강관을 동체로 한 헤더

④ 전열면적이 18[m²] 이하이고, 최고사용압력이 0.35[MPa] 이하인 온수 보일러

18 병행류 열교환기에서 고온유체의 입구온도는 95[℃]이고 출구온도는 55[℃]이며, 이와 열교환되는 저온유체의 입구온도는 25[℃], 출구온도는 45[℃]이었다. 다음의 자료를 이용하여 전열면적[m²]을 구하시오.

- 고온유체의 유량 : 2,200[kg/h]
- 고온유체의 평균비열 : 1,884[J/kg·℃]
- 관의 안지름 : 0.0427[m]
- 총괄 전열계수 : 600[W/m²·℃]

해답

- 전열량 $Q = mC\Delta t = (2{,}200/3{,}600) \times 1{,}884 \times (55 - 95) \simeq -46{,}053[\text{W}] = 46{,}053[\text{W}]$(냉각)
- $\Delta T_1 = 95 - 25 = 70[℃]$, $\Delta T_2 = 55 - 45 = 10[℃]$
- $\Delta T_m = \frac{\Delta t_1 - \Delta t_2}{\ln\left(\frac{\Delta t_1}{\Delta t_2}\right)} = \frac{70 - 10}{\ln\left(\frac{70}{10}\right)} \simeq 30.83[℃]$

∴ 전열면적 $A = \frac{46{,}053}{600 \times 30.83} \simeq 2.49[\text{m}^2]$

2023년 제1회 최근 기출복원문제

01 **배기가스의 열량을 전부 회수하여 절탄기에서 온도 20[℃]인 4,500[kg/h]의 급수를 예열하는 데 사용하고자 한다. 이때 다음의 조건을 이용하여 절탄기로부터 나오는 급수 출구의 온도[℃]를 구하시오(단, 절탄기에서 열손실은 무시하고 급수 비열은 4.184[kJ/kg · ℃], 배출되는 연소 생성물과 과잉공기의 비열은 1.42[kJ/Nm³ · ℃]이다).**

조건

연료 사용량 : 300[Nm³/h]
배기가스의 온도 : 절탄기 입구 220[℃], 절탄기 출구 100[℃]
이론공기량 : 10.7[Nm³/Nm³]
이론연소가스량(연소 생성물의 양) : 11.86[Nm³/Nm³]
공기비 : 1.2

해답

실제 연소가스량 G_f =(이론연소가스량 + 과잉공기량) × 연료 사용량

$$= \{11.86 + (1.2-1) \times 10.7\} \times 300 = 4{,}200[\text{Nm}^3/\text{h}]$$

절탄기로부터 나오는 급수 출구의 온도를 t_{w2}라 하고

절탄기에서 물이 흡수한 열량을 Q_w, 배기가스가 전달해 준 열량을 Q_f라 하면

$Q_w = Q_f$이므로 $G_w C_w \Delta t_w = G_f C_f \Delta t_f$이다.

$4{,}500 \times 4.184 \times (20 - t_{w2}) = 4{,}200 \times 1.42 \times (220 - 100)$

$18{,}828 \times (20 - t_{w2}) = 715{,}680$

∴ 절탄기로부터 나오는 급수 출구의 온도 $t_{w2} = \dfrac{715{,}680}{18{,}828} + 20 \simeq 58.01[℃]$

02 **중유를 연소시험한 결과 증기압이 800[kPa], 증기엔탈피가 2,850[kJ/kg], 증발량이 2,400[kg/h], 급수엔탈피가 134[kJ/kg], 중유의 저위발열량이 37,700[kJ/kg], 중유의 비중이 0.90일 때 보일러의 효율[%]을 구하시오.**

해답

보일러의 효율

$$\eta = \frac{G_a \times (h_2 - h_1)}{G_f \times H_L} \times 100 = \frac{2{,}400 \times (2{,}850 - 134)}{(250 \times 0.9) \times 37{,}700} \times 100 \simeq 76.85[\%]$$

03 에탄올(에틸알코올) 1[mol]을 이론공기량으로 완전연소시킬 때 질량 기준 공기-연료비를 구하시오(단, 공기 중 산소의 질량비는 23.2[%]이다).

해답

에탄올의 연소방정식 : $C_2H_5OH + 3O_2 \rightarrow 2CO_2 + 3H_2O$

$$\therefore \text{질량 기준 공기-연료비(공연비)} = \frac{\text{공기량}}{\text{연료량}} = \frac{\frac{3 \times 32}{0.232}}{46} \simeq 9.0[\text{kg}-\text{공기/kg}-\text{연료}]$$

04 다음 보기는 신재생에너지의 종류이다. 각 질문에 답하시오.

보기

㉠ 태양에너지	㉡ 지열에너지	㉢ 수소에너지	㉣ 해양에너지
㉤ 연료전지	㉥ 수 력	㉦ 풍 력	

(1) 신에너지의 기호를 쓰시오.

(2) 재생에너지의 기호를 쓰시오.

해답

(1) 신에너지 : ㉢, ㉤

(2) 재생에너지 : ㉠, ㉡, ㉣, ㉥, ㉦

05 프라이밍 및 포밍현상 발생 시의 조치사항 4가지를 쓰시오.

해답

프라이밍 및 포밍현상 발생 시의 조치사항 4가지

① 연소량을 줄인다(가볍게 한다).

② 증기취출을 서서히 한다.

③ 보일러수의 일부를 분출하고 새로운 물을 넣는다.

④ 안전밸브, 수면계의 시험과 압력계 연락관을 취출하여 본다.

06 화염검출기의 기능에 대해 설명하고, 화염검출기의 종류를 3가지 쓰시오.

해답

(1) 화염검출기의 기능

화염검출기는 보일러 연소실 내의 연소 상태를 감시하여 실화 및 소화 시 연료전자밸브를 차단하여 미연소가스로 인한 폭발사고를 방지한다.

(2) 화염검출기의 종류 3가지

① 플레임 아이

② 플레임 로드

③ 스택스위치

07 다음의 자료를 활용하여 보일러 연도에 절탄기를 설치한 후의 연료 절감률[%]을 구하시오.

자료

- 절탄기 설치 전 배출되는 연소가스의 온도 : 420[℃]
- 절탄기 설치 후 절탄기를 통하여 배출되는 연소가스의 온도 : 120[℃]
- 보일러의 연료 소비량 : 1.8[kg/s]
- 연소가스의 유량 : 12[kg/s]
- 연료가스의 정압비열 : 1.2[kJ/kg·K]
- 연료의 저위발열량 : 20,000[kJ/kg]
- 배출가스 열량을 전부 절탄기를 통하여 회수되는 것으로 가정(즉, 절탄기 효율을 100[%]로 가정)

해답

절탄기에서 회수한 열량 $Q = GC\Delta t = 12 \times 1.2 \times \{(420+273)-(120+273)\} = 4{,}320[\mathrm{kJ/s}]$

$\therefore$ 연료 절감률$= \dfrac{\text{회수한 열량}}{\text{공급된 열량}} \times 100 = \dfrac{4{,}320}{1.8 \times 20{,}000} \times 100 = 12[\%]$

08 탈기기의 설치목적을 쓰시오.

해답

보일러 급수 외처리장치인 탈기기는 급수 중에 녹아 있는 산소(O_2), 이산화탄소가스(CO_2) 등의 용존가스를 제거하여 부식을 방지할 목적으로 설치한다.

09 강판의 두께가 6.4[mm]이며, 인장하중이 4,356[kgf]인 맞대기 용접이음에서 용접부의 길이[mm]를 계산하시오(단, 맞대기 용접부의 허용인장응력은 137.88[N/mm^2]이다).

해답

허용인장응력 $\sigma_a = \dfrac{W}{h \times l}$ 에서

용접부 길이 $l = \dfrac{W}{h \times \sigma_a} = \dfrac{4{,}356 \times 9.8}{6.4 \times 137.88} \simeq 48.38[\mathrm{mm}]$

10 다음의 설명에 대한 자동제어의 명칭을 각각 쓰시오.

(1) 미리 정해진 순서에 다음 동작이 연속으로 이루어지는 제어로, 보일러 점화 등에 사용된다.

(2) 일정한 조건이 충족되지 않으면 다음 단계의 동작이 작동되지 않게 저지하는 제어로, 보일러의 안전 운전을 위해 반드시 필요하다.

해답

(1) 시퀀스제어

(2) 인터로크제어

11 다음 보기의 보온재들의 최고안전사용온도가 낮은 것부터 높은 순서대로 쓰시오.

보기

㉠ 펄라이트 ㉡ 세라믹 파이버 ㉢ 폴리우레탄폼

해답

㉢ → ㉠ → ㉡

12 보일러에 스팀트랩을 부착했을 때 얻는 이점을 3가지 쓰시오.

해답

보일러에 스팀트랩 부착 시 얻는 이점 3가지

① 워터해머를 방지한다.

② 장치 내 부식을 방지한다.

③ 열효율 저하를 방지한다.

13 안쪽은 두께 20[cm]의 내화벽돌(열전도율 1.3[W/m · ℃])이고, 바깥쪽은 두께 10[cm]의 플라스틱 절연체(열전도율 0.5[W/m · ℃])로 시공된 이중 노벽의 내부 온도는 500[℃]이고, 외부 온도가 100[℃]일 때 다음의 값을 구하시오.

(1) 이중 노벽의 단위면적당 전열량[W/m^2]

(2) 내화벽돌과 플라스틱 절연체 간의 접촉면의 온도[℃]

해답

(1) 이중 노벽의 단위면적당 전열량을 Q라 하면

$$Q = K \cdot F \cdot \Delta t = \frac{1}{b_1/\lambda_1 + b_2/\lambda_2} \times 1 \times \Delta t$$

$$= \frac{1}{0.2/1.3 + 0.1/0.5} \times 1 \times (500 - 100) \simeq 1{,}130.44[\mathrm{W/m^2}]$$

(2) 접촉면까지 전달되는 열량을 Q_1이라 하면 $Q_1 = Q$이며, 내화벽돌과 플라스틱 절연체 간의 접촉면의 온도를 x라 하면

$$Q_1 = K_1 \cdot F_1 \cdot \Delta t_1 = Q$$

$$\frac{1}{b_1/\lambda_1} \times 1 \times (t_2 - x) = 1{,}130.44$$

$$\frac{1}{0.2/1.3} \times 1 \times (500 - x) = 1{,}130.44$$

$$\frac{500 - x}{0.2/1.3} = 1{,}130.44$$

$$\therefore\ x = \frac{500 - x}{0.2/1.3} = 500 - 1{,}130.44 \times \frac{0.2}{1.3} \simeq 326.09[℃]$$

14 **이상기체 0.4[kg], 시스템의 절대압력 200[kPa], 부피 0.2[m^3]의 상태에서 정압과정으로 부피가 2배가 되었으며 기체의 정압비열 $C_p = C_{p_0} + \alpha T$일 때 다음의 물음에 각각 답하시오(단, T는 절대온도이고, C_{p_0} = 1.68[kJ/kg · K], α = 0.002[kJ/kg · K^2], 이상기체의 기체상수는 250[J/kg · K]이다).**

(1) 정압과정 전 기체의 처음 온도 T_1[K]을 구하시오.

(2) 정압과정 후 기체의 최종 온도 T_2[K]를 구하시오.

(3) 시스템으로 전달된 열량 Q[kJ]을 구하시오.

해답

(1) 정압과정 전 기체의 처음 온도 T_1[K]

$PV_1 = GRT_1$에서 $T_1 = \frac{PV_1}{GR} = \frac{200 \times 0.2}{0.4 \times 0.250} = 400[\mathrm{K}]$

(2) 정압과정 후 기체의 최종 온도 T_2[K]

$PV_2 = GRT_2$에서 $T_2 = \frac{PV_2}{GR} = \frac{200 \times (0.2 \times 2)}{0.4 \times 0.250} = 800[\mathrm{K}]$

(3) 시스템으로 전달된 열량

$$Q = mC_p dT = 0.4 \times (C_{p_0} + \alpha T)dT = 0.4 \times (1.68 + 0.002T)dT$$
$$= 0.4 \times \int_{400}^{800} (1.68 + 0.002T)dT = 0.4 \times \left[1.68T + \frac{0.002T^2}{2}\right]_{400}^{800}$$
$$= 0.4 \times \left[1.68 \times (800 - 400) + \frac{0.002 \times (800^2 - 400^2)}{2}\right] = 460.8[\mathrm{kJ}]$$

15 **배열보일러에 설치된 열교환기에 온도 400[℃], 3,000[Nm^3/h]의 배기가스가 들어가서 열교환을 한 후 배기가스의 온도가 150[℃]일 때의 손실열량[kW]을 구하시오(단, 온도 0[℃], 300[kg/h]의 급수가 공급되어 0.8[MPa]의 포화증기로 발생되며 포화증기의 엔탈피는 2,769[kJ/kg]이고, 배기가스의 평균비열은 1.38[kJ/Nm^3 · ℃]이다).**

해답

열교환기에서 배기가스가 잃은 열량을 Q_f라 하면

$Q_f = G_f C_f (t_{f_2} - t_{f_1}) = 3{,}000 \times 1.38 \times (400 - 150) = 1{,}035{,}000[\mathrm{kJ/h}]$

배열보일러의 열교환기에서 얻은 열량을 Q_s라 하면

$Q_s = G_a(h_2 - h_1) = 300 \times (2{,}769 - 0) = 830{,}700[\mathrm{kJ/h}]$

∴ 배열보일러에서 손실된 열량 $= Q_f - Q_s = 1{,}035{,}000 - 830{,}700 = 204{,}300[\mathrm{kJ/h}]$

$$= \frac{204{,}300}{3{,}600}[\mathrm{kW}] = 56.75[\mathrm{kW}]$$

16 연료의 연소과정에서 매연, 슈트, 분진의 발생원인을 4가지 쓰시오.

해답

매연, 슈트, 분진의 발생원인 4가지

① 통풍력의 과대 또는 과소

② 낮은 연소실의 온도

③ 작은 연소실 크기

④ 연소장치의 불량

17 다음 보기의 연료들을 단위체적당 총발열량이 큰 것부터 작은 순서대로 쓰시오.

보기

B-A유, 휘발유, 등유, B-C유

해답

단위체적당 총발열량이 큰 것부터 작은 순서

B-C유 > B-A유 > 등유 > 휘발유

18 비중 0.8의 알코올이 든 U자관 압력계가 있다. 이 압력계의 한 끝은 피토관의 전압부에, 다른 끝은 정압부에 연결하여 피토관으로 기류의 속도를 재려고 한다. U자관의 읽음의 차가 78.8[mm], 대기압력이 1.0266×10^5[Pa abs], 온도 21[℃]일 때 기류의 속도(v)를 구하시오(단, 기체상수 $R = 287$[N・m/kg・K]이다).

해답

$$\rho = \frac{P}{RT} = \frac{1.0266 \times 10^5}{287 \times (21 + 273)} \simeq 1.217[\text{kg/m}^3]$$

$$v = \sqrt{2gh\left(\frac{\rho_s}{\rho} - 1\right)}$$

$$= \sqrt{2 \times 9.8 \times \frac{78.8}{1{,}000}\left(\frac{1{,}000 \times 0.8}{1.217} - 1\right)}$$

$$\simeq 31.8[\text{m/s}]$$

2023년 제2회 최근 기출복원문제

01 **다음 보기에서 설명하는 보일러에서 발생할 수 있는 이상현상의 명칭을 쓰시오.**

보기
보일러수 중에 용해되고 부유하고 있는 고형물이나 물방울이 보일러에서 생산되는 증기에 혼입되어 보일러 외부로 튀어나가는 현상으로, 기수공발 또는 비수현상이라고도 한다. 프라이밍과 포밍에 의해 발생한다.

해답

캐리오버(Carry Over)현상

02 **조업방식에 따른 요(Kiln)의 분류 3가지를 쓰시오.**

해답

조업방식에 따른 요의 분류 3가지

① 연속식 가마

② 반연속식 가마

③ 불연속식 가마

03 **연소실이나 연도 내에서 지속적으로 발생하는 울림현상인 가마울림현상 방지대책 4가지를 쓰시오.**

해답

가마울림현상 방지대책

① 수분이 적은 연료를 사용한다.

② 공연비를 개선한다(공기량과 연료량의 밸런싱).

③ 연소실이나 연도를 개선한다.

④ 연소실 내에서 완전연소시킨다.

04 보일러에서 연료 연소 후 발생되는 배출가스에 함유된 분진, 공해물질 등이 대기 중에 방출되지 않도록 모아 제거하는 집진장치의 종류 6가지를 쓰시오.

해답

집진장치의 종류

① 벤투리 스크러버
② 세정탑
③ 중력식 집진장치
④ 관성력식 집진장치
⑤ 원심력식 집진장치
⑥ 코트렐 집진장치

05 원통형 보일러를 4가지로 분류하고, 각각의 종류를 2가지 쓰시오.

해답

원통형 보일러의 4가지 분류

① 입형 보일러(직립형 보일러) – 코크란, 입형 연관, 입형 횡관
② 노통 보일러 – 코니시, 랭커셔
③ 연관 보일러 – 횡연관식, 기관차, 케와니
④ 노통 연관 보일러 – 스코치, 하우덴 존슨, 노통 연관 패키지형

06 다음 보기의 ( ) 안에 해당하는 내용 2가지를 쓰시오.

보기

해양에너지 설비는 해양의 ( ) 등을 변환시켜 전기나 열을 생산하는 설비이다.

해답

조수, 온도차

07 보일러 내처리제 중 슬러지 조정제이면서 가성취화 방지제의 역할을 하는 것 2가지를 쓰시오.

해답

타닌, 리그린

08 보일러에서 과열증기 사용 시의 장점 4가지를 쓰시오.

해답

과열증기 사용 시의 장점

① 관 내 마찰저항이 감소한다.
② 수격작용을 방지한다.
③ 열효율이 향상된다.
④ 증기소비량이 감소된다.

09 착화지연시간(Ignition Delay Time)에 대해 설명하시오.

해답

착화지연시간은 어느 온도에서 가열하기 시작하여 발화에 이르기까지의 시간으로 고온·고압일수록, 가연성 가스와 산소의 혼합비가 완전 산화에 가까울수록 짧아진다.

10 현재 공기비를 측정한 결과, 공기비 1.6으로 과잉공기가 유입되고 있는 보일러를 자동 공기비 제어시스템을 구성하여 공기비를 1.2로 개선했을 때, 다음의 자료를 이용하여 개선 후 연간 배출가스 절감 금액[원]을 구하시오.

- 연료 사용량 : 350[Nm^3/h]
- 가동시간 : 연간 300일, 일일 12시간
- 보일러 효율 : 90[%]
- 사용 연료 : LNG(발열량 9,540[kcal/Nm^3]
- 연료 금액 : 600[원/Nm^3]
- 배기가스온도 : 210[℃]
- 이론연소공기량 : 10.685[Nm^3/Nm^3]
- 이론배기가스량 : 11.687[Nm^3/Nm^3]
- 배기가스 비열 : 0.33[kcal/Nm^3 · ℃]

해답

- 개선 전
  - 개선 전의 배출가스량

    $G_1 = [\text{이론배기가스량} + (\text{공기비} - 1) \times \text{이론연소공기량}]$

    $= [11.687 + (1.6 - 1) \times 10.685] \simeq 18.098[\text{Nm}^3/\text{Nm}^3]$
  - 개선 전의 연간 배출가스열량

    $Q_1 = 350 \times 18.098 \times 0.33 \times 210 \times 3{,}600 = 1{,}580{,}281{,}164[\text{kcal/년}]$
  - 개선 전 연간 배출가스 금액

    $W_1 = \dfrac{1{,}580{,}281{,}164 \times 600}{9{,}540 \times 0.9} \simeq 110{,}431{,}947[\text{원/년}]$
- 개선 후
  - 개선 후의 배출가스량

    $G_2 = [\text{이론배기가스량} + (\text{공기비} - 1) \times \text{이론연소공기량}]$

    $= [11.687 + (1.2 - 1) \times 10.685] \simeq 13.82[\text{Nm}^3/\text{Nm}^3]$
  - 개선 후의 연간 배출가스열량

    $Q_2 = 350 \times 13.82 \times 0.33 \times 210 \times 3{,}600 = 1{,}206{,}734{,}760[\text{kcal/년}]$
  - 개선 후 연간 배출가스 금액

    $W_1 = \dfrac{1{,}206{,}734{,}760 \times 600}{9{,}540 \times 0.9} \simeq 84{,}328{,}075[\text{원/년}]$
- 개선 후 연간 배출가스 절감 금액[원]

  $W = W_1 - W_2 = 110{,}431{,}947 - 84{,}328{,}075 = 26{,}103{,}872[\text{원}]$

11 에틸렌(C_2H_4) 20[kg] 연소 시 실제공기량이 800[kg]일 때 과잉공기량[kg]을 구하시오(단, 공기 중 산소의 질량비는 23.2[%]이다).

해답

- 에틸렌의 연소방정식 : $C_2H_4 + 3O_2 \rightarrow 2CO_2 + 2H_2O$
- 이론공기량 : $A_0 = \frac{O_0}{0.232} = \frac{20}{28} \times \frac{3 \times 32}{0.232} \simeq 295.57$[kg]
- 과잉공기량 : $A - A_0 = 800 - 295.57 = 504.43$[kg]

12 단열재의 전후 양쪽에 두께(b_1) 30[mm]의 금속판으로 구성된 일반 냉동창고(F급)의 벽이 있다. 이 냉동창고의 내부온도(t_i)는 -25[℃]로 유지되고 있고, 이때의 외기온도(t_o)는 22[℃]이다. 냉동창고 외부면의 온도(t_s)가 19[℃] 미만이 될 때 수분이 응축되어 이슬이 맺힌다고 가정할 때, 다음의 자료를 이용하여 냉동창고의 외벽면에 대기 중의 수분이 응축되어 이슬이 맺히지 않도록 하기 위한 단열재의 최소 두께(b_2)[mm]를 구하시오.

- 대류 열전달률
  벽내측 α_i =7.7[W/m^2 · ℃], 벽외측 α_o =15.5[W/m^2 · ℃]
- 열전도율
  금속판 λ_1 =17.5[W/m · ℃], 단열재 λ_2 =0.033[W/m · ℃]

해답

외계에서 냉동창고 내부로의 전달열량을 Q_1,
외기에서 냉장고 외벽면에 이슬이 맺히기 직전의 온도(t_s =19[℃])까지의 전달열량을 Q_2라 하면
$Q_1 = Q_2$이므로 $K \cdot F \cdot (t_o - t_i) = \alpha_o \cdot F \cdot (t_o - t_s)$이다.
양변을 F로 나누면

$$K \times (t_o - t_i) = \alpha_o \times (t_o - t_s)$$

$$\frac{1}{\frac{1}{\alpha_i} + \frac{b_1}{\lambda_1} + \frac{b_2}{\lambda_2} + \frac{b_1}{\lambda_1} + \frac{1}{\alpha_o}} \times (t_o - t_i) = \alpha_o \times (t_o - t_s)$$

$$\frac{1}{\frac{1}{7.7} + \frac{0.03}{17.5} + \frac{b_2}{0.033} + \frac{0.03}{17.5} + \frac{1}{15.5}} \times \{22 - (-25)\} = 15.5 \times (22 - 19)$$

$$\frac{47}{0.1978 + \frac{b_2}{0.033}} = 46.5$$

$$\frac{b_2}{0.033} = \frac{47}{46.5} - 0.1978 \simeq 0.81295$$

∴ 단열재의 두께 $b_2 = 0.033 \times 0.81295 \simeq 0.0268[\text{m}] = 26.8[\text{mm}]$

13 길이가 25[m]이고, 안지름이 50[mm]인 원형관에서 마찰손실수두는 운동에너지의 3.2[%]일 때, 마찰손실계수(f)를 구하시오(단, 답은 소수점 여섯 번째 자리까지 쓸 것).

해답

- 운동에너지$= \dfrac{v^2}{2g}$
- 마찰손실수두 $h_L = f \times \dfrac{l}{d} \times \dfrac{v^2}{2g} = f \times \dfrac{25}{0.05} \times \dfrac{v^2}{2g} = \dfrac{v^2}{2g} \times 0.032$

∴ 관마찰계수 $f = \dfrac{0.05}{25} \times 0.032 = 0.000064$

14 보일러 연도에 설치된 공기예열기에 20[℃]인 연소용 공기가 유입되고, 온도 400[℃]인 배기가스가 공기예열기를 통과한 후 150[℃]의 온도로 변하였다. 이때 다음의 자료를 이용하여 공기예열기를 통과한 연소용 공기의 출구온도[℃]를 구하시오.

- 공기예열기를 통과하는 공기량 : 100[Nm^3/h]
- 공기예열기를 통과하는 공기의 비열 : 1[kJ/Nm^3 · ℃]
- 배기가스량 : 120[Nm^3/h]
- 배기가스 비열 : 1.2[kJ/Nm^3 · ℃]
- 손실열량은 없는 것으로 가정한다.

해답

공기예열기를 통과한 연소용 공기의 출구온도를 x, 공기예열기에서 공기가 흡수한 열량을 Q_1, 배기가스가 공기예열기에 전달한 열량을 Q_2라고 하면 $Q_1 = Q_2$이다.

$G_1 C_1 \Delta t_1 = G_2 C_2 \Delta t_2$

$100 \times 1 \times (x - 20) = 120 \times 1.2 \times (400 - 150)$

∴ 공기예열기를 통과한 연소용 공기의 출구온도 $x = \dfrac{36,000}{100} + 20 = 380$[℃]

15 증기터빈의 입구 조건은 3[MPa], 350[℃]이고, 출구의 압력은 30[kPa]이다. 이때 정상 등엔트로피 과정으로 가정할 경우, 다음 자료를 이용하여 유체의 단위질량당 터빈에서 발생되는 출력[kJ/kg]을 구하시오(단, 표에서 h는 단위질량당 엔탈피, s는 단위질량당 엔트로피이다).

- 터빈 입구 : $h_1 = 3{,}115.3$[kJ/kg], $s_1 = 6.7428$[kJ/kg · K]
- 터빈 출구

엔트로피[kJ/kg · K]			엔탈피[kJ/kg]		
포화액(s_f)	증발(s_{fg})	포화증기(s_g)	포화액(h_f)	증발(h_{fg})	포화증기(h_g)
0.9439	6.8247	7.7686	289.2	2,336.1	2,625.3

해답

- $s_1 = s_2 = 6.7428$

  $s_1 = s_2 = s_f + x(s_g - s_f)$

  $x = \dfrac{s_2 - s_f}{s_g - s_f} = \dfrac{6.7428 - 0.9439}{7.7686 - 0.9439} \simeq 0.8497$

- 터빈출구 엔탈피

  $h_2 = h_f + x(h_g - h_f) = 289.2 + 0.8497(2{,}625.3 - 289.2) \simeq 2{,}274.184$[kJ/kg]

∴ 터빈에서 발생되는 출력＝터빈에서의 엔탈피 변화량

$W_T = \Delta h = h_1 - h_2 = 3{,}115.3 - 2{,}274.184 \simeq 841.1$[kJ/kg]

16 다음의 반응식을 참고하여 프로판 1[kg]의 완전연소 시 고위발열량[MJ]을 구하시오(단, 물의 증발잠열은 2.5[MJ/kg]이다).

$C(s) + O_2 \rightarrow CO_2 + 360$[MJ/kg]
$H_2(g) + 0.5O_2(g) \rightarrow H_2O + 280$[MJ/kg]

해답

프로판(C_3H_8)의 완전연소방정식 : $C_3H_8 + 5O_2 \rightarrow 3CO_2 + 4H_2O + Q$[MJ/kg]

프로판 1[kg]의 완전연소 시의 고위발열량

$= \dfrac{\text{탄소의 발열량} + \text{수소의 발열량} + \text{물의 증발잠열}}{\text{프로판의 분자량}}$

$= \dfrac{(3 \times 360) + (4 \times 280) + (4 \times 18 \times 2.5)}{44} \simeq 54.09$[MJ]

17 **압력이 0.7[MPa]인 건포화증기를 시간당 2,000[kg]을 발생하는 보일러에 저위발열량이 40,820[kJ/kg]인 연료 150[kg/h]를 사용할 때 보일러의 효율은 몇 [%]인가?(단, 0.7[MPa]의 현열은 697[kJ/kg], 잠열은 2,065.8[kJ/kg], 급수엔탈피는 167[kJ/kg]이다).**

해답

- 건포화증기 엔탈피

$h_2 = h' + (h'' - h') \times x = h' + \gamma \times x = \text{현열} + \text{잠열} = 697 + 2{,}065.8 = 2{,}762.8[\text{kJ/kg}]$

- 보일러의 효율

$$\eta = \frac{G_a \times (h_2 - h_1)}{G_f \times H_L} \times 100 = \frac{2{,}000 \times (2{,}762.8 - 167)}{150 \times 40{,}820} \times 100 \simeq 84.79[\%]$$

18 **보일러 관수의 허용 고형물 농도를 1,000[ppm]에서 2,000[ppm]으로 변경했을 때 다음의 조건을 이용하여 하루 동안의 연료 절감량[kg]을 구하시오.**

- 급수의 조건 : 비열 4.2[kJ/kg·℃], 온도 23[℃], 고형물 농도 120[ppm]
- 최대 증기발생량 : 12,000[kg/h]
- 연료의 저위발열량 : 4,300[kJ/kg]
- 증발잠열 : 2,257[kJ/kg]
- 배기가스량 : 120[Nm^3/h]
- 1일 보일러 가동시간 : 8시간
- 응축수는 회수되지 않는 것으로 가정

해답

- 허용 고형물 농도 변경 전의 일일 분출량

$$B_1 = \frac{W(1-R)d}{r_1 - d} = \frac{(12{,}000 \times 8) \times (1-0) \times 120}{1{,}000 - 120} \simeq 13{,}090.91[\text{kg/day}]$$

- 허용 고형물 농도 변경 후의 일일 분출량

$$B_2 = \frac{W(1-R)d}{r_2 - d} = \frac{(12{,}000 \times 8) \times (1-0) \times 120}{2{,}000 - 120} \simeq 6{,}127.66[\text{kg/day}]$$

∴ 일일 급수 감소량 : $B_1 - B_2 = 13{,}090.91 - 6{,}127.66 = 6{,}963.25[\text{kg/day}]$

∴ 일일 절감 현열량 : $Q_1 = GC\Delta t = 6{,}963.25 \times 4.2 \times (100 - 23) \simeq 2{,}251{,}915.05[\text{kJ/day}]$

∴ 일일 절감 잠열량 : $Q_2 = G\gamma = 6{,}963.25 \times 2{,}257 \simeq 15{,}716{,}055.25[\text{kJ/day}]$

∴ 일일 절감 열량 : $Q = Q_1 + Q_2 = 2{,}251{,}915.05 + 15{,}716{,}055.25 = 17{,}967{,}970.3[\text{kJ/day}]$

∴ 일일 연료 절감량 $= \dfrac{\text{일일 절감열량}}{\text{연료의 저위발열량}} = \dfrac{17{,}967{,}970.3[\text{kJ/day}]}{4{,}300[\text{kJ/kg}]} \simeq 4{,}178.60[\text{kg/day}]$

2023년 제4회 최근 기출복원문제

01 다음 내화물의 분류에 해당하는 내화물의 종류를 각각 2가지 쓰시오.

(1) 산성 내화물

(2) 염기성 내화물

(3) 중성 내화물

(4) 부정형 내화물

해답

(1) 산성 내화물 : 규석질 내화물, 납석질 내화물
(2) 염기성 내화물 : 마그네시아 내화물, 돌로마이트 내화물
(3) 중성 내화물 : 고알루미나질 내화물, 크롬질 내화물
(4) 부정형 내화물 : 캐스터블 내화물, 플라스틱 내화물

02 보일러 운전 중 발생할 수 있는 이상현상 중의 하나인 프라이밍 현상(Priming, 비수현상)의 방지대책을 5가지 쓰시오.

해답

프라이밍 현상의 방지대책 5가지
① 증기부하를 감소시킨다.
② 주증기밸브를 급하게 열지 않는다.
③ 과부하가 되지 않도록 한다.
④ 보일러수를 농축시키지 않는다.
⑤ 보일러수 중의 불순물을 제거한다.

03 열수송 및 저장설비 평균 표면온도의 목표치는 주위 온도에 몇 [℃]를 더한 값 이하로 하는가?

해답

30[℃]

04 폐열회수장치 중 공기예열기 설치 시의 장점을 4가지만 쓰시오.

해답

공기예열기 설치 시의 장점

① 연료 착화 시 착화열이 감소한다.
② 연소실 내 온도 상승으로 완전연소가 가능하다.
③ 전열효율, 연소효율이 향상된다.
④ 수분이 많은 저질탄의 연료도 연소가 용이하다.

05 시퀀스제어(Sequence Control), 피드백제어(Feedback Control)에 대하여 각각 간단히 설명하시오.

해답

(1) 시퀀스제어 : 미리 정해진 순서에 따라 순차적으로 진행되는 제어로, 보일러의 점화나 자판기의 제어에 적용한다.
(2) 피드백제어 : 결과를 입력쪽으로 되돌려서 비교한 후 입력과 출력과의 차이를 수정하는 제어로, 정도가 우수하다.

06 펌프에서 발생된 진동을 흡수하고 배관에 발생된 열응력을 제거 및 배관의 신축 흡수로 배관 파손이나 밸브 파손을 방지하는 배관 부속품의 명칭을 쓰시오.

해답

신축 조인트(Flexible Joint)

07 수관식 보일러(Water tube Boiler)는 상부 드럼(기수드럼)과 하부 드럼(수드럼) 사이에 다수의 작은 구경의 수관을 설치한 구조의 보일러이다. 수관식 보일러의 장점을 4가지만 쓰시오.

해답

수관식 보일러의 장점

① 드럼이 작아 구조상 고온·고압의 대용량에 적합하다.
② 연소실 설계가 자유롭고 연료의 선택범위가 넓다.
③ 보일러수의 순환이 좋고, 전열면 증발률이 크다.
④ 보유수량이 적어 파열 시 피해가 적다.

08 **보일러의 연도에 폐열회수장치를 설치했을 때 발생 가능한 문제점 2가지를 쓰시오.**

해답

폐열회수장치의 문제점

① 통풍저항의 증가로 인한 연돌의 통풍력이 저하된다.

② 연도의 청소, 검사, 점검이 곤란해진다.

09 **수관 보일러의 수질을 측정한 결과, 급수 중 불순물의 농도가 60[mg/L], 관수 중 불순물의 농도가 2,500[mg/L]로 나타났다. 시간당 급수량이 2,400[L]이고, 응축수 회수량이 1,200[L]일 때 분출량[L/day]을 구하시오(단, 하루 8시간 가동하는 것으로 가정한다).**

해답

- 응축수 회수율 $R=\dfrac{1{,}200}{2{,}400}=0.5$
- 분출량 $B_D=\dfrac{W(1-R)d}{r-d}\times 8=\dfrac{2{,}400\times(1-0.5)\times 60}{2{,}500-60}\times 8\simeq 236[\mathrm{L/day}]$

10 **압력 25[kgf/cm^2·a]에서 건도가 0.77인 습증기를 교축과정을 통하여 압력을 19[kgf/cm^2·a]로 감압했을 때의 건도 (x_{19})를 다음의 자료를 근거로 하여 구하시오.**

압력[kgf/cm^2·a]	건 도	엔탈피[kcal/kg]	
		포화수	포화증기
25	$x_{25}=0.77$	230	669
19	$x_{19}=?$	214	666

해답

교축과정은 등엔탈피 과정이므로 감압 전의 습증기 엔탈피(h_2)와 감압 후의 습증기 엔탈피(i_2)는 동일하다.

$h_2=h'+x\gamma=h'+x_{25}(h''-h')$

$i_2=i'+x\gamma=i'+x_{19}(i''-i')$

$h_2=i_2$

$\therefore\ h'+x_{25}(h''-h')=i'+x_{19}(i''-i')$

$\therefore$ 감압 후의 건도 $x_{19}=\dfrac{[h'+x_{25}(h''-h')]-i'}{i''-i'}=\dfrac{[230+0.77\times(669-230)]-214}{666-214}\simeq 0.78$

11 에틸렌(C_2H_4) 10[g] 연소 시 실제공기량이 370[g]일 때 다음 물음에 답하시오.

(1) 연소반응식을 쓰시오.

(2) 과잉공기량[g]을 계산하시오(단, 공기 중 산소의 질량비는 23.2[%]이다).

해답

(1) 에틸렌의 연소반응식 : $C_2H_4 + 3O_2 \rightarrow 2CO_2 + 2H_2O$

(2) 과잉공기량[g] 계산

• 이론공기량 : $A_0 = \frac{O_0}{0.232} = \frac{10}{28} \times \frac{3 \times 32}{0.232} \simeq 147.78[g]$

• 과잉공기량 : $A - A_0 = 370 - 147.78 = 222.22[g]$

12 최고사용압력이 10[MPa]인 곳에 내경 50[mm], 인장강도 450[N/mm^2]인 압력배관용 탄소강관(SPPS)을 사용할 때 이 관의 스케줄 번호를 다음 표에서 찾아 쓰시오(단, 안전율은 5이다).

Sch No.	20번	40번	80번	100번	120번

해답

$\text{Sch No.} = 1{,}000 \times \frac{P}{S} = 1{,}000 \times \frac{10}{450/4} \simeq 88.88$

∴ 100번을 선택한다.

13 보일러 연도에 설치된 절탄기(Economizer)를 이용하여 물의 온도를 58[℃]에서 88[℃]로 높여서 보일러에 급수한다. 절탄기 입구 배기가스 온도가 340[℃]일 때 다음의 자료를 근거로 하여 출구온도[℃]를 구하시오.

• 절탄기에서 가열된 물의 양 : 53,000[kg/h]
• 배기가스량 : 65,000[kg/h]
• 물의 비열 : 4.184[kJ/kg·℃]
• 배기가스의 비열 : 1.02[kJ/kg·℃]
• 절탄기의 효율 : 80[%]

해답

절탄기의 효율 $\eta = \frac{\text{물 가열에 소요된 열량}}{\text{배기가스의 손실열량}}$

물 가열에 소요된 열량 = 배기가스의 손실열량 × η

여기서, 물을 A, 배기가스를 B라 하면

$m_A C_A (t_{A2} - t_{A1}) = -m_B C_B (t_{B2} - t_{B1})\eta$

$53{,}000 \times 4.184 \times (88 - 58) = -65{,}000 \times 1.02 \times (t_{B2} - 340) \times 0.8$

$340 - t_{B2} = \frac{53{,}000 \times 4.184 \times (88 - 58)}{65{,}000 \times 1.02 \times 0.8} \simeq 125.43$

∴ 절탄기 출구 배기가스 온도 $t_{B2} = 340 - 125.43 = 214.57[℃]$

14 두께 x[cm]의 벽돌의 내측에 10[mm]의 모르타르와 5[mm]의 플라스터 마무리를 시행하고, 외측은 두께 15[mm]의 모르타르 마무리를 시공하였다. 다음의 자료를 근거로 하여 벽돌의 두께[cm]를 구하시오.

- 단위면적당 손실열량[W] : 1,911[W]
- 온도 : 외기 20[℃], 노 내부 1,000[℃]
- 실내측벽 열전달계수 $\alpha_i = 8$[W/m^2 · ℃]
- 실외측벽 열전달계수 $\alpha_o = 20$[W/m^2 · ℃]
- 플라스터 열전도율 $\lambda_1 = 0.5$[W/m · ℃]
- 모르타르 열전도율 $\lambda_2 = 1.3$[W/m · ℃]
- 벽돌 열전도율 $\lambda_3 = 0.65$[W/m · ℃]

해답

- 손실열량 $Q = K \cdot F \cdot \Delta t = K \times 1 \times (1{,}000 - 20) = 1{,}911[\text{W}]$
- 총열관류율 $K = \dfrac{1{,}911}{980} = 1.95[\text{W/m}^2 \cdot ℃]$

$$\therefore\ K = \frac{1}{R} = \frac{1}{\left(\dfrac{1}{\alpha_i} + \displaystyle\sum_{i=1}^{n} \frac{b_i}{\lambda_i} + \dfrac{1}{\alpha_o}\right)}$$

$$= \frac{1}{\dfrac{1}{8} + \left(\dfrac{x}{0.65} + \dfrac{0.01}{1.3} + \dfrac{0.005}{0.5} + \dfrac{0.015}{1.3}\right) + \dfrac{1}{20}} \simeq 1.95[\text{W/m}^2 \cdot ℃]$$

$\therefore$ 벽돌의 두께 $x = 20[\text{cm}]$

15 수송관 내에서 비중량이 9.8[kN/m^3]인 유체가 유량 15[m^3/h], 효율 75[%]인 펌프로 높이 50[m]로 송출되고 있을 때 축동력[kW]을 구하시오.

해답

축동력 $L = \dfrac{\gamma Q h}{\eta} = \dfrac{9.8 \times 15 \times 50}{0.75} = 9{,}800[\text{kN} \cdot \text{m/h}] = \dfrac{9{,}800}{3{,}600}[\text{kJ/s}] \simeq 2.72[\text{kW}]$

16 이상기체 1[kg]이 분당 200[V], 3[A]를 소요하여 정압과정으로 변화했을 때의 온도 변화량[K] 및 일량[kJ]을 각각 구하시오(단, 정압비열은 2.0[kJ/kg · K], 정적비열은 1.7[kJ/kg · K]이며, 효율은 85[%]이다).

해답

(1) 온도 변화량

소요 열량 $\Delta Q = E[\mathrm{V}] \times I[\mathrm{A}] \times t[\mathrm{s}] \times \eta = 200 \times 3 \times 60 \times 0.85 = 30{,}600[\mathrm{J}] = 30.6[\mathrm{kJ}]$

$dQ = mC_p \Delta T$이므로

∴ 온도 변화량 $\Delta T = \dfrac{\Delta Q}{mC_p} = \dfrac{30.6}{1 \times 2.0} = 15.3[\mathrm{K}]$

(2) 일량[kJ]

기체상수 $R = C_p - C_v = 2.0 - 1.7 = 0.3[\mathrm{kJ/kg \cdot K}]$

∴ 일량 $W_a = mR\Delta T = 1 \times 0.3 \times 15.3 = 4.59[\mathrm{kJ}]$

17 랭킨사이클에서 포화수 엔탈피 192.5[kJ/kg], 과열증기 엔탈피 3,002.5[kJ/kg], 습증기 엔탈피 2,361.8[kJ/kg]일 때 열효율[%]을 구하시오(단, 펌프의 동력은 무시한다).

해답

- h_1 : 포화수 엔탈피(펌프 입구 엔탈피)
- h_2 : 급수 엔탈피(보일러 입구 엔탈피)
- h_3 : 과열증기 엔탈피(터빈 입구 엔탈피)
- h_4 : 습증기 엔탈피(응축기 입구 엔탈피)

펌프의 동력을 무시하면 $h_2 \simeq h_1$이므로

∴ 열효율 $\eta_R = \dfrac{h_3 - h_4}{h_3 - h_2} = \dfrac{h_3 - h_4}{h_3 - h_1} = \dfrac{3{,}002.5 - 2{,}361.8}{3{,}002.5 - 192.5} \simeq 0.228 = 22.8[\%]$

18 어느 곡물 가공공장의 보일러 연도에 공기예열기를 설치하였더니 온도 200[℃]의 배기가스가 열교환되어 온도 125[℃]로 배출되었다. 이때 열효율을 개선하기 위하여 공기예열기와 열교환을 한 배기가스의 온도를 85[℃]로 낮추고자 한다. 다음의 조건을 이용하여 물음에 답하시오(단, 개선 후 폐열회수 시 3[%]의 손실이 있다고 가정한다).

- 연료 소비량 : 1,985[Nm^3/h]
- 이론공기량 : 11.3[Nm^3/Nm^3]
- 공기비 : 1.2
- 배기가스의 비열 : 1.4[kJ/Nm^3 · ℃]
- 이론배기가스량 : 12.5[Nm^3/Nm^3]

(1) 실제배기가스량[m^3/h]을 계산하시오.

(2) 개선 후 절감되는 열량[kW]을 구하시오.

해답

(1) 실제배기가스량

G=(이론배기가스량 + 과잉공기량) × 사용연료량 $= \{12.5 + (1.2-1) \times 11.3\} \times 1{,}985 \simeq 29{,}298.6[\mathrm{Nm^3/h}]$

(2) 개선 후 절감되는 열량[kW]

$$\text{절감열량} = G \times C \times \Delta t \times \eta = 29{,}298.6 \times 1.4 \times (125-85) \times (1-0.03) \simeq 1{,}591{,}500.00[\mathrm{kJ/h}]$$

$$= \frac{1{,}591{,}500}{3{,}600}[\mathrm{kJ/s}] \simeq 442.08[\mathrm{kW}]$$

참 / 고 / 문 / 헌

- 강정길, 설철수, 이상렬(2016). **난방 및 보일러설비**. 원창출판사.
- 경태환(2007). **신연소·방화공학**. 동화기술.
- 김동진, 박남섭, 김동균, 김동호, 김홍석(2014). **공업열역학**. 문운당.
- 김원회, 김준식(2002). **센서공학**. 문운당.
- 노승탁(2016). **공업열역학**. 성안당.
- 박병호(2020). **가스산업기사(필기)**. 시대고시기획.
- 박병호(2020). **산업안전기사(필기)**. 시대고시기획.
- 박병호(2020). **에너지관리기사(필기)**. 시대고시기획.
- 박홍채, 오기동, 이윤복(2012). **내화물공학개론**. 구양사.
- 성재용(2009). **에너지설비유동계측 및 가시화**. 아진.
- 에너지관리공단(2015). **보일러에너지절약가이드북**. 신기술.
- 전영남(2017). **연소와 에너지**. 청문각.
- 정호신, 엄동석(2006). **용접공학**. 문운당.
- 최병철(2016). **연소공학**. 문운당.
- 한국에너지공단. **보일러 및 압력용기 기술규격**.

[인터넷 사이트]

- 국가법령정보센터(http://www.law.go.kr)

Win-Q 에너지관리기사 실기

개정2판1쇄 발행	2024년 05월 10일(인쇄 2024년 03월 14일)
초 판 발 행	2022년 07월 05일(인쇄 2022년 06월 10일)
발 행 인	박영일
책 임 편 집	이해욱
편 저	박병호
편 집 진 행	윤진영, 최 영
표지디자인	권은경, 길전홍선
편집디자인	정경일, 이현진
발 행 처	(주)시대고시기획
출 판 등 록	제10-1521호
주 소	서울시 마포구 큰우물로 75 [도화동 538 성지 B/D] 9F
전 화	1600-3600
팩 스	02-701-8823
홈 페 이 지	www.sdedu.co.kr

I S B N	979-11-383-6961-9(13550)
정 가	30,000원